2023中国水利学术大会论文集

第五分册

中国水利学会　编

黄河水利出版社

内 容 提 要

本书以"强化科学技术创新，支撑国家水网建设"为主题的2023中国水利学术大会论文合辑，积极围绕当年水利工作热点、难点、焦点和水利科技前沿问题，重点聚焦水资源短缺、水生态损害、水环境污染和洪涝灾害频繁等新老水问题，主要分为水生态、水圈与流域水安全、重大引调水工程、水资源节约集约利用、智慧水利·数字孪生·水利信息化等板块，对促进我国水问题解决、推动水利科技创新、展示水利科技工作者才华和成果有重要意义。

本书可供广大水利科技工作者和大专院校师生交流学习和参考。

图书在版编目（CIP）数据

2023中国水利学术大会论文集：全七册/中国水利学会编．—郑州：黄河水利出版社，2023.12
ISBN 978-7-5509-3793-2

Ⅰ.①2… Ⅱ.①中… Ⅲ.①水利建设-学术会议-文集 Ⅳ.①TV-53

中国国家版本馆 CIP 数据核字（2023）第 223374 号

策划编辑：杨雯惠 电话：0371-66020903 E-mail：yangwenhui923@163.com

出 版 社：黄河水利出版社 网址：www.yrcp.com
地址：河南省郑州市顺河路黄委会综合楼14层 邮政编码：450003
发行单位：黄河水利出版社
发行部电话：0371-66026940、66020550、66028024、66022620（传真）
E-mail：hhslcbs@126.com
承印单位：广东虎彩云印刷有限公司
开本：889 mm×1 194 mm 1/16
印张：268.5（总）
字数：8 510 千字（总）
版次：2023年12月第1版 印次：2023年12月第1次印刷
定价：1 260.00元（全七册）

前言 Preface

　　学术交流是学会立会之本。作为我国历史上第一个全国性水利学术团体，90多年来，中国水利学会始终秉持"联络水利工程同志、研究水利学术、促进水利建设"的初心，团结广大水利科技工作者砥砺奋进、勇攀高峰，为我国治水事业发展提供了重要科技支撑。自2000年创立年会制度以来，中国水利学会20余年如一日，始终认真贯彻党中央、国务院方针政策，落实水利部和中国科学技术协会决策部署，紧密围绕水利中心工作，针对当年水利工作热点、难点、焦点和水利科技前沿问题、工程技术难题，邀请院士、专家、代表和科技工作者展开深层次的交流研讨。中国水利学术年会已成为促进我国水问题解决、推动水利科技创新、展示水利科技工作者才华和成果的良好交流平台，为服务水利科技工作者、服务学会会员、推动水利学科建设与发展做出了积极贡献。为强化中国水利学术年会的学术引领力，自2022年起，中国水利学会学术年会更名为中国水利学术大会。

　　2023中国水利学术大会以习近平新时代中国特色社会主义思想为指导，认真贯彻落实党的二十大精神，紧紧围绕"节水优先、空间均衡、系统治理、两手发力"治水思路，以"强化科学技术创新，支撑国家水网建设"为主题，聚焦国家水网、智慧水利、水资源节约集约利用等问题，设置一个主会场和水圈与流域水安全、重大引调水工程、智慧水利·数字孪生、全球水安全等19个分会场。

　　2023中国水利学术大会论文征集通知发出后，受到广大会员和水利科技工作者的广泛关注，共收到来自有关政府部门、科研院所、大专院校和设计、施工、管理等单位科技工作者的论文共1 000余篇。为保证本次大会入选论文的质量，大会积极组织相关领域的专家对稿件进行了评审，共评选出681篇主题相符、水平较高的论文入选论文集。按照大会各分会场主题，本论文集共分7

册予以出版。

    本论文集的汇总工作由中国水利学会秘书处牵头，各分会场协助完成。本论文集的编辑出版也得到了黄河水利出版社的大力支持和帮助，参与评审、编辑的专家和工作人员克服了时间紧、任务重等困难，付出了辛苦和汗水，在此一并表示感谢！同时，对所有应征投稿的论文作者表示诚挚的谢意！

    由于编辑出版论文集的工作量大、时间紧，且编者水平有限，错漏在所难免。不足之处，欢迎广大作者和读者批评指正。

中国水利学会

2023 年 12 月 12 日

目录 Contents

前　言

水生态

生态水利工程

水库大坝安全管理

水 生 态

湖库生态清淤关键问题研究与应用实践

王文华　张福超　宋宗武　廖先容　郭英卓　付　震

（中水北方勘测设计研究有限责任公司，天津　300222）

摘　要： 近年来，生态清淤作为消除内源污染、改善和恢复水生态环境状况的主要措施，在湖库水生态治理工程中得到推广应用，在湖库生态清淤工程实施前，围绕清淤必要性、清淤方案设计和淤泥资源化利用等生态清淤关键问题需要深入研究和探讨。以四川省邛海生态清淤工程为例，从邛海湖区和主要入湖河流水质出发，对底泥分布、扰动和污染情况等方面进行了分析，针对清淤范围和深度、淤泥固化处理和余水处理等生态清淤具体方案进行了探讨，最后结合当地实际情况提出了技术可行、经济合理的淤泥资源化利用途径。

关键词： 湖库；生态清淤；淤泥处置；余水处理；淤泥资源化利用

　　湖库水体流速缓慢，泥沙和污染物质汇入后难以通过水流的搬运作用向下游输送，容易在底部沉积。随着外源污染得到有效控制，沉积在湖库底部的污染物质会向水体释放，影响水环境质量，甚至会导致水生态系统受损和退化。采用清淤疏浚的方式能够快速清除湖库沉积物，对河湖水质提升和生态修复具有重要意义。近十几年来，随着生态清淤设备的出现和淤泥处置及资源化利用技术的日益成熟，我国的西湖[1]、太湖[2]、滇池[3]、巢湖[4]、于桥水库[5]等湖库相继实施了生态清淤工程，取得了一定的效果，但仍存在底泥现状调研不充分、治理效果不确定、淤泥处置场选址困难、干化淤泥资源化利用程度低等问题[6-7]。

　　邛海位于四川省凉山彝族自治州西昌市，属近郊半封闭型高原湖泊，由于流域水土流失和历史泥沙淤积问题，北部湖区沉积底泥在风浪扰动下发生再悬浮，导致水体浑浊、沉水植物退化，生态系统存在恶化风险。为进一步加强邛海生态环境保护，西昌市推动实施邛海生态清淤工程。工程通过生态环保式清淤清除北部易受扰动泥沙，改善区域水生态环境状况。本文以邛海生态清淤工程为例，从湖区水生态环境现状、底泥分布、扰动和污染情况、生态清淤方案设计、淤泥处置、余水处理、干化淤泥资源化利用等方面探讨湖库生态清淤关键问题，以期为国内湖库生态清淤前期策划和工程设计提供参考。

1　研究区基本情况

　　邛海集水面积 307.67 km²，流域地处我国西南亚热带高原山区，以山地为主，谷坝次之，形成"八分山地、二分坝"和坝内"八分山地、二分水"的比例状态。流域地貌形态周围为中、高山，中间为邛海湖盆区。邛海水面面积 30.85 km²，正常蓄水位 1 510.3 m，平均水深 10.95 m，最大水深 34 m，湖泊补给系数 9.97，湖水滞留时间约 834 d。湖面南北长 11.5 km、东西宽 5.5 km，湖周长 37.4 km，湖面多年平均降雨量 989 mm，湖面多年平均降水补给量 2 650 万 m³。邛海泥沙冲淤变化以悬移质为主，流域内水土流失严重，泥沙随入湖河流汇入邛海，在湖区形成沉积，加上海河节制闸修建前汛期倒灌影响，导致邛海北部湖区泥沙淤积严重，水深较浅，平均水深不到 2 m（见图1、图2）。

作者简介： 王文华（1985—），男，高级工程师，主要从事河湖水生态治理与修复工作。

通信作者： 郭英卓（1968—），男，正高级工程师，中水北方水生态院副院长、总工程师，主要从事河湖水生态治理与修复工作。

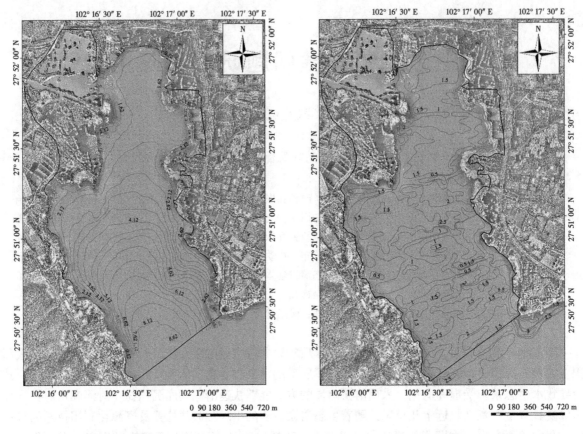

图 1　研究区水深分布 （单位：m）　　　**图 2　研究区淤泥等厚线** （单位：m）

邛海主湖区共设置了 4 个水质监测断面，分别为青龙寺、二水厂、邛海湖心和邛海宾馆。2020—2022 年水质监测结果表明，邛海主湖区现状水质为 Ⅱ～Ⅲ 类，处于优良状态。主要入湖河流（官坝河、鹅掌河、小箐河等）水质总体良好，只有个别月份水质超过了地表 Ⅲ 类水标准，主要超标因子为总氮、总磷和高锰酸盐指数。

邛海湖心水体透明度较好，基本都在 1 m 以上，北部湖区和海河出湖段水体透明度较差，特别是在风浪或行船发生水体扰动时，水体透明度明显降低，透明度不足 0.2 m。一般认为，水体较为舒适的可视标准为浊度小于 15 NTU，邛海北部湖区相对静态下浊度也达到了 30 NTU 以上，水体浑浊已成为该区域重要的物理感官特征之一。此外，透明度过低还影响沉水植物光合作用，近年来北部湖区沉水植物发生退化[8]，邛海生态系统存在进一步恶化的可能。

2　底泥分布与污染情况分析

2.1　底泥分布

为了查明邛海北部湖区底部淤泥分层情况，通过地勘手段结合水下地形测量成果对研究区底部淤泥物化性质进行了分析。根据底泥勘测结果，采用 GEOPAK 软件构建邛海淤泥体三维模型，模型分析计算表明，研究区淤泥总量约 392 万 m³，淤泥厚度在 0.1～2.2 m，研究区底泥可分为表层的流泥层和下层的淤泥层。其中，流泥层泥质呈褐红色、浅褐灰色、黑色，软塑或流塑状，呈流动性，手感黏糊；泥沙粒径较小，流泥层粒径较小的粉粒和黏粒占比达 90% 以上，是造成底泥在受物理扰动的情况下产生再悬浮体浑浊现象的主要原因。A 区流泥层厚度变化大，整体流泥层厚度在 0.1～1.5 m，主要淤积区局部可达 1.5～2.2 m；B 区流泥层厚度变化相对较小，整体流泥层厚度在 0.1～0.5 m，主要淤积区局部可达 1.2～2.0 m，A 区流泥层厚度高于 B 区（见图 3）。

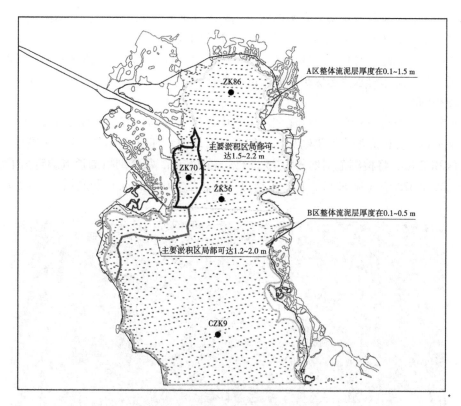

图3 研究区流泥层整体分布

2.2 底泥扰动分析

采用 MIKE 21 软件构建风浪及泥沙扰动模型,对邛海风浪及泥沙扰动情况开展数值模拟(见图4)。模拟泥层主要分为两层,包括平均厚度 0.5 m 的流泥层及平均厚度 1.5 m 的淤泥层。模拟分析结果表明,研究区泥沙扰动较为强烈的区域主要集中在 A 区及邛海两岸水深较浅的区域,分别在海河口、官坝河口及邛海北部湖区,在水深小于 3 m 的区域容易发生扰动,海河口及邛海北部湖区由于水深较浅,扰动最为明显,扰动时床层厚度变化在 0~8 cm。

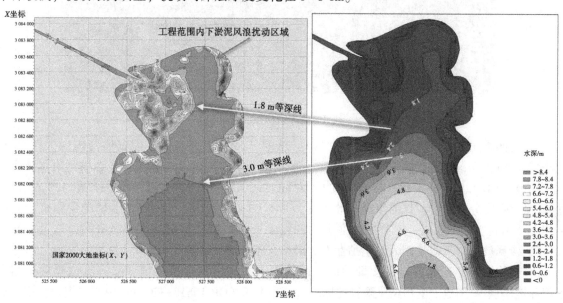

图4 泥沙扰动区域与水深分布

邛海北部湖区水体呈浑浊状态，在水体发生扰动时浑浊现象尤为明显，水体由浅黄棕色转向红褐色。通过底泥分布和扰动分析可以看出，北部湖区积累了较多泥沙，在风浪扰动下底泥会发生再悬浮，增加水体浊度。因此，对邛海北部湖区、海河出湖口等重点区域进行清淤，可有效改善邛海北部湖区水体浑浊现象，是邛海水生态保护和修复的重要措施。

2.3 底泥污染分析

为探究研究区底泥污染特性，对底泥和上覆水中氮磷营养物、有机物和重金属进行了检测分析，开展底泥释放实验，分析底泥中污染物分布规律及其对邛海水环境的影响。底泥污染分析范围为邛海北部湖区 A 区和 B 区，将检测范围划分为 75 m×75 m 的网格，每个网格的顶点确定为采样分析点位，采样分析点位共计 618 个（见图 5），每个采样点采集表层（0~20 cm）和底层（20~50 cm）泥样进行分析检测。

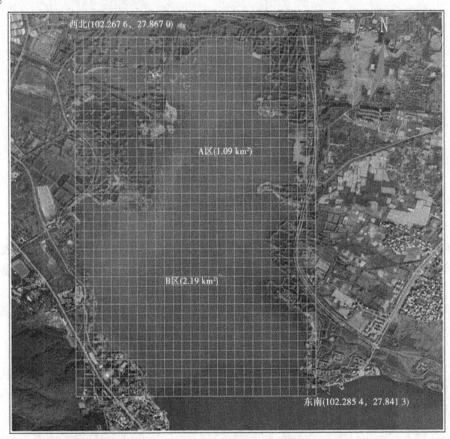

图 5 底泥采样检测点位

邛海北部湖区部分点位底泥中总氮（TN）、总磷（TP）含量较高，但整体与国内太湖、巢湖、长寿湖等水体相当，营养盐属于中下水平，TN 平均水平基本接近《中新天津生态城污染水体沉积物修复限值》（DB 12/499—2013）修复限值 1 500 mg/kg，TP 平均水平略高于修复限值 400 mg/kg。从底泥氮释放强度分析来看，氮的年释放量 A 区为 145.03 kg、B 区为 15.65 kg。磷的年释放量 A 区为 -0.58 kg、B 区为 -0.68 kg，工程区的底泥内源氮磷释放强度并不明显。邛海底泥以红色黏性土为主，底泥磷释放量为负值是因为红色黏性土对磷具有较强的吸附性能[9]。

研究区除镉外的其他重金属含量均低于国内外有关标准的评价限值，部分点位镉含量超出了《土壤环境质量 农用地土壤污染风险管控标准（试行）》（GB 15618—2018）中的农用地土壤污染风险筛选值 0.6 mg/kg，最高为 1.95 mg/kg，重金属镉含量较高的区域主要位于 A 区中部和 B 区南部，邛海生态清淤工程方案设计需考虑对底泥中重金属镉含量较高区域进行清淤。

3 生态清淤方案

3.1 清淤范围及深度控制

邛海生态清淤的工程任务以清除邛海北部湖区及河口区易受扰动泥沙为主，同时消除镉含量较高区域底泥释放风险，改善邛海水生态环境，为邛海流域水生态修复与治理提供基底条件，不同于普通以清除污染底泥为目标的生态清淤，需要综合考虑沉积泥沙扰动情况、底泥污染水平、水生态修复条件、流域综合治理等因素。

研究区A区泥沙淤积最为严重，且水深较浅，风浪扰动下底泥再悬浮现象明显，本工程重点对北部湖区主要泥沙输移堆积区进行清淤；B区泥沙淤积相对减少，水深较深，大部分区域受扰动不会发生水体浑浊现象，B区清淤范围主要为重金属镉含量相对较高区域。

进一步，将北部湖区清淤区划分为5个区（见图6）。其中，V区由于水深较深（水深大于3 m），底泥基本不受扰动，水体浑浊现象及污染物释放较轻；IV区所处位置湖周水深较浅，底泥受扰动下会造成水体浑浊及污染物释放，此区域主要通过植物修复和岸带生态修复措施达到改善生态环境的目标。因此，IV区和V区仅对当前重金属镉污染物富集程度较高区域进行清淤，清淤厚度为0.3~0.5 m。I~III区则主要依据底泥扰动下浑浊情况、流泥分布及生态修复条件等综合因素进行分区清淤。其中，I区为底泥扰动浑浊较为强烈区域，结合流泥层分布情况，清淤厚度控制在0.5~0.8 m；II区和III区底泥扰动程度相对较轻，结合流泥层分布，清淤深度分别控制在0.2~0.5 m和0~0.3 m。

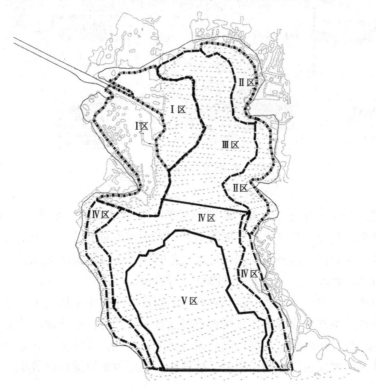

图6 邛海清淤分区图

3.2 清淤模式与清淤工艺

目前，湖库底泥清淤有工程清淤和生态清淤两种模式。工程清淤指通过人力或借助机械将水体内淤积的泥沙清除，起到抬高水深、增加库容、提升水体蓄滞能力的目的，其着重考虑工程的技术可行性和经济合理性。生态清淤指利用合适的机械及施工工艺，清除污染底泥，消除湖库的内污染源，以改善湖库水质和底栖环境，促进水生态系统的恢复，其既要考虑清淤工程实施技术的可行性和经济合理性，又要满足生态环保要求。邛海清淤以清除扰动泥沙、提高水体透明度、营造适宜的水生态自我恢复条件、降低水环境风险为目标，同时邛海作为西昌市饮用水水源地、国家级风景名胜区、国家湿地公园，生态较为敏感，因此邛海清淤必须采用生态清淤模式。

目前，国内常用的生态清淤设备有水陆两用挖掘机、泥浆泵、环保绞吸式挖泥船及气动泵挖泥船等。其中，环保绞吸式挖泥船采用的环保绞刀可以大幅度降低清淤过程中产生的疏浚羽流，降低对底泥的扰动，同时环保绞刀密闭性更好，可以将疏挖的底泥封闭于绞刀之中后经输泥管线输送至淤泥处置场。清淤过程中可以大幅度降低对底泥的扰动，减少对水体的污染，具有显著的环保效益。邛海北部湖区清淤量较大，水域开阔且水深条件理想，经综合比选分析，采用生产率为 400 m³/h 的海狸 1200 型环保绞吸式挖泥船进行作业。该类型绞吸式挖泥船可以通过陆上车辆运输，将分解的船体运送至岸边，组装后下水进行作业。

同时，为进一步降低生态清淤施工过程中因水体扰动对周边水体的影响，采取了以下控制措施：①在清淤区的外边界设置拦污屏，拦污屏具有透水阻泥作用，用于控制悬浮底泥向周边区域的扩散；②采用分层开挖法施工，设计分层开挖厚度应在 20~50 cm，避免出现泥量过大产生逃淤，同时也有益提高开挖精度；③采用机械限速施工，根据生产性试验结果，综合选定挖泥船绞刀转速、推进速度和左右横移速度等操作参数，清淤过程中严格控制，限速施工。

邛海北部湖区清淤工艺图见图 7。

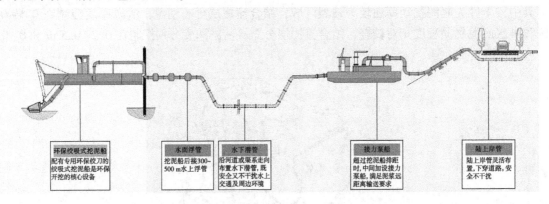

图 7　邛海北部湖区清淤工艺图

3.3　底泥固化

按照国家对河道、湖库底泥处置要求，弃置于自然环境中（地面、地下、水中）或再利用的底泥，必须选取能够达到长期稳定并对生态环境无不良影响的底泥固化方式，底泥处置应遵循减量化、安全性、生态性和经济性原则。选择底泥固化处理工艺时应充分分析清淤区泥质与分布、区域现有场地资源等情况，合理选择处理工艺，最大程度降低工程造价。

清淤底泥固化处理方式主要有自然干化、真空脱水干化、机械脱水法、土工管袋脱水固化及投加固化剂等。由于邛海周边生态较为敏感，淤泥处置场选址条件严苛，最终确定的淤泥处置场的场地可用面积较小，场地内地势起伏较大。根据不同底泥脱水工艺特点，最终本工程底泥脱水工艺确定为机械脱水工艺，清挖出的底泥通过管道输送至淤泥处置场，采用板框压滤机械脱水设备进行固化处理。

3.4　余水处理

生态清淤工程余水主要来源于两部分，即淤泥处理工序中的二级沉淀池上清液及压滤机压滤出水，余水排放标准执行《城镇污水处理厂污染物排放标准》（GB 18918—2002）一级 A 标准。根据对淤泥上覆水和间隙水的水质检测分析，结合国内同类湖库清淤工程经验，余水进水中主要污染物为悬浮物、有机物、氨氮和总磷等指标基本满足排放要求。

本工程余水工艺设计结合余水处理规模、进水水质特性、出水水质要求以及当地的实际条件和要求，选择切实可行且经济合理的余水处理工艺。目前，絮凝沉淀工艺和过滤截留工艺是常用于去除悬浮物等污染物的深度处理工艺。磁混凝沉淀技术以重介质加载沉淀技术为基础，利用常规的絮凝沉淀法，通过在混凝阶段投加高效可回收的磁介质提高絮体的沉降速度，具有对 SS（悬浮固体）、TP（总磷）去除效果好，耐冲击负荷能力强，出水稳定可靠等优点。经综合比选，邛海生态清淤工程采用磁混凝沉淀作为余水处理的主体工艺。

4 底泥资源化利用途径探索

湖库清淤底泥经机械脱水固化处理后，含水率不大于55%，运输方便，干泥可作为路基、房建、绿化、农业用土等进行资源化利用，也有一些研究和工程示范项目提出将干化底泥用于制备水泥、砖、陶粒等，但由于成本较高，往往工程实际应用较为困难。湖库干化底泥消纳和利用时应结合当地条件，探索用量大、利用成本低的资源化途径。

邛海生态清淤工程根据底泥中重金属镉含量水平实施分区和分期清淤，镉含量未超出农用地土壤污染风险筛选值的底泥固化处理后可用于农业种植，结合西昌市正在开展的全域土地综合整治进行消纳；镉含量超过农用地土壤污染风险筛选值的底泥固化处理后可作为城市建设和绿化用土，最终实现底泥的资源化利用。

5 结论与建议

邛海北部湖区泥沙淤积严重，在风浪扰动下局部水体易发生浑浊，导致水生植物退化，影响整个邛海流域的水生态系统保护与修复工作，实施邛海生态清淤工程十分必要。通过对北部湖区、河口区进行环保式清淤，清除区域内淤积的泥沙，消除水环境风险，结合生态修复措施，恢复水生动植物群落结构，改善区域水生态环境。根据研究区底泥分布、风浪扰动分析和底泥污染水平等因素综合确定生态清淤范围和深度，主湖区清淤设备选择环保绞吸式清淤船，底泥清出后通过输泥管线输送到淤泥处置场进行脱水和干化，底泥最终作为农业、绿化和建设用土进行资源化利用，余水经磁混凝高效沉淀工艺处理后达标排放。

邛海水体浑浊问题是一个系统性问题，源头在于历史上淤积的泥沙和上游的水土流失问题，建议对流域内主要河流加快实施水源涵养和水土保持工程，控制流域水土流失，减少入邛海泥沙量；生态清淤工程实施后要做好回淤观测，施工过程中要加强工程管理和监测，对清淤区域、淤泥处置场区域和下游海河定期开展水环境和水生态监测，尽量减轻工程施工对邛海周边生态环境的影响，同时为邛海水生态修复与保护做好数据收集和经验积累。

参考文献

[1] 吴芝瑛，虞左明，盛海燕，等．杭州西湖底泥疏浚工程的生态效应 [J]．湖泊科学，2008，20（3）：277-284.

[2] 张纯敏．太湖西沿岸区底泥污染及生态应急清淤研究 [J]．环境影响评价，2018，40（4）：92-96.

[3] 李中华，楚维国，舒畅，等．滇池环保清淤工程工艺技术创新 [J]．水运工程，2018（S1）：131-134，140.

[4] 王广召，方涛，唐巍，等．疏浚对巢湖重污染入湖河流沉积物中污染物赋存及释放的影响 [J]．湖泊科学，2014，26（6）：837-843.

[5] 程扬，赖锡军．生态清淤对于桥水库水质影响的数值模拟 [J]．水资源与水工程学报，2019，30（3）：58-65.

[6] 单玉书，沈爱春，刘畅．太湖底泥清淤疏浚问题探讨 [J]．中国水利，2018（23）：11-13.

[7] 莫孝翠，杨开，袁德玉．湖泊内源污染治理中的环保疏浚浅析 [J]．人民长江，2003，34（12）：47-49.

[8] 杨红，郑璐，马金华．四川邛海湖湿地水生维管植物的现状调查 [J]．基因组学与应用生物学，2009，28（5）：946-950.

[9] 王伟，杭小帅，张毅敏．红色黏土对磷的吸附性能及其机理探讨 [J]．生态与农村环境学报，2011，27（2）：108-112.

气候变化和梯级水库对长江宜宾—重庆段积温影响

郝好鑫[1,2]　杨梦斐[1]　杨　龑[1]　王俊洲[1]　朱秀迪[1]　李志军[1]

（1. 长江水资源保护科学研究所，湖北武汉　430051；

2. 长江水利委员会湖库水源地面源污染生态调控重点实验室，湖北武汉　430051）

摘　要：积温是影响鱼类产卵的重要指标。本文基于长序列水温和气象数据，以铜鱼产卵积温为例，研究了气候变化和向家坝-溪洛渡蓄水对下游水温积温的影响，结果表明：长江干流宜宾—重庆河段近30年水温积温显著增高（$p<0.05$），增幅 209.2~257.0 ℃·d，增温速率 69.7~85.7 ℃·d/10 a；向家坝-溪洛渡蓄水后该河段达到铜鱼产卵积温的时间提前，提前程度最小的朱沱水文站约为 30 d；河段积温年际变化主要由气温和日照天数变化引起，年内变化主要由梯级蓄水引起。研究结果可为减缓水电开发对水生生态的影响提供基础支撑。

关键词：长江上游；梯级水库；气候变化；积温；水温

1　研究背景

水电占全球可再生能源的70%以上，是开发最广泛的可再生能源[1]。然而，水电开发不可避免地对生态环境产生影响。例如，大坝建设改变自然河流的水深、流量和水温等水文情势特征，进而影响鱼类等水生生物的栖息环境和生长发育[2-4]。在全球气候变化叠加人类活动加剧背景下，全球淡水生态系统水温发生了普遍升高或节律改变，目前水温变化已成为影响水生生态系统安全的重大因素[5-6]。

影响水温变化的因素主要有气温、辐射、降水量等气象因子，以及水库蓄水等人类活动[7-8]。长江上游开发了世界规模最大的梯级水库群，已有研究显示在气候变化和水利水电工程综合作用下，近60年长江流域水温发生了显著变化（见表1）：其中长江源沱沱河增高 0.6~0.7 ℃，主要增温在5—9月，水温变化主要受青藏高原夏季气温变化驱动[9]；上游金沙江干流显著增高 0.3~0.6 ℃[10-11]；上游攀枝花—宜昌段增高 0.3~1.5 ℃，宜昌段年内水温呈现春季降温、冬季增温趋势[12-13]；长江中下游同样呈现水温总体增高趋势[14-17]，其中鄱阳湖表层水温显著增高 1.1 ℃，春季增温速度高于其他季节 2~4 倍，水温变化受区域气温和辐射增加共同驱动[17]。此外，Li 等以铜鱼产卵积温为例，发现溪洛渡和向家坝蓄水使朱沱水文站积温达到铜鱼产卵积温时间提前 23 d[18]。综上所述，气温变化和干支流水电开发共同影响下游河段水温及积温变化过程。然而，在长江上游气候明显变化[19-20] 和金沙江高强度梯级开发背景下，两者如何共同影响下游水温积温变化仍待进一步研究。

鱼类产卵活动受水温、流量、光照和浊度等众多环境因素影响，但其中一定水温过程是满足鱼类性腺发育的前提[20]。水温影响着鱼类从原始生殖细胞、卵母细胞到幼鱼发育的各个阶段，并且与性腺激素和卵母细胞直径密切相关[18]。大量研究表明，临界温度和积温是衡量鱼类繁殖与水温两者关系的两个关键指标，其中临界温度是触发产卵的最低温度，积温则控制着性腺发育过程对水温的需求，研究表明鱼类性腺发育成熟存在积温阈值[18]。目前，长江流域梯级开发对鱼类产卵临界水温影响研究已取得众多成果。例如，有研究通过对比三峡蓄水前后鱼类适宜产卵临界水温对应时间变化，

基金项目：中国长江三峡集团有限公司科研资助项目（SXSN/4596）资助。

作者简介：郝好鑫（1992—），男，高级工程师，主要从事水资源保护与生态修复工作。

发现三峡蓄水后下游河道的水温变化使"四大家鱼"产卵平均推迟了 10 d[21]，使中华鲟产卵平均推迟 20~29 d[12,18]，并且通过降低产卵次数、受精率和产卵数量等大大降低了有效繁殖速率[4]。然而，现阶段关于长江梯级开发对鱼类产卵积温影响的研究相对较少。

表 1　长江不同河段（通江湖泊）水温变化特征及其影响因素

序号	研究区域	时段	水温变化		影响因素		水温数据	参考文献
			年际变化	年内变化	气候变化	梯级开发		
1	沱沱河流域	1977—2015 年	2011—2015 年较 1977—1980 年增高 0.6~1.7 ℃	5—9 月显著增温	气温变化是主要原因	—	5—10月（非冰冻期）沱沱河水文站资料	[9]
2	金沙江干流	1960—2013 年	增温速率：0.063~0.170 ℃/10 a	华弹站 4 月降温 0.8 ℃，12 月增温 1.8 ℃	与气温变化趋势一致	雅砻江水电开发改变华弹站水温的年内变化	巴塘、石鼓、华弹水文站资料	[10]
3	金沙江上游	1961—2018 年	增温显著	—	与气温变化最为密切	—	岗拖、巴塘、石鼓水文站资料	[11]
4	长江宜昌段	1956—2014 年	增高约 0.518 ℃	冬季增温，春季降温	—	三峡蓄水	宜昌水文站资料	[12]
5	长江攀枝花—宜昌段	1956—2016 年	增温速率：0.051~0.247 ℃/10 a	屏山站与宜昌站 4 月和 12 月分别较蓄水前降温 2.6 ℃和增温 4 ℃左右	—	向家坝和三峡水库累积影响	攀枝花、华弹、屏山、高场、朱沱、北培、寸滩、武隆和宜昌水文站资料	[13]
6	长江宜宾段	2009—2015 年	—	达到铜鱼产卵积温（1 324.9 ℃·d）时间提前 23 d	—	向家坝和溪洛渡蓄水	朱沱水文站资料	[18]

续表1

序号	研究区域	时段	水温变化		影响因素		水温数据	参考文献
			年际变化	年内变化	气候变化	梯级开发		
7	长江干流	1959—2017 年	总体增高	—		三峡蓄水	寸滩、宜昌、汉口和大通站水文站资料	[14]
8	长江中游	2003—2014 年	—	冬季增温, 其他季节降温	与气温变化趋势一致	三峡水库对水温影响超过气候变化	宜昌水文站资料与模型模拟	[15]
9	长江中下游	2001—2013 年	总体增高	—		三峡蓄水后水温增高, 距离水坝越远, 水温越低	基于 MODIS 数据反演的三峡坝址到入海口水温	[16]
10	长江中下游通江湖泊	1979—2017 年	增温速率: 0.28 ℃/10 a	春季增温速率是其他季节 2~4 倍	太阳辐射和气温贡献了 80%	—	鄱阳湖表层水温实测资料	[17]

注:"—"表示文献中未直接涉及。

目前,金沙江下游已建向家坝、溪洛渡、白鹤滩和乌东德 4 座梯级水库,最后一级向家坝下游紧邻我国最长的河流型自然保护区——长江上游珍稀特有鱼类国家级自然保护区,梯级水库运行势必对下游保护区河道水温产生影响。为研究梯级水库和气候变化对该河段鱼类生长繁殖影响,本文以向家坝坝下长江宜宾—重庆河段为研究区,以 1989—2019 年水温为研究对象,首先分析了向家坝-溪洛渡蓄水后下游水温积温(以铜鱼产卵积温为例)变化特征;其次基于水温变化由气候变化和梯级开发驱动的假设,检验了气候变化对水位积温的影响;最后基于上述结果,对比了向家坝-溪洛渡蓄水对研究河段达到铜鱼产卵积温的时间。

2 研究区域与方法

2.1 研究河段概况

研究河段为长江干流向家坝坝下宜宾—重庆河段,该河段左岸主要支流有岷江、沱江、嘉陵江等,右岸主要支流有赤水河等,总长约 380 km。长江—宜宾河段流经峡谷、丘陵和山地,河床多为卵石,滩多流急,是长江上游珍稀特有鱼类国家级自然保护区的主要保护范围,分布的珍稀特有与经济鱼类主要包括铜鱼、胭脂鱼、达氏鲟、岩原鲤、长薄鳅、青鱼、草鱼、鲢鱼、鳙鱼和中华纹胸鮡等。

研究河段上游为金沙江梯级开发的最后两级,即溪洛渡水电站和向家坝水电站(见图1)。溪洛渡水电站于 2013 年 5 月下闸蓄水,2014 年汛后首次蓄至正常蓄水位 600 m,其回水长度 199 km,水库的总库容 129.1 亿 m³，具有不完全年调节能力；向家坝水电站于 2012 年 10 月下闸蓄水，2013 年 9 月首次蓄至正常蓄水位 380 m，其回水长度 156 km，总库容 51.86 亿 m³，具有季调节能力。

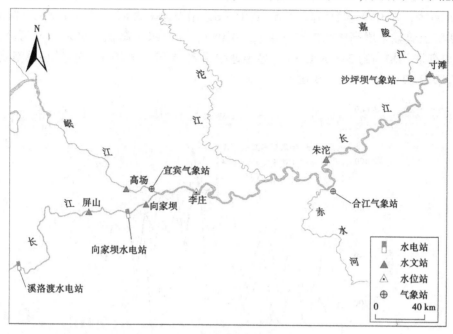

图 1　研究区域示意图

2.2　水温和气象资料

水温选取研究河段向家坝、朱沱、寸滩 3 个水文站 1989—2019 年的逐旬数据，水文站位置如图 1 所示。气象资料选择向家坝、朱沱和寸滩站附近的宜宾、合江和沙坪坝 3 个气象站 1989—2019 年逐月气象资料（合江气象站缺少 1989—1990 年资料），气象站位置如图 1 所示。

水温积温计算以该河段典型鱼类铜鱼的产卵积温为例，计算了铜鱼发育过程中高于生物学零度水温的累积水温，计算公式如下：

$$AT = \sum_{i}^{j} T_i - T_0 \tag{1}$$

式中：AT 为从 i 时段到 j 时段的积温，℃·d；T_i 为发育期日水温，℃；T_0 为生物性腺发育的生物学零度水温，这里参考 Li 等[18] 对该河段铜鱼产卵积温研究结果，取 $T_0 = 12$ ℃；i 为生物性腺发育的开始时间，以 d 计，Li 等研究结果显示该河段铜鱼 7 月基本全部完成产卵，因此这里 i 从 8 月 1 日开始计算。

由于本文气象和水温数据为旬尺度，因此计算积温时以旬平均水温作为日平均水温。

2.3　数据分析

采用 Mann-Kendall（M-K）法检验 1989—2019 年向家坝、朱沱和寸滩 3 个水文站水温年积温和宜宾、合江和沙坪坝 3 个气象站气象数据变化趋势；由于溪洛渡下闸蓄水时间晚于向家坝 1 年，因此以向家坝蓄水时间 2012 年作为反映金沙江下游梯级（向家坝-溪洛渡）对水温影响的时间节点对比蓄水前后的积温差异；基于已有水温与气象因子关系的相关研究[9,11]，选择与水温关系较为密切的气温、日照时数和降水量 3 个气象因子采用线性回归探索气候变化与积温的关系。所有数据分析使用 R software V.4.1.2（R Development Core Team 2021）完成，全文显著性水平均为 *$p < 0.05$，**$p < 0.01$ 和 ***$p < 0.001$。

3　结果

3.1　向家坝-溪洛渡蓄水后下游水温积温年际变化特征

由 M-K 检验结果可知，研究河段 1989—2019 年水温年积温呈现显著增高趋势（$p < 0.05$）。其

中，向家坝水文站积温呈现显著增高趋势（$p<0.05$），近 30 年积温增高约 209.2 ℃·d，增温速率为 69.7 ℃·d/10 a，但向家坝-溪洛渡蓄水前后该站年积温无明显变化；朱沱水文站积温呈现极显著增高趋势（$p<0.001$），近 30 年积温增高约 257.0 ℃·d，增温速率为 85.7 ℃·d/10 a，向家坝-溪洛渡蓄水前后该站年积温显著增高 108.7 ℃·d（$p<0.05$）；寸滩水文站积温呈现极显著增高趋势（$p<0.001$），近 30 年积温增高约 247.5 ℃·d，增温速率为 82.5 ℃·d/10 a，向家坝-溪洛渡蓄水前后该站年积温显著增加 89.9 ℃·d（$p<0.05$）（见图 2）。

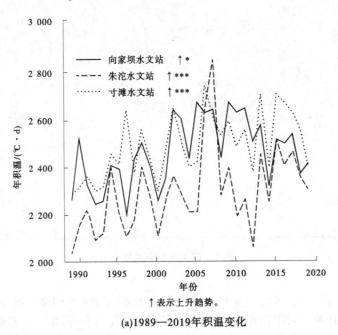

↑ 表示上升趋势。

(a)1989—2019年积温变化

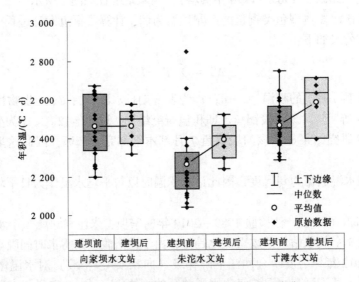

(b)向家坝-溪洛渡蓄水前后水温积温变化

图 2　长江干流宜宾—重庆河段水温年积温变化

3.2　向家坝-溪洛渡蓄水后下游水温积温年内变化特征

由图 3 可知，向家坝-溪洛渡蓄水后长江干流宜宾—重庆河段年内旬水温积温发生改变。具体而言：蓄水后，向家坝水文站 2 月中旬至 8 月中旬旬平均积温下降 18.5 ℃·d，其中 3—6 月降温显著（$p<0.001$），最大降幅 36.9 ℃·d（5 月上旬）；8 月下旬至次年 2 月上旬旬平均增高 18.5 ℃·d，其中 10 月至次年 1 月增温显著（$p<0.001$），最大增幅 36.5 ℃·d（12 月中旬）。朱沱水文站 3 月下旬

至 8 月中旬旬平均积温降低 14.5 ℃·d，其中仅 5 月降温显著（$p<0.05$），最大降幅为 16.1 ℃·d（5 月上旬）；8 月上旬至次年 3 月中旬旬平均增温 10.7 ℃·d，其中 10 月至次年 2 月增温显著（$p<0.05$），最大增幅 27.1 ℃·d（12 月上旬）。寸滩水文站 3 月中旬至 7 月中旬旬平均积温降低 4.9 ℃·d，其中仅 5 月降温显著（$p<0.01$），最大降幅为 13.4 ℃·d（5 月上旬）；7 月下旬至次年 3 月上旬旬平均增温 7.9 ℃·d，其中 10 月至次年 1 月增温显著（$p<0.05$），最大增幅 13.4 ℃·d（12 月下旬）。对比发现，向家坝-溪洛渡蓄水后下游河段春季积温的"滞冷"效应明显，秋冬季积温的"滞热"效应明显，积温的"滞热"程度大于"滞冷"程度。

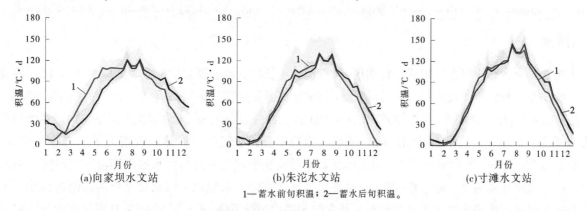

1—蓄水前旬积温；2—蓄水后旬积温。

图 3   向家坝-溪洛渡蓄水前后长江干流宜宾—重庆河段水温旬积温变化（阴影部分表示积温的最大和最小区间）

3.3   气候变化对水温积温影响

首先分析研究区域气候变化特征。由图 4 可知，研究区域近 30 年平均气温呈现显著上升趋势（$p<0.05$），其中宜宾气象站、合江气象站和沙坪坝气象站近 30 年年平均气温分别上升约 0.9 ℃、0.4 ℃和 1.3 ℃，气温上升速率分别为 0.3 ℃/10 a、0.2 ℃/10 a 和 0.4 ℃/10 a［见图 4（a）］。值得注意的是，研究区域内年降水量和年日照时数近 30 年无显著变化［见图 4（b）、（c）］。

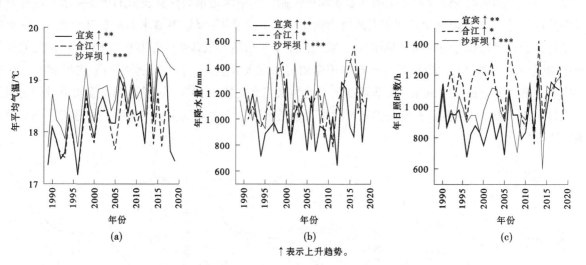

↑表示上升趋势。

图 4   研究区域年平均气温、年降水量和年日照时数变化

向家坝-溪洛渡蓄水后下游水温积温年际和年内变化特征分析表明，研究区域水温积温受梯级蓄水影响。进一步的气象因素与积温简单回归分析（见表 2）表明，向家坝、寸滩和朱沱 3 个水文站年际尺度上积温的升高与近 30 年区域气温升高显著相关（$p<0.01$），而朱沱水文站和寸滩水文站积温升高还与日照时数密切相关（$p<0.01$）。上述结果共同说明，研究区域水温积温年际变化主要由气温和日照因素变化引起，年内变化主要由梯级蓄水引起。

表 2　长江干流宜宾—重庆河段水温年积温与气象因素回归结果

断面	平均气温	日照时数	降水量
向家坝	$AT=172.7T-690.8$，$R^2=0.50**$	ns	ns
朱沱	$AT=284.3T-2\,852.9$，$R^2=0.56**$	$AT=0.54S+1\,708$，$R^2=0.24**$	ns
寸滩	$AT=182.3T-921.88$，$R^2=0.50**$	$AT=0.44S+2\,056$，$R^2=0.22**$	ns

注：AT—年积温；T—年平均气温；S—年日照时数；ns—显著性水平 $p>0.05$；$**$ 表示显著性水平 $p<0.01$，样本数为 $27\sim29$。

4　讨论

在气候变化和水利水电工程综合作用下，近 60 年长江流域水温发生了显著变化（见表 1）。研究进一步发现，长江干流宜宾—重庆河段近 30 年水温积温发生了显著增高（$p<0.05$），增幅为 $209.2\sim$ 257.0 ℃·d（增温速率为 $69.7\sim85.7$ ℃·d/10 a）。此外，向家坝-溪洛渡蓄水后下游河段春季积温的"滞冷"效应明显，秋冬季积温的"滞热"效应明显，积温的"滞热"程度大于"滞冷"程度，该结论与 Zhang 等[12] 和邹珊等[13] 关于梯级蓄水对长江攀枝花—宜昌段水温的滞温影响研究结果较为一致。值得注意的是，向家坝-溪洛渡蓄水后虽然向家坝、朱沱和寸滩水文站年内水温过程均发生了变化，但是向家坝水文站 2 月中旬至 8 月中旬旬平均积温下降 18.5 ℃·d，8 月下旬至次年 2 月上旬旬平均积温同样增高 18.5 ℃·d，蓄水前后向家坝水文站年水温积温并没有显著改变。综合本文梯级蓄水和气象因素与水温积温的分析表明，研究区域水温积温年际变化主要由气温和日照因素变化引起，年内变化主要由梯级蓄水引起。

长江上游珍稀特有鱼类国家级自然保护区鱼类产卵期主要集中在 2—5 月[22-23]，向家坝-溪洛渡蓄水后春季低温水下泄引起的"滞冷"效应推迟了该河段鱼类适宜产卵水温时间的研究已见报道。然而，鱼类产卵同时受临界温度刺激和累积温度控制，其中满足鱼类性腺发育的积温需求是性腺发育成熟的前提[18]。本文以铜鱼产卵积温阈值为例，对比了向家坝-溪洛渡蓄水前后长江干流宜宾-重庆河段达到铜鱼产卵积温的时间（见图 5），发现由于蓄水后达到铜鱼生物学零度（12 ℃）时间的提早和冬季强烈的"滞热"效应使得达到产卵积温阈值时间大大提前：向家坝水文站平均提前了 100 d，其次是寸滩水文站提前约 50 d，提前程度最小的为朱沱水文站约 30 d。过早达到积温阈值时间会引发与临界产卵水温的不匹配，扰动鱼类正常的发育繁殖节律，大大降低质量产卵率、卵母质量和有效繁殖率[4,18,24]。

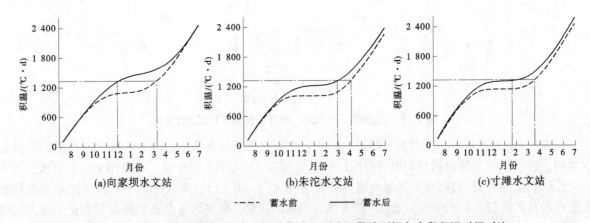

图 5　向家坝-溪洛渡蓄水前后长江干流宜宾—重庆河段达到铜鱼产卵积温时间对比

5 结论

本文基于长江宜宾—重庆河段长序列水温和气象数据，以铜鱼的产卵积温为例，研究了气候变化和向家坝-溪洛渡蓄水对下游水温积温的影响，结果表明：

（1）长江干流宜宾—重庆河段近 30 年水温积温发生了显著增高（$p<0.05$），增幅为 209.2~257.0 ℃·d，增温速率为 69.7~85.7 ℃·d/10 a。

（2）积温的年际变化主要由气温和日照天数变化引起，年内变化主要由梯级蓄水引起。

（3）向家坝-溪洛渡蓄水后长江干流宜宾—重庆河段达到铜鱼产卵积温的时间提前，其中向家坝水文站平均提前 100 d，其次是寸滩水文站提前约 50 d，提前程度最小的为朱沱水文站约 30 d。

参考文献

[1] Moran E F, Lopez M C, Moore N, et al. Sustainable hydropower in the 21st century [J]. Proceedings of the National Academy of Sciences, 2018, 115（47）：11891-11898.

[2] Ouellet V, St-Hilaire A, Dugdale S J, et al. River temperature research and practice：Recent challenges and emerging opportunities for managing thermal habitat conditions in stream ecosystems [J]. Science of the Total Environment, 2020, 736：139679.

[3] 郝好鑫，杨霞，杨梦斐，等. 金沙江下游梯级水库对水温及鱼类适宜产卵时间的影响 [J]. 湖泊科学，2023, 35（1）：247-257.

[4] Huang Z L, Wang L H. Yangtze dams increasingly threaten the survival of the Chinese sturgeon [J]. Current Biology, 2018, 28（22）：3640-3647.

[5] Woodward G, Perkins D M, Brown L E. Climate change and freshwater ecosystems：impacts across multiple levels of organization [J]. Philosophical Transactions of the Royal Society B：Biological Sciences, 2010, 365（1549）：2093-2106.

[6] Dadras H, Dzyuba B, Cosson J, et al. Effect of water temperature on the physiology of fish spermatozoon function：a brief review [J]. Aquaculture Research, 2017, 48（3）：729-740.

[7] 陈求稳，张建云，莫康乐，等. 水电工程水生态环境效应评价方法与调控措施 [J]. 水科学进展，2020, 31（5）：793-810.

[8] 石希，夏军强，孙健. 基于热红外遥感影像的河流水温反演方法比较：以长江上游流域为例 [J]. 湖泊科学，2022, 34（1）：307-319.

[9] 熊明，邹珊，姜彤，等. 长江源区河流水温对气候变化的响应 [J]. 人民长江，2018, 49（14）：48-54.

[10] 刘昭伟，吕平毓，于阳，等. 50 年来金沙江干流水温变化特征分析 [J]. 淡水渔业，2014, 44（6）：49-54.

[11] 邵骏，杜涛，郭卫，等. 金沙江上游河段水温变化规律及其影响因素探讨 [J]. 长江科学院院报，2022（8）：1-9.

[12] Zhang H, Wu J M, Wang C Y, et al. River temperature variations and potential effects on fish in a typical Yangtze River reach：Implications for management [J]. Applied Ecology and Environmental Research, 2016, 14（4）：553-567.

[13] 邹珊，李雨，陈金凤，等. 长江攀枝花—宜昌江段水温时空变化规律 [J]. 长江科学院院报，2020, 37（8）：35-41, 48.

[14] Guo W X, He N, Dou G F, et al. Hydrothermal regime variation and ecological effects on fish reproduction in the Yangtze River [J]. International Journal of Environmental Research and Public Health, 2021, 18, 12039.

[15] Tao Y, Wang Y, Rhoads B, et al. Quantifying the impacts of the Three Gorges Reservoir on water temperature in the middle reach of the Yangtze River [J]. Journal of Hydrology, 2020, 582：124476.

[16] Xiong Y J, Yin J, Zhao S H, et al. How the three Gorges Dam affects the hydrological cycle in the mid-lower Yangtze River：a perspective based on decadal water temperature changes [J]. Environmental Research Letters, 2020, 15（1）：014002.

[17] Li X, Peng S, Deng X, et al. Attribution of lake warming in four shallow lakes in the middle and lower Yangtze River Basin [J]. Environmental Science & Technology, 2019, 53（21）：12548-12555.

［18］Li T, Mo K L, W J, et al. Mismatch between critical and accumulated temperature following river damming impacts fish spawning ［J］. Science of the Total Environment, 2021, 756（144052）.

［19］Naveed A, Wang G X, Adeyeri O, et al. Temperature trends and elevation dependent warming during 1965—2014 in headwaters of Yangtze River, Qinghai Tibetan Plateau ［J］. Journal of Mountain Science, 2020, 17（3）：556-571.

［20］Dahlke F T, Wohlrab S, Butzin M, et al. Thermal bottlenecks in the life cycle define climate vulnerability of fish ［J］. Sicence, 2020, 369（6499）：65-70.

［21］郭文献, 王鸿翔, 夏自强, 等. 三峡－葛洲坝梯级水库水温影响研究 ［J］. 水力发电学报, 2009, 28（6）：182-187.

［22］任杰, 彭期冬, 林俊强, 等. 长江上游珍稀特有鱼类国家级自然保护区重要鱼类繁殖生态需求 ［J］. 淡水渔业, 2014, 44（6）：18-23.

［23］李倩, 李翀, 骆辉煌. 长江上游珍稀、特有鱼类生态水温目标研究 ［J］. 中国水利水电科学研究院学报, 2012, 10（2）：86-91.

［24］Zhang H, Wu J M, Wang C Y, et al. River temperature variations and potential effects on fish in a typical Yangtze River reach：Implications for management ［J］. Applied Ecology and Environmental Research, 2016, 14（4）：553-567.

洮儿河干流母亲河复苏总体思路与对策研究

张　宇　邵文彬　陈丽芳　孟凡傲　黄　旭　王　欣　刘洪超

（水利部松辽水利委员会，吉林长春　130021）

摘　要： 母亲河复苏行动是加快复苏河湖生态环境的标志性行动和关键任务。以洮儿河干流为研究对象，通过现场调研、遥感图像解译及水文数据分析等方法，研判洮儿河干流河段断流情况及成因，开展复苏总体思路与对策研究。提出的洮儿河干流母亲河复苏行动范围、目标及措施体系，可为推动洮儿河干流母亲河复苏提供参考。

关键词： 母亲河；复苏行动；断流；总体思路；对策研究

河流是文明的摇篮。洮儿河是内蒙古自治区兴安盟和吉林省白城市的母亲河。近年来，受自然变化和人类活动等综合因素影响，洮儿河部分河段出现河道断流、河床萎缩、水动力循环条件差等问题，对供水安全、生态安全、粮食安全、防洪安全构成威胁，严重影响两岸人民群众的生活生产，制约着当地经济社会高质量发展[1]。

党和政府高度重视河湖生态环境保护，开展母亲河复苏行动是生态文明建设的必然要求，是水利高质量发展的重要路径。2023年3月，为修复河湖生态环境，《母亲河复苏行动河湖名单（2022—2025年）》印发，将永定河、潮白河、洮儿河、西辽河等88条（个）河湖纳入母亲河复苏行动河湖名单。开展洮儿河干流母亲河复苏行动对促进区域经济社会高质量发展、区域生态文明建设具有重要意义，对改善区域生态环境具有重要的引领示范作用[2]。

本文以洮儿河干流为研究对象，通过现场调研、遥感图像解译及水文数据分析等方法，研判洮儿河干流河段断流情况及成因，开展复苏总体思路与对策研究。通过严格调度、农业节水、强化监管、空间整治、治理超采、生态补水等措施，分年度有效提升重点断流河段有水河长及有水河段时长，使生态流量得到保障，相机为莫莫格、向海、牛心套保等湖泡湿地进行生态补水，维护洮儿河健康生命。

1　流域概况

洮儿河是嫩江下游右侧支流，流经内蒙古自治区兴安盟的阿尔山市、科右前旗、乌兰浩特市和吉林省白城市的洮北区、洮南市、镇赉县、大安市，至月亮泡注入嫩江，干流全长563 km，流域面积36 912 km²，其中内蒙古自治区面积25 632 km²、吉林省面积11 280 km²。地理坐标为东经120°10′～124°00′，北纬45°42′～47°15′。洮儿河流域自西北向东南倾斜，西北部为山地、中部为丘陵、东南部为洪积平原，其中山区占65%、丘陵平原占35%。察尔森水库以上为山区，属上游区，森林茂密，植被覆盖良好，河谷呈U字形，坝址处河谷宽1 500 m。察尔森水库以下至镇西进入丘陵和由丘陵向平原过渡地区，此段为中游，河道弯曲，河谷逐渐开阔至2～5 km，河床由卵石和少量细砂组成。镇西以下为下游，进入松嫩平原，多沼泽湿地。

洮儿河流域多年平均降水量为435.4 mm，降水量年内分配很不均匀，降雨主要集中在6—9月，降水量占全年降水量的85.4%。洮儿河与蛟流河自大兴安岭东坡流出山口进入低平原，由第四系松散堆积物形成冲洪积扇形地，该区地下水补给条件好，主要补给来源有大气降水入渗和河水渗漏补给以及来自山区的地下径流补给。从蛟流河、洮儿河河床岩性来看，绝大部分为砂砾石和中细砂，透水

作者简介： 张宇（1989—），男，高级工程师，主要从事流域综合治理与水生态修复工作。

性好，并与地下水有密切的水力联系[3]。

2 河流断流情况及成因分析

2.1 河流断流情况

2.1.1 现状河段断流情况

根据现场调查及水文资料统计，洮儿河源头区至察尔森水库段近 10 年未出现过河段断流情况，黑帝庙水文站至月亮湖水库常年断流，但由于无监测数据，暂无法统计。镇西水文站断面近 10 年未出现过断流情况。但通过遥感影像分析，察尔森水库至归流河口近 10 年平均断流天数为 85 d，断流（干涸）河长 41.35 km。归流河口至镇西站段由于归流河水汇入，干流不存在河段断流情况。镇西站段至洮南站段近 10 年平均断流天数为 176 d，断流（干涸）河长 92.45 km。洮南站段至黑帝庙站段近 10 年平均断流天数为 202 d，断流（干涸）河长 53.36 km。由察尔森水库至下游黑帝庙水文站，断流天数逐渐增加，断流趋势呈现加剧态势（见图 1）。

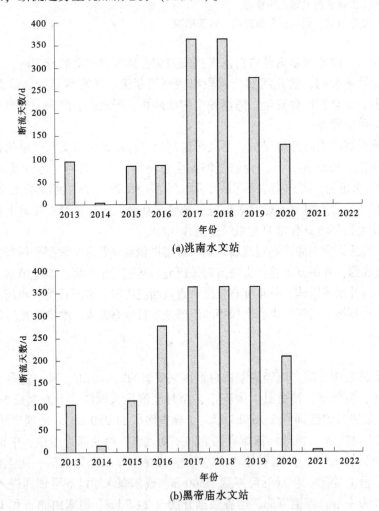

图 1 2013—2022 年洮南水文站、黑帝庙水文站断流天数统计

2.1.2 典型年河段断流情况

根据各水文站实测日均流量数据，考虑 2000 年后察尔森水库下游水稻种植面积扩大，河道内取用水量增加，重点对 2000 年以后镇西站至黑帝庙站的河段断流时长进行统计。镇西站至洮南站断流河段统计时长为 2014 年（P=50%），2000 年、2003 年、2008 年平均值（P=75%）和 2010 年（P=90%）的断流天数，分别为 2 d、232 d 和 322 d；洮南站至黑帝庙站断流河段统计时长为 2014 年

（$P=50\%$），2000年、2003年、2008年平均值（$P=75\%$）和2009年（$P=90\%$）的断流天数，分别为14 d、270 d和365 d。

2.2 断流成因分析

2.2.1 天然来水量减少

洮儿河属于北方季节性河流。根据第三次全国水资源调查评价技术报告成果，对比分析察尔森水库、镇西站、洮南站、黑帝庙站1956—2000年（长系列）和2000—2016年（短系列）天然径流量数据，结果显示，上述水文站短系列天然径流量较长系列天然径流量分别减少46.46%、42.26%、60.99%和59.66%。

2.2.2 地下水与地表水之间存在密切水力联系

镇西站—洮南站河段主要位于洮儿河扇形地中上部，区间含水层颗粒较细、磨圆度好、分选性较好，含水层厚度（0.5~2 m）较大，岩性疏松，上部为含砾亚砂土，下部为含砂卵砾石、砂砾石，部分地段裸露，地表水更容易转化为地下水。当河道径流量较小且地下水位埋深较大时，河道输水损失系数大。同时，因为这种地质特性，白城市洮北区在大量开采地下水用于"小井种稻"的情况下，更容易形成地下水超采区。由于超采区地下水位下降，造成区域地表水更容易转化为地下水，因此洮儿河在流经该河段时，地表水沿程损失较大，更容易造成断流[4]。

2.2.3 拦河闸日常运行未考虑生态用水下泄

据调查，白城市洮儿河灌区在洮儿河干流分布取水口7个，其中满洲岱渠首枢纽及庆友渠首枢纽取水方式为拦河闸提高水位自流取水。现有拦河闸调度不规范、制度不完善，日常运行未有生态流量下泄要求，导致洮儿河镇西站下游河段连通性受到影响，在灌溉期时容易产生断流。

2.2.4 取用水管控能力有待进一步提高

2022年，察尔森水库下游灌区亩均毛灌溉用水量约1 380 m³，超过《行业用水定额》（DB15/T 385—2020）中水稻灌溉定额的通用值。吉林省水资源国控二期工程在白城市洮儿河灌区取水口及白城市运河镇西断面取水口等分别安装了取水在线监测计量设施，采用闸后水位与流量关系式的测量方法计算流量，但目前该设备存在流量关系曲线缺少年度率定以及安装时间较长、故障率偏高等问题，不能有效发挥其在线监测的作用。

2.2.5 察尔森水库除险加固前无生态流量下泄任务

洮儿河干流主要控制性工程——察尔森水库建设年代较早，原设计任务未考虑下游河道生态环境用水。对洮儿河流域1980—2019年40年水文系列实测径流成果进行分析，察尔森水库及干流省界断面（镇西）2个控制断面各分期生态流量满足程度均不足90%，历史问题导致生态流量无法保障是导致洮儿河干流察尔森水库—镇西站河段断流的原因之一。察尔森水库除险加固后，因2020—2022年流域降水量偏丰，水库增加了生态小机组，为生态放流任务提供了充分条件，2019年4月11日起开始进行生态放流。经统计，察尔森水库除险加固后，察尔森水库和干流省界断面（镇西）各分期生态流量满足程度均高于90%，近3年察尔森水库—镇西站河段不存在断流现象。

3 复苏总体思路

3.1 复苏行动范围

通过水文实测资料统计，受1959—1985年洮儿河干流非人为因素影响，镇西站及洮南站不存在断流现象，黑帝庙站存在不同程度的断流情况，最大断流天数为244 d（1959—1970年）。复苏行动主要针对人为因素导致的干流河道断流问题，兼顾周边重要湖泡湿地的生态用水需求，确定复苏行动范围包括恢复有水河长范围和流域生态补水范围两个方面。

3.1.1 恢复有水河长范围

根据洮儿河干流断流减流河段分布，针对洮儿河水生态存在的突出问题及人为因素影响，选择生态功能地位重要、社会各界关切度高、具备可修复及监测条件的河段作为洮儿河干流恢复有水河长实施范围。复苏行动范围共包括 3 个干流河段，总长 227.49 km，约占察尔森水库坝下至入嫩江口总河长的 70%。洮儿河干流复苏行动实施范围见表 1。

表 1　洮儿河干流复苏行动实施范围

序号	河流	起止点	长度/km
1		察尔森水库—镇西站	81.68
2	洮儿河干流	镇西站—洮南站	92.45
3		洮南站—黑帝庙站	53.36
合计			227.49

3.1.2　流域生态补水范围

根据需要，相机为莫莫格、向海、牛心套保湿地等湖泡湿地进行生态补水。

3.2　复苏行动目标

（1）到 2025 年，主要控制断面的生态流量得到有效保障，察尔森水库及镇西断面保障率不低于 90%。

察尔森水库及镇西断面作为水利部明确的洮儿河生态流量保障主要控制断面，其生态流量保障目标成果见表 2。

表 2　主要控制断面生态流量目标成果

控制断面	生态基流/(m³/s)		
	冰冻期（12 月至次年 3 月）	非汛期（4 月、5 月、10 月、11 月）	汛期（6—9 月）
察尔森水库	2.53	5 月 5.06，其他月份 2.53	5.06
干流省界断面（镇西）	2.53	5.00	7.50

（2）不同来水条件下，各河段的有水河长及时长得到恢复。

察尔森水库坝下至镇西站段，全段基本形成连续水面；$P=25\%$ 来水条件下，镇西站段以下实现全线水流贯通一次；$P=50\%$ 来水条件下，镇西站至黑帝庙站段，全段形成连续水面；$P=75\%$ 来水条件下，镇西站至洮南站段，全段形成连续水面。在恢复有水河段时长方面，考虑到察尔森水库水电站发电机组定期进行检修维护需要、河流天然季节性断流、不同来水频率下水量分配方案确定的镇西断面最小下泄水量等因素，综合确定各来水条件下各年度有水河段时长目标。其中，$P=90\%$ 来水条件下，洮南站至黑帝庙站段不具备过水条件，暂不设置恢复有水河段时长目标。洮儿河复苏行动有水河长及有水时段时长指标见表 3。

表 3　洮儿河干流复苏行动主要目标指标

序号	主要指标		目标				备注
	名称	现状平均值	来水条件	2023 年	2024 年	2025 年	
	恢复有水河长/km						
1	内蒙古自治区段	—		81.68（察尔森水库坝下—镇西站）			$P=25\%$ 来水频率下，全河道实现贯通一次
	吉林省段	—	$P=25\%$	145.81（镇西站—黑帝庙站）			
			$P=50\%$	145.81（镇西站—黑帝庙站）			
			$P=75\%$	92.45（镇西站—洮南站）			

续表3

序号	主要指标		目标				备注
	名称	现状平均值	来水条件	2023年	2024年	2025年	
	恢复有水河段的时长/d						
2	察尔森水库坝下至镇西站	280	—	350	350	350	
			$P=90\%$	328	328	328	
	镇西站至洮南站	112	$P=50\%$	290	327	350	
			$P=75\%$	106	120	133	
			$P=90\%$	34	39	43	
	洮南站至黑帝庙站	73	$P=50\%$	281	316	350	
			$P=75\%$	76	86	95	
			$P=90\%$	—	—	—	

（3）相机为莫莫格、向海、牛心套保等湖泡湿地进行生态补水。

依托引嫩入白供水工程总干渠，通过老白沙滩泵站相机为莫莫格湿地补水；从察尔森水库放水，通过分洪入向洮儿河渠首工程（龙华吐）相机为向海湿地补水，同时根据霍林河流域水量分配方案，吉林省境内除向海自然保护区生态用水、泡沼湿地生态用水采用霍林河地表水外，河道外生活生产用水不配置霍林河地表水；利用雨洪资源，通过庆友枢纽渠首相机向牛心套保等湖泡湿地进行生态补水，旨在维持湖泡湿地基本生态功能，促进区域水生态环境改善。

4 复苏行动对策

4.1 行动布局

（1）察尔森水库坝下—镇西站。应以流域为单元，切实加强水资源管控，重点关注察尔森水库坝下至归流河口段河道断流情况。加强察尔森水库调度管理，洮儿河干流增设归流河口水文监测断面。兴安盟境内提高农业灌溉用水效率，严控用水总量，落实水资源刚性约束要求，保障察尔森水库坝下—省界断面（镇西站）最小下泄水量及生态流量达标。

（2）镇西站—黑帝庙站。白城市通过严格调度、农业节水、强化监管、空间整治、治理超采、生态补水等综合措施，根据不同来水频率，分年度有效提升镇西站—黑帝庙站段有水河长及有水河段时长。同时，根据来水情况和实际需求，相机为向海、莫莫格和牛心套保等湖泡湿地进行生态补水。

白城市通过白城东湖水质提升工程建设项目，将污水处理厂处理出水经明渠流入东湖湿地并经由该地流入洮儿河干流中，随洮儿河水流注入月亮湖，进一步保障河道内生态用水，促进水质改善。同时加快推进引嫩入白扩建（引嫩济洮）工程实施，将白城市超采区内20万亩地下水灌溉水田置换为地表水灌溉，逐渐解决地下水超采问题，相机为洮儿河干流生态补水。

4.2 措施体系

4.2.1 严格调度

流域管理机构应将察尔森水库、干流省界断面（镇西）生态流量纳入洮儿河年度水资源调度计划。确定察尔森水库为主要调度工程，将巴达仍贵灌区，兴安盟察尔森水库下游灌区，兴安盟经济技术开发区，乌兰浩特市供水-配水及管网工程，哈拉黑灌区，归流河小城子灌区，六户灌区，杜尔基灌区，九龙灌区，白城市洮儿河灌区，洮南市金垦灌区，龙华吐枢纽等取水工程纳入洮儿河流域水资源统一调度管理。其中，察尔森水库断面生态流量保障责任主体为松辽水利委员会察尔森水库管理局，干流省界断面（镇西）生态流量保障责任主体为兴安盟行政公署。

白城市水利局应制定满洲岱、庆友枢纽的调度制度，禁止 2 座拦河闸孔（门）完全关闭，至少保证 1 座闸孔（门）开启，确保生态流量下泄。白城市水利局应严格执行吉林西部供水工程重要湿地保护区常态补水控制条件及工程引洪控制条件有关规定。

内蒙古自治区、吉林省各级水行政主管部门联合水库管理单位合理核定永丰水库、双城水库和群昌水库、创业水库等已建水利工程生态流量目标，按照先行先试核定成果，适时开展相应工作。

4.2.2 农业节水

内蒙古自治区、吉林省水利厅持续推进兴安盟察尔森水库下游灌区、白城市洮儿河灌区续建配套与现代化改造，提高农业用水效率。兴安盟察尔森水库下游灌区灌溉用水定额应符合《行业用水定额》（DB15/T 385—2020）要求；白城市洮儿河灌区灌溉用水定额应符合《用水定额》（DB22/T 389—2019）要求。

白城市应加快推进地下水超采区内 4 万亩（1 亩＝1/15 hm²，下同）旱田的节水改造，发展旱田节水灌溉与水田控制灌溉，减少农业地下水开采量。根据《白城市高标准农田建设规划（2021—2030 年）》，到 2025 年，白城市洮北区累计新增高效节水灌溉面积 5 万亩，灌溉水利用效率明显提高。

4.2.3 强化监管

4.2.3.1 严格取水许可审批

内蒙古自治区、吉林省各级水行政主管部门完善规划和建设项目水资源论证制度，严格水资源论证审查，确保取用水符合用水总量控制指标、用水效率控制指标等要求。兴安盟水利局、白城市水利局应严格落实取水许可制度，明晰农业用水水权。

4.2.3.2 强化取用水事中事后监管

对依法纳入取水许可管理的取用水户，内蒙古自治区、吉林省各级水行政主管部门应严格监管取水量是否超过许可水量和取水计划、是否按照国家技术标准安装计量设施、计量设施是否正常运行等相关事项。完善用水统计调查制度，加强对规模以上取用水户，特别是灌溉期兴安盟察尔森水库下游灌区 5 处取水口、白城市洮儿河灌区 7 处取水口的在线监控，洮儿河流域各取水口应符合洮儿河流域年度调度计划要求。白城市洮儿河灌区应严格按照取水许可批复取用地表水，禁止取用地下水。洮儿河干流河道管理范围内严禁傍河打井开采地下水用于农业灌溉。

4.2.3.3 严格遵循水量分配方案

水利部以水资管〔2021〕297 号印发《水利部关于印发洮儿河流域水量分配方案的通知》，明确流域各省（自治区）分配水量指标与控制断面下泄水量控制指标。流域内取用水确保符合水量分配方案要求。

4.2.4 空间整治

吉林省白城市在洮儿河流域计划建设绿水长廊 256.26 km，共谋划绿水长廊项目 31 个。其中，白城市本级项目 6 个、大安市项目 2 个、洮南市项目 9 个、镇赉县项目 5 个、洮北区项目 9 个。至 2025 年，计划在洮儿河流域实施绿水长廊项目 19 个，其中新建项目 14 个，续建项目 5 个，建设绿水长廊 121.27 km。工程内容主要涉及河道清淤疏浚、堤防加高培厚、护坡护脚修复、坝顶路面修复等工程。

4.2.5 治理超采

内蒙古自治区、吉林省各级水行政主管部门确保本区域地下水开发利用符合地下水取用水总量和水位管控指标。严格落实《"十四五"重点区域地下水超采综合治理方案》有关要求。白城市水利局通过农业节水、水源置换及河湖地下水回补等措施，压减地下水超采量。到 2025 年，白城市超采区地下水压采量达到 0.9 亿 m³，其中通过农业节水措施压减地下水超采量 0.05 亿 m³，农业水源置换压减地下水超采量 0.8 亿 m³，依托河湖连通补充地下水 0.05 亿 m³。同时，加强超采区地下水位动态监测。对超采区内布设的 9 眼地下水动态观测井，开展 5 日监测，在水田灌田期适时增加观测频次。

4.2.6　生态补水

利用引嫩入白供水工程总干渠，通过嫩江老白沙滩泵站为莫莫格湿地补水；通过分洪入向洮儿河渠首工程（龙华吐）为向海湿地补水。白城市水利局应严格执行吉林西部供水工程重要湿地保护区常态补水控制条件及工程引洪控制条件有关规定。

5　结论与展望

《洮儿河流域水量分配方案》《洮儿河水资源调度方案》《洮儿河生态流量保障实施方案》及洮儿河年度水资源调度计划等方案的编制实施为开展洮儿河干流复苏行动提供了技术支撑。目前，内蒙古自治区、吉林省各级水行政主管部门强化洮儿河流域水资源调度，协调统筹农业灌溉用水和生态用水，持续推进察尔森水库下游灌区、洮儿河灌区续建配套及现代化改造，强化日常巡查监管，加大政府资金投入。洮儿河流域各级河长全年组织开展河湖"清四乱"工作，为开展洮儿河干流复苏行动提供有力的组织保障。通过严格调度、农业节水、强化监管、空间整治、治理超采、生态补水等措施的实施，可进一步增加洮儿河干流河道生态补水量，提升河道水动力条件，为开展洮儿河干流复苏行动提供有力保障。

至 2025 年，可恢复有水河长 227.49 km，有水河段时长显著增加，局部河段减水脱流、形态损毁的突出问题将得到改善，河道内重要控制断面生态流量得到满足。通过河道入渗补给地下水，增加地下水储量，抬高浅层地下水位。洮儿河生态应急补水增加了湿地水面面积，将在苇田、牧草、水产品养殖和旅游方面产生良好收益。同时，向海湿地作为吉林西部地区"黄金玉米带"的生态屏障，湿地水资源缺乏状况得到缓解，鹤类、白鹳、大鸨、黄榆核心区的生态环境得到改善，对维持湿地功能发挥起到重要作用。

参考文献

[1] 李苗，严思睿，李姝臻，等. 洮儿河流域径流事件对降水的响应研究 [J]. 北京师范大学学报（自然科学版），2021，57（4）：490-495.

[2] 王晓红，张建永，史晓新. 母亲河复苏行动总体思路与对策 [J]. 中国水利，2022（20）：48-51.

[3] 肖长来，张力春，方樟，等. 洮儿河扇形地地表水与地下水资源的转化关系 [J]. 吉林大学学报（地球科学版），2006，36（2）：234-239.

[4] 孟凡傲，梁秀娟，郝洋，等. 洮儿河扇形地地下水动态特征分析 [J]. 节水灌溉，2016（4）：65-68.

苏州河干流水质自动监测系统数据可靠性分析

张利茹　韩继伟

（水利部南京水利水文自动化研究所　水利部水文水资源监控工程技术研究中心，江苏南京　210012）

摘　要：水质自动监测系统是及时检验河流水质自动监测数据可靠性的保证。本文基于常用的统计方法，提出一套新的数据分析评价方法体系，以 2016—2019 年苏州河干流北新泾水质自动监测站监测数据为例，通过与同期实验室数据之间的统计分析，分析苏州河水质在线自动监测系统数据的可靠性。结果表明：①pH、COD_{Mn}、NH_3-N 和 DO 四个参数的自动监测系统和实验室测定数据相对偏差绝对值均小于 15%，同一指标的合格率均大于 95%；②Pearson 和 Spearman 两种相关关系检测方法的结果高度相关，苏州河水质在线自动监测系统测定的数据真实可靠。

关键词：水质自动监测系统；相关分析；苏州河；可靠性

1　研究背景

苏州河又称吴淞江，它连接太湖和黄浦江，全长 125 km，上海市境内 53.1 km，市区段长 23.8 km，平均河宽 50~70 m。苏州河具有防洪、航运、灌溉等多种功能，在上海的作用仅次于黄浦江。苏州河自 20 世纪 20 年代开始出现黑臭现象，并随工业化进程的推进，污染越来越严重[1-2]。1998 年，上海市通过了《苏州河环境综合整治方案》并取得了显著的成效，苏州河实现了从黑臭到景观河的完美蜕变。然而，苏州河水系的水质还没有彻底改善，水质仍不稳定，苏州河干流水质在线自动监测系统是上海市水务局"数字水务"工程建设的一部分，目的是实时、动态获取城区主要河流苏州河干流的水质状况，从而实现对苏州河水质的实时跟踪和动态监控。

水质自动监测系统是水环境管理部门及时获取水体水质状况的重要手段，定期开展河流水质自动监测数据与实验室分析数据的比对工作，是及时检验河流水质自动监测数据可靠性的保证[3-5]。2013 年，丁义等利用沿程 5 个断面的水质监测数据对苏州河的水质变化情况进行了分析和评价[6]。2015 年，赵利娜针对苏州河同一测次的 30 组水质监测数据进行了相对误差分析和相关性分析[7]。由于实验结果是基于同一测次的数据分析，缺乏自动监测系统与实验室同期长系列监测数据进行佐证，不能很好地验证水质自动监测系统长期运行数据的稳定可靠性。

苏州河干流自上而下设有赵屯、黄渡、北新泾、梦清园和温州路 5 个主要水质自动监测站，且 5 个监测站的水质在线监测原理、组成及所使用的仪器完全相同。本文基于常用的统计方法，提出一套新的数据分析评价方法体系，以重要控制断面北新泾测站在线自动监测系统监测数据为例，评价苏州河水质自动监测系统长期运行数据的可靠性。

2　数据来源与研究方法

2.1　数据来源及监测分析方法

北新泾站监测断面有一套严格的质量管理措施[7]，包括实验室试剂管理、仪器管理、数据管理，

基金项目：国家重点研发计划基金资助项目"江河水沙在线监测技术方法和体系研究"（2022YFC3204501）；水利部南京水利水文自动化研究所自立项目（YJZS1521002）。

作者简介：张利茹（1981—），女，高级工程师，主要从事水文水资源方面的分析研究工作。

数据审核严格执行三级审核制度，从而保证上报监测数据的真实可靠性。该水质自动监测系统能同时监测水质温度、pH、溶解氧（DO）、高锰酸盐指数（COD_{Mn}）和氨氮（NH_3-N）五个参数，测量方法分别采用传感器法、玻璃电极法、荧光法、高锰酸盐氧化法和比色法，主要仪表参数如表1所示。实验室每月进行一次实际水样比对试验，取样口在自动监测仪器的取水口处，采样时间是中午12点，采样数据分析方法参照国家标准，分别采用水银温度计、玻璃电极法、碘量法、酸性高锰酸钾法和纳氏试剂比色法进行测定，实验室各指标具体分析方法如表2所示。

表1 苏州河水质在线自动监测系统主要仪表参数[1]

监测项目	测量方法	仪器量程	分辨率
温度/℃	传感器法	$-5 \sim 45$	0.01
pH	玻璃电极法	$0 \sim 14$	0.01
DO/（mg/L）	荧光法	$0 \sim 20$	0.01
COD_{Mn}/（mg/L）	高锰酸盐氧化法	$0 \sim 20$	0.01
NH_3-N/（mg/L）	比色法	$0 \sim 20$	0.01

表2 实验室各指标具体分析方法[1]

监测项目	实验室方法来源	试验方法	备注
温度	《水质　水温的测定　温度计或颠倒温度计测定法》（GB 13195—91）	水银温度计	现场测定
pH	《水质　pH值的测定　玻璃电极法》（GB 6920—86）	玻璃电极法	现场测定
DO	《水质　溶解氧的测定　碘量法》（GB 7489—87）	碘量法	现场加固定剂
COD_{Mn}	《水质　高锰酸盐指数的测定》（GB 11892—89）	酸性高锰酸盐法	——
NH_3-N	《水质　氨氮的测定　纳氏试剂分光光度法》（HJ 535—2009）	纳氏试剂比色法	——

本次水质比对数据采用收集到的2016年1月至2019年5月总共41个月实验室人工监测值。按照每月次的具体采样时间从自动监测数据库中搜索出对应时间的pH、高锰酸盐指数（COD_{Mn}）、氨氮（NH_3-N）和溶解氧（DO）四个参数分别组成比对系列数据，发现COD_{Mn}、NH_3-N、DO三个参数系统自动监测值分别有1个月、2个月和1个月缺测，故在相应分析中去除这些缺测值后进行数据比对。

2.2 研究方法

2.2.1 相对偏差

实际水样对比实验由现场自动监测系统监测值与实验室对同期水样的监测值相比较计算其相对偏差。同一水样系统监测结果和采用实验室标准方法的测试结果为1组对比数据。测定误差按式（1）计算：

$$RE = \frac{x_i - x_j}{x_j} \times 100\%$$ （1）

式中：x_i 为自动监测仪器测定值；x_j 为国家标准分析方法测定值。

2.2.2 相关性分析方法

相关性分析方法采用SPSS分析软件中的Pearson相关系数和Spearman等级相关系数法。Pearson相关系数又称简单相关系数。当 $|\gamma| = 1$ 时，称为完全性相关；当 $0 < |\gamma| < 1$ 时，称为存在相关；当 $|\gamma| < 0$ 时，称为负相关。Spearman等级相关系数适用于度量定序变量与定序变量之间的相关，与Pearson相关系数类似，Spearman等级相关系数的取值区间为 $-1 \leqslant \gamma_s \leqslant 1$。当$\gamma_s$为正值时，存在正的等级相关；当$\gamma_s$为负值时，存在负的等级相关；当$\gamma_s = 1$时，表明两个变量之间存在完全正相关关

系；当 $\gamma_s = -1$ 时，表明两个变量之间存在完全负相关关系。Pearson 相关系数和 Spearman 等级相关系数都需要进行显著性检验，检验方法都是先计算统计量 t，然后根据统计量 t 服从自由度为 $(n-2)d$ 的 t 分布进行判别。

2.2.3 趋势分析方法

根据趋势分析的相关研究成果[8-11]，Mann-Kendall 和 Spearman 秩次相关检验法在统计意义上判断序列的趋势情况并给出了一定置信水平下的显著结果，使得水文序列的趋势检验结果更具有科学性和可信度。Mann-Kendall 检验法还是世界气象组织广为推荐的一种非参数秩序检验方法，具有检验范围宽、受人为影响较小的特点，目前在全球水文、气象系列趋势检验方法中广泛应用。Mann-Kendall 检验统计量 $M\text{-}K > 0$，表明序列呈增加趋势，反之，表明序列呈减少趋势；显著性水平为 0.05，临界值 $|M\text{-}K| = 1.96$，显著性水平为 0.01，临界值 $|M\text{-}K| = 2.58$；当 $|M\text{-}K| \geqslant 1.96$ 和 $|M\text{-}K| > 2.58$ 时，分别表示通过置信度 95% 和 99% 显著性检验。Spearman 检验法显著性水平为 0.05，临界值 $|T| = 2.01$，显著性水平为 0.01，临界值 $|T| = 2.68$，判断方法同 Mann-Kendall 检验方法一致。

3 结果与分析

3.1 评价指标比测结果合格性分析

对北新泾站 2016 年 1 月至 2019 年 5 月总共 41 个月的自动监测数据与实验室分析数据的相对偏差列表（见表 3）比较。由表 3 可知，pH 系统自动监测值与实验室测定值之间的相对偏差都在 10% 的误差范围内，故系统自动监测值数据可靠性高；在本次统计比测分析中，有 2 次 COD_{Mn} 系统自动监测值与实验室测定值之间的误差超过了 20% 的允许误差范围，故在系列分析中删除；$NH_3\text{-}N$ 和 DO 系统自动监测值与实验室测定值之间的误差在部分测次中相对偏差也较大，$NH_3\text{-}N$ 相对偏差绝对值超过 20% 的次数共有 2 次，DO 系统仪器自动监测值与实验室测定值之间相对偏差绝对值超过 20% 的次数有 1 次。

表 3　北新泾站水质监测数据相对偏差

日期	相对偏差/%			
	pH	COD_{Mn}	$NH_3\text{-}N$	DO
2016 年 1 月	-3.5	13.13	4.1	18.2
2016 年 2 月	-7.9	27.5	-25.2	18.7
2016 年 3 月	-3.5	27.8	16.1	10.3
2016 年 4 月	-3.8	16.0	15.5	13.5
2016 年 5 月	-4.6	16.8	12.2	-18.5
2016 年 6 月	-5.2	19.1	7.9	-27.3
2016 年 7 月	-4.4	8.9	-16.9	-14.0
2016 年 8 月	-1.8	15.5	11.3	-15.0
2016 年 9 月	-1.5	12.8	-13.1	-8.5
2016 年 10 月	-1.4	-1.0	-5.4	-10.2
2016 年 11 月	-0.3	缺测	缺测	-4.7
2016 年 12 月	-1.3	12.9	7.5	-4.4
2017 年 1 月	0.8	2.8	18.5	-17.1
2017 年 2 月	2.1	18.1	-14.4	-0.3
2017 年 3 月	1.9	13.7	10.5	-9.7

续表3

日期	相对偏差/%			
	pH	COD_{Mn}	NH₃-N	DO
2017 年 4 月	0.7	16.8	16.7	3.6
2017 年 5 月	3.8	0.5	15.3	-3.2
2017 年 6 月	2.7	-1.5	1.5	-4.0
2017 年 7 月	5.8	-6.9	-24.4	-7.4
2017 年 8 月	-3.3	-2.8	-2.4	-5.2
2017 年 9 月	-4.2	0.2	-14.8	6.7
2017 年 10 月	-2.0	-10.8	-18.5	11.0
2017 年 11 月	-6.8	7.1	-2.6	缺测
2017 年 12 月	-0.8	0.5	9.2	-4.0
2018 年 1 月	0.3	11.1	14.5	-4.5
2018 年 2 月	1.5	-12.3	17.7	-0.4
2018 年 3 月	0.9	-2.5	1.4	5.5
2018 年 4 月	0.1	11.9	-15.0	-3.9
2018 年 5 月	1.5	-2.1	-11.8	-8.6
2018 年 6 月	5.3	-0.9	-17.1	-14.5
2018 年 7 月	5.8	-2.8	缺测	-6.0
2018 年 8 月	9.0	-6.3	-10.9	-17.8
2018 年 9 月	-4.6	-14.0	18.6	8.0
2018 年 10 月	-7.1	-17.5	11.5	-5.7
2018 年 11 月	-7.5	-14.6	-18.4	-6.4
2018 年 12 月	-7.9	16.5	-14.1	2.4
2019 年 1 月	-8.4	13.7	-8.5	1.9
2019 年 2 月	-6.1	14.7	-4.0	4.0
2019 年 3 月	-5.3	14.1	-13.7	9.6
2019 年 4 月	-8.7	13.3	11.5	13.3
2019 年 5 月	-7.4	5.0	-14.8	缺测
有效月份/个	41	40	39	39

对比分析系统自动监测和实验室测定的 pH、COD$_{Mn}$、NH$_3$-N 和 DO 数据，整体来说，同一指标相对偏差绝对值平均数均小于 15%，同一指标合格率均大于 95%，与实验室数据对比，系统自动监测数据合格，仪器监测数据可靠性高。

3.2 评价指标系统自动监测和实验室测定结果的相关性分析

北新泾站断面 pH、COD$_{Mn}$、NH$_3$-N 和 DO 数据系统自动监测与人工采样实验室测定值对比见图 1。由图 1 可知，断面 pH、COD$_{Mn}$、NH$_3$-N 和 DO 数据系统自动监测值与人工采样实验室国家标准方法测定值都比较接近，有的参数几乎完全重合，如 NH$_3$-N。

进一步采用 Pearson 相关系数法、Spearman 等级相关系数法和线性相关法分别对 pH、COD_{Mn}、NH_3-N 和 DO 四个参数对应的系统仪表自动监测和实验室国家标准监测数据系列进行相关性分析（见表4）。

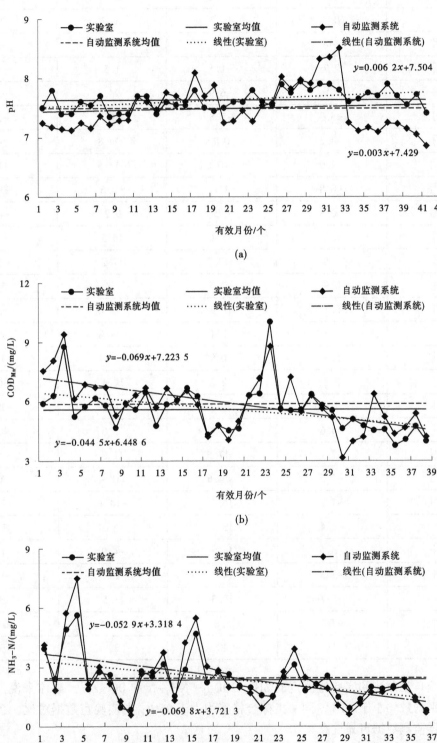

图1　四个参数自动监测值与实验室测定值对比

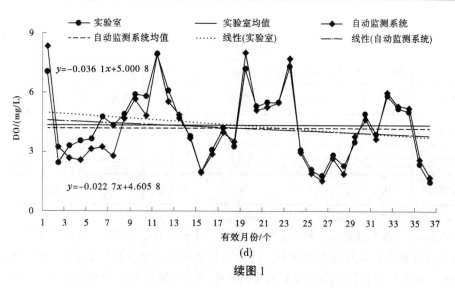

续图1

表4　Pearson 和 Spearman 相关性分析结果

监测 要素	Pearson			Spearman			线性相关
	相关系数	显著性水平	相关性	相关系数	显著性水平	相关性	相关系数
pH	0.510**	0.001	显著相关	0.386*	0.013	显著相关	0.260
COD_{Mn}	0.866**	0	显著相关	0.854**	0	显著相关	0.750
NH_3-N	0.976**	0	显著相关	0.957**	0	显著相关	0.952
DO	0.969**	0	显著相关	0.968**	0	显著相关	0.940

注：* 表示在 0.05 水平上显著相关，** 表示在 0.01 水平上显著相关。

由表4知，pH、COD_{Mn}、NH_3-N 和 DO 的 Pearson 相关分析和 Spearman 等级相关分析表现出一致的显著相关关系。其中，COD_{Mn}、NH_3-N 和 DO 三个参数均达到99%的置信水平，pH 参数 Pearson 相关分析达到了99%的置信水平，而 Spearman 等级相关分析达到了95%的置信水平；COD_{Mn}、NH_3-N 和 DO 三个参数线性相关性也呈较强的正相关关系，这与 Pearson 和 Spearman 相关关系检测结果一致，只有 pH 测定的结果为 0.260，表现为低相关关系。查阅 pH 指标分析方法及相关实验研究结果发现，pH 值的测试方法采用的是电极法，而玻璃电极的表面很容易附着污染物，在清洁不彻底的情况下测定的数据就会产生较大误差，这也就解释了 pH 测定结果呈现低相关性的原因。这项研究成果表明在水质自动监测系统维护中，要加强对自动监测系统的保养维护工作，对系统关键部位要及时清洁。

3.3　评价指标监测系列趋势的显著性检验

用 Mann-Kendall 和 Spearman 趋势性检验方法分别获得北新泾站四个监测要素的实验室数据系列和系统自动监测数据系列的变化趋势结果（见表5）。

表5　四个监测要素特征及 Mann-Kendall 检验结果

监测要素		倾向率 （mol/L·月）	Mann-Kendall			Spearman		
			$M-K$ 统计量	趋势性	显著性	T 统计量	趋势性	显著性
pH	实验室	0.006	2.09*	增加	显著	3.33**	增加	显著
	系统自动监测	0.003	0.4	增加	不显著	0.16	增加	不显著
COD_{Mn}	实验室	-0.044 5	-3.53**	减少	显著	-3.89**	减少	显著
	系统自动监测	-0.069	-4.49**	减少	显著	-5.66**	减少	显著

续表 5

监测要素		倾向率（mol/L·月）	Mann-Kendall			Spearman		
			M-K 统计量	趋势性	显著性	T 统计量	趋势性	显著性
NH₃-N	实验室	-0.052 9	-3.51**	减少	显著	-3.92**	减少	显著
	系统自动监测	-0.069 8	-3.34**	减少	显著	-3.76**	减少	显著
DO	实验室	-0.036 1	-0.7	减少	不显著	-0.84	减少	不显著
	系统自动监测	-0.022 7	-0.56	减少	不显著	-0.71	减少	不显著

注：* 表示通过了 0.05 显著性检验，** 表示通过了 0.01 显著性检验。

由表 5 知，Mann-Kendall 趋势性检验方法结果表明，对于 COD$_{Mn}$ 和 NH$_3$-N 两个监测指标，不管是系统自动监测数据还是实验室监测系列数据，均呈明显的减少趋势，且均超过了 99% 的置信水平；对于 DO 监测指标，系统自动监测和实验室监测系列数据均没有通过 95% 的置信水平，说明其减少趋势均不显著；对于 pH 监测指标，实验室监测系列数据通过了 95% 的置信水平，呈显著的增加趋势，而系统自动监测系列数据没有通过 95% 的置信水平；除 pH 外，COD$_{Mn}$、NH$_3$-N 和 DO 三个监测评价指标均呈现减小趋势，尤其是 COD$_{Mn}$ 和 NH$_3$-N 两个指标还呈现显著减少趋势。Spearman 趋势性检验方法的检测结果同 Mann-Kendall 趋势性检验结果一致，表明苏州河经过多年治理，水环境质量正变得越来越好。

4 结论

本文基于常用的统计方法，提出一套新的数据分析评价方法体系，以苏州河干流北新泾站水质自动监测系统为例，分析了水质自动监测系统数据来源的可靠性、数据间的相关性以及监测数据的变化趋势，研究结论如下：

（1）pH、COD$_{Mn}$、NH$_3$-N 和 DO 四个参数的自动监测系统和实验室测定数据相对偏差绝对值均小于 15%，同一指标的合格率均大于 95%。

（2）同一指标两种相关分析方法表现出一致的显著相关关系。其中，COD$_{Mn}$、NH$_3$-N 和 DO 均达到 99% 的置信水平，pH 的 Pearson 相关分析达到了 99% 的置信水平，而 Spearman 相关分析达到了 95% 的置信水平。

（3）pH、COD$_{Mn}$、NH$_3$-N 和 DO 自动监测系统数据和实验室检测数据的 Spearman 和 Mann-Kendall 趋势性检验结果一致，COD$_{Mn}$、NH$_3$-N 和 DO 均呈现减小趋势，其中 COD$_{Mn}$ 和 NH$_3$-N 还呈现显著减少趋势，苏州河水环境质量有变好趋势。

参考文献

[1] 赵敏华，龚屹巍．上海苏州河治理 20 年回顾及成效 [J]．河湖治理，2018，12（28）：38-41.
[2] 季永兴，刘水芹．苏州河水环境治理 20 年回顾与展望 [J]．水资源保护，2020，36（1）：25-30.
[3] 罗平平，武阳，王双涛，等．沣河流域水质的时空对比分析 [J]．水资源与水工程学报，2021，32（5）：35-41.
[4] 奚采亭，胡月琪，席玥，等．基于氨氮实测结果的水质自动监测系统数据质量分析 [J]．环境工程学报，2022（8）：2775-2782.
[5] 姚志鹏，陈鹏，陈亚男，等．影响地表水高锰酸盐指数自动监测数据准确性的因素 [J]．中国环境监测，2022，38（5）：203-208.
[6] 丁义，孙振中，张玉平，等．2007~2012 年苏州河水质变化分析与评价 [J]．水产科技情报，2013，40（4）：199-203.

［7］赵利娜．苏州河干流水质自动监测系统数据的可靠性分析［J］．中国环境监测，2015，31（5）：152-155．

［8］张利茹，贺永会，唐跃平，等．海河流域径流变化趋势及其归因分析［J］．水利水运工程学报，2017（4）：59-66．

［9］张建云，王国庆．河川径流变化及归因定量识别［M］．北京：科学出版社，2014．

［10］管晓祥，张建云，鞠琴，等．多种方法在水文关键要素一致性检验中的比较［J］．华北水利水电大学学报（自然科学版），2018，39（2）：51-56．

［11］刘卫林，刘丽娜，吴滨．赣江干流下游段枯水径流变化特征及影响因素分析［J］．水文，2022，42（5）：89-96．

岸边式水电站尾水渠内集鱼系统布置研究

魏红艳[1]　张文传[2]　刘志雄[1]　汪亚超[2]　刘火箭[1]

（1. 长江水利委员会长江科学院，湖北武汉　430014；

2. 长江勘测规划设计研究有限责任公司，湖北武汉　430014）

摘　要：本文通过三维数值模拟，以玉龙喀什水利枢纽集鱼系统布置为例，对岸边式水电站尾水渠内三维水流流态以及流速分布进行了分析，结合鱼类游泳能力，对集鱼系统的布置进行了研究，发现在尾水出流区域，流态十分紊乱，鱼类容易迷失方向，不适合布设集鱼系统。当发电机组流量较小或发电机组太靠近下游时，反坡段上，与电站同侧的岸边水流流速较小，不易被鱼类感知到。反坡段后平台，若岸线比较顺直，则岸边水流条件较好，较适宜布设集鱼系统。

关键词：岸边式水电站；尾水渠；集鱼系统；鱼类游泳能力；流态；流速分布

1　引言

水电工程的建设与运行发挥了巨大的效益，但同时破坏了河流的连通性，阻隔了鱼类洄游通道，影响了水生物基因交流[1]。修建过鱼设施作为减缓这一问题的重要补救工程措施，对水生态修复具有重要意义。上行过鱼设施主要包括鱼道、仿自然通道、鱼闸、升鱼机、集运鱼系统等[2]。低水头大坝通常采用鱼道和仿自然通道。对于高水头大坝，修建鱼道和仿自然通道存在工程量大、成本高等问题，较宜采用升鱼机、鱼闸和集运鱼系统。随着我国水能资源开发进程的加快，我国水利水电工程开发逐渐向西南转移，西南地区河流比降大、河谷窄，很多水电工程都修建在高山峡谷中，工程上、下游水头差较大，研究高水头大坝过鱼设施的布置对生态环境建设具有重要意义。

集运鱼系统是升鱼机的拓展应用，可利用升鱼机、运鱼船、索道直接将鱼类升到上游，也可通过运鱼车转运至上游放流点[2]，二者都具有机动灵活、鱼类过坝体力消耗小的特点，目前在高坝工程建设中运用较为广泛。升鱼机和集运鱼系统运行的第一步都是集鱼，集鱼设施按照集鱼方式的不同可分为固定式集鱼设施（称为集鱼系统或集鱼站）和移动式集鱼船[3]。集鱼系统布置关系到是否能够收集到过鱼对象，是升鱼机和集运鱼系统运行成败的关键。

在实际工程中发现，电站尾水渠是鱼类较为理想的聚集场所，如湖北省兴隆枢纽工程和崔家营枢纽工程、浙江省小溪滩电站和楠溪江供水工程等均有大量鱼类在尾水渠内聚集[4]，在此布设集鱼系统比较合理。但是水轮机下泄水流在水底以射流形式进入水体，通常存在多台机组导致运行组合工况较多，尾水渠内存在底坡，两岸地形不规则，这些因素导致尾水渠内水流流态较为复杂，三维性强，通常伴有多处回流，岸边式水电站水轮机下泄水流与诱鱼水流方向不一致，使得问题更加复杂，因此需要仔细研判尾水渠内水流流态及流速分布情况，并结合施工条件，统筹考虑集鱼系统合适的位置及体形。

本文以水电站布置为岸边式的玉龙喀什水利枢纽工程集鱼系统布置方案为基础，对尾水渠内水流

基金项目：江西省水利厅科技项目"基于竖缝式与仿生态式组合式鱼道水力特性优化研究"（202124ZDKT18）；水利重大关键技术研究项目"鱼道过鱼效果监测评估关键技术研究"（SKR-2022010）。

作者简介：魏红艳（1985—），女，高级工程师，主要从事鱼道与通航水力学方面的研究工作。

流态及流速分布进行数值模拟分析，对集鱼系统布置进行研究，研究可为岸边式水电站集鱼系统或鱼道进口布置提供一定的参考价值。

玉龙喀什水利枢纽位于玉龙喀什河中游河段，是玉龙喀什河山区河段的控制性水利枢纽工程，为Ⅱ等大（2）型工程，坝址位于新疆和田地区和田县喀什塔什乡境内。工程坝址以上流域面积 12 093 km²，多年平均流量 66 m³/s，水库正常蓄水位 2 170.00 m，相应库容 5.28 亿 m³。水电站共布设四台机组，1#、2#为大机组，位于电站上游，尾水分别由两个尾水洞流出，尾水洞底高程 1 944.80 m、顶高程 1 949.52 m；3#、4#为小机组，位于大机组下游，尾水均由一个尾水洞流出，尾水洞底高程 1 948.60 m、顶高程 1 952.45 m。大机组与小机组外尾水池底部由 1∶4 斜坡衔接过渡。在下游尾水渠底高程通过 1∶4 斜坡由 1 948.60 m 过渡到 1 960.0 m 的平台。

设计的过鱼设施类型为集运鱼系统，由集鱼系统、提升装载系统、运输过坝系统、码头转运系统、运输放流系统和监控监测系统等部分组成。其中，集鱼系统的作用是将聚集在坝下需要洄游过坝的鱼类诱集并收集至集鱼箱中，主要包括集鱼站和尾水集鱼箱。通过对比不同集鱼方式，采用固定式集鱼站的过鱼方式，初步选定电站尾水渠上游（1#机组尾水洞外）和下游反坡处（4#机组下游侧）两个集鱼站站址（见图1）。

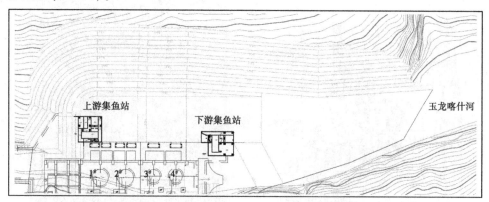

图1　玉龙喀什水利枢纽工程集鱼站布置

2　研究方法

采用三维水流数学模型模拟尾水渠及集鱼站内的水流，采用 N-S 方程，建立三维 k-ε 紊流数学模型，控制方程包括连续性方程、动量方程、紊动能 k 方程及紊动能耗散率 ε 方程。采用 VOF 方法处理自由水面。采用控制体积法对方程组进行离散，采用 PISO 算法耦合速度压力。

2.1　研究区域及边界条件

数值模拟区域包括发电机组尾水洞，尾水渠，上、下游集鱼站。计算区域的进口边界类型为流量边界，尾水渠顶部采用空气压力入口边界，壁面条件为无滑移壁面条件，计算区域出口边界采用水位边界，具体边界条件见图2。

由于数学模型的边界形状比较复杂，三维计算网格类型采用非结构化网格与结构化网格相结合的方式。在数学模型计算区域内，尾水洞等简单区域采用结构网格划分；结构存在曲面区域，采用非结构网格划分。生成网格后，计算区域内网格单元总数约 500 万个。

2.2　模型验证

根据该工程集鱼系统整体物理模型试验结果对数学模型进行验证。整体物理模型几何比尺为 1∶20，模拟范围包括电站尾水隧洞、电站尾水渠及下游 170 m 范围河道，如图3所示。

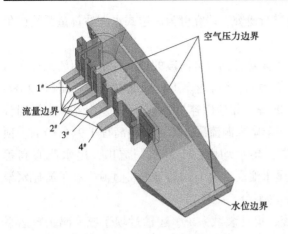 

图 2　电站尾水渠三维计算区域及边界条件　　　　　图 3　集鱼系统整体物理模型

计算得到的表面流态与试验中观测到的表面流态比较一致，如图 4 所示。

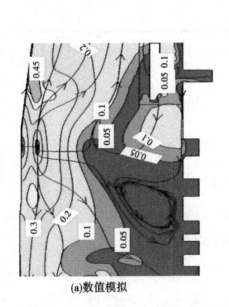 

(a)数值模拟　　　　　　　　　　　　　　　(b)物理模型

图 4　数值模拟与物理模型表面流态对比（非汛期 4# 机组发电）（单位：m/s）

另外，对比了计算与测量的上、下游集鱼站内流速情况，见表 1。由对比情况可知，关键部位计算值与测量值较为一致，差别较小，说明数学模型计算精度满足要求。

表 1　数学模型计算与物理模型试验结果对比

机组运行情况	下游水位/m	上游集鱼站底部流速/（m/s）		下游集鱼站进口流速/（m/s）		下游集鱼站出口流速/（m/s）	
		数学模型	物理模型	数学模型	物理模型	数学模型	物理模型
汛期四台机组发电	1 966.07	1.6	1.6	0.7~0.9	0.62~0.86	0.5	0.5
非汛期 1# 机组发电	1 963.25	0.7	0.6	0.1	0.1	0.1	0.09

3　过鱼对象及研究控制标准

3.1　过鱼对象及其游泳能力

本工程主要过鱼目的是保障鱼类洄游通道的畅通及上、下游鱼类的群体交流，保护当地鱼类资源。综合考虑鱼类过鱼需求、保护价值及鱼类资源量，将过鱼种类进行优先过鱼排序，优先级 1 过鱼对象为斑重唇鱼（一种特殊的裂腹鱼类）和塔里木裂腹鱼，这两种鱼类为短距离溯河鱼类，且为自治区二级保护珍稀鱼类；优先级 2 为厚唇裂腹鱼、扁嘴裂腹鱼、重唇裂腹鱼、宽口裂腹鱼、斯氏高原鳅、叶尔羌高原鳅、隆额高原鳅；优先级 3 为长身高原鳅。近年来，国内相关科研院所及学者已针对新疆地区裂腹鱼类及高原鳅类开展了鱼类游泳能力测试研究工作，部分过鱼对象采用体形规格、生态习性相似的种类进行类比分析，具体见表 2。

表 2　过鱼对象游泳能力　　　　　　　　单位：m/s

类群	过鱼种类	类比种类	感应流速	临界游速	突进游速	来源
裂腹鱼	斑重唇鱼		0.18±0.02	1.02±0.15	1.06±0.18	参考文献［5］
	厚唇裂腹鱼		0.25±0.04	1.18±0.12	2.10±0.40	参考文献［6］
	塔里木裂腹鱼、扁嘴裂腹鱼、重唇裂腹鱼、宽口裂腹鱼	伊犁裂腹鱼	0.11±0.02	0.95±0.14	1.24±0.25	水利部中国科学院水工程生态研究所测试结果，2012
高原鳅	斯氏高原鳅、叶尔羌高原鳅、隆额高原鳅、长身高原鳅	新疆高原鳅	0.12±0.03	0.59±0.10	0.83±0.19	

根据对当地鱼类繁殖季节的分析，当地裂腹鱼及高原鳅的主要产卵季节为 4—7 月，因此确定过鱼设施的主要过鱼季节为每年的 4—7 月。

3.2　研究控制标准

3.2.1　集鱼系统布置水流条件控制标准

《水电工程过鱼设施设计规范》（NB/T 35054—2015）[7] 中提到，集运鱼系统的集鱼位置应选择水流、生境等条件适宜于过鱼对象集群且便于集鱼设施开展作业的区域。最适宜于过鱼对象集群的区域应是鱼类的上溯终点[8-9]，这就要求集鱼系统下游有适合鱼类的上溯通道，上溯通道内流速大于过鱼对象的感应流速，小于过鱼对象的突进游速。如表 2 所示，优先级 1 过鱼对象斑重唇鱼及塔里木裂腹鱼的感应流速分别为 0.18 m/s 及 0.11 m/s 左右，突进游速分别为 1.06 m/s 与 1.24 m/s 左右，据此确定适宜鱼类上溯的流速范围为 0.2~1.1 m/s。

3.2.2　集鱼系统进口水流条件控制标准

关于集鱼系统进口具体水力学指标控制标准，《水电工程过鱼设施设计规范》（NB/T 35054—2015）中未做详细规定，为了使过鱼对象顺利进入集鱼系统，其水流条件满足的要求可借鉴其他过鱼设施相关规定，具体为：集鱼系统进口布置应避开回流区、漩涡区；进口应保证有足够的吸引水流，使鱼类能感知，又不超过鱼类突进游速，即流速范围为 0.2~1.1 m/s。此外，进口下泄水流流速若大于周围水流流速，则诱导鱼类效果更好。

4　计算成果分析

4.1　研究工况

玉龙喀什水利枢纽工程共有四台发电机组，其中 1# 机、2# 机两台大机组的汛期（非汛期）单机额定流量分别为 56.85 m³/s、26 m³/s，3# 机、4# 机两台小机组的汛期（非汛期）单机额定流量分别为 24.56 m³/s、10.6 m³/s。考虑不同的机组运行组合，共有 10 种工况，具体见表 3。

表3　研究工况

工况编号	机组运行数量	1#机组流量/（m³/s）	2#机组流量/（m³/s）	3#机组流量/（m³/s）	4#机组流量/（m³/s）	总流量/（m³/s）	下游水位/m	说明
1	四台	56.85	56.85	24.56	24.56	162.82	1 966.07	
2	三台	56.85	56.85	24.56	0	138.26	1 965.73	
3		56.85	56.85	0	24.56	138.26	1 965.73	
4	两台	56.85	56.85	0	0	113.70	1 965.36	汛期（6—7月）
5		56.85	0	0	24.56	81.41	1 964.83	
6	一台	56.85	0	0	0	56.85	1 964.29	
7		0	56.85	0	0	56.85	1 964.29	
8	两台	0	0	10.6	10.6	21.20	1 963.02	
9	一台	26	0	0	0	26.00	1 963.25	非汛期（4—5月）
10		0	0	0	22.71	22.71	1 963.09	

4.2　总体流态分析

以汛期四台机组发电工况（工况1）为例，分析尾水渠总体流态。尾水渠及下游各高程平面流速分布见图5，沿上游集鱼站中心线横剖面流速分布及沿下游集鱼站中心线的纵剖面流速分布见图6。尾水渠底部（$Z=1\,946.00$ m及$Z=1\,950.00$ m）尾水出流流速较大，以射流形式泄入尾水渠水体中，流速沿程衰减，冲击左岸边墙，大机组尾水至左岸边墙时最大流速仍有 1 m/s 左右，小机组尾水至左岸边墙时最大流速约 0.7 m/s，整体平面流速方向从左岸流向右岸；由沿上游集鱼站中心线的横剖面流速分布可看出，尾水射流抵达左岸边墙后仍有较大动能，因此沿左岸边墙爬升，整个尾水渠横剖面形成一个横轴漩涡；尾水渠中层（$Z=1\,956.00$ m），整体平面流速从上游流向左岸或下游，最大平面流速约 0.7 m/s；尾水渠反坡段下游底部高程 1 960.00 m 以上（$Z=1\,961.00$ m及$Z=1\,963.00$ m），尾水渠上游平面水流从左岸流向右岸，中间平面水流斜向下流向右侧然后流向下游，下游左侧水流较为平顺，右岸扩宽处存在顺时针回流；沿下游集鱼站中心线的纵剖面上，尾水渠上游水流从表面流向底部，下游集鱼站上游侧，水流从表面斜向下流向底部并向下游偏转，斜坡段及下游，中底部流线基本与河底平行，表面流线水平向下游。

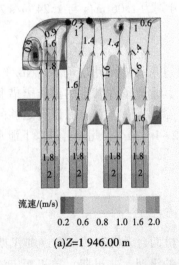

(a)Z=1 946.00 m

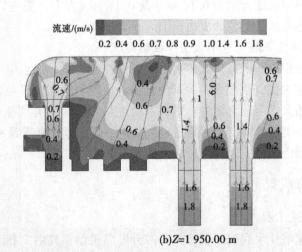

(b)Z=1 950.00 m

图5　电站尾水渠平面流态及流速分布（工况1，汛期四台机组发电）

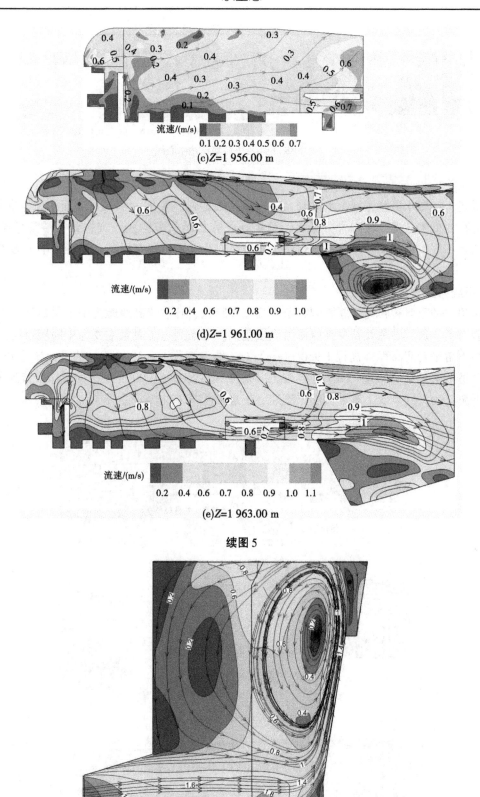

(c)Z=1 956.00 m

(d)Z=1 961.00 m

(e)Z=1 963.00 m

续图 5

(a)横剖面(沿上游集鱼站中心线)

图 6 电站尾水渠纵横剖面流态及流速分布（工况 1，汛期四台机组发电）

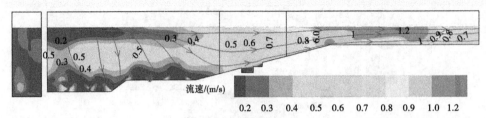

(b)纵剖面(沿下游集鱼站中心线)

续图6

综上所述，在尾水出流区域，水深较大，水流三维性强，底部、中部及表面水流流向差别较大，且横剖面上存在横轴漩涡，流态十分紊乱，鱼类在此容易迷失方向，较难找到上游集鱼站进口并进入，集鱼效果不好，因此不考虑上游集鱼站。斜坡段右岸及平台段左岸，各高程下的平面水流均较为平顺。

4.3　集鱼系统布置分析

过鱼对象中的重唇裂腹鱼、厚唇裂腹鱼、扁嘴裂腹鱼、叶尔羌高原鳅为中下层鱼类，塔里木裂腹鱼、宽口裂腹鱼、斑重唇鱼及长身高原鳅为底层鱼类。考虑到过鱼对象主要为中底层鱼类，因此后面主要分析距下游平台底高程（高程 1 960.00 m）1 m 处（高程 1 961.00 m）的平面流速分布及流态，据此确定合适的集鱼系统位置。图 7 为典型工况条件下高程 1 961.00 m 处平面流态及流速分布，表 4 为各工况下游集鱼站进口及下游平台左岸流速，位置见图 7（a）。

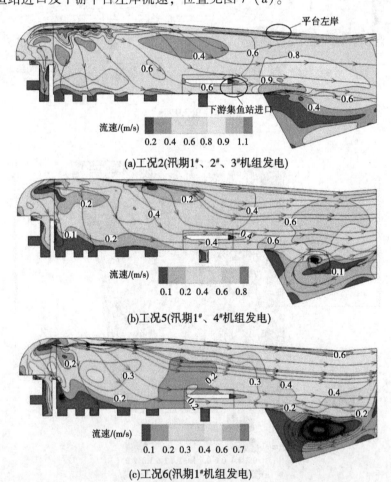

图 7　典型工况条件下平面流态及流速分布（Z=1 961.00 m）

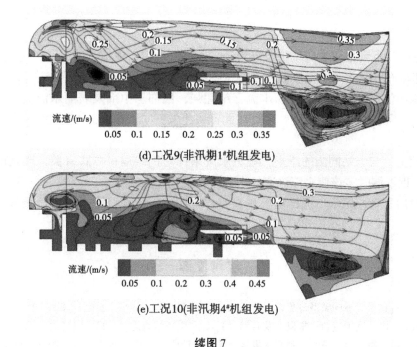

(d)工况9(非汛期1#机组发电)

(e)工况10(非汛期4#机组发电)

续图7

表4 各工况流速

工况编号	机组运行数量	下游水位/m	下游集鱼站进口流速/(m/s)	平台左岸流速/(m/s)
1	四台	1 966.07	0.80	1.00
2	三台	1 965.73	0.75	1.10
3		1 965.73	0.70	0.90
4	两台	1 965.36	0.65	0.90
5		1 964.83	0.45	0.70
6	一台	1 964.29	0.27	0.65
7		1 964.29	0.27	0.65
8	两台	1 963.02	0.10	0.30
9	一台	1 963.25	0.10	0.35
10		1 963.09	0.05	0.35

从流态来看,各工况条件下平台左岸水流均比较顺直;工况1至工况9下游集鱼站内流线均比较平顺,从上游流向下游,流态比较适合鱼类上溯进入集鱼站内,工况10(非汛期,4#机组发电)上游水流很难进入集鱼站内,导致集鱼站内存在多个漩涡,流速也比较小。

从流速分布来看,斜坡末端及下游平台,除右岸回流区域外,流速大小介于0.2~1.1 m/s,较适合鱼类上溯。平台左岸最小流速0.30 m/s、最大流速1.10 m/s,且大于附近水流流速,若在此布置集鱼站,则较易吸引鱼类,且流速大小适宜鱼类进入集鱼站进口。右岸的下游集鱼站进口,工况1至工况7流速分别为0.80 m/s、0.75 m/s、0.70 m/s、0.65 m/s、0.45 m/s、0.27 m/s和0.27 m/s,介于0.2~1.1 m/s,适合鱼类进入集鱼站,但是工况8至工况10,最大流速仅0.10 m/s,流速略小,不易被鱼类感知到。

从流态和流速大小两方面来看,平台左岸布置集鱼站优势均大于右岸集鱼站,但是左岸不具备交通条件,不方便运鱼车将鱼类运输过坝,因此仍采用原来右岸的下游集鱼站,并做如下调整:将集鱼站边墩顺流向缩短3.5 m,使得在小流量工况下(1#、2#机组不发电)有较多水流进入集鱼站内,同时将进鱼口宽度由4.34 m缩窄至2.00 m,以增大进鱼口流速。

5　结论

本文以玉龙喀什水利枢纽集鱼系统布置为例，通过三维数值模拟，研究了岸边式水电站尾水渠内水流形态与流速分布，从水力学角度分析了集鱼系统合适的布设位置，主要结论如下：

（1）在尾水出流区域，水深较大，水流三维性强，底部、中部及表面水流流向差别较大，且横剖面上存在横轴漩涡，流态十分紊乱，鱼类在此容易迷失方向，难以进入上游集鱼站内，不利于布设集鱼系统。

（2）反坡段上，与电站同侧的岸边，集鱼水流条件与机组运行方式有关，当发电机组流量较小或发电机组太靠近下游时，该侧水流流速较小，不易被鱼类感知到。

（3）反坡段后平台，尾水出流已调整顺直，若岸线比较顺直，则岸边水流条件较好，可布设集鱼系统。

参考文献

[1] 栾丽，彭艳，何涛，等．不同类型过鱼设施特点及适应性研究［J］．水力发电，2020，46（11）：11-14，28.

[2] 郑金秀，韩德举．国外高坝过鱼设施概况及启示［J］．水生态学杂志，2013，34（4）：76-79.

[3] 王猛，马卫忠，单承康，等．马岭水利枢纽集运鱼系统设计研究［J］．水力发电，2021，47（1）：7-11.

[4] 李广宁，孙双科，郄志红，等．电站尾水渠内鱼道进口位置布局［J］．农业工程学报，2019，35（24）：81-89.

[5] 雷青松．典型裂腹鱼和鳅类游泳能力测试研究及鱼道初步设计［D］．宜昌：三峡大学，2020.

[6] 李志敏，陈明曦，金志军，等．叶尔羌河厚唇裂腹鱼的游泳能力［J］．生态学杂志，2018，37（6）：1897-1902.

[7] 国家能源局．水电工程过鱼设施设计规范：NB/T 35054—2015［S］．北京：中国电力出版社，2015.

[8] 吴俊东，王翔，翁永红，等．乌东德水电站集运鱼系统方案设计［J］．人民长江，2022，53（2）：88-94.

[9] 汪亚超，陈小虎，张婷，等．鱼道进口布置方案研究［J］．水生态学杂志，2013，34（4）：30-34.

高原山区河流健康状况评价与管理保护对策分析
——以朱拉曲为例

邓智瑞[1,2,3] 杨 冰[2,3] 次吉拉姆[2,3] 黄 东[2,3]

(1. 华南理工大学土木与交通学院，广东广州 510641；
2. 广东省水利水电科学研究院，广东广州 510635；
3. 广东省水动力学应用研究重点实验室，广东广州 510635)

摘 要：高原山区河流生态环境脆弱，随着人类活动影响日益增加，对其开展健康评价工作具有重要意义。朱拉曲是西藏林芝市重要河流之一，结合林芝市河湖特点，以水利部河湖健康评价指南为基础，构建了林芝市河湖健康评价指标体系，对朱拉曲"盆"、"水"、生物、社会服务功能4个准则层进行评价，获得朱拉曲河流健康状况。结果显示，朱拉曲为一类河流，处于非常健康状态。针对朱拉曲水环境恶化风险、岸线自然状况不稳定、生物多样性指数较低、防洪工程体系不完善等健康问题，提出相应保护对策，同时总结了高原山区河流健康评价工作的经验。

关键词：健康评价；生态系统；朱拉曲；河流；高原山区河流

随着经济社会快速发展，人类对水资源的不利影响日益严重。加强河湖管理保护，维护河湖健康成为全社会的愿景，也成为新时期治水管水的主要任务，其中河流健康评价是河流管理的重要内容[1]。

国外学者早在18世纪末就开展了关于河流健康评价的工作，形成了相应的评价体系[2-4]。我国河湖健康的研究起步较晚，自20世纪90年代以来，很多学者对河湖健康评价体系和方法也开展了一系列研究[5-7]，并广泛应用于全国各地河湖健康评价工作[8-11]，但目前仍非常缺乏对于高原地区特别是西藏地区的河流健康评价相关研究。

青藏高原是我国众多河流的发源地，其特殊的地理位置和气候条件导致河流生态环境非常脆弱。青藏高原地区河流具有鲜明的特点[12-13]，因此健康评价工作与其他地区河流有一定区别：①部分河流发源于冰川雪山，源头河段不受人类干扰；②高原边缘的基岩河床比降大、下切深，岸线调查困难；③现阶段受人类活动影响相对较小，但随着人类开发活动日益增加，存在河流健康风险。综合看来，西藏地区河流处于天然河流向开发河流过渡的阶段，持续关注其健康状态是合理规划、开发利用河流的基础。

在国家政策方面，21世纪以来，我国更加重视河湖生态保护，水利部也相继发布了相关指导文件用于支撑开展河湖健康评价工作，如2010年的《河流健康评估指标、标准与方法》[8]、2020年的《河湖健康评价指南（试行）》[1] 和2022年的《水利部办公厅关于开展河湖健康评价建立河湖健康档案工作的通知》等。在此背景下，根据林芝市河湖特征及河湖管理工作需求，以水利部河湖健康评价指南为基础，开展了相应的河湖健康评价工作。

朱拉曲位于林芝市工布江达县境内，森林覆盖率高，水土流失总体较轻，现状污染负荷较低。开展朱拉曲的健康评价工作责任重大，不仅能进一步夯实习近平生态文明思想在西藏自治区落地生根，

基金项目：广东省水利科技创新项目（2023-06）。

作者简介：邓智瑞（1990—），男，博士，研究方向为泥沙与生态、水文水资源。

同时对于进一步提升公众对河湖健康认知水平，强化河湖管理保护，维护河湖健康生命具有重要的现实意义。

1 流域概况

朱拉曲为尼洋河左岸一级支流巴河的右岸支流，发源于朱拉乡崩嘎村西北部念青唐古拉山脉西南麓，最终在巴河镇雪卡村下游于右岸汇入巴河曲。朱拉曲干流全长 99.28 km，流域面积 1 815 km²，落差 1 823 m，平均比降 15.49%。朱拉曲水系发育，支流众多，在两岸呈对称分布，流域最大的支流是朱拉乡集镇所在的色不弄巴。

根据朱拉曲实际情况，本次健康评价以崩嘎村、嘎当村桥和四章村为分界点，将朱拉曲分为 4 个评价单元，自上游至下游分别为天然河段、上游河段、中游河段、下游河段（见表 1 及图 1）。

表 1 朱拉曲健康评价分段

评价河段	起止点	长度/km	划分依据
天然河段	河道起点—崩嘎村	35.08	河段沿岸人类活动少，接近于天然河段
上游河段	崩嘎村—嘎当村桥	19.76	河段沿岸总体上人类活动较少，有村庄集聚地，耕地零散
中游河段	嘎当村桥—四章村	7.2	河段为西藏巴松措国家森林自然公园的核心景观区——朱拉河国家湿地公园，河段人口稀少，人类活动影响较小，水质基本保持良好
下游河段	四章村—朱拉曲河口	37.24	河段沿岸总体上人类活动较少，有四章村内堤防工程、扎堆村内堤防工程等已建堤防工程

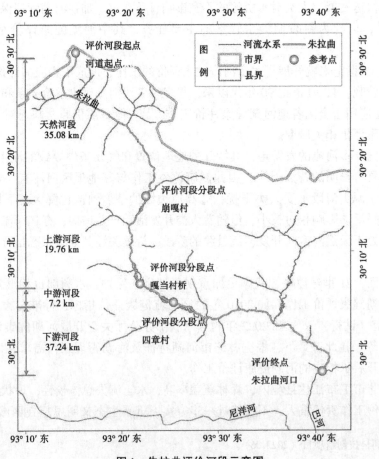

图 1 朱拉曲评价河段示意图

2 健康评价方案

2.1 评价指标体系及分级

以水利部河湖健康评价指南为基础，根据朱拉曲河流特点建立相应健康评价指标体系，并分为天然河段、上游河段、中下游河段三种情况。其中，天然河段选取 3 个指标，分别为岸线自然状况、河道蜿蜒度、水质优劣程度，仅作为河流情况背景值，不作评分。上游河段选取 12 个指标，中下游河段选取 14 个指标。朱拉曲健康评价指标体系及指标权重如表 2 所示。

表 2 朱拉曲健康评价指标体系及指标权重

准则层（权重）	指标层	指标类型	评价河段权重	
			上游河段	中下游河段
"盆"（0.3）	河流纵向连通指数	备选	0.1	0.1
	岸线自然状况	必选	0.3	0.3
	河岸带宽度指数	备选	0.1	0.1
	违规开发利用水域岸线程度	必选	0.3	0.3
	河道保洁程度	备选	0.2	0.2
"水"（0.3）	生态流量满足程度	备选	0.25	0.125
	水质优劣程度	必选	0.375	0.375
	水体自净能力	备选	0.375	0.25
	现状水质与水质目标偏离程度	备选	—	0.25
生物（0.2）	鱼类保有指数	必选	0.75	0.75
	水鸟状况	备选	0.25	0.25
社会服务功能（0.2）	防洪达标率	备选	0.4	0.333
	岸线利用管理指数	备选	0.6	0.333
	公众满意度	必选	—	0.334

2.2 调查监测技术方案

健康评价的主要调查方式为现场调查、无人机航拍、电子问卷、遥感解译、资料收集等，调查时间范围为 2021 年 3 月至 2023 年 3 月。

3 评价结果

3.1 指标层评价结果

本文以高原河流特色、评价方法调整、存在健康风险为原则，选取"盆"准则层中岸线自然状况、"水"准则层中水质优劣程度、社会服务功能准则层中公众满意度共 3 个代表性指标进行具体分析。

3.1.1 岸线自然状况

3.1.1.1 评价方法

结合现场观测记录情况，根据表 3 为岸线自然状况指标赋分。

表3 岸线自然状况指标赋分标准

河湖岸特征	稳定	基本稳定	较不稳定	不稳定
岸线自然状况	无冲刷迹象，近期内河湖岸不会发生变形破坏，无水土流失现象	轻度冲刷，河湖岸结构有松动发育迹象	中度冲刷，河湖岸松动裂痕发育趋势明显，一定条件下可导致河岸变形和破坏	重度冲刷，河湖岸随时可能发生大的变形和破坏，或已经发生破坏
赋分	100	75	25	0

3.1.1.2 调查方法

岸线自然状况调查时间为 2022 年 12 月。根据各评价河段岸线特点，综合考虑代表性、监测便利性和安全保障等因素，共布设监测点位 16 个。

3.1.1.3 调查结果

各评价河段岸线自然状况调查结果如表4所示。朱拉曲整体河岸以自然岸坡为主，基质基本为松散土，中下游河段沿岸有村庄、堤防等人类活动影响，植被覆盖率较高，总体有轻度冲刷迹象。

3.1.1.4 指标赋分

各评价河段赋分结果见表4，从赋分情况可知，朱拉曲上、中、下游河段岸线自然状况赋分为 75~100 分，河段基本处于稳定状态，河岸整体状况较为良好。

表4 朱拉曲各评价河段岸线自然状况调查结果

监测点位	所属河段	岸别	岸坡类型	岸坡倾角/(°)	岸坡植被覆盖度(≥)/%	岸坡高度(≤)/m	基质类别	河岸冲刷情况	岸坡宽度/m	有无堤防	赋分	河段平均值
1	天然河段	左岸	自然岸坡	30~45	100	3	岩土	轻度	3	无	—	—
2		左岸	自然岸坡	30~45	100	3	岩土	轻度	3	无	—	
3	上游河段	右岸	自然岸坡	10~20	25	2	岩土	轻度	5~10	无	100	100
4		右岸	自然岸坡	10~20	25	2	岩土	轻度	5~10	无	100	
5	中游河段	右岸	自然岸坡	30~45	50	3	岩土	轻度	3	无	75	87.5
6		左岸	自然岸坡	30~45	80	3	岩土	轻度	3	有	100	

续表 4

监测点位	所属河段	岸别	岸坡类型	岸坡倾角/(°)	岸坡植被覆盖度（≥）/%	岸坡高度（≤）/m	基质类别	河岸冲刷情况	岸坡宽度/m	有无堤防	赋分	河段平均值
7	下游河段	左岸	自然岸坡	30~45	100	3	岩土	轻度	2	无	75	85
8		左岸	自然岸坡	30~45	90	3	岩土	轻度	2	无	100	
9		左岸	自然岸坡	30~45	100	3	岩土	轻度	2	无	100	
10		左岸	自然岸坡	30~45	100	3	岩土	轻度	2	无	75	
11		左岸	自然岸坡	10~20	80	3	岩土	轻度	3	无	75	
12		右岸	自然岸坡	10~20	100	1	岩土	轻度	3	无	100	
13		左岸	自然岸坡	30~45	80	1	岩土	轻度	3	有	100	
14		左岸	自然岸坡	10~20	50	3	岩土	轻度	5~10	无	75	
15		左岸	自然岸坡	10~20	50	3	岩土	轻度	5~10	有	75	
16		右岸	自然岸坡	10~20	25	1	岩土	轻度	5~10	无	75	

3.1.2 水质优劣程度

3.1.2.1 评价方法

以《地表水环境质量标准》（GB 3838—2002）[14]规定的24项基本指标的标准限值评估水质，并按照表5进行评分。

表5 水质优劣程度指标赋分标准

水质类别	Ⅰ	Ⅱ	Ⅲ	Ⅳ	Ⅴ	劣Ⅴ
赋分	100	90	75	60	40	0

3.1.2.2 调查方法

现场采样调查共2次，分别为2022年11月与2023年3月，监测点位于波村附近，同时根据《工布江达县水资源监测报告》[15]《西藏自治区林芝市二级支流水功能区划报告（2017—2025）》[16]等资料判断朱拉曲水质类别。

3.1.2.3 调查结果

根据现场采样分析结果（见表6），朱拉曲溶解氧、总磷指标为Ⅱ类，其余监测指标为Ⅰ类。综合考虑获取的资料与现场采样分析结果，朱拉曲水质变化不大，大多数指标为Ⅰ类，少数为Ⅱ类，人类活动对水资源的质量影响较小，水质基本保持在天然、良好状态。因此，朱拉曲评价河段的水质类别为Ⅱ类。

表6 朱拉曲水质理化参数指标

测量日期	2020 年 3 月[15]	2022 年 11 月	2023 年 3 月
水温/℃	9.5	3.0	4.3
pH 值	7.16	7.25	8.4
溶解氧/(mg/L)	5.3	6.32	6.3
化学需氧量/(mg/L)	—	13	5.8
高锰酸盐指数/(mg/L)	1.5	1.2	1.24
五日生化需氧量/(mg/L)	1.0	—	0.98
氨氮/(mg/L)	0.052	0.073	—
总磷/(mg/L)	0.02	0.01 L	0.047
总氮/(mg/L)	0.31	0.48	0.674
石油类/(mg/L)	0.01 L	0.01 L	0.01 L

注：检测结果低于检出限，以检出限+L 表示。

3.1.2.4 指标赋分

朱拉曲的3个评价河段水质类别均为Ⅱ类，对应水质优劣程度指标得分均为90分。

3.1.3 公众满意度

3.1.3.1 评价方法

评价公众对河湖环境、水质水量、涉水景观等的满意程度，采用公众调查方法评价，其赋分取评价流域（区域）内参与调查的公众赋分的平均值。

3.1.3.2 调查方法

公众满意度调查反映了公众对河流环境、水质水量、涉水景观等的满意程度。本次调查使用网上电子调查问卷和现场走访相结合的方式。调查时间为2022年10月至2023年3月，调查对象包括朱拉曲附近公职人员、社会生产生活从业人员等多种职业人员，具有一定的代表性和参考性。

3.1.3.3 调查结果

调查回收问卷共计102份，均为有效问卷，主要填写人员集中在中下游河段。表7展示了问卷调查内容及占比最高的情况分布。

表7 公众满意度统计结果

分类	选项	占比最高情况	人数/人	占比/%
自然灾害情况	洪水漫出河道现象	无此现象	82	80
	河道两岸山体泥石流、滑坡现象	无此现象	45	56

续表7

分类	选项	占比最高情况	人数/人	占比/%
岸线状况	河岸冲刷情况	存在轻微冲刷	52	51
	河岸乱堆生活垃圾、砂石泥土及其他物料	无此现象	86	84
	河岸乱建现象	无此现象	97	95
水环境、景观状况	水面垃圾、漂浮物	无此现象	97	95
	景观绿化情况	景观绿化优美	97	95
	娱乐休闲	适合娱乐休闲	51	50
水生态状况	鱼类	鱼类数量一般	56	55
	水鸟	不了解	46	45
	外来入侵生物（非本地鱼类、水生动植物等）	不了解	97	95

对于评价河段整体满意度，27%的受访人打100分，16%的受访人打99分，39%的受访人打95分，94分、90分、89分的受访人比例均为6%。满意度总体平均分约为96分，受访人总体对朱拉曲表示"很满意"。

3.1.3.4 指标赋分

按收集到的调查问卷计算结果，朱拉曲中下游河段的公众满意度赋分为96分。

4 综合赋分

按照各评价河段综合得分，以河段长度为权重进行朱拉曲河湖健康赋分，上、中、下游河段的得分分别为93.44分、92.60分、92.38分，朱拉曲全河段得分为92.73分，为一类河流，处于非常健康状态（见图2）。从各项指标来看，朱拉曲除生物多样性处于健康状态外，河流在形态结构完整性、水生态完整性与抗扰动弹性、社会服务功能可持续性等方面都保持非常健康状态（见图3）。

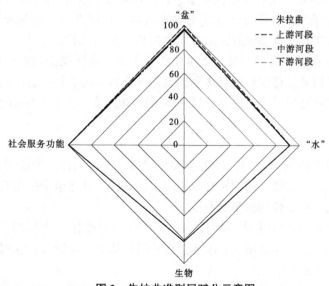

图2 朱拉曲准则层赋分示意图

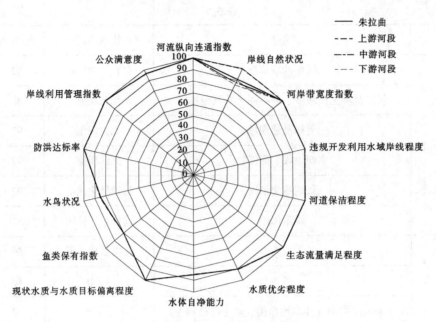

图 3 朱拉曲指标层赋分示意图

5 健康风险与对策

朱拉曲河流整体处于非常健康状态,但仍存在一定的健康风险,需开展进一步保护工作:

(1) 存在水环境恶化风险。朱拉曲污水、垃圾收集和处理等基础设施尚未完善,仍存在部分污染源。建议加快推进水体污染综合整治,完善污染物监测体系,严格污水排放管理,进一步完善污水处理系统。

(2) 岸线自然状况不稳定。朱拉曲中下游河段由于地质、地貌及人类活动等,河岸带出现轻微冲刷现象,有水土流失隐患。建议加强河岸带治理与保护,控制河岸带不合理的人类活动。

(3) 生物多样性指数较低。朱拉曲流域内长期缺乏生物研究,难以为河流水生态健康状态的实时评判与生态环境保护方案的决策提供有效支撑。建议加大流域内鱼类保护力度,同时宣传普及强化水生态环境和鱼类保护意识,发动当地居民共同保护河流中的鱼类资源。

(4) 防洪工程体系不够完善。朱拉曲在集镇、村庄河段受人类活动、青藏高原气候暖湿变化等影响,部分河(沟)段岸坡淘刷,仍存在一定的洪水风险。建议进一步完善朱拉曲流域防洪工程体系,实施小型堤防或护岸工程,推动流域山洪灾害"四预"能力建设。

(5) 非工程措施及管理能力尚有不足。朱拉曲相关水文、水环境测站尚未完备;流域防洪减灾综合管理能力有待进一步提升。建议在现有水利信息化设施和应用的基础上,完善流域水情、水质站网布设,加强基础信息设施建设,逐步提高流域涉水事项的监测、分析和预报能力。

6 结语

朱拉曲作为林芝市代表性河流之一,涵盖了天然河段、上游河段、中游河段、下游河段几种类型。针对林芝市高原山区河湖特征及河湖管理工作需求,开展了林芝市朱拉曲的健康评价工作,并总结了高原山区的河流健康评价工作的困难及经验。

主要工作困难有以下几点:①生物多样性调查存在较大偶然性,生物调查结果存在一定误差;②原始数据资料涉及部门广、收集难度大;③部分评价指标历史数据缺乏;④河湖健康评价工作时间安排与其他管理工作进度不统一。

针对上述提出的问题,提出以下解决思路:①查阅流域综合规划、水电开发规划等文献资料,现场走访调查,收集流域历史生物调查数据,对生物多样性情况进行补充分析。②推动河湖基础数据库及生物物种遗传资源数据库建设；联合生态环境、林业等部门，推动生物多样性长期动态监测。③对河湖健康评价指标体系进行优化。针对部分难以收集到的长序列水文、生物监测数据，或难以开展外业调查完成采样监测的指标，结合林芝市河流特点提出定性评价等方法，提高可操作性。④加强与河长制相关工作串联衔接。以"智慧河长"平台为载体，推动河湖基础信息更新周期化、河湖日常管护工作常态化。

参考文献

［1］水利部河湖管理司，南京水利科学研究院，中国水利水电科学研究院．河湖健康评价指南（试行）［R］．北京：水利部河湖管理司，2020.

［2］Barbour M T. Rapid bioassessment protocols for use in wadeable streams and rivers：periphyton，benthic macroinvertebrates and fish［M］．Washington DC：US Environmental Protection Agency，Office of Water，1999.

［3］Kallis G. The EU water framework directive：measures and implications［J］．Water Policy，2001，3（2）：125-142.

［4］Smith M J，Kay W R，Edward D H D，et al. AusRivAS：using macroinvertebrates to assess ecological condition of rivers in Western Australia：Models for assessing river health［J］．Freshwater Biology，1999，41（2）：269-282.

［5］罗火钱，李轶博，刘华斌．河流健康评价体系研究综述［J］．水利科技，2019（1）：14-20.

［6］张杰，王晓青．河流健康评价指标体系研究［J］．环境科学与管理，2017，42（5）：180-184.

［7］何建波，李欲如，毛江枫，等．河流生态系统健康评价方法研究进展［J］．环境科技，2018，31（6）：71-75.

［8］王晓刚，王竑，李云，等．我国河湖健康评价实践与探索［J］．中国水利，2021（23）：25-27.

［9］郑江丽，邵东国，王龙，等．健康长江指标体系与综合评价研究［J］．南水北调与水利科技，2007（4）：61-63.

［10］胡春宏，陈建国，孙雪岚，等．黄河下游河道健康状况评价与治理对策［J］．水利学报，2008（10）：1189-1196.

［11］姜海萍，陈春梅，朱远生．珠江流域主要河湖水生态状况评价［J］．人民珠江，2012，33（S2）：33-38.

［12］李志威，余国安，徐梦珍，等．青藏高原河流演变研究进展［J］．水科学进展，2016，27（4）：617-628.

［13］钱宁，张仁，周志德．河床演变学［M］．北京：科学出版社，1987.

［14］国家环境保护总局，国家质量监督检验检疫总局．地表水环境质量标准：GB 3838—2002［S］．北京：标准出版社，2002.

［15］西藏溢健环保科技有限公司．工布江达县水资源监测报告［R］．拉萨：西藏溢健环保科技有限公司，2020.

［16］深圳市水务规划设计院股份有限公司．西藏自治区林芝市二级支流水功能区划报告（2017—2025）［R］．深圳：深圳市水务规划设计院股份有限公司，2021.

吉林省辽河流域水资源联合调度与河湖复苏关键技术研究

贺石良 陆 超 侯 琳

（松辽水利委员会流域规划与政策研究中心，吉林长春 130021）

摘 要： 吉林省辽河流域河湖水生态系统存在河道断流、湖泊萎缩干涸、生态流量保障不够等问题，本文根据流域水资源禀赋条件，结合现状及规划工程，通过模型计算等手段，开展水资源管理制度建设、流域水资源统一配置、控制性工程调度、河湖连通等相关方面的研究，形成了水资源联合调度与河湖复苏关键技术。近年的监测数据表明，水环境、水生态持续改善，流域生态流量保障程度提升，随着技术深入应用，未来将改善西辽河断流情况。

关键词： 吉林省辽河流域；水资源联合调度；河湖复苏

1 概况

吉林省辽河流域位于吉林省西南侧，主要包括吉林省行政区域内东辽河、西辽河干流及其支流，招苏台河、叶赫河及其支流的集水区域，以及被确定为属于本流域的闭流区，流域面积 1.54 万 km²。涉及东辽河、西辽河、辽河干流 3 个水资源二级区，四平市、辽源市和长春市（公主岭）等 3 个地级市、9 个县（市、区）。现有大中型水库 19 座，其中东辽河流域 14 座、西辽河流域 1 座、招苏台河和条子河流域 3 座、叶赫河 1 座。大型水库为二龙山水库、杨木水库等。

流域水资源总量 18.34 亿 m³，其中地表水资源量 9.45 亿 m³，地下水资源量 11.75 亿 m³。吉林省辽河流域水资源量成果见表 1。

表 1 吉林省辽河流域水资源量

单位：亿 m³

水资源分区	计算面积/km²	地表水资源量	地下水资源量	水资源总量
西辽河	3 539	0.33	2.18	2.44
东辽河	9 884	7.52	7.93	12.93
辽河干流	2 008	1.61	1.64	2.97
吉林省辽河流域	15 431	9.45	11.75	18.34

2 面临的形势与问题

2.1 流域水污染持续加重，水环境质量急剧恶化

2014—2016 年，Ⅰ～Ⅲ类断面比例由 22% 下降到 11%，劣Ⅴ类断面比例由 11% 上升到 56%；2017 年上半年，辽河流域 9 个国控断面除辽河源断面外，均为劣Ⅴ类，水质持续恶化。东辽河流域城子上断面、四双大桥断面水污染情况尤为严重。

作者简介：贺石良（1983—），男，高级工程师，主要从事流域规划设计工作。

2.2 生态用水不能保障[1]

东辽河流域主要控制性工程二龙山水库修建年代较早，原设计任务未考虑下游河道生态环境用水，现状二龙山水库结合灌溉供水，不能保障河道内生态需水的过程要求。根据1980—2016年37年系列实测径流成果分析，东辽河二龙山水库、王奔水文断面汛期（6—9月）生态基流保障程度分别为78%、82%，非汛期（4—5月、10—11月）生态基流保障程度分别为38%、67%。冰冻期（1—3月、12月）生态基流保障程度分别为20%、51%，2个水文断面6个分期生态基流保障程度均不足90%。

2.3 河道断流[2]

由于西辽河流域天然径流衰减、水资源过度开发利用、部分地区地下水超采等，使得河流萎缩，最终造成断流。西辽河每年的12月至次年3月为冰冻期，根据西辽河干流郑家屯水文站断面1980—2022年4—11月日实测径流，郑家屯水文站断流天数累计达到2 396 d，其中2001年以后累计断流天数2 226 d，占比达到93%，2018年甚至出现全年断流，断流时段主要分布在4月、5月、6月、11月，断流天数占比在50%以上。

2.4 湖泊湿地萎缩

现象卫星遥感影像提取的泡沼湿地分布数据表明，20世纪50年代双辽市内湖泊水面和湿地面积10 160 km²，2015年已萎缩至2 562 km²，缩减了70%以上。水面和湿地面积减少，导致生态系统功能退化，生态环境十分脆弱。

2.5 水资源匮乏，各行业用水矛盾紧张

吉林省辽河流域水资源短缺，经济社会用水量较大，现状年存在大量城市用水挤占农业用水，河道外用水挤占河道内生态用水现象。地表水开发利用现状已达到开发利用的上限，同时地表水、地下水污染严重，随着经济社会的快速发展，流域内对水资源的需求将越来越多，规划中考虑实施中部城市引松供水工程解决四平、辽源等城市的用水问题，但流域内供需矛盾将越来越突出，尤其是行业间的用水竞争将更加激烈。

3 目标设定及研究必要性

3.1 保障生态基流

生态基流是指维持河流最基本生态功能，不出现枯竭断流现象所需要的流量[3]。基本生态水量是指在水资源规划和配置调度中，为了维持河流生态环境功能（维持河流形态、生物栖息地、自净、输沙、景观、河口防潮压咸等）不丧失，需要优先予以保障的河道内最小生态水量。

针对水生态安全面临的形势，《吉林省人民政府关于印发吉林省清洁水体行动计划（2016—2020年）的通知》（吉政发〔2016〕22号）、《吉林省辽河流域水污染综合整治联合行动水利工作实施方案》（吉林省水利厅办公室2018年8月20日印发）中明确要求：通过节水、补水、调水等措施，努力保障生态基流。

《吉林省辽河流域水环境保护条例》（2019年8月1日）第六十条明确指出：省人民政府应当依法制定流域水量分配方案和调度计划，合理确定生产生活用水量，保障流域生态基流。市、县（市）人民政府应当制定流域生态流量调控方案，统筹水利工程供水能力和供水任务，实施生态基流保障，科学调控杨木水库、二龙山水库、下三台水库等水库水量。

根据《东辽河流域水量分配方案》《西辽河流域水量分配方案》《辽河干流流域水量分配方案》《东辽河水量调度方案》《东辽河生态流量（水量）保障方案》，吉林省辽河流域主要控制断面选取东辽河二龙山水库、王奔断面作为河道内生态补水控制断面。主要控制断面各分期生态基流目标成果见表2。

表2 主要控制断面各分期生态基流目标成果

站名	断面性质	生态基流/(m³/s)					基本生态水量/亿 m³			
		4—5月	6—8月	9月	10—11月	12月至次年3月	汛期	非汛期	冰冻期	全年值
二龙山水库	控制性工程	2.88	4.45	1.45	1.45	1.45	0.39	0.23	0.15	0.77
王奔	把口站、省界断面	4.98	7.45	4.45	3.53	1.45	0.71	0.45	0.15	1.31

注：生态基流保证率90%，生态水量保证率75%。

3.2 改善河道断流

《水利部关于复苏河湖生态环境的指导意见》（水资管〔2021〕393号）、《水利部办公厅关于印发"十四五"时期复苏河湖生态环境实施方案的通知》（办资管〔2021〕376号）、《水利部关于印发母亲河复苏行动河湖名单（2023—2025年）的通知》（水资管〔2023〕107号）明确要求西辽河干流到2025年实现过流，重要河湖生态环境明显改善。

3.3 改善当地生态环境

东辽河和西辽河交汇处的双辽市河道外用水需求较大，资源性缺水是制约地区经济发展的主要因素。随着近年气候变化导致降水量的减少，当地水库、湖泊蓄水很少，甚至出现干涸；水资源量不足将导致地区湖泡、湿地继续干涸，盐碱地继续发展，同时已控制的流动沙丘再次出现并呈蔓延扩大趋势。

4 水资源联合调度及河湖复苏

4.1 水资源禀赋条件

西辽河与东辽河、辽河干流降水深在409~590 mm，各水资源分区差别不大，受下垫面地形地貌及土壤、气候、人类活动影响，西辽河流域径流深远低于东辽河和辽河干流。对于人均地表水资源量，东辽河远高于西辽河及辽河干流，而且东辽河水库总库容是径流量的3.08倍，调蓄能力较强。综合以上分析，东辽河水资源禀赋相对较好，吉林省辽河流域水资源联合调度应围绕东辽流域开展。各分区水资源禀赋条件见表3。

表3 各分区水资源禀赋条件

水资源分区	降水深/mm	径流深/mm	人均地表水资源量/(m³/人)	总库容/万 m³	库径比
西辽河	409	9	151	1 980	0.60
东辽河	558	76	7 261	231 919	3.08
辽河干流	590	80	2 101	12 174	0.76
吉林省辽河流域	528	61	4 681	246 073	2.60

4.2 控制性工程选取

杨木水库为辽源市供水水源，在吉林省中部城市引松供水工程实施以前，水库以辽源市城市供水为主要任务，不具备生态补水的条件，在中部城市引松供水工程实施后，该水库具备生态补水条件时，可适时考虑生态补水。

招苏台河流域的下三台水库，现状为四平市地表水水源地，为中部城市引松供水工程水量调入区的调蓄水库工程，在中部城市引松供水工程实施后，可根据供水能力下泄生态基流。

二龙山水库位于吉林省梨树县石岭镇二龙山村境内，是以防洪、城市供水、灌溉为主，结合发电、养鱼等综合利用的大（1）型水库。水库坝址以上集水面积 3 799 km²，坝址处多年平均径流量 4.56 亿 m³。水库死库容 2.36 亿 m³，兴利库容 7.04 亿 m³，防洪库容 9.78 亿 m³，总库容 17.92 亿 m³。

吉林省辽河流域已建的 18 座大中型水库的调节能力差异很大，对控制断面的生态补水作用大小不一，综合考虑现状水库对流域内供水、生态等方面的作用，经初步分析，辽河流域已有的中型水库均不能满足生态补水的要求。二龙山水库调蓄能力强，地理上位于流域的中心位置，综上分析，辽河流域控制性调度工程确定为二龙山水库。

4.3　水资源联合调度及河湖复苏技术措施

（1）建立吉林省辽河流域水资源调度管理机制，明确省、市、县各级水行政主管部门的调度权限及职责，明确计划用水管理、动态调整管理、控制断面监测管理、过程监督检查的相关要求。

（2）遵循公平公正、节水优先、生态优先的原则，统筹考虑调入与调出水量、地表与地下转换关系、河道内与河道外用水、用水量与消耗量等关系，合理确定吉林省河道外可分配水量及主要控制断面的最小生态环境需水指标。

（3）统筹考虑流域内区域间用水关系，实行流域水量统一调度，地表水、地下水统一配置，按照用水总量控制和重要断面水量控制原则，开展水资源优化调度，保障各行业用水权益。

（4）兼顾上下游、左右岸和有关地区之间的利益，合理调度水资源，通过优化二龙山水库调度方式，科学合理开展生态调度，保障河流基本生态用水，维护河流生态安全。

（5）根据二龙山水库 10 月末库容及第二年来水预测成果启动年度水量调度，通过年调度、月修正、旬滚动调整的方式满足河道外用水需求、河道内生态流量要求。

（6）通过二龙山水库四平输水管线，连通东辽河与辽河干流，供给城镇生活用水、生态用水，提升四平市河流水质，改善水环境质量。

（7）通过规划建设吉林省中部城市引松供水工程，退还城镇生活挤占的农业用水、农田灌溉挤占的生态用水，保障城镇工业生活用水需求。

（8）规划建设吉林省大水网工程，通过外流域调水，进一步满足流域内生活、生产、生态用水。

（9）通过规划建设双辽市河湖连通工程，连通东辽河与西辽河，在取水口断面满足生态流量下泄要求、农田灌溉取水要求前提下，取用断面洪水，改善西辽河双辽段河道断流情况，复苏西辽河干流及部分生态退化湖泊。

水资源联合调度及河湖复苏技术措施见图 1。

5　应用效果分析

本文从合理划分省区权益、优化调配流域水资源、改善河流生态健康、支撑流域高质量发展等方面着手形成了水资源联合调度及河湖复苏关键技术，目前在辽河流域取得了较好的应用效果。

5.1　水质改善效果显著

本技术自 2018 年冬季应用于吉林省辽河流域，2019 年劣 V 类水显著降低，2020—2022 年劣 V 类水体已全部消除，Ⅰ～Ⅲ类水体比例逐年提高，水质改善效果显著（见表 4）。

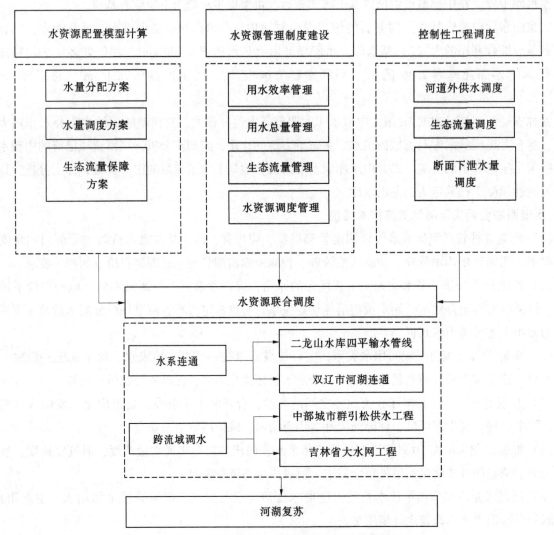

图 1 水资源联合调度及河湖复苏技术措施

表 4 吉林省辽河流域国控监测断面水质状况

年份	I～III类	IV类	V类	劣V类
2017	11.10%	11.10%	22.20%	55.60%
2018	11.10%	33.30%	11.10%	44.50%
2019	—	33.30%	50.00%	16.70%
2020	50%	50%		
2021	75%	16.70%	8.30%	
2022	83.30%	8.30%	8.30%	

5.2 生态基流保障程度显著提高

根据控制断面 2021—2022 年生态基流评估成果，全年有 10 个月生态基流达到 100%，仅 1 个月达到 93.3%，保障程度较高。流域控制断面 2021—2022 年生态基流保障程度见表 5。

表 5　流域控制断面 2021—2022 年生态基流保障程度

控制断面名称		4 月	5 月	6—8 月	9 月	10—11 月	12 月至次年 3 月
二龙山水库	目标/(m³/s)	2.88	2.88	4.45	1.45	1.45	1.45
	实际（保证率,%）	93.3	100	100	—	100	100
王奔	目标/(m³/s)	4.98	4.98	7.45	4.45	3.53	1.45
	实际（保证率,%）	100	100	100	—	100	100

注：生态基流目标实施情况评估时间为 2021 年 10 月至 2022 年 8 月。

6　结论与展望

吉林省辽河流域水生态、水环境问题是长期综合原因造成的，目前通过水资源联合调度和水生态修复，在东辽河、辽河干流流域取得较好效果，但是西辽河干流断流问题仍未解决。未来通过双辽市河湖连通工程的实施，修复断流河道，改善区域生态环境，可有效改善西辽河河道断流情况[2]。

参考文献

[1] 贺石良，张龙，薛再刚 . 东辽河水资源开发利用存在的问题及建议 [J] . 东北水利水电，2014（12）：47-48.
[2] 侯琳，甲宗霞 . 北方断流河流复苏实施途径探讨：以西辽河为例 [C] // 第二十七届海峡两岸水利科技交流研讨会论文集 .
[3] 邓铭江 . 干旱内陆河流域河湖生态环境复苏关键技术 [J] . 中国水利，2022（7）：21-27.

大通河天堂水文站生态流量目标确定与分析评价

杨国伟[1]　常　珊[1]　崔晨韵[2]

（1. 黄河水利委员会水文局，河南郑州　450004；
2. 黄河水利委员会西宁水文水资源勘测局，青海西宁　810001）

摘　要：本文采用 Tennant 法、Q_P 法、流量历时曲线法、$7Q_{10}$ 法等对天堂水文站进行生态基流计算，并对计算成果及已有成果进行对比分析，得到天堂水文站生态基流为 8.0 m³/s，并对计算的生态基流成果进行分析，结果显示天堂水文站满足 90% 保证率。

关键词：Tennant 法；Q_P 法；流量历时曲线法；$7Q_{10}$ 法；生态基流

河湖生态流量是水资源开发管控和优化调配、河湖生态保护修复，以及地区间涉水事务协调的基本依据之一[1-2]。保障河湖生态流量（水量），对于维护国家水安全、生态安全具有重要意义[3]。本次选取大通河天堂水文站进行生态流量分析与评价，为保障大通河生态流量、提升生态流量管理水平、强化生态流量监管工作提供理论依据。

1　研究区域概况

大通河是湟水一级支流，黄河上游重要二级支流，干流全长 560.7 km，流域面积 15 130 km²。多年平均降水量 534.3 mm，降水时间比较集中，5—9 月降水量最多，占全年降水量的 80% 以上。流域降水量年际变化相对较小，最大年降水量与最小年降水量比值为 1.8~5.3。年降水量中上游地区为 500~600 mm，最大值为 800 mm；尕日德站年平均降水量为 573 mm；下游地区偏少，享堂多年平均降水量为 348 mm。多年平均日照时数为 2 486~2 742 h，平均风速为 1.4~2.1 m/s。多年平均无霜期为 48~184 d，多年平均气温为 3.3~8.1 ℃。

天堂水文站为省界断面站，属甘肃省水文水资源局管理，全年驻测，位于大通河下游，地理位置为东经 102°30′38.0″、北纬 36°57′21.5″，集水面积 12 574 km²，距河口（湟水）100 km；属国家重要水文站、中央报汛站和国家水质监测站[4]；管辖雨量站 1 处，水质调查断面 1 处，定点洪水调查断面 2 处。

2　生态基流分析

2.1　生态基流确定原则

（1）本次生态基流指标原则上按照统筹协调、综合平衡，并根据与已有成果相协调原则综合确定。

（2）充分考虑流域上下游协调、生态保护对象用水需求、流域水资源条件及开发利用、水量调度管理等情况，协调生活用水、生产用水、生态用水，对生态基流目标进行合理性和可达性分析，并与流域相关规划及相关批复文件等已有成果中明确的生态流量目标衔接协调。

（3）对于已有成果中确定的生态流量指标通过实测径流系列保证程度验证，经合理性分析，保证程度满足要求的可作为本方案主要控制断面生态基流指标。

（4）针对目标河段实际水资源量、年径流过程、水资源开发程度以及水质现状，采用多种方法计算生态基流，并通过综合分析选择符合流域实际的计算结果作为生态基流。

作者简介：杨国伟（1981—），男，高级工程师，主要从事防汛测报及管理工作。

（5）根据工程对河流水文情势影响情况和生态目标需水特点，考虑满足生态需水共性要求和实际数据获取难易程度，合理选取计算方法。

2.2 生态基流计算方法

生态基流的计算方法主要有水文学法、水力学法、生境模拟法和整体分析法等。

水文学法以历史流量为基础，根据水文指标确定河道内生态需水量。水文学法简单易行，但要求拥有长序列水文资料（一般应在 30 年及以上），常用于无特定生态需水目标的水域生态需水量计算。常用代表方法有 Tennant 法、最枯月平均流量法（Q_P 法）等。

本次计算采用《河湖生态需水评估导则（试行）》（SL/Z 479—2010）中提出的 Tennant 法、Q_P 法、流量历时曲线法、$7Q_{10}$ 法等常用方法计算。

2.2.1 Tennant 法

Tennant 法也叫蒙大拿法（Montana），是 1976 年由 Tennant 提出的河流生态径流研究方法，是河流控制断面生态环境需水量计算的一种常用方法[5]。

在 Tennant 法中，以预先确定的多年平均流量百分数为基础，将保护水生态和水环境的河流流量推荐值分为最大允许极限值、最佳范围值、极好状态值、很好状态值、良好状态值、一般或较差状态值、差或最小状态值和极差状态值等 1 个高限标准、1 个最佳范围标准和 6 个低限标准，又依据水生生物对环境季节性要求不同，分为 4—9 月鱼类产卵育肥期和 10 月至翌年 3 月一般用水期。对于一般河流而言，当河道内流量占多年平均流量的 60%~100% 时，河宽、水深及流速将为水生生物提供优良的生长环境，大部分河道的急流与浅滩将被淹没，只有少数卵石、沙坝露出水面，岸边滩地将成为鱼类能够游及的地带，岸边植物将有充足水量，无脊椎动物种类繁多、数量丰富，可以满足捕鱼、划船及大游艇航行要求；当河道内流量占多年平均流量的 30%~60% 时，河宽、水深及流速一般是令人满意的，除极宽浅滩外，大部分浅滩能被淹没，大部分边槽将有水流，许多河岸能够成为鱼类活动区，无脊椎动物有所减少，但对鱼类觅食影响不大，可以满足捕鱼、划船和一般旅游要求，河流及天然景色是令人满意的；当河道内流量占多年平均流量的 5%~10% 时，对于大江大河，仍然有一定的河宽、水深和流速可以满足鱼类洄游、生存和旅游、景观一般要求，是保持绝大多数水生生物短时间生存所必需的瞬时最低流量。

依据水文测站观测资料建立的流量和河流生态环境状况之间的经验关系，用历史流量资料可以确定年内不同时段生态环境需水量。从表 1 中第一列中选取生态环境保护目标对应的生态环境功能所期望的河道内生态环境状态，第二列、第三列分别为相应生态环境状态下年内水量较枯时段和较丰时段（或非汛期、汛期）生态环境流量占同时段多年平均天然流量百分比。两个时段包括的月份根据计算对象实际情况具体确定。该百分比与同时段多年平均天然流量的乘积为该时段的生态环境流量，该百分比与时长的乘积为该时段的生态环境需水量。

表 1 不同河道内生态环境状况对应的流量百分比

不同流量百分比对应河道内生态环境状况	占同时段多年平均天然流量百分比/%（年内较枯时段）	占同时段多年平均天然流量百分比/%（年内较丰时段）
最大	200	200
最佳	60~100	60~100
极好	40	60
很好	30	50
良好	20	40
一般或较差	10	30
差或最小	10	10
极差	0~10	0~10

2.2.2 Q_P 法

Q_P 法又称不同频率最枯月平均值法，以节点长系列（$n \geqslant 30$ 年）天然月平均流量、月平均水位或径流量（Q）为基础，用每年最枯月排频，选择不同频率下最枯月平均流量、月平均水位或径流量作为节点基本生态环境需水量最小值。频率（P）根据河湖水资源开发利用程度、规模、来水情况等实际情况确定，宜取 90% 或 95%[6]。

2.2.3 流量历时曲线法

以纵坐标为平均流量、横坐标为超过该流量的累计数量，绘制反映流量在某一时段内超过某一数值持续时间的一种统计特性曲线，称为流量历时曲线。在流量历时曲线中，平均流量可以是以年为时段的日平均流量，也可以是以数年为时段的各月平均流量。

流量历时曲线法一般是利用历史流量资料，构建各月流量历时曲线，应以 90% 或 95% 保证率对应流量作为基本生态环境需水量最小值。该方法在使用时，应分析至少 20 年日均流量资料。

2.2.4 $7Q_{10}$ 法

$7Q_{10}$ 法又称最小流量法，通常选取 90%~95% 保证率下、年内连续 7 d 最枯流量值的平均值作为基本生态环境需水量的最小值。该方法适用于水量较小，且开发利用程度较高的河流。使用时应有长系列水文资料。

综上，宜采用两种及两种以上方法，分析比较计算结果，合理确定河流控制断面生态环境需水量。

2.3 已有成果

收集整理了《黄河水量调度条例实施细则（试行）》（水资源〔2007〕469 号）、《湟水流域综合规划》等成果中确定的主要控制断面生态流量（水量）。大通河天堂主要控制断面的生态流量成果见表 2。

表 2　已有成果中有关大通河主要控制断面生态流量成果

河流	控制断面	成果名称	项目	指标/(m³/s)
大通河	天堂	《湟水流域综合规划》	枯水期生态流量	8

根据《湟水流域综合规划》第七章水生态保护规划"分析流量与水深、水面宽、流速等之间关系，以需水对象生长繁殖对径流条件要求，选择满足保护目标生境需求的流量范围，结合河流自净需水，考虑水资源配置实现可能性，综合提出湟水干流、大通河重要控制断面生态流量"，确定天堂水文断面枯水期（11 月至翌年 3 月）生态流量为 8 m³/s。

采用以下系列进行保证程度分析：

（1）1980—2016 年 37 年资料系列，2018 年《水利部办公厅关于开展河湖生态流量（水量）研究工作的通知》中工作大纲要求系列。

（2）1987—2016 年 30 年资料系列，龙羊峡水库开始蓄水以后。

（3）2000—2016 年 17 年资料系列，黄河干流水量统一调度以后。

（4）2006—2016 年 11 年资料系列，黄河水量调度条例实施以后。

（5）1994—2002 年 9 年资料系列，连续枯水段。

其中，天堂水文断面实测系列资料到 2019 年，重点分析石头峡、纳子峡水库 2014 年建成运行后生态流量保证程度。

已有成果中有关天堂水文断面生态流量保证程度分析成果见表 3。

表3 已有成果中天堂水文断面生态流量保证程度分析成果

断面	生态流量/(m³/s)	项目	月保证率/%					日保证率/%					特枯水年(1979年)	成果名称
			1980—2016年	1987—2016年	2000—2016年	2006—2016年	1994—2002年	1980—2016年	1987—2016年	2000—2016年	2006—2016年	1994—2002年		
天堂	8	枯水期生态流量	100	100	100	100	100	99	99	98	98	98	100	《湟水流域综合规划》

天堂水文断面2015—2019年生态流量保证程度分析成果见表4。自石头峡、纳子峡水库建成运行后，天堂水文断面生态流量保证程度几乎都达到100%。

表4 2015—2019年天堂水文断面生态流量保证程度分析成果

断面	生态流量/(m³/s)	保证程度	2015年	2016年	2017年	2018年	2019年
天堂	8	月保证程度/%	100	100	100	100	100
		日保证程度/%	97	100	100	100	100

2.4 生态基流计算

本次生态流量计算采用1958—2019年天然径流系列成果，依据生态流量（水量）确定原则与方法，计算大通河天堂水文断面生态基流。

采用多种方法计算大通河天堂水文断面生态基流基本为7.98～13.80 m³/s，不同径流系列下，各生态基流计算值保证率均能达到90%以上，见表5。

表5 天堂水文断面生态基流计算成果及保证程度分析

计算方法	生态基流/(m³/s)	月保证率/%					日保证率/%				
		1980—2019年	1987—2019年	2000—2019年	2006—2019年	1994—2002年	1980—2019年	1987—2019年	2000—2019年	2006—2019年	1994—2002年
Tennant法（多年平均流量10%）	7.98	100	100	100	100	100	99	99	98	98	100
Q_{90}（1958—2019年）	13.80	100	100	100	100	100	94	94	93	98	95
Q_{95}（1958—2019年）	10.80	100	100	100	100	100	99	99	98	98	100

通过对不同实测径流系列下天堂水文断面生态基流保证程度分析验证，考虑与已有成果相衔接、协调，结合大通河水资源条件、水资源开发利用、工程调节等条件，综合分析后初步确定天堂水文断面生态基流为8 m³/s。

3 生态基流指标确定

结合大通河天堂水文断面生态基流保证程度分析，综合考虑大通河流域径流变化及丰枯来水情况、水资源开发利用、有关生态流量保障方案实施以及水资源配置方案等条件，确定大通河天堂水文断面生态基流指标，见表6。

表6 大通河天堂水文断面生态基流指标

水文断面	生态基流/(m³/s)
天堂	8

注：生态基流保证率为90%。

4 结果分析与讨论

对初步确定的天堂水文断面生态基流 8 m³/s，按照不同径流系列和历年实测资料进行保证程度分析。

4.1 不同系列保证程度分析

不同系列下天堂水文断面保证程度均能达到98%以上，见表7。

表7 不同系列下天堂水文断面生态基流 8 m³/s 保证率分析成果

系列	天然径流量/亿 m³	实测径流量/亿 m³	月保证率/%	日保证率/%
1980—2019 年	25.42	25.42	100	99
1987—2019 年	25.55	25.55	100	99
2000—2019 年	25.70	25.70	100	98
2006—2019 年	26.05	26.05	100	98
2015—2019 年	25.85	25.85	100	98

4.2 历年保证程度分析

统计分析天堂水文断面生态基流历年月、日保证程度成果见表8。天堂水文断面生态基流历年月保证程度均能达到100%，历年日保证程度均能达到97%及以上。

表8 天堂水文断面生态基流 8 m³/s 历年保证程度成果

年份	天然径流量/(亿 m³)	实测径流量/(亿 m³)	月保证率/%	日保证率/%
1980	17.5	17.5	100	100
1981	27.8	27.8	100	100
1982	20.5	20.5	100	100
1983	33.3	33.3	100	100
1984	22.8	22.8	100	100
1985	25.8	25.8	100	100
1986	26.0	26.0	100	100
1987	20.2	20.2	100	100
1988	29.0	29.0	100	100
1989	40.1	40.1	100	100
1990	24.5	24.5	100	100
1991	17.6	17.6	100	100
1992	23.8	23.8	100	100

续表 8

年份	天然径流量/ （亿 m³）	实测径流量/ （亿 m³）	月保证率/%	日保证率/%
1993	25.8	25.8	100	100
1994	21.3	21.3	100	100
1995	23.1	23.1	100	100
1996	26.5	26.5	100	100
1997	22.5	22.5	100	100
1998	28.1	28.1	100	100
1999	24.3	24.3	100	100
2000	23.5	23.5	100	100
2001	21.6	21.6	100	100
2002	22.7	22.7	100	100
2003	31.1	31.1	100	100
2004	23.6	23.6	100	100
2005	26.7	26.7	100	100
2006	26.8	26.8	100	100
2007	26.2	26.2	100	100
2008	23.3	23.3	100	100
2009	28.3	28.3	100	100
2010	26.4	26.4	100	98
2011	29.4	29.4	100	98
2012	29.3	29.3	100	100
2013	24.8	24.8	100	99
2014	21.0	21.0	100	98
2015	22.6	22.6	100	97
2016	22.4	22.4	100	100
2017	39.8	39.8	100	100
2018	24.4	24.4	100	100
2019	29.3	29.3	100	100

5 结论

大通河是流经甘肃、青海两省的一条重要河流，是国家批复的生态流量保障目标河流，其中天堂水文站是重要控制断面。本文介绍了生态基流确定原则，列举了 Tennant 法、Q_P 法、流量历时曲线法、$7Q_{10}$ 法等主要生态基流确定方法，采用相关方法对天堂水文站进行生态基流计算，并对计算成果及已有成果进行对比分析，综合得到天堂水文断面生态基流为 8 m³/s，对生态基流成果进行分析评价，结果显示天堂水文站满足 90%保证率要求。

参考文献

[1] 徐宗学，武玮，于松延. 生态基流研究：进展与挑战 [J]. 水力发电学报，2016，35（4）：1-11.

[2] 高华永，代兴兰. 黄泥河流域河道生态流量研究 [J]. 人民珠江，2012，33（3）：42-44.

[3] 刘玉晶. 滦河生态流量目标研究及保障对策建议 [J]. 海河水利，2021（6）：28-32.

[4] 卢彬. 大通河天堂—连城区间水量不平衡调查分析 [J]. 水文，2016（11）：58-59.

[5] 黄康，李怀恩，成波，等. 基于 Tennant 方法的河流生态基流应用现状及改进思路 [J]. 水资源与水工程学报，2019（5）：103-110.

[6] 姚云泽，姜翠玲，万福涛. 基于多种水文学方法的滦河典型断面生态基流研究 [J]. 南水北调与水利科技（中英文），2021，19（5）：941-949.

于桥水库浮游植物群落季节特征及其影响因子

赵一莎　王旭丹　靳少培　阎凤东

（天津市水文水资源管理中心，天津　300031）

摘　要： 浮游植物常被用于指示环境条件变化。为研究于桥水库浮游植物群落季节特征及其驱动因子，于春季和夏季分别对于桥水库的 6 个采样点的浮游植物及其环境因子进行调查。结果表明，本次调查共鉴定出浮游植物 7 门 53 属 63 种。春季共 5 门 36 属 42 种，优势度最高为尖针杆藻；夏季共 7 门 52 属 63 种，优势度最高为拟柱胞藻。浮游植物群落特征指数表明于桥水库春季与夏季总体处于中污染状态。根据 Pearson 相关性分析在春季影响浮游植物群落特征的影响因子为 COD_{Mn}、DO 与 TN，夏季影响浮游植物群落特征的影响因子为 TP、COD_{Mn} 和透明度。

关键词： 于桥水库；浮游植物；群落特征；环境因子；Pearson 相关性

浮游植物是水生生态系统中的初级生产者，在物质流动和能量循环中扮演着重要角色，其群落结构能够对水体结构和功能产生重要影响[1]。浮游植物对水质、水动力和气候变化反应敏感、响应迅速，常被用作环境条件变化的指示因子[2]。因此，迫切需要理解浮游植物的动态变化及其与水体生态系统的相互作用，以便更好地监测和管理水体的健康状态。

浮游植物群落的特征是受许多环境因素在时间上和空间上相互作用的结果。在这方面，刘宪斌等得出的结论是透明度、水温、溶解氧和营养盐是影响于桥水库浮游植物群落组成的关键环境因子[3]。程成等研究表明，浮游生物群落结构主要受化学需氧量（COD）和总氮（TN）影响[4]。这些研究结果共同揭示了于桥水库浮游植物与环境因子之间错综复杂的相互关系，不仅为了解浮游植物群落的变化提供了重要线索，也为水库生态环境的管理和保护提供了科学依据。

天津市属于资源型缺水城市，以引滦、引江水为主要水源。于桥水库位于蓟运河左支流州河出口处，控制流域面积 2 060 km²，总库容约 15.6 亿 m³，是滦河水的主要蓄水库，也是天津市的关键饮用水源之一[5-6]。然而，受上游来水水质及人类活动影响，于桥水库水体近年来呈现逐渐富营养化的趋势，这可能对水库的生态平衡和水质产生负面影响[7]。

本文针对春季和夏季不同的水环境特点，以生物学指数法对于桥水库营养状况进行了综合评价，以 Pearson 相关性分析法衡量影响生物群落的关键因素以及生物群落与环境因子之间的响应关系，以期为于桥水库生态学评价和生态复苏提供理论依据。

1　研究区域与方法

1.1　样点布设与采样时间

参照《湖泊生态调查观测与分析》，在于桥水库共设置 6 个采样点，分别为于桥水库库中（S1）、库东（S2）、库南（S3）、库西（S4）、库北（S5）和峰山南（S6）。于 2021 年 3 月（春季）和 7 月（夏季）分别进行采样。各采样点位置如图 1 所示。

1.2　样品采集与处理

浮游植物定性样品用 25 号浮游生物网采集，沉降 48 h 之后，将沉淀物定容至 30 mL[8]。浮游植

作者简介： 赵一莎（1990—），女，中级工程师，主要从事浮游植物鉴定工作。

通信作者： 阎凤东（1979—），女，副高级工程师，天津市环境监测中心常务副主任，主要从事水环境监测工作。

物镜检在徕卡智能显微镜（Leica DM4）下进行，种类鉴定参照《中国淡水藻类——系统分类与生态》[9]。同时测定相关理化因子，具体包括水温（WT）、透明度（SD）、酸碱度（pH）、溶解氧（DO）、氨氮（NH_3-N）、高锰酸盐指数（COD_{Mn}）、总磷（TP）、总氮（TN）、叶绿素 a（Chl. a）。样品分析方法参照《水和废水监测分析方法》[10]。

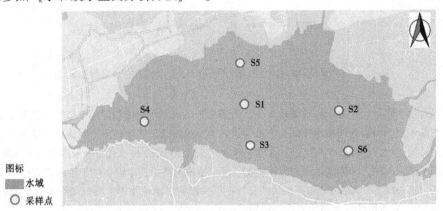

图 1　于桥水库样品采样点位置

1.3　分析评价

1.3.1　浮游植物群落特征指标

采用 Shannon-Wiener 多样性指数、Pielou 均匀度指数、Margalef 物种丰度指数和优势度对浮游植物群落特征进行分析（见表 1）。

表 1　群落特征指数[11-13]

评价方法	计算公式
优势度（Y）	$Y = P_i \cdot f_i$
Shannon-Wiener 多样性指数（H'）	$H' = -\sum P_i \cdot \ln P_i$
Pielou 均匀度指数（J）	$J = H'/\ln S$
Margalef 物种丰度指数（DM）	$DM = (S-1)/\ln N$

注：P_i 为第 i 种占总个体的比例；f_i 为第 i 种在各个站位出现的频率；S 为群落中的总物种数；N 为观察到的个体总数。

1.3.2　浮游植物群落特征与水环境因子响应关系

通过 Pearson 相关性分析法分析于桥水库浮游植物群落特征与水环境因子的响应关系。利用 SPSS 20.0 统计软件进行相关性分析，$p < 0.05$ 代表差异性显著。相关性分析时由于群落多样性指数与环境因子的单位不统一，因此需对群落多样性指数与环境因子数据进行标准差处理[14]。

2　结果与分析

2.1　浮游植物的种群结构

本次调查共鉴定出 63 种浮游植物，分属 7 门 53 属。春季调查共鉴定出浮游植物 5 门 36 属 42 种。其中，蓝藻门 9 属 10 种，占浮游植物总种数的 23.8%；绿藻门 17 属 22 种，占 52.3%；硅藻门 7 属 7 种，占 16.7%；甲藻门 2 属 2 种，占 4.8%；金藻门 1 属 1 种，占 2.4%。藻细胞密度为 480 万~2 220 万个/m³，平均为 1 580 万个/m³。其中，硅藻门占比最大，为 58.7%。夏季调查共鉴定出浮游植物 7 门 52 属 63 种。其中，蓝藻门 13 属 15 种，占总种数的 23.8%；绿藻门 23 属 31 种，占 49.2%；硅藻门 6 属 6 种，占 9.6%；甲藻门 4 属 4 种，占 6.3%；隐藻门 2 属 2 种，占 3.2%；裸藻门 3 属 4 种，占 6.3%；金藻门 1 属 1 种，占 1.6%。夏季于桥水库藻细胞密度为 1 960 万~9 780 万个/m³，平均为 6 670 万个/m³。蓝藻门占比最大，为 77.2%（见图 2）。

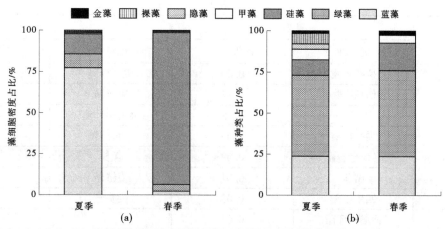

图2 于桥水库春季和夏季各门种类和细胞密度分布

2.2 浮游植物的优势种

通过分析春季和夏季于桥水库浮游植物在不同站点的生长情况，得到于桥水库浮游植物的优势种。以优势度指数 $Y>0.02$ 为标准，本次调查中，春季共发现优势种9种，其中库中心、库东和库北8种，库南7种，库西6种，峰山南5种；夏季共发现优势种11种，其中库中心、库东与峰山南各9种，库南、库西与库北各10种。春季以尖针杆藻优势度最高，优势度在0.23~0.45；夏季优势种以拟柱胞藻优势度最高，优势度在0.04~0.39。伪鱼腥藻、束丝藻和尖针杆藻在春季与夏季均为所有站点优势种（见表2）。

表2 于桥水库浮游植物优势种的优势度

采样点位	夏季		春季	
	优势种	优势度 Y	优势种	优势度 Y
库中心	拟柱胞藻	0.39	尖针杆藻	0.45
	伪鱼腥藻	0.19	梅尼小环藻	0.21
	席藻	0.10	直链藻	0.11
	惠氏微囊藻	0.06	束丝藻	0.05
	束丝藻	0.04	伪鱼腥藻	0.04
	尖针杆藻	0.04	席藻	0.03
	铜绿微囊藻	0.03	拟柱胞藻	0.03
	四尾栅藻	0.02	浮丝藻	0.02
	尖头藻	0.02		
库东	拟柱胞藻	0.28	束丝藻	0.29
	伪鱼腥藻	0.21	尖针杆藻	0.23
	束丝藻	0.13	伪鱼腥藻	0.11
	颤藻	0.10	梅尼小环藻	0.09
	席藻	0.09	柱胞藻	0.09
	惠氏微囊藻	0.04	直链藻	0.05
	尖头藻	0.03	颤藻	0.05
	尖针杆藻	0.03	浮丝藻	0.03
	四尾栅藻	0.02		

续表 2

采样点位	夏季		春季	
	优势种	优势度 Y	优势种	优势度 Y
库南	拟柱胞藻	0.20	尖针杆藻	0.23
	伪鱼腥藻	0.17	束丝藻	0.14
	束丝藻	0.15	梅尼小环藻	0.13
	尖针杆藻	0.09	伪鱼腥藻	0.13
	惠氏微囊藻	0.09	颤藻	0.13
	席藻	0.07	直链藻	0.09
	四尾栅藻	0.05	尖头藻	0.07
	梅尼小环藻	0.04		
	颗粒直链藻	0.03		
	尖头藻	0.02		
库西	束丝藻	0.21	尖针杆藻	0.43
	拟柱胞藻	0.18	梅尼小环藻	0.23
	尖针杆藻	0.14	束丝藻	0.08
	惠氏微囊藻	0.09	伪鱼腥藻	0.06
	席藻	0.06	尖头藻	0.04
	伪鱼腥藻	0.05	席藻	0.03
	尖头藻	0.04		
	四尾栅藻	0.04		
	梅尼小环藻	0.03		
	短棘盘星藻	0.02		
库北	拟柱胞藻	0.20	尖针杆藻	0.39
	束丝藻	0.17	束丝藻	0.12
	伪鱼腥藻	0.16	梅尼小环藻	0.12
	席藻	0.12	伪鱼腥藻	0.08
	惠氏微囊藻	0.09	席藻	0.08
	尖针杆藻	0.07	直链藻	0.05
	四尾栅藻	0.03	四尾栅藻	0.04
	梅尼小环藻	0.03	二角盘星藻	0.03
	颗粒直链藻	0.03		
	短棘盘星藻	0.02		
峰山南	束丝藻	0.36	尖针杆藻	0.44
	尖针杆藻	0.20	梅尼小环藻	0.16
	四尾栅藻	0.09	伪鱼腥藻	0.15
	惠氏微囊藻	0.06	束丝藻	0.11
	短棘盘星藻	0.04	席藻	0.05
	拟柱胞藻	0.04		
	梅尼小环藻	0.04		
	颗粒直链藻	0.03		
	伪鱼腥藻	0.03		

2.3 浮游植物群落特征指数

于桥水库浮游植物的 Shannon-Wiener 多样性指数春季在 1.728~2.174，均值为 1.948；夏季在 2.112~2.498，均值为 2.309。按照 Shannon-Wiener 多样性指数评价等级，$H'=0~1$ 为重污型、$H'=1~3$ 为中污型、$H'>3$ 为清洁-寡污型[15]，可知于桥水库夏季与春季均处在中污型状态。

于桥水库浮游植物 Pielou 均匀度指数春季在 0.49~0.59，均值为 0.54；夏季在 0.53~0.63，均值为 0.58。按照 Pielou 均匀度指数评价等级，$0 \leqslant P < 0.3$ 为重污型、$0.3 \leqslant P < 0.5$ 为中污型、$0.5 \leqslant P < 0.8$ 为清洁-寡污型、$0.8 \leqslant P < 1.0$ 为清洁[16]，可知于桥水库在夏季及春季均处在清洁-寡污型状态下。

于桥水库 Margalef 物种丰度指数夏季在 1.85~2.54，均值为 2.19；春季在 1.36~1.72，均值为 1.57。按照 Margalef 物种丰度指数评价等级，DM=0~1 为重污染型、DM=1~2 为中污染型、DM=2~3 为轻污染型、DM>3 为清洁型[17]，可知于桥水库夏季处在中重污染-轻污染状态，春季均处在中污染状态。

总体而言，夏季于桥水库浮游植物群落特征指数略大于春季。空间分布表现为物种多样性指数和均匀度指数库南最高，库中心最低；物种丰度指数库西最高，峰山南最低；其他区域无明显差异（见图3）。

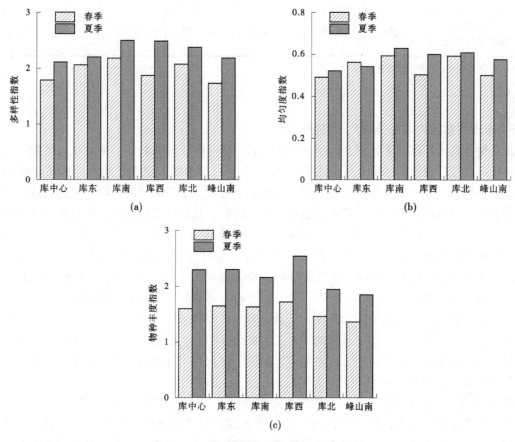

图3 于桥水库浮游植物群落特征指数

2.4 浮游植物群落特征与水环境因子响应关系

通过 Pearson 相关分析法分析浮游植物群落特征因子与水环境因子的响应关系。结果表明，在春季，Shannon-Wiener 多样性指数与 COD_{Mn} 浓度和 DO 浓度呈显著正相关；Pielou 均匀度指数与 COD_{Mn} 浓度呈显著正相关，与 DO 浓度呈较显著正相关；Margalef 物种丰度指数与 TP 浓度和叶绿素 a 呈显著正相关，与 TN 浓度和透明度呈较显著负相关。在夏季，Shannon-Wiener 多样性指数与 TP 浓度呈显著正相关，与 COD_{Mn} 浓度呈较显著正相关，与透明度呈较显著负相关；Pielou 均匀度指数与 TP 呈显著正相关；Margalef 物种丰度指数与叶绿素 a 和透明度呈较显著负相关（见表3）。

表3 于桥水库浮游植物群落特征与环境因子的相关性

季节	特征指数	WT	DO	COD_{Mn}	TP	TN	Chl. a	SD
春季	Shannon-Wiener 多样性指数	0.018	0.709**	0.932**	0.030	-0.422	-0.003	-0.18
	Pielou 均匀度指数	0.151	0.670*	0.845**	-0.209	-0.276	-0.265	-0.021
	Margalef 物种丰度指数	0.251	0.118	0.364	0.810**	-0.598*	0.813**	-0.666*
夏季	Shannon-Wiener 多样性指数	0.099	0.021	0.575*	0.735**	-0.459	0.256	-0.582*
	Pielou 均匀度指数	0.158	-0.246	0.355	0.825**	-0.196	-0.012	-0.317
	Margalef 物种丰度指数	0.208	0.474	0.374	-0.171	-0.473	-0.592*	-0.500*

注：** 表示显著相关，* 表示较显著相关。

3 讨论

3.1 于桥水库群落结构特征分析及其演替规律

浮游植物群落的特征受多种因素影响，包括水温、透明度、营养盐等，同时也与气候、水文动力学、河湖形态以及浮游植物的觅食压力等密切相关[18]。对比春季，夏季于桥水库的藻细胞绝对数量显著增多，种类也更加丰富，裸藻门和隐藻门仅在夏季可见。季节间浮游植物群落的组成呈现明显差异：夏季各采样点的优势种主要是蓝藻，还有少量的绿藻，其中以拟柱胞藻、束丝藻和伪鱼腥藻为主要优势，三者的相对丰度合计达55.2%；在绿藻中，栅藻属尤为常见，包括四尾栅藻、二形栅藻等。春季的优势种主要包括硅藻，以及少量的蓝藻和绿藻，尖针杆藻是优势种中的亮点，其相对丰度为32.8%，与郑昊柯等研究结果相符，而束丝藻和伪鱼腥藻成为主要蓝藻。这种变化模式符合 Sommer 提出的浮游植物生长 PEG（plankton ecology group，PEG）模型[19]。温度影响浮游植物的生长，因为不同种类对温度有着各自适宜的生长条件。蓝藻适宜生长的温度范围为 28~32 ℃，而硅藻则更适应较低的水温。夏季，于桥水库属于温带地区，气候炎热多雨，光照条件良好，水温平均在 26 ℃ 左右，适宜温暖喜好的蓝藻和绿藻快速生长；而春季，水温下降促进了硅藻的生产和繁殖，尖针杆藻、梅尼小环藻等的优势地位逐渐增强[20-21]。

2017 年之前，于桥水库夏季的主要优势种为微囊藻[22]，其优势度高达 0.9 以上，水面上甚至可见藻颗粒呈缕状漂浮。然而，到了 2021 年，夏季微囊藻的优势度下降至 0.1 以下，拟柱胞藻的数量显著增加，已经成为于桥水库夏季的主要优势种。拟柱胞藻是一种丝状蓝藻，具有固氮的能力，能够生成拟柱胞藻毒素（CYN）并引发水华，同时还表现出入侵性[23]。随着于桥水库水质的改善，氮磷含量逐渐减少。由于拟柱胞藻能够高效竞争水中的氮元素，它占据了其他藻类的生长空间，从而获得了竞争优势。这一变化可能是于桥水库水体条件改善的结果，也可能是拟柱胞藻适应环境变化的表现。

3.2 浮游植物的群落特征与水环境因子响应关系

本研究采用 Pearson 相关系数来描述浮游植物群落特征与水环境因子的相关性。结果表明，春季对浮游植物群落特征产生显著影响的主要因子是 COD_{Mn}、DO 和 TN。在春季，Shannon-Wiener 多样性指数和 Pielou 均匀度指数与 COD_{Mn} 浓度和 DO 浓度之间存在强相关。COD_{Mn} 浓度反映了水体中有机物和还原性无机污染物的水平，春季 COD_{Mn} 水平较低，此时浮游植物处于对有机物的竞争环境中，因此 COD_{Mn} 成为其生长的限制因素[24]。充足的 DO 确保了浮游植物充分的呼吸作用，因此成为浮游植物多样性增加的重要因素。在春季，于桥水库的 TN 含量较低，其与浮游植物群落结构呈负相关，显示浮游植物在这一时期对氮处于竞争状态，这与闵文武等对渭河流域浮游植物研究的结果一致[25]。在夏季，磷和悬浮物浓度成为驱动浮游植物生长特征的主要因素。Shannon-Wiener 多样性指数和 Pielou 均匀度指数与 NP 浓度呈显著正相关，而 Shannon-Wiener 多样性指数和 Margalef 物种丰富度指数与透明度呈显著负相关。磷是浮游植物群落发展的关键因子，磷浓度的适度上升会导致浮游植物种类增加，但当超过一定临界值时，种类反而减少[26]。夏季，于桥水库的 TP 含量较低，但其与浮游植物群落特征处于正相关区间。随着 TP 浓度的升高，蓝藻、绿藻和硅藻的生长繁殖旺盛，种类丰富，水体的物种多样性和均匀度也随之增加。水体的透明度通过影响光照条件，进而影响藻类的光合作用，从而对浮游植物的生长、繁殖和群落结构产生影响[27]。浮游植物的生长又会降低水体的透明度，二者之间存在一定的相互作用。受强降雨影响，于桥水库夏季透明度低于春季，可见浮游植物种群对浑浊水体具有较强的适应性。李磊等对小关水库的研究以及蔡琨等对太湖的研究结果与本研究的规律相吻合[28-29]。

4 结论

（1）本研究共鉴定出于桥水库浮游植物 7 门 53 属 63 种。春季调查共鉴定出浮游植物 5 门 36 属 42 种，平均为 1 580 万个/m³，以硅藻为主。夏季调查共鉴定出浮游植物 7 门 52 属 63 种，藻细胞密度为 1 960 万~9 780 万个/m³，以蓝藻门为主。春季共发现优势种 9 种，以尖针杆藻优势度最高；夏季共发现优势种 11 种，拟柱胞藻取代微囊藻成为于桥水库夏季优势度最高的种群。伪鱼腥藻、束丝藻和尖针杆藻在春季与夏季均为所有站点优势种。

（2）Shannon-Wiener 多样性指数、Pielou 均匀度指数和 Margalef 物种丰度指数评价的结果显示，于桥水库水质多处于轻污染-中污染状态，存在潜在的水质恶化风险，应持续加强于桥水库环境管理。

（3）影响于桥水库浮游植物群落特征的关键环境因子在不同季节存在差异，COD_{Mn} 在全年显示出对浮游植物群落特征的影响，而在春季还应关注 DO 与 TN 指标，在夏季还应额外关注 TP 和透明度指标。

参考文献

[1] 高梦蝶，李艳粉，李艳利，等. 晋城市沁河流域秋季浮游植物群落结构特征及其与环境因子的关系 [J]. 环境科学，2022，43（9）：4576-4586.

[2] 柴毅，彭婷，郭坤，等. 2012 年夏季长湖浮游植物群落特征及其与环境因子的关系 [J]. 植物生态学报，2014，38（8）：857-867.

[3] 刘宪斌，聂瑜，赵兴贵，等. 2014 年于桥水库浮游植物群落与环境因子的关系 [J]. 中国环境监测，2016，32（3）：64-68.

[4] 程成，申艳萍，袁伟琳，等. 滦河干流浮游生物群落结构特征及水质环境评价 [J]. 应用与环境生物学报，2022，28（2）：401-412.

[5] 聂瑜. 于桥水库浮游植物群落特征及富营养化现状研究 [D]. 天津：天津科技大学，2016.

[6] 常淳. 水库浮游藻类生长迁移及河道干流水质调控问题研究 [D]. 天津：天津大学，2017.

[7] 韩龙，梅鹏蔚，武丹，等. 于桥水库浮游植物群落结构与营养特征 [J]. 生态科学，2014（5）：909-914.

[8] 中华人民共和国水利部. 内陆水域浮游植物监测技术规程：SL 733—2016 [S]. 北京：中国水利水电出版

社, 2016.

[9] 胡鸿钧, 魏印心. 中国淡水藻类: 系统分类及生态 [M]. 北京: 科学出版社, 2006.

[10] 国家环保局本书编委会. 水和废水监测分析方法 [M]. 北京: 中国环境科学出版社, 1989.

[11] Wang X, Sun M, Wang J, et al. Microcystis genotype succession and related environmental factors in Lake Taihu during cyanobacterial blooms [J]. Micro Ecol, 2012, 64 (4): 986-999.

[12] 龙振宇. 吉林西部中小型浅水湖泊大型底栖动物与水质响应关系研究 [D]. 长春: 东北师范大学, 2018.

[13] 蔡佳亮, 苏玉, 文航, 等. 滇池流域入湖河流丰水期大型底栖动物群落特征及其与水环境因子的关系 [J]. 环境科学, 2011, 32 (4): 982-989.

[14] 陈红. 灞河城市段浮游生物群落特征及水质评价 [D]. 咸阳: 西北农林科技大学, 2018.

[15] 王国涛, 陈斌斌, 王敏, 等. 浙南大罗山天河水库浮游植物群落结构的季节变化及对水质的指示作用 [J]. 应用生态学报, 2021, 32 (6): 2227-2240.

[16] 吴天浩, 刘劲松, 邓建明, 等. 大型过水性湖泊: 洪泽湖浮游植物群落结构及其水质生物评价 [J]. 湖泊科学, 2019 (2): 440-448.

[17] 高锴, 李泽利, 赵兴华, 等. 于桥水库浮游植物群落时空动态及影响因素分析 [J/OL]. 农业资源与环境学报, 2023: 1-19 [2023-09-04]. http: //kns. cnki. ngt/kcms/detail/12. 1437. S. 20230811. 1642. 002. html.

[18] 王华, 杨树平, 房晟忠, 等. 滇池浮游植物群落特征及与环境因子的典范对应分析 [J]. 中国环境科学, 2016 (2): 544-552.

[19] 郑昊柯, 刘宪斌, 赵兴贵, 等. 于桥水库浮游植物群落特征 [J]. 中国环境监测, 2015, 31 (1): 35-40.

[20] 邓乐, 戚菁, 宋勇军, 等. 程海湖夏季浮游植物功能群特征及其影响因子研究 [J]. 生态环境学报, 2019, 28 (11): 2281-2288.

[21] Sommer U, Adrian R, De L, et al. Beyond the Plankton Ecology Group (PEG) Model: Mechanisms Driving Plankton Succession [J]. Annual Review of Ecology Evolution & Systematics, 2012, 43 (1): 429-448.

[22] 张彭如雁. 于桥水库浮游植物功能群季节演替及其驱动因子 [D]. 天津: 天津科技大学, 2017.

[23] 王玉婷. 山东境内主要调蓄水库蓝藻种群变化特征及拟柱孢藻生长特性 [D]. 济南: 山东大学, 2018.

[24] 杨萌卓, 夏继红, 蔡旺炜, 等. 饮水型水库浮游植物功能群分布特征及环境驱动因子 [J]. 水生态学杂志, 2022, 43 (2): 37-44.

[25] 闫文武, 王培培, 李丽娟, 等. 渭河流域浮游植物功能群与环境因子的关系 [J]. 环境科学研究, 2015, 28 (9): 1397-1406.

[26] 刘俊鹏, 屈亮, 刘信勇, 等. 不同营养条件对地表水藻类生长的影响 [J]. 环境工程, 2016, 34 (S1): 407-410.

[27] 徐明, 许静波, 唐春燕, 等. 大纵湖浮游植物群落特征及其与环境因子的关系 [J]. 水生态学杂志, 2021, 42 (6): 64-69.

[28] 李磊, 李秋华, 焦树林, 等. 小关水库夏季浮游植物功能群对富营养化特征的响应 [J]. 环境科学, 2015 (12): 4436-4443.

[29] 蔡琨, 秦春燕, 李继影, 等. 基于浮游植物生物完整性指数的湖泊生态系统评价: 以2012年冬季太湖为例 [J]. 生态学报, 2016, 36 (5): 1431-1441.

近 30 年长江中游天鹅洲故道物理形态演变特征研究

刘小光　　柴朝晖　　金中武　　朱孔贤

（长江科学院 水利部长江中下游河湖治理与防洪重点实验室，湖北武汉　430010）

摘　要：天鹅洲作为长江中游典型的河流故道，具备重要物种保护、生物多样性维护及水源供给等功能。通过遥感解译提取天鹅洲故道 1990—2021 年水域形态，识别其主要形状参数，分析岸线发育系数、形态发育系数及收缩特征系数等物理形态参数，利用 Lasso 回归模型对故道物理形态参数近30 年变化特征进行探究。目前，天鹅洲故道物理形态总体上有向岸线简单化、湖泊化转变的趋势，收缩程度进一步加剧，主要成因是沙滩子大堤建成、天鹅洲闸运用、周边土地耕作及长江干流同等中枯流量条件下水位降低等。

关键词：天鹅洲故道；遥感解译；物理形态；演变特征

1 引言

故道是弯曲河流发生自然裁弯后的遗留河道，原河道的进口或出口在自然演变与人类活动的共同影响下发生淤塞，经历若干年后变成封闭或半封闭的浅水湖泊。近年来，通过沉积学和年代学方法研究故道内泥沙沉积物，以反演冲积河流演变过程、裁弯时间及历史洪水过程，已经形成较为成熟的研究体系[1]。另外，故道独特的水文地质条件，使其成为了一类典型的滨河湿地生物栖息地[2]，故道与原河道的水文联系改变引起水环境及水生生物系统变化已受到各界学者的关注[3-5]。尽管河道和洪泛湖泊（故道）之间的依存关系主要是由季节性洪水泛滥和水位变化所决定的[6]，但是故道的物理形态也是决定其物质交换特征的关键因素[3]。河流故道物理形态变化是河湖水文连通变化与人类活动影响的关键表征之一，也是反映故道生境特征的关键指标。

荆江河道独特的水文地质条件形成了我国规模最大的河流故道分布区，其中以位于下荆江的天鹅洲故道最为典型[7]。天鹅洲故道是众多物种良好的栖息场所，依托该故道建有 2 个国家级自然保护区，是长江生物多样性保护的一个天然基因库，具有重要的生态保护价值。故道物理形态的变化主要受相邻的荆江河道水沙情势变化、河道演变及涵闸、堤坝等人为控制工程的影响。此外，围垦、水产养殖和圩垸建设等改变了故道的物理形态，对故道容积及其与长江水文连通性产生不利影响，严重威胁天鹅洲故道群自然生态功能。因此，本文通过遥感解译获取近 30 年枯水期故道水域形态，利用形态识别方法分析各形态参数变化，基于统计学模型分析形态参数年际间变化特征及其主要影响因素。本文研究成果对于掌握故道生境演变特征、提出保护修复措施具有重要指导意义。

2 研究区域及数据来源

天鹅洲故道为下荆江河道自然裁弯形成，位于长江石首段北岸，其上口已经完全淤塞，下口通过长约 6.4 km 的河道与长江干流连通，由天鹅洲闸节制，与长江干流连通口门位于石首水文站与监利水文站之间，上游距石首水文站约 22 km，下游距监利水文站约 42 km，如图 1 所示。

1949 年故道所在区域上游碾子湾自然裁弯后，引起了下游河势的剧烈变化，天鹅洲河湾狭颈发

基金项目：国家自然科学基金项目（12302508，52320105006）。

作者简介：刘小光（1991—），男，工程师，主要从事河湖演变及保护研究工作。

生崩塌。1972 年 7 月，长江南岸六合垸堤段被水冲开而自然裁直，天鹅洲牛轭湖形成。天鹅洲故道呈 Ω 形，目前处于牛轭湖演化的初期，环绕椭圆形的天鹅岛，东南侧在枯水期与小河镇相连，呈半岛型。1998 年大洪水退却后，故道下通江口门显著淤积，1999 年建成的沙滩子大堤将故道与长江隔绝，并建有天鹅洲闸节制故道与长江连通。天鹅洲闸为引（进）水闸，位于故道—长江干流连通河道中段，1999 年建成，主要用途为农业灌溉，2004 年天鹅洲闸开始投入使用。

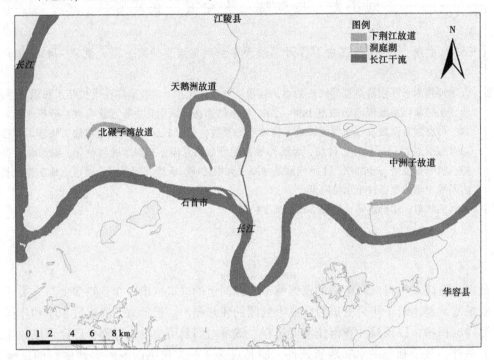

图 1   长江中游天鹅洲故道地理位置概化图

本文遥感影像及解译手段均基于 GEE（Google Earth Engine, GEE），遥感影像数据源为 Landsat 5、Landsat 7 ETM 和 Landsat 8。分析枯水期故道形态变化特征可以在很大程度上表征故道演变过程，由于卫星影像质量和数量的限制，很难寻找到同一水位或水域面积条件下的影像，本文所选取的卫星影像均是在枯水期（1—3 月）提取的，水域面积有所不同，后文会通过统计模型降低水域面积变化对物理形态分析的影响。

在研究时段（1990 年 1 月至 2021 年 12 月）内，应用时间过滤器来选择一年时间段内所有可用的 Landsat 表面反射率图像，并将有效的 Landsat 图像整理到年度图像集合中。基于像素质量评估的 CFmask 算法应用于集合中的每个图像，以掩盖来自云和云阴影像素的障碍物。利用修正后的归一化差异水体指数 MNDWI 对故道水域范围进行识别，根据 Boothroyd 等[8] 的研究成果，本文故道水域范围识别的 MNDWI 阈值可被定义为淹水区域（>-0.05）和非淹水区域（<-0.05），图 2 为通过遥感识别提取的天鹅洲故道 1990—2021 年水域边界线。在获取故道长序列水域范围后，利用 ArcGIS 中 Spatial Analyst 等工具获取不同年份故道水边线、面积、周长、中心轴线、连通水道长度等。

3   结果分析

本文拟采用特征指标分析方法，通过分析典型指标之间及其与水域面积的相关性，识别代表性指标，分析代表性指标的趋势性与特异性，进而了解天鹅洲故道近 30 年物理形态变化特征。故道是弯曲河流颈口裁弯后的遗留河道，其形态可表征弯曲河流曾经的演变痕迹，以指示弯曲河流演变过程。Weihaupt 等[9] 通过实地查勘全面统计了位于北美洲的育空河（Yukon River）的河流故道，共计 817 个，并根据故道形态特征将其分为简单型、复合型和复杂型，根据封闭程度将其分为开放型、正常型和封闭型。相对应地，李志威等[1] 将河流故道分为 Ω 形、U 形及月牙形，以呈现故道在全生命期内不同阶段的形态特征。Wang 等[10] 提出使用收缩率（shrinkage ratio）和曲率（curvature）来表征故道物理形态，以确定故道与河道之间的连通性及故道水质之间的相关性。

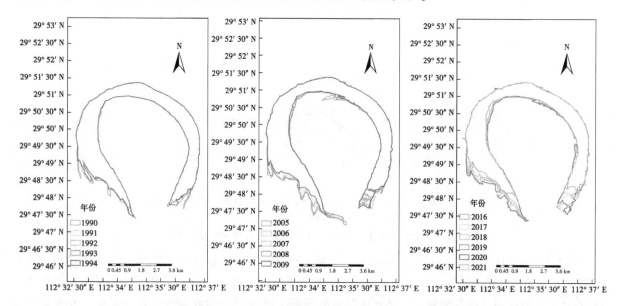

图 2　通过遥感识别提取的天鹅洲故道 1990—2021 年水域边界线

按照 Weihaupt 等[9] 和李志威等[1] 提出的分类方法，本文研究对象天鹅洲故道呈 Ω 形，处于故道演化的初期，兼顾湖泊与河道的特点，基于图形周界测度算法的弯曲指数可以很好地描述故道的形态变化特征，本文引入形态发育系数（φ）来表征故道的弯曲程度变化特征。

$$\varphi = L/ \sqrt{4A/\pi} \tag{1}$$

式中：L 为故道的中轴线长度，m；A 为故道水域面积，m^2。

φ 可以用于表征牛轭湖发育情况，φ 越小（$\varphi>1$），表明故道湖泊化程度越高；φ 越大，表明故道河道化程度越高；φ 由低到高，表明故道由 Ω 形向 U 形转变。

为表征故道周边生产生活活动对物理形态的影响，分析几何形态及衡量场地空间数据图形的完整性和聚集性，本文引入岸线发育系数（SDI）以表征湖泊几何形态及衡量场地空间数据图形的完整性和聚集性。

$$SDI = P/2\sqrt{\pi A} \tag{2}$$

式中：P 为故道岸线长度，m。

SDI 越大，表示故道岸线越曲折，由于故道存在河道属性，其岸线越曲折表明受人类活动影响程度越大，自然岸线保有率越低。

在故道演化过程中，发生变化最早的一般在口门和与河道连通的水道，收缩指数可以很好地描述这一过程。这里引入收缩系数（R_s）来表征故道湖泊化程度。

$$R_s = W/(W + L_d + L_u) \tag{3}$$

式中：W 为故道平均宽度，m；L_d 为下通江水道长度，m；L_u 为上通江水道长度，m。

R_s 取值区间为（0，1），趋向于 0，表示故道湖泊化程度越高，与河道的联系越微弱；趋向于 1，表示故道河道化程度越高，受河道的影响越剧烈。

3.1　故道岸线形态特征

通过分析 1990—2021 年数据，发现故道岸线发育系数与水域面积呈显著的正相关关系，这与一般内陆湖泊的特点是一致的[11]。本文利用滑动窗口逐年识别不同年份岸线发育系数与水域面积变化特征，利用均方误差确定了分段点，分段时间为 2000 年，如图 3 所示，具体可用线性拟合关系表示：

$$SDI = \begin{cases} 1.221A + 1.541\,5 & (R^2 = 0.956) & 1991—1999\ 年 \\ 0.75A + 2.06 & (R^2 = 0.935) & 2000—2021\ 年 \end{cases} \tag{4}$$

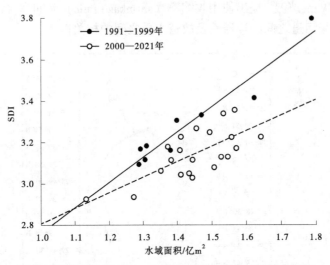

图 3 天鹅洲故道 1990—2021 年水域面积与 SDI 变化关系

与 2000 年前比较，2000 年后 SDI 对 A 的增长系数显著下降，原因之一是在 2000 年以前故道水位周期性涨落，对岸线进行侵蚀的水力强度较大，枯水期水域面积小，岸线不规则程度较大；原因之二是 2000 年以后故道水位开始稳定，洪水威胁开始降低，故道周边的农业生产急剧增加，农业生产对岸线进行了规则化调整，导致 SDI 指数随水域面积增长幅度有所降低。

本文获取的故道水域形态是基于枯水期的遥感影像，湖泊面积并不完全一样，为了消除水域面积变化对故道岸线发育状况的影响，本文采用 Lasso 回归模型[12]，以年份及水域面积变化为解释变量，以岸线发育系数为响应变量，通过正则化参数 Lambda 的自适应调整，可以较为准确地分析岸线发育系数年际间变化趋势，如图 4 所示。

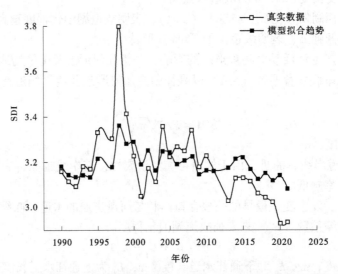

图 4 基于 Lasso 回归模型的 1990—2021 年 SDI 年际变化趋势

如图 4 所示，对消除水域面积变化影响后的 SDI 指数变化趋势进行分析。在 1990—1999 年，天鹅洲故道 SDI 指数呈显著上升趋势，实际值在 3.1~3.8，期间受洪涝灾害影响，故道周边土地基本处于自然状态，无稳定耕作，岸线处于自然状态，SDI 指数高于一般天然湖泊[13]。1999 年沙滩子大堤建成，天鹅洲故道与长江的水沙交换被阻断，2000—2003 年，天鹅洲故道 SDI 指数呈下降趋势。2004 年开始，天鹅洲闸开始运行，故道与长江在丰水期部分时段有水沙交换；2005 年，三峡水库开始进入初期运行期；2005—2012 年，天鹅洲故道 SDI 指数呈小幅度阶梯式下降；2013—2021 年，天鹅洲故道 SDI 指数下降幅度有所增加，2019 年以后，天鹅洲故道 SDI 指数开始跌破 3.0，呈现较为显著的人工湖泊特征。2012 年以后，长江中游冲刷强度加剧，相较于 2002 年 10 月至 2012 年 10 月的年均冲刷量偏大了 56%[14]，中枯流量水位显著降低，导致故道与长江干流的水力联系进一步降低。

3.2 故道物理形态收缩特征

如图 5 所示，对消除水域面积变化影响后 R_s 指数变化趋势进行分析。1990—1994 年，天鹅洲故道 R_s 指数基本无变化；1995—1999 年，R_s 指数呈上升趋势，1998 年达到峰值；1999—2009 年，天鹅洲故道 R_s 指数小幅度降低，主要原因是下口门附近的缓慢淤积与养殖土地利用；2010—2015 年，故道通江水道被渠化，加之定期疏浚，故道 R_s 指数无显著变化，故道湖泊化进程显著减缓；2016—2021 年，故道 R_s 指数呈较为显著的下降趋势，主要原因是长江干流水位持续降低，故道与长江水文联系减弱，湖泊化程度加剧。

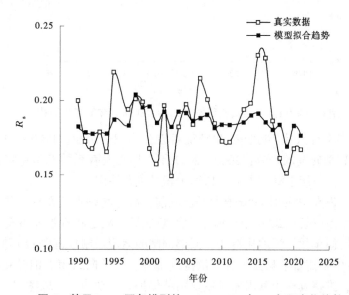

图 5 基于 Lasso 回归模型的 1990—2021 年 R_s 年际变化趋势

3.3 故道物理形态发育特征

如图 6 所示，对消除水域面积变化影响后的形态发育指数 φ 变化趋势进行分析。1990—1994 年，天鹅洲故道 φ 指数基本无变化；1995—1999 年，φ 指数呈显著下降趋势，1999 年达到谷值，故道湖泊化进程变高，故道形态向 U 形转变；2000—2012 年，天鹅洲闸对故道与长江水沙交换进行节制，故道入沙量锐减，φ 指数保持稳定，湖泊化进程显著降低；2013 年以后，φ 指数呈缓慢降低趋势，故道湖泊化程度小幅度升高。

4 结论与建议

河流故道作为一种独特类型的湖泊，在生物多样性保护与天然基因库功能方面具有不可替代的作用，物理形态作为故道重要的生境元素和表征参数，研究其演变特征具有重要的理论价值和实践指导作用。本文利用遥感解译与统计学模型对 1990—2021 年天鹅洲故道岸线发育、形态收缩与形态发育等物理形态演变特征进行了分析，主要结论如下：

（1）天鹅洲故道水域面积与岸线发育系数呈显著正相关（$R^2 = 0.95$），2000 年以后，岸线发育系数对水域面积的增长系数显著降低，故道岸线特征有向封闭湖泊转变的趋势。主要原因是沙滩子大堤建成后，天鹅洲故道与长江水文联系减弱，水流对岸线的侵蚀强度显著降低，高滩岸线趋于平滑。

（2）天鹅洲故道岸线发育系数年际间变化特征可以分为四个阶段：1990—1999 年，故道岸线发育系数呈增长态势；2000—2004 年，呈显著下降趋势；2005—2012 年，呈小幅度下降趋势；2013 年以后，呈显著下降趋势。主要影响因素为故道水文条件变化、天鹅洲闸节制、长江干流水位下降及周边耕作土地利用。

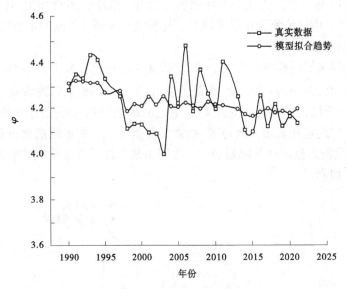

图 6　基于 Lasso 回归模型的 1990—2021 年 φ 年际变化趋势

（3）天鹅洲故道形态发育系数年际间变化特征可以分为三个阶段：1990—1999 年，呈较为显著的下降趋势，故道有向 U 形转变的趋势；2000—2012 年，形态发育系数基本稳定；2013 年以后，呈小幅度下降趋势，干流水位持续下降、上口门持续淤积是主要原因。

总体而言，天鹅洲故道在 1999 年沙滩子大堤建成前，故道物理形态总体向岸线复杂化、河道化转变，与长江干流水沙联系密切；2000 年沙滩子大堤建成后，故道物理形态变化趋势显著转变，故道物理形态总体趋于岸线简单化、湖泊化转变，天鹅洲闸的运用遏制故道由 Ω 形向 U 形转变的趋势，但是 2012 年以后，随着中枯流量下长江干流水位持续下降，故道向封闭湖泊转化的趋势加剧。为了进一步保护天鹅洲故道，维持其作为基因库及主要物种保护地的功能，可以考虑开展以下工作：

（1）研究物理形态变化对故道水环境变化及重要物种生境的影响，提出关键阈值区间，以指导后续保护工作。

（2）天鹅洲闸作为故道最为关键的水工构筑物，可以进一步优化调控，在防洪除涝功能的基础上，研究提出故道形态调节、水质改善等其他功能。

（3）针对干流水位持续下降、故道与长江水沙联系减弱的问题，可以适当考虑疏浚、涵闸改造等工程措施，以加强水沙联系，恢复故道水文节律。

参考文献

［1］李志威，王兆印，潘保柱．牛轭湖形成机理与长期演变规律［J］．泥沙研究，2012（5）：16-25.

［2］Stella J C, Hayden M K, Battles J J, et al. The role of abandoned channels as refugia for sustaining pioneer riparian forest ecosystems［J］．Ecosystems, 2011, 14：776-790.

［3］Obolewski K, Glińska-Lewczuk K. Effects of oxbow reconnection based on the distribution and structure of benthic macroinvertebrates［J］．Clean-Soil Air Water, 2011, 39（9）：853-862.

［4］Hudson P F, Heitmuller F T, Leitch M B. Hydrologic connectivity of oxbow lakes along the lower Guadalupe River, Texas：The influence of geomorphic and climatic controls on the "flood pulse concept"［J］．Journal of Hydrology, 2012, 414：174-183.

［5］Guo X, Gao P, Li Z. Hydrologic connectivity and morphologic variation of oxbow lakes in an alpine pristine fluvial system［J］．Journal of Hydrology, 2023, 623：129768.

［6］Aspetsberger F, Huber F, Kargl S, et al. Particulate organic matter dynamics in a river floodplain system：impact of hydrological connectivity［J］．Archiv für Hydrobiologie, 2002, 156（1）：23-42.

［7］蔡晓斌，燕然然，王学雷．下荆江故道通江特性及其演变趋势分析［J］．长江流域资源与环境，2013，22（1）：53-58．

［8］Boothroyd R J, Williams R D, Hoey T B, et al. Applications of Google Earth Engine in fluvial geomorphology for detecting river channel change［J］. Wiley Interdisciplinary Reviews：Water, 2021, 8（1）：e21496.

［9］Weihaupt J G. Morphometric definitions and classifications of oxbow lakes, Yukon River Basin, Alaska［J］. Water Resources Research, 1977, 13（1）：195-196.

［10］Wang D, Li Z, Li Z, et al. Environmental gradient relative to oxbow lake-meandering river connectivity in Zoige Basin of the Tibetan Plateau［J］. Ecological Engineering, 2020, 156：105983.

［11］王哲，刘凯，詹鹏飞，等．近三十年青藏高原内流区湖泊岸线形态的时空演变［J］．地理研究，2022，41（4）：980-996．

［12］韩晓育，郭颖奎．耦合 LASSO 回归的 HHO-LSVR 中长期径流预报模型［J］．水文，2021，41（3）：69-74．

［13］张凤太，王腊春，冷辉，等．典型天然与人工湖泊形态特征比较分析［J］．中国农村水利水电，2012（7）：38-41．

［14］许全喜，董炳江，张为．2020 年长江中下游干流河道冲淤变化特点及分析［J］．人民长江，2021，52（12）：1-8．

滩槽交界带不同植被布置方式对水动力特性影响的数值研究

杨　帆[1]　任春平[1]　王鸿飞[2]

（1. 太原理工大学水利科学与工程学院，山西太原　　030024；

2. 山西水投防护有限公司，山西太原　　030024）

摘　要：滩槽交界带植被对水动力特性有重要影响，可以改变河底剪切应力。为研究滩槽交界带不同植被布置方式对水动力过程的影响，本文基于Delft3D-FM构建了考虑柔性植被影响的二维水动力模型，分析了植被平行布置、交错布置和无植被情况下河道断面速度分布、二次流强度、床底剪切应力等水动力特性。与无植被工况相比，植被增加了滩槽间动量交换，布置有植被的河道主槽流速增大，植被区流速减小；植被的存在减小了植被区的二次流，增大了主槽的二次流和剪切应力。交错布置植被会明显增大主槽二次流和河底剪切应力。

关键词：滩槽交界带；Delft3D-FM；植被；水动力模型；水动力特性

1　研究背景

　　水生植被在天然河道和人工河道中很常见，它可以改变水流结构[1]，改善水质[2]，为水生生物提供栖息地，并增加河岸和堤防的稳定性。近年来，植被化河道研究得到广泛开展，特别是河岸植被的影响。植被引起的阻力降低了植被区域内的流速，而在主槽区域流速增大。根据横向剖面，将河道分为三个区域：主槽区、滩槽交界带、漫滩区。目前，水槽试验是对植被水动力特性研究的主要手段，M. Savio 等[3]研究了不同植被布置方式引起的植被阻力；S. HaoRan 和 Z. Jianmin 等[4-5]研究了淹没植被影响下水流的流速分布、二次流和相干结构。数值模拟也是研究植被对水动力特性影响的主要方法，C. Liu 等[6]用深度平均的二维模型研究了植被在河道不同分区引起的二次流、雷诺应力的差异；郝由之等[7]用三维模型研究了由植被引起的紊动能、二次流、河床剪切应力的变化。在数值模拟中对植被的概化主要分为两种：一种是控制方程中考虑植被影响；另一种是用曼宁系数概化植被引起的阻力。综上所述，水槽实验基本上是在小流量条件下对淹没植被或挺水植被引起的水动力特性进行研究，数值模拟也很少在模型中考虑二次流的影响，对洪水条件下不同植被布置方式下河道水动力特性研究较少，本文在控制方程中考虑了二次流的影响，并且内置了植被模型，该植被模型可以通过模拟水位自动判断植被为淹没植被、非淹没植被，可以较好地模拟在洪水条件下植被引起的水动力特性变化。

2　考虑植被影响水动力模型构建与验证

2.1　控制方程

　　Delft3D-FM对不可压缩流体（$\nabla \cdot u = 0$）在总深度上积分得到的深度平均连续方程进行求解，

基金项目：水利工程安全与仿真国家重点实验室开放基金资助项目（HESS-2006）；山西省自然科学基金（202103021224116）；山西省回国留学人员科研教研资助项目（2023-67）。

作者简介：杨帆（1998—），男，硕士研究生，研究方向为水力学及河流动力学。

通信作者：任春平（1978—），男，副教授，主要从事水力学及河流动力学方面的工作。

模型采用 σ 坐标系，本文采用二维深度平均水动力模型，控制方程如下。

深度平均的连续方程：

$$\frac{\partial h}{\partial t} + \frac{\partial h_u}{\partial x} + \frac{\partial h_v}{\partial y} = Q \tag{1}$$

式中：u 和 v 为沿笛卡儿坐标系深度的平均速度；Q 为单位面积水的排放、降水和蒸发的水量；t 为时间。

水平方向的动量方程：

$$\frac{\partial u}{\partial t} + u\frac{\partial u}{\partial x} + v\frac{\partial u}{\partial y} - f_u = -\frac{1}{\rho_0}P_x - \frac{gu\sqrt{u^2+v^2}}{C^2 h} + F_x + F_{sx} + M_x \tag{2}$$

$$\frac{\partial u}{\partial t} + u\frac{\partial v}{\partial x} + v\frac{\partial v}{\partial y} + f_v = -\frac{1}{\rho_0}P_y - \frac{gv\sqrt{u^2+v^2}}{C^2 h} + F_y + F_{sy} + M_y \tag{3}$$

式中：u、v 分别为 x 方向和 y 方向的速度分量；ρ_0 为水密度；P_x、P_y 为静水压力梯度；f_u、f_v 为科氏力项；F_x、F_y 为水平雷诺应力的不平衡；M_x、M_y 为外部源或汇的动量；F_{sx}、F_{sy} 为二次流对深度平均速度的影响（剪切应力通过非线性加速度项的深度平均）；C 为粗糙度；h 为水深；g 为重力加速度。

由 Baptist[8] 得出的植被引起的粗糙度预测公式：

淹没植被公式如下：

$$C = \frac{1}{\sqrt{\dfrac{1}{C_b{}^2} + \dfrac{C_D d h_v}{2g}}} + \frac{\sqrt{g}}{k}\ln\left(\frac{h}{h_v}\right) \tag{4}$$

非淹没植被公式如下：

$$C = \frac{1}{\sqrt{\dfrac{1}{C_b{}^2} + \dfrac{C_D d h_v}{2g}}} \tag{5}$$

式中：d 为植被密度，$d = mD$，m 为每平方米植被茎数，D 为植株直径；h 为水深；h_v 为植株高度；C_D 为植被拖曳力系数；C_b 为河床粗糙度。

$\dfrac{\sqrt{g}}{k}\ln\left(\dfrac{h}{h_v}\right)$ 项在从淹没植被到露出植被的过渡阶段趋于零。

2.2 模型网格划分及地形插值

对研究区域（汾河三期工程太原段）进行网格划分，网格采用非结构化三角形网格，区域网格尺寸为 3.5~44.8 m，对研究域内桥墩、一坝、二坝处网格进行了局部加密，划分网格数量 57 640 个。网格进行正交性检验，正交性通过连接网格中心点的线和连接两个网格节点的线间夹角 φ 的余弦来表示，$\cos\varphi$ 远小于 0.02，满足网格正交性要求，之后对网格地形三角插值。采用 CGCS 2000 坐标系，模型中所有高程均以高程 750 m 作为参考平面，大于 750 m 为正、小于 750 m 为负。

2.3 边界条件和参数设置

将祥云桥下游 100 m 处作为上游边界，二坝作为下游边界。上游设为流量边界，下游设为水位边界，选取 2020 年 8 月 5 日 12：00 至 2020 年 8 月 7 日 12：00 一坝、二坝两天实测数据进行模型验证。

模型中采用的糙率通过水动力模型验证率定，通过率定确定河道糙率为 0.035。

时间步长：最大时间步长 5 s，满足库朗数小于 0.7，植被引起的粗糙度更新频率为 60 s。

植被参数：植株高 1 m、茎粗 1 cm，每平方米 100 根植株，植被采用柔性植被，植被拖曳力系数为 1，河道水流雷诺数大于 10 000[9]。

2.4 模型验证

2.4.1 水动力模型验证

选取 2020 年 8 月 5 日 12：00 至 2020 年 8 月 7 日 12：00 一坝、二坝两天实测流量、水位数据作为依据，将一坝断面实测水位和数值模拟中该断面模拟出的水位进行对比，将二坝断面实测流量和数值模拟中该断面处模拟的流量进行对比，图 1、图 2 为实测数据和模拟结果的对比。

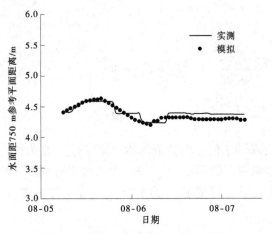

图 1 实测水位和模拟水位结果对比   图 2 实测流量和模拟流量结果对比

对模拟结果进行评价，计算公式如下：

$$S = 1 - \frac{\sum\limits_{i=1}^{n} |M - D|^2}{\sum\limits_{i=1}^{n} (|M - \overline{D}| + |D - \overline{D}|)^2} \tag{6}$$

式中：S 为模型效率系数；M 为模型模拟值；D 为实测值；$\overline{D}$ 为实测平均值。

经计算得，二维水动力数值模型的效率系数分别为 0.72 和 0.74，评价结果为较好。由此可知，本文所构建的二维水动力数学模型精度较高，能够较好地模拟出河道水动力变化特性，可用于之后滩槽交界带植被对河道水动力特性影响的数值研究。

2.4.2 植被模型验证

选用水槽试验[10] 验证植被模型，水槽试验选取乔木、灌木和芦苇三种典型植物，考虑河道横断面不同分区的流速条件进行了试验。本文选取了芦苇组试验进行数值模拟，图 3 为 D11 试验数值模拟流速矢量图，由于数学模型为二维水动力模型，故选取数值模拟流速与水槽试验典型试验工况 6# 断面中测线沿垂向的流速分布靠近床面 1/3 处流速对比，结果见表 1。经模拟芦苇组试验流速结果为 0.14~0.16 m/s，与试验中结果 0.14~0.17 m/s 十分接近。

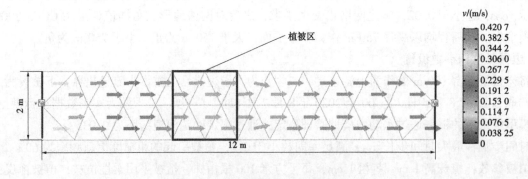

图 3 D11 试验数值模拟流速矢量图

表1 已知试验结果[10] 与数值模拟结果对比   单位：m/s

试验编号	试验6#断面流速	数值模拟6#断面流速
A11	0.29	0.30
D11	0.14	0.14
A12	0.32	0.31
D12	0.14	0.15
A13	0.31	0.30
D13	0.16	0.17

2.5 模拟工况

根据《汾河太原段综合治理三期工程（水利工程部分）初步设计报告》选取洪水频率10%设计洪水，洪峰流量为1 908 m³/s，根据该河段流量水位关系，分别对应下游水位0.6 m、0.2 m，模拟时间24 h，研究域左岸、右岸各布置五处滩槽交界带植被区，每处植被区都设置观测断面及观测点，1#、2#、3#、4#观测断面处于顺直河道处，5#观测断面处于弯曲河道处。植被区宽30~40 m，总长占河岸长度的25%[11]，根据在滩槽交界带布置不同植被设置平行分布植被、交错分布植被和无植被工况，如图4所示。主要考虑由植被引起的二次流强度、河底剪切应力和横断面流速变化。

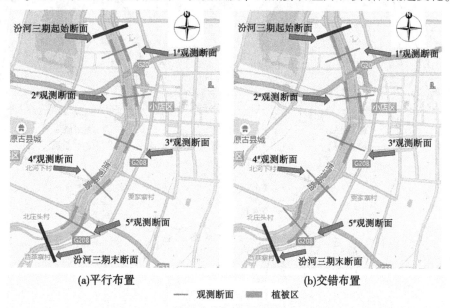

图4 植被布置图

3 滩槽交界带植被对河道水动力特性影响

3.1 断面流速分布

图5为十年一遇设计洪水条件下，滩槽交界带布置有平行分布植被、交错分布植被和无植被情况下在1#、2#、3#、4#、5#断面处的流速分布。与无植被情况相比，滩槽交界带布置植被断面流速分布变化均表现为主槽流速增大，植被区流速减小。由横断面流速差异可以看出，植被对断面流速具有调整作用，植被区流速减小0.57~1.05 m/s，主槽流速最大增幅达0.19 m/s。滩槽交界带植被改变了河道断面流速分布，进而影响流速在主槽、滩槽交界带和漫滩区域的分布，植被的存在大大削弱了植被区过流量，但使主槽区和漫滩区过流量增加，这在一定程度上增加了河道的过流负荷，对河道床质输运、污染物输运及泥沙输运产生较大的影响。河岸平行布置、交错布置植被对横断面流速的影响相

近，这些结果可为确定河道行洪负荷提供依据。

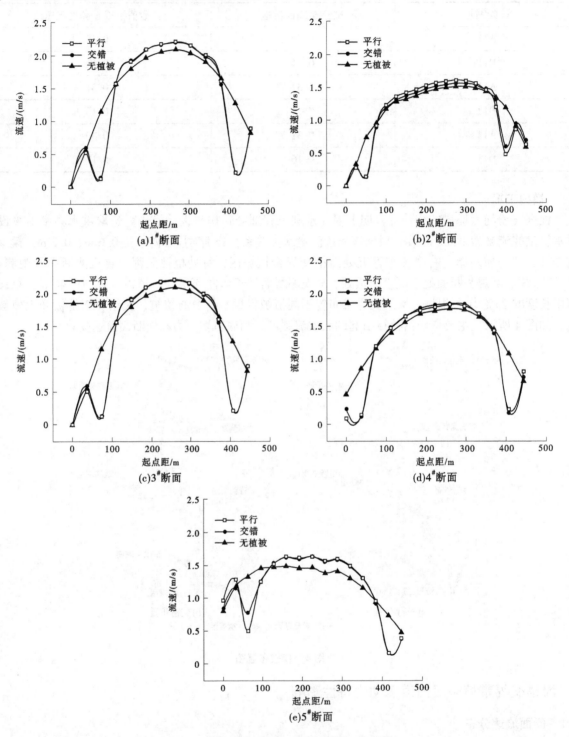

图 5　不同植被布置方式下各观测断面流速分布

3.2　二次流强度

二次流对河床物质的输运具有重要意义，它在垂直方向上变化很大，但与特征水平流速相比较小。二次流螺旋运动强度 I 是该速度分量沿垂直方向大小的量度，表达式为

$$I = \int_0^1 |v(\sigma)| d\sigma \tag{7}$$

式中：$v(\sigma)$ 为垂直于深度平均主流的速度分量。

I 为正值时，说明该断面处二次流旋转方向为顺时针方向；I 为负值时，说明该断面处二次流旋转方向为逆时针方向。不同植被布置情况下各观测断面二次流强度模拟结果见表2。由于二次流较为复杂，提出了处理二次流分布的近似方法，将河道分为三个区域，即主槽区、植被区和漫滩区，以 5# 断面交错分布植被工况为例，其主槽区、漫滩区为顺时针二次流，植被区为逆时针二次流，二次流分区情况如图6所示。

表2 不同植被布置情况下各观测断面二次流强度模拟结果 单位：m/s

植被分布	河道分区	观测断面二次流强度				
		1#	2#	3#	4#	5#
平行分布	漫滩区	−0.035 8	0.001 4	0.000 6	−0.001 2	−0.049 0
	植被区	0.164 2	0.003 9	0.010 1	−0.031 1	−0.195 2
	主槽区	4.012 0	0.782 4	−1.942 5	1.402 4	9.016 8
	植被区	−0.056 0	−0.042 0	−0.009 7	0.052 0	−0.039 6
	漫滩区	0.001 0	0.105 0	−0.000 3	−0.110 0	0.039 0
交错分布	漫滩区	0.013 3	0.002 2	0.000 7	−0.001 8	0.085 8
	植被区	0.164 7	0.002 8	0.001 8	0.006 0	−0.184 0
	主槽区	−4.096 8	3.956 5	−4.585 7	−2.800 0	8.500 0
	植被区	−0.078 7	0.061 2	−0.015 0	−0.046 0	−0.040 0
	漫滩区	−0.002 7	−0.082 2	−0.002 8	0.001 8	0.060 0
无植被分布	漫滩区	0.063 7	−0.000 2	−0.003 8	−0.000 8	0.037 0
	植被区	0.178 5	0.016 8	−0.055 7	−0.034 0	0.308 0
	主槽区	−3.509 5	0.487 0	−1.819 5	−1.285 2	6.286 7
	植被区	−0.296 8	0.110 1	−0.046 4	0.056 0	0.111 9
	漫滩区	−0.033 3	0.019 0	−0.005 5	−0.001 0	0.028 0

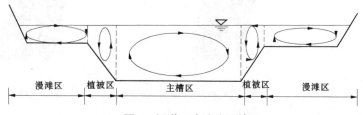

图6 河道二次流分区情况

由模拟结果可知，由于植被的阻力，二次流被限制在非植被区。相比于顺直河道处断面，河道弯曲处断面二次流强度较大。由于漫滩处二次流强度受水位和地形影响较大，故只对植被区和河道主槽区二次流强度进行分析。相比于无植被布置工况，在滩槽交界带平行布置有植被时，1#、2#、3#、4#、5# 断面处植被区的二次流强度减小了 7.1%~82.1%，河道主槽区的二次流强度增大了 9.1%~60.6%；在滩槽交界带交错布置有植被时，1#、2#、3#、4#、5# 断面处植被区的二次流强度减小了 7.8%~96.8%，河道主槽区的二次流强度增大了 16.7%~252.0%。滩槽交界带布置有植被时，植被区二次流强度均有所减小，河道主槽区二次流强度均有所增大，因此植被削弱了植被区的二次流强度，增大了主槽区的二次流强度。

3.3 河底剪切应力

二次流螺旋运动强度 I 导致床层剪应力方向偏离深度平均流动方向，从而影响床质输运方向。对于二维深度平均流动，湍流引起的床层剪切应力由二次摩擦定律给出，从图 7~图 11 分别给出了不同植被布置工况下 1#、2#、3#、4#、5#断面处河底剪切应力分布，河底剪应力可表示为

$$\vec{\tau}_b = \frac{\rho_0 g \vec{u} |\vec{u}|}{C_b^2} \tag{8}$$

$$C_b = \frac{1}{n} R^{1/6} \tag{9}$$

式中：$\vec{\tau}_b$ 为剪切应力；$|\vec{u}|$ 为深度平均水平速度的大小；n 为曼宁系数；R 为明渠水力半径。

滩槽交界带布置植被后，布置有植被的河段主槽和漫滩河床剪应力均有所增大，在主槽向滩槽交界带过渡时河床剪应力逐渐增大。在没有布置植被的河段，河段主槽和漫滩河床剪应力均有所减小，河底剪切应力在滩槽交界带达到最大，说明在滩槽交界带布置植被能够引起强烈的滩槽动量交换，从而使该处河床剪应力急剧增加。

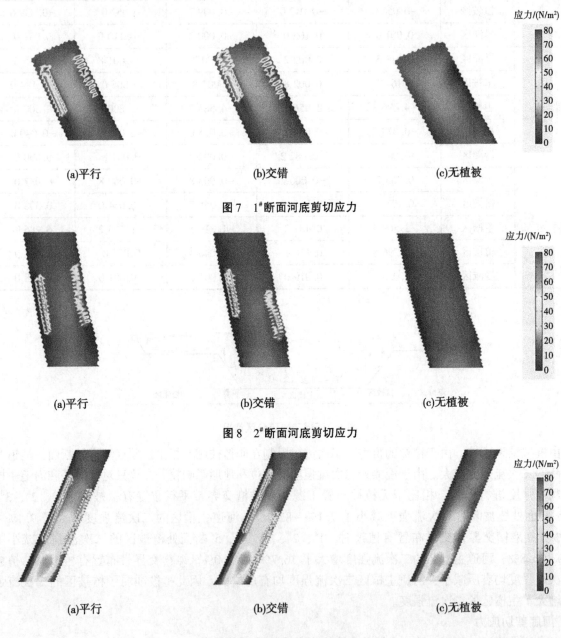

(a)平行 (b)交错 (c)无植被

图 7 1#断面河底剪切应力

(a)平行 (b)交错 (c)无植被

图 8 2#断面河底剪切应力

(a)平行 (b)交错 (c)无植被

图 9 3#断面河底剪切应力

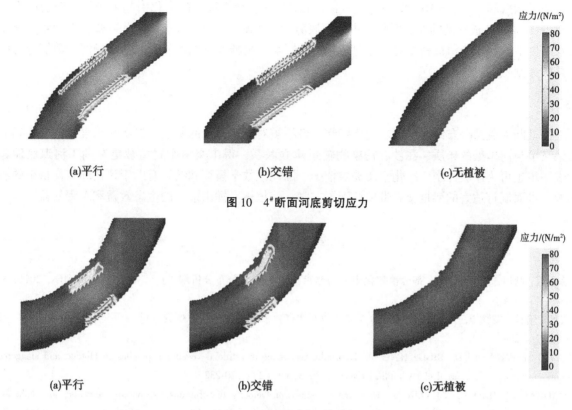

(a)平行　　　　　　　　(b)交错　　　　　　　　(c)无植被

图10　4#断面河底剪切应力

(a)平行　　　　　　　　(b)交错　　　　　　　　(c)无植被

图11　5#断面河底剪切应力

3.4　植被密度和植株高度对河底剪切应力影响

上文分析了不同植被布置方式对水动力特性的影响,研究域左岸、右岸各布置5处植被区,其植株高度 $h_v=1$ m,反映植被密度的参数 $m=100$ 根/m^2。为研究植被密度和植株高度对主槽河底剪切应力的影响,设置植被密度 $m=50$ 根/m^2、$m=25$ 根/m^2 工况和植株高度 $h_v=0.5$ m、$h_v=0.25$ m 工况。河底剪切应力采用区域平均处理,由于植被区下游100 m处河道主槽剪切应力变化较小,只考虑植被区主槽剪切应力变化,结果如图12、图13所示,图中观测断面均表示相对应观测断面处滩槽交界带布置有植被的主槽区域。

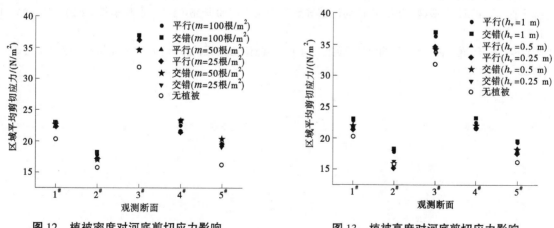

图12　植被密度对河底剪切应力影响　　　　图13　植被高度对河底剪切应力影响

由模拟结果可知,随着植被密度、植株高度的减小,两者主槽河底剪切应力均随之减小。植株高度对河底剪切应力的影响相比于植被密度的影响较为明显,是由于部分挺水植被随着植株高度的减小会逐渐转变为淹没植被,植被引起的阻力大大减小,使由二次流引起的动量交换强度变小,对河底剪切应力的影响减弱。与 $m=100$ 根$/m^2$、$h_v=1$ m 工况相比,植株高度的变化引起主槽河底剪切应力减小了 8%~18%,植被密度的变化引起的主槽河底剪切应力减小了 2%~8%。由此可知,在十年一遇设计洪水条件下,相比于植被密度对河底剪切应力的影响,植株高度的改变引起的主槽河底剪切应力的变化是较为剧烈的。

4 结论

根据横断面流速分布结果,可确定滩槽交界带植被对河道过流的影响。二次流强度和河底剪切应力结果又可与河岸处的床质、泥沙、污染物输运建立联系,得出交错布置植被更有利于河道底泥输运,进一步也可为岸坡冲刷、净化水质提供依据,因此该数学模型和结果有助于评估和权衡植被的利弊影响,进而制订适宜的滩槽交界带植被配置方案,使植被发挥出最大的生态效益和工程效益。

参考文献

[1] 槐文信,耿川,曾玉红,等. 部分植被化矩形河槽紊流时均流速分布分析解[J]. 应用数学和力学,2011,32(4):437-444.

[2] 夏妍,窦鹏,楼春华,等. 不同植被覆盖情景下景观水体水质改善效果模拟研究[J]. 环境科学学报,2022,42(1):248-258.

[3] SAVIO M, VETTORI D, BIGGS H, et al. Hydraulic resistance of artificial vegetation patches in aligned and staggered configurations[J]. Journal of Hydraulic Research, 2023, 61 (2): 220-232.

[4] HAORAN S, JIAO Z, WENXIN H. Experimental study on velocity distributions, secondary currents, and coherent structures in open channel flow with submerged riparian vegetation[J]. Advances in Water Resources, 2023, 173 (4): 104406.

[5] JIANMIN Z, RUICHANG H. Turbulence structure in an experimental compound channel with varying coverage of riparian vegetation on the floodplain[J]. Journal of Hydrology, 2023, 620 (PA).

[6] LIU C, LUO X, LIU X, et al. Modeling depth-averaged velocity and bed shear stress in compound channels with emergent and submerged vegetation[J]. Advances in Water Resources, 2013, 60: 148-159.

[7] 郝由之,假冬冬,张幸农,等. 岸坡植被对复式河道水动力特性影响的数值模拟[J]. 工程科学与技术,2023,55(3):149-157.

[8] Baptist M J. Modelling floodplain biogeomorphology[M]. Technische Universiteit Deft, 2005.

[9] 刘宏哲,娄厦,刘曙光,等. 含植物水流动力特性研究进展[J]. 水利水电科技进展,2019,39(4):85-94.

[10] 高学平,吕建璋,孙博闻,等. 含植物河道等效床面阻力试验研究[J]. 水利学报,2021,52(9):1024-1035,1046.

[11] 戴金梅,查轩,黄少燕,等. 不同植被覆盖度对紫色土坡面侵蚀过程的影响[J]. 水土保持学报,2017,31(3):33-38.

西霞院水库漂浮物优化管控研究

于永军　杨继斌　代永信　许清远　韦仕龙　邓自辉

（黄河水利水电开发集团有限公司，河南郑州　450099）

摘　要： 当前我国生态文明建设全面推进，"绿水青山就是金山银山"理念深入人心，沿黄人民群众追求青山、碧水、蓝天、净土的愿望更加强烈。西霞院水库作为黄河干流最下游大（2）型水利枢纽工程，其漂浮物的存在对水环境、水生态、水安全等产生不利影响。站位黄河流域生态保护和高质量发展，按照综合治理、系统治理、源头治理和减量化、资源化、无害化思路，研究提出"管、捞、拦、排、用"的水库漂浮物优化管控措施。

关键词： 西霞院；水库；漂浮物；管控；黄河

1　研究背景

水库漂浮物总是与水流运动相生相伴，随着西霞院水库蓄水运用，原来顺流入海的漂浮物也集聚到水库内。库面上或分散或聚集的漂浮物有碍观瞻，损害水环境的同时阻挡阳光，阻隔水体氧气正常交换，腐烂分解过程中消耗水中大量氧气，危及鱼类等水生生物生存，被漂浮物覆盖的水体的氮类营养盐水平、Fe、Mn、Zn 和有机污染物浓度升高[1]，对水库生态产生不利影响。漂浮物堵塞拦污栅造成机组发电水头降低，机组出力减少，振动摆度增大，甚至被迫停机，带来较大电量损失。大型漂浮物在水流的作用下，撞击泄洪运用的闸门面板，产生的应力集中易引起闸门结构失稳破坏[2]。随着时间的推移，部分漂浮物逐渐变为潜悬物，潜悬物的密度与水体的密度基本一致，过流断面分布情况有很强的不确定性，随水流、泥沙运移更隐蔽，防范难度极大[3]。

漂浮物运移受水库所处地域、气候、水文条件、运用方式和河势、地形、工程布置等因素影响，不同水库漂浮物组成和运移规律不尽相同，叠加治理环境复杂等因素，其管控治理目前仍属世界性难题[4]。怎样解决好漂浮物对水库运行不利影响，尚没有一个完全适用于所有水库的好方法。黄河流域生态保护和高质量发展确立为重大国家战略给黄河流域带来新机遇[5]，优化西霞院水库漂浮物管控对水库安全运行及落实黄河流域生态保护和高质量发展具有重要意义。

2　水库概述及漂浮物种类和运移特性

2.1　西霞院水库概述

西霞院水库位于小浪底水库下游 16 km，是黄河干流最下游的大（2）型水利枢纽工程，总库容为 1.62 亿 m^3，正常蓄水位 134.0 m，汛期限制水位 131.0 m，安装 4 台 35 MW 水轮发电机组，以小浪底水库反调节为主，兼顾供水、灌溉及发电。发电洞进口布置直立式拦污栅 1 套，与门机配套使用的液压抓斗式清污机 1 台。2007 年 5 月底蓄水运用。

2.2　西霞院漂浮物种类和运移特性

按照来源不同，西霞院水库漂浮物可分为生产生活和自然环境两大类。生产生活类漂浮物主要为泡沫塑料、空塑料瓶、塑料布、塑料袋、编织袋、旧衣物、竹竿、木板、秸秆等。自然环境类漂浮物主要为菹草、树根、树干、树枝等。

作者简介： 于永军（1970—），男，高级工程师，主要从事大型水利枢纽运行管理技术研究工作。

西霞院水库漂浮物的种类和数量在时间分布上存在明显的非均衡性。2014—2019 年 5 月下旬至 6 月中旬出现漂浮物来量高峰，漂浮物主要为菹草，约为 4 000 m³/a，占全年漂浮物总量的 90%。其他时段以生产生活类漂浮物为主，无明显峰值。西霞院水库漂浮物一般情况下随引水发电水流漂移聚集在引水发电坝段。

3 管控措施

西霞院是典型的河道型水库，库区路线长、控制流域面积广、漂浮物种类众多等特性决定其管控治理要坚持以人民为中心的发展思想，坚持综合治理、系统治理、源头治理，坚持沿黄人民和水库管理单位协同配合。立足当下，着眼长远，本着减量化、资源化、无害化思路，兼顾安全、环保、便捷、经济和可持续性，采取"管、捞、拦、排、用"多种措施标本兼治。

3.1 "管"

"管"即岸上管控。黄河污染表象在水里、问题在流域、根子在岸上。黄河干流河水中 50% 以上 NO_3^- 来自化肥[6]。农业生产中残留的化肥和农药经过降水、地表径流、土壤渗滤进入水体中，导致土壤和水环境恶化[7]。在过去的 30 年里，黄河河水中 NO_3^- 增加了 2 倍，尤其是 2011 年以来，NO_3^- 增加明显[8]。富营养化会导致浮游藻类大量繁殖，水体浊度增加，水下光照降低，从而对沉水植物的多样性造成负面影响，尤其是随着总磷含量的升高，其他沉水植物基本消失，耐污性较强的菹草演替为单一优势种。富营养化可能是 2014—2019 年西霞院水库菹草暴发的主要原因。

漂浮物治理应坚持源头治理、水岸同治。严格执行《中华人民共和国黄河保护法》和相关规划，落实河长制和领导干部任期生态文明建设责任制。坚持生态优先、绿色发展。深化农业面源污染、工业污染、城乡生活污染防治。积极发展无公害农业，推广科学施肥、安全用药，提高化肥、农药、饲料等投入品利用效率，减少化肥施用量。综合利用禽畜粪污、农作物秸秆等开展耕地田间整治和土壤有机培肥改良，持续推进生产方式和生活方式绿色低碳转型。

3.2 "捞"

"捞"即坝前打捞。打捞是水库漂浮物清理的常规手段，常用的打捞设备主要为清漂船和清污机械两类。三峡水库多年平均来漂量为 87.4 万 m³，其中树木的根茎占 58.1%、农作物秸秆占 27.3%、水生植物占 11.1%、塑料泡沫等生活垃圾占 3.5%。采用以清漂船打捞为主的方式清理漂浮物。配置机械化清漂船 46 艘（其中大型清漂船 3 艘）、人工辅助清漂船 115 艘、漂浮物转运船 6 艘，清漂人员 1 100 多人[9]。三门峡水库从 20 世纪 80 年代开始，在数十年里，经过回转栅式清污、提栅导栅清污、齿耙式回转清污、液压抓斗清污、拦污浮排清污、导排清污、机械与人工打捞清污等方式的应用实践，探索出了以捞为主、多措并举的综合清漂方式[10]。

西霞院水库 2014—2019 年平均来漂量为 4 400 m³/a，其他年份来漂量为 800 m³/a。年度来漂总量不大。借鉴三峡、三门峡等水库清漂经验，结合水库水文条件、气候特征和漂浮物组成成分，统筹安全、经济、水质、水环境和管理需求，西霞院水库漂浮物应以捞为主，并按照日常清漂和应急清漂两种情况分类管理。

日常清漂以清漂船+清污机方式为主。在西霞院水库配置小型清漂船和推拖漂船各 1 艘。平时停靠在水库码头，需要清漂时，根据漂浮物的数量、位置、分布形态灵活选用清漂船和/或推拖漂船清漂。西霞院引水发电洞进口拦污栅上的漂浮物采用提栅人工清理。进入西霞院引水发电洞拦污栅栅槽和尾水检修门槽内的浮水类漂浮物结合机组检修每年清理 1 次。进入西霞院排沙洞和排沙底孔检修门槽内的浮水类漂浮物根据实际情况确定清理频次。严禁在西霞院 21 孔泄洪闸前打捞漂浮物，以防泄洪排沙引水产生的明流或暗流危及清漂人员和船只安全。

2018 年 6 月大量菹草聚集在西霞院水库发电洞拦污栅前，厚度达 4~5 m，与门机配套使用的液压抓斗式清污机已不能应对如此大量漂浮物的清理。考虑西霞院水库暴发菹草等需应急处置情况，采购可与西霞院坝顶门机配套的莲花抓 3 套，放在仓库备用。紧急处置时，采用推拖漂船和莲花抓联合作业方式快速清漂。特殊情况下，小浪底和西霞院水库清漂设备互相调用，加大清漂设备投入，加快清漂进度。清漂所用的卡车、挖掘机、铲车、垃圾清运车等通用设备可通过社会租赁方式解决。

3.3 "拦"

"拦"即浮排拦导。西霞院发电洞进口设置直立式拦污栅 1 套以拦截漂浮物，当漂浮物较多时，易引起拦污栅堵塞，造成发电水头降低。在发电洞进口前打捞漂浮物，受水流影响，清漂作业风险增加，劳动效率降低，清理打捞所需时间长，为保证人员和船只安全，有时被迫停止发电和供水。为解决上述问题，部分水库设置了拦漂设施，如漫湾水库在靠近码头的上游河段设置一套柔性拦漂排拦截漂浮物，并使用全自动双体水面清污船对聚集在滞漂区内的漂浮物进行集中清理[11]。

拦漂设施运行效果与河道的水动力学特性和漂浮物运移特性密切相关，对水文条件变化较大的工程适应性差，所以工程应用并不普遍。柔性拦漂排在水流作用下呈弧形工作态，大量漂浮物聚集后易引发排体上浮或翻转，从而导致漂浮物泄露。三门峡水库曾开展柔性拦漂排拦漂试验，拦截的 700 m³ 漂浮物 2 d 内即从拦漂排挡板下钻过[12]。

西霞院水库具有坝前库面宽、泥沙含量高、地质条件复杂的特点，设置柔性拦漂排在技术、经济层面都面临很大挑战，尤其是如何解决泥沙淤积造成的不利影响是设置拦漂排的技术难点问题。综合考虑水文、地质条件和技术、经济、安全因素，在西霞院水库河道上设置拦漂排并非较优选项。

3.4 "排"

"排"即泄水排漂。漂浮物暴发期间，水文、气象等自然条件一般较差，船只在流动的水流中捞漂、转运具有效率低、成本高、制约因素多、工作环境条件差、作业风险大等特点，是当今社会少有的艰辛工作，所以利用排漂设施和泄水设施排泄漂浮物便成为部分水库治理漂浮物的选择。例如，2003 年以前三峡水库主要通过排漂孔将坝前漂浮物排向下游，阻滞在拦污栅上的少量漂浮物通过机械和人工将其清除。2003—2007 年采用日常情况下以"清"为主，当坝前短期聚集大量漂浮物时开启排漂孔排向下游的方式治理坝前漂浮物[13]。

西霞院水库在混凝土坝段设置 7 孔胸墙式泄洪闸和 14 孔开敞式泄洪闸担任泄洪排漂任务。胸墙式泄洪闸堰顶高程 121.0 m，开敞式泄洪闸堰顶高程 126.4 m，从而具备较宽的泄流调控能力和较强的排漂能力。近年来，随着"绿水青山就是金山银山"理念和环境保护意识的不断深入，排漂对水环境和水质的不利影响也日益受到人们重视，越来越多的水库放弃向下游排泄漂浮物的治漂方式。虽然西霞院水库具备排漂功能，但站在生态优先、绿色发展，共同抓好大保护，协同推进大治理战略高度，排漂不应作为西霞院水库治理漂浮物的主要方式。

3.5 "用"

"用"即循环利用。打捞作为小浪底和西霞院水库清理漂浮物的主要方式，打捞上来的漂浮物如何处理，是一个需要着重考虑的问题。三峡水库运行初期，打捞上岸的漂浮物以填埋为主，2010 年华新水泥（秭归）有限公司利用水泥窑协同处理技术焚烧三峡水库坝前打捞上岸的漂浮物，焚烧后的灰渣作为水泥熟料的组成部分利用。景洪水库 2020 年以前采用渣场填埋方式处理漂浮物，2021 年后利用年产约 3 000 t 的生物质有机肥生产基地分类处理漂浮物，树木、竹子类有机质粉碎加工成生物质有机肥中间产品，塑料、泡沫类粉碎后加工成塑料回收产品。

填埋、焚烧和循环利用是目前水库管理单位处理漂浮物的主要方式。填埋法简单易行、成本较低、可操作性强，是国内现行最广泛的方法，但填埋场若无法达到环境保护标准，将产生较为严重的环境污染。漂浮物数量较多时，规模较小的填埋场很快被填满，较大规模填埋场的找寻也是一个不小的难题。焚烧法技术含量较高，建设资金投入大、时间长，需要稳定充足的漂浮物供应和地方政府支持。循环利用能将漂浮物变废为宝，资源化、无害化利用程度较高，技术含量和经济投入适中。

借鉴三峡、景洪等水库经验，结合西霞院水库以自然环境类漂浮物为主的实际情况，积极探索漂浮物分类处理和循环利用，将漂浮物中的塑料类、橡胶类、金属类分拣出来，送至废品回收站回收利用，蓝草、秸秆类打捞上岸晾晒脱水粉碎后进行生物质堆肥或加工成生物质颗粒。在管理上应采取激励机制和市场化措施，促进漂浮物的资源化利用，形成节约资源和保护环境的生产生活方式。

4　结语

（1）做好岸上管控是西霞院水库漂浮物治理的治本之策。

（2）进入西霞院水库的漂浮物应以捞为主。

（3）受泥沙和地质条件等因素影响，在西霞院水库河道上设置拦漂排在技术和经济层面都面临很大挑战，非较优选项。

（4）排漂不应作为西霞院水库治理漂浮物的主要方式。

（5）积极探索漂浮物的分类处理和循环利用，并在管理上采取激励机制和市场化措施，促进漂浮物的资源化利用。

参考文献

[1] 张馨月，高千红，闫金波，等．三峡水库近坝段水面漂浮物对水质的影响［J］．湖泊科学，2020，32（3）：609-618.

[2] 刘江川，李晓东，朱茂源．考虑流固耦合效应的漂浮物撞击平面钢闸门的研究［J］．水利与建筑工程学报，2022，20（3）：41-45.

[3] 蔡莹，黄国兵，刘圣凡．因势利导水力一体化治漂在三峡库区的应用［J］．水利水电快报，2020，41（1）：62-66.

[4] 蔡莹，唐祥甫，蒋文秀．河道漂浮物对工程影响及研究现状［J］．长江科学院院报，2013，30（8）：84-89.

[5] 陈婷，张仲伍，梁少民，等．小浪底库区消落带植物物种多样性与生态系统功能的关系［J］．山西师范大学学报（自然科学版），2022，36（1）：80-88.

[6] YONG Q, DONG Z, FUSHUN W. Using nitrogen and oxygen isotopes to access sources and transformations of nitrogen in the Qinhe Basin, North China［J］. Environmental science and pollution research international, 2019, 26（1）: 738-748.

[7] 习近平．习近平著作选读：第一卷［M］．北京：人民出版社，2023.

[8] YUE F J, LI S L, LIU C Q, et al. Tracing nitrate sources with dual isotopes and long term monitoring of nitrogen species in the Yellow River, China［J］. Scientific reports, 2017, 7（1）.

[9] 成金海，陈红芳，李腾，等．三峡库区水面漂浮物清理及水库来漂量演化分析［J］．人民长江，2022，53（S1）：10-15.

[10] 石炯涛，刘友营，许三松．三门峡水利枢纽建设与管理科技创新实践［J］．人民黄河，2017，39（7）：23-26，39.

[11] 龚友龙，简树明，丁玉江，等．漫湾水电站坝前漂浮物综合治理探讨［C］//中国大坝协会．高坝建设与运行管理的技术进展：中国大坝协会2014学术年会论文集．郑州：黄河水利出版社，2014：5.

[12] 王育杰，张冠军，娄书建，等．三门峡水库来污规律与清污技术探索研究综述［J］．人民黄河，2013，35（5）：86-89.

[13] 朱俊，钱晓慧．三峡大坝坝前漂浮物综合处理体系研究［C］//中国水利学会．中国水利学会2019学术年会论文集（第一分册）．北京：中国水利水电出版社，2019：4.

汾河干流水环境的空间分异特征分析

贾 佳 陈融旭 田世民

（黄河水利委员会黄河水利科学研究院
河南省黄河流域生态环境保护与修复重点实验室，河南郑州 450003）

摘 要： 汾河是黄河第二大支流，也是山西省的第一大河。汾河流域的地表水质遭到严重破坏，严重制约了山西省经济发展。通过野外采样和实验室测定相结合的方法，探讨了汾河干流上、中、下游水环境的空间分异特征。主要结论如下：除总氮外，化学需氧量、总磷和氨氮等指标均符合标准中Ⅳ类水的要求，从空间上来看，太原下汾河二坝点位综合污染指数最高，表明此处受人类活动的影响最为严重，是汾河干流水体污染的重要来源。

关键词： 汾河；干流；水环境；空间分异特征

1 引言

黄河中游典型支流存在严重的水污染问题，由水污染导致的功能性水资源短缺直接影响着干支流两岸用水安全。自20世纪80年代以来，由于黄河流域工业发展和城镇规模扩大，黄河干流和重要支流水质均呈现恶化趋势[1]。"十一五"期间，黄河中上游被列入全国重点流域，水污染防治工作逐渐深入，污染程度有所缓解，但支流流域仍面临着严峻的污染形势。根据《2022中国生态环境状况公报》，黄河干流已全部达到Ⅱ类水质标准，黄河流域地表水水质达到或优于Ⅲ类水质标准比例提高至87.4%；黄河流域水污染集中于支流流域，其劣于Ⅲ类水质标准的比例为15.0%。黄河流域面临的水污染挑战已成为制约黄河流域高质量发展的严重阻碍[2]。

汾河为黄河第二大支流，山西省第一大河，被誉为山西省的"母亲河"。但随着经济快速发展、煤炭等能源开发和人口急剧增长，水资源供需矛盾越来越突出，汾河流域以全省27%的水资源和25%的土地承载着全省39%的人口和42%的GDP，水资源开发利用率高达80%以上[3]，引发了水质恶化、水生态破坏等一系列生态环境问题。习近平总书记在黄河流域生态保护和高质量发展座谈会上指出，黄河保护治理要"干支流"统筹谋划。因此，本文以汾河干流为研究对象，分析了汾河干流上、中、下游水环境的空间分异特征，以期为水资源配置和生态修复提供科学依据，为黄河流域生态保护和高质量发展提供支撑。

2 材料与方法

2.1 研究区概况

汾河流域面积达39 721 km²，流域年径流总量22.86亿m³，水资源总量33.58亿m³，占全省水资源总量的27.2%。汾河流域年降水量由南向北锐减，年平均降水量为504.8 mm。汾河自北向南蜿

基金项目： 国家重点研发计划项目（2021YFC3200400）；国家自然基金黄河联合基金（U2243214）和青年基金（42207527）；河南省重点研发与推广专项（科技攻关）项目（222102320268，232102320112）；黄河水利科学研究院基本科研业务费专项项目（HKY-JBYW-2022-04）。
作者简介： 贾佳（1992—），女，工程师，主要从事生态水文过程研究方面的工作。
通信作者： 田世民（1982—），男，高级工程师，主要从事生态保护与修复方面的工作。

蜿流经忻州市、太原市、吕梁市、晋中市、临汾市、运城市共 6 市 29 县（区），发源于宁武县管涔山，全长 713 km，在运城市万荣县荣河镇庙前村汇入黄河。由河源到太原市上兰村为汾河上游，上兰村到洪洞县石滩村为汾河中游，石滩村至河口为汾河下游。研究区及采样点位置示意图见图 1。

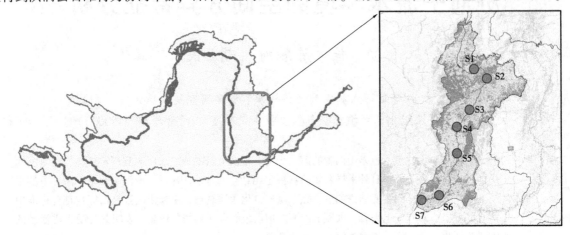

图 1　研究区及采样点位置示意图

2.2　采样点布设、样品采集和测定

本文从汾河干流源头到入黄口中选取了 7 个断面。汾河上游地区选取了兰村（S1）1 个断面，中游选取了汾河二坝（S2）、义棠（S3）、赵城（S4）3 个断面，下游选取了柴庄（S5）、河津（S6）和入黄口（S7）3 个断面。断面的具体位置信息见图 1。

根据汾河历年水文特征变化规律，对汾河河流表层水和河床沉积物进行样品采集。于 2022 年 6 月，使用 GPS 定位采样点，水样用有机玻璃采水器在中泓垂线两侧各 5 m 范围内，于水面下 0.5 m 处采集 5~7 次，装于 2.5 L 灭菌聚乙烯细口瓶，按照标准方法进行预处理后保存、测定。

依据《地表水环境质量标准》（GB 3838—2002）中指定的国家标准水质分析方法测定水样的化学需氧量（COD）、总氮（TN）、总磷（TP）、氨氮（NH_4^+-N）等指标，每个样本重复测定 3 次取均值作为结果。考虑到有些点位含沙量较高，高锰酸盐指数（COD_{Mn}）、重铬酸盐指数（COD_{Cr}）、TN、TP 四项指标分别测定含颗粒悬浮物的原状水（混合态）和 0.45 μm 滤膜滤后水样（溶解态）两类指标，均取 3 次测定的均值作为最终结果。

2.3　数据处理

针对汾河干流实验室测定四项指标进行综合污染指数评价[4]。通过资料查询可知本次研究河段执行Ⅳ类地表水标准，评价标准借鉴《地表水环境质量标准》（GB 3838—2002）。综合污染指数按式（1）计算：

$$I_j = \frac{1}{n} \sum_{i=1}^{n} \frac{C_{ij}}{C_{i0}} \tag{1}$$

式中：I_j 为 j 段综合污染指数；C_{ij} 为 j 段 i 污染物浓度监测值；C_{i0} 为 j 段 i 污染物浓度标准值；n 为参与评价的总项目数。

3　结果与分析

3.1　化学需氧量沿汾河干流的空间分异特征

化学需氧量（COD）可大致表示水中有机物量，反映水体受还原性物质污染的程度。汾河干流水体 COD 度沿汾河干流的分布特征见图 2。汾河水体 COD 变化值在 0.69~5.32 mg/L，平均值为 2.95 mg/L。干流水体 COD 浓度兰村（0.85 mg/L）和入黄口（0.69 mg/L）点位取得较小值，在汾河二坝（5.32 mg/L）点位取得最大值。在中游和下游，COD 值分布均由上到下递减，这表明中游的污染主要来源于兰村—义棠段，下游的污染主要来源于赵城—河津段。

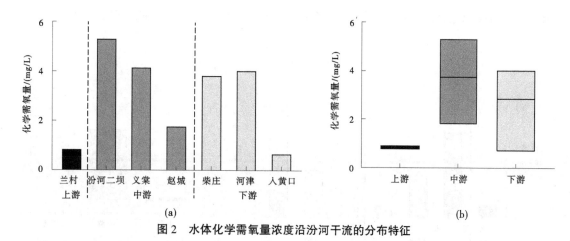

图 2　水体化学需氧量浓度沿汾河干流的分布特征

3.2　总氮浓度沿汾河干流的空间分异特征

总氮（TN）包括硝态氮、亚硝态氮和氨氮等无机氮和蛋白质、氨基酸和有机胺等有机氮，常被用来表示水体受营养物质污染的程度[5]。由图 3 可知，汾河水体 TN 变化值为 0.99~9.51 mg/L，平均值为 3.36 mg/L。干流水体 TN 浓度在兰村（1.79 mg/L）和入黄口（0.99 mg/L）点位取得较小值，在汾河二坝（9.51 mg/L）点位取得最大值。这表明总氮含量较高的采样点多为人类活动可干扰处，汾河流域的氮污染可能主要来源于汾河二坝段的太原市。

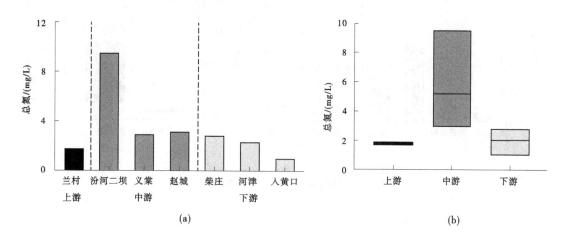

图 3　水体总氮浓度沿汾河干流的分布特征

3.3　总磷浓度沿汾河干流的空间分异特征

磷是生物圈重要的营养元素，磷元素含量升高表征水体富营养化的风险提升。由图 4 可知，汾河水体总磷（TP）变化值为 0.03~0.33 mg/L，平均值为 0.14 mg/L。干流水体 TP 浓度在兰村（0.038 mg/L）和赵城（0.034 mg/L）点位取得较小值，在汾河二坝（0.234 mg/L）和入黄口（0.328 mg/L）点位取得较大值。这表明总磷含量较高的采样点多为人类活动干扰处，或河水更新极缓有利于污染物累积处。

3.4　氨氮浓度沿汾河干流的空间分异特征

由图 5 可知，汾河水体氨氮浓度变化值为 0.06~0.89 mg/L，平均值为 0.34 mg/L。干流水体氨氮浓度在兰村（0.063 mg/L）点位取得最小值，在义棠（0.524 mg/L）和河津（0.885 mg/L）点位取得较大值。

3.5　综合污染指数

根据该评价方法计算汾河干流的综合污染指数如图 6 所示。汾河干流总氮含量超出标准中Ⅳ类水质的要求，是该河段的主要污染物。汾河二坝点位综合污染指数最高，表明此处受人类活动的影响最为严重。

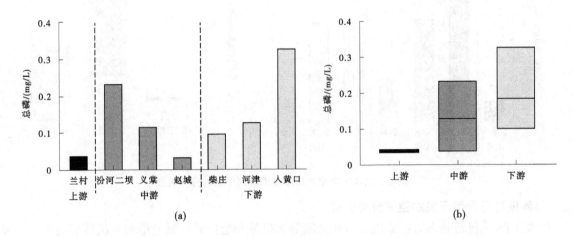

图 4　水体总磷浓度沿汾河干流的分布特征

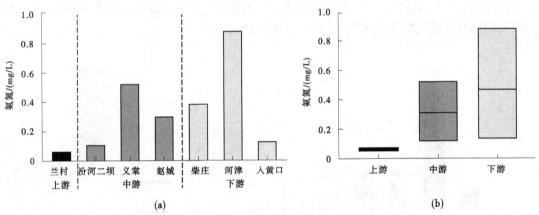

图 5　水体氨氮浓度沿汾河干流的分布特征

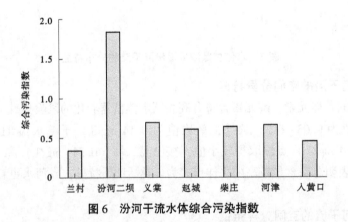

图 6　汾河干流水体综合污染指数

4　结论

本文主要通过野外采样结合实验室样品测定的方法，探讨了汾河干流上、中、下游水体水质的空间分布特征，发现汾河干流总氮含量超出标准中Ⅳ类水质的要求，是汾河的主要污染物，太原下汾河二坝点位综合污染指数最高，表明此处受人类活动的影响最为严重，是汾河水体污染的重要来源。

参考文献

［1］李红玉．黄河流域干支流水污染治理研究［J］．经济问题，2021（5）：9-15．

［2］何爱平，安梦天．黄河流域高质量发展中的重大环境灾害及减灾路径［J］．经济问题，2020（7）：1-8．

［3］谷娇，张旭苗，刘敏，等．2017—2019年汾河流域水环境质量变化趋势分析［J］．山西农经，2020（19）：64-67．

［4］刘祺．城市景观河流循环净化示范工程的设计与应用［D］．武汉：湖北大学，2015．

［5］薛倩．基于海绵城市运行评估的水质评价案例研究［D］．济南：山东建筑大学，2019．

城市湖泊水生态系统健康评价研究
——以武汉东湖新技术开发区湖群为例

蔡玉鹏[1]　龚昱田[2]　张一楠[1]　李　政[1]

（1. 长江勘测规划设计研究有限责任公司，湖北武汉　430010；
2. 水利部中国科学院水工程生态研究所，湖北武汉　430079）

摘　要： 随着城市化进程的加快和人类活动干扰的加剧，城市湖泊水生态系统健康问题日益凸显。本文对武汉东湖新技术开发区牛山湖、豹獭湖、严东湖、严家湖、车墩湖、五加湖等 6 个典型城市湖泊开展了水生态监测，采用水质单因子、湖泊综合营养状态指数、水生生物多样性指数等对湖泊水生态系统健康状况进行评价。结果表明：6 个典型湖泊除牛山湖外，其他湖泊总氮和总磷超标严重，各个湖泊均存在不同程度的富营养化现象，浮游动物多样性指数在轻污染到中污染水平，底栖动物多样性指数处于重污染水平。因此，需加强湖泊的水环境综合治理和生态系统修复。

关键词： 城市湖泊；水生态系统；富营养化；生态修复

1　引言

武汉素有"百湖之市"的美称，拥有丰富的湖泊资源，有 166 个面积大于 0.05 km² 的湖泊，不仅具有休闲娱乐、科研教育的社会价值，更具有湖泊调蓄、气候调节、生物多样性维持、水生态景观等重要生态功能[1]。武汉东湖新技术开发区位于武汉主城区东南部，河湖资源丰富，主要有汤逊湖、南湖、严西湖、严东湖、五加湖、严家湖、车墩湖、豹獭湖、牛山湖、梁子湖等湖泊，近年来，随着城市开发建设不断推进，城市化进程大大加快，大量营养盐等污染物排入湖泊水体，加上湖泊水产养殖、圩垸田埂等人类活动影响，超过了湖泊的水环境容量和承载力，导致湖泊面积萎缩、水质下降、湖泊富营养化、水华暴发等问题，湖泊生态功能受到威胁[2-3]。

湖泊水生态系统健康评估一直是国内外学者、资源环境管理者共同关注的焦点，国外水生态健康评价工作开展较早，早期主要停留在水质评价阶段，20 世纪 80 年代，河流湖泊管理的重点由水质保护转到生态系统的恢复，水生态系统的健康评价方法逐渐被多个国家看作环境管理的重要工具。部分学者对武汉东湖新技术开发区汤逊湖、南湖等水生态系统健康状况开展了调查评价，但是所研究湖泊较为零散，缺乏对区域湖泊水生态系统性的研究。本文选择武汉东湖新技术开发区典型湖泊为研究对象，设置监测点开展水生态调查，从区域层面分析评价湖泊水生态系统健康状况，为武汉东湖新技术开发区湖泊群的治理及管理提供借鉴和支撑。

2　研究区域与研究方法

2.1　研究区域

武汉东湖新技术开发区，又称中国光谷，是中国首批国家级高新区、第二个国家自主创新示范区、中国（湖北）自由贸易试验区武汉片区，行政区划面积 518 km²，区内河湖水域面积 165.47 km²，典型湖泊主要有牛山湖、豹獭湖、严东湖、严家湖、车墩湖、五加湖等，面积分别为 44.4

作者简介： 蔡玉鹏（1977—），男，高级工程师，主要从事水生态环境规划设计、河湖水生态修复等研究工作。

km^2、17.78 km^2、8.27 km^2、0.49 km^2、1.48 km^2、0.09 km^2。为掌握典型湖泊水生态环境现状，根据每个湖泊面积，参考《河湖健康评估技术导则》（SL/T 793—2020）设置 18 个采样点，其中牛山湖 5 个采样点（NS1、NS2、NS3、NS4、NS5）、豹澥湖 4 个采样点（BX1、BX2、BX3、BX4）、严东湖 3 个采样点（YD1、YD2、YD3）、严家湖 2 个采样点（YJ1、YJ2）、车墩湖 2 个采样点（CD1、CD2）、五加湖 2 个采样点（WJ1、WJ2），见图 1。

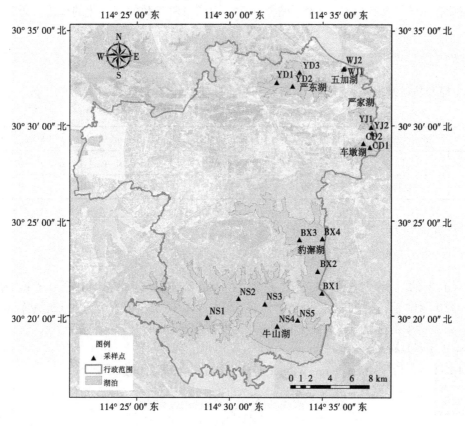

图 1 研究区域及采样点分布

2.2 研究方法

2.2.1 调查方法

2019 年 10—12 月，对每个采样点采集水样、浮游生物、底栖动物等样品，调查测定水温、透明度（SD）、溶解氧、pH 值、总氮（TN）、总磷（TP）、氨氮、高锰酸盐指数（COD_{Mn}）、叶绿素 a（Chl. a）等水质指标，分析浮游生物、底栖动物等种类组成、密度等。

使用便携式多参数水质分析仪现场测定水温、溶氧量和 pH 值，用塞氏盘测定透明度（SD），水样带回实验室分析测试总氮、总磷、氨氮、叶绿素 a 等水质指标。浮游植物定性样品用 25# 浮游生物网在水下 0.5 m 处做"∞"字形摆动，捞取 2~3 min，放入 100 mL 带刻度样品瓶中，同时加入 1.5 mL 鲁哥试液固定保存；浮游动物使用 13# 浮游生物网及 1 000 mL 采水器采集水样，水样用 10% 的福尔马林固定；底栖动物采用采泥器和踢网进行采集，挖取的样品用 40 目分样筛过滤冲洗，分检出样品放入标本瓶中，加入甲醛固定液。样品均带回实验室进行鉴定。

2.2.2 评价方法

水质评价采用单因子评价法，参考《地表水环境质量标准》（GB 3838—2002）对总磷、总氮、高锰酸盐指数、溶解氧、氨氮等进行评价，任何指标超过标准即为超标，并以最差评价作为湖泊水质状况。

湖泊营养状态评价采用综合营养状态指数法，选取反映水体营养程度的主要 5 项指标：叶绿素 a（Chl. a）、总磷（TP）、总氮（TN）、透明度（SD）、高锰酸盐指数（COD_{Mn}），具体计算方法如下：

$$TLI(Chl. a) = 10 \times (2.5 + 1.086 \ln Chl. a) \tag{1}$$

$$TLI(TP) = 10 \times (9.436 + 1.624 \ln TP) \tag{2}$$

$$TLI(TN) = 10 \times (5.453 + 1.694 \ln TN) \tag{3}$$

$$TLI(SD) = 10 \times (5.118 - 1.94 \ln SD) \tag{4}$$

$$TLI(COD_{Mn}) = 10 \times (0.109 + 2.661 \ln COD_{Mn}) \tag{5}$$

各指数相关权重的计算，以 $Chl. a$ 作为基准参数，则第 j 种参数的归一化的权重计算公式为

$$\omega_j = \frac{r_{ij}^2}{\sum\limits_{j=1}^{m} r_{ij}^2} \tag{6}$$

式中：r_{ij} 为第 j 种参数与基准参数 $Chl. a$ 的相关系数，取值见表 1；m 为评价参数的个数。

表 1 中国湖泊(水库) r_{ij} 值及 ω_j 值[4]

参数	Chl. a/($\mu g/L$)	TP/(mg/L)	TN/(mg/L)	SD/m	COD$_{Mn}$/(mg/L)
r_{ij}	1	0.84	0.82	-0.83	0.83
ω_j	0.27	0.19	0.18	0.18	0.18

综合营养状态指数计算公式[5-7] 如下：

$$TLI(\sum) = \sum_{j=1}^{m} \omega_j \times TLI(j) \tag{7}$$

采用 0～100 的一系列连续数字对湖泊营养状态进行分级：$TLI(\sum) < 30$ 为贫营养；$30 \leqslant TLI(\sum) \leqslant 50$ 为中营养；$TLI(\sum) > 50$ 为富营养，其中 $50 < TLI(\sum) \leqslant 60$ 为轻度富营养，$60 < TLI(\sum) \leqslant 70$ 为中度富营养，$TLI(\sum) > 70$ 为重度富营养。

2.2.3 水生生物多样性评价

水生生物多样性评价采用 Shannon-Wiener 多样性指数，计算公式如下：

$$H = -\sum_{i=1}^{s} \frac{N_i}{N} \times \ln \frac{N_i}{N} \tag{8}$$

式中：H 为 Shannon-Wiener 多样性指数，其中 $H > 3.0$ 为清洁，$2.0 < H \leqslant 3.0$ 为轻度污染，$1.0 < H \leqslant 2.0$ 为中污染，$0 < H \leqslant 1.0$ 为重污染，$H = 0$ 为严重污染；N 为总个体数；N_i 为第 i 物种的个体数；S 为种类数。

3 结果与讨论

3.1 水质评价结果

6 个典型湖泊中，牛山湖水质优于地表水 III 类标准，部分指标甚至达到 II 类标准。严家湖、严东湖、车墩湖、五加湖的水质相对较差，超标最严重的水质因子是总氮、总磷。其中，严东湖总氮基本处于 IV 类至 V 类，平均浓度为 1.549 mg/L，严家湖采样点 YJ1 达 2.855 mg/L，也是调查湖泊中唯一劣 V 类总氮采样点，车墩湖 CD1 采样点和豹澥湖 BX3 采样点总氮也达到 1.5 mg/L 以上，为 V 类；严东湖、严家湖所有采样点总磷均为劣 V 类，豹澥湖 BX3 采样点、BX4 采样点总磷为 IV 类，车墩湖为 IV 类，五加湖在 IV 类至劣 V 类。各采样点总氮和总磷浓度见图 2。

3.2 水体富营养化评价结果

湖泊营养状态评价结果表明，东湖新技术开发区 6 个典型湖泊中，牛山湖的营养状态最低，综合营养状态指数在 49~50，总体处于中营养和轻度富营养的水平，豹澥湖营养状态稍高，基本处于轻度富营养状态，严家湖由于鱼塘化现象严重，样点间差异极大，从轻度富营养到重度富营养，其中严家湖 YJ2 采样点综合营养状态指数达到 71，为重度富营养水平，严东湖的营养状况最差，总体处于中度富营养到重度富营养之间的水平，严东湖 YD1 采样点综合营养状态指数达到 70，为重度富营养水

平，车墩湖属于轻度富营养状态，五加湖属于中度富营养状态。各个湖泊营养状况存在较大差异，部分湖泊可能面临较为严重的富营养化威胁，存在暴发藻类水华的风险。不同湖泊采样点综合营养指数见图3。

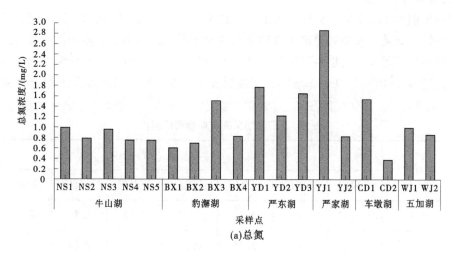

(a)总氮

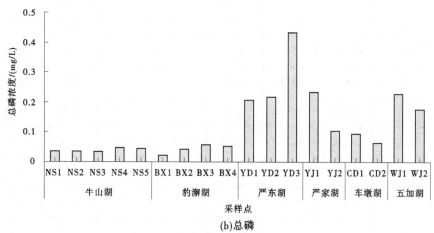

(b)总磷

图2 各采样点总氮和总磷浓度情况

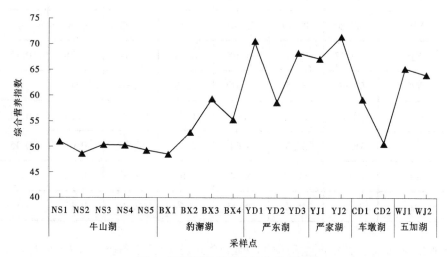

图3 不同湖泊采样点综合营养指数

从具体指标的贡献来看，对于中度富营养化和轻度富营养化的湖泊，叶绿素 a 和透明度对富营养化贡献最高；而对于富营养化和重度富营养化的湖泊，除叶绿素 a 和透明度外，总磷的贡献也较高。

因此，在对东湖新技术开发区的湖泊开展生态治理时，提升透明度并控制藻类对改善湖泊富营养状况有非常重要的意义[8]，对于污染严重的湖泊，控磷是当务之急。

3.3 水生生物多样性评价结果

本次共调查到藻类 116 个属，分属于蓝藻门、硅藻门、绿藻门、隐藻门、裸藻门、甲藻门、金藻门和黄藻门。整体上绿藻、蓝藻和硅藻占物种组成的比例最高，各湖泊之间物种的数量差异不大。总体来看，蓝藻所占比例最大，占据绝对优势，从各个湖泊藻密度来看，严东湖藻细胞个数相较其他湖泊最高，最高超过 600×10^6 cells/L，车墩湖、五加湖及牛山湖的部分采样点藻细胞个数含量较低，见表 2。

表 2 不同湖泊采样点藻类密度组成

湖泊	采样点	藻类密度/(10^6 cells/L)							
		蓝藻门	硅藻门	绿藻门	隐藻门	裸藻门	甲藻门	金藻门	黄藻门
牛山湖	NS1	167.17	4.45	5.21	1.28	0.15	0.19	0.53	0
	NS2	120.44	3.02	3.28	0.87	0.34	0.04	0.42	0
	NS3	123.61	4.83	8.95	1.43	0.15	0.11	0.57	0
	NS4	57.30	2.57	4.23	2.42	0.19	0	0.15	0
	NS5	30.46	5.02	5.06	1.62	0.42	0.15	0.38	0
豹澥湖	BX1	211.07	9.59	10.42	1.51	0.15	0.30	0.08	0
	BX2	231.38	14.87	10.04	2.19	0.30	0.30	0.15	0
	BX3	186.54	15.10	26.72	3.85	0.60	0.08	1.21	0
	BX4	110.52	9.96	14.65	6.42	0.38	0.08	0.75	0
严东湖	YD1	612.07	5.13	15.78	2.87	0.15	0.45	0	0
	YD2	524.73	9.66	20.38	2.26	0.23	0.15	0	0
	YD3	407.80	12.00	23.70	3.47	0.23	0.30	0	0
严家湖	YJ1	129.77	9.51	34.05	8.23	2.04	1.36	0.15	0
	YJ2	58.96	7.25	12.00	5.13	1.36	0.15	0	0
车墩湖	CD1	10.04	3.79	2.97	1.77	0.26	0.23	0.12	0.02
	CD2	16.22	3.35	3.64	2.48	0.39	0.05	0.15	0.05
五加湖	WJ1	43.60	23.28	5.84	1.06	0.38	0.36	0	0
	WJ2	22.57	10.12	15.63	13.78	0.19	0.11	0	0

浮游动物种类共 63 种，其中原生动物 17 种、轮虫 28 种、枝角类 10 种、桡足类 8 种。严家湖 YJ2 采样点浮游动物种类最多，共 29 种；五加湖 WJ1 采样点浮游动物种类最少，仅 15 种。浮游动物的密度为 1 739.5~23 292 个/L，平均为 12 606 个/L。从不同种类密度上看，原生动物种类最多，其次为轮虫，枝角类和桡足类最少。牛山湖的浮游动物密度整体上较其他湖泊高，车墩湖的浮游动物密

度最低,见表3。

表3 不同湖泊采样点浮游动物密度

湖泊	采样点	浮游动物密度/(个/L)			
		原生动物	轮虫	枝角类	桡足类
牛山湖	NS1	7 200	2 430	0.4	12.4
	NS2	6 300	2 190	0.2	10
	NS3	17 700	5 580	0	12.4
	NS4	17 100	2 580	0	10.2
	NS5	17 400	2 370	0.2	26.6
豹澥湖	BX1	8 100	3 150	0	1.6
	BX2	13 500	2 730	0	0.6
	BX3	5 700	3 030	0.3	2.5
	BX4	11 100	6 120	0.1	1.3
严东湖	YD1	9 900	1 590	0.2	6.6
	YD2	8 700	720	0	6.4
	YD3	14 400	930	0	5
严家湖	YJ1	15 000	2 970	17.5	47.5
	YJ2	5 400	3 750	2	35.5
车墩湖	CD1	3 600	450	4	20.5
	CD2	600	1 080	25	34.5
五加湖	WJ1	13 200	2 940	56.4	1
	WJ2	5 100	2 010	5.2	0.2

底栖动物共22个种属,其中节肢动物门8种、环节动物门7种、软体动物门7种。严家湖底栖动物种类最多,为9种,车墩湖CD1采样点和严家湖YJ2采样点的种类最少,均只有2种,各采样点发现的底栖动物以较为耐污的寡毛类水丝蚓和摇蚊幼虫为主,虽然在不少湖泊中都发现了螺类的壳体,但主要都是死亡的螺类残体,新鲜存活的螺类极少,未发现贝类。牛山湖、五加湖及严东湖底栖动物密度较高,车墩湖和严家湖底栖动物密度较低,见表4。

表4 不同湖泊采样点底栖动物密度

湖泊	采样点	底栖动物密度/(ind./m²)		
		环节动物门	软体动物门	节肢动物门
牛山湖	NS1	16	0	64
	NS2	16	0	256
	NS3	0	0	256
	NS4	16	0	608
	NS5	96	0	832

续表4

湖泊	采样点	底栖动物密度/(ind./m²)		
		环节动物门	软体动物门	节肢动物门
豹澥湖	BX1	0	0	128
	BX2	16	0	256
	BX3	16	0	208
	BX4	0	0	192
严东湖	YD1	80	0	784
	YD2	16	0	384
	YD3	48	0	176
严家湖	YJ1	0	0	0
	YJ2	0	96	0
车墩湖	CD1	0	0	80
	CD2	0	32	16
五加湖	WJ1	48	0	960
	WJ2	64	0	0

湖泊浮游动物多样性指数方面，各湖泊浮游动物多样性指数为1~2.5，属于中污染到轻污染水平。其中，牛山湖、豹澥湖和车墩湖大部分采样点为轻污染水平，其他湖泊基本为中污染水平，五加湖WJ1采样点为重污染水平。值得注意的是，牛山湖和豹澥湖的水质较好，但浮游生物多样性仍处于轻污染水平，说明有些湖泊虽然水质向好，但水生态系统健康仍需要进一步关注。

湖泊底栖动物多样性指数比浮游动物更低。总体来说，牛山湖、豹澥湖、严东湖部分采样点多样性指数大于1，处于中污染状态，其他采样点多样性指数均小于1，处于重污染状态，包括水质较好的豹澥湖和牛山湖均有部分采样点的底栖动物多样性指数低于0.5，见表5。因此，东湖新技术开发区各湖泊的底栖动物健康状况较差，而健康的底栖动物群落对浅水湖泊生态系统健康有着十分重要的意义，因此底栖动物群落的恢复调控是湖泊水生态修复需要重点考虑的内容[9]。

表5　各湖泊Shannon-Wiener多样性指数计算成果

湖泊	采样点	浮游动物Shannon-Wiener多样性指数	底栖动物Shannon-Wiener多样性指数
牛山湖	NS1	2.03	1.04
	NS2	2.34	0.87
	NS3	2.11	0.46
	NS4	2.07	0.45
	NS5	1.72	0.89
豹澥湖	BX1	2.39	0
	BX2	1.91	1.13
	BX3	2.12	0.51
	BX4	2.35	0.68

续表 5

湖泊	采样点	浮游动物 Shannon-Wiener 多样性指数	底栖动物 Shannon-Wiener 多样性指数
严东湖	YD1	2.07	0.35
	YD2	1.49	0.50
	YD3	1.68	1.25
严家湖	YJ1	1.47	0
	YJ2	1.92	0
车墩湖	CD1	2.00	0
	CD2	2.18	0.64
五加湖	WJ1	0.98	0.50
	WJ2	1.79	1.04

3.4 讨论

东湖新技术开发区典型湖泊水生态系统结构不均衡,水质恶化加剧,生态功能下降,富营养化问题突出,多样性较低。由于湖泊本身水动力条件较差,对氮磷营养盐的净化能力不足,加上湖泊圩垸开发、围网养殖等长期侵占水面,湖泊生态空间萎缩,周边城市开发强度大、城镇生活污水的排放等,均是导致水生生态系统问题的原因[10]。因此,应制订湖泊水生态环境综合治理方案,控制污染物进入水体,降低外源性的氮磷营养盐含量,将其控制在一个标准范围内,分阶段逐步开展湖泊水生植物恢复、底栖动物功能群恢复和食物链功能群恢复等,重建和恢复水生生态系统,保证其结构的完整性和功能的稳定性。

4 结语

(1)通过东湖新技术开发区牛山湖、豹澥湖、严东湖、严家湖、车墩湖、五加湖等 6 个典型湖泊的水质监测,影响典型湖泊水生态系统健康的主要原因是水质超标,超标因子主要是总磷、总氮。

(2)6 个典型湖泊均存在不同程度的富营养化现象,其中严加湖和严东湖综合营养状态指数达到 70 以上,为重度富营养状态。

(3)湖泊浮游动物 Shannon-Wiener 多样性指数总体处于 1~2.5,属于轻污染至中污染水平;湖泊底栖动物健康状况较差,底栖动物 Shannon-Wiener 多样性指数大多小于 1,处于重污染状态,种类以耐污的寡毛类水丝蚓和摇蚊幼虫为主。

(4)本文仅从水质、富营养化程度及水生生物多样性指数方面进行评价,由于城市湖泊水生态系统的复杂性,需要在以后的研究中从空间尺度和时间尺度建立更为完善的指标评价体系,对湖泊水生态系统健康状况进行客观分析和评价。

参考文献

[1] 李长安,张玉芬,李国庆. 基于河湖地质过程的武汉市湖泊的成因划分 [J]. 地球科学,2022,47(2):577-588.

[2] 张思思,徐飘,杨正健,等. 城市湖泊有机质氮同位素差异及其对水污染的指示作用分析 [J]. 长江流域资源与环境,2019,28(2):396-406.

[3] 杨博林,陈倩倩,夏伟. 基于 MIKE21 模型的汤逊湖水质水量模拟研究 [J]. 绿色科技,2021,23(16):29-38.

［4］金相灿，刘树坤，章宗涉，等．中国湖泊环境［M］．北京：海洋出版社，1995.

［5］Yang Zhan, Shuang Wang, Jiping Chen, et al. Evaluation of aquatic ecosystem health in the middle and upper reaches of the Heihe River based on macrobenthic integrity index［J］. Journal of Desert Research, 2023, 43（2）: 271-280.

［6］刘永，郭怀成，戴永立，等．湖泊生态系统健康评价方法研究［J］．环境科学学报，2004（4）：723-729.

［7］秦伯强．长江中下游浅水湖泊富营养化发生机制与控制途径初探［J］．湖泊科学，2002（3）：193-202.

［8］付江凤，张代青，程乖梅，等．5种综合方法在湖泊富营养化评价中的对比研究［J］．水力发电，2023，49（3）：5-10.

［9］汪尚朋，郭艳敏，万骥，等．城市富营养化湖泊综合治理：以武汉北太子湖为例［J］．水生态学杂志，2021，42（4）：91-96.

［10］温周瑞，王丛丹，李文华，等．武汉城市湖泊水质及水体富营养化现状评价［J］．水生态学杂志，2013，34（5）：96-100.

小浪底水库的生态流量保障、减淤及碳减排作用

靖　娟　苏　柳　尚文绣

（黄河勘测规划设计研究院有限公司，河南郑州　450003）

摘　要：本文以小浪底水库为例，采用情景对比、数值模拟等方法，研究了水库在生态流量保障、减淤及碳减排上发挥的作用，量化了生态调度期间的发电损失和生态调度效果。结果显示：小浪底水库保障了下游连续不断流，提高了利津断面生态基流保证率和4—6月关键期入海水量，使黄河下游河道从淤积转变为冲刷，2000—2019年累计减少二氧化碳排放量9 873万 t。但生态调度导致水库发电量减少，2010—2013年黄河口三角洲生态补水造成 1.85 亿 kW·h 发电损失，未来仍需增强发电与其他目标的协调关系。

关键词：生态调度；生态流量；碳减排；小浪底水库

水库建设运行是河流开发的重要方式，对保障区域水安全和粮食安全、优化能源结构等具有重要意义[1-3]。在全球范围内，水库提供了 30%～40% 的农业灌溉用水，并生产了近 17% 的电力[4-5]。随着经济社会发展和人民对优美生态环境需要的日益增长，生态保护已经成为当前水库调度运行的重要任务，很多水库已经开展了生态调度探索和实践[6-8]。水力发电也是水库生态保护作用的重要组成。水电是重要的可再生清洁能源，与煤炭、石油等化石能源相比，能够有效减少大气污染物的产生和排放[9]。大型水利枢纽工程一般同时具备发电、供水、防洪、减淤等多种功能，运行中需要根据重要性对多目标做出取舍[10-12]。对于缺水问题较严重的北方河流，水库经常要为供水、防洪等任务牺牲发电量[13]。已有研究对生态调度产生的生态效益及造成的发电损失定量研究成果较少。本文以黄河小浪底水库为例，分析水库运行产生的碳减排效益，研究生态调度中的发电损失及产生的生态保护效果。

1　研究方法

1.1　研究区域

本文以小浪底水库为研究对象，研究区域为小浪底水库至河口（见图1）。小浪底水库位于黄河中游最后一个峡谷的出口，距离河口 899 km，坝址以上流域面积 69.42 万 km²，是一座特大型综合利用的水利枢纽工程。水库 1999 年底投入运行，正常蓄水位 275 m 时库容 126.5 亿 m³。水电站装机 6 台，总装机容量 1 800 MW，2000 年首台机组发电。黄河是多泥沙河流，为了减轻泥沙淤积，小浪底水库在 6—7 月开展调水调沙调度，人工塑造大流量冲刷水库和下游河道[14-15]。

1.2　生态流量保障作用分析方法

选择断流天数、生态基流保证率和 4—6 月入海水量 3 个指标评价小浪底水库对下游生态流量的影响。利津断面临近黄河入海口，是历史上黄河干流下游断流时间最长的断面，能够反映下游终点处的径流变化和入海水量变化。历史上黄河下游频繁断流，1980—1999 年利津断面有 16 年断流，1997 年断流天数长达 202 d，年均断流 43.20 d。断流给河流生态造成了严重破坏，保障黄河不断流是黄河生态保护的重要任务。生态基流是为维护河湖等水生态系统功能不丧失，需要保留的低限流量过程中

基金项目：国家自然科学基金黄河水科学研究联合基金（U2243233）。

作者简介：靖娟（1981—），女，高级工程师，主要从事水文水资源研究工作。

的最小值。水利部颁布实施的《第一批重点河湖生态流量保障目标（试行）》提出利津断面生态基流为 50 m³/s，生态基流保证率原则上应不小于 90%。4—6 月是黄河下游和黄河口近海海域鱼类繁殖的关键期，保障这一时段的入海水量十分重要。

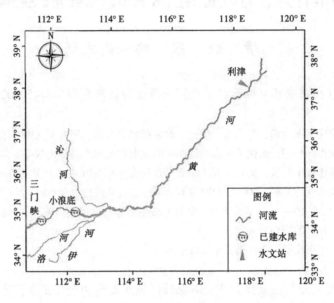

图 1　研究区域

河流径流演变受到水库运行、气候变化、取用水等多因素复合影响，本文采用基于情景对比的水库生态影响定量分析方法，将水库运行的作用从多因素复合作用中分离出来[16]。将分析时段定为 2000—2019 年，情景 1 代表了有小浪底水库调蓄时该时段下游的实测径流状态；情景 2 代表了没有小浪底水库时，评价时段内下游日径流的模拟状态（见表 1）。与情景 1 对比，情景 2 仅改变了小浪底水库这一个影响因素，天然来水、取用水、上游工程运行等条件均与情景 1 保持一致。

表 1　情景设置

情景分类	工程条件	评价时段	径流类型
情景 1	有小浪底水库	2000—2019 年	实测日径流
情景 2	无小浪底水库	2000—2019 年	模拟日径流

两种情景下的径流状态表达为

$$F_A = \{f_{A,1}, f_{A,2}, \cdots, f_{A,n}\} \tag{1}$$

$$F_S = \{f_{S,1}, f_{S,2}, \cdots, f_{S,n}\} \tag{2}$$

式中：F_A 和 F_S 分别为情景 1 和情景 2 对应的小浪底水库下游的径流状态；$f_{A,i}$ 和 $f_{S,i}$ 分别为情景 1 和情景 2 下第 i 个指标，$i = 1 \sim n$。

小浪底水库对径流过程的影响 E 表示为

$$E = \{e_1, e_2, \cdots, e_n\} \tag{3}$$

$$e_i = f_{A,i} - f_{S,i} \tag{4}$$

式中：e_i 为小浪底水库对第 i 个径流指标的影响。

情景 2 需要对小浪底水库的调蓄作用进行还原，得到没有水库运行情景下的径流：

$$q_{S,t} = q_{1,t-t_1} + q_{B,t-t_2} - q_{W,t-t_3} - q_L \tag{5}$$

式中：$q_{S,t}$ 为没有小浪底水库运行的情况下评价断面第 t 天的平均流量，m³/s；$q_{1,t-t_1}$ 为小浪底水库第 $t-t_1$ 天的实测入库流量，m³/s；$q_{B,t-t_2}$ 为第 $t-t_2$ 天的区间来水流量，m³/s；$q_{W,t-t_3}$ 为第 $t-t_3$ 天的区间取水流量，m³/s；q_L 为区间日均蒸发渗漏损失流量，m³/s；t_1、t_2 和 t_3 分别为小浪底水库、支流汇入地点和取水地点到评价断面的水流传播时间，d。

1.3 无小浪底水库情景下河道冲淤计算方法

对于泥沙，建立一维水动力学模型模拟没有小浪底水库时河道输沙情况（情景2）。模型主要基于以下4个方程建立。

水流连续方程：

$$B\frac{\partial z}{\partial t} + \frac{\partial Q}{\partial x} = q_1 \tag{6}$$

水流运动方程：

$$\frac{\partial Q}{\partial t} + 2\frac{Q}{A}\frac{\partial Q}{\partial x} - \frac{BQ^2}{A^2}\frac{\partial z}{\partial x} - \frac{Q^2}{A^2}\frac{\partial A}{\partial x}\Big|_z = -gA\frac{\partial z}{\partial x} - \frac{gn^2|Q|Q}{A\left(\frac{A}{B}\right)^{\frac{4}{3}}} \tag{7}$$

式中：x 为沿流向的坐标；t 为时间；Q 为流量；z 为水位；A 为断面过水面积；B 为河宽；q_1 为单位时间单位河长汇入（流出）的流量；n 为糙率；g 为重力加速度。

悬移质不平衡输沙方程：将悬移质泥沙分为 M 组，以 S_k 表示第 k 组泥沙的含沙量，可得悬移质泥沙的不平衡输沙方程为

$$\frac{\partial(AS_k)}{\partial t} + \frac{\partial(QS_k)}{\partial x} = -\beta\omega_k B(S_k - T_k) + q_{1s} \tag{8}$$

式中：β 为恢复饱和系数；ω_k 为第 k 组泥沙颗粒的沉速；T_k 为第 k 组泥沙挟沙力；q_{1s} 为单位时间单位河长汇入（流出）的沙量。

河床变形方程：

$$\gamma'\frac{\partial A}{\partial t} = \sum_{k=1}^{M}\beta\omega_k B(S_k - T_k) \tag{9}$$

式中：γ' 为泥沙干容重。

控制方程采用有限体积法离散，用 SIMPLE（semi-implicit method for pressure-linked equations）算法处理一维模型中水位与流量的耦合关系。离散方程求解采用迭代法。

1.4 碳减排和水电经济效益计算方法

水电是清洁可再生能源，使用水电替代煤炭、石油等一次性能源，可以减少二氧化碳、二氧化硫、烟尘等污染气体排放，改善生态环境。将同等发电量的火力发电产生的二氧化碳量作为水力发电的碳减排量：

$$r = p_h \cdot k_1 \cdot k_2 \tag{10}$$

式中：r 为水力发电代替火力发电的二氧化碳减排量，t；p_h 为代燃料余电量，余电量指扣除厂用电、线损等后向社会提供的电量，$kW \cdot h$；k_1 为燃烧单位重量标准煤排放的二氧化碳量，无量纲；k_2 为单位电量煤耗折算系数，$t/(kW \cdot h)$。

水力发电不仅有发电的直接经济效益，还有碳减排效益。对于直接经济效益，由于水电上网电价低，难以反映水电清洁可再生且运用灵活的优势，本文采用影子电价法，参考火电站的投资及运行费用、标准煤耗、电价等，按照 0.45 元/($kW \cdot h$) 计算水电的直接经济效益。对于碳减排的经济价值，参考国际碳交易价格，按照 200 元/t 计算碳减排效益。

2 结果与讨论

2.1 对下游生态流量和入海水量的影响

在情景1中，2000—2019 年利津断面年均断流天数为 0；情景2径流模拟结果显示，2000—2019 年利津断面年均断流 81.15 d，年最长断流天数高达 176 d（见图2）。情景1和情景2的生态基流保证率如图3所示。情景1中，2000—2019 年利津断面生态基流保证率为 94.16%，2004 年以来很少有低于生态基流的情况发生。在情景2中，2000—2019 年利津断面年均 96.55 d 流量小于生态基流，生态基流保证率仅 73.57%，远低于生态基流目标保证率。小浪底水库年均减少利津断面断流 81.15 d，减少生态基流不达标 75.25 d。

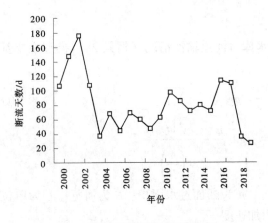

图 2　情景 2 利津断面断流天数　　　图 3　两种情景下利津断面生态基流保证率

情景 1 和情景 2 的 4—6 月入海水量及占全年水量的比例分别如图 4 和图 5 所示。情景 1 中，年均 4—6 月入海水量 38.48 亿 m³，占全年入海水量的 22.78%，65% 的年份关键期入海水量超过 30 亿 m³。在情景 2 中，年均 4—6 月入海水量下降至 14.77 亿 m³，占全年入海水量的 8.74%，仅 10% 的年份 4—6 月入海水量超过 30 亿 m³。小浪底水库年均增加 4—6 月入海水量 23.71 亿 m³。

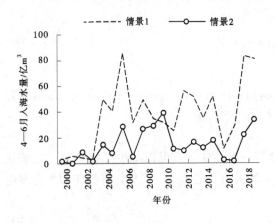

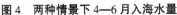

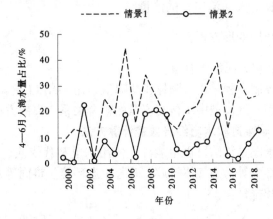

图 4　两种情景下 4—6 月入海水量　　　图 5　两种情景下 4—6 月入海水量占全年的比例

2.2　对下游河道减淤作用

小浪底水库调水调沙库容 10.50 亿 m³，拦沙库容 75.50 亿 m³，对进入下游的泥沙具有较强的调节作用。与 1986—1995 年相比，2010 年以来利津断面的年均来沙量和平均含沙量降幅均超过 75%。

1986—1995 年，黄河下游年均淤积 1.82 亿 t，但 2000—2017 年黄河下游转变为年均冲刷 1.57 亿 t。2018 年利津断面主槽最低高程比 1995 年降低 2.16 m。黄河下游一维水沙数学模型模拟结果显示，如果没有小浪底水库，2000—2017 年黄河下游将年均淤积 0.51 亿 t（见图 6）。

2.3　碳减排作用与经济效益

截至 2019 年底，小浪底水库上网电量已达 1 090 亿 kW·h。计算得到相当于减少标准煤耗 3 603 万 t，减少二氧化碳排放量 9 873 万 t，减少二氧化硫排放量 88 万 t，减少烟尘排放量 37 万 t，减少氮氧化物排放量 75 万 t。

2000—2019 年，小浪底水库累计上网电量已达 1 090 亿 kW·h，直接发电效益 491 亿元，节能减排效益 197 亿元（见图 7）。水电具有灵活运用的特征，经常充当调峰电量的角色。小浪底水电站规模大，调节性能好，可以承担电网的调峰任务，在下游西霞院反调节工程建成后调峰作用更大。小浪底水库地处河南电网负荷中心，电站投运后显著改善电网的运行条件，提高电网的调峰能力。小浪底水库自 2003 年起开始发挥调峰作用，累计调峰电量 365 亿 kW·h，占总发电量的 33%，每年调峰电量占总发电量的 23%~42%。

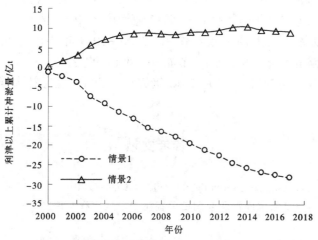

图 6 两种情景下黄河下游累计冲淤量变化对比

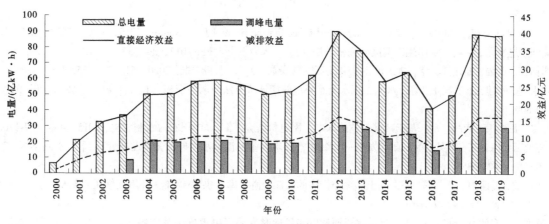

图 7 小浪底水库历年发电量及效益

2.4 小浪底水库在生态调度中损失的发电效益

小浪底水库自运用以来，直接承担着黄河下游流域内外的生态补水任务，尤其是对黄河口三角洲地区的生态补水需要塑造出库大流量过程，超过了小浪底水库水轮发电机组的满发流量，造成了发电弃水，对小浪底水库水力发电造成了一定的不利影响。

以向黄河口三角洲补水为例进行分析。2010—2013 年小浪底水库平均每年调水调沙期向黄河口三角洲补水 0.56 亿 m^3，生态补水时段在 6 月下旬至 8 月上旬，小浪底水库出库流量需要不低于 2 500 m^3/s 以塑造向黄河口三角洲生态补水的条件。通过构建黄河下游小浪底发电模拟模型，分别计算 2010—2013 年向黄河口三角洲生态补水期间，小浪底水库不进行生态补水调度，仅满足下游用水及利津断面生态流量需求情况下的发电量。结果显示，不考虑黄河口三角洲生态补水的情况下，小浪底水库发电量累计增加 1.85 亿 kW·h。按上网电价 0.306 2 元/(kW·h) 计算，累计增加发电收入 5 665 万元。

未来需要进一步探索和完善小浪底水库的调度机制，增强不同调度任务间的协调关系，减少发电弃水；同时尝试建立发电弃水的生态补偿机制，减少水电站管理机构的经济损失。

3 结论

以小浪底水库为例，分析了水库在碳减排、下游河道减淤及下游生态流量保障中发挥的作用，得到以下结论：

（1）2000—2019 年小浪底水库显著改善了黄河下游生态环境，年均减少利津断面断流 81.15 d，年均减少利津断面生态基流不达标天数 75.25 d，年均增加 4—6 月入海水量 23.71 亿 m^3；如果没有小浪底水库，黄河下游河道将从年均冲刷 1.57 亿 t 转变为淤积 0.51 亿 t。

（2）小浪底水库发挥了巨大的碳减排作用，2000—2019 年小浪底水库累计上网电量 1 090 亿 kW·h，减少二氧化碳排放量 9 873 万 t，节能减排效益 197 亿元。

（3）生态调度造成了发电损失，2010—2013 年黄河口三角洲生态补水减少了小浪底水库发电量 1.85 亿 kW·h。

参考文献

[1] Poff N L, Schmidt J C. How dams can go with the flow [J]. Science, 2016, 353 (6304): 1099-1100.

[2] 王浩, 王旭, 雷晓辉, 等. 梯级水库群联合调度关键技术发展历程与展望 [J]. 水利学报, 2019, 50 (1): 25-37.

[3] JIA J. A technical review of hydro-project development in China [J]. Engineering, 2016, 2: 302-312.

[4] Maavara T, Chen Q, Van Meter K, et al. River dam impacts on biogeochemical cycling [J]. Nature Reviews, 2020, 1: 103-116.

[5] Grill G, Lehner B, Thieme M. Mapping the world's free-flowing rivers [J]. Nature, 2019, 569 (7755): 215-221.

[6] 黄强, 赵梦龙, 李瑛. 水库生态调度研究新进展 [J]. 水力发电学报, 2017, 36 (3): 1-11.

[7] 邓铭江, 黄强, 畅建霞, 等. 大尺度生态调度研究与实践 [J]. 水利学报, 2020, 51 (7): 757-773.

[8] 陈求稳, 张建云, 莫康乐, 等. 水电工程水生态环境效应评价方法与调控措施 [J]. 水科学进展, 2020, 31 (5): 793-809.

[9] 曹未, 黄炜斌, 武晶, 等. 基于减排效益的水电上网电价研究 [J]. 中国农村水利水电, 2015 (4): 167-170.

[10] 陈悦云, 梅亚东, 蔡昊, 等. 面向发电-供水-生态要求的赣江流域水库群优化调度研究 [J]. 水利学报, 2018, 49 (5): 628-638.

[11] 何中政, 周建中, 贾本军, 等. 基于梯度分析法的长江上游水库群供水-发电-环境互馈关系解析 [J]. 水科学进展, 2020, 31 (4): 601-610.

[12] 董增川, 倪效宽, 陈牧风, 等. 流域水资源调度多目标时变偏好决策方法及应用 [J]. 水科学进展, 2021, 32 (3): 376-386.

[13] 方洪斌, 王梁, 周翔南, 等. 空间水量调蓄规则下梯级水电站优化调度研究 [J]. 水力发电, 2018, 44 (1): 81-84.

[14] Xu B, Yang D, Burnett W C, et al. Artificial water sediment regulation scheme influences morphology, hydrodynamics and nutrient behavior in the Yellow River estuary [J]. Journal of Hydrology, 2016, 539: 102-112.

[15] Lu Q, Bai J, Yan D, et al. Sulfur forms in wetland soils with different flooding periods before and after flow-sediment regulation in the Yellow River Delta, China [J]. Journal of Cleaner Production, 2020, 276: 122969.

[16] 尚文绣, 彭少明, 王煜, 等. 小浪底水利枢纽对黄河下游生态的影响分析 [J]. 水资源保护, 2022, 38 (1): 160-166.

基于河湖功能的广东省典型河湖健康评价

实例研究

陈佩琪[1]　麦栋玲[1]　魏俊彪[1]　王高旭[2]　倪培桐[1]

（1. 广东省水利水电科学研究院，广东广州　510635；

2. 南京水利科学研究院 水文水资源与水利工程科学国家重点实验室，江苏南京　210029）

摘　要：以广东省佛山某湖泊为例，分别开展了基于河湖功能与基于《广东省河湖健康评价技术指引》的河湖健康评价。结果表明，两种评价体系下该湖泊总体赋分分别为 88.70 分和 83.98 分，均表明其健康状态总体良好，但其水文水质有待改善。相较于《广东省河湖健康评价技术指引》的评价体系，基于河湖功能的河湖健康评价体系结合了广东省河湖特色，提高了河湖功能的权重，提高了总体赋分，更具易操作性与精准性。

关键词：河湖健康；河湖功能；指标体系

1　引言

随着社会经济的快速发展，我国对河湖开发的力度不断加大，河湖功能过度且无序开发的问题已不容忽视。因此，河湖管理体系的建设和管理能力的提升显得非常迫切，健康评价已经成为当前河湖管理的重要手段[1-2]，可为判定河湖健康状况、查找河湖问题、剖析"病因"、提出治理对策等提供重要依据[3-4]。2020 年 8 月，水利部印发了《河湖健康评价指南（试行）》（简称《指南》），广东省在此基础上编制了《广东省河湖健康评价技术指引》（简称《指引》），指导开展河湖健康评价工作。

目前，广东省已完成首批河湖健康评价，实现了全省地级以上市和河湖库评价对象全覆盖，常赜等[5]、黄智琳等[6]、刘晋等[7]、黄鹤等[8] 都基于《指引》在广东省开展了河湖健康评价，证明了其适用性。然而，《指引》也有一定的局限性。杨冰等[9] 分析了广东省 64 条河流、49 个湖泊、17 座水库的健康评价成果，认为《指引》中多项评价指标应进一步优化；黄伟杰等[10] 指出指标层选择及设置、权重分配应贴近"一河一策"政策；沈登城等[11] 与张亚娟等[12] 指出《指引》中指标体系的开放性可能引起评价结论的不确定性。鉴于《指南》推广的评价体系难以对各种类型的河湖做出准确的判断，缺乏对不同类型河湖评估时的侧重点，南京水利科学研究院有针对性地设置了基于河湖功能的河湖健康评价体系[13-14]。基于河湖功能的河湖健康评价体系结合广东省河湖特色，从评价尺度、河湖分类分片等方面深入优化现有评价体系，更好地匹配广东省河湖现状问题与管理实际。

本文以目前河湖管理工作需求为导向，选取了广东省佛山市某湖泊为研究区，开展了基于河湖功能的河湖健康评价，分析对比《指引》的河湖健康评价结果，为规范河湖开发行为、解决河湖开发存在的问题提供依据。

基金项目：广东省水利科技创新项目（2021-07）。

作者简介：陈佩琪（1996—），女，助理工程师，主要从事水文水资源方面的工作。

2 研究区概况

本文选取的广东省典型湖泊位于佛山市，总面积 4.06 km²。湖底主要为砂砾、砂质黏土和淤泥层。该湖泊属南亚热带海洋性季风气候，降雨充沛，它具有独特的湿地保护与生态、社会服务等功能，其所在的水功能区为景观娱乐用水区。

3 健康评价体系构造

3.1 基于河湖功能的河湖健康评价体系

基于河湖功能的河湖健康评价方案是南京水利科学研究院基于对河湖社会功能的分类，以河湖功能导致的河湖差异性为依据，有针对性地设置评价体系，从物理结构、水文水质、水生物、河湖功能四个准则层上评价河湖。该方法涵盖了所有水体类型。

以河湖功能分类为基础展开河湖健康评价，需要确定不同类型河湖在健康评价中的侧重点，并以此为依据相应设置评价指标及分配权重。该湖泊的水功能区为景观娱乐用水区，主要河湖功能为疗养、度假和娱乐，其通用指标和准则层权重按照评价方案推荐选取，而专属指标选用影响其河湖功能发挥的最主要因素即景观满意度。

指标层的权重值则应用层次分析法（AHP）确定各指标权重。AHP 是美国运筹学家 T. L. Saaty 等提出的一种定性和定量相结合的层次性多目标决策分析方法[15-16]，在本文中按评价指标框架的顺序分解为不同的层次结构，通过求解各判断矩阵的特征向量求得指标层的权重。具体操作步骤如下。

3.1.1 构造成对比较判断矩阵

在梯级层级结构中，按照下层元素对上层元素的重要性，两两比较结果并建立判断矩阵，并采用 1~9 的标度法赋值，见表1。

表 1　标度含义

标度	含义
1	两元素相比，具有同等重要性
3	两元素相比，前者比后者稍微重要
5	两因素相比，前者比后者强烈重要
7	两因素相比，前者比后者强烈重要
9	两因素相比，前者比后者极端重要
2，4，6，8	介于上述相邻判断的中间情况
倒数	两两对比颠倒的结果

3.1.2 一致性检验

为保证权重的可信程度，需要对判断矩阵进行一致性检验。检验步骤如下：

（1）计算判断矩阵的最大特征值 $\lambda_{\max}$。

（2）计算一致性指标 CI：

$$CI = \frac{\lambda_{\max} - n}{n - 1} \tag{1}$$

（3）计算随机一致性指标 RI，取值见表 2。

表2　随机一致性指标 RI

n	1	2	3	4	5	6	7	8	9	10
RI	0	0	0.58	0.9	1.12	1.24	1.32	1.41	1.45	1.49

（4）计算一致性比例 CR：

$$CR = \frac{CI}{RI} \tag{2}$$

若 CR<0.1，则认为判断矩阵的一致性是可以接受的，否则需要对判断矩阵进行修正。重复上述步骤，直至判断矩阵通过一致性检验。

3.1.3　计算权重向量

对上述构造的判断矩阵，需要计算出各层元素对应的权重。本文选用特征值法计算权重向量。特征值法的计算步骤如下：

第1步：求出判断矩阵的最大特征值及对应的特征向量；

第2步：对求出的特征向量进行归一化即可得到权重向量。

最终选取的指标体系及权重如表3所示。

表3　某湖泊基于河湖功能的健康评价指标体系及权重

指标类型	准则层	准则层权重	指标层	景观娱乐	指标权重
通用指标	物理结构	0.2	管理保护范围划定率	√	0.12
			岸线状况	√	0.23
			违规开发利用水域岸线程度	√	0.23
			水面面积萎缩率	√	0.42
	水文水质	0.12	水质优劣程度	√	0.43
			水功能区水质达标率	√	0.14
			湖泊营养状态	√	0.43
	水生物	0.26	大型底栖无脊椎动物生物完整性指数	√	0.12
			鱼类保有指数	√	0.19
			浮游植物密度	√	0.42
			大型水生植物覆盖度	√	0.27
专属指标	河湖功能	0.42	景观满意度	√	1

3.2　基于《指引》的健康评价体系

《指引》是广东省结合河湖水系特征和河湖管理实际情况，以水利部下发的《指南》为基础编制的，从"盆"、"水"、生物及社会服务功能四个准则层评价河湖。这四个准则层与基于河湖功能的河湖健康评价体系中的物理结构、水文水质、水生物、河湖功能四个准则层一一对应。

本次对《指引》中湖泊健康评价的 10 项必选指标均采纳，但考虑到该湖泊无集中式饮用水水源地和流量实测数据、已建的碧道尚未完成考核评价，本次不评价入湖流量变异程度、供水水量保证程度、湖泊集中式饮用水水源地水质达标率、碧道建设综合效益 4 项备选指标，其权重根据《指引》要求按比例分配至准则层内的其余指标。最终该湖泊健康评价指标体系及指标权重如表4所示。

表 4　某湖泊基于《指引》的健康评价指标体系及权重

准则层		准则层权重	指标层	指标类型	指标权重
"盆"		0.2	湖泊连通指数	备选指标	0.19
			湖泊面积萎缩比例	必选指标	0.27
			岸线自然状况	必选指标	0.27
			违规开发利用水域岸线程度	必选指标	0.27
"水"	水量	0.3	最低生态水位满足程度	必选指标	0.22
	水质		水质优劣程度	必选指标	0.22
			湖泊营养状态	必选指标	0.22
			底泥污染状况	备选指标	0.12
			水体自净能力	必选指标	0.22
生物		0.2	大型底栖无脊椎动物生物完整性指数	备选指标	0.18
			鱼类保有指数	必选指标	0.23
			水鸟状况	备选指标	0.18
			浮游植物密度	必选指标	0.23
			大型水生植物覆盖度	备选指标	0.18
社会服务功能		0.3	防洪达标率	备选指标	0.23
			岸线利用管理指数	备选指标	0.23
			流域水土保持率	备选指标	0.23
			公众满意度	必选指标	0.31

4　分析及评价

4.1　指标体系及权重差异

两种评价体系都基于物理结构、水文水质、生物及河湖功能四个准则层设定了评价指标。其中，基于河湖功能的河湖健康评价体系多了管理保护范围划定率、水功能区水质达标率两个指标，少了湖泊连通指数、最低生态水位满足程度、底泥污染状况等指标。该湖泊为景观娱乐用水，因此在河湖功能准则层，根据其河湖功能属性，只选择了景观满意度一个指标，舍弃了与其主要河湖功能关系不大的防洪达标率、岸线利用管理指数、流域水土保持率等指标。结果表明，基于河湖功能的河湖健康评价体系的指标选取，在原体系的基础上进行了筛选与精简，提升了评价的易操作性与精准性。

对比两种评价体系的权重差异，在准则层方面，基于河湖功能的河湖健康评价体系提高了河湖功能的权重，从 0.3 提高到了 0.42，相应地，降低了水文水质和生物准则层的权重。指标层方面，提高了水面面积萎缩率、浮游植物密度、大型水生植物覆盖度等对景观影响较大的指标比例。

4.2　指标层评价结果

表 5 是该湖泊指标层赋分情况，分析两种评价体系用到的所有指标，得分最高的是管理保护范围划定率、水面面积萎缩率、湖泊面积萎缩比例、水功能区水质达标率、浮游植物密度、水鸟状况、湖泊连通指数、岸线利用管理指数、流域水土保持率，都为 100 分；得分最低的是湖泊营养状态，为 11.09 分；低于 90 分的指标还有违规开发利用水域岸线程度、水质优劣程度、水体自净能力、底泥污染状况、大型底栖无脊椎动物生物完整性指数、鱼类保有指数以及大型水生植物覆盖度等。从湖泊营养状态、水质优劣程度的赋分情况来看，该湖泊富营养化问题严重，水环境问题不容忽视。

表5 某湖泊指标层赋分情况

基于河湖功能				基于《指引》			
准则层	指标层	指标赋分	指标权重	准则层	指标层	指标赋分	指标权重
物理结构	管理保护范围划定率	100	0.12	"盆"	—	—	—
	岸线状况	92.24	0.23		岸线自然状况	92.24	0.27
	违规开发利用水域岸线程度	88.86	0.23		违规开发利用水域岸线程度	88.86	0.27
	水面面积萎缩率	100	0.42		湖泊面积萎缩比例	100	0.27
	—	—	—		湖泊连通指数	100	0.19
水文水质	水质优劣程度	60	0.43	"水"	水质优劣程度	60	0.22
	水功能区水质达标率	100	0.14		—	—	—
	湖泊营养状态	11.09	0.43		湖泊营养状态	11.09	0.22
	—	—	—		最低生态水位满足程度	90	0.22
	—	—	—		水体自净能力	59.83	0.22
	—	—	—		底泥污染状况	88.22	0.12
水生物	大型底栖无脊椎动物生物完整性指数	85	0.12	生物	大型底栖无脊椎动物生物完整性指数	85	0.18
	鱼类保有指数	85	0.19		鱼类保有指数	85	0.23
	浮游植物密度	100	0.42		浮游植物密度	100	0.23
	大型水生植物覆盖度	87.5	0.27		大型水生植物覆盖度	87.5	0.18
	—	—	—		水鸟状况	100	0.18
河湖功能	景观满意度	95.91	1	社会服务功能	公众满意度	95.91	0.31
	—	—	—		防洪达标率	90	0.23
	—	—	—		岸线利用管理指数	100	0.23
	—	—	—		流域水土保持率	100	0.23

4.3 综合评价

表6是该湖泊综合赋分情况。由表6可知，两种评价体系中，物理结构的评分为95.71分与94.89分，水文水质的评分为44.75分与59.19分，水生物的评分为91.95分与91.60分，河湖功能的评分为95.91分与96.43分。结果表明，物理结构、生物、河湖功能三个准则层在两种评价指标体系下，赋分差异不大，而水文水质方面差异较大。分析原因，与基于《指引》的评价体系相比，基于河湖功能的评价体系在水文水质准则层舍弃了最低生态水位满足程度、水体自净能力、底泥污染状况三个得分较高的指标，且提高了水质优劣程度与湖泊营养状态的评分权重。从准则层的结果来看，两种评价体系都表明该湖泊湖岸稳定、生态环境优良、群众较为满意，但水环境问题较为突出。

分析两种评价体系的综合得分，结果均表明该湖泊属二类河湖，处于健康状态。但基于河湖功能的评价体系的综合得分为88.70分，高于基于《指引》的评价体系得分83.98分。分析原因，前者河湖功能准则层的权重明显增加，而得分最低的水文水质的权重明显下降，这提高了前者的综合得分。

表 6　某湖泊湖综合赋分情况

基于河湖功能				基于《指引》			
准则层	准则层赋分	准则层权重	综合得分	准则层	准则层赋分	准则层权重	综合得分
物理结构	95.71	0.20		"盆"	94.89	0.20	
水文水质	44.75	0.12	88.70	"水"	59.19	0.30	83.98
水生物	91.95	0.26		生物	91.60	0.20	
河湖功能	95.91	0.42		社会服务功能	96.43	0.30	

总体来说，基于《指引》的评价体系在评价该湖泊时，并未针对其景观娱乐功能调整评价指标层和准则层的指标及权重因子，缺乏对不同类型河湖评估时的侧重点，未考虑到不同河湖功能的开发对河湖自身原本具备的条件会在不同方面进行消耗。基于河湖功能的评价体系针对该湖泊的景观娱乐功能设置评价体系，深入优化了现有评价体系，提升了该湖泊河湖健康评价的准确性，有助于更好地识别存在的水问题，更好地匹配广东省河湖现状问题与管理实际。

4.4 健康保护对策

该湖泊的水环境影响了其景观娱乐功能的发挥。分析该湖泊产生水环境问题的原因，一方面是其入湖河流受纳了沿线小区和村庄的生活污水及养殖尾水，而部分工业园区存在将未经处理的生活污水排入该湖泊的现象，导致污染物不断累积；另一方面是受广东连续三年干旱、雨量减少影响，该湖泊水体更换、流动变缓。针对其水环境问题，应在该湖泊入湖河流沿岸及附近工业园区修建污水收集管网，避免生活污水、养殖尾水直排入该湖；通过一些工程与非工程措施，保障该湖水体的流动、更换。

5　总结

本文以广东省佛山市某湖泊为典型研究区，采用基于河湖功能的评价体系与基于《指引》的评价体系分别对其进行了河湖健康评价，探讨了两种评价体系的指标设置及赋分差异，分析了该湖泊的河湖健康特征，主要结论如下：

（1）基于河湖功能的河湖健康评价体系结合了广东省河湖特色，相较基于《指引》的评价体系，针对其河湖功能的评价体系增减了相关指标，并增大了其与河湖功能相关的指标权重，更具易操作性与精准性。

（2）两种评价体系对该湖泊总体赋分分别为88.70分和83.98分，均表明该湖泊健康状态总体良好，其湖岸稳定、生态环境优良、群众较为满意，但水文水质有待改善。相较基于《指引》的评价体系，基于河湖功能的河湖健康评价体系提高了河湖功能的权重，提高了总体赋分。

（3）应对该湖泊入湖河流沿岸及附近工业园区修建污水收集管网，避免生活污水、养殖尾水直排入湖中；通过一些工程措施与非工程措施，保障该湖水体的流动、更换。

参考文献

[1] 王晓刚，王竑，李云，等.我国河湖健康评价实践与探索［J］.中国水利，2021（23）：25-27.
[2] 刘国庆，范子武，李春明，等.我国河湖健康评价经验与启示［J］.中国水利，2020（20）：14-16，19.
[3] 刘六宴，李云，王晓刚.《河湖健康评价指南（试行）》出台背景和目的意义［J］.中国水利，2020（20）：1-3.
[4] 吴琼，王莹，张青.河湖生态系统健康评价研究现状与展望［J］.中国资源综合利用，2021，39（3）：131-133.
[5] 常赜，王腾飞，黄伟杰，等.珠江河口虎门水道健康评价与管理对策研究［J］.广东水利水电，2023（7）：92-96.

［6］黄智琳，芦妍婷，赵璧奎．横琴天沐河健康评价分析［J］．陕西水利，2023（8）：74-76.

［7］刘晋，王建国，张康，等．城市内河涌健康评估与保护对策研究［C］//中国水利学会．2022 中国水利学术大会论文集（第二分册）．郑州：黄河水利出版社，2022：172-179.

［8］黄鹤，李冬，赵晓晨．广东梅州长潭水库水环境生态健康评估［J］．人民珠江，2015，36（2）：71-74.

［9］杨冰，凌刚，黄东，等．广东省河湖健康评价经验与思考［J］．中国水利，2022（16）：33-35.

［10］黄伟杰，雷列辉，王建国，等．广东地区河湖健康评价工作实践中的问题与对策［C］//中国水利学会．中国水利学会 2021 学术年会论文集（第三分册）．郑州：黄河水利出版社，2021：30-33.

［11］沈登城，刘其南，路炯．广州市黄埔区河道健康评价工作实践分析［J］．皮革制作与环保科技，2022，3（2）：50-52，55.

［12］张亚娟，赵晓晨，陈基培．韩江流域内河流健康评估研究［J］．人民珠江，2023，44（2）：44-53.

［13］吴永祥，王高旭，丰华丽，等．区域层面河湖功能区划研究：以太湖流域为例［J］．水利水运工程学报，2011（3）：18-26.

［14］吴永祥，王高旭，伍永年，等．河流功能区划方法及实例研究［J］．水科学进展，2011，22（6）：741-749.

［15］SAATY T L，BENNETT J P．A theory of analytical hierarchies applied to political candidacy［J］．Behavioral Science，1977（22）：237-245.

［16］SAATY T L．The Analytic Hierarchy Process［M］．New York：McGraw Hill，1980.

低水头闸坝鱼道池室结构及水力特性分析

祝 龙¹ 王晓刚¹ 王 彪¹ 徐进超² 唐南波¹

(1. 水利部交通运输部国家能源局南京水利科学研究院，江苏南京 210029；
2. 南京信息工程大学，江苏南京 210044)

摘 要：鱼道能够实现连续过鱼，且提供相对稳定的生态廊道，在低水头枢纽工程中应用广泛，是进行生态补偿的重要人工设施。以东淝闸增建鱼道工程为例，根据实际布置条件和水文资料，对鱼道池室结构形式进行分析，推荐各部位关键参数；建立大比尺局部物理模型，验证鱼道池室结构布置参数，对鱼道池室水流特性进行研究。结果表明，池室内水流流态较佳，主流明确且平顺，各部位流速指标满足鱼类上溯需求，相关成果能够为类似工程提供参考。

关键词：低水头闸坝；鱼道池室结构；水力特性；模型试验

水利枢纽工程的建设会对鱼类洄游通道造成阻隔，可能造成生境的破碎化和鱼类栖息生境的变化。随着我国经济的发展，国家对生态保护日益重视，水利建设也已开始从传统水利向资源水利转变，保护水生态环境、实现人与自然的和谐共处已得到社会的普遍共识。为了保护洄游型鱼类、保证鱼类遗传交流，降低工程建设对生态环境的影响，建设过鱼设施以恢复鱼类洄游通道是解决该问题的重要手段和措施。

1 引言

国外过鱼设施的研究已经有几百年的历史，早在1662年法国贝阿尔省就已经规定在堰坝上必须建造供鱼类上、下通行的通道[1]；1883年苏格兰胡里坝建成世界上第一座鱼道；1938年美国哥伦比亚河上邦维尔坝建成现代化的大型鱼道，有集鱼系统；2002年12月建成的巴西依泰普鱼道，总长10 km，水头差120 m，为目前世界上长度和落差最大的鱼道。国内过鱼设施建设和研究历史相对较短，1958年规划开发富春江七里泷水电站时首次进行过鱼建筑物的研究工作。之后国内陆续开展了大量研究工作。近些年来，随着国家对生态保护的日益重视，过鱼设施研究得到了进一步重视和发展。

常用的过鱼设施有鱼道、升鱼机、鱼闸和集运鱼设施等，其中鱼道由于能够连续过鱼，且可为鱼类上、下通行提供相对稳定的生态廊道，应用最为广泛，特别是在低水头水利枢纽工程中已将鱼道作为建设过鱼设施的第一选项。

2 东淝闸鱼道

东淝闸位于瓦埠湖出口，距入淮口2.5 km，是瓦埠湖沟通淮河干流的重要控制工程[2]，于1952年7月建成，后期多次加固和扩建，但均未设专门鱼道，鱼类只能通过水闸泄洪和进洪进出瓦埠湖。淮河干流中游江段鱼类资源丰富，在瓦埠湖东淝闸建设过鱼设施，恢复瓦埠湖与淮河干流之间的连通性，对促进区域鱼类资源增殖与交流作用明显。

东淝闸上下游水位差较小，在过鱼期仅1.0 m左右。但由于是在已建低水头闸坝枢纽上增建过鱼设施，面临鱼道位置选择受限、鱼道布置空间受限等诸多问题。基于此，其过鱼设施拟选择结构形式

基金项目：中央级公益性科研院所基本科研业务费专项资金（Y120009）。

作者简介：祝龙（1988—），男，高级工程师，主要从事通航水力学、鱼道水力学相关研究工作。

简单、占地面积较小、适应性更强的工程鱼道形式，根据工程现有布置条件，将鱼道布置在枢纽左岸，如图1所示；使鱼道进口尽量靠近泄水闸布置，以便后期利用闸孔泄流进行诱鱼。

图1　东淝闸鱼道布置示意图

根据鱼类资源调查资料，东淝闸枢纽鱼道过鱼对象包括鲢、鳙、草鱼、青鱼、鳡、鲤、鲫、鳊、鲂、鲌类、黄颡鱼、间下鱵、鳘、鳤鲏、华鳈、乌鳢等鱼类及幼蟹。根据主要过鱼对象的生活习性，鱼道主要过鱼季节确定为每年的4—8月，设计流速指标控制在0.5~1.0 m/s。

3　鱼道布置形式选择

工程鱼道有多种结构形式，如隔板式、槽式及特殊结构等，其中隔板式鱼道根据池室构造不同又可分为竖缝式、池堰式、淹没孔口式等，可适用于多种洄游性鱼类；槽式鱼道则以丹尼尔鱼道为代表，适用于游泳能力较强的鱼类；特殊结构形式鱼道主要适用于爬行、能黏附以及善于穿越缝隙的鱼类。

垂直竖缝式鱼道能够适应过鱼季节一定水位变化，且表层鱼类和底层鱼类都可以顺利通行，更利于上下游各种鱼类基因交流，是目前国内外应用最广泛的鱼道池室布置形式[3]。因此，综合考虑工程特性和过鱼对象的生态习性，东淝闸枢纽采用结构简单、占地相对较省的垂直竖缝式鱼道，而具体到隔板布置，国内外仍有不同的形式可供选择，如图2所示。

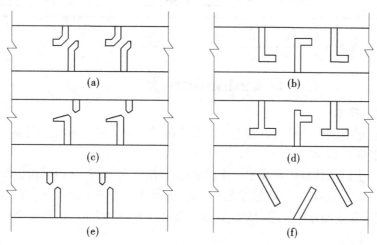

图2　鱼道池室不同形式隔板布置

鉴于东洮闸鱼道上下游水位差及鱼道内设计水流流速指标均较小，根据以往研究经验，池室隔板选用图 2（e）所示布置形式，该布置结构简单、形式规整、占地面积小，能够较好地满足工程布置条件并便于工程施工。按照《水利水电工程鱼道设计导则》（SL 609—2013）要求[4]，经分析初步确定鱼道尺度参数为：普通池室宽 2.5 m，池室长 3 m，休息池取 2 倍普通池长，竖缝宽度 0.4 m，设计水深 1.5 m，底坡坡度为 1∶100，具体布置见图 3。

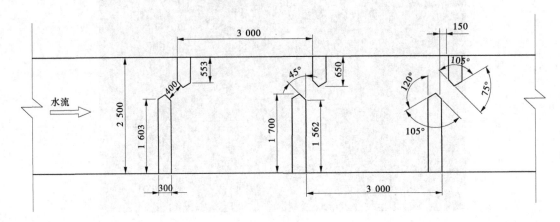

图 3　东洮河闸鱼道隔板布置形式　（单位：mm）

4　鱼道池室水流条件模型试验

通过开展大比尺水工局部物理模型试验，分析各隔板之间的水流流态和局部水流现象，可全面了解鱼道水池内水流的平面分布和空间分布，优化确定鱼道的结构及运行参数。

4.1　模型设计

局部物理模型按重力相似准则设计，考虑到鱼道池室内隔板竖缝宽度较小仅为 40 cm，为准确模拟鱼道池室及竖缝的水流条件，池室局部物理模型的几何比尺 $L_r = 5$，由此可得：速度比尺 $L_v = L_r^{1/2} = 2.236$，流量比尺 $L_Q = L_r^{5/2} = 55.901$。

模型模拟范围包括 11 个鱼道普通池室和 1 个休息室，其中休息室上游 6 个池室、下游 5 个池室，为便于分析，鱼道池室隔板自下而上编为 1#～13#。

模型布置见图 4 和图 5。

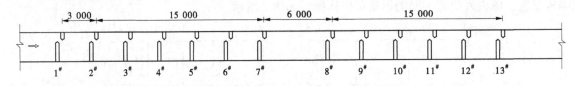

图 4　工程鱼道局部物理模型布置　（单位：mm）

4.2　试验工况及测流技术

试验模拟工况：东洮闸在鱼道运行期上下游水位相对稳定，基本无水位变幅，故试验中上游水位为 18.40 m、下游水位为 17.40 m。

主要测流技术：上游水位利用水库中平水槽进行控制，下游水位采用溢流板控制，确保模型中相邻池室的平均水位差为 1.0 cm（对应原型值 5 cm，底坡 1∶100），水深 30.0 cm（对应原型值 1.5 m）。鱼道内水流流速及流场分布采用旋桨流速仪（量程 1.0～300 cm/s）和多普勒流速仪（ADV，量程 0.5～400 cm/s）测量。

图5 物理模型照片

4.3 模型试验成果分析

4.3.1 隔板竖缝最大流速

鱼道池室隔板竖缝的最大流速直接关系到鱼类能否顺利由下一级池室洄游到上一级池室，试验对 $3^#\sim11^#$ 隔板过鱼竖缝的最大流速进行了测量。池室内最大流速通常出现在竖缝前缘或后缘，因此试验时将流速测点布置在竖缝后缘，考虑到隔板竖缝最大流速的重要性，对隔板竖缝不同高程位置的流速指标均进行测量，每个隔板竖缝从下到上分别布设3个测量点位，测点平面和立面位置见图6，试验结果见表1。

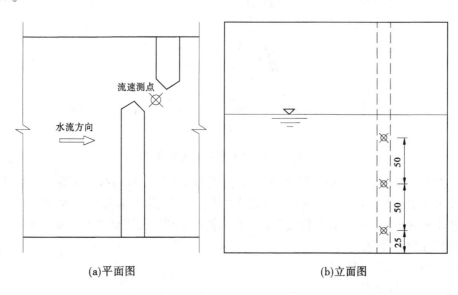

(a)平面图　　　　　　　　　(b)立面图

图6 隔板过鱼缝流速测点布置 （单位：cm）

表 1　各隔板过鱼竖缝测点的流速　　　　　　　　　　　单位：m/s

隔板编号	测点距池底距离			统计值		
	0.25 m	0.75 m	1.25 m	平均	最大	最小
3#	0.69	0.65	0.66	0.67	0.69	0.65
4#	0.67	0.65	0.70	0.67	0.70	0.65
5#	0.66	0.64	0.64	0.65	0.66	0.64
6#	0.64	0.66	0.67	0.66	0.67	0.64
7#	0.68	0.69	0.71	0.69	0.71	0.68
8#	0.64	0.69	0.68	0.67	0.69	0.64
9#	0.67	0.67	0.72	0.69	0.72	0.67
10#	0.72	0.69	0.74	0.72	0.74	0.69
11#	0.65	0.68	0.70	0.68	0.70	0.65
平均	0.67	0.67	0.69	0.68	—	—
最大	0.72	0.69	0.74	—	0.74	—
最小	0.64	0.64	0.64	—	—	0.64

由表 1 可见，旋桨流速仪测量的鱼道隔板竖缝最大流速为 0.74 m/s，沿水深流速平均值为 0.68 m/s，鱼道隔板竖缝最大流速基本控制在 0.70 m/s 左右，满足设计要求。

对隔板竖缝最大流速在垂向变化趋势分析可知，竖缝内最大流速值沿水深变化较小，3#～11# 隔板实测的竖缝最大流速垂向变化仅为 0.01～0.19 m/s，流速值基本一致（见表 1 和图 7）。

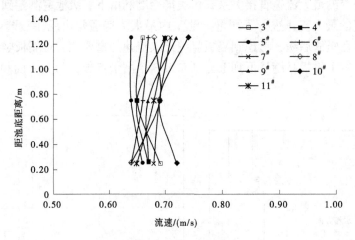

图 7　池室隔板竖缝最大流速

由表 1 和图 7、图 8 可见，隔板竖缝沿程最大流速为 0.64～0.74 m/s（为避免受到模型上下游边界影响，本文未将 1#、2#、12#、13# 隔板竖缝数据纳入分析）。除 1# 隔板位于模型末端靠近水流出水处，竖缝流速略有减小外，沿程各隔板过鱼竖缝最大流速平均值无明显增大或减小现象，表明鱼道底坡和过鱼竖缝尺寸设计合理。

4.3.2　隔板竖缝最大流速分布情况

4.3.2.1　普通池室流场分布

试验中采用高精度 ADV 对典型池室不同部位的流速分布情况进行量测，鱼道内流速矢量分布见图 9，池室水流流态见图 10。由试验结果可知，在 1∶100 坡度下，鱼道池室内主流流速大部分在

0.28~0.70 m/s，主流流向变化平顺，在池室内呈相对较缓的"S"形流线，有利于目标鱼类沿着主流上溯洄游。鱼道池室内存在一定范围的低流速区，有利于上溯鱼类临时休憩调整。

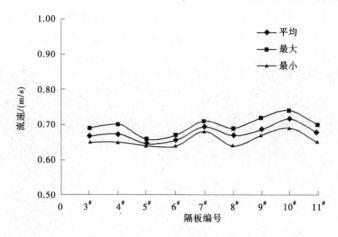

图8　池室不同隔板竖缝流速

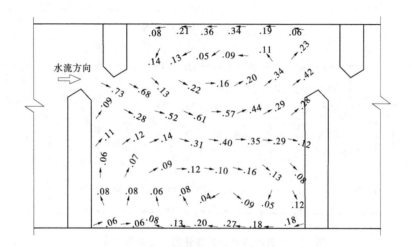

图9　鱼道内流速矢量分布　（单位：m/s）

图10　池室水流流态

4.3.2.2 休息池流态特性

鱼道内设置休息池能够为上溯鱼类提供中途休息场所，避免鱼类因过度疲劳而导致上溯失败。当前对鱼道休息池的水动力特性研究很少[5]，试验同样采用高精度 ADV 对一典型休息池内水流流场分布情况进行了详细量测。休息池内水流流态见图 11，休息池内流速矢量分布见图 12。

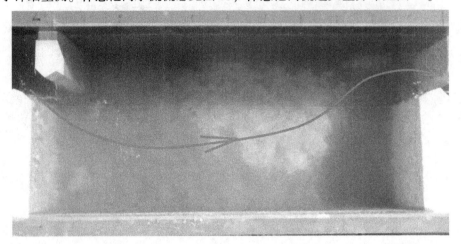

图 11 休息池内水流流态

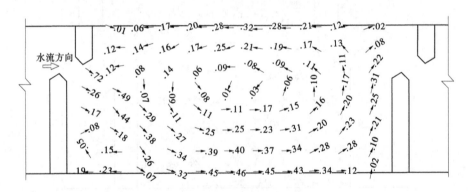

图 12 休息池内流速矢量分布 （单位：m/s）

5 结论

鱼道是沟通枢纽上下游、构建鱼类洄游通道的重要人工设施，能够在一定程度上对水利工程带来的不利生态影响进行补偿。本文以东溧闸——典型低水头闸坝工程为例，对其增建鱼道的鱼道隔板选型、池室布置及水流条件进行了系统的试验研究，主要结论如下：

（1）结合工程实际条件和过鱼需求，确定了结构简单、形式规整、便于施工的鱼道池室布置形式，并给出了各部位关键参数尺寸。

（2）鱼道竖缝最大水流流速指标约 0.74 m/s，池室内主流流速为 0.28~0.70 m/s，能较好地满足设计要求；鱼道池室内主流最大流速基本出现在竖缝附近，主流在普通池室左右两侧存在流速低于 0.2 m/s 低流速区，在休息池内也存在范围较大的流速在 0.1 m/s 左右的弱回流区，适合鱼类栖息。

参考文献

［1］刘志雄，周赤，黄明海．鱼道应用现状和研究进展［J］．长江科学院院报，2010，27（4）：28-31，35.

［2］祝龙，王晓刚，陈莹颖，等．引江济淮工程鱼道工程技术研究：过鱼设施总体布置及水力学研究［R］．南京：南京水利科学研究院，2020.

［3］张超，孙双科，李广宁．竖缝式鱼道细部结构改进研究［J］．中国水利水电科学研究院学报，2017，15（5）：389-396．

［4］水利部水利水电规划设计总院，南京水利科学研究院．水利水电工程鱼道设计导则：SL 609—2013［S］．北京：中国水利水电出版社，2017．

［5］王晓刚，李云，何飞飞，等．竖缝式鱼道休息池水动力特性研究［J］．水利水运工程学报，2020（1）：40-50．

南水北调中线干渠闸门室水藻拦捞装置设计与应用

韩晓光

（中国南水北调集团中线有限公司河北分公司，河北石家庄　050000）

摘　要：南水北调是跨流域跨区域配置水资源的骨干工程，是国家水网的主骨架和大动脉，有效解决了我国南涝北旱的问题，对联通我国南北经济发展起到了重要作用。坚守"水质安全"是筑牢"保障群众饮水安全"的基础和前提，因此保证南水北调水质安全尤为重要。随着南水北调中线工程的运行，由于渠道水体富营养化，在适宜条件下发生季节性藻类滋生，为解决南水北调中线干渠中浮游藻类问题，根据输水特点设计了一种基于叠梁闸门室水藻拦捞装置，该装置在南水北调中线新乐段投入运行后，拦捞水藻效果良好，具有重大的经济效益和社会效益，值得进一步推广应用。

关键词：南水北调；除藻；拦捞装置；水质；提质增效

南水北调中线工程是缓解我国北方水资源短缺的国家战略性工程，在南水北调输水的过程中，由于水体富营养化和气候温度等因素的影响，干渠中会出现间接性产生藻类的现象。水体中的藻类等浮游生物的大量繁殖使饮用水水质受到严重影响，也影响到供水系统的正常运转[1]。南水北调中线干线新乐管理处结合辖区工况特点和实际需求，成功研制了一套基于叠梁闸门室水藻拦捞装置，在浮游藻类清除工作中起到了良好作用。该装置由动力装置和收集装置组成，其中动力装置为双吊点单梁电动葫芦，收集装置由拦物网和隔离网片组装而成，由电动葫芦吊装拦物网下放至水中，利用隔离网片实现拦藻目的，具有运行安全性高、成本低、操作简便、保护性好、经济效益好、除藻效果显著等优点，在南水北调中线新乐段投入运行后，拦藻效果良好，优化了水质，得到了良好应用。

1　设计思路

南水北调中线工程用叠梁闸门室水藻拦捞装置，本着安全生产、降本节支、勤俭办企、提质增效的原则进行设计，对藻类拦捞实现手动与机械相结合，达到安全、便捷、廉价、高效于一体，可实现安拆便捷、单套装置独立运行、多套设备联动运行，适用于局部断面、全断面水藻拦捞，有利于不同工况环境下装置的统筹配置，提高该装置拦捞效率，有效拦截清理渠道中的浮游藻类，使渠道水体中水藻明显减少，保障沿线城市水厂等输水设备正常运转，保护水质安全[2]。

1.1　结构设计

为解决南水北调输水干渠中藻类污染问题，在现场应用的基础上设计了一种基于叠梁闸门室水藻拦捞装置，实现干渠内水藻连续拦捞及拦捞深度可调节。由于该装置在水体中受较大且不规律水流力作用，对滤网安装架进行了静力学有限元分析，分析结果表明，该装置满足强度和刚度要求[3]。如图1所示，该水藻拦捞装置主要包括安装架、拦物网、卷线筒、限位轮等。

安装架（1）：呈U形且开口向下，两端固定在渠道底部，相对的两内壁上均开设有竖直向的导向槽（11）。

拦物网（2）：相对的两侧均转动安装有导向轮（21），导向轮滚动在导向槽（11）的内部，拦物网的顶部安装有两个分布均匀的装置块（22），装置块上转动安装有导线轮（23），导线轮的外周侧上开设有导线槽。

作者简介：韩晓光（1985—），男，高级工程师，主要从事水利水电工程建设与运行管理工作。

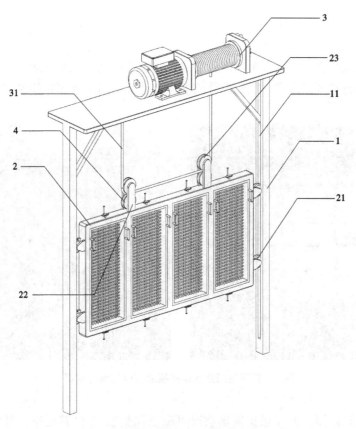

图 1 水藻拦捞装置立体结构示意图

卷线筒（3）：设置在安装架上，卷线筒上绕设有缆线（31），缆线绕设在两个导线槽上且一端与安装架固定。

限位轮（4）：转动安装在装置块（22）上且位于导线轮（23）的下方，限位轮上开设有导线槽且缆线（31）位于导线槽的内部，限位轮与导线轮之间的最小距离小于缆线的直径。

该装置根据干渠闸门门槽结构特点研发而成，以闸门门槽为支撑安装[4]，在叠梁闸门的水藻拦捞工作中，拦藻设备由动力装置和收集装置组成，其中动力装置为双吊点单梁电动葫芦，收集装置由拦物网和隔离网片组装而成。电动葫芦吊装拦物网下放至水中，利用隔离网片实现拦藻目的。由于电动葫芦拦藻时为动水作业，且拦物网自重较轻，存在脱钩风险。该装置通过导向轮与导线槽能够防止拦物网随水流晃动，在限位轮的限位下，能够有效避免脱钩，使用效果好。

1.2 拦藻原理

为了保障水质安全，采用机械式拦捞装置，主要原理为在渠道干渠某特定位置水体内安装拦截装置，在不影响正常输水的前提下，利用水流惯性作用将水体中藻类拦截下来。定时对水藻拦捞装置进行清理，保证拦捞装置能够持续高效运行，达到净化水体效果。其中，起关键作用的是对藻类进行拦捞的过滤装置，直接影响藻类拦截效果，这种利用渠道上下游液面压差和液体流动的惯性，拦截和清除水中藻类及其他漂浮物，对水质不会产生二次污染[5]。

该水藻拦捞装置安装在南水北调中线干渠相邻两节制闸之间，为保证装置运行平稳，主体采用钢结构制作，分节制作便于运输、安装、拆除等，一般安装在倒虹吸进口闸室闸门门槽内，可以有效克服水流及水位急剧波动给水藻拦捞作业带来的不便及消除作业安全隐患，对闸门槽工程设施及水封也起到了有效的保护作用，具有良好的机动性。另外，拦捞装置主体采用的材料为钢材，具有较高的强度、硬度及刚度，可以有效地抵抗水流的冲击力、强风的冲击以及其他外界力量的冲击，具有相当高的外力环境适应性，能够在渠道大流量输水过流状态下应用。

2 应用方案

2.1 装置运行概况

南水北调中线新乐管理处辖区在磁河倒虹吸进口闸室及沙河（北）倒虹吸进口闸室位置布置有 2 套拦藻装置，联动运行实现渠道水体拦藻设计要求。该叠梁闸门室水藻拦捞装置现场运行情况如图 2 所示。

图 2   叠梁闸门室水藻拦捞装置现场运行情况

2.2 拦藻操作流程

拦藻作业一般每班需要 8 人（根据现场情况可适当调整），1 台转运车。其中，1 人为设备操作人员、1 人为安全作业监护人员（一般为自由人员）、1 人负责藻类外运。

2.2.1 工作时间及频次

每天运行时间为 24 h，3 班倒。清藻和入水深度根据现场水位及拦藻效果实时调整，入水拦截时间以 20~30 min 为宜。

2.2.2 操作前检查

操作前要进行必要的安全教育，讲解作业安全风险和防范措施并对安全防护设施进行检查，检查确认门槽周围有无异物卡阻，确认电气设备和抓梁设备完好。

2.2.3 操作流程

拦藻装置分别安装在倒虹吸进口闸门孔口处，其具体操作流程如图 3 所示。

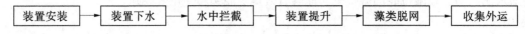

图 3   闸门室藻类拦捞处理操作流程

（1）装置安装。操作前检查完成后，在监护人监护下完成装置安装，合上移动式电动葫芦动力配电箱供电及控制盘电源开关。

（2）装置下水。操作电动葫芦缓速将装置落至预定位置进行水藻拦截，下水过程中要及时关注倒虹吸过流和钢丝绳受力情况。

（3）水中拦截。操作及监护人员负责观察进口水位变化，监听进口有无异常声响、荷重仪数值变化情况，保证拦捞过程平稳。

（4）装置提升。达到规定时间以后，将拦捞装置缓慢提升出门槽，过程中及时清理钢丝绳和平衡梁上的藻类和杂物，保证装置能够正常运行，防止二次污染，并移动至指定清理位置。

（5）藻类脱网。清理人员站在一侧，清理隔离网片藻类至指定位置，转运至闸门外，或摘下网片到室外安全地方清理。人工清理隔离网片上拦截下的藻类并收集外运。

（6）收集外运，在闸室外，将清理下来的水藻进行称量记录后收集至垃圾转运车运送至指定地点，并妥善处置。

2.3 优势分析

该叠梁闸门室水藻拦捞装置在南水北调中线新乐管理处辖区得到应用，通过现场实际操作使用，发现优势明显，具有"两高一低"的优点，即作业安全性高、拦捞效率高、运行成本低。

（1）作业安全性高。该装置通过导向轮、导向槽、限位轮等的设计能够有效防止脱钩，且装置入水及出水时不受水流冲击等影响，避免了受外力冲击晃动对闸门槽及水封撞击破坏，可以更有效避免对作业人员造成物理伤害。

（2）拦捞效率高。以1套规格为长6.2 m、宽1.7 m拦捞装置为例，现场每40 min拦捞一次，水藻拦捞量约为100 kg，每24 h水藻拦捞量高达3 600 kg，多套拦捞装置同时协同运行，拦捞效果更佳。

（3）运行成本低。构成该装置的均为常见材料，每套制作成本不足0.5万元，可重复使用，作业人员人工成本约150元/工日，按每班6人计算，3班倒，每日费用不足0.3万元，且南水北调水藻拦捞工作并不是常年发生，以新乐段为例，2022年水藻需拦捞天数不足30 d，其他年份均未发生水藻拦捞作业。综上，与市面上一些近百万元的水藻拦捞设备相比，该装置运行成本极低，更为经济。

3 结语

本文针对南水北调工程中藻类控制问题，结合新乐管理处辖区水情和工况，完成了叠梁闸门室水藻拦捞装置设计及应用，该装置具有作业安全性高、拦捞效率高、运行成本低等优点，适用于南水北调输水渠道、分水口门等，可清除局部及全断面水体藻类及杂物，节省人力、物力、财力，工作连续性好，安拆操作简易方便。除能够用来拦截渠道中藻类功能外，还可以在装置上加装摄像头、监测计等，用以辅助水生态调查、水温监测、水下缺陷检测等功能。该装置在南水北调中线工程中成功应用，为防止输送水体中藻类滋生、改善水体质量发挥了重要作用，具有重大的经济效益和社会效益，在我国水利运行管理领域起到了示范推广作用，值得进一步推广应用。

参考文献

[1] 杨小东，郝用兴，张智勇，等. 全自动拦藻设备控制系统硬件设计 [J]. 技术应用与研究，2021 (7)：46-47.
[2] 耿志彪，张智勇，于鹏辉，等. 南水北调中线全断面智能拦藻系统控制方案的设计与应用 [J]. 技术应用，2021 (3)：83-85.
[3] 尚力阳，范素香，张智勇，等. 输水干渠智能化拦藻设备设计及应用 [J]. 华电技术，2020 (6)：22-25.
[4] 陈欣，李佳琪，金向杰，等. 南水北调中线工程全制动拦藻设备控制系统设计 [J]. 创新与实践，2018 (8)：53-55.
[5] 陈欣，金向杰. 人工机械式拦藻技术在南水北调工程上的研究与应用 [J]. 创新与实践，2018，6：34-36.

干旱区典型尾闾湖泊泥沙淤积特征与清淤设计
——以东居延海为例

郭秀吉[1,2]　颜小飞[1,2]　李昆鹏[1,2]　魏雪媛[1,2]　王远见[1,2]

(1. 黄河水利委员会黄河水利科学研究院，河南郑州　450003；

2. 水利部黄河下游河道与河口治理重点实验室，河南郑州　450003)

摘　要： 内陆干旱区尾闾湖泊淤积会带来该区域生态系统退化等问题。掌握干旱区典型尾闾湖泊淤积过程及特性，提出以清淤为主的处理方案，对维护区域生态健康意义重大。本文以我国西北地区黑河尾闾东居延海为例，分析了黑河调水方案实施以来，东居延海泥沙淤积过程及分布特征，并初步制订了清淤方案。结果表明：2015 年之后湖区淤积速率较 2003—2015 年偏大；湖区地势东高西低以及风沙是影响湖区东西侧淤积分布差异较大的主要原因；利用清淤底泥布设防护林带，可帮助稳定湖区外围生态格局，并有效减弱风沙对湖区水域侵蚀的影响。

关键词： 尾闾湖泊；东居延海；淤积形态；淤积分布；清淤设计

1　引言

东居延海位于内蒙古自治区额济纳旗境内，与西居延海同为中国第二大内陆河——黑河的尾闾湖泊。历史上，东居延海水清草美，是戈壁中的一片绿洲，素有"大漠明珠"之称[1]。自 20 世纪 50 年代以来，随着流域工农业用水激增，导致入湖水量锐减甚至多次断流，使东居延海在几次间歇性干涸后于 1992 年彻底消亡。随着湿地湖泊的枯竭，湿地周边土地沙化、盐碱化程度加剧，植被面积减少，覆盖率降低等生态问题也随之而来，最终成为我国西北地区沙尘暴和碱尘暴的主要策源地之一。2000 年 7 月启动的黑河水量统一调度工作，让干涸已久的东居延海重新焕发生机，目前东居延海水面面积基本维持在 40 km² 左右，湿地及周边生态系统得到明显恢复和改善。

自黑河调水工作开展以来，东居延海的生态需水量与适宜水面面积一直是研究的热点问题，大量研究[2-7] 表明东居延海入湖水量、湖区水面面积、湖面蒸发量和湖盆形状四个要素之间具有显著相关关系，通常在东居延海湖区地形条件一定的情况下，四个要素之间存在最优的组合阈值。可见，若东居延海湖区水下地形发生淤积变化，将对上述四个要素之间的组合关系带来重要影响，进而影响到黑河流域整体的调水方案。另外，东居延海水生植物丰富，植被阻隔造成水流不畅，水体中营养物质较多且易聚集，腐败植物易落淤湖底，而不断淤积加厚的底泥将会成为内源污染物潜藏的温床，给湖区水环境和水生态治理带来巨大隐患。同时各种外源性污染物随水流入湖后，由于湖区水循环动力不足，水深较浅，水体自净能力弱，水面蒸发量大，湖区矿化度会逐年升高，强烈蒸发浓缩后，也会进一步造成水质恶化[8]。近年来，随着水文周期变化，来水偏枯或连续偏枯概率增大，遇枯水或连续

基金项目： "十四五"重点研发计划项目（2021YFC3200400）；国家自然科学基金项目（U2243241，U2243601，42041004）。

作者简介： 郭秀吉（1989—），男，高级工程师，主要从事工程泥沙与湖库信息化监测工作。

通信作者： 李昆鹏（1981—），男，正高级工程师，主要从事水库调度与湖库泥沙处理与资源利用工作。

枯水年份，入湖水量势必大大减少，若湖区淤积形态继续向"浅碟状"发展，将进一步加剧水面蒸发损耗，不利因素叠加导致东居延海干涸风险依然存在[9]。因此，掌握东居延海湖区地形边界变化情况，在此基础上，提出解决底泥淤积风险的工程措施，对维系区域生态系统稳定意义重大。本文基于 2003 年以来 3 次实测地形资料（见图 1），主要分析了东居延海湖区泥沙淤积形态、位置分布以及库容、水面面积等演化过程和发展趋势，并据此对湖区进行了清淤初步设计，可为现有的黑河调水方案及东居延海生态治理规划提供技术参考。

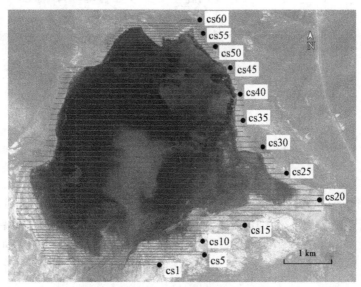

图 1　东居延海湖区测量断面布置

2　湖区泥沙淤积特点

2.1　纵剖面变化

综合对比东居延海 2015 年 6 月、2019 年 10 月湖区深泓及河槽平均河底高程纵剖面变化（见图 2 和图 3）可知，湖区纵剖面总体呈现两端陡、中间平的特征，自 2015 年 6 月以来，东居延海湖区前半段（cs15～cs32）总体上表现为河床冲刷下切，该段河床平均冲深约 0.11 m；湖区后半段（cs33～cs56）河床总体上表现为淤积抬升，该段河床平均淤高约 0.39 m。可见湖区后半段淤积强度显著大于前半段冲刷强度。

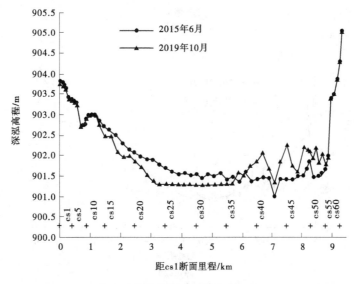

图 2　东居延海湖区深泓纵剖面

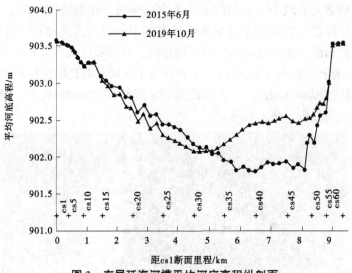

图3 东居延海河槽平均河底高程纵剖面

2.2 横断面变化

东居延海2015年6月、2019年10月实测横断面变化过程见图4。可以看出，2015年6月以来，东居延海湖区横断面冲淤变化显著，其中cs15~cs27表现为全断面冲刷，共冲刷263万 m^3；cs28~cs35表现为冲淤交替，累计冲刷30万 m^3；cs36~cs56表现为全断面淤积，共淤积921万 m^3。总体来看湖区前半段以冲刷为主、后半段以淤积为主，且淤积量远大于冲刷量。

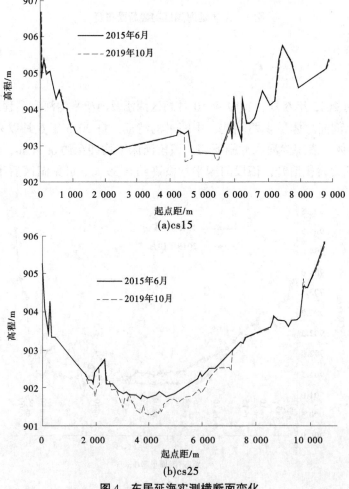

(a)cs15

(b)cs25

图4 东居延海实测横断面变化

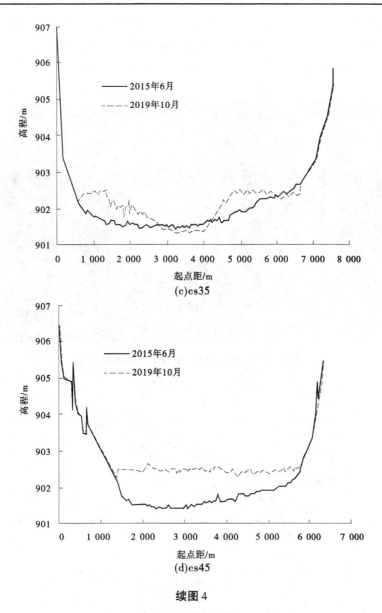

(c)cs35

(d)cs45

续图 4

综合纵横断面变化结果，造成东居延海湖区不同部位冲淤特性差异较大的原因主要与湖区水深分布和沿程比降有关，由于东居延海湖区前半段水深偏小，且比降陡，后半段水深整体较大，且河底平缓，尤其是湖区进口段大部分区域水深不足 1 m，甚至有些地方河底裸露，前半段水深不足导致难以形成泥沙落淤的有利条件，当遇到黑河来流含沙量较高时，大量泥沙可输送至湖区后半段沉积；当黑河来流含沙量较低时，又会冲刷前半段河床，而淤积湖区后半段。

2.3　淤积平面分布

东居延海湖区 2015—2019 年冲淤平面分布见图 5，可以看出，东居延海湖区前半部分（上游）表现为冲刷，且冲刷深度最大的区域位于湖区中心；后半部分（下游）表现为淤积，且左侧（西侧）淤积厚度显著大于右侧（东侧）。根据东居延海湖区水下地形及湖区周边气候变化特点，造成湖区东西侧淤积分布差异较大的主要原因有：湖区底部地形总体呈东高西低，河床横向坡度造成入湖泥沙集中于湖区西侧；除上游来沙外，陆地风沙也是影响湖区地形边界的重要因素，而西北侧受风沙影响要显著大于湖区其他部位。

3　库容变化特性

由东居延海湖区库容变化曲线（见图 6）可知，相同水位下各年份库容表现为 2003 年>2015 年>

2019 年，这说明 2003 年以来东居延海湖区一直呈累积淤积趋势，且 2003—2015 年淤积量较大，但淤积速率较小，而 2015—2019 年淤积量较小，但淤积速率较大。与 2003 年相比，2015 年与 2019 年903.6 m 以下总库容分别减少 822.12 万 m^3 和 1 449.62 万 m^3，至 2015 年 901.2 m 以下临界生态库容已全部淤损。

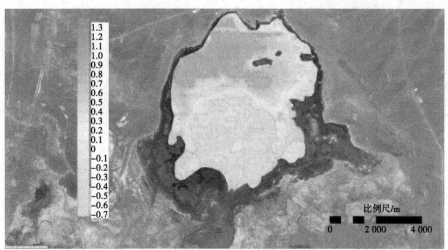

图 5　东居延海 2015—2019 年冲淤平面分布

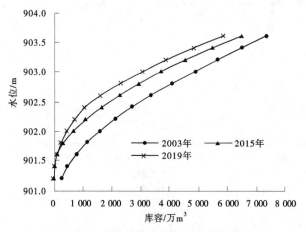

图 6　东居延海湖区库容变化曲线

东居延海不同水位下库容累计淤损量随着库水位的升高表现为先增大后减小（见图 7）。其中，2003—2015 年库容累计淤损量最大为 1 171.86 万 m^3，平均每年淤损库容 97.65 万 m^3，淤损率为15.96%；2015—2019 年湖区库容累计淤损量最大为 666.81 万 m^3，年均淤损库容 166.70 万 m^3，库容淤损率最高为 9.08%。从整体上看，截至 2019 年 10 月，903.6 m 以下累计淤损库容 1 449.62 万 m^3，库容累计淤损率为 19.75%。

4　湖区水面面积变化

在 901.5~902.6 m 水位区间，同水位下东居延海水面面积随历时逐渐减小（见图 8），并且2015—2019 年湖区减小的水面面积要大于 2003—2015 年损失的面积，这说明在该水位区间东居延海湖区是逐年淤积的，且 2003—2015 年湖区虽有所淤积，但淤积速率比较平缓，2015 年之后湖区淤积速率逐渐增大。与 2003 年相比，2019 年 903 m 水位以下水面面积淤损表现为先增加后减小的趋势，其中在 901.2~902 m 为单调增加，在 902~903 m 为单调减小，902 m 时水面面积淤损量最大，为13.56 km^2；903 m 以上同水位下 2015 年和 2019 年水面面积均有所增加，这主要与近些年景区开发等人为因素有关。

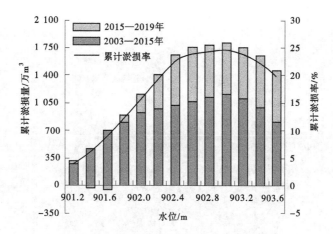

图 7　东居延海不同水位下库容累计淤损情况

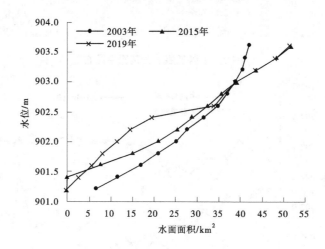

图 8　东居延海水面面积变化

5　湖区清淤初步设计

截至 2019 年 10 月，湖区 903.6 m 以下总库容为 5 892 万 m³，相较于 2015 年，湖区总共淤积泥沙 628 万 m³，平均每年淤积 157 万 m³，其中 cs15～cs28 断面冲刷 263 万 m³，cs28～cs35 断面冲刷 30 万 m³，cs35～cs56 断面淤积 921 万 m³。由于东居延海属于浅水型湖泊，连续较大的淤积将会造成湖泊水深进一步减小，湖区水体自净能力降低，对水体水质及湖区生态系统产生不利影响。

在综合考虑湖区淤积分布现状及生态保护要求的前提下，初步设计以 903.6 m 高程以下 cs28～cs56 断面淤积体为重点清淤对象，将图 5 湖区 0 m 淤积厚度等值线作为清淤范围平面控制边界线（见图 9）。对于清淤垂向深度控制边界综合考虑两个方面：一是保护东居延海芦苇区湿地生态系统的完整性，二是保留湖区老河底一定淤积厚度，以防湖区水体渗流加剧，因此确定清淤深度控制原则为：①在清淤规划范围内，以 2015 年床面地形为清淤目标，但深度控制线至少要保留原河床 30 cm 底泥厚度（见图 10）；②各横断面清淤控制线尽量避开芦苇区。规划总清淤量为 827 万 m³，划定清淤区域 4 个（见表 1）。

在清淤泥沙资源利用方面，由于东居延海淤积泥沙主要来源于上游水流挟沙及陆地风沙，且湖区内部沉积多为上游来沙，外围水域边界沉积物组成则以陆地风沙为主[10-12]，近地表的风沙活动（包括起沙风、沙尘暴等）是影响东居延海外围生态格局演化的关键因素，因此利用本次清淤底泥在湖区周边设置多道防护林带，可起到防风固沙、增加滩地植被、控制沙漠化的延伸扩大及维持湖区水域面积的作用。

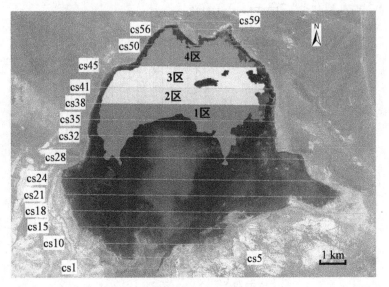

图 9 东居延海清淤范围平面布置

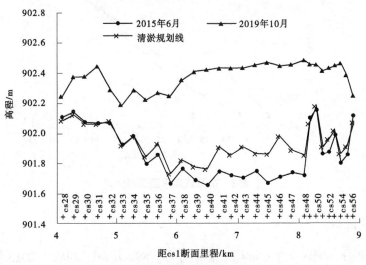

图 10 东居延海清淤深度纵向变化

表 1 清淤区域分布及控制要素

编号	范围	距 cs1 断面里程/km	周长/m	面积/万 m²	清淤量/万 m³	清淤深度/m
1 区	cs28~cs38	4.1~6.1	21 796	608	219	0.36
2 区	cs38~cs41	6.1~6.7	13 712	352	211	0.60
3 区	cs41~cs45	6.7~7.5	17 354	393	220	0.56
4 区	cs45~cs56	7.5~8.9	13 854	361	177	0.49

6 结论

本文基于历史地形实测资料，分析了黑河调水方案实施以来东居延海湖区泥沙淤积演化过程，并根据淤积分布特征初步制订了清淤方案，得出以下主要结论：

（1）东居延海湖区整体呈现前半部分（cs15~cs34）冲刷、后半部分（cs35~cs56）淤积的特征，且淤积量远大于冲刷量，其中湖心区冲刷强度最大，淤积强度西侧显著大于东侧，湖底地形东高西低以及西北侧受陆地风沙影响较大是造成湖区淤积分布不均的主要原因。

（2）黑河统一调水以来东居延海湖区一直呈累积淤积趋势，其中 2003—2015 年淤积量较大（1 171.86 万 m³），但淤积速率相对较小（97.65 万 m³/a），库容淤损率为 15.96%；2015—2019 年淤积量较小（666.81 万 m³），但淤积速率偏大（166.70 万 m³/a），库容淤损率为 9.08%。

（3）根据湖区淤积分布、施工条件及生态保护要求，以 903.6 m 以下淤积体为清淤对象，以 2015 年地形为清淤目标，可恢复东居延海库容 827 万 m³，利用清淤底泥构筑防护林带，可有效降低近地表风沙对湖区外围生态格局的影响。

参考文献

［1］李恩宽，蔡大应，杜凯，等．东居延海湿地功能分析及保护研究［J］．绿色科技，2012（4）：266-267.

［2］徐若秋扬．东居延海面积变化及湖泊蒸发量的计算［D］．北京：中国地质大学，2017.

［3］王明权．东居延海入湖水量及水面变化分析［J］．甘肃广播电视大学学报，2019，29（3）：70-73，82.

［4］蒋晓辉，董国涛．黑河尾闾东居延海适宜水面面积研究［J］．西北大学学报（自然科学版），2020，50（1）：39-48.

［5］叶朝霞，陈亚宁，张淑花．不同情景下干旱区尾闾湖泊生态水位与需水研究：以黑河下游东居延海为例［J］．干旱区地理，2017，40（5）：951-957.

［6］穆来旺．东居延海生态补水量的确定［J］．内蒙古水利，2016（6）：54.

［7］刘咏梅，赵忠福．额济纳旗东居延海水域面积变化对周边区域生态环境的影响［J］．农村经济与科技，2013，24（9）：15-16.

［8］杨丽萍．内蒙古额济纳旗东居延海的水生态问题与治理保护措施［J］．内蒙古水利，2021（3）：42-43.

［9］郭瑞琪．科学配置水资源、推进东居延海生态治理：黑河下游生态保护和高质量发展方案研究［J］．灌溉排水学报，2020，39（S2）：136-139.

［10］田雅婷，穆来旺．额济纳河水文特性分析［J］．内蒙古水利，2017（7）：52-53.

［11］连运涛．黑河流域水沙输移特性的影响研究［D］．兰州：兰州理工大学，2018.

［12］冯小燕．黑河干流水沙特性分析［J］．甘肃水利水电技术，2012，48（5）：5-7.

基于钻孔记录揭示的古云梦泽的演化特征

管 硕[1] 顾延生[2,3] 柴朝晖[1]

(1. 长江水利委员会长江科学院，湖北武汉 430010；
2. 中国地质大学生物地质与环境地质国家重点实验室，湖北武汉 430074；
3. 中国地质大学湿地演化与生态恢复湖北省重点实验室，湖北武汉 430074)

摘 要： 古云梦泽是晚全新世时期江汉平原与长江最主要的水沙交换载体，其形成演化特征为沉积物所记录，蕴藏了丰富的古环境、古气候信息。本文对江汉平原钻孔沉积物的理化指标包括粒度、总有机碳、磁化率等进行分析，结合 AMS[14]C 精准测年得到晚全新世时期江汉平原整体的沉积环境变化序列。钻孔间对比发现，古云梦泽演化过程中出现了"河流–湖泊–三角洲"这种独特的复合沉积模式；区域对比发现三角洲相沉积最先形成于江汉平原西部，并逐渐向东部扩展，表明这种复合沉积模式不仅影响单个钻孔的沉积序列，还在空间上调控了整个古云梦泽的演化。

关键词： 江汉平原；晚全新世；古云梦泽；粒度；沉积演化

1 引言

古云梦泽作为历史时期江汉平原江湖关系的重要一环，其形成演化一直受到广泛的关注和研究。古代由于传播方式的限制，使得人们对云梦泽的定义造成了诸多误解，其中一些谬论流传至今，如对"云梦"和"云梦泽"两词的混淆等，对早期古云梦泽的研究造成了诸多困难[1-3]。实际上，大部分古籍中所涉及的"云梦"均伴随楚国统治者的游猎生活，由此可见在当时"云梦"为一个极为广阔的楚王狩猎区而非单指湖泊沼泽。结合西汉司马相如《子虚赋》里对"云梦"的描述，认为"云梦"一词从广义上来说，是包含山地、丘陵、平原和湖泊等多种地貌形态在内的，而"云梦泽"则是"云梦"内的泽薮部分。

目前，关于古云梦泽的成因主要存在两种观点，分别是"三角洲演化说"和"泛滥平原说"，两种观点对古云梦泽的形成原因都进行了系统的分析和解释，导致至今，古云梦泽的成因仍存在极大的争议。谭其骧[1] 和张修桂[4] 等历史地理学者在综合了大量古籍以及古地理资料后认为古云梦泽的形成演变与下荆江河道变迁以及三角洲的演化相关，提出了关于古云梦泽形成演化的"三角洲演化说"。周凤琴[5] 综合现代和古代水文资料佐证了古云梦泽形成演化的"三角洲演化说"，并提出古云梦泽的演化过程实际上就是荆江三角洲的发育过程以及荆江统一河道的塑造过程。因此，目前关于古云梦泽形成演化的时间、空间、古地理演化特征等仍存在较大争议，要准确认识古云梦泽的形成演化，需要历史、地理和人文等多学科综合分析，结合钻孔年代学、沉积学和古地理重建等多手段综合应用。

本文对江汉平原钻孔沉积物的理化指标包括粒度、总有机碳（TOC）、磁化率和元素等进行分析，结合加速器质谱碳十四（AMS[14]C）精准测年和粒度频率曲线得到晚全新世时期江汉平原整体的沉积环境变化序列，进而探讨古云梦泽沉积演化的规律和模式。相关研究对了解古云梦泽成因、演化问题以及现代江汉湖群演化与保护提供了参考，也对预测未来长江中下游地区江湖关系演变趋势和区域可持续发展具有重要意义。

作者简介： 管硕（1995—），男，工程师，主要从事河湖演化方面的工作。

2 样品采集与实验方法

江汉平原野外钻孔采样工作于2014—2019年开展，总共获得钻孔岩心柱20余根，岩心的平均取样率达到85%以上，采样间隔为黏土1 cm、砂土2 cm，钻孔覆盖整个江汉平原。对钻孔沉积物进行了详细的年代学和沉积学研究，主要涉及AMS^{14}C测年、粒度、TOC和磁化率分析。AMS^{14}C测年样品由美国Beta实验室和中国科学院地球环境研究所共同完成；粒度样品于中国地质大学（武汉）环境学院教学实验中心使用英国马尔文仪器有限公司生产的Mastersizer 3000型激光粒度仪进行分析；TOC测试样品于中国地质大学（武汉）教学实验中心使用德国ELEMENTER liquid TOC分析仪进行分析；磁化率样品于中国地质大学（武汉）地球物理与空间信息学院李永涛老师实验室使用捷克AGICO公司生产的KLY-3（卡帕乔型）磁化率仪进行分析。

3 结果与讨论

3.1 钻孔年代特征与年代学框架建立

3.1.1 钻孔年代学特征

钻孔的AMS^{14}C测年及校正结果见表1。结果显示江汉平原不同钻孔的沉积速率差别较大，有些钻孔表现出较快的沉积速率，尤其是在盆地凹陷部位如沔阳凹陷处，包括JH001、YMZ3、YMZ1等钻孔，有些钻孔的沉积速率则较慢，如YMZ2、YLW01、YMZ4和YMZ7等钻孔。此外结合钻孔岩性来看，当钻孔岩性为砂等较粗颗粒时，沉积物沉积速率较快，表明此时对应较为强烈的水动力；当钻孔岩性为淤泥或黏土等细颗粒时，沉积速率较慢，表明此时对应较为微弱的水动力。

表1 江汉平原钻孔AMS^{14}C测年及校正结果

样品编号	采样深度/m	2 Sigma 校正年代/cal yr BP
JH001-5	5.0	1 525~1 355
JH001-9	15.0	2 155~2 000
JH001-16	20.0	3 475~3 370
JH001-17	21.88	4 528~4 417
YMZ1-11	10.56	2 140~1 987
YMZ2-4	4.0	7 176~6 989
YMZ3-15	13.5	1 621~1 531
YMZ4-7	7.94	5 892~5 999
YMZ7-3	5.0	4 523~4 413
YLW01-1	4.1	1 720~1 630
YLW01-2	5.3	2 140~2 010
YLW01-3	6.4	2 580~2 470
YLW01-4	7.0	3 390~3 320

3.1.2 钻孔年代学框架建立

3.1.2.1 JH001钻孔年代学框架的建立

江汉平原是由河流洼地组成的典型泛滥平原，自古以来沉积环境复杂多变，历史时期频繁的暴雨引发洪水导致河流泛滥，大量沉积物在低洼处无序沉积，对现代测年产生影响，容易造成测年结果倒置。JH001钻孔的测年结果（见表2）受此现象影响，存在较为严重的倒置情况，在构建年代学框架之前，必须对其测年结果进行仔细的筛选。采样深度19 m和20 m的年龄是近似的，为了验证测定结果是否准确，将 19 m 处样品送到西安加速器质谱中心进行二次测验，结果与美国 Beta 实验室结果接近，因此认定 19 m 处测年结果是准确的。另外，为了避免"老碳效应"，当测年结果出现倒置时，更倾向于选择年轻的年代。基于以上分析，选择 5 m、15 m、20 m 和 21.88 m 处的测年结果进行年代学框架的建立（见图 1）。

表 2　JH001 钻孔 AMS^{14}C 测年及校正结果

样品编号	采样深度/m	2σ 校正年代/cal yr BP
JH001-001	1	5 440~5 420
JH001-003	3	2 750~2 710
JH001-005	5	1 525~1 355
JH001-007	7	2 355~2 310
JH001-009	10	3 570~3 445
JH001-011	12	11 190~11 080
JH001-013	15	2 290~2 275
JH001-015	19	3 830~3 635
JH001-016	20	3 475~3 370
JH001-017	21.88	4 528~4 417
JH001-015	19	3 981~4 150

注：校准年龄使用 Clam 软件包（2.2 版本）[15]，误差区间为 2σ。

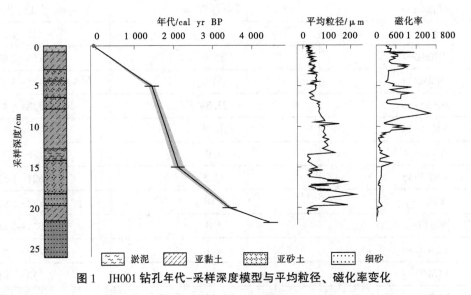

图 1　JH001 钻孔年代-采样深度模型与平均粒径、磁化率变化

关于年代模型的选择，包括粒度－年代模型在内的多种方法都被尝试。然而，粒度－年代模型似乎并不适用于 JH001 钻孔。目前，黄土高原地区主要采用基于粒度－年代模型的年代学框架，因为黄土－古土壤序列中粗粒级最大值标志着风量的含尘能力和容尘能力的增强[6-9]。研究区沉积环境复杂，不同沉积相快速、频繁地交替，粒度模型难以获得稳定的粒度组分。经过综合考虑，最终决定采用 Bacon 年龄－深度模型，该模型利用贝叶斯统计建立沉积时序。该模型将岩心划分为许多纵向的薄片，并通过数百万次马尔科夫链蒙特卡罗（MCMC）迭代估算每个薄片的累积速率，结合第一段的估计起始年代，形成了钻孔的年代学框架。目前，该方法得到了越来越多研究者的认可，尤其在湖泊和泥炭钻孔的年代学重建方面[10-14]。

3.1.2.2 其余典型钻孔年代学框架的建立

按照JH001钻孔年代学框架建立的方法，得到其余钻孔的年代序列（见图2）。

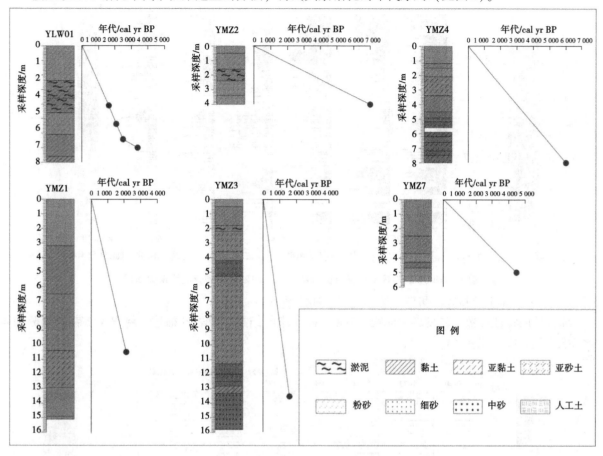

图2 江汉平原典型钻孔年代-采样深度模式框架

3.2 钻孔理化指标记录沉积环境演化

3.2.1 江汉平原东部钻孔沉积环境演化（以JH001为例）

综合粒度特征参数、粒度频率曲线、TOC、磁化率的结果以及岩性描述，将JH001钻孔划分出5个沉积演化阶段（见图3）。

阶段Ⅰ（深度20~16.46 m）：该阶段属于沉积环境快速变化阶段，其中三角洲相起着湖相和河流相（河床相和漫滩相）过渡的作用。在此阶段，粒度参数出现波动，而磁化率则维持在一个相对稳定的低值。在湖相沉积物中，TOC值明显增大，主要是由于还原环境的影响。

阶段Ⅱ（深度16.46~13.3 m）：该阶段大部分样品的粒度频率曲线呈现高斯正态分布，与典型湖相曲线类似，TOC值维持在较高水平，因此该阶段被划定为浅湖相沉积。然而，三角洲相沉积的短暂出现表明沉积环境受到附近河流的影响。

阶段Ⅲ（深度13.3~7.09 m）：该阶段岩性以青灰色砂为主，符合河流相的岩性特征，粒度频率曲线主要表现为河床相形态，因此该阶段为河流相沉积环境。受氧化环境影响，TOC值较低，而河流搬运的磁性矿物使磁化率值增大。

阶段Ⅳ（深度7.09~1.32 m）：该阶段河流流量减小，漫滩暴露而出，粒度频率曲线也具有典型的漫滩相曲线特征。此阶段中TOC值的增大主要是由于漫滩植被的生长，而后期水位升高导致植被的消失则对应了TOC值的降低。

阶段Ⅴ（1.32~0.1 m）：与阶段Ⅱ类似为湖相沉积，但可推断，在漫滩相过渡到湖相之前，存在三角洲相作为过渡阶段。高的磁化率值可能是人类活动的结果。

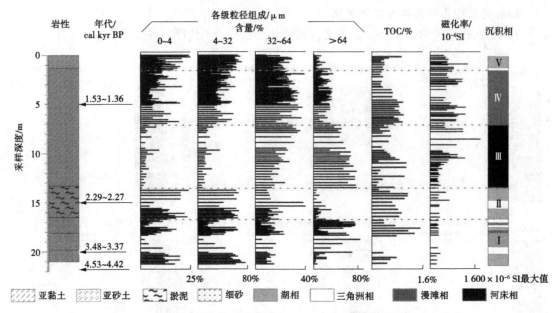

图 3　JH001 钻孔基于粒度特征参数、TOC 和磁化率划分沉积演化阶段

3.2.2　江汉平原中部钻孔沉积环境演化（以 YMZ7 为例）

综合粒度特征参数、粒度频率曲线、TOC、磁化率的结果以及岩性描述，将 YMZ7 钻孔划分为 4 个沉积演化阶段（见图 4）。

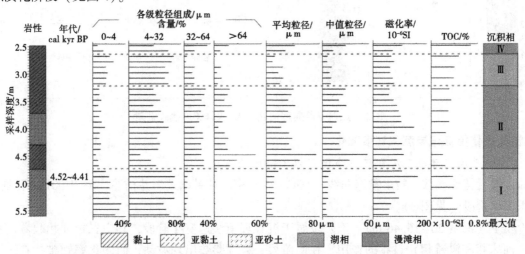

图 4　YMZ7 钻孔基于粒度特征参数、TOC 和磁化率划分沉积演化阶段

阶段 Ⅰ（深度 5.58~4.78 m）：该阶段黏土组分和 TOC 均呈高值，磁化率值较小，且粒度频率曲线为典型的湖相分布曲线，因此该阶段为典型的湖相沉积。

阶段 Ⅱ（深度 4.78~3.28 m）：与上一阶段相比该阶段粗颗粒含量升高，粒度曲线峰值变大，表明该阶段水动力较强，认为该阶段为漫滩相沉积阶段，降低的 TOC 值与升高的磁化率值也印证了上述结论。

阶段 Ⅲ（深度 3.28~2.68 m）：该阶段黏土组分含量再次升高，粗颗粒含量相应减少，与黏土组分一同升高的还有 TOC 值，表明沉积环境为还原环境，磁化率较少表明外源汇入较少，沉积环境较为稳定，但样品中也见典型三角洲相频率曲线，因此综合认为该阶段以湖相沉积为主，偶见三角洲相沉积。

阶段 Ⅳ（深度 2.68~2.48 m）：与阶段 Ⅱ 类似，粗颗粒含量和磁化率值升高，频率曲线呈现典型的漫滩相沉积，然而 TOC 值在该阶段也异常升高，可能由于钻孔所在区域在该时期已淤积成陆，人类活动蔓延于此。

3.2.3 江汉平原西部钻孔沉积环境演化（以 J7 为例）

综合粒度特征参数、粒度频率曲线和岩性描述，将 J7 钻孔划分为 4 个沉积演化阶段（见图 5）。

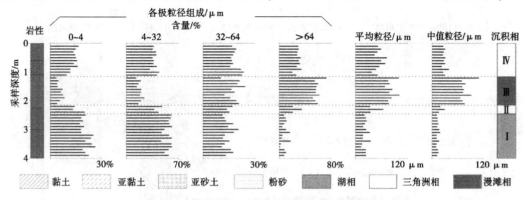

图 5　J7 钻孔基于粒度特征参数划分沉积演化阶段

阶段 I（深度 3.9~2.5 m）：该阶段黏土组分含量高，粗颗粒含量较少，平均粒径和中值粒径均较小，频率曲线主要为湖相分布曲线，因此判断该时期为湖相沉积阶段。

阶段 II（深度 2.5~2.2 m）：该阶段黏土含量和粗颗粒含量均较高，表明存在两种相当的水动力对沉积环境造成影响，结合双峰形态的粒度频率曲线以及岩性描述，判断此阶段为三角洲相沉积阶段。

阶段 III（深度 2.2~1.2 m）：与上一阶段相比，该阶段细颗粒组分大幅减少，粗颗粒组分明显增加，且频率曲线为狭窄单峰态，表明该阶段沉积物受到某种较强水动力的影响，结合粒径特征参数，判断为漫滩相沉积阶段。

阶段 IV（深度 1.2~0.1 m）：与阶段 II 一致，为三角洲相沉积阶段。

3.3　古云梦泽的"河流–湖泊–三角洲"复合沉积体系重建

江汉平原是长江中下游和汉水之间的典型泛滥平原，其上存在许多河流、湖泊和河间洼地；自古以来该地区的沉积环境经历了复杂的变化，尤其是在长江稳定河床形成之前。距今 4 000 年左右，江汉平原发育了著名的古云梦泽，其沉积演化模式至今也存在诸多争议，因此了解其沉积演化模式对全面再现古云梦泽形成分布的时空历史至关重要。

从区域上来看，选取平原内部由西向东的 6 个钻孔进行对比（见图 6），发现平原西部钻孔（J7 和 J16）普遍发育 1~2 m 的湖相层，中部钻孔（YMZ7 和 YMZ4）发育 4 m 左右的湖相层，而东部钻孔（JH001 和 YMZ1）则发育 10 m 左右的湖相层，表明江汉平原自西向东，钻孔的沉积速率逐渐变快，且湖相层也存在明显的变厚。钻孔沉积学结果显示，平原东部钻孔湖相最为发育，表明江汉平原东部长时间处于湖泊泛滥的沉积环境，而平原西部则更早出现三角洲相和河漫滩相等陆相沉积环境，表明平原西部湖泊消失后，整体发育较为稳定的陆相沉积环境。总体来看，江汉平原内部呈现自西向东，湖泊发育时间逐渐变长的趋势。此外，以三角洲相和漫滩相为代表的陆相沉积则最先出现在平原西部，且有逐渐向东部转移的趋势。

从钻孔的相变模式来看，三角洲相常出现于河流相与湖相的转换过程中，起到一个过渡阶段，表明古云梦泽的形成演化与三角洲密不可分，形成了"河流–湖泊–三角洲"的沉积格局（见图 7）。以 JH001 钻孔为例，通过其粒度特征和理化参数，对古云梦泽的沉积体系进行重建。在 JH001 钻孔上层 21 m 岩心中共出现了 6 个三角洲层位，第一种类型的三角洲层位出现在 20~19 m，是湖相向河流相转换的阶段，表明此时河流流量增大，挟带泥沙增多，在河口处沉积，导致三角洲扩张，侵占原本属于湖泊的位置，湖泊因此收缩，沉积相由湖相转变为三角洲相；当河流流量继续增大，河流继续扩张，此时三角洲不断向下游推进，沉积相由三角洲相转换为河流相，在 17 m 左右出现的三角洲相形成机理与此相同。第二种类型的三角洲出现在河流相向湖相的转换过程中（如 18 m 左右、16 m 左右和 2 m 左右），在河流末端，由于泥沙的淤积，河床不断抬升，河水位逐渐变浅，当泥沙淤积到一定程度后，河流末端河床消失，其所在位置被三角洲侵占，沉积环境从河流相变为三角洲相；在有水源补给的情况下，三角洲低洼处容易蓄水成湖，沉积环境又变成湖相。

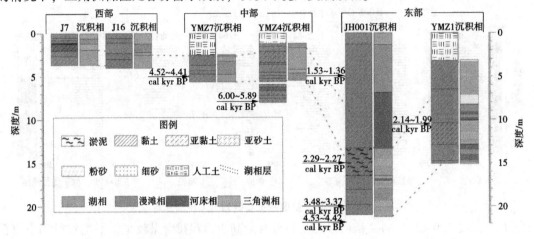

图 6　古云梦泽相关钻孔沉积记录"河流–湖泊–三角洲"分布及区域对比

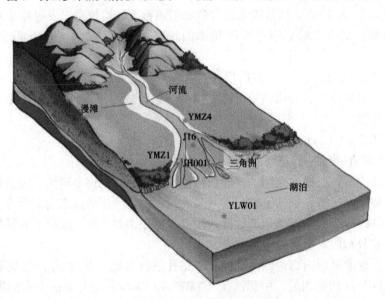

图 7　江汉平原"河流–湖泊–三角洲"复合沉积模式示意图

4　结论

为了探讨古云梦泽沉积演化的规律和模式，本文利用粒度特征参数、TOC 和磁化率等理化指标结合粒度频率曲线以及钻孔岩性描述，对江汉平原钻孔沉积演化阶段进行划分。结果表明，在古云梦泽演化时期，江汉平原沉积物并非单纯的湖相沉积，而是呈现河流相（河床相河漫滩）、三角洲相和湖相交替出现的特征，表明在古云梦泽的演化过程中，江汉平原沉积环境复杂，受到多种沉积动力和外部作用的影响。具体来看，江汉平原东部在晚全新世时期沉积环境主要以湖相沉积为主，经历了湖相和河流相沉积的交替。江汉平原中部在晚全新世时期沉积环境经历了湖相–漫滩相–三角洲相–漫滩相的转变过程，陆相沉积逐渐占主导地位。江汉平原西部在晚全新世时期沉积环境经历了湖相–三角洲相–漫滩相–三角洲相的转变过程，主要以三角洲相沉积为主。综合上述分析表明，在古云梦泽的演化时期，三角洲相最先发育于江汉平原西部，并存在三角洲逐渐向东部扩张的沉积规律。此外，钻孔的相变模式显示，在古云梦泽的演化过程中，存在一种特殊的沉积模式，即"河流–湖泊–三角洲"复合沉积模式，该复合沉积模式不仅存在于单个钻孔的沉积环境演化过程，而且从宏观上调控着古云梦泽的形成、发育与消亡。该复合沉积模式的发现，不仅从沉积学的角度为前人通过对历史古籍的综合分析所提出的"三角洲演化说"提供了科学的证据，同时也为全面再现古云梦泽形成分布的时空历史提供理论支撑。

参考文献

［1］谭其骧. 云梦与云梦泽［J］. 复旦学报（社会科学版），1980（S1）：1-11.

［2］李青淼，韩茂莉. 云梦与云梦泽问题的再讨论［J］. 湖北大学学报（哲学社会科学版），2010（4）：30-36.

［3］周宏伟. 云梦问题的新认识［J］. 历史研究，2012（2）：4-26.

［4］张修桂. 云梦泽的演变与下荆江河曲的形成［J］. 复旦学报（社会科学版），1980（2）：40-48.

［5］周凤琴. 云梦泽与荆江三角洲的历史变迁［J］. 湖泊科学，1994，6（1）：22-32.

［6］Porter S C, An Z. Correlation between climate events in the North Atlantic and China during the last glaciation［J］. Nature，1995，375（6529）：305-308.

［7］An Z, Porter S C. Millennial-scale climatic oscillations during the last interglaciation in central China［J］. Geology，1997，25（7）：603-606.

［8］Sun Y, An Z, Clemens S C, et al. Seven million years of wind and precipitation variability on the Chinese Loess Plateau［J］. Earth and Planetary Science Letters，2010，297（3-4）：525-535.

［9］Jia J, Xia D, Wang Y, et al. East Asian monsoon evolution during the Eemian, as recorded in the western Chinese Loess Plateau［J］. Quaternary International，2016，399：156-16.

［10］Gayantha K, Routh J, Chandrajith R. A multi-proxy reconstruction of the late Holocene climate evolution in Lake Bolgoda, SriLanka［J］. Palaeogeography, Palaeoclimatology, Palaeoecology，2017，473：16-25.

［11］Liu H, Gu Y, Huang X, et al. A 13 000-year peatland palaeohydrological response to the ENSO-related Asian monsoon precipitation changes in the middle Yangtze Valley［J］. Quaternary Science Reviews，2019，212：80-91.

［12］Daniels W C, Russell J M, Morrill C, et al. Lacustrine leaf wax hydrogen isotopes indicate strong regional climate feedbacks in Beringia since the last ice age［J］. Quaternary Science Reviews，2021，269：107130.

［13］Huang X, Ren X, Chen X, et al. Anthropogenic mountain forest degradation and soil erosion recorded in the sediments of Mayinghai Lake in northern China［J］. Catena，2021，207：105597.

［14］Zhang M, Bu Z, Liu S, et al. Mid-late Holocene peatland vegetation and hydrological variations in Northeast Asia and their responses to solar and ENSO activity［J］. Catena，2021，203：105339.

［15］Blaauw M. Methods and code for "classical" age-modelling of radiocarbon sequences［J］. Quaternary Geochronology，2010，5（5）：512-518.

京杭大运河2023年全线贯通补水效果分析与评价

朱静思　王　哲

（水利部海河水利委员会水文局，天津　300170）

摘　要： 为研究京杭大运河贯通补水期间各水文要素变化规律，对京杭大运河地表水水量、水质水生态和地下水回补效果等进行了分析评价。结果表明：①2023年3—5月，累计向京杭大运河补水9.26亿 m³，置换沿线94.2万亩耕地地下水灌溉用水。②补水期间87%的断面水质保持良好或有所提升，补水后京杭大运河干支线有水河道长度增加72.4 km，水面面积增加6.4 km²。大运河补水干线累计入渗量1.44亿 m³，平均入渗率为13%。③在地下水回补效果方面，补水河道周边10 km范围内浅层地下水位与去年同期相比平均回升0.64 m。采用EMI等精细化探测方法分析，补水期间南运河水位平均高出附近地下水位约1 m，具备良好的河流补给区域地下水的水力梯度条件。补水对河流两侧地下水最大影响距离5.11 km，累计影响面积为990.88 km²。部分区县春灌期地下水位下降幅度较去年同期减缓或实现水位回升。

关键词： 京杭大运河；生态补水；入渗量分析；回补效果评价

1 引言

京杭大运河是世界上里程最长、工程最大的古代运河，也是最古老的运河之一。自20世纪70年代开始，由于城市和工业用水量迅速增加，黄河以北河段逐渐断流。为恢复大运河生态环境，2022年水利部联合京津冀鲁四省市开展京杭大运河全线贯通补水工作，京杭大运河实现百年来首次全线水流贯通，补水河道5 km范围内地下水位平均回升1.33 m，沿线河湖生态环境得到改善[1]。在2022年京杭大运河实现百年来首次全线通水基础上，为进一步发挥南水北调工程综合效益，助力大运河文化保护传承利用，持续推进华北地区河湖生态环境复苏和地下水超采综合治理，2023年水利部继续实施京杭大运河全线贯通补水。本次补水通过优化配置调度南水北调东线一期工程北延应急供水工程供水、京津冀鲁四省本地水、引黄水、再生水及雨洪水等水源，于2023年3—5月，在保持京杭大运河黄河以南河段全线有水基础上，向黄河以北707 km河段进行集中补水，再次实现京杭大运河全线通水。

河湖生态补水分析评价涉及水文、水质、水生态等诸多方面。陈飞等[2]从水源条件与河湖状况两方面阐述了开展河湖生态补水与地下水回补的主要考虑，从地下水位回升、地表水与地下水水质改善、河流生态系统恢复等多个角度分析了河湖生态补水的效果。曹天正等[3]对河湖生态环境复苏地下水水量、水质变化形式进行了系统性总结，阐明了生态补水过程的潜在影响。王哲等[4]采用层次分析法，建立了入渗回补率、地下水位回升率、水质改善度、水面面积变化率、水生态改善度等指标的地下水回补效果评价指标体系，并对生态补水的效果进行评价分级。

为进一步探究在2022年京杭大运河贯通补水基础上，2023年贯通补水期间各水文要素及水质水生态变化规律，本文基于补水工作实际，对京杭大运河地表水的水量、水质、水生态、有水河长、水面面积和地下水回补效果等进行了监测和分析，建立了京杭大运河黄河以北段的河流回补评价模型和

基金项目： 国家自然科学基金重点支持项目（U21A2004）；水利部重大科技项目（SKS-2022041）。

作者简介： 朱静思（1988—），女，高级工程师，主要从事水资源分析评价方面的工作。

典型区域地下水数值模型，评价了补水对河道周边地下水位的影响程度和区域水源置换效果，为进一步摸清京杭大运河补水水文、水生态响应机制，推进华北地区河湖生态环境复苏和地下水超采综合治理提供了依据。

2 研究区概况和补水行动

京杭大运河南起余杭（今杭州），北到涿郡（今北京），途经今浙江、江苏、山东、河北四省及天津、北京两市，贯通海河、黄河、淮河、长江、钱塘江五大水系，全长约 1 794 km。大运河黄河以北河段 822 km，约占全长的 45.8%。本次补水以京杭大运河黄河以北河段作为主要贯通线路，北起北京市东便门，经通惠河、北运河至天津市三岔河口，南起山东省聊城市位山闸，经小运河、卫运河、南运河至天津市三岔河口，涉及北京、天津、河北、山东四省市，流经 8 个地级行政区 31 个县级行政区[5]（见图 1）。

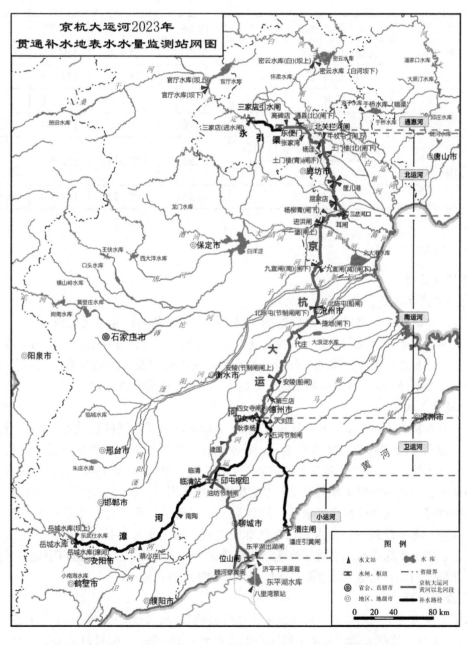

图 1 京杭大运河 2023 年全线贯通补水线路和水文监测站网分布

补水期间开展了 52 处地表水站的每日水位、流量监测，739 处地下水监测站实时水位监测，完成了 386 次水质监测、2 次水生态监测和 3 次补水沿线遥感监测，并选取重要断面及主要河段开展了无人机航拍。2023 年补水路径分为 6 条，各补水水源累计向京杭大运河黄河以北河段补水 9.26 亿 m³，完成计划补水量的近 2 倍，入京杭大运河累计水量 6.46 亿 m³。其中，南水北调东线北延工程补水线路入大运河 1.45 亿 m³，岳城水库补水线路入京杭大运河 0.16 亿 m³，潘庄引黄补水线路入京杭大运河 1.40 亿 m³，于桥水库补水线路入京杭大运河 0.75 亿 m³，官厅水库补水线路入京杭大运河 0.37 亿 m³，再生水及其他水源入京杭大运河 2.34 亿 m³（见表 1）。

表 1 各线路补水量完成情况

序号	补水线路	源头控制站	补水流量（6 月 1 日 8 时）/（m³/s）	计划调水量/万 m³	累计调水量/万 m³	完成情况	入京杭大运河累计水量/万 m³
1	东线北延工程	东平湖出湖闸	0	12 100	14 489	119.7%	14 489
2	岳城水库	岳城水库（漳河）	120	9 100	28 226	310.2%	1 608
3	潘庄引黄	潘庄引黄闸	27.8	8 800	15 374	174.7%	14 016
4	于桥水库	耳闸	27.0	4 000	7 488	187.2%	7 488
5	官厅水库	三家店（进水闸）	9.00	2 000	3 652	182.6%	3 652
6	再生水及其他水源	通县（北）（闸下）	24.1	10 500	23 368	222.5%	23 368
		张家湾	15.3				
累计				46 500	92 597	199.1%	64 621

3 补水效果评价

3.1 地表水变化分析

3.1.1 遥感解译有水河长、水面面积变化

根据多源、多时相高分辨率卫星遥感数据，对京杭大运河黄河以北的通惠河、北运河、小运河、卫运河、南运河等 5 条河段及南水北调东线北延工程、岳城水库、潘庄引黄、永定河引水渠等 4 条补水路径的有水河道长度和水面面积进行分析。补水后京杭大运河及补水路径有水河道长度增加 72.4 km，占河段总长度的 6.2%；水面面积增加 6.4 km²，占河段总面积的 9.2%。

3.1.2 水质和生态状况

补水期间对京杭大运河干支流 6 条补水线路 31 个地表水水质监测断面动态监测分析表明，补水期间有 87% 的断面水质保持良好或有所提升。补水后 Ⅰ～Ⅲ 类水质断面共 28 处，占 90.3%；Ⅳ 类、Ⅴ 类水质断面共 2 处，占 6.4%；劣 Ⅴ 类水质断面 1 处，占 3.3%。与补水前对比，京杭大运河干流各河段中，小运河、卫运河均保持 Ⅲ 类水质及以上标准，南运河除下游十一堡外，其余断面全部优于 Ⅲ 类水质并保持良好，北运河榆林庄闸水质保持 Ⅳ 类，仅下游屈家店（北）水质变差，为劣 Ⅴ 类，其余均为 Ⅲ 类水质；补水线路中，南水北调东线北延工程、密云水库、岳城水库、潘庄引黄、于桥水库、官厅水库、密云水库等水源水质保持良好，全部优于 Ⅲ 类水质。京杭大运河卫运河河段、南运河天津段和河北部分河段、北运河北京段补水后浮游植物密度有所降低。

3.2 河道入渗量分析

基于水量平衡方法，利用降雨、蒸发及取用水等监测数据，以河段为单元计算了各河段入渗率。3 月 1 日至 6 月 1 日，京杭大运河补水干线区间汇入水量 1.55 亿 m³，区间引出水量 5.34 亿 m³，新增槽蓄量 0.29 亿 m³，扣减降水后蒸发损失 0.119 1 亿 m³，累计入渗量为 1.44 亿 m³，平均入渗率

为 13%。

北运河入渗率采用通县站至筐儿港站典型河段进行计算，北运河山前地区岩性颗粒较粗，适宜渗透，中下游地区常年有水入渗率较小。补水以来凉水河张家湾站汇入北运河水量 1.15 亿 m³，根据近年来统计北京排污河来水汇入筐儿港至屈家店枢纽河段约 0.4 亿 m³，北运河通过牛牧屯、土门楼（青）等引出水量约 1.52 亿 m³，根据近年来统计通过筐儿港枢纽引水、屈家店枢纽引水、天津市境内沿线农业引水约 0.8 亿 m³。南运河入渗率采用耿李杨站至九宣闸河段进行计算，南运河河道黏性土较多，渗透性较弱，补水以来南运河引出水量为 2.37 亿 m³。卫运河入渗率采用临清站至四女寺枢纽河段进行计算，卫运河河道黏性土比例相对较小，渗透性较好，补水以来卫运河引出水量为 0.66 亿 m³。小运河采用东平湖出湖闸至邱屯枢纽河段进行计算，小运河干渠共 74 km 进行了衬砌，渗透性弱。根据水量平衡计算，北运河入渗率为 19%、南运河入渗率为 10%、卫运河入渗率为 12%、小运河干渠入渗率为 7%（见表 2）。

表 2　河流入渗量计算分析

评估河段	起点	终点	起始断面水量/万 m³	区间汇入水量/万 m³	区间引出水量/万 m³	终点断面出水量/万 m³	水面面积/km²	槽蓄变量/万 m³	区域累计降水量/mm	水面降水总量/万 m³	区域累计蒸发量/mm	水面蒸发总量/万 m³	入渗补给量/万 m³	入渗率/%	入渗强度/(mm/d)
北运河	通县	筐儿港	15 513.0	15 507.0	23 211.0	703.7	15.7	938.7	48.1	75.5	273.1	428.8	5 813.4	19	40.3
南运河	耿李杨	九宣闸	31 236.0		23 665.3	3 634.0	13.6	503.7	67.2	91.4	322.4	438.4	3 086.0	10	24.7
卫运河	临清	四女寺枢纽	36 393.0		6 573.9	23 437.0	8.6	1 701.7	76.0	65.4	324.3	278.9	4 466.8	12	56.5
小运河	东平湖出湖闸	邱屯枢纽	14 470.0			13 747.0	4.4	−270.0	108.5	47.7	103.2	45.4	995.3	7	24.6
总计			97 612.0	15 507.0	53 450.2	41 521.7	42.3	2 874.1	—	280.0	—	1 191.5	14 361.5	13	36.90

注：表中入渗率为入渗量与起始断面补水量和汇入量之比。

3.3　地下水回补效果评价

3.3.1　浅层地下水位变化分析

受补水、降水、地下水开采等因素综合影响，补水河道周边浅层地下水位与 2022 年同期相比总体回升。补水后（2023 年 6 月 1 日）与去年同期对比，大运河河道两侧 0~10 km 范围内地下水位总体呈回升态势，平均回升 0.64 m。其中，0~2 km 范围内地下水位平均回升 0.60 m，2~5 km 范围内地下水位平均回升 0.62 m，5~10 km 范围内地下水水位平均回升 0.67 m（见图 2）。由于补水正值春灌期，地下水开采量大，补水期间大运河河道两侧 0~10 km 范围内地下水位总体呈下降态势。

虽然补水期间地下水位呈现下降趋势，但受降水、补水等因素共同影响，2023 年补水期间（2023年 3 月 1 日至 6 月 1 日）与 2022 年同阶段（2022 年 3 月 1 日至 6 月 1 日）对比，京杭大运河两侧 0~10 km 范围内地下水位下降幅度减小 0.24 m。其中，0~2 km 范围内地下水位下降幅度减小 0.38 m，2~5 km 范围内地下水位下降幅度减小 0.21 m，5~10 km 范围内地下水位下降幅度减小 0.19 m。

3.3.2　典型河段地下水位分布精细化探测分析

针对补水河道 0~2 km 范围内监测站点少、不足以精细分析河流补水入渗对地下水位影响等问题，采用机载频域电磁干扰（EMI）和探地雷达等地球物理探测方法，结合机井实测地下水位，对浅层地下水位动态特征进行精细化分析。探测地点位于天津市（北运河）、河北省沧州市和山东省德州市（南运河）沿线，垂向和平行于河道共布设 20 个探测剖面，多数剖面位于近河道 1 km 以内。

高密度电法探测结果显示南运河德州市和沧州市段在 10 m 埋深附近存在导水性强、储水性好的砂质含水层，该含水层是当地浅层地下水主要贮藏区域，也是南运河与地下水水力联系的主要通道（见图 3）。机载 EMI 探测结果表明补水期间沧州市肖家楼村南运河水位平均高出附近地下水位约 1 m，周边区域具备良好的河流补给区域地下水的水力梯度条件（见图 4）。

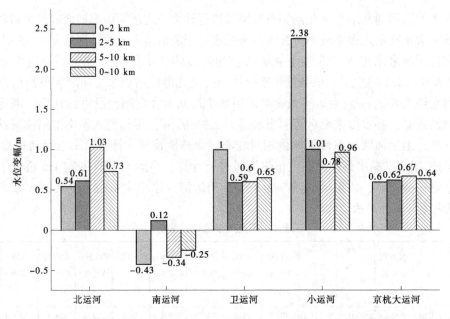

图 2　京杭大运河河道两侧 0~10 km 范围地下水位变幅（与去年同期相比）

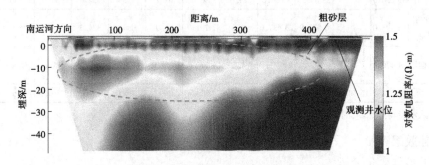

图 3　沧州市肖家楼测试区高密度电法（ERT）测试结果

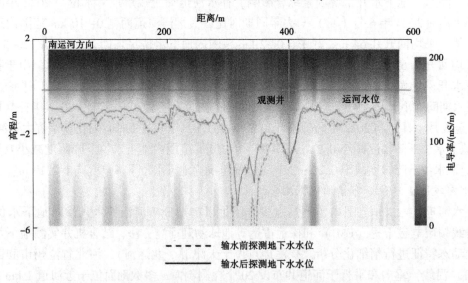

图 4　沧州市肖家楼村对岸输水前后地下水位变化

3.3.3　浅层地下水影响范围分析

采用 MODFLOW 地下水数值模拟方法建立了京杭大运河黄河以北段的河流回补评价模型，模拟了 2023 年 3 月 1 日以来各河段在不实施补水情况下的地下水位分布情况，并与当前补水情况下的实测地下水位进行对比分析。

经初步分析，补水干线两侧地下水最大影响距离为 5.11 km，平均影响距离为 1.56 km，累计影响面积为 990.88 km²。其中，北运河对地下水平均影响距离 1.14 km；南运河对地下水平均影响距离 1.39 km；卫运河对地下水平均影响距离 2.04 km；小运河对地下水平均影响距离为 0.76 km。由于 3—5 月是沿岸农业灌溉期，地下水位仍以下降为主，生态补水在一定程度上减缓了河道周边地下水位下降幅度（见图 5 和表 3）。

图 5　补水期间地下水回补影响范围

表 3　地下水回补影响范围和程度

河段名称	平均影响距离/km	最大影响距离/km	影响面积/km²
北运河	1.14	2.40	144.96
南运河	1.39	3.52	364.79
卫运河	2.04	5.11	394.26
小运河	0.76	4.72	86.87
平均/合计	1.56	—	990.88

3.3.4　深层承压水水源置换分析

本次补水河北省沧县、天津市静海区等 16 个县（区）以大运河河道内地表水置换深层承压水进行农业灌溉。2023 年 3 月 1 日至 6 月 1 日累计灌溉引水 3.07 亿 m³ 用于置换深层地下水开采，农业灌溉水源置换面积 94.2 万亩。其中，6 个县（区）的深层地下水位下降幅度较去年同期减小或由降转升，深层水源置换对地下水位影响效果初显（见表 4）。

表 4　深层地下水水源置换和水位变幅对比情况

序号	省级行政区	地级行政区	县级行政区	补水河段	累计引出水量/万 m³	累计置换灌溉面积/亩	去年水位变幅/m	今年水位变幅/m	水位变幅变化情况/m
1	天津	天津市	滨海新区	南运河（马厂减河）	151.20	7 000.00	-0.74	0.04	由降转升 0.78
2	河北	沧州市	沧县	南运河	1 620.00	30 900.00	-1.62	-0.61	降幅减少 1.01
3	河北	沧州市	南皮县	南运河	1 880.00	52 200.00	-6.52	-6.42	降幅减少 0.10
4	河北	沧州市	黄骅市	南运河	1 520.00	15 800.00	0.66	3.30	升幅增加 2.64
5	河北	邯郸市	馆陶县	漳河—卫运河段	73.09	7 215.00	-8.22	-2.92	降幅减少 5.30
6	山东	德州市	夏津县	卫运河	0.72	75.60	-0.29	1.20	由降转升 1.49

4　结论

（1）2023 年 3—5 月，累计向京杭大运河黄河以北河段补水 9.26 亿 m³，超计划补水量近一倍，置换沿线 94.2 万亩耕地地下水灌溉用水。3—5 月补水期间，京杭大运河黄河以北 707 km 河段全面有水，其中 4 月 4 日至 5 月 31 日全线过流。与 2022 年相比，2023 年补水时长增加一个半月，全线过流时间增加 20 d，总补水量增加近 1 亿 m³，置换沿线地下水灌溉面积增加近 15 万亩。

（2）在地表水和入渗量方面，补水期间多数断面水质保持良好或有所提升，Ⅰ～Ⅲ类水质断面占 90.3%。通过遥感解译分析，补水后京杭大运河干线及补水路径支线有水河道长度增加 72.4 km，占河段总长度的 6.2%；水面面积增加 6.4 km²，占河段总面积的 9.2%。补水干线累计入渗量为 1.44 亿 m³，平均入渗率为 13%。

（3）在地下水回补效果方面，补水河道周边 0~10 km 范围内浅层地下水位与 2022 年同期相比平均回升 0.64 m。采用机载频域电磁干扰（EMI）等精细化探测方法对南运河近河道剖面进行探测分析，补水期间南运河水位平均高出附近地下水位约 1 m，具备良好的河流补给区域地下水的水力梯度条件。通过模拟评估有无补水两种情况，此次补水对河流两侧地下水最大影响距离为 5.11 km，平均影响距离为 1.56 km，累计影响面积为 990.88 km²。天津市、河北省和山东省实施农业灌溉水源置换面积达到 94.2 万亩，沧州、衡水等实施水源置换的部分区县地下水监测站水位均明显高于 2022 年及 2021 年同期，部分区县春灌期地下水位下降幅度较去年同期减缓或实现水位回升。

参考文献

[1] 林祚顶. 京杭大运河 2022 年全线贯通补水水文监测与分析 [J]. 中国水利，2022（11）：10-12.

[2] 陈飞，丁跃元，唐世南，等. 华北地区河湖生态补水与地下水回补的实践及效果分析 [J]. 中国水利，2021（7）：36-39.

[3] 曹天正，骆辉煌，李月，等. 复苏河湖生态环境背景下地下水环境变化研究 [J]. 水利发展研究，2022，22（10）：5-10.

[4] 王哲，付宇，朱静思，等. 华北主要河道地下水回补效果评价 [J]. 吉林大学学报（地球科学版），2021，51（3）：843-853.

[5] 邢志红. 跨流域调水对推进水资源优化配置的实践与思考：以京杭大运河全线贯通补水南运河段为例 [J]. 河北水利，2023（1）：15-16.

河流水生态系统健康评价指标体系和评价方法研究

于晓秋　董方慧

（黄河水利委员会山东水文水资源局，山东济南　250100）

摘　要：河流水生态系统是维持河流生态安全、保持流域社会经济可持续发展的基础。人类活动和经济社会发展会影响甚至威胁河流水生态系统的健康状况，如何科学评价河流生态系统健康是保护和修复河流水生态系统和流域科学管理的重要前提。本文基于生境、水环境和沉积物理化指标、生物及社会服务功能4个方面构建了河流水生态健康评价指标体系，并探讨了河流生态系统健康评价的方法，能够为河流流域管理、生态环境保护及流域可持续发展提供科学依据和技术支撑。

关键词：河流水生态系统；健康评价；指标体系

1　引言

河流水生态系统是由河床、水体、河岸带等非生物因子及水生生物群落等生物因子共同组成的具有重要结构和功能的生态系统[1]。河流生态系统是地球水循环的重要组成部分，具备调节气候、物质循环、能量流动和信息流通等多种重要的生态服务功能。

人类社会的起源和发展都离不开河流生态系统，人类社会系统也与河流生态系统相互影响、相互融合、共同发展[2]。水利工程、引水排污、捕鱼养殖等人类活动越来越深刻地影响着河流水生态系统的健康，河道结构破坏、水环境恶化、水生生物种群退化、水土流失等问题会打破河流水生态系统的平衡，在威胁河流自身健康状况的同时，削弱河流的生态功能和社会服务功能，影响水资源的可持续利用和流域经济社会的可持续发展。

当前，对河流生态健康状况的研究受到国内外广泛关注，河流水生态系统健康评价在河床、水质、生境、生物等多个方面的基础上，全面评价河流生态系统整体的健康状况，能够识别受损生态系统，为河流水生态系统的保护和修复提供科学建议和方向，为河流流域规划和有效管理提供基础信息和决策依据。

2　河流水生态系统健康概念与内涵

河流水生态系统健康是环境和河流生态系统管理的目标。河流水生态系统健康自提出以来，其内涵不断发展，早期对河流水生态系统健康的理解主要强调河流处于自然状态，即未受到人类活动干扰的"天然河流"。Schofield等认为河流生态系统健康是指河流生态系统的生物功能和多样性等未受到破坏[3]。Revenga等认为河流生态系统的标准状态是河流未受到干扰的原始状态，其生物群落多样性和功能接近完好，未受损害[4]。随着工业化进程的加快，受到人类活动干扰的河流越来越多，天然河流几乎很难存在，河流水生态系统健康的内涵也随之改变。Meyer等认为健康的河流生态系统既要维护其自身结构和功能的稳定，同时要满足经济社会发展的需求[5]。健康的河流生态系统能够在外界压力的干扰下，具备恢复自我结构和功能的能力。

目前，根据文献调研和国内外研究，河流水生态系统健康主要包括两大方面：一是河流水生态系

作者简介：于晓秋（1990—），女，工程师，主要从事水环境和水生态研究工作。

统本身自然特征的健康状况；二是河流对人类社会的服务功能完整性。综上所述，健康的河流水生态系统应能保持自身结构和功能的完整，具备抵抗人为活动干扰和自我恢复的能力，同时具备可持续的社会服务功能，满足人类社会经济发展的合理需求。

3 河流水生态健康评价指标体系构建

3.1 指标体系建立的必要性和原则

建立一个科学、全面、实用的河流水生态健康评价指标体系，客观评价河流水生态系统健康状况的变化，能够正确指导处理人类活动中河流开发利用与生态保护修复的问题，遏制河流水生态系统失衡的趋势，促进河流生态系统和人类社会良性发展。

建立河流水生态系统健康评价指标体系应遵循以下原则：

（1）科学性。指标体系必须客观、具有科学内涵，符合生态学、水文水动力学、社会科学的基本规律，能够体现河流的基本特征。

（2）完整性。指标体系需全面反映河流水生态系统各个方面的健康状况。

（3）适用性。指标体系的建立既要具有广泛的地区适用性，同时要与所评价河流的实际情况相关。

（4）可操作性。选取的指标要易于理解、有针对性和代表性，对环境变化敏感，数据易于获取和处理，参数可定量。

（5）可拓展性。针对具体河流的不同情况可适当修改使其有更大的应用范围。

3.2 指标体系基本框架

指标体系根据评价对象和目的的不同可有多种基本框架。常用的指标体系框架有菜单式多指标体系、压力-状态-反应指标体系、Bossel 指标体系等。河流水生态系统健康评价指标体系基本框架的总体目标是通过指标体系各相关变量的测评，科学、系统地评价河流水生态系统的健康状况。本文采用层次法的构建思路，将多结构、多因子的复杂问题分层次处理，从而完成对整个体系的分析评价。将指标体系分为 3 个层次，即目标层、准则层、指标层。其中，目标层表征河流水生态系统整体综合健康状况；准则层反映河流水生态系统不同侧面的健康状况，包括生境、理化、生物、社会服务功能四个方面；指标层选取具有代表性和可操作性的单个指标进行度量。河流水生态健康评价指标体系的整体框架见表1。

表1　河流水生态健康评价指标体系的整体框架

目标层	准则层	指标层
河流水生态系统健康	生境	生境质量指数
	理化	水质优劣程度
		底泥潜在风险指数
	生物	浮游植物
		浮游动物
		大型底栖无脊椎动物
		鱼类保有指数
		水生植物群落
	社会服务功能	水功能区达标率
		供水保证程度
		亲水设施丰富度

3.3 评价指标描述

3.3.1 生境指标

河流生境是河流水生态系统的基础组成部分，是物质循环、能量流动和信息传递的场所，不仅为河流生物个体、种群、群落提供栖息地和生存所需的物质条件，而且是河流水生态系统健康的前提。

本文参考《河流水生态环境质量监测与评价技术指南（征求意见稿）》中的监测方法进行调查和评价。可涉水河流生境调查评价参数包括 10 个方面，分别为底质、栖境复杂性、V-D 结合特性、河岸稳定性、河道变化、河水水量状况、河岸带植被多样性、水质状况、人类活动强度及河岸土地利用类型；不可涉水河流生境评价参数有所不同，将 V-D 结合特性和河道变化两个指标替换为大型木质残体分布及河道护岸变化。10 项参数的得分之和即为生境质量指数。

3.3.2 理化指标

理化指标包括水质优劣程度和底泥污染状况两项。

河流水体是河流水生态系统必不可少的组成部分，水质优劣程度能够直接影响水生态系统的健康，水质优劣程度采用河流实测水质监测数据，按照《地表水环境质量标准》（GB 3838—2002）划分的标准限值判定水质类别。

底泥是河流的沉积物，也是河流水生态系统中污染物的重要来源，水体中部分污染物可通过沉淀、吸附、络合等途径蓄存在底泥中，底泥中污染物在适当条件下也会重新向水体中释放，二次污染水质，因此底泥污染状况也可反映流域受污染的程度。底泥污染状况主要考虑铜、铅、镉、镍、铬、汞、砷等元素。可以利用瑞典科学家 Hakanson 提出的潜在风险指数法（RI）来评估河流底泥中重金属的潜在生态风险[6]。

3.3.3 生物指标

生物是河流水生态系统的重要组成部分，是水生态系统物质循环和能量流动的直接驱动因子。其中，浮游植物为初级生产者，浮游动物是食物链中的次级生产者，二者的生长周期较短，对环境变化较为敏感，其群落结构的变化与环境因子的变化密切相关，是评价水生态系统健康状况的理想指标[7]，可用 Shannon-Wiener 多样性指数、Margalef 丰富度指数进行衡量。

Shannon-Wiener 多样性指数是反映浮游生物种类多寡、个体丰度和均匀性的综合性指标，该指数利用藻类定量监测数据，从物种多样性角度对水生态环境质量进行评价。

Margalef 丰富度指数主要反映群落或环境中物种数目的多寡，亦表示生物群聚中种类丰富程度。

大型底栖无脊椎动物长期生活在水底，在河流水体中分布广、种类多、易采集，其群落结构特征及耐污性能等能有效反映水质优劣。大型底栖无脊椎动物生物完整性指数即 B-IBI 指数，是我国目前河流健康评价中广泛应用的多参数评价方法，该方法需依据受人类干扰程度将调查样点分成参考点和受损点，并从众多生物参数中筛选出具有显著判别能力的参数，通过对比参考点和受损点的大型底栖无脊椎动物参数状况进行评价。

鱼类保有指数能够反映河流鱼类物种的完整性，通过开展鱼类种类现状调查，评估河流鱼类种数现状与历史参考系鱼类种数的差异情况，评估鱼类的多样性。

水生植物群落也是河流水生态系统不可分割的组成部分，在净化水体、改善水下溶解氧条件、固化底泥等方面发挥了重要作用。水生植物群落对水环境依赖性强，对环境变化的反映较为敏感，其物种多样性的变化也关系到河流水生态系统的健康稳定。

3.3.4 社会服务功能

水功能区达标率反映水功能区水质满足水功能区区划规定水质目标的程度。

供水保证程度反映河流水位水量满足人类社会对水资源的需求程度，供水水量保证程度等于一年内河湖逐日水位或流量达到供水保证水位或流量的天数占年内总天数的百分比。

亲水设施的丰富度能够体现河流的观赏性和服务性，是对人类社会服务功能的体现，也可以侧面反映河流水生态系统的健康水平[8]。

3.4 评价方法

（1）确定指标层各评价指标的基准值和赋分标准及河流水生态健康评价等级分级标准。基准值、赋分标准和河流水生态系统健康等级划分标准等需依据国家政策、技术标准、流域规划、国内外先进研究成果、专家意见等进行确定。

（2）获取各项指标的基础数据。通过实地查勘、采样调查、查询统计年鉴、咨询相关部门等方式获取各个指标的基础数据资料。

（3）计算各项指标的赋分分值。将各个指标的基础数据与基准值进行对比计算，对照赋分标准为各个指标进行赋分。

（4）确定准则层和指标层各个指标的权重。采用层次分析法，结合河流实际特点和专家综合评判等方式，确定准则层和各个指标的权重。

（5）计算河流水生态系统健康综合指数得分。将各个指标得分进行加权计算得到河流水生态系统健康综合指数得分。

（6）根据河流水生态健康评价等级分级标准，确定所评价河流的水生态健康综合指数等级。

4 结论与建议

本文基于系统理论、生态学理论和社会学理论思想，构建了河流水生态系统健康评价指标体系，该指标体系包括生境、理化、生物、社会服务功能 4 个准则层以及 11 个单项指标。该指标体系对河流水生态系统健康评价具有普遍适用性。

随着河流健康评价工作的不断发展和推进，应当适时结合河流实际状况完善评价指标体系，并对指标的基准值进行动态调整，使其更加符合实际。

参考文献

［1］郭娜．河流生态系统健康指标体系与评价方法研究［D］．沈阳：沈阳大学，2017.

［2］孙然好，魏琳沅，张海萍，等．河流生态系统健康研究现状与展望：基于文献计量研究［J］．生态学报，2020，40（10）：3526-3536.

［3］Schofield N，Davies P．Measuring the health of our rivers［J］．Water，1996，23：39-43.

［4］Revenga C，Murray S，Abra movitz J．Watersheds of the World：ecological value and vulnerability［M］．Washington DC：World Resources Institute and World watch Institute，1998.

［5］Meyer J L．Stream health：incorporating the human dimension to advance stream ecology［J］．Journal of the North A merican Benthological Society，1997，16（2）：439-447.

［6］Hakanson L．An ecological risk index for aquatic pollution control. a sedimentological approach［J］．Water Research，1980，14（8）：975-1001.

［7］白海锋，孔飞鹤，王怡睿，等．北洛河流域浮游动物群落结构时空特征及其与环境因子相关性［J］．大连海洋大学学报，2021，36（5）：785-795.

［8］鲁春霞，谢高地，成升魁．河流生态系统的休闲娱乐功能及其价值评估［J］．资源科学，2001，23（5）：77-81.

永定河流域官厅水库以上生态水量调度研究

缪萍萍[1]　魏　琳[2]　徐　鹤[1]

(1. 水利部海河水利委员会水资源保护科学研究所，天津　300170；
2. 水利部海河水利委员会水文局，天津　300170)

摘　要：受资源型缺水和人类活动影响，中下游生态水量亏缺、生态系统退化会较为严重。本文以永定河流域为例，为保障全流域的水生态安全，以补水效率最高、沿线生态效益最大为调度目标，以当地径流和引黄水为调度水源，利用沿线水利工程构建了面向效率和效益的多目标生态水量调度模型。为科学核算补水效率目标，构建了基于 Horton 下渗原理的一维水动力学模型，利用生态补水实测资料率定下渗参数。结合实际调度需求，在分析补水沿线生态流量组分的基础上，提出了永定河 2019 年秋季生态补水方案，为流域生态水量调度方案制订提供支撑。

关键词：生态调度；效率；效益；下渗；一维水动力学模型

1　引言

径流承担着河流水系生态系统物质循环和能量循环的功能，河流水系需充足的水源供给，以维持和改善河道纵向连通性，以及依附于其中的水生生态系统的开放性[1]。受损河流生态系统在自然状态下难以逆转，为了加快修复河流生态系统，往往进行人工干预，比如对脱水河段开展生态输水[2-3]。通过向干涸断流的河流补充水源，逐步修复和改善河流生态系统结构和功能，从而促进河流健康[4]。以永定河下游河段为代表的北方沙质河道，由于周边地区经济社会发展快，水资源开发利用程度高，导致河流长期干涸断流。针对类似河流实施生态输水时，要充分考虑河道渗漏影响和水资源紧缺现状，从流域层面统筹多种水源，依托大中型水利工程，研究制定科学的生态水量调度策略，提高生态输水效率，达到节水增效的目标[5-6]。

科学的生态补水方案一般需要两个基本条件：一是合理确定生态保护目标的生态环境需水，包括生态环境用水总量需求和生态水文过程需求；二是合理制订生态补水方案，包括开展生态补水的时间、补水路线、补水流量、供水水源等关键要素。尤其在我国北方干旱缺水地区，部分河流受气候和人为因素影响，河道长期干涸导致沙化，周边地区地下水长期超采导致地下水漏斗现象，都为河流生态补水带来了不利因素。在沙质河道、高渗漏率的条件下开展河流生态补水，水资源较为有限的情况下，需要更加注重控制补水过程中的渗漏损失，提高水资源的利用效率。针对长距离输水的渗漏损失，目前的研究方法有经验公式估算法、单位河长损失率模型[7]、回归分析法[8] 等。准确认识补水过程中的渗漏损失规律，有助于制订科学的补水方案，提高生态补水效率，最大程度实现水资源的生态环境效益。

永定河是海河流域典型的缺水型河流，山区天然地表径流量已从 1956—2000 年的 15.84 亿 m³ 减少到 2001—2014 年的 8.39 亿 m³。同时，流域经济社会持续快速发展带来水资源需求日益增长，流域地表水开发利用率高达 89%，河流生态环境用水被挤占的问题尤其突出，造成流域下游平原河道

基金项目：京津冀协同发展"六河五湖"综合治理与复苏河湖生态环境关键技术研究（SKR-2022033）；下垫面变化条件下洋河流域生态水量配置与调度研究（2020-28）。
作者简介：缪萍萍（1986—），女，高级工程师，主要从事水资源与水生态保护工作。

长期断流，严重制约了京津冀地区经济社会的健康发展。永定河作为海河流域"六河五湖"重要河流之一，2016 年 12 月，为先行打造京津冀区域绿色生态河流廊道，国家发展和改革委员会、水利部、国家林业局等三部委联合印发并组织实施了《永定河综合治理与生态修复总体方案》（简称《总体方案》），明确了永定河三家店 2.6 亿 m³ 的生态需水目标[9]。为了提高官厅水库入库水量，需提高上游水库集中输水及引黄生态补水的补水效率，同时兼顾沿线生态用水需求。本文以永定河官厅水库以上流域生态补水为例，以水资源高效利用和水生态适度恢复为目标，构建多目标优化模型，建立了考虑下渗的圣维南方程组，模拟计算不同补水流量下永定河生态补水效率，研究制订科学的生态补水方案，以实现永定河上游当地径流与引黄调水向官厅水库和下游河段进行高效生态补水的目标。

2 模型方法

目前，已有的生态水量调度大多数仅考虑水库下游的生态水文需求，未从大尺度统筹出发，而对于北方缺水流域，生态系统退化程度有较强的空间异质性，更需要从流域层面考虑水生态安全，统筹利用有限的水资源。为此，本文提出了面向补水效率和补水效益的生态水量调度模型。为反映水库不同补水过程不同断面对应的水位、流量等水力学参数，以及不同河段对应的下渗损失水量，采用基于下渗过程的水动力学模型来反馈水流演进的过程，从而计算河道生态效益目标和生态补水效率目标。

2.1 多目标生态水量调度模型

对于北方干旱缺水地区来说，生态补水的目的在于高效、合理利用有限的水资源，实现最大的水生态系统修复功能。基于上述基本原则，本文将多目标优化模型研究思路引入北方干旱缺水地区生态补水方案制订中。为了最大程度地发挥水资源的生态环境效益，将生态补水效率和河流生态效益作为目标函数，构建多目标优化模型，生态补水效率即生态保护目标的收水量占生态补水总供水量的比例，河流生态效益即河流主要控制断面生态环境需水的满足程度。模型的约束条件主要包括河流上游控制性水利工程最大可供水量以及水库库容、泄水能力限制等因素，同时要满足水量平衡原理。通过建立生态补水效率、效益目标与补水工程限制条件有机组成的多目标优化模型，对生态补水过程进行系统描述和合理概化。选择适当的优化求解方法得到数学模型的最优解，计算的成果将为北方干旱缺水地区合理开展生态补水、高效利用水资源、充分发挥水资源生态环境效益提供最优策略。

2.1.1 目标函数

（1）生态补水效率目标。考虑到永定河水资源紧张、河道下渗较为强烈等现状，而官厅水库下游生态水量亏缺严重，为提高下游生态水量保障率，应尽量提高地表水资源利用效率，提高生态补水期间上游向下游官厅水库输水效率。因此，拟定的河道输水目标为生态补水效率最大化。

$$\max f_1 = \frac{W_{收}}{\sum_{j}^{4} W_{j,补}} \tag{1}$$

式中：$W_{j,补}$ 为第 j 个水利工程集中补水量或引黄集中补水量，工程包括 1# 隧洞、册田水库、友谊水库、响水堡水库；$W_{收}$ 为官厅水库收水量。

（2）河流生态效益目标。考虑河流的生态效益，通过水库生态调度，最大程度发挥水流的生态效益。通过反映河流生态环境需水保障程度的指标，即生态水量满足度来表征被评估河流的生态效益目标实现状况。目标函数是生态水量满足度 $I_{l,t}$ 的平方和达到最大。

$$\max f_2 = \sum_{t=1}^{T} \sum_{l=1}^{L} \frac{I_{l,t}^2}{LT} \tag{2}$$

式中：$I_{l,t}$ 为第 l 个生态水量控制断面第 t 时段生态水量满足度。

2.1.2 约束条件

（1）可供水量约束：

$$W_{q,补} \leq W_{\max q,可供} \tag{3}$$

式中：$W_{q, 补}$ 为第 q 水库向官厅水库补水量；$W_{\max q, 可供}$ 为第 q 水库可向官厅水库补水的最大补水量。

（2）水库泄放约束：

$$Q_{q, t} \leqslant Q_{\max q, t} \tag{4}$$

式中：$Q_{q, t}$ 为水库 q 在 t 时段的集中下泄量；$Q_{\max q, t}$ 为水库 q 在 t 时段的最大下泄水量能力。

（3）水库库容约束：

$$\mathrm{VD}_{q, t} \leqslant V_{q, t} \leqslant \mathrm{VX}_{q, t} \tag{5}$$

式中：$\mathrm{VD}_{q, t}$ 为水库 q 在 $t-1$ 时段内的最小库容限制；$V_{q, t}$ 为水库 q 在 t 时段的库容；$\mathrm{VX}_{q, t}$ 为水库 q 在 t 时段内的最大可蓄的蓄水库容，即在汛期时，取水库 q 防洪限制水位以下的库容，在非汛期时，取水库 q 的兴利库容。

（4）水量平衡方程：

$$V_{q, t} = V_{q, t-1} + \mathrm{WI}_{q, t} - \mathrm{WO}_{q, t} - \mathrm{VS}_{q, t} - W_{q, t} \tag{6}$$

式中：$V_{q, t-1}$ 为水库 q 在 $t-1$ 时段内的库容；$\mathrm{WI}_{q, t}$ 为水库 q 在 t 时段内的入库水量；$\mathrm{WO}_{q, t}$ 为水库 q 在 t 时段内的河道外供水（取水）水量；$\mathrm{VS}_{q, t}$ 为水库 q 在 t 时段内的水资源漏损量；$W_{q, t}$ 为水库 q 在 t 时段内向下游河段下泄的生态补水量。

2.2 基于下渗过程的河流演算模型

2.2.1 考虑下渗过程的圣维南方程组

常用的圣维南方程组[10]利用水流连续方程和动量守恒方程来描述水流运动，见式（7）。

$$\left. \begin{array}{l} \dfrac{\partial A}{\partial t} + \dfrac{\partial Q}{\partial x} = 0 \\[3mm] \dfrac{\partial Q}{\partial t} + \dfrac{\partial}{\partial x}\left(\alpha \dfrac{Q^2}{A}\right) + \dfrac{\partial Z}{\partial x} + gA\dfrac{Q|Q|}{K^2} = 0 \end{array} \right\} \tag{7}$$

式中：Q 为断面流量；Z 为断面水位；x 为沿河流水流方向；A 为过水断面面积；α 为动量修正系数；K 为参变量。

为了准确地模拟河道下渗，提高北方河流洪水演进的模拟精度，需要将入渗过程考虑到方程组中。在考虑下渗的情况下，入渗水流形成的阻力项理应体现在动量守恒方程中，但因入渗速度相对断面平均流速小得多，故可忽略不计。因此，在构建下渗过程的圣维南方程组时，可只考虑调整水流连续性方程，根据水量平衡原理，将入渗的过程纳入连续方程。推导后的公式如下：

$$\left. \begin{array}{l} \dfrac{\partial A}{\partial t} + \dfrac{\partial Q}{\partial x} + q_i = 0 \\[3mm] \dfrac{\partial Q}{\partial t} + \dfrac{\partial}{\partial x}\left(\alpha \dfrac{Q^2}{A}\right) + \dfrac{\partial Z}{\partial x} + gA\dfrac{Q|Q|}{K^2} = 0 \end{array} \right\} \tag{8}$$

式中：q_i 为河段下渗流量，用下渗率乘以水面面积表征。

对圣维南方程组求解时，要考虑求解方法的适用性和收敛性，本文选择稳定收敛的 Preissmann 四点加权隐式差分格式进行数值求解，该方法还具有对时间步长无特定要求的优点[11-13]。

2.2.2 下渗过程模拟

径流在水流演进时的下渗过程受到河床地质条件、土壤、岩性、径流频率等因素影响，是随外部环境和时间变化的复杂参数[14]。对于水流演进过程中的下渗演变规律与 Horton 下渗过程类似，本文引用 Horton 下渗曲线经验公式进行模拟，公式如下：

$$f = f_c + (f_0 - f_c)\mathrm{e}^{-kt} \tag{9}$$

式中：f_c 为河段稳定下渗率，m/d；f_0 为河段最大下渗能力，m/d；f 为计算河段 t 时刻的下渗能力，m/d；k 为河道河床质物理特性的指数，1/d。

3 实例分析

3.1 流域概况

永定河发源于内蒙古高原的南缘和山西高原的北部，地跨内蒙古、山西、河北、北京、天津等 5 个省（自治区、直辖市），流域面积 4.70 万 km²。永定河上游有桑干河、洋河两大支流，在河北怀来朱官屯汇合为永定河。官厅水库以下到屈家店枢纽为永定河中游。屈家店枢纽以下为永定新河，在天津注入渤海。

2006—2018 年，海河水利委员会组织协调山西省、河北省分别累计向北京市输水 5.22 亿 m³ 和 2.34 亿 m³，一定程度上缓解了永定河官厅水库下游生态缺水问题。随着生态补水的实施，桑干河、永定河沿线的生态水量有所提升，但是官厅水库以下的生态水量亏缺仍未解决，尤其是三家店断面，仍需进一步加大从上游水库向下游官厅水库集中补水量及引黄生态补水量。本文以此为切入点，通过多水库联合调度当地径流及引黄水，提出向官厅水库补水的科学调度方案，以缓解官厅水库下游生态用水与补水水源不足之间的矛盾。永定河流域图及生态水量满足情况见图 1。

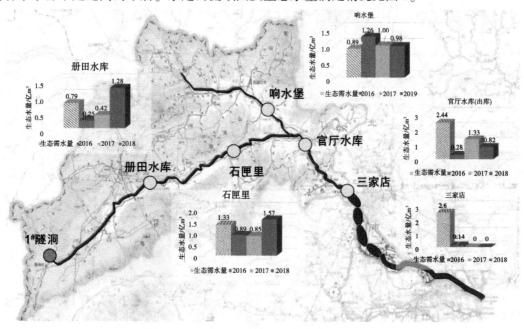

图 1　永定河流域图及生态水量满足情况

3.2 关键河段基于 Horton 下渗过程的水流演进

对于长期断流或维持小流量的河道，对达到一定流量的补水过程，Horton 公式中 f_0、f_c、K 参数主要与河床地质岩性条件有关，相同河段不同补水场次变化不大。由于没有渗漏损失的监测数据，所以本文采用上、下游水文站实测径流量来验证模型参数。对于每次生态输水过程，输水期间下游水文站的径流量 W_{sim} 都是 f_0、f_c、K 等参变量的函数，即

$$W_{sim} = W(f_0、f_c、K) \tag{10}$$

以每场输水过程的模拟径流量与实测径流量相对误差平方和最小作为模拟精度目标函数，其公式如下：

$$\min F = \sum_{j=1}^{m} \left(\frac{W_{sim,j} - W_{obs,j}}{W_{obs,j}} \right)^2 \tag{11}$$

式中：m 为模拟生态输水过程的场次数；$W_{sim,j}$ 为第 j 场生态输水过程的模拟径流量，m³；$W_{obs,j}$ 为第 j 场生态输水过程的实测径流量，m³。

本文采用粒子群优化（PSO）算法率定模型参数[15-17]。初始化为一群随机粒子，通过一个被优

化的函数决定适宜值，由速度决定其移动方向和距离，经不断迭代、选优、更新，找到最优解。

册田水库—八号桥（官厅水库）为影响整个补水效率的关键河段，流经该河段的集中生态补水量（包括黄河水及册田水库补水量）占总补水量的比例超 80%，因此重点对该河段的下渗规律进行研究。结合水文站布设，选取近些年人类活动影响较小的补水过程，以石匣里、八号桥断面的实测径流过程（见图 2、图 3）分别对册田水库—石匣里、石匣里—八号桥河段率定水流演进过程中的下渗参数。对于 2019 年春季补水过程，根据补充调查，主要由于册田水库灌溉渠放水水量未监测到，导致册田水库实际出库数据失真，结合灌溉渠关闸时间，仅用 2019 年 4 月 20 日之后石匣里监测数据进行参数率定。

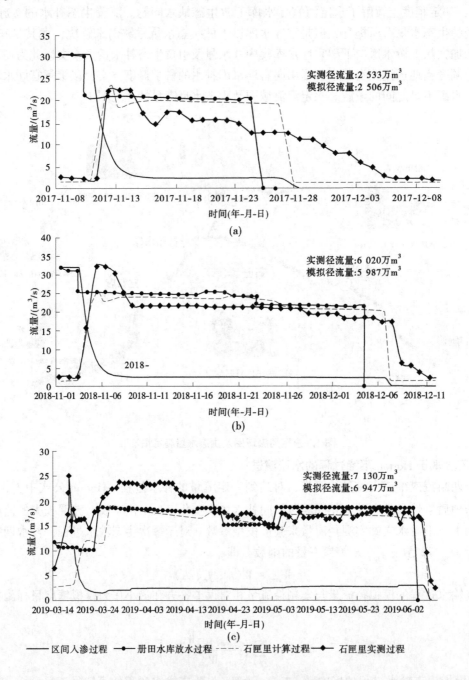

图 2 石匣里水文断面径流过程模拟情况

经率定，册田水库—石匣里河段下渗参数如下：$f_0 = 0.54$，$f_c = 0.015$，$K = 0.042$；石匣里—八号桥河段下渗参数如下：$f_0 = 0.5$，$f_c = 0.03$，$K = 0.019$。

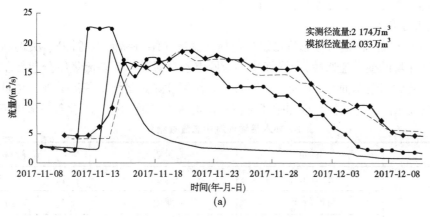

(a)

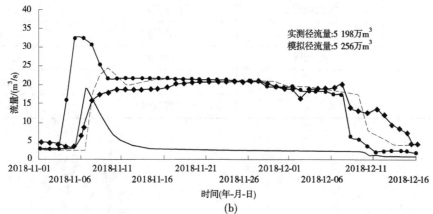

(b)

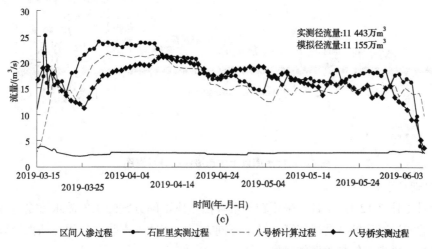

(c)

——区间入渗过程　——◆——石匣里实测过程　-----八号桥计算过程　——◆——八号桥实测过程

图3　八号桥水文断面径流过程模拟情况

3.3　永定河生态水量调度方案研究

结合实际需求，根据本文构建的模型方法，研究提出2019年秋季官厅水库以上生态水量调度方案。

3.3.1　可调度水量

调度水源包括当地径流和黄河水。当地径流主要为册田水库、友谊水库、响水堡存蓄的当地水，黄河水主要为引黄北干线供大同、朔州城市用水后的富裕供水规模。根据2019年8月底册田水库、友谊水库、响水堡水库蓄水量及引黄北干线供水能力，结合河道外社会经济需求及各生态水量控制断面生态需水情况，在统筹协调上下游用水、河道内生态用水和河道外经济社会发展用水后，确定册田水库、友谊水库、响水堡洋河水库分别向官厅水库生态补水 5 900 万 m³、800 万 m³、500 万 m³，引黄 1#隧洞沿桑干河、永定河向官厅水库生态补水 1.0 亿 m³。

3.3.2 补水沿线生态需水

桑干河主要为山区天然河流，生态流量组分包括基流量（维持纵向连通性）、关键断面的平滩流量（维持河道重要生境的横向连通性）；洋河主要为城市景观河道，生态流量组分包括基流量及城市景观用水（维持一定的河道水面）（见表 1、图 4）。本次调度除满足河道基流量外，尽量满足河道平滩流量，除维持河流纵向的连通性，也加强了河流横向的水力连通，进一步改善河流生境。

表 1 补水沿线河流生态流量组分

河流	断面	流量组分	流量/(m³/s)
桑干河	册田水库	基流量	1.33
	河道断面 1	平滩流量	14
	河道断面 2	平滩流量	20
	石匣里	基流量	1.95
洋河	响水堡	基流量	1.14
永定河	八号桥	基流量	3.28
		平滩流量	18

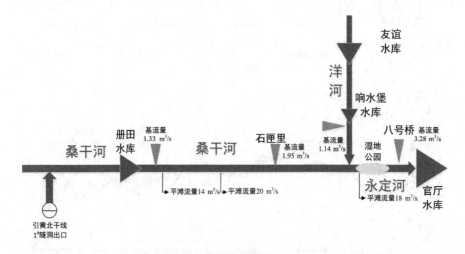

图 4 官厅水库以上生态流量组分示意图

3.3.3 水库优化调度方案

调度期为 9 月 1 日至 12 月 31 日。采用粒子群算法生成不同方案的水库放水流量过程，通过基于 Horton 下渗过程的河流演算模型进行演算，推求不同方案的官厅水库收水过程，从而计算输水效率目标和生态效益目标。模型求解技术路线见图 5。

对不同方案的调度目标进行比较，输水效率目标 f_1 和生态效益目标 f_2 的关系曲线见图 6。当生态效益目标 $f_2 > 0.95$ 时，输水效率目标 f_1 减少速率加快，官厅水库收水量明显减少，不利于提高地表水资源的利用效率。

根据往年河道情况，官厅水库上游河道 12 月中下旬开始结冰，该时间段输水不仅会减缓水流流速，不利于河道输水，而且有可能会产生流冰，对工程设施及人类有可能产生危害。因此，选择调度方案时尽量避开此时段输水。从提高输水效率，尽量保障生态效益，避开河道冰封期、灌溉期输水等方面综合考虑，在征求多方意见后，确定 2019 年秋季调水方案：引黄北干线 1#隧洞从 9 月 1 日开始维持最大规模 12.6 m³/s 补水；册田水库 9 月 1 日至 12 月 12 日集中生态补水（包括当地径流和黄河水），9 月 1 日至 10 月 31 日期间补水流量 8 m³/s（受除险加固工程施工影响，最大泄流能力 8 m³/s），11 月 1 日至 12 月 12 日期间补水流量 25 m³/s；响水堡水库 9 月 20—26 日期间集中生态补水，补水流量 10 m³/s；友谊水库 9 月 27 日至 10 月 3 日集中生态补水，补水流量 15 m³/s。该方案集中输水效率目标值 $f_1 = 0.559$，生态效益目标值 $f_2 = 0.836$。

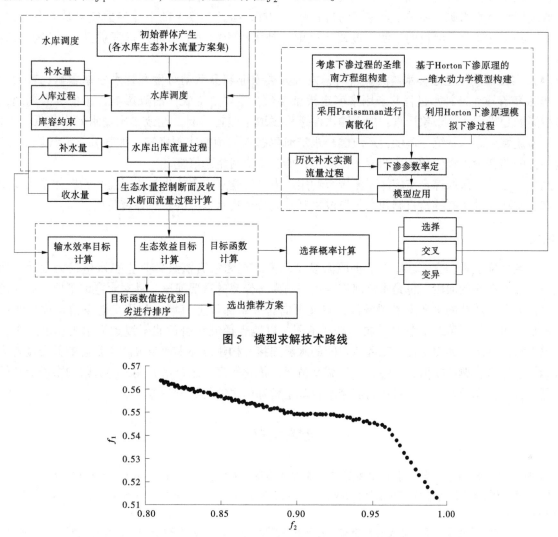

图 5　模型求解技术路线

图 6　不同方案的输水效率目标 f_1 和生态效益目标 f_2 的关系曲线

4　讨论

（1）永定河生态水量调度是河流生态修复的重要措施。本文提出的方法适用于跨省市生态水量集中统一调度，在调查补水沿线河流状况的基础上，分析补水沿线的生态流量组分，在调度中充分考虑沿线河流生态需求，利用集中调度期间的大流量，不仅提高河流纵向连通性，而且通过识别各断面水力参数，分析关键断面的平滩流量，提高了补水期间河流断面上的横向连通性，同时利用天然的河流通道进行生态补水加强与地下水间的联系，从而实现河流横向、纵向、竖向三维的立体连通，通过合适的补水流量发挥补水沿线最大的河流生态效益。

（2）生态调度期间，补水流量越小，输水持续的时间越长，生态效益越高，但输水效率越低，而且在生态效益大于一定的目标值时，随着生态效益目标的增加，输水效率明显降低；补水流量越大，输水持续的时间越短，输水效率越高，但生态效益越低，同时也存在一定的安全问题和管理难度。通过协调效率与效益，在输水效率不明显降低的情况下尽量提高生态效益，同时结合实际调度管理中尽量避开灌溉及冬季结冰期的需求，寻求流域层面跨省市间的最优调度方案。

（3）引黄生态补水利用上游天然河道进行输水，实现了通过官厅水库向下游平原干涸断流河道生态补水，与其他外调水生态补水相比，虽然在流经的桑干河、永定河存在一定程度的损耗，但正是这样，不仅实现了向河流"输血"的功能，而且一定程度上恢复了上游地区的"造血"功能，涵养了上游地区地下水水源，促进了永定河的自我修复功能。因此，模型的下渗参数应该是动态变化的，随着生态补水常态化，河道的干涸程度逐步缓解，补水沿线的地下水埋深逐渐提升，下渗也会有所减少。

（4）在分析历年生态补水监测资料时，发现人类农业灌溉活动对生态补水效率影响比较大。比如，2018年春季生态补水过程并未用来率定模型参数，主要是受农业灌溉影响，正值春灌期间，补水沿线灌区超额引水的现象严重，加上输水河道沿线取水监管偏弱，导致本次输水效率偏低。因此，为了保障流域生态水量统一调度，还应健全永定河生态水量调度体制机制，加强补水沿线取水管理，明确各方的监督管理责任和水量调度工作流程，推进永定河生态修复。

此外，还需要采取综合措施加强流域节约用水力度，建立完善的生态流量监控预警体系。逐步完善生态补水相关的生态补偿机制和水价形成机制，充分体现水资源的生态环境价值。

5 结论

从流域尺度上看，官厅水库以下平原河段（三家店至屈家店枢纽）是生态水量最为亏缺、生态系统退化最为严重的河段，也是永定河综合治理与生态修复的重要河段。针对永定河平原河段绿色生态廊道构建存在严苛的水文水资源条件，本文面向官厅水库以上流域，利用上游友谊水库、册田水库、响水堡水库、引黄北干线1#隧洞等水利工程，以地表径流和引黄北干线黄河水为调度水源，利用考虑下渗的一维水动力学作为工程节点间的水流连接，构建以补水效率最高、生态效益最显著为调度目标的多库联合调度模型，并结合往年调度情况，优化年度生态补水方案，将有限的水资源条件发挥尽可能大的生态效益，方案可作为流域水行政主管部门决策的重要参考。

参考文献

[1] 张云程，缪萍萍，张浩，等. 永定河系水生态空间异质性及治理策略研究 [J]. 海河水利，2020（1）：8-12.
[2] 魏健，潘兴瑶，孔刚，等. 基于生态补水的缺水河流生态修复研究 [J]. 水资源与水工程学报，2020，31（1）：64-69，76.
[3] 李胜东，冯健，张世宝，等. 生态补水措施对杞麓湖水质改善效果的模拟分析 [J]. 水电能源科学，2020，38（11）：35-39.
[4] 廖淑敏，薛联青，陈佳澄，等. 塔里木河生态输水的累积生态响应 [J]. 水资源保护，2019，35（5）：120-126.
[5] 陈新均，王学全，卢琦，等. 季节性河道土壤水分及其渗漏特征初探 [J]. 干旱区研究，2020，37（1）：100-107.
[6] 胡立堂，郭建丽，张寿全，等. 永定河生态补水的地下水位动态响应 [J]. 水文地质工程地质，2020，47（5）：9-15.
[7] 马晓琳. 引黄河道输水损失系数的测验研究 [J]. 地下水，2018，40（2）：138-140.
[8] 谭丹. 渠道输水损失计算的回归分析方法研究 [J]. 人民长江，2016，47（14）：95-97.
[9] 水利部海河水利委员会. 永定河综合治理与生态修复总体方案 [R]. 天津：水利部海河水利委员会，2016.
[10] 许栋，白玉川，谭艳. 无黏性沙质床面上冲积河湾形成和演变规律自然模型试验研究 [J]. 水利学报，2011，42（8）：913-927.
[11] 刘晴，倪玉芳，曹志先. 考虑下渗的一维河道水流数学模型 [J]. 武汉大学学报（工学版），2019，52（6）：471-481.
[12] 高金强，张浩，缪萍萍，等. 大清河系典型河段强烈下渗条件下河道洪水演进模型研究 [J]. 海河水利，2020（1）：4-8.
[13] 王宗志，程亮，王银堂，等. 高强度人类活动作用下考虑河道下渗的河网洪水模拟 [J]. 水利学报，2015，46

（4）：414-424.

［14］齐春英，刘克岩．沿程渗漏河道的洪水流量演算模型［J］．水文，1997（6）：27-30.

［15］李涛涛，董增川，王南．基于生态调度的滦河流域多目标优化配置［J］．水电能源科学，2012，30（7）：58-61.

［16］张晓烨，董增川，王聪聪．河北省南水北调受水区水资源优化配置研究［J］．水电能源科学，2012，30（9）：36-39.

［17］苏明珍，董增川，张媛慧，等．大系统优化技术与改进遗传算法在水资源优化配置中的应用研究［J］．中国农村水利水电，2013（11）：52-56.

天津北大港湿地水生态修复模式研究

崔秀平　缪萍萍

（水利部海河水利委员会水资源保护科学研究所，天津　300171）

摘　要： 北大港湿地是天津市面积最大的湿地，也是天津市备用水源地，2020 年北大港湿地被列为国家重要湿地，列入《国际重要湿地名录》，主要保护对象包括鸟类及珍稀濒危物种。然而，长期以来因人为不合理开发利用和自然因素导致湿地面积不断萎缩，湿地生态功能几近消失，亟须修复。本文从北大港湿地生态现状调查开始，调查内容包括生态功能定位、水资源保障能力、水生态系统质量和生物多样性，分析总结出湿地生态存在的主要问题。针对问题从生境修复、水环境修复、生物栖息地修复三个方面提出湿地生态修复模式，为北大港湿地生态保护提供支持。

关键词： 北大港湿地；生态现状；生境修复；水环境修复；生物栖息地修复

1　北大港湿地概况

北大港湿地位于天津市大港的东南部，东邻渤海，是天津市面积最大的湿地，包括北大港水库、独流减河下游、钱圈水库、沙井子水库、李二湾及南侧用地、李二湾河口沿海滩涂。北大港湿地于 2001 年经天津市政府批准建立为省级自然保护区，主要保护对象是湿地生态系统及其生物多样性，包括鸟类和其他野生动物、珍稀濒危物种资源，集中分布在北大港水库区域。2022 年结合国家自然保护地整合优化工作以及国家重大项目北大港水库扩容工程的建设，天津市进行了北大港湿地自然保护区范围及功能分区的调整，调整后保护区面积 35 313 hm²，其中核心区 11 266 hm²、实验区 24 047 hm²，不再设置缓冲区，核心区范围包括钱圈水库、沙井子水库、李二湾、李二湾河口沿海滩涂和独流减河下游东部和西部区域。

近年来，随着经济的发展，北大港湿地的面积和蓄水量大幅缩减，北大港水库水质咸化严重、蒸发渗漏损失大、水资源利用率低、生态环境恶化等一系列问题如果不加以重视，不进行保护和修复，北大港湿地生态系统将面临严重危机，影响珍稀鸟类及其他野生动物的栖息与觅食。本文将从生境修复和水环境修复两方面提出北大港湿地生态修复的模式。

2　北大港湿地生态现状

2.1　生态功能定位

北大港湿地自然保护区是城市空间布局"一轴两带三区"中的"团泊洼—北大港"生态环境建设区的重要组成部分，是华北地区为数不多的大型芦苇沼泽湿地以及多种珍稀鸟类的栖息地。北大港湿地自然保护区生态服务功能主要是调节气候、调蓄洪涝、净化水体、保护生物多样性。

2.2　水资源保障能力

建立了多水源组合补水机制。2016—2021 年北大港水库共蓄水 5.5 亿 m³，主要用于河湖生态和农业灌溉，明显改善了南部地区的农业灌溉条件和河湖水生态环境质量。自 2018 年 10 月起实施了引滦向北大港水库应急调水工作，同时利用再生水和雨洪水向水库进行补水，2022 年首次利用南水北

基金项目： 京津冀协同发展"六河五湖"综合治理与复苏河湖生态环境关键技术研究（SKR-2022033）。

作者简介： 崔秀平（1984—），女，高级工程师，主要从事水生态治理与修复、环境影响评价工作。

调东线一期工程北延向水库补水 0.2 亿 m³，至 2022 年各种水源向北大港水库累计补水 5.63 亿 m³，生态水量得到极大补充，2019 年、2020 年连续两年水库全年有水。

2.3 水生态系统质量

2018 年以来累计生态补水 5.63 亿 m³，完成华北地下水超采综合治理确定的生态补水目标的 281%。湿地水面面积明显增加，由 2017 年的 140 km² 增加到目前的 260 km²，北大港水库出口水质已达到水质目标要求；过境候鸟种类和数量明显增加，鸟类由 2017 年的 249 种增加到目前的 281 种，其中国家一、二级保护动物增加了 25 种，东方白鹳单日记录的最大数量为 1 347 只。"清四乱"工作进入常态化、规范化管理，水域管控空间逐渐增加。

2.4 生物多样性

北大港湿地自然保护区每年迁徙和繁殖的鸟类达数十万只，分属 17 目 50 科 281 种，其中国家一级保护鸟类 11 种，国家二级保护鸟类 33 种。除鸟类外，还有两栖纲、爬行纲和哺乳纲的野生动物 20 多种。

植被以广布科、属居多，其次是温带成分，区内植物有亚热带与温带南北交汇的特点，特有种不明显，基本无外来种。乔木以人工种植的杨树群落为主，草本多以芦苇、碱蓬群落为主，植被群落结构较为单一。

鱼类有 10 目 17 科 38 种，最常见的有青鱼、草鱼、白鲢、鲫鱼、梭鱼、鲈鱼、鲶鱼、鲤鱼、泥鳅、黄鳝等，主要经济鱼类有鲫、鲤、白鲢、草鱼等 10 余种，产量最多的是鲫鱼。

2.5 主要生态问题

2.5.1 生态用水保障不稳定

天津位于海河流域最下游，各河系的来水受上游地区水利工程和水资源开发的影响很大。随着上游地区的经济社会发展，天津市境内的入境水量还将进一步减少，除引黄济津、东线应急北延调水、规划南水北调东线二期工程等外调水外，北大港水库无其他水源可蓄。近年天津市主要依靠相机引滦向北大港水库补水，补水量受诸多因素制约，不具长期稳定性。

2.5.2 水体易咸化，水资源利用率低

北大港水库是引黄济津和南水北调东线工程调蓄水库，一直存在水质咸化的问题，使得有限的水资源得不到充分利用。

由于北大港水库地处滨海盐土区，受库区土壤盐分含量高以及高矿化度的地下水作用，水质咸化问题突出，根据监测资料，水体氯离子浓度超过集中式生活饮用水地表水源地水质标准（250 mg/L）。一般情况下，引黄济津工程要求运用 8 个月才能解决天津市供水问题，而实际情况是：蓄、供水开始的 11 月水库水体氯离子浓度为 80 mg/L，到翌年三四月氯化物已超过 250 mg/L，由于氯化物的严重超标而不得不提前终止供水，造成水资源的极大浪费。引黄应急供水期间，水库引黄蓄水量平均为 2.8 亿 m³，到供水中后期，水库蓄水量在 1.5 亿 m³ 以下时水质就达不到城市供水要求，只能用于生态环境。水库供水利用率不足 60%，水体咸化是制约水库运用的关键问题。

2.5.3 蓄水面积过大，平均水深浅，水量蒸发、渗漏损失大

北大港水库蓄水面积大，而库区现为自然地形，西高东低，平均水深浅，尤其西部库区水深很小，水库所处区域属北温带半干旱大陆性季风气候，据实测资料，水库每年蒸发、渗漏水量达 8 200 余万 m³（扣除了自然降水相抵消部分），相当于近 15 年以来北大港水库的多年平均蓄水量，水量损失较大。

2.5.4 湿地功能萎缩，水库总库容缩减严重

从 20 世纪 70 年代以来，与北大港水库相连的独流减河多年没有大水，由于上游独流减河来水减少，除引黄济津调水外，北大港水库多年无水可蓄，水生态系统遭到一定程度的破坏。北大港水库处于沉降较严重地区，受沉降影响，围堤区域性地基沉降大于库区地面沉降，导致总库容缩减，水库正常蓄水位由 5.5 m 降到 4.9 m，总库容由原来的 4.0 亿 m³ 缩减到 3.6 亿 m³，调蓄库容由原来的 3.4

亿 m³ 缩减 2.98 亿 m³。

3 湿地生态修复模式

针对北大港湿地现存主要的生态问题，主要从生境、水环境、生物栖息地三方面进行修复。

3.1 生境修复模式

北大港湿地生境修复模式主要为水生态调度，增加湿地补水，实施水库扩容工程。湿地蓄水深度和蓄水量增加后，可降低蒸发渗漏损失率，水体咸化速度将变缓，可有效提高水资源利用率。按照水系连通规划完成水库与市区水系连通工程，提升水库水系连通能力。通过补水修复生境，局部形成新的生态系统，将吸引大量鸟类及其他野生动物，对生态环境的改善产生积极作用，湿地萎缩状况得到彻底扭转。

南水北调东线二期工程规划以北大港水库作为调蓄水库，正常蓄水位 6.35 m，调蓄库容 7 亿 m³，总库容 8.5 亿 m³。东线二期补水后，北大港水库总库容增加 3.3 亿 m³，蓄水位增加 0.85 m。补水水源保障了湿地水量，对湿地生境形成了一个保护圈。

3.2 水环境修复模式

北大港湿地水环境修复模式主要为改善水质，提高湿地水环境质量。通过延长水体在湿地内的滞留时间，结合湿地植物净化技术，引导湿地生态进入良性循环。

3.2.1 延长水体滞留时间

北大港水库地处滨海盐土区，受库区土壤盐分含量高以及高矿化度的地下水作用，水质咸化问题突出。选取最近一期引黄即第十一次引黄期间（2010—2011 年）水库水质变化进行对比分析。由图 1 可知，引水期间水库水质可以满足供水要求，但在引水结束，开始向市区供水后，当水库库容还剩 1 亿 m³ 左右时，水库氯化物浓度已超过标准限值，由此可知，随水量减少、水位下降，北大港水库易发生水质咸化。

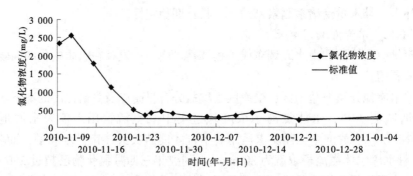

图 1 北大港水库第十一次引黄水水质变化

南水北调东线二期供水后，北大港水库保持高水位运行，能减轻土壤盐分释放对水质的影响。长时间调度运行后，湿地水质咸化问题可得到淡化。

3.2.2 湿地植物净化

植物为湿地水体生态系统的稳定器，不仅为鸟类、鱼类等生物提供食物来源，还可作为鸟类的栖息地。

北大港湿地现有挺水植物以芦苇为主，依据"因地制宜、适地适种、本土物种"的原则，充分考虑植物的立地条件，引种耐盐碱植物，净化水质。首先要选取水质净化能力强、生长期长、耐低温的多年生水生植物品种。在保证水质净化功能的前提下，尽可能选取景观效果和经济价值高的水生植物。湿地区内土壤属褐色粉壤土，局部为斑块状含氯化镁泡松盐土壤地。地表水含盐量为 3 655 ～ 13 320 mg/L，水生植物应可以适应区域的立地条件。结合北大港湿地生态调查，建议种植碱蓬狐尾藻、篦齿眼子菜、黑藻等水生植物。

3.3　生物栖息地修复模式

为进一步丰富生物多样性，首先应修复生物栖息地：以保障水生态系统完整性为前提，建立多水源综合补水机制。在北大港湿地资源本底调查基础上，摸清野生动植物、水生生物等资源，制订保护栖息地措施，实施科学划分、分类管理。统筹考虑自然生境和人工辅育管理，营造浅滩岛，丰富食物链，建设人工保育措施，改善候鸟栖息地生境。建立巡护监测系统，提高日常巡护及数据采集能力，实现数字化巡护。加强栖息地属地管理，建立执法联席会议制度，依法查处和打击破坏野生动物栖息地和滥捕滥猎野生动物等违法行为。利用增殖放流等生物措施、人工浮岛等科技手段，加快恢复适生水生植物群落，构建完整的水生态系统。

4　结论

因水量不足导致北大港湿地面积不断萎缩，通过南水北调东线二期水生态调度可为北大港湿地提供可靠的补水水源，弥补湿地生态用水不足、生态功能退化的问题，对维护和修复湿地生态系统，提高北大港湿地生物多样性有着积极的促进作用。

利用北大港水库作为调蓄水库，通过合理调度和保持高水位运行，可淡化湿地内水质咸化问题，逐步改善湿地水质。结合引种栽培水生植物净化，长久运行可修复湿地水环境质量。

参考文献

[1] 侯鹏，高吉喜，陈妍，等. 中国生态保护政策发展历程及其演进特征 [J]. 生态学报，2021，41（4）：1657-1667.

[2] 张云昌. 浅谈水生态保护与修复的理论和方法 [J]. 中国水利，2019（23）：12-14.

[3] 邓正苗，谢永宏，陈心胜，等. 洞庭湖流域湿地生态修复技术与模式 [J]. 农业现代化研究，2018，11（6）：995-1008.

[4] 孟伟庆，李洪远，王秀明，等. 天津滨海新区湿地退化现状及其恢复模式研究 [J]. 水土保持研究，2010，6（3）：144-147.

[5] 常华，乔建哲，冯海云. 滨海新区北大港湿地生态恢复技术体系研究 [J]. 绿色科技（环境与安全），2012，6（6）：146-150.

[6] 朱江. 北方河流湿地生态修复工程：以晋城丹河湿地公园为例 [J]. 湿地科学与管理，2018，9（3）：5-9.

[7] 张庆辉. 天津市北大港湿地自然保护区现状、存在问题及对策建议 [J]. 安徽农学通报，2013，19（12）：83，91.

[8] 湿地国际—中国项目办事处. 湿地经济评价 [M]. 北京：中国林业出版社，1999.

[9] 张明祥，严承高，王建春，等. 中国湿地资源的退化及其原因分析 [J]. 林业资源管理，2001（3）：23-26.

[10] 彭少麟，任海，张倩媚. 退化湿地生态系统恢复的一些理论问题 [J]. 应用生态学报，2003（11）：2026-2030.

土地利用类型矢量图在区域水土保持规划的研究应用

常 兴[1,2] 左 超[1] 胡江波[1] 来振義[1]

（1. 河南黄河水文勘测规划设计院有限公司，河南郑州 450004；

2. 黄河水利委员会河南水文水资源局，河南郑州 450000）

摘 要：水土流失对社会生产、生态发展、防洪安全及水质安全有着重要影响，水土保持规划有助于水土
保持的开展，目前国家层面已经出台相关水土保持规划，县级层面的规划更注重实际操作性，本
文在基础资料、区域布局和措施体系等方面对县级水土规划编制要点进行分析。

关键词：水土保持；规划；矢量图

1 引言

2015 年 10 月，国务院批复《全国水土保持规划（2015—2030 年）》，水利部、国家发展和改革委员会等相关部门于 2015 年 12 月 15 日联合印发实行。党和国家一直高度重视水土保持工作，党的十九大提出要大力度推进生态文明建设，生态文明制度体系加快形成，树立和践行"绿水青山就是金山银山"的理念。

关于水土保持规划的研究方面，国内外学者进行了大量的研究，取得了丰富的成果。马倩等通过现有水土保持规划评估技术方法对规划实施情况评估技术方法进行了充分的探讨[1]；王治国等从水土保持顶层设计概念与内涵、顶层设计存在的问题等多方面讨论了针对我国水土保持顶层设计若干重要关系的思考[2]；刘震就水土保持三级分区的全国水土保持规划主要成果及其应用进行了充分的说明[3]。研究者针对水土保持规划的制度、方法等取得了一系列具有重要价值的成果，也为下一步研究打下了坚实基础。

目前全国多地已经开展有县级水土保持规划，国家层面的水土保持规划具有宏观指导意义，县级和区域的规划则更注重规划实施的可行性。《水土保持规划编制规范》（SL 335—2014）对县级水土保持规划做出了必要性规定，而如何使区域水土保持规划有更高的可操作性，则需要从基础资料收集阶段就予以重视。

本方法引入自然资源部门提供的土地利用类型矢量数据，为区域水土保持规划提供科学的依据，使规划成果具有高度的直观性、可操作性。

2 应用方法分析

2.1 前期查勘阶段

在前期查勘阶段，使用土地利用类型矢量图能够有效解决时间和成本问题，对一些难以查勘的地方，使用土地利用类型矢量图和卫星地图相结合，能够有效了解本地区的现状。

在规划编制前，可以使用 ArcGIS 将土地利用类型矢量图属性表中的数据导出，使用 Excel 的数据透视功能，对已有数据进行分析，了解规划县的全貌，整体把握全县的自然情况。

水土保持规划报告要求列出县区的土地利用现状，一些地区的土地利用现状是从统计局获取的，有时会有一些人为误差，而且统计局土地利用类型的分类和水土保持的分类也有较大出入。在查勘阶

作者简介：常兴（1991—），男，工程师，主要从事水文勘测与设计工作。

段，可以使用 ArcGIS 对图斑进行调整，使用转换、合并、拆分等功能，对已有图斑的分类进行调整，使其在分类上满足水土保持领域的分类。使用矢量图中的数据能够更加真实地反映各种土地利用类型的实际情况，也能够根据实际需要，调整土地利用类型分类。

以阿克苏地区温宿县为例，温宿县全县总面积 14 202.46 km²，县域面积较大，而且土地利用类型复杂，难以对全境进行查勘。在从自然资源部门获得土地利用类型矢量图之后，可以根据矢量图了解县域全貌，结合卫星图确定查勘地点。温宿县北部有较多山脉分布，这些地区难以进行现场查勘，根据卫星地图只能识别出山脉的分布，对于山区的人居分布较难一个一个查找确认。此时可以通过检索土地利用类型矢量图中的水浇地、水田、农村道路等图斑，获得这些土地利用类型的分布。

温宿县北部山区零星地分布着一些村落，并且有农用地的存在。这些地区被山地和丛林覆盖，而且县域面积较大，如果直接从卫星图上寻找，则难以找出一个个较小的村落或者农用地，出现遗漏情况，也难以掌握这些土地的利用性质。此时土地利用类型矢量图能够较好地发挥作用。

2.2 报告编制处理

2.2.1 水土流失现状分析

规划的水土流失现状章节需要描述规划县的水土流失类型及成因、水土流失强度及分布。

目前，全国一些地区开展了水土流失动态监测。编制规划时，可以从相关部门直接获取动态监测数据。对于尚未开展动态监测的地区，可以采用水利行政主管部门已有水土流失现状调查数据，但是这些调查数据一般不能定量反映县域的水土流失现状，此时可以通过 RUSLE、RWEQ 等相关模型进行模拟。

RUSLE 模型是美国农业部于 1997 年在通用土壤流失模型的基础上修订并正式实施的一种适用范围更广的修正模型，20 世纪 90 年代被引入中国。该模型中，土地利用类型是重要的 C 因子（覆盖与管理因子）。WEQ 由美国农业部在 1965 年提出，后经修正形成风蚀模型 RWEQ。RWEQ 模型中，植被覆盖度是重要因子。

以上两个模型的应用均需要以土地利用类型为基本因子。通过遥感卫星解译可以得到土地利用类型数据，但是人工解译的效率和质量都不如自然资源部门已有的土地利用类型矢量数据。使用自然资源部门提供的土地利用类型矢量图，可以为 RUSLE、RWEQ 等相关模型的计算提供准确的资料基础，提高模型的准确性，更加真实地反映规划县的水土流失现状。

在编制阿瓦提县和温宿县的水土保持规划过程中，采用了相关模型对土壤侵蚀进行了模拟，用到了两个县的土地利用类型矢量图。考虑到新疆维吾尔自治区水利厅开展了自治区级水土流失动态监测项目，其动态监测成果更能反映各地区的水土流失现状，也更具权威性，因此报告编制主要参考动态监测成果的数据。但是对于尚未开展动态监测的地区，土地利用类型矢量图的价值无疑是重大的。

2.2.2 水土保持分区

2.2.2.1 区域布局

水土保持区划识别水土流失特征相近、自然社会状况相似的区域，将其组织为同一水土保持区，以统一配置水土流失治理措施，确定经济生产发展方向。区划是规划的基础，也是因地制宜地布置水土保持措施的依据。总体布局是实现水土流失分区防治和构建区域防治体系的基础，是水土保持相关部门开展水土流失防治工作的方向指导，对水土保持规划具有重要意义。

按照规划目标，以已有区划方案及相关政策方针为基础开展规划县水土保持规划总体布局，根据现状评价和需求分析，结合水土保持防治的任务、目标和规模，最终确定规划县水土保持总体布局及水土保持分区。

分区的原则如下：自然规律和经济社会规律相结合，根据土地资源的优势、水土流失现状及发展趋势，结合经济社会发展对土地利用的要求，确定与生产发展相适应的土地利用方案和开发保护利用水土资源的根本措施；主导因素和综合因素相结合，既考虑自然和社会等综合因素，还要分析其相互关系和作用，抓住起主导作用的因素；考虑区内相似性和区间差异性，同一区域的主要自然条件、经济社会条件、水土流失规律和程度、生产建设方向及治理措施应基本相似，而在各区之间则应有明显的差异性；定量分析与定性分析相结合，综合采用多种方法，从多个角度分析说明，尽可能选择可量化评价指标，使分区结果精确、合理、符合实际情况；整体一致性且兼顾行政区划，各区的地域必须连片，并尽量保持乡（镇）、村级行政区的完整性。

土地利用类型矢量图在本阶段的应用是提高分区的精度和规划的直观性。根据《水土保持规划编制规范》（SL 335—2014）的要求，县级水土保持规划的分区布局精确到自然村。如果只是列表说明各个分区涉及的自然村，不如分区图直观。若直接在行政区划图上进行划分，虽然能保证行政区划的连续性，但是容易忽略各个分区的自然条件。

采用土地利用类型矢量图进行分区划分，最大的优势在于边界的处理。在分区时，可以对比矢量图自带的行政区划和土地利用类型数据，确定分区边界所属的自然村，尽量将同一个自然村分在同一分区。这大大提高了水土保持分区的准确性。

2.2.2.2 重点预防区和重点治理区

新修订的《中华人民共和国水土保持法》（中华人民共和国主席令第三十九号），将原水土流失重点防治区中"三区"调整为"两区"：重点预防区和重点治理区。

划分水土流失重点防治区是开展水土保持工作的重要基础，按照法律要求，划定结果经政府公告后，即具有法律效力。为适应新法的要求，根据规划县面临的生态环境改善和社会经济可持续发展的要求，需要对以往的水土流失重点防治区划分成果重新复核并进一步完善，以利于水土保持预防监督和综合治理工作的开展。

国家规定对大面积的森林、草原和连片已治理的成果列为重点预防保护区，制定、实施防止破坏林草植被的规划和管护措施。重点防护区分为国家、省、县三级。跨省（区）且天然林区和天然草场面积超过 1 000 km² 的列为国家级，在自治区内跨县的天然林区和天然草场面积超过 100 km² 的列为省级重点保护区，在本县范围内天然林区和天然草场面积超过 100 km² 或水土保持集中连片综合治理面积在 10 km² 以上的划分为县级重点保护区。

对水土流失严重，国民经济与河流生态环境、水资源利用有较大影响的地区列为重点治理区。

如果规划县已经被划分为相应级别的水土保持重点预防区或重点治理区，则不再进行重点预防区和重点治理区的划分。

在需要进行重点预防区划分时，先在 ArcGIS 中检索出"有林地""天然牧草地""其他林地"等图斑，掌握这些土地利用类型的整体分布。然后利用 ArcGIS 的合并功能，对集中连片的天然草场和林区进行合并，寻找面积超过 100 km² 的区域，根据实际规划情况，考虑将其作为县级重点保护区。

在需要进行重点治理区的划分时，结合已有的水土流失现状分布图，对相应需要治理的水土流失类型进行划分。当需要确定水蚀治理区时，在土地利用类型矢量图中寻找"河流"等图斑，结合卫星图和水土流失分布图，确定需要划分为水蚀治理的区域；当需要确定风蚀治理区时，在土地利用类型矢量图中寻找"裸地""沙地"等图斑，结合卫星图和水土流失分布图，确定需要划分为风蚀治理的区域。

2.2.3 水土保持规划项目

2.2.3.1 预防规划

主要河流的两岸、小型湖泊周边、水库周边等地方需要作为预防区，可以直接在土地利用类型矢量图中检索"水库"等相关图斑，找出规划县水库的分布，明确预防范围。这种方法比使用卫星图效率高，而且矢量图中水库自带的信息数据也有助于规划的开展。

水土保持的预防措施的具体操作较为单一，基本以封禁为主。但是区域水土保持规划的预防措施体需要结合本县实际情况，使规划具有较高的实际操作性。在进行具体的项目规划时，对于需要封禁的林草地，可以直接借助土地利用类型矢量图检索林草地，计算各个图斑的面积，根据上级规划的任务规模和业主的实际需求，选择需要安排保护措施的区域。

2.2.3.2 治理规划

治理措施主要为农业措施、工程措施和植物措施三大类。

对于植物措施中涉及的造林，需要考虑造林所在的区域及需要的水源。在土地利用类型矢量图中检索"河流""沟渠""水库"等要素，把握整个规划县的水源分布。检索"裸地""砂地"，结合业主需求和水土保持治理需要，安排相应治理措施项目。在安排造林项目时，根据水源分布，参考卫星图中规划区域的现状，论证所在区域造林的水源问题，保证造林的合理性。

在绘制治理措施布局图时，直接借助矢量图原有图斑新建图层，这样可以保证治理措施范围的精确度。以土地利用类型矢量图为底图绘制治理措施布局图，不仅能够以图片形式直观反映治理措施的分布，也能给出每个项目具体的经纬度，使后期项目具有较强的可操作性。

在安排防治项目时，还需要参考土地利用规划矢量图中的图斑，明确规划地区未来的土地利用计划，避免和自然资源部门的土地利用规划发生冲突。

2.3 图件绘制

《水土保持规划编制规范》（SL 335—2014）要求的图件是水土流失现状图、水土保持区划图、水土流失重点预防区和水土流失重点治理区分布图、水土流失防治格局或布局图、重点项目分布图、水土保持监测站点布局图和其他必要的图件等。

以土地利用类型矢量图为底图，可以更直观地绘制出水土保持区划图、水土流失重点预防区和水土流失重点治理区的分布图，精确确定这些分区的边界。

规划项目的报告编制和图件绘制是同时进行的，编制报告所需要的数据，如项目所属行政区划、面积、经纬度等，都可以直接在绘制图件时同步读取并编入规划报告，两个过程是相辅相成的。

如果县区的规划涉及近期和远期两期，甚至近期、中期和远期三期，可以在绘制图件时将不同时期的防治措施分开绘制到不同图层，在出图时，选择图层叠加或者单独出图，方便规划实施，也有助于规划调整后图件的修改。此外，有了土地利用类型矢量图，也可以此为底图，对图件的图例等参数进行调整设置，根据实际需要获得相应高清规划实施图。

2.4 应用成果展示

本方法在《阿瓦提县水土保持规划（2020—2030年）》《温宿县水土保持规划（2020—2030年）》的编制中发挥了较大的作用，提高了报告的编制效率和质量，也获得了业主的认可。

各个分区的边界精确到自然村，且全图非常直观，能够帮助业主掌握全县的水土保持分区情况，并根据各分区实际情况采取相应的水土保持措施。

阿瓦提县的土地利用防治措施的布局合理，每项防治措施都是借助已有图斑进行绘制的，各个项目涉及的行政区划、面积规模、地理坐标等信息都比较精准，可以直接作为方案的实施用图。

目前，两个县的规划报告均已通过了新疆维吾尔自治区阿克苏地区水利局、新疆维吾尔自治区水利厅专家的审查。其中，《阿瓦提县水土保持规划（2020—2030年）》已经取得了阿瓦提县人民政府的批复，规划项目正在陆续开展中。

3 主要性能及指标分析

3.1 项目规模精度

在确定规划项目所在区域后，可以在 ArcGIS 中直接计算出各个规划项目的面积，提高规划规模的精度。同时，对照上级部门提出的规划指标，对现有项目进行合理的增减。

在阿瓦提和温宿的水土保持规划实施过程中，根据新疆维吾尔自治区水利厅和新疆维吾尔自治区阿克苏地区水利局的要求，项目进行了数次调整，项目分期从最初的近期、中期、远期调整为后来的近期和远期。项目分期的调整意味着各个项目都要跟着进行相应调整。同时，也要保证项目的规模达到地区划定的指标要求。ArcGIS 可以直接计算出各个规划项目的面积，在项目调整过程中，可以直接计算出已经规划的项目面积，根据规模指标，实时进行增减。

一些县区的规划直接在 jpg 格式上绘制，只能得到大概的规划面积，经历数次项目调整之后，规划规模会出现较大的误差。显然，利用土地利用类型矢量图进行县区水土保持规划有着更高的项目规模精度。

3.2 项目地理位置精度

通过 ArcGIS 自带的坐标系统，在矢量图中确定项目所在区域的经纬度范围，可以精确定位项目的位置，有助于后期规划项目的实施。

同样地，一些县区的规划是直接在 jpg 格式的行政区划图或者卫星图上绘制的。这种方法只能得到大概的规划位置，后期在进行项目实施时，很可能面临找不到项目具体实施地点的困难，不利于规划的实际开展。显然，利用土地利用类型矢量图进行县区水土保持规划有着更高的项目地理位置精度，也能为后期的各个水土保持项目的初步设计提供精准的资料。

4 结论与展望

土地利用类型矢量图自带大量数据信息，既有助于水土流失模型的计算，也可以通过属性表中的字段提取相关信息，为开展水土保持规划提供基础。2013 年 2 月，全国开展了第一次地理国情普查，本次普查已经于 2015 年结束，并且在之后进行相应更新，目前已有全国准确的土地利用数据。

土地利用类型矢量图较容易获得，在进行区域水土保持规划编制时，可以前往自然资源部门获取当地最新的土地利用类型矢量数据和土地利用规划矢量数据。

本方法已经在《阿瓦提县水土保持规划（2020—2030 年）》《温宿县水土保持规划（2020—2030 年）》得到了应用，规划报告得到了新疆维吾尔自治区水利厅、新疆维吾尔自治区阿克苏地区水利局专家们的认可，且《阿瓦提县水土保持规划（2020—2030 年）》已经获得阿瓦提县人民政府的批复并开展相关项目的实施。此外，本方法在相关设计研究单位也获得了应用，节约了编制单位的时间成本，提高了编制效率和质量，可以推广应用于黄河流域的小流域范围内的水土保持规划编制。

因此，土地利用类型矢量图在区域水土保持规划中的应用可以广泛推广，提高规划编制效率和质量，为后期水土保持规划各个项目的实施提供可靠的基础。

参考文献

［1］马倩，张发民，王传明，等．全国水土保持规划实施情况评估技术方法探讨［J］．中国水土保持，2022（10）：56-59．

［2］王治国，张超，王春红．关于我国水土保持顶层设计若干重要关系的思考［J］．中国水土保持科学，2016，14（5）：145-150．

［3］刘震．全国水土保持规划主要成果及其应用［J］．中国水土保持，2015（12）：1-6，23．

德清县全域河湖生态环境分析评价

陆宇苗　周小峰　许开平　万　杨

（浙江省水利河口研究院　浙江省海洋规划设计研究院），浙江杭州　310020）

摘　要： 为评估德清县河湖水生态健康，本文使用泰森多边形优化全域河湖监测布点，从水体理化性质、藻类和大型底栖无脊椎动物群落多样性等角度出发，评估了德清县全域河湖水生态健康程度。结果表明：全域监测布点 88 个中 69.61% 的监测断面满足地表水Ⅲ类及以上的水质标准；藻类和底栖生物 α 多样性指数呈现溪流高于平原河流的特征。德清县生态环境现状处于健康状态，东苕溪以西的山溪性河道优于东苕溪以东的平原河网。研究评估了德清县全域河湖生态环境健康现状，可为德清县水生态环境保护提供科技支撑。

关键词： 德清县；健康评价；藻类；底栖动物

1　引言

作为生态系统的核心组成部分，河湖对于维持地区生态平衡和人类社会的可持续发展起着至关重要的作用。河湖健康的概念不仅涵盖了水质和生态，还涉及人类社会与自然环境的互动。河湖健康评价经历从早期关注水体的理化指标到逐渐关注生态系统的稳定性和可持续性的过程。许多研究表明，单一指标无法全面反映河湖的健康状况，因此引入了综合评价指标体系，包括生态、经济社会等多个方面，更全面地评估河湖健康[1-3]。

近年来的研究表明，藻类和底栖生物在河湖健康评价中有不可或缺的作用。藻类具有生活史短、环境变化响应性高等特点，在反映水体生态系统健康和环境质量方面有着重要作用[4]。藻类的多样性和数量能够直接反映水体的富营养化程度。富营养化水体中的藻类过度繁殖可能导致水体浑浊、氧气供应不足，甚至引发有害藻华，对水质和生态平衡构成严重威胁。与此同时，底栖生物由于其生命周期长、移动能力弱而活动范围小，能反映其生存环境的特征，在河湖生态评估中也发挥着关键作用[2]。

德清县地势地貌独特，西部为丘陵山区，中部为河谷缓丘，东部为平原河网，丰富的地貌类型造就了极为立体的河湖水系风貌，也使德清具有了极强的河湖治理示范性。本文选取德清县作为研究对象，旨在探讨流域河湖健康评价方法。首先，利用 GIS 对德清县河湖布点，分析生态系统的状态（水质、底泥、藻类和大型底栖动物）；其次，解析水环境和水生态指标间的相关关系，更深入地了解河湖健康状况；最后，对德清县全域水环境和水生态现状进行综合评价。

2　材料与方法

2.1　监测布点与样品数据采集

本文采用了泰森多边形方法，将研究区域划分为多个分区，以实现监测点的均匀分布。首先，利

基金项目： 浙江省水利厅科技计划项目（RA2102）；浙江省水利河口研究院（浙江省海洋规划设计研究院）院长基金项目（ZIHE21Z002，ZIHE21Q008）；"尖兵""领雁"研发攻关计划项目（2023C03134）；浙江省水利科技计划项目（RC2223）。

作者简介： 陆宇苗（1995—），女，工程师，水环境监测中心技术员，主要从事河湖健康评价和生态保护相关工作。

通信作者： 许开平（1986—），女，工程师，水环境监测中心副主任，主要从事水资源、水生态、水环境评估与保护等工作。

用 GIS 技术对流域内的地理要素进行分析，得到各地区的重心位置。随后，以每个重心位置为中心，生成包围其周边区域的泰森多边形，作为监测点位的候选区域。在候选区域中，根据实际地形、水域分布和人类活动等因素，筛选并确定最终的监测点位。该方法确保了监测点的广泛覆盖性，同时充分考虑到不同水体类型和人类干扰的差异，从而实现了综合性的流域河湖健康评价。以自然地理单元为主，结合行政管理单元，参考《浙江省河湖健康及水生态健康评价指南（试行）》中控制单元的划分，评估单元大小基本与乡镇区划保持一致。因此，共有 13 个乡镇（评价单元）。

水质 pH 和溶解氧利用美国 YSI ProDSS 便携多参数水质测量仪测量，透明度采用塞氏盘法测量。室内检测水样采集方式为利用有机玻璃采水器采集同一个断面的左、中、右三个点位的表层水进行混合。底质采集方式为利用重力式抓泥斗采集表层底质。浮游、着生藻类和大型底栖无脊椎动物的采集均依据相应技术指南方法进行[5]。

2.2 样品处理与分析方法

采用流动注射分析仪测定总氮、总磷、氨氮和高锰酸盐指数，叶绿素 a 测定采用分光光度法[6]。底质监测指标包括 pH[7] 和重金属（铅、镉、铬、汞、砷）[8-11]。藻类定量样品运回后进行沉降、浓缩与定容，采用目镜视野法进行藻细胞计数。底栖生物样品经 200 μm 网径纱网筛洗干净后，在解剖盘中将底栖动物捡出，置入塑料标本瓶中（10% 的福尔马林）保存，然后将样品带回实验室用解剖镜及显微镜进行种类鉴定、计数。

2.3 数据处理与分析方法

基于 ArcGIS（V. 10. 2）采用反距离权重法绘制水质和底泥理化指标的全域分布特征。基于 R（V. 3. 6. 3），利用 vegan 包完成 α 多样性和 β 多样性分析，采用 R（V. 3. 6. 3）自带的 cor 函数计算 Spearman 相关性计算。选取 Mcnaughton 优势度指数（Y）> 0.02 的为优势种[4]。本文将东苕溪以西乡镇河道划分为山溪河道，东苕溪以东归为平原河网。莫干山镇、阜溪街道、武康街道、舞阳街道、下渚湖街道和康乾街道一片归为以东苕溪为代表的山溪河流分区，洛舍镇、钟管镇、新市镇、乾元镇、新安镇、禹越镇和雷甸镇归为以运河为代表的平原河网水系分区。平原河网藻类采用 Shannon 指数赋分评价，山溪河道藻类采用富营养硅藻指数（TDI）赋分评价，大型底栖无脊椎动物群落采用物种数质量比和敏感性质量比赋分评价。评价方法参考《浙江省河湖健康及水生态健康评价指南（试行）》。

3 结果与讨论

3.1 全域河湖理化现状

图 1 为德清县河湖水质理化分布。水温在 23.8 ~ 35.5 ℃ 范围波动，较高的水温可能与气温升高、光照增加等因素有关。水体的 pH 介于 7.43 ~ 8.67，表明水体呈现中性到轻微碱性，这对大多数水生生物而言是适宜的 pH 范围。较高的溶解氧水平通常有利于水生生物的生存，但低氧水平可能会导致水生生物的生态问题。地表水环境质量标准通常要求溶解氧浓度在 5.0 mg/L 以上，以维持水体中的健康生态系统。在德清县河道中，溶解氧浓度介于 1.40 ~ 8.40 mg/L，有些点位低于标准要求，这可能对水生生物产生不利影响。高锰酸盐指数介于 0.1 ~ 13.0 mg/L，有些点位高于标准要求，可能存在有机污染问题。

在德清县河道中，氨氮的浓度介于 0.020 ~ 3.54 mg/L，总氮介于 0.88 ~ 10.07 mg/L，总磷介于 0.01 ~ 0.85 mg/L。较高的氨氮、总氮和总磷浓度可能导致富营养化问题，如藻类过度生长。透明度介于 0.22 ~ 0.72 m，透明度通常受到水体中悬浮物和浑浊度的影响。叶绿素浓度为 1.2 ~ 119.5 μg/L，叶绿素通常与藻类生长有关。较高的叶绿素浓度引起水体透明度的下降，可能是富营养化的标志。

从水质监测数据结果来看，全域 69.61% 的监测断面满足地表水Ⅲ类及以上的水质标准，乡级河道及其他小微水体易呈现水色泛绿等富营养化特征，一方面是因为水体流动性差，不利于污染物的稀释降解；另一方面是现阶段德清县河湖仍存在较大范围的围网养殖，部分河段藻类较多、水色泛绿的现象与围网养殖过程中生物余饵残渣、粪便等有一定的联系。

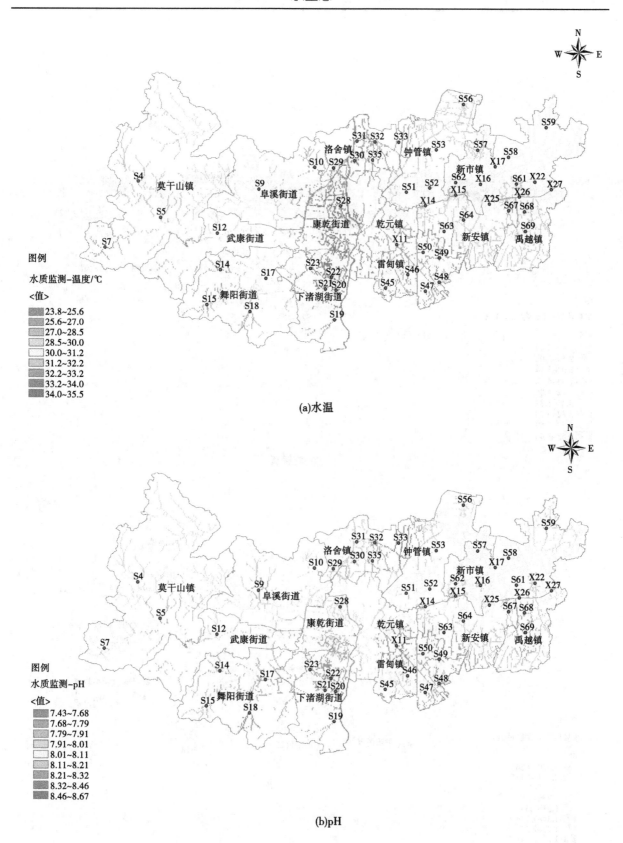

(a)水温

(b)pH

图1　全域河湖水质理化分布

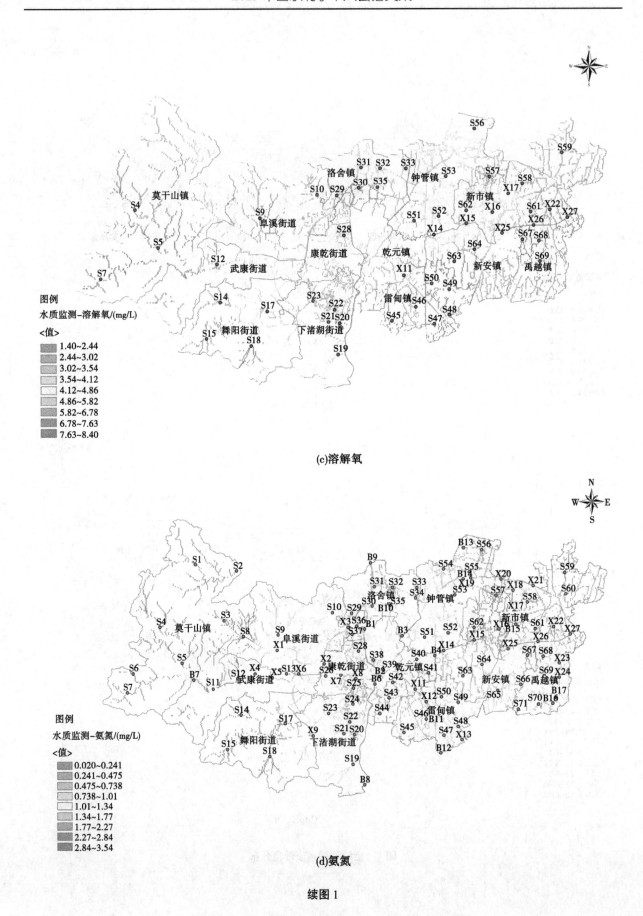

(c)溶解氧

(d)氨氮

续图1

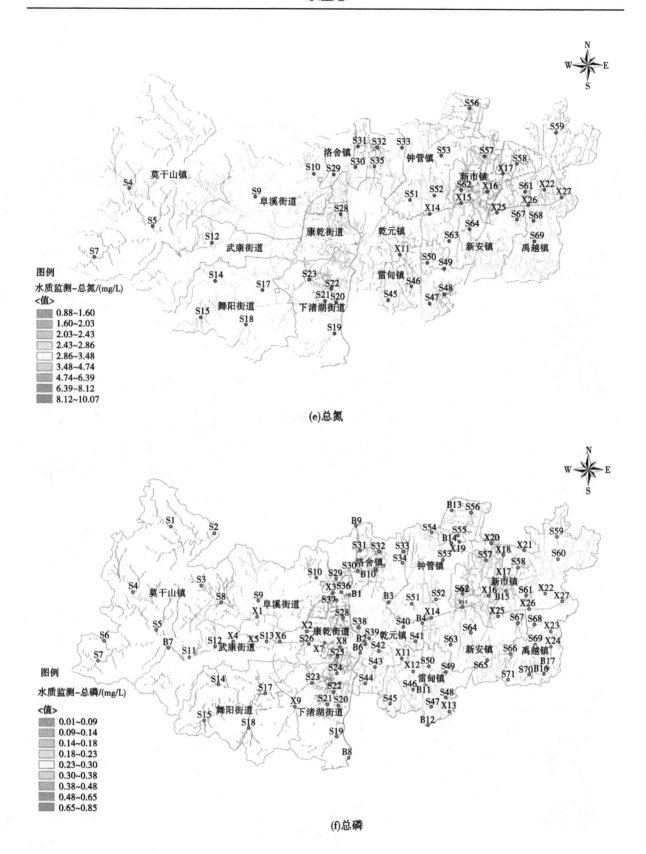

(e)总氮

(f)总磷

续图1

图例

水质监测–透明度/m

<值>
0.22~0.30
0.30~0.36
0.36~0.41
0.41~0.45
0.45~0.49
0.49~0.54
0.54~0.58
0.58~0.64
0.64~0.72

(g)透明度

图例

水质监测–叶绿素/(μg/L)

<值>
1.2~6.3
6.3~10.9
10.9~17.9
17.9~27.2
27.2~38.8
38.8~53.2
53.2~68.9
68.9~92.1
92.1~119.5

(h)叶绿素a

续图1

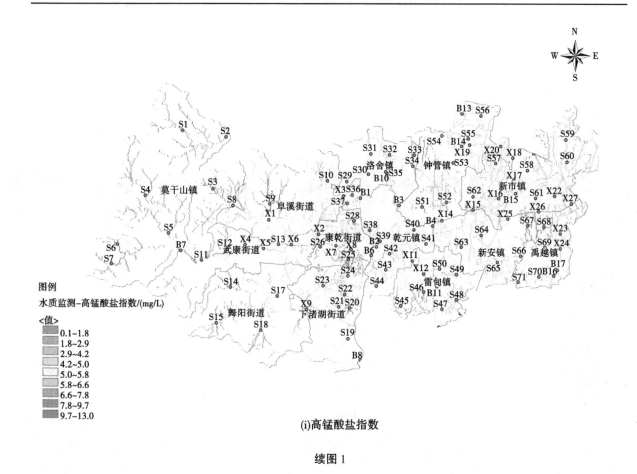

(i)高锰酸盐指数

续图 1

图 2 为德清县河道底泥重金属分布特征，监测指标包括 pH 和重金属（铅、镉、铬、汞、砷）。德清县底质重金属含量现状较好，仅有 2 个监测点位的个别重金属指标超过《土壤环境质量 农用地土壤污染风险管控标准（试行）》（GB 15618—2018）[12] 中设定的风险管控值，超标点位分别是位于武康街道的 S13 点位，超标指标为 Cr，超标倍数为 1.3 倍；位于新安镇的 S65 点位，超标指标为 Cr，超标倍数为 1.7 倍。第三次全国国土调查数据成果中的地类图斑显示，S13 点位附近主要为城镇住宅用地，该点位 Pb 含量的超标可能与河道沿岸兴起的商业活动所产生的废水排放有关。S65 点位附近主要为水田和农村宅基地。某些农药在生产过程中需要加入重铬酸钾等重金属作为催化剂，农田施用农药，通过地表径流等作用，进入水体底质沉积，造成河道底质的 Cr 含量超标。

3.2 全域河湖生物现状分析

通过藻类和大型底栖无脊椎动物的 α 多样性分析水生态系统物种丰富程度及其水生态系统的健康状态。图 3（a）～（d）表明山区溪流和平原河网中的藻类 α 多样性指数存在一定的差异，主要为 Shannon 指数、Gini Simpson 指数和 Pielou 均匀度指数（$p<0.05$），Margalef 丰富度指数没有显著性差异。山区河流落差大、水流急、水面窄，而平原地区水流缓、水面宽，在水生生境方面存在一定的差异。由于水体流速的变化，浮游藻类和着生藻类可以通过沉降和再悬浮相互转化[2]。图 4（a）为藻类主坐标分析，主坐标轴 1 解释度为 21.86%，主坐标轴 2 解释度为 16.92%，可以看出溪流和平原河网的藻类组成存在一定的差异。平原河网水系连通性由于水闸等呈现斑块化，因此藻类群落结构呈现一定的聚集性特点[13]。溪流藻类优势种为微囊藻（$Y=0.10$）、颤藻（$Y=0.07$）、针杆藻（$Y=0.04$）和鱼腥藻（$Y=0.03$）；平原河网藻类优势种为微囊藻（$Y=0.28$）、鱼腥藻（$Y=0.09$）和颤藻（$Y=0.07$）。微囊藻和鱼腥藻均为引起水华产生的主要物种。

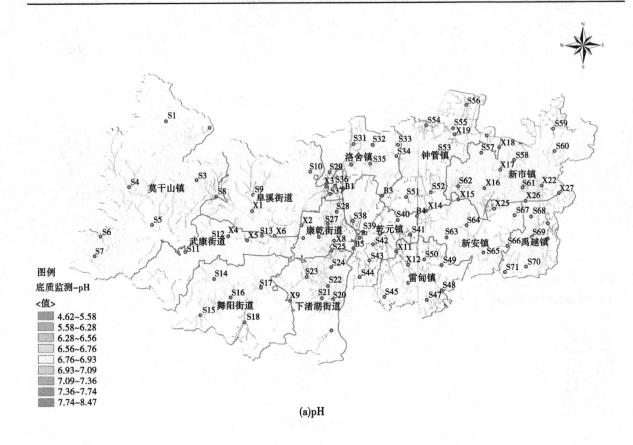

(a)pH

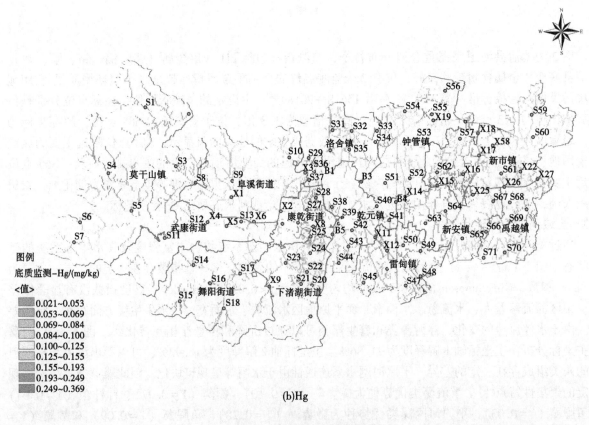

(b)Hg

图 2　全域河湖底泥理化分布

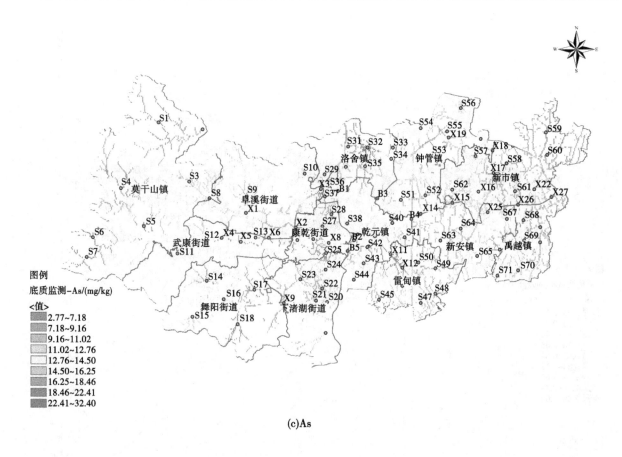

(c)As

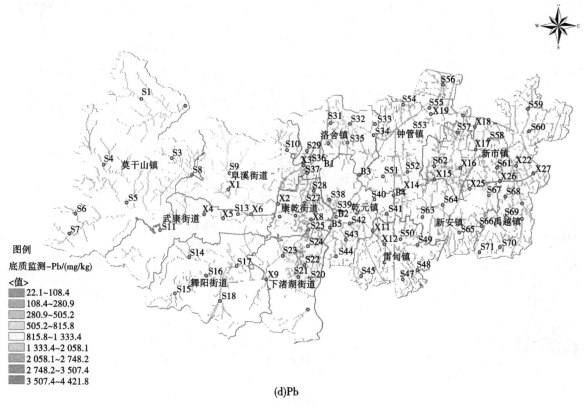

(d)Pb

续图 2

(e)Cd

(f)Cr

续图 2

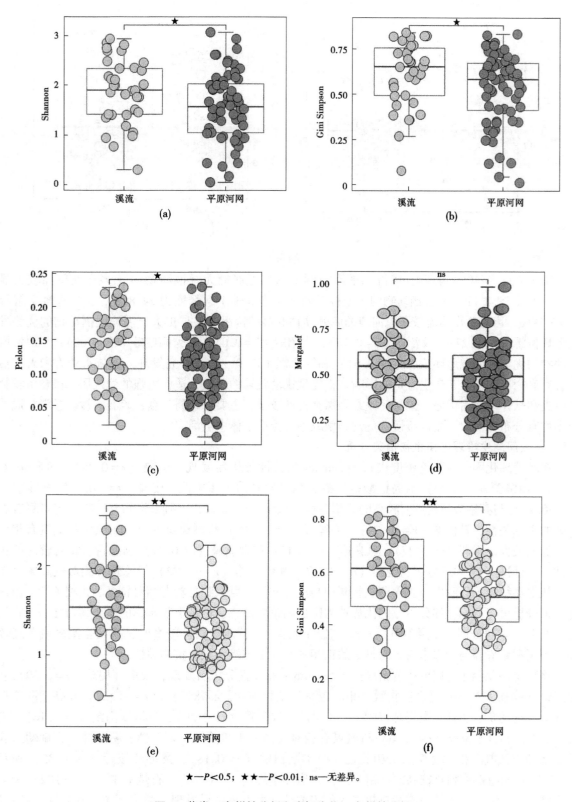

★—*P*<0.5；★★—*P*<0.01；ns—无差异。

图3 藻类 α 多样性分析和底栖生物 α 多样性分析

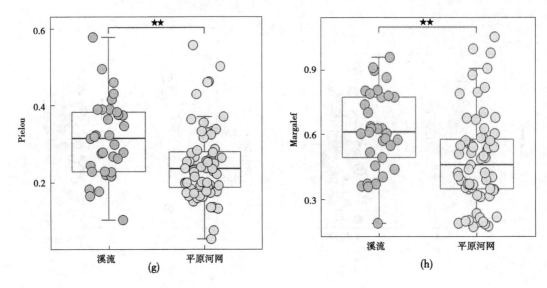

续图 3

图 3（e）～（h）表明，溪流和平原河网中的大型底栖无脊椎动物的 α 多样性差异较为显著（$p<0.01$）。图 4（b）为底栖动物的主坐标分析，主坐标轴 1 解释度为 24.84%，主坐标轴 2 解释度为 19.39%，可以看出溪流较平原河道的底栖动物群落结构组成差异更大。溪流底栖动物的优势种为梨形环棱螺（$Y=0.27$）、纹沼螺（$Y=0.15$）、大沼螺（$Y=0.04$）和秀丽白虾（$Y=0.03$）；平原河网底栖动物的优势种为梨形环棱螺（$Y=0.64$）和纹沼螺（$Y=0.14$）。研究发现，河流水动力和人类活动均会对底栖动物的分布产生一定的影响。在物理扰动较强的水域，适应力强的浅穴居、摄食沉积物的多毛类和软体动物占优势。梨形环棱螺等螺类食性较杂，主要以碎屑为食，碎石、沙砾、淤泥底质河流中均有分布，一般在流速缓慢、贫营养型或中营养型水体中生活[14]。

3.3 全域河湖生境理化和生物相关分析

将环境理化因子与藻类密度进行 Spearman 相关性分析后发现，颤藻（$r=0.38$）、鱼腥藻（$r=0.37$）、微囊藻（$r=0.20$）与高锰酸盐指数有相对较高的正相关性，栅藻（$r=-0.17$）和梭形裸藻（$r=-0.21$）与高锰酸盐指数有较高的负相关性。颤藻（$r=0.42$）、鱼腥藻（$r=0.27$）与氨氮有相对较高的正相关性，转板藻（$r=-0.24$）、游丝藻（$r=-0.18$）和囊裸藻（$r=-0.19$）与氨氮有相对较高的负相关性。颤藻（$r=0.37$）、鱼腥藻（$r=0.44$）和微囊藻（$r=0.31$）和总磷有相对较高的正相关性，针杆藻（$r=-0.32$）、直链藻（$r=-0.27$）和菱形藻（$r=-0.22$）与总磷有相对较高的负相关性。从上述结果可以看出，颤藻和鱼腥藻均与高锰酸盐、氨氮和总磷有相对较高的正相关性。由藻类优势种分析可以看出，部分点位的优势种为颤藻和鱼腥藻，它们是引起水华的主要物种之一。在气温 18～30 ℃、水温较高、光照不强烈、水体流动性差时，营养盐指标较高时，易发生颤藻或鱼腥藻水华。颤藻和鱼腥藻与叶绿素有较为显著的正相关性，而与溶解氧有负相关性。

将环境理化因子与底栖生物密度进行 Spearman 相关性分析后发现，梨形环棱螺（$r=0.39$）和湖沼股蛤（$r=0.17$）与高锰酸盐指数有相对较高的正相关性，石蛾幼虫（$r=-0.29$）和高锰酸盐指数有相对较高的负相关性。梨形环棱螺（$r=0.47$）、纹沼螺（$r=0.30$）、方格短沟蜷（$r=0.16$）、钉螺（$r=0.28$）和日本沼虾（$r=0.16$）与氨氮有相对较高的正相关性，萝卜螺、膀胱螺、石蛾幼虫和多毛管水蚓与氨氮有相对较高的负相关性。中华圆田螺（$r=0.18$）、梨形环棱螺（$r=0.35$）和钉螺（$r=0.24$）与总磷有相对较高的正相关性，方形环棱螺（$r=-0.22$）、石蛾幼虫（$r=-0.32$）和多毛管水蚓（$r=-0.23$）与总磷有相对较高的负相关性。由上述结果发现，梨形环棱螺和高锰酸盐指数、氨氮和总磷呈现较为显著的正相关性，石蛾幼虫和高锰酸盐指数、氨氮和总磷呈现较为显著的负相关性。梨形环棱螺为中国特有种，是腹足纲的一种淡水螺类，群栖于河流湖泊、池塘或水田中，其抗寒、耐旱，环境适应性强，主要以有机碎屑和藻类为食，对水体具有一定的净化效果。氮磷营养盐可被梨形环棱螺加以利用，因此它们之间呈现正相关性。石蛾属于较为原始的毛翅目，石蛾幼虫一般只有在水质较好的天然水体中才能看到，因此与营养盐等含量呈现负相关性。

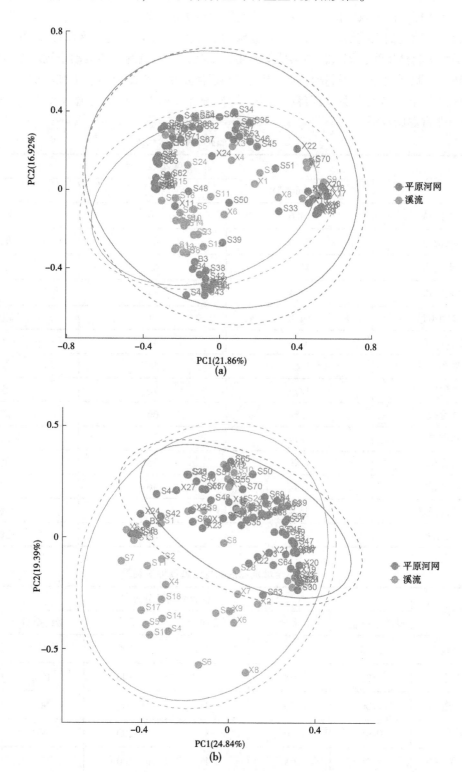

图4 藻类主坐标分析和底栖生物主坐标分析

3.4 全域河湖生态环境健康评价

表1为全域河湖藻类健康评价结果。从结果可以看出，山溪型河道计算富营养硅藻指数较平原河网计算 Shannon 指数所得分值较低。表2为全域河湖底栖生物健康评价结果。东苕溪流域的参照点为

S7，位于莫干山镇的盘溪水系，该点水质类别为Ⅰ类水，岸线类型为人工植被护坡，抛石、干砌石等天然材料护脚，与陆地有良好的生态交互性，且周边均为竹林地，无明显的人类活动干扰。运河水系的参照点为X16，位于东庄桥港，该点水质类别为Ⅲ类水，岸线类型为自然岸线，周边为芦苇荡等原生态现状，无明显的人类活动干扰。平原湖漾的参照点为S24，位于下渚湖，该点水质类别为Ⅱ类水，岸线类型为自然岸线，周边为芦苇荡等原生态现状，无明显的人类活动干扰。整体上，各乡镇河湖底栖生物健康状况较好。通过统计东苕溪流域和运河水系藻类组成，按水域面积占比计算得到全域藻类健康评价得分为55分，处于亚健康水平。同样统计计算大型底栖无脊椎动物组成得分，结果为88分，处于非常健康水平。

表1　全域河湖藻类健康评价结果

评价分区	藻类赋分评价		
	Shannon/TDI	得分	评价
莫干山镇	54.6	54	亚健康
阜溪街道	43.3	67	健康
武康街道	45.3	65	健康
舞阳街道	46.4	64	健康
下渚湖街道	56.8	51	亚健康
康乾街道	63.8	42	亚健康
洛舍镇	1.64	66	健康
雷甸镇	1.74	70	健康
钟管镇	1.64	66	健康
新市镇	1.77	71	健康
新安镇	1.90	76	健康
禹越镇	1.14	46	亚健康
东苕溪流域	55.4	56	亚健康
运河水系	1.36	54	亚健康

表2　全域河湖底栖生物健康评价结果

评价分区	底栖生物赋分评价					
	敏感性质量比	赋分	物种数质量比	赋分	最终赋分	评价
莫干山镇	0.98	83	4	100	83	非常健康
阜溪街道	1.23	100	2	100	100	非常健康
武康街道	1.06	90	2	100	90	非常健康
舞阳街道	0.95	80	3	100	80	非常健康
下渚湖街道	1.28	100	4	100	100	非常健康
康乾街道	1.25	100	2	100	100	非常健康
洛舍镇	0.99	84	5	100	84	非常健康
雷甸镇	0.93	78	4	100	78	健康

续表2

评价分区	底栖生物赋分评价					
	敏感性质量比	赋分	物种数质量比	赋分	最终赋分	评价
钟管镇	0.96	81	4	100	81	非常健康
新市镇	0.99	84	5	100	84	非常健康
新安镇	0.95	80	2	100	80	非常健康
禹越镇	0.99	84	4	100	84	非常健康

图5表明，东苕溪流域的水质整体上优于运河流域水质。全域水质优劣程度指标整体得分为49分，处于亚健康水平。底泥污染状况指标经计算为99分，处于非常健康水平。通过综合加权计算得到德清县整体生态环境处于健康水平。

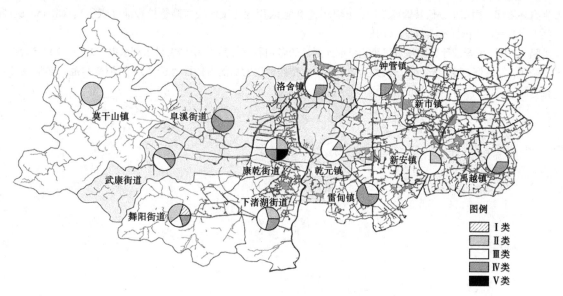

图5 全域乡镇水质分类占比

4 结语

针对德清县兼具山溪性河流与平原河网特点、微小河流较多的现状，本文通过水生生境和生物现状的分析，发现山区溪流和平原河网中藻类和底栖动物的物种组成存在一定差异。藻类和底栖生物多样性整体上偏低，α多样性指数呈现溪流高于平原河流的特征。藻类以微囊藻和鱼腥藻等为优势种，而底栖生物以梨形环棱螺和纹沼螺等为优势种。德清县全域河湖处于健康水平，但平原河网的小微水体仍需要注意水体富营养化问题。

参考文献

[1] 粟一帆, 李卫明, 艾志强, 等. 汉江中下游生态系统健康评价指标体系构建及其应用 [J]. 生态学报, 2019, 39 (11): 3895-3907.

[2] 陈含墨, 渠晓东, 王芳. 河流水动力条件对大型底栖动物分布影响研究进展 [J]. 环境科学研究, 2019, 32 (5): 758-765.

[3] 谭香, 张全发. 底栖硅藻应用于河流生态系统健康评价的研究进展 [J]. 水生生物学报, 2018, 42 (1): 212-220.

[4] 薛浩, 郑丙辉, 孟凡生, 等. 甘河着生藻类群落结构及其与环境因子的关系 [J]. 生态环境学报, 2020, 29 (2):

328-336.

［5］中华人民共和国生态环境部. 水生态监测技术指南 河流水生生物监测与评价（试行）：HJ 1295—2023［S］. 北京：中国环境科学出版社，2023.

［6］国家环保总局. 水和废水监测分析方法［M］. 北京：中国环境科学出版社，2002.

［7］生态环境部. 土壤 pH 值的测定 电位法：HJ 962—2018［S］. 北京：中国环境科学出版社，2018.

［8］中华人民共和国国家质量监督检验检疫总局，中国国家标准化管理委员会. 土壤质量 总汞、总砷、总铅的测定 原子荧光法 第 1 部分：土壤中总汞的测定：GB/T 22105.1—2008［S］. 北京：中国标准出版社，2008.

［9］生态环境部. 土壤和沉积物 铜、锌、铅、镍、铬的测定 火焰原子吸收分光光度法：HJ 491—2019［S］. 北京：中国环境出版社，2019.

［10］中华人民共和国国家质量监督检验检疫总局，中国国家标准化管理委员会. 土壤质量 总汞、总砷、总铅的测定 原子荧光法 第 2 部分：土壤中总砷的测定：GB/T 22105.2—2008［S］. 北京：中国标准出版社，2008.

［11］国家环境保护局. 土壤质量 铅、镉的测定 石墨炉原子吸收分光光度法：GB/T 17141—1997［S］. ［出版者不详］，1997.

［12］生态环境部，国家市场监督管理总局. 土壤环境质量 农用地土壤污染风险管控标准（试行）：GB 15618—2018［S］. 北京：中国标准出版社，2018.

［13］孙鹏，王琳，王晋，等. 闸坝对河流栖息地连通性的影响研究［J］. 中国农村水利水电，2016（2）：53-56.

［14］杨晓明，韩雪梅，梁子安，等. 人类活动干扰下大型底栖动物功能多样性评价［J］. 河南师范大学学报（自然科学版），2020，48（4）：96-102.

喀斯特地区中小河流健康评价

朱小平[1]　王建国[1,2]　付　杰[3]　张　敏[1]　彭　芸[3]

（1. 珠江水利委员会珠江水利科学研究院，广东广州　510610；
2. 水利部珠江河口治理与保护重点实验室，广东广州　510610；
3. 贵州省水利科学研究院，贵州贵阳　550000）

摘　要：喀斯特地区地理环境敏感，生态环境较为脆弱，研究中小河流健康对喀斯特地区生态系统的保护及发挥其生态价值具有积极意义。本文以阳朔县 13 条中小河流为研究对象，依据河湖健康评价有关技术规范，结合喀斯特地区河流特点，从"盆"、水、生物、社会服务功能四个维度构建了河流健康评价指标体系并开展了健康评价。结果表明：遇龙河等 5 条河流为健康等级，金宝河等 8 条河流为亚健康等级，未出现不健康和劣态河流，健康河流和亚健康河流占比分别为 38.5% 和 61.5%。河流生态健康的主要限制因素为生态流量和生物多样性，本文针对性地提出了加强生态流量保障和提升生物多样性的保护和修复建议。

关键词：喀斯特地区；河流；健康评价

河流生态系统是河流生物与环境相互作用的统一体，具有动态、开放、连续等特点[1]，提供着供水、输沙、防洪、涵养水源等多种生态服务功能，不仅以其自然功能推动人类的发展，同时还具备经济、社会与环境价值。近年来，河流生态普遍退化严重[2]，影响了河流的自然功能和社会功能，失去了其自身价值，也危及河流健康，因此河流健康评价引起了广泛的研究和重视。

喀斯特地区生态系统具有基底环境脆弱敏感、正向演替缓慢、稳定性差、易受外界干扰而发生演替终止或逆转的特点，系统的逆转演替速率远高于正向演替速率，决定了喀斯特生态系统破坏后极难恢复的特性[3]。喀斯特大部分地区长期受不合理的人为因素影响，导致生态系统严重破坏。认识并处理好这些问题，对喀斯特地区生态监测与环境保护具有十分重要的现实意义，而河流生命是经济社会发展的预警器，是流域生态的重要体现，因此开展河流健康评价的研究就显得更加重要。本文选择喀斯特世界自然遗产风景名胜区为研究区域，建立包含"盆"、"水"、生物、社会服务功能四个维度的河流健康评价体系，并对现阶段阳朔县境内中小河流进行健康评价，以期为后期河流生态修复和功能提升提供参考依据。

1　研究区概况

阳朔县位于广西东北部，桂林市区南面，地处北纬 24°38′~25°04′、东经 110°13′~110°40′。地貌以石山、丘陵为主，山地为辅，东北部和西南部两侧地势较高，自西北贯穿东南的宽阔地带，地势较低，属典型热带岩溶地貌区。阳朔县河流属于珠江流域，西江水系。漓江在阳朔县境内共有一级支流 11 条，总长 164.5 km；二级支流 13 条，总长 225.46 km。集雨面积大于 10 km² 的河流有 46 条，其中 10~50 km² 的河流 37 条、50~100 km² 的河流 3 条。集雨面积大于 100 km² 以上的河流有 5 条。为

基金项目：国家科技基础研究专项基金（2019FY101900）；广西水工程材料与结构重点实验室资助课题（GXHRI-WEMS-2020-11）。

作者简介：朱小平（1984—）男，高级工程师，主要从事水生态环境监测、水生态修复工作。

通信作者：王建国（1986—），男，高级工程师，主要从事河湖生态系统调查与诊断、水生生态保护与恢复工作。

全面研究区域内中小河流生态的健康情况，本文于 2021 年 9 月对阳朔县常年有水的遇龙河、沟河、兴坪河等 13 条河流进行了实地采样，调查采样点位置如图 1 所示。

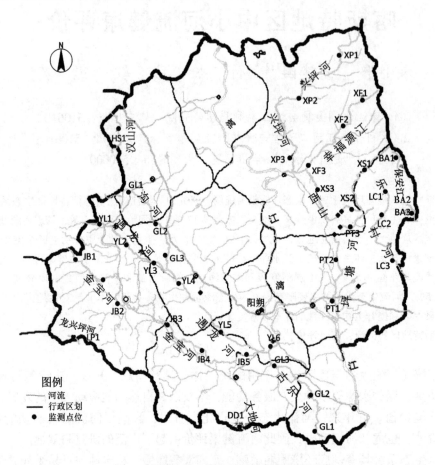

图 1   研究区域、代表性河流及采样点布局

2   研究方法

2.1   河流健康评价体系的构建

2.1.1   河流健康评价指标体系的构建原则

河流健康评价指标体系的构建应遵循科学性、层次性、系统性、全面性和普遍适用性的原则，从多角度综合考虑河流健康的影响因素，因地制宜地建立科学的评价体系。基于上述原则，阳朔县中小河流健康评价指标体系的构建步骤为：①进行相关参考文献的阅读，掌握目前河流健康评价指标的构建方法、指标量化方法以及指标权重的确定方法；②实地调研，采集数据，并咨询相关专家对区域内 13 条河流的自然和社会要素信息进行实地调研与分析，明确评价体系应具备的几个方面；③综合考虑目前国内外采用的指标体系，结合区域内河流生态环境和社会经济特征，以及数据的可获取性，筛选评价指标，构建评价指标体系；④就能够得到的数据咨询相关专家，不断改善评价指标体系的指标构成，最终建立适合阳朔县河流的指标评价体系。

2.1.2   河流健康评价指标体系构建

众多国内外学者采用生境多样性、水质、底泥、河口径流、森林覆盖率、地下水超采率、河流纵向连续性、河岸带、生物、景观环境、栖息地等指标用以建立河流生态健康评价体系[4]。本文参考《河湖健康评价指南》(2020)，结合阳朔县河流特征，确定评价指标体系。采用目标层、准则层和指标层 3 级体系。目标层反映河流健康状况的总体水平；准则层从不同方面反映河流健康状况的属性和整体水平，包括"盆"、水量、水质、生物和社会服务 5 个方面。指标层是根据上述原则选取了 9 个代表性的指标，各指标要素见表 1。

表 1　评价指标、数据来源及计算方法

目标层	准则层	指标层	数据来源与计算方法
河流健康 A	"盆" B1	岸线自然状况 C11	岸坡类型、基质（类别）、河岸冲刷状况、岸线植被覆盖情况沿河流开展现场调查获取。岸坡倾角、岸坡高度通过地形图、堤防设计图纸结合现场调查获取。岸线自然状况由河岸稳定性和岸线植被覆盖率加权求和得到
		违规开发利用水域岸线程度 C12	通过收集水利、环保等相关部门收集入河湖排污口资料和河湖"四乱"状况资料获取。违规开发利用水域岸线程度（Rwk）由入河排污口规范化建设率（RG）、入河湖排污口布局合理程度（RB）和河湖"四乱"状况（Rs）三项亚指标层加权求和得到
	水量 B2	生态流量满足程度 C21	收集水文部门水文站多年流量数据及相关规划资料获取。分别计算 4—9 月及 10 月至翌年 3 月最小日均流量占相应时段多年平均流量的百分比
	水质 B3	水质优劣程度 C31	开展包含除总氮和粪大肠菌群外《地表水环境质量标准》（GB 3838—2002）中的 22 个基本项目监测，监测结果平均值与《地表水环境质量标准》（GB 3838—2002）中"表 1 地表水环境质量标准基本项目标准限值"所列出的水质类别标准值进行比较，确定各水质项目的水质类别。由评价时段内最差水质项目的水质类别代表该评价河段（湖泊）的水质类别
		水体自净能力 C32	现场监测溶解氧，选择水中溶解氧浓度衡量水体自净能力
	生物 B4	大型底栖无脊椎动物生物完整性指数 C41	现场采样调查，采用底栖无脊椎动物香农-维纳指数计算得到
		鱼类保有指数 C42	现场采样调查，采用鱼类-维纳指数计算得到
	社会服务 B5	岸线利用管理指数 C51	收集岸线规划资料、水利工程基础数据；收集水利、环保等部门官方统计的河湖"四乱"资料结合现场调查获取。岸线利用管理指数指未开发岸线长度利用岸线经保护完好的岸线长度的比例
		公众满意度 C52	沿河周边展开现场问卷调查获取，有效问卷不少于 50 份。采用公众调查方法评价，其赋分取评价流域（区域）内参与调查的公众赋分的平均值

2.2　评价指标权重的确定方法

权重是以一个数值大小来表示众多因素相对重要程度的量值，在对多个指标进行评估时，各项指标权重的确定是重要的也是困难的[5]。本文采用较为成熟且应用广泛的层次分析法（AHP）[6-7]。在构造判断矩阵之前，就各指标之间的相对重要程度咨询多位河流生态专家以及当地的河流管理部门，广泛收集意见，最后进行统一整理，确定判断矩阵，得出评价指标权重。AHP 层次分析法的步骤如下：

（1）构造成对比矩阵。

（2）计算权向量并做一致性检验。

（3）计算最下层对目标的组合权向量，并做组合一致性检验。

$$\lambda_{max} = \sum_{i=1}^{n} \frac{A\alpha_i}{n\alpha_i} \tag{1}$$

$$C.R = \frac{C.I}{R.I} \tag{2}$$

$$C.I = \frac{\lambda_{max} - n}{n - 1} \tag{3}$$

式中：λ_{max} 为最大特征根；A 为对比矩阵；α_i 为权重向量；$C.R$ 为一致性比率；$C.I$ 为一致性指标；$R.I$ 为判断矩阵的随机一致性指标。

当 $C.R < 0.1$ 时，认为判断矩阵的一致性是可以接受的。

2.3 评价指标综合评分和评分标准

参考《河湖健康评价指南》（2020），各指标层、准则层和目标层均采用百分制进行打分，先根据式（4）计算各条河流的准则层得分，再根据式（5）计算各条河流的目标层得分，河流生态健康等级分为五类：一类河流（非常健康）、二类河流（健康）、三类河流（亚健康）、四类河流（不健康）、五类河流（劣态），对应的评分区间为［90，100］、［75，90］、［60，75］、［40，60］和［0，40］。

$$B_i = \sum_{i=1}^{n} C_i \cdot \omega_i \tag{4}$$

$$A_i = \sum_{i=1}^{n} B_i \cdot \omega_i \tag{5}$$

式中：B_i 为各条河流的准则层得分；C_i 为各条河流的指标层得分；A_i 为各条河流的目标层得分；ω_i 为权重；i 为非零自然数。

3 结果与分析

3.1 河流健康评价指标的权重

在 Matlab 2016a 软件中计算判断矩阵的特征值和特征向量，根据最大特征值进行一致性验算，验算通过后，根据特征向量值确定各指标的权重。准则层和指标层权重如表 2 所示。

表 2 准则层和指标层权重

目标层	准则层	准则层权重	指标层	指标权重
河流健康	"盆"	0.2	岸线自然状况	0.50
			违规开发利用水域岸线程度	0.50
	"水"	0.3	生态流量满足程度	0.33
			水质优劣程度	0.34
			水体自净能力	0.33
	生物	0.2	大型底栖无脊椎动物生物完整性指数	0.33
			鱼类保有指数	0.67
	社会服务	0.3	岸线利用管理指数	0.44
			公众满意度	0.56

3.2 河流健康分析评价

3.2.1 各条河流准则层评价分析

经评价分析,各条河流准则层得分如表3所示。

表3 各条河流准则层及目标层得分

河流名称	"盆"得分	"水"得分	生物得分	社会服务得分	河流健康得分	河流健康等级
沟河	74.3	73.2	57.8	97.2	77.5	健康
遇龙河	74.7	76.7	44.8	94.2	75.2	健康
金宝河	75.8	76.1	35.4	96.8	74.1	亚健康
幸福源江	76.0	74.1	40.3	94.1	73.7	亚健康
西山村河	75.2	73.2	44.1	93.8	72.0	亚健康
龙坪河	98.5	73.6	27.7	94.72	75.7	健康
保安江	95.6	74.2	58.7	95.1	81.7	健康
乐村河	81.6	72.1	31.1	95.1	73.5	亚健康
兴坪河	76.2	73.9	39.2	94.0	73.4	亚健康
古乐河	74.3	71.7	30.7	92.1	70.1	亚健康
大地河	98.0	49.2	25.9	92.4	67.2	亚健康
汉山河	82.1	73.2	44.1	93.3	75.2	健康
坪塘河	74.25	73.24	36.45	95.60	72.8	亚健康
最大值	98.5	76.7	58.7	97.2	81.7	
最小值	74.3	49.2	25.9	92.1	67.2	
平均值	82.0	70.7	40.1	94.5	74.1	

从表3中可以看出,不同河流的准则层得分基本相似,均呈现出社会服务得分>"盆"得分>"水"得分>生物得分的趋势。社会服务功能方面,各条河流得分普遍较高,分值在92分以上;"盆"方面,得分最高的为龙坪河,得分最低为古乐河和沟河,平均得分为82.0分;"水"方面,得分最高分为遇龙河,得分最低的为大地河,平均得分为70.7分;生物方面,各条河流得分普遍较低,得分最高的为保安江,得分最低为大地河,平均得分为40.1分。

3.2.2 综合评价分析

由表3可知,13条河流健康得分在67.2~81.7分,平均得分为74.1分。遇龙河、沟河、龙坪河、保安江、汉山河5条河流健康等级为健康,金宝河、幸福源江、西山村河等8条河流健康等级为亚健康,未出现健康等级为不健康和劣态的河流,健康河流和亚健康河流占比分别为38.5%和61.5%。

4 讨论

4.1 河流生态健康限制因素分析

由评价结果分析可知,阳朔县中小河流"水"准则层和生物准则层得分较低。"水"准则层方面,主要限制因素为生态流量,由于阳朔县中小河流均为季节性河流,流域范围内缺少水库等控制性工程,生态流量无法充分保障。

生物准则层方面主要限制因素为鱼类多样性,鱼类丰富度指数为0~2,评价得分为0~51,平均值为20.6。随着经济社会的高速发展,生活生产污水的产量大大提高,而相应的污水处理设施并未能及时扩建提效，污水处理能力低于污水排放量的增长。加之沿岸部分镇区排污管建设时间较早，为雨污合流制或采用明渠（沟）排放，对阳朔县中小河流水质造成了一定的不良影响，鱼类生境如产卵场、索饵场和越冬场一定程度上遭到破坏，导致一些环境敏感的鱼类无法生存和繁衍。

此外，从调查结果来看，各条河均发现大量外来入侵物种（如齐氏罗非鱼），个别河流还发现豹纹翼甲鲶（清道夫）。外来物种的入侵影响了河流生态系统原有的平衡，也是导致鱼类多样性下降的原因。

4.2 修复保护建议

本文遵循"流域统筹、系统治理、远近兼顾、建管并重"的总体原则，以山水林田湖草沙生命共同体为生态修复核心理念，为达到改善河流的生态系统、提供更好的自然功能与社会功能的目标，结合当前河流存在的健康问题提出以下保护和修复建议。

4.2.1 建立健全生态流量保障责任体系

一是加强生态流量的监测，通过加建生态流量、水位监测设施，进一步强化对重要河流的生态流量监测与保障。二是通过健全河流取用水总量控制指标体系、最严格水资源管理和用耗水管控、节水型社会建设等措施，进一步增加河流生态流量。根据实地调研结果，当前河流沿岸存在农户农田分散、农田水利工程设施维护压力大、实际用水量远大于用水需求等现象。因此，有必要完善河流沿岸农田水利工程设施巡查和维护、优化调整沿岸农田种植结构。

4.2.2 加强河流生境保护河修复

一是加强执法力度，杜绝一切非法挖沙、侵占河道、滥捕等破坏生境和生物多样性的行为；二是加强生境修复，采用投放人工鱼礁以及科学增殖放流等措施促进生物多样性恢复。

4.2.3 重视外来物种的防治

一是建议组织专业技术人员进一步深化外来物种入侵情况研究，通过实地调查进一步探明区域内河流生物入侵种类、数量和发生程度、探究入侵机制、建立模型预测适生区及潜在生态危害等，为后续制订有效的防控措施提供理论基础。二是建议提高外来物种入侵的监测预警水平，建立覆盖全流域的动态监测网，对外来物种发生情况分级别监测和防控，重点部署和防控已经局部爆发危害和具有危害潜力的外来种。三是建议加强宣传教育，建立全民防治模式。通过广泛的宣传、教育提高民众意识，减少和避免如因人为放生等导致的外来物种入侵行为。

5 结论

（1）从评价结果来看，不同河流的准则层得分基本相似，均呈现出社会服务得分>"盆"得分>"水"得分>生物得分的趋势。有5条河流处于健康状态，8条河流处于亚健康状态，未出现不健康和劣态的河流。

（2）经综合分析，目前阳朔县中小河流面临的主要限制因素为水量和生物因素，具体表现为缺乏水量条件的工程措施和管理机制，生态流量不足，枯水期难以保障；缺乏良好的栖息环境，底栖动物和鱼类种类较少，生物多样性指数有待提高，普遍存在外来生物入侵现象。

（3）未来，为保护阳朔县中小河流的生态健康，应着重从保障生态流量和保护修复生境入手，一方面基于环境效益和经济效益，制订更为科学合理的生态流量保障方案，增强区域内中小河流的生态流量保障能力；另一方面加强河流管理和保护能力建设，严格执法保护河流生境，采取科学合理的生态修复措施，提升水生生物多样性。

参考文献

[1] 栾建国, 陈文祥. 河流生态系统的典型特征和服务功能 [J]. 人民长江, 2004, 35 (9)：41-43.

[2] 唐涛, 蔡庆华, 刘建康. 河流生态系统健康及其评价 [J]. 应用生态学报, 2002, 13 (9)：1191-1194.

［3］梁玉华，张军以，樊云龙．喀斯特生态系统退化诊断特征及风险评价研究：以毕节石漠化为例［J］．水土保持研究，2013，20（1）：240-245.

［4］粟一帆，李卫明，艾志强，等．汉江中下游生态系统健康评价指标体系构建及其应用［J］．生态学报，2019，39（11）：3895-3907.

［5］鲍艳磊，田冰，张瑜，等．雄安新区河流健康评价［J］．生态学报，2021，41（15）：5988-5997.

［6］李晓刚，薛雯，朱敏．基于层次分析法的丹江流域河流健康评价［J］．商洛学院学报，2018（6）：44-49.

［7］傅春，李云翊．基于层次分析的抚河抚州段河流健康综合评价［J］．南昌大学学报（工科版），2017（1）：1-7.

基于模拟退火算法分析的山丘区

水库流域水环境分区研究

刘昊霖[1,2] 谈晓珊[1] 刘　恋[1] 陈柏臻[1] 冯志雨[1] 李晓东[1]

(1. 水利部南京水利水文自动化研究所，江苏南京　210012；

2. 河海大学农业科学与工程学院，江苏南京　211100)

摘　要： 山丘区水库流域水环境具有稳定性高、水质优良和无外源性污染影响等特征，但对气候和地形地貌等因子较为敏感。水环境分区工作往往面临调研周期较长、变量分析复杂等问题，本文利用流域 DEM、水质、降雨、地形和地貌因子等相关数据对库区水环境进行分析，确定关键影响因子的空间参数，对库区执行模拟退火算法并将过程进行可视化记录，完成水环境分区工作，以官方水环境分区方案对算法优化成果进行图形点阵校验，结果显示模拟退火算法对特定水环境的流域分区具有可观的适用性，可为流域管理机构的水环境分区建设提供一定的参考价值。

关键词： 水环境分区；模拟退火算法

1　研究背景

随着社会的发展和经济水平的不断提高，极端气候频发、水土流失加剧等现象导致生态系统因子之间的关系变得更加复杂，江河湖库等水体作为环境系统稳定性的重要载体，水环境问题已经成为当今国际社会关注的焦点之一。在我国，如何精细化治理流域水环境逐渐成为主流问题，开展针对特定流域水环境的分区方法研究对相似特征水环境的流域治理具有重要意义[1]。

目前的流域水环境分区是在水体生态功能完整的基础上，通过获取流域水生态系统的生态要素在空间上的综合分布信息，划分出与环境基底相互关联的土地单元。国外学者对水环境分区研究主要以土壤、自然植被、地形和土地利用等因子建立区域性特征指标分区体系，以水质目标管理、水资源保护和河流生态特征评估为分区目标，将目标数据进行同质化处理来进行水生态功能区划分工作[2]。由于我国国土广袤，气候多样，地理涵盖全面，我国学者对水环境分区研究更加注重水系的完整性，主要以径流深度、地貌类型、地形格局、海拔、降水量、蒸发量和土地利用类型等关键因子建立分区体系进行水环境分区研究[3]。

近年来，得益于人工智能和优化算法的蓬勃发展，以蚁群算法、粒子群算法、遗传算法和模拟退火算法等为代表的现代智能优化算法的出现，突破了传统优化算法的局限性，即必须以获知最优解决方案的数学特征为前提，解决步骤必须建立在对优化问题充分了解的基础之上的模式，转向了对优化问题进行启发式算法开发求取最优解的方式，使现代智能优化算法具有普适性强和效率高的特点而得到了广泛应用，在图像识别、集成电路设计、最优路径规划和资源优化调度等领域都有不俗的表现，但在基于流域精细化治理对目标流域水环境分区的应用和研究上，仍处于相对空白状态。

基金项目： 水利部南京水利水文自动化研究所揭榜挂帅项目边缘计算智能监测终端（NSZQ1422002）。

作者简介： 刘昊霖（1993—），男，水利工程师，主要从事农业水土环境工作。

通信作者： 刘恋（1992—），女，水利工程师，主要从事水土保持工作。

模拟退火算法作为现代智能启发式算法的研究热点之一，相比较于粒子群算法和遗传算法而言，在定义域内趋零的概率突跳性可以有效避免优化过程陷入局部极小并最终趋于全局最优的特性，从而使该算法具有优良的全局收敛性。在模拟退火算法的退温过程中，可视化模型锚定的关键粒子的运动路线在水环境分区研究中有着极大的应用前景[4]。

本文以浙江省温州市珊溪–赵山渡水库流域为研究对象，基于 GIS 技术和模拟退火优化算法原理，以流域内大尺度水环境系统及其影响因素开展水环境分区研究，提出一种在特定水环境特征条件下的新型水环境分区方法，为目标水库流域水环境保护规划提供科学依据，以期提高目标水库流域水环境管理系统的准确性和综合性。

2 材料和方法

2.1 研究区概况

如图 1 所示，珊溪–赵山渡水库位于浙江省南部，界于北纬 27°36′ ~ 27°50′、东经 119°47′ ~ 120°15′，集水面积 2 076.6 km²，水域面积 118.5 km²，流域发源于泰顺县与景宁县交界处的白云尖，主要水体为珊溪水库、赵山渡水库及飞云江干流等 16 条支流。流域水工建筑物主要由珊溪水库和赵山渡引水工程两部分组成，库区河谷纵横，山势高峻险峭，地势西高东低，山峰高程 600 ~ 1 000 m，最高海拔 1 362 m。气候受流域地形影响显著，雨量充沛，光照充足，属副热带季风气候区。降水年内分配不均匀，4—9 月雨量集中，占全年的 74.7%，多年平均降水日数为 149 d。由于地处东南沿海，7—9 月，库区流域台风活动频繁，多雷雨和台风暴雨。

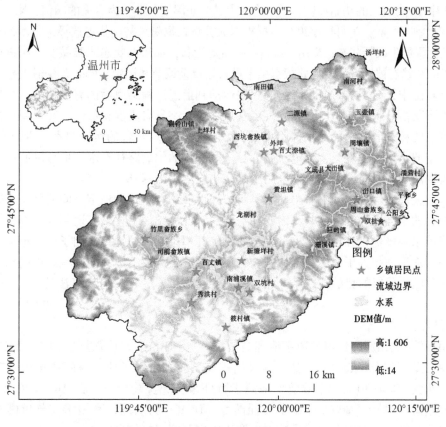

图 1 研究区域图

2.2 模拟退火算法原理和应用

模拟退火算法的思想来源于固体退火原理，当固体的温度很高时，内能比较大，固体的内部粒子做快速无规则运动，在温度降低的过程中，固体的内能不断减少，粒子逐渐趋于有序，最终当固体处于常态时，内能最小，此时粒子也最为稳定。本质上，模拟退火算法是一种循环算法，这种算法允许以一定的概率拒绝局部极小值的问题解，从而可以跳出局部极值点继续开发定义域空间的其他数值解，进而遍历全局得出最优解。将模拟退火算法进行数学抽象，实质化为优化函数 $f(x)$，$\min f(x)$，$x \in C$，C 为空间状态，X 为状态元素。

算法伪代码：

```
Initialize (T0, Xmax, Tmax, L, x)
        If T>Tmax
        Repeat
        For K：=1 to L do
        Begin
            Generate（xj from C）;
            If f（xj）<=f（xi）Then P：=xj
            Else if exp{［f（xi）－f（xj）］/Tk}>random
Then P：=xj
        End;
        K：=K+1;
        Generate（Tk）
        End;
```

上述算法中 T_0 为退火的初始温度，T_{max} 为退火的终止温度，X_{max} 为退火的阈值上限，L 为马可夫链长度，X_i 为初始状态，X_{max} 为可行解组合。模拟退火算法根据随意初始状态选择进行状态空间探测，并由状态产生优化函数生成新状态，交由 Metropolis 准则检验，如果新状态未被接受，则进行跳出和拒绝状态操作，如果新状态被接受，则将此状态结果进行正反馈调节和记录，同时改变退火温度。

模拟退火算法中，粒子从高温状态下的无序运动到退温过程结束后的有序排列，与流域降雨过程中，水体垂直下落由分水岭向出口断面倾泻至水量平衡状态具有高度相似性，在可视化模拟过程中也发现，优化算法的粒子消散路径与水体运动路线重合性极高。两者的运动过程均是向能量平衡态移动，在基于特定的水环境条件下，确定流域的粒子标的物的优化路径对水环境分区有一定的空间解释性，模拟退火算法在水环境分区的研究应用中具有相应的理论基础。

由于模拟退火算法优化过程中需要利用具备拓扑性质的数据作为稳定空间的状态参数，算法应用于基于水质参数的水环境分区体系时，需要在特定的水环境条件下才具有适用性，即目标流域无外源性污染因子扰动水环境优化算法的退火过程，影响水环境条件的关键拓扑因子应为地形和地貌等稳定环境要素，锚定地形地貌因子作为粒子标的物，用于算法在水环境定义空间状态中的路径分析，以达到求取水环境分区最优解的目的，以某区域为例，进行基于 GIS 模拟退火算法的 3D 可视化执行过程（见图 2）。

2.3 数据来源和处理

本文利用珊溪—赵山渡库区流域数字地理高程模型（DEM）、水质数据、2017—2022 年库区降雨量和土地利用类型等数据开展研究。数字地理高程模型数据来源于地理空间数据云，空间分辨率为 30 m，栅格大小为 30 m×30 m。水质数据来源于野外采样和实验分析。在 Arcgis 10.2 版本软件中，以珊溪—赵山渡库区流域 1∶200 000 数字高程模型（DEM）为底图，利用水文分析模块，经修正填注，提取出河流水系。目标库区降雨量数据来源于中国国家气象信息中心。

2.4 研究方法

本文中首先对目标流域水环境特征进行讨论分析，利用 IBM SPSS 确定影响库区水质水环境的主要因子，以水质管理为目标建立系统性分区指标和分区体系，锚定与水环境相关性较高的因子，利用 Arcgis 10.2 版本中内嵌算法功能模块写入模拟退火算法，对目标流域进行优化和分析，对在优化算法降温过程中的影响因子粒子的有效消散路线进行记录、概化、插值和同质处理，划分出相应等级的水环境区域。

$T=0.001\ 8\ ℃$ $T=0.000\ 6\ ℃$ $T=0.000\ 2\ ℃$

图 2　模拟退火优化算法执行过程

3　结果分析

3.1　目标区域流域水环境特征

依据《地表水环境质量标准》（GB 3838—2002），对 2017 年 7 月至 2022 年 1 月珊溪水库区域 18 个断面和赵山渡水库区域 5 个断面水样溶解氧（DO）、浊度（Tur）、叶绿素 a（Chl-a）、高锰酸盐指数（COD_{Mn}）、总氮（TN）和总磷（TP）等指标的分季度监测结果进行水质达标分析。水质时间变化分析如图 3 所示，库区水质指标均呈季节性差异，水质指标整体表现为夏季高、冬季低的趋势，说明库区水质冬季优于夏季；受台风强降雨影响，2018 年夏季出现了部分指标超标的现象。与珊溪水库相比，赵山渡水库由于水域面积较小、污染物扩散和稀释作用弱以及泗溪、玉泉溪等河流挟带污染物入库的影响，TN、TP 普遍较高，水质指标监测值季节性变幅更大，但由于来水水质较好，水体仍稳定在地表水Ⅱ类标准左右。

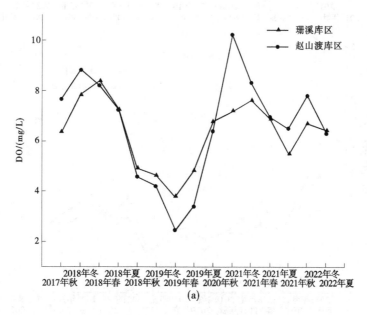

(a)

图 3　珊溪-赵山渡库区水质参数时间变化

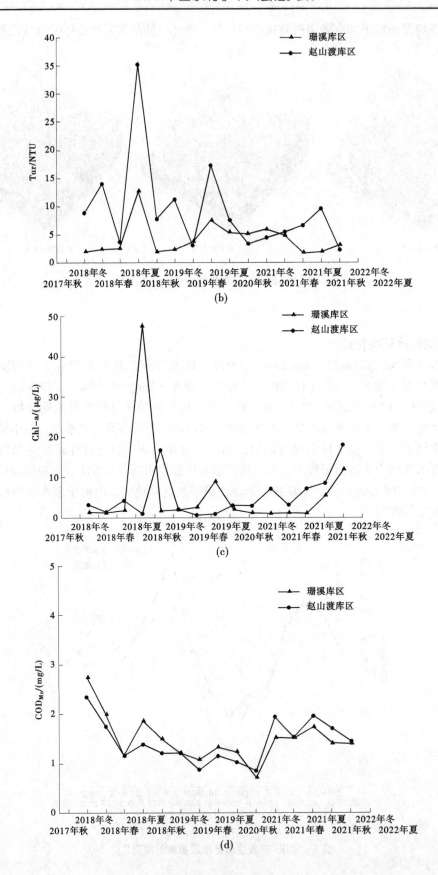

(b)

(c)

(d)

续图 3

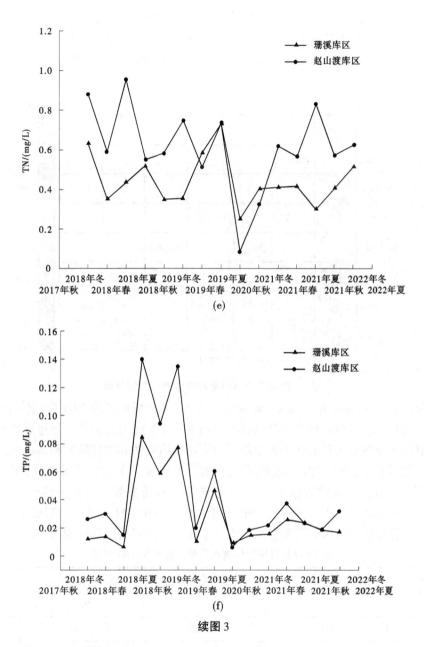

续图 3

水环境参数总体特征统计值如表 1 所示。

表 1　水环境参数总体特征统计值

指标	样本量	最小值	最大值	平均值	标准差	变异系数
PCP/mm	54	0.09	1 162.64	328.40	299.95	0.91
DO/(mg/L)	2 533	2.07	14.46	6.31	0.75	0.13
Tur/NTU	2 477	0.00	511.00	22.00	12.27	1.22
Chl-a/(μg/L)	2 257	0.06	29.16	4.11	2.64	0.65
COD_{Mn}/(mg/L)	2 503	0.002	6.879	1.609	0.31	0.32
TN/(mg/L)	2 519	0.003	2.440	0.488	0.20	0.52
TP/(mg/L)	2 250	0.000	2.001	0.226	0.07	0.60

如图 4 所示,根据水质参数和降雨量 Pearson 相态显著性分析可知,珊溪-赵山渡水库流域水环

境在无外界条件干涉的情况下，目标库区水体基本可维持在湖库标准Ⅱ类水环境，水体污染风险主要来源于强降雨（PCP）导致山丘区水体出现水土淋溶现象，致使 2018 年夏季监测时段 TN 和 TP 出现了短期激增现象，TN 和 TP 也存在较高的相关系数，即目标流域存在水环境与极端气候强降雨相关性较高的特征。

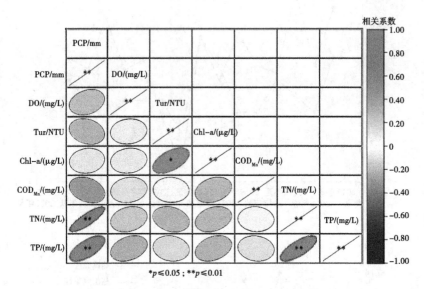

图 4　降雨量与水质参数皮尔逊相关性分析

使用地形湿度指数（topographic wetness index，TWI）来分析地形地貌因子对库区水质水环境的影响程度。TWI 是反映流域地形地貌因子对流域水分利用和储存能力的指数，通过计算研究水体周边陆域的高程特征值和水分在地表和土壤中运动路径的交互作用来估算潜在陆域和水域的交换含水量，是评估流域地形地貌因子与流域缓冲区水体进行交换的主要参数。本文对珊溪-赵山渡水库库区各子流域的 TWI 指数进行了计算，水质数据采用 2018 年典型年水质参数进行相关性分析，结果如表 2 所示。如图 5 所示，TWI 指数与水质参数 TN 和 TP 相关性呈强相关性关系，表明珊溪-赵山渡库区地形地貌因子与水环境营养盐参数因子关系密切，库区水环境特征可与地形地貌因子进行变量锚定。

表 2　库区各子流域高程积分、坡度和 TWI 计算

库区子流域	最小高程/m	最大高程/m	流域起伏度/m	平均高程/m
桂溪	33	957	924	398.76
洪口溪	110	1 463	1 353	661.85
黄坦坑	138	834	696	438.47
莒江溪	111	1 127	1 016	559.58
泗溪	22	1 074	1 052	537.97
峃作口溪	45	1 218	1 355	569.23
里光溪	134	1 513	1 379	643.00
平和溪	16	1 064	1 048	401.45
三插溪	114	1 158	1 044	579.07
珊溪坑	41	1 102	1 061	481.62
玉泉溪Ⅰ	11	941	930	366.68
玉泉溪Ⅱ	31	1 100	1 069	567.15

续表 2

库区子流域	高程积分 HI	坡度/(°)	地形湿度指数 TWI
桂溪	0.40	20.73	6.354 780
洪口溪	0.41	18.73	6.389 665
黄坦坑	0.43	12.76	6.754 716
莒江溪	0.44	18.48	6.406 451
泗溪	0.49	19.59	6.310 817
峃作口溪	0.44	21.82	6.295 784
里光溪	0.37	21.60	6.290 099
平和溪	0.37	21.78	6.275 462
三插溪	0.45	21.87	6.207 274
珊溪坑	0.42	24.23	6.103 963
玉泉溪 I	0.38	22.67	6.173 469
玉泉溪 II	0.50	18.98	6.371 034

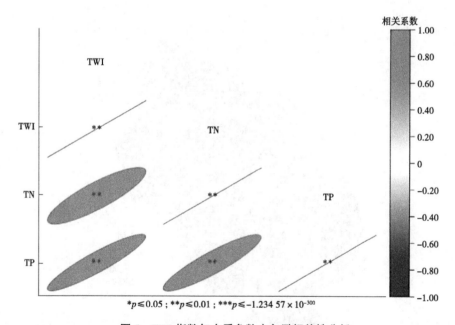

$*p \leqslant 0.05 \,; **p \leqslant 0.01 \,; ***p \leqslant -1.234\ 57 \times 10^{-300}$

图 5　TWI 指数与水质参数皮尔逊相关性分析

3.2　模拟退火算法执行

相关性统计的计算分析结果表明，库区流域的水环境主要受降雨和地形地貌因素影响，无外源性因素消极扰动退火过程，目标库区流域水环境特征符合模拟退火算法的使用条件，可将水环境以一级流域分区为手段，建立以水质管理为目标，以流域地形地貌因子为关键要素的分区体系，以流域数字地理高程模型（DEM）为底图，写入模拟退火算法，对目标流域进行优化分析，流域算法执行过程如图 6 所示。

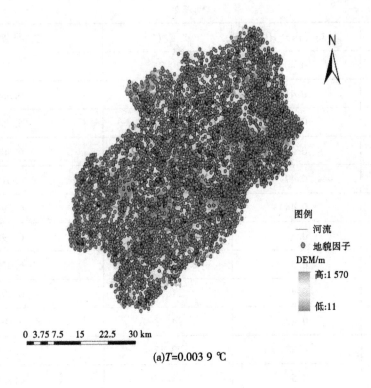

(a)T=0.003 9 ℃

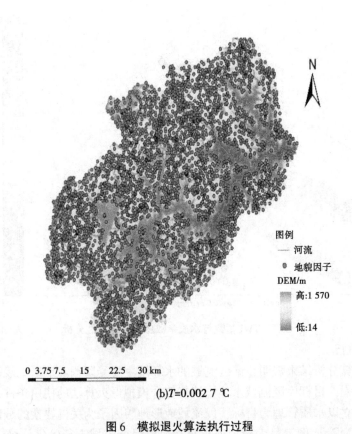

(b)T=0.002 7 ℃

图6 模拟退火算法执行过程

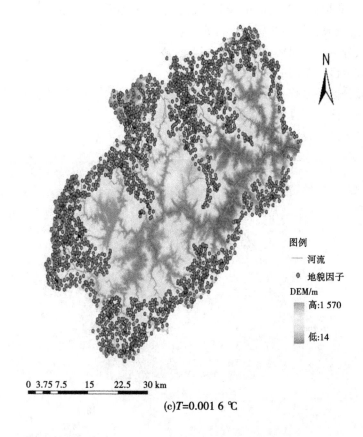

(c)T=0.001 6 ℃

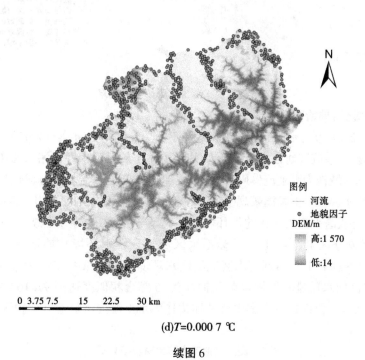

(d)T=0.000 7 ℃

续图 6

通过对优化成果中标的物粒子路径的记录和分析，进行关键因子临近同质化划分处理，在目标库区流域得到 5 块优化分区成果，如图 7 所示，分别为：

Basin-Ⅰ—1 号流域分区—玉泉溪一级流域区；

Basin-Ⅱ—2 号流域分区—泗溪一级流域区；

Basin-Ⅲ—3 号流域分区—岋作口溪一级流域区；

Basin-Ⅳ—4 号流域分区—三插溪一级流域区；

Basin-Ⅴ—5 号流域分区—莒江溪一级流域区。

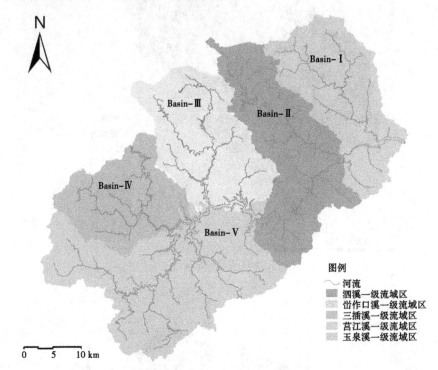

图 7　模拟退火算法水环境分区成果

3.3　模拟退火算法优化结果检验

根据《浙江省人民政府关于浙江省水功能区水环境功能区划分方案（2015）的批复》（浙政函〔2015〕71 号），将珊溪水库流域划分成以编号为 0329-Ⅰ-5-1 的目标水库饮用水源保护区的水环境功能区，目标水库流域北部区域作为水土流失风险保护区。将赵山渡汇水区域划分成包括泗溪文成农业工业用水区、泗溪文成饮用水源区、玉泉溪景观娱乐、农业用水区和泗溪文成保留区等水环境功能区。

如表 3 所示，将模拟退火算法优化的水环境分区成果与水环境功能分区方案进行基于图形相似度的点阵比对校核，流域分区 Basin-Ⅰ 与目标汇水区域玉泉溪水环境功能区 A-1 综合相似度达到 89.553 3%；流域分区 Basin-Ⅱ 与目标汇水区域泗溪水环境功能区 A-2 综合相似度达到 86.867 4%；流域分区 Basin-Ⅴ 与目标水库流域饮用水源保护区 A-5 综合相似度达到 97.168 6%。由于流域分区 Basin-Ⅲ 与 Basin-Ⅳ 在水功能区划分方案中被整体化作为水土流失风险重点保护区，综合相似度未作计算。

表 3　图形相似度点阵比对校核分析

Basin 点阵	校核点阵	度相似度/%	距离相似度/%	综合相似度/%
Basin-Ⅰ	A-1	86.454 9	99.567 8	89.553 3
Basin-Ⅱ	A-2	83.589 2	99.335 8	86.867 4
Basin-Ⅴ	A-5	91.663 5	99.897 8	97.168 6

4 结论与展望

本文提出了一种基于模拟退火算法的水环境分区方法，完成了对珊溪-赵山渡水库库区流域的水环境一级分区，以官方水环境功能分区方案为标准对成果进行点阵比对校验，综合相似度均超过85%以上，具有良好的边界重合度。

目标库区流域的实例研究表明，在研究区水环境无外源性因子强烈扰动退火算法执行过程的条件下，本文提出的基于模拟退火算法的水环境分区方法，在退温温度为0.000 7 ℃时，关键影响因子标的物的粒子路径能够清晰地标记水环境分区边界，区域划分和综合相似度也较为理想，具有较高的管理政策可执行性。但如目标流域水环境受到一定扰动，以流域分区Basin-Ⅰ和Basin-Ⅱ为例，两分区所在的汇水区域相比于流域分区Basin-Ⅴ所在的库区流域，水环境稳定性较差，尽管区域划分的管理政策可执行性较为理想，但综合相似度远不及无消极扰动状态下的算法执行结果。

模拟退火算法作为一种遍历全局的智能优化算法，相比较基于水质水生态综合评价下的水环境功能分区方法，算法的执行效率更高，空间解释性更强，分区边界划分也更为客观，但单一的模拟退火算法的优化过程受制于参数敏感性和降温速度，本文在目标流域的水环境分区研究过程中未对模拟退火算法进行主观优化，在后续的研究中可以分析、操作和明确目标区域的数学特征，对关键因子进行初始化强制排列和执行目标，拟合其他算法进程，优化模拟退火算法的收敛速度、降温速率、适用范围和计算效率。

参考文献

[1] 王健，汪娇. 习近平生态文明思想的实践基础、理论渊源和价值旨趣 [J]. 湖南农业大学学报（社会科学版），2023，24（1）：1-6.

[2] Dong Dong Chen, Gui Jin, Qian Zhang, et al. Water ecological function zoning in Heihe River Basin, Northwest China [J]. Physics & Chemistry of the Earth Parts A/b/c, 2016.

[3] 李艳梅，曾文炉，周启星. 水生态功能分区的研究进展 [J]. 应用生态学报，2009，20（12）：3101-3108.

[4] 张俊豪. 模拟退火蚁群算法在最优路径选择中的应用 [J]. 怀化学院学报，2022，41（5）：68-75.

荆江河段挖入式港池回流回淤特性数值模拟研究

汪 飞 徐伟峰 刘 昕

（长江水利委员会水文局，湖北武汉 430010）

摘 要：本文以荆江河段南五洲右汊口门处拟建的梓柳河挖入式港池为例，采用数学模型分析港池疏挖对工程河段水动力特性的影响，并预测未来港池回淤情况。数值模拟结果表明：港池疏挖对主河槽流速影响较小，但引起口门附近形成回流，且流量越大回流范围及回流强度越大；未来20年港池口门附近将出现累积性回淤，且回淤强度随时间推移而逐渐减小，港池内部则基本不受回淤影响。

关键词：挖入式港池；回流回淤特性；数值模拟

1 引言

挖入式港池在长江干流下游及河口地区较为普遍，在中游荆江河段尚未有先例。随着三峡工程建成运行，荆江河段防洪标准得到显著提升，同时荆江河段防洪、河道和航道整治工程等建设也较好控制总体河势以适应清水下泄并持续冲刷河床的新情势，这为荆江河段挖入式港池建设提供较好的河势和防洪条件。目前，关于挖入式港池的研究主要集中在三个方面：第一方面为挖入式港池水流特性研究，包括回流运动特性、机制及三维结构特性等[1-2]；第二方面是挖入式港池泥沙淤积特性研究，包括淤积类型、计算公式、淤积数值模拟等方面[3-5]；第三方面为港池防（减）淤措施研究，通过优化港池平面布局[6]、防沙堤、集沙坑、抽压水等措施[7-8] 降低港池回淤并在港口实际建设中得到应用验证[9]。考虑到荆江河段尚未有挖入式港池布局的先例，本次选取荆江河段南五洲右汊进口待建的梓柳河挖入式港池作为研究对象，首先建立工程河段（公安河段）平面二维水沙数学模型，经过模型率定验证后选取三峡水库正常蓄水后水沙资料作为代表水沙系列，模拟分析港池疏挖对本河段水动力特性的影响，并预测新水沙条件下未来20年港池的回淤情况。本文可为荆江河段类似挖入式港池建设提供水动力学技术支撑。

2 研究河段及工程概况

研究河段上起窑头铺，下至新厂，全长38 km，由南向公安河湾、北向郝穴河湾和河湾之间的马家寨顺直过渡段组成。河段内南五洲长21 km、宽1.2~3.7 km，左汊为长江主河槽（绝对主汊），右汊也称梓柳河，长22.5 km，仅在长江高水位时过流或经出口黄水套回水至上游。研究河段河势见图1。

拟建工程位于梓柳河进口下游2.5 km，进口滩地高程35~38 m。长江航道设计最低通航水位25.83 m，港池设计水深3.8 m，底高程22.03 m，为满足通航水深要求，需采用挖入式港池布局，并对南五洲垸堤朝东北向退建。港池平面布置为：进港右边线以半径800 m圆弧段与长江主航道右边线相连，后接1.7 km直线段、半径440 m圆弧段到达码头停泊水域；左边线以半径800 m圆弧段与主航道右边线相连，后接1 km直线段至码头。长江主河槽、梓柳河进口段疏挖量分别为3.2万 m³、1 082.6万 m³。梓柳河挖入式港地设计参数见表1。

基金项目：国家重点研发计划项目（2022YFC3002701）。

作者简介：汪飞（1985—），男，高级工程师，主要从事河流动力学方面的研究工作。

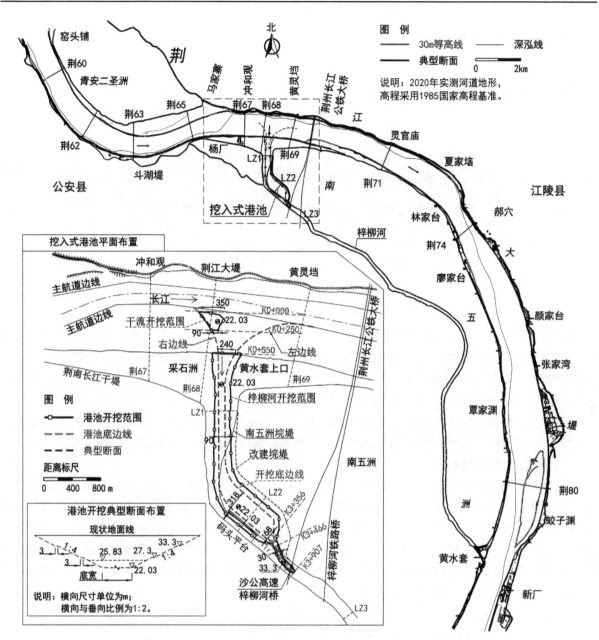

图 1　研究河段河势及梓柳河挖入式港池布置图

表 1　梓柳河挖入式港池设计参数

疏浚桩号	长度/m	底高程/m	底宽/m	横坡	纵坡	疏挖量/万 m³
K0+000～K0+250（长江主河槽）	250	22.03	90～350	1:4	0	3.2
K0+550～K3+356（主疏挖区）	2 806	22.03	68～318	1:4	0	
K3+356～K3+466（过渡段）	110	22.03～33.3	30～68	1:4	1:10	1 082.6
K3+466～K3+907（尾段）	441	33.30	30	1:4	0	

3 平面二维水沙数学模型

3.1 基本方程

平面二维水沙数学模型控制方程包括：

$$\frac{\partial z}{\partial t} + \frac{\partial hu}{\partial x} + \frac{\partial hv}{\partial y} = 0 \tag{1}$$

$$\frac{\partial hu}{\partial t} + \frac{\partial hu^2}{\partial x} + \frac{\partial huv}{\partial y} + gh\frac{\partial z}{\partial x} = \mu_t\left(\frac{\partial^2 hu}{\partial x^2} + \frac{\partial^2 hu}{\partial y^2}\right) - \frac{gn^2 u\sqrt{u^2+v^2}}{h^{1/3}} \tag{2}$$

$$\frac{\partial hv}{\partial t} + \frac{\partial huv}{\partial x} + \frac{\partial hv^2}{\partial y} + gh\frac{\partial z}{\partial y} = \mu_t\left(\frac{\partial^2 hv}{\partial x^2} + \frac{\partial^2 hv}{\partial y^2}\right) - \frac{gn^2 v\sqrt{u^2+v^2}}{h^{1/3}} \tag{3}$$

$$\frac{dS_K}{dt} = \varepsilon\left(\frac{\partial^2 S_K}{\partial x^2} + \frac{\partial^2 S_K}{\partial y^2}\right) - \alpha\omega_K(S_K - S_{K*}) \tag{4}$$

$$\gamma'\frac{\partial z_b}{\partial t} + \frac{\partial g_{bxK}}{\partial x} + \frac{\partial g_{byK}}{\partial y} = \sum \alpha\omega_K(S_K - S_{K*}) \tag{5}$$

式中：t 为时间，s；h，z，z_b 分别为水深、水位、河床高程，m；u、v 为流速，m/s；g 为重力加速度，m/s^2；μ_t、ε 分别为水流紊动黏性系数、泥沙扩散系数，m^2/s；ω_K 为分组泥沙沉速，m/s；n、α 为糙率系数、恢复饱和系数；γ'、S_K、S_{K*} 分别为泥沙干密度、分组含沙量、分组挟沙力，kg/m^3；g_{bxK}、g_{byK} 为推移质输移率，kg/(m·s)；K 为泥沙分组数。

挟沙力、推移质输沙率计算分别采用张瑞瑾公式、Meyer-Peter 公式，床沙级配处理采用韦直林模式[10]。采用基于非结构网格的有限体积法进行离散，离散方程采用 SIMPLEC 算法求解。

3.2 计算范围及率定验证

计算范围为窑头埠—新厂段，长 38.0 km，包含南五洲右汊梓柳河。进口给定沙市站来水来沙，出口给定水位。计算区域剖分 57 304 个单元，港池局部进行加密。通过直接修改港池内网格节点高程以反映工程影响。采用 2020 年 8 月（35 000 m^3/s）和 2020 年 9 月（20 400 m^3/s）两个水文测次进行水流率定验证，率定结果见图 2。采用 2013 年、2020 年两次地形进行水沙率定验证，率定结果见表 2 与图 3。计算值与实测值吻合良好，经率定，主槽糙率 0.02~0.024，边滩 0.024~0.033，挟沙力系数 k 取 0.09~0.12，指数 m 取 0.92。

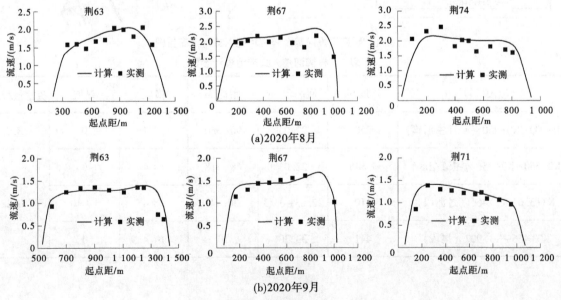

图2　计算与实测断面流速分布对比

表2　计算和实测河床冲淤量对比

时间段	河段	间距/km	实测值/万 m³	计算值/万 m³	相对误差/%
2013—2020 年	窑头铺—郝穴	21.7	−2 548	−2 523	+1
	郝穴—新厂	16.3	−2 498	−2 225	+10.9
	全河段	38.0	−5 046	−4 745	+6.0

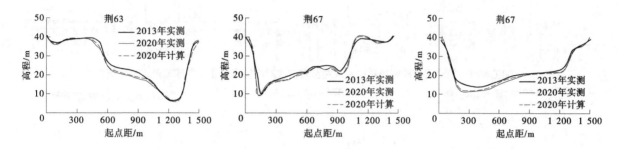

图3　计算与实测断面形状对比

3.3　计算水沙条件

三峡水库蓄水后沙市站（荆江河段控制站，港池上游约 42 km）来沙量显著减少，随着向家坝、溪洛渡等上游梯级水库运用后，本河段来沙将进一步减少，因此选用 2011—2020 年沙市站来水来沙作为进口水沙边界。系列年长 10 年，模拟时段长 20 年，即循环计算 2 次，计算初始地形为 2020 年实测地形。

4　计算结果分析

4.1　水动力条件变化

洪水（50 000 m³/s）、平滩（35 000 m³/s）及枯水流量（5 900 m³/s）下港池疏挖前、后流场对比见图4。

拟建港池位于马家寨过渡段，疏挖前、后该段主流均遵循"小水走弯，大水趋直"规律，水动力轴线变化较小。与天然情况相比，开挖后主河槽内流场变化较小，滩地流场变化大些，但滩地流速绝对值较小；港池开挖后口门附近形成回流，且流量越大回流范围及强度越大。各流量下开挖前、后流速变化分布见图5，典型断面（位置见图1）流速变化见图6。长江干流开挖范围及开挖量较小，仅疏挖区局部流速有所减小且幅度较小，距离疏挖区较远处流速基本恢复至天然状态。在枯水流量下梓柳河不过流，口门附近回流范围及强度也较弱，港池内部基本为静水，随着流量增大至漫滩、柳梓河过流后，由于疏挖引起口门段过流面积显著增大，港池内部流速普遍减小显著，仅现有垸堤与退建垸堤之间原先不过流区域的流速略有增大。

4.2　河床冲淤变化

系列年第 20 年末港池疏挖后河床冲淤厚度变化见图7，疏挖后河床冲刷量较疏挖前减少 2 万 m³，占计算河段总冲刷量 9 374 万 m³ 的 0.02%。

与流速变化相应，干流疏挖区流速减小引起河床相对淤积，下游相对冲刷，口门受回流影响有所淤积，港池内部不受回流影响且流速绝对值很小而无淤；港池疏挖引起河床冲淤调整范围有限，冲淤厚度超过 0.1 m 范围在口门上游 1 km 至下游 6 km。总体而言，港池疏挖对过渡段河床冲淤变化与局部河势影响较小。

4.3　梓柳河分流比变化

受港池输挖后口门附近流场变化影响，柳梓河分流比略有增大，第 20 年末洪水流量、平滩流量

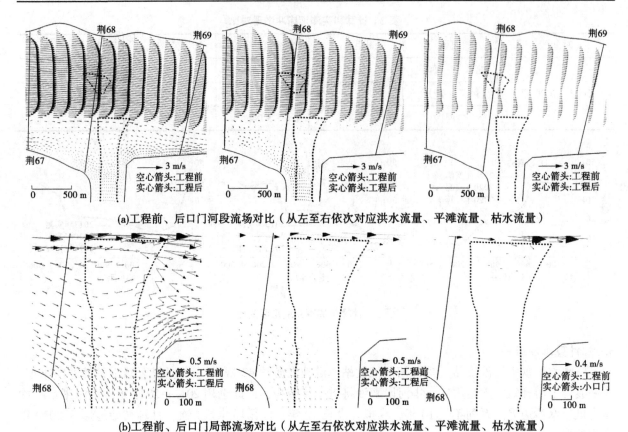

(a)工程前、后口门河段流场对比（从左至右依次对应洪水流量、平滩流量、枯水流量）

(b)工程前、后口门局部流场对比（从左至右依次对应洪水流量、平滩流量、枯水流量）

图4　港池开挖前后流场对比

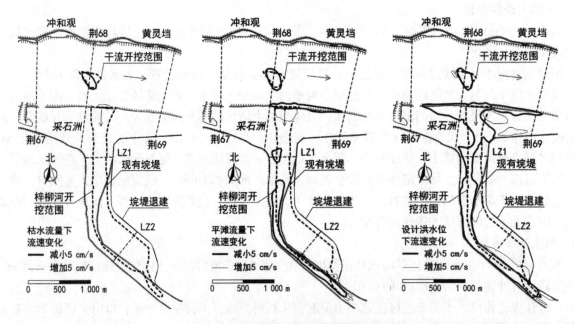

图5　港池开挖前后流速变化平面分布

下分流比分别增加0.07%、0.03%（见表3）。鉴于梓柳河进口与长江主流向几乎垂直，进流条件较差，加之主河槽开挖量较小且持续冲刷下切，港池开挖引起梓柳河水动力条件总体变化较小，而口门回流淤积也在一定程度上抑制梓柳河过流能力增大，因此港池开挖对梓柳河分流比影响非常有限。

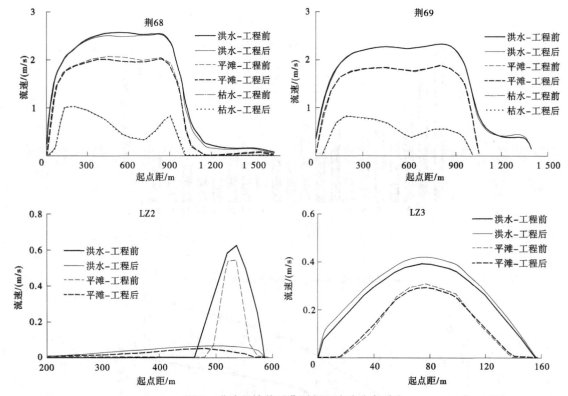

图 6　港池开挖前后典型断面流速分布对比

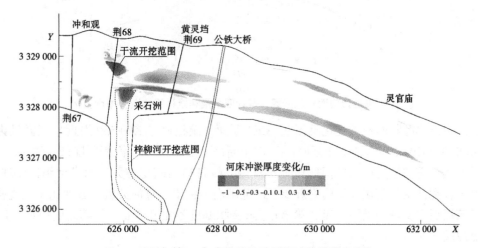

图 7　系列年第 20 年末港池疏挖后河床冲淤厚度变化

表 3　港池开挖前后梓柳河分流比变化

水流条件	初始分流比/%		第 20 年末分流比/%	
	港池开挖前	港池开挖后	港池开挖前	港池开挖后
洪水流量	0.27	0.35	0.24	0.31
平滩流量	0.12	0.16	0.10	0.13

4.4　港池回淤分析

港池口门附近逐年回淤量、累计回淤量及累计平均淤积厚度变化见图 8。港池疏挖后口门呈持续淤积态势且淤积速度随时间显著放缓，河道来沙量越多，口门回淤量越大。前 10 年回淤量 18.27 万 m³，平均淤厚 1.88 m；第 20 年末口门回淤量 25.32 万 m³，平均淤厚 2.60 m。

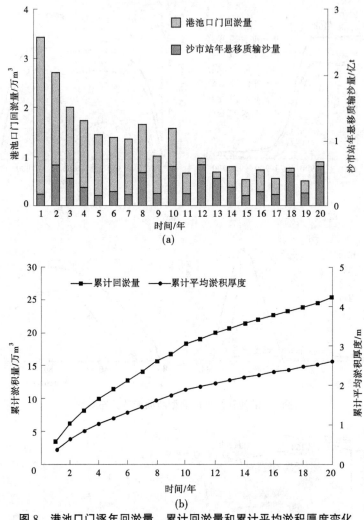

图 8　港池口门逐年回淤量、累计回淤量和累计平均淤积厚度变化

港池口门附近典型断面地形变化见图9。GC1 断面（疏挖桩号 K0+550 附近）回淤最为显著，第 20 年末淤积厚度达 10 m 左右，GC2 断面位于 GC1 断面下游约 60 m，淤积厚度最大约 5 m，为避免进出港池船舶搁浅，需加强运行期口门区域地形观测并制订口门疏挖方案。由港池纵向轴线 GC3 断面地形变化可知，泥沙主要落淤在口门附近 200 m 范围内，由于梓柳河分流、分沙比小，流速很缓，泥沙在口门区落淤后很少进入港池内部，第 20 年末淤积幅度不足 0.5 m，且随时间增加，口门附近淤积速度明显放缓。

5　结论

本文建立了荆江河段窑头铺—新厂段平面二维水沙数学模型，采用最新水沙系列模拟分析了梓柳河挖入式港池建设对工程河段水动力特性、河床冲淤变化的影响，并预测未来港池回淤情况，得出主要结论如下：

（1）港池疏挖前、后计算河段主流均遵循"小水走弯，大水趋直"规律，各级流量下干流流速及水动力轴线变化均较小。港池开挖后口门附近形成回流，且流量越大回流范围及强度越大。

（2）港池疏挖引起河床冲淤量变化及河床冲淤调整范围均较为有限，港池进口与长江主流向几乎垂直，口门进流条件较差且口门附近快速回淤也抑制了梓柳河分流比增加，港池疏挖对马家寨过渡段河床冲淤变化与局部河势影响较小。

（3）港池回流淤积主要位于口门附近 200 m 范围内，回淤强度（逐年回淤量）逐年减弱，第 20

年末回淤量总计 25.32 万 m³，平均淤厚 2.60 m。港池运行期需制订口门疏浚方案以保证船舶正常通行。

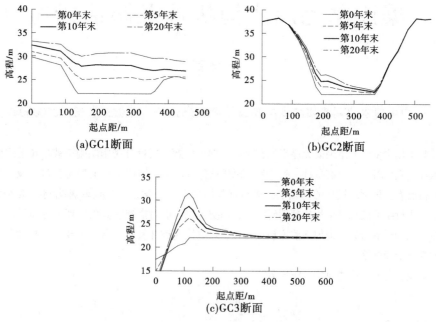

(a)GC1断面

(b)GC2断面

(c)GC3断面

图9 港池口门典型断面地形变化

参考文献

［1］沈小雄，韩时琳，刘虎英．内河挖入式港池回流范围的试验研究［J］．长沙交通学院学报，2003，19（2）：49-54.

［2］周旦，沈小雄，李建习．内河挖入式港池回流流速分布规律初探［J］．水道港口，2007，28（6）：415-417.

［3］许英，莫建兵．内河挖入式港池淤积量计算［J］．水运工程，2007（12）：54-56.

［4］李欣，王绿卿，杨锦凌，等．内河挖入式港池水流特性及泥沙淤积研究进展［J］．水道港口，2022，43（4）：437-443.

［5］林建，窦国仁，马麟卿．潮汐河口挖入式港池淤积研究［J］．水利水运科学研究，1996（2）：95-102.

［6］沈小雄，张戈，连石水．河港挖入式港池口门轴线布置对港池淤积影响分析［J］．中国港湾建设，2005（3）：5-7.

［7］许英，刘国龙，杨玉龙．挖入式港池泥沙淤积及减淤措施试验研究［J］．中国港湾建设，2008（1）：31-33.

［8］韩时琳，沈小雄，慈庆玲．内河挖入式港池减淤措施的试验研究［J］．水运工程，2005（12）：14-18.

［9］邵辉，阮伟．上海宝山港疏浚科学管理措施及效益分析［J］．水运工程，2010（8）：81-85.

［10］韦直林，赵良奎，付小平．黄河泥沙数学模型研究［J］．武汉水利电力大学学报，1997，30（5）：21-25.

渠道刚毛藻生消机理及防治措施

时启军

（中国南水北调集团中线有限公司河北分公司，河北石家庄　050000）

摘　要：针对工作中发生的刚毛藻无序生长和难以治理等问题，通过分析影响刚毛藻生长的水体环境动力条件、光照时长、温度条件、附着物、水质条件等因素，综述了刚毛藻生活习性及生长危害。在分析已有生长预测模型的基础上，提出宜采用生态动力学模型，提取影响刚毛藻生长的影响因子，进行刚毛藻无序生长的预测研究。在预防机制、应对措施、应急处理等方面提出了刚毛藻无序生长的防治措施，即加强监测预报为先、提高流速破坏其生长条件为要、化学除藻、人工拦捞的综合治理措施。

关键词：刚毛藻；危害；预测模型；防治措施

1　刚毛藻生长习性

1.1　刚毛藻基本情况

刚毛藻属于绿藻门，为多细胞分枝丝状体，是自然界中较为常见的绿藻之一，为一种典型的底栖附着藻类，广泛分布于全球淡水或沿海浅水水域，藻体色泽亮丽，具有较好的观赏价值，其藻丝漂浮于岩石、水泥地板、砖石壁或软基质上，使沿岸带的功能性表面积增加，为所支持的附植生物和底栖动物提供重要的微生境。刚毛藻对重金属较敏感，它的出现一般表明该水体尚未受到重金属的污染，且水质开始变清；对高酸碱度较敏感，可作为高 pH 水体的指示植物[1]。

1.2　影响刚毛藻生长与分布的环境因素

1.2.1　水动力条件

水动力条件的变化会导致水体物质输移变化，从而影响藻类生长，根据 Whitton[2] 的研究，刚毛藻生长偏好于流速为 20 cm/s 和 80 cm/s 的水环境，对流速 5 cm/s 不响应，在流速 80 cm/s 下增殖。最重要的是水流流速对刚毛藻光合作用效率会产生直接影响，当流速增大至 8 cm/s 时，光合效率增大；但当流速超过 8 cm/s 时，光合效率下降，且随着流速增大，水体中藻类可利用物质的传输效率增大，藻类光合效率和生产力均明显增大。

1.2.2　光照

光照是影响刚毛藻规律性季节变化的重要环境因素。根据 Wood 的研究，5 月全日光照条件下刚毛藻最大光合效率超过 1 200 molCO$_2$/(g·h)，藻类光合利用率最高；非全日光照条件下刚毛藻最大光合效率为 400 molCO$_2$/(g·h)；而 7 月全日光强环境中，刚毛藻产生光抑制效应导致细胞直径显著减小、叶绿体内质网膜厚度降低、叶绿素 a 浓度及叶绿素 b 与叶绿素 a 的浓度比值降低、最大光合效率降低。因此，高光强不利于刚毛藻的生长[3]。

1.2.3　温度

淡水刚毛藻生物量或丰度的季节性变化往往是对温度的响应。春季低温抑制了刚毛藻的生长，水温 19.9~24.9 ℃是刚毛藻最优生长温度，30 ℃以上则停止生长，甚至逐渐死亡。

作者简介：时启军（1983—），男，高级工程师，主要从事水资源调度与管理工作。

1.2.4 附着体

附着体的大小与刚毛藻丰度之间呈不显著的正相关关系，大型渠道衬砌板较稳固，其上表面抗紊流作用强，不易因强冲击而翻转，易于刚毛藻着生，因此大型渠道壁上刚毛藻丰度高于小型渠道。刚毛藻附着成功的首要条件是耐受渠道底栖生境及其潮间带的水流剪应力，生长过程中藻丝的耗损也与其耐受水动力干扰的能力密切相关。

1.2.5 水质条件

刚毛藻的生存环境跨幅较大，其异常增殖是水体富营养化的直观表象。刚毛藻在生长中可以吸收水体中的氮磷作为营养物质，对总氮（TN）、总磷（TP）、总碳（TC）和总有机碳（TOC）的去除率达到了较好的效果，并通过光合作用释放出氧气，提高水体溶解氧，因此可以利用刚毛藻的生长来治理富营养化水体[4]。

2 刚毛藻危害

（1）影响水质。刚毛藻在夏季生长旺盛，水体的碳酸平衡及藻类的光合作用将水体中的 CO_2 和 H_2O 转化为有机物、O_2 和 OH^-，从而导致白天水体 pH 上升。夜间由于大量藻类的耗氧行为使得水体溶解氧降到最低，因此水体中着生刚毛藻泛滥时不仅破坏了河流的自然观赏性，还导致河流水质 pH 值和溶解氧超标，对水环境和水体质量均造成恶劣影响。

（2）影响自来水厂的生产和自来水的质量。由于藻类的量大，造成水厂的滤池堵塞，并使水厂的处理能力下降，由原来的每 12 h 反冲洗一次缩短为每 2~3 h 冲洗一次，反冲洗的水量最高可达制水量的 20%，严重时可能导致水厂停产[5]。由此看出，造成了投资加大、成本提高、出水量减少，使供水紧张，提高了处理成本。

（3）造成水体缺氧，引起水生动物窒息死亡。由于藻类的爆发性繁殖，特别是大量的死亡藻类被微生物分解时消耗了水中大量的溶解氧，使水体中溶解氧大大降低，当降至很低时就会造成鱼、虾、贝类等水生动物因缺氧而窒息死亡。这样，在水产养殖业上就造成了很大的经济损失，同时又严重破坏了水生态系统，使水体中的生物多样性进一步减少。

（4）产生异味。这些藻类的数量并不是很多就可产生异味，使水有鱼腥味、土腥味、樟脑味等。如果在饮用水中有异味藻，就直接影响到人民群众的生活和健康。

3 刚毛藻生长研究模型

3.1 建立模型目的

（1）进一步加深对刚毛藻生长水体内部有关物理、化学和生物过程的认识，研究水体内部的支撑刚毛藻生长的营养物质的循环和生物学过程。

（2）提取对刚毛藻生长相关性最高的因子阈值，为刚毛藻的预防与治理提供最有效的科学方法。

（3）在不同因子水平下，预测刚毛藻的发展趋势。

（4）预测刚毛藻对不同治理措施的响应，找出减少其生长的最佳途径。

（5）估算在影响因子负荷降低到目标水平以后，湖库生态系统恢复健康所需要的时间；研究刚毛藻消亡的机理。

3.2 研究模型

3.2.1 回归模型

回归模型（经验模型）是基于大量监测数据而建立起相关指标之间的一种经验关系（如 Chl. a 与 TN 或 TP 等），其优点是简单直观、使用方便；缺点是不能反映藻类的生长机理，且要求实测数据量较大。

3.2.2 影响因子模型

最典型的影响因子模型是 Voll 模型[6]。该模型假定水体随时间而变化的某一因子数值，等于单位容积内输入量，减去湖泊内沉积量和输出量：

$$\frac{\mathrm{d}P}{\mathrm{d}t} = \frac{J}{V} - \sigma P - \rho P \tag{1}$$

其解为

$$P = \frac{J}{V(\sigma + \rho)} \left\{ 1 - \left[1 - \frac{V(\sigma + \rho)}{J}P \right] \mathrm{e}^{-(\sigma + \rho)t} \right\} \tag{2}$$

式中：P 为影响刚毛藻生长的因子；J 为年输入因子总量；σ 为因子沉积系数；ρ 为水力冲刷速率（等于年输入水量 J 与水体容积 V 之比）；t 为生长时间因子。

对公式进行简化整理得到 Dillon 模型：

$$P = \frac{L(1 - R)}{ZP_0} \tag{3}$$

式中：L 为单位面积影响因子负荷；Z 为湖水平均深度；P_0 为起始时的水体中因子浓度；R 为滞留系数。

$$R = 1 - \frac{J_i}{J_0} \tag{4}$$

式中：J_i 为湖泊输入因子的总量；J_0 为水体中因子的输出总量。

该类模型表达式简单，数据需求较少，使用方便，尤其适合对水库或渠道的因子总量变化进行长期预测。但它的缺点是只能求解因子的平均浓度分布，不能模拟因子的循环，也未能考虑水体与底质之间因子的交换过程，且不能反映藻类的生长与消亡过程，所以在应用中受到限制。

3.2.3 生态动力学模型

生态动力学模型是以质量平衡方程为基础，以各生态动力过程为核心、模拟各生态变量的时、空变化过程。该模型是机理模型，模拟营养物质富集、富营养化和溶解氧损耗过程，以及刚毛藻的沉降、吸附、光合作用、分解作用等一些物理-化学过程影响输运和水生环境中营养物质、浮游植物、含碳物质和溶解氧之间的相互作用。该模型的关键是生态动力学过程的模拟，因而也是一个多步和多级的模拟系统。三维水质输移方程为

$$\frac{\partial C}{\partial t} + u\frac{\partial C}{\partial x} + v\frac{\partial C}{\partial y} + w\frac{\partial C}{\partial z} = \frac{\partial}{\partial x}\left(E_x\frac{\partial C}{\partial x}\right) + \frac{\partial}{\partial x}\left(E_y\frac{\partial C}{\partial y}\right) + \frac{\partial}{\partial z}\left(E_z\frac{\partial C}{\partial z}\right) + F(C) + S \tag{5}$$

式中：C 为不同因子变量的浓度；x、y、z 分别为直角坐标系；u、v、w 为 x、y、z 方向的水流流速，m/s；E_x、E_y、E_z 分别为 x、y、z 方向的紊动黏性系数，$\mathrm{m^2/s}$；$F(C)$ 为生化反应项；S 为源汇项。

将模型简化，其方程为

$$\frac{\partial \phi}{\partial t} + \frac{\partial(u\phi)}{\partial x} + \frac{\partial(v\phi)}{\partial y} = \frac{\partial}{\partial x}\left(E_x\frac{\partial \phi}{\partial x}\right) + \frac{\partial}{\partial y}\left(E_y\frac{\partial \phi}{\partial y}\right) + S \tag{6}$$

式中：ϕ 为影响刚毛藻生长的因子指标。

生态动力学模型在过去几十年取得巨大发展，其中 WASP、MIKE 等已开发成大型的商用软件。该类模型的缺点是参数繁多，且难以率定；其优点是能反映系统中各种变量的循环与时空变化，比经验模型更具发展潜力，能给予水体变化更为详细准确的描述，特别是在考虑了气象因素和水运动因素以后，则具有更大的优越性，它也是近几十年来水质模拟与预测应用最多的模型。

4 刚毛藻消亡

刚毛藻在生长过程中，可吸收营养盐合成自身物质，从而减少水中的氮、磷营养物[7]。适量的刚毛藻的新陈代谢过程可净化水质，吸收和吸附大量的营养物质及其他物质；但刚毛藻枯萎、死亡后，在微生物的作用下腐烂、分解，最后消失，使其在生长期吸收的营养盐又释放回水体，成为水体质量下降的主要原因。刚毛藻的死亡、腐烂，造成水体溶解氧、pH、水下光强与水面光强比均降低，温度、TN、TP 和高锰酸钾指数上升，不仅形成河流、渠道营养物质的再生源，使水生生物的多样性

和稳定性降低,水生生态系统失衡,而且加速水体沼泽化进程,使水体走向消亡。

5 防治措施

河流水体刚毛藻治理目前仍处于探索阶段,尚未形成完善的技术与工程系统。目前,河流水体的藻类消除主要包括综合预防治理和无序生长后的应急处置。

5.1 综合治理

5.1.1 加强监测预报

加强刚毛藻生长预警监控,掌握其动态情况。针对以往刚毛藻产生、生长的聚集地,加密水质监测频次,建立藻类异常生长的污染事件预警模型库,数字模拟藻类暴发发生的持续时间、危害范围,提出预警报告,并根据预警等级按规定程序进行报告和公告,同时通报相关行政主管部门[8]。建立藻类异常生长的污染事件应急处置技术库,每年各科目进行一次演练,提高应对的技术水平。加强污染事件应急处置技术规范、现场处置措施等各方面的科学研究,提高水质事故应急处置技术水平。

5.1.2 破坏生长条件

控制点、面源排污,重视流域和库区的生态恢复工程,减少水土流失带来的径流污染,提高生态调配功能是防治的关键;水动力条件的变化也会影响藻类生长,刚毛藻生长偏好于流速为 20 cm/s 和 80 cm/s 的水环境,通过人工控制调节,采取高流速进行输水,破坏其生长环境。

5.2 应急处置

应急处置包括机械拦藻、保护渠道分水口、化学除藻、升级自来水厂处理工艺等技术方法。

5.2.1 机械拦藻

刚毛藻呈附着生长利于控制,而且形态大容易从水体中分离出去。因藻类的生长特性不适用于河流、渠道着生藻类的治理,仅能在刚毛藻脱落期采用拦污栅、隔离网等设施进行。

5.2.2 保护渠道分水口

在河流、渠道发生刚毛藻失控生长时,首先要保护渠道分水口(自来水厂取水口),动态监视自来水厂取水口及其附近 1~3 km 区域藻类生长、漂流情况。在水厂取水区附近,可采用固体浮子式橡胶围栏、拦污栅,减少刚毛藻漂移进入取水区域,在围栏外侧的藻类聚集区,实施人工或机械去除藻类。

5.2.3 化学除藻

以硫酸铜为代表的化学药剂,由于成本低、操作简单、除藻快等优点,得到了广泛使用,但是存在 Cu^{2+} 二次污染的风险。氧化氯、臭氧、过碳酸钠等也可作为除藻选择。向水体中添加絮凝剂,使藻类凝聚,从而去除藻类,常用的絮凝剂是铝和铁的化合物,主要利用铁盐和铝盐在水下形成胶体离子,通过沉淀、过滤去除藻类。

5.2.4 升级自来水厂处理工艺

加强水厂处理工艺改造,使用过滤、活性炭吸附等工艺深度处理原水,提高水厂处理藻类毒素以及恶臭能力,以减少不必要的损失,间接提高了供水的安全系数。

6 结论

研究刚毛藻生消机理的主要目的是期望找到刚毛藻无序生长发生的原因或诱发因素,以制定科学、合理的防治措施和对策,防御、减缓或根除刚毛藻。

通过分析水体环境动力条件、光照时长、温度条件、附着物、水质条件等因素,综述了刚毛藻生活习性,为防止刚毛藻失控生长和治理消除刚毛藻危害提供基础支撑。宜采用生态动力学模型,提取影响刚毛藻生长的影响因子,进行刚毛藻无序生长的预测研究。

从预防机制上,要加强长期水质资料的收集、分析以及水质参数的预测和预警研究,构建藻类异常生长的污染事件预警模型库,运用现代数字模拟等手段预测藻类暴发发生的持续时间、危害范围,为相关行政主管部门提前做好防范提供技术支持。

从应对措施上，对长距离渠道输水工程，在水温、气象难以人为控制的前提下，改变水体流态是首选措施。

从应急处理上，做好机械拦藻、分水口处藻类拦截是前置措施，也是应急处理的重要手段，但是通常需要一个长期的治理过程，并且需要众多人力、物力资源去维护。采用化学方法除藻，可以在供水渠道或水厂净化过程中实施。过氧化氢的反应产物为氧气和水，无二次污染风险。投加过氧化氢的设备和操作均较为简便。升级自来水厂处理工艺则主要为消除刚毛藻腐烂后的有毒有害物质。

参考文献

[1] 罗慧谋，刘小宁，周婷如，等. 过氧化氢处理河流着生刚毛藻的效果研究 [J]. 人民长江，2017，48（20），28-34.

[2] Whitton B A. Biology of Cladophora in freshwaters [J]. Water Research, 1970, 4：457-476.

[3] 刘霞，陈宇炜. 刚毛藻（Cladophora）生态学研究进展 [J]. 湖泊科学，2018，30（4）：881-896.

[4] 杜娟娟，李粉婵. 刚毛藻氮磷去除效果与培养方式试验研究 [J]. 水生态保护，2019（12）：35-38.

[5] 张大铃. 淀山湖富营养化分析与水质预测预警 [D]. 上海：东华大学，2008.

[6] 卜发平. 临江河回水河段富营养化特性机制及人工浮床控制技术研究 [D]. 重庆：重庆大学，2011.

[7] 刘亚丽. 双龙湖综合整治后的水环境状况研究 [D]. 重庆：重庆大学，2005.

[8] 李晓. 三峡库区一级支流水质变化预测及对策研究 [D]. 重庆：重庆大学，2008.

南水北调中线天津干线底泥养分状况

及资源化利用探讨

蒋海成[1]　刘信勇[1]　解　莹[2]

(1. 中国南水北调集团中线有限公司天津分公司，天津　300380；

2. 中国水利水电科学研究院，北京　100038)

摘　要：底泥是河道底部长期积累沉淀形成的产物，是水体的重要组成部分，富含大量营养物质，同时是重金属污染物的重要载体。在特定的条件下，底泥吸附的营养物质和重金属污染物会被再次释放，从而造成水体环境的二次污染。本文以南水北调中线天津干线底泥为研究对象，通过系统性地采集和测试底泥样品，初步查明了底泥的环境质量及养分情况，并进行农用资源化的室内试验，从而为实现底泥的资源化利用提供重要思路。

关键词：底泥；资源化；农用；蔬菜

1　引言

底泥是河道底部长期积累沉淀形成的产物，底泥过多，易造成河道淤积。影响水库水质的因素除外来污染源外，底泥淤积释放产生的二次污染也是影响水库水质的一个重要因素。底泥具有淤积量大、含水率高、污染严重、各种营养物质及有害成分多等特点[1]，如果不能加以合理处置，随意堆放和土地填埋，不仅会占用土地资源，还会经过雨水的冲刷对环境造成二次污染，底泥中的营养物质也不能充分利用，因此底泥资源化十分重要[2-3]。

底泥污染物大致分为四部分：①营养物质：氮磷化合物；②大量有机物：碳水化合物；③重金属：Cd、Mn 等；④非金属：Se 等 。天津河道（滨海新区）底泥的全盐含量为 $31\sim89$ g/kg、有机质含量为 $37\sim99$ g/kg。本文采用盆栽试验研究添加不同比例南水北调中线天津工程干渠底泥对土壤理化性质和蔬菜生长的影响，以期为干渠底泥的农业利用提供科学依据。

2　样品采集

采样时间为 2021 年 8 月，供试底泥采自南水北调中线天津干线外环河出口闸处，采样点坐标为北纬 39°8′21″和东经 117°5′21″。采样人员用清水清洗过的抓斗式采泥器采集河流表层底泥，采样深度 $0\sim30$ cm，为保证底泥滤水后的湿重不小于 3 000 g，在点位周围 20 m 范围内多次采集。采样时剔除石块、贝壳、塑料等杂物。底泥经风干后过 1 cm 筛备用。

供试土壤来自北京昌平土壤质量国家野外科学观测研究站的耕作层（$0\sim20$ cm），土壤类型为褐潮土。土壤经风干后过 1 cm 筛备用。同时取 500 g 磨细过 1 mm 的筛和取 50 g 过 0.15 mm 筛用于分析土壤理化性质。

3　底泥的特性及评价

干渠底泥有机质含量为 66.90 g/kg、全氮含量为 5.40 g/kg、碱解氮含量为 968.07 mg/kg、全磷

作者简介：蒋海成（1986—），男，高级工程师，主要从事水质监测和水质保护工作。

含量为 0.39 g/kg、速效磷含量为 44.71 mg/kg、全钾含量为 8.26 g/kg、速效钾含量为 328.52 mg/kg、pH 值为 7.78、EC 值为 1 349.5 μS/cm。供试土壤有机质含量为 28.75 g/kg，全氮含量为 1.46 g/kg，碱解氮含量为 141.36 mg/kg，全磷含量为 0.95 g/kg，速效磷含量为 62.0 mg/kg，全钾含量为 20.60 g/kg，速效钾含量为 158.83 mg/kg，pH 值为 8.28，EC 值为 249.0 μS/cm。其中，干渠底泥有机质、全氮、碱解氮、速效钾等养分指标高于供试土壤含量。从养分含量角度来说，底泥可以用于肥料还田，达到资源化的目的[4]。干渠底泥浸出液的 EC 值约为供试土壤 EC 值的 5.3 倍，但仍小于 2 000 μS/cm。按照土壤盐渍化程度划分，属于非盐渍化，对作物不产生盐害。

两批次干渠底泥和供试土壤中铜、镍等 8 种重金属含量均低于《土壤环境质量 农用地土壤污染风险管控标准（试行）》（GB 15618—2018）中 pH>7.5 且旱地耕地土壤污染风险筛选值。

4　底泥农用资源化试验

4.1　植物选择

研究始于 2021 年 10 月，根据华北地区 10 月种植蔬菜类型和蔬菜的生长所需条件，选择生长期较短（2 个月）的小白菜和菠菜作为供试蔬菜，在温室大棚内开展室内盆栽试验。

共设 5 个处理，将风干底泥与土壤以 5 种不同比例混合。风干底泥所占混合基质比例分别为 0（CK）、10%（T1）、25%（T2）、50%（T3）和 100%（T4），以不施加底泥的处理作为对照（CK）。各处理按上述比例将风干底泥与风干土壤混合均匀后，装入高 20 cm、内径 15 cm 的塑料花盆，每盆共装混合基质 2.5 kg，每处理 11 次重复，室内平衡 5 d[5-6]。平衡结束后每个处理随机选取 4 个样品测定混合基质的理化性质，其余 7 个样品用于植物生长盆栽试验，每盆播种 8 粒种子，生长 40 d 后，观测植物生长状况。混合基质平衡及植物生长期间，基质含水量保持在田间持水量的 70% 左右。

4.2　底泥农用对蔬菜生长和产量的影响

2021 年 11 月 10 日开始盆栽试验，并于 11 月 21 日、11 月 30 日和 12 月 13 日对两种蔬菜出苗和长势进行观测。不同处理下，两种蔬菜均能正常出苗，CK、T1、T2 和 T3 处理蔬菜长势良好，T4 处理盆栽蔬菜长势存在差异。

2023 年 12 月 18 日对蔬菜进行了收获。为了分析干渠底泥施用后对蔬菜作物生长的影响，本文测定了不同试验处理下蔬菜作物生长发育相关指标，包括株高、地上生物量、出苗率和平均鲜重等指标。对于地上部生物量和平均鲜重两个指标，两种蔬菜变化趋势一致，即呈现先增加后降低的趋势（见图 1、图 2）。其中，在 T1 或 T2 处理下，地上部生物量和平均鲜重最大。推测加了底泥后的处理比纯土壤种植营养供给高，而加了 50% 和 100% 底泥处理的植株重量明显呈下降趋势，比对照 CK 还要低。

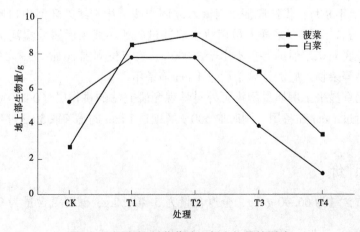

图 1　不同处理对蔬菜地上部生物量的影响

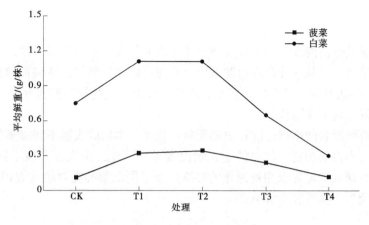

图 2　不同处理对蔬菜平均鲜重的影响

从株高的结果统计图（见图 3）可以看出，不同蔬菜种类的株高对底泥施用量的响应不同。白菜随着底泥施用量的增加，株高总体上呈现下降趋势。对菠菜来说，加了干渠底泥的处理蔬菜长势都比对照 CK 好，而对于白菜来说，对照 CK 和处理 T1 的相差不明显。底泥中某些元素的含量对植株生长可能存在抑制作用，导致植株生长缓慢。

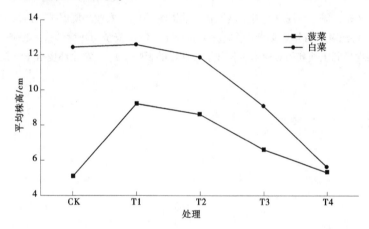

图 3　不同处理对蔬菜平均株高的影响

对于出苗率指标而言，两种蔬菜总体呈下降趋势，见图 4。对于出苗率来说，干渠底泥施用量增加总体上会导致蔬菜出苗率降低。这可能是由于干渠底泥粒径小，在水分高时，易黏结成块，通气性能差，影响作物出苗率。

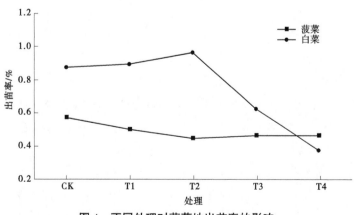

图 4　不同处理对蔬菜地出苗率的影响

5　结论

通过采用盆栽试验分析南水北调中线天津干线工程底泥农用资源化可行性，主要结论如下：①底泥养分含量高于土壤含量，从养分含量角度来说，底泥可以作为肥料，达到资源化的目的；②在底泥和土壤混合比为 10%~25% 时，蔬菜的出苗率、株高、地上部生物量和鲜重最高，随着混合比的持续增大，上述指标呈现明显下降趋势。

本试验为控制外部因素的影响，没有添加肥料。同时，本试验表明不同蔬菜类别对底泥资源化的响应不同。例如，与小白菜相比，菠菜的生长情况要差。因此，未来要开展不同肥料（化肥、有机肥、生物质肥料等）添加对底泥农用资源化的影响以及不同蔬菜种类对底泥农用资源化的响应研究，建立底泥农用资源化的作物适宜性清单。

参考文献

[1] 张增强，薛澄泽. 城市污水污泥的堆肥化与资源化 [J]. 环境保护，1997 (7)：12-15.

[2] 严玉林. 北运河底泥污染物评价及资源化利用研究 [J]. 人民珠江，2020，41 (8)：132-138.

[3] 莫测辉，蔡全英，吴启堂，等. 城市污泥中有机污染物的研究进展 [J]. 农业环境保护，2001，20 (4)：273-276.

[4] 林春野，董克虞，李萍，等. 污泥农用对土壤及作物的影响 [J]. 农业环境保护，1994，22 (2)：67-71.

[5] 王连敏，王春艳. 污泥对水稻分蘖及产量形成影响的研究 [J]. 安全与环境学报，2005，5 (1)：35-37.

[6] 王新，周启星. 污泥堆肥土地利用对树木生长和土壤环境的影响 [J]. 农业环境科学学报，2005 (1)：174-177.

湖泊底泥生态修复增效试验研究
——以枝江陶家湖为例

苏青青[1] 李 宁[1] 高 婷[1] 宋林旭[1] 纪道斌[1] 余建国[2]

（1. 三峡大学水利与环境学院，湖北宜昌 443000；
2. 宜昌市水利与湖泊局河湖长制工作科，湖北宜昌 443000）

摘 要：本文以待修复的池塘底泥生态系统为研究对象，通过高通量测序技术分析了不同晒湖处理条件下的微生物种群变化特征。研究发现，加入菌剂处理后，磷的代谢活性高于仅有植物土壤的微生物磷代谢活性，显示出菌剂+植物的方式对底泥中磷的转移具有良好的效果。在翻晒过程中，微生物菌剂的加入有效刺激了底泥中氮的代谢，促进了脱氮过程的进行，且减缓重金属毒害的效果好于地表有植物的处理。因此，建议在采用晒湖进行底泥修复的同时考虑生物菌剂的增效作用。

关键词：生态修复；高通量测序技术；生物菌

1 引言

目前，国内外湖泊污染和富营养化控制的方法主要聚焦控制外源性氮、磷输入上。但在实际生产中，考虑到成本投入，生产者通常采用晒湖的方式改善水生态环境，由于养殖池塘是一个复杂的生态系统，底泥和水中的微生物相互作用，尤其是在生产力、营养循环、疾病控制和水质等方面，影响着水体生态系统健康。因此，探讨晒湖加生物菌处理后底泥理化及微生物因子的变化，对河湖生态修复有着重要的意义[1-2]。目前，土壤生物学的快速发展几乎完全依赖于研究方法的突破和发展。常规的微生物分离培养技术已经很难全面反映微生物的实际状况[3]。高通量测序具有效率高、结果精确和成本相对低廉的优点，逐步成为微生物群落研究的主流技术[4-5]。随着高通量测序平台的发展，更多低丰富群落物种被鉴定，提高了微生物群落研究的完整性[6-7]。

本文将高通量测序技术应用于晒湖过程中，通过设置微生物菌剂处理、植物处理，并比对对照（不晒湖）解析湖泊晒湖过程中微生物群落组成，以及其对理化因子的响应特征，评价微生物在晒湖过程中对碳、氮、磷、钾、硫、抗生素、重金属的代谢作用，为评价晒湖对污染湖泊修复技术的效能提供科学依据和技术支持。

2 采样与方法

2.1 现场采样

本次研究分别于 2022 年 5—9 月从湖北省宜昌市枝江市问安镇戴家湾村某养殖池塘（面积 5 193 m²）采集土样和泥样，共计 14 份样品（样本编号见表 1）。在各取样点区域按梅花形采样法（4 个角加 1 个中心点，共计 5 个采样点）挖取 15~30 cm 的土壤样品（相同土层 5 个采样点混合而成）共 30

基金项目：分层异重流背景下三峡水库典型支流沉积物磷迁移转化机理研究（51909135）。
作者简介：苏青青（1981—），女，讲师，主要从事环境污染治理、生态修复方面的研究工作。
通信作者：宋林旭（1980—），女，副教授，从事生态水利方面的研究工作。

g 左右，所有样品分成 2 份，一份置于 -80 ℃ 保存，用于土壤高通量测序，一份风干后用于土壤化学性质测定。

表 1 样本编号

样品所在项目编号	试验时的样本名	对应的采样点位置	分析时的样本名	备注
META224346WH	B1	22.5.7①	S1-2	
META224346WH	B2	22.5.7②	S2-2	
META224346WH	C1	22.6.10 晒湖区域	S3-3	对照初始值
META224346WH	D2	22.7.17⑦	S5-4	外购生物菌
META224346WH	D3	22.7.17 种植区	S6-4	
META224346WH	E1	22.8.4⑥	S4-5	自制生物菌
META224346WH	E2	22.8.4⑦	S5-5	外购生物菌
META224346WH	F1	22.8.27⑥	S4-6	自制生物菌
META224346WH	F2	22.8.27⑦	S5-6	外购生物菌
META224346WH	F3	22.8.27 种植区	S6-6	
META224346WH	G1	22.9.17⑥	S4-7	自制生物菌
META224346WH	G2	22.9.17⑦	S5-7	外购生物菌
META224346WH	G3	22.9.17 种植区	S6-7	
META224346WH	G4	22.9.17 翻晒对照	S7-7	对照终值

注：表中①、②、⑥、⑦见图 1。

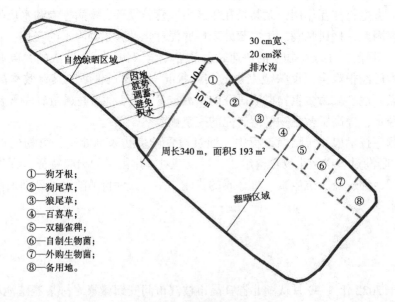

图 1 采样区域分布示意图

2.2 宏全基因组测序与数据分析

宏全基因组测序由生工生物工程（上海）股份有限公司完成。宏全基因组测序针对 14 个样本进行 DNA 抽提。测序平台为 Illumina MiSeq，去掉 Barcode 序列 1 和引物序列，得到有效的序列文件。在此基础上对测序数据的质量进行控制，去掉测序质量不好的序列，保留测序长度大于 500 bp 的序列，并去除嵌合体序列，得到合格的有效数据。使用 Usearch 将序列按照 97%相似度聚类，进行操作分类单元（operational taxonomic units，OTU）划分，提取代表序列，得到 OTU 表。将细菌利用 Mothur 方法与 SILVA 的 SSU rRNA 数据库进行物种注释分析。使用 Mothur 软件计算样品的 Chao1、Ace、Shannon、Simpson 和 Goods-coverage 指数。

2.3 数据统计分析

理化指标的试验结果用平均值±标准差表示，用 pycharm 编辑作图；利用 R 软件进行物种多样性聚类分析和相关性分析。

3 试验结果

3.1 菌群、环境、植物环境因子分布

3.1.1 菌群总体分布

根据高通量测序分析结果，选取在种分类水平上相对丰度排名前 50 的菌属，生成的物种相对丰度分布柱状图，见图 2。选取在分类水平上相对丰度排名前 10 的菌属进行分析，10 个优势菌分别为 δ-变形菌（Deltaproteobacteria）、γ-变形菌（Gammaproteobacteria）、β-变形菌（Betaproteobacteria）、变形杆菌（Proteobacteria）、酸杆菌（Acidobacteria）、黄单胞菌（Xanthomonadales）、伯克氏菌（Burkholderiales）、绿弯菌（Chloroflexi）、脱氯单胞菌（Dechloromonas）、阔叶树科（Syntrophaceae）。各采样点的菌属变化规律存在一致性。其中，δ-变形菌菌属的占比最大，δ-变形菌包括基本好氧的形成子实体的黏细菌和严格厌氧的一些种类，以及具有其他生理特征的厌氧细菌。所占比例最低为 S7-7 处的 7.64%，S4-5、S6-6 和 S6-7 处的比例分别为 18.29%、18.81% 和 18.79%。γ-变形菌包括一些医学上和科学研究中很重要的类群，如肠杆菌科（Enterobacteriaceae）、弧菌科（Vibrionaceae）和假单胞菌科（Pseudomonadaceae）等[8]。γ-变形菌所占比例为 4.33%~14.58%，比例最低处在 S4-7、最高处在 S5-4。β-变形菌包括很多好氧或兼性细菌，通常其降解能力可变，但也有一些无机化能种类［如可以氧化氨的亚硝化单胞菌属（Nitrosomonas）］和光合种类［红环菌属（Rhodocyclus）和红长命菌属（Rubrivivax）］。β-变形菌所占比例为 3.30%~9.26%，比例最低处在 S5-6、最高处在 S1-2。变形杆菌所占比例为 2.67%~10.55%，比例最低处在 S4-7、最高处在 S3-3。

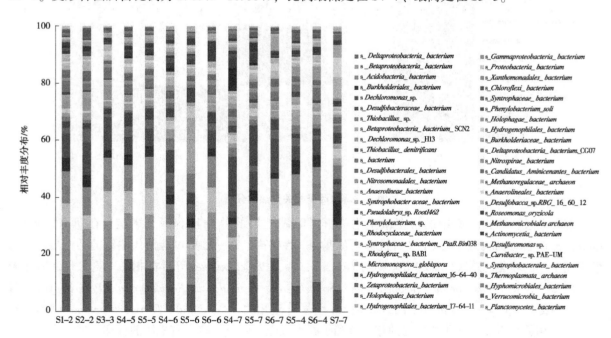

图 2　细菌群落组成

3.1.2 环境因子相关性热图分析

Pearson 相关系数是一种度量两个变量间相关程度的方法。它是一个介于 1 和 −1 之间的值，其中 1 表示变量完全正相关，0 表示无线性相关关系，−1 表示完全负相关。根据细菌优势属聚类热图（见图 3）可知，浅灰色区域为正相关，而深灰色区域为负相关。

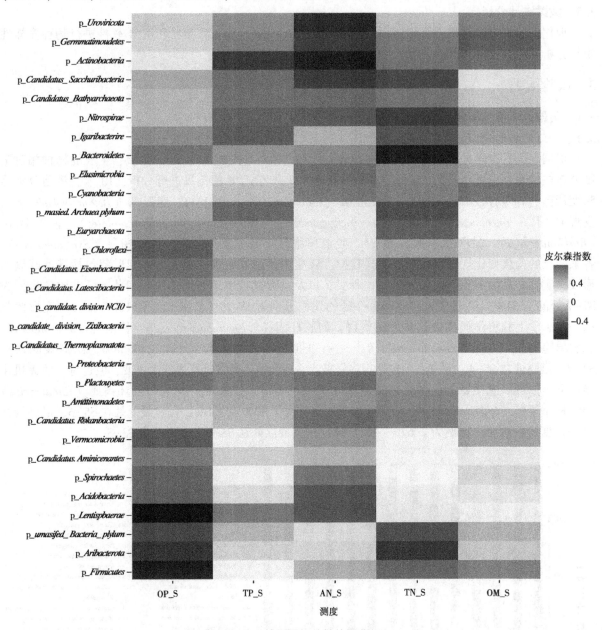

图 3 环境因子相关性热图分析

在晒湖过程中，土壤中的很多微生物类群对晒湖土壤的养分具有深刻影响。在研究区域中，*Candidantus Latescibacteria* 与 OP（有机磷）代谢相关性很高，这一菌群可能使代谢磷的活性更高，有助于湖中磷的转化。总磷代谢的微生物与 *Lentisphaerae*、*Planctomycetes* 等种群相关。氨氮代谢微生物类群较多，包括 *Lentisphaerae*、*Acidobacteria*、*Spirochaetes*、*Candidantus Rokubacteria*、*Planctomycetes* 等菌群。总氮的代谢与 *Candidantus Latescibacteria* 呈显著正相关。*Candidatus Thermoplasmatota* 则与有机质的含量相关性很高。这些微生物的存在有利于湖水或土壤中氮、磷、有机质的代谢、转化和分解。

3.1.3 植物环境因子的冗余分析（RDA）

采用 RDA 分析环境变化过程中细菌群落丰度与植物环境因子之间的关系，结果（见图 4）发现，前 2 个排序轴分别解释群落结构与理化因子变化率的 37.8% 和 34%。总碳与氮、磷之间夹角为锐角，两两互呈正相关性。氮和磷是对菌群结构影响较大的环境因子。RDA 的结果还揭示了主要的细菌类群与理化因子的关系，具体而言，*Thermopetrobacter*、*Roseobacter*、*Hydrogenibacillus* 与环境因子呈负相关，*Tuberibacillus*、*unclassified_Lentisphaerales_genus*、*Providencia*、*unclassified_Trueperaceae_genus* 与环境因子无明显相关性，其余均呈正相关。

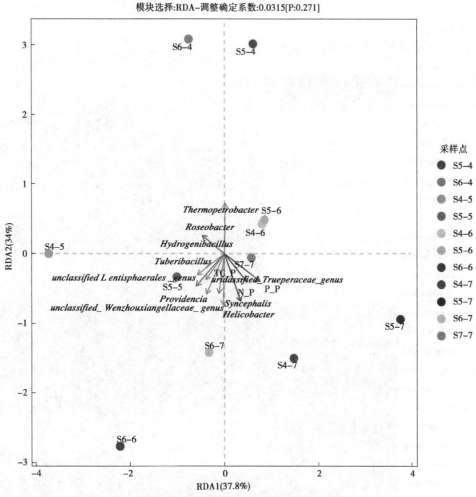

图 4 植物环境因子的冗余分析

由图 4 还可知，晒湖前期，土壤中微生物对晒湖样点的影响较大，而晒湖后期植物对晒湖结果的影响较明显。

3.1.4 植物环境因子相关性热图分析

由细菌优势属聚类热图（见图 5）可知，总碳在样品中的阿特金斯氏菌属丰度较高，而氮在样品中的平面菌属丰度较低。与非植物样品地点相比较，在植物的影响下，土壤中微生物对环境氮磷的影响相对较弱。

3.2 植物种植、微生物修复跟踪监测

3.2.1 碳代谢微生物基因丰度分布

由图 6 可知，碳代谢微生物基因丰度分布范围在 2.76% ~ 5.26%，最低点在 S6-7（种植区），最高点在 S7-7（翻晒对照）。对碳代谢微生物而言，与二氧化碳固定、中心碳代谢和一碳代谢相关的基因相对丰度较高，平均占比分别为 0.59%、1.60% 和 0.63%。这表明样品中存在较多的自养型生物。中心碳代谢（CCM）传统意义上包括糖酵解途径（EMP）、磷酸戊糖途径（PPP）以及三羧酸循环（TCA），中心碳代谢是生物体所需能量的主要来源，并为体内其他代谢提供前体物质。氧化还原

反应是主要的化学反应之一，而氧化还原酶是负责催化这些反应的酶。在三羧酸循环、磷酸戊糖途径等代谢途径中，氧化还原酶起着关键酶的作用。

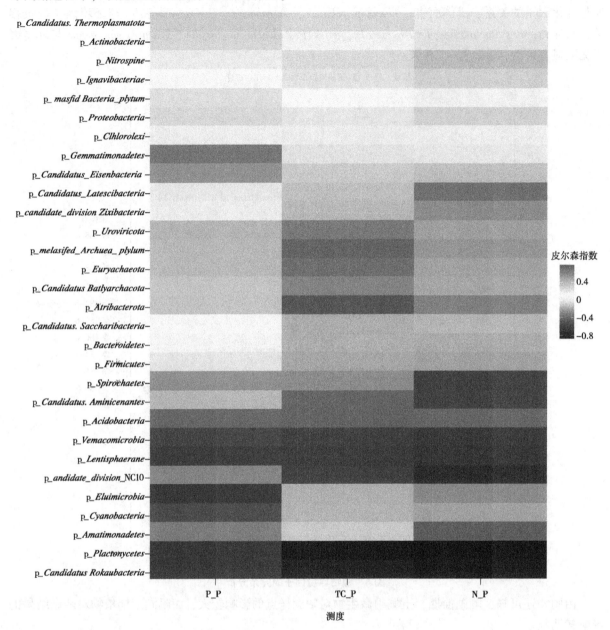

图5　植物环境因子相关性热图分析

3.2.2　氮代谢微生物基因丰度分布

由图7可知，氮代谢微生物基因丰度分布范围在0.36%~0.91%，最低点在S6-6（种植区），最高点在S5-6（外购生物菌区）。对氮代谢微生物而言，与氨同化作用、硝酸盐和亚硝酸盐氨化、固氮作用相关的基因相对丰度占比明显，平均占比分别为0.30%、0.16%和0.07%。采样点S5-6（外购生物菌区）的氮代谢基因丰度明显高于其余各点，这可能是因为生物菌在一段时间后才发挥作用。此外，自制生物菌区、外购生物菌区和种植区的氮代谢基因丰度均呈现先上升后下降但总体上升的趋势，这表明生物菌处理和植物处理对氮代谢的处理能力是阶段性变化的。总体来说，在干燥土壤处，购买的生物菌的氮处理效果最优，植物次之，自己配制的生物菌处理效果最弱；在淹水条件下，浅处淹水区的氮处理效果优于靠近底泥的淹水区。

随着翻晒的进行，土壤中出现了丰度较高的固氮微生物，特别是利用微生物处理的区域，固氮基因丰度增加明显，在翻晒初期，购买菌剂的处理，其固氮微生物丰度出现高峰。植物覆盖区域，固氮微生物类群丰度相对较低。可见随着湖底翻晒的进行，土壤微生物的固氮活动也在增加。

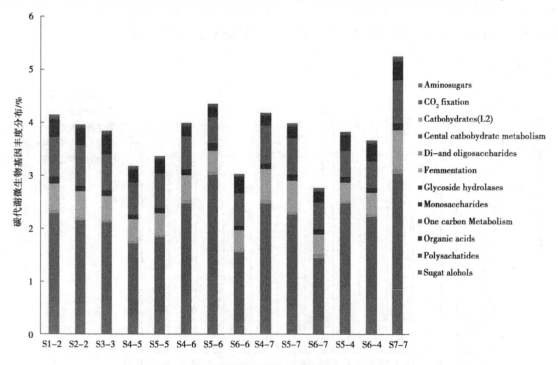

图6 碳代谢微生物基因丰度分析

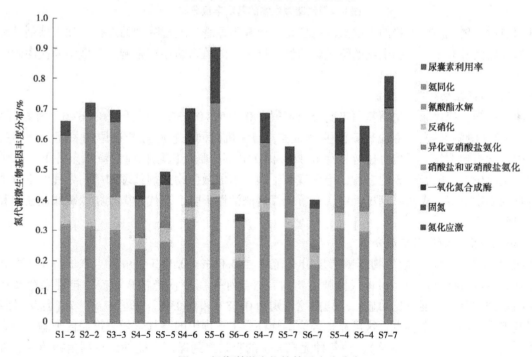

图7 氮代谢微生物的基因丰度分布

3.2.3 磷代谢微生物基因丰度分布

由图8可知，磷代谢微生物基因丰度范围在0.30%~0.58%，最低点在S6-7（种植区）、最高点在S5-6（外购生物菌区）。对磷代谢微生物而言，与磷酸盐代谢相关及高亲和力磷酸转运蛋白与PHO调节子调控的相关基因在其中丰度占比明显，平均占比分别为0.10%和0.31%，与核酸合成有一定关联。微生物对烷基磷酸酯的利用、蓝藻对磷的吸收以及环境对磷酸烯醇丙酮酸磷酸变异酶的影响微乎其微，可忽略不计。在采样点 S5-6（外购生物菌区）的磷代谢基因丰度明显高于其余各点，这可能是因为生物菌在一段时间后才发挥作用。此外，自制生物菌区和外购生物菌区的磷代谢基因丰度均呈现先上升后下降但总体上升的趋势，而种植区的磷代谢基因丰度呈现逐渐下降的趋势，这表明生物菌处理和植物对磷代谢的处理能力虽阶段性变化，但总体优于植物处理。

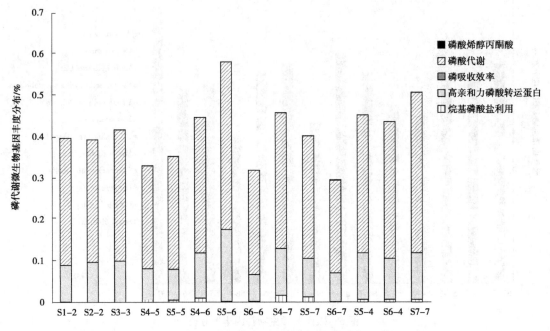

图 8　磷代谢微生物的基因丰度分布

　　晒湖前后，磷代谢微生物的丰度虽然有变化，但并不显著。随着晒湖的进行，加入菌剂处理的土壤对磷的代谢活性高于有植物土壤的磷代谢活性。推测可能植物的存在影响了土壤中磷代谢微生物的类群。

3.2.4　硫代谢微生物基因丰度分布

　　由图 9 可知，硫代谢微生物基因丰度分布范围在 0.35%~0.53%，最低点在 S6-6（种植区）、最高点在 S3-3（晒湖区域）。对硫代谢微生物而言，与无机硫同化、硫酸盐还原相关配合物相关的基因在其中丰度占比明显，平均占比分别为 0.11% 和 0.13%。晒湖区域在前期淹水条件下，硫代谢微生物的丰度比较高。随着晒湖的进行，土壤逐渐干燥，添加微生物菌剂处理和植物处理的土壤中硫代谢微生物的丰度下降。表明晒湖过程中，土壤硫代谢的活性下降。硫代谢微生物以硫酸盐还原和无机硫吸收代谢为主。

3.2.5　钾代谢微生物基因丰度分布

　　由图 10 可知，钾代谢微生物基因丰度分布范围在 0.06%~0.15%，最低点在 S6-6（种植区）、最高点在 S7-7（翻晒对照）。对钾代谢微生物而言，与钾平衡和谷胱甘肽调控的排钾系统及相关功能相关的基因在其中丰度占比明显，平均占比分别为 0.08% 和 0.03%。采样点 S7-7（翻晒对照）的钾代谢基因丰度高于其余各点，这可能是因为翻晒补充了土壤中的空气含量，进而使细胞进行有氧呼吸，产生大量 ATP（三磷酸腺苷），使各种无机离子的吸收得到保证。此外，自制生物菌区、外购生物菌区和种植区的钾代谢基因丰度均呈现先上升后下降但总体上升的趋势，这表明生物菌处理和植物处理对钾代谢的处理能力是阶段性变化的。总体来说，在晒湖土壤中，生物菌剂处理的钾代谢活性要好于植物处理土壤微生物的钾代谢活性。晒湖对钾代谢菌群的活性影响较小。

3.2.6　光合系统的基因丰度分布

　　由图 11 可知，光合系统的基因丰度分布范围在 0.000 66%~0.013%，最低点在 S5-7（外购生物菌区）、最高点在 S4-5（自制生物菌区）。对光合作用微生物而言，与光系统Ⅱ型及其光合反应中心相关的基因在其中丰度占比明显，所占比例为 0.001 9%。与细菌采光蛋白相关的基因仅在样本 S6-6（种植区）和 S5-4（外购生物菌区）中有表达，且在样本 S5-4（外购生物菌区）总基因丰度中占比 56.85%，可能是由于取样点刚经过生物菌处理。与光系统 I 相关的基因仅在样本 S4-5（自制生物菌区）、S5-5（外购生物菌区）、S4-6（自制生物菌区）和 S6-6（种植区）中有表达，这可能与环境中植物丰度较高有关。在采样点 S4-5（自制生物菌区）的光合代谢基因丰度明显高于其余各点，这

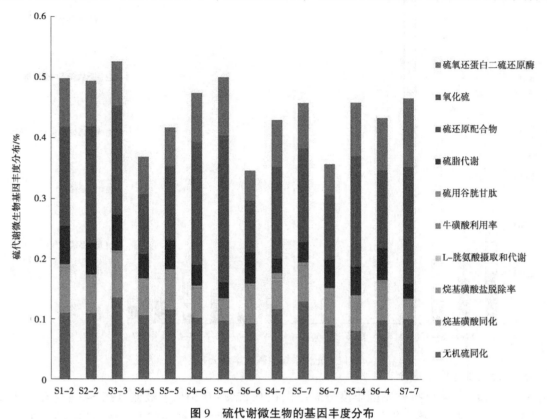

图 9　硫代谢微生物的基因丰度分布

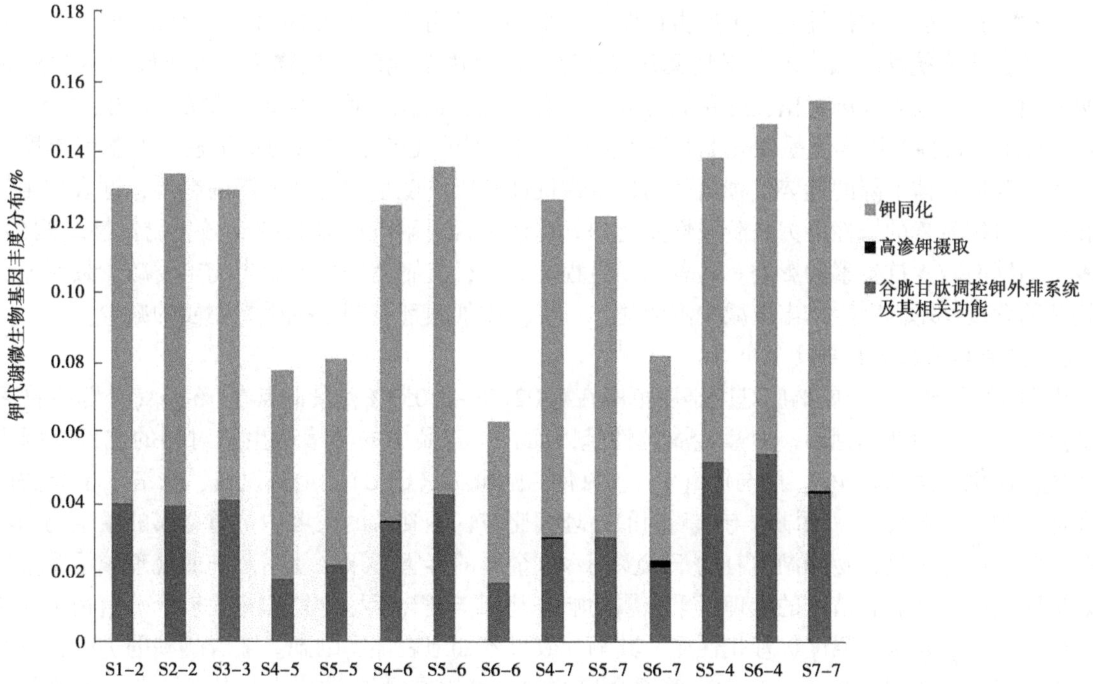

图 10　钾代谢微生物的基因丰度分布

可能是因为此时植物正处于生长旺盛期。此外，自制生物菌区和外购生物菌区的光合代谢基因丰度均呈现逐渐下降的趋势，而种植区的光合代谢基因丰度呈现先上升后下降且总体下降的趋势，这表明晒湖处理对光合微生物存在负影响，会减少光合微生物的丰度。

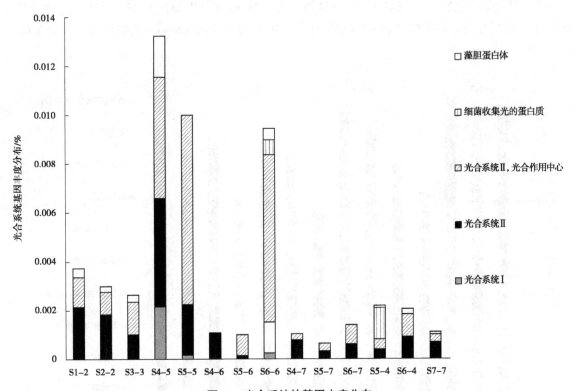

图 11 光合系统的基因丰度分布

3.2.7 抗生素抗性基因丰度分布

由图 12 可知，抗生素抗性基因丰度分布范围在 0.22%～0.31%，最低点在 S4-7（自制生物菌区）、最高点在 S5-4（外购生物菌区）。对抗生素抗性基因而言，样品中的土壤微生物对洁霉素抗生素、利福霉素抗生素的抗性基因丰度占比明显，平均占比分别为 0.08% 和 0.04%。S5-4（外购生物菌区）的抗生素抗性基因丰度高于其余各点，这可能是因为此时的生物菌正处于旺盛的繁殖和新陈代谢时期，在土壤中以菌克菌，施用后可以杀灭有害菌、活化土壤、保证土壤的团粒结构等。此外，7# 点的抗生素抗性基因丰度呈现先上升后下降但总体下降的趋势，7# 点的抗生素抗性基因丰度呈现先下降后上升但总体下降的趋势，种植区的抗生素抗性基因丰度呈现逐渐下降的趋势，这表明生物菌处理和植物对抗生素的抗性能力是阶段性变化的。总体来说，晒湖处理会减少微生物抗性基因的丰度，这表明晒湖能减少抗生素的影响。随着晒湖过程的进行，自制菌剂抗性微生物丰度减少最明显，而植物处理的含抗性基因微生物丰度减少不明显。可见，添加菌剂有利于抗生素物质的减少。

3.2.8 重金属响应基因丰度分布

由图 13 可知，重金属响应基因丰度范围在 0.021%～0.057%，最低点在 S5-6（外购生物菌区）、最高点在 S7-7（翻晒对照）。对重金属抗性基因而言，样品中的土壤微生物对铜的抗性基因丰度占比明显，比例高达 0.004%。而与锑（Sb）、氯化乙酰吡啶（CPC）、地喹氯铵、派洛宁 Y 相关的基因则在样本中很少被表达。晒湖后与未晒湖的处理相比较，晒湖后的土壤中抗重金属的微生物菌群丰度显著下降。由此可见，翻晒湖泊有助于减少湖水重金属的毒害作用。使用菌剂的处理减缓重金属毒害的效果明显好于地表有植物的处理，重金属的响应基因丰度与无植物处理相比较低。植物可能影响晒湖土壤的通气、含水、温度等理化性质，其晒湖效果不如地表裸露晒湖。随着晒湖的进行，自制菌剂的效果好于购买菌剂。此外，Cr、Cu 等重金属的响应基因在晒湖前样品中丰度最高，反映此湖可能存在 Cr、Cu 等重金属污染的风险。

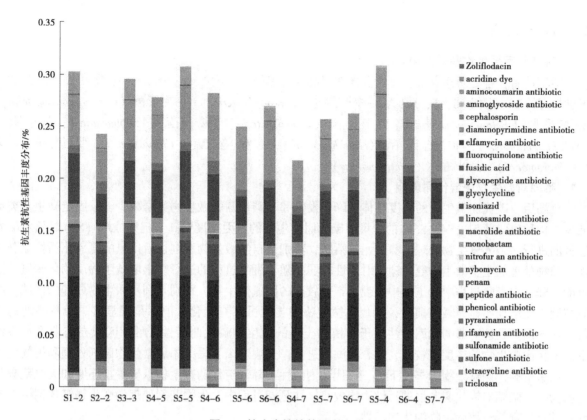

图12 抗生素抗性基因丰度分布

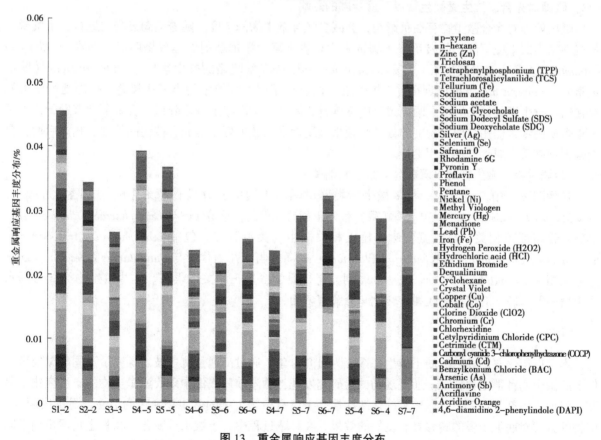

图13 重金属响应基因丰度分布

4 结果与讨论

4.1 晒湖前后微生物多样性和丰度特征

晒湖前后，各处理样点微生物的多样性很高，且多样性程度相似，Shannon 指数为 12.57～13.80。丰度最高的 10 类微生物丰度分别为 δ-变形菌（*Deltaproteobacteria*）、γ-变形菌（*Gammaproteobacteria*）、β-变形菌（*Betaproteobacteria*）、变形杆菌（*Proteobacteria*）、酸杆菌（*Acidobacteria*）、黄单胞菌（*Xanthomonadales*）、伯克氏菌（*Burkholderiales*）、绿弯菌（*Chloroflexi*）、脱氯单胞菌（*Dechloromonas*）、阔叶树科（*Syntrophaceae*）。

4.2 晒湖对微生物菌群代谢影响

晒湖后，碳代谢微生物的丰度整体下降，发酵和一碳代谢的微生物类群减少，碳固定微生物类群减少。接种生物菌剂（S4，S5）的土壤中碳代谢微生物的基因丰度要高于植物处理（S6）。随着晒湖过程的进行，施入微生物处理的氮代谢较活跃，特别是自制微生物菌剂在后期氮的氨氧化活性显著增加。植物处理的土壤微生物氮代谢相对活性较弱。随着翻晒过程的进行，土壤微生物反硝化脱氮活性可能下降。在翻晒过程中，土壤中出现了丰度较高的固氮微生物，特别是利用微生物处理的区域，固氮基因丰度增加明显。晒湖前后，磷代谢微生物的丰度虽然有变化，但不是很显著。随着晒湖的进行，加入菌剂处理对磷的代谢活性高于有植物土壤的微生物磷代谢活性。晒湖区域在前期淹水条件下，硫代谢微生物的丰度比较高，随着晒湖的进行，土壤逐渐干燥，添加微生物菌剂处理和植物处理后，土壤中硫代谢微生物的丰度下降，硫代谢的活性下降。硫代谢微生物以硫酸盐还原和无机硫吸收代谢为主。晒湖对钾代谢菌群的活性影响较小。在晒湖过程中，生物菌剂处理的微生物钾代谢活性要好于植物处理的土壤微生物钾代谢活性。

4.3 晒湖对光合、抗生素微生物以及重金属的影响

晒湖处理对光合微生物存在负影响，会减少光合微生物的丰度。随着晒湖过程的进行，土壤微生物抗性基因的丰度下降，间接反映土壤抗生素含量下降，添加菌剂处理效果明显。湖水中 *elfamycin antibiotic*（埃尔夫霉素抗生素）、*fluoroquinolone antibiotic*（氟喹诺酮抗生素）、*peptide antibiotic*（肽抗生素）、*rifamycin anitbiotic*（利福霉素抗生素）的抗性基因在环境中的丰度比较高，推测池塘中可能存在这些抗生素的污染风险。晒湖过程中土壤重金属抗性基因丰度显著降低，反映晒湖有助于减少湖水重金属的毒害作用。使用菌剂的处理减缓重金属毒害的效果好于地表有植物的处理。晒湖后期，自制菌剂抑制重金属毒害的作用更佳。

4.4 晒湖过程，微生物对土壤养分与微生物的关系

在晒湖过程中，土壤中的很多微生物类群对晒湖土壤的养分具有深刻影响。在晒湖过程中，*Candidantus Latescibacteria* 与 OP（有机磷）代谢正相关性很高，总磷代谢与 *Lentisphaerae*、*Planctomycetes* 等微生物高度正相关，与氨氮代谢明显正相关微生物类群较多，包括 *Lentisphaerae*、*Acidobacteria*、*Spirochaetes*、*Candidantus Rokubacteria*、*Planctomycetes* 等菌群，总氮代谢与 *Candidantus Latescibacteria* 呈显著正相关，*Candidatus Thermoplasmatota* 则与有机质的含量正相关性很高。这些微生物类群与湖水或土壤中氮、磷、有机质的代谢、转化和分解密切相关。

5 结论

本文以待修复的养殖池塘土壤生态系统为研究对象，通过高通量测序技术探究了不同晒湖处理条件下的微生物种群变化特征。通过现场试验研究发现，晒湖前后底泥中磷代谢微生物的丰度变化不显著，但加入菌剂处理后，其区域磷的代谢活性高于仅有植物土壤的微生物磷代谢活性，显示出菌剂+植物的方式对底泥中磷的转移具有良好的效果。在翻晒过程中，土壤水分变化、植物生长逐步利于固氮微生物活动的增加，反硝化脱氮作用下降。微生物菌剂的加入有效地刺激了底泥中氮的代谢，促进了脱氮过程的进行。同时菌群的加入对修复环境中重金属的污染具有积极作用，使用菌剂的处理减缓

重金属毒害的效果好于地表有植物的处理。因此，不考虑经济因素的情况下，仅就促进物质循环效果而言，在底泥污染控制中建议在晒湖过程中关注生物菌剂的增效作用。

参考文献

［1］朱秀迪，成波，李红清，等．水利工程河湖湿地生态保护修复技术研究进展［J］．水利水电快报，2022，43（7）：8-14.

［2］赵钟楠，袁勇，张越，等．基于空间分异的河湖生态保护修复类型与模式初探［J］．中国水利，2019（8）：5-7.

［3］朱美娜，梁月明，刘畅，等．岩溶石灰土微生物丰度的影响因素及其指示意义［J］．生态环境学报，2018，27（3）：484-490.

［4］徐燕，牛俊峰，陈利军，等．基于高通量测序技术研究栽培苍术根际土壤微生物变化［J］．作物杂志，2022（5）：221-228.

［5］袁雅姝，杨佳蓉，张黎，等．高通量测序研究清水池底泥微生物群落多样性［J］．中国给水排水，2021（21）：94-99.

［6］王瑞宁，王淼，黄秋标，等．基于高通量测序的晒塘前后鳗鲡养殖池塘微生物群落结构差异分析［J］．农业生物技术学报，2020（7）：1250-1259.

［7］曾广娟，冯阳，吴舒，等．基于高通量测序的有机种植蔬菜地土壤微生物多样性分析［J］．南方农业学报，2022（9）：2403-2414.

［8］朱怡，吴永波，安玉亭，等．基于高通量测序的禁牧对土壤微生物群落结构的影响［J］．生态学报，2022（17）：7137-7146.

［9］张帅，李晓康，刘祯祚，等．基于高通量测序技术分析青岛市典型海滩沉积物的微生物多样性［J］．海洋环境科学，2021（3）：417-424.

2023 年夏季三峡库区小江水华成因
分析和对策建议

徐 杨[1,2] 兰 峰[1,2] 左新宇[1] 吕平毓[1,2]

(1. 长江水利委员会水文局长江上游水文水资源勘测局，重庆 400020；
2. 重庆交通大学河海学院，重庆 400074)

摘 要： 三峡工程是举世瞩目的"国之重器"，三峡成库以来，库区典型支流小江流速放缓，水体自净能力减弱，富营养化风险居高不下，区域饮水安全、生态环境受到严峻挑战，明确小江水华成因并探索高效防控技术对库区绿色发展具有重要现实意义。2023 年夏初，小江局部水域暴发水华，为剖析其成因，本文根据小江水华典型断面应急监测结果，分析水华区域水体环境特征和浮游植物群落特征，揭示水华暴发的关键环境因子，提出小江水华防控的切实对策，以期为小江水华预警和治理以及生态流量调度提供研究基础支撑。

关键词： 三峡库区；小江；水华；成因分析；对策建议

三峡工程是一座兼具防洪、发电、航运等综合效益的战略性特大型综合性水利枢纽[1-2]。三峡成库后水动力条件发生较大变化，水体横向扩散系数减小，自净能力减弱[3]，典型支流小江水华频发，水体富营养化问题突出[4]，引起广泛关注。

小江又称彭溪河，是三峡库区北岸最大的一级支流，全长 182.4 km，流域面积约 5 276 m²，涉及云阳、开州两个区县以及黄石、高阳、渠马等众多集镇。自 2005 年开始，小江逐年均有水华现象暴发[5]，为两岸用水安全带来严重隐患。水华是初级生产者的藻类过度生长导致的一种生态灾害，同时也是一种二次污染[6]，可能导致水体需氧生物死亡、藻毒素浓度超标、藻类堵塞水厂滤池等系列问题，引发水安全事故。因此，研究小江水华暴发原因和水华暴发期的主要影响因素，对小江水华的预警监测及防范治理工作而言极有必要。

本文根据 2023 年夏初对小江典型断面水华现场调查和采样检测的应急监测结果，从水环境因子、气候条件和水文条件 3 个方面，分析小江水华暴发的原因，揭示水华暴发的关键影响因素，提出小江水华防控的对策和建议，以期为小江回水区水华暴发机理和预警防治提供研究基础支撑。

1 2023 年夏季小江水华应急监测

1.1 应急调查和断面布设

2023 年 5 月，小江支流黄石—渠马河段发生水华，水体有大量绿色藻类漂浮，主要集中在左岸乡镇和码头附近，河中有少量带状藻类漂浮。现场调查水华区域实拍见图 1。为了解小江水华覆盖区域藻类及水体污染物沿程分布情况，监控水华发展势态，在小江河口—渠马镇总长 18 km 河段布设小江河口（N30.9443 189 4，E108.689 121 66）、黄石（N30.996 215 42，E108.719 432 42）、高阳（N31.095 702 90，E108.677 913 43）、渠马（N31.131 030 38，E108.626 938 31）4 个应急监测断面，应急监测断面布设点位图、研究区域示意图见图 2。

基金项目： 重庆市技术创新与应用发展专项面上项目（CSTB2022TIAD-GPX0045）。

作者简介： 徐杨（1992—），女，工程师，主要从事水环境、水文水资源相关研究工作。

（a）黄石段水华现场实拍　　　　　　　　　　（b）高阳段水华现场实拍

图 1　应急监测现场实拍

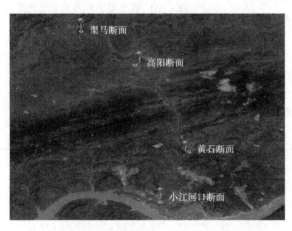 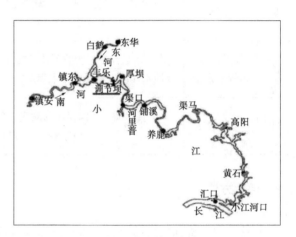

（a）应急监测断面布设点位图　　　　　　　　　（b）研究区域示意图

图 2　应急监测断面布设示意图

1.2　监测指标与分析方法

应急监测严格按照《水环境监测规范》（SL 219—2013）[7] 要求进行现场监测和样品采集，监测项目和方法设备如表 1 所示，其中现场监测参数有水温、流速、pH 值、溶解氧、电导率、透明度等，实验室分析参数有高锰酸盐指数、总磷、总氮、浮游植物定性、浮游植物定量、叶绿素 a 等。

表 1　应急监测项目及分析方法

序号	理化指标	分析方法依据	仪器型号
1	水温	《水质　水温的测定　温度计或颠倒温度计测定法》（GB 13195—1991）	棒式温度计
2	流速	无人船、ADCP	瑞智 10168
3	pH 值	《水质　pH 值的测定　电极法》（HJ 1147—2020）	HQ30D 多参数水质分析仪
4	溶解氧	《水质　溶解氧的测定　电化学探头法》（HJ 506—2009）	HQ30D 多参数水质分析仪

续表1

序号	理化指标	分析方法依据	仪器型号
5	电导率	《电导率的测定（电导仪法）》（SL 78—1994）	HQ30D 多参数水质分析仪
6	透明度	《透明度的测定（透明度计法、圆盘法）》（SL 87—1994）	塞氏盘
7	高锰酸盐指数	《水质 高锰酸盐指数的测定》（GB 11892—1989）	CGM 205W 高锰酸盐指数分析仪
8	总磷	《水质 总磷的测定 钼酸铵分光光度法》（GB 11893—1989）	TU-1901 双光束紫外可见分光光度计
9	总氮	《水质 总氮的测定 碱性过硫酸钾消解紫外分光光度法》（HJ 636—2012）	TU-1901 双光束紫外可见分光光度计
10	浮游植物定性、定量	《内陆水域浮游植物监测技术规程》（SL 733—2016）《淡水浮游生物调查技术规范》（SC/T 9402—2010）	Phenix BMC513-IPL 显微镜
11	叶绿素 a	《水质 叶绿素 a 的测定 分光光度法》（HJ 897—2017）	TU-1901 双光束紫外可见分光光度计

1.3 评价方法

1.3.1 水质评价

水质类别评价标准采用《地表水环境质量标准》（GB 3838—2002）[8]。选取监测断面 pH 值、溶解氧、高锰酸盐指数、总磷、总氮 5 个项目对小江水华期间水体质量进行等级评价。

1.3.2 富营养化评价

采用综合营养状态指数法进行富营养化评价，选用叶绿素 a、总磷、总氮、高锰酸盐指数、透明度 5 项参数，按式（1）计算：

$$T_{\text{TLI}} = \sum_{i=1}^{n} W_i T_{\text{TLI}}(i) \tag{1}$$

式中：T_{TLI} 为综合营养状态指数；W_i 为第 i 种参数营养状态指数的相关权重；$T_{\text{TLI}}(i)$ 为第 i 种参数的营养状态指数。

2 结果与分析

2.1 水体环境特征

小江水华暴发期应急监测水质理化指标分析结果见表 2。根据现场监测结果，4 个断面水温均值为 22.18~23.39 ℃；水体流量较稳定，流速缓慢，约 0.05 m/s；pH 值均值为 7.93~8.39；溶解氧方面，4 个断面溶解氧均呈现过饱和状态，溶解氧均值为 8.77~12.38 mg/L；透明度较低，均值为 67.2~84.0 cm；叶绿素 a 均值为 0.02~0.18 mg/L。实验室监测结果显示，渠马镇—小江河口河段有不同程度的水华发生，其中高阳—黄石段较为严重。水体流经小江河口后，黄石镇断面、高阳镇断面、渠马镇断面的总磷和总氮含量均有一定程度的增高，说明水体接纳了沿程排放的污染物，小江中下游水体正遭受着沿江面源污染的侵袭。由此可见，沿江两岸的治污工作任重而道远。

表 2 小江水华应急监测水质理化指标分析结果

理化指标	监测断面分析结果(均值±标准差)			
	小江河口	黄石镇	高阳镇	渠马镇
水温/℃	22.68±1.02	23.08±0.96	23.39±1.33	22.18±1.33
流量/(m³/s)	734±416	736±404	698.5±371.5	699.5±370.5
流速/(m/s)	0.05±0.04	0.04±0.02	0.04±0.05	0.05±0.06
pH值	8.11±0.51	8.17±0.56	8.39±0.61	7.93±0.36
溶解氧/(mg/L)	9.62±2.74	10.44±3.93	12.38±4.86	8.77±1.2
电导率/(μS/cm)	377.8±78.63	420.3±90.06	350.5±76.54	282.0±43.1
透明度/cm	71.9±39.54	75.3±45.04	67.2±26.42	84.0±85.46
叶绿素a/(mg/L)	0.09±0.01	0.18±0.1	0.17±0.2	0.02±0.02
重铬酸盐指数/(mg/L)	15.88±7.33	16.13±6.19	18.92±15.09	10.13±2.88
高锰酸盐指数/(mg/L)	3.01±0.75	3.73±1.81	5.48±4.75	3.59±0.67
总磷/(mg/L)	0.10±0.05	0.13±0.07	0.17±0.11	0.12±0.03
总氮/(mg/L)	1.63±0.34	1.52±0.33	1.58±0.42	2.02±0.24
氮磷比	18.2±4.94	14.8±6.27	12.0±5.60	17.8±5.61

2.2 水体浮游植物群落特征

本次应急监测藻类分析结果显示,小江回水区在不同的水华发展阶段浮游植物组成情况不同,各断面优势种有微囊藻、角甲藻、鱼腥藻等,其中主要优势种为微囊藻、角甲藻,分别属于蓝藻门和甲藻门,藻细胞密度最大值在高阳镇断面,为 $3.53×10^8$ cells/L,优势种照片见图3。总体而言,本次小江水华应急监测浮游植物呈现蓝藻-甲藻型群落特征,且蓝藻门微囊藻占绝对优势。

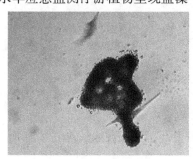  

(a) 微囊藻   (b) 角甲藻   (c) 鱼腥藻
图 3 小江 2023 年水华主要优势种

各断面藻细胞密度和氮磷比监测结果如图4所示,通过监测断面氮磷比均值的对比发现,本次应急监测中,氮磷比均值为 12.0 的高阳镇藻密度均值最高,且当氮磷比处于 12.0~18.0 范围内时,藻细胞密度均值与氮磷比均值呈负相关趋势。

2.3 主成分分析

为进一步筛选藻类水华暴发期间的关键环境因子,利用主成分分析对水温、溶解氧、流速、pH值、总磷、高锰酸盐指数等诸多环境因子进行逐步识别,关键环境因子主成分分析见图5。前两项主成分分别为水位和流速,这两个关键因子分别解释了50.1%和21.9%的应急监测数据量,可见,水动力条件是发生水华的重要因子[9]。筛选的环境因子中，水温、流速、pH 值、溶解氧和电导率对微囊藻影响较显著，这与周川等[10] 的研究结果一致。潘晓洁等[11] 研究小江夏初水华特征发现溶解氧与浮游植物数量呈正相关，也与本文的研究结果一致。

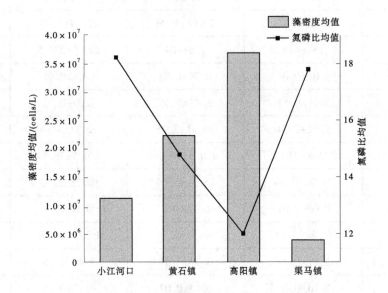

图 4　各断面藻细胞密度和氮磷比监测结果

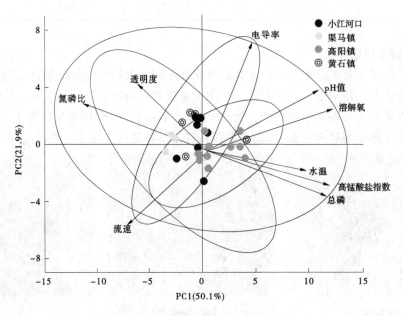

图 5　关键环境因子主成分分析

2.4　应急监测评价分析

小江水质目标为 Ⅱ 类，各断面监测结果水质评价和富营养评价如表 3 所示。小江河口和渠马镇断面处于"轻度富营养"状态，高阳镇断面和黄石镇断面处于"中度富营养"状态。高阳镇断面高锰酸盐指数和各断面总磷评价结果均为 Ⅲ 类水，超出地表水 Ⅱ 类水评价标准；总氮方面，评价等级处于 Ⅴ 类至劣 Ⅴ 类水平，显著超标，沿程累积污染严重。相对其他监测项目而言，高锰酸盐指数、总磷、总氮与外源输入带来的污染关系更加密切，外源污染没有得到妥善解决，水体富营养化风险将居高不下。

表 3　各断面监测结果水质评价和富营养评价

断面名称	水质评价					富营养化评价		
	水质类别					超标项目	富营养化指数	营养状态分级
	pH 值	溶解氧	高锰酸盐指数	总磷	总氮			
小江河口	I	I	II	III	V	总磷、总氮	57.7	轻度富营养
黄石镇	I	I	II	III	V	总磷、总氮	61.2	中度富营养
高阳镇	I	I	III	III	V	高锰酸盐指数、总磷、总氮	64.3	中度富营养
渠马镇	I	I	II	III	劣V	总磷、总氮	54.5	轻度富营养

3　小江水华成因讨论

水华可看作是多因素共同作用而产生的生态学现象，其成因可归纳为以下 3 个方面：水环境因子、气候条件与水文条件。

3.1　水环境因子

水环境因子包括水温、营养盐、水体 pH 值等环境影响因子。小江沿岸城镇居民较多，小型煤矿、农机企业也有分布，水体容易受到城镇居民生活污水和工业用水影响，污染负荷较大，水体生化污染指标基数处于较高水平，为水华发生提供了环境条件基础。

3.2　气候条件

小江流域处于亚热带季风气候区，并处在大巴山暴雨区周围，雨量相对充沛，多年平均气温18.6 ℃，五六月小江表层水温逐渐升高，表层平均水温在 21~23 ℃，天气晴朗，光强较高，光照时间充足，温度[12]、光照[13] 和降水等气候条件利于浮游植物的大量繁殖，加速了藻类生长，使得渠马镇—小江河口河段出现严重的水华现象。

3.3　水文条件

水文条件包括流量、流速、水位等因子，缓慢的水动力条件是小江水华暴发的关键影响因素[14]。小江冬季丰水期受长江回水稀释作用，汉丰湖以上的污染物被拦河坝所阻，加上冬季气温较低，使水体富营养化指标处于相对安全水平。进入三四月，长江水位下降，小江流量减少，流速降低，汉丰湖以上的污染物排放入小江，得不到有效稀释，浓度突增，而水体受长江顶托影响，小江河段水体流速缓慢，水动力停留时间延长，流动性较差，加之气温升高，水体中藻类在充足的养分供给下大量繁殖，引发小江水体富营养问题。

4　对策与建议

4.1　源头治理

蓝藻-甲藻水华暴发是由于流域氮磷营养盐过量输入、藻类过度增殖所致，因此改善水体环境和调整营养物质的平衡是水华防控的关键。小江流经开州、云阳，减少或控制富营养化物质的输入是水华防控的重要措施之一。可以通过控制农业化肥、农药的使用，减少污水、工业废水的排放，以及加强土壤保持、水土保持等措施来防止氮磷碳等营养物大量输入水体，从而实现污染物的源头治理。

4.2　生态流量调度

流速是河流藻类水华暴发的关键影响因子，低流速存在水华暴发风险，流速超过阈值将抑制藻类生长[15]，小江上游开州区乌杨桥河段设有调节坝，其主要作用是降低消落水位变幅，解决消落区生态问题。可利用调节坝功能，根据小江水华暴发水质特征确定水动力阈值，结合调节坝实际来水量来拟定生态流量调度方案，适时进行水位调控，从一定程度上增大水体流动速率，以增强水体扰动，破坏水温分层[16]，改变水体的水动力条件，抑制藻类聚集，防止水力停滞和富营养物质的积累，创造不利于藻类生长的水体环境，最终缓解小江水体富营养化态势。

4.3 物理处理

物理处理是运用机械工具或工程等物理手段应急处理水华的一种常见方法，包括机械打捞、曝气、隔阻、超声等。例如，利用机械设备、网箱等去除水体中的藻类，通过机械捞取、过滤或沉淀等方法减少蓝藻的数量，多用于水面藻类的快速清除，对水环境副作用小，但处理范围有局限性，适合与其他方法综合使用[17]。

4.4 化学处理

化学处理是应急处理水华应用较多的另一种方法。一般包括氧化型除藻技术和非氧化型除藻技术[18]。过氧化氢、高铁酸钾等[19-20]化学物质可以抑制蓝藻的生长，但需要注意，化学方法虽然见效快、操作便捷且效果持续时间长，但对其使用应该慎重，并遵循相关的环保法规，以避免对水环境和生物造成不良影响。

4.5 生物处理

生物处理是利用其他生物控制水华的一种方法。例如，引入食藻生物（如某些浮游动物）或虾类等天敌，增加枝角类浮游动物生物量，利用它们的摄食作用来控制蓝藻的繁殖；或是通过水生植物的引入，增加水体中的竞争物种，挤压蓝藻的生长空间。

4.6 预警监测与长效防治

建立水华的预警监测系统，及时发现水华的早期迹象，采取相应的应急处置措施。预警监测技术包括遥感监测、水质监测、生物监测等，可以通过监测水体中蓝藻的密度、水质参数的变化等指标来判断水华的发生和程度。制定相关政策法规，加强水源保护、水体环境修复和科学管理，并提高社会公众的环保意识和参与度。

参考文献

[1] 姚金忠，范向军，杨霞，等．三峡库区重点支流水华现状、成因及防控对策［J］．环境工程学报，2022，16（6）：2041-2048．

[2] 黄真理．三峡水库水环境保护研究及其进展［J］．四川大学学报（工程科学版），2006，38（5）：7-15．

[3] 张帆，黄立文，邓健，等．重庆主城区江段溢油模型及数值试验研究［J］．武汉理工大学学报（交通科学与工程版），2011，35（1）：87-90．

[4] 叶麟．三峡水库香溪河库湾富营养化及春季水华研究［D］．武汉：中国科学院水生生物研究所，2006．

[5] 黄宇波，杨霞，向波．水位变化对三峡水库小江蓝藻水华的影响［J］．四川环境，2020，39（6）：115-121．

[6] 郝越，王振华，龙萌，等．湖库蓝藻水华应急处理技术研究现状及展望［C］//中国水利学会．中国水利学会2021学术年会论文集（第二分册）．郑州：黄河水利出版社，2021：159-165．

[7] 中华人民共和国水利部．水环境监测规范：SL 219—2013［S］．北京：中国水利水电出版社，2013．

[8] 国家环境保护总局，国家质量监督检验检疫总局．地表水环境质量标准：GB 3838—2002［S］．北京：中国环境科学出版社，2002．

[9] TAN Y, LI J, ZHANG LL, et al. Mechanism underlying flow velocity and its corresponding influence on the growth of Euglena gracilis, a dominant bloom species in reservoirs［J］. International Journal of Environmental Research and Public Health, 2019, 16（23）: 4641.

[10] 周川，蔚建军，付莉，等．三峡库区支流澎溪河水华高发期环境因子和浮游藻类的时空特征及其关系［J］．环境科学，2016，37（3）：873-883．

[11] 潘晓洁，黄一凡，郑志伟，等．三峡水库小江夏初水华暴发特征及原因分析［J］．长江流域资源与环境，2015，24（11）：1944-1952．

[12] 李衍庆，黄廷林，张海涵，等．水源水库藻类功能群落演替特征及水质评价［J］．环境科学，2020，41（5）：

2158-2165.

［13］程昊，张海平．缺磷及高光照条件下紊动对铜绿微囊藻生长的影响［J］．中国环境科学，2020，40（2）：816-823.

［14］何术锋，胡威，杨早立，等．汉江中下游藻类水华暴发特征及其生态流量阈值［J/OL］．中国环境科学，2023：1-9［2023-09-24］．http：//doi．org/10．19674/j．cnki．issn 1000-6923．20230823．015.

［15］张海涵，王娜，宗容容，等．水动力条件对藻类生理生态学影响的研究进展［J］．环境科学研究，2022，35（1）：181-190.

［16］邹曦．潘晓洁．郑志伟，等．三峡水库小江回水区叶绿素 a 与环境因子的时空变化［J］．水生态学杂志，2017，38（4）：48-56.

［17］方雨博，王趁义，汤唯唯，等．除藻技术的优缺点比较应用现状与新技术进展［J］．工业水处理，2020，40（9）：1-6.

［18］张忠祥，宋浩然，张伟，等．高铁酸钾预氧化强化混凝除藻效能及机理研究［J］．中国给水排水，2019，35（15）：31-36.

［19］Wang Shuchang, Shao Binbin, Qiao Junlian, et al. Application of Fe（Ⅵ）in abating contaminants in water：State of art and knowledge gaps［J］. Frontiers of Environmental Science & Engineering, 2020, 15（5）：80.

［20］田静思，都凯，王金恒，等．水华蓝藻物理控制方法研究进展［J］．资源节约与环保，2018（12）：45-46.

基于 IHA-RVA 法的西江流域干支流水文情势变化分析

王　森[1,2]　王霞雨[3]　贾文豪[1,2]　刘　夏[2]

（1. 水利部珠江河口治理与保护重点实验室，广东广州　510611；
2. 珠江水利委员会珠江水利科学研究院，广东广州　510611；
3. 河海大学水文水资源学院，江苏南京　210013）

摘　要：客观评价河流水文情势变化，对水资源综合管理和生态环境保护至关重要。为了综合评估水库建成影响下西江流域生态水文情势变化，选取天峨、柳州、贵港、梧州四个站点过去近50年的逐日径流资料，在趋势与突变分析的基础上运用生态水文指标变化范围法（IHA-RVA）综合评价西江流域水文情势变化。结果表明：西江不同干支流的控制站点水文情势变化程度与特点存在显著差异，呈现出天峨站偏离度最大，贵港站次之，柳州站偏离度最小、干流相对较大、支流相对较小、上游相对较大、下游相对较小的特征。

关键词：IHA-RVA 法；西江流域；生态水文情势；水文变量偏离度

河流作为人类社会和经济发展的重要基础[1]，为经济社会系统提供了关键的水资源，在生态系统中具有维护生物多样性等功能。河流的生态水文情势决定了河流生态系统的物质循环、能量流动和物理栖息地状况[2]。随着气候的显著改变及人类对水资源的开发利用程度不断提高，水文过程和河流天然的水文情势不断变化，给河流生态系统中的生物群落成分和结构带来直接影响[3]。水库和筑坝的修建是改变河流水文情势最显著的方式之一，且改变度随着河流开发利用程度的增加而逐渐累积[4]。因此，评估水库建设引起的水文特征变化，客观评价水文情势的改变，对综合管理水资源、保护生态环境和河流生态恢复至关重要。当前国内外学者针对水利工程建设产生的水文情势变化开展大量研究[5-6]。Richter 等[7] 起初构建了一套水文改变指标体系（IHA），用于描述河流水文状态的改变；1997 年又提出了变化范围法（水文变异法 RVA）[8]，定量化描述水利工程建设对河流的影响，被广泛应用于国内外河流生态管理中。

西江是珠江流域的主流，具有北盘江、柳江、郁江等多条支流，近年来，随着龙滩、百色、大藤峡等大型水库陆续建成，流域水工程体系的日益完善，叠加城市化进程带来的下垫面变化等，人类活动对流域水文情势的影响不断加剧。目前，针对西江流域水文情势变化的研究相对较少，且集中在评估单个站点河流的生态水文情势变化中，亟须全面开展考虑流域上下游以及干支流水文情势变化的研究。为此，本文以西江干流的天峨站和梧州站、支流柳江的柳州站和支流郁江的贵港站四个径流控制性水文站 1973—2020 年逐日径流资料为基础，采用 Mann-Kendall（M-K）法、滑动 T 检验法分析流量变化特征，在此基础上运用生态水文指标变化范围法（IHA-RVA）综合分析西江流域水文情势变化，对水文变量偏离度进行定量评估，以期为西江流域水资源综合利用和生态保护提供参考依据。

基金项目：国家重点研发计划项目（2021YFC3001000）；科技基础资源调查专项项目（2019FY101901）；水利技术示范项目（SF-202305）。
作者简介：王森（1986—），男，高级工程师，主要从事水文水资源、水利工程、水利规划与设计等工作。
通信作者：贾文豪（1994—），男，博士，研究方向为气候变化与水文学及水资源。

1 研究区概况及资料

1.1 研究区概况

西江为珠江流域的主流，全长 2 075 km，流域集水面积 35.31 万 km²，占珠江流域总面积的 78%，多年平均水资源量为 2 302 亿 m³，主要五大支流为北盘江、柳江、郁江、桂江及贺江。重要大型水库有龙滩水利枢纽、大藤峡水利枢纽、百色水利枢纽等，其中流域控制性工程大藤峡水利枢纽正在建设。

1.2 数据资料

数据资料包括位于龙滩水库下游的天峨站和梧州站，柳江的柳州站和郁江的贵港站，对 1973—2020 年逐日径流资料进行初步统计分析，天峨站多年平均径流量为 1 503 m³/s，柳州站多年平均径流量为 1 261 m³/s，贵港站多年平均径流量为 1 510 m³/s，梧州站多年平均径流量为 6 428 m³/s，数据来源于相关水文年鉴及实测统计等。

2 研究方法

2.1 趋势性和突变性检验

采用 Mann-Kendall 检验法和滑动 T 检验法进行趋势分析和突变检验，方法详见参考文献 [9]。

2.2 IHA-RVA 法

Richter 等[8] 提出了水文变异法（RVA）评估河流生态系统受到的人类活动的影响程度。RVA 共采用 33 个水文特征值评估河流的生态水文参数的变化情况，其中水文特征值一般采用水文改变指标（IHA）进行统计。由于所选用的站点在研究期间没有发生过断流的情况，故本文不考虑零流量天数指标，IHA 水文指标见表 1。

表 1 IHA 水文指标

组别	内容	指标	IHA 指标
第 1 组	各月平均流量	1~12	各月的流量值
第 2 组	年极值流量	13~22	年 1 d、3 d、7 d、30 d、90 d 平均最大流量及最小流量
		23	基流指数
第 3 组	年极值流量出现时间	24、25	年最小、最大 1 d 流量发生时间
第 4 组	高、低流量脉冲次数及延时	26、27	高流量脉冲次数及平均延时
		28、29	低流量脉冲次数及平均延时
第 5 组	流量变化率及频率	30、31	流量平均增加率、流量平均减少率
		32	流量逆转次数

水文变量偏离度可以定量分析水文变异幅度[8]，偏离度 P 主要衡量水利工程等人类活动引起水文指标的变化相对于自然状态的偏离程度，计算公式如下：

$$P = [(I_{post} - I_{pre})/I_{pre}] \times 100\% \tag{1}$$

式中：I_{post} 为影响后的指标值；I_{pre} 为天然情况下的指标值。

水文改变度可以衡量水文指标在不同阶段受水利工程影响改变的程度，计算公式为

$$D_i = [|N_i - N_e|/N_e] \times 100\% \tag{2}$$

式中：D_i 为第 i 个 IHA 指标的水文改变度；N_i 为第 i 个水文指标在突变点后实际处于 RVA 阈值范围内的年数；N_e 为相应指标在突变点后预期处于 RVA 阈值内的年数，$N_e = N_T \cdot r$，N_T 为受影响阶段的

计算年份数，r 为自然状态下 IHA 指标处于 RVA 范围内的比例，本文 r 取 50%。

水文整体改变度的计算公式如下：

$$D_0 = \sqrt{\frac{1}{32}\sum_{i=1}^{32} D_i^2} \tag{3}$$

3 结果与分析

3.1 年均流量变化特征

对西江干流水文站的年径流量序列进行 Mann-Kendall 趋势检验及滑动 T 检验法检测，结果显示天峨站和梧州站年径流量均呈下降趋势（见图 1），水文站径流量的 M-K 检验统计量 Z 值分别为 -2.3 和 -0.49；滑动 T 检验法检测结果显示径流量序列的突变发生在 2002 年附近。

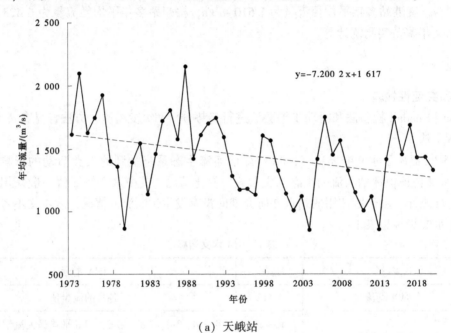

（a）天峨站

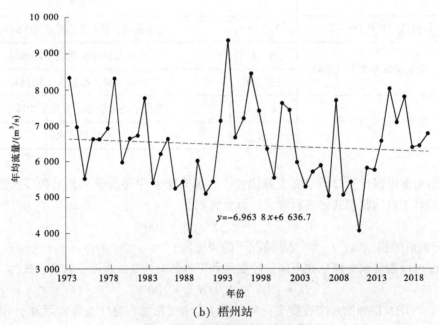

（b）梧州站

图 1　西江干流控制站径流系列

3.2 西江流域突变前后水文情势变化分析

为定量评估突变前后西江流域四个控制性水文站水文变量偏离度，以径流突变点 2002 年为界，将整个研究期分为突变前（1973—2002 年）及突变后（2003—2020 年），计算不同时期的 IHA 指标系列，分析结果如下：从四站 IHA 指标水文变量偏离度的分析结果来看，在第 1 组各月平均流量的指标中，1 月、3 月、4 月平均流量偏离度较大；在第 2 组年极值流量中，年最大 1 d、3 d、7 d 流量和年最小 30 d、90 d 流量偏离度较大；在第 3 组年极值流量出现时间中，年最小值日期偏离度较为显著；在第 4 组高低流量的频率及历时中，年流量低脉冲次数偏离度较为显著；在第 5 组流量变化率及频率中，下降率和逆转次数偏离度较为显著。

从四站水文变量偏离度的结果（见表 2）来看，总体上天峨站偏离度最大，贵港站次之，柳州站偏离度最小。西江梧州控制站的整体改变度是 60.4%，改变度介于贵港站（64.5%）和柳州站（49.3%）之间。红水河年均径流量占比相对较高，位于其上的龙滩水库库容为 188.09 亿 m³，水库调控能力强，且天峨站距离龙滩水库相对最近，因此天峨站的偏离度最大；郁江年均径流量占比相对较小，位于其上的百色水库库容为 56.6 亿 m³，贵港站距百色水库相对较远，因此偏离度仅次于天峨站；柳江上的洋溪等控制性水库尚未修建，偏离度相对最小。西江流域控制站梧州站受到红水河、郁江、柳江等干支流的综合影响，其中西江干流对其影响较大，支流对其有一定的影响。

表 2 西江流域水文变量偏离度 %

序号	水文指标	天峨站	柳州站	贵港站	梧州站
1	1 月平均流量	122.77	20.18	6.01	46.83
2	2 月平均流量	88.98	-15.77	-14.24	17.93
3	3 月平均流量	155.13	-7.69	-15.21	19.74
4	4 月平均流量	150.64	-14.28	-31.09	3.50
5	5 月平均流量	23.92	-6.41	-30.16	-4.06
6	6 月平均流量	-38.86	-2.52	-27.52	-0.34
7	7 月平均流量	-47.26	-14.05	-40.27	-19.24
8	8 月平均流量	-38.91	-16.02	-34.07	-17.18
9	9 月平均流量	-43.79	0.31	-45.12	-24.67
10	10 月平均流量	-32.58	-16.96	-38.30	-17.66
11	11 月平均流量	8.24	20.16	-18.77	10.50
12	12 月平均流量	63.26	46.65	-3.57	31.98
13	年最大 1 d 流量	-51.33	-9.21	-26.71	-4.48
14	年最大 3 d 流量	-51.00	-14.29	-28.16	-5.92
15	年最大 7 d 流量	-49.56	-17.44	-31.64	-8.75
16	年最大 30 d 流量	-44.21	-14.07	-35.61	-13.87
17	年最大 90 d 流量	-38.70	-8.36	-36.53	-15.42
18	年最小 1 d 流量	-6.98	0.17	-19.00	4.58
19	年最小 3 d 流量	11.77	1.77	-17.32	6.84
20	年最小 7 d 流量	21.24	8.59	-15.51	13.74

续表 2

序号	水文指标	天峨站	柳州站	贵港站	梧州站
21	年最小 30 d 流量	66.50	7.33	−13.29	21.87
22	年最小 90 d 流量	69.13	−0.84	−13.95	15.33
23	基流指数	38.77	9.15	21.26	17.74
24	年最小值日期	33.39	1.81	24.05	5.90
25	年最大值日期	3.92	6.42	3.73	−5.44
26	年流量高脉冲次数	40.97	−11.19	7.73	10.49
27	年流量高脉冲平均持续时间	0.67	1.53	1.98	1.62
28	年流量低脉冲次数	191.67	56.29	151.30	137.85
29	年流量低脉冲平均持续时间	1.88	2.01	2.40	1.91
30	上升率	34.36	14.88	−1.43	−2.26
31	下降率	−41.30	−9.35	−18.76	−16.35
32	逆转次数	56.87	9.56	41.47	51.35

月均流量突变后天峨站和梧州站在枯水期 11 月至次年 4 月流量有不同程度增加，汛期 6—10 月流量有不同程度减少，7 月减少量最多，年内径流分配趋于均匀化；柳州站和贵港站 2—10 月流量均呈减少趋势。从生态角度分析，月平均流量指标体现了水生动植物对生存栖息地、水文条件的需求，因此月平均流量的变化会引起生态系统的相关变化。四站年最大流量均有不同程度的减少，并且水文偏离度从大到小依次为天峨站、贵港站、柳州站、梧州站；除贵港站外，其余三站年最小 7 d、9 d、30 d 流量突变后均增加，天峨站、贵港站和柳州站的水文偏离度依次减小。四站基流指数均呈现上升趋势，除梧州站外，年最大值日期、最小值日期出现时间在突变后发生了推迟，其中天峨站、贵港站年最小值日期变化范围在一个月左右，出现时间与建库前差异较大；年最大流量出现时间变化较小，延迟范围在 10 d 之内。年极值流量及出现时间影响河流中养分交换量及水环境中氧气浓度、高化学浓度状态的历时，因此年最小值出现时间的改变将会影响鱼类的迁移和产卵，与生物的生命周期息息相关，指标变化可能对生物栖息环境产生一定的不利影响。

4　讨论

天峨站、贵港站、梧州站和柳州站低脉冲次数偏离度依次为 191.67%、151.30%、137.85% 和 56.29%，突变后四站低流量次数及历时均增加，低脉冲次数增多和历时变长将使流域旱季水量增多，从而影响种群动态。经调研分析，珠江上游龙滩水库于 2001 年开工建设，水库库容为 188.09 亿 m³，而天峨站位于水库下游 11 km 处，龙滩水库的调蓄对天峨站的影响最为直接；同年，郁江百色水库开工，水库库容为 56.6 亿 m³，贵港站位于百色水库下游约 700 km，区间入流虽可在一定程度上降低水文偏离度，但百色水库的调蓄作用仍起主要作用；柳江控制性枢纽洋溪水库目前还未开工建设，调蓄能力有限，水文偏离度的改变相对最小；梧州站为西江的控制性水文站，上游干流及柳江、郁江径流的水文偏离度均会影响到梧州站的径流，水文偏离度低于天峨站与贵港站，但高于柳州站。此外，天峨站、贵港站和柳州站的流量下降率和逆转次数的水文偏离度依次减小，四站流量下降率均呈减少趋势，逆转次数均明显增多。流量逆转次数的增加使河流偏离天然状态，同时由于生态系统对外界环境变化的承载能力有限，频繁的流量波动可能会破坏生态平衡，导致生物多样性的减少和栖息地退化。

5 结论

采用 IHA-RVA 法综合分析西江流域干支流水文突变前后四个径流控制站水文情势的变化情况，结果表明，天峨站和梧州站年径流量呈下降趋势，西江流域径流在 2002 年发生突变；从四站水文变量偏离度来看，受干支流流量空间分布、水库调节能力的差异、水文站距离水库的远近等因素的综合影响，天峨站偏离度最大，贵港站次之，柳州站偏离度最小。西江梧州站的整体改变度是 60.4%，改变度介于贵港站和柳州站之间。

参考文献

［1］鞠琴，吴佳杰，姚婷月，等．基于 IHA-RVA 法的渭河流域水文情势变化分析［J］．水文，2022，42（4）：76-82.

［2］MCMILLAN H K. A review of hydrologic signatures and their applications［J］. Wiley Interdisciplinary Reviews-Water, 2021, 8（1）.

［3］CUI T, TIAN F Q, YANG T, et al. Development of a comprehensive framework for assessing the impacts of climate change and dam construction on flow regimes［J］. Journal of Hydrology, 2020, 590.

［4］班璇，姜刘志，曾小辉，等．三峡水库蓄水后长江中游水沙时空变化的定量评估［J］．水科学进展，2014，25（5）：650-657.

［5］GUNAWARDANA S K, SHRESTHA S, MOHANASUNDARAM S, et al. Multiple drivers of hydrological alteration in the transboundary Srepok River Basin of the Lower Mekong Region［J］. Journal of Environmental Management, 2021, 278.

［6］薛联青，张卉，张洛晨，等．基于改进 RVA 法的水利工程对塔里木河生态水文情势影响评估［J］．河海大学学报（自然科学版），2017，45（3）：189-196.

［7］RICHTER B D, BAUMGARTNER J V, POWELL J, et al. A method for assessing hydrologic alteration within ecosystems［J］. Conservation Biology, 1996, 10（4）：1163-1174.

［8］RICHTER B D, BAUMGARTNER J V, WIGINGTON R, et al. How much water does a river need?［J］. Freshwater Biology, 1997, 37（1）：231-249.

［9］胡萌，盛英武．青岛年降水量和水资源量变化特征研究［J］．水文，2022，42（1）：103-108.

表面流人工湿地对降雨径流中氮的去除效果分析

葛李灿　柴朝晖　刘小光

（长江科学院河流研究所，湖北武汉　430010）

摘　要：人工湿地是水污染治理中的重要手段，为研究表面流人工湿地对降雨径流水质的改善效果，以韩国全罗北道井邑市表面流人工湿地为研究对象，研究了不同工况下湿地对降雨径流中总氮（TN）、溶解性总氮（DTN）、颗粒型总氮（PTN）、氨氮（NH₃-N）的净化效果。试验结果表明，此表面流人工湿地对降雨径流中氮的去除有一定作用，尤其颗粒型总氮和氨氮去除效果明显，且其去除效果主要与出入流状况、水温等因素相关。

关键词：表面流人工湿地；氮；去除效率；流量差

人工湿地是一种模拟自然的湿地生态系统，通过植物、微生物和基质的协同关系实现对水质的净化效果。人工湿地具有良好的化学、物理和生物的综合效应，目前已被广泛用于工业废水、农业污水和河流水质的治理中[1-2]。表面流人工湿地因其运营维护成本低、能源消耗少、缓冲容量大等优点[3-4]，通过植物、基质、微生物的协同作用去除氮磷营养盐和有机物等[5]，湿地氮转化和去除主要途径有硝化-反硝化、氨化、植物吸收、氨挥发等[6-8]，本文研究了几次降雨径流中 TN、DTN、PTN、NH₃-N 等四种污染物去除效率与进出口流量的关系。

1　材料与方法

1.1　人工湿地构建

试验区选在韩国全罗北道井邑市表面流人工湿地，地理位置为北纬 35°38′11″，东经 126°48′47″。流域面积为 61.0 hm² （稻田 38.2 hm²、田间 11.6 hm²、果园 0.9 hm²、田地 3.0 hm²、森林 7.3 hm²），设计流量为 0.03 m³/s，湿地容量为 3 799 m³。人工湿地内填料为沸石，种植有芦苇、香蒲。本次研究采用 S 形分布的湿地体系，该系统能够并联或串联一些复合湿地以加强对污水的去除效果。由图 1 可知，表面流人工湿地包括进/出水区、前池（沉淀池）、曝气池、深沼泽池、浅沼泽池、抛光池等部分。下面按照每一分区的特性和脱氮途径进行简要说明。污水先进入前池，经过沉淀、生物吸收、转换等处理后再进入曝气池，在曝气池底部布设一根管道，由进水口的曝气设备不断地进行曝气，此阶段主要是使废水中的氧与大气接触，为曝气池中的好氧微生物提供足够的氧，从而将有机物转变成硝酸盐（硝化反应总式：$NH_4^+ + 2O_2 \rightarrow NO_3^- + H_2O + 2H^+$）[9-10]。然后通过曝气池的污水则会进入深度沼泽池，因为深沼泽池深度深，水流缓慢，属于低氧环境，通过厌氧微生物将硝酸盐通过反硝化反应（反硝化反应总式：$6NO_3^- + 5CH_3OH \rightarrow 5CO_2 + 3N_2\uparrow + 6OH^- + 7H_2O$）转变成氮气[11]，再流入浅沼泽池，在浅沼泽池中通过沉淀和生物吸附等方式进行二次沉淀，最终通过抛光池，经过沉淀遮光，再通过出水口排放到下游。污水处理的全过程主要是自流，为了达到更好的污水处理效果，在曝气池加入外源动力进行曝气。

基金项目：中央级公益性科研院所基本科研业务费（CKSF2023189/HL）。

作者简介：葛李灿（2001—），男，硕士研究生，研究方向为河湖保护与修复。

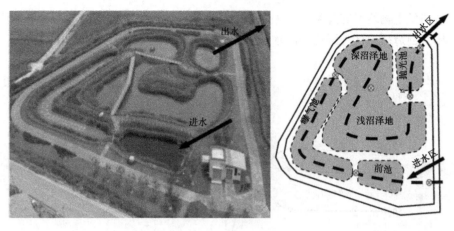

（a）实景　　　　　　　　　　　（b）结构示意图

图1　表面流人工湿地实景与结构示意图

1.2　水质采样与检测

根据表面人工湿地出入流状态变化等条件，进行三种工况水质采样和监测，见表1。采样点布设于人工湿地进/出水口，主要测量进/出水口流量、水温、pH值、悬浮物（SS）、溶解氧（DO）及各类氮素污染物指标。其中，化学需氧量（COD）采用重铬酸钾氧化法，TN测定采用碱性过硫酸钾-紫外分光光度法，将水样通过0.45 μm滤孔进行DTN和PTN测定，NH_3-N测定采用纳氏试剂比色法。

表1　水质采样工况

工况	历时/min	最大流量/（m³/h）	水温/℃	时间（年-月-日）	备注
工况1	500	196.57	12.5	2012-10-27	出入流不平衡
工况2	420	161.58	4.8	2012-11-10	出入流不平衡
工况3	380	31.56	4.1	2012-12-13	出入流平衡

1.3　计算参数

采用去除效率对氮的去除效果进行分析，其计算公式如下：

$$\eta_n = \frac{\dfrac{\rho_{i,n}+\rho_{i,n+1}}{2} - \dfrac{\rho_{o,n}+\rho_{o,n+1}}{2}}{\dfrac{\rho_{i,n}+\rho_{i,n+1}}{2}} \times 100\% \tag{1}$$

式中：$\rho_{i,n}$为进口处测得的污染物浓度；$\rho_{o,n}$为出口处测得的污染物浓度；η_n为去除效率。

2　结果与讨论

2.1　出入流量不平衡状态下氮素去除效果分析

工况1在255 min前，入流流量显著大于出流流量，最大入流流量为196.57 m³/h，此后迅速下降，在255 min时达到平衡。此后，出流流量开始大于入流流量，并保持稳定，如图2所示。流量差（出口流量减去入口流量）是反映出入流量不平衡条件下人工湿地运行条件的关键参数。通过线性插值方法对流量过程进行插值，利用式（1）对各时刻的氮素去除效率进行分析，如图3所示。

如图3所示，四种氮素的去除效率差异显著。NH_3-N的平均去除效率为80.3%，PTN的时均去除效率为78.6%，NH_3-N与PTN的时均氮素去除效率显著高于TN（24.3%）与DTN（12.7%）。NH_3-N可以通过微生物的硝化和反硝化过程转化为硝态氮（NO_3-N），从而被吸附或转化为氮气，人工湿地中的植被与微生物均可充分利用，去除效率最高。人工湿地内构造的芦苇、香蒲体系可以有效改变湿地内流场，创造缓流区，降低暴雨水流中的悬浮物浓度，进而促进 PTN 的去除。

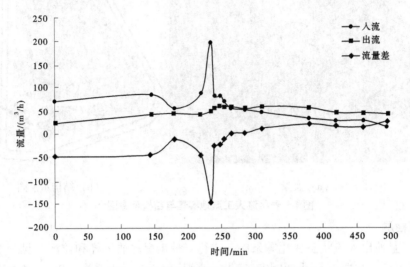

图 2　出入流不平衡工况 1 下的流量过程

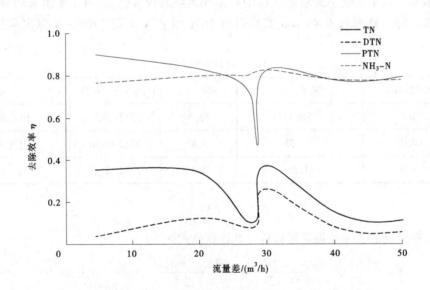

图 3　工况 1 下出入流量差与氮素去除效率关系

四种氮素指标的去除效率明显受流量差的影响，PTN、DTN 及 TN 均在流量差约为 29 m³/h 时达到第一次谷值，此后去除效率开始回升，随着流量差的增大而缓慢降低。TN 受 DTN、PTN 与 NH₃-N 的共同影响，该流量差情景下的水力条件及环境条件对 PTN 的去除过程影响最大，同时对 NH₃-N 的影响却不明显。由此可见，在出入流不平衡状态下，流量差对氮素的生物降解、硝化作用等生化过程的影响要明显弱于拦截沉淀、吸附附着等物理过程。

工况 2 在 345 min 前，入流流量显著大于出流流量，最大入流流量为 161.58 m³/h，此后缓慢下降，在 345 min 时达到平衡。此后，出流流量开始大于入流流量，如图 4 所示。与工况 1 相比，主要区别是水温明显降低。

图 5 为工况 2 下，四种氮素的去除效率差异显著。从图 5 中可以看出，NH₃-N 去除效率依然最高，但 PTN 的去除效率相比于工况 1 有明显下降，其主要原因是水温的降低导致湿地植被覆盖率下降，沉淀、吸附等物理过程能力减弱。

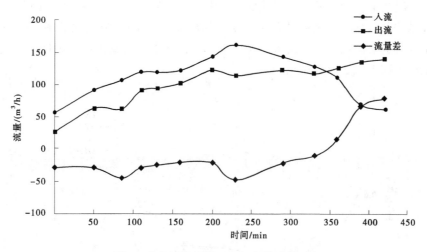

图 4　出入流不平衡工况 2 下的流量过程

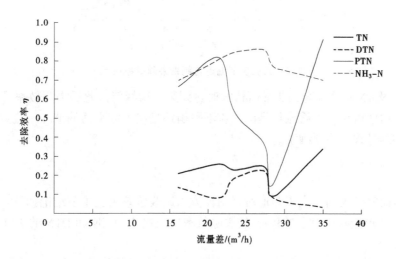

图 5　工况 2 下出入流量差与氮素去除效率关系

2.2　出入流量平衡状态下氮素去除效果分析

工况 3 总历时 380 min，流量处于增长趋势，最大入流流量为 31.56 m³/h，如图 6 所示，出流量与入流量基本相当。

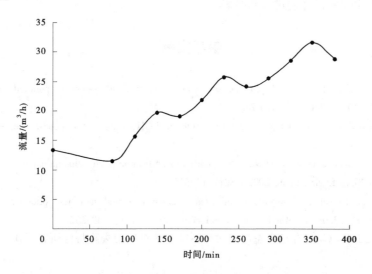

图 6　出入流平衡工况 3 下的流量过程

图 7 所示为工况 3 下，四种氮素的去除效率。由图 7 可知，NH₃-N 和 PTN 的平均去除效率依然高于 TN 与 DTN 的去除效率。在水温没有太大变化的情况下，NH₃-N 去除效率大幅下降，其主要原因是湿地处于出入流量平衡状态，水面水汽交换不充分，微生物的硝化和反硝化过程受到抑制，无法充分去除，与工况 1 和工况 2 形成对比。

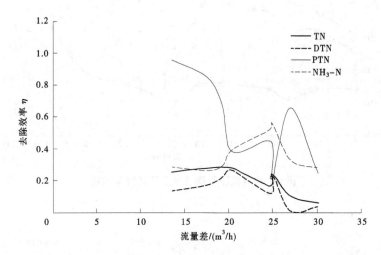

图 7 工况 3 下流量与氮素去除效率关系

NH₃-N、DTN 及 TN 均在流量约为 25 m³/h 时达到第一次峰值，此后去除效率开始下降，随着流量的增大而降低。由此可见，不管流量是出入流不平衡还是出入流平衡的情况，流量都是影响拦截沉淀、吸附附着等物理过程的主要因素。

3 结论

通过现场试验研究了表面流人工湿地对降雨径流水质改善效果，主要结论如下：

（1）表面流人工湿地对 PTN、NH₃-N 的去除效率明显高于对 TN 和 DTN 的去除效率，一定程度上与前池曝气有关。

（2）表面流人工湿地对氮的去除效果与出入流状态和水温等相关。出入流量不平衡状态时的氮素去除效率表现比较稳定且明显高于出入流量平衡状态，且流量差是影响拦截沉淀、吸附附着等物理过程的主要因素，水温降低则会影响氮素的去除效率。

由于本文是在几次降雨径流的不同时间点进行样本采集分析，一定程度上影响了研究的稳定性及普遍性，今后将通过连续采样开展进一步分析。

参考文献

［1］Tu Y T, Chiang P C, Yang J, et al. Application of a constructed wetland system for polluted stream remediation ［J］. Journal of Hydrology, 2014, 510 (3)：70-78.

［2］Klein J J M D, Werf A K V D. Balancing carbon sequestration and GHG emissions in a constructed wetland ［J］. Ecological Engineering, 2014, 66：36-42.

［3］Omidinia-anarkoli T, Shayannejad M. Improving the quality of stabilization pond effluents using hybrid constructed wetlands ［J］. Science of the Total Environment, 2021, 801：149615.

［4］Wang T, Xiao L, Lu H, et al. Nitrogen removal from summer to winter in a field pilot-scale multistage constructed wetland-pond system ［J］. Journal of Environmental Sciences, 2022, 111：249-262.

［5］张晓一. 表面流人工湿地与复合型生态浮床对低污染水体氮磷的去除特性研究 ［D］. 上海：上海交通大学, 2019.

［6］Wang J, Li W, Li Q, et al. Nitrogen fertilizer management affects remobilization of the immobilized cadmium in soil and its accumulation in crop tissues ［J］. Environmental Science and Pollution Research International，2021b，28（24）：31640-31652.

［7］Du Y, Niu S, Jiang H, et al. Comparing the effects of plant diversity on the nitrogen removal and stability in floating and sand-based constructed wetlands under ammonium/nitrate ratio disturbance ［J］. Environmental Science and Pollution Research International，2021，28（48）：69354-69366.

［8］Kadlec R，Wallace S. Treatment wetlands ［M］. Boca Raton：CRC Press，2008.

［9］张高军，王永军，魏玉朝，等. 改良人工湿地强化污水处理厂尾水脱氮性能研究 ［J］. 中国资源综合利用，2022，40（2）：194-198.

［10］徐德福，徐建民，王华胜，等. 湿地植物对富营养化水体中氮、磷吸收能力研究 ［J］. 植物营养与肥料学报，2005（5）：597-601.

［11］付柯，冷健. 人工湿地污水处理技术的研究进展 ［J］. 城镇供水，2022（1）：75-80.

重金属 Cu 影响下水体-沉积物界面 ARGs 迁移规律

石赟赟[1,2]　李　鑫[1]　钟金生[1]

(1. 广东华南水电高新技术开发有限公司，广东广州　510000；
2. 珠江水利科学研究院，广东广州　510000)

摘　要：抗生素被广泛应用于医疗和畜牧养殖，对人类和动物疾病的治疗和预防具有重要意义。然而，大量未被充分利用和代谢的抗生素进入环境之后，会引发耐药性细菌和抗生素抗性基因等系列问题。本文开展 ARGs 迁移规律研究，分析重金属 Cu 对 ARGs 转移的影响。研究成果对 ARGs 的迁移规律和污染控制具有重要意义。主要研究结果有：在重金属 Cu 的条件下会促进 $sul1$、$tetX$、$tetM$ 和 $int1$ 的垂直迁移；重金属 Cu 的影响下抑制了底泥中 $tetA$ 的释放；重金属 Cu 的影响下抑制了底泥中 16S rRNA 的释放。

关键词：重金属 Cu；ARGs；迁移规律

抗生素自问世以来就被广泛应用于医疗和畜牧养殖[1]，它可以改变细胞生长进程、治疗疾病、促进农业养殖业的生产[2]。全世界每年抗生素的消耗量巨大，我国抗生素生产和消费居世界前列[3]。由于抗生素的大量使用，部分抗生素进入人体或动物体内后无法被完全吸收利用从而被排放到环境中，导致一系列的环境污染问题，同时环境中存在的抗生素会诱导细菌产生耐药性，引发抗生素抗性基因（简称抗性基因，ARGs）污染的问题[4]。抗生素抗性基因作为一种新型污染物，可以通过食物链富集进入人体，并具有一定的遗传性，会对人类的健康造成极大的危害[5]。已有研究发现，在不同环境介质中（如地表水、土壤、沉积物、生物膜和空气等），都存在着抗性基因在不同细菌中的传播转移，造成耐药性细菌在环境中迅速传播。随着耐药性细菌的增多，抗生素的效果会降低甚至最后失效。环境中抗性基因问题与人类健康密切相关，已经成为全球性的热点问题。

目前有研究表明，我国污水处理厂、畜牧养殖场和医疗中产生的废水是抗性基因的主要来源[6-9]。环境介质水体、河流沉积物、生物膜和水源地均存在着大量的抗性基因[10-12]，影响人类的健康与环境可持续发展。

沉积物是 ARGs 重要的储存库，在重金属的作用下会对沉积物中的 ARGs 释放产生影响，扩大了 ARGs 在环境中传播的风险，也增加了 ARGs 对人类健康的危害。本文以几种常见的磺胺类和四环素类 ARGs（$sul1$、$tetA$、$tetX$、$tetM$）、Ⅰ类整合子（$int1$）和 16S rRNA 为目标基因，设计土柱试验，探究重金属 Cu 对 ARGs 在水体-沉积物界面转移释放的影响。本文的主要目的是探究在重金属 Cu 条件下四种常见的磺胺类和四环素类 ARGs（$sul1$、$tetA$、$tetX$、$tetM$）、Ⅰ类整合子（$int1$）以及 16S rRNA 在土柱中的交换和垂直转移规律，研究结果可以为水环境 ARGs 控制与去除提供依据。

1　材料与方法

1.1　试验设计

本文所用土柱的材料为有机玻璃，底层填充土壤，上半部分加水，通过加入重金属来研究不同条件下土壤中 ARGs 的释放规律，通过测得不同时间段的 ARGs 丰度来反映释放规律。土柱内径 12 cm、

作者简介：石赟赟（1986—），女，工程师，主要从事流域水资源管理与规划、防洪排涝计算方面的工作。

外径 13 cm、高 27.9 cm，土壤填充到底部 7.5 cm 处，水的填充高度为 12.7 cm，即从柱子底部 7.5 cm 处填充到 20.2 cm 处。土柱尺寸如图 1 所示。

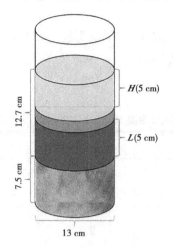 

图 1　土柱装置

为了探究重金属 Cu 对抗性基因在不同介质中的转移规律，设置三组试验，A 组为空白对照组在土柱中加入无菌水，B、C 组为试验组，调节 B 组重金属浓度，使其重金属 Cu 浓度为 0.1 mg/L，C 组试验条件为 Cu 浓度为 0.5 mg/L（研究高浓度下 ARGs 释放规律）（见表 1），即在 B、C 组中每个土柱分别加入不同量的单元素重金属 Cu 标准液（标准液符合国家标准）。将采集到的土壤底泥填充到土柱 7.5 cm 处，接着加入超纯水至 12.7 cm 高，最后在 B、C 两组中分别加入对应浓度的 Cu 标准液。

表 1　试验条件

试验名称	组别	土层	水层		
			Cu 浓度/(mg/L)	Cr 浓度/(mg/L)	温度/℃
重金属 Cu 试验	A（空白对照组）	河流原位底泥	0	0	7~24
	B		0.1	0	
	C		0.5	0	

1.2　样品总 DNA 提取和荧光定量（PCR）

每组 13 个柱子，每天每组定时取一个土柱水样并用 0.22 μm 滤膜进行过滤，水样分为上层水（标记为组名 H）和下层水（标记为组名 L），每层取 500 mL 水样进行过滤，最后将滤膜放入 -20 ℃ 的冰箱保存等待提取 DNA。

将过滤后的 0.22 μm 滤膜用剪刀剪碎放入 MP Bio 公司提供的 DNA 试剂盒的裂解管中，按照 DNA 试剂盒说明书中的方法进行 DNA 的提取。提取的 DNA 的质量和完整性通过 1.5% 的琼脂糖凝胶电泳试验进行验证，随后使用 NanoDrop2000 超微量分光光度计来测定所提取 DNA 的浓度和纯度，用 DNA 提取试剂盒中的 DES 溶液作为空白标准液，测定样品 DNA 的 OD260/OD280 的值应为 1.8~2.0，这样得到的 DNA 纯度较高，可以保证后续试验的质量。随后将提取的水样 DNA 放入 -20 ℃ 的冰箱保存。

荧光定量（PCR）原理[13-14]是荧光染料和 DNA 分子双链结合时，可以在激发光源的照射下发出荧光信号，随后通过荧光信号的强度来表示双链 DNA 分子的数量。再将已知浓度的质粒标准品用水稀释成不同浓度梯度的样品作为模板进行 PCR，根据未知样品的 Ct 值来推算出样品的绝对拷贝数。标准质粒 DNA 中的目标基因拷贝数计算按照式（1）进行。

$$拷贝数 = \frac{A \times 6.022 \times 10^{23}}{660 \times B} \tag{1}$$

式中：A 为质粒 DNA 的浓度，g/μL；B 为质粒长度，bp；6.022×10^{23} 为阿伏伽德罗常数；660 为一对碱基平均分子质量。

1.2.1　qPCR 反应体系

本文采用 20 μL 的 qPCR 反应体系，其中包括 0.4 μL 的上下游引物、7.2 μL 的 ddH$_2$O、10 μL 的 Tap 聚合酶、2 μL 的 DNA 模板，阴性对照不加 DNA 模板。

1.2.2　引物

引物序列和退火温度如表 2 所示。

表 2　引物序列和退火温度

目标基因	引物序列(5'-3')	片段大小/bp	退火温度/℃
tetA[15]	F-GCTACATCCTGCTTGCCTTC R-CATAGATCGCCGTGAAGAGG	210	60
tetX[16]	F-AGCCTTACCAATGGGTGTAAA R-TTCTTACCTTGGACATCCCG	278	60
tetM[17]	F-CCGTTGGGAAGTGGAATGC R-TCCGAAAATCTGCTGGGGTA	196	45
sul1[18]	F-CACCGGAAACATCGCTGCA R-AAGTTCCGCCGCAAGGCT	158	60
int1[18]	F-CCTCCCGCACGATGATC R-TCCACGCATCGTCAGGC	280	60
16S rRNA[19]	341F-CCTACGGGAGGCAGCAG 534R-TTACCGCGGCTGCTGGCAC	193	60

1.2.3　qPCR 反应程序

qPCR 的热循环包括在 95 ℃下预变性 30 s，40 个循环，每个循环 95 ℃ 10 s，退火 30 s，退火温度见表 2，溶解曲线温度设置由 60 ℃增加到 95 ℃。

1.2.4　标准曲线

为了生成用于测定提取 DNA 中每毫升基因丰度的 qPCR 标准曲线，将目标基因克隆到质粒（$E.\ coli$ DH5α）中。测量质粒浓度，计算每毫升溶液中靶基因丰度，再对携带目的基因的质粒进行 10 倍的连续梯度稀释，构建 qPCR 标准曲线。质粒标准曲线的相关系数（R^2）高于 0.99，PCR 扩增效率为 90%~110%。本次试验的扩增效率、标准曲线和 R^2 如表 3 所示。

表 3　ARGs 的标准曲线和扩增效率

目标基因	标准曲线	R^2	扩增效率/%
tetA	$y=-3.3743x+37.905$	0.998 4	98
tetX	$y=-3.5007x+38.934$	0.997 8	93
tetM	$y=-3.1425x+37.189$	0.995 0	108
sul1	$y=-3.5738x+41.395$	0.998 6	90.5
int1	$y=-3.822x+43.46$	0.999 2	83
16S rRNA	$y=-3.2269x+37.564$	0.999 3	104

本文为保证试验数据准确可靠，每个样品做三个平行样。试验结果通过标准化绝对丰度来进行统一校准。

1.3 数据分析

本文利用 Microsoft Office Excel 2019 对试验数据进行统计和处理，利用数理统计方法进行相关性分析。

2 重金属 Cu 对上覆水 ARGs 含量影响结果分析

PCR 结果表明在重金属 Cu 条件下六种目标基因 sul1、tetA、tetX、tetM、int1、16S rRNA 在每个水样中均被检测出来。

从图 2 和图 3 可以看出 sul1 和 int1 大致呈现相同的规律：从整体来看，在 A 组中前 10 d 上层水样目标基因含量高于下层水样，最后 3 d 下层水样目标基因含量高于上层水样。整体变化趋势为先升高再降低，sul1 在第 10 天达到极大值，并且在第 10 天上下水层目标基因含量相差较大，上层水样 sul1 含量大于下层水样。int1 在第 12 天达到极大值，并且在第 13 天上下水层目标基因含量相差最大，下层水样 int1 含量大于上层水样。

B 组总体表现为上层水样目标基因含量高于下层水样，整体变化趋势是先升高再降低，sul1 在第 3 天达到极大值，并且在第 3 天上下水层目标基因含量相差最大，下层水样 sul1 含量小于上层水样。int1 也在第 3 天达到极大值，在第 5 天上下水层目标基因含量相差较大，下层水样 int1 含量大于上层水样。

C 组总体表现为前 9 d 上层水样目标基因含量高于下层水样，后几天下层水样目标基因含量高于上层水样，整体变化趋势是先升高再降低，sul1 在第 12 天达到极大值，并且在第 11 天上下水层目标基因含量相差最大，下层水样 sul1 含量远远大于上层样。int1 在第 12 天达到极大值，并且在第 11 天上下水层目标基因含量相差最大，上层水样 int1 含量低于下层水样。

把每组上下层基因含量取平均值后进行对比分析可以看出，整体上 C 组 sul1 和 int1 含量最高，B 组其次，A 组含量最低，sul1 在 C 组的峰值是 B 组峰值的 5.5 倍，是 A 组峰值的 5.6 倍。int1 在 C 组的峰值是 B 组峰值的 2.5 倍，是 A 组峰值的 3.6 倍。可以认为重金属 Cu 促进了底泥中 sul1 和 int1 的释放，当重金属 Cu 浓度增加时（0.1 mg/L 增加到 0.5 mg/L）会促进底泥中 sul1 和 int1 的释放。

从图 4 和图 5 可以看出 tetX 和 tetM 呈现相同的规律：总体上 A 组前 10 d 下层水样目标基因含量高于上层水样，后几天下层水样目标基因含量高于上层水样，整体变化趋势为先升高再降低，tetX 在第 10 天达到极大值，并且在第 10 天上下水层目标基因含量相差较大，上层水样 tetX 含量高于下层水样。tetM 在第 4 天达到极大值，并且在第 3 天上下水层目标基因含量相差最大，上层水样 tetM 含量大于下层水样。

B 组 tetX 表现为上层水样目标基因含量高于下层水样，tetM 表现为下层水样目标基因含量高于上层水样，整体变化趋势是先升高再降低，tetX 在第 3 天达到极大值，并且在第 3 天上下层水样目标基因含量相差最大，上层水样 tetX 含量大于下层水样。tetM 在第 3 天达到极大值，并且在第 1 天上下层水样目标基因含量相差最大，上层水样 tetM 含量远远大于下层水样。

C 组 tetX 表现为上层水样含量高于下层水样，tetM 表现为下层水样含量高于上层水样，整体变化趋势是先升高再降低，tetX 在第 12 天达到极值点，并且在第 11 天上下水层目标基因含量相差最大，下层水样 tetX 含量大于上层水样。tetM 在第 4 天达到极大值，并且在第 4 天上下层水样目标基因含量相差最大，下层水样 tetM 含量大于上层水样。

把每组上下层水样目标基因含量取平均值后进行对比分析可以看出，整体上 C 组 tetX 和 tetM 含量最高，B 组含量其次，A 组含量最低，tetX 在 C 组的峰值是 B 组峰值的 2.1 倍，是 A 组峰值的 5.2 倍。tetM 在 C 组的峰值是 B 组峰值的 1.1 倍，是 A 组峰值的 3.4 倍。可以认为重金属 Cu 促进了底泥中 tetX 和 tetM 的释放，当重金属 Cu 浓度增加时（0.1 mg/L 增加到 0.5 mg/L）会促进底泥中 tetX 和 tetM 的释放。

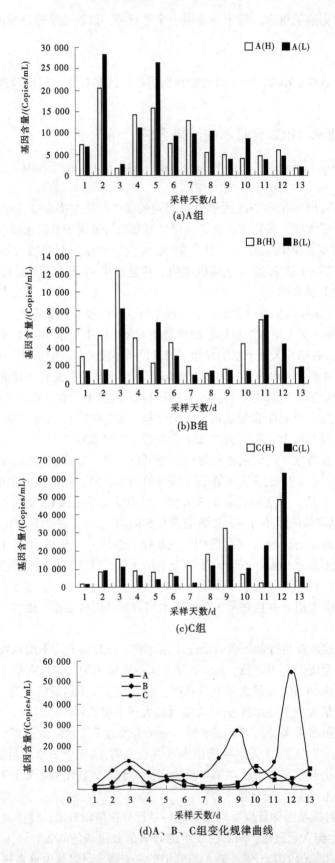

(a)A组

(b)B组

(c)C组

(d)A、B、C组变化规律曲线

图 2　重金属 Cu 条件下 A、B、C 三组水样中 *sul*1 的含量变化

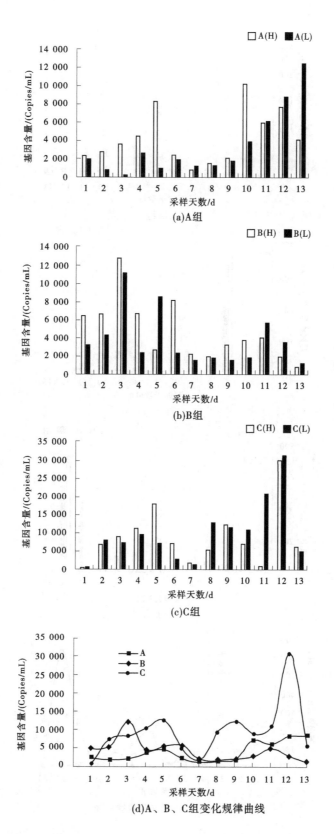

图 3　重金属 Cu 条件下 A、B、C 三组水样中 *int*1 的含量变化

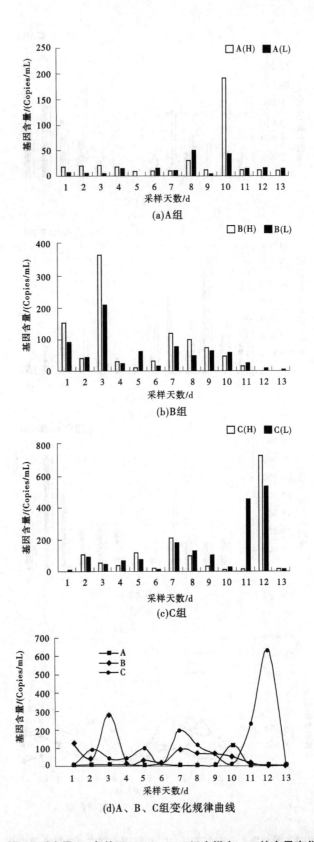

(a)A组

(b)B组

(c)C组

(d)A、B、C组变化规律曲线

图4 重金属 Cu 条件下 A、B、C 三组水样中 *tetX* 的含量变化

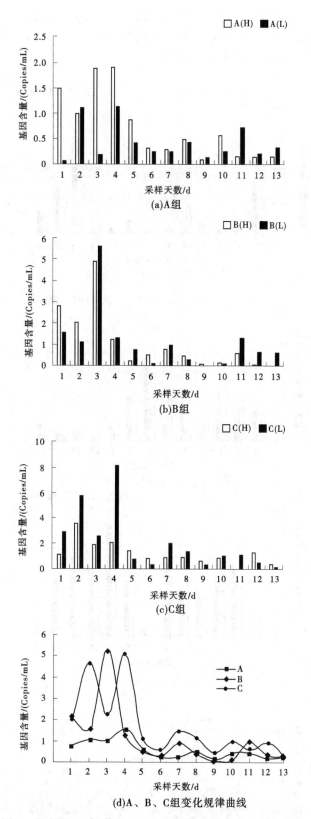

图5 重金属 Cu 条件下 A、B、C 三组水样中 *tetM* 的含量变化

从图6和图7可以看出 *tetA* 在 A 组中下层水样目标基因含量高于上层水样，整体变化趋势为先降低再升高再慢慢降低，*tetA* 在第 11 天达到极大值，并且在第 11 天上下层水样目标基因含量相差最

大，下层水样 *tetA* 含量高于上层水样。16S rRNA 在 A 组中上层水样目标基因含量高于下层水样，整体变化趋势为先升高再降低，16S rRNA 在第 10 天达到极大值，并且在第 5 天上下层水样目标基因含量相差最大，上层水样 16S rRNA 含量高于下层水样。

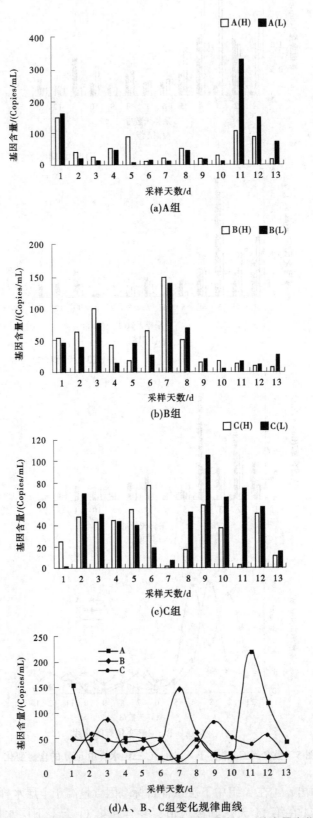

图 6　重金属 Cu 条件下 A、B、C 三组水样中 *tetA* 的含量变化

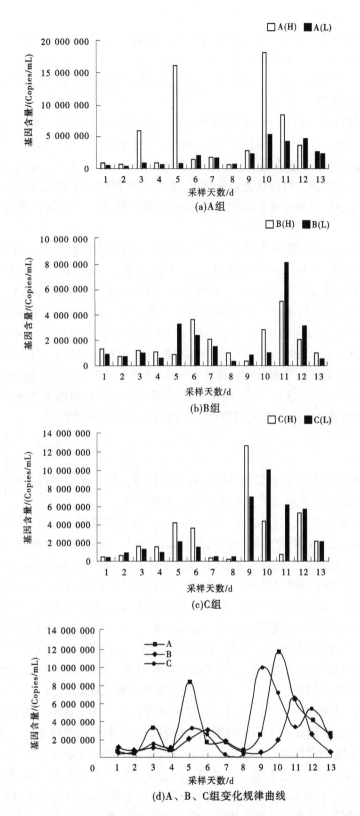

图 7　重金属 Cu 条件下 A、B、C 三组水样中 16S rRNA 的含量变化

　　B 组表现为总体上上层水样目标基因含量高于下层水样，整体变化趋势是先升高再降低，*tetA* 在第 7 天达到极大值，并且在第 6 天上下层水样目标基因含量相差最大，上层水样 *tetA* 含量大于下层水样。16S rRNA 在第 11 天达到极大值，并且在第 11 天上下层水样目标基因含量相差最大，上层水样

16S rRNA 含量低于下层水样。

C 组表现为下层水样目标基因含量高于上层水样，整体变化趋势是先升高再降低。*tetA* 在第 9 天达到极大值，并且在第 11 天上下层水样目标基因含量相差最大，下层水样 *tetA* 含量大于上层水样。16S rRNA 在第 9 天达到极大值，并且在第 9 天上下层水样目标基因含量相差最大，上层水样 16S rRNA 含量高于下层水样。

把每组上下层水样目标基因含量取平均值后进行对比分析可以看出，整体上 *tetA* 在 A 组含量最高，B 组含量其次，C 组含量最低。*tetA* 在 A 组的峰值是 B 组峰值的 1.5 倍，是 C 组峰值的 2.5 倍。16S rRNA 在 A 组含量最高，C 组含量其次，B 组含量最低，16S rRNA 在 A 组的峰值是 C 组峰值的 1.2 倍，是 B 组峰值的 1.8 倍。可以认为重金属 Cu 抑制了底泥中 *tetA* 和 16S rRNA 的释放，当重金属 Cu 浓度增加时（0.1 mg/L 增加到 0.5 mg/L）对 *tetA* 抑制效果进一步增强，而对 16S rRNA 抑制效果减弱。

用方差分析对三组 Cu 试验结果进行分析，结果表明不同组别样本对于 *sul*1 全部均呈现出显著性（$p<0.05$），即不同组别样本对 *sul*1 均有差异性。不同组别对 *sul*1 呈现出 0.01 水平显著性（$F=6.102$，$p=0.005$）；不同组别样本对 *tetA* 全部均不会呈现出显著性（$p>0.05$），即不同组别样本对 *tetA* 均没有差异性；不同组别样本对 *int*1 全部均呈现出显著性（$p<0.05$），即不同组别样本对 *int*1 均有差异性，不同组别对 *int*1 呈现出 0.01 水平显著性（$F=5.675$，$p=0.007$）；不同组别样本对 *tetM* 全部均不会呈现出显著性（$p>0.05$），即不同组别样本对 *tetM* 没有差异性；不同组别样本对 *tetX* 全部均不会呈现出显著性（$p>0.05$），即不同组别样本对 *tetX* 均没有差异性；不同组别样本对 16S rRNA 全部均不会呈现出显著性（$p>0.05$），即不同组别样本对 16S rRNA 均没有差异性。*tetA*、*tetM*、*tetX*、16S rRNA 组间未出现差异性的原因是三组数据大小接近，因此差异性较低。

3　试验结果讨论

已有研究表明环境中转移元件会影响 ARGs 的水平转移，整合子会通过基因盒的位点特异重组系统捕获和转移 ARGs，同时提供启动子实现基因盒的表达[15-16]。

在重金属 Cu 的试验结果中，抗性基因 *sul*1、*tetX*、*tetM* 及 Ⅰ 类整合子基因（*int*1）四组试验结果基因含量均表现为 C>B>A，说明重金属 Cu 会促进 *sul*1、*tetX*、*tetM* 和 *int*1 的垂直迁移，而重金属 Cu 浓度增加（0.1 mg/L 增加到 0.5 mg/L）时会进一步促进 *sul*1、*tetX*、*tetM* 和 *int*1 的垂直迁移。重金属会对 ARGs 在环境中的赋存特征存在影响，Ji 等[17] 对养殖场中重金属和 ARGs 进行相关性分析，发现重金属 Cu、Zn 及 Hg 与磺胺类的 ARGs 含量呈正相关关系，重金属加大了对微生物的选择压力，从而产生大量抗性细菌，ARGs 含量随之增高。Hölzel 等[18] 对养殖场废水中重金属和 ARGs 进行了调查，发现高浓度的 Cu 和 Zn 会让微生物群落的抗药性增强，从而使养殖场废水中 ARGs 含量上升。郭行磐[6] 通过培养大肠杆菌得到带有目标抗性基因的质粒母液，并且加入锌离子和纳米氧化锌来研究它们对抗性基因水平转移的影响。研究表明锌离子使细胞裂解从而释放出 DNA 导致抗性基因的丰度下降，而纳米锌可以促进质粒中的抗性基因进入细菌体内，随着细菌菌落、纳米材料含量及质粒的浓度变化会对抗性基因的水平转移产生一定的影响，但具体的机制还未清晰明了。李千伟[19] 对莱州湾及大连地区的海洋沉积物和水体进行了研究，并通过模拟试验建立了抗性基因水平转移的模型，研究了不同因素对抗性基因转移扩散的影响。通过带有目标抗性基因的质粒来观察质粒在大肠杆菌中的转移情况，结果发现重金属（如 Zn）可以影响抗性基因的水平转移，并且当浓度到达 50 μg/L 时可以加快抗性基因的水平转移。刘璐[20] 以磺胺类抗性基因中优势基因 *sul*1 作为目标基因，用试验模拟的方法对水质理化因子和抗性基因的转移传播做了研究，研究了重金属对 *sul*1 转移传播的影响，发现 *sul*1 的转移传播随着重金属 Pb 浓度的增高而下降，总体呈抑制效果；重金属 Zn 对 *sul*1 的转移传播显示促进效果并且随着 Zn 浓度的增大效果降低；而重金属 Cu 和 Cd 在低浓度时会产生促进效果，在高浓度时会产生抑制效果。李轶等[21] 以 Cu 为目标污染物研究 ARGs 与微生物群落交互关系，结果表明目标 ARGs 丰度均表现为先增加再降低的趋势。这些研究都与本试验结果一致，重金属 Cu 对环境中的细菌产生选择压力，细菌产生抗性变成抗性细菌，细菌在金属 Cu 的胁迫下会产生金属抗性基因[22]（metal resistance genes，MRGs），并且重金属在环境中会不断累积，从而导致环境中抗性细菌增多，ARGs 含量增加。

抗性基因 tetA 试验结果基因含量表现为 A>B>C，表明重金属 Cu 抑制了底泥中 tetA 的释放，当重金属 Cu 浓度增加（0.1 mg/L 增加到 0.5 mg/L）时对 tetA 抑制效果进一步增强。16S rRNA 试验结果基因含量表现为 A>C>B，说明重金属 Cu 抑制了底泥中 16S rRNA 的释放，当重金属 Cu 浓度增加（0.1 mg/L 增加到 0.5 mg/L）时对 16S rRNA 抑制效果减弱。低浓度的金属阳离子是某些金属蛋白的必需部分，对正常细菌和细胞的功能尤其重要，但是当金属阳离子浓度增加时会产生毒素，使环境中细菌减少，从而使一些 ARGs 减少[23]。

从 ARGs 作用机制上来看，tetA 属于外排泵基因，tetM 属于编码核糖体保护蛋白基因，tetX 和 sul1 属于作用于靶位点的基因。从试验结果来看，作用于靶位点的基因 tetX 和 sul1 变化趋势相同。外排泵基因 tetA 变化趋势和作用于靶位点的基因以及编码核糖体保护蛋白基因不同。

从图 2 和图 3 可以看到每组的 sul1 和 int1 变化趋势大致相同，在 A 组中前 10 d 上层水样目标基因含量高于下层水样，最后 3 d 下层水样目标基因含量高于上层水样，整体变化趋势为先升高再降低。在 B 组总体表现为上层水样目标基因含量高于下层水样，整体变化趋势是先升高再降低，sul1 在第 3 天达到极大值，int1 也在第 3 天达到极大值。在 C 组表现为总体上前 9 d 上层水样目标基因含量高于下层水样，后几天下层水样目标基因含量高于上层水样，整体变化趋势是先升高再降低，sul1 在第 12 天达到极大值，并且在第 11 天上下水层目标基因含量相差最大。int1 在第 12 天达到极大值，并且在第 11 天上下水层目标基因含量相差最大。

4 结论

本文研究了重金属 Cu 条件下四种常见的磺胺类和四环素类 ARGs（sul1、tetA、tetX、tetM）、Ⅰ类整合子（int1）及 16S rRNA 在土柱中的交换和垂直转移规律，得到以下结论：

（1）重金属 Cu 会促进 sul1、tetX、tetM 和 int1 的垂直迁移，而重金属 Cu 浓度增加（0.1 mg/L 增加到 0.5 mg/L）时则会进一步促进 sul1、tetX、tetM 和 int1 的垂直迁移。重金属 Cu 抑制了底泥中 tetA 的释放，当重金属 Cu 浓度增加时对 tetA 抑制效果进一步增强。重金属 Cu 抑制了底泥中 16S rRNA 的释放，当重金属 Cu 浓度增加时对 16S rRNA 抑制效果减弱。

（2）从 ARGs 作用机制上来看，在重金属 Cu 条件下，作用于靶位点的基因 sul1 和 tetX 变化趋势相同。

参考文献

[1] Zhang Q Q, Ying G G, Pan C G, et al. Comprehensive evaluation of antibiotics emission and fate in the river basins of China：Source analysis, multimedia modeling, and linkage to bacterial resistance [J]. Environmental Science & Technology, 2015, 49（11）：6772-6782.

[2] 章强, 辛琦, 朱静敏, 等. 中国主要水域抗生素污染现状及其生态环境效应研究进展 [J]. 环境化学, 2014, 33（7）：1075-1083.

[3] Li Y, Zhang L Y, Liu X S, et al. Ranking and prioritizing pharmaceuticals in the aquatic environment of China [J]. Science of the Total Environment, 2019, 658：333-342.

[4] Pruden A, Arabi M, Storteboom H N. Correlation between upstream human activities and riverine antibiotic resistance genes [J]. Environmental science & technology, 2012, 46（21）：11541-11549.

[5] Guo X P, Liu X R, Niu Z S, et al. Seasonal and spatial distribution of antibiotic resistance genes in the sediments along the Yangtze Estuary, China [J]. Environmental Pollution, 2018, 242（Pt A）：576-584.

［6］郭行磐．长江口滨岸水环境中抗生素抗性基因的赋存特征［D］．上海：华东师范大学，2019.

［7］窦春玲，郭雪萍，尹大强．污水处理厂抗生素抗性基因分布和去除研究进展［J］．环境化学，2013，32（10）：1885-1893.

［8］冀秀玲，刘芳，沈群辉，等．养殖场废水中磺胺类和四环素抗生素及其抗性基因的定量检测［J］．生态环境学报，2011，20（5）：927-933.

［9］池婷，赵震乾，张后虎，等．医疗废物堆置场地土壤抗生素抗性基因组成特征：以华东丘陵地区某医废堆场为例［J］．应用与环境生物学报，2019，25（3）：561-569.

［10］赵赛．抗生素抗性基因在长江口滨岸沉积物中的赋存特征研究［D］．上海：华东师范大学，2020.

［11］孙笑丽．长江口水环境中塑料表面附着生物膜中抗生素抗性基因的赋存特征［D］．上海：华东师范大学，2020.

［12］程铭．太浦河金泽水源地氮磷和抗生素及其抗性基因赋存特征评估［D］．上海：上海交通大学，2019.

［13］张惟材，朱力，王玉飞．实时荧光定量PCR［M］．北京：化学工业出版社，2013.

［14］李素．小麦田间抗旱性的综合评价及抗旱基因的表达研究［D］．烟台：烟台大学，2014.

［15］Ochman H, Lawrence J G, Gorisman E A. Lateral gene transfer and the nature of bacterial innovation［J］. Nature, 2000, 405（6784）：299-304.

［16］Hall R M, Collis C M. Mobile gene cassettes and integrons：capture and spread of genes by site-specific recombination［J］. Molecular Microbiology, 1995, 15（4）：593-600.

［17］Ji X, Shen Q, Liu F, et al. Antibiotic resistance gene abundances associated with antibiotics and heavy metals in animal manures and agricultural soils adjacent to feedlots in Shanghai；China［J］. Journal of Hazardous Materials, 2012, 235-236（20）：178-185.

［18］Hölzel C S, Müller C, Harms K S, et al. Heavy metals in liquid pig manure in light of bacterial antimicrobial resistance［J］. Environmental Research, 2012, 113（2）：21-27.

［19］李千伟．近岸海洋环境中典型抗生素抗性污染特征与传播规律［D］．上海：上海海洋大学，2018.

［20］刘璐．水环境因子对磺胺类抗生素抗性基因的影响［D］．大连：大连海洋大学，2018.

［21］李轶，胡童，王琳琼，等．环丙沙星和铜复合污染下河流底质微生物群落与抗生素抗性基因的交互关系［J］．河海大学学报（自然科学版），2022，50（6）：75-84.

［22］Zhang M L, Wan K, Zeng J, et al. Co-selection and stability of bacterial antibiotic resistance by arsenic pollution accidents in source water［J］. Environment International, 2020, 135：105351.

［23］邱文婕，秦艳，高品．环境中重金属暴露对抗生素抗性基因演变影响研究进展［J］．环境工程技术学报，2021，11（6）：1226-1231.

湖泊综合治理保护规划与实践
——日本琵琶湖 50 年保护治理经验与启示

温 洁 包宇飞 王雨春 李姗泽

（中国水利水电科学研究院，北京 100038）

摘 要： 分析日本琵琶湖的生态环境保护治理历程，对琵琶湖综合治理规划、资金筹集、法律保证、治理措施和取得的成果进行梳理总结。截至 2022 年，琵琶湖治理保护历经 50 年。通过制定系统的面向未来的长期规划、控制污染源、建设供水与污水管网和大型污水处理设施、提高森林覆盖率、发展生态农业和改善流域生境等措施，有效改善了琵琶湖和周边的生态环境。总结琵琶湖的主要治理经验包括：构建一体化综合治理架构、立法保障政策执行、持续的财政支持、良好的供排水与污染控制系统、渗透式的宣传推广和广泛的公众参与。

关键词： 琵琶湖；治理历程；治理措施；治理经验

水是生命之源，健康的河湖生态环境是人类生存与发展的物质基础和必要条件。我国十分重视河湖生态的保护工作，梳理和总结典型河湖治理的经验，可以为我国的河湖保护和治理提供经验和借鉴。琵琶湖在世界湖泊中仅次于贝加尔湖、坦干依喀湖，是第三古老的湖泊，是日本第一大湖。琵琶湖经历过较严重的污染和漫长的整治阶段，积累了一系列治理经验。

我国专家学者从不同角度对琵琶湖的治理和保护进行了梳理和总结，余辉分别总结了琵琶湖富营养化综合治理历程、琵琶湖污染源系统控制和流域生态系统的修复与重建对我国湖泊治理的启示[1-3]。李显锋分析琵琶湖水污染防治的立法实践，总结了湖泊水质保护的立法经验[4]。另外，有学者对琵琶湖的保护管理模式进行分析，并思考了河湖管理模式对我国湖泊保护管理的启示[5-10]。本文基于已取得的研究成果，结合现阶段湖泊综合保护治理研究的需求，系统梳理近 50 年琵琶湖治理历程，凝练湖泊治理的最关键要素，以期为我国河湖治理提供支撑。

1 琵琶湖概况

琵琶湖位于日本中西部滋贺县境内，是日本第一大湖泊，大约成形于 400 万年前。琵琶湖面积 669.3 km²，约占滋贺县面积的 1/6。琵琶湖南北长 63.5 km、东西宽 22.8 km，以连接坚田—守山的琵琶湖大桥为界，分为北湖（面积 613.5 km²）和南湖（面积 55.8 km²）。琵琶湖最大水深 103.6 m，平均水深 41.2 m。

琵琶湖属于淀川水系的上游，约占淀川水系的 47%。淀川流域跨三重、滋贺、京都、大阪、兵库与奈良 2 府 4 县，干流长 75.1 km，流域面积 8 240 km²。淀川水系由本川上游的琵琶湖、宇治川，西侧支流桂川，东侧支流木津川，下游的淀川干流以及猪名川等主要河川组成。

琵琶湖流域北部的山地由于受冬季季风降雪的影响，降水量通常为 2 000~3 000 mm。从木津川上游的高见山地到琵琶湖流域东部的铃鹿山脉，受到太平洋气候的影响，特别是夏季台风的影响，雨量较多，年降水量最大达到 2 000 mm 以上。从琵琶湖南端到京都盆地、大阪平原的琵琶湖、淀川流

基金项目： 国家自然科学基金青年基金项目（42107283）。

作者简介： 温洁（1985—），女，高级工程师，主要从事水生态、环境评价、污染物迁移等方面的研究工作。

域中央部的低地，年降水量在 1 400 mm 左右。

从琵琶湖南端到淀川平原，因为靠近濑户内海，气候比较温暖，京都盆地的年平均气温约 16 ℃，大阪平原约 17 ℃。近年来，琵琶湖、淀川流域气温上升 1~2 ℃。琵琶湖流域的北部全年凉爽，尤其冬季气温较低，但整个近江盆地受琵琶湖的影响，寒暑气温差别较小。

2 琵琶湖存在的主要问题

2.1 水华与淡水赤潮频发

随着 20 世纪 80 年代经济开始高速增长，琵琶湖所在的淀川流域制造业发展迅速，工厂密集建设的同时，城市人口也急剧增加。因此，工业排水和生活排水使琵琶湖·淀川流域水质恶化。1970—1975 年，随着沿岸城市工业发展，排出废水中含大量农药、化学合成品、重金属类物质，破坏了水生环境，导致湖泊富营养化严重。所以，20 世纪 70 年代开始，琵琶湖出现了大规模的蓝藻水华（见图 1）和淡水赤潮（见图 2）。1986 年之前，琵琶湖几乎不发生大规模的蓝藻水华；1986 年之后，蓝藻水华每年发生，规模及持续时间越来越长；至 2000 年后，水华的持续时间和覆盖水域每年稳定在 20 d 左右，但 2016 年发生时间超过 45 d。

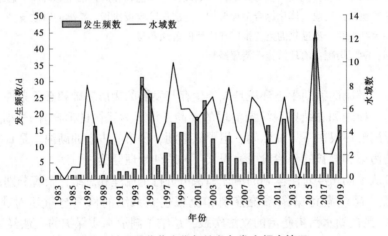

图 1　琵琶湖蓝藻水华年份多年发生频次情况

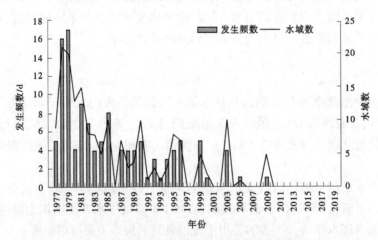

图 2　琵琶湖淡水赤潮多年发生频次情况

1977—1992 年（1986 年除外），每年都暴发淡水赤潮。20 世纪 70 年代早期，琵琶湖水质污染达到高峰，淡水赤潮在 1977 年出现了全湖大暴发，在 1978 年和 1979 年持续的时间创造了历史纪录，琵琶湖发生淡水赤潮的频次在 1980 年左右最多，覆盖水域也最大；但在 1985 年之后，频次减小，2000 年以后，淡水赤潮在部分年份不再发生。此后多年淡水赤潮的发生时间和覆盖水域都渐渐减少，2019 年没有发生（见图 2）。

2.2 琵琶湖水生态问题

琵琶湖特有物种受水环境恶化的影响，出现严重的续存危机。滋贺县发布的 RDB（Red Data Book）显示，2000 年濒危种、渐危种及稀有种约为 30 种，占比接近 50%。2010 年增至 37 种，占 61%。其中，鱼类的生息状态最为严峻，15 种鱼类特有种中有 11 种被指定为濒危种、渐危种及稀有种。琵琶湖的土著鱼类也受到威胁。60 种土著鱼类中有 31 种被列入濒危种、渐危种及稀有种，形式严峻。

3 琵琶湖综合治理保护规划与措施

3.1 制定面向未来的综合治理规划

琵琶湖自古以来就与当地人们的生活密切相关，为滋贺县乃至京阪神地区的发展和繁荣做出了巨大贡献。琵琶湖的治理和保护涉及多个方面的协调统筹。一方面，琵琶湖周围地区经常遭受洪水和干旱灾害，城市化和工业化的发展加剧了自然环境和生活环境的恶化。另一方面，自进入经济高速增长时期以来，淀川流域的水需求急剧增加，琵琶湖作为宝贵的水源变得更加重要。为了全面解决各种连续出现的水环境问题，促进上游和下游的繁荣，1972 年 12 月，日本出台了《琵琶湖综合开发计划》，内容包括琵琶湖水质和自然环境保护措施、琵琶湖周边和下游地区治水措施、琵琶湖用水措施，涉及水质保护、自然环境保护、湖周边水资源开发与治理、水源地保护、下游水资源利用、县内水资源利用和水产业振兴等内容。1973 年，专家修订细化调整至 22 项内容，包括下水道建设、生活污水处理、农业及畜产环境设施建设、水质观测设施、都市公园与自然公园建设、自然保护地域共有化、道路与港口建设、河道整备、坝工建设、植树造林、水道建设、土地改良、水产与渔港建设等。1982 年，《琵琶湖综合开发计划》继续延长至 1997 年。

1999 年，滋贺县政府联合日本环境厅、国土厅、厚生省、农林水产省、林业厅和建设省等六省厅，制定了《母亲湖 21 世纪规划（1999—2020 年）》。计划的主要目标是在 2020 年前后使琵琶湖的水质恢复到 20 世纪 60 年代前期的水平，使琵琶湖的生态得到修复。计划分阶段实施，第一阶段为 1999—2010 年，第二阶段为 2010—2020 年。2020 年以后，政策依然持续推进。计划中规定了各阶段拟解决的主要问题、采取的主要对策措施、需开展的各项具体工程等。全程规划着眼于未来，是琵琶湖综合治理的行动指南。

第一阶段综合整治之后，琵琶湖治理遵从第二阶段综合整治方案——《母亲湖 21 世纪规划（1999—2020 年）》所提出的目标来实施。该规划提出了最终使琵琶湖水质恢复到 20 世纪 50 年代的水质目标。规划的基本理念强调"琵琶湖与人的共生"，提出了"共感－共存－共享"的基本方针（见图 3）。强调重建生活与湖泊之间的关系，加强琵琶湖流域生态系统的保护与再生（见图 4）。一方面，创造良好的生物生长环境，增加往来于湖内、湖边区域和集水域的生物种类和数量。湖内着重恢复良好的水质和原生生物群落；湖边区域致力于减少濒危物种的灭绝和外来物种入侵，增加土著鱼类，恢复湖滨景色；集水域着重恢复森林生物多样性，增加原有生物恢复。另一方面，建立跨地域活动机制，强调在日常生活中建立与湖泊的联系。地域层面重新评价地域固有的环境、文化和历史，并积极开展保护活动；个人与家庭层面，建立亲近水域，尊重自然的生活方式；企业层面，促进与琵琶湖流域保护相协调的产业发展，推进企业对区域环境和文化的保护活动。在此基础上，下一阶段的延续目标也正在实施，计划执行至 2050 年。

3.2 琵琶湖法律法规制定与执行

针对持续的水污染事件和连续的赤潮水华问题，日本于 1970 年 12 月 25 日颁布《水污染防治法》，并于 1971 年 6 月 24 日实施。日本的地方政府（都道府县）根据《水质污染防治法》及环境省制定的水环境监测原则、方法及技术规范，制定所辖地域的公共用水域水质监测计划，确定监测项目、点位、频率、采样时间、地点和方法，以及监测方法和监测单位；具体开展当地的公共用水域的水质监测和地下水监测；制定应急监测预案；公布监测结果；建立负荷数据库，管理企业排放（自动监测流量和控制项目，监测数据直接进入当地综合数据库）。对于特殊行业，与企业签订合同，确定监测项目和标准，防止与控制污染。

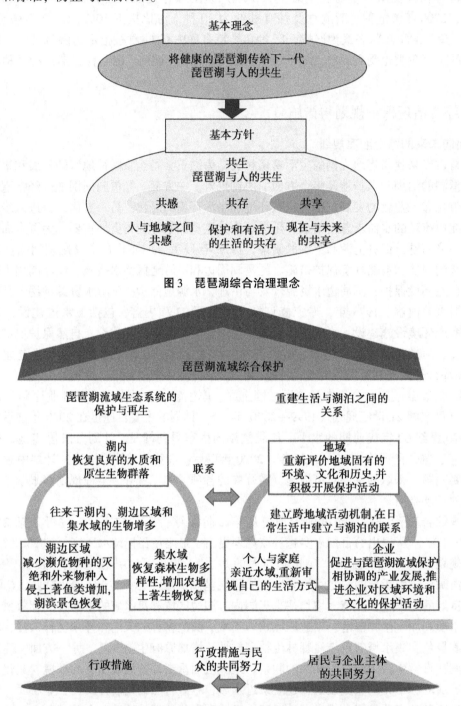

图 3　琵琶湖综合治理理念

图 4　琵琶湖流域综合保护体系

另外，为确保琵琶湖综合治理方案顺利实施，1972 年 6 月，日本公布《琵琶湖综合开发特别措施法》，条文中规定政府财政支持琵琶湖的开发和保护工作。《琵琶湖综合开发特别措施法》建立的财政体制开创了日本通过法律制度保护水源地政策的先河，也成为促进琵琶湖综合保护事业的有力保障（见图 5）。主要的保护法还包括《河川法》《环境基本法条例》等。典型地方标准条例包括《水污染防止法》《公害防止条例》《富营养化防止条例》《生活排水对策推进条例》《环境友好农业推进条例》《琵琶湖芦苇群落保护条例》《琵琶湖观光利用条例》等。

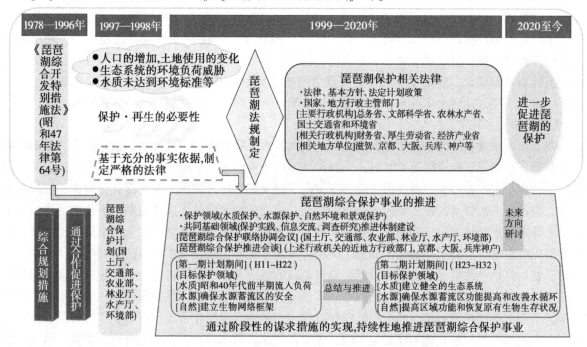

图 5　制定并执行连续的保护治理方案和相应法律法规

3.3　琵琶湖环境治理资金筹集

《琵琶湖综合开发特别措施法》规定国家财政负担较大部分的费用支出，如大中型河流，国家分别负担费用的 75% 和 66.7%；一般河流或小规模河川治理，国家负担 66.7%。下水道治理，国家负担 50%；污水处理，国家负担 75%；污水管道，国家负担 66.7%。

《琵琶湖综合开发特别措施法》公布的同年 12 月，日本出台了《琵琶湖综合开发计划》。该项目历时 25 年（1982 年延长 10 年，1992 年延长 5 年），总投资 1.93 兆日元（约合人民币 1 220 亿元），年均投资 772 亿日元（约合人民币 49 亿元）。通过水资源开发事业获得利益的下游地方公共团体，承担滋贺县和县内市町村进行的琵琶湖综合开发事业和琵琶湖等维持管理事业的部分经费。下游份额比例根据新开发资源（共 40 t）提供的水量来确定，下游负担总额约为 602 亿日元（约合人民币 33.6 亿元）。此外，大阪府和兵库县将向滋贺县提供总计 50 亿日元（约合人民币 2.8 亿元）的贷款。

为了资助琵琶湖各种维修设施的建设和运营，滋贺县在 1996 年财政年度琵琶湖综合开发计划完成后，设立了约 100 亿日元（约合人民币 5.6 亿元）的琵琶湖管理基金。另外，琵琶湖开发综合管理所开放资金募集通道，倡导大家能够共同创造"水支撑的富裕社会"，并给予资金或人力支持。项目实施和完成情况均在琵琶湖开发综合管理所网站公布。得到支援的捐赠金，将有效地用于水质的保全和改善、自然环境的保全、水源区保护人员合作和交流等来推进水资源机构事业的活动和组织活动。

3.4　污水源头控制

污水管网（下水道）在提高公共卫生，确保良好的生活环境的同时，也是确保公用水域水质安全的重要基础设施。琵琶湖流域十分重视污水管网建设，自 1970 年以来，琵琶湖所在的滋贺县持续增大污水管道建设投资力度，在 2000 年与日本平均污水管道建设比例持平，之后增速一直高于平均比例，至 2010 年污水管道建设完成率达到 85.8%。

污染物的处理包括下水道污水的处理和由此产生的污泥的处理。没有引进高新污水处理技术之前，流域内一般采用活性污泥法。污泥的一部分作为活性污泥返回循环利用，剩下的污泥浓缩脱水后以高温焚烧处理。根据《下水道整备紧急措施法》组织建设污水管网，而管网的投资建设都基于政府每 5 年制定的经济规划。在日本第八个五年计划（1997 年）中通过了投资建设琵琶湖·淀川流域污水管网建设的议案，但政府财政改革方案将其延期了 2 年。现在，污水管网建设工程以社会资本整合的重点计划重新议定。根据《下水道整备紧急措施法》第二条制定了下水道整备综合规划：为了在特定的水体功能区达到水质标准，必须建设污水管网，且对特殊区域制订了特定的建设方案。

3.5 水质保护

采取一系列水质保护措施保护琵琶湖。针对生活污水、家畜粪尿、废弃物、农业排水、城市面源污染等问题，均制定了相应的保护对策。针对污染物的处理包括下水道污水的处理和由此产生的污泥的处理，没有引进高新污水处理技术之前，流域内一般采用活性污泥法。为了保证琵琶湖·淀川流域的水质，需进行污水管网的普及和污水的集中处理。根据公用水域的水质环境基准，使用活性污泥法处理技术等通用水处理方法，提高处理效率和技术，充分去除氮磷。高新技术包括急速砂过滤法、生物学的硝化脱氮法、负离子接触氧化池法、厌氧好氧法、光催化法以及多种方法并用等。

对于农村污水的收集处理，在琵琶湖·淀川流域的各府县，通过农村综合整治建设工程、农村综合基础设施建设、农业村落污水处理工程等，逐步改善农村环境；为了保护公共用水域的水质，正在积极推进个别村落以村落为单位的小规模农村管网和污水处理设施建设。以府县、市町村及农协等为中心，在各地推进粪便堆肥化和液肥化工程，减少畜牧业的污水排水。在各地进行家畜粪尿恰当处理方法及预防害虫、恶臭、水质污染等方面的技术指导，推广家畜粪便处理机器等设施。滋贺县为了防止农业面源的污水排入内湖导致水体污染，采取了改善湖泊景观及周边环境的实施一系列工程，其中包括推进农业污水排放设施的改良。此外，2003 年 3 月制定了《滋贺县环境保护的农业推进条例》，为保护琵琶湖环境，将化学合成农药与化学肥料的使用量削减到原有的一半以下，同时削减对琵琶湖产生污染负荷的农产品生产。

针对工业污水排放，各府县对工厂与实施中的工程制订计划，按规定检查、掌握排污的实际情况，进行排污管理制度宣讲和指导，确保企业遵守排污标准。执法部门对有害物质的防渗透需进行企业指导，确保遵守总量控制指定的限值基准；化学需氧量、总磷需进行实时测定，纳入在线监测。工厂与工程需依法建设排污设备，如果设备经检测不达标，将被行政限制直到达标才可运营。排水标准因府县而异。

3.6 流域动植物保护

为了保护琵琶湖·淀川流域丰富的生态系统，滋贺县制定了一系列相关法案，并按照法案规定开展一系列的保护措施。《滋贺县琵琶湖芦苇群落保护条例》积极保护芦苇群落。2007 年 3 月实施《为推进稀有物种的保护对策》《抵御外来物种入侵的对策》《有害鸟兽防治对策》《与家乡滋贺的野生动植物共生》。为了保护琵琶湖的自然环境和防止资源开发对周边生活环境的影响，2003 年 4 月，制定了禁止放生外来鱼类的条例，即《滋贺县琵琶湖的休闲利用的适宜化的条例》。

《物种法案》是 2005 年颁布的一项全国性法律。为有效推广该法律，滋贺县政府自然环境保护科于 2008—2013 年开展了"外来物种观察项目"，详细揭示了该县境内 17 种主要外来物种的地理分布情况。

4 琵琶湖治理成效

4.1 富营养化控制

20 世纪 60 年代前，琵琶湖处于贫营养状态。20 世纪 60 年代后，湖周环境发生了重大变化，产业结构剧变，第一产业、第二产业、第三产业的从业人数由 20 世纪 60 年代的 51%、21% 和 28% 逆变为现在的 6%、32% 和 62%。20 世纪 70 年代，随着工业废水及生活污水排入，琵琶湖水质急剧恶化，南湖从中营养逐渐向富营养转变，北湖也已处于中营养水平。1977—1985年连续9年暴发淡水赤潮，每年4月末持续到6月初。水华蔓延水域及累积发生频数不断增加。经历了30多年整治后，琵琶湖富营养化已得到有效控制。与20世纪70年代末相比，淡水赤潮每年发生频数和水域数大幅下降，已基本消失；蓝藻水华年发生频数和水域数也得到了有效控制。

4.2 水环境质量改善

琵琶湖水质自20世纪60年代起开始恶化，70年代污染最严重；到80年代中期水质恶化趋势得到了遏制，并逐渐呈好转趋势；进入90年代后期，水质有了根本改善，尤其是富营养化严重的南湖，总磷、总氮与高锰酸盐指数含量迅速下降，透明度明显提高，总磷含量减少了近50%。与1979年相比，2019年琵琶湖南湖透明度已恢复到2.6 m，上升了52.9%；悬浮物、五日生化需氧量、高锰酸盐指数、总氮、总磷含量分别恢复到3.25 mg/L、0.9 mg/L、3.0 mg/L、0.26 mg/L和0.016 mg/L，分别下降了61.3%、43.7%、11.8%、36.6%和53.0%。

4.3 生态恢复情况

琵琶湖流域在提高森林覆盖、水源涵养林建设方面卓有成效。几十年前实施植树造林工程，目前形成了以高大乔木为主的森林生态系统，植被覆盖率达90%以上，生态环境良性发展，很好地控制了流域山区地表冲刷和水土流失，大幅削减了非点源污染入湖量。农业面源污染控制难度很大，采取的主要措施有：①减少农用肥量，提高肥料使用效率；湖盆农业区推行少用或不用化肥农药可获政府补贴的政策。②循环使用农田排水、减少农田废水排出等。为提高雨水下渗能力和农田持水能力，农村社区引进一种特殊的农业水灌溉系统，其主要特征是灌溉水能在农田间循环流动，同时有效地利用水库供水。为提高城市地区雨水下渗能力，增加了下垫面的透水能力和路边树的数目。

5 湖泊综合治理保护经验总结

5.1 一体化综合治理架构

政府构建综合保护环境的一体化架构来保护琵琶湖。在时间上，坚持政策的连续性，并在实际执行过程中总结和调整。在空间上，坚持流域森林生态环境保护、管网建设、污水治理与水质水生态保护多方位共同施策，各环节共同支撑，以保证琵琶湖综合治理顺利实施。以改进的"琵琶湖综合开发计划"为例，在1972年计划的基础上，更新为下水道建设、生活污水处理、农业及畜产环境设施建设、水质观测设施、都市公园与自然公园建设、自然保护地域共有化、道路与港口建设、河道整备、坝工建设、植树造林、水道建设、土地改良、水产与渔港建设等。1999—2020年，在取得成效的基础上，制定《母亲湖21世纪规划（1999—2020年）》，计划在2020年前后使琵琶湖的水质恢复到20世纪60年代前期的水平，修复琵琶湖的生态。2020年以后，政策依然持续推进，全程规划着眼于未来，是琵琶湖综合治理的行动指南。各类市政工程规划也体现了长远考虑。城市分流制排水管网系统截污能力、污水处理厂用地规模，均充分考虑了城市未来发展需求进行充足预留。

5.2 立法保障政策执行

琵琶湖综合治理规划及具体的实施都指定了专门的法律法规以保证各项措施顺利执行。1972年6月颁布的《琵琶湖综合开发特别措施法》，条文中明确规定政府财政支持琵琶湖的开发和保护工作，成为促进琵琶湖综合保护事业的有力保障。1970年12月25日颁布的《水污染防治法》，主要针对持续的水污染事件和连续的赤潮水华问题。

日本通过国家立法和地方指定法规条例结合的方式保证政策的执行。滋贺县地方政府颁布的条例以比国家条例严格2~10倍的力度追加排污条例，该条例允许政府相关主管部门人员不定期进入任何企业检查，环保部门有责任去指导达不到标准的企业改进技术、调整产业结构，对不执行琵琶湖保护条例者进行严厉处罚。根据琵琶湖实际变化情况，对法规条例进行多次调整修订，其中"琵琶湖水质保护计划"已修订7次。

5.3 持续的财政支持

自《琵琶湖综合开发特别措施法》公布以来，琵琶湖的开发和保护工作一直有政府财政支持。另外，通过水资源开发事业获得利益的下游地方公共团体，承担滋贺县和县内市町村进行的琵琶湖综合开发事业和琵琶湖等维持管理事业的部分经费。琵琶湖管理基金的设立可以持续资助琵琶湖各种维修设施的建设和运营。另外，琵琶湖开发综合管理所开放资金募集通道，倡导大家能够共同创造"水支撑的富裕社会"，并给予资金或人力支持。持续的资金支持了水质的保护和改善、自然环境的保护、水源区保护人员合作和交流等来推进水资源机构事业的活动和组织活动。

5.4 良好的供排水与污染控制系统

每年滋贺县用于琵琶湖综合治理财政支出的一半用于下水道管网、污水处理厂建设与运营，在琵琶湖周边已建有9个大型污水处理中心。琵琶湖流域的污水处理厂及设施已全面实现除磷脱氮深度处理，污水深度处理人口普及率高达85.0%（2010年），遥遥领先于日本18.1%的平均水平，在世界上名列前茅。由于琵琶湖流域内污水处理设施的高度普及，点源污染得到了有效控制，琵琶湖的水质显著好转。流域污水处理的高度普及和深度处理在琵琶湖富营养化控制中发挥了极其重要的作用，也是最成功的经验之一。

琵琶湖流域除9个大型污水处理净化设施外，还在人口分散地区设置了针对面源污染控制的粪尿处理场所，几乎遍布整个流域。这些处理设施对琵琶湖流域的非点源污染的控制发挥了重要作用。在一些没有污水集中处理设施的农村，农民家中也有污水处理措施，来自厨房的"灰水"也要用塑料网兜起来，不让食物残渣排入下水道。在一些地方安装小型的污水处理装置。农田灌溉不是大水漫灌，而是采用先进技术进行循环灌溉和其他的浸润灌溉和喷滴灌等，并且合理施用农药和杀虫剂，从源头上控制农业对琵琶湖的面源性污染。

5.5 渗透式的宣传推广

滋贺县的环境教育是琵琶湖治理与保护工作中十分重要的内容，只有极大地提高公众的环境保护意识，全民参与，公众监督，才能真正实现对琵琶湖的保护，这是几十年琵琶湖治理艰难历程中得到的宝贵经验。大规模的环境教育始于1980年，以"为了清洁的、蓝色的琵琶湖"为主题，开始了崭新的琵琶湖环境保护计划，即"琵琶湖ABC运动"，环境教育从小学生做起，所有小学都要开设环境教育课程，政府设立了专门的琵琶湖环境教育基地，配备专门对学生进行环境教育的教师，提供专门的大型游船，供学生上船在琵琶湖上学习观测。污水处理厂等环境公共设施免费向公众开放，供学生、社会公众参观学习。1996年琵琶湖博物馆开馆，2016年和2018年博物院一期、二期重新开放。设有古生物化石、自然历史展示、水族馆、体验中心等多个展厅，宣传环保理念。

5.6 鼓励民众参与管理

为了组织全民参与，琵琶湖周边地区主要分成7个流域，按照小流域设立研究会，7个小流域的研究会再合并设立琵琶湖研究会，每个研究会选出一位协调人，负责组织住户居民、生产单位等代表参与综合规划的实施，还组织开展了多项活动，如用肥皂代替合成洗涤剂的全民运动，削减入湖污染负荷。针对一般民众的环境教育更是深入人心，公共媒体不懈地宣传、社会各团体开设各类讲习班讲座、深入工厂企业参观学习等方式营造了全民有责及全民参与的社会大氛围。

在以上措施的共同作用下，琵琶湖的水生态环境得到了有效改善。同时，环保的理念深入人心，为琵琶湖良好的水生态环境的维持提供了有力保障。

参考文献

［1］余辉. 日本琵琶湖的治理历程、效果与经验［J］. 环境科学研究，2013，26（9）：956-965.

［2］余辉. 日本琵琶湖污染源系统控制及其对我国湖泊治理的启示［J］. 环境科学研究，2014，27（11）：

1243-1250.

[3] 余辉. 日本琵琶湖流域生态系统的修复与重建 [J]. 环境科学研究, 2016, 29 (1): 36-43.

[4] 李显锋. 水污染防治的立法实践、经验与启示: 以日本琵琶湖保护为例 [J]. 农林经济管理学报, 2015, 14 (2): 184-191.

[5] 张兴奇, 秋吉康弘, 黄贤金. 日本琵琶湖的保护管理模式及对江苏省湖泊保护管理的启示 [J]. 资源科学, 2006, 28 (6): 39-45.

[6] 王文明, 刘耘东, 杨楠, 等. 日本琵琶湖水生态环境保护经验对中国的启示 [J]. 环境科学与管理, 2014, 39 (6): 135-139.

[7] 徐雪红, 徐家贵, 顾萍. 日本琵琶湖治理的技术措施对太湖的启示 [J]. 水利经济, 2005, 23 (5): 50-52.

[8] 伍立, 张硕辅, 王玲玲, 等. 日本琵琶湖治理经验对洞庭湖的启示 [J]. 水利经济, 2007, 23 (6): 46-48.

[9] 贾更华. 日本琵琶湖治理的"五保体系"对我国太湖治理的启示 [J]. 水利经济, 2004, 22 (4): 14-16.

[10] 尤鑫. 日本琵琶湖开发与保护对鄱阳湖生态经济区建设的启示: 基于国内外大湖开发和保护与鄱阳湖生态经济区开发和保护比较研究 [J]. 江西科学, 2012, 30 (6): 848-852.

太湖流域片水土流失状况及动态变化特征研究

周巧稚[1]　倪　晋[1]　杜　婧[1]　周婷昀[1]　冯昶栋[2]

（1. 太湖流域管理局太湖流域水土保持监测中心站，上海　200434；

2. 水利部太湖流域管理局，上海　200434）

摘　要： 水土流失状况是反映生态系统质量与稳定性的综合性指标，掌握太湖流域片水土流失动态变化对筑牢流域片生态安全屏障具有重要意义。本文基于 2019—2022 年太湖流域片水土流失动态监测成果，对水土流失现状和动态变化特征进行分析。结果表明，2022 年太湖流域片水土流失面积 16 742.85 km²，以轻度侵蚀为主，主要集中在福建、浙江等行政区域及林地、园地、建设用地等地类上。2019—2022 年太湖流域片水土流失面积、强度实现了"双下降"，水土保持率从 2019 年的 92.62% 提升至 2022 年的 93.15%，水土流失状况明显改善。

关键词： 水土流失；动态监测；动态变化；太湖流域片

太湖流域片（包括太湖流域和东南诸河地区）属于南方红壤丘陵区，四季分明、降水充沛，林草植被覆盖较好，但局部区域存在自然因素和人为因素所引发的水土流失现象。流域片区水土流失以山丘区水力侵蚀为主，同时平原河网地区波浪侵蚀、沿海岛屿风力侵蚀及花岗岩分布区崩岗等多种水土流失类型并存，水土流失导致的种种环境问题制约着当地经济社会的可持续发展。

深入践行习近平生态文明思想，贯彻落实《关于加强新时代水土保持工作的意见》，服务保障长江经济带、长江三角洲区域一体化等国家发展战略，均对太湖流域片水土保持工作提出了新的更高要求。水土保持监测是水土保持工作的重要基础，借助长期积累的监测数据和成果，研究流域片水土流失状况及消长情况，对科学推进流域片水土保持治理管理意义重大[1]。

本文基于 2022 年太湖流域片水土流失动态监测成果，分析各省（市）、不同水土保持分区、不同土地利用类型的水土流失分布格局，以及 2019—2022 年水土流失动态变化，以期为流域片水土保持高质量发展提供决策支持。

1　研究区概况

太湖流域片地处我国东南沿海，行政区划主要涉及江苏省苏南大部分地区、浙江省、上海市大陆部分、福建省（除韩江流域外）、安徽省黄山市及宣城市的部分地区、江西省上饶市小部分地区，土地总面积 24.44 万 km²。

太湖流域片属于典型的亚热带季风气候区，年平均气温 15~20 ℃，全年无霜期 220~320 d，年降水量 1 100~2 200 mm，雨热同期，50%~60%降水集中在汛期 5—9 月，雨季多暴雨、台风。流域片水系发达，太湖流域是典型的平原河网地区，河网密度达 3.3 km/km²；东南诸河主要河流有钱塘江、闽江、晋江、九龙江等，大部分属于山区性河流，水力资源相对丰富。太湖流域地形周边高、中间低，呈碟状；东南诸河地势自西向东呈阶梯状倾斜。流域片土壤以红壤和黄壤为主，地带性植被以中亚热带常绿阔叶林为主。

太湖流域片区域社会经济发达，科技实力较强，投资环境优越，交通、通信、公共设施、商业、

基金项目： 水利部财政预算项目"全国水土流失动态监测"（126207008000150002）。

作者简介： 周巧稚（1995—），女，工程师，主要从事水土保持监测工作。

服务业和金融业等条件良好。

2 研究方法与数据处理

以多源遥感影像为信息源，基于 GIS 平台，通过基础资料收集、解译标志建立、遥感解译与专题信息提取、野外复核验证、土壤侵蚀因子计算，采用中国土壤流失方程（CSLE）计算土壤侵蚀模数，并依据《土壤侵蚀分类分级标准》（SL 190—2007）[2] 等技术标准确定土壤侵蚀强度。

土壤侵蚀模数计算方程为

$$A = RKLSBET \tag{1}$$

式中：A 为土壤侵蚀模数，$t \cdot hm^{-2} \cdot a^{-1}$；$R$ 为降雨侵蚀力因子，$MJ \cdot mm \cdot hm^{-2} \cdot h^{-1} \cdot a^{-1}$；$K$ 为土壤可蚀性因子，$t \cdot hm^2 \cdot h \cdot hm^{-2} \cdot MJ^{-1} \cdot mm^{-1}$；$L$、$S$ 分别为坡长和坡度因子，无量纲；B 为植物覆盖与生物措施因子，无量纲；E 为工程措施因子，无量纲；T 为耕作措施因子，无量纲。

利用 GIS 软件进行镶嵌、裁切，并统计太湖流域片土壤侵蚀数据，获取水土流失现状及分布特征，通过对 2019—2022 年流域片水土流失动态监测结果进行对比，分析评价水土流失面积、强度等变化情况及原因。

3 水土流失状况

3.1 水土流失总体状况

2022 年，太湖流域片水土流失类型以水力侵蚀为主，水土流失总面积 16 742.85 km^2，占流域片土地总面积（244 350.32 km^2）的 6.85%。其中，太湖流域水土流失面积 777.83 km^2，占其土地总面积的 2.09%；东南诸河水土流失面积 15 965.02 km^2，占其土地总面积的 7.71%。

按侵蚀强度分，轻度、中度、强烈、极强烈、剧烈侵蚀面积分别为 14 271.07 km^2、1 612.30 km^2、585.72 km^2、202.38 km^2、71.38 km^2，分别占流域片水土流失总面积的 85.23%、9.63%、3.50%、1.21%、0.43%。

3.2 各省（市）水土流失状况

按照水土流失面积，2022 年太湖流域片福建省、浙江省的水土流失面积较大，分别为 8 007.73 km^2、7 170.84 km^2，占流域片水土流失总面积的 47.83%、42.83%，上海市、江西省的水土流失面积最小，面积分别为 34.55 km^2、31.11 km^2；按照水土流失面积占比，江西省、安徽省的水土流失面积占其土地总面积的比例较大，分别为 29.55%、16.99%；按照水土流失强度，太湖流域片各省（市）水土流失均以轻度侵蚀为主，其中上海市、江西省、浙江省的轻度侵蚀面积占比较大，分别为 100%、99.04%、91.22%，福建省的轻度侵蚀面积占比最小，为 79.03%（见表 1、图 1）。

表 1 2022 年太湖流域片各省（市）水土流失情况对比

省（市）	土地总面积/km^2	流失占比/%	水土流失面积/km^2					
			合计	轻度	中度	强烈	极强烈	剧烈
江苏省	19 505.38	1.90	370.41	319.46	43.40	6.44	0.82	0.29
浙江省	103 083.65	6.96	7 170.84	6 541.30	343.55	195.67	70.92	19.40
上海市	5155	0.67	34.55	34.55	0	0	0	0
福建省	109 861.62	7.29	8 007.73	6 328.12	1 171.39	357.31	114.04	36.87
安徽省	6 639.39	16.99	1 128.21	1 016.83	53.76	26.26	16.55	14.81
江西省	105.28	29.55	31.11	30.81	0.20	0.04	0.05	0.01
合计	244 350.32	6.85	16 742.85	14 271.07	1 612.30	585.72	202.38	71.38

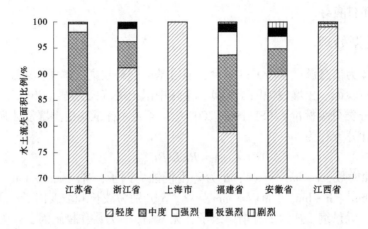

图 1   2022 年太湖流域片各省（市）不同强度等级水土流失面积比例

3.3   不同水土保持分区水土流失状况

根据《全国水土保持规划（2015—2030 年）》，太湖流域片共涉及 3 个二级区 11 个三级区。从水土保持区划三级区角度分析，2022 年太湖流域片水土流失集中分布在闽西北山地丘陵生态维护减灾区、闽西南山地丘陵保土生态维护区、浙皖低山丘陵生态维护水质维护区、浙西南山地保土生态维护区等地，水土流失面积分别为 3 204.06 km²、2 809.31 km²、2 444.66 km²、2 355.26 km²，分别占流域片水土流失总面积的 19.14%、16.78%、14.6%、14.07%（见表 2）。

表 2   2022 年太湖流域片各水土保持区划三级区水土流失情况对比

水土保持区划三级区	土地 总面积/km²	水土流失 面积/km²	占水土流失 总面积比例/%	水土 流失率/%	极强烈和剧烈 侵蚀占比/%
浙沪平原人居环境 维护水质维护区	9 786	39.7	0.24	0.41	0
太湖丘陵平原水质维护 人居环境维护区	17 211	321.8	1.92	1.87	0.34
沿江丘陵岗地农田防护 人居环境维护区	2 392.9	54.59	0.33	2.28	0.04
浙皖低山丘陵生态 维护水质维护区	28 944.79	2 444.66	14.6	8.45	2.17
浙赣低山丘陵人居 环境维护保土区	24 081.01	1 895.94	11.32	7.87	0.9
浙东低山岛屿水质 维护人居环境维护区	22 854	1 623.17	9.69	7.1	1.06
浙西南山地保土 生态维护区	29 219	2 355.26	14.07	8.06	1.46
闽东北山地保土 水质维护区	11 109	697.78	4.17	6.28	1.69
闽西北山地丘陵 生态维护减灾区	47 912.05	3 204.06	19.14	6.69	1.25
闽东南沿海丘陵平原 人居环境维护水质维护区	18 220	1 296.58	7.74	7.12	1.49
闽西南山地丘陵 保土生态维护区	32 620.57	2 809.31	16.78	8.61	2.84

　　地处福建省西南部的闽西南山地丘陵保土生态维护区水土流失率和侵蚀强度均较高，水土流失面积占土地总面积的8.61%，极强烈侵蚀和剧烈侵蚀占比为2.84%；其次是位于皖南山区的浙皖低山丘陵生态维护水质维护区，水土流失面积占土地总面积的8.45%，极强烈侵蚀和剧烈侵蚀占比为2.17%；位于东南沿海长江三角洲南翼的浙沪平原人居环境维护水质维护区水土流失率最小，仅为0.41%。

3.4　不同土地利用类型水土流失状况

　　2022年太湖流域片水土流失主要分布在林地、园地、建设用地等土地利用类型，其中水土流失面积最大的是林地，为9 321.49 km²，占流域片水土流失总面积的55.67%；流失比例最高的是园地，水土流失面积占该地类土地总面积的24.35%，其次为建设用地，为8.51%；各地类总体上以轻度侵蚀为主，强烈及以上侵蚀面积相对较少，轻度侵蚀占比最高的为林地，中度侵蚀、强烈侵蚀占比最高的均为建设用地，极强烈侵蚀占比最高的是耕地，剧烈侵蚀占比最高的是交通运输用地（见图2）。

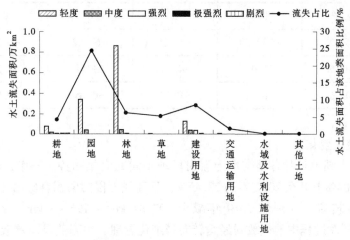

图2　2022年太湖流域片不同土地利用类型水土流失情况对比

4　水土流失动态变化

4.1　水土流失面积强度变化

　　监测结果表明，与2019年相比，2022年太湖流域片水土流失面积减少1 295.53 km²，减幅7.18%，水土保持率由2019年的92.62%提升至2022年的93.15%，提升0.53个百分点。从侵蚀强度变化情况分析，轻度、中度、强烈、极强烈、剧烈侵蚀面积均有不同程度的降低，分别减少693.28 km²、417.78 km²、62.18 km²、118.45 km²、3.84 km²，减幅分别为4.63%、20.58%、9.60%、36.92%、5.11%，轻度侵蚀占比由2019年的82.96%增加为2022年的85.24%（见图3）。

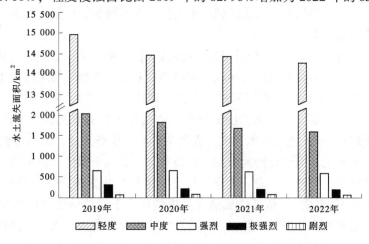

图3　2019—2022年太湖流域片水土流失面积变化

与 2019 年相比，2022 年太湖流域片水土流失面积减少的主要区域为浙江省部分，水土流失面积减少了 666.54 km²，为整个研究区水土流失面积减少的贡献率达 51.45%，减幅 8.50%，高于流域片平均减幅（7.18%）；其次是福建省部分，水土流失面积减少了 606.13 km²，贡献率达 46.79%，减幅 7.04%（见表 3）。

表 3　2019—2022 年太湖流域片各省（市）水土流失面积动态变化

省（市）	水土流失面积变化/km²					
	轻度	中度	强烈	极强烈	剧烈	合计
江苏省	30.37	-2.97	-8.79	-13.46	-13.48	-8.33
浙江省	-402.42	-198.32	-20.25	-50.56	5.01	-666.54
上海市	32.93	-0.03	0	0	0	32.9
福建省	-244.24	-237.38	-47.15	-67.82	-9.54	-606.13
安徽省	-109.56	21.03	14.13	13.54	14.23	-46.63
江西省	-0.36	-0.11	-0.12	-0.15	-0.06	-0.8

4.2　不同地类水土流失变化

2019—2022 年，太湖流域片各地类水土流失呈现不同的变化趋势。其中，耕地中，旱地水土流失率由 2019 年的 21.04% 上升至 2022 年的 23.47%，且高强度侵蚀面积有所增加。园地中，茶园、果园水土流失面积减少较多，分别较 2019 年减少 307.84 km²、196.45 km²，减幅分别为 24.49%、6.79%，这与经果林开发过程中的粗放式经营转向精细化管理、生态茶果园营造、修建梯田及水平阶措施、减少除草剂使用等密不可分。林地中，其他林地水土流失率由 2019 年的 15.39% 上升至 2022 年的 21.32%，主要是由于林分结构调整、林木更新过程中，产生采伐迹地或火烧迹地，并修建采伐道路，地表扰动频繁，增加了水土流失。建设用地中，人为扰动用地面积增加 1 076.97 km²，其水土流失面积减少 194.43 km²，水土流失率由 2019 年的 53.33% 下降至 2022 年的 36.71%，监管力度加强见效，有效控制了人为水土流失。交通运输用地中，农村道路面积减少 254.51 km²，其水土流失面积减少 57.86 km²，这是农村道路逐渐硬化，转换为其他交通用地所致。

4.3　水土流失变化归因分析

太湖流域片水土流失主要发生在浙江、福建、安徽等山丘区坡耕地、茶果园地等，林地的林下水土流失问题也比较明显；同时，流域片社会经济发达，城镇化程度高，生产建设活动面广量大，人为水土流失不断发生。经过多年治理，太湖流域片水土流失存量减少，增量得到有效遏制，各级流失强度面积均下降，治理质量全面提升。

近年来，流域片五省一市通过封育保护与林分改造，优化林分结构，提高森林质量，呈现高覆盖植被面积稳步增长，中低覆盖植被面积逐年减少的趋势；浙江、福建等持续深化生态省建设，浙江省 12 部门联合开展"新增百万亩国土绿化行动"，坚持自然恢复与造林绿化相结合，深挖绿化潜力；福建省深入实施闽江、九龙江等流域山水林田湖草沙一体化保护和修复工程，入选"世界生态恢复旗舰项目"，培育平和蜜柚、清流花卉苗木、古田食用菌等特色优势产业，助力乡村振兴；江苏省加快高标准农田建设，加大水土流失综合治理力度，积极参与国家水土保持示范创建；上海市以平原区生态清洁小流域为载体抓手，打造"山青、水净、村美、民富"幸福河湖等。流域片各省（市）大力推进协同监管和"互联网+监管"，依托建成的太湖流域片水土保持信息管理系统[3]，充分利用卫星遥感、无人机、移动终端技术，着力提升水土保持监测数字化、智能化水平，助推了流域片水土保持工作高质量发展。

5 结语

（1）太湖流域片水土流失地理空间分布相对集中，流失地类分布特点突出。2022 年太湖流域片水土流失总面积 16 742. 85 km²，占流域片土地总面积的 6. 85%，以轻度侵蚀为主。福建省（闽西北山地丘陵生态维护减灾区、闽西南山地丘陵保土生态维护区）与浙江省（浙皖低山丘陵生态维护水质维护区、浙西南山地保土生态维护区）流失分布广泛，林地、园地、建设用地等地类水土流失面积较大。

（2）水土流失面积降幅明显，水土流失强度减弱。2019—2022 年太湖流域片水土流失面积呈现逐年下降趋势，共减少 1 295. 53 km²，减幅达 7. 18%，且各个侵蚀强度等级面积均下降。水土流失面积降低较多的区域集中在浙江省，水土流失主要减少在交通运输用地、耕地和建设用地上，流域片生态环境总体得以改善。

（3）太湖流域片将建立"1+5+N"［流域水保中心+五省（市）水保监测机构+多家技术支撑单位］工作机制，加强部门联动协作，创新水土流失治理管理模式，抓好跨区域水土流失联防联控联治，共同推动水土保持工作提质增效，实现人与自然和谐共生的现代化。

参考文献

［1］张怡. 太湖流域水土保持监测工作支撑和服务水土保持强监管的思考［J］. 中国水土保持，2019（7）：14-16.

［2］中华人民共和国水利部. 土壤侵蚀分类分级标准：SL 190—2007［S］. 北京：中国水利水电出版社，2008.

［3］杜婧，张怡. 基于工作流的太湖流域片水土保持监管服务平台建设［J］. 水利信息化，2022（5）：62-68.

基于机器学习的汉江水华预测预警研究

许涵冰　周研来　刘　洁　林康聆

（武汉大学 水资源工程与调度全国重点实验室，湖北武汉　430072）

摘　要： 本文首先提出了基于递归策略和编码-解码结构的多输出长短期记忆神经网络（R-LSTM-ED）模型，以预测水环境指标；然后采用误差反传训练的多层前馈网络（BP）模型捕捉水环境指标与藻密度的非线性映射关系，根据水环境指标预测藻密度；最后根据 BP 模型，推求水华暴发时临界藻密度对应的水环境指标阈值，进行水华预警。结果表明：R-LSTM-ED 较 LSTM 的纳什效率系数（NSE）改善率在 5% 以上；基于 BP 模型预测出的藻密度指标能有效预警出 2021 年 1 月下旬将要发生中度水华事件。

关键词： 水华；预测预警；编码-解码架构；深度学习；汉江流域

1　引言

受气候变化和人类活动影响，环境污染导致的水体富营养化问题加剧，水体中藻类大量繁殖易引起水华暴发[1-2]。相较于发生在湖泊中的水华，大江大河中的水华影响范围更广，控制难度更大[3-5]。如自 1992 年以来，汉江多次发生水华，并且持续的频率和时间呈现增加趋势[6]。因此，精准预测、提前预警、有效防控水华暴发，是目前迫切需要解决的重点难点问题。

水华暴发是众多环境因素共同作用的结果[7]。这些环境因素可分为水文气象条件和藻类生长必备的营养盐条件[8]，如流量、水温、pH、氮和磷等。因此，将影响因素与藻类密度建立多元回归关系是一个可行的方案。基于物理过程的模型虽然广泛用于模拟水质预测，但其高计算成本和低时效性降低了其在水质预测中的效率[9]。而机器学习技术，因其建模灵活性和高计算效率，非常适合模拟复杂非线性系统。长短期记忆神经（LSTM）是一种配置了回馈式学习机制（RNN）的神经网络，能处理传统 RNN 在计算过程中出现的梯度消失和梯度爆炸问题，广泛应用于水文领域复杂系统的建模。编码-解码（ED）结构是一种功能强大的深度学习神经网络框架，可有效地提高神经网络的性能和灵活性，为表征多输入-多输出因子间复杂的非线性关系提供了有效建模方式。

由于外部复杂环境的干扰及藻类生物量的非线性和非平稳性，水华预警极具挑战性[10]。一些传统统计模型，如多元线性回归等，模型效能较低[11]。BP 神经网络能够很好地捕捉输入与输出序列间复杂的非线性关系。因此，可以采用 BP 神经网络模型构建气象水文、水质因子等影响因素与藻密度的非线性映射关系，克服传统线性模型自身的局限性，以实现汉江水华日前预测。

针对水华预测预警中多输入-多输出因子间复杂的非线性关系建模难题，本文提出了基于机器学习的水华预报预警框架。先构建基于递归策略和编码-解码结构的多输出长短期记忆神经网络（R-LSTM-ED）模型，以预测水环境指标；接着采用误差反传训练的多层前馈网络（BP）模型捕捉水环境指标与藻密度的非线性映射关系，根据水环境指标预测值预测藻密度；最后根据已建立好的 BP 模型，推求水华暴发时临界藻密度对应的水环境指标阈值，进行水华预警，有助于提升流域水污染防治

基金项目： 国家重点研发计划（2021YFC3200304）。

作者简介： 许涵冰（1998—），女，博士研究生，研究方向为水文预报。

通信作者： 周研来（1985—），男，教授，主要从事水库群水资源调控研究工作。

能力和智能化业务水平。

2 研究区域和数据

汉江中下游水华现象日益频繁，是我国近年来水华暴发较为频繁的河流之一，水华事件已严重威胁到区域生态和供水安全。汉江水华多发生在皇庄站至仙桃站干流河段（见图1）。

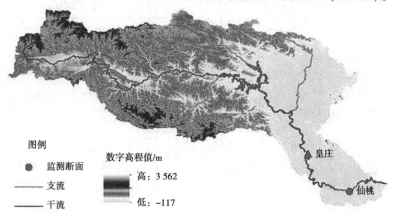

图1 汉江流域水质监测断面位置示意图

本研究收集了 2017—2021 年枯水期（12 月至次年 5 月）的汉江流域仙桃水质监测断面水温（WT）、pH、溶解氧（DOX）、5 日生化需氧量（BOD_5）、氨氮（NH_3-N）、总磷（TP）、总氮（TN）和流量（Q）数据，时间间隔为 4 h，考虑到水质监测并非连续采样，水质缺失值采用线性插值法补全。2017—2020 年为训练期，2021 年为测试期。本文还收集了仙桃站 2018 年应急监测的 WT、pH、DOX、Q 和硅藻密度数据，用于分析水环境指标与藻密度间的关系。

3 模型方法

3.1 基于编码-解码架构的长短期记忆神经网络水质预测模型

LSTM 的结构中包括两个传输状态，即细胞状态 C_t 和隐含状态 h_t［见图 2（b）］。LSTM 神经网络具有三个门，即遗忘门 f_t、输入门 i_t 和输出门 o_t。LSTM 通过门的结构使得细胞状态删除或者添加信息，选择性地通过信息。

Encoder-Decoder 结构能深入挖掘序列间复杂关系，有助于提高神经网络预报精度。本研究中，Encoder-Decode 结构由两个 LSTM 神经网络组成，第一个神经网络作为编码器，第二个神经网络作为解码器。

本研究结合上述 LSTM 和编码-解码结构，建立基于递归策略的编码-解码架构长短期记忆神经网络（R-LSTM-ED）以进行水质预测。具体网络结构如图 2（a）所示，图中 p 代表特征值数。该模型采用递归多步预测策略［见图 2（c）］。

3.2 水华预警模型

BP 神经网络是由 Rumelhart 和 McClelland 为首的科学家提出的，是一种按照误差逆向传播算法训练的多层前馈神经网络，是目前应用最广泛的神经网络。本研究采用一层输入层、一层隐含层和一层输出层的三层网络结构，激活函数采用 Relu 非线性激活函数。BP 模型用于捕捉水环境指标与藻密度的非线性映射关系，根据水环境指标预测值预测藻密度，然后推求水华暴发时临界藻密度对应的水环境指标阈值，进行水华预警。

本文采用纳什效率系数（NSE）、均方根误差（RMSE）和 TS 评分（threat score，TS）评价预报结果。

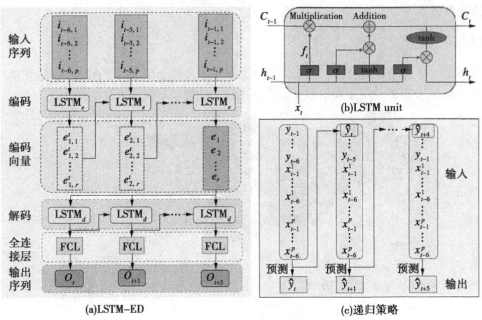

图 2   R-LSTM-ED 结构图

4   结果分析

4.1   水质预测结果分析

本文采用基于递归策略的编解码长短期记忆神经网络（R-LSTM-ED）模型预测水华暴发影响因素指标，以 LSTM 模型作为基准，评估和对比模型不同预见期的预测结果。对每个模型进行了 20 轮实验，训练集和测试集的预测平均值见表 1。模型输入为仙桃收集数据的前 6 个时间步，输出为未来

表 1   R-LSTM-ED 模型和 LSTM 模型预测评价指标

时期	模型	评价指标		预见期					
				$t+1$	$t+2$	$t+3$	$t+4$	$t+5$	$t+6$
训练期	R-LSTM-ED	DOX	NSE	0.991	0.988	0.984	0.980	0.976	0.971
			RMSE/（mg/L）	0.106	0.123	0.141	0.158	0.174	0.191
		pH	NSE	0.988	0.984	0.979	0.974	0.969	0.964
			RMSE	0.013	0.016	0.018	0.020	0.021	0.023
		WT	NSE	0.991	0.986	0.981	0.976	0.970	0.965
			RMSE/℃	0.414	0.513	0.597	0.672	0.740	0.801
		Q	NSE	0.990	0.982	0.974	0.965	0.955	0.945
			RMSE/（m³/s）	31	41	49	57	64	72
	LSTM	DOX	NSE	0.980	0.974	0.968	0.961	0.953	0.944
			RMSE/（mg/L）	0.158	0.179	0.200	0.222	0.243	0.264
		pH	NSE	0.985	0.981	0.977	0.972	0.967	0.962
			RMSE	0.015	0.017	0.019	0.020	0.022	0.024
		WT	NSE	0.984	0.981	0.977	0.973	0.968	0.962
			RMSE/℃	0.543	0.589	0.651	0.710	0.772	0.844
		Q	NSE	0.973	0.968	0.960	0.952	0.942	0.932
			RMSE/（m³/s）	50	55	61	67	73	80

续表1

时期	模型	评价指标		预见期					
				$t+1$	$t+2$	$t+3$	$t+4$	$t+5$	$t+6$
测试期	R-LSTM-ED	DOX	NSE	0.942	0.933	0.918	0.899	0.874	0.843
			RMSE/(mg/L)	0.203	0.220	0.243	0.272	0.305	0.341
		pH	NSE	0.839	0.829	0.818	0.806	0.794	0.781
			RMSE	0.067	0.069	0.071	0.074	0.076	0.078
		WT	NSE	0.990	0.990	0.989	0.989	0.988	0.987
			RMSE/℃	0.398	0.409	0.420	0.431	0.443	0.456
		Q	NSE	0.970	0.959	0.944	0.927	0.907	0.886
			RMSE/(m³/s)	58	68	79	91	102	113
	LSTM	DOX	NSE	0.891	0.867	0.838	0.802	0.761	0.717
			RMSE/(mg/L)	0.279	0.309	0.343	0.380	0.419	0.459
		pH	NSE	0.811	0.797	0.780	0.764	0.749	0.734
			RMSE	0.073	0.076	0.079	0.081	0.084	0.086
		WT	NSE	0.937	0.932	0.931	0.928	0.924	0.919
			RMSE/℃	1.014	1.054	1.065	1.089	1.121	1.160
		Q	NSE	0.918	0.913	0.903	0.890	0.874	0.857
			RMSE/(m³/s)	96	99	105	113	121	135

6 个时间步溶解氧（DOX）、pH、水温（WT）和流量（Q）的预测结果。以 $t+6$ 时间步为例，图 3 展示了 R-LSTM-ED 模型和 LSTM 模型的预测过程线。

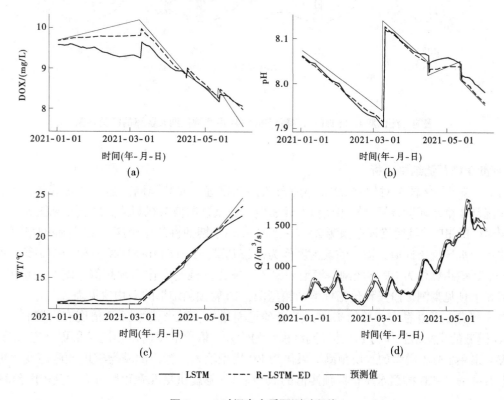

图 3 $t+6$ 时间步水质预测过程线

虽然随着预见期增加，NSE 逐渐减小，RMSE 逐渐增加，两个模型的预测精度下降，但是 R-LSTM-ED 模型比 LSTM 模型的拟合和预测精度更高，前者能较好地模拟出仙桃的多输入-多输出结构的内部非线性特征。

在测试阶段，R-LSTM-ED 模型在测试期的预测精度较为理想，除 pH 指标外，其他指标 6 个时间步的 NSE 基本都高于 0.85。LSTM 模型表现较差，随着预见期增加，NSE 值下降较快。图 4 为 R-LSTM-ED 模型较 LSTM 模型测试期改善率的径向柱图。由图 4 可以看出，R-LSTM-ED 模型的 NSE 指标改善率基本在 5% 以上，$t+6$ 时刻 DOX 改善率高达 17.60%。RMSE 指标改善率更明显，除 pH 外，其余指标改善率均在 10% 以上。

综上所述，R-LSTM-ED 模型表现出了更高的拟合精度和预测准确性。

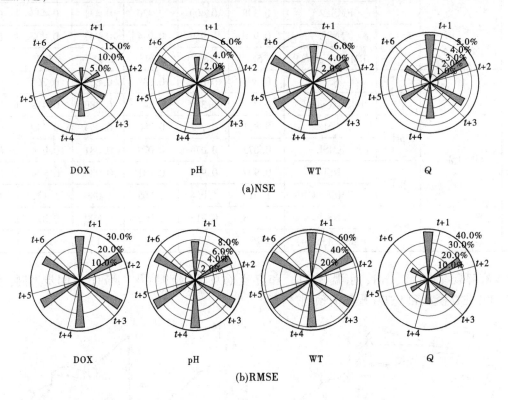

图 4 测试期 R-LSTM-ED 模型较 LSTM 模型测试期改善率的径向柱图

4.2 藻密度模拟预测结果分析

采用 BP 神经网络模型对仙桃 2018 年应急监测数据进行回归预测。输入变量为实测水温、pH、溶解氧和流量 4 个水环境指标，输出变量为藻密度。模型预测值与观测值的散点图见图 5。

用构建好的 BP 神经网络模型预测 2017—2021 年枯水期仙桃的藻密度。BP 神经网络模型的输入是实测的 4 个水环境指标值，输出的藻密度作为比较基准。R-LSTM-ED 模型和 LSTM 模型测试期预测的 4 个水环境指标作为 BP 神经网络模型的输入，输出的藻密度作为预测值。图 6 展示了 BP 神经网络模型 6 个预见期测试阶段评价指标值的箱型图，20 轮预测结果的平均值见表 2。

从图 6 和表 2 可以看出，总的来说，随着预见期增加，两个模型预测精度有所降低。采用 R-LSTM-ED 模型的预测结果作为 BP 神经网络模型的输入，输出的藻密度预测结果更稳定，精度更高。相对而言，采用 LSTM 模型的水质预测结果作为 BP 模型输入，输出的藻类密度预测值变化更大。因此，基于 R-LSTM-ED 模型水质指标预测值的 BP 模型能够提供更准确和更可靠的藻密度预测结果。

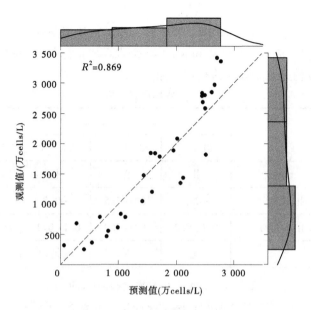

图 5　BP 模型拟合结果散点图

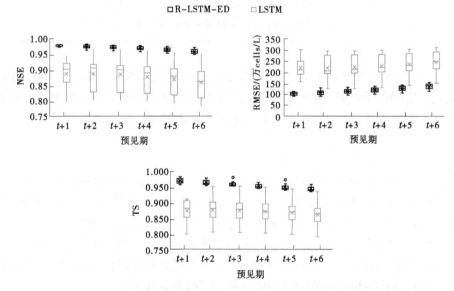

图 6　R-LSTM-ED 模型和 LSTM 模型（20 轮次）6 个预见期的精度箱型图

表 2　BP 模型不同预见期的藻密度预测结果平均值

监测断面	模型	评价指标	$t+1$	$t+2$	$t+3$	$t+4$	$t+5$	$t+6$
仙桃	R-LSTM-ED	TS	0.971	0.966	0.961	0.956	0.951	0.948
		NSE	0.977	0.975	0.973	0.970	0.966	0.961
		RMSE/（万 cells/L）	100.042	104.326	109.063	115.091	122.337	130.848
	LSTM	TS	0.869	0.867	0.867	0.866	0.864	0.861
		NSE	0.899	0.899	0.897	0.893	0.887	0.879
		RMSE/（万 cells/L）	211.155	211.280	212.695	216.687	222.559	230.314

4.3 水华预警分析

《水华程度分级与监测技术规程》（DB44/T 2261—2020）依据藻密度浓度对水华事件做出了 5 个等级划分（见表 3）。水温、流量、溶解氧和 pH 共 4 个水环境指标是水华的影响因素，基于这 4 个水环境指标预测出的藻密度值是水华预警的有效指标。

表 3　水华预警分析

项目	训练期				测试期
	2017 年	2018 年	2019 年	2020 年	2021 年
水华等级	Ⅱ	Ⅳ	Ⅱ	Ⅱ	Ⅳ
藻密度实测值（10^7cells/L）	<0.5	1.0~3.5	<0.5	<0.5	1.0~2.0
藻密度模拟值或预测值（10^7cells/L）	0.1~0.2	1.0~2.9	0.1~0.25	0.1~0.33	1.0~2.5
是否可预警	是	是	是	是	是

无水华（Ⅰ级）：$0<$藻密度$<1×10^6$cells/L

无明显水华（Ⅱ级）：$1×10^6$cells/L$<$藻密度$<5×10^6$cells/L

轻度水华（Ⅲ级）：$5×10^6$cells/L$<$藻密度$<1×10^7$cells/L

中度水华（Ⅳ级）：$1×10^7$cells/L$<$藻密度$<5×10^7$cells/L

重度水华（Ⅴ级）：藻密度$>5×10^7$cells/L

表 3 对 2017—2021 年的水华事件进行了预警分析。可以看出，基于水温、流量、溶解氧和 pH 共 4 个水环境因素建立 BP 模型预测出的藻密度指标，对 2021 年水华事件进行预警分析，可有效预警出 1 月下旬将发生中度水华事件，为开展水华防控的水工程调度赢得了宝贵决策时间（24 h 预见期）。

5　结论

本研究提出了基于递归策略和编码-解码结构的多输出长短期记忆神经网络 R-LSTM-ED 模型预测仙桃站影响水华暴发的 4 个水环境指标，即水温、pH、溶解氧和流量。采用 BP 神经网络模型对仙桃 2018 年应急监测的 4 个水环境指标与硅藻密度建立回归关系。根据已建立的 BP 神经网格模型，预测仙桃的藻密度，推求水华暴发时临界藻密度对应的水环境指标阈值，进行水华预警。结果表明：

（1）对于水环境指标预测，R-LSTM-ED 模型在 6 个预见期都表现出比 LSTM 模型更高的预测精度，编码-解码（ED）结构能够有效提高 LSTM 神经网络模型的预报效果。

（2）相较于 LSTM 模型，采用 R-LSTM-ED 模型预测的水环境指标作为 BP 神经网络模型的输入，藻密度预测准确性更高，预测可靠性更好。

（3）基于 BP 模型预测出的藻密度指标能有效预警出 2021 年 1 月下旬将发生中度水华事件，为开展水华防控的水工程调度赢得了宝贵决策时间（24 h 预见期）。

本文提出的水华暴发预报预警模型方法有助于降低水华暴发风险，提高汉江中下游水华预报预警和应急处理能力，为决策者制定水华预报预警方案提供技术支撑。

参考文献

[1] 李春青，叶闽，普红平．汉江水华的影响因素分析及控制方法初探［J］．环境科学导刊，2007（2）：26-28.

[2] 田晶，郭生练，王俊，等．汉江中下游干流水华关键环境因子识别及阈值分析［J］．水资源保护，2022，38（15）：196-203.

[3] Xia R, Wang G, Zhang Y, et al. River algal blooms are well predicted by antecedent environmental conditions［J］.

Water Research, 2020, 185: 116221.

[4] 窦明, 谢平, 夏军, 等. 汉江水华问题研究 [J]. 水科学进展, 2002 (5): 557-561.

[5] 李建, 尹炜, 贾海燕, 等. 汉江中下游硅藻水华研究进展与展望 [J]. 水生态学杂志, 2020, 41 (15): 136-144.

[6] 王俊, 汪金成, 徐剑秋, 等. 2018 年汉江中下游水华成因分析与治理对策 [J]. 人民长江, 2018, 49 (17): 7-11.

[7] Shen J, Qin Q, Wang Y, et al. A data-driven modeling approach for simulating algal blooms in the tidal freshwater of James River in response to riverine nutrient loading [J]. Ecological Modelling, 2019, 398: 44-54.

[8] 程兵芬, 夏瑞, 张远, 等. 基于拐点分析的汉江水华暴发突变与归因研究 [J]. 生态环境学报, 2021, 30 (4): 787-797.

[9] Sheng S, Lin K, Zhou Y, et al. Exploring a multi-output temporal convolutional network driven encoder-decoder framework for ammonia nitrogen forecasting. [J]. Journal of Environmental Management, 2023, 342: 118232.

[10] Liu M, He J, Huang Y, et al. Algal bloom forecasting with time-frequency analysis: A hybrid deep learning approach [J]. Water Research, 2022, 219: 118591.

[11] Xiao X, He J, Huang H, et al. A novel single-parameter approach for forecasting algal blooms [J]. Water Research, 2017, 108: 222-231.

北京典型水体水生态评价方法及结果对比分析

杨 蓉 王东霞 吕 喆

（北京市水文总站 北京市水务局水质水生态监测中心，北京 100089）

摘 要：在北京选择典型水库、湖泊、河流共 7 个水体，利用北京市地方标准、水利部和生态环境部的行业标准分别开展水生态评价。结果表明，3 个综合指数的评价结果分别处于健康-亚健康、健康-亚健康和优秀-良好等级。针对不同的水体类别，怀柔水库、昆明湖、福海和永定河的水生态状况较好，密云水库、莲花池和北运河略差，与水深、人类活动影响等多种因素相关。各标准的指标选择和赋分体现了不同部门的工作侧重和标准应用范围内的水生态整体状况，版本的更迭也能显示出实际应用中发现问题和优化方法的过程。

关键词：水生态评价；标准；综合指数；北京

1 引言

近年来，随着生态文明理念的提出，生物监测方法逐渐受到重视，以水生生物指标为核心的水生态监测方法获得了大幅发展。水生态监测已成为美国环境署（USEPA）、欧盟（EU）等国家和地区水资源保护框架的重要组成，我国虽较发达国家起步晚，但相关部委和地方单位也完成了一系列监测、研究和标准制定工作[1]。目前，国内发布的水生态评价标准多建立在综合指数的基础上，从生境、理化、生物、功能等不同方面赋分计算，之后进行污染程度或健康等级判断。

北京地区的水体属于海河水系，大多数河道发源于西北山区，向东南方向流向渤海。北京作为历史上多个朝代的都城和我国的首都，数百年间人员聚集、经济发达、对外交流频繁，出于运输、供水、行洪、景观等需要修整了大批河湖水库。这些水体与北京人民的生活息息相关，其水生态健康状况也受到极大关注。

水生态监测和评价已成为国内水利、生态环境、农业农村、园林绿化等系统的工作热点。2020年，水利部出台了行业标准《河湖健康评估技术导则》（SL/T 793—2020）[2]；2021 年，生态环境部的《河流水生态环境质量监测与评价技术指南》《湖库水生态环境质量监测与评价技术指南》以中国环境监测总站文件的形式在系统内下发执行。北京、黑龙江、江苏、江西等地也相继出台地方标准，积极推动水生态监测与评价的发展。2020 年，北京市水务局发布地方标准《水生态健康评价技术规范》（DB11/T 1722—2020）[3]，并据此发布年度水生态监测及健康评价报告。本文选择了北京的 7 个典型水体，通过以上 3 种方法开展水生态评价，讨论近年典型水体的水生态健康情况，进行结果对比并分析原因所在。

2 实验方法

2.1 点位布设

在北京选择 7 个水体共 20 个样点，包括重要水源地密云水库和怀柔水库，景观湖泊昆明湖、福海和莲花池，以及北运河北关闸、榆林庄闸、杨洼闸和永定河沿河城、雁翅、三家店等河道的重点断

作者简介：杨蓉（1987—），女，高级工程师，主要从事水生态监测及评价工作。

面。站点分布见图1。

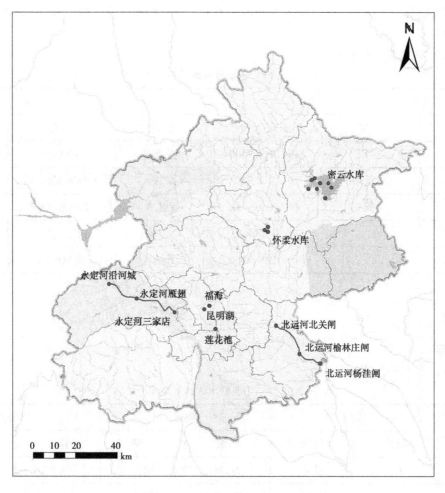

图1 监测站点位置分布

2.2 调查与监测方法

本研究基于2021年水生态调查与监测成果，数据获取方法如下：

（1）生境调查：按照 DB11/T 1722—2020、SL/T 793—2020、《河流水生态环境质量监测与评价技术指南》和《湖库水生态环境质量监测与评价技术指南》对河流、湖泊和水库的生境指标进行评分，每年开展1次。

（2）水质监测：按照《水环境监测规范》（SL 219—2013）[4]采集表层水样，监测《地表水环境质量标准》（GB 3838—2002）[5]中24项基本项目，河流增加全盐量指标，湖库增加全盐量、透明度和叶绿素 a 指标。每月开展1次。

（3）水生生物监测：根据《水生生物调查技术规范》（DB11/T 1721—2020）[6]开展浮游植物、浮游动物、大型底栖动物、大型水生植物和鱼类监测，每年开展3次。鉴定主要参考《中国淡水藻类——系统、分类及生态》[7]《淡水微型生物与底栖动物图谱》[8]《水生植物图鉴》[9]《北京及其邻近地区的鱼类：物种多样性、资源评价和原色图谱》[10]等资料。

2.3 评价方法

水生态健康综合指数（WHI）、河湖健康赋分（RHS）和水生态环境质量综合评价指数（WEQI）的计算分别参考 DB11/T 1722—2020、SL/T 793—2020、《河流水生态环境质量监测与评价技术指南》和《湖库水生态环境质量监测与评价技术指南》。按照要求把各项参数分别赋分，再结合不同权重进行指数计算和评价类别判断。其中，RHS选择了评估指标体系的所有基本指标，并根据资料获取难易程度、水体用途等选择了水功能区达标率、排污口布局合理程度和大型水生植物覆盖度 3 个备选指标；WEQI 的生物指标选择上，河流和湖库分别选用了底栖生物和浮游植物的 Shannon-Wiener 多样性指数进行计算。

不同指数的类别划分见表 1。

表 1　各指数分级标准

WHI		RHS		WEQI	
指数范围	类别	指数范围	类别	指数范围	类别
WHI≥80	健康	80≤RHS≤100	非常健康	WEQI>4	优秀
60≤WHI<80	亚健康	60≤RHS<80	健康	3<WEQI≤4	良好
WHI<60	不健康	40≤RHS<60	亚健康	2<WEQI≤3	中等
—		20≤RHS<40	不健康	1<WEQI≤2	较差
—		0≤RHS<20	病态	WEQI≤1	很差

3　结果分析

3.1　评价结果

指数计算结果和评价类别见表 2。

表 2　2021 年 7 个典型水体水生态评价结果

监测站点	WHI		RHS		WEQI	
	指数	类别	指数	类别	指数	类别
密云水库	83.88	健康	71.38	健康	4.0	良好
怀柔水库	88.83	健康	76.47	健康	4.4	优秀
昆明湖	83.67	健康	69.34	健康	4.2	优秀
福海	83.69	健康	71.84	健康	3.4	良好
莲花池	75.76	亚健康	59.95	亚健康	3.4	良好
永定河	91.80	健康	68.42	健康	4.6	优秀
北运河	85.97	健康	65.16	健康	3.2	良好

由表 2 可知，在 WHI 评分系统中，除莲花池表现为亚健康外，其他水体均处于等级最高的健康水平，得分由高到低前三位为永定河、怀柔水库和北运河。RHS 的评价结果类似，大多数水体为健康，仅莲花池为亚健康，但没有被评为最优的非常健康等级，得分前三位的是怀柔水库、福海和密云水库。WEQI 的评价结果在优秀-良好档次，得分前三位的依次为永定河、怀柔水库、昆明湖。不同评价方法指向了类似的结果，即河流和水库中永定河、怀柔水库水生态状况较好，湖泊中莲花池情况较差。

3 个综合指数的相关系数为 0.54~0.64，互为中度相关，见图 2。WHI 和 RHS 评为"健康"的水体占比最高，均为 86%；WEQI 评为"良好"的占比最高，为 57%。

表 3 展示了各指数的评价结果构成。除 RHS 的功能评分不掌握社会调查数据、各水体公众满意度均以 95% 计算外，其余指标均为现场调查和监测结果。

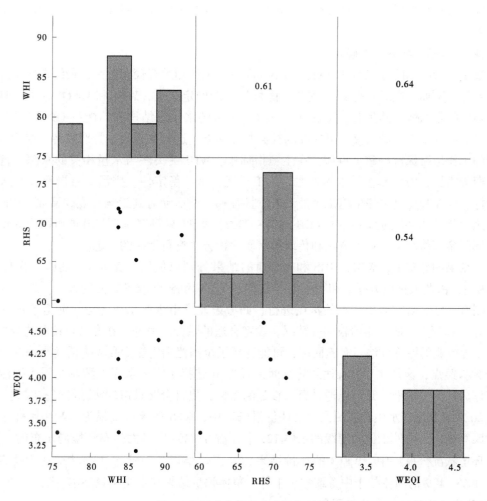

图 2　各综合指数的分布及相关性

表 3　综合指数评价结果构成

监测站点	WHI			RHS				WEQI		
	生境	理化	生物	盆	水	生物	功能	生境	水化学	水生生物
密云水库	17.92	35.73	30.24	14.00	25.48	3.40	28.50	0	2.4	1.6
怀柔水库	18.32	34.71	35.79	14.00	22.68	11.29	28.50	0	2.4	2
昆明湖	14.87	32.42	36.38	12.28	22.96	5.60	28.50	0.6	1.6	2
福海	15.34	31.26	37.09	14.00	21.84	7.50	28.50	0.6	1.2	1.6
莲花池	11.01	31.11	33.64	11.01	14.00	6.44	28.50	0.6	0.8	2
永定河	34.62	39.23	17.94	12.96	19.88	7.08	28.50	1	2	1.6
北运河	22.02	27.62	36.33	12.39	16.80	7.47	28.50	0.4	1.2	1.6

　　由表 3 可见，WHI 和 WEQI 的二级指标类似，都是从生境、理化、水生生物 3 个方面开展评价。各自的内容组成和权重值有所不同，但理化指标和生物指标的权重通常最高。RHS 在此基础上增加了对水体社会服务功能的评价，根据实际情况评价水体是否能达到防洪、供水等目标，且此项权重最高。从评价结果的角度，RHS 的生物评分普遍较低，主要是其中 2 个必选指标大型底栖无脊椎动物

生物完整性指数和鱼类保有指数情况较差引起的，且生物指标赋分按照最小分值法确定，加剧了这种情况的发生。

3.2　标准中评价指标和赋分的确定

各指数中评价指标的选取与评价目标和不同部门的工作侧重有较大关系，最终造成实际应用中评价结果的差异。例如，在对"健康"或者"优秀"概念的定义上，WHI 和 WEQI 方法由监测单位主持编制，强调的是水体自然生态状况良好，可维持正常的水生态结构和功能；RHS 则需要在河湖自然生态状况良好的基础上同时具有可持续的社会服务功能，这与水行政主管部门将水视为资源、需要为民所用的工作思路保持一致。再如，在生境指标中，WHI 更关注与水量相关的水深、蓄水比、湖库更新周期等指标，RHS 提供了水体连通、人工干扰、岸坡稳定性、排污口布局等涉及水生态空间管理的指标，而 WEQI 更关注生境是否处于天然状态和人类活动对其影响程度。又如，WEQI 的水化学指标参照《地表水环境质量标准》（GB 3838—2002）里的 24 项基本项目开展单因子评价，体现了生态环境部门希望将水生态评价方法和传统的水质评价方法进行衔接的考虑。

在评价结果的分布上，WHI、RHS 和 WEQI 的结果分别以健康（最优）、健康（次优）和良好（次优）为主，由此可见地方标准和行业标准在参考点位和赋分标准等方面的差异。地方标准的编制更能因地制宜，结合研究区域自身的特点进行，如考虑北京市生态水量匮乏、河道治理（衬砌、硬化、防渗等）和河岸带防洪整治较多等情况，设定合适的赋分。另外，在参考点位的选择方面，RHS 和 WEQI 作为行业的评价方法，实施面广，可能选择了全国范围内极少受人类活动影响的水域（如三江源）作为参照点，这是北京极难达到的目标；而 WHI 选择了密云水库上游流域受人类活动影响较少的水体作为计分的基准，是可以通过努力接近的目标，更符合北京市的实际情况。因此，市水务局发布的《2022 年北京市水生态监测及健康评价报告》中，WHI 的评价结果为 148 个水体全部处于健康和亚健康等级，其中处于健康等级的水体 129 个，占 87.2%[11]；而生态环境局发布的《2022 年北京市生态环境状况公报》中，WEQI 的评价结果为全市一半以上河流水生态状况达到优良水平[12]，说明仍有 30%~40% 的河流处于中等或劣于中等。整体评价结果与本文结论基本一致。

3.3　底栖动物生物完整性和方法更新

底栖动物是水生态系统的重要组成。作为消费者的重要代表类群，底栖动物个体较大，生活周期长，适合反映水体一段时间内的平均信息，因此在各类评价中广泛使用。本文所采用的 3 个综合指数都要求或可选用底栖动物的数据进行计算。尤其是为获取 RHS 中生物指标的评分，初步构建了北京市底栖动物生物完整性指数（B-IBI）。B-IBI 被分为健康至极差 5 个等级，结果显示，7 个水体中永定河处于亚健康等级，怀柔水库和福海为一般，北运河、昆明湖和莲花池为较差，密云水库为极差。密云水库是北京市重要饮用水源地，流域及库区管理单位在入库河流水质保障、库区水生态保护等方面开展了大量工作，B-IBI 的结果和民众对水库水生态状况的感受差距较大。

密云水库是群山包围中的大型水库，我国的深水湖库通常会在气温较高的季节出现水温分层，造成水体底层溶解氧水平低。2014 年 9 月开展的研究显示库区深水区溶解氧在水深 20~25 m 处显著下降，20 m 以下为缺氧状态[13]。浮游动物也会因此主要分布于水体上层，食物匮乏和溶解氧低都会限制深水区底栖动物的分布和数量，造成敏感种消失，耐污性好的寡毛类、摇蚊科等生物成为底栖动物的主要组成。有研究者在调查分析千岛湖深水区的大型底栖动物分布后认为，水深是解释底栖动物密度和生物量垂向分布的唯一最优理化因子[14]。而密云水库自 2015 年以来蓄水量持续上升，2021 年 10 月达到历史最高水位，仅当年 6 月初至 10 月初水位抬升超过 8 m，影响了底栖动物的群落。因此，使用大型底栖动物评价深水湖库存在一定局限性，可能会高估污染的严重程度。《湖库水生态环境质量监测与评价技术指南》中特别提到，深水湖泊和水库建议优先选择浮游植物和浮游动物评价结果，这是与 2017 年版《流域水生态环境质量监测与评价技术指南》[15] 相比新增的要求，体现了方法在应用过程中发现问题及随之修订的变化。

4 结论

（1）3 个综合指数获得了较为一致的评价结果，河流和水库中永定河、怀柔水库水生态状况较好，湖泊中莲花池情况较差，指数之间呈中度相关。

（2）各部门的工作目标、工作侧重、标准应用范围都会影响评价指标的选取和赋分，最终造成结果的差异。

（3）在实际工作中，发现使用大型底栖动物评价深水湖库可能会高估污染程度，建议在标准制修订中考虑此方面的因素。

参考文献

［1］金小伟，赵先富，渠晓东，等．我国流域水生态监测与评价体系研究进展及发展对策［J］．湖泊科学，2023，35（3）：755-765.

［2］中华人民共和国水利部．河湖健康评估技术导则：SL/T 793—2020［S］．北京：中国水利水电出版社，2020.

［3］北京市市场监督管理局．水生态健康评价技术规范：DB11/T 1722—2020［S/OL］．（2020-03-25）［2023-09-27］．https：//swj. beijing. gov. cn/zwgk/zcfg/dfbz/202207/P020220704635338473565. pdf.

［4］中华人民共和国水利部．水环境监测规范：SL 219—2013［S］．北京：中国水利水电出版社，2013.

［5］国家环境保护总局．地表水环境质量标准：GB 3838—2002［S］．北京：中国环境科学出版社，2002.

［6］北京市市场监督管理局．水生生物调查技术规范：DB11/T 1721—2020［S/OL］．（2020-03-25）［2023-09-27］．https：//swj. beijing. gov. cn/zwgk/zcfg/dfbz/202207/P020220704633977913406. pdf.

［7］魏印心，胡鸿钧．中国淡水藻类：系统、分类及生态［M］．北京：科学出版社，2006.

［8］周凤霞，陈剑虹．淡水微型生物与底栖动物图谱［M］．北京：化学工业出版社，2011.

［9］赵家荣，刘艳玲．水生植物图鉴［M］．武汉：华中科技大学出版社，2009.

［10］张春光．北京及其邻近地区的鱼类：物种多样性、资源评价和原色图谱［M］．北京：科学出版社，2013.

［11］北京市水务局．2022 年北京市水生态监测及健康评价报告［R/OL］．（2023-05-22）［2023-09-27］．https：//swj. beijing. gov. cn/swdt/ztzl/sstxczl/zlsstjcbg/202305/P020230522384956860766. pdf.

［12］北京市生态环境局．2022 年北京市生态环境状况公报［R/OL］．（2023-05-29）［2023-09-27］．https：//sthjj. beijing. gov. cn/bjhrb/index/xxgk69/sthjlyzwg/1718880/1718881/1718882/326119689/20230529102113350104. pdf.

［13］王禹冰，王晓燕，庞树江，等．水库水体热分层的水质及细菌群落分布特征［J］．环境科学，2019，40（6）：2745-2752.

［14］胡忠军，孙月娟，刘其根，等．浙江千岛湖深水区大型底栖动物时空变化格局［J］．湖泊科学，2010，22（2）：265-271.

［15］中国环境监测总站，中国环境科学研究院．流域水生态环境质量监测与评价技术指南［M］．北京：中国环境出版社，2017.

自然岸线分级分类体系及特征研究

李　丽[1,2,3]　汪义杰[1,2,3]　何颖清[1]　潘洪洲[1]　黄伟杰[1]　唐红亮[1]

（1. 珠江水利委员会珠江水利科学研究院，广东广州　510611；
2. 水利部粤港澳大湾区水安全保障重点实验室，广东广州　510611；
3. 广东省河湖生命健康工程技术研究中心，广东广州　510611）

摘　要： 根据新时期岸线资源开发利用与保护的总体态势，研究提出了自然岸线分级分类体系：一级类分为原生岸线和再生岸线；二级类分为原生自然岸线、再生自然岸线和混生岸线；三级类主要包括原生和再生的砂质、淤泥质、基岩和生物岸线及混生的生态景观岸线。本文研究对制定科学的自然岸线保护和控制策略，支撑海岸线高质量发展具有重要意义。

关键词： 自然岸线；再生岸线；遥感解译

1　引言

　　自然岸线是由海陆相互作用形成的海岸线，为维持生态系统平衡安全、保持物种多样性、保持水体环境免受污染提供了坚固基础[1]。海岸线位置主要由潮汐作用决定，同时受海岸地形、海岸类型及水动力条件等影响，海岸线范围上限起自现代海水能够作用到的陆地的最远界，海岸线范围下限则为波浪作用影响海底的最深界，或现代沿岸沉积可以到达的海底最远界。随着人类活动加剧，围填海、港口建设等影响着岸线的长度和类型变化。为了强化海岸线保护、利用和管理，改善海洋生态，中国国家海洋局 2017 年发布《海岸线保护与利用管理办法》，要求建立自然岸线保有率控制制度。自然岸线保有率指大陆自然岸线保有长度占大陆岸线总长度的比例，《中华人民共和国国民经济和社会发展第十四个五年规划和 2035 年远景目标纲要》《全国重要生态系统保护和修复重大工程总体规划（2021—2035 年）》均提出了 2035 年不低于 35% 的目标。

　　岸线自然修复是管理和科学技术相结合的一种对策，《海岸线保护与利用管理办法》明确提出，整治修复后具有自然海岸形态特征和生态功能的海岸线纳入自然岸线管控目标管理。因此，自然岸线应该是指基于区域的自然地理特征，在周期性潮汐作用下形成的，未受到人为干扰且具有高生态功能的原生海岸线，以及通过自然恢复或整治修复后具有自然海岸形态特征和生态功能的再生海岸线。但目前国内对自然岸线的分类标准尚不统一，尚未建构层次分明的原生、再生自然岸线分级分类体系，现有分类认知落后于生态空间治理现代化的要求，存在一定局限性[2]。本文旨在建立适用于新时期岸线保护与修复的自然岸线分级分类体系，注重自然岸线对保护、修复和管控的要求，更好服务于统筹管理、岸线严格保护与合理利用，为达到自然岸线保有率控制目标提供技术支撑。

2　自然岸线分类体系

　　自然岸线分类应充分考虑海岸线所在区域的地质地貌类型、潮间带生态特征等自然属性；对涉及围填海、构筑物等人类开发活动的区域，应统筹考虑工程的结构特征、生态功能等因素；岸线位置的

基金项目： 国家科技基础资源调查专项（2019FY101900）；国家重点研发计划项目（2022YFC3202200）。
作者简介： 李丽（1987—），女，高级工程师，室副主任，主要从事水环境治理与水生态修复工作。
通信作者： 汪义杰（1980—），男，正高级工程师，副所长，主要从事水环境治理与水生态修复工作。

界定宜选取便于明显识别和查找的不同地物类型或地貌类型的交界处，便于实地调查和行政管理。综上，本文提出自然岸线三级分类体系（见表1）。

表1　自然岸线分级分类汇总

一级类	二级类	三级类	说明
原生岸线	原生自然岸线	原生砂质岸线	潮间带底质为砂砾，在波浪的长期作用下形成相对平直岸线，具有包括水下岸坡、海滩、沿岸沙坝、海岸沙丘等组成的完整地貌体系。多发育于基岩海湾的内缘或直接毗连于海岸台地（平原）前缘
		原生淤泥质岸线	潮间带底质基本为粉砂淤泥，在潮汐、径流等作用下淤积形成的相对平直海岸线，多分布在有大量细颗粒泥沙输入的入海口沿岸，是滨海滩涂湿地的主要集中分布区
		原生基岩岸线	潮间带底质以基岩为主，是由第四纪冰川后期海平面上升，淹没了沿岸的基岩山体、河谷，再经过长期的海洋动力过程作用形成岬角、港湾相间的曲折岸线，曲折度大，岬角突出海面、海湾深入陆地
		原生生物岸线	潮间带是由某种生物特别发育而形成的特殊海岸，多分布于低纬度的热带地区，主要有红树林、珊瑚礁等
再生岸线	再生自然岸线	再生砂质岸线	受人为诱导、改造或自然力因素恢复岸线的自然属性和生态功能，且基本未见显著人工化痕迹
		再生淤泥质岸线	
		再生生物岸线	
	混生岸线	生态景观岸线	为城市服务的游憩岸线，如生态海堤、滨海湿地公园、滨海绿地等

2.1　一级类

一级类分为原生岸线和再生岸线。其中，原生岸线主要包括砂质岸线、淤泥质岸线、基岩岸线、生物岸线等（见图1）。为保护原生岸线，防止原生岸线遭受侵蚀而建造的护岸，经综合判定后，可界定为自然岸线。

(a)砂质岸线　　　　　　　　　　　(b)淤泥质岸线

(c)基岩岸线　　　　　　　　　　　(d)生物岸线

图1　典型原生岸线遥感影像图

2.2　二级类

兼顾岸线的自然恢复和整治修复、生态化开发利用和生态空间管控要求，将二级类细分为原生自然岸线、再生自然岸线和混生岸线。

（1）再生自然岸线。指通过自然恢复或者整治修复后的具有原生自然岸线结构特征和生态功能的岸线，包括通过退围还海、退养还滩、沙滩养护、堤外种植等措施形成的具有一定规模的海岸线。认定的再生自然岸线可以抵御一定强度的人类干扰或基本不受到人类活动的影响，以体现生态功能为主。

（2）混生岸线。是保留有人为干扰或人为活动痕迹的再生自然岸线，本质上仍属于生态恢复岸线范畴。主要包括处于整治修复阶段，但生态系统尚未达到一定规模的再生岸线；或通过一定手段维持自然生态属性和特定的生态功能，同时满足人类社会服务功能的岸线。

2.3　三级类

根据自然岸线的保护对象划分三级类，主要包括原生和再生的砂质岸线、再生淤泥质岸线、再生生物岸线，以及混生的生态景观岸线。

（1）再生砂质岸线。经过整治修复后形成的沙滩，潮间带发育基本完整，沙滩平均宽度大于30 m，沙滩以中细砂为主且岸滩稳定时间超过1年，滩面基本无侵蚀或泥化现象。沙滩向陆一侧有堤坝、护岸等人工岸线的，位置界定在堤坝、护岸的坡脚处（见图2）。

(a)再生砂质岸线　　　　　　　　　　　(b)再生前

图2　典型再生砂质岸线遥感影像图

（2）再生淤泥质岸线。经过整治修复后形成的泥滩，潮间带发育基本完整且平均宽度大于200 m。潮间带具有大型底栖生物和鸟类栖息、觅食等生态功能（见图3）。

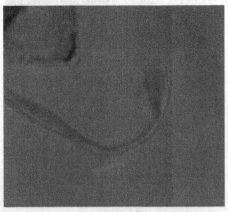

(a)再生淤泥质岸线　　　　　　　　　　(b)再生前

图3　典型再生淤泥质岸线遥感影像图

（3）再生生物岸线。海堤外通过人工种植或自然恢复红树林，形成一定规模且相对稳定的生态系统，红树林平均宽度大于 15 m，且潮间带的红树林覆盖度大于 30%（见图 4）。

(a)再生生物岸线　　　　　　　　　　　(b)再生前

图 4　典型再生生物岸线遥感影像图

（4）混生的生态景观岸线。主要包括生态海堤、滨海湿地公园、滨海绿地等或与城市交通相结合，均有人为整治修复痕迹，原则上在设计时要同时考虑海浪的波动范围和影响强度，以及生态观景或娱乐科普效益等（见图 5）。其中，生态海堤通过生态化措施确保岸带植被覆盖率达到 60% 以上，且在迎海面营造了生物栖息场所，具有大型底栖生物和鸟类栖息、觅食等生态功能；滨海湿地公园通常作为城市湿地生态宣教展示和公共休闲场所，重点围绕滨海红树林修复、鸟类招引及生态景观建设；滨海绿地以游憩为主，同时兼有生态维护、环境美化、减灾避难等综合功能。

图 5　典型混生的生态景观岸线遥感影像图

3　自然岸线划定方法

3.1　遥感卫星数据源要求

根据分析对象的不同选择适宜的遥感影像空间及光谱分辨率，针对岸线形态定性定量提取，遥感影像分辨率应优于 15 m；针对存在崩岸等不稳定岸线现状的调查，遥感影像分辨率应优于 2 m；影像波段应至少包含蓝、绿、红、近红外四个波段设置。

结合 GPS 技术，对遥感数据进行几何校正（正射校正），地物点相对于附近控制点、经纬网或公里格网点的图上点位中误差应满足以下要求：特征地物点相对于基础控制数据上同名地物点的点位中误差平地、丘陵地区不大于 1 个像元，山地和高山地区不大于 2 个像元。特殊地区可放宽 50%（特殊地区指大范围林区、水域、阴影遮蔽区、沙漠、戈壁、沼泽或滩涂等）。

3.2 地物分类信息解译

在 ArcGIS 平台上，采用人机交互式解译方式进行土地利用分类及岸带资源利用类型解译。首先，在 ArcMap 中建立遥感解译地理信息数据库，设置解译类别边界线要素图层和解译类别的点要素图层；其次，利用 ArcMap 的点、线编辑工具，根据遥感底图绘制边界线，并在边界线内用点区分其类别；再次，拓扑获得解译图斑的 ArcGIS 图层。在进行人机交互式解译时，还利用已有的相关研究成果、Google Earth 平台的图像数据作为辅助数据进行检查与分析。解译方法见表 2。

表 2　岸线解译方法汇总[3]

岸线类型	遥感影像解译特征
基岩岸线	基岩对光谱的高反射特性使其灰度值明显高于水体，选择灰度值临界点作为阈值，进行灰度分割区分海陆，其边界作为岸线；基岩岸线较为曲折，在影像中，近岸礁石呈明显较大颗粒状，分布散乱，亮度不均，纹理粗糙
淤泥质岸线	利用 NDVI 区分湿生植被（红树林）与滩涂，因其靠陆一侧一般有固定岸线，以二者靠陆一侧分界线作为岸线；淤泥质岸线呈褐色、深棕色、灰黑色等，并有少量绿色不规则分布
砂质岸线	砂质地物与非砂质地物的含水量不同导致不同灰度值，选择二者的灰度值临界点，灰度分割提取边界作为岸线；砂质岸线顺直，光谱反射率高，在影像中一般呈亮白色或黄白色的长条带状
生物质岸线	岸线颜色主要为绿色，常沿海呈片状分布，且边界不规则，空间分布具有向海延伸的特征
生态景观岸线	有明显的规划设计痕迹，如规整的花圃、人造湖泊、道路等

3.3 岸线空间范围划定

（1）痕迹线法。主要根据多年平均大潮高潮位留下的痕迹线，多有海蚀阶地（坎部）、海滩堆积物、滨海植物等痕迹。该方法多用于基岩岸线、砂质岸线、淤泥质岸线、生物岸线等具有明显痕迹特征的岸段。

（2）多年平均大潮潮位推算法。主要根据潮位站多年连续潮位数据和岸滩地形数据，利用潮汐模型和空间差值推算出多年大潮平均高潮位的位置，由于受岸滩地形多变和不规则的影响，该方法推算的岸线多呈锯齿状，较为曲折、不光滑，该方法多用于侵蚀较为严重、没有明显痕迹特征的岸段。

（3）综合研判法。对于砂质岸线、淤泥质岸线、生物岸线等周边存在堤坝、道路等防护设施的岸段，应综合考虑沙滩、潮间带、生物群落等生态系统的完整性和统一管理的需求，综合研判其具体划定位置。

（4）生态恢复岸线划定方法。生态恢复岸线划定的重点是制定海岸线恢复自然海岸形态特征和生态功能的认定标准，需综合考量海岸稳定性、防护能力、水质环境、潮间带地貌特征、生态系统的完整性与连通性、公众亲水性及社会的认可度等因素，采用指标量化打分法，判断是否已达到生态恢复岸线认定标准。

3.4 实地判别和现场核查

在实际测量中，所测得的海岸线只能是一条近似于平均大潮高潮面与岸滩相交位置的线。通常根据海岸陡坎、土壤、植被、冲积物线、建筑物等特征做出实地判别。

3.4.1 内业核查

利用卫星和航空遥感影像、历史调查资料（生境分布数据、图件、实地照片和视频等），与遥感识别结果叠加套合，对比检查生境分布图斑与影像及历史资料的一致性和准确性。

3.4.2 现场核查

根据海岸带生态系统遥感识别结果，选取部分生境分布图斑，通过外业现场核查的方式，对图斑的边界、类型等信息进行实地验证。对可到达的岸段，需全部通过现场勘查和实地调访的方式，初步判定海岸线位置、类型。对不易到达的岸段，可采用遥感解译并结合实地调访的方式，初步判定海岸线位置、类型。对于再生自然岸线和混生岸线，重点掌握海岸自然形态、向陆一侧毗邻土地利用现状、整治修复情况、岸滩稳定性（包括稳定、侵蚀、淤涨三种）、公众开放程度等内容。

4 粤港澳大湾区岸线资源调查

对大湾区自然岸线进行三级类划分，大湾区自然岸线以原生基岩岸线和原生砂质岸线为主，长度分别为505.32 km和241.73 km（见图6）。江门、珠海、澳门、香港和深圳等城市的自然岸线中，原生基岩岸线占比最高且相对稳定，其中香港原生基岩岸线占近70%，其次是深圳约50%。核算粤港澳大湾区自然岸线保有率为41.96%。

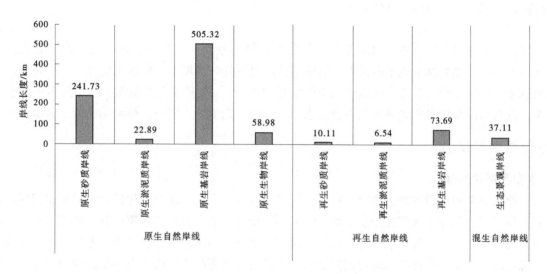

图6 粤港澳大湾区2021年三级自然岸线长度

5 结语

为满足新时代对岸线开发及管控的新要求，本文提出新的自然岸线分级分类体系。但目前滩涂岸线开发利用与共抓大保护的矛盾突出，如何统筹生态文明建设要求和岸线开发利用与保护需求，是当前海岸线治理、保护和开发面临的重大问题。应基于自然岸线调查，对自然岸线保护与管理技术、岸线空间管控制度等做更深一步的探讨。

参考文献

［1］修淳，霍素霞，王国钢，等．一种定量化的山东省自然岸线质量评价方法［J］．海洋地质前沿，2022，38（7）：86-88.

［2］陈阳，岳文泽，张亮，等．国土空间规划视角下生态空间管制分区的理论思考［J］．中国土地科学，2020，34（8）：1-9.

［3］汪义杰，李丽，何颖清，等．1986—2021年粤港澳大湾区自然岸线时空变迁及保护对策［J］．中国水利，2023（7）：49-53.

浅析水资源的保护和利用

李元海　秦德吉

（济南市水利工程服务中心，山东济南　271108）

摘　要： 合理开发利用水资源，对水资源进行科学管理是世界各国面临的难题。通过分析当前城市水资源保护的现状，针对现状和问题提出加强城市水资源保护的对策和建议：加强城市水资源评价与规划，完善城市水资源需求管理，加大污水处理力度，健全水资源的执法监督机制，深化城市居民水资源教育。

关键词： 水资源；管理体制；资源保护

水资源是一种可循环再生的自然资源，是生态环境的重要组成部分，在社会生产中起到重要作用。随着人口的增加和城市规模的扩大，居民生活质量的提高及城市功能的不断完善，城市对水的需求增长迅速。地球上的淡水总量仅占全球总储水量的 2.5%，主要以永久积雪、冰川及多年冻土的形式存在，仅有少部分淡水资源分布在地表浅水层、河流、湖泊、土壤中，可利用的淡水资源很少。

1　水资源保护概述

1.1　水资源保护的概念

水资源保护是指运用教育、法律、行政、经济、技术等手段，动员各种社会力量对水资源进行保护，处理各部门、各地区水资源分配不均，供需不平衡的矛盾，处理好水资源开发利用与社会经济发展之间的关系，严厉打击破坏水资源的行为，限制对水资源的不合理开发利用，制订供水系统和水库工程的优化调度方案。水资源环境管理要从水的自然属性和商品属性规律出发提高资源利用率，实现社会、经济、环境效益最大化和水资源的可持续利用。

1.2　水资源保护的原则

保护供水水源，严禁在水源地和水源补给区砍伐森林，排放有毒、有害废水和生活污水等。发挥政府有关部门的宏观调控功能，制订合理的水资源分配计划，合理分配用水，在满足工业用水、生活用水、农业用水的同时还要注意节约使用水资源，提高水资源的利用率。及时治理受污染的水体，不断完善与水有关的法律条规，依照现有的法律法规对水资源进行保护，做到依法治水。

2　当前城市水资源保护的现状及问题

2.1　当前城市水资源保护的现状

目前我国实行的是流域管理与区域管理相结合的方式，这个模式是在借鉴国外模式的基础上，根据本国的实际情况建立起来的。该模式以最新修订的《中华人民共和国水法》为法律基础，秉持监督与具体管理相分离，完善了统一管理与分部门管理。

流域管理将流域内的水资源和流域本身作为一个统一整体进行规划，采用仲裁或其他民主方式协调不同群体利益间的关系，流域管理主要依靠宏观调控。区域管理机构共分为三级，分别为国家级、

作者简介： 李元海（1977—），男，高级工程师，主要从事水利工程管理、防汛调度方面的工作。

省级、县级。国家级机构负责对水资源进行统一管理和监督；县级机构则负责水资源的开发、利用、保护等微观工作。区域管理是按照本地区的环境、政治、经济目标统一规划，有效调动各部门管理积极性，政府居于主导地位，协调各部门的利益关系，实行分级管理与统一管理结合、具体管理与监督管理分离的管理制度。当前城市对水资源实行"统一管理与分级管理、分部门管理相结合"的管理体制，从本质上看这种管理体制应体现出"流域管理与部门管理、行政区域管理相结合"的特点，但在实践过程中，城市水资源保护日渐形成了国家与地方条块分割、各部门各行政区域各自为政，造成"多龙管水、多龙治水"状态，无疑加重了水资源日渐恶化的趋势[1]。

2.2 当前城市水资源保护存在的问题

随着城市人口的增长、工矿企业的发展，城市的用水量急剧增加。在不断开辟新供水水源的同时，也在不断加强城市水资源的管理，但同时也出现了一些问题。

2.2.1 城市水资源保护体制缺乏统一性

水资源是以流域或水文地质单元构成的统一体，本身具有多功能的特点。鉴于这些功能之间的紧密联系，必须以流域为单元对水资源实行统一管理、全面规划、统筹兼顾，才能有效达到管理目标。水资源保护机构没有相对独立的权限及人员、经费的配置，职权行使常常受到地方政府的干预。

2.2.2 流域管理机构的合法地位和职能措施缺乏保证

中华人民共和国成立以后，我国先后设立了长江水利委员会、黄河水利委员会、淮河水利委员会、海河水利委员会、珠江水利委员会、松辽水利委员会、太湖流域管理局等七大流域管理机构。对水资源实行"统一管理与分级管理、分部门管理相结合"的管理体制，从本质上看这种管理体制应体现出"流域管理与部门管理、行政区域管理相结合"的特点，但在实际应用中流域管理机构缺乏相应的法律地位和职能措施，由于缺乏必要的法律依据，致使流域管理机构在行使职权时常常处于不利的法律地位，流域管理机构所制定的规范性文件的法律效力难以确认，难以发挥其应有的作用。

2.2.3 水价制定不合理，城市节水和污水治理落后

我国现行的水价定价基本上是从供水企业的角度出发，以成本补偿为基本定价原则，标准较低。与发达国家相比则更低，水价偏低致使水管单位负担沉重。在现行的水价制度和管理中存在的主要问题有：部分地区终端水价偏低，不利于提高用户节水意识；污水处理费收缴不到位，污水处理设施难以维持正常运转；水资源费征收标准偏低，不能反映我国水资源紧缺状况。在解决治理水污染问题上出现了偏差：把水资源污染的防治看成一项公益性事业。有些污染治理不收费，结果使治理污染的活动难以为继，造成水污染治理设施不能正常使用，水污染治理的投资不能发挥应有的效益。

3 加强城市水资源保护的对策和建议

3.1 加强城市水资源评价与规划

从市场机制的特点看，市场虽然可以指示水资源的流向，但它不可能准确地指示社会和企业所需投入的水资源量，即使计划用水管理手段"失效"。市场这种固有的盲目性和滞后性，容易使城市水资源的配置失控，造成社会用水供需紧张和供需矛盾加剧，因此需要城市管理者利用行政手段和技术力量加强城市水资源的评价与规划，以利于城市水资源需求管理的完善。水资源动态变化的多样性和随机性，水资源工程的多目标性和多任务性，河川径流和地下水的相互转化，水质和水量相互联系的密切性，使水资源问题更趋复杂化。城市水资源的合理利用要充分考虑城市水资源的承受能力，依据本地区水资源状况、水环境容量和城市功能，来确定城市规模和考虑城市化的推进速度，调整优化城市经济结构和产业布局。

3.2 完善城市水资源需求管理

城市水资源的需求管理是基于社会和行为科学的管理，其重要手段包括水权与水价。水权管理使水权有明确的归属，在水权分配上，城市水资源的生活需求和生态系统需求优先考虑，然后对多样化

的经济用水需求进行分配。水资源作为一种公共资源，长期无偿或低价使用，造成了水资源的不合理使用和浪费。需求管理强调把水作为一种稀缺的经济资源看待。价格手段就是要通过建立合理的、可变的水价体系，使水价真正起到经济杠杆的作用，从而抑制用水增长，缓解水资源供需矛盾[2]。

3.3 控制城市污水排放量，加大污水处理力度

城市水资源，无论是地下水或地表水，一旦被污染，需花费巨大的人力物力来治理，且效果很不稳定。为了有效地防治水源污染，必须采取综合措施，除通过节水控制排污量外，还要加大处理污水的力度。当前我国城市正处于体制的转型期，流域环境保护管理体制与机制尚未适应需要，有限的公共资源没有得到优化配置，体制改革需付出成本，有限的财政资金不可能大量投到水污染防治工作中。加之城市化进程不断加快，使本来就很薄弱的城市基础设施更加捉襟见肘、不堪重负，水资源环保受到严重挑战。

在控制污染的同时，我们要从其源头控制污水排放量。从控制人类活动着手，控制危害水质和生态系统的外部污染物的过量输入。对工业污染的防治，必须逐步调整偏重末端治理的现状，从源头抓起，调整城市经济结构、工业产业结构、产品结构，提倡清洁生产。对城市生活污水进行妥善收集、处理和排放，应强化一级处理，条件具备时再实施二级处理。

3.4 健全水资源的执法监督机制，明确机构组织责任

城市水资源保护体制应适应形势发展的要求，把握行政执法体制改革的趋势，按照"精简、高效、统一"的原则，实行行政处罚权、行政征收权、行政许可权三权统一，将执法职能集中起来，整合执法力量，改多头执法为综合执法，建立一支统一高效的执法队伍。围绕建立防范行政自由裁量权被滥用的制度，科学合理地设定内部执法部门的职能。同时通过合理划分职能，实现了制定政策、审查审批等职能与监督检查、实施处罚等职能相对分开，监督处罚职能与技术检验职能相对分开，建立起了既相互协作又相互制约的运行机制。通过有奖举报、定时巡查、区域排查等多种手段，及时查办非法取水和盗用城市供水行为，对地热水、矿泉水统一管理，实行取水许可制度，并征收污水处理费；对建筑业和水产养殖业的临时取水行为进行规范，征收水资源费和污水处理费[3]。

3.5 深化城市居民水资源教育

水资源保护和管理的成功与否不仅取决于有效的政策和法律，更重要的取决于公众的参与和行为的改变，所以必须经常进行节水宣传教育，使节水观念深入居民日常生活用水的每一个环节，以消除不同城市之间节水效果的差异。我国城市可以考虑利用正规和非正规教育两种途径进行水资源教育。正规教育指在小学、中学及大学设置环境和水资源课程，教育学生从小做起，从我做起，热爱环境、保护环境，并组织学生参加清理城市及公路垃圾和加入资源回收再利用等活动，让他们切实体会到没水所带来的种种不便，以期达到全社会对节水的正确认识。非正规教育指利用电视、报纸、广播、节目、聚会、讲座、传单等形式向公众讲授水资源保护的重要性，为了取得更好实效，宣传教育要经常化，应以不同的形式体现在日常社会生活中。宣传的主要载体应该是电视和网络，将节水的重要性"广而告之"，进行形象、生动、具体的节水宣传。

4 结语

水是人类赖以生存的物质基础，工业废水、城市生活污水的恣意排放造成水污染的现象严重，随着经济发展人类对水的需求增多，水资源短缺已成为全世界面临的问题。水资源的综合管理是一个庞大复杂的问题，涉及面广，理论研究尚不完善，由于时间和本人水平的限制，本文只是从宏观方面对当前城市水资源保护中存在的问题进行了分析，并在水资源的综合管理方面提了一些相应的对策和建议，没有能做到系统分析，因此有待进一步提高和完善。今后可采用其他方法预测水资源的供需水量，提出更加切合实际的水资源保护办法，使我国城市水资源能够得到可持续利用，避免水资源短缺，确保社会经济良好发展。

参考文献

［1］王江，杨霜侬，刘亚寅．水资源保护与保护的域外经验探析［J］．环境保护，2014（4）：36-38.

［2］梁敬影．中国流域水资源保护立法研究［J］．环境科学与管理，2014（2）：178-181.

［3］王淑彦．如何加强水资源保护制度［J］．农业与技术，2014（3）：251.

鱼类游泳能力研究及其在凤山水库集运鱼系统设计中的建议

蔡　露[1]　张　扬[2]　贺　达[1]　郑志伟[1]　王宇翔[1]　朱正强[1]　侯轶群[1]

(1. 水利部中国科学院水工程生态研究所
水利部水工程生态效应与生态修复重点实验室，湖北武汉　430079；
2. 中水北方勘测设计研究有限责任公司，天津　300222)

摘　要：以云南光唇鱼、白甲鱼、宽鳍鱲和马口鱼为研究对象，利用环形水槽实验装置，测试并分析了不同体长鱼类的游泳能力，为凤山水库集运鱼系统、重安江鱼类栖息地保护河段连通性恢复提供理论参考。结果表明：在水温 14.0~22.4 ℃条件下，云南光唇鱼、白甲鱼、宽鳍鱲和马口鱼的平均感应流速 0.1 m/s、临界游泳速度 0.57~1.37 m/s，除宽鳍鱲的突进游速随体长增加呈强正相关趋势外，测试鱼类的感应流速、临界游泳速度、突进游泳速度随体长增加均为弱正相关趋势，结合集运鱼系统水力学特性，推荐集运鱼系统进口诱鱼流速 0.34~1.10 m/s、集鱼通道流速 0.16~0.46 m/s、集鱼箱流速 0.16~0.46 m/s。

关键词：鱼类；游泳能力；感应流速；临界游泳速度；突进游泳速度；过鱼设施

重安江干流已建跨岩电站、烂木桥电站等 12 座水利水电工程，在建的凤山水库是重安江水资源综合开发利用的核心工程，水库总库容 1.04 亿 m³，开发任务主要为供水、灌溉，兼顾发电等综合利用。重安江干支流没有长距离洄游性鱼类，但存在短距离生殖洄游、索饵洄游、越冬洄游的鱼类，干流生境破碎化已较为严重，新建工程加剧了生境破碎化，对在局部水域完成生活史的鱼类，则可能影响不同水域群体之间的遗传交流，导致种群整体遗传性退化[1]。凤山水库工程将通过集运鱼系统过鱼措施保护土著鱼类，同时分别在重安江凤山水库库尾上游干流河段及坝下干支流划定鱼类栖息地保护河段，对栖息地保护河段范围内已建小型水电工程及多处滚水坝采取连通性修复措施[2]。本文选取重安江 4 种土著鱼类为研究对象，采用统一的游泳能力测定方法，对其感应流速、临界游泳速度、突进游泳速度进行测试，分析其游泳能力，研究结果可为凤山水库集运鱼系统、重安江鱼类栖息地保护河段连通性恢复提供理论参考[3-5]。

1　材料与方法

1.1　测试对象

本研究测试对象为云南光唇鱼、白甲鱼、宽鳍鱲和马口鱼，每种鱼的每个测试指标的样本量为 10 尾[6-8]（见表 1）。获取目标鱼后，鱼先暂养于水缸中。为减轻鱼类的应激反应，鱼类暂养 48 h 后方可开始测试，水缸内自然水温 14.0~22.4 ℃。测试过程中需要对测试鱼进行转运时，使用对鱼损伤较小的细网和带水的水桶，从而减少对测试样本的影响。

作者简介：蔡露（1988—），男，助理研究员，主要从事鱼类运动行为学和过鱼设施研究方面的工作。

表1　实验鱼种类和规格

序号	鱼种	体长/cm	平均体长/cm
1	云南光唇鱼	11.3~17.3	14.3
2	白甲鱼	14.9~20.5	17.7
3	宽鳍鱲	7.3~9.6	8.5
4	马口鱼	10.4~16.7	13.3

1.2　实验装置

鱼类游泳能力测试水槽如图1所示。测试前的流速标定，采用LGY-Ⅱ型旋桨流速仪。测试期间溶氧、温度测定采用美国Hach公司HQ30d型溶氧仪。实验过程中利用空气泵向实验水槽水体内充氧，以避免因溶氧率过低造成对鱼类行为的影响，水温为自然环境温度。其次，实验期间，实时监测水温和溶氧，水温范围在14.0~20.1℃，溶氧范围在7.95~9.67 mg/L。通过调节电机工作频率逐步增大水槽中流速，由于鱼类在测试过程中始终在游泳区内游泳，因此可以认为水流速度等于鱼类游泳速度，通过测试水流速度即可推算鱼类游泳速度。

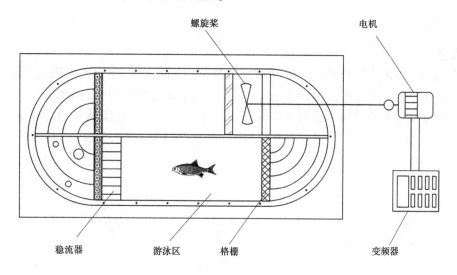

图1　鱼类游泳能力测试水槽示意图

1.3　研究方法

1.3.1　感应流速测定

利用递增流速法测试鱼类感应流速[9]，每种鱼选取10尾健康个体逐一进行测试，首先将实验鱼单独放置于水槽的静止水体中，然后逐步增大流速，直至测试鱼掉转方向至逆流方向，此时流速为实验鱼个体的感应流速。

1.3.2　临界游泳速度测定

开始实验前，测试鱼类体长、体重并将鱼类放置于实验装置游泳区，实验装置初始流速设置为1 bl/s（bl为鱼类体长）、流速梯度为1 bl/s、时间梯度为15 min（本测试方法也常称为递增流速法）。当鱼疲劳（判断标准：鱼抵达游泳区末端网格并且无法游动）后将鱼移出密封区，并测试体重。由于鱼自始至终处于游泳区内游泳，即可假定鱼的游泳速度等于水流速度。

临界游泳速度计算公式为

$$U_{crit} = U_p + (t_f/t_i) \times U_t \tag{1}$$

式中：U_p为鱼所能游完的整个时间周期时的游泳速度，bl/s；U_t为速度梯度，bl/s；t_f为鱼最后一次增速至鱼疲劳时所经历的时间，min；t_i 为时间梯度，min。

由于鱼的截面面积比游泳区截面面积的 10% 小，所以滞留效应可被忽略，即无须校正临界游泳速度。

1.3.3 突进游泳速度测定

运用 1 min 时间步长的"递增流速法"测试突进速度指标值。递增流速法测试同临界速度测试方法相同，时间步长为 1 min。

突进游泳速度计算公式为

$$U_{突进} = U_p + (t_f/t_i) \times U_t \tag{2}$$

式中：U_p 为鱼所能游完的整个时间周期时的游泳速度，bl/s；U_t 为速度梯度，bl/s；t_f 为鱼最后一次增速至鱼疲劳时所经历的时间，min；t_i 为时间梯度，min。

由于鱼的截面面积比游泳区截面面积的 10% 小，所以滞留效应可被忽略，即无须校正临界游泳速度。

1.4 统计与分析方法

采用双变量相关分析（bivariate correlation）检验测试对象 3 种游泳能力指标与其体长之间的关系，用 SPSS 25.0 统计软件进行线性拟合回归分析。

2 结果与分析

2.1 感应流速

实验结果显示，云南光唇鱼感应流速范围为 0.08~0.13 m/s，白甲鱼感应流速范围为 0.06~0.14 m/s，宽鳍鱲感应流速范围为 0.05~0.08 m/s，马口鱼感应流速范围为 0.08~0.15 m/s。双变量相关分析表明，4 种测试鱼类的感应流速与体长关系并不显著，感应流速随体长增加呈现弱正相关趋势（见图 2）。

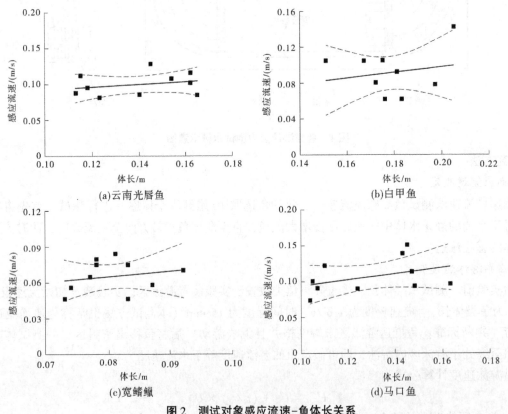

图 2　测试对象感应流速-鱼体长关系

2.2 临界游泳速度

实验结果显示，云南光唇鱼临界游泳速度范围为 0.485~0.72 m/s，白甲鱼临界游泳速度范围为 0.98~1.51 m/s，宽鳍鱲临界游泳速度范围为 0.60~1.58 m/s，马口鱼临界游泳速度范围为 0.52~0.88 m/s。双变量相关分析表明，4 种测试鱼类的临界游泳速度与体长关系并不显著，临界游泳速度随体长增加呈现弱正相关趋势（见图 3）。

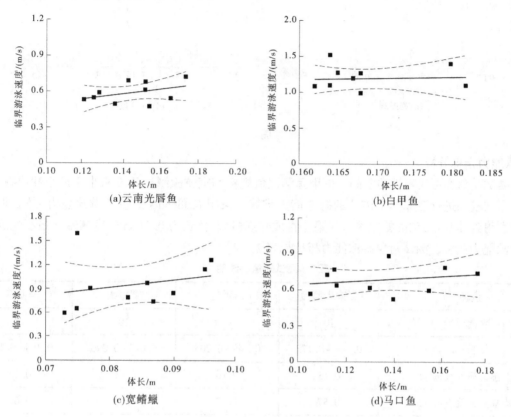

图 3　测试对象临界游泳速度–鱼体长关系

2.3 突进游泳速度

实验结果显示，云南光唇鱼突进游泳速度范围为 0.74~1.03 m/s，白甲鱼突进游泳速度范围为 1.43~1.60 m/s，宽鳍鱲突进游泳速度范围为 1.02~1.50 m/s，马口鱼突进游泳速度范围为 0.77~0.99 m/s。双变量相关分析表明，宽鳍鱲突进游泳速度随体长增加呈强正相关趋势，其余三种测试鱼类突进游泳速度随体长呈弱正相关趋势（见图 4）。

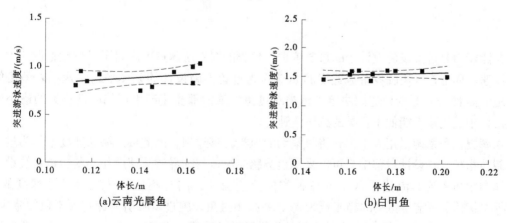

图 4　测试对象突进游泳速度–鱼体长关系

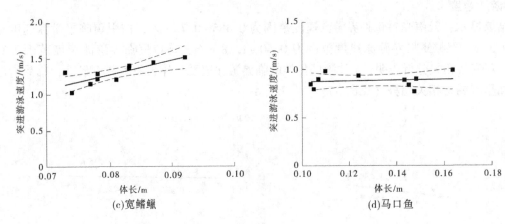

(c)宽鳍鱲   (d)马口鱼

续图 4

2.4 游泳能力指标分析

本次测试受鱼类可获得性的限制，白甲鱼测试鱼规格和宽鳍鱲测试鱼规格小于最小性成熟体长，基于现有测试成果进行性成熟个体鱼的游泳能力推算。采用 Katopodis 的鱼类游泳能力-体长拟合模型[8]，分别得到体长 0.28 m 的白甲鱼（最小性成熟规格）、体长为 0.11 m 的宽鳍鱲（最小性成熟规格）的游泳能力指标，测试对象游泳能力指标见表 2。

表 2　测试对象游泳能力

鱼种	云南光唇鱼	白甲鱼	宽鳍鱲	马口鱼
数量/尾	10	10	10	10
体长/m	0.113~0.173	0.149~0.205	0.073~0.096	0.104~0.176
最大感应流速/(m/s)	0.13	0.16	0.09	0.15
平均临界速度/(m/s)	0.57	1.37	1.19	0.66
平均突进速度/(m/s)	0.86	1.65	1.58	0.88
持续游泳速度/(m/s)	<0.46	<1.10	<0.95	<0.53
耐久游泳速度/(m/s)	0.46~0.86	1.10~1.65	0.95~1.58	0.53~0.87
爆发游泳速度/(m/s)	>0.86	>1.65	>1.58	>0.87

3　结论

鱼类游泳能力是过鱼设施设计中的重要依据，鱼类的爆发游泳速度决定了过鱼设施设计中能够采用的最大流速，而通常采用临界游泳速度的 80% 作为过鱼设施设计的整体平均流速，以满足鱼类通过过鱼设施的需要[10]；感应流速则决定了鱼类对过鱼设施内部流速产生正趋向性行为的最小值，在过鱼设施设计中的流速不能低于鱼类的感应流速。

凤山水库集运鱼系统采用人工方式将收集到的鱼类转移过坝，因此爆发游泳速度不作为过鱼设施设计的限制性指标。在设计过程中，可以采用鱼类感应流速与临界游泳速度作为集运鱼系统设计的参考值，具体为集鱼系统的流速不低于过鱼种类的感应流速，同时不应高于临界游泳速度的 80%。Pavlov 调研并总结了一定量鱼类的趋流行为[11]，并指出过鱼设施进口吸引流速宜大于鱼的感应流速，小于 0.6~0.8 Ucrit。根据本研究结果，过鱼对象临界游泳速度为 0.57~1.37 m/s，因此换算到本过鱼设施，集运鱼系统进口诱鱼流速控制建议为 0.34~1.10 m/s。鱼类可能会在集鱼通道中滞留较长时间，因此流速不可过大，尽量在鱼类的持续游泳速度范围内。同时集鱼通道的流速也不能过小，需大于鱼类的感应流速。因此，凤山水库集运鱼系统集鱼通道流速范围建议控制在 0.16~0.46 m/s，在大流量工程下流速最大值可适当加大至 0.80 m/s 左右。鱼类被超级电容赶鱼栅赶入集鱼箱后，会在集鱼箱中滞留较长时间，且集鱼箱中的流速需大于鱼类的感应流速，保证集鱼效果，凤山集鱼箱的流速范围建议控制在 0.16~0.46 m/s，大流量工程下流速最大值可适当加大至 0.60 m/s 左右。

参考文献

[1] 王莉，张扬，陆晓华. 凤山水库工程鱼类栖息地保护与修复措施研究 [J]. 水利水电工程设计，2021，40（3）：24-26.

[2] 贵州省黔南州凤山水库工程环境影响报告书 [R]. 贵阳：贵州省水利水电勘测设计研究院，2018.

[3] 中华人民共和国能源局. 水电工程过鱼设施设计规范：NB/T 35054—2015 [S]. 北京：中国电力出版社，2015.

[4] 丁少波，施家月，黄滨，等. 大渡河下游典型鱼类的游泳能力测试 [J]. 水生态学杂志，2020，41（1）：46-52.

[5] 雷青松，涂志英，石迅雷，等. 应用于鱼道设计的新疆木扎提河斑重唇鱼的游泳能力测试 [J]. 水产学报，2020，44（10）：1718-1727.

[6] 蔡露，王伟营，王海龙，等. 鱼感应流速对体长的响应及在过鱼设施流速设计中的应用 [J]. 农业工程学报，2018，43（2）：176-181.

[7] Hou Y, Cai L, Wang X, et al. Swimming performance of 12 Schizothoracinae species from five rivers [J]. Journal of Fish Biology, 2018, 92（6）：2022-2028.

[8] Katopodis C, Cai L, Johnson D. Sturgeon survival：The role of swimming performance and fish passage research [J]. Fisheries Research, 2019, 212：162-171.

[9] 蔡露，侯轶群，金瑶，等. 鱼游泳能力对体长的响应及其在鱼道设计中的应用 [J]. 农业工程学报，2021，37（5）：209-215.

[10] 郑金秀，韩德举，胡望斌，等. 与鱼道设计相关的鱼类游泳行为研究 [J]. 水生态学杂志，2010，3（5）：104-110.

[11] Pavlov D S. Structures assisting the migrations of non-salmonid fish：USSR [J]. FAO Fisheries Technical Paper, 1989, 308：1-97.

基于机器学习算法的大型水电工程分层取水设施优化运行技术研究

张　迪[1]　樊　博[2]　彭期冬[1]　林俊强[1]　靳甜甜[1]　朱博然[1]

(1. 中国水利水电科学研究院流域水循环模拟与调控国家重点实验室，北京　100038；
2. 水利部科技推广中心，北京　100038)

摘　要： 分层取水设施是减缓水电工程不利水温影响的重要工程措施，我国已有近20座大型水电工程采取分层取水措施，然而目前分层取水设施的运行管理缺乏科学有效的指导。因此，本文以国内典型水电工程为例，在系统剖析水库分层取水设施运行中面临的实际问题的基础上，以近年来快速发展的机器学习（ML）技术为契机，探索构建了"方案设计-水温预测-效果评估-优化比选"的分层取水设施运行方案优化设计体系，并以锦屏一级水电站为例，详细展示了此流程涉及的各个步骤的技术细节及应用方法。

关键词： 分层取水；ML水温预测；层次分析法；锦屏一级水电站

1　引言

水库建成后，改变了原始河流的热动力条件，水体进入库区后水深变大，流速减缓，温热季节易形成水温分层，导致下泄水温异于天然河道水温，当水温变幅、水温结构及水温时滞达到某一程度时，将显著影响河流鱼类等水生生物的生长繁殖及灌溉区农作物的正常生理活动。国内外的研究结果及工程实践显示，分层取水设施是减缓水电工程不利水温影响的重要工程措施[1-2]。2000年以来，我国有近20座大型水电工程采取分层取水措施，以减缓高坝大库下泄低温水对水生生物和农作物的不利影响。"十二五"以来生态环境部批复的水电站建设项目中，对具有水温影响的大型季调节电站提出了分层取水的要求，代表性工程有锦屏一级、两河口、溪洛渡、乌东德、白鹤滩、光照、糯扎渡、黄登、双江口等[3]。目前这些工程主要依托分层取水措施，开展水库生态调度，通过改变取水口位置和水库的径流过程，改变大坝下游水体的水动力和热动力特性，调节下泄水体的温度，从而减缓水电工程的不利生态环境影响。

然而，目前分层取水设施的实际运行尚缺乏科学有效的指导。传统的数值模拟模型在工程设计阶段的实用性良好，为水温结构的模型、取水设施的设计、取水方案的制订提供了科学的指导依据，但是在工程运行阶段，由于这些模型的构建过程复杂，计算耗时巨大，因此难以结合实际来水情况指导分层取水设施的运行管理。此外，目前分层取水运行效果的评价指标相对单一，尚未建立系统的效果评估体系。因此，本文以国内典型水电工程为例，系统剖析水库分层取水设施运行中面临的实际问题，探讨以近年来快速发展的机器学习（ML）技术为契机，构建了水库水温快速预测模型，搭建分层取水设施运行效果评估体系，以期为分层取水设施的优化运行提供科学、系统的指导依据。

基金项目： 国家自然科学基金青年基金项目（52209107）。

作者简介： 张迪（1991—），女，高级工程师，主要从事生态水力学方面的研究工作。

2 研究对象

2.1 锦屏一级水电站

本文以目前世界第一高双曲拱坝——锦屏一级水电站为例展开。锦屏一级水电站位于中国四川省雅砻江干流河段，是一座以发电为主，兼具防洪、拦沙等功能的大型水利枢纽工程。电站装机容量3 600 MW，多年平均发电量166.20亿kW·h，最大坝高305 m，是世界第一高双曲拱坝。电站正常蓄水位1 880 m，死水位1 800 m，总库容77.6亿m^3，调节库容49.1亿m^3，年库水交换次数为5.0，具有年调节能力。库区狭长，主库区回水长度为59 km，小金河支库回水长度为90 km，存在明显的水温分层现象。

2.2 叠梁门调度规程

锦屏一级水电站共安装6台机组，每台机组进口前缘由栅墩分成4个过水栅孔，6台机组共设24个过水栅孔，挡水闸门数量亦为24扇，每孔最高可加装三层叠梁门，共72节门叶。为改善流域内主要鱼类繁殖期的水温条件，锦屏一级水电站于每年3—6月启用叠梁门分层取水设施，同时结合水位条件制定了相应的调度规程。

根据锦屏一级水电站的运行调度规程，叠梁门的运行期为3—6月，在此期间，结合水位条件，水电站可采用单层进水口、一层叠梁门、两层叠梁门和三层叠梁门4种分层取水方案。详细的水位要求和对应取水高程见表1。

表1 叠梁门门顶高程及运行水位要求 单位：m

取水方式	门顶高程	对应水库最低运行水位
单层进水口	1 779	1 800
一层叠梁门	1 793	1 814
两层叠梁门	1 807	1 828
三层叠梁门	1 814	1 835

方案一：单层进水口方案下，取水口顶高程为1 779 m。

方案二：一层叠梁门方案要求水库水位高于1 814 m时，加装一层叠梁门，水位低于1 814 m时，移除叠梁门。

方案三：两层叠梁门方案要求库水位高于1 828 m时，启用两层叠梁门；水位在1 828~1 814 m时，采用一层门叶挡水；水位低于1 814 m时，移走所有叠梁门。

方案四：三层叠梁门方案要求水库水位在1 835 m以上时，三层门叶挡水；水库水位在1 835~1 828 m时，移走最上层叠梁门，剩余两层门叶挡水；水库水位降至1 828~1 814 m时，一层叠梁门挡水；水位低于1 814 m时，移走所有叠梁门。

3 分层取水设施运行方案优化设计

基于对分层取水设施运行管理中存在问题的剖析，本文以近年来快速发展的数据科学和大数据技术为契机，探索构建了包括"方案设计-水温预测-效果评估-优化比选"的分层取水设施运行方案优化设计体系。

3.1 方案设计

本文首先通过文献资料收集、实地调研、现场观测等手段，获取锦屏一级水电站叠梁门分层取水设施的运行调度规程、水库实际调度运行数据、流域气象数据、鱼类生态调查数据及水温观测数据等数据资料；结合锦屏一级水电站的调度规程和丰、平、枯 3 种典型年的水位条件，在 3—6 月设计不启用叠梁门、一层叠梁门、两层叠梁门、三层叠梁门多种取水方案。

3.2 水温预测

水温预测是分层取水设施运行方案优化设计的核心。本文提出了以机器学习（ML）算法构建水温快速预测模型的技术框架，ML 水温快速预测模型构建的技术框架如图 1 所示。

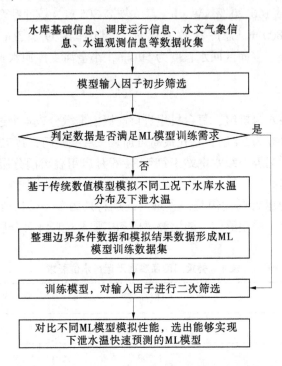

图 1　ML 水温快速预测模型构建的技术框架

首先，通过调研初步筛选影响下泄水温的主要因素；在此基础上，收集目标水库的基本信息、水温信息、气象信息、水库调度信息和分层取水设施运行信息等数据资料；研判收集到的数据是否满足 ML 模型训练需求，如果满足则直接进入模型训练和输入因子二次筛选，如果不足以支撑 ML 模型训练，则基于收集到的实测资料，构建数值模型模拟水温分布、预测下泄水温，整理模拟结果数据与边界条件数据，形成 ML 模型训练数据集；基于数据集对 ML 模型进行训练，二次筛选并最终确定模型的输入因子；调整模型结构参数，测试不同类别 ML 模型的性能，建立 ML 水温快速预测模型。

由于锦屏一级水电站的运行期较短，收集到的数据资料有限，不足以支撑 ML 模型训练，因此为满足 ML 模型训练对数据量和场景的需求，充分借鉴国际相关研究经验[4-5]，综合考虑流量、气象、入流水温和叠梁门调度方案等因素[6-8]，设计了 108 种锦屏一级水电站实际运行过程中可能面临的工况场景，并利用经过锦屏实测数据校正参数的 EFDC 模型，模拟了各类工况组合下的水库水温分布及下泄水温情况；整理形成了包含近 2 万条——一对应的流量、气象、入流水温、叠梁门运行数据、水库水温分布数据和下泄水温数据的数据集。

同时，基于文献调研，选择了 SVR、BP、LSTM 3 种有可能实现水温快速预测的 ML 算法，并利用 Python3.5 语言开发可实现上述 3 种 ML 算法的水温预测程序[9-10]。

在此基础上，基于模拟数据集和开发的 ML 水温预测程序，测试不同输入因子下模型的预测精度，最终选定的模型输入因子包括主支库入流量、主支库入流水温、出库流量、叠梁门运行层数、取水口深度、气温、太阳辐照度、相对湿度、风速，模型输出为下泄水温。

3.3 效果评估及方案优化比选

基于层次分析法，构建了分层取水设施运行效果评估体系，利用层次分析法建立了包含目标层、准则层、一级指标层和二级指标层4层结构的水库分层取水设施运行效果评价体系，详细情况如表2所示。

表2 水库分层取水设施运行效果评价指标体系层次结构

目标层	准则层	一级指标层	二级指标层
水库分层取水设施运行效果	生态环境效益 B1	分层取水设施运行对下泄水温提高度 C1	分层取水设施运行对下泄水温提高度 D1
		下泄水温与历史同期水温接近度 C2	下泄水温与历史同期水温接近度 D2
		下游关键生态目标水温适宜度 C3	长丝裂腹鱼对下泄水温适宜度 D3
			短须裂腹鱼对下泄水温适宜度 D4
			细鳞裂腹鱼对下泄水温适宜度 D5
			鲈鲤对下泄水温适宜度 D6
	社会经济效益 B2	发电效益 C4	发电损失量 D7

4 研究结果分析

4.1 ML 模型预测性能分析

本文以平水年水文条件、实测入流水文、越西站气象条件下的下泄水温的预测为例，从模型预测精度、计算耗时和预见期3个方面，对比分析了各 ML 模型的性能。

根据平水年的水文条件，3—6月，锦屏一级水电站共有4种取水方案：①单层进水口方案，3月1日至6月30日，均不加装叠梁门；②遵循一层叠梁门的调度方案时，3月1日至5月27日，可采用一层叠梁门，5月28日至6月30日不运行叠梁门；③遵循两层叠梁门的调度方案时，3月1日至4月22日，可运行两层叠梁门，4月23日至5月27日，运行一层叠梁门，5月28日至6月30日不运行叠梁门；④遵循三层叠梁门的调度方案时，3月1日至4月6日，运行三层叠梁门，4月7日至4月22日，运行两层叠梁门，4月23日至5月27日，运行一层叠梁门，5月28日至6月30日不启用叠梁门。

4.1.1 预测精度

本小节分别从全年尺度、3—6月不启用叠梁门、启用一层叠梁门、启用两层叠梁门和启用三层叠梁门5个维度对比了各模型的预测精度，以寻求最适合用于下泄水温预测的 ML 算法。

预测结果显示，就全年而言，SVR 模型的 MAE（平均绝对误差）值为 0.427 ℃，BP 神经网络模型的 MAE 值为 0.530 ℃，LSTM 模型的 MAE 值为 0.228 ℃（见表3）。结合图2，可以看出 LSTM 模型能够较为准确地模拟水温的年内变化过程，大的误差值主要存在于6—8月水温波动较大的时段内，各模型的精度排行为 LSTM>SVR>BP，可见在平水年全年尺度的下泄水温预测上，LSTM 模型的预测精度高于 SVR 模型和 BP 神经网络模型（见表3）。

具体到3—6月，不启用叠梁门的情况下，SVR 模型、BP 神经网络模型、LSTM 模型对下泄水温预测的 MAE 值分别为 0.489 ℃、0.568 ℃、0.232 ℃，模型精度排行为 LSTM>SVR>BP。由此可见，LSTM 模型依然保持较高的性能优势，而 SVR 模型和 BP 神经网络模型的模拟精度仍旧最低，难以取得令人满意的预测结果。

表 3   测试工况下不同叠梁门运行方式时各模型的预测精度统计

时段	叠梁门运行方式	模型	E_{neg}/℃	E_{pos}/℃	MAE/℃	MRE/%	RMSE/℃
全年	不启用叠梁门	SVR	−1.591	1.712	0.427	3.33	0.553
		BP	−1.825	1.973	0.530	3.85	0.719
		LSTM	−1.026	1.611	0.228	1.73	0.305
3—6月	不启用叠梁门	SVR	−1.591	1.662	0.489	4.28	0.632
		BP	−1.825	1.973	0.568	4.34	0.805
		LSTM	−1.026	1.611	0.232	1.91	0.336
3—6月	一层叠梁门	SVR	−1.505	1.448	0.405	3.16	0.542
		BP	−1.810	1.588	0.620	4.56	0.803
		LSTM	−1.454	1.338	0.269	2.08	0.407
3—6月	两层叠梁门	SVR	−1.629	1.347	0.450	3.59	0.563
		BP	−1.888	1.639	0.568	4.01	0.783
		LSTM	−1.578	1.341	0.261	2.01	0.402
3—6月	三层叠梁门	SVR	−1.593	1.346	0.428	3.34	0.557
		BP	−1.866	1.701	0.581	4.13	0.784
		LSTM	−1.542	1.491	0.247	1.86	0.404

注：E_{neg} 为最大负误差；E_{pos} 为最大正误差；MAE 为平均绝对误差；MRE 为平均相对误差；RMSE 为均方根误差。

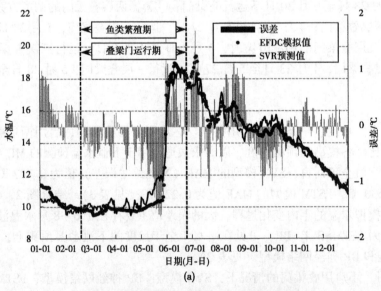

(a)

图 2   全年尺度各 ML 模型下泄水温预测结果

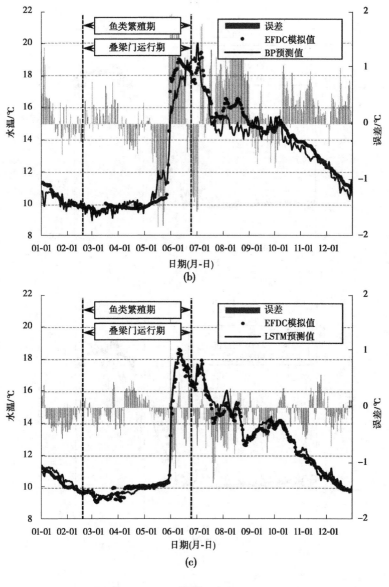

续图 2

一层叠梁门运行条件下，SVR 模型、BP 神经网络模型、LSTM 模型对下泄水温预测的 MAE 值分别为 0.405 ℃、0.620 ℃、0.269 ℃，模型精度的排行为 LSTM>SVR>BP。其中，3—5 月中旬下泄水温的变化不大，模型对下泄水温的预测也更为精准，从 5 月下旬起，下泄水温快速上升，水温波动较大，模型的预测精度也随之下降（见图 3）。

按照两层叠梁门调度方案运行时，SVR 模型、BP 神经网络模型、LSTM 模型对下泄水温预测的 MAE 值分别为 0.450 ℃、0.568 ℃、0.261 ℃，模型精度的排行为 LSTM>SVR>BP（见图 4）。

按照三层叠梁门调度方案运行时，SVR 模型、BP 神经网络模型、LSTM 模型对下泄水温预测的 MAE 值分别为 0.428 ℃、0.581 ℃、0.247 ℃，模型精度的排行为 LSTM>SVR>BP。同时，由图 5 可以看出，叠梁门的运行会将下泄水温的升温期提前，操作移除叠梁门时，容易引起下泄水温的大幅度波动，导致预测精度的下降。

4.1.2 计算耗时分析

从各模型的训练耗时和预测耗时两方面对模型的计算速率进行了对比分析。训练耗时是指模型达到一定精度要求的前提下，完成训练所需的时间；预测耗时是指模型完成训练后，从调用训练后的模型到完成预测所需的时间。为降低随机性误差，对各模型平行运行 10 次，并记录模型每次运行的训

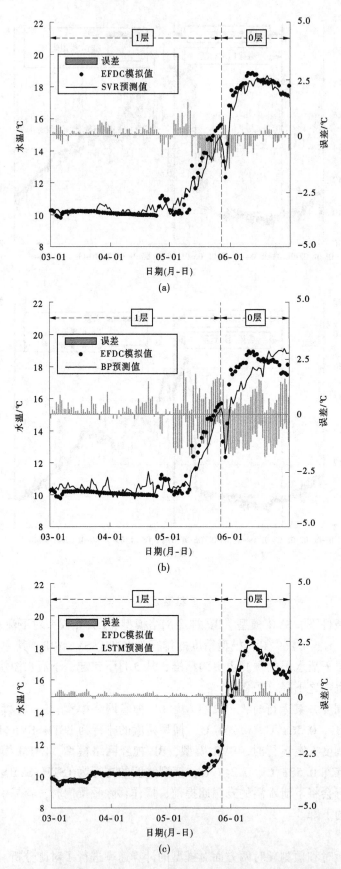

图 3 一层叠梁门工况下 3—6 月各 ML 模型下泄水温预测结果

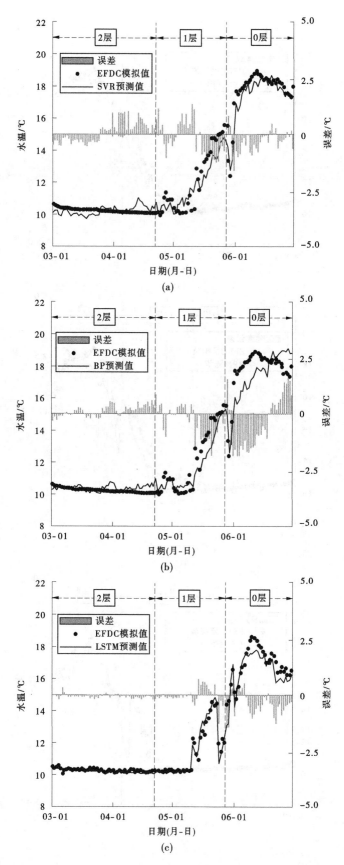

图 4　两层叠梁门工况下 3—6 月各 ML 模型下泄水温预测结果

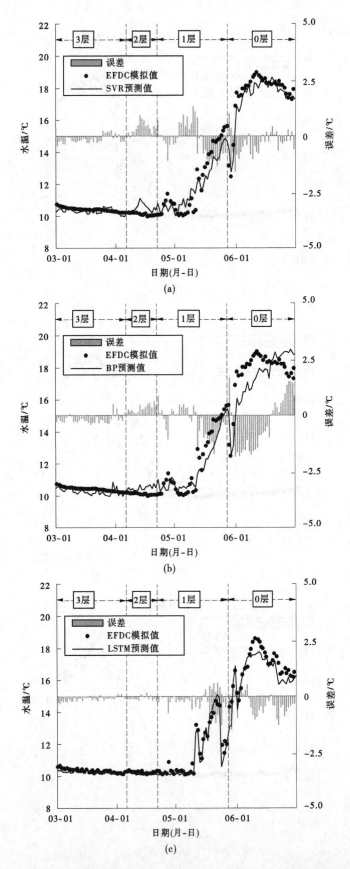

图5 三层叠梁门工况下 3—6 月各 ML 模型下泄水温预测结果

练耗时和预测耗时用于统计分析，结果如图 6 所示。

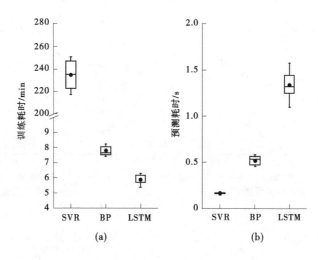

图 6　各 ML 水温预测模型计算耗时分析

测试结果显示，SVR 模型的训练耗时最长，对于本文选定的 RBF 核函数，SVR 模型搜索到合适参数组合所需的训练时间超过 200 h，其余两种模型的训练均可在 10 min 以内完成。3 种模型在完成训练之后，均只需在 2 s 内即可根据输入条件完成下泄水温预测。相比于 EFDC 模型动辄几个小时甚至几天的计算耗时，ML 算法在计算耗时方面优势显著。

4.1.3　模型预见期分析

除模拟精度和不确定性外，模型的预见期也是表征模型性能的重要指标之一。因此，本文以平水年的下泄水温预测为例，分别以前 0~30 d 的关键影响因子数据作为输入因子，以当前时刻的下泄水温作为模型输出，构建并训练模型，之后以 MAE 作为评价指标，探究模型的预见期。对于 SVR 模型，在核函数和相关参数设定相同的前提下，对同一批数据，模型的预测结果相同，而对于神经网络模型，由于训练方式和初始值的差异，模型的预测结果有所不同，因此为降低随机性误差，对于 BP 神经网络模型和 LSTM 模型等均平行运行 10 次，求取平均值用于对比分析。

如图 7 所示为平水年条件下，单层进水口和叠梁门分层取水工况下 3 种机器学习模型的预见期分析，结果显示，不同模型虽在预测精度上存在显著差异，但模型精度随预测时间的变化趋势基本一致，均呈现出随着预见时长的增加，模型的预测精度逐渐降低。

其中，单层进水口方案下，BP 神经网络模型和 SVR 模型对 0~12 d 或 0~13 d 内的下泄水温的预测精度差异不大，模型误差处于上下波动状态，而后模型的预测误差呈现出逐渐增大的趋势；LSTM 模型对于 0~16 d 内的下泄水温预测精度差异较小，17 d 后，模型的预测误差随时长的增加逐渐增大，直到 27 d 后，模型误差再次趋于平稳［见图 7（a）］。

采用叠梁门分层取水时，几种叠梁门调度方案下的模型预测精度随预测时长增加的变化趋势接近。其中，SVR 模型和 BP 神经网络模型对 0~6 d 下泄水温的预测误差呈现出先增大后减小的趋势，7 d 之后，模型对下泄水温的预测误差逐渐增大，直至大约 25 d 开始，模型精度随预测时间的变化再次趋于稳定；LSTM 模型对于 0~6 d 或 0~7 d 内的下泄水温预测精度差异较小，而后模型的预测误差随时长的增加，误差逐渐增大，直到 17 d 后，模型误差再次趋于平稳［见图 7（b）、7（c）、7（d）］。

综上所述，SVR、BP、LSTM 3 种 ML 模型对比而言，LSTM 模型的预测精度最高，预见期最长，同时能够在 2~8 min 的时间内完成模型训练，2 s 的时间内完成对水库下泄水温的预测，整体预测性能最佳，可用于指导分层取水设施的运行管理。

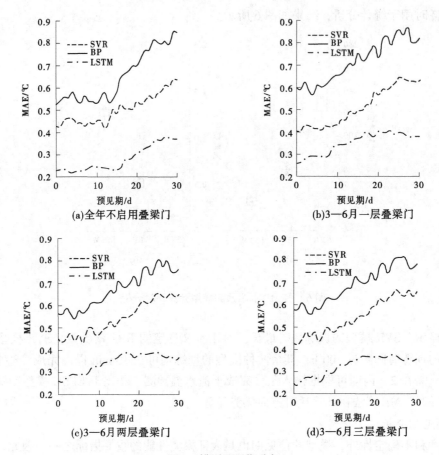

图 7　模型预见期分析

4.2　分层取水设施运行效果评价及优化建议

　　各 ML 模型预测性能对比结果显示，LSTM 模型的预测性能最佳。因此，本文基于 LSTM 模型的预测结果评估了不同叠梁门方案的取水效果评价结果，如图 8 所示。

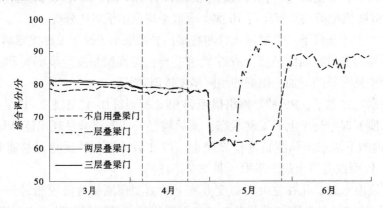

图 8　平水年不同分层取水方案运行效果评价

　　平水年 3 月 1 日至 4 月 6 日，各取水方案的运行效果排序为三层叠梁门≈两层叠梁门>一层叠梁门>不启用叠梁门，因此从生态效益最大化的角度，三层叠梁门和两层叠梁门均可作为取水方案；在此基础上，考虑到发电损失量及加装难度的问题，建议优先选用两层叠梁门的取水方案。

　　4 月 7 日至 4 月 22 日，可执行不启用、一层叠梁门和两层叠梁门 3 种取水方案，各运行效果排序为两层叠梁门≈一层叠梁门>不启用叠梁门，因此仅从生态效益的角度而言，选择一层叠梁门或两层叠梁门的生态效益差异不大；但考虑到发电损失量的问题，建议选用一层叠梁门。

4月23日至5月27日，剩余一层叠梁门和不启用叠梁门2种调度方案，其中4月23日至5月10日，2种方案下的运行效果差异较小，综合考虑生态效益和发电效益时，可选用不启用叠梁门的调度方案，然而自5月11日起，一层叠梁门方案下的生态效益明显高于不启用叠梁门，而叠梁门的加装耗时耗力，因此从保障生态效益和考虑叠梁门起落难度的角度，建议在4月23日至5月27日整个时段内，执行一层叠梁门的调度方案。

5月28日后，仅剩不启用叠梁门1种调度方案，不再具备可优化空间。

5 结论

本文通过对国内典型水电工程分层取水措施实际运行情况及效果的梳理，系统剖析了水库分层取水设施运行中面临的实际问题，以问题为导向，以近年来快速发展的数据科学和大数据技术为契机，探索构建了包括"方案设计–水温预测–效果评估–优化比选"的分层取水设施运行方案优化设计体系，并以锦屏一级水电站为例，详细展示了此流程涉及的各个步骤的技术细节及应用方法：

（1）结合锦屏一级水电站的调度规程，针对各时段水位条件，设计不同的分层取水方案。

（2）基于LSTM算法，构建了能够在2~8 min的时间内完成模型训练，2 s时间内完成预测的水库下泄水温预测模型。

（3）搭建了基于层次分析法的水库分层取水设施运行效果评估体系，结合下泄水温预测结果，评估不同取水方案的效果。

（4）基于评估结果，针对典型年工况提出了锦屏一级水电站分层取水设施的优化运行方案。

参考文献

［1］张士杰，刘昌明，谭红武，等．水库低温水的生态影响及工程对策研究［J］．中国生态农业学报，2011（6）：1412-1416.

［2］薛联芳，颜剑波．水库水温结构影响因素及与下泄水温的变化关系［J］．环境影响评价，2016，38（3）：29-31，56.

［3］徐天宝，谢强富，吴松．西南某水电站分层取水措施效果预测［J］．环境影响评价，2016，38（3）：49-52.

［4］Shaw A , Sawyer H , Leboeuf E, et al. Hydropower Optimization Using Artificial Neural Network Surrogate Models of a High-Fidelity Hydrodynamics and Water Quality Model［J］. Water Resources Research，2017，53（11）：9444-9461.

［5］James S, Zhang Y, Donncha F. A machine learning framework to forecast wave conditions［J］. Coastal Engineering，2018，137：1-10.

［6］代荣霞，李兰，李允鲁．水温综合模型在漫湾水库水温计算中的应用［J］．人民长江，2008（16）：25-26.

［7］杨颜菁，邓云，薛文豪，等．锦屏Ⅰ级水电站主–支库耦合的水温及水动力特性研究［J］．工程科学与技术，2018，50（5）：98-105.

［8］张士杰，彭文启．二滩水库水温结构及其影响因素研究［J］．水利学报，2009（10）：105-109.

［9］Zhang D , Lin J, Peng Q, et al. Modeling and simulating of reservoir operation using the artificial neural network, support vector regression, deep learning algorithm［J］. Journal of Hydrology，2018，565：720-736.

［10］Hipni A, El-Shafie A, Najah A, et al. Daily forecasting of dam water levels：comparing a support vector machine（SVM）model with adaptive neuro fuzzy inference system（ANFIS）［J］. Water Resources Management，2013，27（10），3803-3823.

生态水利工程

西北干旱区内陆河生态基流确定及保障策略研究
——以新疆盖孜河为例

靳高阳　尹开霞　李媛媛

（中水珠江规划勘测设计有限公司，广东广州　510610）

摘　要：以西北干旱区内陆河盖孜河为研究对象，对有多年水文观测资料的克勒克和维他克水文站，采用Tennant法、Q_p法分别计算控制断面的生态基流；对缺乏长系列逐月天然径流资料的三道桥、风口闸2个断面则根据近10年最枯月平均流量计算并合理分析相应的生态基流。采用逐月实测流量系列评价其生态基流的月满足程度，分析生态基流的可达性。结果表明，风口闸生态基流保证率为83.5%，其余断面月满足程度均达到90%以上，对于保证率较低的月份，建议通过科学工程调度、发展节水技术、优化水资源配置、建立监测预警机制等措施保障生态用水。

关键词：盖孜河；生态基流；水文学方法；保证率；保障策略

我国西北干旱区河流大多属于内陆河，径流以冰川融水为主，季节性明显，部分河段现状存在枯水期或常年断流现象，为维持河流基本形态和生态功能、避免河流水生态系统功能遭受破坏，需要使河流的生态基流达到一定的保证率。河流生态基流是维持河流基本生态功能，防止河道断流、避免水生生物群落遭受不可逆转破坏的河道内最小流量[1]。本文以新疆盖孜河为研究对象，采用多种方法分析计算主要控制断面的生态基流，并经合理性与可达性分析后，确定河流主要控制断面生态基流，提出生态基流保障策略，为盖孜河水量调度、生态保护修复和综合管理提供技术支撑，也为其他类似河流的生态基流确定提供参考。

1　研究区概况

盖孜河是新疆喀什噶尔河水系的第二大河，发源于萨雷阔勒岭主山脊冰川区，流域面积18 543 km²。布伦口以上为上游河段；布伦口至塔什米力克出山口为中游河段，河道比降陡，河谷狭窄，呈V形或U形；塔什米力克出山口至风口闸为下游河段，河槽宽浅，水流分散；风口闸至卡木尕克闸河道基本渠系化；盖孜河最后在岳普湖县境内以东的布谷拉沙漠中消失，河流总长401 km。盖孜河流域属于极度干旱的典型大陆性气候，流域年平均降水量113 mm，年平均蒸发量2 350 mm。盖孜河现有水库7座，总库容6.96亿 m³。盖孜河流域主要渠首工程有4座，主要用于农田灌溉，合计控制灌溉面积296.3万亩（1亩 = 1/15 hm²，下同）。

根据盖孜河水文站布设及关键节点的流量控制情况，考虑到盖孜河河床变化大、水位稳定性差及非汛期易发生冰情等水文气象特点，生态基流控制断面选择干流克勒克水文站、支流维他克河维他克水文站2个水文站控制断面，另外，考虑到枯水期三道桥渠首以下河段断流以及风口闸枢纽生态基流的管理需要，选择三道桥渠首断面和风口闸枢纽断面作为控制断面，即盖孜河共4个控制断面。

作者简介：靳高阳（1984—），男，高级工程师，主要从事水利规划与设计研究工作。

2 资料与研究方法

2.1 基础数据

为保证研究采用数据符合计算分析要求,收集 1959—2017 年克勒克水文站和维他克水文站逐月实测、天然月平均径流量资料,2001—2017 年三道桥渠首断面逐月实测来水资料。

克勒克水文站为盖孜河干流水量控制站,属国家基本水文站,距盖孜河支流维他克河汇合口上游约 28 km,建站于 1958 年 12 月,2009 年上迁 9 km 至盖孜检查站处,为克勒克(二)水文站。克勒克水文站 2009 年以前资料为连续系列,2010 年以后资料通过上下站同期比测资料换算至原克勒克水文站。2015 年克勒克水文站上游建成布伦口水库,受水库蓄水影响,根据布伦口水库 2015—2017 年月出入库流量资料,逐月还原克勒克水文站 2015—2017 年径流资料。

维他克水文站是盖孜河支流维他克河水量控制站,也是国家基本水文站,位于维他克河和盖孜河的汇合口以上 6 km 处,建站于 1956 年 12 月,其中 1957 年 12 月至 1958 年 12 月停测,1968—1972 年停测,1973 年 9 月起下迁 4 km 恢复观测至今。维他克水文站上游无大型水利工程对径流的一致性形成影响,断面测得的河流水量基本上能代表河流出山口前的流域产水量,站点实测资料具有一致性。盖孜河流域水系及控制断面布置示意图见图 1。

图 1 盖孜河流域水系及控制断面布置示意图

2.2 研究方法及选择

目前国内外生态流量计算方法较多,大致可分为水文学法、水力学法、生境模拟法和整体法[2-4]。其中,水文学法因其数据获取不需要进行现场测量,计算过程方便可靠等优势仍然是我国生态基流计算的主要方法[5-6]。水文学生态基流计算方法中较常用的包括 Texas 法、Q_p 法、典型水文频率年法、NGPRP 法、最枯月平均流量法、频率曲线法以及年内展布法等[7]。在计算生态流量时,应根据区域类型,结合河流河段不同生态特征和保护目标,选取几种适宜方法进行计算,并进行合理性分析。周明通等[8]、魏雯瑜等[9]、李肖杨等[10]、迈尔丹江·米吉提[11]根据水文站逐月实测流量资料,结合新疆河流的特殊性,各自优选出了西北干旱区的内陆河相对适宜的生态基流计算方法,大多采用了水文学法。

盖孜河流域地处我国西北干旱区,径流以冰雪融水补给为主、降雨补给为辅,枯季为地下水和泉水补给。盖孜河(4 个控制断面)中有克勒克、维他克 2 个断面位于干支流临近出山口的水文站,都有 30 多年水文观测资料,资料代表性较好,采用 Tennant 法和 Q_p 法分析计算断面的生态基流。其中,Q_p 法取各节点每年的最枯月平均流量排频,选择 90% 频率下的最枯月平均流量作为生态基流。Tennant 法取多年平均天然流量的 10%~15% 作为生态基流,参考其他流域经验,本次 Tennant 法取多年平均天然流量的 15%。三道桥、风口闸 2 个断面位于重要取(分)水渠首。由于缺乏长系列逐月天然径流资料，则根据近 10 年最枯月平均流量计算并合理分析相应的生态基流。

3 分析与讨论

3.1 不同方法生态基流结果

分析盖孜河克勒克水文站 1959 年 4 月至 2017 年 3 月逐月天然流量计算成果，该站多年平均流量为 29.9 m^3/s，多年平均最枯月流量为 7.18 m^3/s。Q_p 法取每年的最枯月平均流量排频，选择 90% 频率下的最枯月平均流量作为生态基流，计算值为 5.60 m^3/s；Tennant 法取多年平均天然流量的 15% 计算其生态基流，计算值为 4.48 m^3/s。

根据盖孜河维他克水文站 1957 年 4 月至 2017 年 3 月逐月天然流量资料分析，该站多年平均流量为 5.60 m^3/s，多年平均最枯月流量为 1.22 m^3/s。Q_p 法取每年的最枯月平均流量排频，选择 90% 频率下的最枯月平均流量作为生态基流，计算值为 0.96 m^3/s；Tennant 法取多年平均天然流量的 15% 计算其生态基流，计算值为 0.84 m^3/s。

盖孜河三道桥渠首断面有 2001 年 4 月至 2017 年 3 月逐月天然流量资料，根据统计，该站多年平均流量为 22.9 m^3/s，多年平均最枯月流量为 10.1 m^3/s，最枯月流量为 4.61 m^3/s。根据分析，盖孜河参证站克勒克水文站长系列 1959 年 4 月至 2017 年 3 月与短系列 2001 年 4 月至 2017 年 3 月多年平均最枯月流量比值为 0.99，为增加系列代表性，将三道桥断面 2001 年 4 月至 2017 年 3 月短系列最枯月流量 4.61 m^3/s 换算为长系列最枯月流量 4.56 m^3/s。

盖孜河风口闸枢纽断面天然流量由三道桥渠首断面天然流量衰减计算得到，该站多年平均流量 9.69 m^3/s，多年平均最枯月流量为 4.27 m^3/s，最枯月流量为 1.95 m^3/s。

盖孜河克勒克水文站、维他克水文站断面多年平均最枯月流量频率计算成果见表 1，频率曲线见图 2、图 3。

表 1 盖孜河克勒克水文站、维他克水文站断面多年平均最枯月流量频率计算成果

站点	集水面积/km^2	径流系列	多年平均				不同频率设计值/(m^3/s)	
			最枯月径流量/(m^3/s)	径流量/亿 m^3	径流深/mm	径流模数/[L/(s·km^2)]	90%	95%
克勒克水文站	9 212	1959 年 4 月至 2017 年 3 月	7.18	2.26	24.58	0.78	5.60	5.31
维他克水文站	497	1957 年 4 月至 2017 年 3 月	1.22	0.38	77.41	2.45	0.96	0.93

对比两种方法的计算结果，具备长系列径流资料的各断面，除库木库萨闸断面外，Q_p 法计算结果均大于 Tennant 法计算结果，Q_p 法计算的生态基流占多年平均天然径流量的 10.0%~33.6%。各断面生态基流计算成果统计见表 2。

表 2 各断面生态基流计算成果统计   单位：m^3/s

断面/站点	$Q_{多年平均}$	Q_{90} 法		Tennant 法		近 10 年最枯月平均流量	
		生态基流	占比/%	生态基流	占比/%	生态基流	占比/%
克勒克水文站	29.9	5.60	18.8	4.48	15	—	—
维他克水文站	5.60	0.96	17.1	0.84	15	—	—
三道桥枢纽	22.9	—	—	—	—	4.56	19.9
风口闸枢纽	9.69	—	—	—	—	1.95	20.1

注：占比指不同计算方法得出的生态基流占多年平均天然径流的比例。

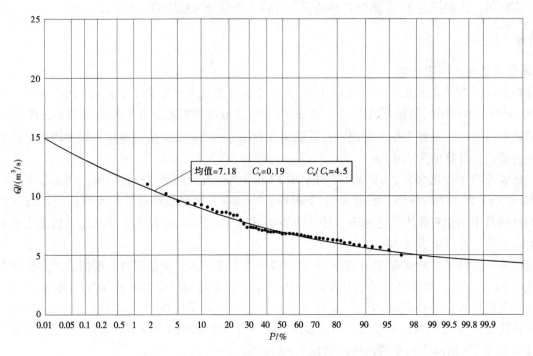

图 2　克勒克水文站多年平均最枯月流量频率曲线

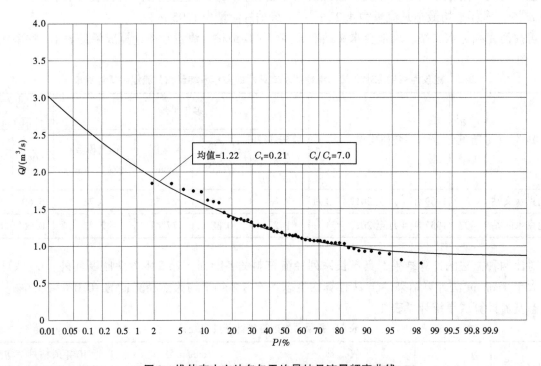

图 3　维他克水文站多年平均最枯月流量频率曲线

3.2　生态基流的可达性分析

生态基流是维系河流生态系统运转的基础流量。根据盖孜河流域水情特点，生态基流逐月满足程度应在 90%以上。各控制断面采用 1980—2016 年逐月实测流量系列评价其生态基流的月满足程度。

通过对盖孜河流域 4 个主要控制断面的实测流量系列分析发现，除风口闸枢纽断面外，其余断面月满足程度均达到 90%以上（见表 3）。风口闸枢纽断面缺少 1980 年 1 月至 2007 年 12 月数据，本次采用 2008 年 1 月至 2016 年 12 月数据进行评价。风口闸枢纽断面位于盖孜河下游河段，受断面上游各渠首取水等影响，来水较小，生态基流保证率较低，为 83.49%。

表 3　各河流控制断面生态基流满足程度统计

断面/站点	计算方法	生态基流/(m^3/s)	月满足程度/%	资料系列
克勒克水文站	Q_{90} 法	5.60	99.33	1980 年 1 月至 2016 年 12 月
	Tennant 法	4.48	100.00	1980 年 1 月至 2016 年 12 月
维他克水文站	Q_{90} 法	0.96	99.10	1980 年 1 月至 2016 年 12 月
	Tennant 法	0.84	99.78	1980 年 1 月至 2016 年 12 月
三道桥枢纽	近 10 年最枯月平均流量	4.56	99.55	1980 年 1 月至 2016 年 12 月
风口闸枢纽		1.95	83.49	2008 年 1 月至 2016 年 12 月

研究表明，在现有水利工程调度情况下，现状盖孜河流域上游河段生态基流保障程度总体较好；受各渠首取水影响，下游河段生态基流保障程度较差，并呈现越在河流下游保证率越低的特征。

3.3　生态基流成果确定

3.3.1　确定原则

（1）同一河流生态基流宜采用统一计算方法成果。同一河流上下游、干支流生态基流取值宜采用相同计算方法的计算成果。

（2）各河流生态基流宜上游取高值，下游取低值。考虑到盖孜河流域水资源开发利用程度较高，为统筹好经济社会和流域水生态协调发展，同一河流生态基流上游宜取不同计算方法的高值，下游宜取不同计算方法的低值。

（3）需充分考虑上下游取值的协调性。考虑到流域水文气象特性，对同一河流生态基流取值需注意上下游断面的协调性，尽量避免下游断面大于上游断面的情况。

3.3.2　成果确定

克勒克水文站断面位于盖孜河上游，其生态基流 Q_p 法和 Tennant 法计算结果的满足程度均在 90% 以上，故其生态基流取 Q_p 法和 Tennant 法两种方法计算结果的高值，即 Q_p 法计算成果，为 5.60 m^3/s。

考虑到克勒克水文站断面采用 Q_p 法计算成果、同一河流生态基流取值宜采用相同计算方法的计算成果，且其生态基流 Q_p 法和 Tennant 法的计算结果满足程度均在 90% 以上，故维他克水文站断面生态基流采用 Q_p 法计算成果，为 0.96 m^3/s。

三道桥渠首断面位于盖孜河中游，考虑到资料情况，本次采用近 10 年最枯月平均流量单一方法计算，生态基流取值为 4.56 m^3/s。风口闸枢纽断面生态基流取值为 1.95 m^3/s。

各控制断面生态基流推荐成果见表 4。

表 4　各控制断面生态基流推荐成果　　　　　　　　　　单位：m^3/s

断面/站点	生态基流	采用方法
克勒克水文站	5.60	Q_{90} 法
维他克水文站	0.96	Q_{90} 法
三道桥枢纽	4.56	近 10 年最枯月平均流量
风口闸枢纽	1.95	近 10 年最枯月平均流量

4　生态基流保障策略

考虑维护河流最基本生态功能的需要，生态基流应尽可能地满足，原则上要求月满足程度达到

90%以上。基于以上要求提出以下保障措施。

4.1 强化工程调度管理

强化流域水资源监管力度，加强工程调度管理。统计表明，盖孜河流域约 97%的水资源量用于农业灌溉，工业和服务业用水仅不到 3%。统筹优化各部门的用水定额，严格取水许可审批，在项目立项、建设、验收等阶段落实下放生态水量要求，加强现状水利工程调度管理，注重同一河流上下游、干支流水利工程的协同运用。

4.2 控制用水总量，发展节水技术

加强用水总量控制红线的约束力，严格实行用水总量控制，推进节水型社会建设，提高农业用水效率。盖孜河现状用水效率较低，节水灌溉面积占总灌溉面积的比例不足 10%。已建灌溉渠系的防渗率仅为 45.21%，灌溉水有效利用系数仅为 0.41，大量水资源无法得到有效利用。应大力发展高效节水灌溉技术与基础设施建设，加强农业节水技术研究和推广应用，力争到 2030 年将灌溉水有效利用系数提高到 0.59。

4.3 优化水资源配置体系

通过对盖孜河流域的水量统一配置，提高对流域中下游地区的水资源调控能力，保障流域主要控制断面的生态流量。通过布伦口水利枢纽、塔什米力克渠首、三道桥枢纽、风口闸等水利工程联合优化调度和生态补水等措施，合理安排闸坝下泄水量和时段、渠首引水水量和时段，维持河流生态基流用水需求。开展盖孜河水量调度方案研究，以保障流域生态基流量需要。

4.4 加大监测力度，完善预警机制

盖孜河的监测体系尚不完善，缺乏有效的生态预警机制。建立健全流域的水资源监测站网，构建全天候全方位覆盖流域各主要控制断面的感知物联网，实现对各主要水利工程下泄生态流量、渠首工程取水量等的实时动态监测，严格按照各主要断面确定的生态基流量进行管理，杜绝因下泄生态流量不足和取水流量过大造成河段减水、脱水甚至干涸，保障河流的正常生态功能和群众生产生活秩序。

5 结论

（1）分别采用 Tennant 法和 Q_p 法分析计算断面的生态基流，结果表明，具备长系列径流资料的各断面，除库木库萨闸断面外，Q_p 法计算结果均大于 Tennant 法计算结果，Q_p 法计算的生态基流占多年平均天然径流量的 10.0%~33.6%。

（2）采用 Q_p 法和 Tennant 法计算克勒克水文站断面和维他克水文站断面的生态基流，满足程度均在 90%以上，按照生态基流的确定原则，取 Q_p 法和 Tennant 法两种方法计算结果的高值，克勒克水文站断面为 5.60 m³/s，维他克水文站断面为 0.96 m³/s。三道桥断面、风口闸枢纽断面位于盖孜河中下游，考虑到资料情况，采用近 10 年最枯月平均流量法计算，三道桥渠首断面生态基流为 4.56 m³/s、风口闸枢纽断面为 1.95 m³/s。

（3）除风口闸枢纽生态基流保证率为 83.49%外，其余断面月满足程度均达到 90%以上。在现有水利工程调度情况下，现状盖孜河流域上游河段生态基流保障程度总体较好；受各渠首取水影响，下游河段生态基流保障程度较差，并呈现越在河流下游保证率越低的特征。

（4）生态基流的保障涉及水利、电力等多个行业，同时涉及流域、区域管理权限不一问题，应编制流域生态基流保障工作方案及水量分配方案，明确各行政区或渠首分配水量，以及流域各主要控制断面最小下泄流量要求，加强各行业及部门协调，做好流域生态基流流量管控，必要时优化布哈拉枢纽、风口闸等现状工程运行调度方案。

参考文献

[1] 张建永，王晓红，杨晴，等. 全国主要河湖生态需水保障对策研究 [J]. 中国水利，2017（23）：8-11，15.

［2］钟华平，刘恒，耿雷华. 河道内生态需水估算方法及其评述 ［J］. 水科学进展，2006，17（3）：430-434.

［3］崔真真，谭红武，杜强. 流域生态需水研究综述 ［J］. 首都师范大学学报（自然科学版），2010，31（2）：70-74.

［4］杜龙飞，侯泽林，李彦彬. 城市河流生态需水量计算方法研究 ［J］. 人民黄河，2020，42（2）：34-37.

［5］邵彦虎. 西北干旱区内陆河流域生态需水量研究 ［J］. 甘肃水利水电技术，2020，56（5）：15-20.

［6］FU A H, WANG Y, YE Z X. Quantitative determination of some parameters in the tennant method and its application to sustainability：A case study of the Yarkand River Xinjiang, China ［J］. Sustainability，2020（12）：3669.

［7］陈昂，隋欣，廖文根. 我国河流生态基流理论研究回顾 ［J］. 中国水利水电科学研究院学报，2016，14（6）：401-411.

［8］周明通，魏宣，王宁，等. 克里雅河生态基流水文学计算方法优选 ［J］. 中国农村水利水电，2022（11）：50-57.

［9］魏雯瑜，刘志辉，冯娟，等. 天山北坡呼图壁河生态基流量估算研究 ［J］. 中国农村水利水电，2017（6）：92-96.

［10］李肖杨，朱成刚，马玉其，等. 新疆孔雀河流域生态基流与天然植被需水量研究 ［J］. 干旱区地理，2021，44（2）：337-345.

［11］迈尔丹江·米吉提. 喀什市吐曼河河道生态流量探析 ［J］. 陕西水利，2022（9）：55-57.

河流生境质量评价研究进展

徐 杨[1,2] 左新宇[1] 汪维维[3] 赵晓云[1]

(1. 长江水利委员会水文局长江上游水文水资源勘测局，重庆 400020；
2. 重庆交通大学河海学院，重庆 400074；
3. 重庆市万州区生态环境监测站，重庆 404100)

摘 要：河流生境质量评价是对河流生境的状况和质量进行的综合评估和定量分析，对于了解河流生态系统健康状况、监测预警、生态修复、决策管理和提升公众意识等方面都具有重要的现实意义。本文梳理总结了国内外河流生境评估的主要方法，分析了我国河流生境评价研究的不足之处，提出了加强高质量生态数据收集、构建生态指标体系、加强多学科跨国跨界合作等建议，旨在提升我国河流生境评价研究的科学性、可操作性和实效性，推进我国河流生态健康维护和流域的可持续发展。

关键词：生境质量；河流生境评估；评价方法

1 引言

　　河流是连接陆地生态系统和水生态系统（如湖泊、河口和海洋等）物质循环的重要通道和屏障。河流生态系统提供着饮用水、栖息地、航运、水电、污染物净化、屏蔽、源汇等多项生态服务功能，为人类文明的发展做出了不可替代的贡献[1]。在城镇化、工农业等社会经济高速发展的同时，伴随而来的是人类对水资源的过度使用和不合理开发，导致了水质恶化、水文形势改变、泥沙含量发生变化[2]、生境退化以及生物多样性丧失等一系列问题。随着流域水生态系统的健康问题日益突出，只关注水质和生物显然已经无法解决这些问题[3]，越来越多的研究揭示河流生境的生态重要性，完整的河流生境特征对水生生物群落的完整性和河流生态健康至关重要。

2 河流生境质量评价的概念和意义

2.1 河流生境

　　河流生境又称河流栖息地，泛指水生生物在环境中所出现的活动空间区域范围与其他环境条件的总和，是水生生物必需的物理、化学和生物环境的综合体，包括河道、河岸、河滩和周边湿地等。河流生境是多样且复杂的生态系统，支持着丰富的生物多样性和生态功能，众多水生生物依靠河流自然生存和发展，从而建立了完整的河流生态系统，可以说，河流生境是影响河流生态系统组成的最重要因素，不同的河流由于受其地理环境、气候等因素的影响而存在差异，河流生境也存在一定的差异性[4]。

2.2 河流生境质量评价

　　生境质量是指一个生物或群落所处的环境对其生存、生长和繁殖的适宜程度和健康状况，它反映了生物对环境中各种因素的适应能力和环境对生物的支持程度[5-6]。生境质量评价通常综合考虑了多个方面的环境条件，如水质、土壤质量、气候条件、光照等，以及适应该生物或群落的食物资源和生

基金项目：重庆市技术创新与应用发展专项面上项目（CSTB2022TIAD-GPX0045）。

作者简介：徐杨（1992—），女，工程师，主要从事水环境、水文水资源相关研究工作。

境结构等因素。而根据河流自然环境条件下的基本概念以及其他各种可能会影响河流生境的因子，对河岸自然环境和河道生境的各种物理组成结构和条件以及人类活动对河流生境的破坏性和干扰作用进行了综合性的评价，就叫作河流的生境评价。

2.3 河流生境质量评价的意义

河流生境质量评价是河流管理和保护的重要手段，作为一种深入了解河流健康状况和加强河流环境生态管理的有效方法，能够为河流的健康监控、河流生物多样性的监测、河流生态环境的修复、河流水利和河道整治建设工程以及对河流健康和恢复的效果进行评估等方面提供有效数据，有助于识别和解决河流生态问题，为可持续水资源管理、生态保护、生态健康监测和决策制定等提供科学依据。河流生境的评价一般是根据对河流生态的调研而对其河流生态环境的质量展开的一种综合性评价，存在着多种方法和指标，可以用来评估河流生态系统的健康状况。

3 国内外研究进展

3.1 国外研究进展

澳大利亚、美国和英国等发达国家早已对河流水生环境评价进行了相关研究，美国鱼类和野生动物保护相关机构将水生环境中水体温度、水深、植被的覆盖率、底质组成种类等指标作为河流水生环境适宜度的评判指标，并认为这些指标对于有效反映一条河流中水生生物在整个河流中正常生长的状况是可行的[7]。Richter 等[8]从河流的每日水文数据评价一条河流中的生态和水文变化程度，以及从河流生态系统的作用和影响角度出发，建立了一种基于水文参数变动的指标计算方法，这个方法主要包括了 5 类 33 个主要的水文指标。在此基础上，对河流生境的评价方法也日趋完善。

3.2 国内研究进展

中国对于河流生境的影响评价起步较晚，陈明千等[9] 把鱼类的自然生境和水力学指标体系划分为水体运动学特征、水物理动力学特征以及其他几何物理形态学特征；王琼等[10] 参考多位学者在河流生境相关研究的成果，结合蒲河流域的河流自身特点，对影响河流生境的指标进行筛选，建立了蒲河流域河流生境质量评价体系；王雁等[11] 以我国南水北调东线工程输水道上的 16 个河流河段为研究对象，结合其环境条件特点，选取了反映该区域河道生境、河岸生境和滨岸地带生态环境的 10 个指标，评价了在自然和人为因素影响下研究区内 16 个河段的河流生境质量；陈淼等[12] 分析研究了大量的国内外河流生境评价方法，依据大型水库影响下的库区河流生态环境特征，构建了包括水文情势、河流形态和河岸带生境在内的库区河流生境评价指标体系，并将层次分析法（主观赋权法）和熵值法（客观赋权法）相结合，组合赋权计算得到了各项指标的权重；郑丙辉等从将速度-深度、水质指标、植被多样性、栖息地的复杂构造、河水涵蓄能力、河道变迁、河宽与底质、岸坡稳定性、河岸土地利用和人类活动强度等因素作为影响河流生境的因子出发，结合我国河流生境实际特点，确定了各项指标因子的分等和生境环境质量的计算方法[13]。

4 河流生境评价方法

根据评价目的、方法的不同，河流生境的评价方法一般认为可以分为 3 种：水文水力学方法、栖息地模拟法、多指标综合评估法[14]，每种方法各有其特点。

4.1 水文水力学方法

水文水力学方法主要是指通过水文学指标、水力学指标以及水质指标 3 个参数对河流生境进行评价。

4.1.1 水文学指标

水文学评价指标主要分为 4 个方面：基本等级的水文学评价指标主要有平均流量、极值流量、平均水位及最高水位、最低水位；从流量的变动类型来评价可以分为流量增加概率和减小概率、水位上涨概率和下降概率；从频率的类型来评价可以分为流量洪峰和低谷发生的次数、涨水落水次数；从时间节点的类型可以分为最大流量和最小流量出现时间、高流量和低流量持续时间、涨水落水持续时间等。易雨君等[15]通过长江鱼类调查研究分析了长江四大家鱼的生长环境及其繁殖特征，判断得出了流量、流速、流量增幅和水位涨幅等因素对长江四大家鱼产卵发育情况具有重要的关键性影响，并以此作为依据建立了长江鱼类生境的适宜度方程。

4.1.2 水力学指标

水力学评价指标按照不同的性质可以大致分为 4 类：一是几何特征，如流速和水深等，能够有效地反映鱼类的生长活动空间以及提供漂流性鱼卵孵化的流速；二是具有运动学的特征，包括流速梯度和涡量，两者能够有效地反映水流流速变化率以及水流的复杂性[16]；三是动力学特征，主要是动能梯度，其特点是能够有效地反映水流中能量的消耗和紊乱程度；四是一些关于水力学的无量纲常数，包括常见的雷诺数和弗劳德数，前者能够直接反映流速和某一特征长度在水流中的共同作用，后者能够有效地反映水深和流速之间的共同作用。此外，Nelson 等[17]还提出了湿周法，用来绘制湿周-流量非线性关系图。赵进勇等[14]指出，湿周的变化幅度会随着河道流量的增大而逐渐增大，当达到一定的临界值后，湿周与流量相互关系的曲线斜率就会降低，这一转折点所对应的临界值流量也就被看作河道生态流量值。

4.1.3 水质指标

河流水质质量评估指标主要包括河流水中的各种有机质、电导率、DO、COD、BOD_5、浑浊度、pH、水温及河流含沙量等。这些影响整个河流生态环境健康的主要水质指标中，决定鱼类在整个河流环境中的形态生长和鱼类繁殖以及其他活动方式有着密切联系的主要影响因素包括水体温度、DO、pH。

4.2 栖息地模拟法

栖息地模拟法也称预测模型法，主要是通过对各种水生物种栖息地偏好特征、结合水力环境条件进行了模拟，比较理论上河流水生物体在未被侵害或干扰的条件下应存在的水生生物组成情况和河流实际的水生生物生境状况来判断和评价河流，是目前对于河流水生生态环境评估中普遍采用的一种方法。栖息地模拟法具体评价的流程一般是：通过调查一条水文环境基本无人为干扰或人为干扰极其小的河流部分地区水的物理和化学性能特征、生物数量和生物多样性特征以及水文情况等因素，确定其为参照河流生境状态，然后将被评价的河流生境状况与参照河流的生境状况之间进行各项指标的对比，得出被评价河流生境状态的一个量化指标。

栖息地模拟法避免了对生境评价仅仅是依赖于单一的控制性因素，将研究中所涉及的区域与参照生境的差异性进行了对比，强调的是河流在自然环境中生境的退化主要来源于人为因素而非固有的自然变化[18]。

4.3 多指标综合评估法

多指标综合评估法根据相关专家知识综合分析研究了河流生态系统中地貌因子、水文因子、水体物理化学因子等多种影响因素与河流生境之间的相互关系，旨在从一个整体的角度对河流环境进行综合性的评价[19]。该方法通过对河流的地貌特征、水文情势、河流水体的物理和化学特征、河流底质特征、河流水流状况、河岸可利用植被特征、人类活动等评价指标进行综合打分，使用各项评价标准的得分将评价指标得分经过一定程度方法累积所得的总分，作为评估河流生境环境质量的综合性指数，作为河流生境质量的主要衡量依据，按照不同区间的综合评价分数划定出相应的河流生境质量等级来确定河流生境质量现状。多指标综合评估法评价简单快速，评价结果浅显易懂，因此应用甚广。例如，美国环保局（USEPA）提出的《快速生物评价法案（RBPs）》就是通过将河流的流态、底质类型、泥沙含量、河道地形、边坡可以综合利用植被以及其他河流生物条件等影响河流生境的因素进行评价，并且利用给定制赋分系统针对河流生境条件的状况和生物学特征进行分级。

多指标综合评估法与栖息地模拟法和水文水力学法相比需要考虑更多的单个影响因素，但是由于精度较低，评估方法和指标的具体数值相对难以量化，而且综合评估指标的使用可能会在一定程度上掩盖某些单个因素或指标的有效信息。

5 建议与展望

河流生境评价体系是保护和恢复河流生态系统的指南。近年来，由于河流生态系统的重要性，我国河流生境评估体系不断完善，但与国外相比，仍存在数据收集和监测不足、生态指标体系不完善、生态过程研究不够深入以及生境评价与管理的衔接不够紧密等问题。通过高质量数据收集、构建科学合理的生态指标体系、深化生态过程研究、加强跨界合作等方式，能够进一步提升我国河流生境评价的科学性、可操作性和实效性。

5.1 高质量生态数据收集与监测

河流生境评价离不开高质量的数据支持，应建立完善的河流生态定期监测网络，包括覆盖更广泛的监测站点和多元化的监测指标，严格按照标准化的方法采集河流生境相关的生物、水质、景观和生态功能数据，并加强数据质量控制和验证，以提高评价的准确性和可靠性。

5.2 构建科学合理的生态指标体系

建立统一的评价框架和指标体系有助于比较和综合不同河流的评价结果。需要整合多个评价因素，针对不同类型的河流生境，建立适应性强、可操作性好的生态指标体系。指标体系应涵盖生物学、水文学、水质学等多个方面，能够全面反映河流生境的健康状况和生态功能。

5.3 深入研究生态过程与机制

加强对河流生态过程的研究，深入了解水文过程、沉积过程、物质循环等关键生态过程的相互作用及其对生境的影响。运用先进的技术手段，如遥感、地理信息系统（GIS）、分子生物学、DNA 条形码和数值模拟等，提高河流生境评价的效率和精度。这些技术可以用于获取大范围的景观信息、物理化学数据和生物多样性数据，辅助评价方法和决策支持工具的开发与应用，提高对生境变化和演化规律的理解。

5.4 推进评价结果的传播和利用

提高评价结果的可视化和可理解性，加强河流生境评价结果的应用与转化，通过报告、科普宣传、数据共享平台等方式，及时有效地传播给决策者、管理者和社会公众。确保评价成果直接为河流管理和保护决策服务。建立评价与管理部门的密切合作机制，促进评价指标和评估方法的实际应用，提高河流管理的科学性和有效性。

5.5 加强多学科跨部门跨国界的交流与合作

加强学科交叉与合作，组织生态学、水文学、地球科学、环境科学等多学科的专家和研究团队，共同开展河流生境评价研究，通过多学科的综合研究，能够更全面地理解和评价河流生态系统；河流涉及多个部门的管理和保护，需要加强跨部门合作与信息共享。相关部门、研究机构和社会组织可以合作开展河流生境评价工作，共享数据、专业知识和经验，共同推进河流生境保护和管理工作；参与国际河流保护与管理组织、海外学术机构和国际合作项目，积极与国际间的科学家和专家进行交流与合作，借鉴国际先进的科学理念、技术和管理经验，提高我国河流生境评价研究的水平。

提升我国河流生境评价需要科学和动态的思维，离不开全社会的共同努力。在未来，河流生境评价将继续在生态研究和环境管理中扮演重要的角色，通过改进数据采集方法，应用先进技术，加强评价结果的传播与利用，促进跨界合作，注重数据共享和合作机制的建立，实现评价工作的科学化、规范化和可持续发展，将有助于保护和管理我国丰富的河流生态系统，实现中国河流生态健康的可持续发展和人与自然和谐共存。

参考文献

[1] 高慧滨，梅王洁，郭田潇，等．葛洲坝-三峡水库不同蓄水阶段对中下游水沙影响［J］．人民长江，

2016，47（19）：37-41.

［2］刘盼盼，王龙，王培，等. 沙颍河流域浮游动物群落结构空间变化特征与水质评价［J］. 水生生物学报，2018，42（2）：373-381.

［3］王硕，杨涛，李小平，等. 渭河流域浮游动物群落结构及其水质评价［J］. 水生生物学报，2019，43（6）：1333-1345.

［4］张杰，苏航，盛楚涵，等. 浑太河河流生态系统完整性评价体系的构建［J］. 环境科学研究，2020，33（2）：127-138.

［5］FELLMAN J B, HOOD E, DRYER E, et al. Stream physical characteristics impact habitat quality for Pacific Salmon in two temperate coastal watersheds［J］. PLOS ONE, 2015, 10（7）：e0132652.

［6］HILLARD E M, NIELSEN C K, GRONINGER J W. Swamp rabbits as indicators of wildlife habitat quality in bottomland hardwood forest ecosystems［J］. Ecological Indicators, 2017, 79（8）：47-53.

［7］马里，白音包力皋，许凤冉，等. 鱼类栖息地环境评价指标体系初探［J］. 水利水电技术，2017，48（3）：77-81.

［8］RICHTER B D, BAUMGARTHER J V, POWELL J, et al. A method for assessing hydrologic alteration within ecosystem［J］. Conservation biology, 1996, 10（4）：1163-1174.

［9］陈明千，脱友才，李嘉，等. 鱼类产卵场水力生境指标体系初步研究［J］. 水利学报，2013，44（11）：1303-1308.

［10］王琼，范志平，李法云，等. 蒲河流域河流生境质量综合评价及其与水质响应关系［J］. 生态学杂志，2015（2）：516-523.

［11］王雁，赵家虎，黄琪，等. 南水北调东线工程徐州段河流生境质量评价［J］. 长江流域资源与环境，2016（6）：965-973.

［12］陈淼，苏晓磊，党成强，等. 三峡水库河流生境评价指标体系构建及应用［J］. 生态学报，2017，37（24）：8433-8444.

［13］杨晶. 清河流域河流栖息地评价及结果分析［J］. 价值工程，2018，500（24）：205-206.

［14］赵进勇，董哲仁，孙东亚. 河流生物栖息地评估研究进展［J］. 科技导报，2008（17）：84-90.

［15］易雨君，乐世华. 长江四大家鱼产卵场的栖息地适宜度模型方程［J］. 应用基础与工程科学学报，2011（S1）：117-122.

［16］王远坤，夏自强，王桂华，等. 中华鲟产卵场平面平均涡量计算与分析［J］. 生态学报，2009，29（1）：538-544.

［17］NELSON F A. Evaluation of selected in stre m flow methods in montana［C］//Proceedings of the Annual Conference of the Western Association of Fish and Wildlife Agencies. Montana, 1980.

［18］聂大鹏. 辽河流域河流健康综合评价［J］. 黑龙江水利科技，2020，48（3）：35-38，76.

［19］罗火钱，李轶博，刘华斌. 河流健康评价体系研究综述［J］. 水利科技，2019（1）：14-20.

城市黑臭水体长效监测与评价现状、方法分析

郑 蕾 盛 果 张尔刚 杨仪方

(北京雪迪龙科技股份有限公司，北京 102200)

摘 要： 城市黑臭水体长效监管是水体治理完成后长效监管的重要内容，黑臭水体监测指标一般包括透明度、溶解氧（DO）、氧化还原点位（ORP）、氨氮（NH_3-N）4 项。本文建议优先使用在线监测方式进行水质指标监测，采用《城市黑臭水体整治工作指南》中的黑臭水体污染程度分级标准进行评价，实现智慧化监测，旨在为黑臭水体长效监管提供数据支撑。

关键词： 城市黑臭水体；手工监测；在线监测；评价方法

随着社会经济的发展、工业水平的提高，生态环境污染成为阻碍人与自然和谐共存的突出问题。企业污水、生活废水直排，居民生活垃圾堆放、河流改道、人为活动等，造成城市范围内的景观河道、沟渠、坑塘等小型水体流域演变为黑臭水体。黑臭水体是人民群众反映最强烈的水环境问题，给居民生活、娱乐带来极差的体验。黑臭水体的形成是大量的有机污染物进入水体之后，在好氧微生物的生化作用下，水体中的氧气被大量消耗，使水体转化成缺氧状态，造成厌氧细菌大量繁殖，有机物腐败、分解、发酵使水体变黑、变臭，最终形成黑臭水体[1]。

黑臭水体治理完成后仍然存在返黑、返臭的现象，尤其是汛期季节，二次黑臭污染现象明显，所以建立完善的黑臭水体长效监管机制至关重要。目前黑臭水体监测、评估及长效监管方面尚缺乏完善的管理体系，本文对黑臭水体长期监测与评估方法进行分析，旨在为长效监管黑臭水体水质变化提供参考。

1 政策分析

自国务院 2015 年 4 月 2 日发布《水污染防治行动计划》之后，中央及各省关于黑臭水体整治的相关政策文件陆续发布。

2015 年 8 月，住房和城乡建设部会同环保部、水利部、农业部共同编制并发布了《城市黑臭水体整治工作指南》（简称《指南》），《指南》指出，制订合理的城市黑臭水体指标监测与评估方案，纳入地方有关主管部门的监督性监测范围，或委托有相关资质的第三方监测机构进行监测与评价。住房和城乡建设部联合生态环境部 2018 年 9 月 30 日发布《城市黑臭水体治理攻坚实施方案》，明确提出定期开展水质监测，对已完成治理的黑臭水体开展包括透明度、溶解氧（DO）、氧化还原电位（ORP）、氨氮（NH_3-N）4 项指标在内的水质监测。2022 年 3 月 28 日，住房和城乡建设部、生态环境部、国家发展和改革委员会、水利部联合印发了《深入打好城市黑臭水体治理攻坚战实施方案》，要求深入指导城市黑臭水体治理工作，进一步强化监督检查机制，对已完成治理的黑臭水体开展透明度、DO、NH_3-N 指标监测，每年第二、三季度各监测一次，有条件的地方可以增加监测频次。

作者简介：郑蕾（1993—），女，工程师，主要从事环境监测工作。

2 黑臭水体监测与评价现状及方法

2.1 监测现状及方法分析

判定黑臭水体最原始的方法是感官判定，对水体异味（发臭、发酸）或颜色明显异常（发黑、发黄、发白）等感官特征进行识别，出现任意一种情况，即视为黑臭水体；或经公众参与评议确定，对水体周边居住村民、商户或随机人群开展问卷调查，但上述方法主观意识性强，判定结果质疑较大。为提高识别结果准确性，通过水体水质指标的监测，对黑臭水体进行定量评价与评估。黑臭水体水质监测的方式分手工监测和在线监测，大部分地区使用手工监测方式，有条件的地域使用在线监测设备实现实时连续监测，时刻掌握黑臭水体水质变化规律。

2.1.1 手工监测方法

对于河流、沟渠型黑臭水体，监测采样布点沿黑臭水体每 200~600 m 间距设置监测采样点，每个水体的采样点原则上不少于 3 个，分上、中、下游采样点；对于湖库、坑塘型黑臭水体，采样布点原则上在水体中心及周边设置 3 个采样点位，水体面积较大时适当增加监测点位。取样点宜设置于水面下 0.5 m 处，水深不足 0.5 m 处时，应设置在水深 1/2 处。

采样频次不低于每周一次，若遇特殊时期，如大雨冲刷、管网施工、排污事件，造成水体水质发生明显变化，应加密采样频次，直至水体水质恢复后降低采样频次[2]。

黑臭水体监测指标通常包括透明度、ORP、DO、NH_3-N，手工测定方法依据《水和废水监测分析方法（第四版）》（增补版），各指标测定方法见表 1。

表 1 黑臭水体水质指标测定方法

序号	测定指标	测定方法	说明
1	透明度	黑白盘法或铅字法	现场原位测定
2	氧化还原电位（ORP）	电化学法	现场原位测定
3	溶解氧（DO）	电极法	现场原位测定
4	氨氮（NH_3-N）	纳氏试剂分光光度法、水杨酸-次氯酸分光光度法	水样经 0.45 μm 滤网过滤

2.1.2 在线监测方法

市场上多家水质分析仪表的生产商已经设计生产适用于黑臭水体在线监测的水质监测站，类型有河道浮标站、户外机柜站、小型站等，不同黑臭水体在线监测站概念、组成、特点见表 2。在线监测指标同手工监测，包含透明度/浊度、ORP、DO、NH_3-N，部分生产厂商使用浊度代替透明度，在线分析仪表监测原理见表 3。现场端监测数据传输至黑臭水体监管平台，利用物联网、云计算、地理信息系统、大数据分析等，实现黑臭水体智慧化管理。

表 2 黑臭水体在线监测站类型

类型	河道浮标站	户外机柜站	小型站
概念	以浮标为载体，将水质分析传感器集成于浮标上，太阳能供电方式，现场端智能化数据采集搭配 4G/5G 无线传输方式，将数据上传至远程监管平台	将分析仪表及监测系统集成于一体式机柜内，机柜安装于河道、沟渠岸边，抽取式监测，户外机柜占地面积不大于 1 m²，现场端可查看监测数据，也可通过有线/无线传输方式将监测数据上传至远程平台，接受远程平台的控制	采用一体式小型机柜，机柜占地面积在 2 m² 左右，根据水质监测需求，可监测透明度/浊度、ORP、溶解氧、氨氮、总磷、总氮等指标
特点	原位监测，安装方便，无须征地供电，无试剂，无废液产生，维护方便	占地面积小，高度集成化，空间紧凑，安装方便，便于迁移	监测指标可扩展，功能齐全，具备自动质控功能

表3　在线分析仪表监测原理

监测指标	原理
透明度/浊度	光散射法
溶解氧	荧光法
氧化还原电位	电极法
氨氮	纳氏试剂分光光度法、水杨酸分光光度法、氨气敏电极法

2.2　评价现状及方法分析

根据黑臭水体化学指标的监测结果，对黑臭水体的污染程度进行分级，黑臭水体分级判定方法有多种：单因子指标评价法、综合化学指标评价法、综合污染指数评价法等。

2.2.1　单因子指标评价法

选取单个化学指标判定黑臭水体的黑臭程度，设定判定阈值，一般以溶解氧浓度小于 2 mg/L 为水体出现黑臭的基本标准[3]。该方法计算方便、简单迅速，但往往水体成分复杂，仅使用一个监测因子，可靠性较低，不能全面反映水体黑臭程度。

2.2.2　综合化学指标评价法

选取多个化学指标，设置判定阈值，综合评价黑臭水体污染程度。该方法按照 2015 年住房和城乡建设部发布的《指南》中黑臭水体污染程度分级标准进行综合化学指标评价，评价指标为透明度、DO、ORP、NH_3-N，分级标准见表4。《指南》中规定，某检测点 4 项监测指标中，1 项指标 60% 以上数据或不少于 2 项指标 30% 以上数据达到"重度黑臭"级别的，该检测点应认定为"重度黑臭"，否则可认定为"轻度黑臭"。连续 3 个以上检测点认定为"重度黑臭"的，检测点之间的区域应认定为"重度黑臭"；水体 60% 以上的检测点被认定为"重度黑臭"的，整个水体应认定为"重度黑臭"。该方法简单、直观，是目前普遍使用的评价方法。

表4　城市黑臭水体污染程度分级标准

监测指标	轻度黑臭	重度黑臭
透明度/cm	25~10*	<10*
溶解氧/(mg/L)	0.2~2.0	<2.0
氧化还原电位/mV	−200~50	<−200
氨氮/(mg/L)	8.0~15	>15

注：* 水深不足 25 cm 时，该指标按水深的 40% 取值。

2.2.3　综合污染指数评价法

根据各监测指标的贡献程度，通过数学公式计算得出综合污染指数。对综合污染指数设定评价标准，常见的有黑臭多因子加权指数法（I）、有机污染指数法（W），两种方法具有较强的水体针对性，方宇翘等[4]针对苏州河水的水质特点，建立的黑臭多因子加权指数模型，划定 $I \geq 15$ 为轻度黑臭水体，$I \geq 35$ 为重度黑臭水体，判别式见式（1）。阮仁良等[5]在苏州河黑臭评价，以及巢亚萍等[6]在常州运河支流水体黑臭评价时建立了有机污染指数模型，划定 $W > 2$ 为轻度黑臭水体，$W > 4$ 为重度黑臭水体，判别式见式（2）。

$$I = \frac{0.2\rho_{(COD)} + 0.1\rho_{(NH_3-N)}}{\rho_{(DO_{饱})} + 0.3} \tag{1}$$

式中：I 为黑臭多因子加权指数；ρ 为各监测指标浓度；$DO_{饱}$ 为饱和溶解氧。

$$W = \frac{\rho_{(BOD_5)}}{\rho'_{(BOD_5)}} + \frac{\rho_{(COD)}}{\rho'_{(COD)}} + \frac{\rho_{(DO)}}{\rho'_{(DO)}} + \frac{\rho_{(NH_3-N)}}{\rho'_{(NH_3-N)}} \tag{2}$$

式中：W 为有机污染指数；ρ 为各监测指标实测浓度，mg/L；ρ' 为各监测指标标准浓度，mg/L。

该方法评价因子种类多，涵盖全面，其综合评价结果能基本反映水质污染程度[7]，但是加权叠加的计算方法需要确定合适的权重值，不同水体污染物贡献程度不一，适用面较窄，在没有机制研究的情况下进行主观的确定，会对黑臭水体评价造成一定影响[8]。

3 黑臭水体长效监测存在的问题及应对措施

3.1 存在的问题

目前国家对黑臭水体治理投入较大，但后期长效监管体系尚未完善，对黑臭水体治理后长效监测意识薄弱，返黑返臭预警体系未搭建，导致治理完成后的黑臭水体二次返黑返臭现象频发。黑臭水体长效监测现行方法多是人工采样、人工测定的手工监测方法，只有具备一定条件的少部分区域安装了在线监测设备进行实时监测。手工监测方法与在线监测方法各有优缺点，具体对比见表5。总体来说，在线监测方法更有利于对黑臭水体进行长期监测，实现智能化管理。

表5 手工监测方法与在线监测方法优缺点比较

监测方法	缺点	优点
手工监测	1. 人力、物力、财力耗费高； 2. 工作效率低； 3. 监测频次低； 4. 无法实现智能化管理	人工采样受环境条件限制较少，如水体较浅时更利于人工采样
在线监测	1. 在线监测设备运行维护成本较高； 2. 较浅的水体（<0.5 m）影响自动采样	1. 自动化运行，降低人力成本； 2. 可随意设置监测时间，特殊情况可加密监测； 3. 监测频次高，实时掌握水质变化规律； 4. 实现智能化、可视化管理

3.2 应对措施

黑臭水体的监测与评估将是未来黑臭水体治理与长效监管的重要一环，合理选择监测方式有利于实时掌握水质变化规律，精准治污。

（1）有条件的地域优先选择在线监测方式，利用物联网、大数据、GIS等技术搭建监管平台，实现智慧监测、准确评估与智能化管理。

（2）搭建黑臭水体水质预警体系，实时掌握黑臭水体水质变化，对有返黑返臭预警的水体及时采取应对措施。

（3）政府及公民提高对黑臭水体长效监管的意识，完善黑臭水体监测与评价管理体系。

4 结论

黑臭水体密切关系到人民群众的生活质量，国家大力开展城市黑臭水治理工作，治理完成后长效监管机制尚未完善，监测与评价是后期监管的重要部分。黑臭水体水质指标监测多以透明度、溶解氧（DO）、氧化还原电位（ORP）、氨氮（NH_3-N）为主，利用手工监测或在线监测方式，建议优先选择在线监测，搭建以物联网、大数据为基础的智能化、可视化平台，实现智慧化监测。《城市黑臭水体整治工作指南》中黑臭水体污染程度分级标准是普遍使用的评价方式，简单快捷，评价结果贴近真实情况。

参考文献

[1] 郑毅. 基于城市黑臭水体治理与水质长效改善的技术分析 [J]. 资源节约与保护，2015（12）：187.

［2］王炜．城市黑臭水体监测注意事项［J］．环境与发展，2019（6）：174-175.

［3］刘辉．黑臭水体形成的关键水质条件及机制初步分析［D］．湘潭：湘潭大学，2021.

［4］方宇翘，张国莹．苏州河水的黑臭现象研究［J］．上海环境科学，1993，12（12）：21-22.

［5］阮仁良，黄长缨．苏州河水质黑臭评价方法和标准的探讨［J］．上海水务，2002，18（3）：32-36.

［6］巢亚萍，赵慧．常州运河支流水体黑臭监测调查及防治对策［J］．甘肃环境研究与监测，2002，15（3）：201-203.

［7］郦桂芬．环境质量评价［M］．北京：中国环境科学出版社，1989.

［8］陆雍森．环境评价［M］．上海：同济大学出版社，1999.

沁河河口村水库工程水土保持设计

重难点及创新防治对策

张　帆　肖　剑

（黄河勘测规划设计研究院有限公司，河南郑州　450003）

摘　要：大型水库工程具有开发规模大、占地广、土石方挖填量大等特点。本文结合沁河河口村水库工程从水土保持设计角度出发，全面分析工程建设中水土保持的重难点，并总结了针对重难点采取的弃渣高效综合利用、水土保持与河道保护、高陡边坡植物绿化等水土保持创新防治对策，措施实施后防治效果突出，可为其他同类项目提供参考。

关键词：河口村水库；水土保持设计；防治对策

1　引言

　　水利工程是国民经济和社会发展的基础和命脉，是国民经济基础设施的重要组成部分，工程建设对推动当地经济社会和生态环境发展具有重大作用[1]，但是水利工程一般具有开发规模大、占地广、土石方挖填量大、弃渣量较多等特点，在开发建设过程中极易产生严重的水土流失[2]。沁河河口村水库工程项目区涉及河南省水土流失重点预防保护区，紧邻国家级太行山猕猴自然保护区，生态环境敏感，水土流失防治标准高、难度大。本文从河口村水库工程水土保持设计入手，全面分析工程建设中水土保持的重难点，总结了工程建设中采用的创新防治对策，通过工程建设验证其可行性和防治效果，为同类项目水土流失防治提供新的思路和经验借鉴。

2　工程概况

　　河口村水库位于黄河一级支流沁河下游，工程开发任务以防洪、供水为主，兼顾灌溉、发电、改善河道基流等综合利用。水库总库容 3.17 亿 m³，为 Ⅱ 等大（2）型工程，由混凝土面板堆石坝、泄洪洞、溢洪道及引水发电系统组成。该工程于 2008 年 4 月开始建设，2016 年 10 月完工，2017 年 5 月完成水土保持专项验收。

　　该工程水土流失防治责任范围共 857.05 hm²，其中永久占地 782.19 hm²，临时占地 62.89 hm²，直接影响区 11.97 hm²，分为主体工程区、业主营地区、永久道路区、临时堆料场区、料场区、弃渣场区、施工生产生活区、临时道路区、移民安置区、移民专项设施区和水库淹没区等 11 个防治分区，工程建设开挖土石方 658.23 万 m³。

3　设计重难点分析

　　沁河河口村水库工程位于黄河一级支流沁河最后一段峡谷出口处，属河南省水土流失重点预防保护区，紧邻国家级太行山猕猴自然保护区，生态敏感，生态景观恢复要求高。根据项目建设特点和区域景观恢复要求，本工程水土保持技术难点主要体现在以下几个方面。

作者简介：张帆（1984—），女，高级工程师，主要从事水土保持规划设计工作。

3.1 土石方开挖回填量大，处理困难

工程建设开挖土石方 658.23 万 m^3，在保证经济指标可行、对区域地表植被扰动最小的条件下，如何利用工程自身特点从源头上尽量减少工程弃渣，如何最大限度地消纳、利用开挖土石方，减少弃渣，是水土保持设计中亟待解决的问题。

3.2 生态景观恢复空间受限

为尽量减小工程建设对原始生态的破坏，工程布置遵循了少占地、少造成扰动的原则，紧凑的工程布置使高标准的生态景观恢复空间受限，特别在工程截流后，坝后脱流段区域基岩裸露、坑塘遍布、空间狭小，使生态景观难以恢复。在有限的空间和困难立地恢复景观，是水土保持设计的一大难点。

3.3 工程建设扰乱敏感河道生态系统，后期恢复困难

河口村水库工程建设在天然河道上，人类生活及各种施工行为等破坏河流长期演化成的生态环境。大开挖造成河道形态变化，影响当地生物生境要素，尤其对河流两岸的植被及河道水生生物产生不可逆转的影响，难以恢复。

4 水土保持创新防治对策

河口村水库工程水土保持治理以生态优先为出发点，构建了水土保持创新防治体系，提出了弃渣高效利用方案，植物措施与自然、人文景观结合的综合治理思路，针对高陡边坡构建了工程与植物相结合的措施防护体系。在工程建设造成的水土流失治理方面取得了较大的突破，主要表现在弃渣综合高效利用提高工程安全性、弃渣与河心滩结合打造景观岛、脱流段利用弃渣打造微地形景观建设和高陡边坡创新设计理念等 4 个方面。

4.1 弃渣综合高效利用提高工程安全性

河口村水库工程在弃渣综合利用方面可谓是"前不见古人"，项目开展前期，受工程区地形影响，弃渣场选址成为本工程设计的一大难题，且当时处理弃渣的手段仅仅为寻找合适的荒沟、荒坡进行堆放，无其他可借鉴的成功经验，同时考虑项目区附近涉及太行山猕猴国家级自然保护区，生态敏感，在这种情况下，本着尽量少扰动地表、保护原始地貌、最大限度利用工程弃渣及尽可能减少水土流失的目的，大胆创新，开展了一系列关于弃渣综合利用、弃渣与景观结合再造微地形等措施研究，统筹解决区域水土保持生态建设问题。

工程建设共开挖土石方 658.23 万 m^3，回填土石方 1 046.65 万 m^3，弃方 132.3 万 m^3。项目区属于河南省重点预防保护区，同时工程区附近适宜存放弃渣的场地有限，难以找到适宜的场地堆放 132.3 万 m^3 弃渣。

河口村水利枢纽位于太行山区，区域植被茂密，景色秀丽。工程建设与区域景观和谐发展是工程设计的一个核心要求。为适应区域的区位要求，工程初期弃渣场布置选取了 4 个对比方案。方案一是把主要弃渣堆置在水库死水位以下，但是考虑到本工程属于供水水源，覆盖层开挖有大量腐质层，有机质含量较高，影响供水水质，同时占用死库容影响水库的运行年限；方案二是将弃渣堆置在紧靠右坝肩下游的余铁沟内，该方案的缺点是沟道直对大坝下游，弃渣体如果滑塌将是大坝安全的最大隐患；方案三是沿坝下游河谷寻找满足堆渣沟道，经调查，坝下游 5~8 km 处有 2 个沟道满足堆渣条件；方案四是利用大坝脱流段进行堆渣，河口村水利枢纽建设挖方量达到 658.23 万 m^3，未综合利用前弃渣总量为 132.3 万 m^3，为合理利用工程弃渣，同时尽量避免因弃渣造成的扰动区域地表植被，首次提出利用坝区峡谷脱流段进行工程弃渣的设计理念。将大量的工程弃渣作为大坝的坝后压戗，使坝基稳定系数提高 0.3 以上，压戗顶部高程为 220 m，该区域处理弃渣 170 万 m^3 以上，使工程利用开挖土石方量达到 76% 以上，弃渣利用率达到 56% 以上。将弃渣作为新的元素应用于打造微地形，使工程建设与自然环境更加协调，富有创意的工程弃渣利用，可为同类枢纽工程建设提供经验（见图 1）。

图1 坝后压戗处理弃渣

4.2 弃渣与河心滩结合打造景观岛

河心滩综合利用弃渣打造景观岛，保持河道原始形态，提高施工效率，保持河道生态系统。河道形态体现了河流生态系统的体貌特征，河漫滩在河流生态环境中扮演着重要的角色，自然河流形态的多样性与生物多样性是密切关联的。河心滩位于河口村水库大坝下游，工程开工前是沁河河滩，河滩高程为 180.0~181.0 m，受汛期水位影响滩地时隐时现，受河水淹没影响滩地上植被稀少。由于滩地位于泄水洞顶冲的位置，为避免在工程运行中对区域的冲刷，该河滩施工期作为临时堆渣场和周转料场，其中一部分为大坝坝体填筑料，另一部分为弃渣。根据环境保护要求，该临时堆渣场的大量堆渣，施工期要全部回采到坝体和运至弃渣场。

水土保持工程设计时，考虑到滩地是沁河从峡谷段进入丘陵区后，河道急转后受自然径流冲刷和淤积形成的天然地貌形态，是河流自然生态的产物，滩地挖除后整个坝体下游将形成宽阔的水面，但是缺少点缀略显突兀。同时，滩地挖除还将增加 20 万~30 万 m³ 的弃渣，增加临时堆渣的二次倒运。从水土保持总体布置上分析，增加弃渣量后将增加弃渣场布置难度，增加对周边自然环境的扰动，弃渣倒运还将增加工程建设成本。如果保留河滩区，泄洪将对该区域造成较大的冲刷，易造成较大的水土流失，同时不满足安全要求。

根据河口村水库大坝泄洪、排沙、放空水库的运行要求，水库设泄洪洞 2 条和溢洪道 1 座，泄洪建筑物均采用挑流消能至坝下原河床一带。由于泄洪建筑物出口均采用挑流消能且集中，泄洪时对左岸主河槽的冲刷会大大加剧，又因泄水建筑物挑射的水流具有强大的冲刷作用，将会在建筑物下游（出口河床）产生较大范围的冲刷坑，见图2。

图2 综合利用弃渣打造河心滩

根据河口村水库泄洪建筑出口挑流冲刷坑实体模型试验研究，泄洪建筑物行洪时，泄洪水舌入水后顶冲对岸，在坝下形成较高的涌浪，并引起临时渣场基础的剧烈冲刷。根据实体模型试验研究对河心滩边坡进行防护，在设计水位以下靠近泄洪洞出口顶冲一带采用混凝土连续墙护岸防护，非顶冲部位采用浆砌石护坡,在设计水位以上均采用生态防护。另外,在河心滩中部以下两侧河道设置4道跌水坎,将平时上游电站尾水和泄洪建筑物的泄流进行拦截,使泄洪建筑物出口河道形成消力塘。在泄洪建筑物挑流时由于河道内形成的水垫作用,可以减缓对下游河道、河心滩及金滩大桥的直接冲刷。

保留下游河心滩方案,通过保护河道自然生态,使深槽与浅滩交替出现,体现了自然河流河床的纵剖面特征,为鸟类迁徙、鱼类洄游产卵、水生和陆生生物繁衍提供栖息地。

4.3 脱流段利用弃渣打造微地形景观建设

首次提出将工程弃渣作为枢纽区园林造景的新宠元素,充分利用工程弃渣改造区域微地形,为景观设计提供起伏变化的地貌形态,丰富了区域可绿化空间。着力打造枢纽区生态环境条件,体现坝区环境保护的设计理念。

河口村坝址区为峡谷段,该段河道深切,河底狭窄,根据工程总体布置,排水洞出口位于河道的弯道段。工程建成后,坝后脱流段长度不足200 m,宽度不足50 m,面积不足10 000 m²,脱流段地貌将是坑穴遍地、基岩裸露、寸草难生,植物景观措施实施极为困难。

工程设计时,首次提出利用弃渣将沟底填高至220 m高程,使狭长的沟底改变为宽阔的坝后平台,面积增加3倍以上,使微地形高低起伏,错落有致。工程建设后期景观设计中充分利用区域的可绿化面积,配合区域微地形的起伏变化,打造具有人文特点和水历史特点的景观文化,为河口村水库生态景观注入了文化底蕴。

4.4 高陡边坡创新设计理念

利用水土保持新技术、新方法对工程区内高陡边坡设计多方案防护处理措施,在防治水土流失的同时美化了环境。针对坝肩开挖边坡及泄洪洞出口边坡采用高次团粒喷播护坡措施,进场道路边坡采用植生袋护坡措施等。

大坝下游左岸因建设泄洪洞出口形成岩石裸露的高陡边坡,针对此处高陡边坡采取喷播高次团粒护坡形式,利用富含有机质和黏粒的客土材料,在喷播机喷出瞬间与团粒剂融合后发生团粒反应,形成与自然表土相近的土壤结构,利于植物生长,同时高次团粒喷播后会发生疏水反应,使土壤颗粒牢固地吸附于高陡边坡,达到抵抗风蚀、水蚀,防止水土流失的效果(见图3)。

图3 高次团粒喷播防护措施

在对项目区周边植物立地条件进行调查的基础上,将植生袋护坡技术应用于项目区永久道路高陡边坡防护。高速公路植生袋护坡大多是结合框格梁布置,本工程结合实际地形,在其基础上进行了改良,将植物生长基质和灌草树种装入植生袋,利用坚硬的树枝作为铆钉将植生袋固定于坡面上,以抵抗实施初期植被未生根时植生袋边坡水平剪力,植物生根发芽后植物根系的锚固作用可使边坡更加稳定,在保障边坡稳定的同时达到防止水土流失的效果(见图4)。

图 4　植生袋边坡防护措施

5　防治效果

河口村水库工程水土保持措施实施后，经建设期及 4 年多的运行期检验，水土保持设施运行情况良好，有效防止建设期和运行期水土流失，减少水土流失危害、下游河道含沙量和退水入河泥沙量，保障工程生态安全和周围农田、村庄居民的安全。植被覆盖率达到设计水平，生态景观效果好。水土保持措施实施后，弃渣综合利用变废为宝，通过工程措施和植物措施结合方案，1#、2# 弃渣场形成千亩果园，3# 弃渣场变成百亩草原，坝后压戗和临时堆料场形成了坝后滨河公园和河心滩，为打造水利风景区创造了条件，提升了水土保持措施经济效益和社会效益，对当地及周边经济社会的持续发展具有积极意义。

6　结语

随着生态文明建设的不断深入，大型水库工程在水土保持治理方面的力度也不断加大，生态治理理念也在不断创新[3]。沁河河口村水库工程水土保持设计在弃渣高效利用、高陡边坡治理、工程与景观结合等方面的设计创新和成功实施开拓了水土保持综合治理的新思路，推动了水土保持技术的不断创新发展，也为今后同类工程相关设计提供了新的治理思路和借鉴经验。

参考文献

[1] 刘坤. 新形势下生产建设项目水土保持全过程管理刍议 [J]. 水利规划与设计，2019 (4)：86-88，92.

[2] 刘冠军. 水利水电工程弃渣综合利用方式研究 [J]. 中国水土保持，2013 (6)：62-64.

[3] 郭婧媛. 水利水电工程设计中的水土保持理念分析 [J]. 东北水利水电，2019, 37 (12)：28-29.

深圳河浮游植物变化及水质相关性分析

吴门伍[1,2]　　蓝霄峰[1]　　严　黎[3]

(1. 水利部珠江河口治理与保护重点实验室，广东广州　510610；
2. 珠江水利委员会珠江水利科学研究院，广东广州　510610；
3. 水利部珠江水利委员会，广东广州　510611)

摘　要：深圳河为深港界河。深港双方联合治理深圳河 30 多年来，深圳河防洪能力及生态环境都得到了较大的提升。2015—2016 年对深圳河干流开展了浮游植物调查。结果表明：两次共鉴定出浮游植物 6 门 72 种，其中硅藻门物种数量最为丰富；各监测点位浮游植物密度相对较低，处于贫、中营养水平。从水质与浮游植物相关性结果可知，深圳河水华防治过程应更加关注水质指标总氮、总磷的控制。总体来看，深圳河现状生态环境较好，水生生物等种类繁多，但水质、水环境及外部生态环境对深圳河生态环境造成了胁迫影响，需综合规划并保护性治理。

关键词：深圳河；浮游植物；水质；相关系数

1　引言

　　浮游植物是海洋生态系统中的重要初级生产者，营养盐含量和组成的改变导致浮游植物群落结构的改变。一些浮游植物如骨条藻等可作为"三废指标"的指示种，也是海水富营养化、发生赤潮的主要生物之一[1-2]。有关深圳湾生态系统和环境污染已进行了不少的调查与监测，特别是针对浮游植物，开展了不少调查研究。吴振斌等[3]、张冬鹏等[4] 分别于 1998 年 7 月和 11 月对深圳湾浮游植物现状进行了调查。冷科明等[5] 利用 2000—2002 年的监测资料对该海区浮游植物种类、数量及分布现状进行了研究。陈长平等[6] 利用 2001 年 4 月至 2003 年 1 月资料对深圳湾湾顶的福田红树林保护区浮游植物群落结构和季节变化进行了研究。孙金水等[7] 根据 2006 年调查资料探讨了浮游植物月度变化及其生态特征，发现深圳湾浮游植物细胞丰度呈明显双周期变化，平面分布表现为由海湾中部向湾口递减的格局。张才学等[8] 研究了 2008 年 2 月至 11 月深圳湾浮游植物分布特征并探讨了浮游植物与营养盐之间的关系，从优势种的种类数和多样性指数分析，深圳湾浮游植物的群落结构已趋于单一化，生态系统抗干扰能力极为脆弱。袁超等[9] 根据 2010—2011 年实测资料，研究了深圳湾浮游植物季节变化及其与环境因子的关系，认为春季由于受到深圳河与降水的影响，水采浮游植物丰度最低；秋季各个环境条件适宜，浮游植物丰度达到最大；冬季温度成为限制浮游植物生长的重要因子。陈思等[10] 于 2013 年 8 月至 2014 年 4 月的春夏秋冬四季对深圳湾进行采样分析，并对调查区域内的浮游植物及其主要环境因子进行了相关性分析，认为浮游植物细胞丰度与环境因子的相关性关系在不同季节有显著差别，其中无机氮与浮游植物细胞丰度之间呈现正相关关系。

　　针对深圳河干流浮游植物群落调查相对较少，为全面了解和评价深圳河综合治理后深圳河干流的水生态环境改善情况，掌握深圳河的现状生态特征，并对深圳河生态健康状况进行评价，为今后深圳河生态环境系统改善奠定数据基础，对深圳河干流生态基础进行了研究。

基金项目：水利部重大科技项目（SKR-2022036）；深圳市水务发展专项资金项目"深圳河清淤策略复核研究"（SZR-QYCL）；国家自然科学基金青年基金（42006157）。

作者简介：吴门伍（1976—），男，教授级高级工程师，主要从事水力学及河流动力学、水生态环境研究。

2 深圳河概况

深圳河是深圳市的五大河流之一，位于珠江口东侧，东经 114°00′00″~114°12′50″、北纬 22°27′~22°39′之间，属珠江三角洲水系，且是深圳与香港特别行政区的界河。深圳河发源于其支流沙湾河黄牛湖水库上游海拔 214.5 m 的牛尾岭，后向西南流经深圳市区后注入深圳湾，全长 37 km，河道平均比降 1.1‰。深圳河干流自深圳河口至三岔河口，一级支流有 6 条，由上至下分别为莲塘河、沙湾河、梧桐河、布吉河、福田河、皇岗河，其中莲塘河左岸、平原河、梧桐河均在香港境内（见图 1）。深圳河主要支流是沙湾河，在三岔河口与莲塘河汇合后称深圳河。支流梧桐河在罗湖桥下汇入干流，布吉河在渔民村汇入，在下游汇入干流的还有福田河、皇岗河等。深圳河干流和一级支流均受潮汐的影响，现状感潮河段长约 13.6 km。深圳河水流汇入深圳湾。深圳湾地处深圳经济特区西南，为珠江口伶仃洋东侧中部的一个外窄内宽的半封闭海湾[11]。

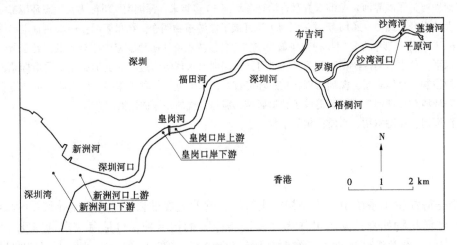

图 1　深圳河调查站位示意图

过去的 30 年来深圳河湾两岸经济的高速发展，给深圳河湾水域带来极大的环境压力[12-13]。深圳河流域水质总体处于 V 类水质，部分河段部分水质指标为劣 V 类，深圳湾内湾污染严重，与深圳河有较大关系。深圳湾的径流主要来自深圳河，深圳河汇入深圳湾年通量总磷为 140.2 t/a，氨氮为 1 174.8 t/a，COD_{Mn} 为 4 911.2 t/a[14]，对深圳河湾的生态环境造成了严重破坏，严重影响城市景观和人民的健康生活。

3 调查位置及方法

3.1 样品的采集与分析

2015 年 11 月 16—18 日与 2016 年 5 月 22—24 日，在深圳河干流沙湾河口、皇岗口岸和新洲河口 3 个区域 5 个调查站开展了浮游植物调查（见图 1）。

定性样品采集及检定方法：用 25 号浮游生物网捞取水体的浮游植物，用 5%的甲醛固定；带回实验室后，在显微镜下进行镜检，鉴别浮游植物的种类。

定量样品采集及检定方法：在每个调查断面取水柱混合水样，用有机玻璃采水器采集 1 L 水样，现场加入 1%的鲁哥氏碘液固定后带回实验室静置沉淀 48 h，浓缩至 30 mL 后再进行定量分析。分析时，从浓缩水样中吸取 0.1 mL 置于 10 mm×10 mm 的浮游生物计数框中，光镜下计数并换算成单位体积水体中浮游植物密度。

3.2 统计方法

3.2.1 香农-威纳指数 H′

香农-威纳指数是最常用的多样性指数[15]，表征群落的丰富性和均匀性两个方面的影响，其计算公式为：

$$H' = - \sum_{i=1}^{S} p_i \log_2 p_i \tag{1}$$

式中：S 为物种数；p_i 为群落中第 i 种在全部采样中的比例（$p_i = n_i/N$），n_i 为第 i 种的个体数，N 为所有物种的个体总数。

3.2.2 物种丰富性指数 d

物种丰富度指数 d 代表了样品中种类数目和密度的信息，表示一定密度中的种类数目，其计算公式为：

$$d = (S - 1)/\ln N \tag{2}$$

3.2.3 均匀度指数 J'

均匀度指数是通过估计理论上的最大香农-威纳指数（H'_{max}），然后以实际测得的 H' 对 H'_{max} 的比率来获得[15]，其计算公式为：

$$J' = H'/H'_{max} = H'/\log_2 S \tag{3}$$

3.2.4 水生生物群落优势种

通常水生生物群落优势种的确定如下[16]：

$$Y = (n_i/N)f_i \tag{4}$$

式中：n_i 为第 i 种的总个体数；N 为所有物种的总个体数；f_i 为第 i 种在各站位出现的频率。当 $Y > 0.02$ 时，定为优势种。

3.2.5 相关性指数分析

浮游植物与河流水质之间的相关性可以反映水利工程建设对水生生物群落的影响。Pearson 相关系数已被证明是一种有效的相关性分析工具，并已应用于许多领域[17-18]。Pearson 相关系数计算公式如下：

$$r = \frac{\sum (R_i - R_{av}) \cdot (G_i - G_{av})}{\sqrt{\sum (R_i - R_{av})^2 \cdot \sum (G_i - G_{av})^2}} \tag{5}$$

式中：R_i 为浮游植物或浮游动物指标单次监测值；R_{av} 为多次监测值的均值；G_i 和 G_{av} 分别为水质指标单次监测值和多次监测值的均值。r 的取值范围为 $-1 \sim +1$，$r = +1$ 表示完全正相关，$r = -1$ 表示完全负相关，$r = 0$ 表示不相关。

4 监测结果

4.1 种类组成

共鉴定出浮游植物 6 门 36 属 72 种（含变种），其中硅藻门 10 属 26 种，占浮游植物种类数的 36.11%；绿藻门 12 属 21 种，占浮游植物种类数的 29.17%；蓝藻门 7 属 13 种，占浮游植物种类数的 18.06%；裸藻门 2 属 7 种，占浮游植物种类数的 9.72%；甲藻门 3 属 3 种，占浮游植物种类数的 4.17%；隐藻门 2 属 2 种，占浮游植物种类数的 2.78%。

种类数两次监测结果相差不大，2015 年 11 月为 56 种，2016 年 5 月为 53 种。在硅藻门中菱形藻属种类最多，共有 7 种；其次为小环藻属，共有 5 种。在绿藻门中栅藻属种类最多，共有 6 种；其次为盘星藻属，共有 5 种。总体来看，两次监测成果种类相差不大，均是硅藻门总种数最大，2016 年夏季属类相对较多，达 30 属。

图 2 为各监测点监测种类数及占比对比图。由图 2 可知，新洲河口附近浮游植物种类数两次监测结果差异较大，新洲河口上游 2016 年 5 月较 2015 年 11 月高出 12 种，下游高出 10 种。组成方面差异相对较大，除甲藻外，其他各门类种数 2016 年 5 月均高于 2015 年 11 月。在种类组成方面，大体呈现硅藻>绿藻>蓝藻>裸藻>隐藻>甲藻。皇岗口岸上下游两次监测浮游植物总种类数基本相同，组成

方面略有不同，以硅藻、绿藻及蓝藻为主，其他两门类种类相对较少，大体呈现硅藻>绿藻>蓝藻>裸藻>隐藻>甲藻。沙湾河口 2015 年 11 月浮游植物种类数明显大于 2016 年 5 月，高出 19 种。其中硅藻、绿藻种类数高出数值较大，蓝藻、裸藻、隐藻种类数略高一点，甲藻种类数相同。在种类组成方面，两次调查均以硅藻和绿藻为主，其他门类相对较少，大体呈现硅藻>绿藻>蓝藻>裸藻>隐藻>甲藻。

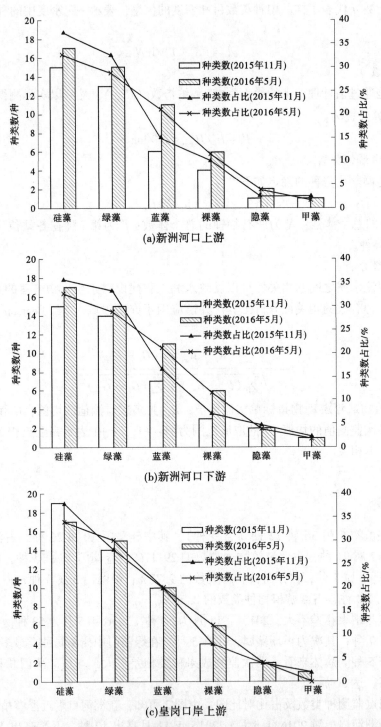

图 2　各监测点监测种类数及占比对比图

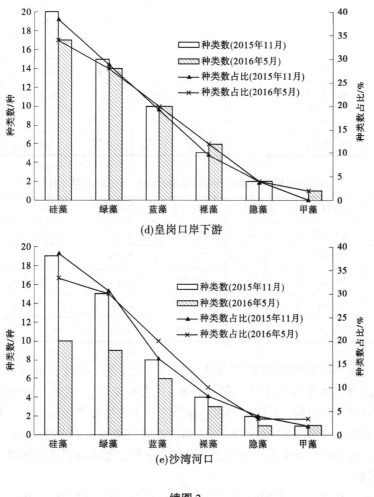

(d)皇岗口岸下游

(e)沙湾河口

续图 2

总体而言，深圳河上游，2015 年 11 月浮游植物种类数高于 2016 年 5 月；深圳河中游，两次监测的浮游植物种类数结果大致相同；深圳河下游浮游植物种类数则是 2016 年 5 月显著高于 2015 年 11 月。分析原因可能是由于在深圳河冬季温度相对较低，中上游硅藻大量繁殖，硅藻种类较多，造成深圳河浮游植物种类数在冬季中上游高于下游。但是在夏季，温度回升，同时深圳河流速较低，给蓝藻、绿藻大量繁殖创造了良好条件，抑制了硅藻及其他门藻种的繁殖，而在下游，处于河口处，咸淡水交汇，浮游植物种类数相对较多。

4.2 种群密度及优势种

从种群密度来看，秋季深圳河各监测点位浮游植物密度在 $117 \times 10^7 \sim 226.26 \times 10^7 \text{cells/m}^3$，其中以沙湾河口为最高，达到 $226.26 \times 10^7 \text{cells/m}^3$，新洲河口上游最低，为 $117 \times 10^7 \text{cells/m}^3$，见表 1。夏季深圳河监测点位浮游植物密度在 $44.88 \times 10^7 \sim 308.43 \times 10^7 \text{cells/m}^3$，平均密度为 $161 \times 10^7 \text{cells/m}^3$，其中以新洲河口下游为最高，达到 $308.43 \times 10^7 \text{cells/m}^3$，沙湾河口最低，为 $44.88 \times 10^7 \text{cells/m}^3$，见表 2。

从各监测点来看，秋季各监测点均以硅藻门占主导地位，除沙湾河口外，其他各监测点硅藻密度占比均达到 58%以上，其次还有相当数量的蓝藻和绿藻以及少量的裸藻、甲藻和隐藻。而在夏季，沙湾河口处仍然是硅藻门占优，而在皇岗口岸及新洲河口附近，蓝藻门密度占优，达 52%以上；其次硅藻门、绿藻门也有一定数量。

表 1 深圳河各监测点浮游植物密度分布（2015 年 11 月）　　　　单位：10^7cells/m³

采样点位	硅藻门	绿藻门	蓝藻门	裸藻门	甲藻门	隐藻门	合计	硅藻占比
沙湾河口	109.14	44.02	28.46	33.34	3.76	7.54	226.26	48.23%
皇岗口岸上游	128.90	29.24	23.27	19.75	1.91	1.73	204.8	62.94%
皇岗口岸下游	119.12	31.68	18.86	20.66	0	1.16	191.48	62.21%
新洲河口上游	74.88	15.21	14.72	8.68	1.16	2.35	117	64.00%
新洲河口下游	107.02	27.55	24.21	17.45	1.57	5.41	183.21	58.41%

表 2 深圳河各监测点浮游植物密度分布（2016 年 5 月）　　　　单位：10^7cells/m³

采样点位	硅藻门	绿藻门	蓝藻门	裸藻门	合计	硅藻占比	蓝藻占比
沙湾河口	28.86	7.23	6.45	2.34	44.88	64.30%	14.37%
皇岗口岸上游	32.67	10.32	77.52	3.75	124.26	26.29%	62.39%
皇岗口岸下游	29.82	12.60	69.00	4.53	115.95	25.72%	59.51%
新洲河口上游	29.94	15.36	161.07	4.71	211.08	14.18%	76.31%
新洲河口下游	33.36	15.48	254.07	5.52	308.43	10.82%	82.38%

从优势种来看，秋季各观测点优势种主要是小环藻、菱形藻、裸藻、栅藻、盘星藻、颤藻等，优势种浓度占比一般达到 80% 左右，其中沙湾河口测点优势种浓度达 90%，小环藻在各个观测点浓度占比都较大。夏季观测成果表明，沙湾河口以硅藻为主，主要优势种为喙头舟形藻、梅尼小环藻、羽纹藻等，其余 4 个采样点以绿藻为主，其次为硅藻，主要优势种有细小平裂藻、微小平裂藻、微囊藻、梅尼小环藻等。从空间分布来看，总体上从上游至下游浮游植物密度逐渐增高。

4.3 生物多样性分析

经计算分析可知（见表 3），深圳河各监测点浮游植物多样性指数在 1.959~4.26，2015 年 11 月高于 2016 年 5 月，在秋季以皇岗口岸下游为最高，新洲河口下游次之，沙湾河口最低；在夏季以沙湾河口最高，皇岗口岸下游次之，新洲河口下游最低。丰富度在 3.17×10^7~5.932×10^7cells/m³，2015 年 11 月低于 2016 年 5 月，秋季上下游变化不大，夏季上游沙湾河口略小于中下游，最高出现在皇岗口岸下游。均匀度在 0.495 7~0.790 8，秋季上下游变化不大，夏季上游沙湾河口最大，新洲河口下游最小。

表 3 深圳河浮游植物群落多样性统计

项目		沙湾河口	皇岗口岸上游	皇岗口岸下游	新洲河口上游	新洲河口下游
2015 年 11 月	香农-威纳指数 H'	3.61	4.02	4.26	3.79	4.14
	丰富度 d/（10^7 cells/m³）	3.17	3.77	3.7	3.55	3.66
	均匀度 J'	0.63	0.69	0.74	0.66	0.72
2016 年 5 月	香农-威纳指数 H'	2.741	2.442	2.525	2.232	1.959
	丰富度 d/（10^7 cells/m³）	4.24	5.883	5.932	5.755	5.521
	均匀度 J'	0.790 8	0.624 2	0.645 5	0.565	0.495 7

4.4 水环境污染关联性评价

根据浮游植物调查结果，优势种主要有梅尼小环藻、喙头舟形藻、菱形藻、裸藻、栅藻、盘星藻和颤藻，这些藻类均为水体有机污染指示种，且优势度较高，浮游植物密度相对较高，生物多样性指数也较高。清华大学深圳研究生院于 2015 年 8 月至 2016 年 8 月开展了为期一年的深圳河水质臭气监测评估[19]，深圳河干流 8 个断面监测结果表明，文锦渡桥上游水质较好，部分指标优于地表水 V 类水平；自罗湖桥至河口，水体 DO 浓度平均值低于 2.0 mg/L，主要水质指标包括 COD_{Cr}、BOD_5、NH_3-N、TN 和 TP 年平均值都超过 V 类水质标准水体，处于轻度黑臭状态。如深圳河口站，氨氮平均值为 5.70 mg/L，超标 1.85 倍；总磷平均值为 0.63 mg/L，超标 58%；总氮平均值为 7.84 mg/L，超标 2.92 倍，这些因素可能是浮游植物有机污染指示种密度较高的主要原因。根据水质监测报告，自 2009 年以来，深圳河水质逐年改善，但是没有达到转折性的拐点，水体仍然处于黑臭水平，因此浮游植物主要有机污染指示种优势种密度及优势度仍较高或较大。

5 相关性分析

运用 Pearson 相关系数计算公式对 2015 年 11 月和 2016 年 5 月检测的水质指标分别进行浮游植物的生物密度相关性分析，统计结果如图 3 所示。

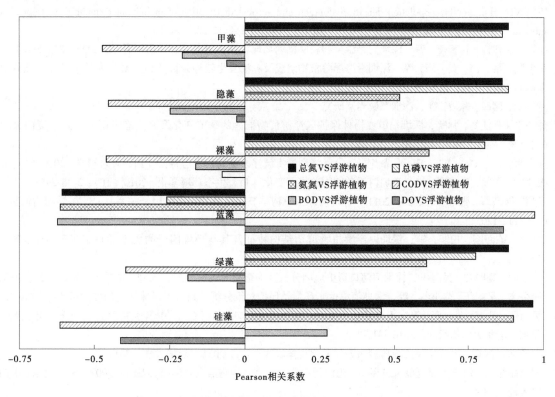

图 3 不同浮游植物与相应水质指标的相关性分析结果

从图 3 中可以看出，浮游植物与水质指标的正、负相关系数占比均为 50%，正、负相关性系数占比一致。其中，硅藻门、绿藻门浮游植物密度与总氮值相关性最强，蓝藻门浮游植物密度与 COD_{Mn} 值相关性最强，裸藻门、隐藻门、甲藻门浮游植物密度与总氮、总磷值相关性都较强。沙湾河口为深圳河感潮河段末端，主要为淡水；深圳河河口区为咸淡水交汇区，其中以咸水为主。在淡水中，能够产生水华的藻类有蓝藻、绿藻和硅藻，其中以蓝藻水华最为严重和难以治理[20]。基于图 3 的分析结果可以知道，深圳河水华防治过程应更加关注水质指标总氮、总磷的控制。

6 结论

（1）本次共鉴定出浮游植物 6 门 36 属 72 种（含变种），其中硅藻门 10 属 26 种，占浮游植物种类数的 36.11%；绿藻门 12 属 21 种，占浮游植物种类数的 29.17%。

（2）深圳河各监测点位浮游植物密度相对较低，处于贫、中营养水平，生物多样性与季节有关，秋季物种多样性多于夏季；夏季在新洲河口微囊藻密度相对较高，且夏季温度较高，有发生微囊藻水华的风险；秋季虽然生物多样性相对较高，但是监测到有相当数量的硅藻，条件适宜时存在向富营养化过渡的风险。

（3）深圳河总体超过 V 类水质标准水体，处于轻度黑臭状态。深圳河河口站氨氮平均值超标1.85 倍，总磷平均值超标 58%，总氮平均值超标 2.92 倍。从水质与浮游植物相关性结果可知，深圳河水华防治过程应更加关注水质指标总氮、总磷的控制。

（4）总体来看，深圳河现状生态环境较好，浮游植物种类繁多，但水质、水环境及外部生态环境也对深圳河生态环境造成了胁迫影响，需综合规划并保护性治理。

参考文献

[1] 郑重，张松踪，李松. 中国海洋浮游桡足类（上卷）[M]. 上海：上海科学技术出版社，1965.

[2] VICENTE H J. Monthly population density fluctuation and vertical distribution of meiofauna community in tropical muddy substrate [J]. Asian Fisheries Forum, Tokyo (Japan), 1989 (4)：17-22.

[3] 吴振斌，贺锋，付贵萍，等. 深圳湾浮游生物和底栖动物现状调查研究 [J]. 海洋科学，2002 (8)：58-64.

[4] 张冬鹏，黎晓涛，黄远峰，等. 深圳沿海浮游植物组成及赤潮发生趋势分析 [J]. 暨南大学学报（自然科学与医学版），2001 (5)：122-126.

[5] 冷科明，廖敏，陈波，等. 深圳海域赤潮研究 [M]. 北京：海洋出版社，2004.

[6] 陈长平，高亚辉，林鹏. 深圳福田红树林保护区浮游植物群落的季节变化及其生态学研究 [J]. 厦门大学学报（自然科学版），2005，44 (S1)：11-15.

[7] 孙金水，WAI Onyx Wing-Hong，戴纪翠，等. 深圳湾海域浮游植物的生态特征 [J]. 环境科学，2010 (1)：63-68.

[8] 张才学，周凯，孙省利，等. 深圳湾浮游植物的季节变化 [J]. 生态环境学报，2010 (10)：2445-2451.

[9] 袁超，徐宗军，张学雷. 2010—2011 年深圳湾浮游植物季节变化及其与环境因子关系 [J]. 海洋湖沼通报，2015 (1)：112-120.

[10] 陈思，陈海刚，田斐，等. 深圳湾浮游植物群落结构特征及其与环境因子的关系 [J]. 生态科学，2021，40 (1)：9-16.

[11] 吴小明，高时友，吴门伍. 深圳河河口历史成因分析及综合整治建议 [J]. 水利水电技术，2015 (2)：70-74.

[12] 段余杰，吴门伍，胡小冬，等. 深圳河湾生态环境及保护对策分析 [J]. 人民珠江，2017，38 (1)：79-82.

[13] 吴门伍，严黎，吴小明，等. 人类活动对深圳河生态环境影响分析 [C]//中国水利学会 2016 学术年会论文集. 北京：清华大学出版社，2016：317-322.

[14] 王子钊. 深圳河及其主要支流典型污染物变化规律研究 [D]. 北京：清华大学，2014.

[15] 国家海洋局. 海洋监测规范 第 7 部分：近海污染生态调查和生物监测：GB 17378.7—2007 [S]. 北京：中国标准出版社，2008.

[16] SUN J, LJU D Y, XU J, et al. The netz-phytoplanton community of the Central Bohai Sea and its adjacent waters in spring 1999 [J]. Acta Ecologica Sinica, 2004, 24 (9)：2003-2016.

[17] ADLER J, PAMRYD I. Quantifying colocalization by correlation：the Pearson correlation coefficient is superior to the mander's overlap coefficient [J]. Cytometry Part A, 2010, 77 (8)：733-742.

[18] DUNN K W, KAMOCKA M M, MCDONALD J H. A practical guide to evaluating colocalization in biological microscopy [J]. American Journal of Physiology-Cell Physiology, 2011, 300 (4)：C723-C742.

[19] 张锡辉. 深圳河水质臭气监测评估及对策研究 [R]. 深圳：清华大学深圳研究生院，2016：44-55.

[20] 严黎，罗欢，陈华香，等. 九曲湾水库浮游生物群落结构及水质相关性分析 [J]. 中国农村水利水电，2020 (8)：56-61.

广西农村水系连通及水美乡村建设实践与研究

韦志成　李绍磊

(广西珠委南宁勘测设计院有限公司，广西南宁　530007)

摘　要： 围绕实施乡村振兴战略的总体要求，广西依托水系连通及水美乡村试点的建设，系统梳理了农村水系面临的问题及需求，明确了治理目标、范围和标准，以河道为脉络，以乡村为节点，从防洪整治、环境治理、生态修复、景观营造、文化传承与强化管护等方面提出治理措施，打造生态美丽的幸福河，建设宜居宜游宜业水美乡村，可为其他水系连通及水美乡村建设提供参考和借鉴。

关键词： 乡村振兴；幸福河；水系连通；水美乡村

我国农村水系数量众多，在经济社会发展过程中发挥了基础性作用，但在灾害防御、生态环境等方面也积累了一些问题[1]。2019年以来，为加快推进乡村振兴，促进生态文明建设，改善农村人居环境，水利部、财政部联合启动水系连通及水美乡村建设试点工作。

广西自然条件优越，历史文化底蕴丰厚，地方民俗活动独具特色，具备打造宜居宜游宜业水美乡村的良好基础。近年来，广西阳朔、合浦、兴安、八步等多个县（区）入围整治试点县，各试点县根据区域特点、水资源条件和经济发展状况，在保障防洪安全上，构建良好水生态和优美水环境，打造特色水美乡村。

1　水系存在的主要问题

广西山区中小河流众多，分布广泛，集水面积小，河道比降大，水位暴涨暴落，由于大部分尚未开展系统治理，农村水系的防洪排涝保障能力较低，生态环境逐步恶化，文化景观挖掘及配套不足，河湖管理力度比较薄弱。农村水系主要问题清单见表1。

表1　农村水系主要问题清单

问题类别	主要问题	成因简析
水安全	岸坡崩塌	水系点多面广，基础设施落后，许多河段尚未开展系统整治，防洪涝能力低
	河道淤积、违规侵占	
	渠道、堰坝失修	
水环境	农村生活污水污染	污水处理率较低，污水管网配套不完善
	畜禽养殖排泄物污染	部分村民环保意识淡薄，畜禽排泄物处理方法简单落后
	农药、化肥、农膜等农业面源污染	沿岸农田，施放的农药、化肥随地表径流流入河流，造成污染
	建筑、生活垃圾随意堆弃	部分村民环保意识淡薄，贪图方便，沿岸有建筑、生活垃圾堆弃
	局部河段水体污染	小微企业、作坊、养殖企业处理能力与排污量不相平衡。违规洗砂，江水浑浊

作者简介： 韦志成（1980—），男，高级工程师，主要从事水利工程规划设计工作。

续表 1

问题类别	主要问题	成因简析
水生态	河道淤积、萎缩	河湖水系不连通、水体流通性差，部分河段断流
	河湖连通性差	地势较平坦，河床坡降小，流动性差，汛期洪水含泥沙量大
	水土流失	河流缺乏综合整治，抗冲能力差，局部岸坡崩塌
水景观	滨河植被种类单一	河岸多由野草覆盖，缺少多样性的植物群落，不利于水陆生境的营造，不利于河流廊道的生态发展
	景观设施配套缺乏	开发建设无序，缺少游玩憩息设施及安全防护设施
	水美乡村建设滞后	沿线大部分村庄均没有系统建设，乡村特色亮点不足
水文化	水文化挖掘、包装力度不足	自然风景未能与当地的历史文化背景结合，尚需进一步开发
水管护	监管力度不够	河湖管理保护执法队伍人员少、经费不足、装备差、力量弱
	监管机制不完善	监管范围广、涉及多个部门，执法责任分解不彻底；评议考核、工作奖惩、培训等激励制度不健全
	社会力量参与度不高	尚未形成全民爱河、护河氛围，未出台相应的激励机制调动社会力量参与监督的积极性
	水域与岸线空间规划、开发利用无序	各部门对河流水域和岸线空间的合理利用与管理保护的理解不同，导致现状河流水库的水域与岸线空间规划不一、开发利用无序
	侵占河道	沿线村民法制意识淡薄，与水争地，在河滩占用河岸

2 治理目标、范围及标准

2.1 治理目标

按照乡村振兴战略提出的"产业兴旺、生态宜居、乡风文明、治理有效、生活富裕"总要求[2]，针对现状河流水系存在的突出问题，广西以县（区）域为单元，以河流为脉络，以村庄为节点，通过水系整治、生态修复、景观营造、文化挖掘、岸线优化利用等措施，恢复农村河湖基本功能、修复河道空间形态、提升河湖水环境质量，将农村水系打造成生态美丽的幸福河，建成全区有影响力的河道样板，促进乡村全面振兴[3]。

2.2 治理范围

根据水系现状情况、存在问题以及面临的形势，治理范围一般选择人口较聚集，湖塘密布，河洪涝灾害频繁，生态环境问题治理迫切，具有一定治理基础和条件可行性，效果的示范带动性显著的河段。

2.3 治理标准

根据治理目标，结合流域地形地貌特点、水资源禀赋及社会经济发展状况，从河道功能、河流河势、岸线岸坡、水土保持、河湖水体、防污控污、人文景观、管理机制等8个方面分别提出治理标准及定性、定量指标相结合的指标体系，标准和目标见表2。

表 2　农村水系综合治理标准和目标

类别	指标	治理标准	指标属性	说明
河道功能	防洪能力	5~10 年一遇	约束性	农村河段主要涉及乡村和农田，不涉及乡镇所在地
河流河势	保持河势稳定的河段比例	100%	约束性	治理范围的河段基本不发生平面摆动，主河槽断面形状总体变化不大
	河流连通性	良好	约束性	纵向无阻隔洄游性水生生物洄游通道的工程或工程适宜过鱼，横向保护和恢复滩地湿地系统，维护和恢复清水河干流与支流的水力及生态联系，河流水体自然流动
	河流空间形态	良好	约束性	"四乱"现象基本消除
岸线岸坡	生态岸线率	80%以上	约束性	尽量维持自然岸线，治理尽量采用生态措施
	岸坡稳定的河段比例	100%	约束性	治理范围内没有发生明显滑坡、崩岸的河段
水土保持	治理范围内工程水土保持治理率	100%	约束性	配套相应的水土保持措施，严控水土流失
河湖水体	水质	Ⅲ~Ⅳ类	约束性	
	水功能区水质达标率	100%	约束性	达到最严格水资源管理考核制度确定的目标要求
	水体感观	良好	约束性	水体清澈
防污控污	农村污水集中处理率	90%	约束性	加强城镇污水处理基础设施建设与运营管理
	农村垃圾处理率	100%	约束性	加强环保基础设施建设和运营管理
	农村卫生厕所普及率	≥95%	参考性	推进实施农村卫生厕所改造
	规模以上入河排污口监测覆盖率	100%	约束性	
人文景观	河流两岸自然人文景观示范点数量	新建若干个水美景观乡村	参考性	建设具有地域特色、乡野情趣，体现水文化的滨水景观示范村
管理机制	管护制度健全率	80%	约束性	建立基本健全的管护制度
	管护主体	明确	约束性	按管护单元划分管护主体，明确管护内容和责任
	管护经费落实程度	足额100%	约束性	多渠道筹集管护经费，确保经费足额100%落实
	管理范围划定完成率	100%	约束性	河流全部完成管理范围划定

2.4　主要建设内容及投资

广西部分水美乡村整治试点县（区）的建设内容和投资情况见表 3。

表 3　广西部分水美乡村整治试点县（区）的建设内容和投资

试点县	主要建设内容	资金筹措渠道
阳朔县	水系连通 7.6 km、清淤疏浚 12.9 万 m^3、堤岸防护 10.5 km、滨岸带治理 3.79 km^2、水土流失综合治理 1.26 km^2	总投资 4.996 亿元，其中申请中央资金 1.50 亿元，申请自治区级资金 0.90 亿元，通过地方债券融资 0.66 亿元，通过土地出让金投入 1.0 亿元，整合政府一般性预算资金 0.24 亿元，吸引社会资金 0.70 亿元
合浦县	水系连通 3.2 km、河面清障 0.04 km^2、清淤疏浚 62.7 万 m^3、新建生态护岸 32.54 km、滨岸带治理 0.74 km^2、水土流失综合治理 2.07 km^2	总投资 5.66 亿元，其中申请中央资金 1.50 亿元，其余 4.16 亿元通过自治区补助、地方自筹和引入社会资金解决
兴安县	清淤疏浚 26.1 万 m^3、新建改建生态护岸 53.2 km、滨岸带治理 1.06 km^2	总投资 3.24 亿元，其中申请中央资金 1.50 亿元，争取自治区财政资金 0.90 亿元，通过县级财政、土地出让金、地方债券等筹措资金 0.84 亿元
八步区	水系连通 3.2 km、河面清障 0.04 km^2、清淤疏浚 62.7 万 m^3、新建生态护岸 32.54 km、滨岸带治理 0.74 km^2、水土流失综合治理 2.07 km^2	总投资 2.792 亿元，其中申请中央资金 1.50 亿元，争取自治区财政资金 0.90 亿元，通过县级财政、土地出让金、地方债券等筹措资金 0.392 亿元
覃塘区	治理河道长度 53.75 km，水系连通共 15.52 km，清淤疏浚河长 53.75 km，岸坡整治 19.31 km，配套管护道路 8.92 km	总投资 3.17 亿元，其中申请中央补助资金 1.2 亿元，自治区补助资金 0.72 万元，地方自筹资金 0.62 亿元，政府平台公司融资贷款 0.63 亿元

3　主要治理方案

水美乡村综合治理以洪涝灾害防治、生态环境保障为重点，并对农业生产提升、乡村风貌改造、人文历史传承、生态旅游打造等起辐射作用；治理方案主要包括防洪整治、环境治理、生态修复、景观建设、文化传承与强化管护等内容。

3.1　防洪整治

3.1.1　清淤疏浚

根据河道特点，结合上下游情况，确定疏浚范围和规模，恢复和提高河道行洪能力，同时可增强水体流动性，改善河湖水质[4]。一般上游河道较窄，水深较浅，可以采用排干清淤法进行清淤；中下游由于河道较宽，河道情况比较复杂，可以采用排干清淤和水下清淤相结合的方法进行清淤。

3.1.2　河面清障

对人为侵占河道，严重影响过洪的违建、垃圾依法清除，消除侵占水域空间的现象，逐步退还生态空间，恢复水系的自然面貌。

3.1.3　堤岸防护

水系两岸主要为乡村及农田，应保持自然原生环境的特质，除局部冲刷、崩塌段需进行必要防护和清淤疏浚外，尽量保持河道沿线地形地貌的自然形态，保留河道自然蜿蜒形态，保障生态系统完整性及水体的连通性、流动性。

堤路结合,尽可能保留河滩地,考虑岸坡生态景观等需求,选择适宜人流活动和当地材料充足的护岸形式,如植物护岸、卵石护岸等,尽量减少和避免硬质护岸对水生态系统产生不良影响。

3.1.4 堰坝改造

水系范围有多处具有灌溉、发电功能的小型堰坝,需维持其原有功能,对破损严重的坝工可进行改造加固或拆除重建,既要保证防洪要求,又要考虑增加景观功能,如表面贴砌卵石或改造为鱼鳞坝等,并增设生态泄流管,满足行洪、灌溉、生态和景观蓄水的需要。

3.2 环境治理

3.2.1 农村生活污水处理

对于布局分散、人口规模较小、地形条件复杂、污水不易集中收集的村庄,宜采用无动力的庭院式小型湿地、污水净化池和小型净化槽等分散处理技术;布局相对密集、人口规模较大、经济条件好的连片村庄,宜采用活性污泥法、生物膜法和人工湿地等集中处理技术[5]。

3.2.2 畜禽养殖污染防治处理

控制水域开发水产养殖等项目,开展分散家庭养殖户畜禽粪便贮存设施、规模化养殖场废弃物综合利用设施和养殖废水处理设施建设。

3.2.3 农村耕地外源性污染防控

开展污染物清理和治理工程,做好分类普查,因地定策,选取适宜的水土保持、生态恢复、土地复垦等技术措施,避免污染物的进一步增加与扩展。

3.3 生态修复

3.3.1 水系连通

在自然或人工形成的江河湖库水系基础上,通过河道开挖、涵管沟通等措施,恢复河道、水塘、湿地等各类水体的水力联系,增强水系自然连通性,促进水体有序流动,以维持相对稳定的流动水体及其联系的物质循环。

3.3.2 浮岛湿地

保留和构建生态浮岛湿地,形成长期稳定的生态系统,充分利用其生态净化的功能,同时也为微生物和水生动物提供栖息场所。

3.3.3 水源地保护

治理范围内有多处水源地保护区及重点区域,通过清洁小流域治理与水土保持治理措施,减少水土流失。对保护范围内的村屯采取必要的治污措施,对林草地进行封禁保育,有条件的农田实施退耕还林。

3.4 景观建设

重点打造若干个水美乡村建设示范点,通过对原有遗迹遗址、古树古桥等重要景观节点的保护、修复和重建,完善相关配套设施,将沿岸自然山水、人文历史、农业产业、山庄民宿等有机串联起来,实现工程效益、环境效益和社会效益多赢[6]。

3.5 文化传承

在河道沿线适宜位置修建水文化科普廊道、小广场等公共服务设施,下一步可定期举办以保护水生态环境为主题的宣传活动,利用自媒体和电视、电台等手段,采用有奖问答、网络互动、线上答题竞赛的方式科普水知识,传播水文化,提高人们对水环境的保护意识。

3.6 强化管护

治理河道已基本完成河湖管理范围划定工作,并设置了河道管理范围线界桩,下一步应落实责任和经费,完善日常管护机制,加强定期巡查,严控河湖空间侵占,规范河湖岸线使用审批管理。

由于水系面广线长,巡查管理工作量大,需结合河湖长制信息管理平台,在河湖水系的重要位置增加必要的视频监控,实现自动采集、自动传输、实时监控的信息化管理。

鼓励倡导公众团体积极参与水美乡村的建设和保护,出台相应的激励机制调动社会力量参与监督的积极性。

4 结语

农村水系连通及水美乡村建设涉及防洪整治、环境治理、生态修复、景观建设、文化传承、强化管护等内容，关联到县域规划布局、土地开发利用、产业结构优化、交通基础建设等方面，需要各级政府高度重视，充分发挥政府的主导作用，调动各方面的积极性和主动性，加强政府与企业、社会公众的合作，多渠道筹集资金，合力破解建设和保护中出现的问题。

参考文献

［1］付清，李明. 甘肃省临泽县水美乡村建设实践与探索［J］. 水资源开发与管理，2023，9（6）：81-74.

［2］刘昱，徐昕，孙丹丹，等. 基于水美乡村建设背景下的农村水系空间景观营建［J］. 水利规划与设计，2023（6）：39-42.

［3］丛茂昆. 水美乡村建设助力南芬高质量发展［J］. 中国水利，2022（12）：32-33.

［4］彭群平. 分宜县农村水系综合整治策略研究［J］. 黑龙江水利科技，2020，48（10）：125-127，145.

［5］龙珍，张亚平，管永祥，等. 江苏省太湖流域农村生活污水处理设施建设情况剖析［J］. 安徽农业科学，2015，43（11）：220-224.

［6］朱小飞，董敏，张瑜洪. 江苏在推进中小河流治理中打造幸福河［J］. 中国水利，2022（8）：8-13.

北盘江干流已建水利水电工程生态流量的复核确定

农　珊[1]　张海发[2]　刘和昌[1]

(1. 水利部珠江水利委员会技术咨询（广州）有限公司，广东广州　510610；
2. 水利部珠江水利委员会珠江水利综合技术中心，广东广州　510610)

摘　要：北盘江是西江上游左岸最大支流，水能资源开发程度较高，在已有工作的基础上，综合考虑河流生态流量保障要求、工程调度能力与开发利用功能、已批复生态流量保障目标等方面，复核确定工程生态流量，对于河湖生态流量保障至关重要。本文分别采用 Q_p 法与 Tennant 法复核计算各水电站生态流量，取两种方法中的大值，并协调已印发的河流考核断面生态流量目标值后，综合确定工程需下泄的生态流量。

关键词：已建水利水电工程；生态流量；复核确定；北盘江

1　引言

生态流量目标是控制水资源开发利用强度，协调生产、生活和生态用水的重要指标[1]。水利水电工程在调节径流、配置水资源、维系河湖健康、复苏河湖生态环境等方面具有重要的作用，尤其是大中型工程建设对河湖生态流量保障起关键作用。2022 年 11 月，水利部印发《已建水利水电工程生态流量核定与保障先行先试工作方案》，全面部署开展"先行先试"工作。

本文在"先行先试"工作基础上，梳理北盘江已建水利水电工程已有生态流量成果，分别采用 Q_p 法与 Tennant 法复核计算北盘江具有调节性能各水电站生态流量，取两种方法中的大值，并协调已印发的河流考核断面生态流量目标值后，综合确定工程生态流量，以期为全面推进已建水利水电工程生态流量管理工作提供思路和借鉴。

2　资料和方法

2.1　研究对象

2.1.1　基本概况

北盘江干流及上游支流具有调节功能的大中型水利水电工程主要有万家口子、毛家河、响水、善泥坡、光照、马马崖、董箐等梯级，北盘江水系见图 1，主要工程特性及纵剖图分别见表 1 和图 2。

2.1.2　涉水生态敏感区分布情况

北盘江干流及附近重要的涉水生态敏感区主要有珠江源省级自然保护区、贵州北盘江大峡谷国家湿地公园、贵州六盘水牂牁江国家湿地公园、西泌河云南光唇鱼国家级水产种质资源保护区共 4 个。

2.2　数据资料

北盘江干流主要分布有大渡口水文站、盘江桥水文站、这洞水文站，可渡河上有小寨水文站，可作为计算参证站，资料系列为建站至 2016 年实测径流成果，其中这洞水文站 2005 年初撤站，资料系列至 2004 年。

作者简介：农珊（1983—），女，高级工程师，主要从事水利工程规划与设计研究工作。
通信作者：张海发（1976—），男，正高级工程师，主要从事水利工程勘察及咨询工作。

图 1　北盘江水系

表 1　北盘江主要水利水电工程特性

工程名称	所在河段	集水面积/ km²	总库容/ 亿 m³	装机容量/ 万 kW	开发方式	调节性能	工程任务
万家口子	革香河	4 685	2.74	18	坝后式	不完全年调节	发电
毛家河	革香河	4 755	0.13	18	引水式	日调节	发电
响水	革香河	5 036	0.08	23	引水式	日调节	发电
善泥坡	北盘江	8 920	0.85	18.55	引水式	日调节	发电
光照	北盘江	13 584	32.45	104	坝后式	不完全多年调节	发电航运
马马崖	北盘江	16 068	1.7	55.8	坝后式	日调节	发电航运
董箐	北盘江	19 693	9.55	88	坝后式	日调节	发电

2.3　计算方法

本文梳理已印发的环评专题或水资源论证专题中确定的电站生态流量，采用 Q_p 法与 Tennant 法复核计算各水电站生态基流目标，分析工程生态流量目标与考核断面生态流量保障目标、上下游不同工程生态流量目标之间的协调性[2]，综合确定北盘江上各水电站生态流量。

对于引水式水电站，先根据确定的引水式水电站坝址处生态流量，再分析现状坝下生态流量的合理性，最后根据坝址处生态流量目标值扣除坝下生态流量目标值，得出发电尾水断面生态流量。

根据《已建水利水电工程生态流量核定与保障先行先试工作方案》（水资管〔2022〕402 号），生态基流保障程度原则上不低于 90%~95%，故北盘江梯级生态基流目标保证率原则上不小于 90%，即

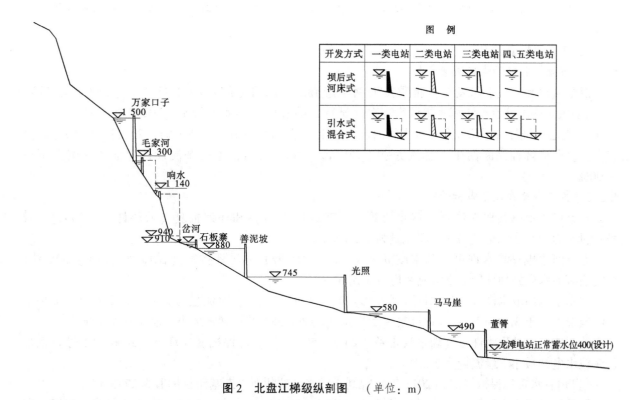

图2　北盘江梯级纵剖图　（单位：m）

Q_p 法保证率选为90%；根据 Tennant 法研究结论，天然年平均流量的10%对于大多数水生生命体，是建议的支撑短期生存栖息地的最小瞬时流量，故本次 Tennant 法取10%[3]。

3　水利水电工程生态流量目标分析

3.1　生态用水需求分析

生态流量包括基本生态流量和目标生态流量[1-4]。

基本生态流量：指维系河流、湖泊、沼泽给定的生态环境保护目标所对应的生态环境功能不丧失，需要保留在河道内的最小流量。基本生态流量包括生态基流、敏感期生态流量、不同时段生态流量、全年生态流量等不同指标。其中，生态基流指维系河流基本形态、生物基本栖息地和基本自净能力的需水量，主要用来控制非汛期河道内生态环境用水需求。敏感期生态流量指维系生态敏感区水生生物生存、繁衍等基本需求的需水量[4-6]。

目标生态流量：指维系给定目标下生态环境功能的需水量，主要用来控制河道外供水对水资源的最大消耗量[4-6]。

北盘江流域分布有4个省级及以上生态敏感区，其中珠江源省级自然保护区分布在源头区域，距下游万家口子水电站84 km左右，基本不受万家口子水电站的影响，本次不考虑该自然保护区生态用水需求。

贵州六盘水牂牁江国家湿地公园与西泌河云南光唇鱼国家级水产种质资源保护区均位于北盘江干流中游河段，与上游善泥坡水电站相距约53 km，与下游董箐水电站相距约88 km，位于光照水电站和马马崖水电站之间，受光照水电站下泄流量和马马崖水电站蓄水水位影响，考虑到光照水电站和马马崖水电站尾水已回至光照水电站坝下，马马崖水电站水位正常运行即可保障湿地公园水深要求。

贵州北盘江大峡谷国家湿地公园位于董箐水电站库区，是在董箐水电站形成库区后成立，主要受马马崖水电站下泄流量和董箐水电站蓄水水位影响，董菁水电站库区水位维持正常即可保障湿地公园水深要求。

综合以上分析，考虑到北盘江主要水利水电工程下游无规模以上取水口，本次复核分析仅考虑生态基流。

3.2 已有成果批复情况

3.2.1 河流控制断面生态流量目标

根据《水利部关于印发第一批重点河湖生态流量保障目标的函》（水资管函〔2020〕43 号）、《珠江委关于印发北盘江流域水量调度方案（试行）的通知》（珠水资管函〔2020〕455 号）、《省水利厅 省生态环境厅关于印发第一批省管河流生态流量保障目标的函》（黔水资〔2020〕16 号），北盘江大渡口和董箐控制断面生态基流分别为 20 m³/s 和 50 m³/s，生态基流设计保证率原则上不小于 90%。

3.2.2 各工程生态流量审批情况

万家口子水电站取水许可（珠水资管函〔2021〕75 号）和环评批复（云环许准〔2008〕292 号）批复万家口子水电站最小下泄流量为 7.38 m³/s。

毛家河水电站取水许可（珠水政资函〔2007〕215 号）和环评批复（黔环函〔2006〕325 号）批复毛家河水电站坝址最小下泄流量均为 3.5 m³/s。

响水水电站取水许可（珠水许可〔2018〕21 号）批复最小下泄流量为 2 m³/s，不发电时最小下泄流量应不少于 3.96 m³/s；环评批复（黔环函〔2006〕385 号）确定最小下泄流量为 3.96 m³/s。

善泥坡水电站取水许可（珠水政资函〔2015〕507 号）和环评批复（环审〔2006〕91 号）批复善泥坡水电站最小下泄流量为 7 m³/s。

《贵州省水资源保护规划》（2018 年）规划光照水电站断面生态基流目标值为 27.6 m³/s。

马马崖一级水电站环境影响报告书批复（环审〔2011〕322 号）确定"电站初期蓄水和运行期下泄不低于 31 m³/s 的生态流量"。

董箐水电站取水许可（编号 A522325S2021−1077）批复最小下泄流量为 23.65 m³/s，但在下游码头航运有需要时应不小于流量 89.2 m³/s；环评批复（环审〔2008〕94 号）董箐水电站全时段最小下泄流量为 89.2 m³/s。

3.3 已建水利水电工程生态流量核定

3.3.1 各工程径流计算成果

万家口子水电站下游约 26 km 处有大渡口水文站，可渡河上有小寨水文站。大渡口、小寨水文站均有 1963—2016 年水文系列天然径流数据；毛家河和响水水电站下游、善泥坡水电站上游有大渡口水文站，可作为毛家河、响水、善泥坡水电站生态基流计算的主要参证站。根据式（1）、式（2）、式（3）计算各水电站径流：

$$Q_{坝址} = \left[F_{坝址} / (F_{大} - F_{可}) \right] (Q_{大} - Q_{可}) \tag{1}$$

$$Q_{可} = (F_{可} / F_{小}) Q_{小} \tag{2}$$

$$Q_{善} = (F_{善} / F_{大}) Q_{大} \tag{3}$$

式中：$Q_{坝址}$ 为万家口子坝址月平均来水量，m³/s；$F_{坝址}$ 为万家口子坝址集水面积，km²（$F_{坝址} = 4\ 685$ km²）；$F_{大}$ 为大渡口站集水面积，km²（$F_{大} = 8\ 454$ km²）；$F_{可}$ 为可渡河集水面积，km²（$F_{可} = 3\ 031$ km²）；$F_{小}$ 为小寨站集水面积，km²（$F_{小} = 2\ 082$ km²）；$Q_{大}$ 为大渡口站月平均来水量，m³/s；$Q_{可}$ 为可渡河月平均来水量，m³/s；$Q_{小}$ 为小寨站月平均来水量，m³/s；$Q_{善}$ 为善泥坡坝址月平均来水量，m³/s；$F_{善}$ 为善泥坡坝址集水面积，km²（$F = 8\ 920$ km²）。

各水电站最枯月平均流量频率曲线见图 3～图 6。

光照水电站下游、马马崖水电站上游设有盘江桥水文站，控制集水面积 14 492 km²，可作为光照水电站、马马崖水电站生态基流计算的主要参证站。考虑到光照水电站、马马崖水电站集水面积分别为 13 584 km²、16 068 km²，与盘江桥水文站集水面积之差占其比重分别为 6.62%、9.8%，均未超过 15%，采用盘江桥水文站面积比的一次方求径流。

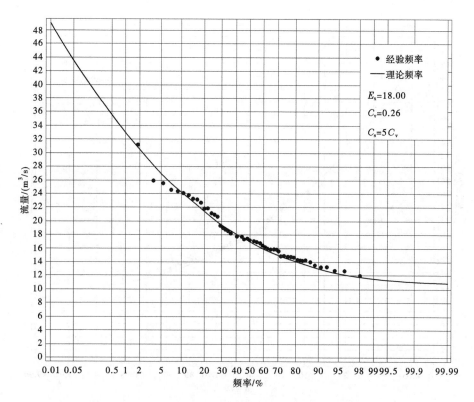

图3 万家口子水电站最枯月平均流量频率曲线

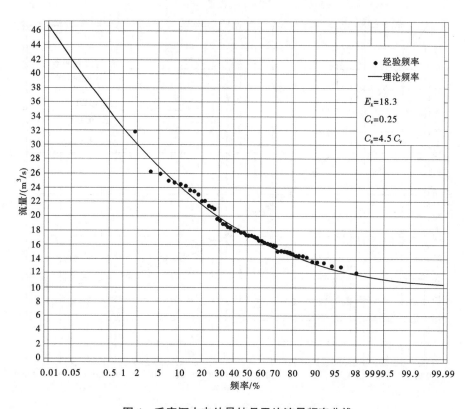

图4 毛家河水电站最枯月平均流量频率曲线

董箐水电站坝址下游约 17 km 处原有这洞水文站，这洞水文站集水面积 2.04 万 km²。董箐水电站集水面积 19 693 万 km²，与这洞水文站集水面积之差占其比重为 3.3%，根据这洞水文站按面积比

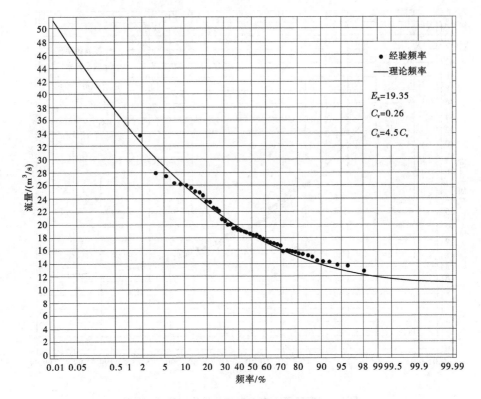

图5 响水水电站最枯月平均流量频率曲线

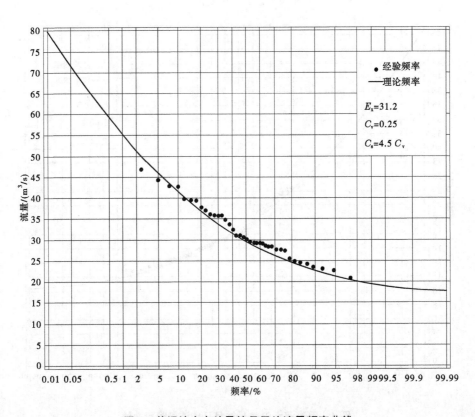

图6 善泥坡水电站最枯月平均流量频率曲线

一次方推求径流。

各工程径流计算成果见表2。

表2　各工程径流计算成果

工程名称	集水面积/km²	流量值/(m³/s)		
		多年平均 P=10%	最小月均值	最小月均 P=90%
万家口子	4 685	7.38	18	13
毛家河	4 755	7.46	18.3	13.3
响水	5 036	7.9	19.35	13.9
善泥坡	8 920	12.4	31.2	22.6
光照	13 584	25.24	45.2	27.4
马马崖	16 068	29.94	53.6	32.5
董箐	19 693	38	72.36	50

3.3.2 生态基流的确定

采用 Q_p 法、Tennant 法分别复核计算水电站生态基流，在协调已有成果及上下游考核断面生态流量目标值基础上，取其中偏大值（Q_p 法计算成果）作为水电站的生态流量目标值。

对引水式水电站毛家河水电站、响水水电站、善泥坡水电站分别分析坝下生态基流。

毛家河水电站坝址下泄生态流量取多年平均流量的5%，即为3.86 m³/s，再扣除坝址至厂址区间面积68 km² 减水河段区间多年平均枯水期水量0.4 m³/s，得坝下生态基流为3.46 m³/s。扣除后发电尾水生态基流为9.8 m³/s。

根据《贵州响水水电站环境影响后评价报告》（2018年），响水水电站坝下考虑3.96 m³/s 河道生态环境需水量，响水水电站蓄水运行至今，下放生态流量有效改善了大坝下游减脱水河段的水生态环境。扣除响水坝下生态基流后发电尾水生态基流为9.94 m³/s。

现状善泥坡水电站坝下主要通过坝后5.5 MW 生态小机组泄放7 m³/s 生态流量[5]，扣除后发电尾水生态基流为15.6 m³/s。

各工程生态流量目标成果见表3。

表3　各工程生态流量目标成果　　　　　　　　　　单位：m³/s

序号	水电站	生态基流			本次推荐成果		
		已有成果	本次计算		推荐成果	其中	
			Tennant 法	Q_p 法		坝下	发电尾水
1	万家口子	7.38	7.38	13	13	—	—
2	毛家河	坝下：3.5	7.46	13.3	13.3	3.5	9.8
3	响水	坝下：3.96	7.9	13.9	13.9	3.96	9.94
4	善泥坡	坝下：7	12.4	22.6	22.6	7	15.6
5	光照	27.6	25.24	27.4	27.6		
6	马马崖	31	29.94	32.5	31		
7	董箐	50	38	50	50		

3.3.3 生态流量协调性分析

各水电站生态流量上、下游断面及河流考核断面协调性分析见表4。总体上看，本次复核确定的生态流量与大渡口、董箐等河流考核断面已批复的目标值相衔接，上下游流量基本协调。

表 4　各水电站生态流量上、下游断面协调性分析成果

序号	控制断面	集水面积/ km²	生态基流/ (m³/s)	计算方法	成果分析	说明
1	万家口子	4 685	13		占多年平均径流量的 17.7%	
2	毛家河	4 755	13.3		占多年平均径流量的 17.8%	
3	响水	5 036	13.9		占多年平均径流量的 17.6%	
4	大渡口	8 454	20		占多年平均径流量的 17.0%	考核断面
5	善泥坡	8 920	22.6	最枯月平均径流量 Q_{90}	占多年平均径流量的 18.2%	
6	光照水电站	13 584	27.6		占多年平均径流量的 11.0%	
7	马马崖水电站	16 068	31		占多年平均径流量的 10.4%	
8	董箐(水电站)	19 693	50		占多年平均径流量的 13.1%	
9	董箐 (河流断面)	19 693	50		占多年平均径流量的 13.1%	考核断面

4　结语

（1）本文在保障河流控制断面生态流量目标的基础上，复核确定了北盘江光照水电站、董箐水电站等重要已建水利水电工程生态流量，可为其他河流已建水利水电工程核定生态流量提供一定的参考。

（2）北盘江分布有国家湿地公园等多个生态敏感区，现阶段对于生态敏感区或重要保护物种生态需水规律还缺乏长期、权威的研究或观测成果，具体生物群落或种群的生态需水规律较为复杂，敏感生态流量目标的确定仍需要开展持续性的研究工作。

参考文献

[1] 黄亮，许衡，王丽，等．珠江流域河湖生态流量目标确定与管理实践 [J]．中国水利，2022 (7)：71-73.

[2] 张建永，黄锦辉，孙翀，等．已建水利水电工程生态流量核定和保障思路研究 [J]．水利规划与设计，2023 (8)：1-4，9.

[3] 刘双阳．浅谈河流生态流量确定与保障 [J]．治淮，2020 (9)：11-12.

[4] 林育青，陈求稳．生态流量保障相关问题研究 [J]．中国水利，2020 (15)：26-28.

[5] 魏浪，陈国柱．北盘江善泥坡水电站生态流量的确定及其保障措施 [J]．贵州水力发电，2007 (1)：11-14.

[6] 罗志远，杨荣芳，吴刚．贵州省乌江流域生态基流分析及保障方案 [J]．人民珠江，2018，39 (5)：38-40.

滨湖新区水系连通规划方案研究

鲍晓波　李华伟　朱秀全

（中水淮河规划设计研究有限公司，安徽合肥　230601）

摘　要： 某城市滨湖新区毗邻龙子湖风景区，为市行政中心所在区域。新区的现状水系水面相互独立，区域内水系封闭，水体流动性极差，不能满足人民群众对健康宜居河湖生态环境的需求。为创造良好人居环境，规划滨湖新区水系连通方案，采用河道开挖、涵管埋设、泵站提水等工程措施沟通现有水系，增强水体流动性。打造集"水畅、河清、岸绿、景美"于一体的河道水系生态系统与空间景观，做到水与城市的有机融合，构建滨湖新区市政水生态绿色廊道。

关键词： 水生态；水系连通；河道；泵站

1　城市区域概况

1.1　地理概况

皖北某城市是安徽省重要的交通枢纽、综合性工业城市，位于安徽省东北部，全市总面积 5 952 km^2，市区常住人口超百万人。

龙子湖片区位于中心城区东南侧，龙子湖西岸的滨湖新区规划占地约 6 km^2，为市行政中心所在区域，规划打造成为集商务、办公、居住、休闲、旅游为一体的现代综合型城市新区。龙子湖东、南、西三面大都为丘陵区，湖底高程约 14.0 m，在正常蓄水位 17.50 m 时，湖面面积约 8.7 km^2。龙子湖及周边已开发为龙子湖风景区，成为城市的观光游览胜地。

1.2　水文气象

该地区位于淮河流域中游，地处我国南北气候过渡带。多年平均降水量约为 939 mm，6—9 月降水量占全年降水量的 60%~80%。该地区多年平均气温 15.2 ℃，1 月平均 1 ℃，7 月平均 28.1 ℃，极端最高气温 44.5 ℃（1932 年）。

2　水生态环境问题及建设必要性

滨湖新区的水生态环境近年来不断改善，但新区现状水系水面相互独立，零散分布，且无水源保障，现有水系难以形成集聚效应，无法保证河道生态需水要求。区域内水系缺乏完善的排水通道，水体流动性极差，遇水污染突发事件应对措施不足。

水是城市的灵魂，城市因水而灵动，妥善解决好水资源等问题，创造良好的人居环境，是推动城市可持续发展的支撑。针对上述问题，规划对水资源进行合理调度，加强水体间的关联度，开展生态绿廊建设。工程实施后，将提高生态系统的自我调控能力，有效改善水质，使城区成为真正的环境优美、适宜人居的生态山水园林城市。

3　水系连通规划方案

3.1　规划任务

根据《蚌埠市滨湖新区控制性详细规划》[1]，本次规划采用河道开挖、涵管埋设、泵站提水等工

作者简介：鲍晓波（1973—），男，高级工程师，主要从事水利工程设计工作。

程措施沟通现有水系，增强水体流动性，打造集"水畅、河清、岸绿、景美"于一体的河道水系生态系统与空间景观。

滨湖新区景观水系连通工程位于龙子湖西北侧，工程起点位于龙湖路与环湖西路交叉口，涉及滨湖中央公园以及龙湖路、龙腾路、中央景观河道等多个区块。

本次水系连通工程涉及区域除中央公园区域高程较高（约为 24.0 m），其他区域地势起伏较小，高程为 20.41~21.58 m。

3.2 总体方案

工程选择在龙子湖岸边设计取水工程，通过采取泵水、净化过滤等措施后进入规划河道内，龙子湖水量充沛，为区域水体流动提供了水源和动力条件。

通过整治开挖河道、涵管连接、建筑物设计等措施，构筑良好的引排水通道，经水系连通后，可实现区域内水体循环流动。

为此，规划设计两处提水工程，开挖沿线河道，河库衔接，构建"布局合理、生态良好，引排得当、循环通畅，蓄泄兼筹、调控自如的水系连通体系"。工程总体布置示意图、工程地理位置示意图分别见图 1、图 2。

图 1　工程总体布置示意图

4　工程规划设计

4.1　河道设计

4.1.1　进水线路规划方案

4.1.1.1　贯穿桥梁，增强现有河道过水能力

龙湖路现有景观河道长度约 750 m，现有景观河道底宽约 2.5 m，水深约 0.5 m。规划范围内涉及多座跨河渠桥，河道水系在桥梁、道路处阻断，且桥下过流孔径小于 20 cm，水系连通受桥梁阻水

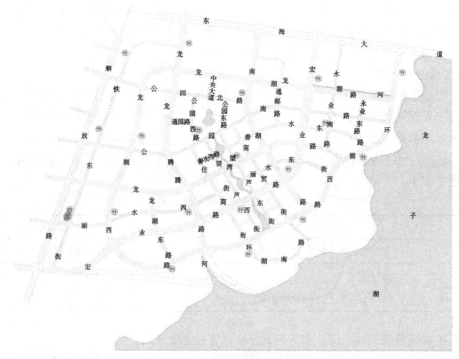

图2 工程地理位置示意图

影响。为加强水系连通性，对现有桥梁进行整治，根据桥梁结构、工程难度选择直接贯通或者拆除重建。

4.1.1.2 河道开挖：龙湖路段（宏业路口—通邮路）

龙湖路段（宏业路口—通邮路）现状可利用空间宽25~30 m，该段采用深开挖河道方案，河道开挖断面型式为：河底宽6.0 m，河底高程18.50 m，两侧边坡1:2，河道内设计水位高程为20.10 m。该段河道采取深开挖模式扩大区域水面规模及水体深度，为后期生态景观布置提供基础附着条件，满足区域河道对水质进行二次净化和区域及景观布置的要求。河道两岸依次布设生态驳岸、安全护栏、人行步道等工程。

4.1.1.3 埋设涵管：通邮路—南湖路口—南湖路—公园北路

龙湖路（通邮路—南湖路口）段地下建有车库，上层覆土约为1.3 m，停车库占地线距离步行道横向距离仅为5.0 m。南湖路—公园北路两侧建筑密集，作业空间狭窄。该段长度约为750 m。考虑以上路段工程作业空间狭窄，该段通过明渠末端设置加压泵站进行二次提水，提水流量0.32 m³/s，加压泵站后面埋设压力管道，通过压力管道直接提水至中央公园。管道可进行浅层布置，避免深层开挖的问题。

压力管道选用管径500 mm的球墨铸铁管。球墨铸铁管的接口为柔性接口，具有伸缩性和曲折性，较适应基础不均匀沉陷，是一种较理想的供水管材。

4.1.2 出水通道规划方案（龙腾路）

龙腾路右侧局部已进行了河道开挖，该段长度约1 600 m，龙腾路采用开挖河道以衔接已开挖水系。河道开挖断面型式为：河底高程19.50 m，河底宽度3.0 m，两侧边坡1:2，河道水深0.6 m。两岸依次布设生态驳岸、安全护栏、人行步道等工程。为满足出水通道内水量要求，在河道内每隔100 m设置阻水坎。

4.2 中央公园及中央景观河道设计

中央公园及中央景观河道水域面积约为36 721 m²，轴线长度约为1 200 m，中央公园区域地势较高，需建设提水工程。中央公园及中央景观河道规划以水系连通和岸坡整治防护为主。

中央公园区域内库区基本维持现状，规划采用二次泵站抽水至库区内，满足生态景观需求；中央景观河道蜿蜒曲折，局部束窄段规划进行拓宽；对于桥梁阻断水系连通区域，采用河道疏浚或涵管连接的方式进行沟通；景观两岸护坡采用铰接式生态砌块进行护砌，构建生态景观平台。开挖河道，沟通中线景观河道与龙子湖。

4.3 取水口工程设计

取水口工程位于龙湖路与环湖西路交叉口，取水方案为在龙子湖西侧设立水平辐射井，净化过滤后泵站抽水进入景观规划河道。该方案泵站供水能力应与水系连通工程需水量相协调。

滨湖新区景观水系连通工程涉及三段河道及中央公园，当河道内水位为 0.6 m 时，工程总蓄水量约为 4.25 万 m^3；当河道内水位为 1.5 m 时，工程总蓄水量约为 6.48 万 m^3。考虑蒸发、渗漏后，本工程设计流量见表 1。

表 1　水系连通工程设计流量

置换周期	水位/m		水位差/m	流量/(m^3/s)	
	上游	下游		全天候运行	日运行 8 h
1 周	17.5	21.0	3.5	0.107 1	0.321 4
1 个月	（龙子湖）	（人工河道）		0.024 7	0.074 0

本次方案按置换周期 1 周考虑，日运行 8 h 输水流量为 0.32 m^3/s。

在龙子湖西岸紧邻湖边设水平辐射井群，埋深约 6.0 m，水平辐射井采用透水管，直径 0.4 m，间隔 6.0 m，中间集水管直径 0.8 m，汇水至集水井。辐射井外包中粗砂垫层厚 3.5 m，外侧为原状土质围堰，使龙子湖水渗透至砂层后通过集水管流入集水井。井内设 1 台潜水泵，抽水至河道内。提水流量 0.32 m^3/s，净扬程 3.5 m。该方案通过泵站在集水井内取水，水源充沛，中央河道遭遇突发水体污染时，可及时置换中央公园区域的污染水体。

4.4 水质控制措施

水系连通工程水质控制目标：营造健康水系生态系统，保证景观水质要求（Ⅳ类水），防止富营养化。工程河道水体来源主要为龙子湖来水以及区域雨水汇入。根据收集的多年水质监测数据，龙子湖水质综合评定结果为Ⅳ类水水质标准，局部区域水质较差，需采取水质控制措施，通过源头控制、中途截流、末端治理保障工程水体水质要求。

4.4.1 龙子湖区

（1）污染源控制：排查遗留排污口，增强污染物入湖控制监管。

（2）生态控制工程：将陆生植被、滨水植被与水生植被有机结合，构建完整的湖滨缓冲带；局部布置活水复氧工程，加强水体内部循环，消除死水区，提高湖水溶解氧，减少湖体垂直分层，提高湿地净化率。

4.4.2 中央公园及景观河道

构建清水型湖泊生态系统，优化水体水生生物的多样性，形成良性循环的水生生态自净系统，全面构建水体应有的水生生态系统，提高水体自净能力，展现独特的湿地景观；局部布置活水复氧工程，加强水体内部循环，消除死水区，提高水体溶解氧。

4.4.3 其他

采用生态沟渠和雨水花园等其他工程措施，生态沟渠在传输径流的同时收集沿途雨水，径流在传输过程中也逐步下渗并被净化；雨水花园起到调蓄径流的作用，同时也通过下渗、沉淀以及植物根类反应等净化水质。由此确保径流峰值得到削减，也保证了水流水质的优良，提升入河水质。

5　结语

以构建龙子湖风光带、生态水系景观带为依托，通过生态技术手段进行科学规划设计。对水资源进行合理调度，加强水体间的关联度，开展生态绿廊建设，在美丽的龙子湖畔建设具有独特魅力的生态水系连通工程，使水生态系统良性循环。工程建成后可做到水与城市的有机融合，达到提高区域人居环境品质、人水和谐、经济环境协调发展的目标，使城区成为环境优美、适宜人居的生态园林城区。

参考文献

［1］蚌埠市滨湖新区控制性详细规划［R］．南京：东南大学城市规划设计研究院，2016.
［2］蚌埠滨湖新区景观水系连通工程规划设计方案［R］．合肥：中水淮河规划设计研究有限责任公司，2019.

城乡河湖水环境综合治理思路及建议

任志雄[1] 王少飞[1] 霍云峰[2] 刘 哲[1] 康鹤川[1] 于子铖[3]

(1. 河北省水利工程局集团有限公司，河北石家庄 050021；
2. 河北省黄壁庄水库管理局，河北石家庄 050500；
3. 河北工程大学，河北邯郸 056038)

摘 要： 河湖水系水环境状况是反映广大群众居住环境满意度的"晴雨表"，保护江河湖泊事关人民群众福祉。我国治水的主要矛盾已经从人民群众对除水害兴水利的需求与水利工程能力不足的矛盾，转变为人民群众对水资源水生态水环境的需求与水利行业监管能力不足的矛盾。目前，全国各地城市与农村地区均采取了一些河湖水环境治理项目，虽然起到了一定的实际效果，但距离建设造福人民的幸福河这一伟大号召，还存在一定的距离。通过分析当前城乡河湖水环境面临的主要问题，从陆域水域统筹治理，"水盆同治"、分区控制，落实责任主体、注重顶层设计，协调各部门关系等方面给出思路与建议，以期为我国河湖水环境综合治理提供参考。

关键词： 城乡河湖；水环境现状；水环境治理；流域

党的十八大首次正式提出了"美丽中国"概念，党的十九大提出实施乡村振兴战略的重大历史任务，党的二十大提出坚持绿水青山就是金山银山的理念，坚持山水林田湖草沙一体化保护和系统治理，生态文明制度体系更加健全，生态环境保护发生历史性、转折性、全局性变化，我们的祖国天更蓝、山更绿、水更清。习近平总书记在全国生态环境保护大会上再次强调，生态文明建设是关系中华民族永续发展的根本大计，并多次就治水发表重要讲话、作出重要指示，明确提出"节水优先、空间均衡、系统治理、两手发力"的治水思路，发出了建设造福人民的幸福河的伟大号召。当前，我国治水的主要矛盾已经从人民群众对除水害兴水利的需求与水利工程能力不足的矛盾，转变为人民群众对水资源水生态水环境的需求与水利行业监管能力不足的矛盾。2021 年 6 月，水利部部长李国英在水利部"三对标、一规划"专项行动总结大会上提出，将"复苏河湖生态环境"作为推动新阶段水利高质量发展六条实施路径之一，为深入推进水生态环境保护与修复工作指明了方向。城乡河湖水系的水环境状况好坏可以直接反映区域居民的满意程度，是反映广大群众居住环境满意度的"晴雨表"。目前，全国各地城市与农村地区均采取了一些河湖水环境治理项目，虽然起到了一定的实际效果，但距离建设造福人民的幸福河这一伟大号召，还存在一定的距离。

1 城市河湖水环境主要问题

1.1 城市黑臭水体顽疾仍未消除

2015 年 4 月，国务院颁发的《水污染防治行动计划》（"水十条"）提出，到 2017 年，直辖市、省会城市、计划单列市建成区基本消除黑臭水体，到 2020 年，地级及以上城市建成区黑臭水体控制在 10%以内；到 2030 年，全国七大重点流域水质优良比例总体达到 75%以上，城市建成区黑臭水体

基金项目： 河北省水利科技计划项目（2023-85）；河北省水利工程局集团有限公司科技计划项目（2022-10-CX-001）。

作者简介： 任志雄（1979—），男，正高级工程师，主要从事水工材料及施工技术的相关研究。

通信作者： 于子铖（1993—），男，主要从事河湖生态保护与修复的相关研究。

总体消除。从目前的治理情况看，虽然我国黑臭水体治理取得一些成绩，但是距离这一目标还有一定的距离。虽然"黑臭在水里"，但"根源却在岸上"，大部分的黑臭水体治理未能从流域视角考虑，统筹陆域水域，对导致"黑臭"的污染源进行精准溯源分析，使得黑臭水体问题反复出现，顽疾得不到根治。

本文以山东省临沂市城区青龙河为例进行分析。从 2006 年起，临沂市政府就开始对青龙河进行治理，2015 年，临沂市政府投资 2.65 亿元用于青龙河综合整治工程。但截至 2020 年 6 月，青龙河黑臭问题仍未解决彻底，青龙河河水呈现出墨绿色，水质浑浊，水面上漂浮着不少黑色物质，污染反弹问题严重。并且工业和城市生活污染治理成效仍需巩固深化，全国城镇生活污水集中收集率仅为60%左右，农村生活污水治理率不足30%。城市环境基础设施欠账仍然较多，特别是老城区、城中村以及城郊接合部等区域，污水收集能力不足，管网质量不高，大量污水处理厂进水污染物浓度偏低。

1.2 城市河湖水体富营养化严重

黑臭水体在一定程度上可以抑制水体中藻类的生长，目前我国大多城市黑臭水体治理取得一定成绩，水体"不黑不臭"后，城市河湖富营养化现象日益突出。城市河湖水体具有流动性差、封闭性强且水体水位低等特点，导致水体水环境容量小、自净能力弱、易受到污染。由于城市河湖水体水动力条件较差，加之目前大多数城市尚未全部实现截污与雨污分流，营养盐流失现象严重，且浅型水体上、下水层的光通量均可满足藻类光合作用所需，都为藻类的生长与爆发提供了有利条件，造成城市河湖水体富营养化严重[1]。

1.3 水环境治理存在误区

长期以来，我国在城市河湖治理的问题上，更加重视行洪安全以及资源的开发利用等方面，常常会忽略河流的生态功能以及水质等方面的情况。城市河流传统意义上的开发利用方式有河道渠道化与人工化、河段裁弯取直、河岸护坡硬质化等[2]，阻断了水域与陆域之间的联系，从而导致河流的一系列生态问题，如河流内地貌多样性丧失、河流水体水质恶化以及生态功能条件失衡等。

2 农村水系水环境主要问题

2.1 对农村水系水环境问题的认识不足

农村水系水环境保护关系到广大农民的切身利益，也关系到广大群众"米袋子""菜篮子""水缸子"的安全，是重大的民生问题。我国农村水环境保护基础薄弱，欠账过多，目前工业及城市污染向农村转移加快。随着工业化、城镇化和农业现代化的快速发展，农村水环境问题已经成为农村经济社会发展的制约因素，农村水系水环境保护将面临更多新的挑战。建设造福人民的幸福河，重点在农村，难点也在农村[3]。

2.2 农村水环境污染问题严重，农业面源污染尤为突出

全国农村污水处理率不足10%，农村生活污水、农村中小型企业污水、规模化畜禽养殖和农业面源污染等大多直接排入受纳水体[4]。农业面源污染尤为严重，我国目前农业化肥、农药使用量居高不下，化肥、农药的使用依旧存在过量性与盲目性，并且农业资源开发强度大、生产经营模式存在问题、缺乏环保意识等原因，农业面源污染仍然是农村水环境污染的重点来源。汛期特别是6—8月是全年水质相对较差的月份。

2.3 管理体制机制不完善

目前我国农村水系管理体制机制不统一，农村水系建设的职能分散在农业、水利、环境等多个部门，各部门进行统一协调管理存在着很大的问题。农村水系治理往往涉及多个部门，是一项综合的治理工程，水利部门更偏重进行河道整治，但造成农村水系环境污染的农业面源污染、生活污水、畜禽养殖、生活垃圾等污染源均对水系水生态环境造成直接影响。

3 城乡河湖水环境治理思路与建议

3.1 陆域水域统筹治理，"水盆同治"

城乡河湖水环境治理是一项系统工程，必须统筹兼顾、系统施策。要统筹好"盛水的盆"和"盆里的水"，即要以流域为尺度，树立"污染在水中，根源在岸上"的意识，坚持"山水林田湖草沙是一个生命共同体"理念。综合考虑流域水文循环过程与污染物的迁移转化过程，在进行水环境治理时考虑源头控制、过程阻控、末端治理这 3 个过程。源头控制的作用是减少污染物流向地表和地下水体，在水环境污染的源头控制污染物发生和扩散，从而从源头上削减污染物，达到水环境污染控制的目的，需进行入河排污口的排查、污水处理厂的提标改造、农业耕作方式的改进，分散式农村生活污水的收集与处理、土地利用方式优化、进行水质目标管理等都是需要考虑的措施。过程阻控是通过控制径流与泥沙来阻断或改变污染物的迁移运输途径，从过程上削减污染物，使污染物得到进一步削减，从而实现污染控制的目的，合理选择污染物削减措施，首先考虑友好型的河湖生态修复措施，例如自然型与人工湿地技术、生态护坡技术、植被缓冲带技术，城市区域可重点进行海绵城市构建，在确保城市排水防涝安全的前提下，加强水资源的利用和生态环境的保护。末端治理一般是指在污染物迁移的末端对污染物进行治理，主要原理是阻碍污染物进入受纳水体，针对已经产生的污染物实施有效的治理，可采用一些河湖水环境原位治理技术，例如曝气、生态浮岛、水下森林等技术，流域尺度下可考虑水质水量水生态联合调度技术，对特殊情况可采取应急补水措施。

3.2 分区控制，落实责任主体

加强城乡河湖地区流域分区，根据汇水分区与行政区划划定控制单元并实施分级分类管理。汇水分区即河湖自然汇水分区与城乡排水管网汇水分区，即各河段中的污染物产生与迁移的区域，"以水定人，以水定城，以水定产"，根据水域现状水质下的水环境容量确定陆域汇水分区的污染负荷；行政分区即河湖水环境治理地区的行政区划，与河湖长制结合，明晰污染河段的责任主体，推动河湖长制从"有名"向"有实"转变，落实以行政首长负责制为核心的水利工作。

3.3 注重顶层设计，协调各部门关系

进行顶层设计是城乡河湖水环境治理的前提，顶层设计指导着治理的全过程，以生态环境改善为核心、以提高广大群众的满意度为目标，开展城乡河湖水环境治理。加强顶层设计，推动整个治理体系的治理。城乡河湖水环境的治理，不是一个部门或几个部门的任务，国家或地方应明确管理机构，落实主体部门，并统一协调其他部门参与其中，整合水利、生态环境、住建、国土、农业农村等部门资源，各部门共同参与，加入到城乡河湖水环境治理的队伍中。

4 结语

习近平总书记多次就治水发表重要讲话、作出重要指示，明确提出"节水优先、空间均衡、系统治理、两手发力"治水思路，多次强调绿水青山就是金山银山，发出了建设造福人民的幸福河的伟大号召。城乡河湖水系水环境治理要紧密围绕新发展理念，补齐补强突出短板，强化水利薄弱环节建设。在城乡河湖水系水环境治理过程中，需要多学科交叉、多行业协同、多部门合作，拥有健康、美丽、安全的河湖水系，才能使河湖生态系统服务功能得到够有序发挥，才能真正建设造福人民的幸福河。

参考文献

［1］胡洪营，孙迎雪，陈卓，等．城市水环境治理面临的课题与长效治理模式［J］．环境工程，2019，37（10）：6-15.

［2］董哲仁．城市河流的渠道化园林化问题与自然化要求［J］．中国水利，2008（22）：12-15.

［3］李原园，杨晓茹，黄火键，等．乡村振兴视角下农村水系综合整治思路与对策研究［J］．中国水利，2019（9）：29-32.

［4］付意成，陈绍金，赵进勇，等．长江大保护背景下两湖地区农村生态水系建设实践经验分析［J］．中国水利，2020（11）：23-26.

浅谈在推进修复河湖水生态
提升水生态多样性中践行新理念为民造福
——以成都市全域河湖践行新理念的监管实践为例

舒　畅　秦文萃　廖茂伶　谭乔木　高代林　文　波　雷　婧　万　菀

（成都市河道监管事务中心，四川成都　610016）

摘　要： 成都河湖水生态治理和修复是推进长江流域生态保护的重要举措，如何因地制宜建立河湖水生态修复标准体系，平衡河湖防汛与生态、亲水性与安全性、人工修复与自然修复的关系，协调河湖内源性污染与外源性污染等问题，也是科学系统推进河湖生态修复急需解决的问题。本文基于遵循河湖自然循环规律，从河湖生态流量、建设与河湖连通的净化湿地、扩展河湖在城市面积中的占比、重构完整河湖生物群落、完善水利智慧化平台等方面进行探索，旨在修复河湖水生态，提升水生态多样性中为民造福。

关键词： 水生态修复；生物多样性；生态流量；生物群落；智慧水利

水是生态之基，是生态系统中最活跃、影响最广泛的要素，水生态平衡是其他生态平衡的重要保障。河湖是水资源的重要载体，是保持生态平衡的关键性要素，一旦人类对河湖的干扰超过了水体自身的环境恢复功能，就会使河湖生态系统遭到破坏，从而影响与之息息相关的水陆生物的生存，进而波及整个生态系统。因此，修复河湖水生态，治河先治水，提升水生态多样性，对生态平衡非常重要。实践证明，只有遵循水的自然循环规律，系统科学地推进河湖生态修复，解决外界对河湖的过度干预与改造，才能更好促进河湖生态环境复苏，维护河湖健康生命。

1　河湖水生态概念

生态系统指生物与环境相互制约、相互影响，并在一定时空内处于相对稳定的动态平衡[1]。其中，无机环境是生态系统的基础，无机环境的优劣直接决定了生物群落的丰富度；生物群落反作用于无机环境，影响着周边环境的变化。

生态系统包含淡水生态系统、海水生态系统、陆地生态系统等，而河湖生态系统是淡水生态系统的一部分。河湖生态系统由水环境和其中的生物群落组成。水环境是河湖环境中最重要的要素，并且对生态系统有一定的影响。水环境里面的生物群落有植物、动物以及微生物，生物群落的丰富度反作用于河湖水环境。水环境与其中的生物群落相互影响制约，决定了河湖生态系统平衡。

作者简介： 舒畅（1974—），男，主要从事管理科学研究与工程项目管理工作。
通信作者： 秦文萃（1983—），女，主要从事水文化保护与传承工作。

2 河湖水生态中存在的一些问题

2.1 生态流量保障难

《2021 成都市水资源公报》显示，成都市的降水在年内分配不均，主要集中在 6—9 月；2021 年成都市总用水量为 51.43 亿 m³，生态用水量 1.63 亿 m³，仅占 3.2%。水资源时空分布不均，与生活、生产、生态用水的需求不匹配，导致经济社会用水与生态用水矛盾较大。为保障生活、生产用水安全，生态流量的保障难度大。

2.2 水污染现象仍存在

经过多年治理，成都市辖区内岷江、沱江流域及玉溪河主要河流的水质得到了很大的提升，已基本稳定在Ⅲ类水质标准，但影响水质的污染问题仍未完全得到解决。主要表现在以下方面：城市雨污分流不彻底；排水口偷排现象仍未完全杜绝；黑臭水体仍存在反弹现象；河道淤堵现象仍然存在；涉河工程可能出现导致水污染的情况；农村面源污染治理仍存在较大难度。

2.3 水流连贯性及河湖连通性较差

因生活生产及城市景观保障的需要，河流、河湖间修建了电站、水闸或拦水坝等不同类型的水工设施。自然水流被人为切断，水流连贯性变差，水流生态，特别是鱼类等水生生物间的自然交换被人为切断，甚至被破坏。

2.4 水、岸生态协调性较差

城市河道：城市建设过程中挤占、破坏、覆盖河道，导致河流水网形态萎缩，比如：三道河、龙爪一斗渠、黄忠渠、二环路排洪河（二环路清水河大桥附近—西区医院）、交大排洪河、砖头堰低沟、绳溪河（府河支流）等；河道周围大量修建高层建筑物、硬化道路、桥梁及硬化广场等，导致岸线绿化面积减少及地下渗流被破坏，进而影响河流生态；河流"渠道"化严重，直立式河堤阻断水生态系统与岸线生态系统物种、物质交换。

农村河道：河湖"四乱"现象仍未完全杜绝，对河道、堤防及岸线植被造成破坏，进而影响河湖生态；因历史遗留问题，河道管护范围充斥着大量的民房、农田及厂房，使岸线森林覆盖率下降和流域生态湿地面积减少，进而影响水、岸生态协调性和完整性，最终导致水、岸整体生态功能减弱。

2.5 其他影响河湖生态的行为

人类的其他不合理行为、气候变化及环境变迁也会对河湖生态造成一定程度的影响，如旅游开发、非法捕捞、非法放生、物种入侵、全球变暖及水土流失等。

3 河湖水生态修复标准体系

河湖水生态修复标准体系是科学管理河湖水生态修复的技术基础，可以对某一时期区域内的水生态系统状况进行客观评价，并分析存在的问题，为水生态保护、修复提供技术支撑和保障。建立河湖水生态修复标准体系要科学合理，更要统筹经济社会发展与水生态修复的整体目标需求，实现人与自然的和谐共生。在成都市较为成功的水生态案例有桤木河湿地公园、兴隆湖等。河湖水生态修复标准体系的建立要针对水生态系统的特性和保护要求，建立水生态系统的评价和监测指标体系，可从水量、水质、生物种群数量等方面对水生态修复成效进行评估。

3.1 水量

水生态修复建设中水量的保障是其中的关键，在标准体系建设时需要考虑对河湖生态流量进行科学合理的评价。首先，需要合理确定全域河湖生态流量目标，特别是重点河湖水域，根据流域水资源现状和水生态需求，统筹生活、生产用水和生态用水，因地制宜，分区分类确定基本河湖生态流量（水位）和涉水工程枯水期、生态敏感期等不同时段生态水位控制要求，综合确定河湖生态流量目标。其次，选择合理的河湖生态流量控制断面，建设生态流量控制断面的监测设施，对河湖生态流量保障情况进行动态监测，并按要求接入水行政主管部门有关监控平台，切实保障河湖生态流量。最后，通过数字化等技术手段，建立河湖生态流量评估机制，对水生态修复后的水域生态流量保障情况进行评价监督、监测预警，及时处置发现的问题，将河湖生态流量落实情况纳入水资源管理制度考核，确保水生态修复效果的长效性。

3.2 水质

水生态水质修复标准按水体功能分别达到不同的水质标准要求，并从水质优劣程度、底泥污染状况、水体自净能力、河湖营养状态等方面考虑，结合幸福河湖指数，对水生态修复工作成效进行科学评估。水质标准化建设还应与水生态修复技术的发展紧密结合，掌握技术发展趋势，积极采用最新科研成果，采用国际标准和借鉴国外先进标准建设经验，不断提高标准的先进性和适用性，促进水生态修复技术的进步和产业发展。

3.3 生物种群数量

水生生物多样性包括水生生物基因多样性、栖息地多样性和物种多样性。稳定和健康的水生态系统需要有完整的水生态系统结构，各类水生生物需要的能量、营养和食物链结构完整，水生生物的生产者、消费者和分解者缺一不可。水生态系统内物种越丰富，数量越均衡，其互补性、协调性越强，水生态系统结构就越稳定，越能抵抗外界干扰。另外，在进行水生态修复评价时还要考虑特有和珍稀物种的生存是否良好，是否存在外来物种入侵等问题[2]。

4 河湖水生态修复的几点思考

4.1 如何平衡河湖防汛与生态的关系

应综合考虑河湖水系生态保障与安全保障的耦合作用，本着防洪抗旱安全和生态环境并重的原则，在确保防洪安全和性价比较优的前提下，尽可能保留河流的自然形态。在城市水域或岸线整治建设中，坚持保护优先，在保护中合理利用岸线，在利用中严格河湖水域岸线生态空间管控，提升生态缓冲能力和保障能力[3]。同时还要有科学观念，在防汛抗旱工作中应该强化责任担当，加强河道监管工作。还应在实时调度上下功夫，定期对规划范围内河流丰枯期流速、流量、水位等特征进行分析，立足实际，优化调度方案，科学有效协调好防汛抗旱与生态用水等关系。

4.2 如何平衡河湖亲水性与安全性的关系

亲水性是指通过沿河修建亲水设施，形成舒适、亲和的水边空间，供人们直接欣赏水景、接近水面，满足人们在水边休闲、娱乐和健身等活动的需求。安全性是指保证河道行洪安全，充分满足城市的防洪规划要求。在满足亲水设施功能性的前提下，应该首要考虑安全性，要服从城市总体建设规划和城市防洪规划，也要避免在具有潜在危险的地段进行设计，还应根据需要设置必要的安全救生设施、安全栏、警示栏等。

4.3 如何处理河湖人工修复与自然修复的关系

水生态修复应以自然修复为主，人工修复为辅，人工修复应该为自然修复服务。人工修复的目的是采取工程或非工程手段措施保障河湖生态系统能维持良性循环，从而达到水体自净，物种的选择与配置应以本地物种为主。值得注意的是，人工修复往往能得到立竿见影的效果，这就要求在人工修复手段的选择上面需要慎重，不能为了一时的效果去破坏生态，采用人工修复手段应该考虑后期的可持续性。建设河湖生态缓冲带就是一种人工修复，但是生态缓冲带又能给水生生物提供较好的活动、栖息场所，促进生物的多样化发展，促进河道水生态系统的循环，从而实现自然修复。

4.4 如何协调河湖内源性污染与外源性污染的问题

河湖内源性污染主要是指河湖底泥污染。外源性污染可分为点源污染和面源污染，其中点源污染主要是指入河排污口等；成都市水务局 2020 年编制的《成都市河湖水生态综合治理技术导则》指出，面源污染包括生活污染、地表径流、农田化肥农药污染与水土流失等。外源污染处理不及时，有可能会转换成内源污染，所以应该坚持问题、目标双导向，以外源减排、内源控制为核心，针对河道水体中污染物种类、特性，科学合理地选择最优的治理技术和方案，以实现水污染治理目标。在水污染治理工作结束后，还应建立起长期、常态化的监管、评估、管理机制，对河湖生态环境进行监管，确保治理的长效性。

5 河湖水生态修复的建议措施

围绕"创新、协调、绿色、开放、共享"新理念，着力打造从河湖项目规划、实施、运营等科学措施改善市域内的河湖水生态，营造可持续发展的河湖生态链，可从以下方面来做。

5.1 持续保持河湖生态流量

落实河湖生态流量管理措施，首先是建立技术体系，包括生态流量下泄工程措施和监控措施、通信设施等。枯水期天然来水量小于生态流量时，需对河湖做动态调度，确保生态流量，优化消落期河道的水域景观[4]。在日常、应急、极端天气情况下，确保生态流量，泄放措施落实到位，下泄生态流量方案采取的工程措施合理性需要充分论证，确保有效解决河流断流问题，避免存在减脱水河段。在监管平台上存储监控、监测数据历史数据要求保存完整，具备上传平台、就地存储功能。

5.2 建设生态河堤、打造亲水空间、建设与河湖连通的净化湿地

一是通过建设生态驳岸、慢行绿道、滨水湿地、亲水栈桥、生态驿站等，加强河湖缓冲带建设。主要结合工程措施与生物措施，种植水生植物及野古草、秋华柳等耐淹植物，打造生态护坡，清退受挤占河湖岸线，对水源涵养区、面源污染较重的河湖建设生态岸线。二是湿地恢复建设，保护与修复萎缩湿地和受损生境。由于周期性水位抬升、消落及波浪作用，市区部分河段岸坡被淘刷、磨蚀、搬运而将产生塌岸，消落区出现了一系列生态环境恶化、景观效果差及水质污染等问题。通过对规划范围内消落区的空间与时间分布进行研究，可以进行重新利用规划。三是建设与河湖连通的净化湿地，打造生态活水网。建设与河湖连通的净化湿地，加强周边生态系统的循环，可增强碳汇能力，提升生态系统的多样性、稳定性和持续性，进一步扩大环境容量，促进经济社会发展的绿色转型，推动形成绿色低碳的生活方式。

5.3 扩展河湖在城市面积中的占比（打通断头河、敞开盖板河）

2016 年初，成都规划形成了"六河、百渠、十湖、八湿地"的水网体系，出重拳治水，打通断头河，敞开盖板河。目前，对成都市区河道做了初步的摸排，市区河道仍存在断头河和盖板河，断头河有三道河（也存在盖板河段）、龙爪—斗渠、黄忠渠等，盖板河有二环路排洪河（二环路清水河大桥附近—西区医院）、交大排洪河、砖头堰低沟、绳溪河（府河支流）等，大部分都是历史遗留的农灌渠演变而成。盘活一条断头河，可在细致的设计和精准的施工下达到效果，根据河道不同现状特性，制定基本技术路线并结合仿生态技术、箱涵清淤、打通断头河、沟通外部水系等综合措施开展河道整治工作，重点重构河道活水循环系统，恢复河道生态，减少断头河对周边环境和后期管理造成的负面影响。对于盖板河，将视实际情况敞开盖板，使水亮出来，实现水系畅通。

5.4 重构完整河湖生物群落

采用自然界生物改良、生物操纵、食物链重建修复等综合集成技术，对河道实施生态治理，促进河道生态系统的构建。一是根据水质净化和河道景观需求，综合考虑沉水植物、浮水植物及挺水植物组成水生植物修复体系。二是根据流域水生生态保护措施体系规划，保护受影响河段的鱼类资源，采取鱼类洄游通道等工程保护措施，为工程河段的鱼类提供庇护场所，减缓水工设施的不利影响，维持水生态平衡。例如：在鱼道进口设置喇叭口拦诱鱼措施，喇叭口底部铺设卵石，模拟天然河道，在鱼道进口设置监控设备[5]；采取人工增殖放流，以补充其种群数量和资源。三是通过生物技术改变微生物生境，使水体具有一定自净能力，改善水质及景观效果，提升区域综合环境质量，构建"水清岸绿、河畅景美"的生态景观水体。

5.5 不断完善水利智慧化平台

在信息资源建设方面，涉及水生态修复的水利工程建设过程中，存在各阶段、各参与方之间的"信息孤岛"，使信息资源的组织化程度低，信息价值挖掘不充分，没有形成统一的信息标准，共享

性差，降低了信息处理和决策的效率。基于 BIM 概念，集成所有相关水利工程建设管理信息，是水利工程全面信息管理的核心载体。此类水利工程信息管理内容错综复杂，主要可以从时间维、主体维和实体维三方面信息内容展开建立 BIM 模型。按照智慧水利建设总体布局，统筹已有应用系统，补充自动化监测、监控、预警设施，完善信息化网络平台，推进涉及水生态修复的水利工程智能化改造和数字孪生工程建设，提升工程安全监控和智能化管理水平。

参考文献

[1] 李莹 . 济南典型水生态系统浮游生物群落结构及水生态健康评价 [D]. 大连：大连海洋大学，2022.

[2] 匡跃辉 . 水生态系统及其保护修复 [J]. 中国国土资源经济，2015（8）：17-21.

[3] 汤喜春 . 基于生态环境保护背景下防汛抗旱工作开展要点探讨 [J]. 湖南水利水电，2021（5）：50-51.

[4] 中华人民共和国水利部 . 水利部关于做好河湖生态流量确定和保障工作的指导意见 [J]. 中国水利，2020（15）：1-2.

[5] 中华人民共和国水利部 . 水利水电工程鱼道设计导则：SL 609—2013 [S]. 北京：中国水利水电出版社，2013.

神农架林区河湖水环境容量核算研究

蔡玉鹏　张一楠　李　钢

（长江勘测规划设计研究有限责任公司，湖北武汉　430010）

摘　要：神农架林区是三峡库区、丹江口水库的绿色屏障和水源涵养地，是湖北境内长江与汉水的分水岭，在湖北省甚至全国具有重要的战略地位和生态功能。本文分析了重要水质监测断面的水质现状，采用河流一维模型、湖库均匀混合模型和狄龙模型对神农架林区流域面积在 50 km² 以上的 23 条河流和大九湖水环境容量进行测算，从流域单元污染物控制角度，为神农架主要河湖水环境保护及水污染防治提供科学基础。

关键词：神农架林区；水质；水环境容量

1　引言

水环境容量是在给定水域和水文条件，规定排污方式和水质目标的前提下，单位时间内该水域的最大允许纳污量[1]，它表征水体自身调节净化并保持生态平衡的能力。水环境容量的计算以及在各污染单元的分配是水污染总量控制的基础和核心[2]，目前，水环境容量的计算多以《水域纳污能力计算规程》（GB/T 25173—2010）、《全国地表水环境容量核定技术指南》为参考，通过采用合理的水质模型，设定水质目标、水文参数和边界条件来估算年水环境容量。前人对神农架林区自然资源的研究主要集中在林业资源及其生态价值[3-5]上，对水环境容量方面研究较少，本文以神农架林区四大水系 23 条河流和大九湖为研究对象，通过流域单元划分、计算和评估水环境容量，为河湖主要污染因子的水污染控制提供科学基础，同时为神农架林区长江和汉江支流源头及上游的水生态环境保护提供一定借鉴和参考。

2　研究区域概况

2.1　区域概况

神农架林区位于湖北省西北部，是我国唯一以"林区"命名的行政区，地跨东经 109°56′~110°58′，北纬 31°15′~31°57′，南北最大纵距 62 km，东西最大横距 98 km，国土面积 3 232.77 km²。区内地形复杂，山势高峻，森林覆盖率高达 91.12%，动植物资源极其丰富，是全球 14 个具有国际意义的生物多样性与研究关键地区之一，具有卓越的自然禀赋优势。神农架林区水系发达，是湖北省内长江水系和汉江水系的分水岭，区内大小溪流 317 条，流域面积 50 km² 以上河流有 23 条，有湖北省唯一高山湖泊——大九湖，汇水面积 43.24 km²。河湖水质状况整体为优，随着林区经济社会的快速发展，部分河段不同程度地受到生活污水、工业废水的污染[6]，大九湖水质不能稳定达标，呈富营养化趋势[7]。本次研究对象为神农架林区范围内流域面积 50 km² 以上的 23 条河流以及大九湖，分属南河、堵河、香溪河、沿渡河四大水系。神农架林区区位图见图 1。

2.2　区域水质概况

根据《湖北省水功能区划》，神农架林区 5 条重要河流共划分 6 个一级水功能区，分别为南河神农架自然保护区、南河谷城保留区、官渡河源头保护区、香溪河东支（龙口河）保护区、香溪河西

作者简介：蔡玉鹏（1977—），男，高级工程师，主要从事水生态环境规划设计、河湖水生态修复等研究工作。

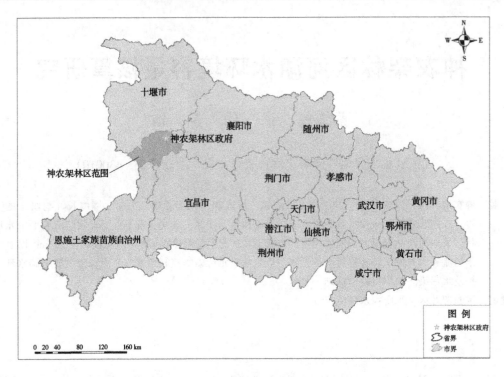

图 1　神农架林区区位图

支（咸水河）保护区、沿渡河保护区。林区共布设 7 处重要水质监控断面，采用单因子评价法对 2018—2020 年水质监测数据进行评价，2018 年 7 月官渡河九道梁断面和香溪河西支断面 COD 均出现超标，2019 年 6 月和 2020 年 4 月大九湖五号湖断面 TP 超标，3 年间湖泊营养状态为中营养或轻度富营养。

　　自 2019 年第 2 季度，林区河长办公室共在南河、南阳河、官渡河等 12 条河流布设 14 处监测断面，监测频次为 1 次/季度，监测指标为高锰酸钾指数、NH$_3$-N、TP 和 COD。采用单因子评价法对 2019—2020 年第 2、3 季度监测数据进行评价，结果如表 1 所示。2019—2020 年，神农架林区水质整体状况良好，深河、平渡河、阴峪河、南河和青阳河出现过水质超标，超标因子多为 COD 和 TP。

表 1　2019—2020 年度神农架林区河长制断面水质监测结果

序号	河流	断面	目标	季度	2019		2020	
					水质类别	超标因子/倍数	水质类别	超标因子/倍数
1	沿渡河	沿渡河	II	2	II		I	
				3	II		II	
2	官渡河	洛阳河	II	2	II		I	
				3	I		II	
3	咸水河	咸水河	II	2	II		II	
				3	II		II	
4	九冲河	老君山村芦院	II	2	I		II	
				3	I		I	
5	南阳河	三堆河村徐家寨	II	2	I		II	
				3	I		I	

续表1

序号	河流	断面	目标	季度	2019 水质类别	2019 超标因子/倍数	2020 水质类别	2020 超标因子/倍数
6	深河	官封村深河	II	2	IV	COD/0.6	II	
				3	I		II	
7	平渡河	红花村	II	2	劣V	COD/2	III	TP/0.8
				3	I		I	
8	阴峪河	板仓村叉河口	II	2	IV	COD/0.93	I	
				3	II		II	
9		温水村七厂坪		2	IV	COD/0.1	II	
				3	I		II	
10	南河（保留区）	莲花村	III	2	II		II	
				3	II		II	
11		阳日村		2	II		II	
				3	II		II	
12	香溪河	猫儿观村	II	2	II		II	
				3	I		II	
13	毛家河	长坊村两河口	II	2	I		I	
				3	I		I	
14	青阳河	清泉村	II	2	II		III	TP/0.8
				3	II		II	

3 水环境容量计算

3.1 计算单元划分

水环境容量的核算依据河湖水系特征，以汇水单元为基础，在充分考虑水功能区划的基础上，将核算区域划分为4个1级汇水单元和24个2级汇水单元，其中南河干流分区按照水功能区划分为南河保护区和南河保留区，因此水环境容量的核定单元总计25个，2级汇水单元见图2。

3.2 计算方法选择

因23条河流均属于 $Q<150$ m³/s 的中小河段，污染物在河段横断面上均匀混合，故本研究采用河流一维模型计算水环境容量，其计算公式如下：

$$m = 86.4 \times 0.365 \times \frac{(C_s - C_0 e^{-kL/u})QkL}{u(1 - e^{-kL/u})} \tag{1}$$

式中：C_s 为水质目标浓度，mg/L；C_0 为初始断面污染物浓度，mg/L；K 为污染物综合衰减系数，1/s；L 为河长，m；u 为设计流量下平均流速，m/s；Q 为设计流量，m³/s。

大九湖湖泊面积约 1.15 km²，属小型湖泊，采用湖（库）均匀混合模型核定其 COD 和 NH_3-N 的水环境容量，计算公式如下：

$$C(t) = \frac{m + m_0}{K_h V} + (C_0 - \frac{m + m_0}{K_h V}) \exp(-K_h t) \tag{2}$$

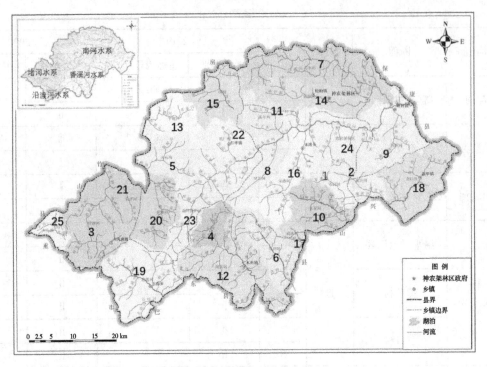

图2　神农架林区汇水单元

$$K_{h} = \frac{Q}{V} + K \tag{3}$$

$$m_{0} = C_{0}Q \tag{4}$$

式中：$C(t)$ 为计算时段的污染物浓度，mg/L；m_0 为入流污染物排放速率，g/s；C_0 为污染物现状浓度，mg/L；K_h 为中间变量，L/s；V 为湖泊容积，m^3；t 为计算时段，s；Q 为出湖流量，m^3/s；K 为综合衰减系数，1/s。

计算与湖泊富营养相关的 TN、TP 两项指标环境容量时采用狄龙模型，公式如下：

$$W = \frac{C_s h Q_a A}{(1-R)V} \tag{5}$$

$$R = 1 - \frac{W_{出}}{W_{入}} \tag{6}$$

式中：W 为氮（磷）的水环境容量，t/a；h 为湖泊平均水深，m；Q_a 为湖泊年出流水量，m^3/a；A 为湖泊面积，m^2；R 为氮（磷）滞留系数；$W_入$ 为氮（磷）年入湖量，t/a；$W_出$ 为氮（磷）年出湖量，t/a。

3.3　计算参数选择

参考全国重要江河湖泊水功能区考核指标[8]，对23条重要河流选用 COD 和 NH_3-N 作为计算因子，考虑到河流水质监测断面中出现 TP 超标的情况，将 TP 也纳入河流水环境容量的计算因子中。大九湖湖泊水环境容量计算选取 COD、NH_3-N、TN 和 TP 四项指标。

3.3.1　设计水文条件

设计水文条件采用90%保证率最枯月平均流量。获取林区内松柏站近25年实测各月平均流量数据，采用 P-Ⅲ 配线法确定其90%保证率最枯月平均流量，采用水文比拟法对其他流域设计流量进行推算；大九湖采用低水位下湖泊特性参数参与计算。

3.3.2　水质背景浓度 C_0

对于有常规监测断面的南河、香溪河和官渡河，采用近3年 COD、NH_3-N 和 TP 三项指标枯水期月平均浓度作为模型计算的背景值。对于无常规监测断面的河流，采用补充采样水质的方式确定背景浓度。

3.3.3 水质目标浓度 C_s

遵循地表水环境质量底线要求,主要污染物需预留必要的安全余量[9]。当受纳水体为GB3838Ⅲ类水域,以及涉及水环境保护目标的水域,安全余量按照不低于建设项目污染源排放量核算断面(点位)处环境质量标准的10%确定(安全余量≥环境质量标准×10%)。神农架林区重要水功能区及河长制考核断面的水质目标为Ⅱ~Ⅲ类,故安全余量取10%。

3.3.4 综合衰减系数

参考《全国水环境容量核定技术指南》,采用分析借用法确定各计算因子的综合衰减系数。各河流 K_{COD} 取值为 0.18 d^{-1}, K_{NH_3-N} 取值为 0.15 d^{-1}, K_{TP} 取值为 0.08 d^{-1}。湖泊污染物综合衰减系数 K_{COD} 取值为 0.02 d^{-1}, K_{NH_3-N} 取值 0.05 d^{-1},湖泊N、P滞留系数 R 根据式(6)进行计算。

3.4 计算结果

利用上述方法计算出神农架林区主要河流和湖泊在各自水质目标下的水环境容量,神农架林区流域面积在 50 km^2 以上23条河流水环境容量总计为:COD 为 2 696.12 t/a、NH₃-N 为 117.56 t/a,TP 为 23.64 t/a;大九湖湖泊水环境容量总计为:COD 为 384.69 t/a、NH₃-N 为 13.91 t/a、TN 为 9.67 t/a、TP 为 0.48 t/a。各计算单元的水环境总量计算结果见表2和表3。

表2 神农架林区河流水环境容量计算结果

序号	河流	水质目标	COD/(t/a)	NH₃-N/(t/a)	TP/(t/a)
1	茶园河	Ⅱ	81.22	2.39	0.50
2	观音河	Ⅱ	78.37	3.93	0.93
3	官渡河	Ⅱ	266.64	15.47	2.76
4	后河	Ⅱ	60.31	4.39	0.87
5	火石沟	Ⅱ	111.66	3.62	0.68
6	九冲河	Ⅱ	184.69	3.80	1.50
7	苦水河	Ⅱ	85.81	7.66	1.19
8	里叉河	Ⅱ	90.33	3.39	0.68
9	洛溪河	Ⅱ	50.84	3.05	0.65
10	毛家河	Ⅱ	139.00	5.05	0.99
11	庙儿沟	Ⅱ	41.72	3.01	0.50
12	南阳河	Ⅱ	335.71	16.84	3.07
13	平渡河	Ⅱ	107.45	2.43	0.77
14	青阳河	Ⅱ	544.30	21.49	2.77
15	深河	Ⅱ	145.88	4.72	0.89
16	宋洛河	Ⅱ	175.21	6.56	1.31
17	咸水河	Ⅱ	52.76	1.56	0.33
18	龙口河	Ⅱ	201.30	5.93	1.22
19	沿渡河	Ⅱ	206.56	8.80	1.61
20	阴峪河	Ⅱ	115.15	5.23	1.12
21	长坪河	Ⅱ	41.42	3.08	0.51
22	纸厂河	Ⅱ	68.66	4.22	0.61
23	南河保护区	Ⅱ	55.93	2.69	0.90
24	南河保留区	Ⅲ	807.26	48.47	6.89
	小计		2 696.12	117.56	23.64

表 3　大九湖水环境容量计算结果

湖泊	水质目标	COD/(t/a)	NH_3-N/(t/a)	TN/(t/a)	TP/(t/a)
大九湖	Ⅱ	229.61	7.00	13.67	0.68

总体看来，南河保留区的水环境容量明显高于其他河流，这与南河保留区的河道条件及水质目标相关，南河是神农架林区流域面积最广、流量最大的河流，其保留区河长（81.62 km）远大于其他河流（平均河长约21 km），且其水功能区管理目标为Ⅲ类。对比各水质因子的环境容量，COD 的水环境容量约为 NH_3-N 的23倍，NH_3-N 的水环境容量约为 TP 的5倍，这与其水质标准限值及降解系数相关，总体看来，TP 的环境容量敏感性最高。

4　结语

对汇水区进行划分，分析各断面水质情况，建立数学模型，计算出各河流的水环境容量，对神农架林区各流域水污染防治和河湖水质稳定达标有一定的指导作用。其主要结论与建议如下：

（1）随着社会经济和人类活动的发展，神农架林区水环境状况正在发生变化，应引起重视。本文梳理了2018—2020年神农架林区各主要河流水质变化情况，结果表明，河流超标因子主要是 COD 和 TP，二者多来自于生活源和农业种植源，规范生活污水排放和农业种植活动对神农架林区水环境保护具有现实意义。

（2）神农架林区主要为山区河流，暴雨径流形成快，洪水结束后河道流量便迅速回落，选用90%保证率最枯月平均流量计算而得的河湖水环境容量对该地区污染物排放控制，能够保障河流水环境质量在年内逐月达标，从环境管理的角度出发，有利于当地自然资源的保护。

（3）建议尽快开展神农架林区入河（湖）污染物溯源分析，对林区生活及工业源、旅游源、农村农业面源、湖泊内源等污染源进行解析，统计分析各主要河流现状及未来发展条件下的入河负荷，结合水环境容量计算成果提出更具体的水环境保护和水污染治理思路与建议。

参考文献

[1] 环境保护部环境规划院. 全国水环境容量核定技术指南 [R]. 北京：环境保护部环境规划院，2003.

[2] CHEN Dingjiang, Lu Jun, JIN Shuquan, et al. Study on estimation and allocation of river water environmental capacity [J]. Journal of Soil and Water Conservation, 2007, 21 (3): 123-127.

[3] 杨仕煊. 神农架林区生态公益林可持续发展的研究 [J]. 湖北林业科技，2003 (Z1): 21-23.

[4] 李敏，姚顽强，任小丽，等. 1981—2015年神农架林区森林生态系统净初级生产力估算 [J]. 环境科学研究，2019，32 (5): 749-757.

[5] 黄成才. 神农架林区生态公益林可持续研究 [J]. 林业资源管理，2002 (2): 26-28.

[6] 李学国，汪正祥，朱俊林，等. 神农架林区河流水文特征初步研究 [J]. 湖北大学学报，2013，35 (1): 6-10.

[7] 潘晓斌，何意，阎梅，等. 神农架大九湖水文水资源现状分析与保护对策 [J]. 湖北农业科学，2013 (52): 3033-3037.

[8] 彭文启. 水功能区限制纳污红线指标体系 [J]. 中国水利，2012 (7): 19-22.

[9] 中华人民共和国生态环境部. 环境影响评价技术导则 地表水环境：HJ 2.3—2018 [S]: 北京：中国环境科学出版社，2019.

水库水环境数值模型研究进展

周洪举　任华堂

（中央民族大学生命与环境科学学院，北京　100081）

摘　要：随着社会经济的不断发展，我国的水库数量在近 20 年间迅速增加。水库的修建除为当地水电做出贡献外，其对下游生态造成的影响也不容忽视。本文以水环境数值模型在不同水库中的应用研究为线索，梳理水质模型的国内外发展状况，分析其在水库中的应用，对若干典型模型的优缺点及适用范围进行比较分析，找出模型现存难点如垂向模拟精度差、水质参数的源汇过程等以及相对应的未来研究方向，以期为后续研究提供思路。

关键词：水库水温；数值模型；水环境；生态保护

中国目前已成为全世界拥有水库数量最多的国家。水库除用于蓄水防洪、调控水量外，还具有发电、灌溉、养殖等功能，可创造诸多综合效益。但是与此同时，大型水库的修建会显著影响流域的水环境及水生生态系统，打破流域的既定平衡。一方面，水库中的污染物迁移情况复杂，受到点源、面源污染的同时受上游来水影响；另一方面，由于水体密度差异而导致的温度分层也进一步影响了下泄水质，对下游生态造成负面影响。因此，对其进行水质模拟是十分必要的。目前对水库水质的研究有原位监测、经验公式和数学模型等方法。其中，原位监测准确度较高，但需耗费大量人力物力，成本较高，时间跨度长；经验公式相对简单，但缺乏针对性，难以精确模拟各水库特性；数学模型能通过部分实测数据精确模拟水质变化规律，且计算成本相对较低，目前已成为水库水质模拟常用的方法之一。

1　水质模型国内外研究进展

水环境数值模型作为研究流体运动规律的重要工具，是水质模型研究的基础。对于流体的认识，Saint-Venant 确定了非恒定水流的理论基础，Taku 于 1901 年发表揭示流体运动一般规律的 Navier-Stokes 方程。基于对流体运动的认识，研究者开始对水质数学模型进行研究，不同水质模型特点及适用性如表 1 所示。其中，根据模拟空间维度的不同，可将水质模型划分为如下几个不同阶段[7]：

第一阶段：一维水质模型。纵向一维水质模型的特点是水质沿单一方向（垂向）变化，可适用于湖泊型水库及混合良好的枝状河流，应用简单但精度有限。世界上最早的一维水质模型是由 Streeter 和 Phelps 于 1925 年在美国俄亥俄河上开发的 S-P 模型，该模型成功应用于水质预测，成为对河流与河口问题采用一维计算方法的开端。在随后的几十年间，不断有学者将 S-P 模型应用于湖泊或水库的水质预测并做出各种补充：

（1）托马斯提出 BOD 随泥沙沉降和絮凝作用减少且不消耗溶解氧的理论，随后在 S-P 模型中引入絮凝系数。

（2）坎普在托马斯的理论基础上又添加了因底泥释放和地表径流引起的 BOD 变化速率、因藻类光合作用及呼吸作用引起的溶解氧变化速率。纵向一维水质模型的另一代表是美国环保局（EPA）开发的 QUAL 系列水质模型。该模型依托 20 世纪 70 年代计算机的发展，可模拟 BOD、DO、Chl a 等 15 种水质组分且水质参数可逐日变化，使得 QUAL 系列模型既可作为静态模型使用，又能进行动态

作者简介：周洪举（1997—），男，硕士，主要从事水库水环境数学模型的研究工作。

模拟，大幅提升模拟精度。

表 1　各阶段水质模型情况对比

阶段	分类依据	典型模型	研究特点	适用性
第一阶段	纵向一维	S-P、QUAL I	所需资料少，应用简单，但模拟精度有限	湖泊型水库或河道型水库中较短的一部分
第二阶段	立面二维	CE-QUAL-W2	所需数据相对三维模型较少且计算精度高、计算效率高、计算成本低，但应用范围有限	可忽略横向变化的窄深型河道型水库
第三阶段	空间三维	MIKE3、EFDC	计算精度高、应用范围广，但所需数据量巨大、计算周期较长，对算力要求高	绝大多数水体

第二阶段：二维水质模型。立面二维水质模型的特点是仅考虑纵向及垂向水质变化，适用于可忽略横向变化的河道型水库。到 20 世纪 70 年代，二维模型开始广泛研究与应用[1]。1975 年 Edinger 等[2] 提出第一个立面二维水温模型——LARM 模型（laterally average reservoir model）。1980 年 Johnson[3] 为了模拟水库温差异重流，在水库试验水槽上开展重力下潜流研究试验，并应用不同模型运算分析，结果显示 LARM 模型模拟效果最精确。在 LARM 模型的基础上，1986 年美国陆军工程师团水道实验站成功开发出立面二维水动力学水质模型的第一个版本 CE-QUAL-W2 Version 1.0。之后，随着对模型扩散系数和各项参数调整与改进，又推出 2.0、3.0 及以上版本，在世界各地应用广泛。该模型假定水体横向流动状况相同，适用于水库、河流、湖泊等不同尺度系统，尤其对相对狭长的湖泊和分层水库水温及水质的模拟极佳。1988 年 Martin[4] 在美国 De Gray 湖利用 CE-QUAL-W2 模型进行水温模拟，预测结果与实测数据吻合度较高，模型可靠性得到验证。

第三阶段：三维水质模型。空间三维水质模型的特点是最贴近水体实际流动规律，考虑横向、纵向和垂向变化，可实现水库局部区域流速场和温度场变化特征的细致描述，适用于大多数水体，但对资料丰富度要求和计算条件要求较高。Leendertse[5] 首先提出了计算三维水流的分层方法，即将水动力模型和水温模型作为控制方程，结合紊流模型进行耦合求解。目前比较常用的三维模型有 MIKE3、EFDC 等，三维模型不仅能模拟地形和水文较复杂地区的水质，且在实际水库中均得到较好的验证，可同步模拟水体变化情况，时效性、精确度较高。

相比于上述国外水质模型进展，国内水质模型在研究上起步较晚，但通过引进国外水质模型及结合自身实际改进开发，也初步建立起研究体系。刘中锋等[6] 在大型水库三维水质预测模型中的污染物输移方程中采用了考虑温度分层影响的原项表达式。Zhang 等[7] 根据国内流域水利工程的实际情况，对 SWAT 模型的水库调控模块和水质模块进行改进，改进后的模型尤其适用于水库水质的模拟，可实现对淮河流域 39 个站点水量及水质的模拟。刘桦等[8] 考虑了在风暴等自然灾害条件下，多种尺度的动力因素同时存在时如何建立合理的流动模型。

综上，前人在水质数学模型的研究方面已取得一定成果，但受限于数据资料及模型自身的复杂性，对于部分特定条件下的水质参数模拟精度还需提升。因此，本文在回顾水质数学模型发展历程的同时，结合现有水质模型应用提出难点及解决思路，以探索其未来发展方向。

2 数值模型的应用及难点

2.1 水库中水质模型应用

大型水库中污染物的迁移过程相对复杂，应用水质模型对水体中污染物的迁移扩散进行模拟，可以有效预防水体污染，减少污染带来的负面影响。根据水质模型的发展进程，Gu 等[9] 应用一维积分模型和立面二维模型模拟了分层水库中不同类型的密度流运动，研究表明水体的温度分层对于密度流在射流区、下潜区和交换区的运动均产生了一定的影响。唐天均等[10] 将 EFDC 模型应用于深圳水库并建立三维水动力定量模拟模型，该模型准确地反映了深圳水库水动力-水质耦合变化过程，为探究污染物在水体流动中的迁移转化规律提供了参考；任华堂等[11] 应用一种计算湖泊水库三维水温分布的模型对密云水库进行模拟并用实测水温资料对模型进行验证，取得了较好的效果，对水温因素影响水质变化提供了重要参考。

除传统一维、二维、三维水质数学模型外，结合不同学科知识理论的综合型数学模型也应运而生。有研究者在北京沙河水库应用基于 GIS 的分布式流域水文模型 SWAT 对该流域进行研究，定量计算并分析了非点源污染时空分布规律，该研究成果将为流域水资源保护规划提供科学依据。在水库富营养化方面，研究者应用水质模型对丹江口水库水体生态逐日变化过程进行模拟并对水库富营养化进行预测。丹江口水库作为亚洲第一大人工水库，蓄水总量达 290 亿 m³，是典型的特大型水库。模拟结果表明库区营养物浓度直接受上游水库水量影响，水库水体营养物浓度在丰水期逐渐达到最大值。水质模型不仅能对水库各项水质进行模拟和预测，还可以针对水质变化进行调度方式预演。位于广东省的新丰江水库又名万绿湖，是华南地区第一大湖，库容量 140 亿 m³，兼具河道及湖泊特性，其水库调度及取水位置决定供下游用水水质优劣，惠祥明[12] 通过数学模型对水库水质及调度方式进行模拟，设计优化调度方式及取水位置，为水库供水、发电提供参考。

2.2 水质模型难点

（1）对于水质模型来说，水质参数的源汇涉及化学、生物过程，但目前对其中的过程仍不够清楚，处于摸索阶段。已有的关系式也多是通过实验室获得，部分无法定量，部分可定量但准确性差。

（2）目前水质模型可模拟污染物逐日变化情况，对水体富营养化进行预测（如上述丹江口水库的应用），但对在特定条件下呈暴发性增长的部分水质指标（如叶绿素）的变化，利用微分方程描述仍存在困难。

（3）水质参数的模拟建立在水动力模型和水温模型的基础之上，水动力模型和水温模型的计算误差会进一步放大水质模型的误差（如新丰江水库），且部分水质参数指标值相对实际值偏小，误差对其的影响会掩盖真实值。

（4）水质模型所涉及的参数众多，包括气象、水文、化学、生物等，但目前很难获得可用于参数率定和模型验证的官方同步观测资料。

3 展望

基于上述难点，在未来，水质模型的发展应该随着实际应用需求逐步实现更高精度、更高效率的模拟：

（1）水质参数的确定和对源汇过程的认识是当前的难点也是未来发展的重点。由于其源汇过程复杂，通过多学科进一步综合提升对模型的认识和可预测范围是重要手段。目前，水质参数的模拟来自于水动力模型和水温模型，也导致误差的进一步传递，尤其对地处复杂地形的水域，预测难度加大。因此，传统水质参数的确定可以集成新兴技术：全球地理信息技术可以使定位更准确、更直观，卫星影像技术可以增加模拟结果的直观性和可视性等，这些跨学科技术的结合是未来水质模型发展的新鲜血液，为水质模型研究提供了新思路。Lin 等[13] 应用上述跨学科集成技术提高了传统水质模型预测范围和准确度。

（2）生物参数和算法的引入可以为传统水质模型连续可导函数难以描述部分特定参数暴发式增长的问题提供新的思路。Cho 等[14]把影响系数和遗传算法引入 QUAL2K 的自动标定模型中，用影响系数法优化了非常规状态下的参数，并利用该优化后的模型预测江陵南大川河水质和水动力参数。最终，溶解氧和叶绿素等指标的预测结果显示，经校正的模型预测结果更准确。因此，传统水质模型在未来需要对特殊水质指标进行修正使之适合未来的研究需求。

（3）水质-水温模型耦合是未来研究的重点。由于大型深水库通常会产生水温分层现象，其处于中间地位的温跃层会抑制水体垂向质量、热量、动量的交换和传递。因此，大型深水库的水质和水温模拟应当同时考虑二者的相互影响。

（4）政府、高校和企业应当建立数据共享平台，提高研究人员对水环境系统的分析和预测能力。对非涉密数据开源共享，对核心数据建立数据库，根据不同研究项目提供相应支持。

参考文献

［1］任华堂. 水环境数值模型导论［M］. 北京：海洋出版社，2016.

［2］EDINGER J E, BUCHAK E M. A Hydrodynamic Two-dimensional Reservoir Model：the Computational Basis［R］. Cincinnati, Ohio：Prepared for US Army Engineer, Ohio River Division, 1975.

［3］JOHNSON B H. A review of numerical reservoir hydrodynamic modeling［J］. A Review of Numerical Reservoir Hydrodynamic modeling, 1981.

［4］MARTIN J L. Application of two-dimensional water quality model［J］. Journal of Environmental Engineering, 1988, 114（2）：317-336.

［5］LEENDERTSE JAN J. Discussion of "New Horizons in the Field of Tidal Hydraulics"［J］. Journal of Hydraulic Engineering, 1969, 95（6）.

［6］刘中峰，李然，陈明千，等. 大型水库三维水质模型研究［J］. 水利水电科技进展，2010，30（2）：5-9.

［7］ZHANG Y, XIA J, SHAO Q, et al. Water quantity and quality simulation by improved SWAT in highly regulated Huai River Basin of China［J］. Stochastic Environmental Research & Risk Assessment, 2013, 27（1）：11-27.

［8］刘桦，何友声. 河口三维流动数学模型研究进展［J］. 海洋工程，2000（2）：87-93.

［9］Gu R, Mc Cutcheon S C, Wang P F. Modeling reservoir density underflow and interflow from a chemical spill［J］. Water Resources Research, 1996, 32（3）：695-705.

［10］唐天均，杨晟，尹魁浩，等. 基于 EFDC 模型的深圳水库富营养化模拟［J］. 湖泊科学，2014，26（3）：393-400.

［11］任华堂，陈永灿，刘昭伟. 三峡水库水温预测研究［J］. 水动力学研究与进展（A辑）2008，23（2）：8.

［12］惠祥明. 新丰江水库发电供水优化调度方法研究［D］. 大连：大连理工大学，2015.

［13］LIN J, XIE L, PIETRAFESA L J, et al. Water quality gradients across Albemarle-Pamlico estuarine system：seasonal variations and model applications［J］. Journal of Coastal Research, 2017, 23（1）：213-229.

［14］CHO J H, HA S R. Parameter optimization of the QUAL2K model for a multiple-reach river using an influence coefficient algorithm［J］. Science of the Total Environment, 2010, 408（8）：1985-1991.

永定河流域生物多样性保护及恢复状况分析

高金强　徐　宁　徐　鹤

（水利部海河水利委员会水资源保护科学研究所，天津　300170）

摘　要：永定河大规模生态补水后，对河流生境质量恢复、生态功能改善起到了积极作用，通水河长逐年增长，生态水面明显增加，流域生境逐渐改善，2019—2022 年通过生态补水期间生物监测与调查发现黑鳍鳈等清洁水体指示物种，鸟类种群数量持续增加，野生动植物生境得到有效修复，生物多样性显著增加，流域生态系统质量和稳定性逐步提升。但仍与流域生态文明建设和高质量发展的需要存在一定差距，急需通过科学实施生态补水、营建多样的河流生境、优化河岸带植物配置等措施，进一步提升流域生物多样性保护水平，构建永定河绿色生态河流廊道。

关键词：永定河；生态补水；生物多样性

生物多样性对维持生态平衡、促进人与自然和谐发展发挥着重要作用，是人类社会赖以生存和发展的基础，也是衡量生态文明建设的关键指标。永定河是《京津冀协同发展规划纲要》中重点推动生态修复与治理的"六河五湖"的重要河流之一，是京津冀地区重要的水源涵养区、生态屏障和生态廊道。为解决水资源过度开发、河道断流、生态系统退化等突出问题，2016 年国家发展和改革委员会、水利部、国家林业局联合印发了《永定河综合治理与生态修复总体方案》，实施流域综合治理与生态修复[1]。

1　背景概况

永定河上游有桑干河、洋河两大支流，于河北省张家口怀来县朱官屯汇合后称永定河，在官厅水库纳妫水河，经官厅山峡于三家店进入平原。三家店以下，两岸靠堤防约束，梁各庄以下进入永定河泛区。永定河泛区下口屈家店以下为永定新河，在大张庄以下纳龙凤河、金钟河、潮白新河和蓟运河，于北塘入海。

2017—2022 年，累计向永定河生态补水 31.22 亿 m³，其中 2022 年向永定河生态补水 9.7 亿 m³。随着集中输水和生态补水力度的增加，通水河长逐年增长。2019 年永定河持续有水河道超 490 km，实现了主要河段通水；2021 年实现 26 年来 865 km 河道首次全线通水；2022 年春季实现第二次全线通水并与京杭大运河实现世纪交汇。2022 年 10 月永定河再次实现全线贯通入海。2022 年累计全线通水时间 123 d。2022 年全线通水期间，官厅水库以下河段生态水面明显增加。通水之后，官厅水库至屈家店生态水面面积达到约 26 km²，较全线通水前增加了约 5 km²，增幅近 20%。永定河生态补水成效显著，流域生境逐渐改善。为科学评估永定河综合治理与生态修复实施成效，掌握流域生物多样性保护及恢复状况，2019—2022 年永定河历次生态补水过程中，开展了永定河调水沿线生物监测现场查勘工作。

基金项目：京津冀协同发展"六河五湖"综合治理与复苏河湖生态环境关键技术研究（SKR-2022033）。

作者简介：高金强（1986—），女，高级工程师，主要从事水资源保护、水生态修复工作。

2 生态系统状况

2.1 森林生态

永定河流域京津冀晋四省市现有林地面积 208.87 万 hm²，其中有林地 76.76 万 hm²，灌木林地 47.76 万 hm²。永定河流域森林植被状况良好，森林覆盖率 28%，其中北京市森林覆盖率达 30% 以上，森林覆盖率均高于全国平均水平。以水土保持林、防风固沙林及水源涵养林等防护林为主，达到总面积的 50% 以上。中幼龄林面积所占比例为 30.55%。

2.2 河湖湿地

永定河流域分布有森林沼泽、灌丛沼泽、沼泽草地、沿海滩涂、内陆滩涂、沼泽地等 6 类湿地，总面积 2.34 万 hm²，其中以内陆滩涂为主，面积达 2.19 万 hm²，其次为沿海滩涂 670.80 hm²。

2.3 自然保护地

自然保护地是我国生态建设的核心载体，在维护国家生态安全中居于首要地位。按照自然生态系统原真性、整体性、系统性及其内在规律，依据管理目标与效能，我国自然保护地按生态价值和保护强度高低依次分为国家公园、自然保护区、自然公园 3 类。

随着习近平生态文明思想的不断深入，经过多年的努力，永定河流域已建立数量众多、类型丰富、功能多样的各级各类自然保护地。永定河流域内现有各类自然保护地 58 个，其中现有与水相关的自然保护地 24 处（见表 1），涉及自然保护区和自然公园 2 种类型，总面积 13.11 万 hm²（含重叠部分）。

表 1　永定河流域涉水生态敏感区名录

序号	类型	行政区	名称	面积/hm²
1	国家湿地公园	北京	北京市野鸭湖国家湿地公园	283.75
2		天津	天津市武清永定河故道国家湿地公园	252.21
3		河北	河北省阳原桑干河国家湿地公园	1 791.14
4		河北	怀来官厅水库国家湿地公园	13 541.1
5		河北	河北涿鹿桑干河国家湿地公园	1 364.77
6		河北	河北蔚县壶流河国家湿地公园	1 531.43
7		山西	山西大同桑干河国家湿地公园（试点）	2 775.92
8		山西	山西神溪国家湿地公园（试点）	316.39
9		山西	山阴县桑干河国家级湿地公园	859.63
10		山西	山西怀仁口泉河国家湿地公园	605.78
11	省级湿地公园	北京	北京门头沟雁翅九河市级湿地公园	355.73
12		河北	河北清水河省级湿地公园	397.54
13		河北	河北洋河河谷省级湿地公园	1 199.65
14		河北	河北崇礼区西湾子省级湿地公园	80.17
15		山西	朔城区恢河省级湿地公园	727.6
16		山西	大同市文瀛湖省级湿地公园	674.59
17		山西	左云县十里河省级湿地公园	1 357.63
18		山西	大同县土林省级湿地公园	263.92
19		山西	应县镇子梁省级湿地公园	2 283.79

续表1

序号	类型	行政区	名称	面积/hm²
20	省级自然保护区	北京	北京市野鸭湖湿地市级自然保护区	6 860.91
21		河北	河北黄羊滩省级自然保护区	11 035.47
22		山西	山西桑干河省级自然保护区	65 140.12
23		山西	山西壶流河省级自然保护区	12 441.57
24	水产种质资源保护区	河北	永定河中华鳖青虾黄颡鱼国家级水产种质资源保护区	5 000

自然保护区类5处,其中省级自然保护区4处,总面积9.55万hm²;国家级水产种质资源保护区1处,面积0.50万hm²。自然公园类19处,全部为湿地公园,总面积3.06万hm²,其中国家湿地公园10处,面积2.33万hm²(2022年5月山西山阴桑干河省级湿地公园晋升为国家级湿地公园),分布于永定河(含官厅水库)、桑干河、壶流河和口泉河;省级湿地公园9处,面积0.73万hm²。湿地公园主要分布于沿河城镇段和郊野段,主要保护对象为黑鹳、大鸨等水禽及其生境。

3 生物多样性状况

综合考虑典型生态节点、支流汇入口、河长及与地表水监测站点相协调等因素,结合永定河官厅水库以上桑干河、洋河等河流生境特征及永定河生态补水实施情况,共布设34个监测点,监测点位示意图如图1所示。监测指标主要包括浮游植物、浮游动物、底栖动物、河湖岸边带植物。同时结合野外调查和文献查阅,对区域鱼类和鸟类情况进行了统计调查评估。

3.1 浮游植物

2022年新调查发现浮游植物31种,累计调查发现浮游植物8门424种,其中硅藻门和绿藻门分别占总数的39.2%和31.8%。2022年永定河流域浮游植物Shannon-Wiener多样性指数在1.32~2.76,浮游植物种类丰富区域主要集中于水面面积大、流速相对较缓的区域,官厅水库、册田水库、友谊水库及永定河(三家店—卢沟桥)浮游植物种类丰富,整体上浮游植物多样性为永定河>洋河>桑干河。

3.2 浮游动物

2022年新调查发现浮游动物14种,累计调查发现浮游动物4门269种,其中轮虫类占据明显优势,占所调查浮游动物总数的43.9%。2022年永定河流域浮游动物Shannon-Wiener多样性指数在0~1.822,浮游动物种类丰富区域与浮游植物基本相同。从Shannon指数分析,永定河处于中营养状态,桑干河和洋河处于中-富营养状态。

3.3 底栖动物

2022年新调查发现底栖动物15种,累计调查发现底栖动物6门274种,其中节肢动物门占据明显优势,占所调查浮游动物总数的80.3%。2022年永定河流域底栖生物Shannon-Wiener多样性指数在0~1.822,底栖动物种类丰富区域与浮游植物基本相同。

3.4 岸边带植物

2022年永定河河湖岸边带新调查发现植物41种,累计调查发现维管植物85科427种,以广布科、属居多,特有种不明显,植物在华北地区广泛分布,均为常见广布种,优势科主要集中在菊科、禾本科等世界性大科,多数科只有少数种或为单种科。永定河王平湿地、邵七堤等地发现国家二级重点保护植物野大豆。

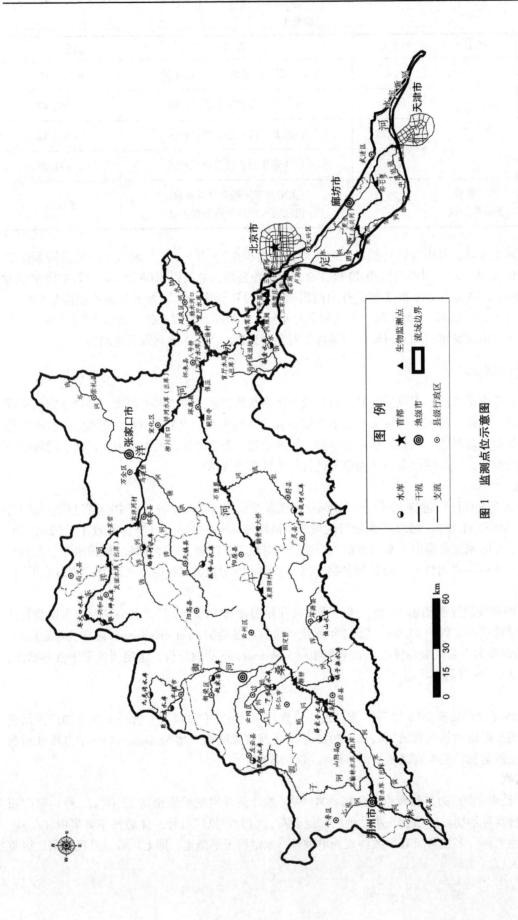

图 1　监测点位示意图

3.5 鱼类

鱼类作为水生态系统中的顶级群落，是水生态系统的主要组成部分。鱼类的多样性和群落结构在很大程度上能反映河流的健康状态。2022年在永定河山区段新发现兴凯鱊、点纹银鮈，累计调查发现鱼类8目14科51种，其中包括黑鳍鳈、宽鳍鱲等清洁水体指示物种。鲤形目36种，占调查鱼类总种数的70.6%。51种鱼类中有3种列入《中国生物多样性红色名录》[2]，分别是黄河鮈（濒危EN）、长麦穗鱼（易危VU）及隆头高原鳅（近危NT）。2022年鱼类生物损失指数为0.718，根据鱼类生物损失指数指标赋分由2021年的53.33增加为2022年的55.73。

3.6 湿地鸟类

永定河作为我国南北候鸟迁徙的重要栖息地之一，已累计调查发现鸟类360余种，其中国家一级保护鸟类22种，国家二级保护鸟类63种。从居留型来看，留鸟48种，旅鸟197种，冬候鸟26种，夏候鸟66种，迷鸟或未确定居留型23种。继2021年12月官厅水库周边首次发现国家一级保护动物丹顶鹤之后，2022年1—3月大同市广灵壶流河湿地再次发现丹顶鹤。官厅水库是永定河流域鸟类最丰富的区域，2022年11月国家二级保护动物蓑羽鹤首次现身官厅水库，在全国9种鹤中，官厅水库已记录到6种。春季生态补水后永定河平原段大兴、涿州等地记录到水禽约59种，其中天鹅数量最多时达到200余只。

黑鹳为《国家重点保护野生动物名录》一级保护鸟类，大型涉禽，在官厅水库及上游桑干河、洋河沿线广有分布。自2019年万家寨引黄北干线生态补水实施以来，朔州市七里河、太平窑水库一带，黑鹳数量由2016年的不足10只恢复到40余只。随着官厅水库生态补水，下游河道水域面积增大，黑鹳2020年出现在永定河沿线北京市房山、丰台、大兴和门头沟等地，并且连续3年发现在永定河山峡段越冬，形成了20余只的自然种群。湿地鸟类作为河湖生态环境变化的重要指示生物，种群数量的增加是永定河生态环境逐步复苏、持续向好的有力证明。

4 问题与建议

随着永定河综合治理与生态修复工作的不断推进，流域生态环境质量日趋好转，生物多样性丰富程度不断提高，但仍与流域生态文明建设和高质量发展的需要存在一定差距。主要体现在以下方面：①永定河平原段部分河段非补水期河道断流，河道生态水面不能得到有效维持；②生物栖息地多以湿地公园为主，河流廊道生物栖息地有待恢复；③栖息地植被多以草本为主，物种丰富度不高；④自然保护地体系仍不健全，监测覆盖范围不全面等。

为进一步提升流域生物多样性水平，恢复河流生态系统功能，高水平构建永定河绿色生态河流廊道，提出如下建议：

一是科学实施生态补水。水文过程是河流生态过程的重要组成部分，自然水文情势是维持生物多样性和生态系统完整性的基础。通过永定河生态水量调度，塑造适宜的水文过程，满足主要物种关键期生态水文需求[3]，是保护和修复永定河生态系统的重要措施之一。3—5月为水生动植物生长繁育高峰期，通过水库、闸坝联合调度，适时适宜地大流量补水。10—11月为秋季候鸟迁徙季，增加官厅水库下游生态补水量，延长平原河段全线通水时间。

二是营建多样的河流生境。河流形态多样性是生态系统多样性的基本支撑，也是生物多样性的基础。基于关键目标物种恢复，构建河流廊道生物栖息地。通过营造多种用地与生境，营造深潭、浅滩的自然弯曲河道，生态浮岛，增加生境岛屿等[4]，满足更多水生生物对栖息地深度和水流流速等不同要求，逐步恢复河岸生态空间，通过植被重塑生态系统，为野生动物提供栖息环境。

三是优化河岸带植物配置。选择适应永定河流域自然条件的适生植物种类，提高栖息地植物种类多样性。结合湿地鸟类对栖息地植物生境偏好，构建不同且垂直结构复杂的植物群落，适当增加食源性植物[5]。如针对长期处于断流状态、土壤干涸沙化的永定河平原南段，可通过筛选节水耐旱型适合沙质滩地生长的灌木和草本植物，构建沙质滩地植被恢复模式。针对城市段河流湿地环境的缺失问题，在生境营建的基础上，增加水生及湿生植物的种类和数量。

四是自然保护地体系构建。通过构建自然保护地体系和野生动植物生态廊道提升生物多样性水平，推进流域自然保护地整合优化，加强植被恢复、野生动植物重要栖息地和原生境保护，逐步连通河流生态廊道和拓展鸟类迁飞通道。积极推进自然保护区保护与修复，完善永定河自然保护区体系，促进流域区域生物多样性保护。

五是完善水生态环境监测体系。为准确科学地评价永定河生物多样性状况，加快推进河湖水质、水量、水生态监测体系建设，逐步完善涵盖浮游植物、浮游动物、底栖动物、着生硅藻等水生生物监测要素，构建生物监测、底质监测、应急监测相结合的水生态监测体系，进一步提升水生态监测及分析能力。同时，对已实施的生态修复工程措施进行跟踪监测，为永定河生态修复工作提供科学依据。

参考文献

[1] 国家发展和改革委员会，水利部，国家林业局. 永定河综合治理与生态修复总体方案 [R]. 北京：国家发展和改革委员会，水利部，国家林业局，2016.

[2] 蒋志刚. 中国生物多样性红色名录 [M]. 北京：科学出版社，2021.

[3] 黄炳彬，王远航，杨勇，等. 北方季节性河流生态修复关键技术问题探讨：以永定河为例 [J]. 北京水务，2021（4）：1-4.

[4] 苏雨靖. 北京5条河流廊道植物景观特征及多样性研究 [D]. 北京：北京林业大学，2019.

[5] 任朋. 北京市永定河平原段生态修复效果评价与技术适宜性研究 [D]. 兰州：甘肃农业大学，2019.

重庆市任河示范河流建设方案实践

王　雪　李善德

（长江水利委员会河湖保护与建设运行安全中心，湖北武汉　430010）

摘　要： 示范河湖建设是推动河湖长制从"有名有实"向"有能有效"转变的有力抓手。本文以任河城口段为例，分析了该河流示范建设的禀赋基础，并在"一带、两区、三点、四片"的总体布局规划下，提出了青色美丽任河、蓝色智慧任河、绿色生态任河、红色文化任河、橙色幸福任河的"五彩任河"示范河流建设方案，进而逐步构建人水和谐、健康秀美的河流生态系统，实现示范河流与乡村振兴共融共建，也可为后续源头型跨界山区河流示范建设提供借鉴和参考。

关键词： 长江流域；示范河流；任河城口段

1　引言

习近平总书记指出，"河川之危、水源之危是生存环境之危、民族存续之危"。为深入贯彻落实习近平总书记关于治水的重要论述，推动河湖长制从"有名有实"向"有能有效"转变，持续改善河湖面貌，2019 年 11 月，水利部办公厅印发《关于开展示范河湖建设的通知》。2021 年 5 月，重庆市河长办公室印发《关于印发〈重庆市示范河流建设工作方案〉的通知》，明确重庆市示范河流建设标准，并部署开展重庆市第一批示范河流建设工作。开展示范河湖建设是全面强化河湖长制、创新河湖管护机制的有益探索，是巩固河湖整治成果、系统治理河湖的重要举措，对于筑牢长江上游重要生态屏障、提升人民生活质量具有十分重大和深远的意义[1-2]。

示范河湖开展建设以来，学者们对其建设方案、实施路径、经验做法等开展了大量研究[3-5]。江小青等[6]以长江流域的东湖、浏阳河、北潦河为例，总结了示范河湖建设在应对薄弱问题、制度建设、技术支撑等方面的经验做法，研究了河湖长制下示范河湖的建设情况。谭振东[7]提出大胆开拓创新、整合项目资源、加强监督指导等措施，论述了黑龙江省创建示范河湖样板实践与启示。李艳卉[8]以肥城市龙山河为例，从责任体系建设、制度体系建设、基础工作落实等方面，论述了美丽幸福示范河湖建设情况。苗磊等[9]以榆林市榆溪河为例，在摸清河流河湖管理存在问题的基础上，通过实施榆溪河系统治理和综合治理，探讨了陕北地区示范河湖建设思路。石忠伟等[10]从补齐河湖管护短板、强化河湖水域岸线空间管控、维持河湖基本生态用水需求等方面，论述了山东烟台市美丽示范河湖建设情况。总体而言，示范河湖建设提出时间较短，相关系统性研究也较少，且主要为以概念、内涵研究为主的理论探索阶段，完整可复制推广的建设方案仍需深入研究。

本文以任河重庆市城口段这一源头型跨界山区河流为例，分析了该河流开展示范建设的禀赋基础，提出了示范河湖建设总体布局规划和具体建设方案，为全面强化河湖长制工作提供技术支撑，并为后续源头型跨界山区河流共建、共管、共治、共赢示范建设提供借鉴和参考。

2　研究区域

任河属汉江左岸一级支流，长江左岸二级支流，流经渝、川、陕三省（市），全长 223.9 km，流域总面积 4 871 km²。其中，城口县境内河长 128 km，流域面积 2 356 km²。主河道一般宽 40~80 m，

作者简介： 王雪（1985—），女，高级工程师，主要从事河湖管理保护研究工作。

最宽在 100~300 m，河道平均坡降 9.6‰，多年平均流量为 63.4 m³/s。任河流域呈长叶形，上游各支流河谷狭窄，滩多流急，河流蜿蜒曲折，穿行于丛山峡谷之间，断面形成规则的 V 形和 U 形，沿河多峡谷，谷深狭窄，水流湍急，良田沃土甚少。径流主要来源是降雨，其次是融雪和地下水。多年平均降水量为 1 300 mm，最大年降水量达 1 755.8 mm，最小年降水量为 829.2 mm，年内分配不均，5—10 月降水多，占全年降水量的 77.4%。任河是城口县的母亲河，流经县城和主要乡镇，是全国倒流距离最长的内陆河流，也是中国内陆少数未被污染的河流，全年出境水质保持或优于 Ⅱ 类水质。

2022 年 4 月，重庆市河长办公室印发《关于做好第二批市级示范河流建设有关工作的通知》，启动第二批市级示范河流建设工作。城口县任河入选重庆市第二批 15 条市级示范河流建设名单。

任河重庆市城口县境内流域水系图见图 1。

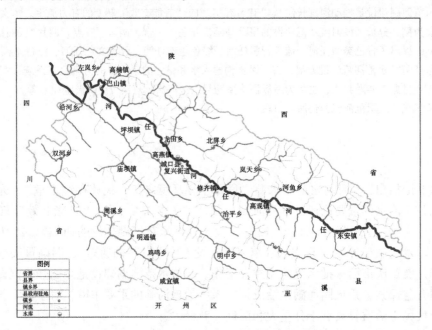

图 1　任河重庆市城口县境内流域水系图

3　示范建设基础

任河为县级河流，已构建覆盖全流域的河长制，全面建立了县、乡镇（街道）、村（社区）三级河长体系，干流已建立完善县、乡两级河长办公室。城口县先后制定了"七个工作制度"和"三个工作机制"，任河河长制组织制度体系全面建立。任河"一河一档""一河一策"、河道管理范围划定、岸线和采砂规划等河湖管理基础工作序时推进。通过建设"智慧河长"平台、启动水环境监测能力建设项目以及与四川万源、宣汉和陕西紫阳构建上下游、左右岸、干支流协调联动的河流管理保护机制等措施，不断加强河湖管护工作。通过编制防洪规划、开展县城区堤防建设以及建立非工程措施体系，任河流域水灾害防治能力逐步提升。通过落实最严格水资源管理制度，并不断推进节水型社会建设，任河流域水资源管控机制基本落实。通过依法划定河道管理范围、深入推进"清四乱"常态化规范化和发布总河长令等措施，不断强化水域岸线空间管控。通过开展水电站生态基流泄放综合整治、全面实行禁渔制度管理、推进水土流失治理工作，持续强化水生态保护修复。深入实施"蓝天""碧水""绿地""宁静""田园"等环保行动，不断增强水污染防治能力，强化水环境治理成效明显，任河干流两个监测断面和水功能区水质均能满足相应水质类别要求。城口县坚持不懈践行"绿水青山就是金山银山"理念，以"母亲河"任河为中心，深入开展水文化宣传教育、研究和保护相关工作，不断强化水文化建设。

面临重庆市示范河流建设新要求，城口县仍需以更高标准、更高水平推动任河管理保护工作，在水灾害防治、水域岸线管控、水生态系统建设、水环境治理、水文化挖掘等方面进一步巩固提升。

4 示范河流建设方案

4.1 总体布局

任河示范河流建设以"生态城口 多彩任河"为主题，针对任河独特的自然地理和社会经济特性，总体布局遵循"一带、两区、三点、四片"的原则。"一带"即幸福任河风光带；"两区"即上游水美乡村示范区、下游生态保护景观区；"三点"即亢谷艺趣河谷、河鱼农耕水乡、县城景观水坝三处水文化节点；"四片"即东安生态养殖乡村振兴示范片、高观水旅融合示范片、龙田樱缘三产融合示范片、巴山湿地公园亲水休憩示范片。打造青色美丽任河、蓝色智慧任河、绿色生态任河、红色文化任河、橙色幸福任河的"五彩任河"，实现示范河流与乡村振兴共融共建。

4.2 强化水岸同治，打造青色美丽任河

推进水土流失综合防治及生态修复、城镇生活污水治理等工程措施和推进"清四乱"常态化规范化、开展妨碍河道行洪突出问题专项整治行动等非工程措施，持续巩固任河城口段水质只升不降、持续向好、稳定达到地表水Ⅱ类标准。依托重点河段防洪护岸综合治理工程等项目，实施任河流域生态岸线治理，提高任河流域水安全保障能力。依托生态拦水坝及滨水空间生态治理与利用、水系连通及水美乡村建设试点工程等项目，加快建设河岸生态缓冲带、生态湿地、亲水设施等，丰富任河两岸生态景观、提高景观品位，打造"水系生态"最美岸线，助推任河流域可持续发展。

4.3 科技创新赋能，打造蓝色智慧任河

围绕河长制六大工作任务，构建"空天地一体化"智慧感知体系。通过在县城主要河流、水库及重点监控断面布设视频监测站，实现对河道非法排污、采砂、捕鱼等行为的远程监控；运用无人机、卫星遥感等技术开展巡河，实现河库水域岸线的动态管控。此外，通过构建水厂内的自动化监控体系，建设乡镇供水管道主要节点的物联网感知设备，推进农村供水生产运行和管理信息化，提升农村供水行业现代化水平，增强饮水安全保障能力，实现农村智慧供水管理服务新模式。

4.4 深化农文旅融合，打造绿色生态任河

着力农耕体验，采用企业+农户的经营模式，引进企业生态种植水稻，养殖泥鳅、黄鳝、稻花鱼等水产，打造东安生态养殖乡村振兴示范片。着力文创体验，围绕金家坝休闲时光漫滩生态渔业发展示范点、文创艺术及康养食疗核桃产业链、采摘体验莲·洁文化产业园等特色文创品牌，打造高观水旅融合发展示范片。着力品牌创建，将"龙田樱缘"打造成以采摘、教育、休闲、购物和文旅等多功能为一体的山水地立体生态循环农业主题公园。着力生态康养，将单一的巴山湖旅游景区升级打造为集观光、度假、科普、研学、娱乐等多功能于一体的亲水休憩示范片。

4.5 讲好"任河故事"，打造红色文化任河

城口历史悠久，秉承巴蜀文化传统，任河作为城口的母亲河，孕育了灿烂的红色文化、非遗文化、原乡文化，养育了沿河两岸一方百姓。通过讲好徐向前等苏区红色文化故事，城口漆艺、老腊肉、鸡鸣禅茶等非遗文化故事，老木屋等原乡文化故事，秉持"以农促文旅、以文活农旅、以旅兴农文"的农文旅商融合发展理念，将水文化载体化、故事化、脉络化，打造任河沿线"网红打卡点"，做活任河流域的独特"水文化"，实现生态效益与社会效益、经济效益的有机统一。

4.6 创新"四治"管护模式，打造橙色幸福任河

流域联治，创新探索跨界河流联防联控机制，着力于"统一思想认识、统一规划部署、统一行动计划"，实行"统一保护、统一管理、统一治理"。科技协治，建成"智慧河长"平台，实现河道监控数据与检察院、公安、农委、水利等部门共享，通过AI大数据智能甄别、分析和处理，高效利用视频监测数据信息，切实有效提升"三水"共治合力。齐心合治，实行河长制、林长制和路长制相结合，各乡镇、村社干部集"三长"于一身，建立跨区域河长、林长、路长沟通机制，开展生态环境协同管理、联合执法、联合督察，统筹山水林田草沙系统治理。全员共治，创新"河长+检察

长+警长"、"河长+检察长+民间河长"、"河长+智慧河长+护河员"等联动工作机制,形成"党政负责、检察监督、司法保护、智能监管、公众参与"的河长制工作新格局。

5 结语

重庆市城口县任河示范河流建设,以任河干流城口段为重点,以点带面、以线促面,通过实施系统治理和综合治理,巩固和提升任河流域管理保护能力和成效,实现了"防洪保安全、优质水资源、健康水生态、宜居水环境、先进水文化"总体目标。通过示范建设,任河逐步成为可复制、可推广、具有城口特色的源头型跨界山区河流管理保护示范标杆。下一步,需要根据新形势、新任务,进一步拓展和深化示范河流建设内容,总结提炼成功经验,不断推进河流治理体系和治理能力现代化,为实现幸福河湖的目标奠定坚实基础,让任河真正成为造福人民的幸福河湖。

参考文献

[1] 左其亭,郝明辉,姜龙,等.幸福河评价体系及其应用 [J].水科学进展,2021,32 (1):45-58.

[2] 陈晓,吴大伦,蔡国宇.河湖长制典型案例分析及启示 [J].中国水利,2021 (23):31-32.

[3] 孙贵军.聊城市徒骇河城区段美丽示范河湖建设实践 [J].山东水利,2023 (4):23-24.

[4] 姜莹,张良.新疆玛纳斯河示范河湖建设方案探讨 [J].四川水利,2023,44 (1):66-67.

[5] 杜伟,陈晓燕.济南市美丽示范河湖建设探讨 [J].中国水利,2021 (8):20-22.

[6] 江小青,周诗昀,周晖.河湖长制下示范河湖建设研究 [J].水利水电快报,2023,44 (2):55-58.

[7] 谭振东.黑龙江省创建示范河湖样板实践与启示 [J].中国水利,2020 (22):48-49.

[8] 李艳卉.肥城市龙山河创建美丽示范河湖的主要做法 [J].山东水利,2022 (9):91-92.

[9] 苗磊,王小永,徐进.陕北地区示范河湖建设思路探讨 [J].陕西水利,2022 (2):159-160.

[10] 石忠伟,郝善丞.山东烟台市美丽示范河湖建设的思考 [J].中国水利,2020 (14):37-38.

幸福河湖建设对水生态系统服务的影响
——以三峡库区为例

李　桢[1,2]　王卓微[1,2]　吴雷祥[1,2]　王世岩[1,2]　黄　伟[1,2]　彭文启[1,2]

（1. 中国水利水电科学研究院，北京　100038；
2. 水利部京津冀水安全保障重点实验室，北京　100038）

摘　要： 以三峡库区为研究对象，从水安全、水资源、水环境、水生态和水文化 5 个方面，构建了三峡库区幸福河湖评价指标体系，并应用该指标体系评价了 2021 年三峡库区各区（县）的河湖幸福指数。选取水源涵养和水质净化来表征水生态系统服务，评价了三峡库区各区（县）的水生态系统服务，进而在区县尺度探讨了幸福河湖建设对水生态系统服务的影响。本文研究结果可为三峡库区的幸福河湖建设、生态系统管理和区域可持续发展提供科学支撑。

关键词： 幸福河湖建设；评价指标体系；水生态系统服务；三峡库区

1　研究背景

生态系统服务是指生态系统为人类生存和发展所提供的物质产品和服务功能[1]。据统计，全球范围内约 60% 的生态系统服务出现退化，这严重影响了社会的可持续发展[2]。有效的生态系统管理是维持生态系统服务的重要手段[3]。生态系统服务的时空变化，权衡与协同、驱动机制已成为生态系统服务评价的主要内容[4-5]。水生态系统服务是生态系统服务的重要部分，在流域水源保护规划、水安全保障等方面起到关键作用。因此，明晰水生态系统服务空间分布及驱动机制能够为生态系统管理和区域高质量发展提供支撑。

"幸福河"是新时期河流开发与治理的新目标，其综合考虑了河流自身生态健康和人类社会需求，是水生态文明建设和流域高质量发展的重要支撑。国内学者针对"幸福河"的内涵、评价指标体系、幸福指数评价等方面展开了一系列的研究工作。如水利部原部长鄂竟平认为幸福河湖应做到防洪保安全、优质水资源、健康水生态、宜居水环境[6]。水利部发展研究中心刘蒨提出了幸福河评价指标体系的构建思路[7]。中国水利水电科学研究院研究认为幸福河是安澜之河、富民之河、宜居之河、生态之河、文化之河的集合与统称[8]。幸福河湖建设在省级、市级、地方等不同尺度开展了探索实践。浙江省围绕安全、生态、宜居、富民、智慧，推进全域幸福河湖建设工作[9]。陈敏芬等[10]提出了杭州幸福河湖评价指标体系。浙江省湖州市南浔区创新性发布了首套幸福河湖地方标准[11]。综上，幸福河湖建设是一项涉及防洪、水资源、水生态、水环境、水文化的系统工程。然而，库区型幸福河湖评价尚少。此外，幸福河湖建设对水生态系统服务产生何种影响鲜有探索。

三峡工程的良好运行显著发挥了防洪、发电、航运、水资源利用和生态环境保护等综合效益。与此同时，三峡工程的建设也引发了一些生态环境问题，如库区支流水华、消落区生物多样性退化等。

基金项目： 三峡水库幸福河湖建设研究（WE0161A012023）；三峡库区和长江中下游影响区生态修复与环境保护重大技术问题研究（SKR-2022051，WE110145B0052021）。

作者简介： 李桢（1991—），男，工程师，主要从事水环境方面的研究工作。

通信作者： 吴雷祥（1982—），男，主要从事水环境方面的研究工作。

三峡库区是我国国家生态安全屏障区，同时也是典型的生态脆弱区。因此，三峡库区的幸福河湖建设对长江经济带高质量发展具有重大意义。基于此，本研究结合库区的特点，在县域尺度评价了河湖幸福指数和水生态系统服务，分析了两者的关系。本研究结果可为库区型幸福河湖建设、生态系统管理和区域高质量发展提供支撑。

2 研究区域概况与研究方法

2.1 研究区域概况

三峡库区位于中国西南部，属于长江流域上游下段（106°20′~110°30′ E，28°32′~31°50′ N）（见图1），总面积约5.7万 km²。三峡库区可分为重庆段和湖北段，共计26个区（县），其中重庆段包含22个区（县），湖北段包含4个区（县）。三峡库区地形起伏大，地貌复杂，垂直差异大，以山地和丘陵为主。气候属亚热带湿润季风气候，夏季高温多雨，冬季寒冷，多年平均气温在16°~18°，年降水量940~1 400 mm。城市化快速发展，2021年，三峡库区重庆段常住人口城市化率为66.8%，三峡库区湖北段常住人口城市化率为61.0%。2021年，三峡工程全年运行情况良好，防洪、发电、航运、水资源利用等综合效益充分发挥。

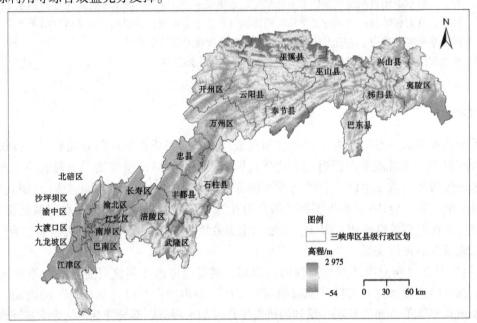

图1 三峡库区位置示意图

2.2 数据来源

（1）2021年土地覆盖数据来源于武汉大学30 m分辨率中国土地覆被数据集。

（2）数字高程模型下载于地理空间数据云。

（3）降水和潜在蒸散发数据来源于国家地球系统科学数据中心共享服务平台。

（4）根系限制层深度数据来源于1 km的中国土壤深度图。

（5）植物可用水分含量来源于ISRIC全球数据集。

（6）三峡库区幸福河湖评价所用数据来源于各区县的2021年国民经济和社会发展统计公报、"十四五"水安全保障规划、《统计年鉴》等。

2.3 幸福河湖评价指标体系

结合三峡库区的特点，参考先期研究成果和《幸福河湖建设成效评估工作方案（试行）》等，从水安全、水资源、水环境、水生态、水文化5个方面构建了幸福河湖评价指标体系（见表1），进而在县级尺度评价了各区县幸福河湖指数。计算公式如下：

$$RHI = \sum_{i=1}^{5} F_i W_{i,j}^f \tag{1}$$

式中：RHI 为河湖幸福指数；F_i 为第 i 个一级指标得分，i 是一级指标下标，$i=1\sim5$，分别表示防洪保安全、优质水资源、宜居水环境、健康水生态、先进水文化；$W_{i,j}^f$ 为第 i 个一级指标中第 j 个二级指标的权重。

表 1 幸福三峡评价指标体系

目标层	准则层	序号	指标层
幸福河湖	防洪保安全（0.25）	1	洪涝灾害人员死亡率（0.40）
		2	洪涝灾害经济损失率（0.20）
		3	防洪工程达标率（0.40）
	优质水资源（0.25）	4	人均资源占有量（0.20）
		5	城乡供水普及率（0.12）
		6	实际灌溉面积比例（0.18）
		7	水资源开发利用率（0.125）
		8	单方水国内生产总值产出量（0.125）
		9	人均国内生产总值（0.10）
		10	恩格尔系数（0.10）
		11	平均预期寿命（0.05）
	宜居水环境（0.2）	12	干流水质达标率（0.08）
		13	次级河流水质达标率（0.12）
		14	大中型湖库水质达标率（0.12）
		15	水功能区水质达标率（0.08）
		16	城区集中式饮用水水源地水质达标率（0.16）
		17	乡镇集中式饮用水水质达标率（0.24）
		18	城乡居民亲水系数（0.20）
	健康水生态（0.2）	19	次级河湖生态流量达标率（0.30）
		20	水域面积保留率（0.125）
		21	河流纵向连通性指数（0.125）
		22	水生生物完整性指数（0.20）
		23	水土保持率（0.25）
	先进水文化（0.1）	24	历史水文化遗产保护指数（0.30）
		25	现代水文化创造创新指数（0.40）
		26	公众水治理认知参与度（0.30）

2.4 水生态系统服务

基于 InVEST 模型水源涵养和水质净化模块，计算出三峡库区产水和养分截留情况。水源涵养模块是一种基于水量平衡的估算方法。计算公式如下：

$$Y_{xj} = \left(1 - \frac{AET_{xj}}{P_x}\right) \times P_x \tag{2}$$

式中：Y_{xj} 为栅格单元 x 中 j 类用地类型的年产水量，mm；AET_{xj} 为栅格单元 x 中 j 类用地类型的年实际蒸散发量，mm；P_x 为栅格单元 x 的年降水量，mm。

水质净化模块是基于植被和土壤能够转换或存储径流中的氮磷污染物机制，采用水体中总氮和总磷的含量来表示水质状况。计算公式如下：

$$Y_{xj} = \left(1 - \frac{ALV_x}{P_x}\right) \times P_x \tag{3}$$

式中：ALV_x 为栅格单元 x 的调节负荷值；P_x 为栅格单元 x 的输出系数。

$$HSS_x = \lambda_x / \overline{\lambda_w} \tag{4}$$

式中：λ_x 为栅格单元 x 的径流系数；$\overline{\lambda_w}$ 为流域内的评价径流系数；HSS_x 为栅格单元 x 的水文敏感性。

2.5 相关性分析

相关性分析用来衡量变量之间的相关密切程度。本研究采用 Pearson 相关系数在县域尺度上分析河湖幸福指数和水生态系统服务的关系。计算公式如下：

$$r_{xy} = \frac{n \sum x_i y_i - \sum x_i \sum y_i}{\sqrt{n \sum x^2_i - \left(\sum x_i\right)^2} \sqrt{n \sum y^2_i - \left(\sum y_i\right)^2}} \tag{5}$$

式中：r_{xy} 为 Pearson 相关系数；n 为观测对象的数量；x_i、y_i 分别为 x 和 y 的第 i 个观测值。

3 结果

3.1 2021 年三峡库区各区（县）河湖幸福指数

三峡库区各区（县）河湖幸福指数平均值为 85.22 分，处于良好水平（见图 2）。从空间分布上来看，武隆区、石柱县等地河湖幸福指数高，重庆市主城区、云阳、奉节、巫溪、巫山等地的河湖幸福指数相对较低。

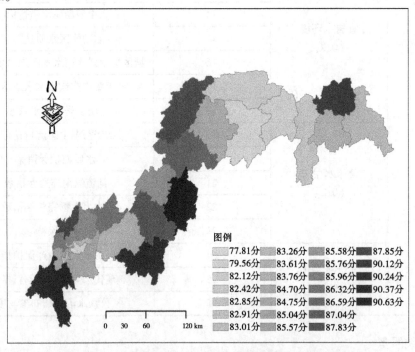

图 2 2021 年三峡库区各区（县）河湖幸福指数评价结果

3.2 2021 年三峡库区水生态系统服务

三峡库区的产水量在库尾和南部边缘地区产水量较高，包括兴山、秭归、巴东南部等区域（见图 3）。研究区中部及重庆主城区周边区域的产水量低，包括万州、忠县等地区。

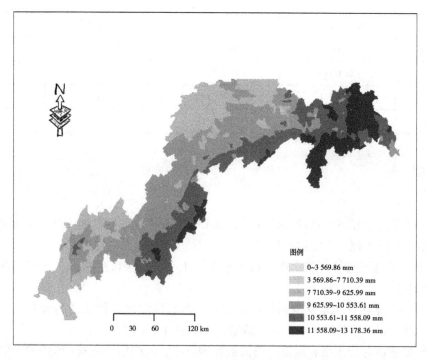

图3　2021年三峡库区产水量

　　三峡库区2021年氮、磷输出负荷在空间分布上具有一致性（见图4）。氮、磷输出负荷较高，水质净化能力较低的区域集中在重庆市主城区西北和东北区域、丰都、石柱、开州、万州、云阳等。值得注意的是，武隆区氮、磷输出负荷处于较高水平。

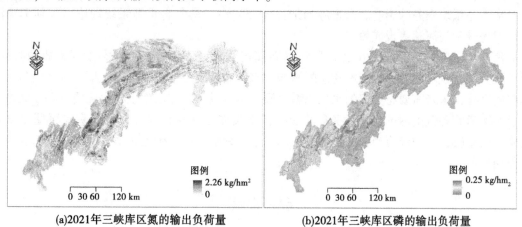

(a)2021年三峡库区氮的输出负荷量　　　　　　　(b)2021年三峡库区磷的输出负荷量

图4　2021年三峡库区年氮、磷输出负荷量

3.3　幸福河湖建设对水生态系统服务的影响

　　以不同类型的水生态系统服务为因变量，河湖幸福指数为解释变量，采用Pearson相关系数来探索幸福河湖建设对水生态系统服务的影响。河湖幸福指数与产水量不相关。河湖幸福指数与氮输出负荷呈弱正相关。可能的原因是氮源输入与农业面源密切相关，幸福河湖建设仅对河道管理范围内的农田起作用，而2021年河道管理范围内的农田已基本得到控制。河湖幸福指数与磷输出负荷呈负相关。磷源输入与农田、磷矿加工厂直接相关，2021年河道管理范围内磷矿加工厂已逐步得到搬迁。相关性分析结果见表2。

表 2　相关性分析结果

项目	河湖幸福指数	产水量	氮输出负荷	磷输出负荷
河湖幸福指数	1.000 0	−0.006 6	0.015 1	−0.137 2
产水量	−0.006 6	1.000 0	−0.750 8	−0.404 0
氮输出负荷	0.015 1	−0.750 8	1.000 0	0.624 8
磷输出负荷	−0.137 2	−0.404 0	0.624 8	1.000 0

4　结论与展望

4.1　结论

本文基于三峡库区幸福河湖建设，探讨了其对水生态系统服务的影响，进一步促进了对幸福河湖建设的认知和生态系统管理。主要结论如下：

（1）2021 年三峡地区总体河湖幸福指数处于良好水平。重庆市主城区、云阳、奉节、巫山等地的河湖幸福指数略低。

（2）2021 年三峡地区产水量从南到北逐渐递减。氮、磷输出负荷在空间分布上具有一致性，在重庆主城区及附近区域、万州等区域的氮、磷输出负荷处于较高水平。

（3）幸福河湖建设对产水量和氮输出负荷的影响较小，对磷输出负荷产生积极作用。

4.2　展望

三峡库区各区（县）正在积极展开幸福河湖建设，应当在区域尺度整合优化区（县）尺度的幸福河湖建设成效。本文在区域尺度评价了库区型河湖幸福指数，为其他类似区域提供了参考和借鉴。

河流是独特的生态系统，河流沿岸居住着大量的人口。本文从生态系统管理角度，评价了幸福河湖建设对水生态系统服务的影响。未来应当把社会-经济-自然复合生态系统理论引入到幸福河湖建设中，以期提升幸福河湖建设成效。

本文仅评价了单个年份各区（县）的河湖幸福指数，当下急需评价河湖幸福指数的时空变化，以探讨三峡大坝建设对区域幸福河湖建设的影响。水生态系统服务包括不同类型，本文仅包含了水源涵养和水质净化，未来需要将更多的水生态系统服务纳入其中，如水生生物生境质量等。此外，幸福河湖建设对河道管理范围内的生态服务影响更大，本文在区（县）尺度分析了幸福河湖建设对水生态系统服务的影响，下一步应当在河道管理范围内进行评价，以准确把握幸福河湖建设与水生态系统服务的作用机制。

参考文献

［1］DALLY G C, POWER M. Nature's services: Societal dependence on natural ecosystem［J］. Nature, 1997, 388 (6642): 529.

［2］DALLY G C, POLASKEY S, GOLDSTEIN J, et al. Ecosystem services in decision making: time to deliver［J］. Frontiers in Ecology and the Environment, 2009, 7 (1): 21-28.

［3］HOLLING C S, MEFFE G K. Command and control and the pathology of natural resource management［J］. Conservation Biology, 1996, 10 (2): 328-337.

［4］TURNER K G, ODGAARD M V, CHER P K, et al. Bundling ecosystem services in Denmark: trade-offs and synergies in a cultural landscape［J］. Landscape and Urban Planning, 2014, 125: 89-104.

［5］LIU YX, LYU Y H, FU B J, et al. Quantifying the spatio-temporal drivers of planned vegetation restoration on ecosystem services at a regional scale［J］. Science of the Total Environment, 2019, 65: 1029-1040.

［6］鄂竟平. 坚持节水优先建设幸福河湖［N］. 人民日报, 2020-03-23.

［7］刘蒨. 对构建幸福河评价指标体系的思考［J］. 水利经济, 2021, 39（6）: 31-35.

［8］柳长顺, 王建华, 蒋云钟, 等. 河湖幸福指数: 富民之河评价研究［J］. 中国水利水电科学研究院学报, 2021, 19（5）: 441-448.

［9］胡仕源, 郑芙蓉, 金凯, 等. 浙江省全域幸福河湖建设初探［J］. 浙江水利水电学院学报, 2022, 34（3）: 21-49.

［10］陈敏芬, 马骏, 钱学诚. 杭州幸福河湖评价指标体系构建［J］. 河湖管理, 2022（2）: 40-42.

［11］夏继红, 祖加翼, 沈敏毅, 等. 水利高质量发展背景下南浔区幸福河湖建设探索与创新［J］. 水利发展研究, 2021（4）: 69-72.

基于层次分析法的河道近自然评价体系构建及应用

林俊雄[1,2] 张 红[2] 严雷鸣[1,2] 赵士文[1,2] 吴月龙[1,2]

（1. 南京水利科学研究院，江苏南京 210029；
2. 南京水科院瑞迪科技集团有限公司，江苏南京 210029）

摘 要： 河道近自然评价是河湖健康评价在河道自然性评价的有力补充。本文采用层次分析法，建立基于河流生态、水岸地貌和水文环境等方面特征共 34 个指标的河道近自然评价体系和模型，用于诊断人工干扰引起的河道自然退化或破坏程度，可以为河道方案编制和管理决策者提供定量依据。以江苏某河道为例，基于对河段多点实地调查、取样检测、遥感信息和资料分析，按"全自然、近自然、弱自然和无自然" 4 级评价标准，以最大隶属度为原则判定河道近自然度。结果显示，该河道因人工干扰由西向东处于近自然向无自然的退化状态，亟须通过生态修复使其朝健康生态有序发展。

关键词： 河道近自然；评价体系；层次分析法

20 世纪 90 年代以来，我国城市化进程和经济社会高速发展，以河道顺直改造、断面形状规则化和岸坡防护工程为主的河道整治和堤防工程，造成城市河道空间异质性降低、渠道化硬质化突出和生态多样性下降等问题。

党的十八大以来，以习近平同志为核心的党中央把水生态环境保护摆在生态文明建设的重要位置，谋划开展了一系列根本性、开创性、长远性工作，加快推动了我国水生态环境保护发生重大转折性变化，人民群众身边的清水绿岸明显增多，生态环境获得感、幸福感显著增强[1]。

近年，国家、省（市）出台了众多政策和措施，城市河道面貌焕然一新，截至 2020 年底，全国地级及以上城市黑臭水体已实现 98.2% 的消除[2]。当前，我国经济发展模式由高速逐步转变为高质量发展，生态环境由高排放低循环逐步转变为低排放高循环。为加快建设人与自然和谐共生的美丽中国，《重点流域水生态环境保护规划》制定出台，着力提升河湖生态环境品质，推动实现"有河有水、有鱼有草、人水和谐"，我国河湖治理已逐步由污染防治向水生态修复系统治理转变。

1 河道近自然评价的概念内涵

近自然化，是以生态综合效益为考量的河湖修复方法，理念最早源于德国。1938 年，德国风景园林师 Alwin Seifert 提出"亲河川整治"的观念，之后开创了"近自然河道治理工程学"，目前已在欧美、日本等发达经济体得到了广泛推行和实践[3-6]。由于发展阶段的差异性，我国河道近自然修复的研究和实践相对滞后，欧美和日本等发达国家先于我国，于 20 世纪 70—90 年代探索和经历了由水质污染治理到综合治理，并发展至生态系统修复，可以为我国今后城市河道修复提供经验和借鉴。

作为河湖健康评价在河道自然性评价方面的补充，河道近自然评价是对由自然和人为引起的河道形态和生态系统的退化或破坏程度的诊断，可以为河道方案编制和管理决策者提供定量依据。

2 评价方法选择

对城市河道的近自然评价，涉及河流生态特征、水岸地貌和水文环境特征等方面指标或属性。评

基金项目： 中央级公益性科研院所基本科研业务费专项资金（Y322005）。

作者简介： 林俊雄（1988—），男，工程师，博士，主要从事河湖水生态环境修复、海绵城市、防洪排涝、城市给排水等方面研究、规划、咨询工作。

价指标体系构建及各指标相互权重值确定的客观性及合理性，关乎评价结果。目前，对指标权重确定的常用方法有层次分析法（AHP 法）、专家调查法（Delphi 法）、熵权法和主成分分析法等[7]。

本研究优选采用的层次分析法，是一种定性与定量相结合的多目标决策分析方法，可以将与决策有关的元素构建成目标、准则和方案等层次，通过构建两两比较的判断矩阵，进行各指标排序和赋权，最终实现对各河段的自然程度评价，运算简便。

3 指标筛选及层次结构

为能较准确地反映河道近自然特性，在近自然评价体系指标筛选上，通过组建具有河道生态地貌修复和自然化质量评价经验的专家组，参考《河流健康评估指标、标准与方法（试点工作用）》《河湖健康评价指南（试行）》，并结合河道近自然特性相关属性因素，从定量和定性指标角度，依据河道河流生态特征、水岸地貌特征和水文环境特征等 3 个方面，共筛选出相互独立、易于获取的指标共 34 个，如表 1 所示。

表 1 河道近自然评价指标体系层次结构

目标层	准则层	评价指标层	指标含义及计算方法
定量评价	河流生态定量特征	河流纵向连通性/（个/10 km）	单位河道长度内影响河流连性的建筑物或设施数量，有过鱼设施不计
		缓冲带植被宽度	河道两岸植被现状宽度，可利用植被拦截和土壤下渗作用进行径流削减和污染物截流
		浮游植物多样性	河流浮游植物群落结构的组成和多样性特征，采用 Shannon-Wiener 生物多样性指数计算方法
		浮游动物多样性	河流浮游动物群落结构的组成和多样性特征，采用 Shannon-Wiener 生物多样性指数计算方法
		底栖动物多样性	河流底栖动物群落结构的组成和多样性特征，采用 Shannon-Wiener 生物多样性指数计算方法
		底泥污染程度	河道底泥氮、磷等污染物浓度，底泥取样检测
	水岸地貌定量特征	蜿蜒度	河道实际河岸长度和起止端长度的比值
		水深比	河段最大水深与最小水深比值
		水面宽度比	河道最大水面宽与最小水面宽比值
		河岸宽度比	河道最大河宽与最小河宽比值
		河床底质多样性	河床底质材料多样性
		岸坡坡度	河道两侧岸坡坡度
		岸线人工干扰程度	岸线利用率（%）、面积或岸线长占比、生态岸线占比等
	水文环境定量特征	生态流量满足程度	计算 4—9 月及 10 月至次年 3 月最小日均流量占多年平均流量（近 30 年）的百分比
		流量过程变异程度	年实测月径流量与天然月径流量的平均偏离程度
		流速比	河段内最大流速与最小流速比
		透明度/m	采用彩盘法测定河道水体清澈程度
		pH	河道水体酸碱性，使用便携式 pH 计测定，并取平均值
		溶解氧 DO	河道水体溶氧程度，使用便携式溶氧仪测定，并取平均值
		氨氮	于各河段均匀选取多点，分光光度法测定，取平均值
		COD_{Mn}	于各河段均匀选取多点，分光光度法测定，取平均值
		磷酸盐 TP	于各河段均匀选取多点，分光光度法测定，取平均值
		入河排污口/（个/km）	现场调研沿河排污口数量

续表 1

目标层	准则层	评价指标层	指标含义及计算方法
定性评价	河流生态定性特征	岸坡植被覆盖	植被覆盖度和多样性，包括植物种类的多少，乔、灌、草和非木质菌存在的完整程度
		底栖生物生境	粗木质残体的含量、腐化程度，河床底质的稳定性
	水岸地貌定性特征	平面形态	各河段区间的蜿蜒曲折性，边滩、心滩等平面特征自然性
		横剖面形态	河道断面的不规则程度，如深潭、浅滩分布情况
		河床透水性	河床组成材质多样性、颗粒大小，人工干扰程度
		两岸土地利用	河道两岸土地性质，按近自然等级划分为绿地、农业用地、交通用地和建筑用地
		岸坡结构	河道岸坡石块堆积自然程度、有无人干扰和植被生长状况
	水文环境定性特征	水体气味	河道生态或污染程度产生的气味
		流速多样性	河道内水流的多边性，急流、缓流变化程度
		水体感官	水体颜色、浑浊度、漂浮物等整体感官友好程度
		流水声音	河段内水声多样性，给人的愉悦程度

因此，本研究近自然评价体系包括定量评价和定性评价两部分目标层，均由河流生态、水岸地貌和水文环境特征构成准则层，并由 34 个特征指标构成指标层。指标体系、各指标含义及计算方法如表 1 所示。

4 判断矩阵构建及权重值确定

采用层次分析法（AHP），结合专家意见法评价，进行河道近自然评价指标体系中每项指标权重确定，具体步骤包括：①根据评价体系层次结构构建判断矩阵；②各专家进行指标对比，分析相对重要性；③计算判断矩阵最大特征根及特征向量；④一致性检验；⑤各层级指标无量纲化及权重排序，得到各评价指标对上一层的权重及各要素对目标层的权重。

其中，定量评价和定性评价权重分别为 0.623 8 和 0.376 2。河流生态、水岸地貌和水文环境特征准则层权重及下级指标层权重如表 2 和表 3 所示。

5 评价值计算及近自然等级划分

5.1 指标评价值计算

依据河道近自然评价体系，采用式（1）对各评价河段近自然性进行综合评价。

$$F = \sum_{i=1}^{n} \sum_{j=1}^{m} M_{ij} D_{ij} \tag{1}$$

式中：F 为河段的近自然综合评价值；M_{ij} 为第 i 个评价特征的第 j 个单项评价指标的评分值；D_{ij} 为 M_{ij} 对应的权重值；m 为第 i 个评价特征的指标层数量；n 为指标体系中评价特征的数量。

5.2 指标分级标准

根据对各河道近自然评价指标现状踏勘、资料整理和取样分析，对比不同人为干扰程度下河流生态、水岸地貌和水文环境特征的差异化，并借鉴国内外 AUSRIVAS、RIVPACS、SERCON、ISC 及河流健康评价不同流域评价指标等级划分，确定本评价体系中定量和定性指标分级标准，如表 2 和表 3 所示。

表 2　河道近自然定量评价指标权重及分级标准

评价准则层	评价指标层	综合权重值	定量评价标准			
			全自然（4）	近自然（3）	弱自然（2）	无自然（1）
河流生态特征 0.264 3	河流纵向连通性	0.071 8	数量<1.0	1≤数量<2	2≤数量<5	数量≥5
	缓冲带植被宽度	0.080 3	植被宽≥15	10≤植被宽<15	3≤植被宽<10	植被宽<3
	浮游植物多样性	0.022 4	3.0≤W≤4.0	2.0≤W<3.0	1.0≤W<2.0	0≤W<1.0
	浮游动物多样性	0.023 2	3.0≤W≤4.0	2.0≤W<3.0	1.0≤W<2.0	0≤W<1.0
	底栖动物多样性	0.025 0	3.0≤W≤4.0	2.0≤W<3.0	1.0≤W<2.0	0≤W<1.0
	底泥污染程度	0.041 7	0<TN≤500，0<TP≤250	500<TN≤1 000，250<TP≤420	1 000<TN≤2 000，420<TP≤650	TN>2 000，TP>650
水岸地貌特征 0.244 1	蜿蜒度	0.050 6	蜿蜒度≥2.5	2≤蜿蜒度<2.5	1.2≤蜿蜒度<2	蜿蜒度<1.2
	水深比	0.028 6	深度比≥3	2.5≤深度比<3	1.2≤深度比<2.5	深度比<1.2
	水面宽度比	0.015 0	水面宽度比≥4	2.8≤水面宽度比<4	1.5≤水面宽度比<2.8	水面宽度比<1.5
	河岸宽度比	0.014 7	河岸宽度比≥2	1.65≤河岸宽度比<2	1.25≤河岸宽度比<1.65	河岸宽度比<1.25
	河床底质多样性	0.049 1	W≥2.5	2≤W<2.5	1.2≤W<2	W<1.2
	岸坡坡度	0.036 4	0°≤坡度≤15°	15°<坡度≤30°	30°<坡度≤45°	坡度>45°
	岸线人工干扰程度	0.049 8	人工干扰比≤2%	2%<人工干扰比≤5%	5%<人工干扰比≤10%	人工干扰比>10%
水文环境特征 0.115 3	生态流量满足程度	0.012 8	50%≤满足度≤100%	30%≤满足度<50%	10%≤满足度<30%	满足度<10%
	流量过程变异程度	0.008 5	FD≤0.1	0.1<FD≤0.3	0.3<FD≤1.5	FD>1.5
	流速比	0.006 1	v≥3.5	2.5≤v<3.5	1.2≤v<2.5	v<1.2
	透明度	0.027 8	H≥2 m	1.5≤H<2.0 m	1.0≤H<1.5 m	H<1.0 m
	pH	0.004 2	6.5≤pH≤7.5	6.0≤pH<6.5 或 7.5<pH≤8.0	4.5≤pH<6.0 或 8.0<pH≤9.4	pH<4.5 或 pH>9.4
	溶解氧 DO	0.021 3	DO≥4.5	4≤DO<4.5	3≤DO<4	DO<3
	氨氮	0.006 5	0≤NH$_3$-N≤0.5	0.5<NH$_3$-N≤1.0	1.0<NH$_3$-N≤1.5	NH$_3$-N>1.5
	COD$_{Mn}$	0.006 6	0≤COD≤4	4<COD≤6	6<COD≤10	COD>10
	磷酸盐 TP	0.006 6	0≤TP≤0.1	0.1<TP≤0.2	0.2<TP≤0.3	TP>0.3
	入河排污口	0.014 9	0≤排污口≤1	1<排污口≤2	2<排污口≤5	排污口>5

表3 河道近自然定性评价指标权重及分级标准

评价准则层	评价指标层	综合权重值	定性评价标准			
			全自然（4）	近自然（3）	弱自然（2）	无自然（1）
河流生态特征 0.152 9	岸坡植被覆盖	0.098 8	超过90%岸坡被本土植物覆盖，包括乔木、灌木、草本和非木质菌类，处于自然生态状态	70%~90%岸坡被本土植物覆盖，但无优势种，超过一半受损植物在残茬遗留原地	30%~70%岸坡被本土植物覆盖，存在人为因素导致的岸坡裸露	小于30%岸坡被本土植物覆盖，人为因素导致岸坡植被受损严重
	底栖生物生境	0.054 1	超过50%的河床底质适宜底栖动物生存，河床富集各种粗木质残体，如倾倒的树干、枝叶等	30%~50%河床底质适宜底栖动物生存，河床富集各种粗木质残体，如树干、枝叶等	10%~30%河床底质适宜底栖生物生存，底质经常受到侵扰、变动	小于10%河床中底栖生物能够生存，生境破坏明显，底质单一、不稳定或基本硬化
水岸地貌特征 0.154 8	平面形态	0.040 2	蜿蜒曲折，存在天然凹凸岸，水面宽度变化、块石卵石遍布，存在河心滩	存在一定的蜿蜒度，有人工改造迹象，存在一定的凹凸岸，存在少量边滩、心滩	趋于顺直，有明显人工改造痕迹，有边滩、心滩，宽度趋于一致	河道顺直，无蜿蜒性，无边滩和心滩，无凹凸岸，水面宽一致
	横剖面形态	0.026 3	非规则性断面，存在天然交错的浅滩、深潭	断面存在一定的多样性，有少量规则几何断面，一定的浅滩、深潭，但比原来减少	大量出现规则几何断面，沿河断面形式变化小，存在极少深潭、浅滩	断面均为矩形、梯形及弧形等几何断面，无浅滩、深潭
	河床透水性	0.033 9	河床由天然透水性较强的卵石、砾石、砂石等材料组成，粒径不一	河床材料存在一定透水性，基本透水，有少量人工干扰	河床材料透水性差，人为影响致使底质单一	采用钢筋混凝土、浆砌石、管道等材质，形态无差别
	两岸土地利用	0.032 9	两岸为绿地、林地、山体，无生产、生活活动迹象	两岸为农业用地，靠近河岸有林地	两岸存在交通道路，侵占河岸，外围存在一定农田，无林地存在	两岸为附近住宅等建设用地，生产生活频繁
	岸坡结构	0.021 4	天然植被护岸、块石，护坡平缓	堆石、生态护坡，有人为干扰痕迹	堆石护坡，人为干扰痕迹明显，人工植被种植为主	浆砌石，干砌石，护岸直立，基本无生态

续表3

评价准则层	评价指标层	综合权重值	定性评价标准			
			全自然（4）	近自然（3）	弱自然（2）	无自然（1）
水文环境特征 0.068 5	水体气味	0.017 9	没有味道	微腥	微臭	腥臭
	流速多样性	0.009 6	存在天然形成的跌水、急流、缓流等不同流态，流速变化大	跌水、急流、缓流明显减少，存在人工形成的规则性跌水，流速存在一定变化	无跌水、急流、缓流，流速缓慢且无差异	无跌水、急流、缓流，流速基本为0
	水体感官	0.028 0	无色透明，可以存在天然杂质，如水藻、浮游生物	基本无色，含有大量泥沙，藻类数量大于自然状态	有色微浑，藻类数量增加明显，存在人工漂浮物	有色浑浊，存在浮萍、人工漂浮垃圾物
	流水声音	0.013 0	存在自然水流声音，撞击石块声音，令人心情愉悦	存在流水声响，会感觉愉悦，但多样性降低	受人为干扰，流水声音微弱、单一，不会有太多感官上的愉悦	水流基本静止无声

5.3 近自然度划分

最后按照各河段的综合评分值，以最大隶属度为原则，判定被评价河段所处的近自然等级。近自然等级反映了调查河段现状与自然状态下的差异程度，划分为全自然、近自然、弱自然和无自然4个等级。

（1）全自然，综合评分：$3.6 \leq F \leq 4$。河道整体处于完全自然状态，未受人类侵扰或因侵扰产生的负面影响较小，自然面貌特征及生境完好。如河道内未因建设开发而断流、水生动植物多样性好、形态自然无硬化、流量流速变化自然有度。

（2）近自然，综合评分：$3.0 \leq F < 3.6$。河道因人类建设开发受到轻微干扰和破坏，但生态系统、形态面貌、水文特征等基本完好，人类影响得到有效控制。河道滨岸景观呈自然改造形态，但让人舒适。

（3）弱自然，综合评分：$2.4 \leq F < 3.0$。河道因建设开发，系统结构遭受较大破坏，自然生境退化，河道多样性明显下降，滨岸带空间萎缩严重，河道遭受严重裁弯取直，渠道化硬质化明显。

（4）无自然，综合评分：$F < 2.4$。河道整体上，自然生境遭受完全破坏，原始结构不复存在，河道连通性因水工构筑物建设遭受断流，无明显河岸缓冲带，完全顺直化和硬质化，难以让人产生舒适愉悦。

6 案例应用分析

以江苏某河道为例，河道全长约32.7 km，根据行政边界划分为4段，分别进行河道的近自然评价。运用上述的评价方法，在确定指标体系、层次结构和权重值前提下，将相关实地调查、取样检测、遥感信息代入评价模型（1）进行指标评价值计算，计算出各指标评价值，见表4。

表4　研究河道近自然评价指标结果

分类	特征指标	王鲍镇段 (9.5 km)		合作镇段 (8.0 km)		南阳镇段 (8.3 km)		近海镇段 (6.9 km)	
		自然性	评分	自然性	评分	自然性	评分	自然性	评分
定量评价	河流生态特征	弱自然	2.99	近自然	3.15	弱自然	2.99	近自然	3.15
	水岸地貌特征	近自然	3.03	弱自然	2.76	弱自然	2.62	无自然	1.94
	水文环境特征	全自然	3.60	近自然	3.24	近自然	3.17	弱自然	2.91
定性评价	河流生态特征	全自然	3.65	全自然	3.65	全自然	3.65	弱自然	2.65
	水岸地貌特征	弱自然	2.88	弱自然	2.71	近自然	2.71	无自然	1.65
	水文环境特征	弱自然	2.93	无自然	2.26	无自然	2.26	无自然	2.26
综合评价		近自然	3.15	近自然	3.01	弱自然	2.93	无自然	2.46

结果表明，研究河道的王鲍镇段和合作镇对近自然性的隶属度（评分分别为3.15和3.01）较高，在水生动植物多样性、底泥污染、蜿蜒度、深潭浅滩、流速多样性等方面处于退化状态；南阳镇段对弱自然性的隶属度（评分为2.93）较高，受人为干扰影响较大，主要体现在水生动植物多样性、底泥污染、蜿蜒度、深潭浅滩、河床透水性、流速多样性、剖面形态等方面；近海镇段对无自然性的隶属度（评分为2.46）较高，河岸人工干扰程度近25%，两岸存在大面积工业厂房和农田，在河道生态、水岸地貌和水文环境等各方面呈现弱自然或无自然性。

7　结论及建议

建立河道近自然评价体系，是河湖健康评价在河道自然性评价方面的有利补充，用于诊断人为引起的河流生态、水岸地貌和水文环境等特征的退化或破坏程度，可以为河道方案编制和管理决策者提供定量依据。本文采用层次分析法，结合河道近自然特性相关属性，筛选出河流生态特征、水岸地貌特征和水文环境特征等3方面共34个指标，构建适用于城市河道生态系统的定量与定性相结合的近自然评价评价体系。以江苏某河道为例，评价结果揭示该河道长期受人工干扰，由西向东处于近自然向无自然的退化状态，应结合河道蓝线管控措施，考虑生态治理与修复措施，因地制宜地推广自然岸线恢复、生态群落构建、河岸植被恢复、生态护岸技术等措施，使城市河道生态系统朝健康生态有序发展。

参考文献

［1］黄润秋. 统筹水资源、水环境、水生态治理 大力推进美丽河湖保护与建设［N］. 中国环境报, 2023-05-31 (1).

［2］吴伟龙, 蔡然, 王征戍, 等. 黑臭河道近自然河流的生态修复与构建［J］. 中国给水排水, 2022, 38 (14): 126-132.

［3］吴丹子. 河段尺度下的城市渠化河道近自然化策略研究［J］. 风景园林, 2018 (12): 99-104.

［4］雷泽鑫, 杨冬冬, 曹磊. 城市河道"近自然化"修复案例研究与启示［J］. 景观设计, 2019 (3): 20-27.

［5］邱小杰, 毛倩倩. 城市地区骨干河道近自然化水利设计探析［J］. 水利规划设计, 2021 (5): 29-31.

［6］王耀建, 夏兵, 王永喜, 等. 玉符河河道近自然综合治理措施及效果评价［J］. 水土保持应用技术, 2021 (4): 22-25.

［7］郭金维, 蒲绪强, 高祥, 等. 一种改进的多目标决策指标权重计算方法［J］. 西安电子科技大学学报（自然科学版), 2014, 41 (6): 118-125.

余泥渣土土水特征曲线试验研究

孙　慧[1]　邱金伟[1]　黄天驰[2]　杨　宙[2]　龚　兵[3]

（1. 长江水利委员会长江科学院 水利部岩土力学与工程重点实验室，湖北武汉　430010；

2. 安徽省引江济淮集团有限公司，安徽合肥　230000；

3. 安徽省水利水电勘测设计研究总院有限公司，安徽合肥　230000）

摘　要：工程建设在消耗大量原材料和资源的同时，势必产生大量的余泥渣土，在堆填处置渣土时，由于堆积量过大、堆积坡度过陡，在雨季汛期，随着地下水位频繁升降极易发生工程安全隐患，有必要开展室内试验，确定余泥渣土的物理力学特性参数，为规划和设计阶段消纳场边坡稳定性分析提供基础支撑。选取典型多组分、非均一、非饱和工程渣土开展了重型击实试验，在此基础上，进行了不同干密度下的土水特征曲线试验研究。结果表明：干密度对土水特征曲线有较明显的影响。

关键词：土水特征曲线；非饱和；击实试验；干密度；渣土；黄土；多组分

1　引言

工程建设实践表明，余泥渣土具有来源面广、料源随机性强和组分不一的特点，且自然界中土体大多为非饱和土，部分工程建设开挖渣土也具有非饱和土特性。当遭遇暴雨或持续降雨过程，雨水入渗、地下水位升降将使土体的饱和度、含水率发生变化，影响非饱和土的基质吸力，间接降低堆填渣土的抗剪强度，进而对消纳场边坡稳定性产生影响。因此，开展余泥渣土的土水特征曲线试验研究对合理处置及其资源化利用具有重要意义。

土水特征曲线（Soil-Water Characteristic Curve，简称 SWCC），是指非饱和土中吸力与含水量之间的关系[1-2]。Terzaghi[3] 曾提到了"土中水"，并叙述了土水特征曲线的复杂性。包承纲[4] 对非饱和土的吸力和土水特征曲线进行了讨论，以南水北调中线膨胀土渠道工程为背景，以吸力问题为中心，对非饱和膨胀土边坡滑动的各种内在的和外界的因素进行了分析。龚壁卫等[5] 探讨了应力对膨胀土的土-水特征曲线的影响，认为应力状态对膨胀土的土-水特征曲线影响显著，与常规试验方法相比，一维固结状态和各向等压应力状态下的土-水特征曲线更具线性关系，干湿循环甚至出现了逆向回滞现象。张玉伟等[6] 运用模型预测浸水引起的孔隙变化条件下对黄土土水特征演化规律进行了研究。陶睿等[7] 开展了砂组分对于黄土土水特征曲线形态的影响，发现掺砂比对 SWCC 模型参数的影响显著，揭示了掺砂比对 SWCC 曲线形态的影响规律。综观国内外已有研究，学者主要利用原状或重塑土样对细粒土开展了室内土水特征曲线试验研究，但对非饱和粗粒的渣土力学特性研究还很不充分，因此有必要对多组分、非均一、非饱和工程渣土的非饱和特性开展相关试验研究。该项试验成果对提升工程余泥渣土消纳场绿色安全建造水平具有重要的理论意义与工程实用价值。

基金项目：国家重点研发专项（2017YFC1501201）；安徽省引江济淮集团有限公司科技项目资助（合同号：YJJH-ZT-ZX-20191031216）；中央级公益性科研院所基本科研业务费（CKSF2019373/YT）。

作者简介：孙慧（1980—），女，高级工程师，主要从事水利工程和环境岩土方面的研究工作。

2 试验材料和试样制备

2.1 试验材料

本项目的试验材料为多组分、非均一、非饱和工程余泥渣土。该渣土按粒径情况分为 4 组，如图 1 所示，最大粒径达到 20 mm，最小粒径小于 2 mm。

图 1 不同粒径的渣土

2.2 击实试样制备

试样制备采用干法制备，取一定量的风干土样，约为 50 kg，放在橡皮板上用木碾碾散后，过 20 mm 筛，将筛下土样拌匀，并测定土样的风干含水率。然后按依次为 6%、7%、8%、9%、10% 以及 11% 的含水率制备一组试样。加水量按照下式计算：

$$m_{w} = \frac{m}{1 + 0.01W_{0}} \times 0.01(w - w_{0}) \tag{1}$$

式中：m_{w} 为土样所需加水量，g；m 为风干含水率时的土样质量，g；W_{0} 为风干含水率（%）；W 为土样所要求的含水率（%）。

按照级配曲线中不同粒径渣土占总量的百分比情况，配制渣土质量混合体土样，如图 2 所示。取出约 5.0 kg 的混合体土样平铺于不吸水的盛土盘内，按预定含水率用喷水设备向土样上均匀喷洒所需加水量，并使水量均匀分布于土样上，然后将拌匀配制好的土样装入塑料袋内并密封于盛土器内静置 24 h 备用。

图 2 风干摊平混合体渣土

2.3 击实试验过程及结果

击实试验主要仪器有击实仪、击锤、导筒等，如图 3 所示。重型击实试验分 5 层，每层土料的质量宜为 900~1 100 g，每层 56 击，采用手工击实，保证击锤自由铅直下落，锤击点均匀分布于土面上，具体试验过程如下：

（1）从配好含水率的一份土样中称取一定量的渣土，倒入击实筒内并将土面整平，用击锤击实，依次分 5 层击实，击实后的每层试样高度应大致相等，两层交接面的土面应刨毛。

（2）将击实筒从护筒内取出，测出击实样超高部分，沿击实筒顶细心修平试样，拆除底板，将试样底部超出筒外的部分修平，擦净筒外壁称量。利用推土器从击实筒内推出试样。

（3）将击实样用修刀切开，从试样中心处取 2 个一定量的土料，为 50~100 g，平行测定土的含水率，称量准确至 0.01 g，含水率的平均误差不得超过 1%。

（4）按（1）~（3）的步骤对其他配置含水率的土样进行击实。测出击实后试样的含水率 ω，并计算出干密度 ρ_{d}。

(a)击实仪   (b)导筒   (c)击锤

图3　击实仪器

根据试验结果和计算出的干密度，绘制出 ρ_d 和 ω 关系曲线（击实曲线），如图4所示。曲线峰值所对应的含水率与干密度即为该种土的最优含水率与最大干密度。从图4中可看出，渣土的最优含水率为8.90%，最大干密度为2.09 g/cm³。

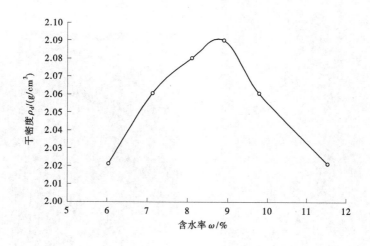

图4　ρ_d 和 ω 关系曲线

2.4　土水特征曲线试样制备

土水特征曲线试样为重塑样，采用击实筒和环刀分两层击实制样，环刀直径101 mm、高40 mm。参考击实试验结果，制备3个渣土试样进行土水特征曲线试验，初始含水率为8.65%，击实度分别为88%、91%和95%，相应试样的干密度分别为1.84 g/cm³、1.90 g/cm³ 和1.99 g/cm³，试样编号分别为3#、2# 和1#。制备好土样后，将土样装入饱和器，采用真空饱和装置进行抽气饱和。

3　试验仪器设备和方法

3.1　压力膜仪

压力膜仪是一种测定土壤水分特征曲线常用的设备，本文所用的仪器是长江科学院离心机试验楼的压力膜仪，如图5所示。它是由美国土壤水分仪器有限公司生产的，该仪器组成部分可以分为压力室、空气增压泵、集水管、压力控制系统等。空气增压泵给压力室提供所需压力；压力控制系统主要由阀门控制，可以调控增压泵提供的压力大小，同时可以进行进气和放气等操作。在压力室中，下部有用陶瓷材料制成的陶瓷板，陶瓷板与大气保持连通，在水分饱和达到时，孔隙水因为收缩膜效应（或张力效应）无法通过陶瓷板，此时所施加的压力就与吸力相等，因此可以通过记录加压的数值来表示基质吸力值。

3.2　试验方法

试验开始时，将饱和好的面积为80 cm² 的环刀样取出称重后，放在已经饱和的高进气值的陶土板上，装样时将环刀样向下压旋转一下，使试样和陶土板充分接触，如图 6 所示。然后盖上压力室的盖子，用凡士林进行封口，再装上盖子上的密封螺丝，拧紧螺丝。接着启动空气增压泵，调节压力控制系统，施加第一级压力，如果维持压力值一直不变，才能认为此次压力室密封性良好，在施加每一级压力时，要确保土体排水，停止后，可以认为达到平衡状态。平衡后快速放气，打开压力室，称量土样质量 m，以测定其含水率变化，称量完毕后，重新进行密封，再施加下一级压力，遵循先细后疏的原则。本次试验施加的压力值级数为 0 kPa、1 kPa、5 kPa、10 kPa、25 kPa、50 kPa、100 kPa、200 kPa、400 kPa，将每级吸力下平衡时土体质量记为 M_i，上一级吸力下平衡时土体质量记为 M_{i-1}，根据以下公式，计算每级基质吸力对应的含水率：

$$\omega_i = \frac{M_i - M_{i-1}}{\rho_d V} \tag{2}$$

式中：ω_i 为每级吸力对应的土的含水率；M_i 为第 i 级吸力下平衡时的土体的质量；M_{i-1} 为第 $i-1$ 级吸力下平衡时土体的质量；ρ_d 为土体的干密度；V 为土体的体积。

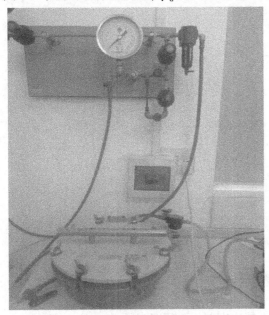

图 5　压力膜系统

图 6　装好样的压力室

在施加到最后一级压力时，当到达平衡稳定后，关闭空气增压泵，调节压力控制系统，进行放气，然后拧开压力室密封螺丝，取出环刀土样，进行称重，记录数据。

根据各级基质吸力下的试样减少量，计算出水的质量，从而求出该基质吸力下的试样含水率，绘制含水率与基质吸力关系曲线，即得试样的土-水特征曲线。

4　试验成果分析

根据渣土样 1#、2# 和 3# 的试验数据，可以绘制出重塑渣土不同击实度（干密度）下的土水特征曲线，如图 7 所示。从图 7 中可以看出，余泥渣土土水特征曲线整体形状呈 S 形，干密度越高则渣土饱和时的初始含水率越低，这主要是因为干密度越高，土体压实得越紧密，孔隙体积越小；在低吸力阶段，干密度低的含水率较高，干密度高的含水率较低，在高吸力阶段则相反。

5　结论

基于以上渣土余泥的颗粒分布情况，3 种不同击实度条件下，从重塑渣土余泥的土水特征曲线可以得出以下结论：

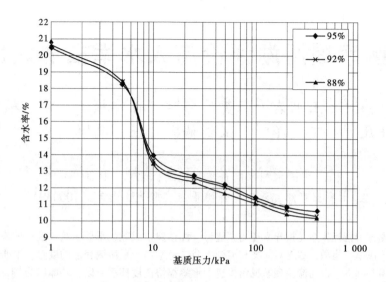

图 7　重塑渣土基质吸力与含水率关系曲线

（1）在低吸力段，曲线斜率先平缓变化后变陡；在高吸力段，曲线斜率又变缓，趋于稳定，表明土体排水速度减缓，曲线逐渐趋于平缓。

（2）干密度越小，土样饱和时的含水率越高，曲线在低吸力段斜率更陡，进气值减小，土体中大孔隙较多，孔隙容易排水，其残余含水率小于干密度大的土样，这表明其持水能力较差。

（3）在较高吸力段，随着基质吸力增大，曲线的斜率减小，渣土含水率变化逐渐稳定，可以推测在较高吸力下，土体击实度对土水特征曲线的影响较小。

参考文献

［1］BISHOP A W, DONALD I B. The experimental study of partially saturated soils in the triaxial apparatus, in Proc. 7th Int. Conf. Soil Mech. Found. Eng. 1961：Paris. 435-438.

［2］FREDLUND D G, RAHARDJO H. Soil mechanics for Unsaturated Soil. Wiley. 1993.

［3］TERZAGHI K. Soil moisture：Ⅸa. Soil moisture and capillary phenomena in soils. In Physics of the Earth. Chap. Ⅸ. Hydrology. Edited by O. E. Meinzer. Dover Publications, Inc., New York. 1942, 331-363.

［4］包承纲. 非饱和土的性状及膨胀土边坡稳定问题［J］. 岩土工程学报，2004，26（1）：1-15.

［5］龚壁卫，吴宏伟，王斌. 应力状态对膨胀土 SWCC 的影响研究［J］. 岩土力学，2004，25（12）：1915-1918.

［6］张玉伟，宋战平，谢永利. 孔隙变化条件下黄土土水特征曲线预测模型［J］. 岩土工程学报，2022，44（11）：2017-2025.

［7］陶睿，李典庆，曹子君，等. 含砂黄土土水特征曲线试验研究与参数识别［J］. 武汉大学学报（工学版），2021，54（7）：579-587.

三峡库区幸福河湖评价与人水幸福协调度研究

刘　伟[1,2]　王世岩[1,2]　黄　伟[1,2]　韩　祯[1,2]　李　桢[1,2]

赵仕霖[1,2]　丁　洋[1,2]　张剑楠[1,2]　张　晶[1,2]　马　旭[1,2]

(1. 中国水利水电科学研究院，北京　100038；

2. 水利部京津冀水安全保障重点实验室，北京　100038)

摘　要：幸福河湖评价指标体系是指导幸福河湖建设、评估建设成效的重要工具。现有的幸福河湖评价体系往往形成单一指数，缺乏对人类与河湖生命二者幸福水平协调程度的度量。本研究在幸福河湖评价体系基础上，以河流伦理学视角构建人水幸福协调度模型，以三峡库区为例，对库区进行分区，开展幸福河湖与人水幸福协调度评价。结果表明，三峡库区平均幸福河湖指数为 84.4，幸福河湖建设程度较好，但库区内各分区的人水幸福协调度存在差异，平均协调度为 0.4，属于濒临失调的状态。研究结果可为幸福河湖建设方案制订与成效评估提供有益参考。

关键词：三峡水库；幸福河湖；评价指标体系；协调度；河流生命

1　背景

1.1　幸福河湖的提出

2019 年 9 月 18 日，习近平总书记在黄河流域生态保护和高质量发展座谈会上发出了"让黄河成为造福人民的幸福河"的号召。2020 年 3 月 22 日第二十八届世界水日，中国的主题是"坚持节水优先，建设幸福河湖"。在建设幸福河湖倡议下，全国许多省（市）也出台了建设幸福河湖的相关政策或行动计划。例如，江苏省河长制工作领导小组制定《关于推进全省幸福河湖建设的指导意见》，安徽省河长制工作领导小组制定了《关于推进全省幸福河湖建设的指导意见》，江西省河长办公室制定印发《江西省幸福河湖实施规划或实施方案编制大纲（试行）》[1]，浙江省省级总河长会议审议通过了《浙江省全域建设幸福河湖行动计划（2023—2027 年）》[2]。

1.2　幸福河湖的内涵与评价体系

许多专家学者针对幸福河湖给出了不同的定义和解读。例如，鄂竟平[3] 提出幸福河建设涉及防洪保安全、优质水资源、健康水生态和宜居水环境四个方面。胡玮[4] 认为幸福河湖"实质还是人与自然和谐，实现洪水防御有效、供水安全可靠、水生态健康、水环境良好、流域发展高质、优良水文化传承等治水格局。"王浩[5] 提出了幸福河的八个愿景：一是长久的水安全保障，二是高效的水资源利用，三是宜居的水环境治理，四是健康的水生态保护，五是优美的水景观格局，六是现代水治理体系，七是浓厚的水文化弘扬，八是高质量的水经济发展。左其亭等[6] 将幸福河湖的内涵和特性总结为五个方面，即河流和工程带来的各种灾害可控、可承受；河流持续服务人类，供水在承载范围内；水质满足功能需求，生态系统良性循环；支撑和谐发展，生态保护与经济发展共赢；具有动态性、主观性、区域性。陈茂山等[7] 认为幸福河内涵包含洪水有效防御、供水安全可靠、水生态健康、水环境良好、流域高质量发展、水文化传承六个方面。谷树忠[8] 认为，"幸福河湖是指灾害风

基金项目：三峡水库幸福河湖建设研究（WE0161A012023）。

作者简介：刘伟（1988—），女，工程师，主要从事健康地理、地理信息系统与遥感应用等方面的研究。

通信作者：王世岩（1974—），男，正高级工程师，主要从事流域水生态功能分区、湿地生态演变与修复机制、重大水工程生态影响与调控的理论、方法和技术等方面的研究。

险较小、供水保障有力、生态环境优良、水事关系和谐的安澜河湖、民生河湖、美丽河湖、和谐河湖。"中国水利水电科学研究院幸福河研究课题组[9]指出："幸福河是安澜之河、富民之河、宜居之河、生态之河、文化之河的集合与统称。"

从以上研究成果来看，学者们对于幸福河湖的概念与内涵形成了一些基本共识，水安全、水资源、水环境、水生态、水文化等是比较有共识的幸福河湖建设方向，也是目前学术界发表的关于幸福河湖评价指标体系[9-22]的主要组成部分，是幸福河湖评价的重要因素。2023年8月，水利部制定印发了《幸福河湖建设成效评估工作方案（试行）》，评估内容包括安澜、生态、宜居、智慧、文化、发展及公众满意度，这一国家级指南是地方幸福河湖建设项目评估与建设工作的重要参考。

1.3 河流伦理学视角下的幸福河湖评价

传统的人类中心主义的生态伦理没有站在自然的立场，而是从人类功利主义的角度看待人与自然的关系，只把自然看成人类可以利用的资源，具有局限性[23]。美国环境史学者唐纳德·沃斯特（Worster Donald）提出"像河流那样思考"[24]，并以此作为建立"新的水意识"的重要步骤，倡导学习"河流的逻辑"[25]。近年来，我国的环境伦理学朝整体论的方向发展[25]，例如李国英[26]通过阐述世界各大流域人类的发展与河流之间的关系，指出河流是有生命、有价值、有权利的。"河流生命"伦理倡导人与自然协同进化，是人对河流认识的飞跃[25]。

现有的许多幸福河湖评价指标体系通常既考虑了河流本身"健康"状态对于连通性、水质、生物多样性等方面的需求，也考虑了人类对于安全、生活生产、文娱活动的需求，然而形成的幸福河湖评价指数作为单一指标缺乏对于这两种需求满足程度高低的描述。许多学者[27-33]从人水和谐发展的角度提出人水和谐指数，量化河流状态以及人与河流关系的和谐程度。其中，一些学者[17]将人水和谐关系作为幸福河湖评价指标体系的一部分，应用于幸福河湖评价。但是，综合评价的结果无法突出人与河湖分别作为独立的"生命个体"的幸福感差异和协调程度。本文试图提出一种新的概念框架，从"河流是有生命"的视角，在幸福河湖评价指标体系的基础上，以三峡库区为例，将人水幸福协调度作为幸福河湖建设评价的另一个指标，使其作为幸福河湖评价或建设评估的补充内容，更全面地反映人水生命共同体以及二者作为独立生命个体的幸福状态。

2 方法

2.1 研究区域

2.1.1 三峡库区概况

三峡库区位于中国西南部，属于长江流域上游下段（见图1），总面积约5.7万 km²。三峡库区可分为重庆段和湖北段，共计26个区（县），其中重庆段包含22个区（县），湖北段包含4个区（县）。三峡库区是长江经济带的重要组成部分，该区域的经济发展水平对社会发展和人民的生活水平具有重要影响。

2.1.2 评价区域划分

三峡库区内不同地域的自然地理特征、社会经济发展水平、土地利用状况、植被覆盖程度、与水域的相对位置均对幸福河湖状况评估存在显著影响。围绕研究区幸福河湖建设的核心需求，针对不同区域空间范围开展幸福河湖状况评估分区十分必要。综合考虑区域内地形地貌等自然地理特征和空间异质性，依据已有各类区划成果的原则、综合分析与主导问题相结合的原则、定量定性相结合的原则，将研究区域划分为五个子区域进行幸福河湖评价（见图2）。

2.2 幸福河湖建设评价体系

基于已有研究，同时考虑到数据可得性，本研究构建了三级三峡水库幸福河湖建设评价体系，其中一级指标包含水安澜保障度、水资源支撑度、水环境宜居度、水生态健康度、水文化繁荣度五个维度，一级指标和最终幸福河湖指数采用百分制，幸福河湖指数通过对一级指标进行等权重加权计算获取。各一级指标下的二级、三级指标权重基于专家意见进行设置，指标体系见表1。

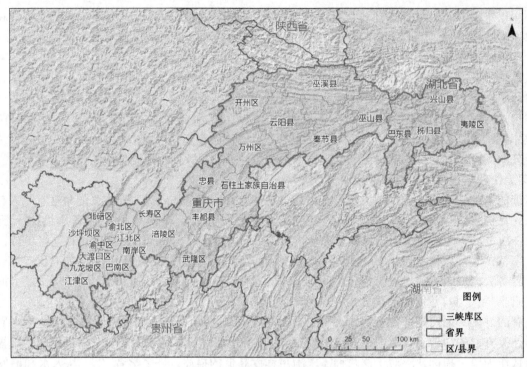

图 1 三峡库区行政区划图

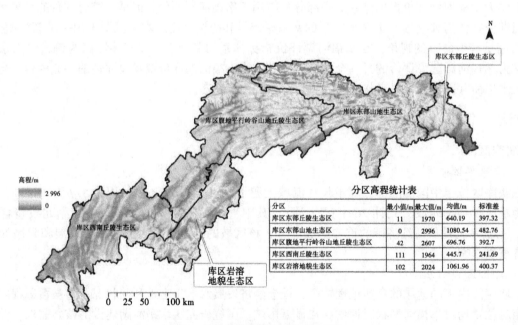

分区高程统计表

分区	最小值/m	最大值/m	均值/m	标准差
库区东部丘陵生态区	11	1970	640.19	397.32
库区东部山地生态区	0	2996	1080.54	482.76
库区腹地平行岭谷山地丘陵生态区	42	2607	696.76	392.7
库区西南丘陵生态区	111	1964	445.7	241.69
库区岩溶地貌生态区	102	2024	1061.96	400.37

图 2 三峡库区分区及高程分区图

表 1 幸福河湖评价指标体系

一级指标（权重）	二级指标（权重）	三级指标（权重）
水安澜保障度（0.2）	1. 洪涝灾害人口受灾率（0.40）	—
	2. 洪涝灾害经济损失率（0.30）	—
	3. 洪涝灾后恢复能力（0.30）	—

续表 1

一级指标（权重）	二级指标（权重）	三级指标（权重）
水资源支撑度（0.2）	4. 人均水资源占有量（0.19）	—
	5. 用水保障率（0.31）	城乡供水普及率（0.58）
		实际灌溉面积比例（0.42）
	6. 水资源支撑高质量发展能力（0.25）	水资源开发利用率（0.46）
		单方水国内生产总值产出量（0.54）
	7. 居民生活幸福指数（0.25）	人均国内生产总值（0.33）
		恩格尔系数（0.34）
		平均预期寿命（0.33）
水环境宜居度（0.2）	8. 河湖水质指数（0.40）	长江干流水质达标率（0.20）
		次级河流水质达标率（0.30）
		大中型湖库水质达标率（0.30）
		水功能区水质达标率（0.20）
	9. 地表水集中式饮用水水源地合格率（0.40）	城区集中式饮用水水源地水质达标率（0.40）
		乡镇集中式饮水水质达标率（0.60）
	10. 城乡居民亲水指数（0.20）	—
水生态健康度（0.2）	11. 河湖自然生境保留率（0.25）	—
	12. 水土保持率（0.25）	—
	13. 高植被覆盖度面积保留率（0.25）	—
	14. 河流纵向连通性指数（0.25）	—
水文化繁荣度（0.2）	15. 非物质文化遗产保护度指数（0.50）	—
	16. 水利风景区建设指数（0.50）	—

其中，水安澜保障度一级指标包括 3 个二级指标，计算指标的数据通过向三峡库区各个区（县）水利和应急管理部门收集以及从公开的社会经济发展公报中获取。水资源支撑度包括 4 个二级指标、7 个三级指标，数据来自 2017—2021 年湖北省和恩施州、宜昌市、重庆市的水资源公报，中国统计年鉴，湖北省和重庆市卫健委统计资料等。水环境宜居度包括 3 个二级指标、6 个三级指标，数据来自各区（县）生态环境报告、各区（县）水生态环境保护"十四五"规划（2021—2025）、各区（县）政府工作报告、三峡工程运行安全综合监测系统的水质监测数据、课题组水质调查数据、国家及省（市）级水利风景区名单、A 级风景区名单数据等。水生态健康度包含 4 个二级指标，数据来源包括武汉大学杨杰和黄昕教授团队的 1985—2020 年全国逐年土地覆被数据、全国年度水土流失动态监测成果、水利部水土保持率阈值相关成果、1980—2020 美国陆地卫星（LandSat）遥感影像、库区主要闸坝与水系数据等。水文化繁荣度包含 2 个二级指标，数据通过各级政府公示的非物质文化遗产名录和水利风景区名录获得。对于少数缺失的数据采用内插和外延的方法确定。

2.3 幸福河湖人水幸福协调度计算

本文借鉴已有研究[34]中协调度计算方法，构建人水幸福协调度模型。

2.3.1 匹配度模型

$$M(i) = 1 - \frac{|r(i) - h(i)|}{\max_{k=1}^{k}[r(k), h(k)] - \min_{k=1}^{k}[r(k), h(k)]} \tag{1}$$

式中：$M(i)$ 为各分区内幸福匹配度，M 越大幸福匹配度越高；i 为库区内的不同分区；k 表示库区内共有 k 个分区；$r(i)$ 为分区 i 的河湖生命幸福指数，由上述幸福河湖评价指标中的水生态健康度下的所有指标和水环境宜居度中的河湖水质下所有三级指标计算得到，相对权重与原指标体系一致，加权求和后对河湖生命幸福指数做归一化处理；$h(i)$ 为分区 i 与河湖有关的人类幸福指数，由上述幸福河湖评价指标中的其他指标计算得到，相对权重与原指标体系一致，加权求和后对与河湖相关的人类幸福指数做归一化处理。

2.3.2 综合指数模型

由式（2）计算得到河湖生命幸福和与河湖相关的人类幸福综合评价指数 H。

$$H(i) = \alpha r(i) + \beta h(i) \tag{2}$$

式中：H 为反映人水幸福度整体水平，H 越大，则整体幸福水平越高；α、$\beta \in [0, 1]$，本文均取值 0.5，认为河湖生命与人类生命幸福感等权重。

2.3.3 协调度模型

$$C = \sqrt{mH} \tag{3}$$

式中：C 为幸福河湖协调度指数，$C \in [0, 1]$，该指数综合考虑河湖与人幸福感的匹配度和综合幸福水平，C 越大表示协调程度越高。

3 结果

通过对五个维度的三峡幸福河湖评价的分区评分进行汇总，得到了三峡库区各分区的幸福河湖指数，结果如表 2 所示。其中，库区岩溶地貌生态区得分最高，为 90 分，库区东部山地生态区最低，为 80 分，各分区幸福河湖建设情况总体比较均衡，差距不大，三峡库区整体幸福河湖指数平均分为 84.4 分，幸福度较高，但仍有提升的空间。

表 2　三峡库区幸福河湖指数分区评分结果

分区	水文化繁荣度指数	水环境宜居度指数	水资源支撑度指数	水安澜保障度指数	水生态健康度指数	幸福河湖指数
库区东部丘陵生态区	73	88	92	84	91	86
库区东部山地生态区	64	88	82	71	95	80
库区腹地平行岭谷山地丘陵生态区	52	99	86	88	95	84
库区西南丘陵生态区	50	100	78	95	88	82
库区岩溶地貌生态区	94	100	87	80	91	90

经过幸福河湖协调度计算，得到库区各分区结果（见表 3），库区各分区平均协调度为 0.4，参考庞闻等[35] 的系统协调度评价体系，属于濒临失调状态。库区东部丘陵生态区得分最高（$C = 0.69$，初级协调水平），且河湖生命幸福度和与河湖相关人类幸福度匹配度最高（$M = 0.91$）。幸福度失调（$C < 0.5$）的分区有 2 个。库区东部山地生态区协调度得分最低（$C = 0$），主要由匹配度在所有分区内最低导致（归一化后得分为 0），进一步分析来看，是由于该分区的水安澜保障度指数低，但生态健康度指数高，使得河湖生命幸福度高（归一化后 $r = 1.00$），而与河湖相关的人类幸福度低（归一化后 $h = 0$），因此导致低匹配度和低协调。库区西南丘陵生态区与库区东部山地生态区情况相反，河湖与人类幸福度均较低，因此匹配度高但综合评分低。

表3 三峡库区幸福河湖协调度分区评分结果

分区名称	r	h	M	H	C
库区东部丘陵生态区	0.48	0.57	0.91	0.53	0.69
库区东部山地生态区	1.00	0	0	0.50	0
库区腹地平行岭谷山地丘陵生态区	0.98	0.36	0.38	0.67	0.50
库区西南丘陵生态区	0	0.17	0.83	0.08	0.26
库区岩溶地貌生态区	0.45	1.00	0.45	0.72	0.57

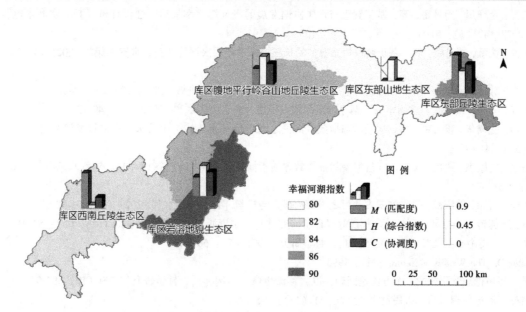

图3 三峡库区幸福河湖指数与幸福河湖协调度分区评价结果

4 结论

本研究通过对三峡库区进行分区、构建幸福河湖评价指标体系和幸福河湖协调度模型,对三峡库区的幸福河湖进行评价。评价结果表明,三峡库区五个分区的平均幸福河湖指数为84.4,幸福度较高,但库区平均幸福河湖协调度为0.4,属于濒临失调的状态。库区内各分区的幸福河湖建设状况、人水幸福度的匹配度、幸福河湖协调度存在差异,制约因素不同,表明在今后的幸福河湖建设中应有不同侧重。幸福河湖协调度作为幸福河湖评价体系的补充,可为幸福河湖建设方案制订与成效评估提供有益参考。

参考文献

[1] 吴镝. 幸福河湖怎么建?试点省份精彩作答 [N]. 中国水利报,2023-05-05.

[2] 朱承,梅林蓉. 让浙江的河湖流淌着幸福 [N]. 浙江日报,2023-07-07.

[3] 鄂竟平. 谱写新时代江河保护治理新篇章 [J]. 水利发展研究,2020,20(1):1-2.

[4] 胡玮. 幸福河湖建设中的河长制湖长制作用 [J]. 中国水利,2020(8):9-11.

[5] 王浩. 水环境水生态安全保障战略与技术为打造幸福河提供支撑 [J]. 中国水利,2020(2):21-25.

[6] 左其亭,郝明辉,马军霞,等. 幸福河的概念、内涵及判断准则 [J]. 人民黄河,2020,42(1):1-5.

[7] 陈茂山,王建平,乔根平. 关于"幸福河"内涵及评价指标体系的认识与思考 [J]. 水利发展研究,2020,20(1):3-5.

[8] 谷树忠. 关于建设幸福河湖的若干思考 [J]. 中国水利,2020(6):13-14.

[9] 幸福河研究课题组. 幸福河内涵要义及指标体系探析 [J]. 中国水利, 2020 (23): 1-4.

[10] 夏玉林, 何晓静, 汪姗, 等. "幸福淮河"评价指标构建 [J]. 江苏水利, 2022 (6): 12-15.

[11] 朱洁, 冯建刚, 高玉琴, 等. 基于 BWM-CRITIC-TOPSIS 的幸福河湖综合评价模型 [J]. 水利水电科技进展, 2022, 42 (6): 8-14.

[12] 贡力, 田洁, 靳春玲, 等. 基于 ERG 需求模型的幸福河综合评价 [J]. 水资源保护, 2022, 38 (3): 25-33.

[13] 靳春玲, 李燕, 贡力, 等. 基于 UMT 模型的幸福河绩效评价及障碍因子诊断 [J]. 中国环境科学, 2022, 42 (3): 1466-1476.

[14] 黄垣森, 唐德善, 唐彦. 基于云模型的长株潭幸福河评价 [J]. 三峡大学学报 (自然科学版), 2021, 43 (4): 1-6.

[15] 陈隆吉, 董增川, 周月娇, 等. 基于健康与宜居协调发展的飞云江"幸福河"建设评价 [J]. 水利水电科技进展, 2022, 42 (3): 51-56.

[16] 王子悦, 徐慧, 黄丹姿, 等. 基于熵权物元模型的长三角幸福河层次评价 [J]. 水资源保护, 2021, 37 (4): 69-74.

[17] 左其亭, 郝明辉, 姜龙, 等. 幸福河评价体系及其应用 [J]. 水科学进展, 2021, 32 (1): 45-58.

[18] 陈敏芬, 马骏, 钱学诚. 杭州幸福河湖评价指标体系构建 [J]. 中国水利, 2022 (2): 40-42.

[19] 柳长顺, 王建华, 蒋云钟, 等. 河湖幸福指数: 富民之河评价研究 [J]. 中国水利水电科学研究院学报, 2021, 19 (5): 441-448.

[20] 张民强, 胡敏杰, 董良, 等. 浙江省河湖幸福指数评估指标体系与评估方法探讨 [J]. 浙江水利科技, 2021, 49 (4): 1-3.

[21] 叶亚琦, 石炜, 曾庆祝, 等. 淮安古盐河之幸福河研究与探索 [J]. 中国水利, 2022 (4): 39-42.

[22] 陈卓, 唐德善. 长株潭区域河流幸福度等级评价研究 [J]. 水资源与水工程学报, 2021, 32 (5): 84-91.

[23] 叶平. "人类中心主义"的生态伦理 [J]. 哲学研究, 1995 (1): 68-73.

[24] Worster D. The Wealth of Nature [M]. 1993.

[25] 叶平. 环境伦理学研究的一个方法论问题: 以"河流生命"为例 [J]. 哲学研究, 2009 (12): 93-97.

[26] 李国英. 河流伦理 [J]. 人民黄河, 2009, 31 (11): 3-5.

[27] ZUO Q, DIAO Y, HAO L, et al. Comprehensive Evaluation of the Human-Water Harmony Relationship in Countries Along the "Belt and Road" [J]. Water Resources management, 2020, 34 (13): 4019-4035.

[28] AHMAD I, WASEEM M, LEI H, et al. Harmonious level indexing for ascertaining human-water relationships [J]. Environmental Earth Sciences, 2018, 77 (4): 125.

[29] DING Y, TANG D, DAI H, et al. Human-Water Harmony Index: A New Approach to Assess the Human Water Relationship [J]. Water Resources Management, 2014, 28 (4): 1061-1077.

[30] ZHANG J, TANG D, AHMAD I, et al. River: human harmony model to evaluate the relationship between humans and water in river basin [J]. Current Science, 2015, 109 (6): 1130-1139.

[31] 左其亭. 人水和谐论及其应用研究总结与展望 [J]. 水利学报, 2019, 50 (1): 135-144.

[32] 戴会超, 唐德善, 张范平, 等. 城市人水和谐度研究 [J]. 水利学报, 2013, 44 (8): 973-978.

[33] 张修宇, 郑瑞强, 周莹, 等. 基于综合权重 SMI-P 法的郑州市人水和谐度评价 [J]. 人民黄河, 2022, 44 (6): 65-69.

[34] 左其亭, 臧超, 马军霞. 河湖水系连通与经济社会发展协调度计算方法及应用 [J]. 南水北调与水利科技, 2014, 12 (3): 116-120.

[35] 庞闻, 马耀峰, 杨敏. 城市旅游经济与生态环境系统耦合协调度比较研究: 以上海、西安为例 [J]. 统计与信息论坛, 2011, 26 (12): 44-48.

长江上游珍稀特有鱼类国家级自然保护区干流河段水文特性变化及对河道和水生态的影响

曹 磊 王渺林 平妍容 杜 涛

（长江水利委员会水文局长江上游水文水资源勘测局，重庆 400021）

摘 要： 为研究长江上游珍稀特有鱼类国家级自然保护区河段干流水文要素变化及其影响，利用河段内朱沱水文站长系列实测流量、输沙量和水温资料，分析保护区水文特性变化。采用 Mann-Kendall 法分析变化的趋势性和突变性，得出：枯水期流量有显著增加趋势；输沙量显著减小；平均水温和最低水温有显著的升高趋势，而最高水温则显著下降。2012—2021 年朱沱—宜宾河段受采砂、航道整治等人为因素影响冲刷 7 929.6 万 m³，并初步分析了其对水生态的可能影响。

关键词： 水文特性变化；国家级自然保护区；趋势变化；突变；河段冲淤；水生态

1 目的和意义

根据《全国重要江河湖泊水功能区划（2011—2030 年）》中对长江干流——宜宾至宜昌段的水功能区划分成果，长江上游珍稀特有鱼类国家级自然保护区（长江干流重庆段）上游起始断面位于江津区朱沱镇板长，下游终止断面位于巴南区马桑溪大桥。长江上游珍稀特有鱼类国家级自然保护区（简称"保护区"）主要保护对象有白鲟、长江鲟、胭脂鱼等珍稀濒危鱼类以及众多长江上游特有鱼类[1]。保护区干流水面宽阔，水流缓急交替，河道蜿蜒曲折，具有急流、浅滩、深潭等不同生境类型，孕育了丰富的水生生物资源，是我国十分重要的鱼类产区，在长江上游水域生态系统中具有代表性和典型性，是保存长江上游水生生物多样性不可或缺的栖息繁殖地[1-2]。

2012 年以来，长江上游向家坝、溪洛渡、白鹤滩、乌东德水电站陆续投入运行发电。受库区蓄水和下泄水量调控影响，下游保护区河道水文情势发生了一定程度的改变。水文特性是鱼类栖息地主要生境因子之一[3-4]。需要研究保护区河段水文要素的变化特点，才能在此基础上评价梯级水电站建设对保护区鱼类生境的影响[5]。本次收集河段内朱沱水文站长系列实测流量、水温和输沙量资料，分析保护区水文要素变化特点。利用 2012 年 10 月至 2021 年 10 月朱沱—宜宾河段的实测河道地形资料分析了河段总体冲淤情况，并初步分析了对水生态的可能影响，该成果可为水库生态调度提供科学依据。

2 资料与分析方法

2.1 站点及资料

保护区干流具体范围为：长江干流金沙江向家坝水电站轴线下 1.8 km 至重庆马桑溪长江大桥段，长约 387 km，河段有朱沱水文站。保护区及站点位置见图 1。本次收集了朱沱站 1954—2021 年逐月平均流量、1956—2020 年年输沙量和含沙量、1960—2022 年历年平均水温、最高水温和最低水温资

基金项目： 长江水利委员会水文局科技创新基金项目（SWJ-CJX23Z10）；长江水科学研究联合基金（U2240201）。
作者简介： 曹磊（1983—），男，高级工程师，主要从事水文水资源分析和技术管理工作。
通信作者： 王渺林（1975—），男，高级工程师，主要从事水文水资源分析工作。

料。另外，还利用了 2012 年 10 月至 2021 年 10 月朱沱—宜宾河段的实测河道地形资料。

图 1　保护区及站点位置

2.2　分析方法

水文要素变化的趋势性是指某一水循环要素（如降水或径流）或某一水循环过程朝着特定的方向发展变化。除分析总体趋势外，还必须判断并检验突变发生的时间、次数以及变化幅度。从统计学的角度，可以把突变现象定义为从一个统计特性到另一个统计特性的急剧变化。受气候变化、人类活动等诸多因素影响，水文情势产生变异问题。

目前，常用的水文变化趋势分析方法有线性回归、累积距平、滑动平均、二次平滑、三次样条函数，以及 Mann-Kendall 法和 Spearman 法等。由于 Mann-Kendall 法计算简便，而且可以明确突变开始的时间，指出突变区域，因此得到了广泛的应用。单敏尔等[6] 基于流域内 1956—2018 年长序列实测径流泥沙资料，利用 Mann-Kendall 法、双累积曲线等方法分析了三峡水库入库水沙不同时段变化规律。本文研究应用 Mann-Kendall 方法分析水文要素变化的趋势性和突变性。

Mann-Kendall 方法具体计算步骤如下：

（1）对序列 $\{x_t\}$，$t = 1,\ 2,\ \cdots,\ m$，$m \leqslant n$，n 为样本总数，构造统计量：

$$d_m = \sum_{i=1}^{m} \sum_{j=1}^{i-1} r_{ij}, \qquad r_{ij} = \begin{cases} 1, & x_i > x_j \\ 0, & \text{其他} \end{cases}, \quad (j = 1,\ 2,\ \cdots,\ i) \tag{1}$$

式中：统计量 d_m 为长度为 m 的序列 $x_1,\ x_2,\ \cdots,\ x_m$ 中，按大小顺序排列的样本个数，因而可称为顺序统计量。

（2）令 $m = 1,\ 2,\ \cdots,\ n$，计算 n 个统计量 $U(d_m)$ 并作图。

$$U(d_m) = \left[d_m - E(d_m) \right] / \sqrt{\mathrm{Var}\, d_m} \tag{2}$$

$$E(d_m) = m(m-1)/4 \tag{3}$$

$$\mathrm{Var}\, d_m = m(m-1)(2m+5)/72 \tag{4}$$

此时 $U(d_m)$（m 固定时）渐进服从 $N(0,\ 1)$ 分布。假定序列无变化趋势，当给定显著水平 $\alpha = 0.05$ 后，可在正态分布表中查得临界值 $U_{\alpha/2} = 1.96$，当 $|U(d_m)| > U_{\alpha/2}$ 时，拒绝假设，即序列的趋势性显著。

（3）将序列 $\{x_t\}$ 反向构成序列 $\{x'_t\}$ 重复前两步运算，得统计量 $U'(d_m)$，并令

$$U^*(d_m) = -U'(d_m),\quad m' = n - m + 1 \tag{5}$$

（4）将 $U(d_m)$ 和 $U^*(d_m)$ 画于同一张图上，找出两线的交点，如果该交点处的 U 值满足 $|U| < 1.96$，则可接受为变点的假设，检验置信水平为 $\alpha = 0.05$。

3 水文特性变化分析

3.1 流量变化

采用 Mann-Kendall 法分析朱沱站逐月平均流量的趋势性和突变性,结果见表 1。1—4 月、枯水期 (11 月至次年 4 月) 平均流量、年最小流量有显著增加趋势,突变年份一般在 2011—2014 年。而 6 月和 8 月的平均流量有显著减小趋势,突变年份为 2007 年、2008 年。朱沱站平均流量变化见图 2,由图可知年平均流量和汛期流量有下降趋势,枯水期平均流量则有显著增加趋势。枯水期平均流量突变分析见图 3,由图可知在 2014 年发生向上的突变。

表 1　流量变化分析结果

项目	趋势和突变分析			分阶段流量对比/(m³/s)		
	MK 统计值	趋势	突变年份	1954—2012 年	2013—2021 年	变化率
1 月	5.198	显著增加	2011	2 985	4 260	42.72%
2 月	4.767	显著增加	2012	2 690	3 851	43.16%
3 月	4.949	显著增加	2012	2 756	4 230	53.47%
4 月	3.737	显著增加	2008	3 388	4 702	38.80%
5 月	0.374	—		5 281	5 679	7.54%
6 月	−2.162	显著减少	2007	10 397	8 916	−14.25%
7 月	−1.539	—		17 991	16 233	−9.77%
8 月	−2.321	显著减少	2008	18 113	16 522	−8.78%
9 月	−0.532	—		16 259	15 533	−4.46%
10 月	−0.985	—		10 935	11 191	2.35%
11 月	−1.086	—		6 060	6 383	5.34%
12 月	1.608	—		3 849	4 526	17.56%
年平均流量	−0.509	—		8 429	8 537	1.28%
汛期 (5—10 月)	−1.811	—		13 162	12 346	−6.20%
枯水期 (11 月至次年 4 月)	3.307	显著增加	2014	3 621	4 659	28.65%
年最小流量	3.273	显著增加	2014	2 334	3 086	32.17%

向家坝水电站自 2012 年 10 月开始蓄水发电。根据朱沱站实测资料分阶段统计,2013—2021 年与 1954—2012 年流量平均值相比 (见表 1),在年平均流量变化很小的情况下,枯水期 (11 月至次年 4 月) 流量有较大的增加,枯水期平均流量增加 28.65%;3 月平均流量增加 53.47%;年最小流量平均值增加 752 m³/s。而 6—9 月平均流量减少 4.46%~14.25%,汛期平均流量减少 6.20%。

3.2 输沙量变化

根据朱沱站 1956—2020 年实测输沙量系列统计分析,最大年输沙量为 48 400 万 t,年平均含沙量最大值为 1.53 kg/m³,发生于 1998 年;最小年输沙量为 2 120 万 t,发生于 2015 年,年输沙量极值比为 22.8。年最大断面含沙量最大值为 15.4 kg/m³,发生于 1972 年 5 月 28 日。从朱沱站历年输沙量和平均含沙量变化 (见图 4) 可见,年输沙量、平均含沙量系列存在显著的下降趋势,Mann-Kendall 法分析突变年份为 2009 年。

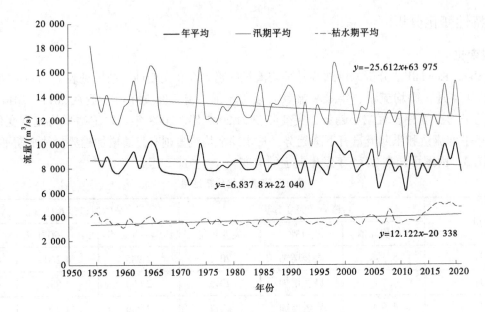

图2　朱沱站平均流量变化

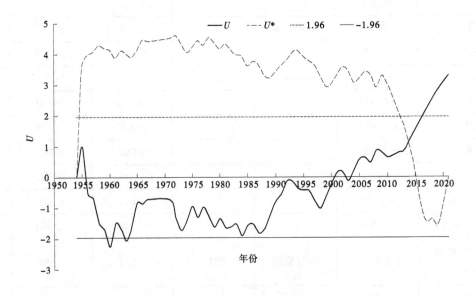

图3　朱沱站枯水期平均流量突变分析

3.3　水温变化

根据朱沱站 1960—2022 年实测水温系列统计分析，最高水温为 27.9 ℃，发生于 2007 年 7 月 1日；最低水温为 5.6 ℃，发生于 1980 年 2 月 6 日。多年平均水温为 18 ℃。

从朱沱站水温变化过程线（见图5）可见，年平均水温和最低水温有显著的升高趋势，而年最高水温则出现显著下降趋势。采用 Mann-Kendall 法分析年水温统计值变化的趋势性和突变性，结果见表2，年平均水温和最低水温有显著的升高趋势，突变年份分别为 2015 年、2014 年；而年最高水温则出现显著下降趋势，突变年份为 1995 年。根据朱沱站实测资料分阶段统计，2013—2022 年与1960—2012 年水温统计值相比（见表2），年平均水温增加 0.72 ℃，年最低水温平均增加 2.95 ℃，而年最高水温平均降低 0.87 ℃。

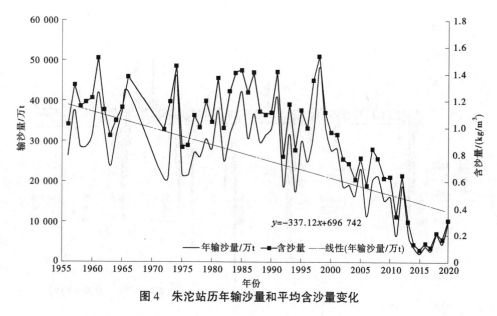

图 4　朱沱站历年输沙量和平均含沙量变化

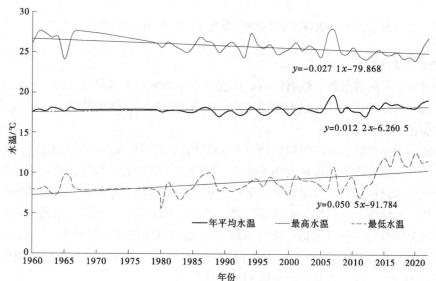

图 5　朱沱站水温变化过程线

表 2　水温变化分析结果

项目	趋势和突变分析			分阶段水温对比/℃		
	MK 统计值	趋势	突变年份	1960—2012 年	2013—2022 年	变化
平均水温	2.29	显著升高	2015	17.86	18.58	0.72
最高水温	−4.16	显著降低	1995	25.90	25.03	−0.87
最低水温	4.20	显著升高	2014	8.48	11.43	2.95

4　对河道与水生态的影响

4.1　典型河段冲淤情况

根据 2012 年 10 月至 2021 年 10 月朱沱—宜宾河段的实测地形资料分析了河段总体冲淤情况。朱沱—宜宾河段长约 233 km，2012—2021 年间共冲刷 7 929.6 万 m³（采砂、航道整治等人为因素引起的地形变化量约为 9 366.3 万 m³），单位河床冲刷 34.0 万 m³/km。朱沱—宜宾河段冲淤分布见图 6。

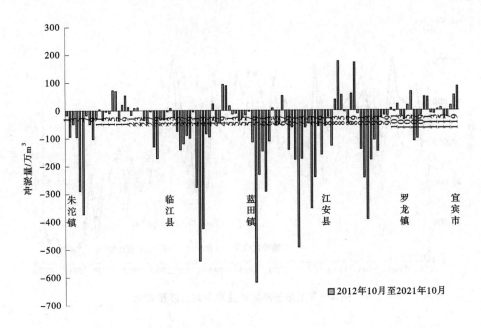

图 6　朱沱—宜宾河段沿程冲淤分布（2012 年 10 月至 2021 年 10 月）

4.2　对水生态的可能影响

河道输沙量减少和河道采砂、航道整治对河道的主要影响为下蚀河床，同比水位下降影响航运和港口作业等。河床同质化和人类强烈干预的结果，必将造成长江上游珍稀特有鱼类国家级自然保护区的生物多样性加速下降[7]。

金沙江下游的向家坝到金沙江河口的河床剖面结构通常为沙-砾-岩三层结构。向家坝大坝建成蓄水发电后，清水中颗粒物平均粒径大幅度减小，河段内沉积物数量骤减，并将原淤积的泥沙和碎石不断冲走，促使河床内沙质洲滩迅速消失或下移，水生动植物难以附着。尤其是滩槽砌坝的演变，河床严重下切、侧蚀和深槽延伸扩展，基准面下降，河道倾向于顺直，类似于河道清淤等，对长江上游珍稀特有鱼类国家级自然保护区的鱼类极为不利[7-8]。据报道该区域鱼类种类 21 世纪初期有 119~141 种[9-10]，2012 年蓄水发电后有 85 种[11]，后又降到 49 种[12]，尤其是珍稀特有鱼类由原来的 66 种[9]，经蓄水发电后降到 27 种[11]，后来又减少到 11 种[12]。

分析表明，朱沱站年平均水温增加 0.72 ℃、年最低水温平均增加 2.95 ℃。水温升高对江段的鱼类存在一定不利影响，如在水温较高的季节，尤其是 7 月、8 月，鱼类本来是在自然水温状况下生活，对超出适温的高温或低温环境，一般产生回避行为。水温升高客观上减少了鱼类栖息的水域空间。在夏季，水温升高可能抑制浮游动物生长繁殖，引起种类、数量和生物量下降的后果。

5　结语

为研究长江上游珍稀特有鱼类国家级自然保护区河段干流水文要素变化及其影响，利用河段内朱沱水文站长系列实测流量、水温和输沙量资料，分析保护区水文特性变化特点，采用 Mann-Kendall 法分析变化的趋势性和突变性：①流量方面，1—4 月和枯水期（11 月至次年 4 月）平均流量有显著增加趋势，突变年份一般在 2011—2014 年；而 6 月和 8 月的平均流量有显著减小趋势。②输沙量显著减小，突变年份为 2009 年。③水温方面，平均水温和最低水温有显著的升高趋势，突变年份分别为 2015 年、2014 年；而最高水温则出现显著下降趋势。

利用 2012 年 10 月至 2021 年 10 月朱沱—宜宾河段的实测地形资料分析了河段总体冲淤情况，同时受采砂、航道整治等人为因素影响，2012—2021 年间朱沱—宜宾河段共冲刷 7 929.6 万 m³。

初步分析了对水生态的可能影响，建议应该进一步重视长江上游阶梯电站开发运行引发的相关问题。

参考文献

[1] 孙志禹，张敏，陈永柏．水电开发背景下长江上游保护区珍稀特有鱼类保护实践 [J]．淡水渔业，2014，44（6）：3-8.

[2] 危起伟．长江上游珍稀特有鱼类国家级自然保护区科学考察报告 [M]．北京：科学出版社，2012.

[3] 杨宇，严忠民，乔晔．河流鱼类栖息地水力学条件表征与评述 [J]．河海大学学报（自然科学版），2007，35（2）：125-130.

[4] 范骢骧，李永，唐锡良．基于鱼类产卵期栖息地需求的水库生态调度方法研究 [J]．四川环境，2017，36（2）：132-138.

[5] 吴华莉，金中武，周银军，等．变化环境下长江上游珍稀特有鱼类国家级自然保护区干流水沙过程演变分析 [J]．长江科学院院报，2021，38（7）：7-13.

[6] 单敏尔，李志晶，周银军，等．三峡水库入库水沙变化规律及驱动因素分析 [J]．泥沙研究，2022，47（2）：29-35.

[7] 叶华，黄飞，潘树林，等．清水冲刷对向家坝以下金沙江河床及岸线资源的影响 [J]．长江流域资源与环境，2019，28（11）：2763-2771.

[8] 任杰，彭期冬，林俊强，等．长江上游珍稀特有鱼类国家级自然保护区重要鱼类繁殖生态需求 [J]．淡水渔业，2014（6）：18-23.

[9] 施白南，柯熏陶，何学福，等．四川江河渔业资源和区划 [M]．重庆：西南大学出版社，1990.

[10] 段辛斌．长江上游鱼类资源现状及早期资源调查研究 [D]．武汉：华中农业大学，2008.

[11] 高天珩，田辉伍，叶超，等．长江上游珍稀特有鱼类国家级自然保护区干流段鱼类组成及其多样性 [J]．淡水渔业，2013，43（2）：36-42.

[12] 熊飞，刘红艳，段辛斌，等．长江上游宜宾江段渔业资源现状研究 [J]．西南大学学报（自然科学版），2015（11）：43-50.

"幸福河湖"背景下流域综合整治建设探讨
——以安吉县西溪流域为例

周　强[1,2]　李俊杰[1,2]　胡　杰[4]　李天飞[1,3]　郭钧辉[1]

(1. 中国电建集团华东勘测设计研究院有限公司，浙江杭州　311122；
2. 长三角（嘉兴）生态发展有限公司，浙江嘉兴　314000；
3. 浙江省华东生态环境工程研究所，浙江杭州　311122；
4. 安吉县老石坎水库管理所，浙江湖州　313300)

摘　要：近年来，幸福河湖建设已成为全国各省（市）河道整治工作的核心任务，本研究在长三角绿色一体化高质量发展背景下，以"两山"理论发源地——安吉县西溪流域为例，紧紧围绕"安全水畅、河清岸绿、文化承载、富民兴业、幸福和谐"5个要素的"幸福河湖"创建目标，探索"幸福河湖"背景下流域综合整治建设关键问题，提出了"以水利补短板为基础，构建水安全屏障；以生态保护为理念，打造岸线生态系统；以文化发掘为依托，提升幸福河湖指数；以智慧管控为手段，提高管理服务水平"的"幸福河湖"设计理念，以助力长三角一体化水利高质量发展。

关键词：幸福河湖；安吉；西溪流域；流域综合整治

1　引言

2019年9月，习近平总书记在黄河流域生态保护和高质量发展座谈会中首次提出"让黄河成为造福人民的幸福河"[1]。2020年全国水利工作会议明确："不仅黄河，长江等其他江河也要成为造福人民的幸福河"。2021年，水利部印发的《2021年河湖管理工作要点》中明确了建设"生态河道"，实现美丽河湖"有"到"优"的突破，努力建设健康河湖、美丽河湖、幸福河湖。由此幸福河湖建设成为全国各省（市）河道整治工作的核心任务，各省市政府、学者等相继开展了研究[2-7]。

在长三角绿色一体化高质量发展背景下，浙江省作为高质量发展共同富裕示范区建设的排头兵，2018年启动实施了"美丽河湖"建设，并将"幸福河湖"建设作为新时期浙江治水的新目标，对全省全面推进幸福河湖建设奠定了重要基础。

安吉县地处浙江省西北部，位于长三角腹地，是浙江省湖州市的下属县。作为"两山"理论和"美丽乡村"的发源地，2019年10月，为构建水美、景美的幸福河湖，安吉县就面向全域提出了满足"安全水畅、河清岸绿、文化承载、富民兴业、幸福和谐"5个要素的"幸福河湖"创建目标。本研究以安吉县西溪流域为例，探索"幸福河湖"背景下流域综合整治建设关键问题。

2　工程概况

安吉境内"七山一水两分田"，其中一水是指以西溪为正源的西苕溪水系，为安吉的母亲河。西溪，发源于安吉县杭垓镇高村村狮子山大沿坑，全长52 km，其中干流长35.7 km（含赋石水库），流域总面积419.2 km²，河道平均纵坡11.2‰。西溪发源起点至磻文溪汇入口为主流，称姚村溪；主

作者简介：周强（1990—），男，工程师，主要从事水文及水生态环境修复、流域综合治理工作。

通信作者：李俊杰（1980—），男，正高级工程师，主要从事风景园林及水生态环境修复工作。

流至赋石水库为干流上段，赋石水库出水与南溪汇合为西苕溪，即干流下段。赋石水库是一座以防洪为主，结合灌溉、发电、供水、养鱼、旅游等综合利用的大（2）型水库。流域内包含夏阳溪、杭坑溪、大坑溪等36条主要支流（见图1）。

图1　工程范围图

工程整治范围为安吉县西溪流域，主要涉及杭垓镇、孝丰镇、孝源街道3个乡镇（街道）27个行政村，共整治河道145 km，其中包含西溪干流长度24 km，支流36条长度共计121 km。

3　设计理念与措施

3.1　设计理念

设计紧紧围绕"幸福河湖"5个要素创建目标，提出了"以水利补短板为基础，构建水安全屏障；以生态保护为理念，打造岸线生态系统；以文化发掘为依托，提升幸福河湖指数；以智慧管控为手段，提高管理服务水平"的设计理念，重绘美丽西溪锦绣新画卷，打造水清景美、人水和谐的"幸福河湖"。

3.2　以水利补短板为基础，构建水安全屏障

西溪干流主要防护对象为沿线镇区和村庄，上段镇区段及下段（满足水库下泄防洪要求）防洪标准20年一遇，其余段防洪标准10年一遇。河道现状宽度35～114 m，经水动力模拟分析计算，目前大部分河段防洪满足要求，部分河段堤岸存在水毁或无护岸措施，部分堰坝阻水，影响部分河段正常行洪，上游及下游段共计存在4处主要的防洪薄弱点。西溪支流村庄段防洪标准为5年一遇，其余农田段防冲不防淹。支流宽度一般较小，河道护岸建设年限较长，特别是受2019年利奇马台风影响，局部护岸、堰坝被冲毁。

设计"以提高干流防洪薄弱点防洪安全保障，修复重要支流重要河段水毁点"为核心理念，通过干流新建堤防、堤防加高加固19.07 km及护岸改造4.64 km，支流护岸水毁修复50.52 km，堰坝修复或新改建、河道清理等措施，完善流域防洪体系，构建区域水安全保障体系（见图2）。

3.3　以生态保护为理念，打造岸线生态系统

西溪干流沿线生态状况良好，以山地、林地、农田等为主，局部河段拥有西溪流域少有的大面积原生竹林。西溪支流部分河道由于防洪要求硬质化痕迹明显，对河道生态性有较大影响，沿河植被以竹林、芦苇及原生杂林为主，整体风貌较为自然。

堤防护岸岸线设计以"尊重自然、保护自然"为理念，以"水域占补平衡、基本农田避让、节约用地"为原则，通过岸线及断面形式多样化、路堤结合等方式分段典型设计打造岸线生态系统，

图 2　水安全保障图

实现水利高质量建设发展目标。

3.3.1　堤防典型断面设计

在河道迎水面岸坡生态本底一般的情况下，断面设计以提高防洪标准为主。在河道迎水面岸坡生态本底较好，且无特殊用地限制的情况下，堤防断面设计主要考虑以下 3 种类型（见图 3~图 5）。

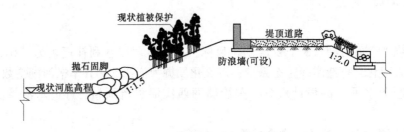

图 3　堤防典型断面图（A 型）

图 4　堤防典型断面图（B 型）

A 型——堤顶道路与防汛抢险道路相结合的堤防断面：对于堤防迎水面生态本底较好，顶部有现状道路的河段，通过充分保护堤防迎水面岸坡现状，采取堤顶道路与防汛抢险道路相结合，并可增设防浪墙方式提高防浪标准。

B 型——新建堤防及巡河路断面：对于堤防迎水面生态本底较好，顶部无现状道路的河段，通过充分保护堤防迎水面岸坡现状，采取新建或加高加固堤防及巡河路，可增设防浪墙方式提高防洪标准。

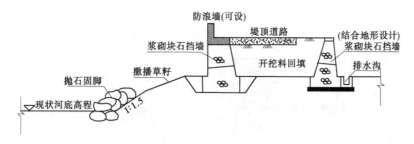

图 5　堤防典型断面图（C 型）

C 型——直立式挡墙堤防断面：对于堤轴线两侧分布建筑或用地紧张，堤防两侧均无法放坡的河段，通过充分保护堤防迎水面岸坡现状，采取迎水面新建直立式挡墙，可增设防浪墙方式提高防洪标准。

3.3.2　护岸典型断面设计

综合考虑河道迎水面成片植被生态保护、用地限制、现状护岸形式等因素，堤防断面设计主要考虑以下 3 种类型（见图 6~图 8）。

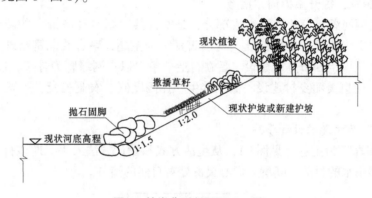

图 6　护岸典型断面图（A 型）

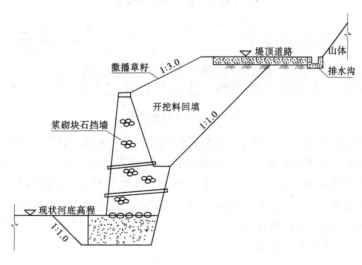

图 7　护岸典型断面图（B 型）

A 型——坡脚块石堆砌防护+自然岸坡断面：对于现状河道岸坡植被良好，但坡脚有冲刷的河段，护脚采用块石堆砌防护。流速大于 2 m/s 的河段，增加三维土网等植物措施护坡。

B 型——直立式浆砌块石挡墙断面：对于用地紧张，护岸后有建筑、道路等设施的河段，采用直立式浆砌块石挡墙防护。

C 型——生态砌块挡墙断面：对于现状已建有生态砌块挡墙的河段，通过采用现状护岸形式，可

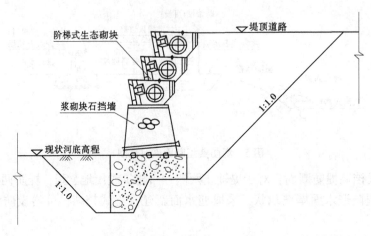

图 8　护岸典型断面图（C 型）

以保持河道外观形态的统一。

3.4　以文化发掘为依托，提升幸福河湖指数

西溪是安吉县美丽河湖建设的重要组成部分，是安吉县"绿水经济带"的新引擎。在水安全屏障的基础上，设计以文化发掘为依托，以"返璞归真"为主题，融合共同富裕理念，串联流域内各节点，通过"一带、三区、四节点"建设，旨在打造一条"以水网绿廊为骨架，以生态宜居为核心，以生态资源为载体"的集美丽乡村建设、健康养生、休闲度假、农业观光、产城一体的"绿水"生态示范带。

3.4.1　"返璞归真"为主题的设计手法

设计以"返璞归真"为主题（见图 9），从生活方式和设计方法入手，期望打造一条追寻本真的旅途，达到回归自然山水的目的，唤醒人们心灵深处对自然的追寻。

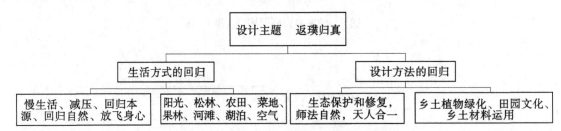

图 9　设计主题分析图

（1）生活方式的返璞归真。设计提倡一种回归本源的生活方式，倡导"慢生活"，期望人们在场地中能享受阳光的温暖、森林的静谧、空气的清新，从而放飞身心，在心灵上回归自然。

（2）设计方法的返璞归真。设计提倡"天人合一、师法自然"，讲究顺势利导，与自然和谐相融，通过当地的乡土植物、材料元素、场地精神、场地记忆的应用，回归自然，回归本我，回归"采菊东篱下，悠然见南山"的自然意境。

3.4.2　"一带、三区、四节点"布局

3.4.2.1　一带

"一带"即西溪生态绿带，以河道为轴，串联沿线多个节点，打造一条回归田园、回归市井、回归自我、回归本真的西溪生态原乡慢行线路。

3.4.2.2　三区

"三区"即西溪之源生态原乡区、竹林水韵滨水休闲区和乡间绿廊渔家体验区。西溪之源生态原乡区：结合西溪水源文化背景，打造原乡生态、乡村体验型自然景观；竹林水韵滨水休闲区：结合天然竹林保育区，打造以滨水休闲为目的的半竹林半湿地活动空间；乡间绿廊渔家体验区：结合水库特

色水产资源及滩涂草甸，打造以农家体验、滩野郊游、水利科普等为主题的活动体验空间。

3.4.2.3 四节点

"四节点"为杭垓镇、赋石村、洛四房村 3 个核心节点和天锦堂 1 个重要节点，功能分区图见图 10。

图 10 功能分区图

3.4.3 节点设计

3.4.3.1 缘溪行（天锦堂）节点

节点位于西苕溪源头天锦堂境内，海拔高，四面环山，北临乡道黄麻线，西侧靠近村庄，东、南两侧为山体斜坡，总面积为 1 720 m²。天锦堂为安吉母亲河西苕溪源头所在地，设计以"西苕溪源头"特殊的地理位置作为切入点，将流域版型、人文故事、场景剪影融入景观设计中，以展示西苕溪流域文化。天锦堂节点鸟瞰图见图 11。

图 11 天锦堂节点鸟瞰图

3.4.3.2 雨歇空濛（杭垓镇）节点

节点位于西溪赋石水库上游杭垓镇，原河道古朴自然，维持了良好的乡土风貌，南临杭垓镇，总面积（含水面）约为 90 000 m²。设计以杭垓静心小镇的定位作为切入点，以"慢生活"为主题，将水、竹、石、莲花作为设计元素，融入场地景观设计中，通过慢享广场、自在园等景观场所的设置，满足游客游览、居民日常活动的需求。杭垓镇节点鸟瞰图见图 12。

3.4.3.3 山水幽居（赋石村）节点

节点位于赋石水库大坝下游，临近乡道李赋线，交通方便，包括水库库区带和下游河岸带，总面

图 12　杭垓镇节点鸟瞰图

积（含水面）约 155 000 m²。设计结合赋石水库特色，以"资源水利""生态水利"为导向，以水利宣传、水利科普、水利教育、水利体验、水利治理示范等为主要内容，打造"幸福河湖"建设重要展示窗口。结合赋石村特色，将乡村集市、特色水街、水韵广场等融入其中，以"十里渔村·诗画赋石"为主题，打造新时代美丽渔村。

水库库区带以"山水赋石"为主题，挖掘场地特质，提取山、水的自然形态，将地理元素与场地特色文化融合，通过水生态系统治理、修复、保护等措施，改善场地水环境，营造独具特色的水景观，打造"以绿为基、以水为依、以石为承、以山为脉"的集"两山生态文明建设、赋石水利文化传承、新时代村镇经济活化"于一体的安吉两山水利风景主题公园，从探水、乐水、知水、识水 4 个方面开展水知识科普教育。

下游河岸带位于赋石村内，设计以"十里渔街·诗画赋石"为主题，将赋石景观结合当地产业设置乡村集市，以旅游带动农、林、渔等产业发展。赋石节点鸟瞰图见图 13。

图 13　赋石节点鸟瞰图

3.4.3.4　疏钟迷岛（洛四房村）节点

节点东临洛四房村，南、北、西侧为农田，由西溪主河道和两个较大的水塘组成，风光秀丽，总面积（含水面）约 85 000 m²。设计依托洛四房村特色生态农业，适当设置驿站、观景台、栈道等，结合现状丰富的水资源、植被资源，打造生态乡野、绿树掩映的乡间湿地景观。洛四房节点鸟瞰图见图 14。

图 14 洛四房节点鸟瞰图

3.5 以智慧管控为手段，提高管理服务水平

在"幸福河湖"建设的基础上，为进一步完善流域基础设施建设，提高安吉县"幸福河湖"数据共享及智慧决策支持水平，设计以"高质量发展、供给侧结构性改革、老百姓需求"为目标导向，结合西溪流域智慧化基础设施现状，针对西溪流域对水利信息化建设的需求，在安吉县水利信息化建设的框架下，重点对前端物联感知、公众服务设施、软件支撑平台开发 3 部分进行升级改造。

4 思考与展望

（1）安全水畅是"幸福河湖"的基，在流域综合治理的基础上，应做好堰坝、堤防巡检修复等日常管理工作，构建"幸福河湖"安全屏障，保障人民群众生命财产安全。

（2）河清岸绿是"幸福河湖"的底，在流域综合治理和保护过程中应践行"绿水青山就是金山银山"理念，保护原有生态绿色本底，打造河清岸绿滨水空间。

（3）文化承载是"幸福河湖"的魂，在安吉两山水利风景主题公园建设基础上，远期可新建流域文化馆，与水利风景主题公园科普教育体系形成联动，进一步提升科普教育价值。

（4）富民兴业是"幸福河湖"的路，在"幸福河湖"建设成功的基础上，开辟一条"以水美村、以水兴业、以水富民"的"幸福河湖"发展路径，是未来的发展道路。

（5）幸福和谐是"幸福河湖"的源，在西溪干流沿线"一带、三区、四节点"布局的基础上，应继续遵循"以人为本"的理念，远期开展支流沿线村庄文化节点建设，串联美丽乡村，与干流文化节点形成幸福河湖网，提升全流域幸福河湖价值指数。

参考文献

［1］新华社. 习近平在河南主持召开黄河流域生态保护和高质量发展座谈会时强调共同抓好大保护协同推进大治理让黄河成为造福人民的幸福河［J］. 人民黄河，2019，41（10）：2-3.

［2］易炼红. 高标准高质量建设秀美幸福河湖美丽绿色江西［J］. 旗帜，2022（4）：15-17.

［3］陈敏芬，马骏，钱学诚. 杭州幸福河湖评价指标体系构建［J］. 中国水利，2022（2）：40-42.

［4］王立新. 建设造福人民的幸福河湖 推动广东水利高质量发展［J］. 中国水利，2021（24）：79.

［5］无锡市水利局. 全域推进美丽幸福河湖建设 给群众更多清水绿岸［J］. 中国水利，2021（24）：138-141.

［6］夏继红，祖加翼，沈敏毅，等. 水利高质量发展背景下南浔区幸福河湖建设探索与创新［J］. 水利发展研究，2021，21（4）：69-72.

［7］胡嘉东. 坚持全要素治理全周期管理 系统推进深圳幸福河湖建设［J］. 中国水利，2020（24）：95.

生态补水河流中水体景观连通性的水文生态响应关系探讨

张海萍　葛金金　渠晓东

（中国水利水电科学研究院，北京　100038）

摘　要："十四五"是推动水利高质量发展、复苏河湖生态环境的关键实施时期，抓好断流河道修复、河流生态保护治理是现阶段的重要任务。针对补水河流水文生态响应关系这一难点，本研究分析总结了国内外相关研究，梳理分析了补水河流中水文生态响应存在的不足，提出可构建新的水体景观格局指数，定量化描述补水河流水体景观连通度/破碎度的时空异质性，以河流物理生境时空异质性表征水文过程变化，拟为"生态补水-水体景观连通性-物理生境异质性-底栖动物"这一作用机制提出新的分析视角。

关键词：生态补水；景观格局；水体连通；水文生态

1　引言

河流水文生态响应关系研究一直是河流生态学、恢复生态学的研究热点[1-3]，补水河流的水文生态响应关系研究是热点也是难点。水体连通是维持河流生态系统的基本条件[4]，生态补水是退化河流生态系统保护与修复的重要措施[5]。生态补水对于河流连通、水量恢复具有明显效果，但由于补水策略（贯通范围、补水时长、补水量等）存在不确定性，河流是否全年贯通、水体分布是否连续等问题也存在不确定性，河流连通时空异质性如何影响水生生物群落结构演变与恢复重建，相关研究较少且存在诸多疑点。因此，河流水系连通的时空演变机制、生态环境效应均是急需解决的关键科学问题，有效评估水系连通格局变化对水生态系统生物多样性的影响是亟待深入研究的方向[6]。

在补水河流"水体连通-水生生物"关系研究中存在两个难点：一是定量化描述补水河流水体分布/连通的时空异质性；二是水体连通时空异质性对水生生物群落的作用机制。目前对于补水河流贯通程度描述中主要采用代表性水文站流量、水面面积、河流有水长度进行简单表征，体现不出空间异质性，而河流水体为二维面状空间分布，受到水文地貌自然特征和人为补水双重影响，水体分布均匀度、连通性/破碎度呈现时空变化，但目前缺乏定量化描述条带型水体分布时空异质性的技术方法。此外，补水河流水体连通性变化如何影响生境多样性、稳定性及分布格局，进而影响生物群落结构和功能特征这一作用机制还不清楚。

本研究从"河流水体连通性-物理生境异质性-底栖动物"这一影响链条，总结了国内外相关研究的现状及发展动态，梳理分析了补水河流中水文生态响应存在的不足，提出可采用高时空分辨率遥感数据和景观格局分析方法，将水体作为一种景观要素，构建新的景观格局指数，定量化描述补水河流水体景观连通度/破碎度的时空异质性，以河流物理生境时空异质性表征水文过程变化，以底栖动物为典型水生生物群落，拟为"生态补水-水体景观连通性-物理生境异质性-底栖动物"这一作用机制提出新的分析视角。

基金项目：国家自然科学基金项目（41501204）；水利部水资源费水资源保护项目（126301001000190015）。
作者简介：张海萍（1986—），女，高级工程师，主要从事河湖健康评估、流域生态学方面的研究工作。

2 河流水体连通性及其生态效益研究

2.1 河流连通性评价方法与河流景观生态学

河流水体连通是河流内生物群落结构、物质流/能量流/信息流等空间连续性存在的基础条件，也是水文-水力学过程研究的前提[4]，与此同时，水体连通也是湿地生态系统保护与修复的重要措施，在河流连续体、洪水脉冲、自然水流范式、溪流水力学等经典河流生态学理论支撑下，河流连通性研究及分析方法得到进一步的发展，其中分析对象囊括结构连续性和功能连续性，分析方法主要包括流量过程实测、基于关键水文过程的水文模型、基于拓扑关系的图论法、基于水体分布特征的景观格局指数等[7-8]。上述方法各有优缺点，相比于采用"静态"片段化反映某一时期河流连通状况，基于水体分布特征的景观格局分析方法具备反映区域大尺度河流长时间序列连通性的特点，但由于河流廊道呈面状条带、水体具有典型的季节特征等特点，目前仍没有成熟的水体景观连通度指数可以描述这种高时空分辨率的连通状况。

面对以上高时空分辨率连通状况计算需求，随着高精度航空航天遥感技术和景观格局分析方法的发展，河流景观生态学逐渐成为国内外的新兴学科[9-10]，学科主要从河流景观格局的角度，将河流水体季节变化视为由相互连接/不连接水体构成的时空异质性，强调空间异质性、边界效应、斑块间的物质交换、景观连接度、生物及其生境分布格局、尺度问题[1, 11]，是研究河流水体连通问题的重要新兴角度。因此，如何采用景观生态学方法中景观格局分析技术，定量化描述水体景观连通性，成为应用的技术突破点和热点[11-12]。

2.2 生态补水河流水体连通的生态效益研究

基于我国大量的调水工程和水系连通工程，众多学者开展了如南水北调受水区[13]、引滦入津受水区[14]、引江济淮受水区[15]、引黄入冀受水区[16] 等一系列重要调水工程的生态环境效益研究，其相关研究主要集中在水文和水质两个方面，主要研究结论为：水面扩大、流量恢复、水系连通、水质改善以及地下水位回升等[17-20]。而针对补水引起的生物多样性响应、生态系统功能修复方面的研究较少，尤其在"补水/水系连通-生物群落"关系定量化及影响机制方面的研究更少。因此，水系连通时空演变机制及其生态环境效应是亟须解决的关键科学问题，有效评估水系连通格局变化对水生态系统生物多样性、功能多样性、生态服务功能的影响是亟待深入研究的方向[6,21,22]。

2.3 华北地区生态补水效果不确定性

华北地区是我国目前和未来断流河流修复的重点区域，各项调水工程通过补水取得了一定的河湖生态效益，对逐步复苏河湖生态系统具有重要意义。河流贯通或连通是华北地区生态补水的目标之一，根据水利部印发的《2023年度永定河水量调度计划》，2023年永定河有望全年全线有水，对于其他受水区河流，根据现阶段河流贯通计划、补水时长、补水规模及水体实际呈现状况，华北地区部分河段可能成为间歇性河流（年内部分时段干涸），见图1。

3 河流水体连通性与物理生境异质性研究

3.1 河流物理生境调查评价方法

河流生境是水生生物赖以生存的物理、化学和生物环境综合体。河流物理生境由河道内地貌和水文共同决定，地貌结构（河道大小、形状、坡度、底质颗粒）在不同水文条件下（水深、流速、剪切力）形成不同物理生境[23]。

目前，国际上已经发展了较为系统的河流物理生境评价方法，如英国河流生境调查（RHS）、美国环保署的河流快速生物评价协议（RBPs）、澳大利亚的河流状况指数（ISC）等，这些方法的特点是多指标综合评价[2]，均以河流廊道为范围对河道内、河岸带的物理结构进行调查评价，评价指标系统全面，但存在评价周期长、非动态跟踪监测、河流尺度上指标难以有效定量、打分主观等实地调查方法的局限性。相比而言，遥感影像具有获取方便、空间覆盖广、时空分辨率高等优势，可对年内

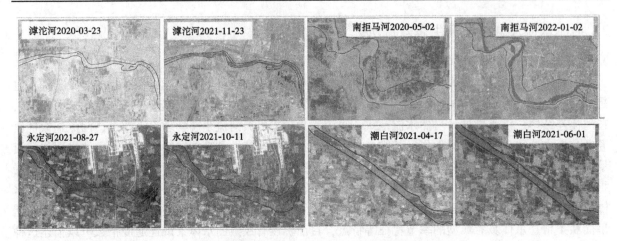

图 1　华北地区典型河段生态补水启动后不同季节水体分布（哨兵 2 号遥感影像）

多期河流物理形态监测进行量化。目前国内采用遥感技术对河流生境进行调查评价的研究较少，提出并实现了利用遥感技术计算河流断流比例、河流蜿蜒度、自然岸线比例等指标，但这些指标主要还是从整条河流的角度来评价河流物理形态，并没有直接表征具体的物理生境类型及空间分布（生境异质性）。因此，采用遥感监测手段开展河流物理生境调查评价是当前的热点[24-25]，但如何基于物理生境遥感监测有效量化河流生态系统质量和水生生物需求也是一个难点[25]。

3.2　河流景观格局动态与河流景观制图

从河流景观格局分析的角度，将河流水体视为首尾相连的生境斑块连接体，这种斑块组合具有时空异质性特征。自然河流因不同季节水文条件改变导致生境发生改变，如生境斑块 A "春季浅滩→夏季急流→秋季激流→冬季浅滩"。自然水文节律叠加补水过程会增加斑块 A 年内演变的不确定性，一方面除雨季泄洪期外，其余时段只有补水才能增加水体流动性，华北地区由于贯通次数有限，春秋冬季河道内很可能存放的是静滞水体；另一方面，若不能提供常态化补水，河流很可能出现断流情况，使得斑块 A 在 "静水-动水-陆地" 三种类型间转换。上述不同生境转换是影响其内部生物群落演变的重要原因[26]，而针对这种关系的研究，如何定量化描述生境时空演变是关键手段。相比于传统河段尺度实地调查，基于高时空分辨率星载影像或航拍照片，结合实地调查，采用河流景观格局动态分析方法，是实现河流物理生境动态量化研究和应用的重要趋势[27-28]。

4　河流物理生境异质性与底栖动物多样性

底栖动物是河流食物网能量流动的中间环节，底栖动物群落变化会导致河流食物网上的能量流动、物质循环和信息传递均发生变动，底栖动物群落与河流生态系统质量稳定性密切相关[25]。一方面，底栖动物与物理生境紧密相关，能反映河流生态系统演变与修复的中长期变化；另一方面，大部分补水河流造成的生境不稳定性的周期性处于长期和短期之间，相较于鱼类反映长期变化和藻类反映短期变化，底栖动物更能反映补水河流引起的周期尺度[29]，因此本研究以底栖动物作为目标生物类群来反映补水河流生态系统变化。

4.1　河流物理生境异质性与底栖动物多样性

物理生境异质性与底栖动物多样性的关系，受到河流类型、研究尺度的影响。对于 alpha 多样性，在自然/近自然河段，两者一般呈正相关关系；而在生态修复河段，若河流受胁迫因素错综复杂，两者关系不一定能达到显著的正向关系[30]。对于 beta 多样性，虽然 "生境异质性促进生物多样性提高" 会成为一般假设和预期结果，但由于环境梯度不够、生态响应机制不清楚等，这种正向关系较少得到事实证明[31]。相比于长流性河流，间歇性河流中水体连通性缺失较大程度改变了自然生态过程，使得水文地貌要素、有机质通量的变异性更高，针对间歇性河流的理论和方法研究目前还处于初步阶段[29]。综上所述，河流物理生境异质性与底栖动物多样性的关系，尤其在生态修复河段尚未有定论。

4.2 华北地区补水河流生境演变特殊性对底栖动物的影响

对于还未形成常态化补水机制的河流来讲，部分河流很可能成为间歇性河流。对于间歇性河流，水流间歇程度越大，物种多样性越低，但不同栖息类群响应不一致[5]，一般情况下，适宜激流生境物种多样性降低，但适宜静水和陆地生境物种多样性会增加。在自然/近自然的间歇性河流中，河流会形成自身的生物群落变化能力来应对干湿交替和生境破碎化，其中对于干旱适应能力差的物种可能会逐渐消失[32]，对于拥有较大迁移扩散能力和繁殖能力的静水物种（如蜻蜓目、半翅目、鞘翅目）则受影响较小[33]。对于新形成的间歇性河流，鱼类等顶级捕食者的消失以及随后物种相互作用的改变，预计会对群落结构、组成和恢复力产生连锁效应。对于因人工补水变成全年贯通的河段，若水源为外流域调水，可能有利于非本地物种的增殖，削弱本地物种的种群[34]，同时促进生物入侵和水体间的生物同质化过程[35]，进而导致生态系统功能退化。在外流域调水作为水源补充情况下，由于河流贯通程度不同，水体连通性、间歇性存在较大不确定性，华北地区受水区河流中底栖动物群落生物多样性演变方向还需要进一步跟踪监测。

5 水体景观连通性在生态补水河流中的应用展望

5.1 目前存在问题

技术方法上，面对补水河流可能存在不能全年贯通的问题，对于条带型水体，如何高频次定量化全面描述水体景观连通度/破碎度，如何定量化描述"贯通程度"导致的河流水体连通性、不连续性、破碎度、均匀度，是对补水效益的更好表征，但目前并无针对条带状水体的水体景观连通性描述方式。科学理论上，补水策略不确定性导致的"河流水系连通-生物多样性"水文生态响应关系研究甚少，科学理论存在不足。实践应用上，缺少以生物多样性和稳定性为导向来完善补水机制的应用。

5.2 展望

5.2.1 补水河流水体景观连通性时空演变特征及物理生境异质性分析

针对不同补水策略及自然降水导致河流全年贯通或部分时段贯通现象，采用景观格局分析方法，综合考虑河流水面面积、水面宽度、纵向连通性的时空变化，创新性构建补水河流水体景观的空间异质性（横纵二维连通度、纵向均匀度、水体破碎度）和时间异质性（水体景观连通稳定性）景观格局指数，详细阐明补水前后水体景观连通性时空演变；基于长序列水体景观空间分布数据，结合河流物理生境传统方法调查，制作河流物理生境类型分布图，构建物理生境异质性指数，分析自然降雨/补水导致的物理生境异质性变化。

5.2.2 河流水体景观连通性对水生生物的影响

基于补水前后河流水体景观连通性指数计算，分析不同补水程度河流中水体面积、纵向连通性、均匀度、破碎度、连通稳定性对水生生物多样性的影响；基于水生生物群落结构稳定性分析，对比不同贯通程度河流"水体连通-水生生物"关系的差异性，阐明河流干涸/补水历史累积效应对水生生物的影响。

5.2.3 河流物理生境异质性对于水生生物的影响

从河段尺度上分析不同物理生境类型中水生生物多样性、功能群结构特征，识别影响水生生物多样性的关键物理生境因子（水深、流速、底质、有机质、大型水生植物等）；从河流尺度上分析物理生境空间分布格局对水生生物多样性的影响；从时间序列上基于不同时期物理生境制图，选择代表性河段，开展"激流-缓流-静水-陆地"斑块动态分析，分析生境类型动态变化对水生生物多样性、功能群结构的影响。

5.2.4 影响河流水生生物的关键补水过程识别

基于河流代表性水文站流量实测数据，分析关键水体景观连通性指标和关键物理生境异质性指标对补水过程的响应规律；综合水生生物调查和补水关键时间段，开展水质指标调查（水温、溶解氧、

pH、电导率、浊度、总氮、总磷、氨氮等），基于"水质−水生生物"关系研究识别关键水质指标，结合水体景观格局演变和代表性水文站实测流量，阐明关键水质指标对补水过程的响应机制；综合水体景观连通性、物理生境异质性、水质演变，分析"生态补水−水体景观连通性−物理生境异质性/水质−水生生物"这一水文生态响应链条，识别关键水体景观连通性指数、生境变异特征、水质指标，明晰影响河流水生生物群落的关键补水过程（贯通范围、补水时长、补水时段、补水量等）。

参考文献

［1］EROS T, SCHMERA D, Schick R S. Network thinking in riverscape conservation—a graph-based approach ［J］. Biological Conservation, 2011, 144 （1）: 184-192.

［2］FERNANDEZ D, BARQUIN J, RAVEN P. A review of river habitat characterisation methods: indices vs. characterisation protocols ［J］. Limnetica, 2011, 30 （2）: 217-234.

［3］CID N, EROS T, HEINO J, et al. From meta-system theory to the sustainable management of rivers in the Anthropocene ［J］. Frontiers in Ecology and the Environment, 2022, 20 （1）: 49-57.

［4］PRINGLE C. What is hydrologic connectivity and why is it ecologically important? ［J］. Hydrological Processes, 2003, 17 （13）: 2685-2689.

［5］MILISA M, STUBBINGTON R, DATRY T, et al. Taxon-specific sensitivities to flow intermittence reveal macroinvertebrates as potential bioindicators of intermittent rivers and streams ［J］. Science of the Total Environment, 2022, 804: 150022.

［6］刘昌明, 李宗礼, 王中根, 等. 河湖水系连通的关键科学问题与研究方向 ［J］. 地理学报, 2021, 76 （3）: 505-512.

［7］于洋, 刘尧, 华廷, 等. 基于文献计量的水文连通性研究热点与趋势 ［J］. 水资源与水工程学报, 2021, 32 （2）: 1-9.

［8］张晶, 于子铖, 董哲仁, 等. 河流地貌单元研究综述 ［J］. 水生态学杂志, 2021, 42 （5）: 10-18.

［9］傅伯杰, 吕一河, 陈利顶, 等. 国际景观生态学研究新进展 ［J］. 生态学报, 2008, 28 （2）: 798-804.

［10］李宗礼, 刘昌明, 郝秀平, 等. 河湖水系连通理论基础与优先领域 ［J］. 地理学报, 2021, 76 （3）: 513-524.

［11］TORGERSEN C E, LE PICHON C, FULLERTON A H, et al. Riverscape approaches in practice: perspectives and applications ［J］. Biological Reviews, 2021, 97 （2）: 481-504.

［12］ARSENAULT M, O'SULLIVAN A M, Ogilvie J, et al. Remote sensing framework details riverscape connectivity fragmentation and fish passability in a forested landscape ［J］. Journal of Ecohydraulics, 2022: 1-12.

［13］聂常山, 赵宇瑶, 王延红. 南水北调西线一期工程效益分析 ［J］. 人民黄河, 2020, 42 （6）: 120-124.

［14］邢燕. 引滦入津 20 年效益浅析 ［J］. 水利发展研究, 2004, 4 （3）: 47-49.

［15］唐柱闩. 引江济淮工程对受水区水资源的影响分析 ［J］. 工程技术研究, 2021, 6 （5）: 255-256.

［16］张爽娜, 李海涛. 引黄入冀对衡水湖的生态效益分析 ［J］. 地下水, 2015 （5）: 148-149.

［17］郭敏丽, 陈祎琬, 段光耀, 等. 无人机航测技术在潮白河生态补水中的应用 ［J］. 北京水务, 2021 （Z1）: 20-23.

［18］李波, 王材源, 王瑾妍, 等. 潮白河生态补水水文要素的演变特征及影响分析 ［J］. 北京水务, 2021 （Z1）: 16-19, 57.

［19］孙冉, 潘兴瑶, 王俊文, 等. 永定河（北京段）河道生态补水效益分析与方案评估 ［J］. 中国农村水利水电, 2021 （6）: 19-24.

［20］武惠娟, 孙峰. 枣庄市薛城区河湖库水系连通工程生态补水方案及效益分析 ［J］. 治淮, 2021 （6）: 58-60.

［21］CRABOT J, MONDY C P, USSEGLIO-POLATERA P, et al. A global perspective on the functional responses of stream communities to flow intermittence ［J］. Ecography, 2021, 44 （10）: 1511-1523.

［22］GUO M, SHU S, MA S, et al. Using high-resolution remote sensing images to explore the spatial relationship between landscape patterns and ecosystem service values in regions of urbanization ［J］. Environmental Science and Pollution Research, 2021, 28 （40）: 56139-56151.

［23］MADDOCK I. The importance of physical habitat assessment for evaluating river health ［J］. Freshwater biology, 1999, 41 （2）: 373-391.

[24] 吴传庆, 殷守敬, 王楠, 等. 河流物理生境遥感监测研究与应用分析 [J]. 环境监控与预警, 2019, 11 (5): 28-32.

[25] ALLEN Y, KIMMEL K, CONSTANT G. Using remote sensing to assess Alligator Gar spawning habitat suitability in the lower Mississippi River [J]. North American Journal of Fisheries Management, 2020, 40 (3): 580-594.

[26] DATRY T, LARNED S T, TOCKNER K. Intermittent rivers: a challenge for freshwater ecology [J]. BioScience, 2014, 64 (3): 229-235.

[27] BUFFINGTON J M, MONTGOMERY D R. Geomorphic classification of rivers: An updated review [J]. Treatise on Geomorphology, 2021 (2): 1-47.

[28] LOMBANA L, MARTINEZ-GRANA A, CRIADO M, et al. Hydrogeomorphology as a Tool in the Evolutionary Analysis of the Dynamic Landscape-Application to Larrodrigo, Sala manca, Spain [J]. Land, 2021, 10 (12): 1-15.

[29] SARREMEJANE R, MESSAGER M L, DATRY T. Drought in intermittent river and ephemeral stream networks [J]. Ecohydrology, 2021: e2390.

[30] PALMER M A, MENNINGER H L, BERNHARDT E. River restoration, habitat heterogeneity and biodiversity: a failure of theory or practice? [J]. Freshwater biology, 2010, 55: 205-222.

[31] HEINO J, MELO A S, BINI L M. Reconceptualising the beta diversity-environmental heterogeneity relationship in running water systems [J]. Freshwater Biology, 2015, 60 (2): 223-235.

[32] PHILLIPSEN I C, LYTLE D A. Aquatic insects in a sea of desert: population genetic structure is shaped by limited dispersal in a naturally fragmented landscape [J]. Ecography, 2013, 36 (6): 731-743.

[33] BOHONAK A J, JENKINS D G. Ecological and evolutionary significance of dispersal by freshwater invertebrates [J]. Ecology Letters, 2003, 6 (8): 783-796.

[34] REICH P, MC MASTER D, BOND N, et al. Examining the ecological consequences of restoring flow inter mittency to artificially perennial lowland streams: patterns and predictions from the Broken: Boosey creek syste m in Northern Victoria, Australia [J]. River Research and Applications, 2010, 26 (5): 529-545.

[35] ZHANG L, YANG J, ZHANG Y, et al. EDNA biomonitoring revealed the ecological effects of water diversion projects between Yangtze River and Tai Lake [J]. Water research, 2022, 210: 117994.

多水源联合调度下河流氢氧同位素
组成特征及其环境意义

曹天正[1,2,3]　彭文启[1,2,3]　刘晓波[1,2,3]　骆辉煌[1,2,3]

莫　晶[1,2,3]　侯远航[1,2,3]　姚文良[4]　姚世博[5]

(1. 中国水利水电科学研究院流域水循环模拟与调控国家重点实验室，北京　100038；

2. 水利部京津冀水安全保障重点实验室，北京　100038；

3. 中国水利水电科学研究院水生态环境研究所，北京　100038；

4. 永定河流域投资有限公司，北京　100089；

5. 中国气象局国家气候中心，北京　100081)

摘　要： 河湖生态环境复苏中，多水源的联合调度显著改变了流域的水文特征。本文揭示了永定河全线贯通后，流域氢氧稳定同位素的时空分布特征。结果表明，受远距离调水和多级水库调蓄的影响，永定河干流水体氢氧同位素沿程富集。流域上游，引黄水和本地降水对水体维持发挥了较大的作用；永定河北京段，河流对本地降水信号的响应减弱，水库调蓄信号明显。受水库调节和补水节律的影响，永定河北京段干流水体中同位素季节差异较小，蒸发过程仍受流域气候主控。在永定河流域水资源整体调度的背景下，个别点位的污染仍然存在，下游存在海水上溯的信号。

关键词： 稳定同位素；河湖生态环境复苏；永定河；δ^2H 和 $\delta^{18}O$

1　引言

地表水系作为流域生态维持的主导因素，通过蒸发、入渗等多种过程影响着区域地下水流动系统、生物多样性及生态系统服务功能。通过多水源的联合调度，我国多个流域展开了复苏河湖生态环境的探索与实践，包括塔里木河生态输水、永定河全线贯通、京杭大运河补水贯通、三峡水库生态调度等[1-2]。多水源的联合调度过程显著改变了流域的水文情势，也创造了流域水循环过程的新变量，如何高效示踪复杂河流流域水循环过程及其变化已经成为水资源综合管理中的重要问题[3]。

在复杂流域的非线性水文系统研究中，环境同位素能够发挥良好的指示作用。作为自然水体的基本组成部分，氢氧同位素非常敏感地响应环境的变化，并记载了水循环演化的历史信息[4-5]。在水循环的不同过程中，同位素的分馏不断发生，结合温度效应、降水量效应、高程效应和季节效应等影响，水体中同位素呈现不同的时间和空间特征[6]。基于这些特定的自然分馏过程，通过测定水体中的同位素含量特征可以高效、精确地了解水分来源及运动路径。

近年来，针对环境同位素的监测不断进行。自1961年国际原子能机构（IAEA）和世界气象组织（WMO）建立全球大气降水同位素监测网（GNIP）以来，使用氢氧同位素进行气候影响分析和水文过程追踪已经成为陆地水循环过程研究的基础[7]。2002年IAEA开启了全球河流同位素网络（GNIR）计划，收集包括氢氧同位素和硝酸盐等常见营养盐的同位素数据，用于协助水资源管理、帮助评估大小流域范围内的水平衡和人类影响[8]。我国最早于第一次青藏科考期间开展了降水稳定同位素研

基金项目： 流域水循环模拟与调控国家重点实验室自主研究课题（项目编号：SKL2022ZD02）；中央部门预算项目库区维护和管理基金"三峡工程运行安全综合监测系统"（2136703）。

作者简介： 曹天正（1994—），男，工程师，主要从事流域水循环与水环境方面的工作。

究[9]。直到 20 世纪 80 年代，中国加入 GNIP 监测计划中。但 90 年代后期，我国在 GNIP 监测计划中的站点逐年减少[10]。降水同位素观测时间上的连续性及空间上的全面性没有得到充足保障。2004 年，依托中国生态系统研究网络（CERN）建立的中国大气降水同位素网络（CHNIP）形成了全国 31 个野外台站的降水同位素网络监测，并与不同生态系统特征相结合，拓宽了稳定同位素技术在生态领域的应用[11-12]。

尽管我国的环境同位素观测已经积累了大量数据，但是 CHNIP 形成的连续性数据是区域性的，随着气候变化的不断加剧，国家水网的不断建设，多源生态补水显著改变了河湖的水分来源与组成，开展新的流域间同位素观测具有重要的现实意义。永定河流域作为我国复苏河湖生态环境实践中的重要实例，通过北京、天津、河北、山西、内蒙古五省（区、市）的联合调度，2021 年秋季永定河实现 865 km 全线水流贯通入海，2022 年春季官厅水库以下形成 270 km 连续水路，北京段形成水面约 1 800 hm²[13]。永定河的重新贯通，势必带来流域水文过程、地貌过程和化学过程的重新调整。因此，本研究通过对永定河氢氧同位素时空特征分析，阐明影响流域环境同位素变化的影响因素，揭示河流氢氧同位素组成对多水源联合调度的响应，为流域水循环过程综合分析奠定基础，充分服务于未来水资源与水环境管理实践。

2 材料与方法

2.1 研究区概况

永定河流域位于东经 112°~117°45′，北纬 39°~41°20′，发源于内蒙古高原的南缘和山西高原的北部，流域面积 4.70 万 km²。流域地跨内蒙古、山西、河北、北京、天津等 5 个省（区、市）。流域多年平均降水量不足 450 mm，80% 径流量分布在雨季[14]，年平均蒸发量为 1 182 mm[15]。永定河山区水资源总量 26.61 亿 m³，人均水资源量 276 m³，仅为全国的 9.8%[16]。近年来，受气候及下垫面变化影响，水资源量呈明显衰减趋势。水资源短缺与水资源的不合理开发利用导致河道生态水量严重不足。为了打造贯穿京津冀晋四省（市）、连接山区和平原、沟通陆地和海洋的绿色生态河流廊道，依托万家寨引黄工程、册田水库、官厅水库等水利设施，在 2019—2022 年分阶段分目标实现了永定河的全线水流贯通入海。

永定河流域综合采样空间位置分布图见图 1。

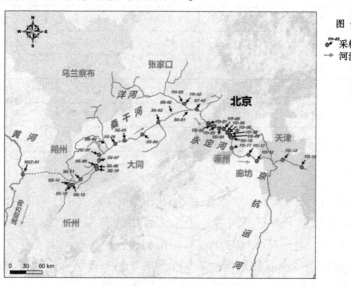

图 1 永定河流域综合采样空间位置分布图

2.2 样品采集与分析

2022 年 8 月与 2022 年 10 月分别对永定河北京段 10 个点位地表水进行了取样，2023 年 5 月自万家寨引水工程至天津入海口对永定河全线共 25 个点位地表水进行了取样。所有水样均用 100 mL 聚丙烯瓶采集，水样充满整个采样瓶并置于 4 ℃ 冰箱密封保存。现场使用 EXO2 水质多参数仪进行测定，测定水样的物理指标包括叶绿素 a 含量、电导率、溶解氧、氧化还原电位、pH、温度等。

稳定同位素 δ^2H 和 $\delta^{18}O$ 使用液态水同位素分析仪（liquid water isotope analyzer, DLT-100）测定，测试结果以相对标准海水（VSMOW）千分差值显示，δ^2H 和 $\delta^{18}O$ 测试精度分别为 ±1‰ 和 ±0.1‰。

3 结果

3.1 野外物理参数

永定河流域获取的 44 个地表水样本中，物理参数差异较大，天然河水干支流均呈现弱碱性水特征，pH 最小值出现在南大荒湿地再生水入水口（pH=7.64），pH 最大值出现在桑干河上游恢河中（pH=9.32），pH 的沿程变化不明显。流域范围内溶解氧含量平均值为 10.22 mg/L，最小值 0.58 mg/L 出现在山西朔州境内一较小支流中，最大值 16.73 mg/L 出现在南水北调水混入后的永定河干流京雄高铁段。流域水体中电导率平均值为 1 216 μS/cm，最小值为 82 μS/cm，最大值为 5 279 μS/cm，均出现在桑干河上游朔州境内。叶绿素 a 含量平均值为 7.24 μg/L，最小值 0.48 μg/L 出现在三家店水库，最大值 36.45 μg/L 出现在南水北调水混入后的永定河干流京雄高铁段。

对 2022 年 8 月和 2022 年 10 月永定河北京段 20 个地表水样品进行对比，秋季平均水温由 27 ℃ 下降到 14 ℃，电导率平均值由 1 094 μS/cm 下降到 895 μS/cm，溶解氧及叶绿素 a 含量均有所升高，氧化还原电位升高，水体 pH 变化不大（见表 1）。

表 1 永定河地表水体野外参数测定统计

项目		叶绿素 a/（μg/L）	电导率/（μS/cm）	溶解氧/（mg/L）	氧化还原电位/mV	pH	温度/℃
永定河流域（全时段）N=44	最小值	0.48	82.20	0.58	-166.00	7.64	11.88
	最大值	36.45	5 278.90	16.73	213.90	9.32	30.16
	平均值	7.24	1 216.28	10.22	139.49	8.42	19.90
永定河北京段夏季N=10	最小值	1.74	352.70	7.33	122.90	7.64	23.97
	最大值	9.46	1 273.70	15.45	153.30	8.86	30.16
	平均值	6.18	1 093.86	9.53	134.70	8.35	27.09
永定河北京段秋季N=10	最小值	1.06	263.10	9.77	174.10	7.69	11.88
	最大值	36.45	1 029.90	16.73	213.90	8.60	18.38
	平均值	7.56	894.60	12.73	203.87	8.35	14.27

3.2 氢氧同位素分布特征

永定河流域上游至下游间空间跨度大，多水源联合调水特征突出，δ^2H 和 $\delta^{18}O$ 稳定同位素值变化比较明显。其中，永定河上游桑干河至黄河段地表水 δ^2H 分布范围为 -71.37‰~-56.53‰，$\delta^{18}O$ 分布范围为 -10.48‰~-7.93‰，各支流水体较干流有轻微偏移；支流洋河与桑干河同位素组成也差别较大，洋河 δ^2H 和 $\delta^{18}O$ 稳定同位素值分别为 -58.97‰ 和 -7.93‰；至永定河北京段，再生水水体两次测量结果 δ^2H 分布范围为 -53.42‰~-50.60‰，$\delta^{18}O$ 分布范围为 -7.28‰~-6.66‰；2022 年大宁水库测定的南水北调水体端元中 δ^2H 分布范围为 -46.58‰~-43.70‰，$\delta^{18}O$ 分布范围为 -6.21‰~-5.76‰，2023 年 5 月则出现了明显变化，δ^2H 和 $\delta^{18}O$ 稳定同位素值分别为 -53.74‰ 和 -6.74‰，重同位素呈现了贫化状态，与永定河干流水体较为相近；2022 年永定河北京段干流中 δ^2H 分布范围为

−46.54‰~−43.05‰，δ¹⁸O 分布范围为−5.32‰~−4.48‰，分布较为集中；永定河下游天津市重同位素继续富集，北辰区 δ²H 和 δ¹⁸O 稳定同位素值分别为−37.96‰和−4.37‰。根据已有的同位素监测数据，永定河流域干流水体中氢氧同位素关系曲线可描述为：$\delta^2H = 5.05 \times \delta^{18}O - 19.02$，$R^2 = 0.99$，见图 2。

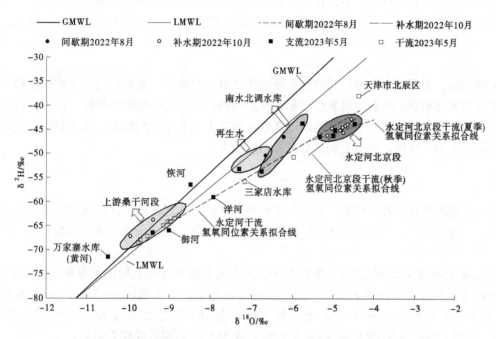

图 2　永定河氢氧稳定同位素关系（其中全球大气降水线 GMWL 为：$\delta^2H = 8 \times \delta^{18}O + 10$ [17]；
本地大气降水线 LMWL 为：$\delta^2H = 7.06 \times \delta^{18}O - 0.44$ [18]）

4　讨论

从空间上看，永定河流域各段水体氢氧同位素差异明显。流域上游桑干河段 δ²H 和 δ¹⁸O 相比北京段均呈现较为贫化状态，恢河、洋河及部分小型支流 δ²H 和 δ¹⁸O 关系接近全球大气降水量线和本地降水量线，指示了其水体来源为本地降水。万家寨引水工程处，重同位素呈现全域最贫化的特征，这一信号随着跨流域引水传递到了桑干河干流，导致桑干河干流中大量水体样点 δ²H 和 δ¹⁸O 含量均低于恢河、洋河，这说明在监测时间内，引黄工程的引调水对于上游地表水体维持起到了关键作用。流域中游永定河北京段 δ²H 和 δ¹⁸O 含量升高与水体蒸发作用有关，沿程水体运移距离长，在运移过程中经过官厅水库、珠窝水库、三家店水库等多级水库调节，水体滞留时间加长，蒸发引发的重同位素偏移较为明显。永定河下游天津段河水中重同位素含量进一步升高，这是沿程蒸发作用与海水沿河上溯的共同结果。在天津市北辰区的监测点中，河水电导率已经上升至 1 572 μS/cm，呈现典型的海水上溯信号。从永定河流域干流水体整体氢氧同位素关系来看，2018 年海河流域地表水蒸发线测定为：$\delta^2H = 4.76 \times \delta^{18}O - 20.72$ [19]，与 2023 年 5 月永定河的地表水蒸发线接近，这说明尽管上游来水对于永定河整体水量维持起到核心作用，河流蒸发过程仍受流域气候主控。

从时间上看，生态补水实施后，不同季节永定河北京段同位素差异不大。作为河湖生态复苏的先导工程，2017—2022 年，通过水资源统一调度，已累计向永定河生态补水 21.5 亿 m³ [20]。2021 年，永定河 865 km 河道实现自 1996 年来首次全线通水，2022 年 6 月永定河当年春季补水结束，2022 年 10 月秋季生态补水开展 [21]。永定河北京段作为典型的历史断流段，生态补水是其当前地表水的主要来源。在 2022 年 8 月夏季的补水间歇期，尽管河水仍然连续，但流速放缓，水体蒸发作用持续，重同位素相对富集。2022 年 10 月秋季补水启动，上游水体尚未完整改变北京段同位素特征，导致不同季节同位素特征非常相近。到 2023 年 5 月，随着永定河流域持续通水，北京段河道中 δ^2H 和 $\delta^{18}O$ 含量有降低的趋势。受引调水形式的不断变化，在受水河湖及时开展环境同位素观测，对于未来追踪生态补水后流域多水文要素间的水分迁移转化尤为必要。

受人类活动影响较为明显的再生水入水口和南水北调水大宁水库中，氢氧稳定同位素发挥了较为清晰的指示作用。生态补水间歇期，仅永定河干流大宁水库下游出现了轻微的重同位素贫化，这进一步说明上游来水对永定河北京段的水面维持起到的作用最大，再生水和南水北调水的混入影响相对有限。同时，在 2023 年 5 月，由于大宁水库进行蓄滞洪调控，还出现了水库同位素与永定河河水混合的现象。

永定河流域，各个断面及点位间的水环境特征差异依然明显，水环境和生态恢复依赖于更精细化的区域管理和生态构建。已有监测数据显示了永定河整体较好的环境生态指标，但上游朔州依然存在电导率较高的污染水体，这些水体受到附近畜牧业和工业企业排水的影响，水质指标呈现明显下降趋势。在永定河下游天津段，海水上溯影响范围仍然较大。

5 结论

河湖生态复苏过程依赖于高效、合理的流域综合水资源配置。永定河流域水系错综复杂，在频繁的生态补水调度过程中，河流的水体同位素特征不断发生着改变。永定河流域的氢氧同位素观测资料显示：

（1）受远距离调水和多级水库调蓄的影响，永定河干流水体氢氧同位素呈现了明显的空间变化。永定河上游桑干河至黄河段地表水氢氧同位素相对贫化 δ^2H 分布范围为 $-71.37‰ \sim -56.53‰$，$\delta^{18}O$ 分布范围为 $-10.48‰ \sim -7.93‰$；永定河北京段干流重同位素相对富集，其中 δ^2H 分布范围为 $-46.54‰ \sim -43.05‰$，$\delta^{18}O$ 分布范围为 $-5.32‰ \sim -4.48‰$，空间差异较为明显。

（2）氢氧稳定同位素对沿线再生水、南水北调水、黄河引调水等水体特征进行了较为清晰的标识和刻画。引黄水和本地降水对永定河上游桑干河段的水体维持发挥了较大的作用。在永定河北京段，河流对本地降水信号的响应减弱，干流水体中同位素季节差异较小，但永定河整体蒸发过程仍受流域气候主控。

（3）通过结合氢氧同位素与常规野外监测指标，可以发现在永定河流域水资源整体调度的背景下，上游朔州段个别点位的零星污染仍然存在，下游天津段存在海水上溯的信号。流域水环境与水生态治理应执行更加精细化的管理策略，应对不同区域出现的具体问题。

在河湖生态复苏过程中，持续的稳定同位素观测能够为流域的水分来源辨析和水分迁移过程识别等提供清晰的科学依据。在重点关注的河湖流域，及时开展降水和河流的环境同位素观测，对于保障流域生态环境复苏意义深远。

参考文献

［1］胡春宏. 我国复苏河湖生态环境实践与关键问题探讨［J］. 中国水利，2022（15）：6-8.

［2］陈茂山，陈金木. 以强有力的制度政策为复苏河湖健康生命提供根本保障［J］. 中国水利，2022（7）：28-31.

［3］曹天正，骆辉煌，李月，等. 复苏河湖生态环境背景下地下水环境变化研究［J］. 水利发展研究，2022，22（10）：5-10.

［4］汪集旸. 同位素水文学与水资源、水环境［J］. 地球科学——中国地质大学学报，2002，27（5）：532-533.

［5］GAT J R，GONFIANTINI R. Stable isotope hydrology. Deuterium and oxygen-18 in the water cycle, 1981.

［6］DANSGAARD W. Stablle isotopes in precipitation［J］. Tellus, 1964, 16（4）：436-468.

［7］SANCHEZ MURILLO R，ESQUIVEL HERNANDEZ G，WELSH K，et al. Spatial and temporal variation of stable isotopes in precipitation across Costa Rica: an analysis of historic GNIP records［J］. Open Journal of Modern Hydrology, 2013, 3（4）：226-240.

［8］HALDER J, TERZER S, WASSENAAR L, et al. The Global Network of Isotopes in Rivers（GNIR）：integration of water i-sotopes in watershed observation and riverine research ［J］. Hydrology and Earth System Sciences，2015，19（8）：3419-3431.

［9］ZHANG S, YU W, ZHANG Q. The distribution of deuterium and heavy oxygen in snow and ice, in the Jolmo Lungma regions of the southern Tibet ［J］. Science China B, 1973, 4：430-433.

［10］赵珂经，顾慰祖，顾文燕，等. 中国降水同位素站网 ［J］. 水文，1995（5）：25-27.

［11］宋献方，柳鉴容，孙晓敏，等. 基于 CERN 的中国大气降水同位素观测网络 ［J］. 地球科学进展，2007，22（7）：738-747.

［12］LIU J, SONG X, YUAN G, et al. Stable isotopic compositions of precipitation in China ［J］. Tellus B：Chemical and Physical Meteorology, 2014, 66（1）：22567.

［13］白波，肖芬，祁秀娇. 永定河力争实现全年全线有水 ［N］. 北京时报，2023-04-14（10）.

［14］侯蕾，彭文启，刘培斌，等. 永定河上游流域土地利用变化及生态环境效应研究 ［J］. 中国水利水电科学研究院学报，2017（6）：430-438.

［15］WANG L, WANG Z, KOIKE T, et al. The assessment of surface water resources for the semi-arid Yongding River Basin from 1956 to 2000 and the impact of land use change ［J］. Hydrological Processes：An International Journal, 2010, 24（9）：1123-1132.

［16］王立明，李文君. 永定河山区河流生态水量现状及亏缺原因分析 ［J］. 海河水利，2017，2：25.

［17］CRAIG H. Isotopic variations in meteoric waters ［J］. Science, 1961, 133（3465）：1702-1703.

［18］宋献方，唐瑜，张应华，等. 北京连续降水水汽输送差异的同位素示踪 ［J］. 水科学进展，2017，28（4）：488-495.

［19］陈毅良. 南水北调中线工程典型受水区地表水稳定同位素特征及其影响研究 ［D］. 昆明：云南大学，2019.

［20］白波，肖芬，祁钰. 永定河将于5月中旬全线通水 ［EB/OL］. ［2022-05-01］. http：//www. news. cn/2022-05-01/c_1128614064. htm.

［21］2022年永定河北京段秋季生态补水正式启动. ［EB/OL］. ［2022-09-26］.

长江中下游典型湖泊适应性水位调度与湿地生态保护关键技术研究

成 波 江 波 朱秀迪 杨寅群 陈荣友 刘芷兰 李红清 闫峰陵

（长江水资源保护科学研究所，湖北武汉 430051）

摘 要：菜子湖是长江中下游典型的浅水、闸控型湖泊，引江济淮工程运行后菜子湖越冬期水位抬升对候鸟栖息和觅食带来一定影响。在引江济淮工程运行前开展适应性水位调度试验，逐步抬升菜子湖水位，使得菜子湖水位变化过程控制在生态系统能够承受的范围之内，同步实施湿地生态观测，统计分析适应性水位下水鸟群落变化，评估适应性水位下水鸟群落生境适宜性，据此提出适应于菜子湖区域的湿地生态修护对策建议。

关键词：菜子湖；适应性水位调度；生境适宜性；湿地生态保护

1 概况

菜子湖是长江中下游典型的浅水型湖泊，地处大别山东南侧、长江北岸，由嬉子湖、白兔湖和菜子湖 3 个彼此连通的湖泊组成[1]。菜子湖位于东亚—澳大利西亚候鸟迁徙线路上[2]，是白头鹤、白鹤、东方白鹳等越冬候鸟的重要栖息地，分布有国家一级重点保护水鸟 5 种、国家二级重点保护水鸟 12 种，对生物多样性维护和生态系统平衡具有重要意义。1959 年枞阳闸建成后，菜子湖从一个与长江相连的天然湖泊变为人工控制的湖泊。根据菜子湖湖区车富岭水位站多年观测数据统计，1—8 月为水位上升阶段，8—12 月为水位下降阶段，具有明显的丰水期水位上涨、枯水期水位消落的变化规律。水位波动改变了湿地生态系统的物质循环和能量流动，影响着湿地生态系统的结构与功能。菜子湖地理位置示意图如图 1 所示。

引江济淮工程是一项综合性的跨流域重大调水工程，沟通长江、淮河两大水系，兼具保障城乡供水、发展江淮航运、改善河湖环境三大功能。从长江干流左岸新建枞阳枢纽引水，经菜子湖调蓄后输水至巢湖，是引江济淮工程的重要输水通道[3]，对保障工程安全运行和维护工程效益意义重大。引江济淮工程运行后，规划水平年 2030 年、2040 年菜子湖越冬期水位分别按不超过 7.5 m 和 8.1 m 控制（黄海高程基准面），较现状水位有一定抬升，一定程度上将影响泥滩地和草本沼泽的出露，改变越冬候鸟栖息和觅食生境的选择，导致湿地水鸟多样性发生变化。

为减缓引江济淮工程运行期水位突然抬升对菜子湖越冬期湿地植被和水鸟产生的影响，在工程运行前开展适应性水位调度及湿地生态保护研究，使得菜子湖水位变化过程控制在生态系统能够承受的范围之内。通过开展适应性水位调度试验，逐步抬升菜子湖水位，接近引江济淮工程兴利调度所需水位，同步实施湿地生态观测，统计分析适应性水位下水鸟群落变化，开展适应性水位下水鸟群落生境适宜性评价，并提出适应于菜子湖区域的可持续发展生态修护建议。

基金项目：湖北省自然科学基金项目（2023AFB512）；安徽省引江济淮集团有限公司科技项目（YJJH-ZT-ZX-20180404062）。

作者简介：成波（1989—），男，高级工程师，主要从事湿地生态保护修复研究工作。

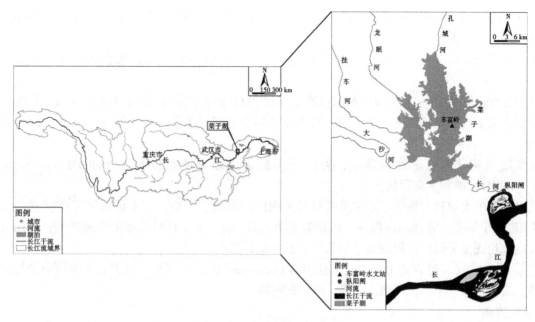

图 1　菜子湖地理位置示意图

2　数据与方法

2.1　研究数据

2.1.1　水位监测数据

车富岭水位站位于菜子湖中部，是湖区唯一的水文站点，因此采用车富岭水位站的实测资料来反映菜子湖的水位变化情况。本文水位数据为车富岭水位站 1956—2023 年的日均水位数据。

2.1.2　水鸟调查数据

菜子湖水鸟调查选择越冬候鸟集中期，2018—2023 年期间的 11 月至翌年 3 月，每月调查 1 次。通过样点为主、样线为辅的方式实现对菜子湖水鸟的全覆盖、同步调查，使用单筒望远镜、双筒望远镜对水鸟进行观察和统计，采用手持 GPS 接收机进行定位，并观察水鸟的栖息环境及受干扰情况。鸟类识别和鉴定参照《中国鸟类野外手册》[4]，鸟类分类系统参考《中国鸟类分类与分布名录》[5]。

2.1.3　生境适宜性影响因子数据

通过分析菜子湖越冬期水鸟的生境要求与湖区环境的匹配情况，选取土地利用变化、植被覆盖度、水深、海拔，以及越冬水鸟生境分别与水域、农田、草本沼泽、泥滩、圩堤、道路的距离作为水鸟生境适宜性影响因子，如表 1 所示。

表 1　水鸟生境适宜性影响因子

类别	影响因子	类别	影响因子
环境因子	土地利用	食性因子	与农田的距离
	植被覆盖度		与草本沼泽的距离
	水深		与泥滩的距离
	海拔	干扰因子	与圩堤的距离
水源因子	距离水域的距离		与道路的距离

收集 2018—2023 年菜子湖水鸟调查期间覆盖湖区的遥感影像数据，包括 Landsat 8 OLI 卫星影像、Sentinel 2B 卫星影像。根据每种土地利用类型特有的光谱特征，结合定点调查数据，利用 ENVI 5.1 软件对遥感影像进行分类，分为水域、草本沼泽、泥滩地、林地、农田和建设用地 6 种类型。通过误

差矩阵（Error Matrix）的 Kappa 系数对分类结果进行总体精度（Overall Accuracy）验证，并去除碎点后获取土地利用数据。

将遥感影像的红波段和近红外波段数据进行组合，反演出归一化植被指数，获取植被覆盖度数据。

利用船载中海达 HD-MAX 双频测深仪和星海达 iRTK 接收机，于 2018 年 8 月 15 日至 28 日实测了菜子湖区水下地形高程数据。菜子湖区的水深值等于车富岭水位站的实测水位与水下地形高程的差值[6]。

收集覆盖菜子湖区的海拔数据，为航天飞机雷达地形测绘任务（Shuttle Radar Topography Mission，SRTM）的数字高程数据。

通过解译的土地利用数据，分别提取出菜子湖区的水域、农田、草本沼泽和泥滩类型的矢量数据；采用 2016 年 5 月的 Google 影像，识别菜子湖区的圩堤，获取圩堤分布的矢量数据；利用分辨率为 2 m 的天地图遥感影像，得到菜子湖区道路的矢量数据[6]。

利用 ArcGIS 10.4 软件中 Distance 工具中的 Euclidean Distance 模型，计算菜子湖区每个栅格分别与水域、农田、草本沼泽、泥滩、圩堤、道路的距离[6]。

2.2 研究方法

2.2.1 适应性水位调度试验

水文条件主导着湿地生态系统的物质循环和能量流动，对湿地类型形成与分布具有明显的调控作用，其中水位变化是关键性的影响因素[7]。菜子湖适应性水位调度试验的关键是确定反映湖泊水位变化过程的水文要素。考虑到引江济淮工程对菜子湖水位的调控主要是枯水期水位的抬升，而水位的高低、出现时间以及变化速率等构成了水位变化过程的主要因素，因此确定菜子湖水位适应性调度的 5 个关键要素：低水位值、低水位发生时间、低水位历时、水位上升速率和水位下降速率。其中，低水位值为不超过多年平均水位 60 cm，最低水位发生时间按照 1 月中旬进行控制，低水位历时一直持续到 2 月中旬前维持在较低水位，水位上升速率和下降速率取 33% 分位数和 67% 分位数作为水位变化速率控制的上、下限[8]。

在满足关键水文要素指标值控制要求的前提下，逐步减小消落期水位下降速率，增大上升期水位抬升速率，抬高各年最低水位，并尽量维持菜子湖原有水文节律，推求 2018—2023 年适应性调度期间菜子湖水位过程，如图 2 所示。

2.2.2 水鸟群落统计分析

根据菜子湖水鸟监测月度车富岭日均水位的平均值对应的菜子湖水鸟数据，采用回归模型分析水位对越冬水鸟群落结构及多样性的影响。本文通过使用 SPSS 19.0 统计软件中的线性回归模型统计分析菜子湖适应性水位下越冬水鸟群落的变化情况。

2.2.3 水鸟群落生境适宜性评价

水鸟群落生境适宜性评价通过选取水鸟栖息需要的生境因子来构建生境适宜性模型，实现生境质量的定量评价。本文基于最大熵模型，利用水鸟调查数据以及影响生境适宜性的 10 个关键因子，模拟潜在水鸟适宜生境变化，反映不同适应性水位下菜子湖的生态承载力。

3 结果与分析

3.1 适应性水位调度试验

从 2018—2023 年菜子湖适应性水位调度试验结果来看，越冬期最低水位多发生在 12 月和 1 月，从 12 月至翌年 2 月，5 个年度年际间开展的模拟试验性水位调度呈现从低水位逐步向高水位的运行过程，基本达到了预期水位适应性调度从低水位逐步向高水位运行的目标，如图 3 所示。但受防汛、抗旱、供水、水环境保护等外部因素影响，使得适应性水位调度试验开展期间，菜子湖实测的水位过程与调度方案拟定的水位过程存在一定差异，试验期间水位总体偏高。

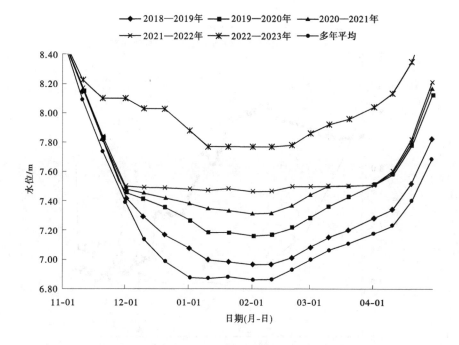

图2 2018—2023年菜子湖适应性水位调度过程

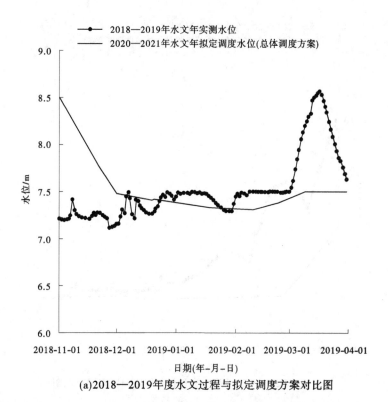

(a)2018—2019年度水文过程与拟定调度方案对比图

图3 2018—2023年菜子湖适应性水位调度试验

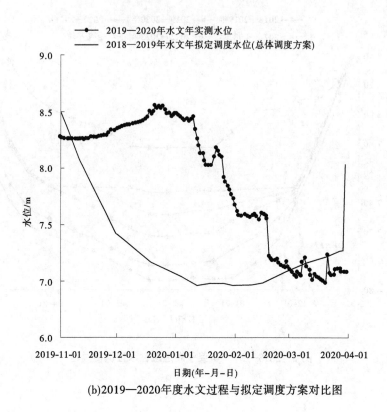

(b)2019—2020年度水文过程与拟定调度方案对比图

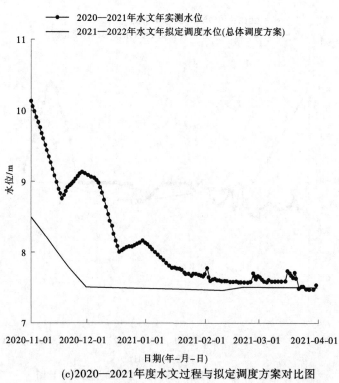

(c)2020—2021年度水文过程与拟定调度方案对比图

续图 3

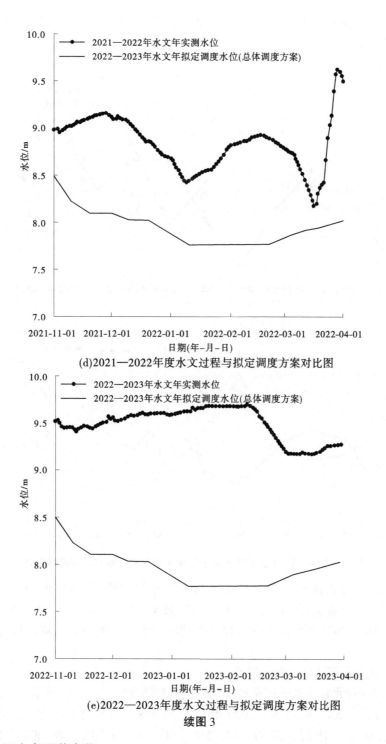

(d)2021—2022年度水文过程与拟定调度方案对比图

(e)2022—2023年度水文过程与拟定调度方案对比图

续图3

3.2 适应性水位下水鸟群落变化

2018—2023年适应性水位下菜子湖水鸟物种数和种群数量变化如图4所示。2018—2019年度，菜子湖水鸟均维持在种类30种和数量30 000只以上的水平，其中种类和数量最多的均为2018年12月，有35种和67 203只。2019—2020年度，菜子湖水鸟均维持在种类30种以上和类量20 000只以上的水平，其中2019年12月种类最多为35种，2020年1月数量最大为26 038只。2020—2021年度，菜子湖水鸟均维持在种类25种以上和数量10 000只以上的水平，其中2021年1月种类最多为36种且数量最大为40 896只。2021—2022年度，菜子湖水鸟均维持在种类30种以上和数量20 000只以上的水平，其中2022年1月种类最多为39种且数量最大为33 096只。2022—2023年度，菜子湖水鸟均维持在种类 30 种和数量 20 000 只以上的水平，其中 2023 年 1 月种数最多为 42 种，2022 年 12 月数量最大为 27 522 只。

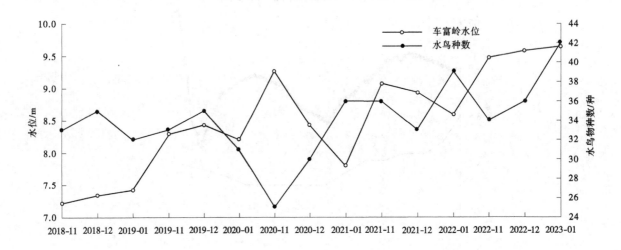

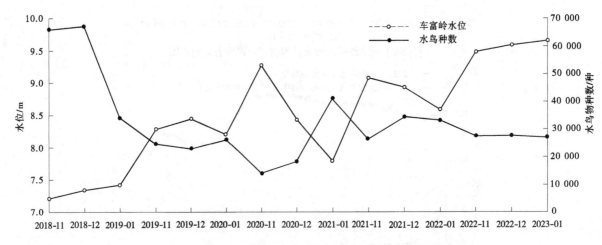

图 4　2018—2023 年适应性水位下菜子湖水鸟物种数和种群数量变化

根据 2018—2023 年的车富岭站水位与菜子湖水鸟种类与数量的回归分析，水位对水鸟种类（$R^2 = 0.030$，$p = 0.539$）没有显著的影响，水位与水鸟数量（$R^2 = 0.465$，$p = 0.005$）具有很好的拟合程度。结果表明：2018—2023 年度适应性水位调度期间，水鸟种类组成基本维持稳定，种群数量随水位升高呈下降趋势。

3.3　适应性水位下水鸟群落生境适宜性评价

2018—2023 年适应性水位下菜子湖水鸟群落生境适宜性变化，如图 5 所示。2018 年 11 月、2019 年 11 月、2020 年 11 月、2021 年 11 月、2022 年 11 月菜子湖水鸟群落不适宜区、适宜区、非常适宜区的面积占湖区总面积的比例分别为：81.75%、14.15%、4.10%，84.00%、12.02%、3.98%；64.73%、35.27%、0；59.32%、40.68%、0；25.18%、74.82%、0。2018 年 12 月、2019 年 12 月、2020 年 12 月、2021 年 12 月、2022 年 12 月菜子湖水鸟群落不适宜区、适宜区、非常适宜区的面积占湖区总面积的比例分别为：66.01%、22.74%、11.25%；80.25%、10.88%、8.88%；67.03%、32.97%、0；76.66%、22.57%、0.77%；26.36%、73.64%、0。2019 年 1 月、2020 年 1 月、2021 年 1 月、2022 年 1 月、2023 年 1 月菜子湖水鸟群落适宜区、适宜区、非常适宜区的面积占湖区总面积的比例分别为：75.57%、18.99%、5.43%；77.68%、16.44%、5.89%；62.68%、37.32%、0；74.05%、25.95%、0；12.80%、87.14%、0.07%。

在适应性水位调度期间，随着水位的上升，菜子湖水鸟群落非常适宜生境降低了 0.12% ～

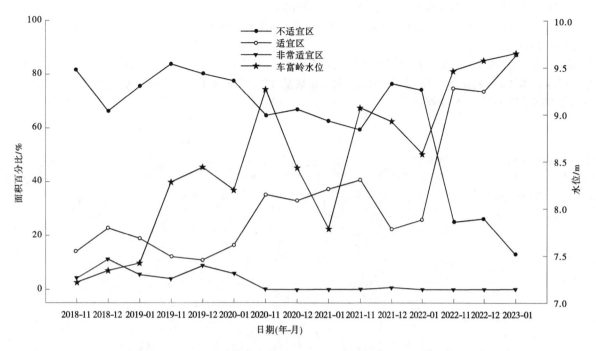

图5　2018—2023年适应性水位下菜子湖水鸟群落生境适宜性变化

11.25%，适宜生境呈现出先降低后增加的趋势，不适宜生境呈现先增加后降低的趋势。

4　结论与建议

在2018—2023年适应性水位调度期间，菜子湖区湖泊水位升高，水鸟种类组成基本维持稳定，水鸟数量呈下降趋势，适宜和非常适宜越冬水鸟的生境面积减小。针对引江济淮工程运行后菜子湖越冬期水位抬升对候鸟栖息和觅食的影响，提出下列针对性的湿地生境保护对策建议，来维护菜子湖湿地生态系统的生物多样性和完整性。

（1）在菜子湖区推进落实湖泊湿地生态修复工程，结合鸟类生活习性，通过微地形改造、植物恢复等措施，维持菜子湖区冬候鸟栖息和觅食生境。

（2）考虑到水稻田成为白头鹤、豆雁、白额雁等重点保护水鸟的替代生境，建议有计划、重点地开展湿地生态补偿试点工作，引导农户改变种植模式，采取水稻田部分收割或抛荒的做法，为冬季候鸟提供必要的食物补给，实现生态与经济的互补和双赢。

（3）当菜子湖水位过高时，在水鸟集中分布区域设置人工投食，特别是梅花团结大圩、菜子湖国家湿地公园、车富村等，有效改善菜子湖越冬候鸟食物短缺状况，帮助其安全越冬。

（4）建议后续继续开展菜子湖候鸟越冬期湿地生境保护适应性调度试验研究，结合引江济淮工程运行初期，在12月至次年2月维持一定的水位变化过程，特别是7.0~8.1 m同步实施湿地生态观测，为准确评估引江济淮工程对菜子湖湿地影响提供重要支撑。

参考文献

［1］成波，江波，李红清. 菜子湖湿地生态数据库管理系统的设计与实现［J］. 水资源保护，2020，36（6）：46-52.

［2］姚简，周立志，魏振华，等. 菜子湖冬季水鸟空间分布与环境因子的关系研究［J］. 生态科学，2022，41（1）：1-10.

［3］王万，陈昌才. 引江济巢工程调水规模研究［J］. 中国农村水利水电，2011（8）：13-15，19.

［4］约翰·马敬能，卡伦·菲利普斯. 中国鸟类野外手册［M］. 卢何芬，译. 长沙：湖南教育出版社，2000.

［5］郑光美. 中国鸟类分类与分布名录［M］. 北京：科学出版社，2005.

［6］朱秀迪，成波，李红清，等. 基于最大熵模型的菜子湖区越冬水鸟生境适宜性评价［J］. 湿地科学，2023，21（4）：524-532.

［7］成波，李红清，朱秀迪，等. 水位波动下东洞庭湖冬季水鸟变化特征［J］. 人民长江，2023，54（4）：76-84.

［8］刘学文，李红清，杨寅群，等. 基于长时间序列水位数据的长江下游菜子湖候鸟越冬期水位特征［J］. 湖泊科学，2019，31（6）：1662-1669.

流域营养盐输送模型研究进展

包宇飞[1]　温　洁[1]　王雨春[1]　陈天麟[1,2]　李姗泽[1]

（1. 中国水利水电科学研究院，北京　100038；

2. 宁波市水利水电规划设计研究院有限公司，浙江宁波　315192）

摘　要：近几十年，研究人员针对流域的营养盐输送问题开展了大量的研究工作，建立了各种模型，这些模型可分为流域非点源模型中的营养盐输送模块和研究进展大河流域营养盐输送模型两大类。本文围绕流域营养盐输送模拟的科学问题，对这两大类模型进行了文献综述，选取在国际上泛用性强的大河流域营养盐输送模型进行简要介绍，明晰了流域营养盐输送模型的发展脉络，为流域营养盐输送模型发展现状的认识和模型的选用提供参考。

关键词：营养盐；模型；流域；研究进展；非点源

1　引言

河流在全球和地区的营养盐输送过程中扮演着重要的角色。大量含有氮、磷、碳、硅等元素的营养盐从不同的来源进入河流，再随着河流被输送到河口，最终进入海洋。这一过程是全球和地区生物地球化学循环的重要环节[1]。随着人类活动，尤其是工业、农业的不断发展进步，从河口输出的大量营养盐引起了河口和近海区域的富营养化，从而造成了包括赤潮和生物多样性减少等在内的各种环境问题。因此，在近几十年内，国内外的专家学者对流域的营养盐输送问题开展了大量的研究工作，并致力于通过建立合适的模型对输送过程进行模拟，以达到对该问题进行定量化研究的目的[1-3]。

模型的经验统计性是指其对变量间数量关系的拟合，机制性是指其对过程内部原理和机制的模拟。现有的流域营养盐输送模型按其建立的出发点和应用的范围可大致分为两类[3-4]：一类实际上是流域非点源模型中的营养盐输送模块，多用于中小流域，以机制性成分更高的模型为主；另一类是为了模拟全球大河流域营养盐输送而建立的模型，多用于大型流域甚至是全球尺度，以经验统计性成分更高的模型为主。本文将分别介绍 20 世纪以来这两大类营养盐输送模型的文献综述，对在国际上泛用性强的大河营养盐输送模型的由来、种类、适用性、基础、原理等进行分析对比，为流域营养盐输送模型发展现状的认识和模型的选用提供参考[5-6]。

2　流域营养盐输送模型文献计量分析

本文以 Web of Science 核心合集中的引文索引（包括 SCI-EXPANDED、SSCI、A&HCI、CPCI-S、CPCI-SSH 和 ESCI）和化学索引（包括 CCR-EXPANDED 和 IC）为数据源，以 1900—2019 年为时间跨度，分别对流域非点源模型和全球大河流域营养盐输送模型进行文献计量分析。

2.1　流域非点源模型文献计量分析

这部分搜索使用的关键词第一行为 " non-point source* " or " nonpoint source* " or " diffuse

基金项目：云南重点研发计划课题（202203AA08009）；中国长江三峡集团有限公司项目资助（201903144）。

作者简介：包宇飞（1990—），男，高级工程师，主要从事流域生源要素循环、流域水化学分析研究等工作。

source*"，以及第二行为"watershed*" or "basin*" or "catchment*"。检索结果中文献的历年总发文量如图 1 所示。根据该结果，可以将流域非点源模型相关文献的发表趋势分为三个阶段：第一阶段为 1980—1990 年，该阶段年发文量处于个位数；第二阶段为 1991—2005 年，该阶段年发文量处于快速增长期，从 1991 年的 21 篇增长到了 2005 年的 178 篇；第三阶段为 2005 年至今，年发文量稳中有升，总体在 200 篇上下浮动。

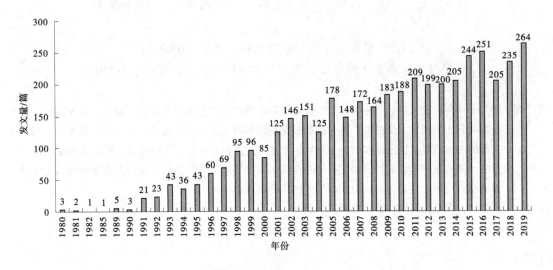

图 1   流域非点源模型文献历年总发文量

检索结果中文献总发文量前 15 的机构如图 2 所示，可以看到，在国家和地区方面，美国和中国在总发文量上领先于其他国家和地区，其中美国的总发文量要远超世界其他国家和地区。而在机构方面，美国农业部农业研究局、中国科学院和北京师范大学在总发文量上位居世界前列。不过需要注意的是，中国科学院有数量庞大的分支机构，此处统计时将所有成果汇总到了中国科学院名下。

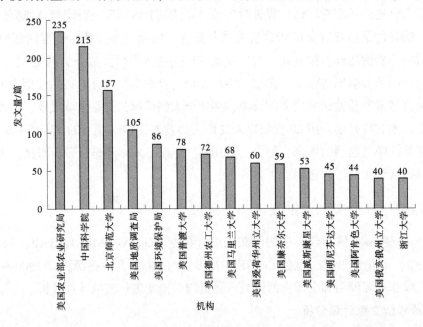

图 2   流域非点源模型文献总发文量前 15 的机构

2.2 全球大河流域营养盐输送模型文献计量分析

这部分搜索使用的关键词如表 1 所示。

表 1 全球大河流域营养盐输送模型文献计量关键词

第一行		"global＊＊" or "world＊＊"
第二行	And	"watershed＊＊" or "basin＊＊" or "catch ment＊＊" or "river＊＊"
第三行	And	"silicon＊＊" or "phosphorus＊＊" or "nitrogen＊＊" or "carbon＊＊" or "nutrient＊＊"
第四行	And	"transport＊＊" or "export＊＊" or "move ment＊＊" or "cycle＊＊" or "cycling＊＊"

检索结果中文献的历年总发文量如图 3 所示。根据该结果，可以将全球大河流域营养盐输送模型相关文献的发表趋势分为三个阶段：第一阶段为 1981—1990 年，该阶段年发文量处于个位数；第二阶段为 1991—2010 年，该阶段年发文量处于快速增长期，从 1991 年的 28 篇增长到了 2010 年的 233 篇；第三阶段为 2010 年至今，该阶段年发文量的增长速度比上一阶段更快，在 2010—2019 年的短短 9 年内就从 233 篇增长到了 673 篇，可见全球大河流域营养盐输送问题成为研究的热点。检索结果中文献总发文量前 15 的国家和地区以及机构如图 4 所示，可以看到，在国家和地区方面，美国的总发文量要远超世界其他国家和地区。而在机构方面，中国科学院在总发文量上远超其他机构。此处同样将中国科学院分支机构的成果汇总到了中国科学院名下。

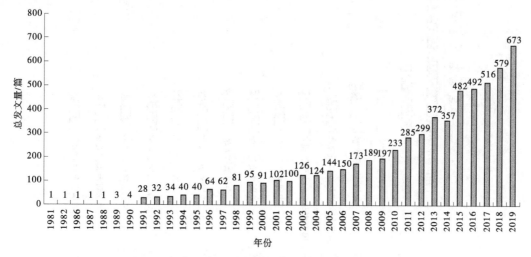

图 3 全球大河流域营养盐输送模型文献历年总发文量

3 大河流域营养盐输送模型

随着流域营养盐污染问题的逐渐升温，研究人员开发了一些为了模拟全球大河流域营养盐输送，基于机制建立统计学相关的输送模型。与非点源模型相比，这类模型的目标更为明确，专门对营养盐进行模拟，而且适用的尺度较大，研究对象往往是世界各地的大型河流。

3.1 早期经验模型

法国学者 Meybeck[7] 根据全球范围内约 30 条大河的数据，对全球河流输送到海洋中的不同种类、不同形态的营养盐进行了模拟计算。他的研究涉及了溶解态、颗粒态以及无机、有机的碳、氮、磷元素，将从前对河流的单一水质监测和化学成分测定转向对河流物质来源和物质循环的研究[8]，在当时有开创性的意义。随后在 20 世纪 90 年代至 21 世纪初，出现了一系列针对全球大河流域营养盐输送的经验模型，而这些模型基本都可以追溯到 Meybeck 在 1982 年的研究。

这一阶段，在溶解态营养盐模拟方面有如下一系列成果：Peierls 等[9] 根据全球范围内 34 条大河的数据，将硝酸盐氮 NO_3-N 的输出通量总结为人口密度 PD 的函数；Howarth 等[10] 根据全球 9 个地

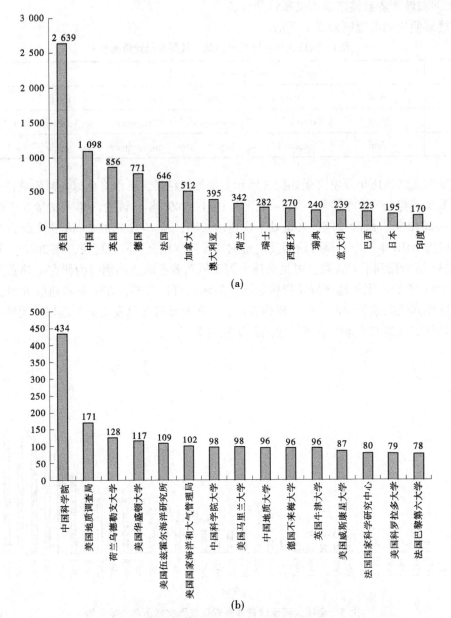

图4 全球大河流域营养盐输送模型文献发文前15的国家和地区以及机构

区（位于加拿大、英国、欧洲西部、美国东部）的数据，将总氮 TN 的输出通量总结为大气干湿沉降
（Noy）和净人为氮输入（NAI）的函数；Caraco 等[11] 根据全球范围内 35 条大河的数据，将硝酸盐
氮 NO_3-N 的输出通量总结为点源氮输入（人类污水排放）和非点源氮输入（包括化肥施用和大气氮
沉降）的函数；Smith 等[12] 利用 20 世纪 90 年代的更多流域数据完善和更新了 Meybeck 在 1982 年的
计算结果，将溶解性无机氮 DIN 和溶解性无机磷 DIP 的输出通量总结为人口密度和径流量的函数，
且在比较模拟结果后发现 log(DIN) 和 log(DIP) 呈显著线性相关；Boyer 等[13] 通过先计算人为源、自
然源的总和得出总净氮输入量 TNNI，再代入 TNNI 与河流 TN 输出通量的线性经验方程的方法，模拟
了河流 TN 的输出通量。

这一阶段，在颗粒态营养盐模拟方面的成果相对较少，主要有 Ittekkot 和 Zhang[14] 根据全球 378
条河流的数据，将颗粒态氮 PN 在悬浮泥沙中的含量 PN（%）总结为颗粒态有机碳 POC 在悬浮泥沙
中的含量 POC（%）的函数；Ludwig 等[15] 根据全球 60 条河流的数据，将 POC 的通量总结为悬浮泥
沙通量 TSS 的函数。

3.2 后期流域综合模型

3.2.1 Global NEWS 模型

Global NEWS 模型（Global Nutrient Export from Watersheds）的第一代是由联合国教科文组织-政府间海洋学委员会（UNESCO-IOC）在 2005 年提出的，即 Global NEWS-1。Global NEWS-1 是由几个独立的子模型组成的，可以用来模拟不同元素、不同形态的营养盐的年输出通量。这些子模型[16]主要包括 DIN 子模型，DIP 子模型，DON、DOP、DOC 子模型[17]，PN、PP、POC 子模型[18] 等。在这些子模型中，溶解态模型主要基于物质平衡，偏于机制性，而颗粒态模型主要基于线性回归，偏于经验统计性。Mayorga 等[19] 在先前的研究基础上基于多元素、多形态的统一框架整合了各个子模型，提出了模型的第二代，即 Global NEWS-2。第二代模型解决了先前模型中存在的部分术语使用不一致、元素质量平衡含义不清晰、联合分析一种或多种元素的各形态营养盐的来源和分布时有困难等问题，并补充和完善了输入源数据集[19]。

3.2.2 IMAGE-GNM 模型

IMAGE-GNM 模型是 Beusen 等[18] 提出的一个基于 0.5°×0.5° 单元尺度的分布式模型。它是综合评估模型 IMAGE（Integrated Model to Assess the Global Environment）[20] 的一部分，该模型研究了长时间内社会与环境之间的相互作用。IMAGE-GNM 模型的水文部分结合了全球水文模型 PCR-GLOBWB（PCRaster Global Water Balance）[21]。IMAGE-GNM 模型主要模拟了 N、P 两种元素，考虑了点源和非点源的 N、P 输入，并使用营养螺旋法来计算河流对 N、P 的截留，最终输出的结果是总氮 TN 和总磷 TP。

3.2.3 两种模型比较

这两种模型都将河流对海洋的营养盐输出总结为陆地上人类活动的函数，考虑了点源和非点源的输入，并能应用于世界 6 000 余条河流中。鉴于两者有不少相似之处，将两者的异同对比总结在表 2 中。

表 2 Global NEWS 模型与 IMAGE-GNM 模型的对比

模型名称	Global NEWS 模型	IMAGE-GNM 模型
空间范围	全球	全球
空间分辨率	输入数据：0.5°×0.5° 单元尺度；模型输出：流域尺度（>6 000 条河流）	输入数据和模型输出：0.5°×0.5° 单元尺度（>6 000 条河流）
时间范围	1970—2050 年	1900 年至今
时间分辨率	选定年份的年总量	年
包含污染物	溶解态和颗粒态的、无机和有机的 N、P、C 和 Si	总氮 TN 和总磷 TP
模型中考虑的物质流	从陆地到河流和海洋的营养盐流	从陆地到河流和海洋的营养盐流
模型中污染物的影响	沿海富营养化潜力指标（ICEP）	未包含
模型中的污染物来源	点源（污水）和非点源（农业、土地利用变化）	点源（污水、工业）和非点源（农业、土地利用变化）
模型应用	分析全球以及特定世界地区或大洲的过去和未来趋势	分析全球过去的趋势
使用的水文学理论	Water Balance plus 模型	PCR-GLOBWB 模型

4 结语

本文围绕流域营养盐输送模拟的科学问题，通过对流域非点源模型中的营养盐输送模块和全球大河流域营养盐输送模型这两条发展主线进行了文献计量分析，并对大河流域营养盐输送的两种模型进行了综述，为流域营养盐输送模型发展现状的认识和模型的选用提供参考。总的来说，大河流域营养盐输送模型正在朝模型更加综合、更加细致、更偏机制性，研究元素的种类及形态更加多样化的方向不断发展。在进行具体的模型应用时，要注意因地制宜，明确研究的内容和时空范围，选取合适的模型，才能获得理想的模拟结果。

参考文献

［1］晏维金. 人类活动影响下营养盐向河口/近海的输出和模型研究［J］. 地理研究，2006（5）：825-835.

［2］包鑫，江燕. 半干旱半湿润地区流域非点源污染负荷模型研究进展［J］. 应用生态学报，2020，31（2）：674-684.

［3］李新艳. 人类活动影响下长江输送营养盐的关键过程及模型研究［D］. 北京：中国科学院地理科学与资源研究所，2009.

［4］吴在兴，王晓燕. 流域空间统计模型 SPARROW 及其研究进展［J］. 环境科学与技术，2010（9）：94-97，146.

［5］颜钰珂. 基于 AnnAGNPS 模型的密云白马关河流域非点源氮磷污染研究［D］. 北京：北京林业大学，2019.

［6］包宇飞，李伯根，吴兴华，等. 基于统计学模型的长江流域无机氮输出通量分析［C］//中国水利学会. 中国水利学会 2021 学术年会论文集. 郑州：黄河水利出版社，2021：189-196.

［7］MEYBECK M. Carbon, nitrogen, and phosphorus transport by world rivers［J］. American Journal of Science, 1982, 282（4）：401-450.

［8］苏元戎. 黄河源区不同地表覆盖类型下河流水化学和溶解碳的时空变化特征分析［D］. 呼和浩特：内蒙古大学，2019.

［9］PEIERLS B L, CARACO N F, PACE M L, et al. Human influence on river nitrogen［J］. Nature, 1991, 350（6317）：386-387.

［10］HOWARTH R W, BILLEN G, SWANEY D, et al. Regional nitrogen budgets and riverine N & P fluxes for the drainages to the North Atlantic Ocean：natural and human influences［M］. Netherlands：Springer, 1996.

［11］CARACO N F, COLE J J. Human impact on nitrate export：an analysis using major world rivers［J］. Ambio, 1999, 28（2）：167-170.

［12］SMITH S V, SWANEY D P, TALAUE-MCMANUS L, et al. Humans, hydrology, and the distribution of inorganic nutrient loading to the ocean［J］. BioScience, 2003, 53（3）：235-245.

［13］BOYER E W, HOWARTH R W, GALLOWAY J N, et al. Riverine nitrogen export from the continents to the coasts［J］. Global Biogeochemical Cycles, 2006, 20, GB1s91.

［14］ITTEKKOT V , ZHANG S. Pattern of particulate nitrogen transport in world rivers［J］. Global Biogeochemical Cycles, 1989, 3（4）：383-391.

［15］LUDWIG W, PROBST J L, KEMPE S. Predicting the oceanic input of organic carbon by continental erosion［J］. Global Biogeochemical Cycles, 1996, 10（1）：23-41.

［16］HARRISON J A, SEITZINGER S P, BOUWMAN A F, et al. Dissolved inorganic phosphorus export to the coastal zone：Results from a spatially explicit, global model［J］. Global Biogeochemical Cycles, 2005a, 19, GB4S02.

［17］HARRISON J A, CARACO N F, SEITZINGER S P. Global patterns and sources of dissolved organic matter export to the coastal zone：Results from a spatially explicit, globalmodel［J］. Global Biogeochemical Cycles, 2005b, 19, GB4S04.

［18］BEUSEN A H W, DEKKERS A L M, BOUWMAN A F, et al. Estimation of global river transport of sediments and associated particulate C, N, and P［J］. Global Biogeochemical Cycles, 2005, 19, GB4S05.

［19］MAYORGA E, SEITZINGER S P, HARRISON J A, et al. Global nutrient export from WaterSheds 2（NEWS 2）：model development and implementation［J］. Environmental modelling & Software, 2010, 25（7）：837-853.

［20］VAN BEEK L P H, WADA Y, BIERKENS M F P. Global monthly water stress：1. Water Balance and Water Availability［J］. Water Resources Research, 2011, 47（7），W07517.

［21］WOLLHEIM W M, VOROSMEARTY C J, BOUWMAN A F, et al. Global N removal by freshwater aquatic systems using a spatially distributed, within-basin approach［J］. Global Biogeochemical Cycles, 2008, 22, GB2026.

基于水陆耦合模型的岱海水环境风险识别研究

陈学凯[1,2]　刘晓波[1,2]　王若男[3]　董　飞[1,2]　王乾勋[4]　任俊旭[1,5]　李木子[1,2]

(1. 中国水利水电科学研究院水生态环境研究所，北京　100038；
2. 水利部京津冀水安全保障重点实验室，北京　100038；
3. 水利部节约用水促进中心，北京　100038；
4. 应急管理部国家减灾中心，北京　100124；
5. 重庆三峡学院环境与化学工程学院，重庆　404020)

摘　要：水陆耦合水环境数学模型是开展湖泊水环境治理工作的必要工具。本文以内蒙古第三大淡水湖岱海湖为研究对象，针对岱海水质恶化问题，在明晰流域特征的基础上，构建水陆耦合的岱海水环境数学模型，包括流域分布式水文与面源污染模型和湖泊水动力水质模型，并采用文献调研和实测数据验证了模型的合理性。研究结果表明：岱海流域西南部的弓坝河、五号河、步量河是陆域层面污染高负荷区域，从氮、磷水质指标来看，年内的7—10月是岱海湖泊水质的高风险时段。研究成果将科学回答岱海流域污染负荷减哪里和生态补水工程何时补水的关键问题。

关键词：水环境数学模型；水陆耦合；污染负荷；水质风险；岱海

1　引言

湖泊作为全球水文循环的重要组成部分，为人类正常生活和生态系统的完整性提供了有力的保障[1]。岱海是内蒙古第三大内陆湖泊和重要的湿地自然保护区，历史上岱海曾是水草丰茂的"塞外明珠"，在高原生态系统中具有重要地位[2]。但是，岱海水位逐年下降，其水环境质量和水生态健康水平都正在遭受严重的挑战和损害[3]；而居民生活及社会经济发展又对湖区水资源质量提出更高的要求，使本已非常脆弱的岱海水量平衡系统雪上加霜[4]。

岱海水质变化与外来污染物的输入量、湖区蓄水量显著相关[5]，岱海水质改善需要从削减污染物入湖量和生态补水两个方面入手治理[6]，削减污染物入湖量可改善岱海水质平均浓度，生态补水可降低岱海水质的峰值浓度。因此，需要准确回答以下几个关键问题：岱海流域入湖污染负荷空间上减哪里[7]？岱海水体水质高风险时段在什么时候出现？生态补水在什么时候补水？

围绕上述需求，本研究按照水陆统筹的原则，构建岱海流域水陆耦合的水环境数学模型。在陆域层面，采用流域分布式水文与非点源污染模型 SWAT 模拟陆域层面的产汇流过程、面源污染迁移转化过程；在水体层面，基于 EFDC 构建二维湖泊水动力水质模型刻画推演岱海湖泊污染物迁移转化过程。然后基于耦合模型，分析陆域层面的高污染负荷区域，识别水体层面的水质污染高风险时段，为

基金项目：国家自然科学基金（52209106）；国家重点研发计划项目（2021YFC3200903）；中国水利水电科学研究院基本科研业务费项目（WE0145C042023，WE110145B0022023）。

作者简介：陈学凯（1990—），男，高级工程师，研究方向为流域水环境模型研究。

通信作者：刘晓波（1978—），男，正高级工程师，研究方向为流域水环境数值模拟与综合调控研究。

岱海流域的水环境治理和生态补水契机提供科学依据。

2 材料与方法

2.1 研究区域概况

  岱海流域位于内蒙古自治区乌兰察布市（见图 1），流域面积为 2 312.75 km²，地理高程在 1 162~2 130 m，四面环山且中部为内陆陷落盆地，是一个典型的封闭型内陆流域。岱海流域属于典型的温带大陆性气候，多年（2008—2019 年）平均气温、降水量、蒸发量分别为 5.6 ℃、383.9 mm、1 344.8 mm，年内降水主要集中在 7—8 月，其降水量占年降水量的 51.7%。岱海流域总人口 19.65 万人（2019 年），耕地面积为 941.5 km²，占流域总面积的 40.7%，是一个以农业经济占主要地位的区域。岱海流域主要有 8 条入湖河流且多为季节性河流，径流以降水补给为主，其中弓坝河是岱海水系中流域面积最大的河流，主河道全长 50 km。

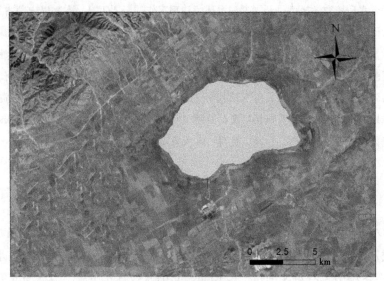

(a)岱海地理位置

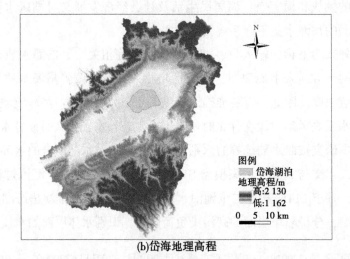

(b)岱海地理高程

图 1　研究区概况

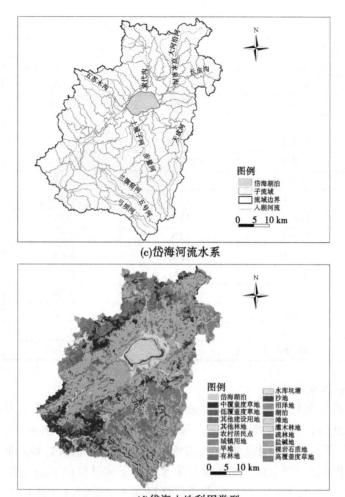

(c)岱海河流水系

(d)岱海土地利用类型

续图 1

2.2 模型介绍与构建过程

本文采用 SWAT 模型和 EFDC 模型分别模拟岱海流域面源污染传输过程和湖泊水动力水质变化过程。其中，SWAT 模型综合考虑流域土壤、土地利用、地形地貌、气候、农业管理措施、水系水库分布等因子，来对流域的水文过程、土壤侵蚀过程以及营养物迁移转化过程进行模拟，其关键控制方程见文献［7］。EFDC 可模拟河流、湖泊、河口等多种水体的一维至三维的水动力、物质输移（温度、盐度、染色剂、水龄、量子示踪）、泥沙（黏性泥沙和非黏性泥沙）、水质（营养盐、藻类、沉水植物、沉积物）等，广泛应用于河流、湖泊、水库、湿地、河口、近海区域等多种水体的水动力模拟、水质评价和水质管理，其关键控制方程见文献［8］。

3 结果分析与讨论

3.1 水陆耦合模型合理性分析

3.1.1 SWAT 模型合理性分析

考虑到岱海流域入湖径流量监测数据十分匮乏，本文通过文献调研方式对比相同年份的地表径流量结果，见表 1。通过对文献中相同年份下的地表径流推求结果与本次模拟结果对比可知，模拟得到的地表径流量与文献中推求径流量结果基本一致，误差在 20% 以内（1972 年稍大，为 -26.62%），在现有数据的支撑下，本文已经尽最大可能保障了模型的精度。同时，从国内的研究成果来看，由于数据缺乏，岱海流域的分布式水文和面源污染模型寥寥无几，本研究成果可以填补这一空白，为岱海湖泊的水量平衡和流域水环境治理提供科学依据。

表1 岱海湖地表径流推求结果精度分析

本次模拟结果		文献［10］		误差/%
年份	地表径流量/万 m³	年份	地表径流量/万 m³	
1963	8 136	1963	7 200	−11.51
1965	8 162	1965	7 010	−14.11
1967	19 031	1967	18 870	−0.85
1968	14 323	1968	12 180	−14.96
1970	11 611	1970	9 410	−18.96
1972	11 489	1972	8 430	−26.62
1976	9 714	1976	7 980	−17.85
1978	14 601	1978	12 910	−11.58
1979	11 139	1979	9 330	−16.24
1980	10 590	1980	8 630	−18.51
1981	10 100	1981	8 350	−17.33
1988	6 427	1988	5 580	−13.17
1990	5 721	1990	4 820	−15.75
1992	5 514	1992	4 900	−11.13
1995	10 124	1995	10 160	0.36

3.1.2 EFDC 模型合理性分析

2019 年的水位实测数据来源于岱海三苏木水位站，水质实测数据来源于岱海 4 个水位监测点位，站点的分布位置如图 2（a）所示。图 2（b）、图 3 和表 2 展示了岱海水位、水质指标的观测值与模拟值的对比图和评价结果。可以看出，在水位方面，水位的模拟值较好地反映了岱海的水位变化过程，枯水期的模拟效果要好于丰水期，这主要是丰水期地下水补给的不确定性造成的。在水质方面，各水质指标的模拟值和观测值比较一致，且各水质指标在 4 个监测站点的年内变化态势基本一致；在总氮（TN）方面，各监测站点的相对误差控制在 15%以上；在总磷（TP）方面，各监测站点的相对误差偏高，但仍控制在 30%左右，这可能是由于陆域层面泥沙数据缺乏引起总磷负荷模拟精度偏低所导致的。总体来看，水位和各水质指标的模拟值和变化过程均与实际变化过程相吻合，说明所构建的岱海湖泊水动力水质模型是可靠的，可以反映岱海湖泊水环境时空变化特征。

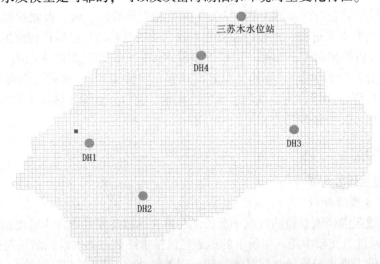

(a)岱海水位和水质监测站点分布

图2 岱海水位和水质监测站点分布和水位观测值与模拟值对比图

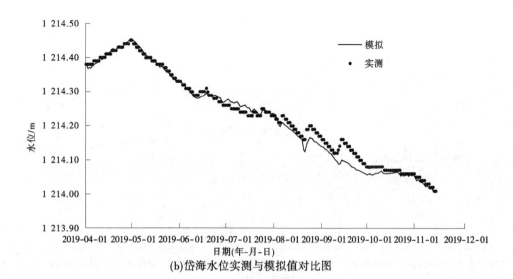

(b)岱海水位实测与模拟值对比图

续图 2

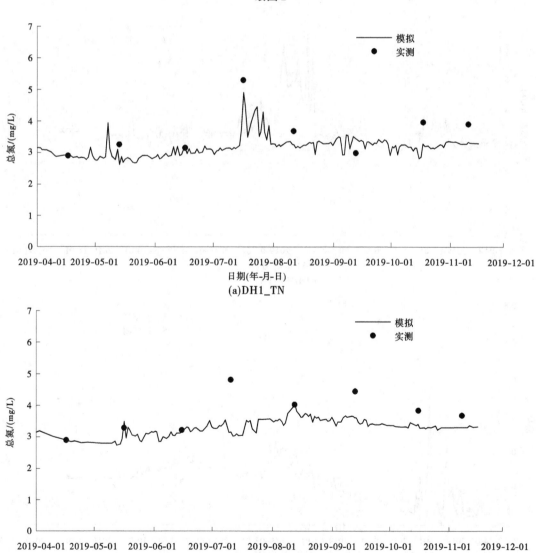

图 3 岱海各水质指标模拟值与观测值对比图

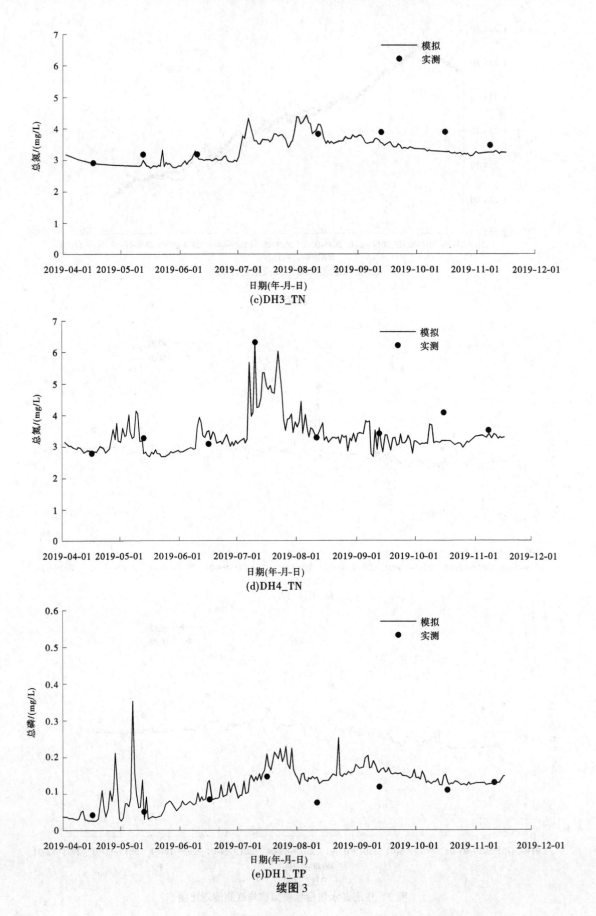

(c)DH3_TN

(d)DH4_TN

(e)DH1_TP

续图 3

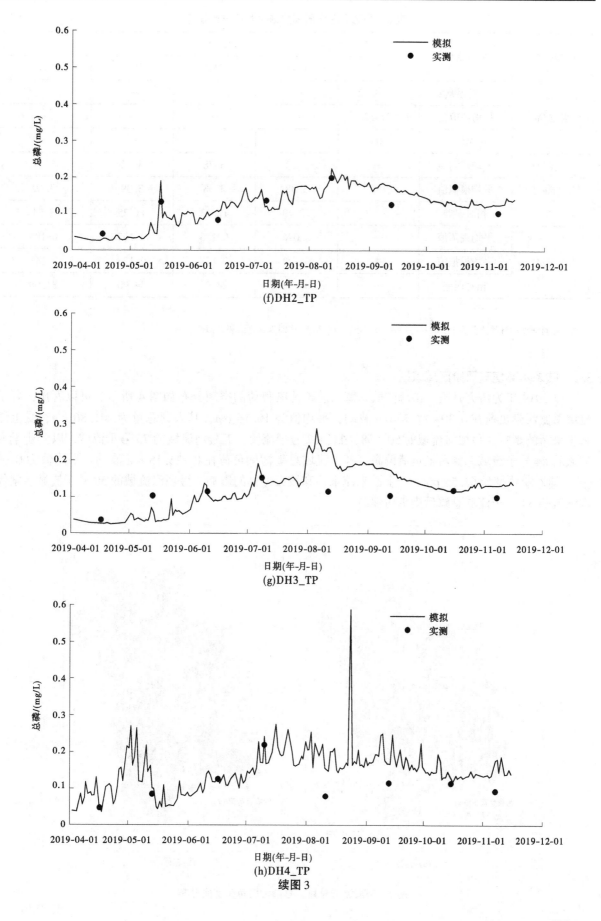

(f)DH2_TP

(g)DH3_TP

(h)DH4_TP

续图3

表 2　岱海湖区水质模拟结果误差统计分析

模拟指标	分析指标	监测点位				
		三苏木	DH1	DH2	DH3	DH4
水位/m	平均观测值	1 214.22	—	—	—	—
	平均模拟值	1 214.21	—	—	—	—
	相对误差	0	—	—	—	—
TN/(mg/L)	平均观测值	—	3.63	3.78	3.72	3.73
	平均模拟值	—	3.38	3.38	3.39	3.60
	相对误差	—	10.79	12.13	11.25	7.54
TP/(mg/L)	平均观测值	—	0.096	0.126	0.105	0.109
	平均模拟值	—	0.122	0.138	0.126	0.141
	相对误差	—	36.96	24.73	34.00	31.08

注：相对误差的计算方法为 $RE = \dfrac{\sum\limits_{i=1}^{N} |O_i - X_i|}{\sum\limits_{i=1}^{N} O_i} \times 100\%$，$O_i$ 和 X_i 分别为观测值和模拟值。

3.2　陆域水环境高风险区域识别

以 2019 年为研究时段，岱海流域总氮、总磷污染负荷的空间分布如图 4 所示。可以看出，各子流域总氮污染负荷在 0.30~77.70 t/a 波动，平均值为 10.16 t/a，其入湖总量为 241.86 t/a，受上游来流来污的影响，弓坝河流域的 50、58、63、67 号子流域，五号河流域的 75 号子流域，以及步量河流域的 84 号子流域总氮污染负荷偏高。各子流域总磷污染负荷在 0~26.18 t/a 波动，平均值为 0.69 t/a，其入湖总量为 62.55 t/a，受上游来流来污和坡面冲刷的影响，弓坝河流域的 50 号子流域、索代沟流域的 34 号子流域总磷污染负荷偏高。

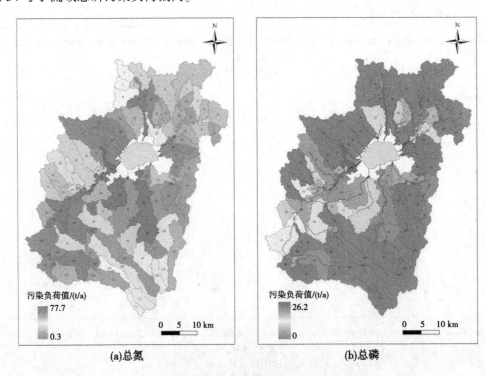

图 4　岱海流域总氮、总磷污染负荷空间分布

2019 年，岱海流域内各小流域污染物入湖量汇总情况见表 3。从总氮指标来看，排名前三的是弓坝河流域、五号河流域、步量河流域，污染负荷贡献率分别为 32.13%、29.04%、13.88%。从总磷指标来看，排名前三的是弓坝河流域、五号河流域、苜花河流域，污染负荷贡献率分别为 41.85%、14.92%、12.61%。总体来看，岱海湖泊西南部的入湖河流是陆域层面的污染高负荷区域。

表 3　2019 年岱海流域内各小流域污染物入湖量

序号	河流流域名称	污染物入湖量/(t/a)	
		TN	TP
1	弓坝河流域	77.70	26.18
2	步量河流域	33.58	1.51
3	苜花河流域	18.60	7.89
4	三道沟流域	20.73	5.23
5	水草沟流域	4.50	2.91
6	松树沟流域	4.44	3.28
7	天成河流域	12.08	6.22
8	五号河流域	70.23	9.33
合计		241.86	62.55

3.3　水体水环境高风险时段识别

基于构建的岱海湖泊水质模型，选取总氮、总磷 4 种水质目标，分析全湖平均的水质指标年内变化过程，如图 5 所示。可以看出，在总氮方面，年内变化在 2.76~4.33 mg/L 波动，年内均值为 3.28 mg/L，在年内 7 月、8 月会出现短暂的高值，这可能受到周边入湖沟渠农业灌溉的影响。在总磷方面，年内变化在 0.03~0.28 mg/L 波动，年内均值为 0.13 mg/L，年内变化呈现出先增高后降低的变化态势，且年末的总磷浓度值要高于年初的总磷浓度值，说明岱海的陆域总磷污染负荷一直处于输入状态。总体来看，以氮、磷等湖泊主要限制污染负荷来看，年内的 7—10 月是岱海水质的高风险时段，这也为岱海生态补水水量的时间分配提供了依据。

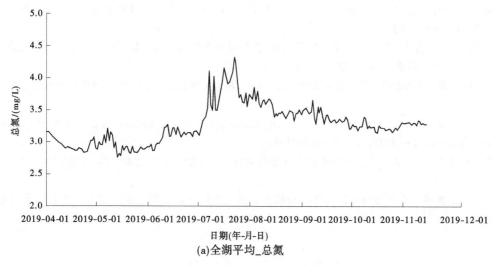

图 5　岱海湖区水质指标年内变化过程

(b)全湖平均_总磷

续图5

4 结语

本文以内蒙古第三大淡水湖岱海湖为研究对象，针对岱海湖水位下降、面积萎缩、水质退化等问题，构建了岱海流域水环境综合模型，包括 SWAT 模型和 EFDC 模型，验证了模型的合理性，识别了流域污染高负荷区域和湖泊水质高风险时段。

2019 年，岱海流域总氮入湖污染负荷为 241.86 t/a，总磷入湖污染负荷为 62.55 t/a。从入湖河流角度来看，岱海湖泊西南部的弓坝河流域、五号河流域、步量河流域是陆域层面污染高负荷区域。湖区总氮、总磷水质指标的年内均值分别为 3.28 mg/L、0.13 mg/L，从氮、磷等湖泊主要限制污染负荷来看，年内的 7—10 月是岱海水质的高风险时段。

参考文献

[1] 陈学凯，刘晓波，张云英，等. 程海水位变化特征与水量平衡研究 [J]. 水电能源科学，2018，36（7）：28-32.
[2] 刁瑞翔，青松，越亚嬅，等. 基于 BP 神经网络算法的内蒙古岱海水体透明度遥感估算 [J]. 灌溉排水学报，2022，41（8）：114-121.
[3] 杨腾腾，吴挺峰，嵇晓燕，等. 强人类活动下半干旱地区湖泊水资源损失过程重建：以岱海为例 [J]. 湖泊科学，2022，34（6）：2105-2121.
[4] 梁旭，刘华民，纪美辰，等. 北方半干旱区土地利用/覆被变化对湖泊水质的影响：以岱海流域为例（2000—2018 年）[J]. 湖泊科学，2021，33（3）：727-738.
[5] 郭鹏程，杨司嘉. 岱海水质变化规律及成因分析 [J]. 华北水利水电大学学报（自然科学版），2021，42（1）：40-46.
[6] Wang Q, Chen X, Peng W, et al. Changes in runoff volumes of inland terminal lake: A case study of Lake Daihai [J]. Earth and Space Science, 2021, 8: e2021EA001954.
[7] 陈学凯，刘晓波，彭文启，等. 程海流域非点源污染负荷估算及其控制对策 [J]. 环境科学，2018，39（1）：77-88.
[8] 陈学凯. 湖泊流域非点源污染分区精细化模拟与多级优先控制区识别 [D]. 北京：中国水利水电科学研究院，2019.

国内外河湖生态流量指导标准进展分析

周　正[1,2]　于子铖[1,2]　李书芳[1,2]　张景洲[1,2]　简新平[1,2]　李国豪[1,2]

（1. 河北工程大学河北省智慧水利重点实验室，河北邯郸　056038；

2. 河北工程大学水利水电学院，河北邯郸　056038）

摘　要：生态流量保障是河湖生态修复管理的重要基础性工作，是推进水利高质量发展的重要支撑手段。本文在对多地域、多行业文献资料调研分析的基础上，系统归纳梳理了美国、英国、澳大利亚、欧盟等国家和地区，以及国际自然保护联盟等国际组织，我国水利部、生态环境部等相关行业部门等重要生态流量相关技术标准进展情况，以期为我国河湖相关标准的立项及论证提供基础。分析表明：国际上发达国家或地区对河湖生态流量的认识较早，已颁布实施了一系列的相关法律规范、指导标准；我国的河湖生态保护与修复工作处于起步阶段，国家和相关部门高度重视相关工作，但由于我国水问题复杂多样，现有标准体系与国外发达国家仍有一定差距。

关键词：生态流量；标准；进展

1　概述

随着全球社会经济的快速发展，电力、灌溉等需求不断地增加，水电站等水工建筑物随之大量兴建，其建设及运行改变了河湖的自然流态，破坏了河湖连通性，改变了河湖物理化学特性，阻碍了鱼类的迁移，对河湖生态系统形成了重大干扰[1]。世界范围内大规模的河湖退化问题日益突出，受损河湖的生态修复与管理成为重大需求。为了减缓河湖生态问题，实现人水和谐发展，国外早在20世纪40年代就开始对生态流量进行了相关研究，先后提出了"生态流量""环境流量""生态需水""生态基流"等一系列概念[2]。其中，2007年在澳大利亚布里斯班召开了世界环境流量大会，形成环境流量的统一认识，并在《布里斯班宣言》中明确了环境流量的定义和内涵。我国对生态流量的相关研究起步相对较晚，在20世纪70年代，引入生态流量概念，用以解决水资源矛盾，缓解用水压力，维持工农业用水和生态需水量之间的平衡。生态流量是指为了维系河流、湖泊等水生态系统的结构和功能，需要保留在河湖内符合水质要求的流量（水量、水位）及其过程[3]。

由于河湖生态系统的动态性、治理工作的阶段性、生态流量计算方法的多元性，国外从实际需求出发，颁布、印发、制定了一系列的法律规范、指导标准等，如美国的《水资源开发法》《低影响水电认证制度》，欧盟的《水框架指令》，澳大利亚的《环境流导则》等。我国对生态流量指导标准的相关研究起步较晚，但国家和相关部门高度重视相关工作，进入21世纪后相继发布了《河湖生态需水评估导则》《河湖生态环境需水计算规范》《水电工程生态流量计算规范》等。但由于我国水问题复杂多样，现有标准体系与国外发达国家仍有一定差距，仍难满足国家要求、行业需求，为更科学地制定技术标准，本文对国内外河湖生态流量指导标准进展进行了梳理。

基金项目：河北省水利科技计划项目（2023-85）；河北省水利工程局集团有限公司科技计划项目（2022-10-CX-001）。

作者简介：周正（2001—），男，硕士，主要从事防洪及河道整治的相关研究。

通信作者：李书芳（1981—），女，副教授，主要从事水力学及河流动力学的相关研究。

2　国外相关技术标准

2.1　国家地区

美国很早就认识到河湖生态环境已经遭到人类破坏的问题，并积极地开展河湖生态流量的相关研究与实践。20世纪40年代，随着水库建设和水资源开发利用程度的提高，美国鱼类资源相关管理部门进行了一系列的河道内流量研究[4]。之后相继发布了《清洁水法》《水生生物资源生态恢复指导性原则》《低影响水电认证制度》《2017国家湖泊评估指南》《2018/2019国家河流与溪流评估指南》。其中，1972年颁布的《清洁水法》被认为是美国河湖生态流量保障的重要法律依据。

英国是最早开始工业革命的国家，工业革命对英国的河湖生态系统造成了严重破坏，随着环境意识的提高和环境保护法规的制定，英国开始努力通过环境保护和可持续发展措施来恢复和保护水生生态系统的健康[5]。这些努力的目标是实现工业化用水与生态流量保障的平衡，以确保水资源的可持续利用和生态系统的健康发展。自20世纪60年代开始，英国开始关注生态环境用水，1963年水资源法对河湖最低流量有所规定，1989年的《水法》、1991年的《水资源法》、1990年的《环境保护法》、1992年的《渔业法》中也都作出了对最小可接受流量的规定。随着生态理念的深入，步入21世纪后，河湖生态系统退化问题逐渐受到更为广泛的关注与重视，又相继发布了《水环境影响评价导则》《流量指南》《未来之水——英格兰政府水资源管理战略》《国家复苏指南：环境问题》等[6]。

自20世纪60年代，澳大利亚就开始制定涉及最低流量（或水位）的相关政策。自20世纪80年代中期开始，河流环境因素开始得到重视，澳大利亚政府于1992年开展了国家河流健康计划，用于监测和评价澳大利亚河流的生态状况，评价现行水管理政策及实践的有效性，并为管理决策提供更全面的生态学及水文学数据。相继发布了《环境流导则》《河道保护导则》《水资源可持续性管理政策》《澳大利亚生态修复实践国家标准》等[6]，对生态流量计算、评估等作出了要求。

20世纪70年代以来，欧盟相继出台了一系列的水政策与相关技术标准，其目的是缓解、停止并逐步消除人类活动对河湖水体的影响，保护河湖生态系统，维持自然河湖的生态平衡，提供适宜的栖息地和食物资源，保护水生生物的繁衍和迁移[7]。其中，2000年颁布的《水框架指令》是欧盟迄今为止颁布的重要的法规之一。它的出台表明，欧盟不仅是一个"经济联盟"，还是一个指导其成员国来努力实现环境的健康可持续发展的联盟，后者与水资源的管理和利用密切相关。《水框架指令》包含了明确的实施进度。该指令要求所有水体生态环境质量在2027年前达到良好水平，相关工作以6年为1个周期循环开展，例如，2009—2015年为第一个周期，2015—2021年为第二个周期。学习欧盟在河湖生态保护和修复上积累的经验，近些年我国先后翻译出版了《欧盟地下水指令手册》《生态流量技术指南》，其中《生态流量技术指南》提供了一套评估河流生态系统健康状况的方法，并包括了生态流量评估的相关内容。

2.2　国际组织

其他的一些典型国际组织还有国际河流基金会、国际自然保护联盟、国际河流联盟、联合国环境规划署、国际水资源协会等。其中，国际自然保护联盟是全球最大的自然保护组织，也是国际上重要的自然保护和可持续发展的权威组织之一，其成立于1948年，总部位于瑞士日内瓦。它的使命是通过保护自然资源和生物多样性的可持续管理，促进人类福祉和可持续发展。该组织通过与政府、非政府组织、科学家、专家和社区合作，制定并推动可持续发展和自然保护的全球政策、标准和行动计划。2011年发布了《生态流量纲要》，旨在提供在不同环境条件下实施生态流量保护的指导。

3　国内相关技术标准情况

与欧美国家比较，我国在河湖生态流量方面的科学研究起步晚，监测与保障工作也相对较少。我国于20世纪70年代提出了"生态需水""环境流量""河流最小流量"等概念，开始了对生态环境流量的初步探讨。20世纪80年代，通过全国第一次水资源调查，国务院环境保护委员会指出：水资源规划要保证为改善水质所需的环境用水，突出了河道内生态流量在水资源水环境保护中的重要性。国内相关学者也做了大量的相关研究，杨志峰等[8] 认为生态环境需水应当从生态和环境两方面考虑，生态方面的目的是"维持生态系统中生物组成水分平衡"，环境方面的目的是"满足人类生存发展和改善水环境"；陈敏建等[9] 从河流生态系统特性入手，提出生态水文季节，构建了多参数生态需水体系并分析其内涵，组成了能反映河流生态系统健康的流量等级；董哲仁等[10] 回顾了环境流量评价方法从简单的水文公式到水文变化生态限度方法（ELOHA）的发展历程，讨论了环境流的理论要点。

2004 年，水利部下发了《关于水生态系统保护与修复的若干意见》，第一次明确提出了水生态系统保护与修复的要求，水生态系统保护与修复的试点工作开始开展。之后相继发布了《河湖生态需水评估导则》（SL/Z 479—2010）、《河湖生态环境需水计算规范》（SL/Z 712—2021）、《水利部关于做好河湖生态流量确定和保障工作的指导意见》、《全国重点河湖生态流量确定工作方案》、《水利部办公厅关于印发河湖生态流量监测预警技术指南（试行）的通知》（办水文〔2021〕138 号），为河湖生态流量计算、保障工作提供依据。2021 年 3 月 1 日新实施的《中华人民共和国长江保护法》在我国法律中首次建立生态流量保障制度，并从 3 个方面做出规定：

（1）建立生态流量标准、提出生态流量管控指标。

（2）将生态水量纳入年度水量调度计划。

（3）将生态用水调度纳入工程日常运行调度规程。

以问题为导向，以国家需求、行业要求为目标，不同部门从各自关注点出发，形成了一系列相关标准，其进程见图 1，涵盖水资源、水环境、水生态等多个方面。

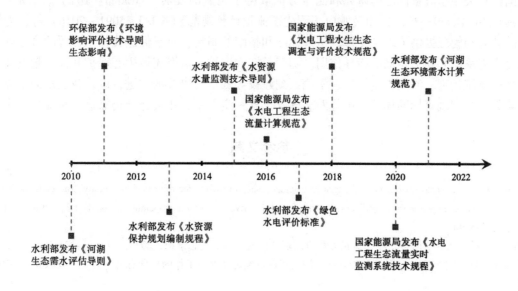

图 1　国内相关标准发展进程

河湖生态流量保障既有特殊性又有普遍性，我国地方政府针对当地河湖具体现状及特点，也相继发布了一系列的地方标准。如河南《基流匮乏型中小河流生态流量保障技术规程》（DB41/T 2232—2022）、青海《河湖生态基流监测规程》（DB63/T 1953—2021）、浙江《美丽河湖建设规范》（DB3311/T 94—2019）、广东《水利工程生态设计导则》（DB44/T 2283—2021）、河北《季节性河流生态修复技术导则》（DB13/T 5444—2021）等，为当地河湖生态系统的流量保障提供技术依据。但各地标准体系仍不完善，专项性技术标准仍需进一步加强。

4 进展分析

随着时间的推移，国内外河湖生态流量相关标准趋于完善。涉及内容与时俱进，结合修复目标按时更新，关注侧重点由单一的水环境、水生态改善等转变为对整个河流生态系统的提升，具体关注点包括河湖生态流量满足程度、水质达标率、栖息地适宜性、生物多样性等。统筹考虑多个要素，可以更全面地评估和管理河湖的生态流量，以实现河湖生态系统的健康和可持续发展。如欧盟在《水框架指令》中强调了多要素的综合考虑，并要求成员国在制订生态流量计划时考虑多个生态指标。

由于不同国家、地区河湖特点不同，因此确定河湖生态流量需因地制宜、因时制宜，从而保证更好地应对河湖生态流量保障的挑战和需求。如美国河湖生态保护与修复以非城市区域为多，因此更强调与接近"自然"，尽可能地消除干扰因素；而其余国家大都是在接受干扰因素的情况下，恢复河湖生态系统的结构与功能，强调生态与工程的结合，提倡"仿自然"。我国河湖生态修复与保护的关键是"人水和谐"，相关生态流量标准的目标也是倾向于"仿自然"，提倡结合河湖生态系统的实际情况，协调防洪、排涝、供水安全等需求和河湖生态系统的关系。另外，国内外开展了分区分类的生态流量研究，制定了针对不同地区和时期的生态流量管理方案，这种灵活性和适应性能够更好地满足生态系统的需求，实现生态流量的有效管理和保护。在我国，东西部、南北部的社会经济、水系自然禀赋差异等，也对河湖生态流量相关指导标准的制定有着直接影响，如河北省所处的海河流域气候具有明显的季节性，河湖生态水量亏缺严重，河流断流问题突出，因此地方政府制定发布了《季节性河流生态修复技术导则》（DB13/T 5444—2021），用于指导当地河流生态修复工作。

5 结论

我国在相关生态流量标准的研究和制定方面取得了飞速的发展，如颁布实施的《河湖生态需水评估导则》（SL/Z 479—2010）和《水电工程生态流量计算规范》（NB/T 35091—2016）等，为河湖生态流量的计算和管理提供了理论支撑。这些标准和指南的制定，对于促进我国水资源的合理利用、保护和恢复生态系统起到了积极的指导作用。随着长江大保护、黄河流域生态保护和高质量发展、山水林田湖草沙系统治理、河湖长制推进、幸福河湖建设等战略与决策的推进，以及我国水问题复杂多样的现实背景，我国现有标准体系与国外发达国家仍有一定差距，相关标准仍需进一步加强与完善。

参考文献

[1] Dudgeon D. Large-scale hydrological changes in tropical Asia：prospects for riverine biodiversity：the construction of large dams will have an impact on the biodiversity of tropical Asian rivers and their associated wetlands ［J］. BioScience, 2000, 50（9）：793-806.

[2] 李强，王俏俏，陈红丽，等. 生态流量方法应用现状研究 ［J］. 生态学报，2024，44（1）：36-46.

[3] 中华人民共和国水利部. 水利部关于做好河湖生态流量确定和保障工作的指导意见 ［J］. 中国水利，2020（15）：1-2.

[4] 徐志侠，陈敏建，董增川. 河流生态需水计算方法评述 ［J］. 河海大学学报（自然科学版），2004（1）：5-9.

[5] 吴阿娜. 河流健康状况评价及其在河流管理中的应用 ［D］. 上海：华东师范大学，2005.

[6] 赵进勇，于子铖，张晶，等. 国内外河湖生态保护与修复技术标准进展综述 ［J］. 中国水利，2022（6）：32-37.

[7] 王海燕，孟伟. 欧盟流域水环境管理体系及水质目标 ［J］. 世界环境，2009（2）：61-63.

[8] 杨志峰，张远. 河道生态环境需水研究方法比较 ［J］. 水动力学研究与进展（A辑），2003（3）：294-301.

[9] 陈敏建，丰华丽，王立群，等. 生态标准河流和调度管理研究 ［J］. 水科学进展，2006（5）：631-636.

[10] 董哲仁，张晶，赵进勇. 环境流理论进展述评 ［J］. 水利学报，2017，48（6）：670-677.

黄河上游底栖动物群落特征及生物完整性评价

刘玉倩[1]　周子俊[1]　葛　雷[1]　王司阳[2]

(1. 黄河水资源保护科学研究院，河南郑州　450003；
2. 武汉大学水资源工程与调度全国重点实验室，湖北武汉　430072)

摘　要： 为了进一步评估黄河上游生态状况，2019 年 5—9 月在黄河上游龙羊峡至刘家峡段 13 个库区采集分析了底栖动物群落组成，并构建底栖动物生物完整性指数进行河流健康评估。结果表明，调查河段共记录底栖动物 54 种属，隶属于 3 门 4 纲 8 目 18 科，主要优势种包括钩虾、秀丽白虾、椭圆萝卜螺、水丝蚓等；底栖动物平均密度为 44.51 ind./m²，平均生物量 1.29 g/m²，其中康杨水库底栖动物密度最大（189.84 ind./m²），李家峡库区底栖动物生物量最大（4.87 g/m²）。基于生物完整性的 B-IBI 评价结果显示，尼那库区、直岗拉卡、炳灵库区、康扬水库和苏只水库为健康状况，龙羊峡库区、公伯峡水库和黄丰水库为亚健康，拉西瓦库区、李家峡河段为一般，积石峡水库、大河家库区、刘家峡库区为较差。同时，针对可能影响河流健康的制约因素进行分析。本研究旨在为黄河上游生态保护和修复提供参考依据。

关键词： 黄河上游；龙羊峡至刘家峡河段；底栖动物；生物完整性；健康评估

1　引言

河流维持着地球上丰富的生物多样性类型，并承担着重要的生态系统服务功能。近几十年以来，水利工程在防洪、灌溉、供水、发电等方面发挥着重要的功能，但同时也改变了河流的连通性，导致自由流动河流的数量和状况显著降低。其中，闸坝等水利工程建设造成的物理阻隔被认为是主要原因[1]。随着人类活动和全球气候变化的加速，全球范围诸多河流面临着生物多样性丧失和生态系统功能退化等生态问题。为了减轻和扭转人类活动对水生态系统的不利影响，开展监测和评价河流生态状况尤为重要。

生物评价是一种广泛应用于水生态状况评估的研究方法。最初，河流等水生态系统健康状况仅基于指示物种的存在进行定性评估。然而，指示物种的存在并不能决定整体的生态状况，并可能导致片面的评估[2]。1981 年，由 Karr[3] 首次提出的生物完整性指数（index of biotic integrity，IBI）是以生物类群的组成和结构为基础，通过建立对环境干扰最敏感的生物参数，综合评价生态系统的健康水平。生物完整性指数目前也是应用最广泛的水生态系统健康评价的方法之一。经过近 40 年的发展，IBI 已被应用于各种生物类群，包括鱼类、底栖动物、水生植物和浮游生物等。其中，底栖动物是应用最广泛的生物类群，通过构建底栖动物生物完整性指数（benthic index of biotic integrity，B-IBI）可以评估河流或湖泊等水体健康状况[4-5]。

黄河上游是我国重要的水电基地之一，其中龙羊峡至刘家峡河段长约 420 km，共规划了 14 座水电站，从上到下依次分别为龙羊峡、拉西瓦、尼那、山坪、李家峡、直岗拉卡、康扬、公伯峡、苏

基金项目： 河南省重大科技专项（201300311400）；黄河水资源保护科学研究院科研专项（KYY-KYZX-2022-02）。
作者简介： 刘玉倩（1989—），女，工程师，主要从事水生态健康评估工作。
通信作者： 王司阳（1990—），男，博士后，主要从事水利工程的生态效应研究工作。

只、黄丰、积石峡、大河家、炳灵、刘家峡。自 20 世纪 50 年代刘家峡开工建设以来，已开发完成 13 座，是黄河上游已建和在建水电梯级最为集中的河段。受人为活动特别是大型水利水电工程建设影响，黄河上游河流生境发生巨大改变，生物多样性面临着严重威胁。本研究以黄河上游龙羊峡至刘家峡河段为研究对象，结合历史资料和现场调查，分析比较底栖动物群落组成及变化趋势，基于底栖动物生物完整性评估龙羊峡—刘家峡段河流健康状况及其制约因素，为开展黄河上游生态保护和修复提供参考依据。

2 材料与方法

2.1 采样点分布和地理概况

黄河上游龙羊峡至刘家峡河段全长约 420 km，集中落差 795 m，水力资源丰富。目前，河段整体开发程度较高，天然河段占比不足 11.5%。受水库淹没和梯级电站影响，龙羊峡至刘家峡河段水生生物生境丧失，河流片段化、湖库化严重，宽谷河段和峡谷河段、河床底质、浅滩、深潭、急流、缓流相间的多样性的河流形态已不存在，已完全从流水生境转变为湖库生境。根据河段实际情况及相关规范要求，在河段干流龙羊峡库中、龙羊新村、拉西瓦库区、尼那库区、红柳滩、黄河清大桥上游、李家峡水库、直岗拉卡、康扬水库、公伯峡水库、苏只水库、黄丰水库、积石峡水库、积石峡坝下、大河家电站坝下、炳灵库区、刘家峡库尾、刘家峡库中等 13 个库区设置 18 个调查断面（见图 1），主要调查河流生境及底栖动物群落分布等。

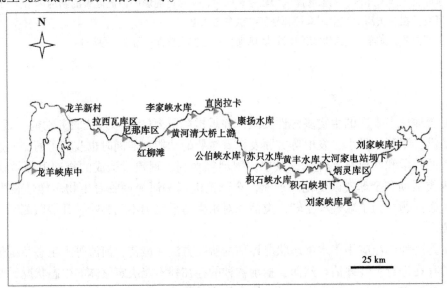

图 1 龙羊峡至刘家峡调查断面示意图

2.2 样品采集及分析

根据采样点实际情况，使用 1/6 m² 彼得森采泥器或手抄网对底栖动物进行定性和定量样品采集，每个采样点采集样品 3 个。采集的样品现场经 40 目筛网过滤后将底栖动物挑拣后用 10% 福尔马林保存。样品带回实验室进行鉴定、计数及称重，鉴定应尽可能至最小的分类单元，一般为属或种，并进行计数；生物量称量采用精确度为万分之一的电子天平，将所有样品折算成单位面积的生物量[6-7]。

2.3 底栖动物生物完整性

底栖动物是河流生态系统的重要组成部分，具有群落结构多样性、生物类型丰富、对外界干扰响应敏感等特点，可以有效地指示水生态系统的健康状况，综合反映长期人为活动对河流生态系统的扰动程度。底栖动物 B-IBI 构建主要包括参照点选择、候选参数筛选、指标分值计算、评价标准确定等程序。

2.3.1 参照点选择

按照人类活动干扰程度，采样样点可分为无干扰样点、干扰极小样点和干扰样点。龙羊峡至刘家峡河段共修建电站13座，基本上形成首尾相接状态，目前仅存贵德川天然河段37 km和大河家合川谷地天然河段15 km，天然河流消失殆尽，在这种开发强度下，已无法选出无干扰样点或干扰极小样点，因此根据实地调查情况，在13个库区中选取龙羊峡库区、尼那库区、炳灵库区、直岗拉卡和康扬水库等5个相对较好的库区作为参照点，剩余8个库区为受损点。

2.3.2 候选参数筛选

根据区域特点，选择多样性和丰富度、群落结构组成、耐污能力及营养结构等4个类别中对环境较为敏感的19个指标作为候选参数（见表1），以反映人类活动变化对底栖动物多样性、数量及结构和功能方面的影响。通过指数值分布范围分析、判别能力分析、相关性分析，筛选确定最终候选参数。其中，指数值分布范围分析重点是剔除指数值可变范围比较窄（或者波动范围太大），不易准确区分受不同干扰程度的水体的参数；判别能力分析主要是通过比较参照点和受损点的重叠情况，剔除重叠程度较大、区分不明显的参数；相关性分析是剔除参数间自相关性较高的参数，保留重要核心参数[8]。

表1 底栖动物生物完整性候选参数

序号	类别	指数	计算方法
M1	多样性和丰富度	总分类单元数	底栖动物所有分类单元数
M2		EPT分类单元数	蜉蝣目、襀翅目、毛翅目分类单元数之和
M3		水生昆虫分类单元数	水生昆虫种类数
M4		甲壳动物和软体动物分类单元数	甲壳和软体动物种类数
M5		摇蚊分类单元数	摇蚊幼虫种类数
M6	群落结构组成	优势分类单元的个体相对丰度	个体数量最多的1个分类单元的个体数/总个体数
M7		前3位优势分类单元的个体相对丰度	个体数量最多的3个分类单元的个体数/总个体数
M8		毛翅目个体相对丰度	毛翅目个体数/总个体数
M9		蜉蝣目个体相对丰度	蜉蝣目个体数/总个体数
M10		颤蚓个体相对丰度	颤蚓个体数/总个体数
M11		襀翅目个体相对丰度	襀翅目个体数/总个体数
M12		摇蚊个体相对丰度	摇蚊个体数/总个体数
M13		甲壳动物和软体动物的个体相对丰度	（甲壳+软体）个体数/总个体数
M14		无足类群个体相对丰度	无足类群个体数/总个体数
M15	耐污能力	敏感类群分类单元数	耐污值≤3的类群
M16		敏感类群个体相对丰度	敏感类群个体数/总个体数
M17		耐污类群的个体相对丰度	耐污值≥7的个体数/总个体数
M18	营养结构	捕食者个体相对丰度	捕食者个体数/总个体数
M19		滤食者个体相对丰度	滤食者个体数/总个体数

2.3.3 指标分值计算

采用比值法确定各评价指标分值。对于随着干扰而增加的指标，以 5%分位数为最佳期望值，指标分值 =（最大值-实际值）/（最大值-最佳期望值）。对于随着干扰而降低的指标，以 95%分位数为最佳期望值，指标分值 = 实际值/最佳期望值。各评价指标分值为 0～1，每个指标的累积值为 IBI 值[9]。

2.3.4 评价标准确定

将计算后各指标的分值进行相加，相加的总和即为底栖动物 B-IBI。根据参照点 B-IBI 值的 25%分位数作为健康评价的标准。如果采样点的 B-IBI 值大于 25%分位数值，则表示该样点受到的干扰很小，是健康状况；对小于 25%分位数值的分布范围，进行 4 等分（亚健康、一般、较差、极差），其分别代表不同的健康程度[10]。

3 结果与讨论

3.1 底栖动物群落的演替特征

龙羊峡到刘家峡河段共采集底栖动物 54 种属，隶属于 3 门 4 纲 8 目 18 科。其中，节肢动物门 12 科 43 种，为主要优势门类，钩虾为主要优势种，秀丽白虾次之；软体动物门 5 科 9 种属，椎实螺科椭圆萝卜螺为优势种，小土蜗次之；环节动物门 1 科 2 种，水丝蚓为优势种。龙刘河段底栖动物平均密度为 44.51 ind./m²，平均生物量为 1.29 g/m²。其中，康扬水库底栖动物密度最大（189.84 ind./m²），该断面主要优势种为钩虾；李家峡库区底栖动物生物量最大（4.87 g/m²），该断面主要优势种为秀丽白虾（见图 2、图 3）。

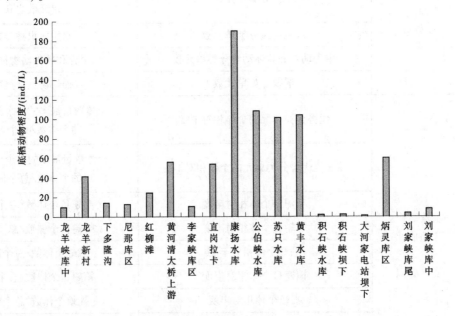

图 2 底栖动物种类分布

历史上对黄河干流尤其是上游区域水生生物资源调查比较缺乏。黄河底栖动物调查最早可追溯至 1958 年 7—9 月中国科学院动物研究所开展的黄河渔业生物资源调查。根据调查形成的《黄河渔业生物学基础初步调查报告》[11]，黄河干流底栖动物较少，上游区域平均生物量小于 0.3 g/m²，以摇蚊幼虫为主；水体浑浊、比降较大，不适宜蚌类和螺类生长；浮游生物含量较少，底质多为泥沙、石砾，缺乏腐殖质，底栖动物种类和数量受到一定影响。20 世纪 80 年代后大连水产学院牵头组织开展黄河水系渔业调查，共发现底栖动物 4 门 8 纲 167 种，其中，摇蚊幼虫达到 69 种。刘家峡水库调查显示总生物量为 0.41 g/m²，优势种类为摇蚊幼虫（占总生物量的 83%）[12]。2008 年，中国科学院水生生物研究所开展黄河干流底栖动物调查，共采集底栖动物 64 种，颤蚓占总数量的比例为 29.5%，秀丽

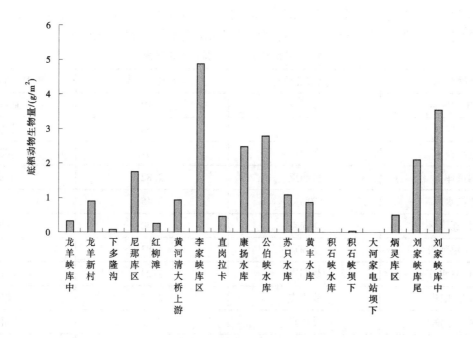

图 3 底栖动物密度分布

白虾占总生物量的比例为 30.1%；刘家峡采集底栖动物 17 种，数量平均为 648 ind./m²，生物量平均为 3.38 g/m²[6]。从上述调查可以发现，近年来黄河上游优势种已呈现出多样化趋势，由摇蚊幼虫占据绝对优势变为钩虾、秀丽白虾、椭圆萝卜螺等为主要优势种。20 世纪 50 年代后期和 80 年代调查结果显示，底栖动物数量和密度均处于较低水平 2008 年调查显示秀丽白虾生物量占比较高，从数量来看，仍以寡毛类的颤蚓为主要优势种；2019 年调查研究显示，钩虾、秀丽白虾等从数量或生物量来看，均已成为主要优势种。

3.2 底栖动物生物完整性评估

通过指数值分布范围分析、判别能力分析、相关性分析等筛选，最终确定总分类单元数、优势分类单元的个体相对丰度、颤蚓个体相对丰度、甲壳动物和软体动物的个体相对丰度及敏感类群个体相对丰度 5 个参数纳入生物完整性计算（见表 2）。为了统一评价量纲，采用比值法确定评分标准。根据计算，B-IBI 值大于 2.56 为健康，B-IBI 值在 1.92～2.56 为亚健康，B-IBI 值在 1.28～1.92 为一般，B-IBI 值在 0.64～1.28 为较差，B-IBI 值小于 0.64 为极差。

表 2 候选参数筛选确定结果

筛选方法	剔除参数	保留参数	备注
指数值分布范围分析	M2、M8、M9、M11、M19	M1、M3、M4、M5、M6、M7、M10、M12、M13、M14、M15、M16、M17、M18	剔除 5 个参数，保留 14 个参数
判别能力分析	M4、M7、M12、M14、M17、M18	M1、M3、M5、M6、M10、M13、M15、M16	剔除 6 个参数，保留 8 个参数
相关性分析	M3、M5、M15	M1、M6、M10、M13、M16	剔除 3 个参数，保留 5 个参数

按照评分标准，对龙羊峡至刘家峡河段 13 个库区的底栖动物生物完整性进行评价。13 个库区中，5 个库区为健康，3 个库区为亚健康，2 个库区为一般，3 个库区为较差（见表 3）。由于本研究调查河段均属于水电站开发影响区域，受人类活动的干扰较大，无法严格按照标准选取绝对无人为干扰的

参照点。因此，本研究选取相对较好的库区作为参照点进行河流健康评价，可能会导致最后的评价结果偏高。在实际河流管理和评估中需要针对评价结果采取更加严格的保护措施。

表 3 底栖动物生物完整性评价结果

断面名称	点位性质	B-IBI 指数	B-IBI 评价结果
龙羊峡库区	参照点	2.19	亚健康
尼那库区	参照点	2.56	健康
直岗拉卡	参照点	3.04	健康
炳灵库区	参照点	2.82	健康
康扬水库	参照点	3.45	健康
拉西瓦库区	受损点	1.40	一般
李家峡河段	受损点	1.83	一般
公伯峡水库	受损点	2.23	亚健康
苏只水库	受损点	2.77	健康
黄丰水库	受损点	2.30	亚健康
积石峡水库	受损点	1.06	较差
大河家库区	受损点	1.06	较差
刘家峡库区	受损点	1.25	较差

3.3 河流健康影响因素分析

3.3.1 河流形态及连通性改变

龙羊峡至刘家峡河段落差大，水力资源丰富。目前，河段开发率达到 88.6%，开发程度十分高，未开发河段占河流长度的百分比约为 11.4%。由于人为活动干扰强烈，该河段流水生境受到破坏，河流片段化、湖库化严重，受淹没影响，宽谷河段和峡谷河段、河床底质、浅滩、深潭、急流、缓流相间的多样性的河流形态已不存在，已完全从流水生境转变为湖库生境。大坝阻隔改变了河流自身形态，以及河流与其河岸区（包括河漫滩）之间的相互作用，拦河工程、堤防工程等的修建，破坏了上下游河水、泥沙、营养物质和有机质的横向传输，河岸漫滩生境减少，使得河流生物群落的主要产卵区、庇护所以及觅食区减少，制约了物种的多样性，导致了部分水生生物无法完成生活史。

3.3.2 水文自然节律改变

结合实际调查情况，坝下河段水位日内变幅频繁，贵德川日内水位变幅在 1 m 以上，其变化规律受到上游水库日内运行调度影响明显。繁殖期频繁的水位变动对鱼类等重要水生生物产卵繁殖等产生了显著影响。受到高库大坝影响，在调查期间 5 月中旬贵德川流水河段的水温在 7.1~8.5 ℃，水温较低。在 9 月上旬丹阳川流水河段的水温在 6.5~8.0 ℃。未开发流水河段水温较低。下泄低温水导致水域生产力下降，鱼类繁殖过程无法完成，影响了河段物种多样性的维持，导致了河流生态功能丧失。

3.3.3 外来物种入侵

随着库区的形成以及水文情势、水温等要素的改变，为外来物种的入侵提供了适宜的生境条件，多个外来物种通过人工引进养殖或者携带等方式进入该水域，在无自然天敌的条件下，逐渐转变为区域内的优势种群，挤压原有土著鱼类生态位空间，随着时间轴的拉长，外来物种的种类数量和资源量明显增加，土著鱼类原有栖息生境大幅压缩甚至消失。

3.3.4 其他因素

一方面，气候变化加剧、土地利用类型改变等因素也会影响水生生物微生境条件，进而可能会改变水生生物群落组成及其空间分布；另一方面，饵料生物缺乏、种群规模不足等会导致重要水生生物资源量进一步萎缩。因此，从恢复生态结构和功能角度，加强河流岸线栖息地修复，营造适宜底质条件和生境环境，增强栖息地复杂度和多样性；同时，完善生态系统食物网结构，加大饵料生物、鱼类等增殖放流和效果监测评估，逐步恢复和提升生态系统功能。

4 结论

（1）黄河上游龙羊峡至刘家峡河段底栖动物共记录54种，隶属于3门4纲8目18科，主要优势种包括钩虾、秀丽白虾、椭圆萝卜螺等。其中，康扬水库底栖动物密度最大（189.84 ind./m²），该断面主要优势种为钩虾；李家峡库区底栖动物生物量最大（4.87 g/m²），该断面主要优势种为秀丽白虾。

（2）从历史演替来看，20世纪50年代黄河上游底栖动物以摇蚊幼虫为绝对优势种，其密度和生物量均处于较低水平；21世纪初期调查显示数量和密度显著上升，秀丽白虾、颤蚓等占据主要优势，本研究调查显示，钩虾、秀丽白虾、椭圆萝卜螺等在各库区河段均为主要优势种，表明人为活动已逐渐改变了龙羊峡至刘家峡河段底栖动物组成和多样性特征。

（3）生物完整性可以反映河流生态系统结构和功能状况，基于底栖动物生物完整性评价结果显示，13个库区中，大部分库区仍然处于亚健康以下（积石峡水库、大河家库区、刘家峡库区处于较差），表明仍然需要进一步加大黄河上游生态系统保护和修复工作。

参考文献

[1] GRILL G, LEHNER B, THIEME M, et al. Mapping the world's free-flowing rivers [J]. Nature, 2019, 569 (7755)：215-221.

[2] HEINO J. Are indicator groups and cross-taxon congruence useful for predicting biodiversity in aquatic ecosystems? [J]. Ecological indicator, 2010, 10 (2)：112-117.

[3] KARR J R. Assessment of Biotic Integrity Using Fish Communities [J]. Fisheries, 1981 (6)：21-27.

[4] 吴俊燕，赵永晶，王洪铸，等. 基于底栖动物生物完整性的武汉市湖泊生态系统健康评价 [J]. 水生态学杂志，2021, 42 (5)：52-61.

[5] 周静，白雪兰，刘哲，等. 基于大型底栖动物完整性指数和多样性综合指数评价黄河榆中段河流生态健康状况 [J]. 甘肃农业大学学报，2021, 56 (4)：103-111, 119.

[6] 王海军，王洪铸，赵伟华，等. 河流泥沙及水流对黄河生态健康的调节作用 [J]. 水生生物学报，2016, 40 (5)：1003-1011.

[7] 胡芳，刘聚涛，温春云，等. 抚河流域底栖动物群落结构及基于完整性指数的健康评价 [J]. 水生态学杂志，2022, 43 (1)：30-39.

[8] WANG S, ZHANG P, ZHANG D, et al. Evaluation and comparison of the benthic and microbial indices of biotic integrity for urban lakes based on environmental DNA and its Management implications [J]. Journal of Environmental management, 2023, 341：118026.

[9] YANG N, LI Y, ZHANG W, et al. Reduction of bacterial integrity associated with dam construction：a quantitative assessment using an index of biotic integrity improved by stability analysis [J]. Journal of Environmental management, 2019, 230：75-83.

[10] 张远，徐成斌，马溪平，等. 辽河流域河流底栖动物完整性评价指标与标准 [J]. 环境科学学报，2007, 27 (6)：919-927.

[11] 中国科学院动物研究所鱼类组与无脊椎动物组. 黄河渔业生物学基础初步调查报告 [M]. 北京：科学出版社，1959.

[12] 黄河水系渔业资源调查协作组. 黄河水系渔业资源 [M]. 大连：辽宁科学技术出版社，1986.

水利风景区打造提升方案探讨
——以仁寿城市湿地公园水利景观提升项目为例

欧阳凯华　李佳伦　杨惠钫

（中国水利水电第五工程局有限公司，四川成都　644100）

摘　要：在当前中国大力建设水生态文明的背景下，国家水利风景区发展迅速。规划理念滞后、对水利风景区所处地域特色挖掘不充分、各风景区之间互相盲目模仿等原因，出现了风景区同质化趋势。以高滩大坝北侧地块景观为例，对其特点进行剖析，得出当前景区存在文化挖掘不够深入、地域特色不够突出等问题。通过对景观建设的必要性进行分析，结合工程所在地的自然资源及原有建筑结构进行景观设计，使之与大坝现有资源有一个更好的结合，以期为水利风景区的景观提升提出规划策略。

关键词：水利风景区；湿地公园；提升策略；高滩水库

1　引言

中国境内江河众多，河网纵横，丰富的水资源是水利工程不断健康发展的基石。步入新时代，传统的水利工程建设标准及功能已经不能满足人们对水环境、水生态、水景观等方面日益增长的需求，因此水利风景区应运而生。它将水利资源与其他资源相结合，在旅游、科普、生态等方面都取得了一定的成效。目前水利风景区建设发展过程中存在着诸如地域特色不明显、文化内涵挖掘不深入、景观表现形式趋同等问题[1]。

本文就当前水库型水利风景区存在的问题，深入挖掘当地文化内涵、地域特色和水利风景区自身特点，希望能系统地总结出突出当地特色的景观化表达方法，以高滩水库为例，提出基于水库自身文化、地域特色的景观提升策略，并为水库型水利风景区景观设计提供一定的理论支撑。

习近平总书记指出：要突出公园城市特点，把生态价值考虑进去。公园城市是全面体现新发展理念，以生态文明引领城市发展，以人民为中心，构筑山水林田湖城生命共同体，形成人、城、境、业高度和谐统一的大美城市形态的城市发展新模式[2]。

2　工程概况

2.1　项目情况介绍

仁寿位于成都天府新区发展的主轴线南延伸段上，并处于其强辐射范围内，具有承接天府新区产业转移和发展相关下游配套产业的机遇。本项目地处天府新区仁寿县境内，距离国际会展中心约 60 km，距离天府新机场仅需 45 min 路程，距离黑龙滩约 15 min 车程，具有良好的区位优势（见图 1）。

仁寿城市会客厅项目位于仁寿县城北新城天府大道旁、仁寿大道北侧，仁寿城市湿地公园内，距仁寿老城区约 2 km，周边商业、居住、公共服务及政府机构逐步成型，人流量日趋密集，拥有良好的生态环境。仁寿城市湿地公园对于仁寿有着至关重要的地位，每日数以万计的市民来此休闲娱乐；本项目以服务市民、增加活动场地为核心，打造仁寿具有较大规模和城市开放共享功能的城市绿地空

作者简介：欧阳凯华（1974—），男，高级工程师，主要从事水利工程勘察设计及管理工作。

间，增加公园的生态价值、都市共享价值与生态活力。依据《眉山市仁寿县两馆三中心景观湖推荐方案概述》，仁寿城市会客厅景观湖拦水堰建成后，景观湖常水位将达到 398.00 m，现状湿地公园拦水坝（高滩坝）下游侧公园及导流堤处于常水位淹没线以下，故需对导流堤进行改造，以适应会客厅景观湖蓄水要求。

图 1　工程位置示意图

2.2　场地内部分析

项目南北长约 208 m，东西长约 345 m，整体用地面积约 67 764 m²（6.8 万 m²），水体面积 26 514 m²（2.7 万 m²）。

场地内公园已建成区域景观较为完善，但缺乏活动场地；导流渠现状沟底高程约 392.00 m，景观公园最低地面高约 394.50 m，景观湖常水位为 398.00 m，1% 洪水回水位约 399.50 m，常水位淹没水深约 3.5 m，洪水位淹没水深约 5.0 m。仁寿大道路面 406.70 m，高滩水库大坝坝顶 405.80 m，大坝二级平台（马道）400.50 m。

项目面积：整体用地面积约 67 764 m²（6.8 万 m²），周边以公园用地、居住商业用地为主，辅以少量的行政办公用地及服务设施用地。

3　景观建设必要性

通过查阅资料，统计并分析相应数据，可以发现仁寿城市湿地公园开展景观建设项目有以下四点必要性。

3.1　满足仁寿新县城城市防洪的需要

金马河贯穿整个仁寿城市会客厅项目，河道两岸为居民密集区域，工程区河段下游为天府仁寿大道跨金马河大桥，金马河上游为已建高滩水库，支沟包家河两岸分布有密集的居民区。本次仁寿城市会客厅项目金马河涉河方案工程主要对包家河、金马河工区河段改建为景观湖。为营造城市水景观，需在金马河下游修建拦水堰。受景观湖蓄水影响，需修建高滩水库溢洪道下游导流墙，加长原包家河汇入景观湖处过流箱涵，涉河方案满足汛期过流和防洪需要。为确保仁寿城市会客厅项目金马河沿岸居民人身、财产安全，保证金马河及上游支沟包家河行洪安全，满足仁寿新县城城市防洪需要，兴建仁寿城市会客厅项目景观湖工程是必要的[3]。

3.2　促进仁寿县文化发展和旅游产业的需要

仁寿县经济发展日新月异，人们的生活水平日益提高，居民消费结构进一步升级，为文化事业的发展创造了良好的社会条件。文化消费，作为较高层次的发展消费需求和生活需求，随着人民生活水平的提高而日趋增长。相信随着仁寿县人民购买力的增强，文化产业的发展将迎来光明的前景。

当前，仁寿县现有的文化设施和文化活动场所已远远满足不了重大赛事、大型文化活动以及群众日常文化活动的需求。缺乏高水准的文化设施，如城市景观湖、文化馆、博物馆和剧院等，制约了城市文化水平的提高，不利于城市的对外开放和其他文化交流活动。建设一组多功能、高档次公共文化设施，集中设置城市景观湖、文化馆、博物馆、剧院，有利于加强仁寿县文化基础设施建设，推进文化活动的开展，活跃文化事业，促进文化产业的发展。随着仁寿县经济社会的发展，考虑到其得天独厚的地理位置，急需进一步开发旅游资源，促进旅游产业提升。长久以来，仁寿县缺乏服务于公共的城市景观湖工程，无法满足人民群众对精神文化的更高追求。

因此，为满足仁寿县发展文化和旅游产业的需要，兴建仁寿城市会客厅项目景观湖工程是必要的。

3.3 响应国家建设四川天府新区的需要

天府新区成都片区战略发展定位为构建西部科学发展的先导区、西部内陆开放的重要门户、城乡一体化发展示范区、具有国际竞争力的现代产业高地、国家科技创新和产业化基地及国际化现代化新城区，奋力打造西部经济核心增长极的重要极核，全省多点多极支撑战略的第一极和成渝经济区最具活力的新兴增长极[4]。

随着仁寿县建设规模逐步加快，现有的文化体育设施落后的矛盾将越来越突出，远远满足不了文化体育事业发展的需要，影响了仁寿城市品位和档次的提高。在仁寿县建设一个多功能、高品位的文体中心及景观配套工程，符合仁寿县城市建设开发发展战略，也是广大市民的愿望。仁寿城市会客厅景观湖的建设使仁寿城市整体功能得到充分发挥，给城市发展注入新的生机和活力[5]。

因此，为响应国家建设四川天府新区的需要，兴建仁寿城市会客厅项目景观湖工程是必要的。

3.4 满足公共文化服务能力的需要

本项目以创新公共文化服务方式，完善政府主导、多元投入机制，充分调动各种社会资源，构筑文化软实力高地；加强公共文化设施建设，完善公共文化服务网络；积极开展公益性文化活动，扎实推进文化惠民工程；鼓励出文化精品、文化精英和文化效益；提高公共文化产品生产和供给能力，大力推动文化创新。

因此，为满足公共文化服务能力的需要，兴建仁寿城市会客厅项目景观湖工程是必要的。

4 总体方案

4.1 总体规划

设计总平面图见图2。

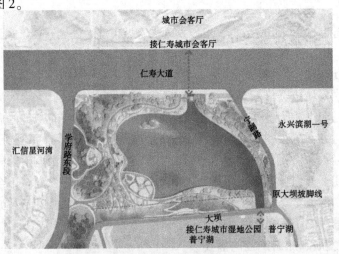

图2 设计总平面图

仁寿城市会客厅（两馆三中心）配套建设景观湖，景观湖拦水闸位于高滩水库大坝下游1 600 m，天府大道桥下游150 m。景观湖正常蓄水位398.00 m，将在仁寿大道西侧至大坝下游形成水面约35亩的景观湖泊，景观湖形成后沿河涉河建筑包含新建拦水闸坝、打造景观湖改造包家河及金马河、修建跨湖景观桥梁，最终形成如图3所示的"一湖一带一环一轴多节点"的空间布置格局，具体工程布置分别如下。

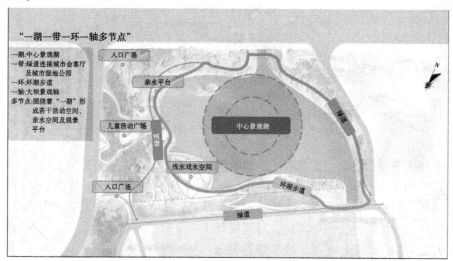

图3 景观分析图

4.1.1 河道改道

城市会客厅项目建设后，受影响河道包括金马河和包家河。金马河影响范围为高滩水库至拦水闸坝河段，包家河影响范围为中铁颐禾公馆西侧人行桥至下游金马河汇口河段；其中高滩水库下游至金马河汇口河段受景观湖蓄水影响仅需对右岸边坡进行防护，不改变原河道布置。包家河中铁颐禾公馆西侧人行桥至入景观湖河段受景观湖壅水水位抬高，现有河道满足行洪安全要求，不进行改造。

本次主要需要进行改道及改造河段为包家河涵管入湖口至金马河汇口、金马河汇口以下至拦水闸坝段。其中，包家河改造上游起点位于包家河涵管入景观湖处至下游金马河汇口处，改造河道长度459.51 m；金马河改造上游起点位于仁寿大道桥下包家河汇口处，沿仁寿大道向下游转至天府大道，穿过天府大道桥后向下游延伸约150 m至拦水闸坝，河道长度1 256.45 m。

4.1.2 拦水闸坝

仁寿城市会客厅景观湖拦水闸位于金马河仁寿大道桥下游150 m，仁寿天府大道东侧，规划新成路南侧，坝轴线与天府大道垂直。拦水闸总长52.5 m，其中闸室段长31 m，左、右两岸非溢流坝段长分别为17 m、4.5 m。

4.1.3 景观桥梁

景观桥梁工程共计3座，分别为北桥、中桥、南桥，其中北桥位于新建景观湖北侧新挖人工湖内，距天府大道桥汇口640 m；中桥位于天府大道桥南侧，改建金马河内距天府大道桥150 m处；南桥位于仁寿大道桥北侧，金马河与包家河汇口下游204 m处。

4.2 大坝改造设计

在不破坏大坝结构的基础上设置景观挑台，改造设计成开放型大坝，如图4所示，打造成网红景点，吸引游人打卡停留。

4.3 配套设计

景观项目以"四季见花亲水休闲，营造诗意浪漫的记忆"为主题根据四季不同景象，按照游客观赏游玩需求，根据季节及观赏花期配合游览路线（如图5所示），划分了四季景观观赏策略。以日本早樱、红花碧桃结合墨西哥鼠尾草、美女樱、木春菊、粉黛乱子草打造以春季为主的植物景观策

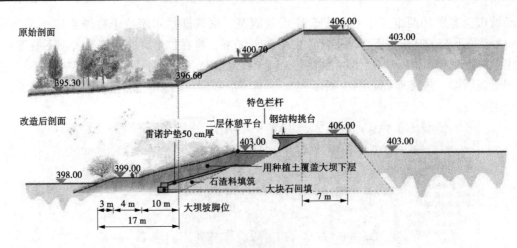

图 4　大坝剖面

略，营造繁花似锦的春季景观。以蓝花楹、水杉结合湖区芦苇、细叶芒打造以夏季为主的植物景观策略，营造绿树成荫的夏季景观。以紫薇、黄栌、鸡爪槭结合芦苇细叶芒、菖蒲、千屈菜打造金秋时节、秋叶绚烂的秋季景观。以木芙蓉、水杉、巴西野牡丹、木春菊及季相型时令花卉结合打造冬季景观。同时，根据仁寿城市湿地公园的定位，对其进行了一系列的特色配套设计，包括标识标牌、景观灯具、景观构筑物、游乐设施、坐凳、垃圾桶等设施。

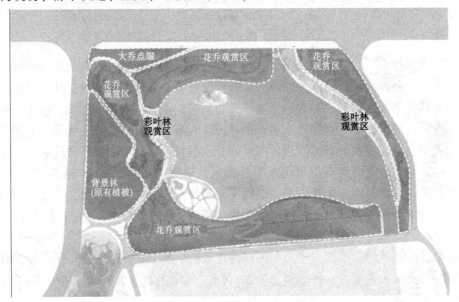

图 5　公园分区

5　结论

仁寿城市会客厅项目是集中展示仁寿城市形象的地标性项目，充分体现仁寿的地域特征和城市特点。仁寿城市会客厅项目包括建筑工程、景观工程、市政工程三部分。其中，景观工程包含项目区水景营造，以"仁寿"为设计来源，将现状水系打造成"寿"型水系，涉及金马河及包家河的河道综合治理改造，通过本次改造丰富了原场地内的文化内涵。保证场地内水系与城市水系连通，形成了景观湖蓄水湿地，滞蓄区域雨水，形成良好的生态环境。

通过对景观改造的必要性进行分析，明确了该项目的核心定位是展示仁寿城市形象，结合该工程的各个建设部分，统筹规划城市公园建设，合理设计坝后改造方案，并对配套的一系列设施进行规划设计，最终基于高滩大坝的北侧建筑物，在安全合理的前提下对仁寿城市湿地公园进行了景观改造升级。该项目的完成，为后续其他类似项目的建设提供了新的方向，考虑建设成本的同时能打造具有城市特色的绿色景观且不影响原有坝体结构的使用功能[6]。

参考文献

［1］林萌．城市滨水公园景观的提升改造：以福州三江口生态公园为例［J］．现代园艺，2022，45（2）：76-78.

［2］姚艳娜．中小河流综合治理景观提升改造的常规经验［J］．智能城市，2021，7（21）：125-126.

［3］周盼．园林景观改造工程建成后的设计与施工问题及对策建议：以长沙市洋湖湿地公园景观提质改造（洋湖国家湿地公园品质提升）一期工程为例［J］．现代园艺，2022，45（13）：170-172，175.

［4］谈海燕．西宁市湟水河湿地公园景观提升及海绵化改造规划设计［D］．包头：内蒙古农业大学，2022.

［5］郝亮，孔繁慧．浅析节约型园林理念在公园改造中的应用：以呼和浩特市南湖湿地公园为例［J］．内蒙古林业，2021（9）：15-22.

［6］马陈立，娄心程，史礼健．基于场所精神的城市公园景观改造设计研究：以嘉兴南湖景观区域景观提升工程为例［J］．浙江园林，2023（1）：67-72.

明渠层流中微囊藻群体垂向迁移的试验观测与分析

曹娜娜[1]　刘　丰[1]　杨方宇[1]　赵懿珺[1]　曾　利[1,2]

（1. 中国水利水电科学研究院水力学研究所，北京　100038；
2. 中国水利水电科学研究院流域水循环模拟与调控国家重点实验室，北京　100038）

摘　要：明渠层流中微囊藻群体垂向迁移特性对认识微囊藻水华暴发、开展微囊藻水华防治具有重要意义。本文采用 PIV 与 PLIF 相结合的试验方法，观测了微囊藻群体在静水和明渠流层流中的迁移轨迹，分析了水流对微囊藻群体垂向迁移的影响。结果表明：明渠层流中相同尺寸微囊藻群体的垂向迁移速度比静水条件小；水流对微囊藻群体垂向迁移速度的削弱能力与微囊藻群体尺寸有关。

关键词：微囊藻群体；明渠流；水动力；迁移

1　引言

微囊藻水华是一种全球广泛发生的水生态灾害[1-2]。微囊藻水华暴发会对水生态系统平衡、饮用水安全以及经济发展带来巨大威胁，是当前水生态环境治理关注的重点之一。水华暴发过程十分复杂，涉及生物与非生物因素，例如捕食、光照、温度、营养盐、水动力条件等[3-6]。在中、富营养化水体中，水动力对微囊藻水华的暴发有重要影响。明渠流作为一种基本流态，在输水工程中广泛存在。因此，深入认识明渠流中微囊藻群体的迁移特性对理解水华暴发的水动力机制以及开展水华防治具有重要意义[7]。

关于水体中微囊藻群体迁移特性的研究可归纳为两方面。一是静水环境中微囊藻群体的垂向迁移特性，包括垂向迁移速度、垂向浓度分布等；二是流动水体中微囊藻群体的输运特性。与静水条件相比，流动水体中微囊藻群体的迁移过程更加复杂[8-11]，涉及各种形式的涡流结构。在微囊藻群体迁移研究领域，国内外已开展较多工作，在水华暴发的水动力机制方面有了较多认识[12]。例如，已有研究表明：强水动力条件可使微囊藻垂向完全混合，进而使得表层水华消失，但强烈的混合也增加了微囊藻群体尺寸增大的可能性，一旦水动力条件变弱，易导致水华暴发[13]。当前描述水流中微囊藻群体迁移的理论模型大多假定动水条件下微囊藻群体的垂向迁移速度等于垂向水流速度与微囊藻群体垂向自主迁移速度之和，相关试验验证还有待深入开展。

目前，动水环境中微囊藻群体迁移的水动力机制研究多集中于风生流和异重流上，以原型观测和相对宏观的大尺度试验为主，但大尺度试验影响因素较多，难以深入剖析水动力对单个微囊藻群体的影响。因此，有必要从更为简单的基本流态入手，针对单个微囊藻群体，通过控制性试验分析水动力对微囊藻群体迁移的影响。本文基于室内试验，研究明渠层流中微囊藻群体的垂向迁移特性，分析水体流速对微囊藻群体垂向迁移的影响，为深入认识水华暴发的水动力机制与模拟预报提供参考。

基金项目：流域水循环模拟与调控国家重点实验室自主研究课题（SKL2022TS09）；中国水利水电科学研究院科研专项项目（HY110145B0032021）。

作者简介：曹娜娜（1997—），女，硕士，研究方向为生态水力学。

通信作者：曾利（1982—），男，正高级工程师，主要从事环境与生态水力学研究工作。

2 试验装置与方法

2.1 试验装置

明渠层流中微囊藻群体迁移试验装置包括水槽系统、供水系统、进藻系统、成像系统及隔振光学平台，如图 1 所示。

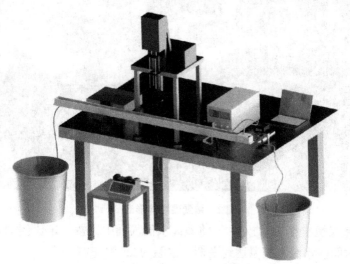

图 1　试验装置示意图

2.1.1　水槽系统

水槽尺寸为 200 cm×5 cm×5 cm，由亚克力板制作而成，包括进口、出口、围堰、进藻口 4 个部分。为保证水流稳定，在水槽入口段布置了稳流网，出口断面采用梯形堰。

2.1.2　供水系统

通过高性能直流无刷电机驱动器（AQMD3605BLS）连接微流泵（MICROPUMP PN：86145）和直流稳压电源（HYELEC HY3005ET）来控制水流。

2.1.3　进藻系统

将注射器（Hamilton 1750，500 μL）固定于哈弗泵上（Harvard Pump 11 Elite），并通过鲁尔接头、硬管及 PEEK 管转接头与水槽底部的底座连接。由于微囊藻自身的浮力较强，其在管道中可自主上浮。

2.1.4　成像系统

成像系统包含 SCMOS 相机（16-bit pco. edge 5.5）、微距镜头（CANON 1：2.8 USM 60 mm）、滤光片（550 nm）、激光器（MDL-F-447nm-3.5W-1601）、扩束系统、同步器（ILA_5150 GmbH）、相机图像采集软件及数字图像处理软件（PIVview 2C）。其中，扩束系统是指在激光器的柱镜上加上笼式系统及平凹透镜（Oeabt OLB-I1-100N），以此达到激光片光扩束的目的。

2.1.5　隔振光学平台

试验中将水槽置于由直角台（大恒光电 GCD-0003M、GCD-0004M）组装而成的垂直支架上。垂直支架通过螺丝与精密阻尼光学平台（卓立汉光 OTBR 69-100-1）相固定。

2.2　试验方法

试验所用微囊藻群体取自太湖梅梁湾。移取浮在液面上的微囊藻群体，转入放有 BG11 培养基的锥形瓶中，并在恒温光照培养箱中培养。培养温度为 25 ℃，光照条件为 2 000 lx，周期设置为白天 12 h，黑夜 12 h。显微镜下微囊藻群体形态如图 2 所示。

为避免用于流场示踪的空心玻璃珠对微囊藻群体轨迹测量的影响，流场的测量和微囊藻群体轨迹的测量分开进行。试验流量为 0.70 mL/s，流速为 22.43 cm/s。流场测量步骤如下：

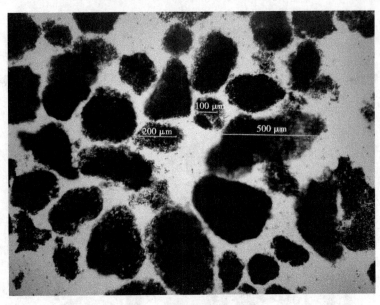

图 2 微囊藻群体形态

（1）使用空调将室温恒定在 25 ℃左右，将蒸馏水倒入桶中，按一定比例加入示踪粒子，搅拌均匀，放置于室内一段时间使水温和气温达到平衡，水温为 25 ℃左右。

（2）向水槽内缓慢注入溶液至水流过堰顶，注液量约为 1 700 mL。水槽上方盖上亚克力板，以减少空气流动对水流的影响。

（3）稳定 20 min 后，开启微流水泵，通过调节水泵的换向频率来控制水流出流量。每隔 10 min 拍摄示踪粒子画面并保存数据。

在流态稳定、可重复的前提下，开展微囊藻群体运动轨迹测量工作，主要步骤如下：

（1）向水槽中缓慢注入约 1 700 mL 的 25 ℃的蒸馏水，并稳定流动 20 min。

（2）将注射器固定于哈弗泵上，用 500 μL 容量的注射器吸取藻液。

（3）开启微流水泵，待 30 min 后，将注有藻液的硬管连接到底座上。再等待约 10 min 让水流稳定，打开相机、激光器和同步器，每隔 10 min 拍摄一组试验数据并保存。

（4）重复以上步骤，以获得足够的微囊藻运动轨迹图像。

3 流场测量结果与分析

待水槽中含有示踪粒子的溶液稳定后，开启微流水泵向水槽中注入溶液，此时记做 $t=0$ min。随着溶液的注入，水槽中水体开始流动，逐渐形成稳定的明渠流。图 3 展示了 $t=30$ min 时水平流速和垂向流速的垂向分布情况。结果表明：垂向流速约为 0.002 mm/s，远小于微囊藻群体在静水中的上浮速度。

为保证试验流态的可重复性，重复 3 次平行试验。图 4 展示了 3 次平行试验 $t=30\sim60$ min 流速的变化过程。图 5 给出了拍摄范围内流速分布图（$t=30$ min）。结果表明：试验流态稳定，重复性好，可用于微囊藻群体迁移特性试验。

4 微囊藻群体迁移特性及分析

4.1 微囊藻群体迁移轨迹

试验所用微囊藻群体尺寸小于 1 mm，其中 100~200 μm 群体最多，平均占比 27.22%；其次为 200~300 μm，平均占比 18.22%；500 μm 以上的群体较少，平均占比为 10.16%。试验共记录微囊藻群体迁移轨迹为 2 840 条，如图 6 所示。从微囊藻群体迁移轨迹来看，其迁移主要发生在两个方向：一方面微囊藻群体随水流在水平方向上迁移，另一方面在浮力的作用下向上迁移。

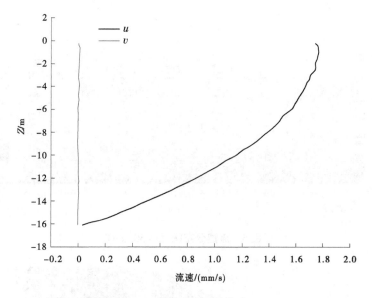

图3 水平流速 u、垂向流速 v 的分布（$t=30\ \mathrm{min}$）

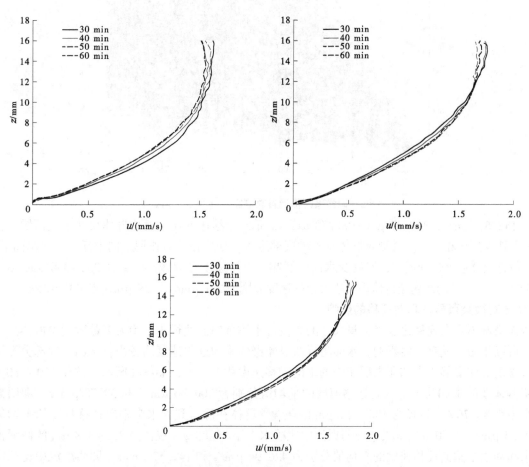

图4 流速分布随时间变化（$t=30\sim60\ \mathrm{min}$）

4.2 微囊藻群体垂向迁移速度

不同尺寸微囊藻群体垂向迁移速度（v_z）的垂向分布如图7所示。微囊藻群体尺寸越大，垂向迁移速度越大；微囊藻群体在水槽底部垂向迁移速度小，随着藻体上浮，垂向迁移速度逐渐增大，至水面附近上浮速度迅速减小。5个尺寸微囊藻群体垂向迁移速度的平均值分别为 39.70 μm/s、70.07

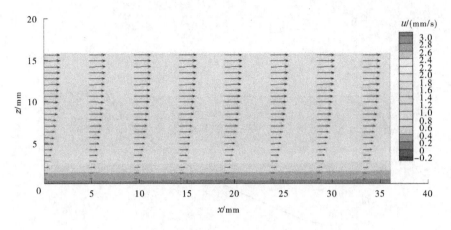

图 5　流速分布图（$t=30\ \text{min}$）

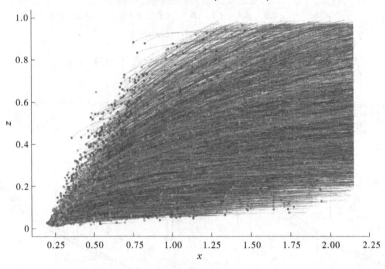

图 6　微囊藻群体迁移轨迹图　（单位：μm）

$\mu\text{m/s}$、142.57 $\mu\text{m/s}$、218.37 $\mu\text{m/s}$ 和 278 $\mu\text{m/s}$，垂向迁移速度随微囊藻群体尺寸增大而增大，与静水中垂向迁移规律相一致。微囊藻群体从水槽底部进入，随后在浮力作用下向上迁移，至水面下 2 mm 左右的位置上浮速度达到最大，然后受水面的影响，上浮速度迅速减小。直径 252~358 μm、358~506 μm 和 506~714 μm 的微囊藻群体垂向最大迁移速度分别为 271 $\mu\text{m/s}$、359 $\mu\text{m/s}$ 和 437 $\mu\text{m/s}$。

4.3　水流对微囊藻群体垂向迁移的影响

微囊藻群体垂向迁移速度受自身尺寸的影响。水体垂向流速远小于绝大多数微囊藻群体垂向迁移速度，可以忽略。受自由面影响，水面附近微囊藻群体垂向迁移速度均较小；水面下大部分区域相同尺寸微囊藻群体在静水中和明渠层流中的垂向迁移速度相差较大，如图 8 所示。粒径为 0~180 μm 的微囊藻群体在静水和动水中垂向迁移速度的平均值分别为 206.36 $\mu\text{m/s}$ 和 39.70 $\mu\text{m/s}$，即明渠流中比静水中小 80.76%。粒径为 180~252 μm 的微囊藻群体在静水和动水中垂向迁移速度的平均值分别为 331.34 $\mu\text{m/s}$ 和 70.07 $\mu\text{m/s}$，即明渠流中比静水中小 78.85%。粒径为 252~358 μm 的微囊藻群体在静水和动水中垂向迁移速度的平均值分别为 426.94 $\mu\text{m/s}$ 和 142.57 $\mu\text{m/s}$，即明渠流中比静水中小 66.61%。粒径为 358~506 μm 的微囊藻群体在静水和动水中垂向迁移速度的平均值分别为 432.69 $\mu\text{m/s}$ 和 218.37 $\mu\text{m/s}$，即明渠流中比静水中小 49.53%。粒径为 506~714 μm 的微囊藻群体在静水和动水中垂向迁移速度的平均值分别为 597.91 $\mu\text{m/s}$ 和 278.79 $\mu\text{m/s}$，即明渠流中比静水中小 53.37%。总体来看，微囊藻群体垂向迁移速度比静水中小 50%~80%；水流对微囊藻群体垂向迁移速度的削弱能力与微囊藻群体尺寸有关。

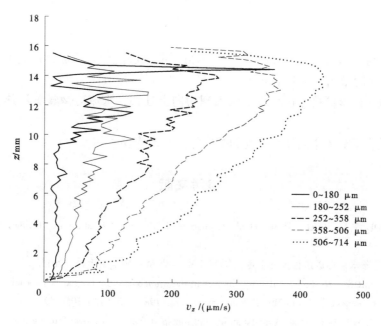

图7 不同尺寸微囊藻群体垂向迁移速度分布图

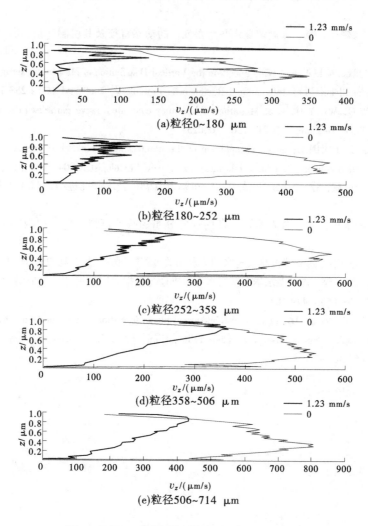

图8 不同尺寸微囊藻群体垂向迁移速度比较

5 结论

本文采用 PIV 与 PLIF 相结合的试验方法，测量了明渠层流中微囊藻群体迁移轨迹，分析了水动力对微囊藻群体迁移的影响。主要结论如下：

（1）明渠层流中微囊藻群体在垂直方向表现为向上迁移，水流对微囊藻群体垂向迁移速度有明显削减作用。

（2）水流对微囊藻群体垂向迁移速度的削弱能力与微囊藻群体尺寸有关。

参考文献

［1］HUISMAN J, CODD G A, PAERL H W, et al. Cyanobacterial blooms ［J］. Nature Reviews Microbiology, 2018, 16 （8）: 471-483.

［2］孔繁翔, 宋立. 蓝藻水华形成过程及环境特征研究 ［M］. 北京: 科学出版社, 2011.

［3］KROMKAMP J C, MUR L R. Buoyant density changes in the cyanobacterium Microcystis aeruginosa due to changes in the cellular carbohydrate content ［J］. FEMS Microbiology Letters, 1984, 25 （1）: 105-109.

［4］WANG C, FENG T, WANG P, et al. Understanding the transport feature of bloom-forming Microcystis in a large shallow lake: A new combined hydrodynamic and spatially explicit agent-based modelling approach ［J］. Ecological Modelling, 2017, 343: 25-38.

［5］秦伯强, 杨桂军, 马健荣, 等. 太湖蓝藻水华"暴发"的动态特征及其机制 ［J］. 科学通报, 2016, 61 （7）: 759-770.

［6］WU X, KONG F. Effects of Light and Wind Speed on the Vertical Distribution of Microcystis aeruginosa Colonies of Different Sizes during a Summer Bloom ［J］. International Review of Hydrobiology, 2009, 94 （3）: 258-266.

［7］YANG Y, JIANG W Q, WU Y H, et al. Migration of buoyancy-controlled active particles in a laminar open-channel flow ［J］. Advances in Water Resources, 2021, 156: 104023.

［8］WALSBY A E, NG G, DUNN C, et al. Comparison of the depth where Planktothrix rubescens stratifies and the depth where the daily insolation supports its neutral buoyancy ［J］. New Phytologist, 2004, 162 （1）: 133-145.

［9］刘德富, 杨正健, 纪道斌, 等. 三峡水库支流水华机理及其调控技术研究进展 ［J］. 水利学报, 2016, 47 （3）: 443-454.

［10］俞茜, 刘昭伟, 陈永灿, 等. 微囊藻属一日内垂向分布的数值模拟 ［J］. 中国环境科学, 2015, 35 （6）: 1840-1846.

［11］秦伯强, 胡维平, 陈伟民, 等. 太湖梅梁湾水动力及相关过程的研究 ［J］. 湖泊科学, 2000, 12 （4）: 327-334.

［12］杨宇, 曾利, 吴一红, 等. 微囊藻水华暴发的水动力机理与模拟研究进展 ［J］. 中国水利水电科学研究院学报（中英文）, 2022, 20 （5）: 449-463.

［13］WU T, QIN B, ZHU G, et al. Dynamics of cyanobacterial bloom formation during short-term hydrodynamic fluctuation in a large shallow, eutrophic, and wind-exposed Lake Taihu, China ［J］. Environmental Science and Pollution Research, 2013, 20 （12）: 8546-8556.

河湖水质自然化改善与提升技术研究
——以鹿溪河流域水生态治理-兴隆湖水生态综合提升工程为例

张　倩　潘宇威

（黄河勘测规划设计研究院有限公司，河南郑州　450003）

摘　要：河湖是生态系统稳定和城市环境的灵魂，本文以鹿溪河流域水生态治理-兴隆湖水生态综合提升工程为例，提出河湖水质自然化改善与提升的思路，构建河湖水质自然化改善与提升体系，为推进城市河湖重新自然化提供有益借鉴。

关键词：水质自然化；水生态治理；兴隆湖

1　引言

我国对河湖水质自然化改善与提升的研究起步较晚，董哲仁[1]在水利工程学发展现状基础上，借鉴国外河流近自然修复理念和生态工程学理论，创立了生态水利工程学科。他阐述河流生态修复为在充分发挥生态系统自我修复功能的基础上，采取工程措施和非工程措施，促使河流生态系统恢复到较为自然的状态，改善其生态完整性和可持续性的一种生态保护行动。

2020年，水利部发布了《河湖生态系统保护与修复工程技术导则》，明确指出"应遵循自然规律，充分发挥生态系统的自我修复功能、维持河湖水系自然形态、保护重要水生生物栖息地、发挥拟自然治理技术作用"等设计原则[2]，对河湖生态保护与修复工程的设计提供了指导和规范。

本文围绕鹿溪河流域水生态治理-兴隆湖水生态综合提升工程，以多维度调查分析为基础，构建水质自然化改善与提升体系，有力保障河湖生态完整性和可持续性。

2　河湖水环境问题分析

作为天府新区特别是鹿溪河流域重要生态涵养和水利调蓄节点，兴隆湖于2013年11月开工建设，充分利用低洼地形，壅水成湖，2014年蓄水成湖，2016年底竣工。经过近几年的运行存在以下问题：兴隆湖浊度较高，水体透明度低；湖内底泥有机污染严重，底泥发黑发臭；湖体对污染物降解程度小，湖体自净能力差；补水水质差，流域面源污染大等。

2.1　水量调查和湖区水量平衡

2.1.1　东风渠补水

兴隆湖补水主要来自于湖体东侧东风渠，经庙子沟、贾家沟汇入鹿溪河老河道，最后进入兴隆湖，东风渠年补水量上限为 2 700 万 m³。

2.1.2　环湖及上游地表径流汇流

兴隆湖周围整体地势东高西低，西侧径流由管网收集后向西排走，不会汇入兴隆湖。目前兴隆湖湖区范围内有雨水排口共12个，汇水面积共计 3.1 km²。另外，上游支流所涉及的汇水面积为 19.1

作者简介：张倩（1984—），女，高级工程师，主要从事水利工程咨询与投资工作。

km²，通过鹿溪河河道及其他支流进入兴隆湖。

2.1.3 湖区水量平衡

根据降雨和蒸发量资料，在不考虑东风渠补水的情况下，兴隆湖一年之中有 7 个月总耗水量大于总入湖雨水量。为保持兴隆湖常水位，需要上游来水补充，总补水需求量至少为 219.29 万 m³/a，由东风渠引水经鹿溪河老河道湿地进入兴隆湖。

2.2 外源污染调查

2.2.1 补水水质

东风渠自都江堰引水，水质情况为地表水 Ⅲ 类或 Ⅳ 类，但由于经由庙子沟、贾家沟支沟后，受到点源、面源等的污染，至兴隆湖入湖口处补水水质总氮（TN）、总磷（TP）平均浓度为地表水 Ⅳ 类到 Ⅴ 类标准，变成了兴隆湖水质恶化的重要外源污染。

2.2.2 生活生产污水截污纳管现状

兴隆湖区域生活生产污水已全部纳入市政管网，故兴隆湖水质不受生活生产污水影响。

2.2.3 地表径流水质

通过对兴隆湖周边绿地径流污染调查，径流污染水质总氮浓度约为 3.5 mg/L（地表水劣 Ⅴ 类），总磷浓度约为 0.4 mg/L（地表水 Ⅴ 类）。

2.3 内源污染调查

2.3.1 兴隆湖内湖水质现状

兴隆湖内湖水浊度很高，湖水透光性很差，能见度不足 35 cm，触水手感黏稠。于不同时间段在兴隆湖选取 6 个区域进行取样监测，根据监测结果和地表水环境质量标准，兴隆湖水质基本维持在 Ⅳ ~ Ⅴ 类水范围内。P1（东侧）的 TN、TP 达到 Ⅳ 类水标准，P3（东北侧）的 TN、TP 为 Ⅴ 类水标准，但 COD 指标除了 P1（东侧）为 Ⅴ 类水标准，其他监测点都已经严重超标，为劣 Ⅴ 类水标准，说明兴隆湖有机污染严重。

2.3.2 兴隆湖底泥现状

虽然兴隆湖流域生活生产污水都已截污纳管，但长期补水水质较差，且人工湖体流速缓慢，产生污染物沉淀，导致河床底泥受到污染。资料显示，自兴隆湖 2014 年蓄水成湖至 2020 年，并未对湖底淤泥采取任何清理措施。故消解底泥成了解决兴隆湖内源污染、提升兴隆湖水质过程中不可或缺的一大步骤。

由于污染水体、过深水体达不到光补偿点，湖中植物无法平衡光合作用制造的有机物质与呼吸作用消耗的物质，栽培的沉水植物最终变成新污染源，并反馈放大，加重水体污染。大量沉水植物死亡，最终残骸腐烂后成为有机污染底泥的一部分。

另外，蓄水前兴隆湖底大部分是农业居民用地，有污染物残留在土壤中，经过长年浸泡后，大量有机污染物由下至上释放入湖水中，影响兴隆湖水质。

湖内除进出口区域及 P5（西南侧）底泥呈黄泥外，70% 湖底的底泥为黑泥，且底泥挥发性固体含量均在 2 mg/L 以上，说明兴隆湖底泥有机污染严重。

2.4 污染负荷分析

2.4.1 外源污染负荷

根据水质水量数据，可以计算得出年入库污染量，如表 1 所示。

2.4.2 内源污染负荷

综合内源污染调查结果，兴隆湖内源污染来源于底泥沉积物的释放，并且由于前期工程种植的植物大量死亡，死亡后的植物来不及分解，造成大量有机物在湖区底部累积，释放面积大。据研究，由于水流作用，底泥中污染物通过上浮和释放进入水体，导致上覆水中相应污染物浓度的增加，其受底泥污染物的释放速率、污染河段水面面积以及流量控制，底泥总体积约为 28.6 万 m³。根据污染负荷预测，底泥中 COD 含量为 7 980 mg/kg，故底泥中 COD 总量为 2 261 t。

表 1　外源污染负荷

项目	湖区降雨	集雨区地表径流	入库补水	总计
年水量/万 m³	263.06	46.97	3 153.60	—
入湖 TN/（mg/L）	1.97	3.5	2.1	—
年总入湖 TN/t	5.18	1.64	66.23	73.05
入湖 TP/（mg/L）	0.15	0.4	0.3	—
年总入湖 TP/t	0.39	0.19	9.46	10.04
入湖 COD/（mg/L）	0.5	40	40	—
年总入湖 COD/t	1.32	18.79	1 261.44	1 281.55

2.4.3　水环境容量

本次 COD 降解系数及 TN、TP 沉降系数参照国内外相关研究，规划目标浓度按 Ⅲ 类水标准，主要污染物参数取值及水环境容量计算结果见表 2。

表 2　兴隆湖水环境容量测算汇总

指标	V/万 m³	CS/（mg/L）	K/（δ/d）	A/万 m²	Z/m	Q/（万 m³/a）	W/（t/a）
COD	640	20	0.006 5	—	—	3 199.42	943.56
TN	640	1	0.000 61	280.0	2.2	3 199.42	32.72
TP	640	0.05	0.002 5	280.0	2.2	3 199.42	1.89

2.4.4　污染负荷削减目标

通过环境容量计算结果，与预测污染负荷数据对比，得到兴隆湖理论负荷削减量，为后续治理方案提出了污染负荷削减目标。

表 3　兴隆湖目标削减量　　　　　　　　　　　单位：t/a

类别	COD	TN	TP
污染负荷	3 542.55	73.05	10.04
环境容量	943.56	32.72	1.89
目标削减量	2 598.99	40.33	8.15

由表 3 可知，按地表水 Ⅲ 类水质计，COD、TN、TP 入库负荷大于环境容量，应采取工程措施加大削减力度，削减目标：COD 2 598.99 t/a，TN 40.33 t/a，TP 8.15 t/a。

3　水质自然化改善与提升体系构建思路

3.1　尊重自然的自我设计

重视以洪水过程、风力、生物传播等自然动力为主的水生态系统的自我设计能力，遵循"自然是母，时间为父"的原则。

3.2　设计多维生态空间

强调从上游到下游纵向空间维度的生态连通性，遵循从水体—岸带—陆地侧向空间上的生态梯度变化，加强从水面—河湖底质—潜流层的竖向生态交换，重建多景观层次、多生态序列的生态景观。

3.3　促进多功能生境恢复

生境恢复对于流域生物多样性提升非常重要，尤其是具有栖居、庇护、觅食等多功能的生境恢复，是流域生态修复的重要策略。构建健康、安全、稳定的水环境系统，营造多样化的生物生境，保障立体生态系统。通过水域地形塑造、水下生态构建、完善湖区底栖系统建设。将河湖系统的功能设计与其过程设计充分结合，实现生物多样性的丰富，保障水体整体生态系统的持续稳定。

4 水质自然化改善与提升体系构建

水质自然化改善与提升是一项复杂的系统性工程，通过全方位、多角度营造多样性的生境，科学配置水生物，不仅提高了水体自净能力，也增强了生物多样性与生态系统的功能。

4.1 清淤及底质改良工程

兴隆湖湖库较宽，清淤面积广，放水过后，湖库底部积水较少。针对兴隆湖具体情况，采用干式方法进行清淤，干水作业具有清淤彻底，对设备、技术要求不高，质量可靠，容易应对清淤对象中含有大型、复杂垃圾的情况等优点。淤泥清挖起来后用底质改良剂进行简单的无害化处理，底质改良剂主要由氧化钙、沸石粉、多种微量元素及稀土，改良剂用量为 0.21 kg/m²，均匀泼撒在底质上。

4.2 沉水植物工程

根据沉水植物繁殖习性选择合适的种植方法，以最大程度发挥其生态功能。沉水植物除苦草为全植株带根系种植外，其余都为营养体种植，并考虑冬季的水质净化效果，选用了冷季品种伊乐藻。伊乐藻在 6 月前后会逐步进入休眠期，提前做好收割清理，并用黑藻对其演替，黑藻可采用芽孢及鲜体种植引种，逐步建立四季长效净化的体系。

4.3 水生动物操纵工程

4.3.1 大型底栖动物投放

底栖动物投放的时间需根据沉水植物种植进度、水质及水生生物监测的情况确定。主要大型底栖动物放养有铜锈环棱螺、梨形环棱螺、无齿蚌、刻纹蚬等。

4.3.2 鱼类放养

鱼类投放前需选定暂养水域，恢复、观察、挑选活性良好的种苗，鱼类投放根据沉水植物种植进度分为两个大阶段进行，具体时间需根据水质及水生生物监测的情况确定，主要投放鱼类有鲢鱼、鳜鱼、鳙鱼、乌鳢、胭脂鱼等。

4.4 微生物强化工程

由于兴隆湖属新成湖，自然生态并未良好建立。在前期人工搭建水生态系统的过程中，主要的工作量在水生动植物方面，而对于微生物这一关键环节的关注不够，应加大对人工湖中微生物生态系统的重视力度。结合兴隆湖整体蓄水方案，确定微生物强化菌剂投加方式，边蓄水边投加菌剂，前三个月按估算投加量满额投加，帮助建立微生物生态链，形成良性循环，让水体形成良好的自净能力，之后可逐月减少投加量。

4.5 生境重造工程

健康的生态湖泊具有健全的水生动植物系统，就必须具有适宜的生境条件，水深及水下地形直接影响了该水系的动植物分布及湖泊的生态类型。兴隆湖以湖底原鹿溪河走廊为基础进行地形重塑，通过土方调整，在最大 10 m 水深的范围内塑造了 11 级不同的水深梯度，其中重点构建了 4 m 水深以内区域的湖底地形，形成大量的浅滩、深潭，最大化地还原自然湖泊中复杂的地形样貌，为湖区内多样的水生动植物系统创造有利条件[3]。

4.6 入湖口生态基工程

于红星路南延线至兴隆湖的河道内设置生态基区域，有效减小外源有机污染负荷，对悬浮颗粒进行初期沉降，占地少、成本低。

在主入湖口处设置生态基约 2 万 m²，有效填料体积约 2 000 m³，服务范围约为鹿溪河总地表径流区域的 70%。在原老河道入湖口处设置生态基约 2 万 m²，有效填料体积约 2 000 m³，服务范围约为猫猫沟总地表径流区域的 92%。

4.7 雨水滞留带工程

对环兴隆湖的 12 个雨水排口设置雨水滞留区域,雨水径流首先通过沉淀过滤区进行预处理,粗过滤大中型沉淀物,去除细小颗粒,并吸附污染物;然后设置导流围隔(生态隔离),使水不能迅速进入湖体,从而使水体中污染物有足够的时间在垂直生物滞留带区域内进行物理沉降和生物降解。

4.8 完善引水工程

为确保兴隆湖上游来水区水质提高,利用分洪工程线路新增引水工程,以增加非汛期时的东风渠引水流量,同步对已实施完成的引水工程末端至鹿溪河、鹿溪智谷的沟渠进行现状整修,并增加生态护篱。

4.9 河道基底护岸保护

鹿溪河河道生态提升除以上措施外,还建设蜂巢格室约束工程及生态护坡。鹿溪河河道生态治理的重要环节为在有流速的水体中基底土壤的保持,使用蜂巢格室对河道基底进行约束控制,侧向限制和防滑,抗水流冲击,减少或防止基底土壤横向移动、保持土壤,对生态系统的植物群落进行保护。河道边坡采用防冲生态袋护坡及大卵石护底,生态袋装种植土混合草籽,生态袋顶部和底部分别设压顶和护脚,保证生态袋的抗冲稳定性。

5 结论

2021 年提升工程完成后,兴隆湖水质明显改善,自 2022 年起不再存在富营养化问题,兴隆湖水质从Ⅳ类提升到Ⅲ类,形成合理稳定的水生物种群结构,构建"水生植物-底栖动物-鱼类-微生物"共生的高效复合生态系统,实现有效的物质循环与能量流动,湖体抗洪水和污染冲击能力明显增强,为优美水生态持续构建提升奠定了坚实基础,为城市的水质自然化改善与提升提供了样本。

参考文献

[1] 董哲仁. 河流生态恢复的目标 [J]. 中国水利,2004(10):6-9.

[2] 中华人民共和国水利部. 河湖生态系统保护与修复工程技术导则:SL/T 800—2020 [S]. 北京:中国水利水电出版社,2020.

[3] 侯潇,汪海,关二赛,等. 天府新区生态湿地建设理念与实践:以兴隆湖湿地公园为例 [J]. 资源与人居环境,2022(2):49-53.

水库大坝安全管理

沁河右堤堤顶裂缝与不均匀沉降原因分析与对策

牛万宏　马奇豪

（黄河勘测规划设计研究院有限公司，河南郑州　450003）

摘　要： 本文针对沁河右堤部分堤段出现的堤顶裂缝和不均匀沉降，采用堤顶现状表观测量、地质雷达和高密度电法等探测手段，查明了堤顶纵、横向裂缝的规模、延伸范围和深度，以及不均匀沉降发生的部位和量值。结合现场地质条件，分析认为堤顶产生裂缝的原因是雨水下渗导致土体强度退化和重型车辆等长期动静荷载的共同作用，发生不均匀沉降的主要原因是在堤身质量差、堤身堤基土体的不均匀性、堤基土长期处于欠饱和状态及"21·7"洪水长时间雨水浸泡等综合因素影响下，堤身、堤基土体均发生塑性变形和固结沉降。结合堤防加固经验，提出适时对堤身填土注浆加固和对堤顶路面重新整修的建议，可供堤防工程运行管理单位和同行参考。

关键词： 沁河；堤防；堤顶裂缝；不均匀沉降；分析与对策

1　工程概况

沁河是黄河三门峡至花园口区间的主要支流，流域面积 13 532 km²，沁河下游为冲积平原，河道比降小，平均比降为 0.47‰，河道宽 1 km 左右，下游河段河道长 90 km。丹河口以下已成为地上河，高出两岸 2~4 m，大堤两侧村庄较多，为防洪重要河段。

沁河下游防洪工程主要由堤防和险工组成，两岸共有堤防 161.626 km，其中左岸 76.285 km，右岸 85.341 km。丹河口以下河段左岸为 1 级堤防，右岸为 2 级堤防。历史上的沁河险工都是在被动抢险后形成的，人民治河以后，对历史留下的秸料埽险工进行了石化改造，20 世纪 80 年代以前进行过 3 次大复堤，对已经石化过的险工仅做了"戴帽"加高加固。2016 年 7 月至 2020 年 4 月，对沁河下游防洪工程进行了全面治理，在原有防洪工程基础上，加高、帮宽堤防 31.3 km，改建、续建、加固险工 38 处等，总投资达 9.01 亿元。目前，沁河右堤高 8~10 m，堤顶宽度 8 m，临背河边坡 1 : 2.5~1 : 3。

根据地勘报告，堤身填土以重粉质壤土和中粉质壤土为主，土质均一性稍差，为稍湿、稍密~中密状。该层厚 8.2 m，层底高程 98.20 m。堤身填土的干密度 1.44~1.61 g/cm³，孔隙比 0.632~0.888，压缩系数 0.110~0.480 MPa⁻¹，属中压缩性土；渗透系数 $3.4×10^{-7}~8.7×10^{-5}$ cm/s，属弱透水性。个别堤段堤身土存在裂隙、空洞等隐患，钻探过程中有漏浆现象。堤基土层：第②层壤土，以中粉质壤土和重粉质壤土为主，可塑状，局部夹粉砂或砂壤土薄层，层厚 4.00~14.60 m，平均厚 8.13 m；第③层砂壤土呈黄色，湿~很湿，稍密，局部夹有细砂薄层，层厚 4.80~7.40 m，平均厚 6.10 m。地下水类型为孔隙型潜水，主要受沁河水补给和大气降水补给，大堤临河侧地下水位埋深 6.1~13.3 m。以沁河右岸 72+950 处为例，地质剖面见图 1。

作者简介： 牛万宏（1968—），男，高级工程师，主要从事水利工程地质勘察设计工作。

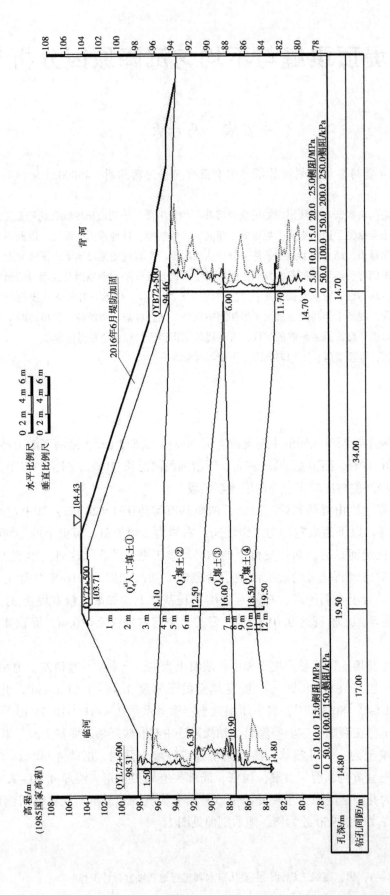

图 1 沁河右岸 72+950 处地质剖面

2 裂缝现状

2021 年 7 月 13 日至 24 日，受台风"查帕卡""烟花"及大陆高压和副热带高压等多个天气系统影响，在东亚大气环流异常协调作用下，沁河上游普降暴雨和大暴雨，此次暴雨总量大、历时长、范围广，导致沁河超警戒水位，武陟站洪峰流量达 1 510 m³/s。9 月 27 日又降暴雨，武陟站洪峰流量更是达到 2 000 m³/s，为 1982 年以来最大洪水。两次洪水沁河堤防全面偎水，堤脚水深 1~1.5 m，退水过程缓慢，部分堤防偎水时间持续数月[1]。之后 1 年内，沁河右堤部分堤顶发生裂缝与不均匀沉降，影响堤防总长达 7.284 km，集中在沁河右堤 27+405~30+000 和 54+700~75+972 堤段，表现最为明显的是 71+500~75+972 堤段。裂缝主要为纵向裂缝，最长裂缝约 135 m，裂缝宽度多在 2~5 cm，最大裂缝宽度达 25 cm，2022 年 10 月采用沥青或混凝土对裂缝进行封填，2023 年 4 月观察，大部分裂缝仍在继续发展、变宽。不均匀沉降导致堤顶起伏不平，凹凸明显，局部沉降达 30~50 cm。

3 现场检测

针对堤防表面出现的裂缝与不均匀沉降，经过初步分析研究，确定检测方案，即采用表面测量与当初设计成果对比确定地面沉降量和沉降差，通过地质雷达探测查明堤防表面纵向裂缝延伸范围和深度[2]，通过垂直堤线方向的高密度电法探测堤身填土的均匀性[3]，结合堤防工程地质情况，分析产生裂缝与不均匀沉降的原因。

3.1 表观测量

对堤顶道路路面进行地形图测绘，并将堤顶裂缝在地形图上进行标注。经堤顶裂缝分类统计，堤顶裂缝显著的 71+500~75+972 堤段总长 4.472 km 范围内大小裂缝（纹）共 1 078 条，其中纵向裂缝 447 条，横向 631 条。纵向裂缝多分布在道路中心，个别堤段临背河侧亦有分布，长度 10 m 以内的占比 20%~30%，长度 10~55 m 的占比 70%~80%，最长裂缝约 135 m。纵向裂缝宽度多在 2~5 cm，占比 80%~90%，裂缝宽度 5~10 cm 的占比 10%~15%，裂缝宽度 10~15 cm 的占比约 5%，最大裂缝宽度达 25 cm，裂缝处已采用沥青或混凝土进行封填。封填后，大部分裂缝仍在继续发展、变宽，封堵沥青拉裂。典型现状裂缝及最大裂缝宽度见图 2。堤顶凹陷起伏相对较大的堤段为 72+400~72+600 和 73+200~73+300。其中，73+200~73+300 堤段堤顶道路现状见图 3。

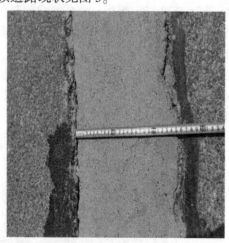

图 2 典型现状裂缝及最大裂缝宽度

通过现状路面高程与 2017 年沁河下游防洪治理工程堤顶道路施工设计图路面高程纵断图（见图 4）对比发现，堤顶路面均产生了不同程度的沉降，72+900~73+000 堤段沉降 11~38 cm，最大沉降 38 cm；73+150~73+250 堤段沉降 23~54 cm，最大沉降 54 cm；其他堤段堤顶路面沉降 3~7 cm，平均沉降 4.4 cm。

图3　73+200~73+300 段堤顶道路现状

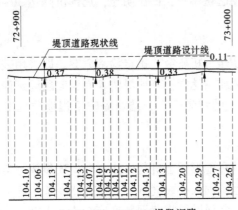
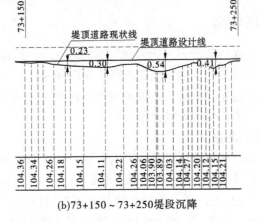

(a)72+900~73+000堤段沉降　　　　　　(b)73+150~73+250堤段沉降

图4　72+900~73+000 堤段沉降与 73+150~73+250 堤段沉降　　（单位：m）

3.2　地质雷达探测

对 71+500~75+972 堤段开展了地质雷达探测工作，共探测了 29 条断面，其中长横断面3条（71+500、72+050、72+400），堤顶横断面12条（71+560、71+575、71+940、72+040、72+060、72+075、72+785、73+045、75+520、75+530、75+690、75+715），纵断面14条，测线总长度为 1.68 km。探测结果表明堤顶下 0~1.5 m 有多处较明显土体疏松或脱空区域，与堤顶较明显塌陷区域基本对应。

3.3　高密度电法探测

为进一步查明堤顶裂缝处堤身及堤基地层土质的横向分布情况，有针对性地于沁河右岸桩号 71+510、72+040、72+245 共布设3条高密度测线（见图5~图10），测线大致垂直河堤道路，电极距1.5 m，测线长度约 90 m。

图5　测线1位置（71+510）

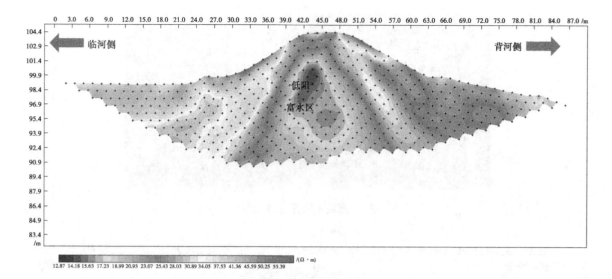

图6　测线1视电阻率成果

图7　测线2位置（72+040）

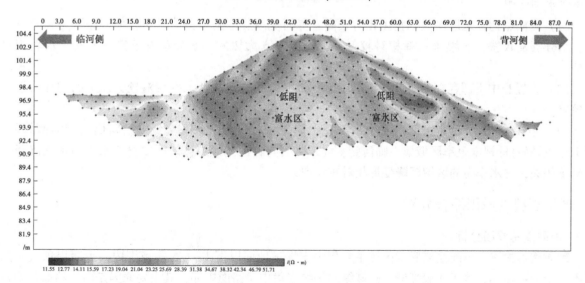

图8　测线2视电阻率成果

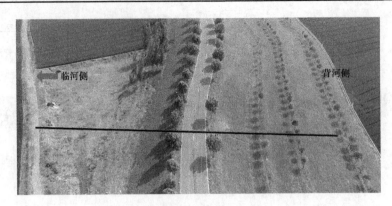

图 9　测线 3 位置（72+245）

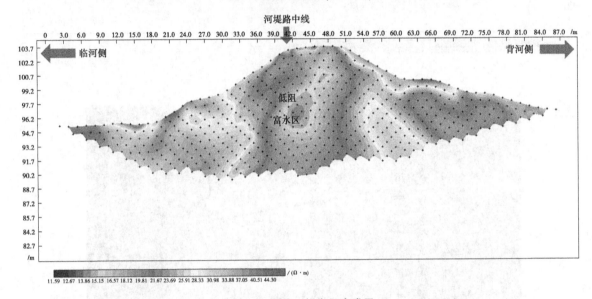

图 10　测线 3 视电阻率成果

由成果图可以看出，勘探范围内地层电阻率在 11~53 Ω·m，其中低阻区土壤含水率高，高阻区土壤含水率低[4]。

（1）堤防临河侧地层电阻率整体相对较高，背河侧地层电阻率整体相对较低。原因是临河侧空旷，水分蒸发较快，土壤含水率相对较低，背河侧多高大树木，水分蒸发较慢，土壤含水率相对较高。

（2）在堤身中下部存在相对低视电阻率区，说明该部位地层含水率相对较大，土的物理力学性质较差。

（3）图 6、图 8 所示背河侧堤身中下部视电阻率低，土壤含水率高，堤顶路面向背河侧倾斜。图 10 所示堤身低视电阻率区域偏于临河侧，堤顶路面向临河侧倾斜，说明堤身含水率与堤顶沉降变形呈正相关，含水率高的区域沉降变形相对较大[5]。

4　产生裂缝的原因综合分析

4.1　地面裂缝原因分析

地质雷达检测土体疏松或脱空区域主要集中于堤顶地面以下 1~1.5 m 范围内，说明堤顶裂缝深度不大于 1~1.5 m，属于浅表裂缝。路基纵向裂缝多集中于路面中部，其主要原因是由于路面为沥青路面，路肩两侧为路面绿化带，路面行车部分相对不受雨水影响，而路肩两侧土体受雨水下渗影响，经常处于湿润状态，使土体强度发生退化，同时在车辆等长期动静荷载的作用下易造成路面出现纵向张裂缝，张裂缝基本位于路面中部[6]。横向裂缝主要是不均匀沉降导致的拉裂缝。

4.2 堤身沉降原因分析

从物探结果并结合堤段地质条件分析，地面沉降主要原因有以下几点：

（1）堤身质量：从筑堤历史来看，沁河堤防是在旧民埝基础上加高培厚形成的，20 世纪 80 年代以前筑堤施工主要为人工复堤，压实度较低，该部分堤身填筑质量较差，干密度偏低，内部干裂缝、加塞、狐獾洞穴较多，20 世纪 80 年代以后基本以机械化复堤为主，填筑质量相对较好；从地质勘察报告来看，该段堤身填土以重粉质壤土和中粉质壤土为主，土质均一性稍差，干密度 1.44～1.61 g/cm³，平均 1.52 g/cm³，干密度值偏低，饱和度 39.3%，偏干燥，压缩模量 0.19～0.33 MPa，平均 0.26 MPa，属中压缩性土；从高密度电法探测来看，堤身土体内部高阻区和低阻区分布无规律，说明堤身土体不均匀，各处密实度存在明显差异。总体上认为该段堤身填土以重粉质壤土和中粉质壤土为主，土质均一性稍差，填筑质量较差，干密度偏低，土体干燥，堤身土存在裂隙、空洞等隐患。

（2）堤基地质：堤基主要土层以中粉质壤土和砂壤土为主，平均厚 8.13 m，干密度 1.52 g/cm³，孔隙比 0.762，饱和度 78%，压缩系数 0.30 MPa⁻¹，属中等压缩性；渗透系数 1.2×10^{-5} cm/s，属中等透水性，堤基土结构属黏性土单一结构。大堤临河侧地下水位长期埋深 6.1～13.3 m。堤基土长期处于欠饱和状态，天然状态下强度较高，若水位上升，土体饱和，则承载力降低，压缩性增大，在堤身填土重力作用下将产生压缩变形，导致堤身沉降。由于地基主要土层的不均匀性和各处厚度不同，沉降变形量也不同，体现在堤顶就是路面高低不平或局部开裂。

（3）降雨影响：2021 年 7 月和 9 月降雨总量大、历时长、范围广，导致沁河超警戒水位，两次洪水沁河堤防全面偎水，堤脚水深 1～1.5 m，退水过程缓慢，部分堤防偎水时间持续数月。在长时间降雨入渗条件下，堤身土体大量吸水，含水率增大，饱和度提高，堤身土体重度增大，土体强度降低，导致堤身土体自身发生压缩变形。降雨也使得堤脚偎水，堤脚、堤基土体承载力降低，压缩性增大，加之堤身刚刚加高完成 1 年多，在堤身填土重力作用下堤基发生了压缩变形，导致堤身整体沉降。

综合分析，该段堤防发生不均匀沉降的原因有堤身内部土体不均匀、不密实，土体干燥，堤身土存在裂隙、空洞等隐患，堤基土长期处于欠饱和状态，加之"21·7"洪水长时间雨水浸泡和洪水侵蚀，造成堤身土含水率整体增加，且堤身各处含水率差异较大，土体重度增大、塑性变差、抗剪强度降低，在自身重度和外界荷载作用下土体发生塑性变形和固结沉降变形。由于堤身土体中含水率的差异，导致堤身土体沉降变形量的不同，体现在堤顶就是路面高低不平或局部开裂。

5 对策

根据以上原因分析，堤顶道路裂缝属张裂缝，裂缝深 1～1.5 m，纵向裂缝宽度多在 2～5 cm，最大裂缝宽度达 25 cm，鉴于封填后的大部分裂缝遇雨季仍在继续张裂、变宽，建议适时对堤顶路面重新整修，整修标准应满足《公路路基设计规范》（JTG D30—2015），填方路基压实度按重型击实标准应达到路槽底以下 0～80 cm 范围内为 94%。

堤身沉降建议对堤身填土注浆加固，注浆加固可以采用黏土灌浆、水泥灌浆或高分子材料灌浆。黏土灌浆只能起到挤密、填充作用，优点是应用广、成本低；水泥灌浆不仅有挤密、填充作用，还能和土体发生化学反应，产生固结效果，增强加固体的强度，成本高于黏土灌浆；高分子灌浆材料是一种由单体或低聚物与催化剂所组成的材料，将它化为浆液并借助一定的压力灌入有缺陷的地层或需要处理的建筑物部位后，就地反应生成高分子，可与被灌对象形成整体，具有稳定性好、强度高、堵漏快等优点，缺点是成本较高。

6 结论与建议

（1）71+500～75+972 堤段总长 4.472 km 范围内大小裂缝（纹）共 1 078 条，其中纵向裂缝 447 条，横向 631 条。堤顶道路裂缝属张裂缝，裂缝深 1～1.5 m，纵向裂缝宽度多在 2～5 cm，最大裂缝宽度达 25 cm，产生裂缝的原因是雨水下渗导致土体强度退化和重型车辆等长期动静荷载作用。鉴于封填后的大部分裂缝遇雨季仍在继续张裂、变宽，建议适时对堤顶路面重新整修，整修标准应满足《公路路基设计规范》（JTG D30—2015），填方路基压实度按重型击实标准应达到路槽底以下 0~80 cm 范围内为 94%[7]。

（2）堤顶路面均产生了不同程度的沉降，72+900~73+000 堤段沉降 11~38 cm，最大沉降 38 cm；73+150~73+250 堤段沉降 23~54 cm，最大沉降 54 cm；其他堤段堤顶路面沉降 3~7 cm，平均沉降 4.4 cm。发生不均匀沉降的原因有堤身内部土体不均匀、不密实，土体干燥，堤身土存在裂隙、空洞等隐患，堤基土长期处于欠饱和状态，加之"21·7"洪水长时间雨水浸泡和洪水侵蚀，堤身土体重度增大、塑性变差、抗剪强度降低，在自身重度和外界荷载作用下土体发生塑性变形和固结沉降变形，由于堤身堤基土体的不均匀性，导致堤身土体沉降变形量的不同，体现在堤顶就是路面高低不平或局部开裂。

（3）对于堤身沉降不均匀沉降处理，建议对堤身填土注浆加固，注浆加固可以采用黏土灌浆、水泥灌浆或高分子材料灌浆。

参考文献

[1] 刘现锋，谢向文，马若龙，等．综合物探技术在复杂土质堤防隐患探测中的应用［J］．人民黄河，2020，42（12）：41-44，50.

[2] 陈国光，李卓，方艺翔．监测资料与探地雷达在均质土坝渗漏分析中的应用［J］．人民黄河，2022，44（10）：127-132，158.

[3] 邓洪亮，谢向文，郭玉松，等．黄河下游堤防工程隐患探测技术与应用［J］．地球物理学进展，2008，23（3）：936，941.

[4] 畅巨宏．沥青混凝土路面裂缝成因分析及防治［J］．技术与市场，2021，28（4）：125，127.

[5] 左兵．堤顶防汛道路路面裂缝原因分析与处理［J］．科技创新与应用，2021（8）：138-140.

[6] 李强．综合物探方法在堤防隐患探测中的应用［J］．工程技术，2021，48（15）：78-80.

[7] 杨长青，焦迎乐，余畅畅，等．焦作"21·7"暴雨洪水及河道堤防险情调查［J］．人民黄河，2023，45（7）：58-61.

西霞院水库发电坝段下游防淤堵方法研究

梁成彦 李 江

（黄河勘测规划设计研究院有限公司，河南郑州 450003）

摘 要： 西霞院反调节水库配合小浪底水库进行了多年的调水调沙运用，库区主河槽下切，大量砂卵石被冲刷搬运至大坝下游，沉积在尾水渠，尤其是 2018—2020 年"低水位、大流量、高含沙、长历时"泄洪运用，使得冲刷和沉积更为明显。2020 年 7 月下旬排沙量陡增，导致发电坝段下游尾水出现局部淤堵和尾水闸室水位抬升现象，影响大坝运行。本文从泥沙级配、库区地质、库区漏斗演变、尾水淤积、调度及出入库泥沙量等多角度分析，得出了淤堵和水位抬升的原因，并提出了清淤和后续观测方案及切实可行的冲沙调度方案，来解决淤积淤堵问题。

关键词： 调水调沙；淤积淤堵；高含沙；浑水容重；清淤；调度方案

1 概述

1.1 项目背景

西霞院反调节水库是黄河小浪底水利枢纽配套工程，位于小浪底水利枢纽坝下 16 km 处。水库总库容 1.45 亿 m^3，开发任务为以反调节为主，结合发电，兼顾供水、灌溉等综合利用。

实际调度过程中，为避免高含沙、小流量水沙过程对黄河下游河道的不利影响，西霞院水库配合小浪底水库进行了调水调沙运用，即在小浪底水库下泄清水阶段，西霞院水库按库水位从 134 m 逐渐降至不高于汛限水位 131 m 运用；小浪底水库异重流排沙期，西霞院水库敞泄运用，库水位在 126 m 附近运用；调水调沙结束时，按进出库平衡、库水位不超过 131 m 运用。西霞院水库经过了多次调水调沙运用，特别是 2018—2020 年的"低水位、大流量、高含沙、长历时"泄洪运用[1]。

1.2 问题描述

2020 年 7 月，西霞院水库正处于泄洪排沙运用期间，23 日下午西霞院 4 台机组全部停机避沙，全关进口闸门。24 日早小浪底消力塘含沙量 562 kg/m^3，11 时，西霞院水库开启的 2 号排沙底孔尾水渠出口位置水面翻腾明显，但 1 号、3 号排沙底孔尾水渠出口位置水面无明显翻腾，初步判断该位置产生了尾水淤堵，影响水库泄洪排沙。随后，尾水闸室内水位出现了抬升，最高达到了约 127.5 m 高程，此时下游尾水位约 121.9 m，高差约 5.6 m，数小时后，1 号、3 号排沙底孔尾水渠出口位置水面翻腾明显，尾水闸室内水位下降，表明淤堵被冲开。

西霞院水库电站下游淤堵发生在水库"大流量、高含沙"泄洪排沙运用期间。小浪底是唯一能够为下游滩区防洪提供库容的骨干水库，将追求尽可能多排沙，未来其下游的西霞院水库"大流量、高含沙"泄洪排沙运用概率不会降低，如不解决西霞院发电坝段下游淤堵问题，可能导致水库泄洪排沙严重受阻和尾水闸室水位漫顶，进而影响发电坝段运行。为了解决淤积影响，需对发电尾水区域防淤堵方法进行研究，提出相应的处理方案，确保西霞院水库大坝的稳定运行。

作者简介： 梁成彦（1985—），男，高级工程师，主要从事水工结构、水力学和边坡开挖支护的设计工作。

2 淤堵及尾水闸室水位抬升原因分析

2.1 悬移质泥沙级配

根据小浪底站、西霞院站 2018—2020 年排沙期间悬移质泥沙资料，2018—2020 年西霞院水库入库悬移质泥沙中值粒径平均为 0.033 mm，出库悬移质泥沙中值粒径平均为 0.027 mm[2]。

2.2 西霞院坝址区地质情况

发电坝段部位地层由表部松散沉积层、中部砂卵石层及下部基岩地层组成。表部松散沉积层，厚 2.5~3.5 m。上部为砂壤土或粉土，厚 0.5~1.0 m；下部为砂层，厚 1.5~2.0 m，结构疏松。中部砂卵石层，厚 23~28 m，分为 Q4 与 Q3 两层。Q4 砂卵石层厚约 12 m，含砂率约 20%；其下部的 Q3 砂卵石层，颗粒较均一。根据颗分试验结果，Q4 砂卵石粒径大于 20 mm 的含量为 43.4%；Q3 砂卵石粒径大于 20 mm 的含量为 41.8%。

2.3 库区漏斗演变情况

西霞院水库在 2012 年调水调沙过后，发电坝段上游河床出现了较为严重的冲刷，冲坑范围为 300 m×290 m，最大冲刷深度达到 5.76 m。随后多年的调水调沙运行，导致主槽持续下切，从图 1、图 2 可以看出，2020 年汛后坝前漏斗区冲刷幅度剧烈，主槽底部已经低于 2012 年河床，断面 1、断面 2 主槽深点分别在 108.05 m、112.47 m，越接近大坝，河床冲刷越严重，已经冲刷至原始河床砂卵石层。库区砂卵石层被冲刷后会形成推移质，出库后，流速降低并淤积于发电坝段尾水渠内。

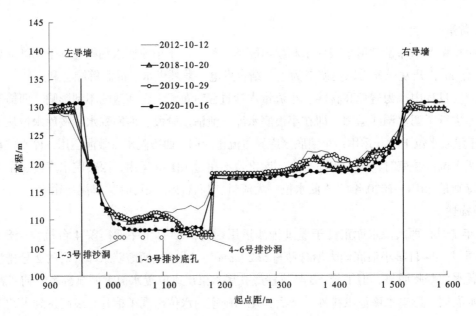

图 1　漏斗区断面 1（坝上游 30 m 河道）

2.4 淤积及泥沙情况

2020 年 7 月西霞院水库 1 号、3 号排沙底孔下游尾水渠发生短暂淤堵情况后，对水下情况进行了摸排，发现尾水渠淤积物以粒径 20~30 cm 卵石为主，表层无泥沙。从前文 2.1 部分可知，2018—2020 年西霞院水库入、出库悬移质泥沙中值粒径平均为 0.033 mm 和 0.027 mm；从前文 2.2 部分西霞院坝址区地质情况表明，库区河床的粒径大于 20 mm 的砂砾石占比接近 50%。由此判断，小浪底下泄和西霞院库区的悬移质泥沙基本被冲入下游河道，没有产生淤积，而 20~30 cm 卵石是西霞院库区漏斗主槽内的砂砾石地层受到库区水流冲刷而被搬运进入尾水的。因此，"低水位、大流量、高含沙、长历时"泄洪排沙运用，导致库区河床主槽的冲刷是造成下游淤堵的最关键因素。从目前的摸

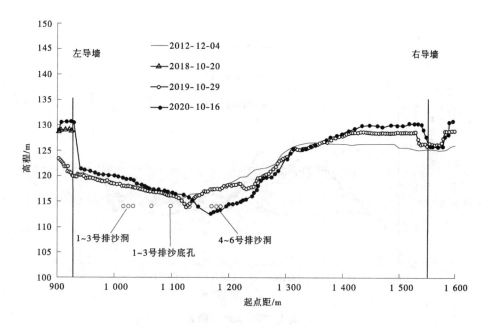

图2　漏斗区断面2（坝上游130 m河道）

排情况来看，从 D0+110 m 桩号开始，电站尾水渠逐步淤积至 120 m 高程，侵占了相当大的尾水过流面积，出水不畅，如继续淤积，则会加剧汛期排沙时的尾水淤堵程度，很可能造成发电尾水的抬升，影响发电坝段的正常运行。

发电坝段下游实测河道断面变化见图3、图4。坝下 170 m 位置处，发电洞和右侧排沙洞区域（起点距 1 050～1 170 m）2018 年汛后平均高程 113.17 m。2019 年该区域平均河底高程 116.21 m，比 2018 年高了 3.04 m。坝下 230 m 位置处，发电洞和右侧排沙洞区域（起点距 1 050～1 170 m）之间平均河底高程 118.69 m，与 2018 年汛后相比有明显抬升[3]。可以看出，2018—2020 年连续 3 年经历了"低水位、大流量、高含沙、长历时"泄洪排沙运用，大量推移质从上游冲到电站尾水区域产生了淤积。

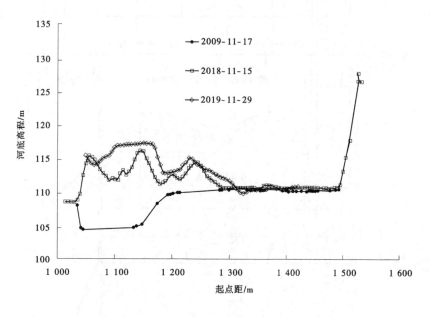

图3　坝下170 m断面

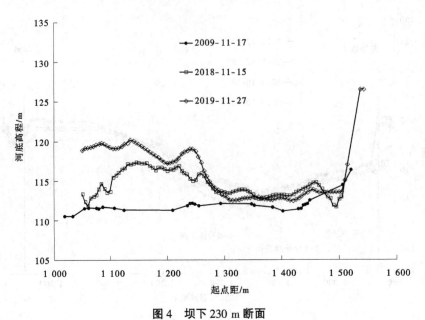

图 4　坝下 230 m 断面

根据图 5、图 6 可知，尾水渠的卵石淤积是自工程建成以来长期淤积而成的；再结合表 1 的泥沙

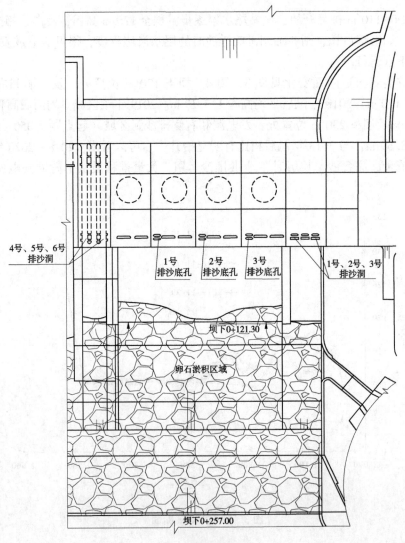

图 5　卵石淤积范围

特征数据，2020 年 7 月 22 日及以前，当天的入库和出库沙量基本平稳，23 日开始入库沙量 2 292 万 t，出库沙量 935 万 t，均开始明显大幅增加，24 日入库沙量 4 171 万 t，出库沙量 4 377 万 t，出库流量 3 570 m³/s，日均含沙量高达 141.9 kg/m³。短时间的大量排沙造成了尾水渠泥沙含量大幅增加，大大加重了淤积程度，进而造成了尾水渠的淤堵，而后在水流的作用下，泥沙逐步被冲走，缓解了淤堵情况，但大粒径的卵石淤积依然存在。

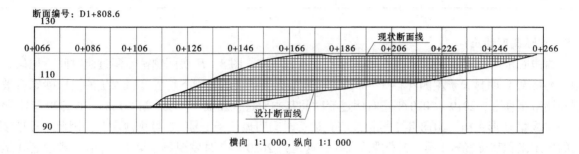

图 6　1 号排沙底孔尾水淤积断面（顺水流方向）

表 1　西霞院 2020 年 7 月中下旬水库水沙特征数据

日期	水位/库容		流量		入库沙量（计算）		出库沙量（计算）	
	日均库水位/m	日均下游水位/m	日均入库/(m³/s)	日均出库/(m³/s)	当天/万 t	累计/万 t	当天/万 t	累计/万 t
2020-07-18	130.62	121.35	2 060	2 130	204	11 761	194	5 625
2020-07-19	130.70	121.35	2 150	2 160	161	11 923	179	5 803
2020-07-20	130.83	121.41	2 620	2 440	367	12 290	302	6 105
2020-07-21	130.73	121.39	2 300	2 450	381	12 671	412	6 517
2020-07-22	130.68	121.45	2 630	2 580	832	13 503	496	7 013
2020-07-23	130.56	121.45	2 350	2 430	2 292	15 794	935	7 948
2020-07-24	130.49	121.92	3 650	3 570	4 171	19 965	4 377	12 325
2020-07-25	130.48	121.74	2 290	2 310	1 229	21 194	1 277	13 602
2020-07-26	130.71	121.44	1 960	1 950	570	21 764	650	14 252
2020-07-27	130.62	121.71	2 670	2 600	775	22 539	623	14 875
2020-07-28	130.63	121.69	2 670	2 670	710	23 249	583	15 458

进入 2020 年 7 月以后，2 号、5 号排沙洞开启，状态全开，2 号排沙洞流量 233.24 m³/s，5 号排沙洞流量 235.4 m³/s；1 号、2 号、3 号排沙底孔开启，状态全开，1 号排沙底孔流量 143.4 m³/s，2 号排沙底孔流量 157.3 m³/s，3 号排沙底孔流量 142.6 m³/s。由表 2 计算出排沙底孔尾水的平均流速是 0.16 m/s，排沙洞尾水的平均流速为 0.67 m/s。由图 5 可知，在坝下 0+121 m 桩号附近，排沙底孔和排沙洞尾水汇流在一起，两股水流流速（见表 2）差别较大，水流交汇处必然会产生回流，回流方向见图 5，即在 1 号、3 号排沙底孔的尾水区域产生回流，回流区域的流态紊乱，流速低，容易沉积泥沙，并且 2 号排沙底孔的流量大于 1 号、3 号排沙底孔，以上因素是 1 号、3 号排沙底孔出现淤

堵而 2 号排沙底孔基本未产生淤堵的原因。

表 2 2020 年 7 月 24 日电站尾水平均流速 v 计算

	下游水位/m	底高程/m	$Q/(\text{m}^3/\text{s})$	$v/(\text{m/s})$
排沙底孔尾水	121.92	99.48	443.3	0.16
排沙洞尾水	121.92	106	233.24	0.67

2.5 实际调度情况

西霞院水库 2012—2020 年闸门调度运行情况见图 7、图 8。厂房两侧排沙洞过流时间不均匀，右侧（4~6 号）明显长于左侧（1~3 号），进一步加深了主槽的冲刷下切程度，大量的河床砂砾石被冲刷并挟带至坝下，2019—2020 年左右侧过流时间基本对称，断面 1（坝上游 30 m）在 2020 年汛期过后基本成宽 U 形主槽。2018 年 2 号排沙底孔运行时间明显长于 1 号、3 号排沙底孔，因此 2 号排沙底孔的尾水淤积程度轻于 1 号、3 号排沙底孔，这也是 2020 年 7 月发现尾水渠 1 号、3 号排沙底孔尾水淤堵而 2 号基本未产生淤堵的原因。2019—2020 年，1~3 号排沙底孔基本为均匀、对称调度运用。

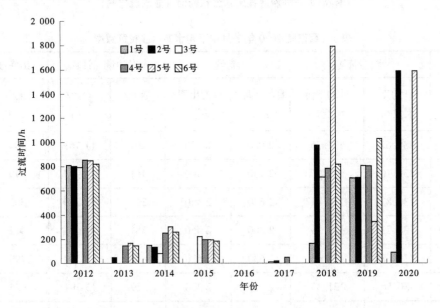

图 7 西霞院排沙洞历年过流时间

2.6 淤堵原因分析

发电坝段尾水渠淤积的卵石是西霞院库区漏斗主槽内的砂砾石地层在水库"低水位、大流量、高含沙、长历时"泄洪排沙运用期间，受到库区水流冲刷而被搬运至尾水的。2020 年 7 月 23—24 日出入库沙量陡增，24 日日均含沙量高达 141.9 kg/m³。短时间的大量排沙造成了尾水渠泥沙含量大幅增加，大大加重了淤积程度，进而造成了尾水渠的淤堵，而后在水流的作用下，泥沙逐步被冲走，缓解了淤堵情况。

发电坝段下游 0+121 m 桩号附近，排沙底孔和排沙洞尾水汇流在一起，两股水流流速（见表 2）差别较大，在 1 号、3 号排沙底孔的尾水区域产生回流，造成泥沙沉积，并且 2 号排沙底孔的流量大于 1 号、3 号排沙底孔；另外，2018 年 2 号排沙底孔运行时间明显长于 1 号、3 排沙底孔，因此 2 号排沙底孔的尾水淤积程度轻于 1 号、3 号排沙底孔，以上因素是 1 号、3 号排沙底孔出现淤堵而 2 号排沙底孔基本未产生淤堵的原因。

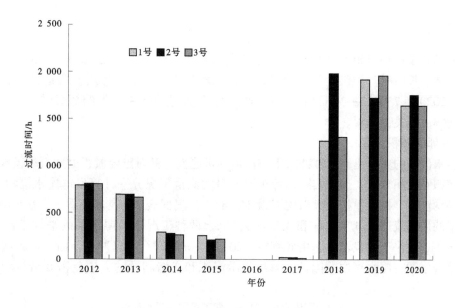

图 8　西霞院排沙底孔历年过流时间

2.7　尾水闸室水位抬升及原因分析

7月23日西霞院4台机组全部停机避沙，全关进口闸门。24日上午，淤堵发生时，电站尾水闸室内最高水位约127.5 m，下游尾水位约121.9 m，高差约5.6 m。当日下午，淤堵逐步被冲开，尾水闸室内水位逐渐下降。尾水闸室的水位抬升和下游淤堵基本同步发生，随后通过排水措施和排沙底孔被冲开，使得水位下降，可以判定，闸室水位抬升和下游淤堵有直接关系，与上游库水位无关。

23日泥沙出库量935万t，出库流量2 430 m³/s。24日泥沙出库量4 377万t，出库流量3 570 m³/s。23—24日，1~3号排沙底孔全开，2号、5号排沙洞全开，厂房坝段的过流量约677 m³/s，剩余流量从泄洪闸下泄，由于泄洪闸高程较高，排沙底孔和排沙洞高程较低，所以排沙底孔和排沙洞的排沙作用更明显，即厂房尾水的含沙量明显大于溢流坝段尾水的含沙量。

23日机组停机避沙，尾水闸室内的水基本处于封闭空间内的静止状态，尾水闸室内浑水密度为23日的含沙水平；24日排沙量进一步大幅增加，尾水渠内的浑水密度为24日的含沙水平，且大幅大于23日的浑水密度；尾水闸门联通闸室与尾水渠，该断面上下游压强相等，因此尾水闸室内的水位被壅高。可以判断，尾水闸室内的水位升高与24日排沙量大幅增加，且尾水淤积有直接的关系。

针对发电坝段过沙量对尾水闸室内水位的影响进行了敏感性分析（见图9、图10）。峰值时，泄洪总沙量约90%从发电坝段泄流，含沙量约670 kg/m³，再次说明在卵石淤积的基础上，大量的泥沙下泄是造成短暂淤堵和闸室水位抬升的关键因素。

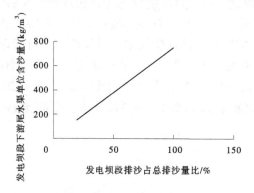

图 9　发电尾水单位含沙量与排沙占比关系

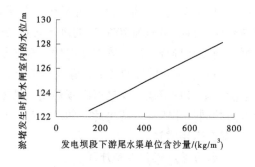

图 10　尾水闸室内水位与尾水渠含沙量关系

3 防淤堵方法

尾水渠的卵石淤积是自枢纽建成以来多年长期淤积而成的，特别是 2018—2020 年的"低水位、大流量、高含沙、长历时"泄洪运用，库区漏斗冲刷较严重，大量推移质被搬运至坝后，淤积在电站尾水区域；2020 年 7 月 23—24 日出入库沙量陡增，进而造成了尾水渠的短暂淤堵。因此，尾水卵石淤积问题的解决是关键因素。

3.1 水力学及卵石淤积计算

为探究尾水淤积的卵石是否有被冲入下游河道的可能性，针对已经淤积的卵石粒径现状，进一步进行水力学和卵石淤积分析，选取实际运行工况和最大流量工况分别计算发电尾水渠和 1~3 号排沙洞尾水渠的平均流速。机组单机最大引用流量 345 m³/s，根据表 3、表 4 可看出，粒径 20~30 cm 的卵石在尾水渠的启动流速为 4.1 m/s 和 3.9 m/s，以上两种工况下，尾水渠的平均流速分别为 0.71 m/s 和 2.13 m/s，均小于启动流速，由此判定，20~30 cm 的卵石一旦冲入下游，便无法再被冲入下游河道，必然会淤积在尾水渠内。因此，解决下游淤积和淤堵问题的方法就需要清淤和调度运行相结合。

表 3 下游水位 121 m，各工况尾水平均流速 v

工况	部位	宽度	底高程/m	$Q/(\text{m}^3/\text{s})$	$v/(\text{m/s})$
机组不发电，1~3 号排沙底孔全开，2 号、5 号排沙洞全开（实际运行工况）	发电尾水渠	120	99.48	443.1	0.17
	排沙洞尾水渠	22	106	234.3	0.71
4 台机发电，1~3 号排沙底孔全开，1~6 号排沙洞全开（最大流量工况）	发电尾水渠	120	99.48	1 823.1	0.71
	排沙洞尾水渠	22	106	702.9	2.13

表 4 下游水位 121 m，20~30 cm 的尾水卵石启动流速

部位	d_{50}/m	底高程/m	水深 H_0/m	$\gamma_a/(\text{kN/m}^3)$	$\gamma/(\text{kN/m}^3)$	启动流速 $u_c/(\text{m/s})$
发电尾水渠	0.25	99.48	21.52	26.5	10	4.1
排沙洞尾水渠	0.25	106	15	26.5	10	3.9

3.2 清淤

尾水淤积物下方为混凝土底板、格宾石笼或原始河床，清淤时，有混凝土或格宾石笼的部位，重型机械清淤需保留一定厚度的淤积物保护层，以免破坏底板结构，基础是河床的部位，直接清理至设计高程[4]。

自水库运行十几年以来，长期保持调水调沙运行模式，判定目前的状态为长久运行以来的淤积，且在 2020 年发生了淤堵现象，并且今后在优化调度的作用下，砂砾石冲刷淤积无疑会有所改善，淤积物清理后再次淤积到 2020 年的水平必然会经历更长的时间，因此建议本次对淤积物进行清理，后续可间隔 2 年排查一次，排查 2 次后，视淤积物增速减缓效果，可延长排查间隔时间。基于 2020 年淤积至 D0+110 m 桩号的情况，建议以 D0+120 m 桩号为界，如排查发现淤积物延伸至 D0+120 m 桩号上游，则进行清淤，反之可继续观测。清淤是解决严重淤积和淤堵的短暂性方法，需要结合调度运行方法共同作用来深入解决此问题。

3.3 调度运用方法

3.3.1 水力学及泥沙淤积计算

3.3.1.1 调度方案

针对西霞院的出入库泥沙进行水力学及淤积计算，以比选出推荐调度方案，西霞院出入库泥沙的

中值粒径约为 0.033 mm，结合西霞院水库的实际调度方案，考虑分析以下组合方案：

（1）方案 1：下游水位 121 m，机组不发电，1~3 号排沙底孔全开，2 号、5 号排沙洞全开。

（2）方案 2：下游水位 121 m，2 台机组发电，1~3 号排沙底孔全开，2 号、5 号排沙洞全开。

（3）方案 3：下游水位 121 m，4 台机组发电，1~3 号排沙底孔全开，1 号、3 号、4 号、6 号排沙洞全开。

3.3.1.2 坝下游淤积计算结果

机组单机最大引用流量 345 m³/s，根据表 5 可看出，西霞院水库的出库泥沙在尾水渠的启动流速为 0.17 m 和 0.16 m。在方案 1 的工况下，1—1 断面的流速等于泥沙的临界启动流速，因此，大于中值粒径的泥沙就会在回流区及附近沉积下来，逐步形成淤积；2—2 断面流速大于启动流速，表明该断面水流能将泥沙冲入下游河道。在方案 2 和方案 3 的工况下，1—1 断面和 2—2 断面流速均大于泥沙启动流速，均能起到冲沙的作用。

表 5 下游水位 121 m，泥沙启动流速计算

部位	d_{50}/mm	底高程/m	γ_a/(kN/m³)	γ/(kN/m³)	u_c/(m/s)
发电尾水渠	0.03	99.48	26.5	10	0.17
排沙洞尾水渠	0.03	106	26.5	10	0.16

表 6 下游水位 121 m，各方案尾水平均流速

方案	部位	宽度/m	底高程/m	Q/(m³/s)	v/(m/s)
机组不发电，1~3 号排沙底孔全开，2 号、5 号排沙洞全开	发电尾水渠	120	99.48	443.1	0.17
	排沙洞尾水渠	22	106	234.3	0.71
2 台机组发电，1~3 号排沙底孔全开，2 号、5 号排沙洞全开	发电尾水渠	120	99.48	1 133.1	0.44
	排沙洞尾水渠	22	106	234.3	0.71
4 台机组发电，1~3 号排沙底孔全开，1 号、3 号、4 号、6 号排沙洞全开	发电尾水渠	120	99.48	1 823.1	0.71
	排沙洞尾水渠	22	106	468.6	1.42

3.3.2 推荐调度运行方案

西霞院水库，2018—2019 年排沙系统各流道未对称开启，且过流量分布不均，导致了库区漏斗的局部冲刷。为减轻上游漏斗区的冲刷现象，排沙底孔、排沙洞宜同时对称开启，且流量均匀分配[5]。

结合水库的实际运行情况，计算分析表明，停机避沙期间，排沙底孔全开的情况下，发电尾水也会产生泥沙淤积，因此，在允许发电运用的情况下，应尽早开启至少 2 台机组和 3 孔排沙底孔共同冲沙，发电尾水的流量不小于 1 133.1 m³/s，在此基础上，如能同时开启 4 台机组和 3 孔排沙底孔，发电尾水冲沙效果更好；排沙洞尾水断面相对较小，排沙洞对称开启 2 号、5 号，即可达到冲沙效果，单个排沙洞过流量不小于 234.3 m³/s，在此基础上，如能同时开启 1 号、3 号、4 号、6 号排沙洞，排沙洞尾水冲沙效果更好。

实际运行过程中采纳了推荐调度运行方案，在排沙底孔全开，对称开启排沙洞的情况下，根据泥沙的实时含量，择机对称开启 2 台或 4 台机组进行下游冲沙运用，近 2 年调水调沙期间未见发电坝段下游尾水出水不畅的情况，调度运行方案起到了应有的效果。

4　结语

（1）本文从西霞院水库的泥沙级配、库区地质条件、库区漏斗演变情况、尾水淤积情况、调度情况及出入库泥沙量等多角度进行分析，提出了"低水位、大流量、高含沙、长历时"泄洪排沙运用，导致库区河床主槽砂砾石层的冲刷和搬运，是造成整个发电尾水区域出现淤积情况的最关键因素；另外，泄洪排沙期间陡增的高含沙水流，导致浑水容重短时间大幅增加，触发了尾水局部的淤堵和尾水闸室水位抬升的现象。

（2）通过水力学及淤积计算分析，给出了清淤和调度运行方法结合的处理建议，具体提出了清淤的注意事项和后续观测排查的方案；另外，通过调度方案对比，提出了推荐的冲沙调度方案，整体方案可实施性强。

（3）本文从多角度深入分析了多泥沙对其造成的尾水淤积、淤堵和局部水位抬升问题，并提出了处理方案，是多泥沙河流水利工程研究的疑难案例，该研究对国内外类似工程的调度运行和泥沙问题研究具有指导意义。

参考文献

［1］刘树君．小浪底与西霞院水库联合优化调度［J］．人民黄河，2013，35（2）：83-85.

［2］王二平，张欣，孙东坡，等．小浪底水利枢纽防泥沙淤堵试验研究［J］．华北水利水电大学学报（自然科学版），2015，36（6）：6-9，46.

［3］朱旭萍，廖昕宇，张松宝，等．西霞院水库库区防淤堵情况分析［J］．水利科技与经济，2014，20（9）：10-12.

［4］刘耀，宋丽波，张鹏飞，等．西霞院水库优化运行分析［J］．机电信息，2020（26）：39-40.

［5］吴凌丞．万家寨水利枢纽排沙洞淤堵原因分析及疏通处理［J］．西北水电，2018（2）：54-57.

滑坡涌浪作用下重力坝稳定性试验研究

华　璐[1]　王平义[1]　宋　迪[1]　王梅力[1,2]　韩林峰[1]　田　野[1]

(1. 重庆交通大学国家内河航道整治工程技术研究中心，重庆　400074；
2. 重庆交通大学建筑与城市规划学院，重庆　400074)

摘　要： 本文基于相似准则中的重力相似，结合三峡库区中典型的岩质滑坡体参数及裂隙发育情况，模拟了由散状块体组合的岩质滑坡涌浪三维物理模型试验，分析了涌浪作用时重力坝坝面压力分布特征，并对坝体稳定性进行计算分析。结果表明：涌浪作用时竖直方向坝面压强容易在水面附近或水下 0.04~0.08 m 处取得最大值，容易在 1/2 水深或 2/3 水深或水底处取得最小值。坝体竖直方向中心整体压强最小；坝体顶部两侧区域，坝面压强最大。对坝体进行稳定性分析，涌浪作用时坝体存在安全隐患。

关键词： 滑坡涌浪；重力坝；稳定性

1　引言

滑坡涌浪研究是水库地质灾害的重要研究内容，也是地质灾害预警的重要研究内容[1]。在我国，已建的正式蓄水水库大多数存在着程度不同、表现形式各异的不同类型库岸滑坡现象或隐患，具代表性的有三峡水库、三门峡水库、二滩水库、宝珠寺水库、龚咀水库、黄龙潭水库、龙羊峡水库、新安江水库、福建水口水库、湖南柘溪水库[2]。随着我国山川河谷水资源的开发利用，大坝数量也越来越多。目前，我国水库大坝共计 9.8 万多座，水库大坝在灌溉、发电、供水、航运等方面发挥着巨大作用，为人类提供了巨大的经济效益和社会效益。然而水库滑坡产生的涌浪，往往会产生极大的横向流速，当涌浪传播至坝区时，涌浪自身挟带较大的动能冲击坝体，对坝体的稳定性造成威胁；当涌浪爬高超过坝高时，则会形成漫顶，对坝体和坝上下游地区有着巨大威胁，甚至溃坝，将给沿岸居民生命财产安全带来严重威胁。

1961 年 3 月 6 日，湖南柘溪水库的大坝上游右岸 1.5 km 处发生了 165 万 m³ 的塘岩光大型滑坡，该滑坡以高达 20 m/s 的速度滑入水库后，形成 21 m 高的涌浪直冲对岸；涌浪作用于大坝正压力达 260 t/m²，并以 3.6 m 高的涌浪越过正在施工的坝顶造成重大损失，死亡 40 余人[3]。1963 年 10 月，意大利瓦伊昂水库库区发生大体积滑坡灾害，近 3 000 万 m³ 的土体倾入水中，水库 2 km 范围均被土体填满，滑坡激起的超高涌浪越过坝体 100 m，漫向下游，冲毁下游水利设施及发电厂房，所造成的人员伤亡数多达 2 600 人[4]。2019 年 7 月，四川省乐山市峨边勒乌乡巴溪村附近水电站大坝取水口右岸山体突然滑坡，约 5 万多 m³ 滑坡体落入库区和取水口部位，产生巨大漫顶高度，直接冲毁大坝的部分结构、附属建筑物、大坝值班室和左岸浆砌石堡坎。因此，为了深入了解滑坡涌浪对大坝结构安全影响，急需探索滑坡涌浪作用下重力坝稳定性。此类研究具有重要学术意义和重大现实价值。

国内外研究中，在涌浪与大坝作用方面，主要对作用压力和漫顶情况等进行大量研究。在涌浪压

基金项目： 重庆市自然科学基金资助项目（cstc2021jcyj-msxmX0667）。

作者简介： 华璐（1996—），女，博士研究生，研究方向为滑坡涌浪灾害及防灾减灾。

通信作者： 王平义（1964—），男，教授，副校长，研究方向为水力学及河流动力学。

力方面，主要集中于物理模型试验研究，研究人员在二维水槽中主要探索了孤立波、涌浪对垂直壁和斜坡的作用压力（Chen 等[5]、Tan 等[6]），在三维水槽中主要探索了涌浪对斜坡的压力作用（Cao 等[7]）、涌浪对坝面的动水压强（Wang 等[8]、黄锦林等[9]）。也有基于数值模拟的研究，主要研究孤立波对大坝的动压力（Attili 等[10]、Li 等[11]），涌浪对弯曲墙、直墙的冲击压力（Castellino 等[12]、Zheng 和 Li[13]），以及涌浪冲击压力分布形式（李静等[14]）。然而这些研究较多针对特定的波形，实际情况下滑坡涌浪产生的波形是随机的，并且在三维物理模型试验中涌浪高度的衰减程度大于二维物理模型（单宽水槽模型）试验，故本文试验更能接近自然状态下的滑坡涌浪情况。

在大坝漫顶和稳定性研究中，数值模拟方法和物理模型试验方法普遍运用。基于数值模拟，研究者们注重分析漫坝量、漫顶高度（Risley 等[15]、Ataie-Ashtiani 和 Yavari-Ramshe[16]、Attili 等[10]），分析溃坝的水面形态及速度矢量的变化（徐娜娜[17]）。物理模型试验研究中，注重研究二维水槽中颗粒坝溃坝因素分析（Schmocker 和 Hager[18]、Schmocker 等[19]）及二维水槽中孤立波漫坝特性等（Kobel 等[20]、Huber 等[21]）。而在坝体稳定性方面，研究者利用数值模拟方法对弯曲河道涌浪作用下坝体稳定性（彭辉等[22]）和涌浪对拱坝作用下坝体稳定性（邓成进等[23]）进行分析，结果偏安全。物理模型试验中，研究者对乐昌峡大坝进行涌浪作用下的安全评估，结果显示有安全隐患（黄锦林等[9]）。这些研究中较多运用二维单宽水槽进行滑坡冲击坝体试验和漫坝、溃坝等方面的研究。这些研究均取得了一定成果，但其中涌浪对坝体稳定性方面的研究较少，且三维物理模型试验方面涉及也较少，二维单宽水槽试验和数值模型试验相对于三维物理模型试验来说在研究时难免会有失真情况。

在涌浪与大坝作用方面，这些研究大大增强了学者们对于涌浪压力、漫坝等的认识和基本行为的理解，然而现实中的涌浪波形复杂，尤其在河道型水库中的涌浪并非与二维单宽水槽中特性一致，其实际作用过程相对复杂，并且在涌浪冲击作用下重力坝稳定性研究中涉及较少；分析坝体稳定性是评估大坝安全的重要依据，所以对重力坝稳定性研究至关重要。因此，本文中利用大型三维物理模型试验进行了滑坡涌浪作用下重力坝稳定性研究。

2　试验设计

目前，对于滑坡涌浪次生灾害对重力坝影响研究并不全面，本文主要注重研究近坝区域河道型水库滑坡涌浪作用下坝体稳定性，为了更真实地反映实际滑坡涌浪情况，开展了大型三维物理模型试验。

滑坡涌浪试验在重庆交通大学国家内河航道整治工程技术研究中心长 48 m、顶宽 8 m、底宽 2.94 m 的大型水槽中进行。模型装置由水槽、大坝、滑坡装置 3 部分构成（见图 1），其中水槽和坝体模型皆由砖块和砂浆砌筑而成；滑坡装置是一台倒链葫芦式光滑钢铁装置；根据试验场地、试验条件等因素，设计的重力坝尺寸如图 2 所示，重力坝模型距滑坡装置中心 7 m。根据实地调查发现三峡库区大多数滑坡属于岩质滑坡，根据库区内岩石裂隙发育情况，本文采用由 5 种不同尺寸块体组合而成的滑坡体来模拟滑坡，块体尺寸如表 1 所示。

表 1　滑坡块体参数

块体编号	长/m	宽/m	厚/m
A1	0.21	0.14	0.06
A2	0.18	0.12	0.05
A3	0.15	0.1	0.04
A4	0.12	0.08	0.03
A5	0.09	0.06	0.02

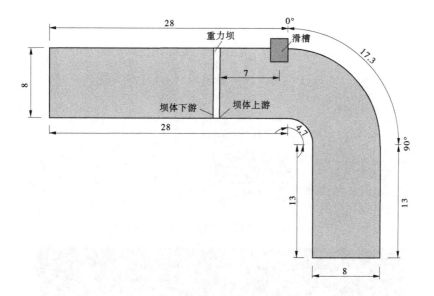

（a）河道概化平面图

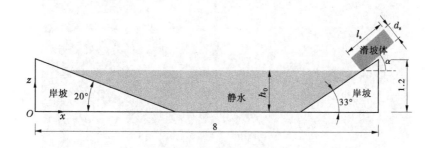

（b）河道剖面

（c）水工模型实物

图1　水工模型 （尺寸单位：m）

　　试验中使用波浪压力采集系统测量坝面动波压力（见图3），采集频率为300 Hz，测量时间120 s。用40组嵌入坝体的压力传感器P1～P40记录坝面不同位置处动波压力。试验前将40组波压力传感器分别设置在坝面7个断面上，每个断面最多设置6个测点，且测点位置分布相同，如图4所示，压力测点具体位置如表2所示。

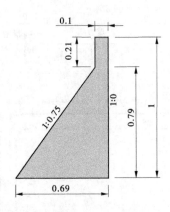

(a) 重力坝截面示意图 （单位：m）

(b) 重力坝实物模型

图 2　重力坝模型示意图

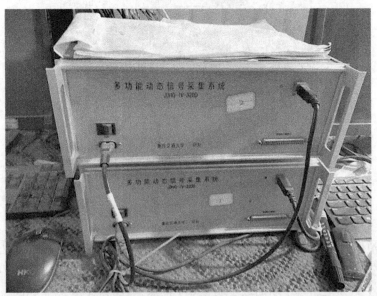

图 3　波浪压力采集系统

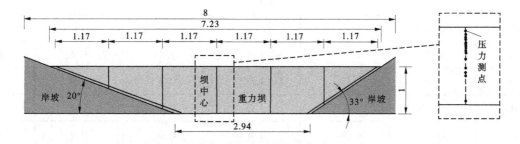

图 4 压力传感器位置分布 （单位：m）

表 2 压力传感器位置

压力传感器位置（从上至下）	z/z_0（$h_0 = 0.95$ m）	z/z_0（$h_0 = 0.84$ m）	z/z_0（$h_0 = 0.78$ m）
P1	0.950	0.840	0.780
P2	0.910	0.800	0.740
P3	0.870	0.760	0.700
P4	0.673	0.590	0.545
P5	0.475	0.420	0.390
P6	0.050	0.050	0.050

注：z/z_0 无量纲坝面压力测点的深度，其中 z 为测点到坝底的竖直距离，z_0 为坝体高度。

试验中使用的静水深度 h_0 取 0.95 m、0.84 m、0.78 m，滑坡角度 α 取 30°、40°、50°、60°，滑坡体体积 V 取 0.4 m³、0.6 m³、0.9 m³，这些参数也大多涵盖在以前的试验中。通过调节 α 和滑坡体参数，产生了非线性过渡波和非线性振荡波。根据不同参数组合了 24 组试验工况，如表 3 所示。

表 3 试验工况

工况	水深 h_0/m	长 l_s/m	宽 b_s/m	厚 d_s/m	体积 V/m³	角度 α/（°）
M1	0.95	1	1.5	0.6	0.9	60
M2	0.95	1	1.5	0.6	0.9	50
M3	0.95	1	1.5	0.6	0.9	40
M4	0.95	1	1.5	0.6	0.9	30
M5	0.95	1	1.5	0.4	0.6	60
M6	0.95	1	1.5	0.4	0.6	50
M7	0.95	1	1.5	0.4	0.6	40
M8	0.95	1	1.5	0.4	0.6	30
M9	0.95	1	1.0	0.6	0.6	60
M10	0.95	1	1.0	0.6	0.6	50
M11	0.95	1	1.0	0.6	0.6	40
M12	0.95	1	1.0	0.6	0.6	30
M13	0.95	1	1.0	0.4	0.4	60

续表 3

工况	水深 h_0/m	长 l_s/m	宽 b_s/m	厚 d_s/m	体积 V/m³	角度 α/ (°)
M14	0.95	1	1.0	0.4	0.4	50
M15	0.95	1	1.0	0.4	0.4	40
M16	0.95	1	1.0	0.4	0.4	30
M17	0.84	1	1.5	0.6	0.9	40
M18	0.84	1	1.5	0.4	0.6	40
M19	0.84	1	1.0	0.6	0.6	40
M20	0.84	1	1.0	0.4	0.4	40
M21	0.78	1	1.5	0.6	0.9	40
M22	0.78	1	1.5	0.4	0.6	40
M23	0.78	1	1.0	0.6	0.6	40
M24	0.78	1	1.0	0.4	0.4	40

3 坝面压强分布规律

为了深入了解涌浪作用在坝面的瞬时压强振幅分布规律，本文选取第一个波峰值作为测点首浪压强振幅（见图 5），分别研究了坝面水平方向和竖直方向压强振幅（以下简称压强）规律。不同水深下坝面压强典型的分布情况如图 6 所示，图中为滑坡体积为 0.9 m³、滑坡体宽厚比为 2.5、滑坡角度为 40°时各水深下坝体表面压强分布情况。

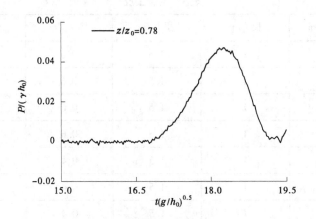

P—首浪压强；γ—水的容重；t—时间；g—重力加速度。

图 5 首浪压强波形图

从水平方向看，总体上从滑坡对岸坝面区到滑坡同岸坝面区，坝面压强呈现出先减小、后增大的趋势，两侧压强明显大于中部压强；从竖直方向看，整体规律呈现多种情况，故而将坝体分为 4 个区域，如图 6 所示，分别为滑坡对岸坝面区（OD）、紧靠滑坡对岸坝面区（COD）、紧靠滑坡同岸坝面区（CSD）以及滑坡同岸坝面区（SD），OD、COD、CSD 区域坝面压强都呈现出先减小、后增大的趋势，而 SD 区域坝面压强都呈现出从上到下逐渐减小的趋势。其坝面中部区域且靠近中心线位置比较特殊，该区域整体压强最小；坝体顶部两侧区域，坝面压强最大。

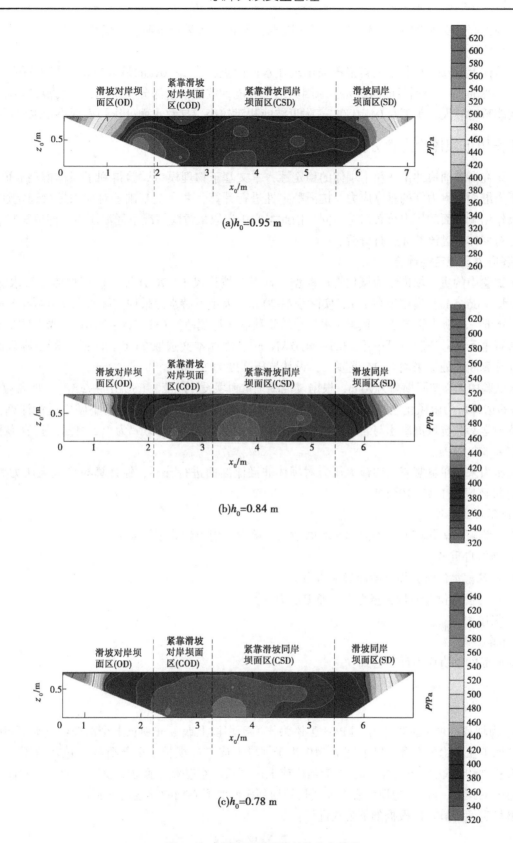

(a)h_0=0.95 m

(b)h_0=0.84 m

(c)h_0=0.78 m

图6 各水深下首浪压强总体分布情况

本文定义竖直方向上断面出现的压强最大值为最大首浪压强 P_m。据统计，试验中在不同竖直方向上最大压强 P_m 会出现在水面附近，也会出现在水面以下 $0.04 \sim 0.08$ m 处。其中，有 62.5%最大值在水面附近，28.6%最大压强在水面以下 $0.04 \sim 0.08$ m 处，还有 8.9%的最大压强位于水底，出现此等现象是因为底部受到杂波干扰较严重，个别信号经滤波后效果仍不明显，但从总体情况来看底部压强呈现较小值。

因此总体上有 62.5% 的最大首浪压强出现在水面附近，有 28.6% 的最大首浪压强出现在水面以下 0.04~0.08 m 处，根据目前的研究，原因归结于波能，波能沿水深分布不同，当涌浪冲击坝面时，水面处波能瞬时较大，水下 0.04~0.08 m 附近波能相对较小，导致水面处压强出现小于水中压强。

4 涌浪作用下坝体稳定性分析

为了研究滑坡涌浪冲击作用下坝体的稳定性，本文基于物理模型试验得到了坝体模型表面压力，针对该压力继而对重力坝的垂直应力及抗滑稳定性进行计算，并在此基础上对大坝进行稳定性分析。由于涌浪作用下坝面的压力分布情况不同，因此本文中选取最危险情况下涌浪压力，即单宽竖直方向最大压力对坝体非溢流断面进行分析。

4.1 坝基应力及稳定性计算

由于试验中的重力坝模型为概化物理模型，计算时按比尺 1∶70 还原，模型坝体上游水深 0.95 m，实际水深 66.5 m，模型坝高 1 m，实际坝高 70 m，大坝下游水深采用实际水深从 0~66.5 m 每隔 1 m 计算分析一次坝体稳定性。根据《水工建筑物荷载设计规范》（SL 744—2016），当大体积混凝土结构材料容重无试验资料时可采用 23.5~24.0 kN/m³，因此本文选取 24.0 kN/m³ 混凝土容重进行计算，坝址计算断面处拟采用 C₉₀15 混凝土，设计抗压强度为 15 MPa。

由于试验中大坝实际坝高为 70 m，根据《混凝土重力坝设计规范》（SL 319—2018），坝高为 50~70 m，坝基的选择可为微风化至弱风化的中部基岩。本文选取坝基为更为稳定的坚硬岩进行计算，按照坝基岩石力学参数选取混凝土与岩体抗剪断摩擦系数 f' 为 1.5，凝聚力 c' 为 1.5 MPa，基岩饱和单轴抗压强度 R_b>60 MPa。

涌浪压力采用单宽竖直方向最大压力对坝体非溢流断面进行分析，经计算模型最大压力为 0.42 kN，按比尺还原为 1.45×10^5 kN。

4.1.1 计算荷载

由于试验采用概化模型，因此本文考虑了以下单宽作用力计算坝体应力：

（1）坝体自重 W_d；

（2）正常蓄水位时大坝上游面静水压力 F_w；

（3）正常蓄水位时的最大竖直方向涌浪压力 F_m；

（4）扬压力 F_{up}。

4.1.2 计算公式

坝基截面的垂直应力计算公式：

$$\sigma_y = \frac{\sum W}{A'} \pm \frac{\sum M \cdot x}{J} \tag{1}$$

式中：σ_y 为坝踵、坝趾垂直应力，kPa；$\sum W$ 为作用于坝段上或 1 m 坝长上全部荷载（包括扬压力）在坝基截面上法向力的总和，kN；$\sum M$ 为作用于坝段上或 1 m 坝长上全部荷载（包括扬压力）对坝基截面形心轴的力矩总和，kN·m；A' 为坝段或 1 m 坝长的坝基截面面积，m²；x 为坝基截面上计算点到形心轴的距离，m；J 为坝段或 1 m 坝长的坝基截面对形心轴的惯性矩，m⁴。

抗滑稳定性计算可以根据如下公式进行：

$$K' = \frac{f' \sum W + c'A'}{\sum P} \tag{2}$$

式中：K' 为抗剪断强度计算的抗滑稳定安全系数；f' 为坝体混凝土与坝基接触面抗剪断摩擦系数；c' 为坝体混凝土与坝基接触面抗剪断凝聚力，kPa；A' 为坝基接触面截面面积，m²；$\sum W$ 为作用于坝体上全部荷载（包括扬压力）对滑动平面的法向分值，kN；$\sum P$ 为作用于坝体上全部荷载对滑动平面的切向分值，kN。

4.1.3 计算结果

根据式（1）、式（2），计算结果如表4所示，表中给出了静水和涌浪荷载作用时坝踵、坝址处的垂直应力和坝体抗滑稳定安全系数。

表4 σ_y 与 K' 计算值（下游水位 0~66.5 m 变化）

计算点	坝踵 σ_y/MPa	坝址 σ_y/MPa	K'
静水	0.44~1.52	1.11~-0.52	≥5.57
涌浪作用	-14.18~-13.08	15.73~14.46	0.73~0.82

4.2 坝体稳定性分析

按照《混凝土重力坝设计规范》（SL 319—2018）中相关规定：

（1）坝基截面垂直应力：对坝体运用时期，在各种荷载组合下（地震荷载除外），坝踵垂直应力不应出现拉应力，坝址垂直应力不应大于坝体混凝土容许压应力，并不应大于基岩容许承载力。

（2）抗滑稳定性：计算得到的坝体抗滑稳定安全系数 K'，基础荷载不应小于3.0，特殊荷载不应小于2.5。

根据计算结果对坝体安全性进行分析：

（1）对于坝基截面垂直应力分析：根据计算结果得知，在静水时坝基截面垂直应力只在下游水位与上游水位相同情况下坝址处出现较小拉应力，然而在一般情况下大坝上下游具有水位差，故而在静水状态下坝基截面垂直应力基本满足设计规范。然而，当涌浪荷载作用于坝面时，坝踵处垂直应力出现拉应力，不满足规范中坝踵处不应出现拉应力的条件，此时坝体存在倾覆的安全隐患。

（2）对于抗滑稳定性分析：经过计算得到，静水时，坝体抗滑稳定安全系数 $K' \geq 5.57$，静水时坝体抗滑稳定安全系数计算值大于规范值，因此静水情况下坝体抗滑稳定符合规范要求。但当涌浪压力值取值为竖直方向压力最大时，坝体抗滑稳定安全系数 K' 为 0.73~0.82。对比得知，在正常蓄水位时，近坝区域滑坡涌浪首浪对坝体作用荷载较大，坝体抗滑稳定安全系数计算值均小于规范值，因此，正常蓄水位时，在近坝区域的滑坡涌浪对于坝体的作用荷载对坝体构成较大威胁，有必要对其加固防护。

5 结论

本文通过分析涌浪对坝面作用时首浪压强规律以及坝体稳定性分析，得到了以下结论：

（1）给出了一套关于河道型水库中多种因素影响下滑坡涌浪对重力坝作用的三维物理模型设计和试验方法，拓宽了滑坡涌浪作用于重力坝的试验范围。

（2）首浪压强振幅整体分布情况：水平方向，坝面压强呈现出先减小、后增大的趋势；竖直方向上，将坝体分为4个区域，OD、COD、CSD 区域坝面压强都呈现出先减小、后增大趋势，而 SD 区域坝面压强都呈现出从上到下逐渐减小的趋势。坝体中心竖直方向整体压强最小；坝体顶部两侧区域，坝面压强最大。

（3）竖直方向最大首浪压强有 62.5% 出现在水面附近，28.6% 最大首浪压强出现在水面以下 0.04~0.08 m 情况；竖直方向最小首浪压强则容易出现在水中 $h_0/2$、$2h_0/3$ 或底部。

（4）静水条件下坝体垂直应力和抗滑稳定安全系数计算值基本满足设计要求，但涌浪作用下坝体垂直应力和抗滑稳定安全系数计算值均不满足要求，因此在近坝区涌浪滑坡对坝体存在安全隐患。

这些结论能够为大坝安全性评估和滑坡涌浪危险性评估提供理论指导和技术支撑。

参考文献

［1］黄波林．水库滑坡涌浪灾害水波动力学分析方法研究［D］．北京：中国地质大学，2014．

［2］黄锦林．库岸滑坡涌浪对坝体影响研究［D］．天津：天津大学，2012．

［3］陈际唐，陆德源，刘宁．三峡工程大坝设计［C］//2001 中国水利学会学术年会论文集，2001：264-268．

［4］钟立勋．意大利瓦依昂水库滑坡事件的启示［J］．中国地质灾害与防治学报，1994（2）：77-84．

［5］Chen Y Y, Li Y J, Hsu H C, et al. The pressure distribution beneath a solitary wave reflecting on a vertical wall［J］. European Journal of Mechanics-B/Fluids, 2019, 76：66-72.

［6］Tan J, Huang B, Zhao Y. Pressure characteristics of landslide-generated impulse waves［J］. Journal of Mountain Science, 2019, 16（8）：1774-1787.

［7］Cao T, Wang P, Qiu Z, et al. Influence of impulse waves generated by rocky landslides on the pressure exerted on bank slopes［J］. Journal of Mountain Science, 2021, 18（5）：1159-1176.

［8］Wang P, Hua L, Song D, et al. Experimental Study on Pressure Characteristics of Gravity Dam Surface under Impact of Landslide-Generated Impulse Waves［J］. Sustainability, 2023, 15（2）：1257.

［9］黄锦林，练继建，张婷．滑坡涌浪作用下乐昌峡大坝安全评估［J］．水利水电技术，2013，44（11）：93-97．

［10］Attili T, Heller V, Triantafyllou S. A numerical investigation of tsunamis impacting dams［J］. Coastal Engineering, 2021, 169：103942.

［11］Li J, Cao Z, Liu Q. Waves and Sediment Transport Due to Granular Landslides Impacting Reservoirs［J］. Water Resources Research, 2019, 55（1）：495-518.

［12］Castellino M, Romano A, Lara J L, et al. Confined-crest impact：Forces dimensional analysis and extension of the Goda's formulae to recurved parapets［J］. Coastal Engineering, 2021, 163：103814.

［13］Zheng F, Li X. Undular surges interaction with a vertical wall［J］. Marine Georesources & Geotechnology, 2022, 40（10）：1224-1231.

［14］李静，陈健云，徐强，等．滑坡涌浪对坝面冲击压力的影响因素研究［J］．水利学报，2018，49（2）：232-240．

［15］Risley J C, Walder J S, Denlinger R P. Usoi Dam Wave Overtopping and Flood Routing in the Bartang and Panj Rivers, Tajikistan［J］. Natural Hazards, 2006, 38：375-390.

［16］Ataie-Ashtiani B, Yavari-Ramshe S. Numerical simulation of wave generated by landslide incidents in dam reservoirs［J］. Landslides, 2011, 8（4）：417-432.

［17］徐娜娜．大型滑坡涌浪及堰塞坝溃坝波数值模拟研究［D］．上海：上海交通大学，2011．

［18］Schmocker L, Hager W H. Plane dike-breach due to overtopping：effects of sediment, dike height and discharge［J］. Journal of Hydraulic Research, 2012, 50（6）：576-586.

［19］Schmocker L, Frank P J, Hager W H. Overtopping dike-breach：effect of grain size distribution［J］. Journal of Hydraulic Research, 2014, 52（4）：559-564.

［20］Kobel J, Evers F M, Hager W H. Impulse Wave Overtopping at Rigid Dam Structures［J］. Journal of Hydraulic Engineering, 2017, 143（6）：04017002.

［21］Huber L E, Evers F M, Hager W H. Solitary wave overtopping at granular dams［J］. Journal of Hydraulic Research, Abingdon：Taylor & Francis Ltd, 2017, 55（6）：799-812.

［22］彭辉，黄亚杰．弯曲河道型库岸滑坡涌浪传播及其与大坝相互作用研究［J］．长江科学院院报，2021，39（10）：66-71．

［23］邓成进，党发宁，陈兴周．库区滑坡涌浪传播及其与大坝相互作用机理研究［J］．水利学报，2019，50（7）：815-823．

大坝埋入式振弦监测仪器性能评价
指标的研究与优化

毛索颖[1,2,3]　周芳芳[1,2,3]　胡　超[1,2,3]

（1. 长江水利委员会长江科学院，湖北武汉　430010；
2. 水利部水工程安全与病害防治工程技术研究中心，湖北武汉　430010；
3. 国家大坝安全工程技术研究中心，湖北武汉　430010）

摘　要：针对大坝已埋振弦式监测仪器长期运行中测值不可靠、现行仪器鉴定方法易存在误判的问题，本文分析了振弦式监测仪器频域测频方法的特点，提出将信号频谱的信噪比、信号幅值等指标加入到仪器鉴定评价指标中；通过开展埋入式监测仪器异常工况下的时域和频域测频法的对比试验，验证了新评价指标对仪器鉴定工作的优势；本文从完善现有鉴定方法的目标出发，将新的测频手段和评价指标补充到鉴定工作中，新指标对开展仪器鉴定工作具有一定的指导意义。

关键词：振弦式仪器；仪器鉴定；大坝安全监测；频谱分析；可靠性；性能评价

1　概述

振弦式监测仪器（或钢弦式仪器）因精度高、长期稳定性好等优点，在大坝安全监测中得到了广泛应用。绝大多数监测仪器在施工期被永久性埋入坝体内部，受监测仪器自身特性和恶劣外界条件的影响[1]，随时间推移易发生不同程度的性能变化，其测值可靠性逐渐降低甚至失效。因此，需要定期开展仪器鉴定工作，掌握坝体已埋仪器的运行状况。

《大坝安全监测系统鉴定技术规范》（SL 766—2018）[2]和《钢弦式监测仪器鉴定技术规程》（DL/T 1271—2013）[3]是现行振弦式仪器可靠性评价的方法，均规定鉴定工作应结合历史测值和现场检测来综合评价仪器工作性态。其中，现场检测评价环节将振弦式仪器的频率测值稳定性作为权重最高的评价指标。然而实践发现，振弦测量工况中混杂较强的工频、倍频等噪声，若仍采取这种评价方法，会对仪器工作状态产生误判[4]，影响部分仪器鉴定结果的准确性。

随着测频技术的不断更新发展，尤其是当频谱分析法被引入后，测频技术得到优化，频谱测频过程涉及的相关参数可在一定程度上反映仪器测量的质量，这些参数有望补充到鉴定方法中，以弥补当前埋入式振弦仪器性能评价方法的不足。

基于此，本文拟通过对埋入式振弦仪器产生测量异常的工况进行分析和模拟试验，对比时域和频域测频法，揭示出频谱相关指标与仪器性能的因果关系，通过优化评价指标结构，以完善振弦式仪器性能评价体系。

2　时域、频域测频方法

振弦式仪器的测频一般采用时域法[5]进行频率测量。时域测量法是采集 N 个周期性脉冲信号及

基金项目：国家重点研发计划项目（2022YFC3005503）。
作者简介：毛索颖（1989—），女，高级工程师，主要从事大坝安全监测自动化技术研发工作。

采样时间 T，通过 $F = N/T$，计算钢弦自振频率 F。时域测频的关键是要准确获得 N 和 T 的值，但是当噪声信号较强而叠加在被测信号中时，其测量的可靠性和准确性下降。

频域测量法在振弦式仪器测量中逐渐被提出和采用[6]，此方法将时域中的波形转换为频域中的频谱信息，通过设置合适的采样频率 f_s，采样 N 个离散的信号电压值后进行时频变换，获得横轴是频率、纵轴是幅值信号的频域幅度谱，在幅度谱上找出最大幅值 A_{max} 所对应的近似频率 f_0，最后通过频谱插值算法求得准确的频率 f 值[7]。

频域测量法引入了 2 个重要指标，即信噪比、信号幅值[8]。信噪比为频谱图上最大幅值与次大幅值的比值，信号幅值为频谱图上幅值最大值。这 2 个指标可从频谱角度反映回波信号的纯净程度、强度和质量。因此，本文考虑将这 2 个新指标加入到振弦式仪器鉴定评价方法新指标体系中。

3 测试试验

3.1 振弦式仪器工作异常原因分析

振弦式仪器埋入坝体后，采用振弦读数仪表进行人工采集或接入自动化系统实现自动数据采集。无论是何种采集方式，在频率测值方面主要有几种异常表现：①无测值；②有测值，但测值不稳，跳动较大；③有稳定测值，但测值反映的非真实物理量。

振弦式仪器产生上述问题的原因有多种，可将其分为仪器内因、仪器外因和测频仪表原因 3 大类。其中，仪器内因主要指仪器内部器件老化、仪器密封性差、绝缘性下降等仪器自身原因导致传感器性能下降[9]；仪器外因主要指仪器所在环境存在振动、电磁、工频等干扰使信号中叠加噪声，导致测量异常；测频仪表原因主要是指测频仪表的性能差、激励策略等导致测频效果不良。

本文选取较为常见的 3 种异常工况，结合上文中提出的频域、时域测量法，开展对比试验分析，在验证频域测量法可靠性的同时，对新指标及现行标准中的"极差"指标进行评测。

试验中，选用检定合格的读数仪开展对比应用研究。所选用的频域测量法仪表为长江科学院研制、武汉长江科创生产的 CK-ZX-1 型振弦差阻读数仪，它是一款兼容振弦、差动电阻仪器测量，内置频域测频算法，提供波形分析功能的智能型读数仪表。

3.2 绝缘密封性

振弦式仪器埋设初期的绝缘电阻大于 50 MΩ，当发生仪器线缆与壳体胶合不可靠、安装埋设时处理不当、绝缘橡胶老化等问题时，仪器壳体内部进水或测量线缆间形成通路，造成绝缘性下降[10]。监测仪器绝缘性下降可等效为测量回路中并联了电阻和电容到大地，回波中混入噪声且信号电平被削弱，使测值受到影响。

为了研究仪器绝缘性对频率测值的影响，开展模拟试验。选取 BGK4500 型振弦式渗压计为试验对象，准备 4 份表 1 所列的水溶液，将渗压计的频率测量线缆裸露的线芯部分没入溶液中，模拟绝缘性下降的工况。选取时域测量法和频域测量法的读数仪表，分别记录其在各工况下的频率测值。

表 1 模拟绝缘下降工况的对比测试数据

测量环境	时域测量法				频域测量法					
	测次 1/Hz	测次 2/Hz	测次 3/Hz	极差/Hz	测次 1/Hz	测次 2/Hz	测次 3/Hz	极差/Hz	信噪比	信号幅值/Vrms
空气	2 880.7	2 880.7	2 880.7	0	2 880.7	2 880.7	2 880.7	0	9.5	3.05
纯净水	2 880.7	2 880.9	2 880.8	0.2	2 880.7	2 880.7	2 880.7	0	6.9	2.97
5 g/L 盐水溶液	无测值	无测值	无测值	—	2 880.9	2 880.2	2 880.6	0.7	2.1	0.22
10 g/L 盐水溶液	无测值	无测值	无测值	—	2 801.2	999.9	无测值	—	1.07	0.07
100 g/L 盐水溶液	无测值	无测值	无测值	—	无测值	无测值	无测值	—	—	—

上述试验发现，当绝缘性轻微下降时，传感器频率测量未受到明显影响；当绝缘性继续下降时，传感器频率测量受到较大影响直至无法测出。信噪比、信号幅值和极差这3个指标对比，均反映出绝缘性能单调性下降，但信噪比、信号幅值与绝缘性下降关系更显著。

3.3 强电磁干扰

埋入式仪器所处环境复杂，各种缆线、地磁场、水流动力等的作用都可能会导致仪器信号受到噪声干扰。另外，仪器接入由工频信号供电的自动化系统后，会受到工频信号干扰。受到干扰的传感器，会出现测值不稳定或错误测值的问题。

为了验证处于电磁干扰环境下的振弦式仪器测量问题，开展了试验研究。将BGK4450型振弦式测缝计接入读数仪的测量回路，同时将工作的串激式电机放置于测缝计附近给予强电磁干扰，通过示波器观察回波，回波情况如图1所示，测值结果如表2所示。

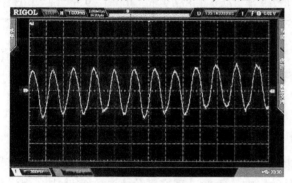 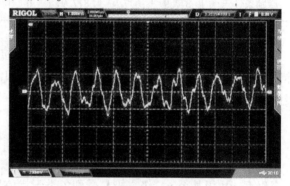

(a) 正常工况　　　　　　　　　　　　(b) 强电磁干扰工况

图1　正常工况下和强电磁干扰下的回波表现

表2　电磁干扰工况测试数据

测量环境	时域测量法				频域测量法					
	测次1/Hz	测次2/Hz	测次3/Hz	极差/Hz	测次1/Hz	测次2/Hz	测次3/Hz	极差/Hz	信噪比	信号幅值/Vrms
无电磁干扰	1 534.0	1 534.0	1 534.0	0	1 534.0	1 534.0	1 534.0	0	11.8	3.17
强电磁干扰	1 534.1	1 534.4	1 534.7	0.6	1 534.0	1 534.0	1 534.0	0	7.9	2.98

试验结果可知，振弦式测缝计信号在电磁干扰下波形失真，呈现出不规则正弦波，随之时域测频值出现0.6 Hz的波动，而频域测频值稳定。这证实了振弦式仪器测量易受到电磁干扰，而频域测量法具有较好的抗干扰能力。从指标对比来看，电磁干扰下，极差灵敏度不足，信噪比和信号幅值这2个指标可较好揭示信号因干扰而受损的情况。

3.4 非可靠激励

振弦式仪器能否可靠激励是保证振弦式仪器可靠测量的关键。钢弦激励大多采用低压扫频激振方式，在此方式下影响钢弦激振的因素包括扫频范围、扫频步长、激励次数等。

为探究上述因素对振弦式传感器钢弦激振效果的影响情况，开展了试验研究。选取回波信号幅值低、衰减速度快的BGK4200振弦式应变计作为研究对象，设计了3种激励条件：条件一为全频段扫频激励，扫频范围是400~5 000 Hz，扫频步长为20 Hz；条件二为选频段扫频激励，扫频范围是400~1 200 Hz，扫频步长为20 Hz；条件三为选频段扫频激励，扫频范围是400~1 200 Hz，扫频步长为5 Hz。测试结果见表3。

表 3　激励条件测试数据

测量环境	时域测量法				频域测量法					
	测次 1/Hz	测次 2/Hz	测次 3/Hz	极差/Hz	测次 1/Hz	测次 2/Hz	测次 3/Hz	极差/Hz	信噪比	信号幅值/Vrms
激励条件一	872.1	877.7	639.5	238.2	877.9	877.8	877.8	0.1	2.1	0.84
激励条件二	877.9	872.9	877.8	5.0	877.9	877.9	877.9	0	3.1	1.15
激励条件三	877.9	877.9	877.9	0	877.9	877.9	877.9	0	9.6	2.05

由试验结果可知，时域、频域测量的对比方面，频域测量法 3 种条件均能测到较为稳定的测值，体现了频域测量法的优势。从指标对比来看，优化激励策略可改善激励效果，而信噪比和信号幅值比极差能更好地反映激励效果的变化。

4　新评价方法的建立

振弦式仪器的监测量由内部钢弦振动时切割磁场形成感应信号的频模值大小表征，因其输出信号大小仅有 mV 级甚至 μV 级，极易受到各类干扰信号的影响。因此，现有评价方法在实践中产生误判情形主要有两类：一为仪器已失效，但测出稳定性良好的"假测值"；二为仪器未失效，但因其信号质量低，导致测值稳定性不足。

在当前评价方法存在误判可能的现状下，本文建立新评价标准拟遵循现有评价框架前提，进行优化和完善，即先对频率、温度、绝缘性进行现场检测评价，再结合历史测值开展综合评价[11]。不同之处在于：第一，本文在评价指标上，对"现场检测评价"的"频率测值评价"环节增加频域测频法的 2 个定量指标；第二，对综合评价体系进行修改和完善。

4.1　测量仪表

为了保证新评价指标具备可靠的定量特征，测量仪表应有相应规定。

（1）所投入使用的仪表应检定或校准合格。

（2）仪表应采用频域测频法，开展评价工作时，其信号调理电路增益为 20 k，输出幅值动态范围为 ±5 V，采样分辨带宽为 400～5 000 Hz，采样频率为 20.48 kHz，采样时间为 200 ms。

4.2　新评价指标释义

（1）信噪比：信号回波的频谱图上最大幅值与次大幅值的比值。评价标准：当信噪比 ≥2 时，为合格；当信噪比 <2 时，为不合格。

（2）信号幅值：振弦式仪器钢弦在本文 4.1 节测量条件下产生的回波信号幅度谱的幅值最大值。评价标准：当信号幅值 ≥0.1 Vrms 时，为合格；当信号幅值 <0.1 Vrms 时，为不合格。

4.3　频率测值评价方法

频率测值评价方法包括频率极差、信噪比和信号幅值 3 个指标，其中频率极差为当前技术规范中的指标，该指标指示频率测值的稳定性，测量方法为对被测仪器间隔 10 s 以上进行 3 次测量，通过计算 3 组数据间极差是否超规定限值来评价该指标的合格性。

加入新指标后，频率测值评价的新评价标准设定为：当频率极差、信噪比和信号幅值指标均合格时，该项目评价可靠，否则为不可靠。

4.4 综合评价方法

表4所示为振弦式监测仪器综合评价标准。综合评价结论分为正常、基本正常和异常3类。其中所列序号5和序号6的判定结论为"基本正常"，其含义是指通过此次鉴定后，发现当前历史测值反映出日常监测数据不可靠，应改用频域测量法开展后续监测。

表4 振弦式监测仪器综合评价标准

序号	历史数据评价			频率测值可靠性		温度测值可靠性		综合评价结论	说明
	可靠	基本可靠	不可靠	可靠	不可靠	可靠	不可靠		
1	√			√		√		正常	
2		√		√		√		基本正常	
3	√			√			√	满足说明条件则基本正常，否则异常	无需温度修正，或可获得可用的温度
4		√		√			√	满足说明条件则基本正常，否则异常	无需温度修正，或可获得可用的温度
5			√	√		√		基本正常	
6			√	√			√	满足说明条件则基本正常，否则异常	无需温度修正，或可获得可用的温度
7	—	—	—		√	—	—	异常	

新评价方法简化了评价过程，明确了评价结论，具有一定的指导意义，主要体现在以下方面：

（1）频率测值可靠性由频率极差、信噪比和信号幅值3个指标综合决定，当频率测值的评价为不可靠时，即判定为仪器异常。

（2）在历史测值不可靠，而频率测值可靠的情况下，可判定仪器工作基本正常。但该仪器亟须改进采用频域测量法开展日常监测工作。

4.5 工程试用

2023年2月，长江科学院承担了湖北某水电工程的监测仪器可靠性评价工作。该工程安装埋设变形、渗流、应力应变等内观仪器共100支，其中振弦式仪器98支，除前期已封存停测的14支外，剩余84支均接入自动化系统。

为了对比现行规范方法和新评价方法的效果，长江科学院首先采用工程已送检的人工读数仪依据现行方法对84支仪器开展性能评价工作。根据历史测值、现场测值情况，筛选出过程线缺失或不规律、现场频率测值不稳定或测值"空"的仪器13支，为"疑似"失效仪器。紧接着采用CK-ZX-1型仪表采用新评价指标对它们进行"现场测值评价"，比测结果及评价情况见表5。分别采用现行规范综合评价方法和新综合评价方法对仪器进行综合评价，评价对比情况见表6。同时，选取渗压计UP6、基岩变位计M7，采集其回波进行时频域分析（见图2）。

表 5　现场频率测值评价结果对比

仪器考证信息		历史测值过程线情况	绝缘性测试评价	温度测值评价	现行规范测试指标及方法					新指标及方法						
					频率测值及评价				频率测值评价	频率相关指标测试及评价						频率测值评价
仪器类型	仪器编号				频率测次/Hz			评价		频率测次/Hz			极差/Hz	信噪比	信号幅值/Vrms	
					1	2	3			1	2	3				
钢筋计	Ra2x5	不可靠	合格	不可靠	—	—	—	不合格	不可靠	—	—	—	—	1.7	0.05	不可靠
钢筋计	R4	不可靠	合格	可靠	—	—	—	不合格	不可靠	—	—	—	—	2.5	0.07	不可靠
钢筋计	R8	不可靠	合格	可靠	—	—	—	不合格	不可靠	—	—	—	—	1.6	0.12	不可靠
渗压计	P24	不可靠	合格	不可靠	—	—	—	不合格	不可靠	—	—	—	—	2.3	0.06	不可靠
渗压计	P27	不可靠	合格	可靠	—	—	—	不合格	不可靠	—	—	—	—	1.8	0.05	不可靠
渗压计	UP1	不可靠	合格	可靠	—	—	—	不合格	不可靠	—	—	—	—	1.8	0.08	不可靠
渗压计	UP2	不可靠	合格	可靠	2 373.32	2 373.25	2 373.07	合格	可靠	2 372.7	2 372.6	2 372.6	0.1	2.8	0.87	可靠
渗压计	UP4	不可靠	合格	可靠	2 264.05	2 272.12	2 276.08	不合格	不可靠	2 275.2	2 275.1	2 275.1	0.1	3.5	0.28	可靠
渗压计	UP6	不可靠	合格	可靠	2 984.03	2 983.56	2 984.09	合格	可靠	2 986.5	2 986.5	2 986.6	0.1	9.0	0.18	可靠
基岩变位计	M7	不可靠	合格	不可靠	—	—	—	不合格	不可靠	2 484.5	2 482.6	2 485.0	2.4	2.5	0.45	可靠
测缝计	J5	不可靠	合格	可靠	—	—	—	不合格	不可靠	2 121.8	2 121.5	2 121.9	0.4	2.0	0.11	可靠
测缝计	J12	不可靠	合格	可靠	2 016.59	2 017.55	2 016.42	合格	可靠	2 016.6	2 016.6	2 016.6	0	5.4	1.59	可靠

表6　综合评价方法结果对比

仪器考证信息		现行规范综合评价方法	新综合评价方法
仪器类型	仪器编号		
钢筋计	Ra2x5	异常	异常
钢筋计	R4	异常	异常
钢筋计	R8	异常	异常
渗压计	P24	异常	异常
渗压计	P27	异常	异常
渗压计	UP1	异常	异常
渗压计	UP2	暂定	基本正常
渗压计	UP4	异常	基本正常
渗压计	UP6	暂定	基本正常
基岩变位计	M7	异常	基本正常
测缝计	J5	异常	基本正常
测缝计	J12	暂定	基本正常

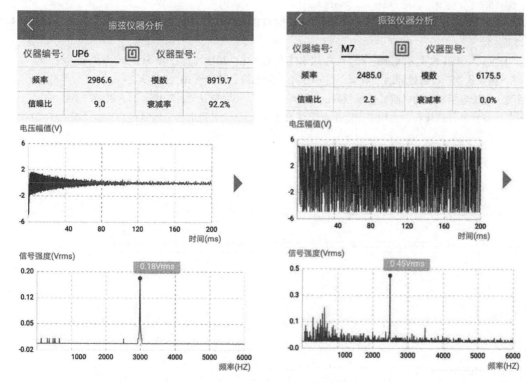

图2　UP6、M7的时频域分析图

　　由图2可见，UP6因回波信号弱、M7因噪声干扰问题均导致测值异常，但仍能正常工作并未真正失效。由表5、表6的综合评价对比可见，新评价指标和方法能够识别和避免这类仪器的误判为"异常"或"暂定"的问题，有较好的实践效果。

5 结语

监测仪器鉴定工作为水库大坝运行管理单位掌握监测仪器运行状况提供依据，近年来亦随着监测自动化改造工程的增多而受到关注。本文以完善现行振弦式监测仪器的鉴定方法为主要目的，将频谱分析测频方法中的新指标引入到评价体系中，通过开展对比试验以验证新指标选取的合理性，并试建立了一套针对振弦式监测仪器鉴定的新评价方法。新评价方法基于频谱分析测量技术而建立，特别适用于振弦式监测仪器的鉴定工作。然而因研究所限，本文中所选取指标判定阈值均为经验性数据，所提出的新方法未在工程中开展实质规模化的应用，这将是开展后续研究工作的重点。

参考文献

[1] 赵花城，沈省三. 已埋钢弦式监测仪器工作状态评价 [J]. 大坝与安全，2015 (1)：83-86.
[2] 中华人民共和国水利部. 大坝安全监测系统鉴定技术规范：SL 766—2018 [S]. 北京：中国水利水电出版社，2018.
[3] 国家能源局. 钢弦式监测仪器鉴定技术规程：DL/T 1271—2013 [S]. 北京：中国电力出版社，2013.
[4] 贾万波，秦朋，李玉明. 基于频域分析方法鉴定振弦式监测仪器可靠性 [C] //水库大坝高质量建设与绿色发展：中国大坝工程学会 2018 学术年会论文集. 郑州：黄河水利出版社，2018.
[5] 吴卿，侯建军. 基于 μC/OS-Ⅱ 的振弦式传感器测频系统的设计与应用 [J]. 北京交通大学学报，2006 (5)：92-95.
[6] 陈妮，何华光，谢开仲. 基于全相位 FFT 的振弦式传感器频率测量系统设计 [J]. 电子技术应用，2016，42 (7)：53-56.
[7] 毛索颖，周芳芳，曹浩. 一种振弦差阻复用型读数仪的设计与实现 [J]. 电子测量技术，2021，44 (6)：149-155.
[8] 贺虎. 振弦式传感器的频谱测量法 [J]. 中国水能及电气化，2018 (7)：48-51，58.
[9] 黄小红. 振弦式钢筋计失效原因及对策 [J]. 水电与新能源，2017 (10)：35-38.
[10] 刘敏飞. 绝缘电阻对差动电阻式传感器测值的影响 [J]. 大坝与安全，2010 (2)：28-32，39.
[11] 王士军，谷艳昌，葛从兵. 大坝安全监测系统评价体系 [J]. 水利水运工程学报，2019 (4)：63-67.

垣曲抽水蓄能电站工程安全监测布置设计

周雪玲　蔡云波　何国伟

（中水东北勘测设计研究有限责任公司，吉林长春　130061）

摘　要： 山西垣曲抽水蓄能电站项目是国家"十三五"重点能源建设项目，建成后将极大缓解山西省能源紧张，进一步降低山西省火电能源利用率，提高山西省新能源利用率，推动"双碳"目标的实现；根据相关监测设计规范和工程实际情况，本抽水蓄能电站设置了环境量监测、变形监测控制网，上、下水库，输水建筑物及地下厂房系统等建筑物的监测项目；本文全面介绍了监测项目的测点布置和数量，并提出上水库库盆的渗流、库岸边坡变形、输水系统和地下厂房的围岩变形等重点监测部位和项目，可为同类工程监测设计提供借鉴。

关键词： 抽水蓄能电站；安全监测；监测设计；仪器布置

为了实现"双碳"目标，在新能源快速增长的背景下，抽水蓄能对于维护电网安全稳定运行、建设以新能源为主体的新型电力系统具有重要的作用。截至 2022 年底，我国抽水蓄能电站在运规模 2 849 万 kW，在建规模达 3 871 万 kW，在建和在运装机容量均居世界第一。在抽水蓄能电站工程的设计、施工和运行过程中，安全监测越来越得到重视，安全监测是及时发现水电工程安全隐患的一种有效方法，通过监测仪器和巡视检查，可以及时获取工程安全的有关信息，是工程建设和运行管理中非常必要、不可或缺的一项工作。

1　概述

山西垣曲抽水蓄能电站位于山西省运城市垣曲县境内，电站装机容量为 1 200 MW，上水库总库容 775 万 m³，下水库总库容 1 059 万 m³。电站设计年发电量 12 亿 kW·h，年抽水电量 16 亿 kW·h。按电站装机容量确定本工程等别为一等，工程规模为大（1）型。上水库大坝采用沥青混凝土面板堆石坝，为 1 级建筑物，主坝轴线长 425 m，最大坝高 111 m；上水库库盆采用沥青混凝土简式面板防渗。下水库挡水建筑物坝型为碾压混凝土重力坝，由左岸挡水坝段、河床溢流坝段及右岸挡水坝段组成，坝顶总长 215.0 m，最大坝高 81.30 m，共 11 个坝段。输水系统（沿 1#机）总长 3 434.74 m，其中引水系统长 2 324.93 m，尾水系统长 1 109.81 m。厂房系统主要由主副厂房洞、主变洞、母线洞、交通洞、通风兼出线洞、排风平洞、排风竖井、排水廊道、自流排水洞和地面 GIS 开关站、地面排风机房等建筑物组成。地下厂房采用中部布置方式，布置在距上库进/出水口水平距离约 2 000 m。

2　安全监测的范围

本工程主要由上水库壅水建筑物、输水系统建筑物、地下厂房、主变室、地面开关站、下水库挡水及泄水建筑物等部分组成，各建筑物监测范围如下：

上水库：沥青混凝土面板堆石坝、库盆防渗工程、排水系统、库岸边坡。

下水库：碾压混凝土重力坝、泄水消能建筑物，以及大坝左右岸边坡。

输水系统：上水库进/出水口、引水隧洞、引水调压井、压力管道、钢岔管、尾水岔管、尾水调

作者简介： 周雪玲（1984—），女，高级工程师，主要从事水利水电工程安全监测设计、资料分析等工作。

压井、尾水隧洞、下水库进/出水口等建筑物。

地下厂房及其附属建筑物：地下厂房和主变洞、尾闸室、岩壁吊车梁、机组结构、地面开关站[1]。

3 环境量监测

环境量监测包括上、下库水位监测，库水温监测，降水量和气温监测。

在上水库大坝沥青混凝土面板表面、进出水口、库岸边坡和下水库的进出水口、重力坝的挡水坝段等部位分别布置涂漆水尺，共计 7 条。同时，在上、下水库各布置 1 支电测水位计，自动监控库水位变化。

上水库水温受气温和入库水温的影响，并随水深变化，在面板内布置的温度计可兼测库水温。运行期必要时可采用电测温度计监测不同区域和水深的库水温度。

在上水库布置 1 套自动化简易气象站，包括自记式温度计、自记式湿度计、自记式雨量计、风速风向远传自记仪等。

4 变形监测控制网

4.1 上、下水库平面监测控制网

上、下水库平面监测控制网为专用控制网，采用三角形网建立，平面监测控制网的测量等级确定为专二级[2]。为充分保障监测基准的点位精度，监测控制网采用基准网和工作基点二级布网形式，其中上水库基准网由 6 个控制点组成，下水库基准网由 6 个控制点组成。

4.2 上、下库水准监测控制网

水准监测控制网由水准基点、水准工作基点和水准联系点组成闭合水准路线，按照二等水准施测[3]。根据实际情况，在距上、下水库坝端 600 m 左右连接路拐弯处设置一组水准基点，其中 1 个为双金属标。水准基点之间，用单一水准路线联测，作为水准基点间的检核。在上、下水库坝肩，各高程马道左右岸分别布设 1 组（2 点）水准工作基点，水准路线中视地质条件和受工程影响小的适当位置埋设 2~4 个水准联系点。

5 安全监测仪器布置

5.1 上水库安全监测仪器布置

5.1.1 变形监测

5.1.1.1 表面变形

（1）大坝表面变形：在坝顶上游坝坡正常蓄水位以上靠近防浪墙部位、下游侧靠近坝顶部位、下游坝坡 938.50 m 马道和距坝轴线 120.00 m（高程 910.00 m 堆渣平台）沿平行坝轴线方向共布置 4 条测线[4]；表面变形测点间距 100 m 左右布设 1 个测点，共布置 17 个水平位移测点、21 个垂直位移测点。

（2）库岸边坡及环库路垂直位移表面变形：北侧和西侧库岸各布置 2 个表面变形监测断面，每个监测断面布置 2 个测点，共布置 8 个变形监测点。在环库公路上根据地质条件布设 10 个测点。

5.1.1.2 内部变形

（1）大坝内部变形：①水平向布置 2 个监测断面，每个断面选择 2~3 个监测层面布设水平和垂直位移测线，每条测线布置 3~6 个测点；2 个断面内共布设振弦式土体位移计和振弦式沉降仪各 5 套 22 个测点。②竖向布置 2 个监测断面，布置在大坝面板和底板连接部位主堆石区、坝顶下游侧，分别布设 1 根测斜管和 1 根沉降管，共计 3 根测斜管、3 根沉降管。典型监测断面布置图见图 1。

（2）库岸边坡内部变形：西侧库岸开挖支护区选择 1 个监测断面，北侧库岸开挖支护区选择 2 个监测断面，在每个监测断面布置 2 个测斜孔，监测库岸边坡内部变形。

（3）库盆底部沉降变形：在沥青混凝土面板底部垫层内平面布置1套（条）阵列式位移计，一端固定在廊道混凝土上，平铺通过库底回填区后，另一端与库底基岩固定。

5.1.1.3　接缝变形

库底沥青混凝土面板与上水库进/出水口钢筋混凝土易产生开裂的接头部位分别布设测点，监测接缝部位的相对位移，共布设4支测缝计，与结合部位的渗流监测相对应。

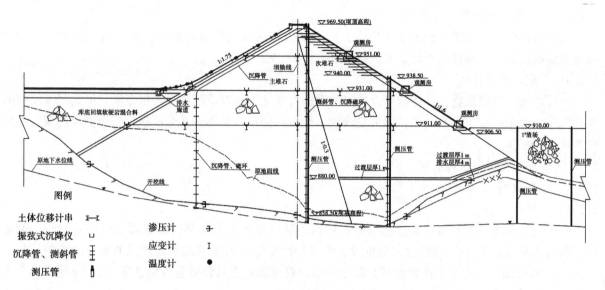

图1　上水库典型监测断面布置图　（单位：m）

5.1.2　渗流监测

5.1.2.1　面板后的渗透压力

沥青混凝土面板后的渗透压力主要来自透过面板的渗漏水、地下水、汇集的雨水等，面板为薄板结构，抵御渗透压力能力很弱，因此需要在大坝及库岸面板后的排水层内埋设渗压计进行监测。大坝沥青混凝土面板选择2个监测断面，库岸沥青混凝土面板选择6个监测断面，在每个监测断面沿库底与大坝连接的转弯处2个不同高程的沥青混凝土面板后各布设1个测点，共布设16支渗压计。

5.1.2.2　坝体和坝基渗流

为监测坝基渗流及可能形成浸润线的分布情况，布设2个监测断面，沿坝基上、下游方向设置渗压计，测点布置在坝基地形突变处和堆石区，每个监测断面布设5个测点，共布设10支渗压计；同时，在坝顶下游坝坡、马道和高程910.00 m的1#渣场布设4根测压管，每根测压管里安装1支渗压计，共布设8根测压管、8支渗压计。

5.1.2.3　库底渗透压力

沿库底排水路径、在库盆挖填分界线碎石垫层及库底断层布设测点，共布设27支渗压计。

5.1.2.4　渗流量

为监测上水库大坝坝体渗流量，并排除客水影响，在大坝下游坝脚设置混凝土截水墙，汇集坝体渗水，通过预埋在截水墙的钢管排向下游，钢管出口设置混凝土明渠，在混凝土明渠内安装1处量水堰，监测汇集的渗流量，并布置1支精密量水堰计，实现自动监测。

5.1.2.5　库周地下水位

地下水位监测采用钻孔埋设测压管的方法进行观测，测压管沿帷幕灌浆线进行布置，同时在岩体较差、地质条件薄弱的单薄分水岭相应增加测点，共布置19根测压管。

5.1.3　应力、应变及温度监测

5.1.3.1　沥青混凝土面板应变

根据本工程的具体情况，选择2个监测断面，每个监测断面沿不同高程在沥青混凝土面板上布设

7 个测点，2 个监测断面布设 14 支应变计。

5.1.3.2 温度监测

本工程地处北方严寒地区，考虑夏季日照辐射高温、冬季库水结冰、库水骤升骤降温差等不利因素的影响，根据本工程的具体情况，与沥青混凝土面板应变监测同断面同点布设，在每个监测断面沿 7 个不同高程布设测点，2 个监测断面布设 14 支温度计。

5.1.3.3 库岸边坡锚杆应力监测

为了解库内开挖边坡支护措施效果[5]，在库岸边坡内部变形监测断面位置，结合边坡支护措施的布置情况，共布置锚杆应力计 8 支，锚索测力计 18 支。

5.1.4 强震动反应监测

上库坝为 1 级建筑物，设计烈度为Ⅷ度，根据大坝结构布置情况，在大坝左岸、最大坝高断面的坝顶和距大坝 150 m 下游自由场位置分别设置 1 个台阵测点，共布设 3 个测点，每个测点均安装 3 分向加速度传感器。

5.2 下水库安全监测仪器布置

5.2.1 变形监测

5.2.1.1 坝体变形

（1）正、倒垂线：在 3 个典型监测断面坝顶、基础检查廊道和基础灌浆廊道分别布置正、倒垂线，共设正垂线 6 条（6 个测点）、倒垂线 3 条（3 个测点），用来观测所在坝段的水平位移[6]。

（2）双金属标：在 3 个典型监测断面分别布置双金属标，共设双金属标 3 条（3 个测点），用来观测所在坝段的垂直位移。

（3）边角交会：利用平面监测控制网中的控制点作为坝体水平位移监测的工作基点，以边角交会的方法用全站仪人工观测。同时也可为 3 个典型监测坝段的垂线系统提供外部参考基准。在坝顶每个坝段布设 1 个测点，共布设 11 个测点。

（4）精密水准测量：在每个坝段的坝顶、基础廊道各布设 1 个水准点，共布设 20 个测点。布设坝体水准点与坝顶表面变形监测点对应，以相互校验。

5.2.1.2 坝体倾斜

倾斜监测利用坝顶和坝体内的横向观测廊道，成对布设测点，利用水准仪观测测点的相对变化，得到坝体倾斜位移量。

5.2.1.3 接缝变形

为了给接触灌浆选择最佳时机提供依据以及监测结合面的胶结情况，在陡坡建基面段接缝处，布置了 21 支测缝计。

5.2.2 渗流监测

5.2.2.1 坝基扬压力

坝基扬压力监测布置采用"1 纵 3 横"的布置方式，纵向监测断面布设于排水幕线上，钻孔角度与排水孔一致。除 1# 坝段和 11# 坝段外，每个坝段布设 1 点，共设 9 根测压管。3 个横向监测断面布置横向扬压力测点 5 个，共计布置 5 根测压管（其中 3 根共用），埋设 8 支渗压计。

5.2.2.2 渗流量

为监测坝基、坝体的渗流量，在基础和检查廊道的排水沟内共布设 4 处量水堰，分区进行渗流量的观测，同时在基础灌浆廊道的集水井前的排水沟中布设 1 处量水堰，观测坝体总渗流量。

5.2.2.3 绕坝渗流

在左、右岸各布设 5 个测孔，其中在灌浆帷幕前后各设 1 孔，以了解灌浆帷幕的效果，其他测孔沿流线和梯度方向上布设，绕坝渗流共布置 10 孔，每个孔里安装 1 支渗压计，共计 10 支。

5.2.3 温度监测

5.2.3.1 混凝土坝体温度

选择 3 个坝段进行坝体温度监测，在坝体沿高程方向间隔 15 m、上下游方向以 12 m 左右间距呈网格状布设温度计，监测大坝的温度场。共计 51 支温度计。

5.2.3.2 坝基温度

为监测基岩温度分布情况，在 1 个坝段的基岩内不同深度处布设 4 支温度计[7]。

5.2.4 强震动反应监测

下库坝为 1 级建筑物，设计烈度为Ⅶ度，根据大坝结构布置情况，在大坝左岸坝肩、溢流坝段最大坝高断面的坝顶、挡水坝段的坝顶和距大坝 20 m 下游自由场位置分别设置 1 个台阵测点，共布设 4 个测点，每个测点均安装 3 分向加速度传感器。

5.2.5 泄水、消能建筑物监测

5.2.5.1 消力池底板扬压力

在消力池底板中心线上、混凝土底板与建基面处布置 3 支渗压计监测消力池底板扬压力。

5.2.5.2 消力池导墙外水压力

为监测消力池导墙外水压力，在消力池上布置 3 个监测横断面，在两侧导墙外侧土体里沿不同高程各布置 3 支渗压计，共布置 18 支渗压计。

5.2.5.3 锚杆应力监测

在消力池底板中心线上，选择 3 根锚筋分别布置 1 支锚杆应力计，共计 3 支。

5.3 输水建筑物安全监测仪器布置

5.3.1 进/出水口及边坡监测

在上水库 1# 和 2# 进/出水口上方边坡，布设 3 个表面变形位移测点、2 根测斜管监测表面和内部变形；在下水库 1# 和 2# 进/出水口上方边坡，布设 9 个表面变形位移测点、2 根测斜管监测表面和内部变形。

5.3.2 输水隧洞监测

5.3.2.1 输水隧洞洞身监测

输水隧洞在断层构造规模相对较大或隧洞的关键部位，布置重点监测断面，断面仪器布置相对较全面；在断层构造规模相对较小的部位或次要特征部位，布置一般监测断面，进行重点项目的监测，其仪器布置相对精简。

（1）在钢筋混凝土衬砌段布置 6 个监测断面，共布置 9 套多点位移计、12 支测缝计、24 支钢筋计、18 套锚杆应力计、9 支渗压计。

（2）在钢板衬砌段布置 6 个监测断面，共布置 6 套多点位移计、6 支测缝计、12 支钢板计、18 套锚杆应力计、12 支渗压计。

5.3.2.2 帷幕防渗效果监测

在引水隧洞和尾水隧洞防渗帷幕的上、下游侧各布置 1 支渗压计，共计 16 支，监测相应部位的帷幕防渗效果。

5.3.2.3 压力管道排水廊道渗流量监测

在压力管道中平段和下平段排水廊道末端排水沟内分别布置量水堰，共布置 6 个，进行渗流量监测，同时安装精密量水堰微压计进行自动监测。

5.3.2.4 压力管道处岩体地下水位监测

利用压力管道下平段的排水廊道，在廊道内分别向下平段压力管道处垂直打孔，共布置 3 个测压管，测压管内设渗压计，监测压力管道处围岩的地下水位。

5.3.3 引水钢岔管监测

引水钢岔管监测选择在 1# 钢岔管进行。具体分别在岔管进口（主管段）、主支锥相贯线、肋板部

位（支管段）布置 3 个主要监测断面。引水钢岔管部位共布置 2 套多点位移计（4 点）、5 套锚杆应力计（2 点）、4 支测缝计、14 支钢板计、4 支渗压计。

5.3.4 尾水混凝土岔管监测

选择 1# 尾水岔管进行监测，具体在主支锥相贯线布置 1 个监测断面，共布置 2 套多点位移计（4 点）、4 支测缝计、3 套锚杆应力计（2 点）、4 支渗压计、8 支钢筋计。

5.3.5 引水调压室监测

在 1# 和 2# 调压室分别布置 2 个监测断面，重点监测 f199 断层及其与其他节理组合切割部位，引水调压室共布置 4 套多点位移计、4 支锚杆应力计、8 支钢筋计、4 支渗压计。

5.3.6 尾水调压室监测

在 1# 和 2# 调压室分别布置 2 个监测断面，重点监测断层及其与其他节理组合切割部位，尾水调压室共布置 4 套多点位移计、4 支锚杆应力计、8 支钢筋计、4 支渗压计。

5.4 地下厂房及其附属建筑物安全监测仪器布置

5.4.1 地下厂房围岩监测

地下厂房及主变洞室规模较大，监测断面布置重点在于断层切割及其组合对围岩稳定不利的位置及代表性关键部位，同时在重点监测断面间穿插布置一般监测断面，以整体监测洞室围岩的安全与稳定。地下厂房布置重点监测横断面 2 个、一般横断面 2 个。地下厂房典型断面监测布置见图 2。地下厂房围岩监测共布置 47 套多点位移计（4 点）、50 套锚杆应力计（3 点）、6 个量水堰、18 支锚索测力计、109 个收敛测桩（66 测线）。

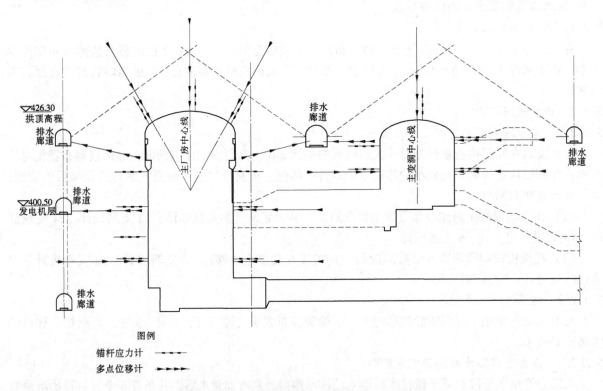

图 2　地下厂房典型断面监测布置　（单位：m）

5.4.2 岩壁吊车梁监测

岩壁吊车梁监测断面选取结合地下厂房洞室群监测统筹考虑，厂房岩壁吊车梁布置 3 个监测断面，上下游对称布置。同时，在重点断面之间上游高边墙部位，增加上倾受拉锚杆监测。共布置 16 套锚杆应力计、12 支单向测缝计、24 支钢筋计、12 支压应力计。

5.4.3 机组结构监测

选择 2 台机组进行监测，监测项目包括接缝变形、钢筋应力和钢板应力。

机组结构接缝变形采用单向测缝计监测，包括机组混凝土与围岩之间、机组结构之间、蜗壳与外包混凝土之间的接缝变形监测，每个机组结构布置 8 支单向测缝计；钢筋应力监测布置在机组支撑结构钢筋受力较大的部位，每台机组结构共布置 18 支钢筋应力计；钢板应力监测布置在每台机组中心线横剖面的尾水肘管和机组纵、横剖面的蜗壳最大截面外侧，每台机组共布置 6 支钢板应力计。

5.4.4 尾闸室监测

在尾闸室布置 2 个监测断面，在每个监测断面顶拱、上下游边墙布置 3 支锚杆应力计，监测围岩锚固效果；在监测断面顶拱布置 1 套多点位移计监测围岩的稳定。尾闸室共布置 6 支锚杆应力计、2套多点位移计。

5.4.5 地面开关站监测

地面开关站监测项目为表面变形、加固锚杆应力、锚索锚固力监测。共布置 6 个水平位移测点、9 套锚杆应力计（2 点）、6 套锚索测力。

6 结语

随着经济的发展，以抽水蓄能电站为主体的新型电力系统将起到越来越重要的作用，抽水蓄能电站的安全监测工作也将越来越得到重视，本文全面介绍了垣曲抽水蓄能电站工程安全监测项目、监测范围及仪器布置[8]，可为同类工程监测设计提供参考；对于抽水蓄能电站，上水库的防渗效果与电站的经济效益关系重大，其大坝和库底的渗漏监测和不均匀沉降应重点关注。

参考文献

[1] 蔡云波，韩琳，等. 山西垣曲抽水蓄能电站工程安全监测设计专题报告［R］. 中水东北勘测设计研究有限责任公司.

[2] 国家质量技术监督局. 国家三角测量规范：GB/T 17942—2000［S］. 北京：中国标准出版社，2004.

[3] 国家测绘局. 国家一、二等水准测量规范：GB/T 12897—2006［S］. 北京：中国标准出版社，2006.

[4] 国家能源局. 土石坝安全监测技术规范：DL/T 5259—2010［S］. 北京：中国电力出版社，2021.

[5] 国家能源局. 水电工程边坡设计规范：NB/T 10512—2021［S］. 北京：中国水利水电出版社，2021.

[6] 国家能源局. 混凝土坝安全监测技术规范：DL/T 5178—2016［S］. 北京：中国电力出版社，2016.

[7] 索志明. 大坝安全监测及优化措施研究：以洋县卡房水库为例［J］. 工程技术研究，2022，7（124）：137-139.

[8] 钱冠华，李长武，吕宜光，等. 大坝安全监测系统设计及实现［J］. 自动化技术与应用，2019，38（4）：181-184.

山东省水库淤积现状及对策建议

王　勇[1]　林　刚[2]　刘　婷[3]

(1. 山东省海河淮河小清河流域水利管理服务中心，山东济南　250100；

2. 烟台市水利局，山东烟台　264003；

3. 枣庄市城乡水务局，山东枣庄　277102)

摘　要：本文重点梳理统计山东省水库淤积现状，包括淤积水库数量、受损功能类型和淤积物主要污染类型，分析水库淤积成因和主要危害。通过调查烟台市和枣庄市两项已实施的典型清淤工程，包括清淤范围设计、施工组织、淤积物处置、取得成效和资金来源等内容，总结实施清淤工程中政策、资金和技术上存在的问题和面对的困难，并提出针对性的建议和对策。

关键词：水库淤积；清淤；山东省

1　山东省水库基本情况

截至 2022 年底，山东省注册登记水库共 5 506 座，其中大型水库 38 座、中型水库 220 座、小型水库 5 248 座。总库容约 180 亿 m^3，在防洪、供水、灌溉等方面发挥了重要作用。

2　淤积严重水库情况

根据本次调查统计，山东省现有淤积严重、影响设计功能的水库共 429 座，其中大型水库 8 座、中型水库 27 座、小型水库 394 座。受损功能类型主要包括灌溉、防洪、养殖、供水，所占比例分别为 51.5%、34.5%、7.5%、6.5%（见表 1）。其中，80 座水库近期已开展水库淤积测量工作，淤积总量 2.29 亿 m^3。134 座水库有淤积物污染资料，主要污染类型为氮、磷、重金属，涉及水库数量分别为 133 座、105 座和 12 座（见表 2）。

表 1　山东省淤积和功能受损水库数量统计　　　　　　　　　单位：座

淤积水库数量				受损功能类型			
总数	大型水库	中型水库	小型水库	灌溉	防洪	养殖	供水
429	8	27	394	221	148	32	28

表 2　山东省淤积物污染类型涉及水库数量统计　　　　　　　　　单位：座

有淤积物污染资料 水库数量	主要污染物类型涉及水库数量		
	氮	磷	重金属
134	133	105	12

分析水库淤积成因主要有：一是山丘区水库受强降雨影响，流域内水土流失比较严重，洪水挟带

作者简介：王勇（1987—），男，工程师，主要从事水利工程管理、流域水利管理工作。

泥沙进入库区造成淤积[1]。二是平原水库,特别是黄河流域水库引蓄水含沙量较大,长期运行淤积累积严重,造成占用库容且影响原水水质。三是工程设施不足。淤积严重的水库大多修建于20世纪50—80年代,工程设计未设置排(冲)沙设施或设置不科学,429座水库中只有4座设置排沙设施,进库泥沙难以排出库外。

水库淤积造成的危害主要包括:一是削弱水库防洪能力。淤积侵占防洪库容,水库调蓄洪水能力下降。二是降低水库兴利效益。淤积侵占兴利库容,甚至淤塞输水设施进口,导致水库兴利功能衰减。三是损害水生态环境。部分水库因周边污染物排放,造成淤积泥沙吸附污染物甚至重金属,加剧水体富营养化和水质劣化。

3 典型水库清淤工程

经调查梳理,全省共有26座水库已实施清淤工程。共计清淤32次,累计清淤量4 125.79万 m³,清淤费用6.06亿元,资源化利用量1 942.44万 m³,清淤单价10~40元/m³。426座拟实施清淤工程水库,拟清淤量2.45亿 m³,拟资源化利用量1.51亿 m³。其中,49座水库编制了技术报告,拟清淤量5 384.63万 m³,拟资源化利用量4 559.92万 m³,主要利用方式包括堆积造地、维持生态和回填土。投资匡算139 018万元,清淤单价13~53元/m³。已实施的典型清淤工程情况如下。

3.1 烟台市蓬莱区A水库清淤工程

3.1.1 水库概况

A水库控制流域面积21 km²,总库容1 232万 m³。其中,兴利库容602万 m³,对应兴利水位62.07 m;死库容65万 m³,对应死水位52.18 m。A水库是一座以防洪和城市供水为主,兼顾农业灌溉等综合利用的中型水库。水库于1961年5月建成蓄水,主要建筑物包括大坝、溢洪道、放水洞等。经过近60年的运行,淤积严重,现状死库容以下水库淤积38万 m³,兴利库容淤积23.4万 m³,影响水库兴利蓄水和调度运用。

3.1.2 清淤方案

受连续干旱天气影响,2020年汛前水库已完全干涸,水库库区地下水位较低,清淤采用机械开挖,减小了清淤成本,有利于工程的实施和施工过程控制。施工内容主要为清除现状库底及两岸淤积物,共计94.3万 m³,挖掘机挖土就近回填和二次倒运填坑土方,单价约17元/m³,清淤工程投资1 563万元,项目资金来源为财政专项资金。

清淤范围设计主要包括纵断面设计和横断面设计。纵断面方面,库底纵向比降的确定主要考虑两个方面的因素:一是结合现状库底地形地貌,不改变库区水沙冲淤特性;二是应与上游河段衔接平顺,避免对库区产生冲刷。清淤底高程控制在53.78 m,设计纵向底坡0.000 32~0.025 3,库尾清淤高程57.00 m,清淤深度0~3.12 m。在保证两岸岸坡安全稳定的条件下,尽量减少对两岸现状地貌的动迁。根据该工程的实际地形、现状宽度及周边建筑物的影响,拟定该工程清淤横断面控制边线两岸清淤起始端距兴利水位线20~265 m,宽度在88.0~485.0 m,根据地质勘察建议,拟定两侧库岸清淤设计坡比为1:7.0,清淤长度1.21 km,清淤工程实施作业区面积0.41 km²。

3.1.3 淤积物处置方式及取得效果

清淤工程实施过程中产生114万 m³可回收利用的砾砂资源,在确保水库大坝和库岸安全稳定的前提下,由区政府统一处置,减少了监管难度且增加了资源利用率。

清淤工程完工后,提高了水库上游来水和接纳外调水的调蓄能力,年增加供水量100.0万 m³。结合已实施的除险加固工程,进一步提高供水保证率;库底淤积的富营养物质被清除,能够减轻水库富营养化程度,改善水库水质;通过水库清淤,增大入库河道断面,提高河道行洪能力。

3.2 枣庄市滕州市B水库增容工程

3.2.1 水库概况

B水库位于山东省滕州市,属淮河流域,南四湖水系。控制流域面积9.25 km²,总库容349.17

万 m³，兴利库容 152.36 万 m³，死库容 6 万 m³，是一座具有防洪、灌溉、养殖等综合效益的小（1）型水库。水库建成于 1961 年 11 月。大坝为黏土心墙坝，全长 658 m，坝顶宽度 5 m，坝顶高程实际达到 128.83~129.10 m，最大坝高 12.1 m，坝顶为泥土路面。经过近 60 年的运行，水库淤积严重，死库容由原设计的 6 万 m³ 淤积为现状的 0.33 万 m³，严重影响了水库效益的发挥。

3.2.2 清淤方案

本工程清淤采用挖掘机挖土配自卸汽车的方式，施工内容主要为对兴利水位和死水位以下的淤积物共 69.1 万 m³ 进行清挖，单价约 17 元/m³，工程投资 1 161 万元，项目资金来源为地方财政资金。

（1）兴利库容增容。根据水库来水条件、用水需求，库区周边等实际情况，并结合水库增容潜力分析成果，本次水库增容主要是对兴利水位以下的淤积物进行清挖增容，主要采取挖库方式增加兴利库容。考虑到水库安全泄洪和淹没区征地难度大的特点，采用分区开挖方式，现状兴利水位 124.17 m 作为开挖上边界；下边界方面，扣除禁挖区，根据库区地形地质条件将开挖区分为开挖 A 区（北部库区）、开挖 B 区（主库区）、开挖 C 区（东部库区）（见图 1），确定开挖 A 区开挖下边界为 120.00~123.00 m，开挖 B 区开挖下边界为 118.50 m，开挖 C 区开挖下边界为 118.50~120.50 m。

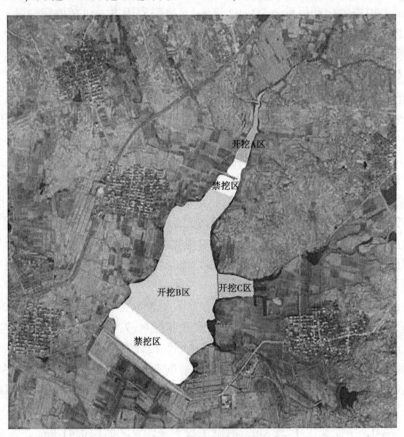

图 1　B 水库分区开挖示意图

（2）死库容增容。B 水库死水位 118.50 m，原设计死库容 6.0 万 m³，现状死库容 0.33 万 m³，水库死库容淤积严重。为了清理库区淤积、恢复死库容，同时满足库区周边居民在库水位降至死水位时通过水泵提水的需求，对死水位 118.50 m 以下的淤积物进行清挖增容，主要采取挖库方式。该库底的壤土层在库中埋深大，厚度大，靠近库岸埋深浅，厚度小。考虑对壤土层的扰动小，形成的水深大，便于水泵提取。基于地质横断面图及钻孔位置信息确定死库容的开挖平面范围，最大程度地清除壤土层上部的淤积库容，开挖上边界 118.50 m，开挖下边界 117.50~116.00 m，开挖后死库容为 6.66 万 m³。

3.2.3 淤积物处置方式及取得效果

库区增容工程总开挖量约为 63.0 万 m³，其中开挖土中的砂层可作为建材资源利用，中粗砂量约为 12.4 万 m³。其余开挖土方用于自身填筑和占地复耕，以减少弃土弃碴占地。

在优先保证防洪安全的前提下，本工程适度挖库扩大了水库兴利库容和死库容，增强其调节功能，有效利用当地雨洪资源，提高水库供水能力和保障程度。水库增容维持现状兴利水位 124.17 m，挖库 62.27 万 m³，增加有效兴利库容 55.93 万 m³，增加死库容 6.33 万 m³。

4 存在问题

4.1 水库清淤相关政策尚不完善

水库清淤是一项涉及政策、技术、经济等多学科的复杂系统工程。从前期泄水腾空库容，实施过程中协调临时场地，到后期淤积物处置和运输，需要所在地基层政府、水利、自然资源、环保等多部门协同配合，但目前相关政策尚不完善，制约了水库清淤工作的开展。

4.2 资金投入保障不足

水库清淤成本影响因素较多，清淤、运输和处置 3 个主要环节成本费用高，水库清淤一次性投资规模大。以采用挖掘机配载重汽车为例，清淤单方投资 15～25 元，采用绞吸式挖泥船单方投资 30～40 元，以 1 000 万 m³ 淤积量计算则需清淤成本将达到 1.5 亿～4.0 亿元，水库清淤所需投资巨大。山东省现有淤积严重的小型水库 394 座，因淤积成分主要是淤泥，资源化利用率低，地方实施清淤工程的积极性不高。截至目前，只有 9 个水库实施清淤工程，其余小型水库清淤工程推进难度较大。

4.3 淤积物处置和资源化利用难

淤积物中往往存在氮、磷、重金属等污染源，如处理不当容易造成次生环境污染。由于对河道采砂严格管控，群众对淤积物资源化利用为建筑砂石料较为敏感，实施过程中群众诉求、投诉较多，协调处理成本高。

4.4 水库清淤长效机制尚未建立

水库运行方面，一是绝大部分水库未设置排沙设施。二是管理单位缺少对泥沙淤积的观测和分析，无法做到科学调度和排沙冲沙。库区管理方面，基层执法力量薄弱，难以做到严格监管侵占、围垦库区等行为。防治结合的长效机制无法建立，难以保证清淤成效。

5 有关建议

5.1 加强政策保障

建议中央有关部委及省级有关主管部门开展水库淤积情况普查工作，摸清现有水库实际可利用库容、淤积发展态势及危害程度、淤积物构成等基本情况，建立水库淤积档案。在此基础上进一步加强水库淤积治理工作的顶层设计，适时启动相关规划的编制和试点，将水库清淤作为解决当地用水问题的一项民生工程。

5.2 加大资金支持

山东省小型水库数量众多，主要承担防洪、灌溉等任务，由于大多分布在偏远山区，流域内水土流失比较严重，普遍存在淤积现象。部分淤积严重的水库，受资金限制，无力实施清淤工程，水库功能和效益基本丧失。建议在编制小型水库清淤专项规划的基础上，设立中央和省级专项补助资金，引导地方和社会投入，形成各级联动、齐抓共管、多元化投入的良好局面。

5.3 强化技术培训

建议各级主管部门加强水库淤积治理工作的技术交流和培训力度，特别是淤积物无害化处置措施和二次利用的技术交流和培训，提高基层从业人员的相关知识储备和业务操作水平。

5.4 健全长效机制

建议进一步健全"政府牵头、部门协作配合、社会群众参与"的长效工作机制；加大全面推行河长制、湖长制相关规章制度的落实和执法力度；出台水库清淤工作方案，明确政府、水利、自然资源、环保等多部门各方责任，落实工作目标、任务和措施；加强宣传，让社会各界深入认识到水库淤积治理工作的必要性和重要性，共同维护、积极参与[2]。

参考文献

［1］滕万军. 水库淤积问题研究及对策分析［J］. 水利科技与经济，2023，29（7）：134-136.

［2］李周顺. 四川省水库淤积治理试点研究及经验［J］. 地方实践，2018（20）：72-74.

基于安全语义特征的小型水库大坝群
安全风险分析研究

朱沁夏[1,2] 沙海明[1] 蒋金平[1,2]

（1. 南京水利科学研究院，江苏南京 210029；
2. 水利部大坝安全管理中心，江苏南京 210029）

摘 要：1954 年以来我国溃坝 3 558 座，95% 为小型，安全问题突出，因此分析水库群风险差异，实现差别化管理意义重大。现有基于概率的大坝风险分析受制于专家经验，大量巡查鉴定信息挖掘得不充分。人工智能使基于语义的隐患转为定量风险、降低分析主观性成为可能。基于 52 863 条隐患，采用 NLP 研究建立小水库隐患语料集；利用语义分类与模糊评价方法，基于深度学习建立小型水库隐患分类模型，解析隐患与风险映射机制；采用聚类分析和神经网络，建立水库群风险识别方法，研究水库群隐患时序特征和风险预测。本文研究可为公共安全风险防控提供新思路。

关键词：小型水库；语义特征；风险分析；自然语言处理

1 前言

小型水库一直是水利行业的突出风险点[1-2]。2018 年以来，水利部连续 3 年对小型水库安全运行开展了专项检查，从工程缺陷、管理行为两个方面对大坝安全运行情况进行评价，累计检查 18 071 座小型水库共发现 52 863 条[3] 问题。小型水库安全隐患依然突出，依据大坝风险大小对面广量大的小型水库群实施差别化精准管理，对风险较高的水库予以更多关注和加强管理，十分必要。

因为缺少技术力量，现有的风险分析方法对小型水库不适用。但是小型水库有较为丰富的专项检查、安全鉴定、除险加固、日常巡查记录等文本信息，内容充实且容易获取，有效反映小型水库工程运行状态，对一些老工程甚至是唯一的途径。但限于技术瓶颈，对蕴含工程安全信息的海量安全检查定性信息缺乏挖掘，仅作为定性分析的基础资料，无法进行水库群体风险特性研究，在某种程度上也是一种隐患。

人工智能领域中自然语言处理理论（NLP）的出现，使得将文本信息分解到词汇级别从而进行定量分析成为可能，有望基于小型水库现有条件和丰富的定性语义信息，破解定性语义向定量风险转换的难题，实现基于语义的定量风险分析研究。

2 水库大坝安全语义特征

2.1 研究现状

安全事故报告、日常检查记录、发现问题描述等语义信息是风险评估和预测防控的重要数据源，蕴含复杂的逻辑关系。近年来，源于人工智能的自然语言处理（NLP）技术逐渐成熟，通过基于神经网络的深度学习训练机器模仿人类思考和决策过程[4-6]，使得处理大规模语义信息并利用其结果进行

基金项目：中央级公益性科研院所基本科研业务费专项资金（Y722009）。
作者简介：朱沁夏（1987—），女，高级工程师，主要从事水库大坝安全管理和水利信息化工作。

风险防控与智能决策成为可能，已在金融、舆情、交通等多个行业得到应用，如唐晓波等[7]利用短语挖掘上市公司年报信息提供智能金融服务；杜毅贤等[8]基于多维情感分析研究疫情期间网络舆情态势；Li等[9]通过对城市轨道交通事故报告进行文本特征提取，利用卷积神经网络（convolutional neural networks，CNN）实现风险源辨识。

目前，在水利行业特别是大坝安全领域，通过深度学习对风险辨识与预测开展的研究主要集中在提高监测数据、异常图像识别等准确度方面，有效辨识工程风险源[10-13]，将语义数据作为风险评估基础性研究[14]尚处于起步阶段。

2.2 小型水库安全语义

由于小型水库先天条件和后天管护的特殊性，对工程进行检查后提出的问题记录或检查报告等反映工程安全运行情况的语义文本，能够较全面地反映工程状况。基于 NLP 挖掘大坝安全隐患语义特征，重点是通过构建小型水库安全运行风险词典，挖掘提炼隐患语义特征表达，利用多维数字空间向量表达隐患语料集。

2.2.1 安全运行风险词典

小型水库安全运行风险词典拟基于小型水库安全运行问题分类标准建立，采集工程存在的问题和运行管理违规行为。利用 N 元（N-gram）模型分词，即一段问题文本存在多种分词路径，将训练好的 N-gram 模型进行路径计算，得到最优的分词路径并返回结果，从而挖掘提取标准中的关键风险短语，再结合专家经验等隐患知识库，构建小型水库安全运行风险词典。

2.2.2 安全隐患语料集

隐患语义特征表达的数据基础是隐患语料集，包含了督查专家对问题进行分类的规律和特点。基于 52 863 条小型水库安全运行督查发现的工程缺陷、管理行为问题隐患信息，通过可扩展标记语言（xml）等方式实现结构化转换，获得小型水库隐患文本集。引入构建的安全运行风险词典，采用语义清洗、中文分词、去停用词等文本预处理方法，抽取隐患语料集。

2.2.3 降维向量表达

所有隐患问题预处理后合并形成一个 N 维的语料集，N 可能有数千甚至上万个。为实现"语义-数字"的转换，可采用词嵌入（word embedding）表示，即词语或短语从词汇表映射到向量的实数空间中，使得词义的语义信息以数值的形式表达出来，从而降低维度。将隐患语料集映射到多维数字空间，降维处理后，挖掘隐患预料集特征向量，实现隐患语义特性的多维数字空间向量表达。

3 基于语义的水库隐患分类与风险映射研究

基于构建的小型水库安全隐患语料集，引入深度学习的语义文本分类算法，建立多层次小型水库安全隐患分类与识别模型，解析定性隐患与定量风险的映射关系。

3.1 水库隐患分类

水库隐患语义包含问题严重程度、问题分类、问题描述信息。为提取隐患语义及专家分类思维方式，考虑分别采用 FastText 和 TextCNN 文本分类模型。FastText 的特点是在保持高精度下能够快速处理，且不需要预训练好的词向量。TextCNN 的特点是模型结构简单，通过引入已经训练好的词向量，能获得较好的分类效果。利用 FastText 快速处理特点，对隐患的问题类别和问题严重程度进行分类，根据 TextCNN 效率高的特点对隐患问题内容进行分类，结合分类模型反馈的准确率、精确率、召回率进行模型优化。

将分类结果与原因对比，征求专家意见，改进模型，实现模拟专家分类思维，对小型水库隐患因素自动分类与识别。分类结果即隐患分类关联度向量，表示隐患问题与隐患分类的相互关联度，即按式（1）计算：

$$V = V_s + V_e = (v_{s1}, v_{s2}, \cdots, v_{sn}) + (v_{e1}, v_{e2}, \cdots, v_{em}) \qquad (1)$$

式中：V_s 和 V_e 分别为管理隐患和工程隐患各子类的关联度；n 为管理隐患子类个数（如责任人不落

实、巡视检查不足、安全鉴定未开展等）；m 为工程缺陷子类个数（如防洪安全不足、坝脚渗透稳定性不足、坝坡稳定性不足等）。

3.2　隐患与风险映射

水库风险定义为溃坝概率与溃坝后果的乘积，即 $R = P_f L$，隐患的出现使得溃坝概率 P_f 增大，从而增加风险。

安全隐患与风险映射过程如图 1 所示。

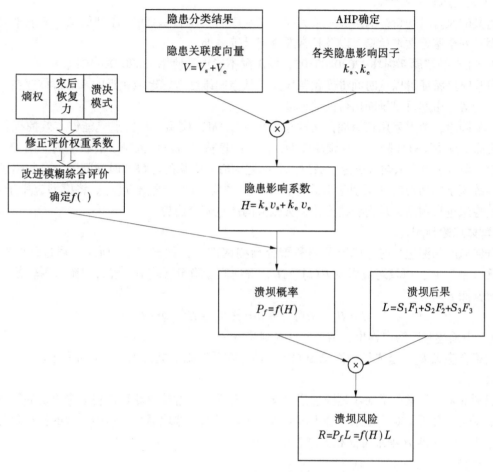

图 1　隐患与风险映射流程

首先，确定隐患影响程度。隐患对溃坝概率 P_f 的影响程度记作 H，不应仅限于工程实体缺陷，还有安全管理所致，管理不力对风险贡献的直接表现为促进隐患加剧、增大破坏概率。因此，H 由安全管理隐患影响系数 H_s 和工程隐患影响系数 H_e 共同作用而成，如式（2）所示。

$$H = H_s + H_e = \prod_{i=1}^{n} k_{si} v_{si} + \prod_{j=1}^{m} k_{ej} v_{ej} \tag{2}$$

式中，H_s 和 H_e 分别由具体隐患的影响因子 k_s 和 k_e 相互作用累积形成，不同严重程度隐患造成隐患影响不同，可能溃坝概率也不一样。v 为隐患分类结果，属于安全管理隐患 v_s 或工程隐患 v_e 中具体某个隐患子类。运用层次分析法（AHP）对隐患影响力进行评分，确定其权重即影响因子 k_s 和 k_e，进而获得隐患对风险的影响 H。

其次，建立模糊综合评价模型，综合考虑隐患的多种因素分类，不仅包括水库的工程坝型、大坝坝型、洪水标准等工程特性影响，还应兼顾运行管护、体制机制等安全管理因素；基于熵权、灾后恢复力、溃决模式修正由专家提出的评价权重，确定转换 $f(\ )$，通过隐患影响系数 H，得到隐患与溃坝概率转换。

最后，确定溃坝后果，采用 $L = S_1 F_1 + S_2 F_2 + S_3 F_3$，其中 S_1、S_2、S_3 分别为生命损失权重、经济损失权重、社会及环境影响权重，通过识别影响程度综合确定，生命损失系数 F_1、经济损失系数 F_2、社会及环境影响系数 F_3 由水库的下游保护城镇、人口影响决定，得到溃坝风险映射。

4　水库群体风险预测研究

小型水库群风险预测研究重点是基于语义的风险时变特征挖掘与水库群体风险识别和预测。

4.1　基于语义的风险时变特征

基于语义的风险时变特征的研究对象为同一座水库的"隐患-时间"序列信息，信息来自水库历次除险加固、安全鉴定文本信息，以及日常巡查记录等，如：

$\{$上游干砌石护坡局部损坏$-2020/03/05$，输水洞不能正常使用$-2020/10/12\}$。

利用风险时序特征可以从时间维度预测风险，从空间维度考虑地域相近的水库群体存在共性隐患或隐患发展趋势，由此可以推断出可能的风险。

针对时变隐患，考虑采用长短期记忆神经网络（LSTM）模型，其特点是能够有效捕捉长序列之间的语义关联。建立 LSTM 隐患时变预测模型，隐患时序输出 $H(t)$ 依赖于前状态的输出 O_t，由 $t-1$ 状态的输出预测和 t 的隐患输入决定。通过隐患问题随时间变化的趋势和时间间隔，对数据进行回归拟合生成训练模型，从而实现识别隐患时变特征，得到隐患时序预测 $H(t)$。将模型应用于水库群，对其中时变隐患进行预测，从而获得变化趋势较大的严重安全隐患。

4.2　水库群体风险预测

水库群体风险预测包括时序风险预测和聚合预测两部分，如式（3）所示，通过预测时序隐患 $V(t)$ 和聚合隐患 V_c，以及对应影响 $H(t)$、H_c，得到群体隐患影响 H，经过风险映射转换，最终实现群体风险预测 R。

$$H = H_c + H(t) \rightarrow R = f(H_c + H(t)) \cdot L \tag{3}$$

式中：$H(t)$ 由前述时序隐患输出，结合统计规则获得。

为得到聚合隐患 H_c，首先挖掘隐患因素相关性，在此基础上进行水库群划分和预测。

4.2.1　隐患挖掘

根据识别的隐患因素分类对小型隐患语料集进行筛选，通过枚举获得语料集中出现的所有隐患因素组合。采用关联分析，对小型水库隐患因素进行关联挖掘，选取语义文本中出现的所有隐患因素组合，通过迭代搜索获得 M 项最可能相关隐患因素集。

4.2.2　风险预测

具有一个或多个相同时空特性的水库为一个群，时空特征包括工程规模、建设年代、区域性等反映小型水库客观特性的信息，以统计规则或分类形式表达。

针对 M 项存在强关联性的隐患组合，利用统计规则挖掘以上水库群体特征，实现水库分簇聚类，最终得到 K 个水库群簇 $C = \{C_1, C_2, \cdots, C_k\}$，每个群簇可视为一个水库群。通过 K-均值方法计算单座水库与水库群簇聚类距离，K 即分类的水库群数量，最小化式（4）的平方误差 E 以判断水库最近的群簇，该群的隐患特性 H 可作为水库的预测风险，得到 H_c。

$$E = \sum_{i=1}^{k} \sum_{x \in C_i} \| x - \mu_i \|^2 \tag{4}$$

式中：x 为水库特征向量表达；μ_i 为群簇 C_i 的中心点。

5　结论与展望

基于安全语义特征的水库风险研究着眼于小型水库实际条件，选择水库工程隐患语义文本信息作为研究基础，利用自然语言处理理论将语义信息转换为定量离散数据，实现隐患语义数字化，从而获得量化分析的基础数据。在此基础上，通过计算机"训练""学习"模拟专家思维方式，替代传统的逐座水库人工分析方法，利用机器优势开展小型水库群大坝安全隐患分析与风险预测，有望基于小型水库现有条件和定性语义信息丰富特点，破解基于定性语义向定量风险转换理论方法这一难题。

参考文献

［1］张建云，刘九夫，金君良．关于智慧水利的认识与思考［J］．水利水运工程学报，2019（6）：1-7.

［2］蒋金平，杨正华．中国小型水库溃坝规律与对策［J］．岩土工程学报，2008（11）：1626-1631.

［3］张士辰，朱沁夏，赵伟．全国小型水库安全运行督察发现问题分析报告［R］．南京：水利部大坝安全管理中心，2020：3-4.

［4］Kim Y. Convolutional Neural Networks for Sentence Classification［C］//Proceedings of the 2014 Conference on Empirical Methods in Natural Language Processing（EMNLP），Doha，Qatar，2014：1746-1751.

［5］Liu P，Qiu X，Huang X. Recurrent Neural Network for Text Classification with Multitask Learning［C］//Proceedings of the Twenty-Fifth International Joint Conference on Artificial Intelligence（IJCAI）. New York，USA，2016：2873-2879.

［6］Merrouni Z A，Frikh B，Ouhbi B. Automatic Keyphrase Extraction：A Survey and Trends［J］. Journal of Intelligent Information Systems，2020，54（2）：391-424.

［7］唐晓波，谭明亮，李诗轩，等．基于风险短语挖掘的知识聚合模型研究［J］．情报理论与实践，2020，43（8）：152-158，139.

［8］杜毅贤，徐家鹏，钟琳颖，等．网络舆情态势及情感多维特征分析与可视化——以COVID-19疫情为例［J］．地球信息科学学报，2021，23（2）：318-330.

［9］Li Jie，Wang Jianping，Xu Na，et al. Importance Degree Research of Safety Risk Management Processes of Urban Rail Transit Based on Text Mining Method［J］. Information，2018，9（2）：9-26.

［10］王丽蓉，郑东健．基于卷积神经网络的大坝安全监测数据异常识别［J］．长江科学院院报，2021，38（1）：72-77.

［11］岳明哲，陈旭东，李俊杰．基于CNN-LSTM的混凝土坝渗流预测［J］．水电能源科学，2020，38（9）：75-78.

［12］毛莺池，王静，陈小丽，等．基于特征组合与CNN的大坝缺陷识别与分类方法［J］．计算机科学，2019，46（3）：267-274.

［13］YANG Xincong，LI Heng，YU Yantao，et al. Automatic Pixel-level Crack Detection and Measurement Using Fully Convolutional Network［J］. Computer-aided Civil and Infrastructure Engineering，2018，33（12）：1090-1109.

［14］刘婷，张社荣，李志竑，等．基于字符级CNN的调水工程巡检文本智能分类方法［J］．水力发电学报，2021，40（1）：1-13.

基于生态足迹理论的水利工程运行
生态指标分析与量化研究

刘金林¹   由吉洲²   王希强³

(1. 青岛市水务事业发展服务中心，山东青岛　266071；

2. 青岛市水务管理局，山东青岛　266071；

3. 青岛市水利和移民管理服务中心，山东青岛　266071)

摘　要：党的二十大对生态保护方面提出了更高要求，现行的水利工程标准化管理评价标准从工程面貌与环境方面来实现工程的生态评价。本文基于生态足迹理论，给出水利工程运行生态足迹概念，建立生态足迹模型，系统分析水利工程生态供给和生态占用指标，得出和改进各类指标的量化计算方法。

关键词：水利工程；生态足迹；运行管理；能值理论

1　引言

党的二十大报告指出要"站在人与自然和谐共生的高度谋划发展，坚持山水林田湖草沙一体化保护和系统治理"，这对水利工程生态保护方面提出了更高要求。现行水利部《水利工程标准化管理评价办法》（后文简称《办法》）涉及生态方面主要在工程面貌与环境项目中，通过工程整体完好、工程管理范围整洁有序、工程管理范围绿化和水土保持良好3个方面来评价水生态环境。部分省份例如四川省在此《办法》基础上出台了指导意见；也有部分省份印发了区域性评价办法，例如《山东省水利工程标准化管理评价办法》《安徽省水利工程标准化管理评价办法及评价标准》《河北省大中型水库、大中型水闸、堤防工程标准化管理评价标准》等。总的来看，现行的评价指标主要突出普适性，用来覆盖全国大部分地区水利工程生态环境评价工作，而如何以更加专业化、精细化的指标来评价水利工程生态环境则是当下亟须解决的问题。运用生态足迹理论进行水利工程生态影响评价，将水利工程运行所带来的生态效益和资源消费转化为生态生产性土地，能够相对直观地反映水利工程给生态环境带来的影响，进而定量判断其综合生态效益。

2　生态足迹理论及应用模型

2.1　生态足迹理论

生态足迹最早是由资源生态学教授 Willian E. Rees 于1996年提出的，表示为经济增长提供资源和吸收污染物所需的地球面积[1]。其实质是具有生态生产力的地域空间，该空间能够为人类特定生产活动持续提供资源或消纳废物。生态足迹理论被广泛应用到社会发展、生态评价、水资源、水利工程等领域，陈义忠等[2]运用三维生态足迹模型对长江中下游城市群的可持续发展情况开展评估、分析社会经济发展的适配性；李蕴峰等[3]采用改进的生态足迹模型分析了黑龙江省生态足迹空间格局

作者简介：刘金林（1996—），男，工学硕士，助理工程师，研究方向为水工结构工程。

通信作者：王希强（1982—），男，一级主任科员，主要从事水利工程运行管理工作。

变化特征和生态可持续状态;张婉玲等[4]基于水资源均衡因子核算了长江中游城市群水资源生态足迹,评估水资源盈亏和可持续利用状况;焦士兴等[5]运用三维模型分析了中国31个省份的水生态足迹时空特征,为促进水资源可持续利用提供技术支撑;刘宇等[6]将生态足迹模型引入水电工程环境影响评价,探讨了水电工程建设和运行对区域环境可持续发展的影响;肖建红等[7]应用生态足迹法计算了水利工程生态供给和生态需求足迹。

2.2 水利工程运行生态足迹的概念

肖建红等[7]提出了水利工程生态供给足迹和生态需求足迹两个方面的概念,可概括为因修建水利工程而增强和削弱的世界生物生产性土地或水域的总面积;田雨普等[8]从生态占用角度对水闸生态足迹作出了定义,即消纳水闸工程废弃物所需要的社会、经济、生态效益所供给的生态生产性土地面积;此外,国内对于泵站、堤防、渠系建筑物等其他水利工程的生态足迹方面的研究尚不充分。水库、堤防、水闸、泵站、渠系建筑物等水利工程,其运行管理期间的生态指标具有其各自的特异性,同时具备作为水利工程的非特异性,总的可概括为生态占用和生态供给特性。参照以往的研究,工程发展与生态发展作为一对矛盾,满足对立统一规律[9-10],由此提出水利工程运行生态足迹的概念。

水利工程运行生态足迹是指能够提供工程运行管理期间占用的、能够提供生态生产力的生态性土地面积。

2.3 水利工程运行生态足迹模型

生态效益从狭义的角度来讲是指生态环境中的诸物质要素满足人类社会生产和生活过程中发挥的作用[11]。Costanza等[12]研究提出类似概念,即生态服务系统是指能够直接或间接提供的各种经济、非经济的服务。沈清基[13]提出生态效益是指人类各项活动创造的经济价值与消耗的资源及产生的环境影响的比值。郑阳等[14]研究提出水系统生态服务价值的评价方法,分析了"自然-社会"二元水循环的生态服务价值。

水利工程运行生态足迹模型的构建,一方面是生态效益的经济性和非经济性所提供的生态足迹,另一方面是水利工程运行过程中所占用的生态足迹,即耦合水利工程的生态供给效益和资源占用,如图1所示。

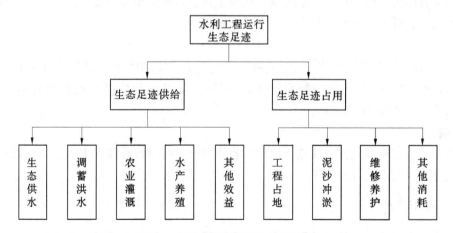

图1 水利工程运行生态足迹模型

3 生态足迹供给指标

水利工程生态供给指标的确定,要在水利工程功能范围内,充分考虑其在生态方面存在的效益。各指标计算参数的确定范围,既要体现出水利工程的一般功能,也要涵盖生态效益,各参数通过量纲计算,形成生态足迹供给指标。

3.1 生态供水

水利工程的生态供水量的计算可参照《河湖生态环境需水计算规范》（SL/Z 712—2021），通过求得水利工程库区内生态环境需水量，得出水利工程生态供水量，进而求得生态供水足迹，其水量平衡法计算公式如式（1）所示：

$$M_a = W/H = [F(E - P) + T + G + W_0]/H \qquad (1)$$

式中：M_a 为生态供水足迹，m^2；W 为生态供水量，m^3；H 为因生态供水削减的位置水头，m；F 为工程库区控制水面面积，km^2；P 为库区多年平均降水量，m^3/km^2；E 为计算面积水面蒸发量，m^3/km^2；T 为植物蒸散发需水量，m^3；G 为土壤渗漏需水量，m^3；W_0 为维持一定水面面积的蓄水量，m^3。

3.2 调蓄洪水

水利工程能够起到调蓄洪水、削减洪峰的作用，使得下游地区土地和城镇免受洪水侵袭，在一定程度上提升了该区域的生态承载力。其调蓄洪水生态供给足迹可按式（2）计算。

$$M_b = \frac{1}{n}fAY \qquad (2)$$

式中：M_b 为调蓄洪水生态供给足迹，m^2；n 为工程设计洪水重现期，无量纲；f 为洪水标准下的上游水位与下游水位之比，无量纲；A 为因修水利工程而保护的土地面积，m^2；Y 为农作物或城镇绿化效益增加因子，无量纲。

3.3 农业灌溉

水利工程蓄水后给所控制的灌区提供水源，提高耕地生产力，增加农产品产量。其生态供给足迹可按式（3）计算。

$$M_c = fSY \qquad (3)$$

式中：M_c 为农业灌溉生态供给足迹，m^2；f 为灌溉水利用系数，无量纲；S 为水利工程控制的灌区面积，m^2；Y 为作物复种指数，无量纲。

3.4 水产养殖

部分水利工程库区内设有水产养殖区域，从生物数量影响生物链角度分析，水产养殖对水域生态环境提供生态足迹，可按式（4）计算。

$$M_d = fSY/y_w \qquad (4)$$

式中：M_d 为水产养殖生态供给足迹，m^2；f 为生物生态价值增加因子，养殖后鱼类密度与自然鱼类密度之比，无量纲；S 为水利工程控制的养殖水域面积，m^2；Y 为库区养殖鱼类的年度产量，kg/a；y_w 为水域年度自然生产能力，kg/a。

3.5 其他效益

水利工程关于生态的其他方面效益，包括可能增加的动植物数量或种类等，可根据实际情况研究其生态供给足迹，本文不再详细阐述。

4 生态足迹占用指标

水利工程生态占用指标，其实质是为实现水利工程一般功能而造成的生态消耗，其计算参数的确定范围除可见的各类直接占地外，还应包括因实现功能而造成的间接占地损耗，各类参数通过量纲计算，形成生态足迹占用指标。

4.1 工程占地

因修建水利工程而产生的工程占地和水库淹没，会永久或半永久地产生生态足迹占用，例如工程实体、死水位淹没范围等可列为永久占用土地，死水位以上的水库淹没会因调洪、兴利等举措而发生变化，这部分淹没的土地为半永久占用。工程占地生态足迹可按式（5）计算。

$$M_e = \sum_{i=1}^{n} S_i r_1 + \sum_{i=1}^{n} S_i' r_2 \tag{5}$$

式中：M_e 为工程占地生态足迹，m^2；S_i 为工程某方面永久占地面积，m^2；r_1 为调节因子，可根据实际因工程占地而辐射影响其他土地生态环境的程度而设定，无量纲，$r_1 \geqslant 1$；S_i' 为工程某方面半永久占地面积，m^2；r_2 为调节因子，可根据半永久占地程度（例如占地天数在 365 d 中的比例）来设定，无量纲，$r_2 \in (0, 1)$。

4.2 泥沙冲淤

水利工程常年运行导致的泥沙淤积会抬高上游河床，而泄流会对下游河床产生冲击，两种效应均会产生生态足迹占用，其计算公式见式（6）。

$$M_f = r_1 [(Q/\rho)/d] \gamma_1 + S_2 r_2 \tag{6}$$

式中：M_f 为泥沙冲淤生态足迹，m^2；Q 为平均年度水库泥沙淤积重量，kg；ρ 为工程地区土壤平均容重，kg/m^3；d 为工程地区土壤表土平均厚度，m；r_1 为调节因子，无量纲，因地形差异导致淤积土壤厚度的标准差过大时，实际占用面积可能远小于公式计算面积，可采用调节因子适当调节；γ_1 为平衡因子，无量纲，当工程地区土壤表土平均厚度较小时，计算结果代表的生态影响较其实际生态影响有偏大误差，故可采用平衡因子适当平衡；S_2 为泄流冲刷面积，m^2；r_2 为调节因子，无量纲，因天然径流本身会对河床产生冲刷，因工程泄流而产生的冲刷面积所代表的生态影响大于工程自身生态影响，故可采用调节因子进行减量调节。

4.3 维修养护

水利工程需要维修养护来保障工程正常运行，维修养护所相应的人类活动，例如居住、交通、能源消耗等也会带来生态足迹占用。李友光等[15]采用能值理论，列出了城乡居民生产生活所消耗的淡水资源足迹和废污水排放足迹，公式经变换可作为水利工程维修养护人类活动生态足迹占用的计算，如式（7）所示。

$$M_g = \sum_{i=1}^{n} (C_i + Q_i) \tau_i / P \tag{7}$$

式中：M_g 为维修养护人类活动生态足迹，m^2；C_i、Q_i 分别为第 i 种淡水用水量和废污水排放量，m^3；τ_i 为用水能值转换率，取值[16]为 4.8×10^{12} sej/m^3；P 为区域能值密度，取值[17]为 4.36×10^{14} sej/m^2。

4.4 其他消耗

水利工程上下游通航、机组发电、供水生产等活动也会产生生态足迹占用，可参考维修养护生态足迹的计算方法，采用能值理论来计算，将各类活动分成废污水、生态环境、城镇公共、居民生活、工业、农业、水产品等多个方面。

5 案例分析

5.1 工程资料

根据青岛市某大（2）型水闸的《控制运用计划》和《除险加固初步设计报告》，可了解到该工程是河道干流上一座集防洪、灌溉、挡潮、水资源开发和交通于一体的大型水利枢纽工程，设计洪水标准为 50 年一遇，设计洪峰流量为 3 047 m^3/s，闸上水位 6.614 m、闸下水位 6.514 m。河道总控制流域面积 3 750 km^2，闸址以上总控制流域面积 2 516 km^2，设计正常蓄水位 3.35 m，蓄水量 1 259 万 m^3，形成水面面积 1 220 万 m^3。根据近年来该闸管理运行期间的淤积观察，闸前泥沙淤积速度较为缓慢，综合考虑水闸的运行开启方式及冲淤效果，结合防洪调度，汛期充分利用泄水冲淤，非汛期有冲淤水源时，宜在大潮期退潮时冲淤。

《山东省水利厅水资源调度管理实施办法》指出列入水资源调度河流名录和调水工程名录的河流及工程应当编制生态水量控制运用计划，该工程及所在河流未在此名录中，故未做生态水量计划。其供水对象主要为灌区作物。供水区域主要农作物为小麦、玉米，由回灌补源区和引水灌溉区组成，回灌补源区受益面积约 3.87 万亩、年用水量约 922 万 m³，引水灌溉区灌溉面积约 8 万亩、年用水量约 2 594 万 m³，灌溉水利用系数为 0.52，作物复种指数为 1.5。其中，有 4 万亩土地受水质影响，实际灌溉面积为 2.5 万亩。

2019 年青岛市全市总用水量 9.184 4 亿 m³，污水排放量约 6 亿 m³[18]，年度 GDP 1.17 万亿元，该水闸建成后除险加固投资 1.62 亿元。

5.2 指标计算

通过计算，可得该水闸工程的生态足迹供给和生态足迹占用情况如表 1 所示。从表 1 可以看出，该工程生态足迹供给主要在于调蓄洪水和农业灌溉两方面，两项指标受工程控制运用计划影响较大；该工程生态足迹占用主要在于工程占地，且运行期间生态足迹占用远小于生态足迹供给，因其占用主要发生于工程建设时期，对自然状态下河道的人为开发必然会造成大量生态足迹占用，工程建设完成后生态足迹占用将显著减少。目前来看，该工程运行期间生态效益较为显著。

表 1 生态足迹供给和生态足迹占用

生态足迹供给/m²		生态足迹占用/m²	
生态供水	0	工程占地①	7.11×10^4
调蓄洪水	5.47×10^7	泥沙冲淤②	1.97×10^4
农业灌溉	6.17×10^7	维修养护	2.71×10^3
水产养殖	0		
合计	1.16×10^8	合计	9.35×10^4

注：①根据工程总体布置图得出。
②因资料收集的难度，冲淤的面积以工程处两岸滩地宽度及闸上下游影响长度做估算。

6 结语

水利工程运行生态指标的分析研究可为水利工程标准化管理和评价提供技术参考，其生态供给和占用的量化计算对于某区域和水利行业的生态可持续利用研究具有重要意义。采用生态足迹理论可将水利工程生态状况分成供给和占用两方面来分析得出一系列评价指标，且量化计算避免了部分人为主观因素产生的影响，为水利工程数字化管理及生态承载力评价、效益评价、不同工程的横向生态评价等提供基础性数据。但是，部分指标过于依赖调节因子，使其生态足迹计算结果的置信区间较小，往往不同工程需要不同的调节因子，如何将调节因子进一步转化为公式计算结果，进一步避免人为主观影响，以及对更多、更全面的生态指标的探索，是下一步的研究方向。

参考文献

[1] 王旭烽. 生态文化辞典 [M]. 南昌：江西人民出版社，2012.

[2] 陈义忠，乔友凤，郝灿，等. 长江中游城市群生态足迹指标与社会经济发展的适配性 [J]. 资源科学，2022，44（10）：2137-2152.

[3] 李蕴峰，陈卓，雷海亮，等. 黑龙江省生态足迹时空演变与生态可持续分析 [J]. 环境工程技术学报，2023，13（3）：1194-1203.

[4] 张婉玲，邹磊，夏军，等. 长江中游城市群水资源生态足迹时空演变及其驱动因素分析 [J]. 长江流域资源与环境，2023（1）：1-13.

[5] 焦士兴，王安周，陈林芳，等. 中国省域三维水生态足迹及其驱动研究 [J]. 世界地理研究，2022，31（5）：988-997.

[6] 刘宇，吴建华. 水电工程生态足迹模型及应用 [EB/OL]. 北京：中国科技论文在线 [2009-03-19]. http://

www. paper. edu. cn/releasepaper/content/200903-711.

[7] 肖建红，王敏，施国庆，等. 水利工程生态供给足迹与生态需求足迹计算［J］. 武汉理工大学学报（交通科学与工程版），2008（4）：593-595.

[8] 田雨普，王李平，梁春雨，等. 基于生态足迹的水闸闸型比选研究［J］. 人民黄河，2018，40（10）：135-138.

[9] 刘金林，张世宝，王二平. 生态航道系统内涵及评价方法［J］. 华北水利水电大学学报（自然科学版），2020，41（4）：80-83.

[10] 田心铭. 对立统一规律的系统阐述：《矛盾论》研读［J］. 贵州师范大学学报（社会科学版），2011（3）：20-28.

[11] 李江南，徐兆武. 乌鲁木齐市土地利用的生态效益分析［J］. 昌吉学院学报，2008（4）：57-59.

[12] Costanza R，D'Arge R，Groot D R，et al. The value of the world's ecosystem services and natural capital［J］. Ecological Economics，1998，25（1）.

[13] 沈清基. 城乡生态环境一体化规划框架探讨——基于生态效益的思考［J］. 城市规划，2012，36（12）：33-40.

[14] 郑阳，于福亮，桑学锋，等. 长江流域水系统生态服务价值评价方法［J］. 中国水利水电科学研究院学报（中英文），2023，21（3）：1-14.

[15] 李友光，袁榆梁，李卓成，等. 基于能值水生态足迹的河南省水资源可持续利用评价［J］. 人民黄河，2022，44（6）：100-104，162.

[16] 连颖. 闽江流域改进能值生态足迹及其社会经济影响因素研究［D］. 福州：福建农林大学，2014.

[17] 李卓成. 黄河流域能值水生态足迹时空演变及其影响因素分析［D］. 郑州：郑州大学，2022.

[18] 赵维军，孙世霞，王浩. 青岛市水资源现状及规划配置分析［J］. 山东水利，2022（7）：1-3.

南京排架口水库坝坡渗漏的
微生物固结追踪防渗修复

谈叶飞[1,2,3,4]　周　宇[5]

(1. 南京水利科学研究院, 江苏南京　210003;

2. 水文水资源与水利工程科学国家重点实验室, 江苏南京　210003;

3. 水利部大坝安全管理中心, 江苏南京　210003;

4. 水利部水闸安全管理中心, 江苏南京　210003;

5. 南京江宁区水务局, 江苏南京　211100)

摘　要：利用微生物固结对岩土体进行防渗加固是一种环境友好型新型技术, 本文利用该技术在南京排架口水库大坝下游渗漏区域开展了现场防渗修复, 通过培养巴氏芽孢杆菌对尿素进行水解产生大量碳酸根离子, 并和钙镁离子结合生成碳酸钙沉积附着于土体颗粒表面, 逐渐充填渗漏通道。通过监测出渗流量及土体取样分析, 对现场试验进行了评价, 试验结果表明, 该技术能在较短时间内降低坝体填土渗漏区域渗透系数至 $10^{-5} \sim 10^{-6}$ cm/s。利用高倍电子显微镜和 EDS 能谱仪对土体孔隙内部填充物质成分进行了检测, 结果显示其主要组成成分为碳酸钙。现场出渗点封堵后, 经历汛期水库高水位运行, 未出现渗漏, 具有良好的耐久性。

关键词：均质土坝; 渗流安全; 微生物固结; 防渗; 排架口水库

1　引言

渗漏是水利工程中常见的工程问题, 如处理不当或不及时, 往往会带来诸如管涌、接触冲刷等病害, 造成堤防决口或大坝溃决[1-2]。长期以来, 尽管许多学者和研究人员针对渗漏问题进行了深入研究, 但是由于条件限制, 加上渗漏通道十分隐蔽, 使得传统的止水防渗措施难以实施, 导致很多情况下无法防止渗漏现象的发生。目前的技术条件下, 传统的防渗墙等止水设施的实际止水能力往往达不到理论设计要求。同时, 即使在了解渗漏通道的条件下采取传统的诸如注入水泥浆或特殊化学材料等方法, 仍然存在施工成本高、注浆位置难以控制, 以及易对环境造成破坏等缺点。另外, 传统的防渗设施如混凝土防渗墙、防渗膜等都存在老化失效问题, 其后期维护成本巨大, 一旦失效, 补救十分困难。

生物"淤堵"现象是微生物繁殖及新陈代谢过程中的一种自然现象, 通常伴随着复杂的生物、化学过程[3-4], 是在废水处理、地下水人工回灌、含水层原位生物修复等工程中常需考虑的实际问题。利用微生物的这些特征对地下水介质进行防渗处理, 是一种不同于传统灌浆方式的新型处理技术。该技术的主要原理是, 在充分了解当地地下水水流及溶质运移规律的基础上, 通过向含水层中注入预先培养的巴氏芽孢杆菌菌液及适量的营养物质和矿物质, 加速水中矿物质沉积, 形成碳酸钙一类物质, 经过一段时间会逐渐固化并堵塞土体颗粒间的孔隙, 从而达到止水的目的, 其主要作用步骤可简化为[5-6]

$$CO(NH_2)_2 + 2H_2O \xrightarrow{\text{尿素水解}} 2NH_3 + H_2CO_3$$

基金项目：黄河水科学研究联合基金重点支持项目 (U2243244); 中央级公益性科研院所基本科研业务费专项资金项目 (Y722005)。

作者简介：谈叶飞 (1981—), 男, 博士, 正高级工程师, 主要从事水利工程安全管理工作。

$$2NH_3+H_2CO_3+Ca^{2+}\longrightarrow 2NH_4^++CaCO_3$$

由于灌注物质为液态，在进入含水层后，会自动跟随地下水的流动而迁移，最终进入渗漏通道，从而自动进行止水和修复。因此，该技术的最大优点是，无需知道渗漏通道的确切位置，施工简单便捷。2000年，该技术首先被用于垃圾填埋场的防渗工程试验，利用生物"淤堵"现象，阻止填埋场中的污染物向地下含水层扩散。目前，国内研究人员已陆续开始利用微生物固结技术对土体防渗进行大量的研究[6-7]，并逐渐将该技术运用于野外水利工程防渗试验，取得了良好的防渗效果[3]。

由于该技术运用于工程防渗的实际工况时间较短，应用报道资料相对不足，且各类工程的运用条件和地质条件差别较大，因此，在将该技术大规模运用于工程防渗实际前，有必要对其适应性、耐久性等进行深入验证。

2 工程概况及工程地质条件

现场试验的排架口水库位于南京江宁区禄口街道南部桑园村，是一座以防洪、灌溉为主的小（2）型水库。大坝为均质土坝，坝顶高程49.9 m，坝长180 m，最大坝高13.2 m。校核洪水位49.28 m，总库容85.26万 m³。汛限（兴利）水位46 m，相应库容44.5万 m³。设计洪水位48.30 m。迎水坡坡比1：2.2~1：2.5，背水坡坡比1：3.0，上下游均无平台。迎水面高程42.5 m以上至坝顶为混凝土护坡，背水面为草皮护坡。

场地地貌为阶地-坳沟地貌单元。根据野外勘探鉴别、原位测试，结合室内土工试验资料分析，场地岩土层自上而下分述如下[8]：

①层素填土：灰黄色、灰褐色、黄褐色，可塑状态，局部软塑，黏性土为主，其主要成分为粉质黏土夹植物根系、风化岩屑及岩石碎块，局部地段风化岩屑及碎石含量较高，固体颗粒大小混杂，无规律性，层厚变化很大，不均匀，堆积年限大于10年。场区均有分布。

②层粉质黏土：灰黄色、黄灰色，可塑状态为主，局部软塑，中压缩性，夹铁锰质氧化物，切面稍有光泽，干强度中等，韧性中等，无摇振反应。场区局部分布。

③层残积土：灰黄色、黄褐色、褐黄色，以可塑状态为主，局部软塑，局部呈砂夹土状，含角砾石、砂粒及母岩风化碎块。含大量铁锰质结核粒，无摇振反应，中压缩性，稍有光泽，干强度中等，韧性中等。场区大部分有分布。

④-1层强风化粉砂岩：灰色、灰黄色，岩芯较破碎，上部呈密实砂土状、富含风化岩块，下部呈碎石状、夹风化岩块，手捻不易粉碎，原岩结构部分破坏，矿物成分显著变化，岩体较破碎，属软岩，岩体基本质量等级为V级，浸水易软化。

④-2层中风化粉砂岩：灰色、灰黄色，岩芯较完整，层状结构，块状构造，泥质胶结，岩体较完整，岩芯采取率大于85%，该层属软岩，岩体基本质量等级为Ⅳ级。场区普遍分布，浸水易软化，该层未钻穿。

经检测坝填土和坝基土力学指标见表1。

表1 场地地层渗透指标建议值

层号	土层名称	渗透系数建议值/(cm/s)	渗透性评价
①	素填土	1.0×10^{-4}	弱透水
②	粉质黏土	8.0×10^{-5}	弱透水
③	残积土	1.0×10^{-4}	弱透水
④-1	强风化粉砂岩	8.0×10^{-4}	弱透水
④-2	中风化粉砂岩	2.0×10^{-5}	弱透水

3 坝后渗漏情况及防渗布置

排架口水库于 1957 年 10 月动土兴建，1997 年水库进行除险加固，原底涵进口被封堵，但涵洞洞身未处理（见图 1），导致坝后横向排水沟内及附近有若干出渗点（见图 2），总出渗流量基本稳定，为 32~45 mL/s。经水样对比分析，判断出渗水来自上游水库，经废弃暗涵向外渗漏。为将渗漏通道封堵，在出渗部位上游布置 5 个灌注孔（见图 3），手工开孔，深度约 80 cm，孔径 10 cm，间隔 1~1.2 m，整体垂直于渗漏方向。灌注孔用 PVC 花管进行保护并过滤，防止防渗灌注期间发生塌孔。开孔时发现，在距离地面约 10 cm 处即出现潮湿现象，取出土体饱和。

图 1　坝后渗漏区位置

图 2　坝后出渗漏点

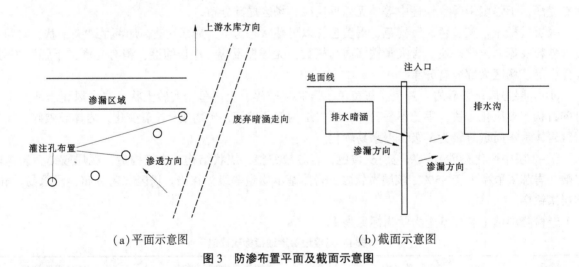

（a）平面示意图　　　　（b）截面示意图

图 3　防渗布置平面及截面示意图

4 试验材料及方法

4.1 巴氏芽孢杆菌制备

微生物制备方法与文献［3］中类似，菌株购买于德国 DSMZ。使用前，先将冻存于 -80 ℃ 冰箱的菌株进行平板复苏，并利用三角烧瓶进行培养扩增。将得到的微生物悬浊液转移至高速离心机进行分离（分离转速约为 6 000 r/min），倒掉多余液体，并用移液器吹匀，最终得到巴氏芽孢杆菌浓缩液约 1.0 L，经检测其 OD600 吸光度约为 2.101。将其置于 4 ℃ 环境冷藏备用，并同时制备 DSMZ 配方营养液，以供现场灌注时使用。

4.2 固结营养液的现场配制

根据前期室内试验及野外现场试验的结果，将排架口水库现场防渗用固结营养液配方进行了调整，其配方如表 2 所示。

表 2　现场用固结营养液配方

配料	浓度/（g/L）
胰蛋白胨	10
大豆蛋白胨	2
无水氯化钙	40
尿素	35

为方便现场施工，降低使用成本，配制用水取自水库水，进行简单过滤杂质后使用。

4.3 现场试验步骤

考虑到气温影响，现场试验在 2020 年 5 月下旬进行，最高气温 33~35 ℃，水库水温 21~27 ℃，灌注营养液温度约 23 ℃。

根据渗漏点的位置，先将巴氏芽孢杆菌浓缩悬浊液灌入灌注孔过滤器中，并同时灌入营养液，营养液灌注量根据各孔的实际渗透性决定。渗透性差的灌注孔，可分多次灌注。该步骤的主要目的是加快激活冷藏巴氏芽孢杆菌及土壤原生微生物的生物活性，并利用能自由流动的营养液将巴氏芽孢杆菌带入地下渗漏通道，避免细菌过于集中于灌注孔四周。进行营养液灌注时，应控制灌注孔内水头高度，避免营养液进入上游水体产生污染。本次选用 LANDISI-WZB 微型变频泵，经改装后，加装压力传感器，感应灌注孔内部水压，并控制变频泵的开启和关闭，实现自动恒压灌注。

灌注营养液的同时需定时监测下游渗出液的成分变化情况（例如电导率、氨离子浓度等），如渗出液氨离子浓度快速上升，则表明营养液已在渗漏点渗出，此时渗漏通道内部充满营养液，可暂停灌注，并静待 8~10 h，充分消耗营养物质，提高试验材料利用率。本次试验中，每个灌注孔均进行了 2 次细菌浓缩液的灌注，分别是试验开始时和 36 h 后进行补充，2 次共注入细菌浓缩液约 3 L。由于土体内部存在大量钙镁离子，此时可发现在渗漏点处有白色沉淀析出，为加快固结速度，可在灌注孔内补充氯化钙溶液。利用导流槽测量并记录渗漏区域渗漏量随时间变化情况，并据此判断防渗效果。

4.4 防渗试验后期检测

现场灌注试验完成后，在灌注孔与上游暗涵之间进行了开挖取样，样品经现场密封后，在实验室进行了渗透系数测试，并利用电子显微镜及 EDS 进行了检测。

5 试验结果及分析

5.1 防渗试验结果及分析

本次试验共进行了 168 h，期间上游库水位保持不变，渗漏点在 96 h 后完全停止渗漏，随后定时进行人工灌注营养液，巩固防渗效果，其渗漏量变化如图 4 所示。可见，在试验开始后，渗漏通道在较短时间内被封堵，使得渗漏量快速下降，说明利用微生物固结对该渗漏修复具有良好的适用性。渗漏量变化曲线大致分为 2 个阶段：第一阶段是 0~20 h，此阶段的渗漏量略有下降，但幅度十分有限，说明此时微生物新陈代谢作用有限，无法产生足够的碳酸根离子；第二阶段是 20~96 h，此阶段微生物新陈代谢旺盛，产生大量碳酸根离子，最终形成碳酸钙堵塞土体孔隙，使得渗漏量快速下降，并最终停止渗漏。此次试验中，与文献［3］相比，未出现第三阶段，即渗漏量在经历快速下降阶段后出现明显拖尾现象，究其原因主要有 2 点：第一，此次试验中，流量快速下降后期正处于晚上，未能监测到流量下降拖尾数据；第二，与文献［3］相比，此次固结修复范围较小，灌注孔距离出渗部位

80~300 cm，反应到试验中，第一阶段和第二阶段过程时间也明显缩短。

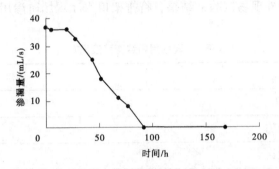

图 4 渗漏量随时间变化

5.2 后期检测

试验完成后，在灌注孔与出渗点之间进行了土体取样，同时，在未处理部位取数量相等的对照土样，考虑到实际工程中存在强烈的各向异性特征，共取 10 组土样，取样深度最深处位于灌注孔底高程以下 20 cm，基本覆盖灌注作用范围。土样湿润，取土孔内无积水，孔隙中可见充填大量灰白色和黄白色物质（见图 5）。对土样进行修整后，进行了渗透性测试，并将试验结果进行了对比，试验结果如表 3 所示。

图 5 防渗修复后土体样品

表 3 坝段内部固结与未固结部位 UU 试验结果对比

检测位置	渗透系数					
	试样 1	试样 2	试样 3	试样 4	试样 5	均值
固结部位/（×10⁻⁶ cm/s）	5.6	10.4	12.8	22.0	9.3	12.0
未固结部位/（×10⁻⁴ cm/s）	318	643	687	784	765	639.4

对样品进行处理后，利用电子显微镜和 EDS 检测仪器对孔隙内部白色物质进行了检测（见图 6），结果显示其主要组成成分为碳酸钙。

（a）

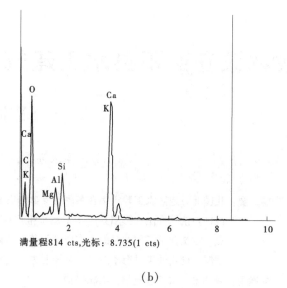
满量程814 cts,光标：8.735(1 cts)

（b）

图6　土体充填物质电子显微镜照片及 EDS 检测结果

6　结论

通过排架口水库坝后防渗试验，表明利用巴氏芽孢杆菌可快速封堵坝后小流量渗漏散浸，施工方法简单快捷。该渗漏区域在经历汛期高水位后仍然有效，也充分表明其生成的钙质封堵物具有良好的耐久性和稳定性。该技术可作为水利水电工程中小规模渗漏散浸的快捷修复方法，具有十分广阔的推广应用前景。由于微生物的特殊性，其对温度较为敏感，如能进一步拓展该技术应用环境，将极大促进微生物防渗技术的应用。

参考文献

[1] 佟浩，彭汉兴，杨凤根. 纪村水电站库水和坝基水对大坝的影响研究 [J]. 科学技术与工程，2015（13）：122-128.

[2] 刘涵宇，夏强，张世殊，等. 基于水文地质参数敏感度分析的水库渗漏量不确定性评价 [J]. 科学技术与工程，2017，17（14）：32-38.

[3] 谈叶飞，郭张军，陈鸿杰，等. 微生物追踪固结技术在堤防防渗中的应用研究 [J]. 河海大学学报（自然科学版），2018，46（6）：95-100.

[4] Smith A, Pritchard M, Edmondson A, et al. The Reduction of the Permeability of a Lateritic Soil through the Application of Microbially Induced Calcite Precipitation [J]. Natural Resources, 2017, 8：337-352.

[5] 邓红卫，罗益林，邓畯仁，等. 微生物诱导碳酸盐沉积改善裂隙岩石防渗性能和强度的试验研究 [J]. 岩土力学，2019，40（9）：3542-3548.

[6] Gao R, Luo Y, Deng H. Experimental study on repair of fractured rock mass by microbial induction technology [J]. Royal Society Open Science, 2019, 6（11）：191318.

[7] 唐朝生，泮晓华，吕超，等. 微生物地质工程技术及其应用 [J]. 高校地质学报，2021，27（6）：625.

[8] 尹鹭. 排架口水库大坝安全评价报告 [R]. 扬州：扬州市勘测设计研究院有限公司，2006.

融冰泵在彭阳县水工建筑物冬季除冰保护中的应用

罗登科

（彭阳县水务局，宁夏彭阳 756500）

摘　要：我国北方地区水工建筑物在冬季易受冰冻灾害，相比人工破冰法、水流扰动法、压缩空气吹气法、电加热法等方法，彭阳县近年来逐步推广应用的融冰泵除冰方法具有安全可靠、费用低廉等优点。本文介绍了融冰泵的工作原理和基本结构，对彭阳县推广应用融冰泵保护水工建筑物的基本情况、使用效果进行了总结，可为北方地区水工建筑物冬季冰冻灾害防护提供借鉴。

关键词：融冰泵；水工建筑物；除冰保护

在我国北方结冰地区，进入冬季之后，水体极易结冰，冰层厚度一般能够达到 20~30 cm，在东北个别地区，冰层厚度甚至达 1.5 m 左右。水面结冰体会对水工建筑物产生挤压、撞击等破坏作用，渗透到水工混凝土内部的孔隙水结冰后体积膨胀，持续作用使混凝土发生冻融破坏，影响水工建筑物的安全和使用寿命。国内常见的防冰害方法有人工破冰法、水流扰动法、压缩空气吹气法、电加热法等[1]。但人工破冰效率低下，结冰季节每天都需要人员前去破冰，偶尔疏失间断，会造成不可预估的损失甚至发生事故；同时人工破冰存在人身安全隐患，为确保安全，一般至少需要安排 3~4 人同时在场参与破冰，这又增加了基层管理人员的负担。压缩空气吹气法设备投资较大[2]，电加热法一般用于闸门等小型建筑物的防病害[3-4]。近年来，彭阳县水库逐步推广应用融冰泵除冰。融冰泵是一种新型压力水喷流设备，根据水流扰动原理，利用水泵抽水喷射水工建筑物周围水面，扰动水体，防止水面结冰，具有安全可靠、费用低廉等优点。本文介绍了融冰泵的工作原理和基本结构，以及彭阳县推广应用融冰泵保护水工建筑物的基本情况和使用效果。

1　融冰泵的工作原理和基本结构

融冰泵的工作原理是利用水泵抽水喷射、扰动水工建筑物周围水面，并使水面以下温度较高的水喷流到水体表面进行热量交换，防止水面结冰；对已结冰的冰层，融冰泵持续喷射水流作用于冰面之下，通过热量交换，达到融冰效果。融冰泵需要根据不同的使用环境对潜水泵进行特殊改装，横置于水面之下 20~30 cm。为适应水位变化，还需在建筑物上安装融冰泵导向滑轨，或者在水面安装浮筒吊装融冰泵。融冰泵保护的长度范围一般在 20 m 左右，如果建筑物较长，需安装多台融冰泵联合作用。利用时间控制器设定合理运行时间，可达到自动运行、远程控制、降低能耗的效果。

融冰泵的主要部件就是一台潜水泵，主要是由支座、保护罩、驱动段、进水段、喷流段、喷流嘴等组成，驱动段包括冷却夹套、电机、电线等，进水段主要包括蜂窝进水口，喷流段包括主轴、叶轮、扩散器、止回阀等，喷流嘴在末端，起导向和分流作用。融冰泵的基本结构见图 1。

为适应水位变化，方便融冰泵的安装高度调节，可采用导向滑轨装置。根据不同的入水建筑，可采用竖向导轨和斜向导轨。竖向导轨主要由轨道、绳索、卷扬机组成；斜向轨道主要由轨道、绳索组成，可不配卷扬机。导向滑轨的基本结构见图 2。

作者简介：罗登科（1972—），男，高级工程师，主要从事水利水保工作。

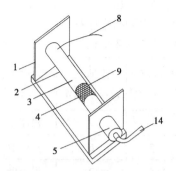

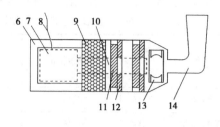

1—支座；2—保护罩；3—驱动段；4—进水段；5—喷流段；6—冷却夹套；7—电机；
8—电线；9—蜂窝进水口；10—主轴；11—叶轮；12—扩散器；13—止回阀；14—喷流嘴。

图1　融冰泵的基本结构

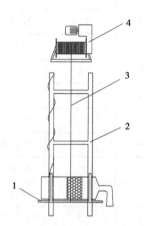

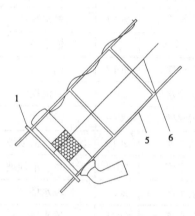

1—泵支座；2—竖向导轨；3、6—牵引绳；4—卷扬机；5—斜向导轨。

图2　导向滑轨的基本结构

2　彭阳县使用融冰泵的基本情况和效果

据统计，2010—2022年彭阳县冬季最冷月为2021年1月，平均最高气温为1 ℃，平均最低气温为-9 ℃，平均气温为-6.2 ℃，极端低温-22 ℃。根据收集的资料，2016—2022年冬季彭阳县3座浮船泵站所在水面均出现冰盖，最大厚度约30 cm。2010—2022年全县水库水面全部形成厚冰盖，最大冰厚发生在2021年1月17—25日，冰盖厚25~30 cm，如图3所示。

图3　水库冬季水面结冰

彭阳县自 2016 年西庄浮船泵站首次引进、使用融冰泵，此后逐年推广应用，目前在全县 16 处工程共计安装融冰泵 80 台。彭阳县水工建筑物安装使用融冰泵基本情况见表 1。

表 1 彭阳县水工建筑物安装使用融冰泵基本情况统计

序号	工程名称	安装年份	保护部位	融冰泵数量	单台水泵功率/kW	融冰泵总功率/kW	运行控制设备	每天运行时长/h
1	西庄浮船泵站	2016	船体	6	1.5	9	程控柜	8
2	店洼浮船泵站	2019	船体	4	1.5	6	程控柜	8
3	黑牛沟浮船泵站	2020	船体	2	1.5	3	程控柜	8
4	红堡水库大坝	2017	输水塔	2	1.5	3	程控柜	8
5	红堡水库副坝	2017	输水塔	1	1.5	1.5	程控柜	8
6	马河水库	2017	输水塔	1	1.5	1.5	程控柜	8
7	李儿河水库	2017	输水塔	2	1.5	3	程控柜	8
8	周庄水库	2017	输水塔	2	1.5	3	程控柜	8
9	石头嵝岘水库	2017	溢流坝	12	1.5	18	程控柜	8
10	吴川水库	2019	溢流坝	3	1.5	4.5	程控柜	8
11	乃河水库	2019	输水塔、前坝坡	21	1.5	31.5	程控柜	8
12	店洼水库	2019	泄洪塔、前坝坡	14	1.5	21	程控柜	8
13	李渠水库	2020	输水塔	2	1.5	3	程控柜	8
14	庙台水库	2021	输水塔	2	1.5	3	程控柜	8
15	柴沟水库	2022	输水塔、前坝坡	2	1.5	3	程控柜	8
16	茹河河道液压坝	2018	液压泵边墩	4	1.5	6	程控柜	8

如彭阳县周庄水库输水塔于 2017 年安装了 2 台融冰泵装置，截至 2022 年已经运行了 6 个冬季，期间水库均形成了冰盖，但水塔周围形成动水区，扰动范围约 20 m×20 m，融冰效果很好；店洼水库水塔及坝前于 2019 年安装了 14 台融冰泵装置，截至 2022 年已经运行了 4 个冬季，期间水库均形成了冰盖，但水塔及坝前形成动水带，扰动范围约 5 m×300 m，融冰效果很好。水库使用融冰泵后照片如图 4 所示。

图 4 水库使用融冰泵后照片

经过彭阳县 7 年时间的实践应用，证明融冰泵功能可靠、结构简单、维护方便，低能耗、低成本，在水工建筑物冬季除冰保护中发挥了重要作用，减轻了人工破冰的劳动强度，消除了人工破冰的安全隐患，提高了除冰效率和效果。

不同地区，因冬季温度不同，融冰泵每天需要开启运行的时长会有所不同。如彭阳县融冰泵白天基本不需要开启，夜晚开启 2 h、关闭 1 h，循环运行，即能确保建筑物周围水面不结冰，水泵每天有效运行 8 h，每台融冰泵的耗电量不超过 20 kW·h。对于已经结冰的冰层，除冰作业需切换到人工控制，开启融冰泵持续运行，观察使冰层全部融化，再切换到自动控制。

3 结语

融冰泵造价成本较低，后期运行、维护费用也较低，实践应用证明融冰泵对水工建筑物冬季除冰保护效果明显、功能可靠，具有较高的实践应用价值和推广前景。该设备在彭阳县水库的成功应用可为寒冷地区水工建筑物冬季冰冻灾害防护提供参考。

参考文献

［1］杨子强，王可，李伟. 严寒地区抽水蓄能电站防冰害措施研究［J］. 水力发电，2018，44（6）：54-56，61.
［2］杨俊山. 浅谈水电站水工闸门的防冰方法［J］. 内蒙古水利，2017（3）：69-70.
［3］刘登海. 电加热融冰法在新疆某水库闸门防冻中的应用［J］. 水利水电技术，2014，45（6）：96-97.
［4］牛明建，赵永，崔振伟. 电加热融冰法在闸门背水面局部除冰防冻技术中的应用［J］. 湖南水利水电，2021（6）：98-100.

水库大坝注册登记实践与对策建议

蒋金平 [1,2]　朱沁夏 [1,2]　赵　伟 [1,2]　屈宝勤 [1]

(1. 南京水利科学研究院，江苏南京　210029；
2. 水利部水库大坝安全管理重点实验室，江苏南京　210029)

摘　要：注册登记是水库规范化管理的基本制度。为加强水库大坝注册登记，提高水库大坝基础数据的及时性、准确性、完整性，促进水库安全管理，本文总结了水库大坝注册登记发展历程、取得的成效，分析了注册实践中尚存在注册登记不及时、信息不准确、新建工程"已建成"节点认知不统一、历史档案资料欠缺或矛盾、跨部门监管不畅等问题，提出提升注册登记的刚性约束力和权威性、建立注册登记备案机制、完善信息化管理制度、强化监督等对策建议。

关键词：水库大坝；注册登记；变更登记；注销；汇总；备案；长效机制

1　引言

　　水库大坝注册登记是水库规范化管理的重要制度，是水库管理的基础性、源头性工作，是认定水库存在的基本手段。通过注册登记，明确管理对象、掌握工程状况和管理条件等情况。依据《水库大坝安全管理条例》（1991 年），1995 年由水利部会同电力工业部、建设部、农业部制定《水库大坝注册登记办法》（水管〔1995〕290 号发布，水政资〔1997〕538 号修正，以下简称《办法》）。在水利部及省、市、县水行政主管部门努力下，注册登记工作在体制机制和注册手段措施上显著提升，在行业管理、规划制定、防汛度汛、应急处置等工作中发挥了至关重要的作用。

2　水库大坝注册登记实践

　　水库大坝注册登记实行分部门分级负责制。县级及以上水库大坝主管部门是注册登记的主管部门。各大坝主管部门包括水利、能源、住房建设、交通运输、农业农村等大坝主管部门，水行政主管部门会同其他大坝主管部门，全面汇总本行政区域内已建水库情况，督促指导未注册登记的水库大坝开展注册登记。

　　对于水利部门所属水库，一般县级水行政主管部门负责小型水库审批，地市级水行政主管部门负责中型水库审批，省级水行政主管部门负责大型水库审批。水利部大坝安全管理中心负责全国水库大坝注册登记资料汇总和技术指导。

　　注册登记工作经过近 30 年的发展，已经进入常态化，其历程可以分为以下两个阶段：

　　第一阶段为 1995—2014 年。自 1995 年《办法》实施后，水库大坝注册登记工作有序开展和推进，完成了大中型水库注册登记和大部分小型水库注册登记。其中工作较为扎实、规范的主要是水利和能源部门的水库水电站注册登记，交通运输、农业农村等部门所属的水库注册登记往往参照水利系统模式。这一阶段积累了一定的工作经验。

　　第二阶段为 2014 年底至今，水利部门集中开展注册登记和复查换证。因第一次全国水利普查发

基金项目：中央级公益性科研院所基本科研业务费专项资金（Y722009）。
作者简介：蒋金平（1971—），女，正高级工程师，主要从事水库大坝安全管理工作。

现水库数量明显增加，一批水库未注册登记。为将普查发现的水库纳入监管范围，结合一些新建工程未及时办理注册登记、一些已注册水库的信息发生变化等情况，2014年底水利部组织开展了注册登记和复查换证工作，印发了《水利部关于开展水库大坝注册登记和复查换证工作的通知》（水建管函〔2014〕343号）。以全国水利普查公报为基础，工作的对象包括全国水利系统和主管行业不明确的其他社会经济组织所属已建水库和通过下闸蓄水验收的在建水库。经过这一阶段，水利部门完成了全国99%以上的水库注册登记和汇总工作。注册登记常态化开展。

3 取得的成效

3.1 注册登记长效机制已经形成

各地明确了水库大坝注册登记相关责任人，强化了组织领导，切实落实了相关责任，近年来，注册登记长效机制建设不断推进，注册登记质量显著提高。主要措施有：

一是规范注册登记程序。规范注册登记流程，细化申报、审核、审批、登记、发证、汇总等主要环节，做好新工程首次注册登记、已注册水库复查变更及降等报废水库注销工作。新增注册、变更登记、注销登记的信息由各地注册登记机构组织填报、审核[1-2]，经省级水行政主管部门确认后可下载电子证书，同时汇总至水利部和水利部大坝安全管理中心。按照《水库降等与报废标准》《水库降等与报废评估导则》[3-4]规范开展水库降等与报废工作。

二是严格把关注册登记条件。应当提供设计审批、竣工验收等[3]建设管理文件和管理单位、主管部门情况等有效条件文件作为审核依据。对照建设依据和管理条件，审核水库工程和管理条件是否符合注册登记要求、审查申报数据是否准确，必要时赴现场进行检查审核，对不符合注册登记条件的工程严禁将其注册为水库大坝。

三是加强注册登记信息审核汇总。水库管理单位须实事求是、真实准确地填报有关数据和情况，水库主管部门、水行政主管部门和注册登记机构在确认工程具备注册登记条件的基础上，对申报材料认真审核，必要时深入水库现场实地核实；依据掌握的情况，对大坝改扩建、升降级、隶属关系发生变化等情况及时履行变更登记程序，对降等或报废的水库及时履行注销程序，对误注册的非水库清理注销，做好注销水库的注销信息备份，以便能够追溯。各级水行政主管部门做好本行政区域内水库大坝注册登记的汇总工作，将汇总信息逐级上报至水利部层级，确保汇总数据准确、一致、无缺漏。

3.2 助力水库信息化管理

结合水库大坝安全管理信息化建设，以注册登记资料汇总工作为基础，2010年组织建立了全国水库大坝基本资料数据库，数据库汇集了所有已建水库大坝的基础数据和部分病险水库、除险加固和溃坝案例数据，并按照数据安全和保密制度开展运行维护。先后多次补充完善了国家防汛抗旱会商系统的大中型水库重要特征指标。2021年以注册登记数据为底数，水利部建立了全国水库运行管理信息系统，将水库大坝注册登记数据纳入水库运行管理系统。2023年开展新一轮全国水库大坝注册登记复查换证，全国水库运行管理系统中大坝基础数据进一步准确、完整。

大部分省、市、县也以注册登记数据为底数，建立了水库综合运行管理系统，包括安全鉴定、应急预案、调度规程、除险加固、体制改革、责任制落实等多项工作。

3.3 行业支撑

各级水行政主管部门积极组织、开展并完成所属水库大坝的注册登记工作，掌握了水库的基本情况，注册登记数据在行业监管和应急处置方面发挥了重要作用。

在行业管理方面，近年来为水库运行管理、小型水库安全管理专项督查、"十四五"期间病险水库除险加固项目规划制定、小型水库工程设施维修养护和完善雨水情监测预警安全监测设施项目规划制定、水库降等报废、农村水电站大坝排查工作提供了信息支撑。

在应急处置方面，注册登记数据在抗震救灾工作中，快速、及时地提供了有关地区的水库大坝基础信息，为震损水库险情排查和夺取水利抗震救灾的胜利做出了积极贡献。

在防洪抢险方面，注册登记数据为防汛调度与会商提供了信息支撑。

4 存在问题

4.1 注册或变更不及时、信息不正确

比较常见的问题是不及时开展注册登记或变更登记，注册信息不完整、不准确。根据《办法》，已建成的水库大坝应在建成 6 个月内开展注册登记。未及时注册的包括：一是有些老工程、小工程尤其是农村水电站水库，由于缺少设计、建设文件，工程信息和安全状况不明，又未开展相关技术工作；二是新工程，为新建已下闸蓄水、未竣工或已竣工验收的工程。根据《办法》第十条规定"每隔 5 年对大坝管理单位的登记事项普遍复查一次"，但基层因各种原因不按复查周期及时复查和变更注册登记数据，未意识到注册登记信息真实、有效的重要性。近几年，通过不断的监督和整改，不及时问题得以纠正，准确性跨越式提高。

4.2 新建工程"已建成"节点认知不统一

《办法》第二条规定"本办法适用于中华人民共和国境内库容在 10 万立方米以上已建成的水库大坝"。实践中关于"已建成"产生了分歧。一种认知是按照工程建设与运行管理分工，"已建成"水库是指通过竣工验收的工程；另一种认知是水库通过下闸蓄水验收后实际运行、发挥功能了，应属"已建成"。因此，地方在实际注册登记实践中，对新建已下闸蓄水的水库工程就有给予注册、不给予注册两种倾向。

4.3 历史档案资料欠缺或矛盾

由于我国大多数水库建成年代久远，水库先后开展过多次除险加固、安全鉴定等工作，造成水库的运行指标和参数发生变化，造成数据选用的客观困难。而有的老水库从未加固过，工程资料缺失。

由于不少水库发生高程体系转换，容易造成多套高程体系的数据混用。

此外，地方负责注册登记的人员专业素养参差不齐，在甄别资料的真伪上能力不足。

4.4 工程身份难以界定

注册实践中，有的工程身份难以界定。主要有以下情况：工程批复中为"水利枢纽"，并未明确是水库、水闸，或工程批复中名称含"水库"，但与常规的"三大件"齐全要求不一致，或工程批复中具有拦泥拦沙功能但未明确是淤地坝还是水库，或径流式水电站以滚水坝、翻板闸为溢洪设施。此外，一些地方还反映，山塘实测库容大于小型水库库容下限（10 万 m^3），也有水库批复时库容就小于 10 万 m^3 等。

4.5 跨部门监管不畅

随着经济社会的不断发展，水库建设和管理主体呈现多元化，有些工程通过原审批渠道、明确了监管部门，有些工程的监管部门不够明确，容易造成监管空白。由于分部门分级管理，地方反映跨部门沟通存在困难，水库注册信息汇总机制不畅。

5 对策建议

5.1 提升注册登记的刚性约束力和权威性

长远来看，需要加强注册登记的刚性约束力和权威性。建议在修订其上位法《水库大坝安全管理条例》时，进一步明确水库大坝的含义，规定已建成的时间节点，明确下闸蓄水和竣工验收期间工程的建设和运行管理的双方兼具的责任。在修订《办法》时，一要明确注册登记、变更登记、注销登记的具体条件和对象，水库大坝建成未经注册登记不得擅自投入运行；二要明确责任，《办法》明确水库管理单位（业主）注册登记的申请责任，明确水库主管部门、注册登记机构和部门的审查责任，明确水行政主管部门注册登记的监督责任；三要明确注册登记违法违规行为的法律责任，如虚假数据，不及时注册登记或变更登记的行为，填报、审核、审批、汇总、下载证书行为不规范。完善"准入""退出"制度。

5.2 建立注册登记备案机制

各级水行政主管部门要加强与其他大坝主管部门的沟通协调。建议在修订《办法》时，明确备案机制和部门责任划分。明确其他部门注册登记及汇总备案方式，保障注册登记资料完整汇总。各大坝主管部门在注册登记方面的职责划分和界限要清晰，水利系统以外行业的要明确汇总机制；水利部要明确汇总后的应用机制。要明确是自上而下汇总，还是地方各层级汇总后再向上汇总。

5.3 完善注册登记数据的信息化管理制度

2023年水利部门对水库启用了注册登记电子证书。后续需要研究与地方行政网络衔接，解决数据标准和系统兼容问题。

需要加强注册登记数据信息管理与应用，建立安全管理和共享机制。研究制定水库大坝注册登记信息管理办法，规范和强化信息管理工作，保障数据完整、准确和及时。规范水库运行管理信息系统应用，推进水库大坝注册登记上个新台阶。

5.4 强化监督

水库大坝注册登记是一项十分严肃的制度，要加强注册登记监督，健全监督机制，有必要将注册登记纳入监督检查工作范围，强化监督和问责。必要时应当赴水库大坝现场。对全国水库大坝注册登记工作开展进行不定期抽查，对监督检查中发现的注册登记突出问题采取通报约谈、督办整改等措施，对问题严重的责任单位和责任人进行追责问责，对应进行注册登记未进行注册登记，或因注册资料信息错误，或造成调度运用不当或导致工程事故的，要根据《水库大坝安全管理条例》《水库大坝注册登记办法》以及国家法律法规等有关规定对水库管理单位和有关责任人进行处罚[5-6]。大坝注册登记申报中有弄虚作假行为的，或逾期未整改或未整改到位的，将加重处罚力度。

6 结语

水库大坝注册登记工作经过近30年的发展，在水库安全管理、行业监管中发挥了重要作用，通过持续加强水库大坝注册登记工作，将发挥更大的作用。建议下一步结合《水库大坝安全管理条例》修订工作，进一步明确认定水库身份的条件、在水利部门注册登记的要求、其他行业水库备案机制、管理目标和职责权限，加强监督。

参考文献

[1] 施伯兴，吕金宝. 水库大坝注册登记 [J]. 中国水利，2008 (20)：51-52.
[2] 傅琼华，平其俊. 江西省水库大坝注册登记管理的实践及其思考 [J]. 中国农村水利水电，2006 (10)：25-27.
[3] 中华人民共和国水利部. 水库降等与报废标准：SL 605—2013 [S]. 北京：中国水利水电出版社，2013.
[4] 中华人民共和国水利部. 水库降等与报废评估导则：SL/T 791—2019 [S]. 北京：中国水利水电出版社，2019.
[5] 杨正华，荆茂涛，张士辰，等. 水库大坝安全管理法规和标准实用指南 [M]. 南京：河海大学出版社，2019.
[6] 施俊跃. 关于《水库大坝安全管理条例》修订若干问题的探讨 [J]. 中国水利，2009 (12)：112-113.

基于 ANSYS 有限元分析的闸墩流激振动数值模拟

李成业[1]   徐瑛丹[2]

(1. 水利部建设管理与质量安全中心，北京 100038；

2. 景德镇市浯溪口水利枢纽管理中心，江西景德镇 333000)

摘 要：研究泄水建筑物流激振动的方法主要有数值模拟、原型观测和模型试验。本文采用数值模拟的方法对闸墩流激振动进行分析，通过模态分析提取闸墩各阶模态参数得到对应的结构动力特性。考虑流固耦合作用对闸墩振动的影响，分析不同水位下的闸墩振动频率。针对闸墩振动大的问题，提出施加加固梁的方式提高闸墩振动的频率，避免闸墩与水流荷载相互作用形成共振，为水利工程的安全运行提供保证。

关键词：流激振动；模态分析；流固耦合；加固方案

水利工程中泄水建筑物在高速水流的作用下容易产生空蚀破坏、振动疲劳、磨蚀等问题。当剧烈紊动的水流流经泄水建筑物时，通常会诱发结构振动，即流激振动。一般来说，泄水建筑物是否安全运行，与作用于泄水建筑物的脉动压力优势频率有很大关系。当水流的优势频率与泄水建筑物的自振频率相差较大时，泄水建筑物一般不会出现安全问题；当水流的优势频率与泄水建筑物的某一阶自振频率接近时，将引起泄水建筑物发生共振，泄水建筑物的正常运行将受到影响，甚至有可能引起失稳破坏，造成不可预料的后果[1]。如美国的 Texarkana Dam、Trinity Dam 和 Navajo Dam 等的消力池导墙破坏均是由水流诱发振动导致的；我国的乌江渡水电站左岸滑雪道右导墙出现强烈的流激振动现象以及青铜峡水电站出现强烈的"拍振"现象等[2-6]。

为研究闸墩振动，往往通过模型试验、原型观测及数值模拟进行闸墩的流激振动分析[7]。本文以某水利枢纽工程为例，通过水力学模型和水弹性模型试验，模拟动荷载相似和结构动力学相似，使水流的分离、吸附、扩散等条件与实际情况相符，测得作用于闸墩上的水动力荷载及动力响应。利用有限元软件 ANSYS 建立闸墩的有限元模型，计算闸墩在干、湿模态下的自振频率，分析不同水位条件下以及不同基础深度下闸墩的振动特性，结合模型所测水动力荷载的频率判断两者是否会发生共振，并提出加固方案。

1 工程概况

某水利枢纽位于昌江干流中游，是一座以防洪为主，兼顾供水、发电的综合利用工程。水库正常蓄水位 56 m，死水位 45 m，防洪限制水位 50 m，防洪高水位 62.3 m，校核洪水位 64.3 m（$P = 0.05\%$），该工程等别为 II 等、大（2）型工程，泄水建筑物采用"6 低孔+5 表孔"的组合方式。

表孔溢流坝位于左岸滩地，右侧接低孔溢流段，左侧接混凝土重力坝，坝段长 78 m，闸墩顶高程 65.5 m，设 5 孔，每孔净宽 12 m，开敞式结构，堰顶高程 47 m，基础高程 27 m。低孔溢流坝位于主河床区，右侧接厂房坝段，左侧接表孔溢流坝段，坝段长 108 m，闸墩顶高程 65.9 m，胸墙式结构，设 6 孔，孔口尺寸 12 m×9 m，堰顶高程 34.5 m，胸墙底高程 43.5 m，基础高程 27 m，闸室顺水流方向长度 37.7 m。

作者简介：李成业（1985—），男，高级工程师，主要从事水利工程建设与运行管理工作。

2 模态分析

模态分析是根据结构的固有属性（包括频率、阻尼比和振型等）求解多自由度系统的模态振型及振动频率的过程。通过模态分析识别出系统的模态参数，为结构系统的振动特性分析、振动故障诊断和预报，以及结构动力特性的优化设计提供依据。根据是否考虑流体对结构的影响，将模态分析分为干模态分析与湿模态分析。干模态分析是不考虑流体对结构的影响；湿模态分析则考虑流体对结构的影响，将流体计算结果耦合到固体结构得到的模态为湿模态。

2.1 基本原理

结构用有限单元离散化后的运动方程可表示为

$$M\ddot{\delta} + C\dot{\delta} + K\delta = P(t) \tag{1}$$

式中：M、C、K 分别为质量矩阵、阻尼矩阵、刚度矩阵；δ 为结点位移；$P(t)$ 为动力荷载。

在式（1）中令 $P(t) = 0$，便得到自由振动方程。进一步忽略阻尼，得到无阻尼的自由振动方程如下：

$$M\ddot{\delta} + K\delta = 0 \tag{2}$$

此时体系将做简谐运动，其位移表达式为

$$\delta = \phi\cos(\omega t + \theta) \tag{3}$$

将式（3）代入式（2），整理后可得

$$K\phi = \omega^2 M\phi \tag{4}$$

或写成

$$(K - \omega^2 M)\phi = 0 \tag{5}$$

在自由振动时，结构各结点的振幅 ϕ 不全为零，所以式（5）中括号内矩阵的行列式的值必等于零，由此得到结构自振频率方程为

$$|K - \omega^2 M| = 0 \tag{6}$$

结构的刚度矩阵和质量矩阵都是 n 阶方阵，其中 n 为结点的自由度数，所以式（6）是关于 ω^2 的 n 次代数方程，由此可解出结构的 n 阶自振频率，这些频率按从小到大顺次排列为 ω_1、ω_2、$\cdots$、ω_n，分别称为结构的第1、第2、$\cdots$、第 n 阶自振频率，其中，第1阶自振频率也称为基频。

考虑水体对闸墩流固耦合的影响，视库水为不可压缩的流体，库水对闸墩的动力作用相当于附加质量 M。在工程界，动水压力的计算公式一般采用 Westergaard 公式[8] 计算，式中的系数取为 0.5，即

$$M = 0.5\rho_0\sqrt{h_0 l} \tag{7}$$

式中：M 为单位面积的附加质量；ρ_0 为水的密度；h_0 为水的深度；l 为计算点到水面的距离。

2.2 干模态分析

根据设计院提供的图纸，采用 Solidwork 建立闸墩－地基模型，导入到 ANSYS 中对闸墩进行干模态分析。选取不同的地基（深度、宽度、上下游长度）对闸墩自振频率有较大影响。为了减少地基基础对湿模态分析的影响，现测试不同地基条件下干模态的闸墩自振特性。网格划分多采用四面体网格和六面体网格，共划分81万个单元，157万个节点。图1为网格划分后的有限元模型。

2.2.1 地基深度对泄洪闸闸墩动力特性的影响

为研究地基深度模拟范围对泄洪闸闸墩自振特性的影响，建立不同地基深度（分别取 25 m、50 m、75 m、100 m）的三维有限元分析模型，计算闸墩前 10 阶自振频率和振型。计算结果如图2和表1所示。

图 1 有限元模型网格划分

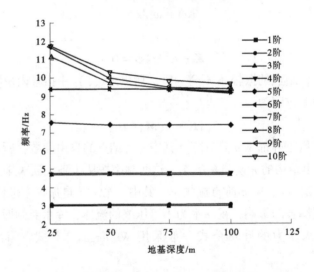

图 2 不同地基深度条件下闸墩的自振频率对比

表 1 不同地基深度条件下闸墩的自振频率　　　　　　　　　　　　单位：Hz

地基深度	阶数									
	1	2	3	4	5	6	7	8	9	10
25 m	2.990	3.037	4.714	4.756	7.532	9.382	9.387	11.205	11.713	11.772
50 m	2.990	3.037	4.714	4.756	7.425	9.381	9.382	9.707	9.967	10.297
75 m	2.990	3.037	4.714	4.756	7.415	9.340	9.373	9.382	9.448	9.830
100 m	2.990	3.037	4.714	4.756	7.414	9.197	9.241	9.382	9.391	9.624

由计算结果可以看出，当地基模拟深度发生变化时，低阶频率（4 阶以内）基本没有变化，而高阶频率随地基深度变化稍大，当地基深度由 25 m 增加至 75 m 时，高阶频率变化率最大值为 8.8%（第 10 阶）；而当地基深度从 75 m 增加至 100 m 时，高阶频率变化率最大值为 0.61%（第 8 阶）。因此，当地基深度大于 75 m 时，低阶频率误差在 1% 以内，高阶频率误差在 5% 以内，故数值计算时泄洪闸地基深度取 75 m。

2.2.2 地基宽度对泄洪闸闸墩动力特性的影响

为研究地基宽度模拟范围对泄洪闸闸墩自振特性的影响，建立不同地基宽度（分别取 30 m、40 m、50 m、60 m）的三维有限元分析模型，计算闸墩前 10 阶自振频率和振型。计算结果如图 3 和表 2 所示。

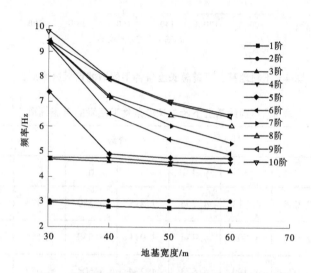

图 3 不同地基宽度条件下闸墩的自振频率对比

表 2 不同地基宽度条件下闸墩的自振频率 单位：Hz

地基宽度	阶数									
	1	2	3	4	5	6	7	8	9	10
30 m	2.989	3.036	4.713 8	4.754	7.415	9.339	9.373	9.382	9.448	9.829
40 m	2.817	3.035	4.605 3	4.754	4.911	6.530	7.164 8	7.238	7.890	7.928
50 m	2.769	3.034	4.490 9	4.573	4.754	5.504	6.057 7	6.497	6.955	6.995
60 m	2.742	3.034	4.236 1	4.551	4.754	4.898	5.376 4	6.047	6.399	6.467

由计算结果可以看出，当地基模拟宽度发生变化时，低阶频率（4 阶以内）误差很小，而高阶频率随地基宽度变化稍大，当地基宽度由 30 m 增加至 50 m 时，高阶频率变化率最大值为 33.6%（第 8 阶）；而当地基宽度从 50 m 增加至 60 m 时，高阶频率变化率最大值为 12.7%（第 7 阶）。因此，当基础宽度大于 50 m 时，低阶频率误差在 1% 以内，高阶频率误差在 15% 以内，故数值计算时泄洪闸基础宽度取 50 m。

2.2.3 地基上下游总长度对泄洪闸闸墩动力特性的影响

为研究地基上下游长度模拟范围对泄洪闸闸墩自振特性的影响，建立不同地基上下游总长度（分别取 100 m、120 m、140 m、160 m、180 m）的三维有限元分析模型，计算闸墩前 10 阶自振频率和振型。计算结果如图 4 和表 3 所示。

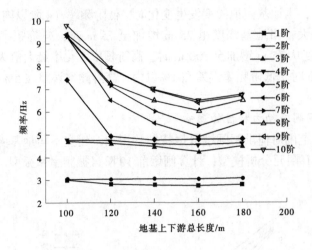

图 4　不同地基上下游总长度条件下闸墩的自振频率对比

表 3　不同地基上下游总长度条件下闸墩的自振频率　　　　　　　　　　　单位：Hz

地基上下游总长度	阶数									
	1	2	3	4	5	6	7	8	9	10
100 m	2.989	3.036	4.713	4.756	7.415	9.339	9.373	9.382	9.448	9.829
120 m	2.817	3.035	4.605	4.754	4.911	6.530	7.164	7.238	7.890	7.928
140 m	2.769	3.034	4.490	4.573	4.754	5.504	6.057	6.497	6.955	6.995
160 m	2.742	3.034	4.236	4.551	4.754	4.898	5.376	6.047	6.399	6.467
180 m	2.782	3.051	4.482	4.591	4.773	5.491	5.957	6.504	6.677	6.738

　　由计算结果可以看出，当地基模拟长度发生变化时，低阶频率（4 阶以内）误差很小，而高阶频率随地基上下游总长度变化稍大，当地基上下游总长度由 100 m 增加至 160 m 时，闸墩各阶频率随着地基上下游总长度的增大而减小，而当地基上下游总长度增至 180 m 时，闸墩各阶频率增大。由于闸墩的低阶频率越低，与水流的优势频率越接近，越容易发生共振，因此数值计算时地基上下游总长度取 160 m。

2.2.4　干模态各阶自振特性

　　根据上文 2.2.1～2.2.3 所述，选取地基范围为深度为 75 m，宽度为 50 m，上下游总长度为 160 m，用 ANSYS 中的 Block Lanczos 法进行闸墩结构干模态计算，其中混凝土根据浇筑板块的不同采用 C15、C20、C25，采用地基四周全约束。提取闸墩前 10 阶干模态自振频率如表 4 所示，前 10 阶干模态振型如图 5（a）～（j）所示。

表 4　闸墩前 10 阶干模态自振频率　　　　　　　　　　　单位：Hz

阶次	1	2	3	4	5	6	7	8	9	10
频率/Hz	2.770	3.035	4.488	4.574	4.756	5.503	6.058	6.493	6.955	6.995

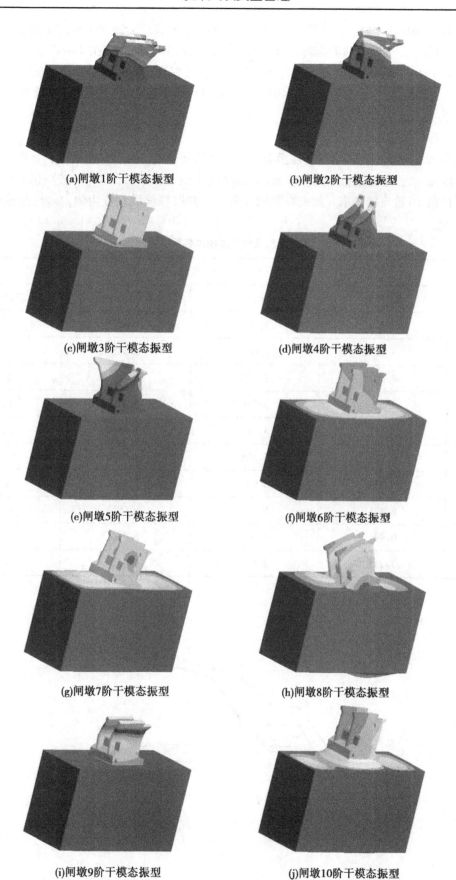

(a)闸墩1阶干模态振型

(b)闸墩2阶干模态振型

(c)闸墩3阶干模态振型

(d)闸墩4阶干模态振型

(e)闸墩5阶干模态振型

(f)闸墩6阶干模态振型

(g)闸墩7阶干模态振型

(h)闸墩8阶干模态振型

(i)闸墩9阶干模态振型

(j)闸墩10阶干模态振型

图5　闸墩干模态振型

闸墩的 1 阶频率为 2.770 Hz，2 阶频率为 3.035 Hz，主要表现为闸墩的侧向 1 阶振动；3 阶频率为 4.488 Hz，闸墩主要表现为前后翻转振动；闸墩的侧向扭振主要表现在 4 阶和 5 阶，频率分别为 4.574 Hz、4.756 Hz；闸墩的竖向振动主要表现在 6 阶，频率为 5.503 Hz；闸墩的侧向 2 阶振动表现在 7 阶和 8 阶，频率分别为 6.058 Hz、6.493 Hz；9 阶和 10 阶振动主要表现为闸墩及其底板整体扭振，频率分别为 6.955 Hz、6.995 Hz。

2.3 湿模态分析

考虑水体质量的影响，对闸墩进行湿模态分析，网格划分方法与干模态类似，分别计算出闸墩在死水位（$H=45$ m）、正常蓄水位（$H=56$ m）、防洪高水位（$H=62.3$ m）、校核洪水位（$H=64.3$ m）等情况下的前 10 阶自振频率，如表 5 和图 6 所示，并以校核洪水位为例，对比湿模态与干模态的各阶振型变化。

表 5   不同水位条件下湿模态各阶自振频率   单位：Hz

阶次	水位			
	$H=45$ m	$H=56$ m	$H=62.3$ m	$H=64.3$ m
1	2.744	1.866	1.302	1.215
2	3.011	2.017	1.348	1.251
3	4.499	3.833	3.039	2.769
4	4.651	3.859	3.078	2.865
5	5.552	4.019	3.889	3.886
6	5.955	5.538	5.687	5.544
7	6.234	5.921	5.930	5.928
8	6.471	6.151	6.095	6.062
9	6.991	6.955	6.746	6.249
10	7.235	7.156	6.952	6.741

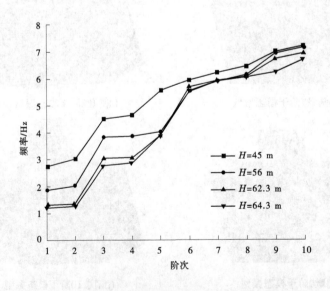

图 6   不同水位条件下湿模态各阶自振频率对比

当处于校核洪水位时，闸墩 1 阶频率 1.215 Hz，相对于干模态条件下降低了 56.14%（闸墩在干模态下 1 阶频率为 2.770 Hz）。有水工况下，由于附加了水流自重作用，水闸结构自振频率产生一定下降，上游水位越高，对闸墩结构振动影响越大，流固耦合作用越强，自振频率越低。现将校核洪水位作为典型工况分析，其前 10 阶自振频率如表 6 所示，振型如图 7（a）～（j）所示。

表 6　校核洪水位闸墩前 10 阶自振频率　　　　　　　　　　　单位：Hz

阶次	1	2	3	4	5	6	7	8	9	10
频率/Hz	1.215	1.251	2.796	2.865	3.886	5.544	5.928	6.062	6.249	6.741

(a)闸墩1阶湿模态振型

(b)闸墩2阶湿模态振型

(c)闸墩3阶湿模态振型

(d)闸墩4阶湿模态振型

(e)闸墩5阶湿模态振型

(f)闸墩6阶湿模态振型

(g)闸墩7阶湿模态振型

(h)闸墩8阶湿模态振型

图 7　闸墩湿模态振型

(i)闸墩9阶湿模态振型

(j)闸墩10阶湿模态振型

续图7

闸墩在湿模态下 1 阶频率为 1.215 Hz，2 阶频率为 1.251 Hz，主要表现为闸墩的侧向 1 阶振动；闸墩的侧向扭振主要表现在 3 阶和 4 阶，频率分别为 2.796 Hz、2.865 Hz；闸墩的前后翻转振动主要表现在 5 阶，频率为 3.886 Hz；闸墩的侧向 2 阶振动表现在 6 阶，频率为 5.544 Hz；闸墩的前后翻转 2 阶振动主要表现在 7 阶，频率为 5.928 Hz；9 阶和 10 阶振动主要表现为闸墩及其地板整体 2 阶扭振，频率分别为 6.249 Hz、6.741 Hz。

无论是在干模态还是在湿模态的情况下，闸墩的低阶振动均以平移为主，在高阶次的情况下，振动为平移、扭转的组合。干模态和湿模态下，闸墩的振型基本保持一致，即闸墩结构振型分布受水流自重影响较小。

3 加固方案分析

在实际运行过程中，为了避免闸墩的低阶自振频率与水流荷载频率接近而引起共振现象，通常采用在首部和尾部加根梁的方法。由干模态分析可知，在闸首和闸尾处的振动最为强烈，故在闸首和闸尾处施加梁约束。在闸首加固一根截面为 2.5 m×4 m 的梁，在闸尾加固一根截面为 3 m×4 m 的梁。加固后闸墩的有限元模型如图 8 所示，加固前后闸墩的自振频率如表 7 所示。

图8 加固后闸墩的有限元模型

表7 闸墩加固前后振动频率（干模态） 单位：Hz

阶次	加固前	加固后
1	2.770	3.235
2	3.035	4.192
3	4.491	4.892

续表 7

阶次	加固前	加固后
4	4.573	5.271
5	4.755	5.371
6	5.504	6.396
7	6.058	6.447
8	6.497	6.684
9	6.956	7.169
10	6.996	7.309

加固后闸墩的 1 阶频率为 3.235 Hz，相较于加固前提高了 16.7%，通过提高闸墩的自振频率，能够有效地避免水流荷载与闸墩发生共振。

4 结语

本文基于 ANSYS 有限元软件，以某水利枢纽工程为例，计算其在干模态、湿模态情况下的自振频率，并提出加固方案。根据数值模拟计算结果，得出以下几点结论：

（1）研究了不同地基长度、深度和宽度情况下的干模态闸墩自振频率，地基对闸墩低阶振动频率（前 6 阶）的影响不大，但对高阶振动频率的影响较大，在实际分析过程中，应选择合适的地基进行分析。

（2）当水位较低的时候，由于流固耦合作用并不强烈，闸墩的自振频率与干模态接近。当水位达到校核洪水位之后，闸墩的流固耦合作用非常明显，自振频率显著下降。因此，在实际运行过程中，应特别注意在此工况下的闸墩振动，避免与水流荷载发生共振。

（3）实际工程中，为了避免闸墩与水流荷载发生共振，常对闸墩进行加固。一般采用闸首与闸尾加固梁的方式可有效增加闸墩的自振频率。

参考文献

[1] 何小敏，张浩，齐春风. 水电站闸墩-闸门-水体流激振动特性研究 [J]. 西北水电，2020 (6)：127-132.

[2] 赵欣. 基于水工闸门流激振动的分析 [J]. 水利科技与经济，2014，20 (5)：10-12.

[3] 何小敏. 泄洪闸闸墩流激振动特性与加固措施研究 [D]. 天津：天津大学，2012.

[4] 吴小龙. 基于 ANSYS 计算的苏区新四孔水闸墩流固耦合下动力响应特征分析研究 [J]. 广东水利水电，2021 (2)：52-57，69.

[5] 杜磊. 泄洪水流诱发泄流结构拍振特性及机理研究 [D]. 南昌：南昌大学，2018.

[6] 张艺莹. 基于 ANSYS 预应力闸墩的流激振动分析和减振措施研究 [D]. 郑州：华北水利水电大学，2019.

[7] 李火坤，练继建. 水工弧形闸门流激振动特性物模-数模联合预测与安全分析 [J]. 水力发电学报，2007 (3)：69-76.

[8] 涂承义，黄维，吴宏荣，等. 沙坪二级水电站预应力闸墩设计及三维有限元分析 [J]. 人民长江，2019，50 (S2)：108-113，134.

基于风险的水库大坝分级与病险标准研究

戚 波[1] 张士辰[2] 彭雪辉[2] 赵 伟[2]

（1. 嫩江尼尔基水利水电有限责任公司，黑龙江齐齐哈尔 161005；
2. 南京水利科学研究院，江苏南京 210029）

摘 要：近年来，国家投资数千亿元为水库除险加固，但仍存在重复加固后未脱险，甚至是加固后溃坝等现象，反映出目前安全诊断和病险认定标准有缺陷。现行大坝分类（级）方法和安全标准主要依据工程特性和功能指标来划分，病险标准主要由工程安全状况确定，没有综合考虑库容、坝高、下游防洪保护对象等，高风险的小型水库大坝安全、运行管理标准偏低。本文提出了大坝风险等级定量确定方法、基于风险的水库大坝分类（级）方法和安全标准，以及大坝病险标准，对现行标准体系进行了补充完善和继承发展。

关键词：大坝；病险；系统安全；风险等级；安全标准；病险标准

经过多年努力，我国水库大坝安全状况与管理水平得到根本性改善，但面对新形势、新要求[1-2]，水库大坝安全运行仍面临一系列挑战，少数水库加固过程中或加固后出现溃坝或重大险情事故[3]，反映当前的大坝安全诊断标准和病险标准还有待进一步提高和完善[4]。归纳总结我国水库大坝病险、溃坝和病险水库除险加固经验教训[5-7]，我国现行大坝工程等别、建筑物级别及其安全标准主要依据工程特性、功能指标划分，病险标准主要依据工程安全程度来确定，没有考虑到有些水库实际风险，不适应新形势[8]，在现有大坝等级划分和工程安全标准框架下，水库大坝分级和病险标准方面难有突破[9-10]。基于系统安全理念，研究提出大坝风险等级定量确定方法，基于风险的大坝分类（级）方法和安全标准，提出适应新形势下的水库大坝病险标准。

1 现行水库大坝分类（级）与病险标准及其不适应性分析

1.1 现行水库大坝分类、分级方法与标准

我国现行水库大坝分类、分级方法和标准是基于工程特性和功能指标建立的。依据《水利水电工程等级划分及洪水标准》（SL 252）和《防洪标准》（GB 50201），按照库容、防洪保护与供水对象重要性，以及治涝、灌溉、发电等效益指标和在国民经济中的重要性对水库大坝进行分类，即确定工程规模和工程等别，工程规模分为大（1）型、大（2）型、中型、小（1）型、小（2）型，对应工程等别分为 5 等，即 Ⅰ 等、Ⅱ 等、Ⅲ 等、Ⅳ 等、Ⅴ 等（见表1）。根据工程规模确定大坝建筑物级别，对应工程等别，大坝分为 5 级，分别为 1 级、2 级、3 级、4 级、5 级；同时规定，对 2、3 级大坝，如坝高超过一定高度，其级别可提高一级，但水库工程等别和洪水标准并不提高；对高度超过 200 m 的大坝，其级别应为 1 级，其设计标准应专门研究论证。

基金项目：国家重点研发计划项目课题经费资助（项目批准号：2018YFC0407106）；国家自然科学基金项目（41671504）；南京水利科学研究院基金项目（Y722009）。

作者简介：戚波（1972—），男，高级工程师，嫩江尼尔基水利水电有限责任公司副总经理，主要从事水利建设与管理工作。

表 1　水库工程规模和工程等别划分标准

工程等别	水库		防洪			治涝	灌溉	供水		水电站
	工程规模	总库容/亿m³	保护人口/万人	保护农田面积/万亩	保护区当量经济规模/万人	治涝面积/万亩	灌溉面积/万亩	供水对象重要性	年引水量/亿m³	装机容量/MW
I	大（1）型	≥10	≥150	≥500	≥300	≥200	≥150	特别重要	≥10	≥1 200
II	大（2）型	10～1.0	150～50	500～100	300～100	200～60	150～50	重要	10～3	1 200～300
III	中型	1.0～0.10	50～20	100～30	100～40	60～15	50～5	比较重要	3～1	300～50
IV	小（1）型	0.10～0.01	20～5	30～5	40～10	15～3	5～0.5	一般	1～0.3	50～10
V	小（2）型	0.01～0.001	<5	<5	<10	<3	<0.5		<0.3	<10

1.2　现行水库大坝安全与病险标准

现行水库大坝安全标准和病险标准是基于工程规模和工程安全理念建立的。按照上述建筑物级别（工程规模），依据《水利水电工程等级划分及洪水标准》（SL 252）、《防洪标准》（GB 50201）、《中国地震动参数区划图》（GB 18306）、《水工建筑物抗震设计标准》（GB 51247）、《碾压式土石坝设计规范》（SL 274）、《混凝土重力坝设计规范》（SL 319）、《混凝土拱坝设计规范》（SL 282）、《砌石坝设计规范》（SL 25）、《混凝土面板堆石坝设计规范》（SL 228）、《土石坝沥青混凝土面板和心墙设计规范》（SL 501）、《碾压混凝土坝设计规范》（SL 314）、《溢洪道设计规范》（SL 253）、《水工隧洞设计规范》（SL 279）、《水利水电工程压力钢管设计规范》（SL/T 281）、《水工挡土墙设计规范》（SL 379）、《水利水电工程进水口设计规范》（SL 285）、《水利水电工程边坡设计规范》（SL 386）、《水利水电工程钢闸门设计规范》（SL 74）等相关设计规范确定大坝及其附属建筑物的防洪标准、抗震设防标准、安全加高、结构安全系数、控制应力、容许渗透坡降等，并按《水库工程管理设计规范》（SL 106）、《土石坝安全监测技术规范》（SL 551）、《混凝土坝安全监测技术规范》（SL 601）等规范要求确定水库运行管理机构、管理人员和安全监测、防汛交通、通信、管理房、防汛仓库、应急设备等管理设施的配置标准，上述指标构成了现行我国水库大坝安全标准（包括防洪、抗震、结构等专项，防洪标准重现期见表 2）。

表 2　大坝防洪标准重现期　　　　　　　　　　　　　　　　单位：a

大坝级别	山区、丘陵区			平原区、滨海区	
	设计	校核		设计	校核
		混凝土坝、浆砌石坝	土石坝		
1	1 000～500	5 000～2 000	可能最大洪水（PMF）或10 000～5 000	300～100	2 000～1 000
2	500～100	2 000～1 000	5 000～2 000	100～50	1 000～300
3	100～50	1 000～500	2 000～1 000	50～20	300～100
4	50～30	500～200	1 000～300	20～10	100～50
5	30～20	200～100	300～200	10	50～20

现行水库大坝病险标准则根据大坝及其附属建筑物的防洪标准、抗震设防标准、安全加高、结构安全系数、控制应力、容许渗透坡降等是否满足安全标准要求，并参考运行管理是否规范进行分类。按照《水库大坝安全鉴定办法》《水库大坝安全评价导则》规定，根据是否符合大坝安全标准要求，即根据工程安全程度，分为一类坝、二类坝和三类坝，分别对应好坝、病坝、险坝。

1.3 现行水库大坝分类（级）与病险标准的不适应性分析

我国现行水库大坝工程等别、建筑物级别（分类）及其安全标准（病险标准），主要依据工程特性（库容）、功能指标及工程安全程度划分和确定，已形成一整套完整的体系，相关配套技术标准齐全，可操作性好。同时，现行水库大坝分类（级）与安全标准也在一定程度上考虑了下游防洪与供水对象重要性、坝高等风险因素，但仍存在明显不合理之处，具体体现在以下几个方面：

（1）没有量化考虑溃坝后果影响，工程规模和功能指标强调量化且具体，而将在一定程度上体现溃坝后果的防洪保护与供水对象、坝高置于从属地位，定性模糊，导致高风险的小型水库大坝安全标准、运行管理标准定得偏低，相关技术标准不配套。我国现有水库大坝工程设计、施工和运行管理技术标准，主要针对大中型水库大坝制订，小型水库参照执行，执行过程中随意性较大，监督检查缺乏有效依据。

（2）下游防洪保护对象没有考虑铁路、公路、机场、军事设施及输水、输气、输油线路等重要基础设施；乡村同样人口密集，也不能被忽视；城市和供水对象的重要性仅考虑人口数量，随意性较大，还应该考虑它们与大坝之间的距离与落差；工矿企业只考虑规模，不够科学和严谨。

（3）坝高的重要性没有得到充分体现。坝高在很大程度上反映了工程技术难度和溃坝后果严重性。现行规范仅规定超过一定高度的2、3级坝可提高一个等级，且工程等别和防洪标准并不提高，导致潜在高风险的"高坝小库"工程等别、建筑物级别及工程安全标准、运行管理偏低。

由于分类（级）标准的缺陷，坝高较高、地理位置重要、功能显著的中高风险小型水库安全标准、防洪标准、结构安全标准和运行管理标准明显偏低。按潜在风险或溃坝后果提高中高风险小型水库工程等别、建筑物级别与安全标准，建立基于风险的小型水库差别化管理模式，可有效破解小型水库风险突出和管理薄弱的突出短板，具有重要理论和实践意义。

2 水库大坝分类（级）国际经验

目前，国际上普遍基于风险理念，按溃坝后果进行大坝分类，并据此确定安全标准。加拿大根据溃坝后果严重程度，将大坝分为后果极严重、严重、低和极低四类（见表3），再根据溃坝后果严重程度确定地震与洪水设计标准（见表4），安全复核周期及运行管理要求。按照加拿大坝分类与安全标准，我国一些小型水库可达到高风险及以上、大坝安全标准可达大型水库标准。

表 3 加拿大溃坝后果严重程度分类

溃坝后果严重程度	生命损失	经济、社会和环境破坏
极严重	死亡很多人	极严重破坏
严重	死亡一些人	较大破坏
低	没有人员死亡	中等破坏
极低	不会发生人员死亡	除业主财产外，只有微小破坏

表4 加拿大按溃坝后果确定的大坝安全复核间隔和地震、洪水设计标准

溃坝后果分类	安全复核间隔	按确定性推出的最大设计地震	按统计推出的最大设计地震	入库设计洪水
极严重	5 年	最大可信地震	1/10 000	可能最大洪水 PMF
严重	7 年	50%~100%最大可信地震	1/1 000~1/10 000	1/1 000~PMF
低和极低	10 年	根据经济风险和其他影响	1/100~1/1 000	1/100~1/1 000

瑞士《水库安全条例》综合坝高与库容规定大坝规模，坝高超过 25 m 或库容超过 50 万 m³ 的大坝，以及坝高超 10 m 且库容超 10 万 m³ 或坝高超 15 m 且库容超 5 万 m³ 的大坝，即为重要和规模较大大坝，由瑞士联邦能源署监管，显然比中国小型水库大坝安全监管要求高很多。

法国于 2006 年在一部关于水环境的新法律中修订了水工建筑物安全监管的法律框架，自 2007 年 12 月 11 日起生效实施。该法律就大坝涉及的公共安全和沿河土地利用对大坝和/或堤岸的业主提出了新的要求。类似于瑞士大坝监管权限划分标准，该法律根据坝高 H 和库容 V 将堤坝分为四类，即 A：$H \geqslant 20$ m；B：$H \geqslant 10$ m 且 $H^2 \times V^{0.5} > 200$；C：$H \geqslant 5$ m 且 $H^2 \times V^{0.5} > 20$；D：$H \geqslant 2$ m。业主或运行单位必须对 A 类大坝进行风险评估，并定期进行安全审核，每 10 年进行 1 次更新。

美国根据大坝发生事故可能造成的灾害程度，对大坝进行等级划分，分别为高风险、中等风险和低风险三个等级。随着技术标准提高与新技术应用、水文系列延长、下游人口数量的增加，以及土地利用情况的改变等，一旦大坝风险等级提高，大坝就需要开展相应加固或升级改造，以满足安全需要[12]。2012 年，有 17 个州得到贷款或资助项目，专门用于高风险和中等风险大坝的加固或维护。因加固和维护成本超过工程自身效益的大坝则被拆除。近年来，美国有 200 余座高风险大坝已经被拆除，约占美国高风险坝的 2%。

水库大坝安全不仅指工程自身的结构安全，还包括对下游公共安全、生态安全构成的潜在风险，以及将风险控制在可接受范围的措施和对策，现行侧重于工程性态的安全标准已不适应新形势赋予水库大坝安全的新内涵、新要求。借鉴国际经验[13-18]，基于风险理念构建统筹工程安全、公共安全、生态安全的大坝分类（级）标准与安全标准及病险标准是未来发展趋势[19]。

3 水库大坝风险等级确定方法

3.1 大坝风险分级

根据《国家突发公共事件总体应急预案》（2006）和《突发事件应对法》（2007），溃坝突发事件预警级别依其可能造成的危害程度、紧急程度和发展势态划分为四级，即 I 级（特别重大）、II 级（重大）、III 级（较大）和 IV 级（一般），依次用红色、橙色、黄色和蓝色表示。大坝风险可相应划分如下四级：I 级，极高风险，以红色表示；II 级，高风险，以橙色表示；III 级，中等风险，以黄色表示；IV 级，低风险，以蓝色表示。彭雪辉等[20-21] 和肖义等[22] 根据我国 3 500 余座历史溃坝数据进行统计分析，提出了我国水库大坝风险定量分级标准。

3.2 定量分级标准

由于溃坝概率的计算难度较大，且具有较大的不确定性，可根据溃坝后果对风险进行分级，通过计算分析溃坝生命损失、经济损失及社会与环境影响，可获得溃坝后果估算结果，生命损失、经济损失、社会与环境影响分级标准如表5、表6所示。

表 5   溃坝生命损失和经济损失分级标准

溃坝生命损失和经济损失等级	溃坝生命损失和经济损失严重性	分级标准	
		生命损失 L_{OL}/人	经济损失 L_{OE}/亿元
Ⅰ级	特别重大	$L_{OL} \geq 30$	$L_{OE} \geq 1$
Ⅱ级	重大	$10 \leq L_{OL} < 30$	$0.5 \leq L_{OE} < 1$
Ⅲ级	较大	$3 \leq L_{OL} < 10$	$0.1 \leq L_{OE} < 0.5$
Ⅳ级	一般	$L_{OL} < 3$	$L_{OE} < 0.1$

表 6   溃坝社会与环境影响分级标准

溃坝社会与环境影响等级	溃坝社会与环境影响严重性	溃坝社会与环境影响指数 I_{SE}
Ⅰ级	特别重大	$I_{SE} \geq 1\ 000$
Ⅱ级	重大	$100 \leq I_{SE} < 1\ 000$
Ⅲ级	较大	$10 \leq I_{SE} < 100$
Ⅳ级	一般	$I_{SE} < 10$

4   基于风险的水库大坝病险标准

4.1   基于风险的水库大坝安全标准

　　根据前述水库大坝风险等级确定方法确定大坝风险等级后，即可按照现行相关规范要求确定基于风险的水库大坝安全标准，其中基于风险的大坝防洪标准见表 7。中等以上风险的中型和小型水库应按《水库工程管理设计规范》（SL 106）、《土石坝安全监测技术规范》（SL 551）、《混凝土坝安全监测技术规范》（SL 601）等规范要求配置水库运行管理机构、管理人员和安全监测、防汛交通、通信、管理房、防汛仓库、应急设备等管理设施，其中坝高超过 100 m 的中型和小型水库按现行大（1）型水库标准配置；坝高 70~100 m 中型和小型水库，以及 $I_{SE} \geq 1\ 000$ 中型水库、坝高 30~70 m 的小（1）型水库、坝高 50~70 m 的小（2）型水库按现行大（2）型水库标准配置；坝高 30~70 m，或库容 <100 万 m³、坝高 50~70 m 的小型水库，以及 $I_{SE} \geq 1\ 000$ 的坝高 <30 m 的小（1）型水库，坝高 10~50 m 的小（2）型水库按现行中型水库标准配置；坝高 10~50 m、库容 <100 万 m³，或坝高 <30 m、库容 100 万~1 000 万 m³，以及 $I_{SE} \geq 1\ 000$ 的坝高 <10 m 的小（2）型水库按现行小（1）型水库大坝标准配置；坝高 <10 m 且库容 <100 万 m³ 的小型水库按现行小（2）型大坝标准配置。

表 7   基于风险的水库大坝防洪标准重现期
单位：a

风险级别	说明	山区、丘陵区			平原区、滨海区	
		设计	校核		设计	校核
			混凝土坝、浆砌石坝	土石坝		
Ⅰ级	原 1 级坝，坝高 ≥70 m 和 $I_{SE} \geq 1\ 000$ 的 2 级坝，坝高 ≥100 m 的 3、4、5 级坝	1 000~500	5 000~2 000	PMF 或 10 000~5 000	300~100	2 000~1 000
	原 2 级坝，坝高 70~100 m 的 3、4、5 级坝，$I_{SE} \geq 1\ 000$ 的 3 级坝、坝高 30~70 m 的 4 级坝、坝高 50~70 m 的 5 级坝	500~100	2 000~1 000	5 000~2 000	100~50	1 000~300

续表7

风险级别	说明	山区、丘陵区			平原区、滨海区	
		设计	校核		设计	校核
			混凝土坝、浆砌石坝	土石坝		
Ⅱ级	原3级坝，坝高30~70 m的4级坝，坝高50~70 m的5级坝，$I_{SE} \geq 1\,000$ 的坝高<30 m的4级坝，坝高10~50 m的5级坝	100~50	1 000~500	2 000~1 000	50~20	300~100
Ⅲ级	坝高<30 m的4级坝，坝高10~50 m的5级坝，$I_{SE} \geq 1\,000$ 的坝高<10 m的5级坝	50~30	500~200	1 000~300	20~10	100~50
Ⅳ级	坝高<10 m的5级坝	30~20	200~100	300~200	10	50~20

4.2　基于风险的水库大坝病险标准

根据上述基于风险的水库大坝安全标准，综合考虑水库工程安全、功能、风险、管理能力等关键因素，在现有"三类坝"分类基础上，建立以下基于风险的大坝病险标准（见表7）：

（1）一类坝。大坝现状防洪能力满足基于风险的大坝防洪标准，无明显工程质量缺陷，大坝结构安全、渗流安全、抗震安全及金属结构安全各项复核计算结果均满足基于风险的最小安全系数要求，防汛交通、通信、安全监测等管理设施完善，管理能力满足科学调度和应急管理要求，维修养护到位，运行管理规范，能按设计标准安全运行和发挥工程效益的水库大坝。

（2）二类坝。大坝现状防洪能力满足基于风险的大坝防洪标准，大坝整体结构安全、渗流安全、抗震安全及金属结构安全复核计算结果满足基于风险的最小安全系数要求，运行性态基本正常，但存在工程质量缺陷和一般病险，或防汛交通、通信、安全监测等管理设施不完善，管理能力薄弱，维修养护不到位，管理不规范，在一定控制运用条件下才能安全运行的水库大坝。

（3）三类坝。现状防洪能力不满足基于风险的大坝防洪标准要求，或工程存在严重质量缺陷与重大病险，不能按设计标准正常运行，但功能和效益显著，适合除险加固的工程。

5　结语和建议

（1）我国现行水库大坝工程等别、建筑物级别（分类）及其安全标准主要依据工程特性（库容）、功能指标划分，病险标准主要依据工程安全程度确定，已不适应新形势需要，导致高风险的小型水库特别是"高坝小库"的大坝安全标准、运行管理标准定得偏低，相关技术标准不配套。

（2）本文提出的水库大坝风险等级确定方法和病险标准并不是替代现行水库大坝分类（级）方法和安全标准、病险标准，而是对现行水库大坝分类（级）方法和安全标准、病险标准的补充和丰富完善，是继承和发展，并不是降低现行大中型水库大坝安全标准。

（3）为促进本研究成果在全国水库大坝安全行业管理中全面推广应用，建议水利部尽快研究出台相关配套政策、管理办法和风险等级划分标准等技术标准，并尽快对《水库大坝安全鉴定办法》和《水库大坝安全评价导则》进行修订。

参考文献

［1］陈生水．新形势下我国水库大坝安全管理问题与对策［J］．中国水利，2020，22：10-14．

［2］孙金华．我国水库大坝安全管理成就及面临的挑战［J］．中国水利，2018，20：1-6．

［3］盛金保，刘嘉炘，张士辰，等．病险水库除险加固项目溃坝机理调查分析［J］．岩土工程学报，2008，11：1581-1587．

［4］顾冲时，苏怀智，刘何稚．大坝服役风险分析与管理研究述评［J］．水利学报，2018，49：26-35．

［5］张建云，杨正华，蒋金平．我国水库大坝病险及溃决规律分析［J］．中国科学：技术科学，2017，47（12）：1313-1320．

［6］李宏恩，盛金保，何勇军．近期国际溃坝事件对我国大坝安全管理的警示［J］．中国水利，2020，（16）：19-22，30．

［7］蔡跃波，盛金保，杨正华．吸取事故教训确保病险水库除险加固工作成效［J］．中国水利，2011（6）：69-71，74．

［8］邹鹰．中小型水库防洪标准对比研究及对策建议［J］．水利水运工程学报，2021（1）：1-8．

［9］盛金保，傅忠友．大坝分类方法对比研究［J］．水利水运工程学报，2010（2）：7-13．

［10］李雷，盛金保．中国与加拿大的大坝安全管理比较及对策建议［J］．中国水利，2008（20）：29-31．

［11］李君纯．青海沟后水库溃坝原因分析［J］．岩土工程学报，1994（6）：1-14．

［12］L. C. 斯普拉根斯，左志安．美国溃坝风险的有关问题［J］．水利水电快报，2014，35（7）：24-25，30．

［13］Maged A, Davis S B, Duane M M. GIS model for estimating dam failure life loss［J］. Risk-Based Decision Making in Water Resources, 2002, 1：1-19.

［14］Ranjan K, Achyuta K G. Mines systems safety improvement using an integrated event tree and fault tree analysis［J］. Journal of The Institution of Engineers（India）：Series D, 2017, 98：1-8.

［15］Donghyeok P, Kim S, Kim T. Estimation of break outflow from the Goeyeon Reservoir using DAMBRK model［J］. Journal of the Korean Society of Civil Engineers, 2017, 37：459-466.

［16］Cheng C Y, Qian X, Zhang Y C, et al. Estimation of the evacuation clearance time based on dam-break simulation of the Huaxi dam in Southwestern China［J］. Natural Hazards, 2011, 57：227-243.

［17］向衍，盛金保，袁辉，等．中国水库大坝降等报废现状与退役评估研究［J］．中国科学：技术科学，2015，45：1304-1310．

［18］Muhunthan B, Pillai S. Teton dam, USA：uncovering the crucial aspect of its failure［J］. Proceedings of the Institution of Civil Engineers-Civil Engineering, 2008, 161：35-40.

［19］李雷，蔡跃波，盛金保．中国大坝安全与风险管理的现状及其战略思考［J］．岩土工程学报，2008，30：1581-1587．

［20］彭雪辉，蔡跃波，盛金保，等．中国水库大坝风险标准研究［M］．北京：中国水利水电出版社，2015．

［21］彭雪辉，盛金保，李雷，等．我国水库大坝风险标准制定研究［J］．水利水运工程学报，2014，4：7-13．

［22］肖义，郭生练，熊立华，等．大坝安全评价的可接受风险研究与评述［J］．安全与环境学报，2005，5（3）：90-94．

苏库恰克水库调度规程要点分析

阿迪力江·吾拉木

（新疆塔里木河流域喀什管理局，新疆喀什　844700）

摘　要：苏库恰克水库主要引叶尔羌河水用于农业灌溉和人饮供水，上游控制性枢纽阿尔塔什水利枢纽建成后，有效调节叶尔羌河水资源，提高灌溉水利用效率，改善叶尔羌河灌区的灌溉条件。本文考虑阿尔塔什调度运行的影响，坚持"保障安全、提高效益、减小损失"的原则，从供水、灌溉、应急等方面研究苏库恰克水库的调度运行，在确保工程安全的前提下，提高调度的科学性、计划性和预见性，并根据实际运行情况进行实时调度运用。

关键词：苏库恰克；调度规程；要点

苏库恰克水库地处喀什地区莎车县艾力西湖镇西北 13 km 处，是叶尔羌河流域内一座引水灌注式平原水库，主要引叶尔羌河水用于农业灌溉和人饮供水的大（2）型水库。上游阿尔塔什水利枢纽建成后，为进一步提高苏库恰克水库供水、灌溉等利用效率，有必要完善水库调度规程，提高调度的科学性、计划性和预见性。

1　苏库恰克水库工程概况

苏库恰克水库总库容 1.08 亿 m³，正常蓄水位 1 192.89 m，兴利库容 9 300 万 m³；死水位 1 190.28 m，死库容 1 500 万 m³，地震设计烈度为 7 度。水库包括大坝、引水系统（包括水库入库闸及引水渠）、放水系统（包括水库放水闸及放水渠）及坝后排水系统。水库工程等别为Ⅱ等，主要建筑物大坝及放水闸为 2 级。苏库恰克水库工程于 1974 年开工建设，至 1985 年底完工蓄水。除险加固工程于 2004 年 5 月开工，2005 年 10 月完工，2008 年 10 月通过竣工验收。2014 年 9 月水库经新疆维吾尔自治区水利厅审定为"二类坝"[1]。

2　调度目标和任务

调度规程原则是"保障安全、提高效益、减小损失"。在确保水库大坝安全的前提下，统筹兼顾，实现人饮供水兼顾灌溉等各方利益的互惠共赢。

2.1　调度目标

根据苏库恰克水库设计和历年运行制定的运用指标，通过编制人饮供水、灌溉等调度方案，在确保工程安全的前提下，提高调度的科学性、计划性和预见性，并根据实际运行情况进行实时调度运用，合理调配水量，充分发挥苏库恰克水库人饮供水兼顾灌溉的综合利用效益。

2.2　调度任务

苏库恰克水库从 2016 年开始增加人饮供水功能，其 2016—2021 年补充灌溉供水量为 1 422.05 万 ~ 9 314.70 万 m³。其中 2021 年灌溉用水较少，主要原因是上游阿尔塔什水利枢纽投产后起到了调蓄作用，灌区用水大部分通过东、西库外渠提供。

水库一年两蓄两放，根据人饮及灌区需求制订并上报年度用水方案和用水计划，经塔里木河流域喀什管理局论证核实后批准实施，水库调度主要参数见表 1。每年两蓄两放控制时间为：夏季 6 月 10

作者简介：阿迪力江·吾拉木（1973—），高级工程师，学士，主要从事水资源与水利工程运行管理研究工作。

日至 9 月 15 日蓄水，其中 7 月至 8 月为主引水期；冬季 12 月至次年 2 月蓄水，为补充引水期；春季供水时间为 3 月 1 日至 6 月 10 日；秋冬季供水时间为 9 月中旬至 11 月下旬[2]。

表 1 苏库恰克水库调度参数

序号	设计任务	调度参数	
1	人饮	目前日供水量/万 m³	7.54
		近期规划日供水量/万 m³	11.92
2	灌溉	近年供水量/万 m³	25.52~3.90
		设计保证率	75%

3 调度规程要点分析

3.1 供水调度分析

2016 年苏库恰克水库开始增加人饮供水功能，水库现向巴楚县、莎车县、第三师 42 团、塔吉克阿巴提镇提供人饮供水；近期规划增加向麦盖提县供水，年供水量增加约 1 600 万 m³。

灌溉用水主要通过东、西库外渠供水，苏库恰克水库只是作为补充灌溉用水[3]。

现将 2016—2021 年苏库恰克水库人饮供水量和补充灌溉供水量进行统计分析，见表 2、图 1、图 2。

表 2 苏库恰克水库 2016—2021 年人饮供水量和补充灌溉供水量　　　　　　单位：万 m³

调度任务	供水量					
	2016 年	2017 年	2018 年	2019 年	2020 年	2021 年
人饮供水	50.52	67.20	341.34	2 231.87	2 853.74	2 651.43
补充灌溉供水	9 314.70	8 298.11	6 919.72	2 826.48	5 668.89	1 422.05

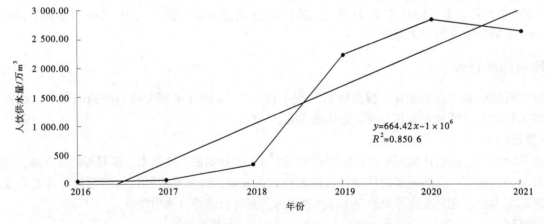

$$y = 664.42x - 1 \times 10^6$$
$$R^2 = 0.850\ 6$$

图 1 苏库恰克水库 2016—2021 年人饮供水量

通过对 6 年的人饮供水量数据进行分析，从 2016 年开始到 2021 年，总体呈现增加趋势，根据 2022 年苏库恰克水库调度蓄水计划及供水计划，人饮供水量按 2 752.59 万 m³ 考虑，从 2021 年开始，苏库恰克水库只是作为补充灌溉用水，其灌溉用水基本是通过东、西库外渠引入的，补充灌溉供水量按 1 422.05 万 m³，苏库恰克水库在调度时，需要充分利用阿尔塔什发电尾水，并且要考虑渠道检修留一定的备用库容，所以计算按以下两种工况：

第一种工况：目前人饮供水 2 752.59 万 m³+补充灌溉供水 1 422.05 万 m³ = 4 174.64 万 m³。

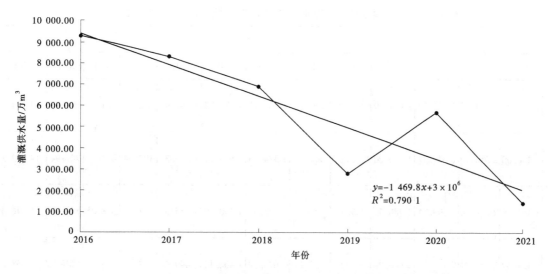

图 2　苏库恰克水库 2016—2021 年灌溉供水量

第二种工况：近期规划增加向麦盖提县供水，年供水量增加约 1 600 万 m³，故在第一种工况基础上再增加 1 600 万 m³ 作为第二种工况，即 5 774.64 万 m³。

苏库恰克水库年出库水量分配按照 2022 年苏库恰克水库调度蓄水计划及供水计划确定，两种工况分别见表 3 和表 4。

表 3　目前苏库恰克水库年出库水量分配（工况一）　　单位：万 m³

月份	1	2	3	4	5	6	7	8	9	10	11	12	合计
月供水量	400.50	440.48	437.93	362.08	264.21	350.49	317.80	311.95	286.73	289.36	317.62	395.49	4 174.64

表 4　考虑近期规划苏库恰克水库年出库水量分配（工况二）　　单位：万 m³

月份	1	2	3	4	5	6	7	8	9	10	11	12	合计
月供水量	522.98	565.08	575.09	513.50	399.46	497.65	463.41	451.95	421.91	423.73	435.48	504.41	5 774.65

3.2　调度图绘制

苏库恰克水库从 2016 年起，水库开始增加人饮供水功能，兼顾补充灌溉功能。选取 2016 年 6 月至 2017 年 5 月、2017 年 6 月至 2018 年 5 月、2018 年 6 月至 2019 年 5 月、2019 年 6 月至 2020 年 5 月作为典型供水年份，将来水量按照年人饮、补充灌溉供水量及年蒸发量之和修正得到各典型年注入水量过程，两种工况分别见表 5 和表 6。

表 5　目前苏库恰克水库典型年注入水量修正值（工况一）　　单位：万 m³

年份	修正水量												
	6 月	7 月	8 月	9 月	10 月	11 月	12 月	1 月	2 月	3 月	4 月	5 月	合计
2016—2017	1 000.00	1 657.13	2 169.90	1 647.91	763.43	123.03	1 262.37	1 560.47	1 366.29	9.43	0	723.58	12 283.54
2017—2018	1 000.00	1 512.65	2 505.64	1 550.23	963.79	46.17	1 164.29	1 190.10	1 248.63	174.04	292.97	796.44	12 444.94
2018—2019	1 124.14	1 780.00	2 829.96	1 081.77	386.73	0	1 369.42	1 400.00	1 400.66	0	182.93	733.23	12 288.84
2019—2020	1 309.03	2 521.80	2 183.96	1 446.77	134.73	552.38	1 427.39	1 357.65	1 399.49	0	0	488.48	12 821.69

表6 考虑近期规划苏库恰克水库典型年注入水量修正值（工况二） 单位：万 m³

年份	修正水量												
	6月	7月	8月	9月	10月	11月	12月	1月	2月	3月	4月	5月	合计
2016—2017	1 200.00	2 147.36	2 605.17	1 874.19	868.26	139.93	1 435.71	1 774.75	1 553.90	10.73	0	894.68	14 504.68
2017—2018	1 400.00	2 514.19	2 649.71	1 740.00	1 106.32	52.51	1 324.16	1 514.15	1 555.31	197.94	0	787.94	14 842.21
2018—2019	1 141.19	2 058.90	3 699.11	1 780.53	439.83	0	1 378.96	1 400.00	1 455.55	0	328.05	864.37	14 546.48
2019—2020	1 151.47	2 658.01	2 773.78	1 900.90	153.23	628.23	1 623.39	1 406.12	1 449.64	0	0	1 018.76	14 763.54

苏库恰克水库水位不超过正常蓄水位 1 192.89 m，不得低于保证人饮供水 4 000 万 m³ 的最低水位 1 191.10 m。按照逆时序试算起调水位，可得到苏库恰克水库各典型年的水位变化过程，取各典型年水位变化过程上包络线为上基本调度线，取各典型年水位变化过程下包络线为下基本调度线，取最小蒸发量年的水位变化过程线为最优调度线，点绘得到苏库恰克水库调度图，两种工况分别见图 3 和图 4。两种工况下，上、下基本调度线及最优调度线见表 7 和表 8。两种工况下人饮和灌溉调度比例分别见表 9 和表 10。

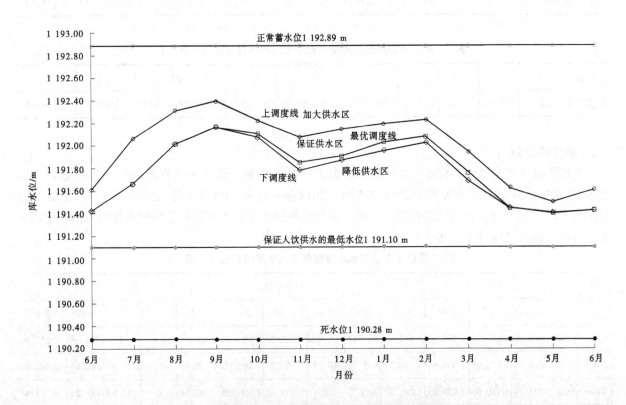

图 3　目前苏库恰克水库人饮及补充灌溉供水调度图

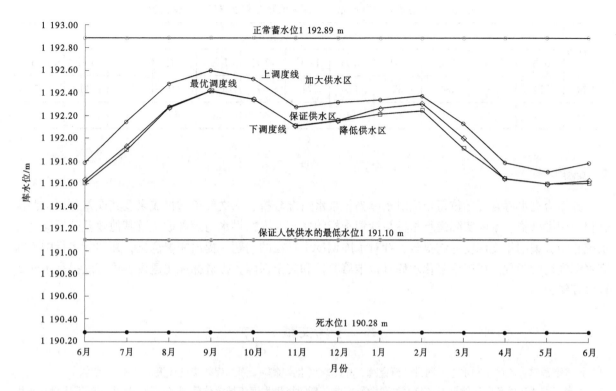

图 4　考虑近期规划苏库恰克水库人饮及补充灌溉供水调度图

表 7　目前苏库恰克水库上、下基本调度线及最优调度线　　　　　　　单位：m

调度线	库水位											
	6 月	7 月	8 月	9 月	10 月	11 月	12 月	1 月	2 月	3 月	4 月	5 月
上	1 191.61	1 192.06	1 192.31	1 192.40	1 192.22	1 192.07	1 192.14	1 192.19	1 192.23	1 191.94	1 191.62	1 191.50
最优	1 191.42	1 191.66	1 192.01	1 192.17	1 192.10	1 191.85	1 191.90	1 192.03	1 192.08	1 191.75	1 191.44	1 191.40
下	1 191.42	1 191.66	1 192.01	1 192.17	1 192.07	1 191.78	1 191.87	1 191.96	1 192.02	1 191.69	1 191.44	1 191.40

表 8　考虑近期规划苏库恰克水库上、下基本调度线及最优调度线　　　　　单位：m

调度线	库水位											
	6 月	7 月	8 月	9 月	10 月	11 月	12 月	1 月	2 月	3 月	4 月	5 月
上	1 191.78	1 192.15	1 192.48	1 192.60	1 192.53	1 192.28	1 192.32	1 192.34	1 192.38	1 192.13	1 191.79	1 191.70
最优	1 191.62	1 191.94	1 192.28	1 192.42	1 192.35	1 192.11	1 192.16	1 192.26	1 192.31	1 192.00	1 191.64	1 191.60
下	1 191.61	1 191.90	1 192.28	1 192.42	1 192.35	1 192.11	1 192.16	1 192.22	1 192.24	1 191.92	1 191.64	1 191.60

表 9　目前苏库恰克水库人饮及补充灌溉供水分配比例　　　　　　　　　　　%

调度任务	供水分配比例											
	6 月	7 月	8 月	9 月	10 月	11 月	12 月	1 月	2 月	3 月	4 月	5 月
人饮	72	79	77	81	80	64	47	53	49	54	72	88
灌溉	28	21	23	19	20	36	53	47	51	46	28	12

表 10   考虑近期规划苏库恰克水库人饮及补充灌溉供水分配比例   %

调度任务	供水分配比例											
	6 月	7 月	8 月	9 月	10 月	11 月	12 月	1 月	2 月	3 月	4 月	5 月
人饮	80	85	84	87	86	74	59	64	60	65	80	92
灌溉	20	15	16	13	14	26	41	36	40	35	20	8

4   结语

苏库恰克水库管理单位每年应对水库当年来水情况分析、水文气象预报成果及其误差分析、调度过程与调度措施、水库实际运行指标与计划指标的比较、人饮供水与灌溉效益及其他效益分析等进行系统总结，编制年度调度总结报告，针对水库调度中存在的问题，提出完善意见，在实际运行中不断完善调度运行规程。运行中强化水库日常维修养护和安全保障，推进标准化建设，可有效提高水库运行管理能力。

参考文献

［1］新疆维吾尔自治区水利水电勘测设计研究院. 苏库恰克水库除险加固工程初步设计报告［R］. 2004.
［2］水利部交通运输部国家能源局南京水利科学研究院，新疆塔里木河流域喀什管理局. 新疆叶尔羌河苏库恰克水库大坝安全管理应急预案［M］. 2022.
［3］水利部交通运输部国家能源局南京水利科学研究院，新疆塔里木河流域喀什管理局. 新疆叶尔羌河苏库恰克水库调度规程［M］. 2022.

金昌市韩家峡水库建设用水需求分析

王加万

（金昌市水务投资有限责任公司，甘肃金昌　737100）

摘　要：韩家峡水库位于金昌市金川峡水库下游，本文从金川区生活、工业、灌溉及生态用水等方面分析，并根据《金昌市开发区总体发展规划（2012—2020 年）》，同时与《石羊河流域重点治理规划》和《石羊河流域重点治理调整实施方案》相协调，确定现状水平年为 2018 年，设计水平年为 2030 年，计算金川区总体用水需求，经验证建设韩家峡水库是非常有必要的，水库建成后，有效提高了金川区用水保证率。

关键词：韩家峡；用水需求；保证率

1　金昌市区域概况

甘肃省金昌市位于河西走廊中部、祁连山脉北麓、阿拉善台地南缘。北、东与民勤县相连，东南与武威市相靠，南与肃南裕固族自治区相接，西南与青海省门源回族自治县搭界，西与民乐、山丹县接壤，西北与内蒙古自治区阿拉善右旗毗邻。金昌市人民政府驻金川，距省会兰州直线距离 306 km。全市总土地面积 9 593 km²，下辖金川区和永昌县全部，共有 12 个乡（镇）、6 个街道办事处。其中，金川区下辖 2 个镇、6 个街道办事处、27 个行政村、16 个社区居委会；永昌县有 6 个镇、4 个乡，10 社区、111 个村民委员会。

金昌市境内地表水主要有东大河和西大河，均属内陆河石羊河水系。东大河、西大河由祁连山山区的大气降水和高山冰雪融水汇集于皇城水库和西大河水库，并定期放入下游的金川峡水库。在西大河尾闾形成金川河，其由红庙墩、南泉一带地下水溢出，沿河谷下流至永昌县城北的北海子，流入金川峡水库。该水库是金昌市生活及工农业生产的主要水源，其下游河段自水库修建后已成为干河，只起防洪、泄洪作用。西大河、东大河是金昌市水资源的主体[1]。

2　用水需求论证

2.1　设计水平年

根据《金昌市开发区总体发展规划（2012—2020 年）》，同时与《石羊河流域重点治理规划》和《石羊河流域重点治理调整实施方案》相协调，确定现状水平年为 2018 年，设计水平年为 2030 年。

2.2　供水保证率

2.2.1　生活、工业供水保证率

根据《村镇供水工程技术规范》（SL 310—2019）和《甘肃省农村饮水安全工程技术文本》规定，城乡生活供水保证率取 $P=95\%$，工业供水保证率取 $P=95\%$。

作者简介：王加万（1976—），男，高级工程师，学士，主要从事农田水利工程工作。

2.2.2 灌溉设计保证率

根据《灌溉与排水工程设计标准》（GB 50288—2018）规定，以旱作物为主的干旱地区或水资源紧缺地区，地面灌溉设计保证率取 50%~75%；喷灌、微灌灌溉设计保证率为 85%~95%。韩家峡水库控制灌区属干旱缺水地区，常规农业灌溉设计保证率为 50%，高效农业灌溉设计保证率为 85%。

2.3 水库供水范围及对象

韩家峡水库位于金川峡水库下游约 4.5 km 处，区间无供水对象。经复核，韩家峡水库供水范围与金川峡水库一致，为金昌市金川区（含河西堡镇）。供水对象为金昌市金川区（含河西堡镇）城乡生活用水、工业用水及农业灌溉用水。

金川峡水库（韩家峡水库）的径流来源包括三部分：一是通过二坝渠由东大河皇城水库调水；二是通过西金干渠由西大河水库调水；三是西大河地面水沿途渗入地下潜流至下游以泉水形式露头后产生的水量（泉水）。由于金川峡水库（韩家峡水库）径流量涉及皇城水库和西大河水库的调水量，调水量必须满足两库现行规模的要求，采用皇城水库、西大河水库、金川峡水库（韩家峡水库）三库联合调节，因此本次设计对皇城水库控制区（东河灌区）、西大河水库控制区（西河灌区）和金川峡水库控制区（金川灌区和金川城区）需水量分别进行计算。

韩家峡水库与金川峡水库之间由马家大沙沟加入，该沟平时干涸，无正常径流加入，仅在汛期有暴雨洪水加入，两坝址径流量基本一致，因此两水库可合二为一以金川峡水库坝址为例进行计算，然后减去金川峡水库兴利库容，即为韩家峡水库兴利库容。

2.4 各部门需水量预测

2.4.1 城乡生活用水量

2.4.1.1 人口发展预测

根据《2018 年金昌统计年鉴》统计[2]，经农村预测、城镇人口预测，至 2030 年，金昌市金川区总人口将发展为 34.92 万人，其中农村人口 2.27 万人，城镇人口 32.65 万人，城镇化率达到 93.5%；东河灌区总人口为 9.36 万人，其中农村人口 3.36 万人，城镇人口 6.00 万人，城镇化率达到 64.1%；西河灌区总人口为 5.21 万人，其中农村人口 3.38 万人，城镇人口 1.83 万人，城镇化率 35.1%。金昌市人口发展预测成果见表 1。

表 1 金昌市人口发展预测成果

分区及行政区		2018 年				2030 年			
		农村人口/万人	城镇人口/万人	人口小计/万人	城镇化率/%	农村人口/万人	城镇人口/万人	人口小计/万人	城镇化率/%
金川区	金川灌区	2.32	0	2.32	0	2.27	0	2.27	0
	金川城区	0	21.06	21.06	100.0	0	32.65	32.65	100.0
	小计	2.32	21.06	23.38	90.1	2.27	32.65	34.92	93.5
永昌县	东河灌区	3.43	4.74	8.17	58.0	3.36	6.00	9.36	64.1
	西河灌区	3.46	1.45	4.90	29.5	3.38	1.83	5.21	35.1

2.4.1.2 养殖业规模预测

根据《2018 年金昌统计年鉴》统计，预测金昌市金川灌区 2030 年牲畜总数达 60.32 万头（只），其中大牲畜数量为 2.9 万头，小牲畜数量为 34.55 万只，家禽 22.87 万只；东河灌区牲畜总数达 32.83 万头（只），其中大牲畜数量为 0.98 万头，小牲畜数量为 22.03 万只，家禽 9.82 万只；西河灌区牲畜总数达 75.81 万头（只），其中大牲畜数量为 0.88 万头，小牲畜数量为 47.62 万只，家禽 27.31 万只。金昌市各灌区养殖业发展指标预测成果见表 2。

表 2　金昌市各灌区养殖业发展指标预测成果　　　　单位：万头（只）

水平年	牲畜		金川灌区	东河灌区	西河灌区
2018 年	散养	大牲畜	1.45	0.509	0.348
		小牲畜	7.59	12.02	33.42
		家禽	18.03	7.75	21.53
	暖棚养殖	大牲畜	0	0	0
		小牲畜	0	0	0
	合计		27.07	20.279	55.298
2030 年	散养	大牲畜	1.6	0.56	0.38
		小牲畜	8.55	13.55	37.66
		家禽	22.87	9.82	27.31
	暖棚养殖	大牲畜	1.3	0.42	0.5
		小牲畜	26.0	8.48	9.96
	合计		60.32	32.83	75.81

2.4.1.3　定额分析

城镇生活用水标准参照《城市给水工程规划规范》（GB 50282—2016），金昌市属于三区中等城市，最高日人均综合生活用水定额为 170~310 L/（人·d），日变化系数 1.3~1.5。通过调查项目区 2012—2018 农村生活用水资料，2018 年农村人口用水定额为 60 L/（人·d），根据《甘肃省农村饮水安全工程建设与管理技术文本》等确定 2025 年农村人口用水定额按 70 L/（人·d）。参照《甘肃省农村饮水安全工程建设与管理技术文本》和《村镇供水工程技术规范》（SL 310—2019）确定 2030 年大牲畜用水定额为 52 L/（头·d）、小牲畜 15 L/（只·d），家禽 1 L/（只·d）[3]。金昌市城乡生活用水定额见表 3。

表 3　金昌市城乡生活用水定额

水平年	行政区及灌区	生活/[L/（人·d）]		牲畜/[L/（头·d）]		
		城镇生活	农村生活	大牲畜	小牲畜	家禽
2018 年	金川区	153	60	45	12	1
	东河灌区	132	60	45	12	1
	西河灌区	132	60	45	12	1
2030 年	金川区	170	70	52	15	1
	东河灌区	150	70	52	15	1
	西河灌区	150	70	52	15	1

2.4.1.4 需水量预测

2018 年金川区城乡生活毛需水为 1 610.4 万 m³，东河灌区城乡生活毛需水量为 458.4 万 m³，西河灌区城乡生活毛需水为 381.4 万 m³；2030 年金川区城乡生活毛需水为 2 914.8 万 m³，东河灌区城乡生活毛需水为 695.8 万 m³，西河灌区城乡生活毛需水为 591.6 万 m³。生活需水过程按 12 个月平均分配，城乡生活需水过程见表 4。

表 4 金昌市各分区城乡生活需水过程　　　　　　　　单位：万 m³

水平年	行政区及灌区	需水量												全年
		1 月	2 月	3 月	4 月	5 月	6 月	7 月	8 月	9 月	10 月	11 月	12 月	
2018 年	金川区	134.2	134.2	134.2	134.2	134.2	134.2	134.2	134.2	134.2	134.2	134.2	134.2	1 610.4
	东河灌区	38.2	38.2	38.2	38.2	38.2	38.2	38.2	38.2	38.2	38.2	38.2	38.2	458.4
	西河灌区	31.7	31.7	31.7	31.7	31.7	31.7	31.7	31.7	31.7	31.7	31.7	31.7	381.4
2030 年	金川区	242.9	242.9	242.9	242.9	242.9	242.9	242.9	242.9	242.9	242.9	242.9	242.9	2 914.8
	东河灌区	57.9	57.9	57.9	57.9	57.9	57.9	57.9	57.9	57.9	57.9	57.9	57.9	695.8
	西河灌区	49.3	49.3	49.3	49.3	49.3	49.3	49.3	49.3	49.3	49.3	49.3	49.3	591.6

2.4.2 工业需水量

根据《甘肃省水资源综合规划》，结合金昌市工业用水现状，金昌市金川区 2030 年工业万元增加值耗水量将降为 17.0 m³/万元，永昌县 2030 年工业万元增加值耗水量为 29.0 m³/万元，由此计算得到 2030 年金昌市金川区工业净需水量为 6 836 万 m³，东河灌区工业净需水量 340 万 m³，西河灌区工业净需水量 159 万 m³。根据《室外给水设计规范》，工业配水管网损失率按 10% 考虑，由此计算得到 2030 年金昌市金川区工业毛需水量为 7 596 万 m³，东河灌区工业毛需水量 378 万 m³，西河灌区工业毛需水量 176.4 万 m³。经复核，金昌市各灌区工业需水量与可研阶段一致。金昌市不同水平年工业需水过程见表 5。

表 5 不同水平年工业需水过程　　　　　　　　单位：万 m³

水平年	行政区及灌区	工业需水量												全年
		1 月	2 月	3 月	4 月	5 月	6 月	7 月	8 月	9 月	10 月	11 月	12 月	
2018 年	金川区	309	309	309	309	309	309	309	309	309	309	309	309	3 708
	东河灌区	15.8	15.8	15.8	15.8	15.8	15.8	15.8	15.8	15.8	15.8	15.8	15.8	189.6
	西河灌区	7.4	7.4	7.4	7.4	7.4	7.4	7.4	7.4	7.4	7.4	7.4	7.4	88.8
2030 年	金川区	633	633	633	633	633	633	633	633	633	633	633	633	7 596
	东河灌区	31.5	31.5	31.5	31.5	31.5	31.5	31.5	31.5	31.5	31.5	31.5	31.5	378
	西河灌区	14.7	14.7	14.7	14.7	14.7	14.7	14.7	14.7	14.7	14.7	14.7	14.7	176.4

2.4.3 农田灌溉用水量

现状年金昌市金川灌区农田有效灌溉面积 41.46 万亩（含八一农场灌溉面积 16.5 万亩）；东河灌

区农田有效灌溉面积 32.96 万亩（含青山、东寨农场灌溉面积 3.18 万亩，凉州区灌溉面积 2.49 万亩）；西河灌区有效灌溉面积 41.70 万亩（含黑土洼农场灌溉面积 5.6 万亩）。

根据各灌区农作物灌溉制度及灌溉水利用系数，计算得到 2018 年金川灌区农田灌溉需水量为 14 558 万 m³（含井灌区 680 万 m³ 冬灌水），东河灌区农田灌溉需水量为 19 996 万 m³，西河灌区农田灌溉需水量为 25 207 万 m³；2030 年金川灌区农田灌溉需水量为 4 247 万 m³（含井灌区 680 万 m³ 冬灌水），东河灌区农田灌溉需水量为 6 134.4 万 m³，西河灌区农田灌溉需水量为 7 127.1 万 m³。经复核，金昌市各灌区灌溉需水量与可研阶段一致。各灌区不同水平年农田灌溉需水过程见表6。

表6　各灌区不同水平年农田灌溉需水量过程　　　　　　　　单位：万 m³

水平年	行政区及灌区	农田灌溉需水量												全年
		1月	2月	3月	4月	5月	6月	7月	8月	9月	10月	11月	12月	
2018年	金川灌区	0	0	0	0	3 471	3 403	1 934	711	0	290	4 749	0	14 558
	东河灌区	0	0	0	0	2 070	4 688	4 503	2 413	1 797	4 525	0	0	19 996
	西河灌区	0	0	0	0	3 211	6 104	5 342	2 252	325	7 122	851	0	25 207
2030年	金川灌区			0	0	813	846	505	221	61	109	1 692	0	4 247
	东河灌区	22.8	26.4	32.6	30.7	690	1 358	1 286	651	947	1 038	28.1	21.5	6 134.4
	西河灌区	5.8	6.7	8.3	7.8	1 031	1 709	1 468	422	618	1 668	177	5.5	7 127.1

2.4.4　生态需水量

金昌市生态用水包括城市生态环境用水和农村生态环境用水两部分。城市生态环境用水主要包括城市绿地灌溉、城镇卫生清洁和河湖补水；农村生态环境用水主要是人工绿洲的防护林网体系灌溉用水。

根据不同水平年城镇生态面积、农村生态面积和需水定额，预测不同水平年金昌市人工生态需水量。经计算，2018 年，金川区人工生态需水量 902.0 万 m³，东河灌区人工生态需水量 506.0 万 m³，西河灌区人工生态需水量 328.3 万 m³；2030 年，金川区人工生态需水量 1 334.5 万 m³，东河灌区人工生态需水量 520.4 万 m³，西河灌区人工生态需水量 312.4 万 m³。根据金昌市气候及用水习惯，公共绿地浇洒按全年 210 d 计算，道路及广场浇洒按全年 100 d 计，人工生态需水量过程见表7。

表7　金昌市各灌区人工生态需水量过程　　　　　　　　单位：万 m³

水平年	行政区及灌区	人工生态需水量												全年
		1月	2月	3月	4月	5月	6月	7月	8月	9月	10月	11月	12月	
2018年	金川区	0	0	0	171.0	84.9	124.0	125.8	243.0	83.9	69.4	0	0	902.0
	东河灌区	0	0	0	152.9	81.0	12.4	12.5	228.1	10.0	9.1	0	0	506.0
	西河灌区	0	0	0	94.4	63.9	3.8	3.8	156.5	3.1	2.8	0	0	328.3
2030年	金川区	0	0	0	253.0	125.7	183.4	186.1	359.6	124.1	102.6	0	0	1 334.5
	东河灌区	0	0	0	142.8	80.8	23.8	23.9	209.9	20.2	18.9	0	0	520.4
	西河灌区	0	0	0	85.9	59.2	7.3	7.3	140.9	6.1	5.7	0	0	312.4

2.4.5 总需水过程

经复核，金昌市各灌区总需水量与可研阶段一致。金昌市各灌区总用水过程包括城乡生活需水、生态需水、工业需水、农田灌溉需水。2018 年金川区需水总量为 20 775 万 m^3，东河灌区需水总量为 21 149 万 m^3，西河灌区需水总量为 26 003 万 m^3；2030 金川区需水总量为 16 091 万 m^3，东河灌区需水总量为 7 726 万 m^3，西河灌区需水总量为 8 207 万 m^3。各灌区不同水平年需水量过程见表 8。

表 8 不同水平年各灌区需水量过程 单位：万 m^3

水平年	行政区及灌区	需水量												全年
		1 月	2 月	3 月	4 月	5 月	6 月	7 月	8 月	9 月	10 月	11 月	12 月	
2018 年	金川区	443	443	443	652	3 980	3 955	2 488	1 460	502	774	5 192	443	20 775
	东河灌区	54	54	54	207	2 205	4 754	4 569	2 695	1 861	4 588	54	54	21 149
	西河灌区	39	39	39	134	3 314	6 147	5 385	2 447	367	7 163	890	39	26 003
2030 年	金川区	876	876	876	1 129	1 814	1 905	1 567	1 456	1 061	1 087	2 568	876	16 091
	东河灌区	112	116	122	263	860	1 471	1 400	951	1 056	1 147	117	111	7 726
	西河灌区	70	71	72	158	1 154	1 780	1 540	627	688	1 737	241	69	8 207

3 韩家峡水库可供水量预测

韩家峡水库距金川峡水库 4.5 km，区间无正常径流汇入，两水库供水对象完全一致，径流量也基本一致，韩家峡水库和金川峡水库可合二为一以金川峡水库坝址为例进行可供水量预测。金川峡水库来水由东大河皇城水库调水、西大河水库调水和西大河水库至金川峡水库区间来水（泉水）三部分组成。经分析计算，设计水平年金川峡水库来水保证率 $P=50\%$ 下可供水量为 22 142 万 m^3，保证率 $P=85\%$ 下可供水量为 18 243 万 m^3，保证率 $P=95\%$ 下可供水量为 17 765 万 m^3。

4 金川区水资源配置

根据水资源配置原则，对不同水平年的用水量和可供水量进行配置。当可供水量大于用水总量时，以用水总量作为配置水量；当可供水量小于用水总量时，以可供水量作为配置水量。2018 年金川区总需水量为 20 775 万 m^3，$P=50\%$ 保证率下总供水量 18 071 万 m^3，其中配置地表水供水 17 558 万 m^3，中水供水 513 万 m^3；$P=85\%$ 保证率下总供水量 15 362 万 m^3，其中配置地表水供水 14 849 万 m^3，中水供水 513 万 m^3；$P=95\%$ 保证率下总供水量 13 843 万 m^3，其中配置地表水供水 13 331 万 m^3，中水供水 513 万 m^3。2030 年总需水量为 16 091 万 m^3，$P=50\%$、$P=85\%$、$P=95\%$ 保证率下总供水量均为 16 091 万 m^3，其中配置地表水供水 15 103 万 m^3，中水供水 987 万 m^3。金川区不同水平年水资源配置成果见表 9。

表 9　金川区不同水平年水资源配置成果（95%）　　　　　　　单位：万 m³

水平年	保证率	项目		城乡生活用水	工业用水	生态用水			农田灌溉用水	合计
						城镇生态	农村生态	小计		
2018 年	50%	需水		1 610	3 706	513	389	902	14 557	20 775
		供水	小计	1 610	3 706	513	389	902	11 853	18 071
			地表水	1 610	3 706		389	389	11 853	17 558
			地下水					0		0
			中水			513		513		513
	85%	需水		1 610	3 706	513	389	902	14 557	20 775
		供水	小计	1 610	3 706	513	389	902	9 144	15 362
			地表水	1 610	3 706		389	389	9 144	14 849
			地下水					0		0
			中水			513		513		513
	95%	需水		1 610	3 706	513	389	902	14 557	20 775
		供水	小计	1 610	3 706	513	389	902	7 625	13 843
			地表水	1 610	3 706		389	389	7 625	13 331
			地下水					0		0
			中水			513		513		513
2030 年	50%	需水		2 914	7 595	987	347	1 334	4 246	16 091
		供水	小计	2 914	7 595	987	347	1 334	4 246	16 091
			地表水	2 914	7 595		347	347	4 246	15 103
			地下水					0		0
			中水			987		987		987
	85%	需水		2 914	7 595	987	347	1 334	4 246	16 091
		供水	小计	2 914	7 595	987	347	1 334	4 246	16 091
			地表水	2 914	7 595		347	347	4 246	15 103
			地下水					0		0
			中水			987		987		987
	95%	需水		2 914	7 595	987	347	1 334	4 246	16 091
		供水	小计	2 914	7 595	987	347	1 334	4 246	16 091
			地表水	2 914	7 595		347	347	4 246	15 103
			地下水					0		0
			中水			987		987		987

5 韩家峡水库兴利库容确定

设计水平年，在 $P=50\%$ 保证率下，东大河向金川峡水库调水 16 309 万 m^3（皇城水库断面），西大河水库向金川峡水库调水 4 000 万 m^3（西大河水库断面）；$P=85\%$、$P=95\%$ 保证率下，东大河向金川峡水库调水 12 800 万 m^3，西大河水库向金川峡水库调水 4 000 万 m^3，经东大河、西大河来水、用水过程调节计算，得到东大河、西大河向金川峡水库调水过程。调水过程与用水过程组合成金川峡水库入库径流过程。金昌市金川区总需水量 16 090 万 m^3，其中配置中水 987 万 m^3，需配置地表水 15 103 万 m^3。

设计水平年，金川峡水库 $P=50\%$ 保证率下来水量为 22 142 万 m^3，扣除生态基流 546 万 m^3 后可利用水资源量为 21 596 万 m^3。经逐月来、用水调节计算，韩家峡水库（金川峡水库）所需兴利库容为 3 415 万 m^3，小于金川峡水库兴利库容 5 020 万 m^3，无需韩家峡水库参与调节。

设计水平年，金川峡水库 $P=85\%$ 保证率下来水量为 18 243 万 m^3，扣除生态基流 546 万 m^3 后可利用水资源量为 17 697 万 m^3。经调节计算，韩家峡水库（金川峡水库）所需兴利库容为 5 541 万 m^3，扣除金川峡水库兴利库容 5 020 万 m^3，韩家峡水库兴利库容为 521 万 m^3。

设计水平年，金川峡水库 $P=95\%$ 保证率下来水量为 17 765 万 m^3，扣除生态基流 546 万 m^3 后可利用水资源量为 17 220 万 m^3。经逐月来、用水调节计算，韩家峡水库（金川峡水库）所需兴利库容为 5 730 万 m^3，扣除金川峡水库兴利库容 5 020 万 m^3，韩家峡水库兴利库容为 710 万 m^3。

6 结语

韩家峡水库工程任务是解决金昌市工业用水、市政及生活用水，兼顾解决下游农业用水的需求。韩家峡水库建成后，可有效提高金昌市金川区的工业、城镇生活及农业灌溉用水保证率，改善下游生态用水。因此，建设韩家峡水库是非常有必要的。

参考文献

［1］甘肃省张掖市甘兰水利水电建筑设计院．甘肃省金昌市韩家峡水库工程初步设计报告［R］．2020．
［2］金昌市统计局．2018 年金昌统计年鉴［M］．2019．
［3］中华人民共和国水利部．村镇供水工程技术规范：SL 310—2019［S］．北京：中国水利水电出版社，2019．